3DEXPERIENCE Platform

for Mechanical Engineers

Preface

이 교재는 컴퓨터 응용 설계 지식을 필요로하는 이공계 학생 및 제조 및 설계 분야 엔지니어들을 위한 교재입니다. CATIA V5로 설계 프로그램의 최강자 자리를 지키고 있는 DASSAULT SYSTEMS(다쏘 시스템)의 최신 솔루션인 3DEXPERIENCE Platform의 CATIA를 활용한 기계 제품 디자인 방법을 공부할 수 있습니다.

3DEXPERIENCE Platform은 차세대 제조 플랫폼으로 국내를 비롯한 전 세계 제조업 분야에서 설계 솔루션으로 각광받고 있습니다. 항공 산업 분야에서 시작한 CATIA는 미라지 전투기와 라팔 전투기를 만든 프랑스 Dassualt Aviation에서 독립하여 DASSAULT SYSTEMS로 전 세계 제조업 분야의 솔루션으로 자리잡고 있습니다. 이미 국내 두산, 한국항공우주 산업, 한화, 현대 로템 등을 비롯한 중추 기업들의 생산 및 연구 분야에서 3DEXPERIENCE Platform을 사용하고 있으며 많은 대학에서도 그 필요성을 인식하여 아카데미 버전의 수업을 개설하여 설계 인재를 양성하고 있습니다.

CATIA는 설계자가 생각하는 형상을 표현하는 데 있어 무한한 표현 가능성을 제공한다는 것이 CATIA를 오랜 시간 접해온 사람들의 일치된 의견입니다. 실제로 CATIA는 형상 모델링 구현 능력에 있어 타사의 3차원 설계 프로그램들에 비해 뛰어나다는 것이 객관적인 평가이기도 합니다. 또한 CATIA는 형상을 만드는 것에서 그치지 않고 각 형상들을 이용한 조립 제품의 제작 및 공간 분석을 통한 제품의 가상 제품 개발(VPD : Virtual Product Development)에 탁월합니다. 마지막으로 전 작업 과정에 있어 데이터 업데이트에 따른 형상 수정에서 모델링 및 조립, 도면 작업이 연계되어 있어 손쉬운 데이터 관리가 가능합니다. 더욱이 본 교재에서 설명하고자 하는 3DEXPERIENCE Platform은 CATIA를 포함한 DASSAULT SYSTEMS의 솔루션을 통합하여 사용할 수 있는 환경을 공부할 수 있습니다.

CATIA 및 3차원 설계에 관한 지식 커뮤니티의 활동을 좀 더 체계적으로 꾸려나가고자 인터넷 다음 카페(cafe. daum.net/ASCATI)를 통해 온라인 동호회를 결성하게 되었으며 이러한 온라인을 통한 도면들과 강좌, 질문 게시판을 운영하면서 국내 수많은 학생과 연구원 그리고 현업 종사자들의 관심과 열의를 통해 더 큰 지식 공동체로 성장할 수 있게 되었으며 2019년을 하반기 현재 약 20,000여명의 회원들이 함께하고 있습니다.

Preface

본 교재에서는 3DEXPERIENCE Platform의 CATIA를 학습을 위해 기존의 CATIA V5와 차이점부터 설명을 시작하고 있습니다. 또한 CATIA를 배우는 데 있어 가장 기본이 되는 App들로 Sketcher, Part Design, Generative Shape Design, Assembly Design, Drafting 등을 선별하여 내용을 구성하였습니다. 여기에 기본적으로 설치 후 설정과 최적화에 관련된 부분 및 설계 데이터의 효율적이 관리 및 재사용을 도와주는 기능(Data Reusing, Knowledge)을 포함하여 CATIA를 배우는 사람이라면 누구나 알고 있어야 하는 정보나 팁, 필자의 10여 년간의 노하우 등을 담으려고 노력하였습니다.

더불어 서버 기반의 데이터 처리 방식에 필요로 되는 데이터의 Lifecycle을 다루는 App도 설명하고 있습니다. 이 책은 기초서라는 성격에 충실하기 위해 실습 예제는 줄이고 반드시 알아야 하는 기능의 숙지를 우선적 목표로 담았습니다. 실습과 연습, 질의/응답에 관한 내용은 필자의 온라인 커뮤니티인 cafe.daum.net/ASCATI를 통해 추가적인 도움과 실습을 경험하기 바랍니다.

2019년 12월

용현동에서 필자 올림

e-mail : mirineforyou@gmail.com

Homepage : cafe.daum.net/ASCATI

Contents

Contents

Contents

Contents

Contents

INDEX

CHAPTER 01

Introduction

여기서는 3DEXPERIENCE Platform의 CATIA를 학습하기에 앞서 선행되어야 할 부분들을 소개하였습니다. 3DEXPERIENCE Platform은 일반 개인 사용자들에게는 낯선 환경일 수 있으므로 쉽게 이해할 수 있도록 도움이 되는 내용으로 구성하여 보았습니다.

SECTION 01 다쏘시스템 소개

다쏘시스템(DASSAULT SYSTEMS)은 프랑스에 본사를 둔 글로벌 제조분야 전문 IT 솔루션 기업입니다.

여러분의 머릿속에 가장 먼저 떠오르는 제품으로는 바로 CATIA가 있을것 입니다. 국내 및 전 세계에 걸쳐 항공기나 자동차와 같은 제품 설계 솔루션으로 굳지의 1위 자리를 지키고 있는 CATIA는 제품 설계에 있어 최적의 해안을 제공합니다.

물론 3차원 소프트웨어 하나만으로 다쏘시스템을 설명하기에는 이제는 부족합니다. PLM을 관장하는 플랫폼을 기반으로 해석 및 제조 시뮬레이션 등과 같은 여러 솔루션을 통합하였으며 산업군 또한 방대한 전 산업을 아우르고 있습니다.

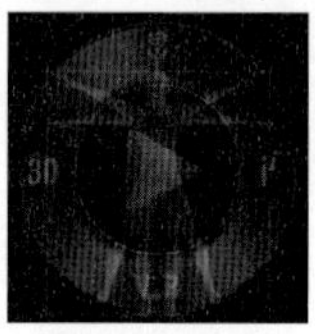

과학
기업

과학, 기술과 예술을 결합하여 지속가능한 사회를 위해 공헌하고자 하는 **과학 회사**

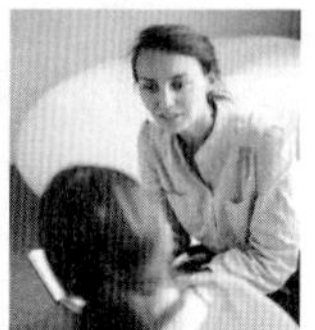

13,300
직원

- 117 개 국가 / 178 사무소
- 단일의 글로벌 R&D를 구성하는 54곳의 연구소
- 국내 200명 직원 (대구 R&D 센터 32명)

210,000
기업고객

- 140개 국가 12 개 산업군
- 22만 혁신 기업
- 1,800만 명의 사용자

10,000
파트너

- 소프트웨어,기술 및 아키텍쳐
- 컨텐츠 및 온라인 서비스
- 영업 / 컨설팅 및 SI
- 교육 / 연구
- 협력사와 동반 성장

장기비전
추구

- 안정적 지배구조
- 연매출: $ 3.2 Bn (약 4조)
- 영업이익 : 29.8%

2014 포브스 선정
가장 혁신적인 기업 소프트웨어 부문 세계 2위

Forbes
The World's Most
Innovative Companies

2016 다보스포럼
'글로벌 지속가능경영 100대 기업' 세계 2위

ENVIRONMENT · FUTURE 50

The Future 50 Sustainability All Stars

By Fortune Editors October 21, 2019

2. Dassault Systèmes

Environmental score: 95.2

This French company's core business is, in one sense, an environment-saver. Dassault's popular "3D Experience" product-design platform enables engineers in industries ranging from aerospace to boatmaking to virtually build and test prototypes without having to use and discard as many real-life materials. The company has also been rigorous about reducing its own carbon output and working with "green" suppliers.

1981년 다쏘항공(DASSAULT AVIATION)에서 다쏘시스템으로 분사하여 독자적인 설계 프로그램을 대중화하는 데 성공하여 1984년 항공기 설계 애플리케이션 시장을 석권, 1988년 자동차 설계 애플리케이션 시장까지 석권하게 됩니다.

다쏘시스템 주요연혁	
1981	15명의 엔지니어가 다쏘항공으로부터 독립해 다쏘시스템 설립
1981	IBM과 마케팅 영업, 지원 협약 체결/벤츠, BMW, 혼다 등 세계적인 자동차 회사들과 협업 시작
1984	다쏘항공, 보잉사 등을 포함한 항공기 디자인을 위한 애플리케이션 시장 1위 석권
1988	CATIA, 자동차 디자인 애플리케이션 전세계 시장 석권
1995	버나드 샬레, 다쏘시스템 CEO로 취임
1996	파리 주식 시장 및 NASDAQ에 상장
2000	AirBus와 계약/Spatial 인수로 3D 소프트웨어 강화
2001	홈네트워크/비디오 기업 소니와 계약
2002	볼보와 토요타와 계약
2003	가트너사, 다쏘시스템 PLM리더로 선정 포드, BMW 등 주요 자동차 제조사와 Liebherr, Avic, ENAER 등 주요 항공기 대표사들과 계약
2009	산업 다각화로 P&G, Guess, ITER 등과 계약
2010	Greensoft, Exalead, IBM PLM 인수
2011	클라우드 서비스를 위해 아마존 웹서비스와 협약
2012	3D익스피리언스 플랫폼 비전 발표/넷바이브스(Netvibes), 젬콤(Gemcom) 인수
2013	아키비디오(Archivideo), 아프리소(Apriso), RTT 등 7개사 인수
2014	퀀틱(Quintiq), 심팻(Simpack) 등 3개사 인수, 심장질환 치료를 위한 3D 심장 모델링 프로젝트인 "리빙하트(Living Heart)" 착수
2015	지속 가능한 미래도시 설계를 위한 "버추얼 싱가포르(Virtual Singapore)" 프로젝트 착수
2016	태양 에너지 비행기 "솔라임펄스 2" 세계 일주 성공, "오르템", "CST", 넥스트리밋 다이내믹스" 인수 등을 통해 브랜드 역량 강화

다음은 다쏘시스템이 보유한 최적의 솔루션 제품군들을 보여주고 있습니다. 엔터프라이즈급 3차원 설계 프로그램인 CATIA를 필두로 중견 기업을 주 대상으로 하고있는 또 하나의 3차원 설계 프로그램인 Solidworks, 플랫폼 기능의 중추라 할 수 있는 데이터 관리 및 웹 어플리케이션 등을 담당하고 있는 ENOVIA, 공정 시뮬레이션과 최적화를 수행할 수 있는 DELMIA, Abaqus를 필두로 전산 해석 및 최적화 솔루션인 SIMULIA 등을 자랑하고 있습니다.

SHAPE THE WORLD WE LIVE IN

CATIA® is the world's engineering and design leading software for product 3D CAD design excellence. It addresses all manufacturing organizations, from OEMs through their supply chains, to small independent producers.

› 3D CAD Design Software

SOLIDWORKS

INSPIRING INNOVATION

SOLIDWORKS® leads the global 3D computer-aided design (CAD) industry with easy-to-use 3D software that trains and supports the world's engineering and design teams as they drive tomorrow's product innovation.

› 3D Design Software

ENOVIA

COLLABORATIVE INNOVATION

Powered by the 3DEXPERIENCE platform, ENOVIA® enables your innovators to benefit from the true rewards of collaboration.

› Collaborative Innovation Software

DELMIA

GLOBAL OPERATIONS

Powered by the 3DEXPERIENCE platform, DELMIA® helps industries and services to Collaborate, Model, Optimize, and Perform their operations

› Global Operations Software

SIMULIA

REVEAL THE WORLD WE LIVE IN

Powered by the 3DEXPERIENCE® Platform, SIMULIA delivers realistic simulation applications that enable users to reveal the world we live in.

› Simulation software

VIRTUAL PLANET

GEOVIA® is a world-leading solution for modeling and simulating our Planet to improve predictability, efficiency, safety and sustainability of our natural resources.

› Natural resources 3D modeling and simulation software

EXALEAD

DATA IN BUSINESS

EXALEAD provides discovery and analytics solutions to search, reveal, and manage data for faster and smarter decision-making in real time.

› Sourcing & Standardization Intelligence, PLM Analytics, Customer Support & Service Analytics

3DVIA

CONSUMER EXPERIENCE

3DVIA® helps consumers make important buying decisions in their daily life by delivering a rich and engaging 3DEXPERIENCE.

› 3D Space Planning software

BIOVIA

VIRTUAL BIOSPHERE AND MATERIALS

BIOVIA® provides a scientific collaborative environment for advanced biological, chemical and materials experiences.

› Chemical research and material science R&D software

NETVIBES

DASHBOARD INTELLIGENCE

NETVIBES offers an easy and fast way to create personalized dashboards for real-time monitoring, social analytics, knowledge sharing, and decision support.

› Dashboard Intelligence, data systems software

3DEXCITE

MARKETING IN THE AGE OF EXPERIENCE

3DEXCITE® software, solutions, and CGI services provide high-end 3D visualizations in real-time for high-impact storytelling across all media channels.

› High-end Realtime 3D Visualization Software

그리고 이러한 솔루션을 바탕으로 전 세계 산업 분야를 다음과 같이 분류하여 관장하고 있습니다. 각각의 산업 분야에 맞추어 다쏘시스템에서 제공하는 전문화된 다양한 기능들을 확인할 수 있을 것입니다.

다쏘시스템에 대한 보다 많은 정보는 다쏘시스템 코리아의 공식 블로그를 통해서 확인할 수 있습니다. (https://blog.naver.com/3dskorea)

SECTION 02 3DEXPERIENCE Platform이란?

여기서는 간단히 개념적인 접근을 해보고자 합니다. 3DEXPERIENCE Platform을 설명하기에 앞서 플랫폼(Platform)이란 단어의 의미를 먼저 생각해 보겠습니다.
플랫폼은 기차역의 승강장 또는 무대, 강단 등의 기반을 일컫는 말이었으나 오늘날 점차 그 의미가 확대되어 특정 장치나 시스템 등에서 이를 구성하는 기초가 되는 틀 또는 골격을 지칭하고 있습니다.
여러 사용자가 편리하게 사용하기 위해 다양한 서비스를 제공하는 공간으로 생각할 수 있습니다. 여러분이 사용하는 Windows OS도, 애플의 아이폰 iOS도, 구글의 Chrome 브라우저도 플랫폼이라 할 수 있습니다.
IT 기술의 발전과 함께 빠른 시장의 요구에 부응하기 위하여 제조업에서도 이러한 플랫폼 적용 기술이 필요하게 되었으며 이를 반영한 다쏘시스템의 솔루션이 3DEXPERIENCE Platform이라 할 수 있겠습니다.

"여러 가지 가능들을 제공해주는 공통의 실행 환경"

이러한 정의와 더불어 제조 및 공학적 문제 해결을 위해 여러 프로그램과 데이터의 혼재를 생각해 보겠습니다. 특정 제품을 설계, 도면화, 해석, 시뮬레이션하면서 데이터는 여러번 가공되고 수정됩니다. 더구나 한 명의 작업자가 아닌 복수의 엔지니어가 협업을 구성하는 환경에서 데이터는 복제되어 여러 버전으로 나누어집니다.
여기에 또 큰 문제가 발생할 수 있습니다. 설계와 해석, 제조 공정을 다루는 프로그램이 서로 다른 시스템상에서 동작한다면 변환을 통해 데이터를 호환시켜야 하는데 IGES나 STEP과 같은 중립파일 또는 프로그램이 인식할 수 있는 데이터 형태로 변환하는 과정에서 데이터 손실이 발생할 수 있습니다.
마지막으로 이러한 엔지니어의 작업은 단순히 엔지니어들만이 확인하는 것이 아니라 의사 결정권자 또는 회사의 중역들에게 보고되어야 합니다. 이를 위해 또 다른 가공이 필요해집니다.
이제 플랫폼을 활용한 솔루션에 대해서 생각해 보겠습니다. 3DEXPERIENCE Platform은 하나의 Database(Model)를 기준으로 위에서 언급한 우려되는 상황에 대해서 매우 능동적으로 대처할 수 있습니다. 데이터의 변환 없이 하나의 공유 플랫폼을 통해서 설계와 해석, 공정 시뮬레이션 그리고 보고 및 검수를 위한 시스템을 제공할 수 있다는 것은 업무의 부담을 줄이고 시스템적인 안정성을 제공합니다.
한마디로 플랫폼을 기반으로 한 제조 솔루션(3DEXPERIENCE Platform)에서는 데이터 및 업무의 연속성을 가능케 합니다.

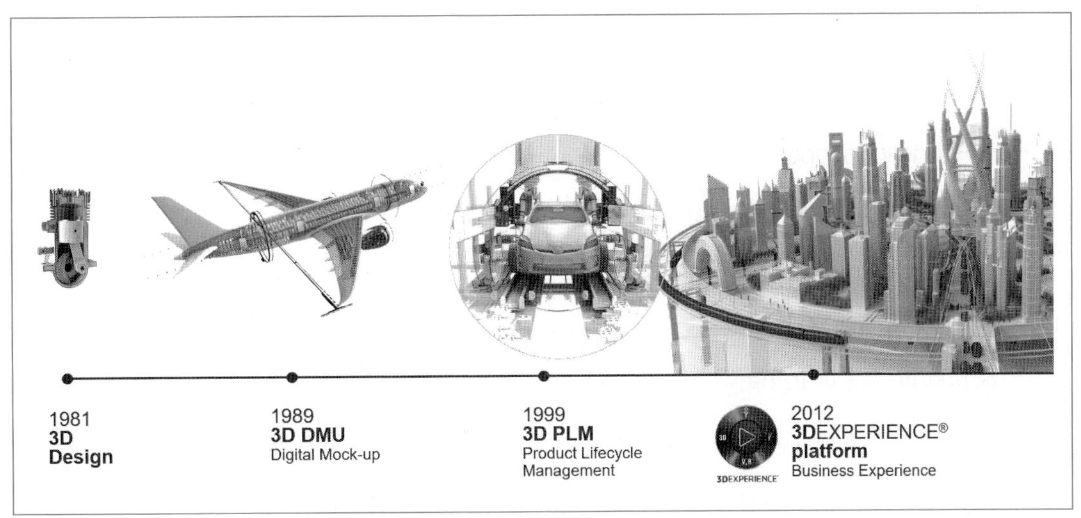

3DEXPERIENCE Platform은 위 그림에서 보여주듯이 다쏘시스템의 최신의 차세대 솔루션임을 보여주고 있습니다. 3차원 설계만을 목표로 하던 시대를 지나 디지털 목업과 PLM을 수용한 다쏘시스템의 제조 솔루션은 3DEXPERIENCE Platform으로 비즈니스에 수반되는 모든 프로세스와 경험을 집약하고 있습니다.

3DEXPERIENCE Platform은 다음의 Compass를 통해서 그 의미와 역량을 정리할 수 있습니다. 아래 Compass에는 동서남북 4개의 방향에 각각 정보 지능 애플리케이션(Information Intelligence Apps), 3D 모델링 애플리케이션(3D Modeling Apps), 콘텐츠 및 시뮬레이션 애플리케이션(Simulation Apps), 소셜 및 협업 애플리케이션(Social and Collaboration Apps)과 가운데 Play 아이콘을 확인할 수 있습니다.

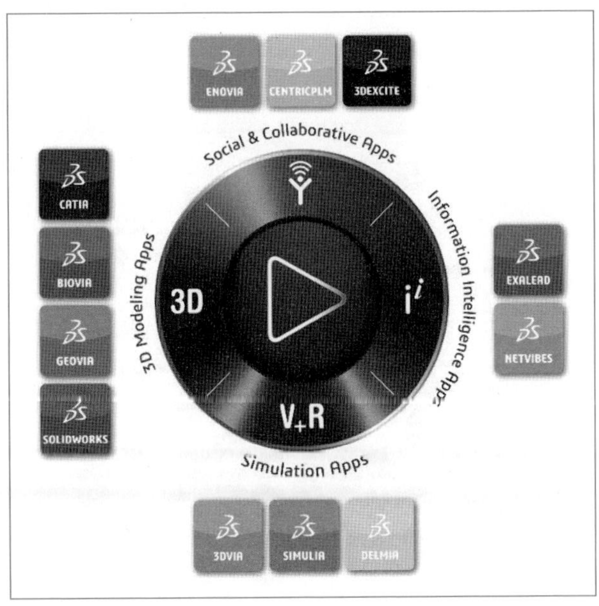

- Information Intelligence Apps

  Idea 공유, 프로젝트 및 제품 데이터 관리, 요구 사항 관리 등

- 3D Modeling Apps

  Mechanical Design, System Engineering, City Modeling, Material Science 등

- Simulation & Manufacturing Apps

  Verification & Validation Manufacturing, FEM & CFD, Operation Management, Schedule & Planning, 3D Printing,

- Social and Collaboration Apps

  KPI 모니터링, 3D 형상 검색, 대시보드, Big Data 분석

3DEXPERIENCE Platform에 대한 실질적인 소개와 사용에 대해서는 앞으로 이어지는 교재에서 그 설명을 이어가도록 하겠습니다.

SECTION 03 3DEXPERIENCE CATIA Portfolio

다음은 3DEXPERIENCE Platform 2019x를 기준으로 CATIA에서 제공하는 다양한 App들을 보여주고 있습니다. 이러한 App들은 라이센스 및 사용자의 Role에 의해 접근 및 활용할 수 있습니다.

본 교재에서는 Mechanical Designer를 대상으로 Part Design, Generative Shape Design, Assembly Design, Drafting App을 다루게 될 것입니다.

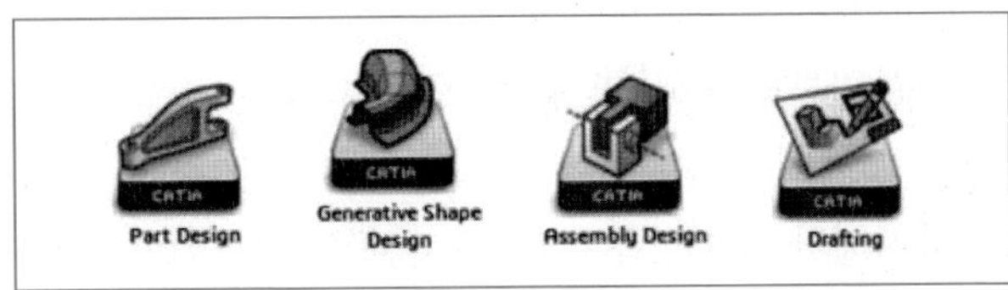

이전 CATIA V5의 경우 Sketch가 별도의 Workbench로 존재하였으나 3DEXPERIENCE Platform에서는 별도 App으로 구분되지 않아 Part Design App 설명 때 같이 포함하였습니다.

SECTION 04 Version, Release 그리고 SP(FP)

CATIA를 과거에 접해보았거나 처음 공부할 때도 반드시 확실하게 구분할 필요가 있는 부분이 바로 Version과 Release 차이일 것입니다. Release의 경우 같은 버전에 대해서 해마다 갱신되는 버전이라 할 수 있습니다. 올해 CATIA V5-6는 R2019가 출시되었으며, 3DEXPERIENCE Platform은 R2019x가 출시되었습니다. 내년에는 각각 CATIA V5-6 R2020과 3DEXPERIENCE Platform R2020x가 출시될 것입니다. 이렇듯 두 버전은 서로 평행하게 일정한 거리를 유지하며 함께 발전해 오고 있습니다.
참고로 CATIA V5-6라는 명칭은 이전에 CATIA V5로만 지칭하다(1998년) V6, 3DEXPERIENCE에 대한 다쏘시스템의 방향성을 강조하기 위하여 2012년부터 명칭이 변경되었습니다.

Version의 차이에 따라 CATIA는 사용자 인터페이스를 비롯해 작업 방식과 거동 등이 다릅니다. CATIA V5는 기본적으로 PC 기반에 개인 작업 공간을 기준으로 업무를 수행합니다. File Base라 부르는 만큼 작업 데이터가 작업자 개인의 장비에 저장되고 관리되는 방식을 사용합니다.
물론 VPM이나 Integration 방식을 사용하여 데이터를 중앙 관리 데이터베이스에 저장할 수 있지만, 이는 어디까지나 필수가 아닌 작업의 연장으로 3DEXPERIENCE Platform의 중앙 데이터 관리 방식과는 차이가 있습니다. 이 둘의 차이는 Chapter 03에서 Transition을 위한 설명 과정에서 이해해 보는 시간을 가질 것입니다.

CATIA의 경우 V5의 경우 일정한 기간별로 오류의 수정 및 기능 개선에 대한 반영 사항을 포함한 코드를 Service Pack(SP)으로 전달합니다. 그리고 3DEXPERIENCE Platform의 경우 Fix Pack(FP)을 통해 같은 과정의 결과물을 전달합니다.

추가로 조금 더 깊이 있게 살펴본다면 V4와 V6에 대한 설명이 필요할 것입니다. CATIA V4는 유닉스(Unix) 기반의 중앙 프레임을 기준으로 한 솔루션을 의미하며 V6는 V5에서 3DEXPERIENCE Platform으로 발전해가는 과정에서 중간 버전을 의미합니다. V6는 3DEXPERIENCE Platform과 마찬가지로 데이터베이스 기반의 솔루션이라 할 수 있습니다.

V6 R2009x부터 V6 R2013x까지가 CATIA V6이며, 3DEXPERIENCE Platform R2014x부터 현재의 3DEXPERIENCE Platform R2019x를 3DEXPERIENCE Platform으로 분류합니다.

SECTION 05 On Promise vs. On Cloud

3DEXPERIENCE Platform은 중앙 서버를 기반으로 플랫폼 환경에서 서비스를 제공합니다. 여기서 3DEXPERIENCE Platform이 단순히 데이터베이스만이 중앙 서버에 저장된다는 것을 의미하는 것은 아니며 각종 Web Application과 검색을 위한 Index 서비스 등이 중앙 플랫폼에서 제공되는 것입니다.

3DEXPERIENCE Platform을 구성하는 서버는 이러한 데이터베이스 서버와 서비스 기능을 제공하는 서버, Indexing 서버 등을 통칭하여 일컫습니다. 기업이나 단체에서는 따라서 이러한 3DEXPERIENCE Platform 서버를 확보해야 합니다.

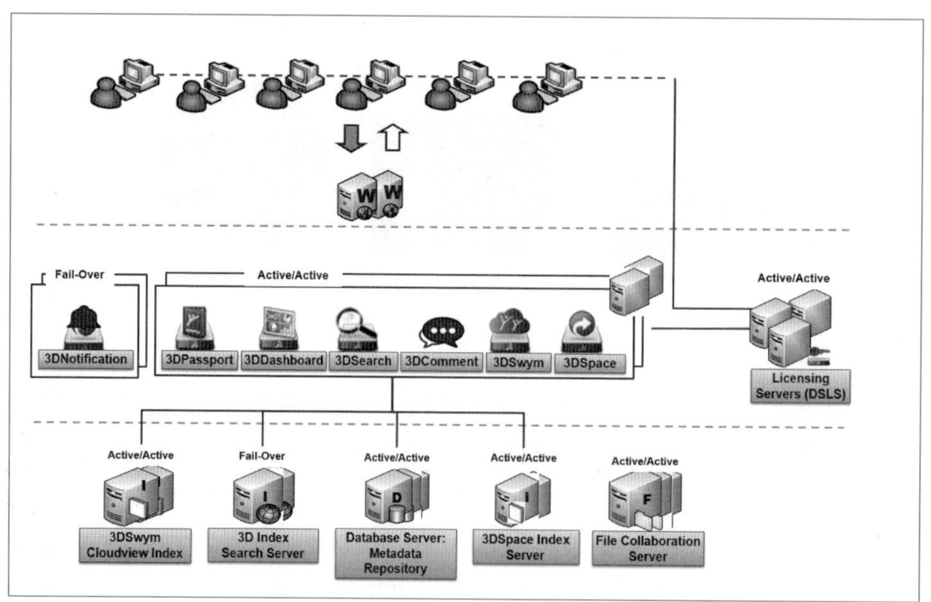

여기서 두 가지 방법이 있습니다. 하나는 플랫폼 서버를 내부에 구축할 수 있는 조건이 충족되는 경우 사내 전산망에 서버를 설치하는 것입니다. 다른 하나는 다쏘시스템에서 제공하는 클라우드 서비스를 활용하여 플랫폼 서버를 활용하는 것입니다.

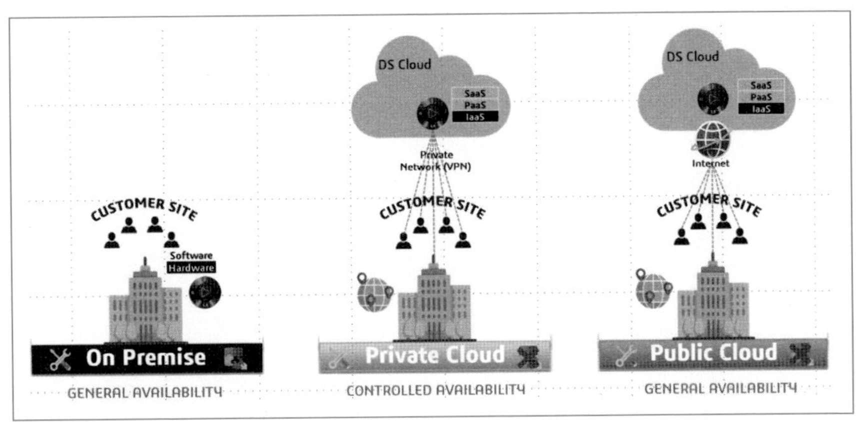

이 두 방법은 각각의 고유한 장점이 있으므로 이를 잘 파악하여 선택해야 합니다.

3DEXPERIENCE Platform
for Mechanical Engineers

CHAPTER 02
Preferences

여기서는 기본적으로 소프트웨어를 다루는데 있어 옵션의 확인이나 설정을 하는 부분을 놓쳐서는 안되기 때문에 이를 소개하기 위한 페이지로 상세한 설명은 생략하도록 하겠습니다. 적어도 어떠한 설정을 어디서 할 수 있는지 가늠할 수 있기를 바랍니다.

SECTION 01 Preferences

기본적인 Native App의 설정을 담고 있습니다. 상단의 My Menu에서 선택하여 설정창으로 이동할 수 있습니다.

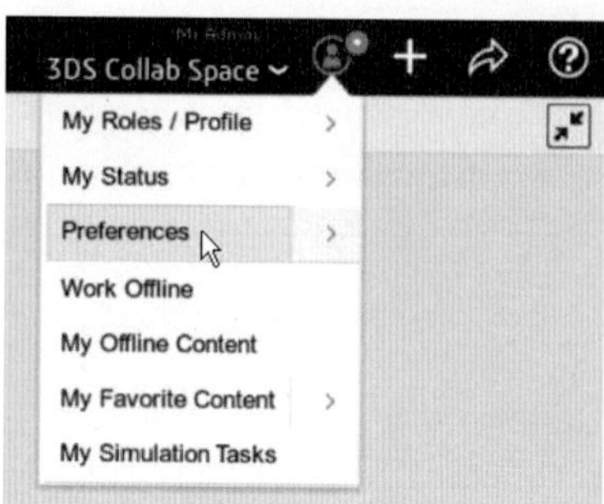

Preferences에서는 3DEXPERIENCE Platform의 기본 설정을 포함하여 각 App들에 대해서 설정할 수 있는 값들을 수정해 줄 수 있습니다. 기본적인 Preferences 설정은 개별적으로 사용하는 것 보다는 조직 내 Infra팀을 통해 표준화하여 사용하는 것을 권장합니다.

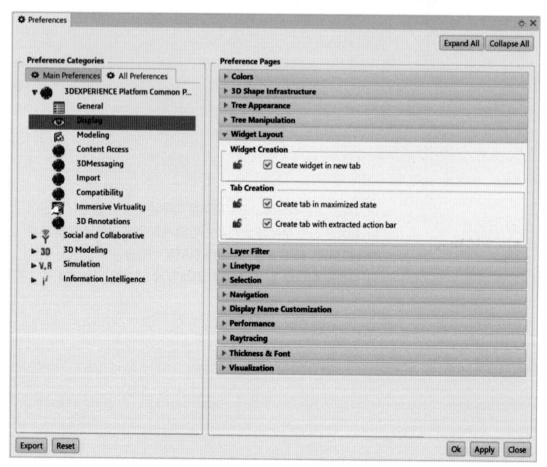

Preferences
Expand All
Collapse All
Preference Categories
Main Preferences
All Preferences
3DEXPERIENCE Platform Common P...
General
Display
Modeling
Content Access
3DMessaging
Import
Compatibility
Immersive Virtuality
3D Annotations
Social and Collaborative
3D Modeling
Simulation
Information Intelligence
Preference Pages
Colors
3D Shape Infrastructure
Tree Appearance
Tree Manipulation
Widget Layout
Widget Creation
Create widget in new tab
Tab Creation
Create tab in maximized state
Create tab with extracted action bar
Layer Filter
Linetype
Selection
Navigation
Display Name Customization
Performance
Raytracing
Thickness & Font
Visualization
Export
Reset
Ok
Apply
Close

만약 과거 릴리즈 또는 V5와 같은 설정 메뉴 방식을 사용하기 위해서는 My Menu ⇨ Prefer-ences ⇨ Legacy Preferences를 선택합니다.

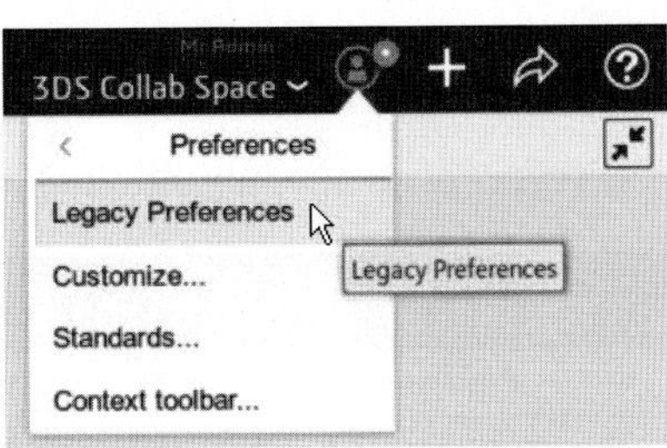

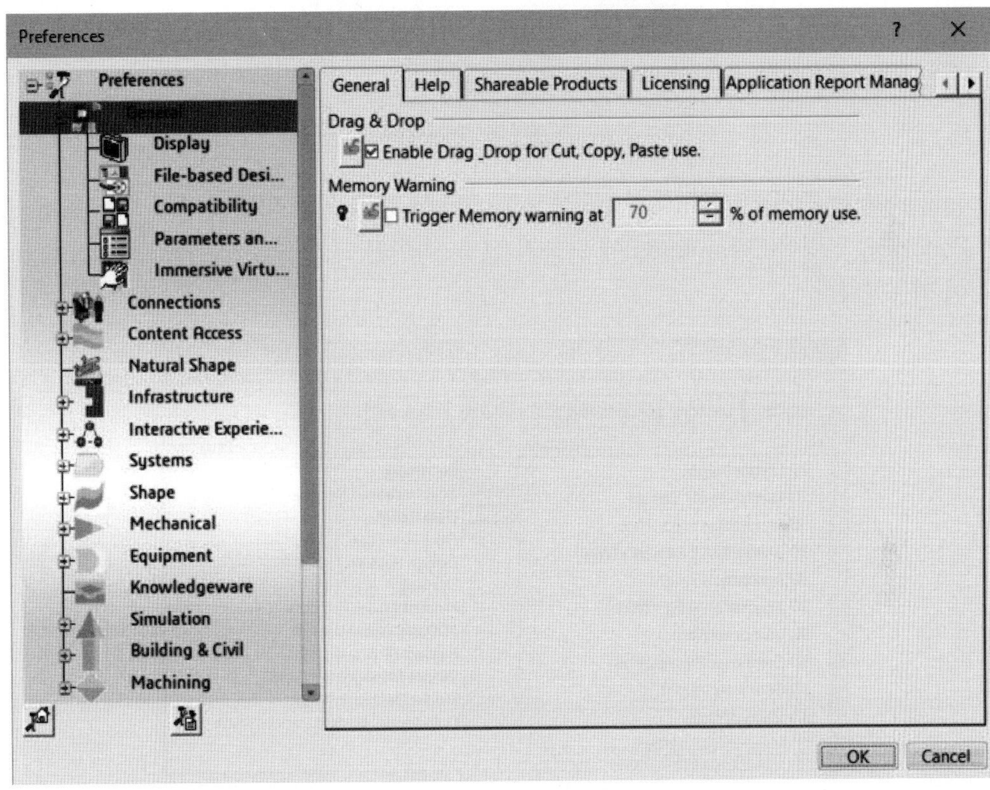

SECTION 02 Customize

Customize 부분은 앞서의 Preferences와는 조금 다르게 사용자 환경을 설정하는데 필요한 값을 설정해 줍니다. My Menu ⇨ Preferences ⇨ Customize를 선택합니다.

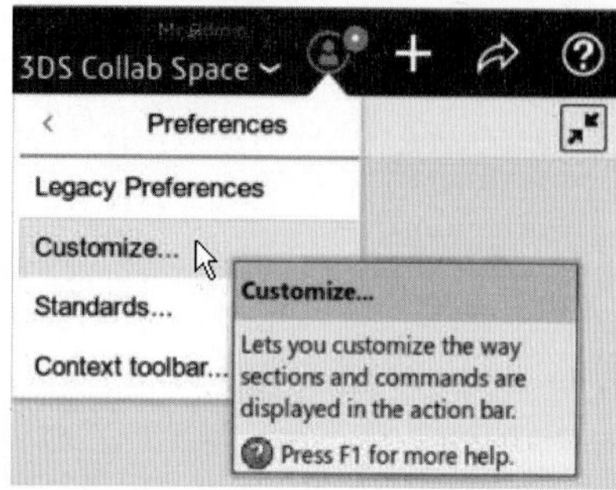

Customize에서는 즐겨 찾기(Favorites) 설정, Sections 생성 또는 명령어 추가 또는 제거, Action Pad 설정, 명령어(Commands)에 단축키 설정, 아이콘 크기 또는 언어와 같은 Options 설정 등이 가능합니다.

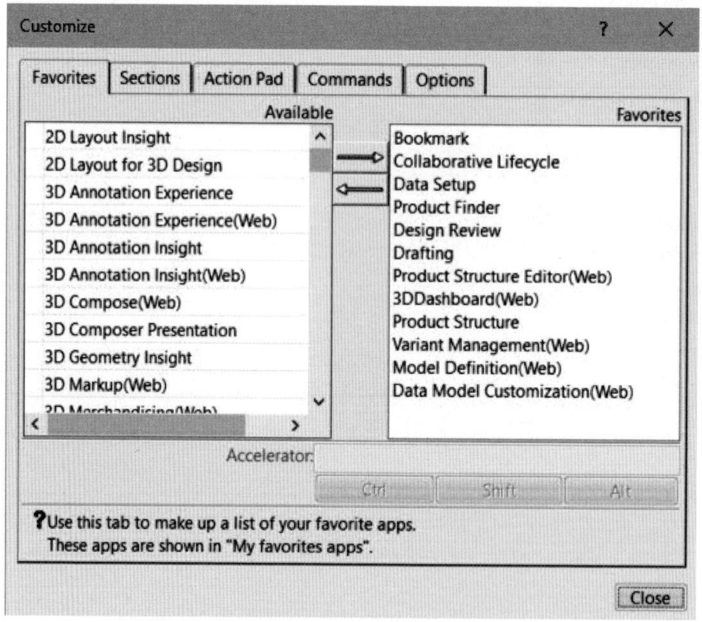

SECTION 03 Standards

Standards에서는 3DEXPERIENCE Platform Native App에서 기본이 되는 설정값들의 표준을 설정할 수 있습니다. 다만 Standards에서의 설정은 관리자만이 정의할 수 있습니다.
My Menu ⇨ Preferences ⇨ Standards를 선택합니다.

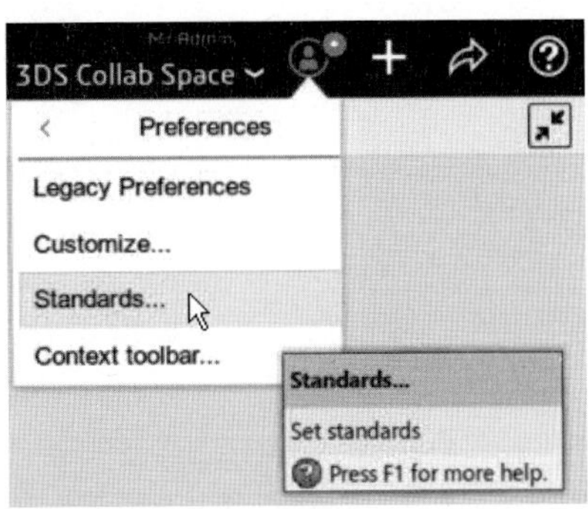

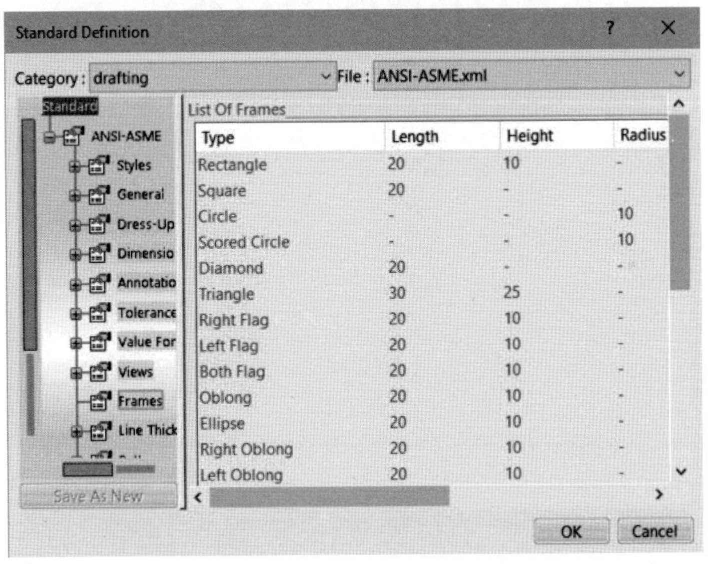

3DEXPERIENCE Platform

for Mechanical Engineers

CHAPTER 03

Transition : CATIA V5에서 3DEXPERIENCE Platform으로

여기서는 기존 V5 사용자들이 3DEXPERIENCE Platform 사용자로 확장할 수 있도록 이해를 돕는 내용을 담았습니다. Personal Computer 기반의 CATIA V5 사용자들은 새로운 3DEXPERIENCE Platform이 기존의 CATIA V5와 무엇이 다른지 또한 어떤 점이 유사한지를 인지하여 더욱 빠른 작업에 대한 적응을 도와줄 것입니다. 물론 이 부분은 처음 CATIA를 접하는 사용자들에게도 유용하므로 생략하지 않기를 권합니다.

SECTION 01 File-Based Design vs. Data-Based Design(Model Base)

앞서 간단히 언급한 바 있지만, File-Based Design의 경우 2000년대 개인용 컴퓨터(PC) 시장을 기준으로 개인 장비에 데이터를 저장하고 관리하였으며 이를 기준으로 설계 작업이 중심을 이루었습니다. 개별 작업자의 데이터는 개인 컴퓨터의 로컬 디스크나 네트워크 서버 또는 VPM, PDM 프로그램을 통하여 저장되어 관리되었습니다.
설계 데이터의 버전은 각 사용자의 필요에 따라 수정되고 독립적으로 변환되어 다른 용도로 재사용되었습니다. 각 설계자가 독립적으로 부품이나 모듈을 설계하는 경우는 큰 이슈가 없을 것입니다.
그러나 제품 설계를 하는 과정에서 여러 개의 단품과 이를 이용한 조립체를 구성한다고 하였을 때 개별 데이터의 수정과 이를 공유하는 설계와 양산 작업에 있어 오류의 발생 가능성을 무시할 수 없습니다. 또한, 설계 작업의 순차적인 업데이트를 기다릴 수밖에 없어 작업 속도 지연이 발생할 수밖에 없는 약점을 가지게 됩니다.
따라서 Filebase를 바탕으로 한 설계 작업은 협업과 즉각적인 설계 변경에 대한 반영에 있어 제한이 있을 수밖에 없습니다.

반면에 Data-Based Design의 경우 PLM2.0과 Web2.0, Web 3D등을 받아들여 하나의 서버와 데이터베이스를 사용하여(Single Source) 다수의 사용자가 동시에 설계 작업을 수행할 수 있습니다. 데이터는 사용 권한이 있는 사용자라면 누구나 검색하여 자신의 장비로 불러올 수 있습니다. 그리고 수정할 수 있으며 신규 데이터를 만들어 서버로 저장할 수 있습니다.
이러한 데이터는 즉각적으로 다른 사용자들에게 공유되며 누락되거나 동기화하지 않은 데이터가 발생할 우려가 없습니다. 또한, 설계가 진행중인 데이터에 대해서 해석 검증이나 양산을 위해 타부서 엔지니어와 공유가 용이합니다.
데이터가 한 곳에 모여있기 때문에 중앙 서버에서 데이터를 기반으로 한 애플리케이션 사용이 가능하며, 대용량의 데이터에 대해서 File-Based에 비해 빠른 접근과 관리를 할 수 있습니다. 더욱이 데이터는 안전하게 하나의 서버에서 관리되며 전체 데이터를 유지 관리하는 비용 역시 File-Based Design보다 저렴합니다.

앞서 File-Based Design 방식이 CATIA V5를 Data-Based Design이 3DEXPERIENCE Platform의 Native App을 사용하는 경우로 나누어 생각할 수 있을 것입니다.
이 둘은 엄연히 각각의 장점과 특성을 가진 만큼 선별하여 사용할 수 있을 것입니다. 따라서 어느 쪽이 좋거나 나쁘다의 시선으로 보는 것은 바람직하지 않음을 분명히 하는 바입니다.
본 교재에서는 3DEXPERIENCE Platform 사용자를 위한 교재인 만큼 초점을 3DEXPERIENCE Platform에 두어 설명하도록 할 것입니다.

SECTION 02 Product Structure

V5와 3DEXPERIENCE Platform을 비교하는 데 있어 설계자로서 가장 인지하기 쉬운 것 중 하나가 Product Structure일 것입니다.
아래 그림은 각각 V5와 3DEXPERIENCE Platform에서 Product를 구성하는 예시를 보여주고 있습니다. V5 Structure에서는 Root Product에 하위 Product를 가질 수 있으며 마찬가지로 Part 역시 포함할 수 있습니다. 이 부분은 3DEXPERIENCE Platform Product에서도 동일합니다.
그러나 3DEXPERIENCE Platform에서는 몇 가지 눈여겨볼 만한 차이를 확인할 수 있습니다. 우선 가장 큰 것은 Drawing이 Product 안으로 삽입될 수 있다는 것입니다. 이는 과거 V4에서와 유사한 구조라고 생각할 수 있습니다. 해당 3차원 데이터와 관련된 Drawing을 함께 Structure에서 확인할 수 있다는 것은 매우 유용합니다.
다음으로 특징적인 것은 3D Shape가 3D Part 하위에도 그리고 Product 하위에도 존재할 수 있다는 것입니다.
3D Shape는 3차원 형상을 저장할 수 있는 유형이라 할 수 있습니다. 또한 Skeleton Design을 위한 Skeleton Representation 역시 3D Shape의 한 유형입니다.

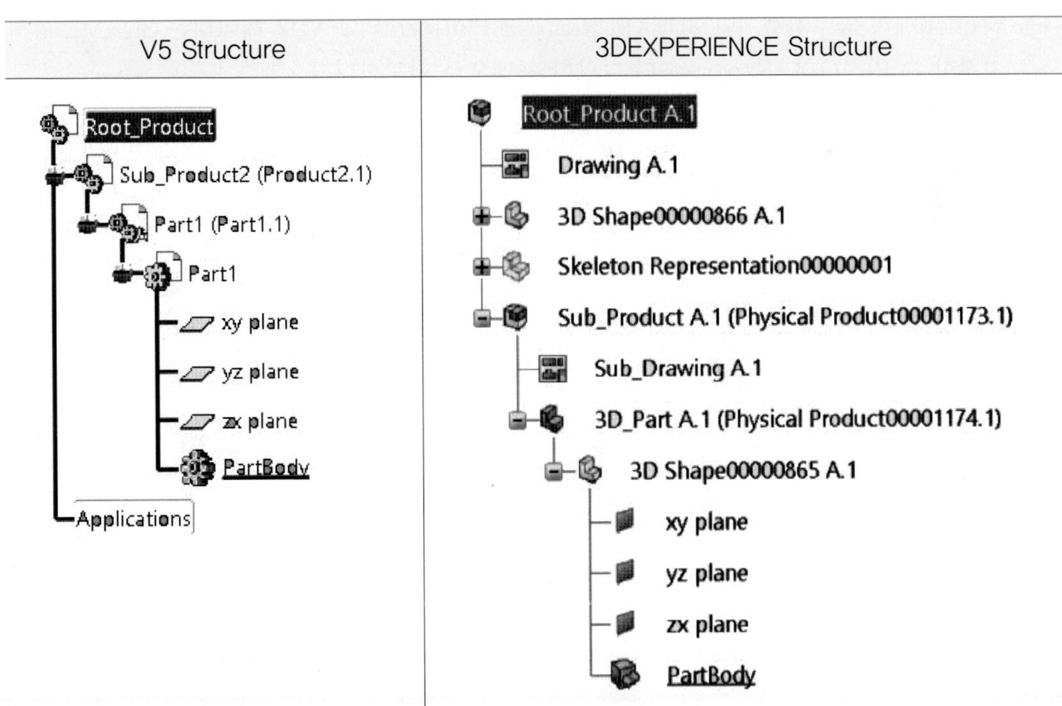

위 그림에서 각 요소들에 대해서 다음과 같이 구분해 볼 수 있습니다.

V5 Entities		3DEXPERIENCE PLM Objects	
Product	Product1	Physical Product	Physical Product
Component	Component		
Part Instance	Part1	3D Part Instance	3D Part
Part Representation	Part1	3D Shape Representation	3D Shape
Drawing	Drawing1	Drawing	Drawing

참고로 위 그림에서 3DEXPERIENCE Platform의 PLM Object는 파일 형식이 아니라는 점에 유의하기 바랍니다. Database 기반의 3DEXPERIENCE Platform에서 위의 PLM Object들은 V5와 같이 개별 파일들로 나누어 저장되지 않습니다.
다음 Section에서 공부하겠지만 3DEXPERIENCE Platform의 모델링 데이터는 3DXML 형식으로 저장할 수 있습니다.(Export는 더 다양한 포맷으로 가능합니다.)

CATIA V5	3DEXPERIENCE Platform
Drawing.CATDrawing Part.CATPart Root_Product.CATProduct Sub_Product.CATProduct	Root_Product A.1.3dxml

이와 같은 특성을 참고하여 3DEXPERIENCE Platform에서 모델링 작업 또는 Product 구성을 하는데 참고하기 바랍니다.

SECTION 03 3DXML

3DXML 형식은 DASSAULT SYSTEMS(다쏘시스템)의 고유 파일 형식으로 3DEXPERIENCE Platform 데이터를 원본 형태를 유지한 상태로 외부로 저장(Export)하거나 가져오기(Import) 위해 사용합니다. 하나의 Part를 내보내거나 여러 단품들의 조립체인 Product를 내보낼 때 또는 그 반대로 Part나 Product, Drawing 등을 가져오기 할 때도 이러한 3DXML 형식을 사용합니다.

여기서 기억할 것은 각각의 PLM Object 별로 3DXML이 만들어지는 것은 아니라는 것입니다. Assembly된 Product를 3DXML로 내보낼때에는 그 구조에 속한 다른 Sub Product와 Part, Drawing 등이 함께 하나의 3DXML에 포함된다는 것입니다. V5에서와 같이 각각의 Part들이나 Product, Drawing 데이터를 개별적으로 저장하여 관리하지 않음을 의미합니다.

일반적으로 3DEXPERIENCE Platform을 사용하는 환경에서 데이터를 외부로 내보내는 일은 많지 않습니다. 3DEXPERIENCE Platform은 기본적으로 하나의 데이터 소스를 기준으로 설계 작업을 진행하며 필요한 경우에만 Import나 Export를 통해 3DXML 형식으로 데이터를 내보내기 때문입니다.

3DXML은 두 가지 방식이 있으며, Authoring과 Review로 사용 목적에 맞게 활용할 수 있습니다. Authoring으로 내보내거나 가져온 데이터는 형상뿐만 아니라 모든 작업 내역이 그대로 보존된 원본 데이터라 할 수 있습니다. Review용으로 생성한 3DXML은 3차원 형상이나 구조는 확인할 수 있지만 수정이 불가능한 상태입니다.

3DXML 생성 또는 사용에 대해서는 다음 Chapter에서 설명하도록 하겠습니다.

SECTION 04 Constraints vs. Engineering Connection

여기서는 Assembly Dresign에서 각 컴포넌트를 연결하는 구속 조건에 관하여 설명하고자 합니다. 기본적으로 조립체를 구성하는 단품 요소들은 서로의 상관관계를 정의해 주어야지만 그 정보를 저장하게 됩니다. 실제 물리적 세계가 아니기 때문에 정의하지 않는 대상들 간의 일치 조건이나 체결에 대해서는 CATIA에서 인지하고 있지 않습니다.

따라서 설계자는 필요에 맞게 모델링 한 Part 3차원 데이터에 대해서 Product를 기준으로 상관관계에 대한 정의를 해주어야 합니다. 이럴 때 사용하는 기능이 제약조건(Constraints)이라 할 수 있습니다.

V5에서는 이러한 제약조건을 Assembly Design에서 Constraints를 사용하여 정의 하였습니다. 각 구성 요소들 사이의 면이나 축 요소들을 기준으로 일치하거나 일정 거리 또는 움직임의 자유도(Degree Of Freedom)을 정의하는데 제약조건을 사용하였습니다.
다만 이러한 제약조건은 컴포넌트들 사이에 조립을 위한 목적으로 사용되는 경우와 기구학적 조건(예를 들어 Digital Mock Up상에서 Kinematics 시뮬레이션을 정의하는 것)과는 별개로 정의하는 경우가 많았습니다. 일부는 대상들 사이의 구속 조건으로 다른 경우에는 Kinematics의 Joint를 생성하기 위한 구성 요소가 되기도 하였습니다.
그러나 제약조건은 3DEXPERIENCE Platform에서는 Engineering Connection으로 업그레이드되어 대상 사이에 구속 조건과 기구학적 거동 조건을 동시에 표현할 수 있는 기능이 되었습니다.

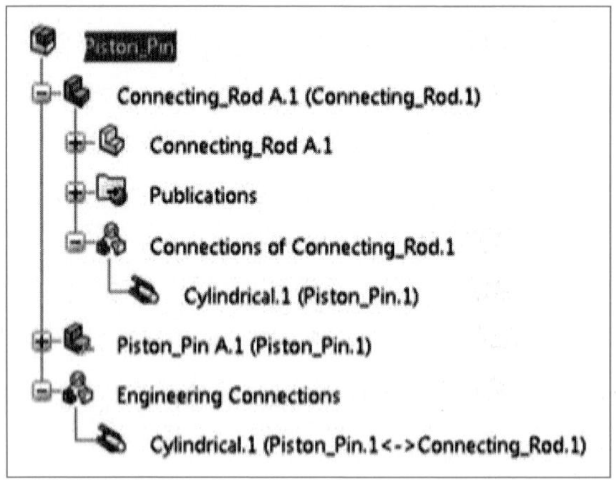

Engineering Connection에 대한 상세한 활용은 Chapter 05의 Assembly Design App에서 설명하도록 하겠습니다.

SECTION 05 Save and Open

기존 CATIA V5 사용자들이 가장 어색하게 생각하는 부분이 바로 모델링 한 데이터를 어떻게 저장하느냐일 것입니다. 앞서 하나의 통합된 서버로 데이터를 일괄 관리한다는 것을 어느 정도 이해했을 것입니다.
따라서 3DEXPERIENCE Platform에서 저장하는 데이터는 기본적으로 데이터베이스 서버로 저장됩니다. 여러분의 개인 컴퓨터로 저장되는 것이 아닙니다. 따라서 여러분의 설계 정보는 서버를 통하여 같은 작업자들에게 공유될 수 있으며 협업을 통해 추가적인 보완이나 검토가 가능합니다.

V5의 경우에는 개별 설계자가 작업한 데이터를 자신의 로컬 드라이브에 먼저 저장하여 이를 네트워크 드라이브 또는 VPM, PDM과 같은 전산시스템으로 Check-in하게 됩니다.

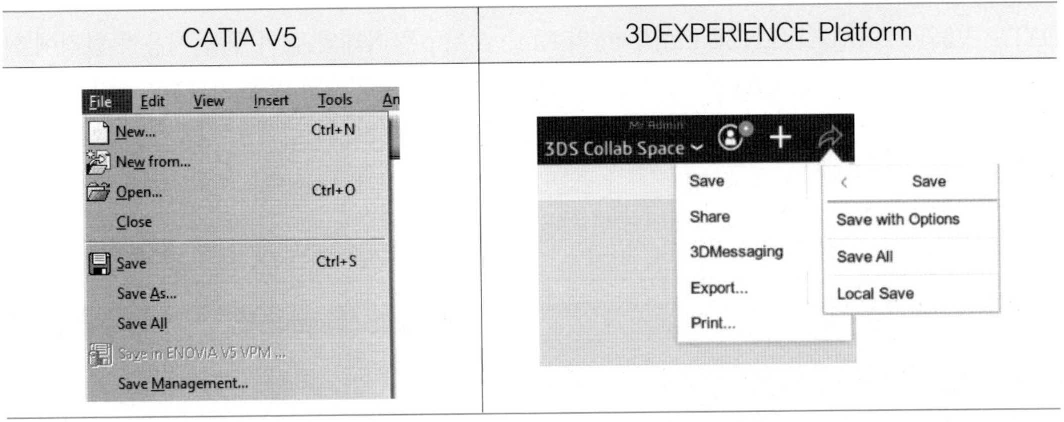

반대로 3DEXPERIENCE Platform에서 설계 데이터를 불러올 때는 우선 검색을 통하여 자신이 필요로 하는 데이터를 찾고 이를 열기를 통해 가져옵니다.

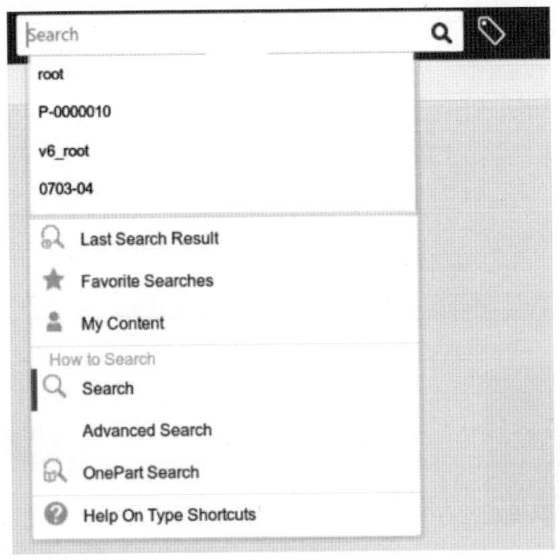

Check-out과는 다른 개념으로 바로 열기가 가능합니다.
또한 필요에 따라 열기(Authoring Mode)가 아닌 Explore Mode로 불러올 수 있으며 선택하여 열기가 가능합니다. 이러한 데이터의 출입 기록은 서버에 기록되며 언제나 실시간으로 동기화됩니다.

SECTION 06 User Interface

CATIA V5와 3DEXPERIENCE Platform의 Native App은 아래와 같이 구동 사용자 환경에 확연한 차이를 보여줍니다. CATIA V5의 Pull-Down 메뉴나 자유롭게 이동 가능한 Toolbar 들과 달리 3DEXPERIENCE Platform의 경우 좌측 상단의 Compass와 검색을 강조한 사용자 환경을 확인할 수 있습니다.

CATIA V5	3DEXPERIENCE Platform

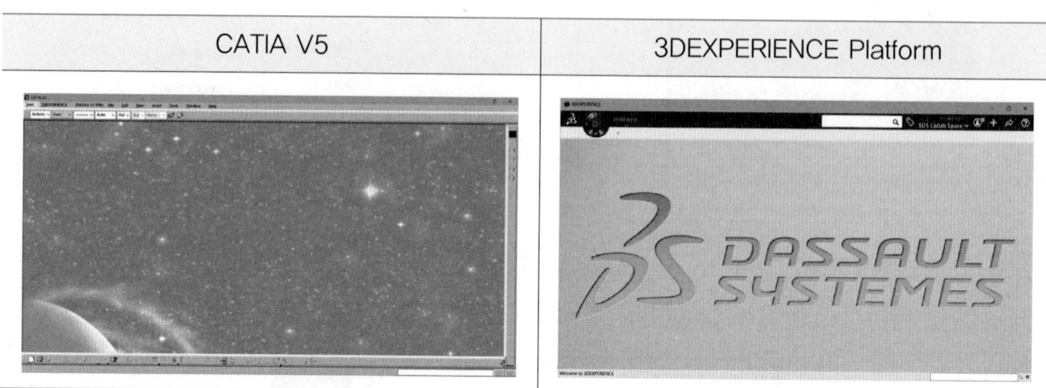

그러나 설계 작업을 시작하면 이 두 버전 사이에 공통점 또한 발견할 수 있습니다. 작업 이력에 대한 관리를 Spec Tree로 하는 것과 아이콘화된 명령어들을 확인할 수 있습니다.

CATIA V5	3DEXPERIENCE Platform

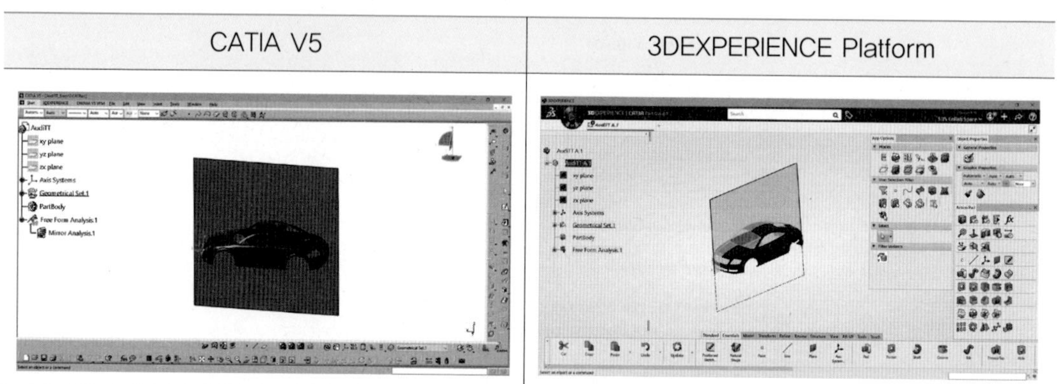

SECTION 07 Workbench vs. Apps

기본적으로 CATIA에서 설계 작업을 수행하는 작업 영역을 Workbench라 부르며 각 Workbench마다 고유한 작업 기능들을 가지고 있습니다. 솔리드 단품을 모델링하려면 Part Design Workbench로 조립 작업을 위해서는 Assembly Design Workbench로 이동해주어야 합니다. CATIA V5에서는 이러한 작업 영역인 Workbench들을 다음과 같이 보여주고 있습니다.

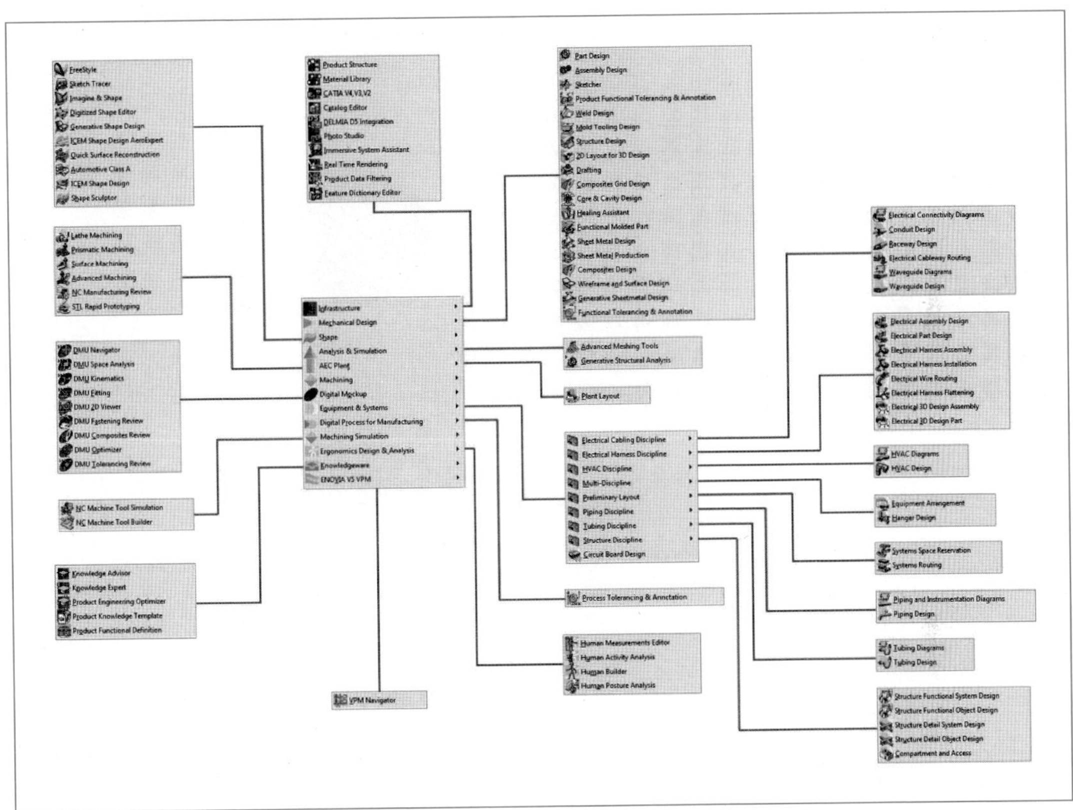

3DEXPERIENCE Platform에서는 Workbench의 개념이 App으로 변경되었습니다. Part Design Workbench가 Part Design App으로 변경되었다고 생각하면 매우 간단합니다.
그러나 3DEXPERIENCE Platform의 경우 플랫폼 서비스를 지향하고 있으며 CATIA를 비롯한 다양한 제품군을 하나의 틀 안에서 제공하여 더욱 풍부한 솔루션을 제공합니다.

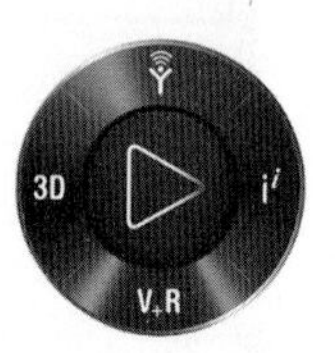
3D
V+R

CHAPTER 04

3DEXPERIENCE Platform 시작하기

이번 Chapter에서는 본격으로 3DEXPERIENCE Platform을 학습하는데 필요한 사용자 환경 및 기본 원리를 이해하도록 하겠습니다. 3DEXPERIENCE Platform의 기본적인 동작 원리와 인터페이스를 이해함으로써 다음 Chapter에 이어질 각 모델링 App들에 대한 활용을 용이하게 하는 것이 이번 Chapter의 목적이라 할 수 있습니다. CATIA V5나 기타 CAD 프로그램을 접해본 독자라면 조금 더 쉽게 이해할 수 있을 것입니다. 만약 그렇지 않더라도 손쉽게 구조를 이해할 수 있으니 순서대로 해당 항목들을 이해하면서 실습해 보기 바랍니다.

SECTION 01 Prerequisite

3DEXPERIENCE Platform을 시작하기에 앞서 기본적으로 자신의 장비에서 구동할 수 있는지 확인을 위해 아래와 같이 다쏘시스템 홈페이지에 접속하여 장비의 적합성을 확인할 필요가 있습니다.(3ds.com 접속 후 Support ⇨ Hardware and Software ⇨ Hardware and Software Configuration 선택)

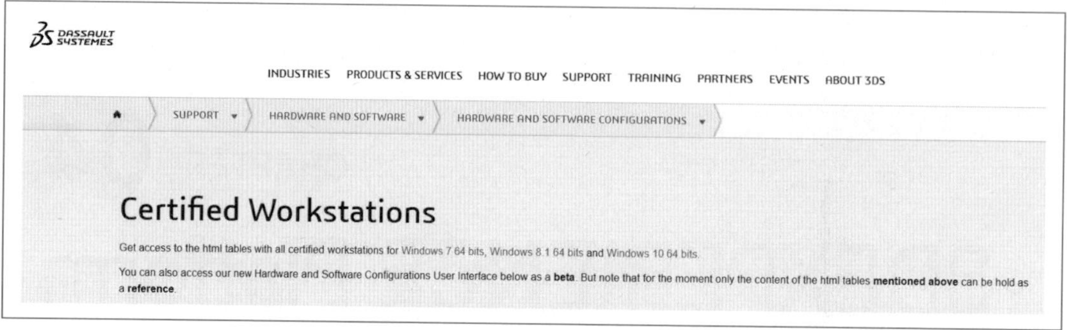

또한 그래픽 드라이버의 버전 역시 확인이 필요합니다.
만약 해당 그래픽 드라이버 버전이 지원되지 않는 낮은 버전인 경우 3DEXPERIENCE Platform Native App 실행시 경고 메시지를 띄울 것입니다.(실행이 안 되는 것은 아니지만 사용중 문제가 발생할 수 있습니다.)

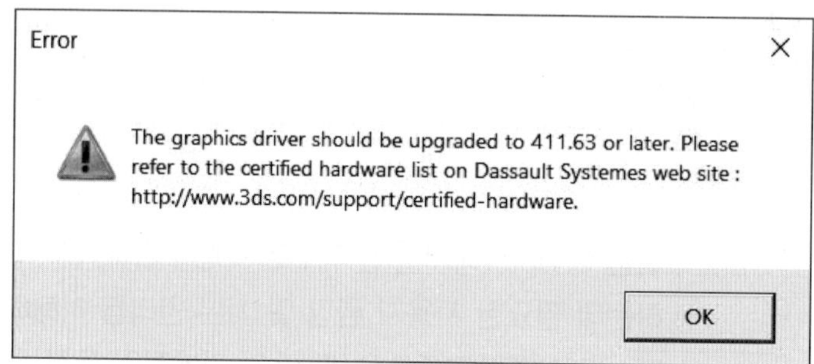

A. On Promise

개별 서버를 운용하는 On Promise의 경우 사용자의 장비에도 개별적으로 Native App 설치가 필요합니다. 일반적으로 코드 설치는 운영 담당자에 의해 배포되긴 하지만 간단하게나마 설치 관련 설명을 하겠습니다.
기본적으로 설계 작업을 위한 3DEXPERIENCE Platform 프로그램을 개인 장비에 설치하기 위해서는 설치 코드를 다운받아 순차적으로 설치해 주어야 합니다.

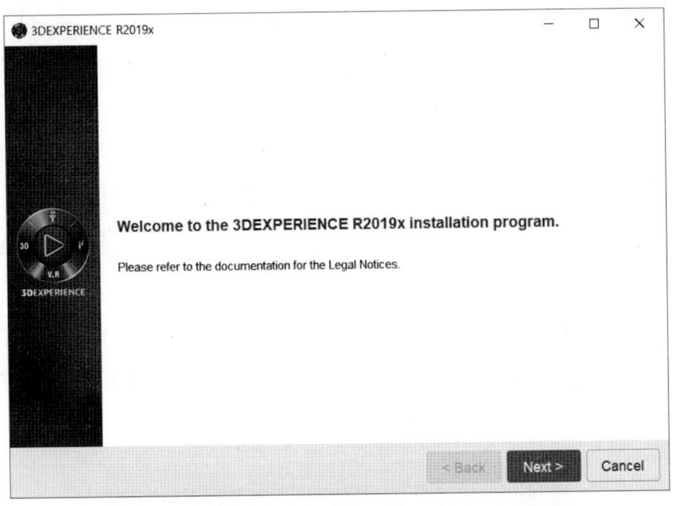

기본적으로 설치 코드는 처음 프로그램 개시와 함께 배포되는 GA와 이후 수정 사항을 반영하는 FP가 있습니다. GA는 처음 해당 릴리즈의 코드가 배포될 때 기본이 되는 코드를 설치하는 역할을 합니다.
이후 코드에 대한 수정이나 요구 사항이 반영되어 최신 수정 사항을 반영한 FP가 일정한 주기를 가지고 배포됩니다. 필요에 따라 작업자들은 이러한 코드를 설치할 수 있습니다. 참고로 FP는 GA 설치 없이 FP 코드를 바로 설치할 수는 없습니다.

B. On Cloud

클라우드 서비스를 사용하는 사용자의 경우 개별 코드를 직접 다운받지 않고 Web 브라우저로 3DSpace로 로그인 후 모델링 App을 선택하여 자동으로 업데이트가 실행할 수 있습니다.
기본적으로 두 경우를 아울러 서버의 FP 버전과 실제 사용자들이 사용하는 장비(Client)의 FP 버전은 일치해야 합니다. 서버가 FP를 업그레이드한다고 했을 때 Client 장비가 FP를 업그레이드하지 않는 경우 문제가 발생할 수 있습니다.

SECTION 03 Roles, Log-in, Security Credentials

3DEXPERIENCE Platform을 시작하면서 가장 큰 특징이 서버로 접속이 필요하다는 것입니다. 접속 승인 과정을 거친 후에 자신에게 부여된 Role을 기준으로 업무를 수행할 수 있습니다.

A. Role

3DEXPERIENCE Platform에서는 두 가지 Role을 생각할 수 있습니다. 하나는 Platform에 로그인하기 위해 필요한 자격에서 필요한 Role입니다. 이는 Access Role이라고도 하며 해당 Collaborative Space에 접속할 때 읽기 쓰기 권한 등을 부여받을 수 있습니다. 일반적으로 'Leader' 권한을 부여받으면 데이터를 읽고 쓰기가 가능합니다. 그 외 'Author, Owner, Reader, Administrator' 등의 Role이 있습니다. 기본적으로 Access Role은 3DEXPERIENCE Platform 관리자에 의해 할당 받을 수 있습니다.

다른 하나는 Platform 내에서 App들과 기능들을 사용하는 데 필요한 Role입니다. License와 유사한 개념으로 설계자는 Role을 할당받아 3DEXPERIENCE Platform에서 업무 수행에 필요한 App을 실행할 수 있습니다. 적절한 Role을 할당받지 못한 경우 기능 사용에 있어 제약이 따릅니다. 3DEXPERIENCE Platform의 Role 역시 관리자에 의해 각 작업자에게 할당 됩니다. 다음은 3DEXPERIENCE Platform Native App의 Compass에서 확인할 수 있는 할당된 Role을 보여주고 있습니다.

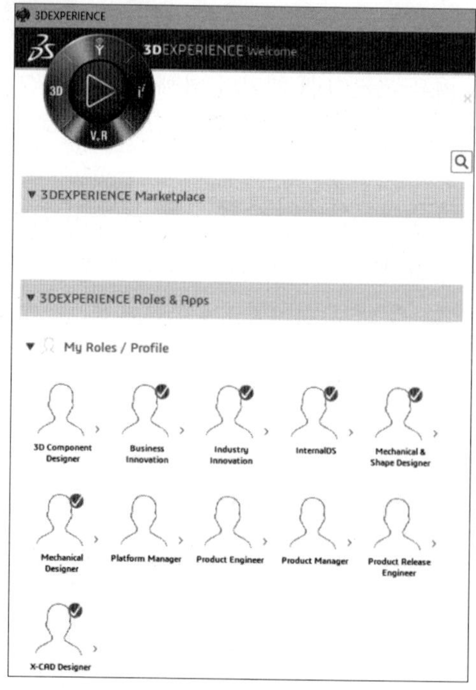

여기서 My Roles/Profile에 보이는 값들은 현재 작업자에게 할당된 값을 보여 주고 있습니다. 앞의 그림을 보면 다양한 Role 중에서 체크 표시가 된 것이 있고 아닌 것이 있습니다. 실제 해당 Role을 사용하기 위해서는 할당이 되었더라도 체크(Ckeck)까지 되어있어야 합니다.

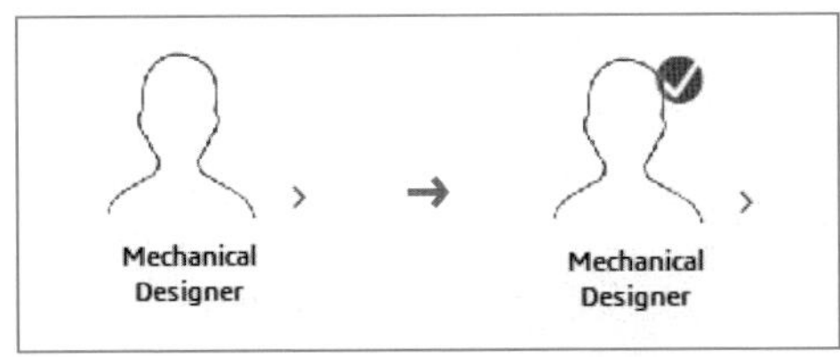

여기서 선택한 Role을 기준으로 사용할 수 있는 App을 확인하기 위해서는 아래처럼 화살 표시를 클릭합니다.

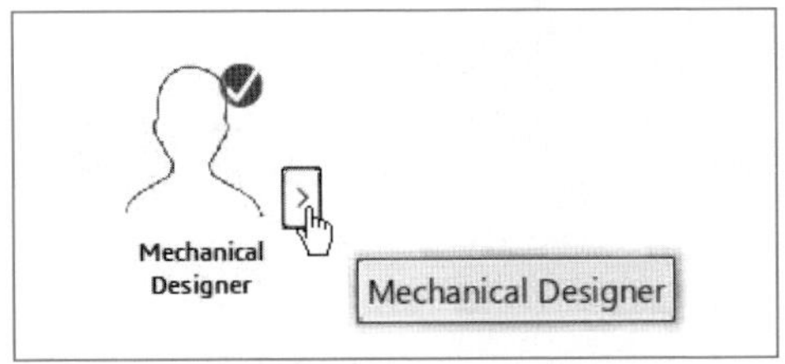

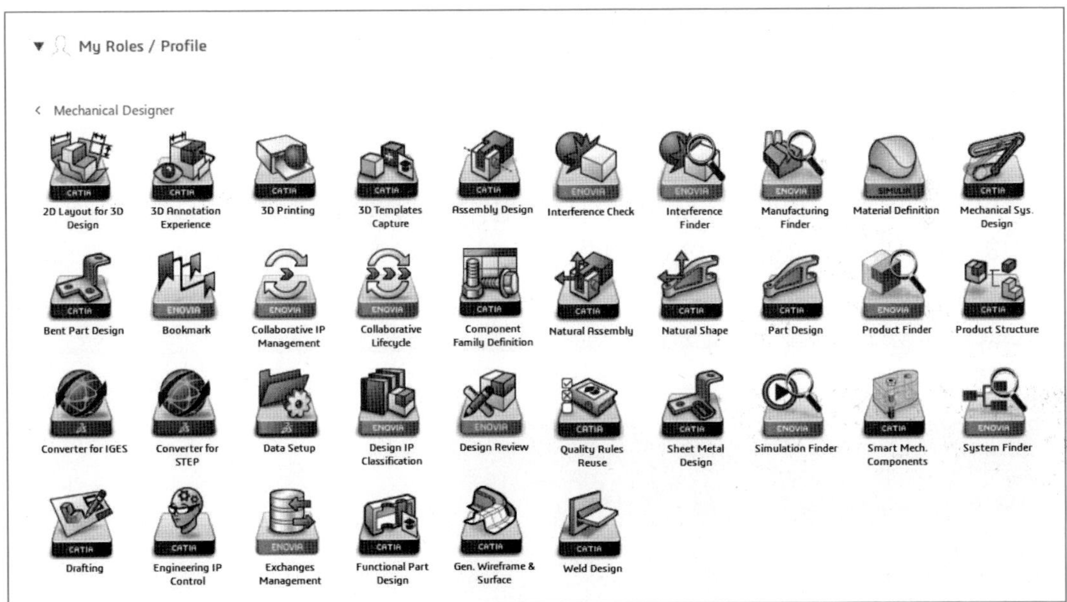

본 교재에서는 제조업 설계자 또는 기계 공학 분야 설계 엔지니어를 위한 Mechanical & Shape Designer(MES) 또는 Mechanical Designer(MDG)에 적절한 수준의 내용으로 구성하였습니다.

B. Log-in

3DEXPERIENCE Platform 계정으로 초대 메일을 받은 후 여러분은 3DEXPERIENCE ID를 생성하여 로그인할 수 있습니다.(On Promise, On Cloud 동일)
이미 3DEXPERIENCE ID가 있는 경우 웹 또는 Native App을 통하여 3DEXPERIENCE Platform에 로그인할 수 있습니다.

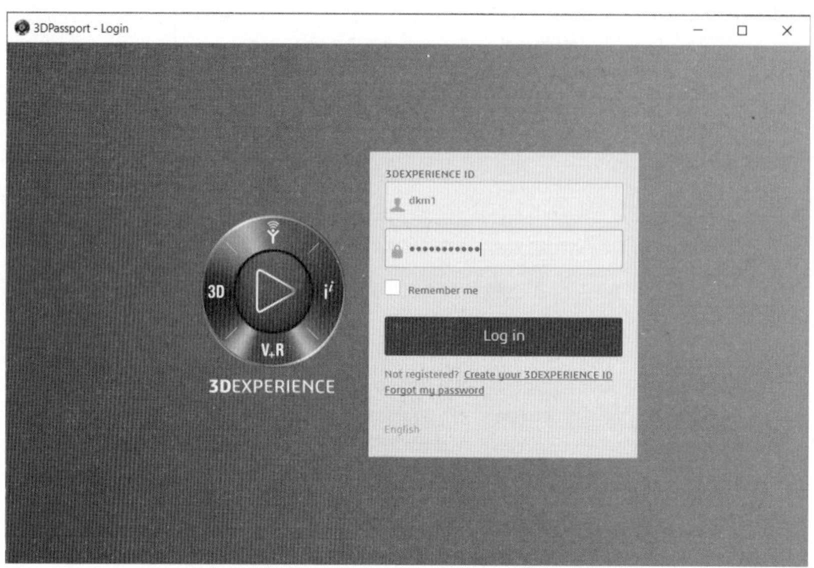

C. Security Context

3DEXPERIENCE ID와 Password를 바르게 입력하였다면 다음으로 나타나는 창에서는 작업하고자 하는 Collaborative Space와 Access Role을 선택해 줍니다. Collaborative Space나 Access Role이 하나인 경우에는 바로 선택할 수 있지만 여러 개의 Role을 가진 경우 직접 원하는 Role을 선택해 주어야 합니다.

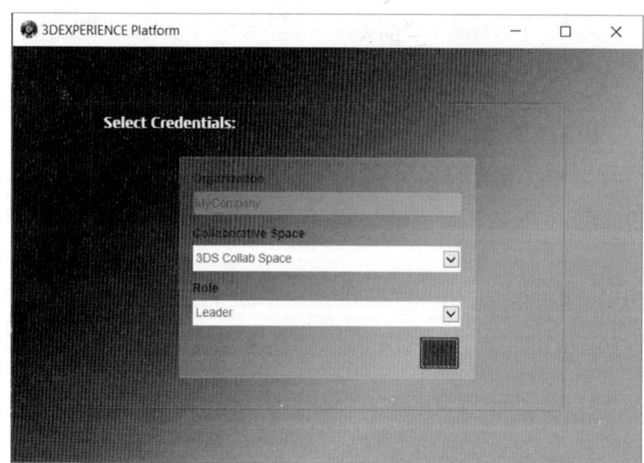

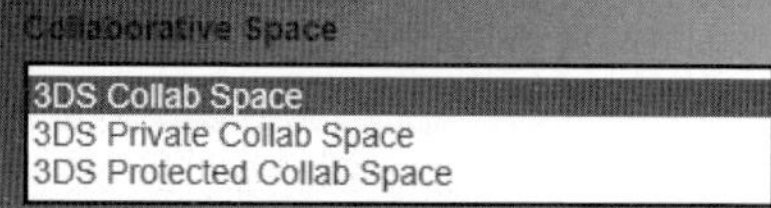

A. Native App 실행하기

Native App이라는 단어를 본 교재에서 CATIA를 대신하여 사용하고 있습니다. 이는 3DEXPERIENCE Platform에서 개별 사용자의 장비에 설치하는 프로그램이 단순히 CATIA 하나만을 구동시키기 위해 설치되는 것이 아니기 때문입니다. 설치된 코드와 Role을 바탕으로 여러분은 Native App을 사용하여 CATIA, SIMULIA, ENOVIA, DELMIA의 어떤 App들도 사용할 수 있습니다.

3DEXPERIENCE Platform Native Apps이 정상적으로 설치되었다면 여러분은 바탕화면의 아이콘 또는 시작 화면의 아래 경로를 통해 Native App을 구동할 수 있습니다.

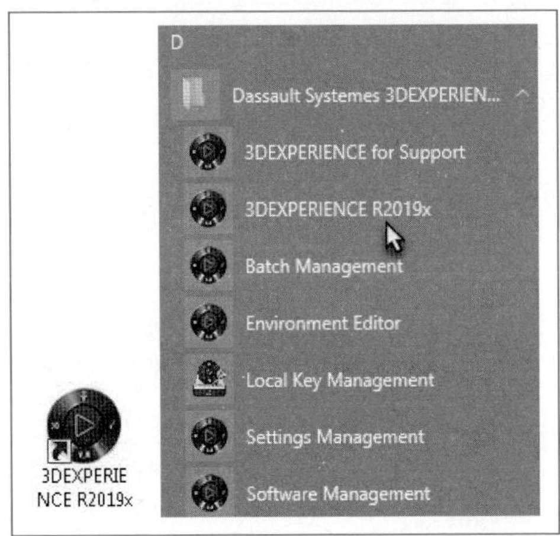

또는 여러분이 이미 Web 브라우저를 통해서 3DEXPERIENCE Platform에 로그인하여 3DSpace 또는 3DDashboard에 들어와 있다면 화면 좌측 상단의 Compass에서 실행하고자 하는 App을 선택하여 Native App 기동이 가능합니다.

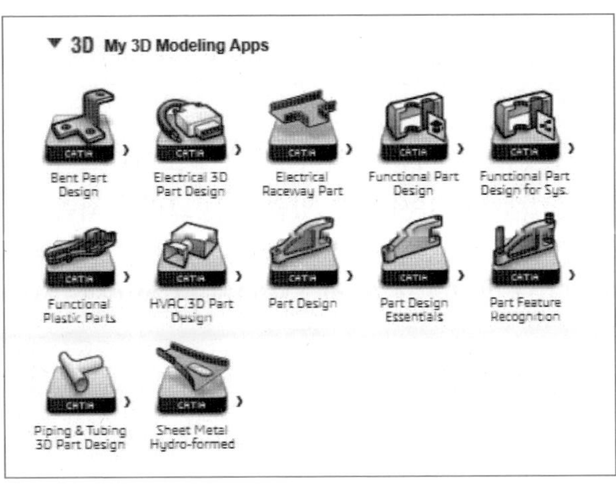

Native App이 실행되면 다음과 같은 화면을 확인할 수 있습니다.

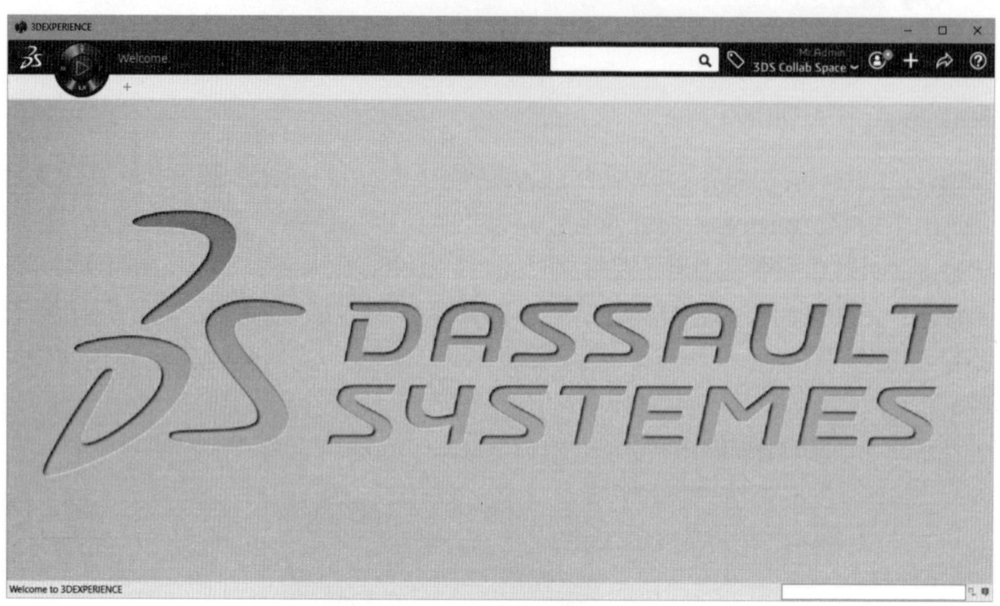

아래 환영 화면은 처음 확인 이후 사용하지 않게 좌측 하단에 체크박스를 선택합니다.

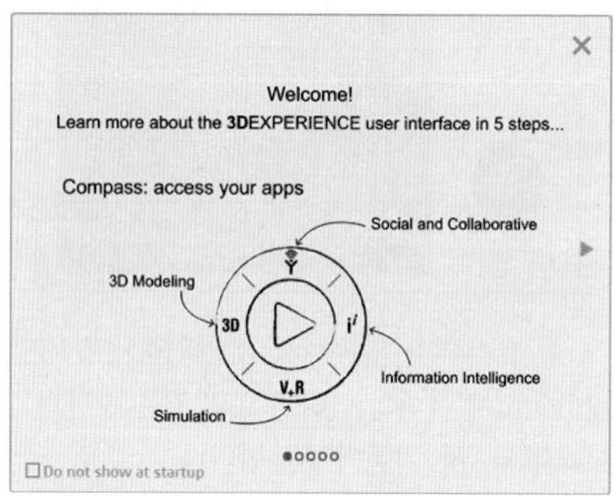

B. Graphic User Interface

다음은 기본적인 Native App의 사용자 인터페이스를 보여주고 있습니다. 기본적인 인터페이스는 기본 CAD 프로그램들과 유사할 수 있습니다. 그러나 좌측 상단의 Compass를 기준으로 사용자의 Role 및 접근 가능한 App을 실행하는 것과 검색 기능을 능동적으로 활용하기 위하여 중앙 상단에 배치한 검색 창과 6WTag는 단연 3DEXPERIENCE Platform만의 특징이라 할 수 있습니다.

우측 상단의 메뉴들을 통해서는 자신의 프로파일을 확인하거나 새로운 Contents를 생성하거나, 저장 또는 Import/Export, 설정을 위한 메뉴들을 확인할 수 있습니다.

하단에 명령어들의 배치는 과거 V5에서 Toolbar와 달리 고정된 Section으로 구분하여 명령어들을 사용할 수 있습니다. 화면 중앙에 표시되는 형상(Geometry)과 좌측의 Specification Tree, 우측 하단의 Robot은 과거 V5와 동일하다고할 수 있습니다. 우측 하단의 Swap Visible Space는 Hide/Show 상태를 전환하여 Viewing 하는데 사용합니다.

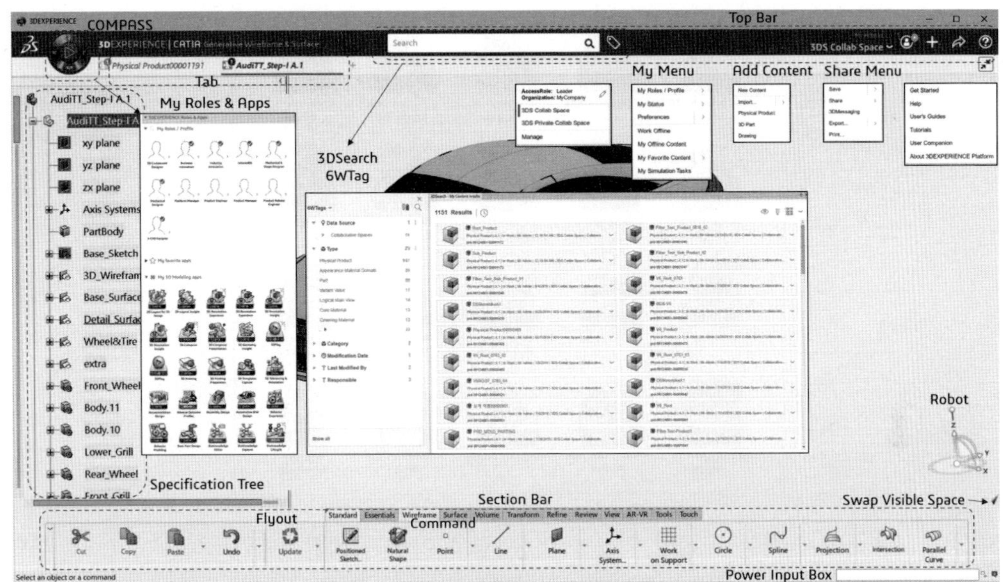

Section Bar는 Standard, View, AR-VR, Touch 등을 제외하고는 선택한 App의 종류에 따라 다르게 표시됩니다. 따라서 원하는 작업을 위해 수행 가능한 기능들이 어떤 App에 포함되어 있는지 알고 있어야 합니다.
위의 그림에서 표시된 각 항목에 대해서 앞으로 깊이 있게 알아보도록 하겠습니다.

C. Compass

Compass는 앞서 여러 페이지에서 확인할 수 있었습니다. Compass를 사용하여 작업자는 원하는 App을 실행할 수 있으며 자신의 Role을 조정하거나 웹 애플리케이션을 사용하고자 할 때도 사용할 수 있습니다. 뿐만 아니라 웹 브라우저를 통한 3DEXPERIENCE Platform 로그인 후에 3DSpace나 3DDashboard에서도 활용할 수 있습니다.
웹 또는 Native App에서 로그인한 후에 Compass를 확인하면 총 5개의 버튼을 확인할 수 있습니다. 4개의 각 방향에 있는 버튼은 다쏘시스템의 제품군들을 그 활용 목적에 맞게 구분되어 있습니다.

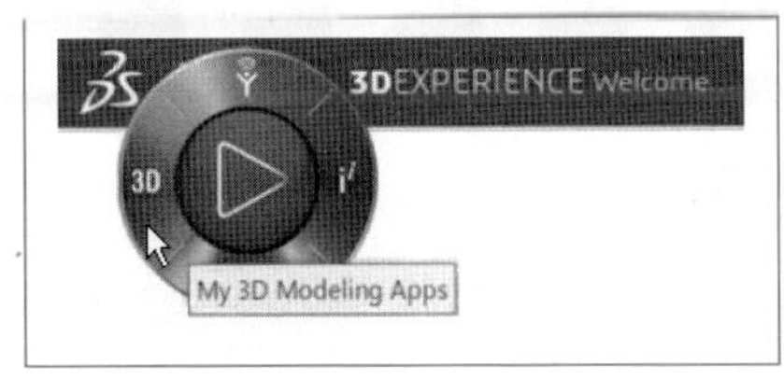

각각의 버튼을 클릭하면 아래와 같이 사용 가능한 App들을 확인할 수 있습니다.(부여된 Role에 따라 App 리스트가 교재와 다르게 나타날 수 있습니다.) CATIA 제품군에 해당하는 App들은 좌측의 3D Modeling 버튼에서 확인할 수 있습니다.

자신이 사용하고자 하는 App의 이름을 아는 경우 이를 검색할 수 있도록 Compass 하단에 검색 아이콘이 있습니다. 여기서 검색어를 입력하여 App을 필터링할 수 있습니다.

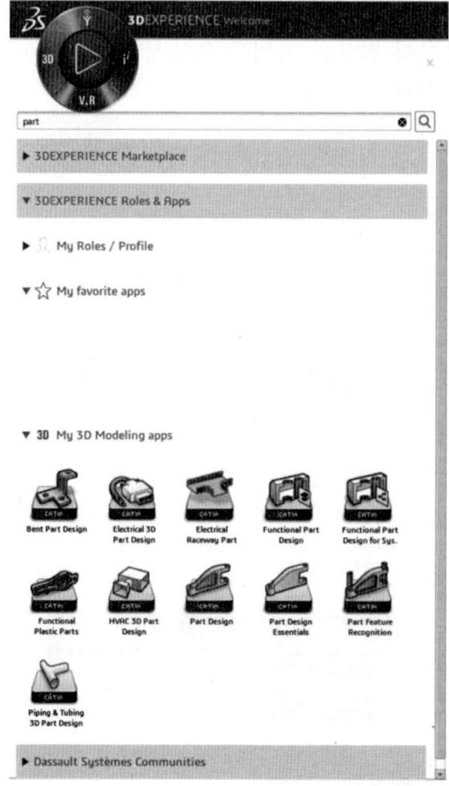

여기서 자주 사용하는 App에 대해서 즐겨찾기 위치에 끌어다 놓을 수 있습니다.

즐겨찾기의 App들은 Compass의 모든 위치의 값을 한 번에 보여주기 때문에 자주 사용하는 App에 대해서는 즐겨찾기를 선택해 놓는 것이 매우 유용합니다.

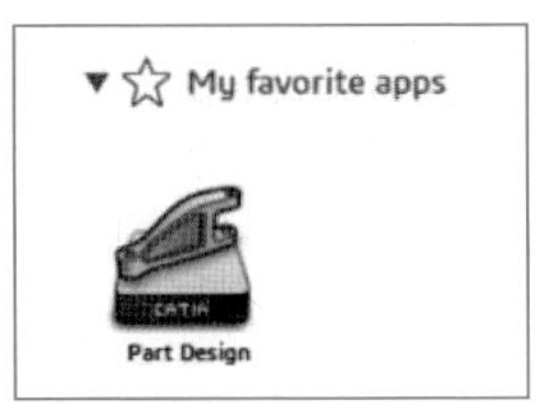

이번 교재에서 사용하게 될 App들을 다음과 같이 즐겨찾기로 이동해 보기 바랍니다.

D. Section Bar 그리고 Action Pad

1. Section Bar

3DEXPERIENCE Platform의 Native App은 화면 하단에 명령어들을 같은 유형의 명령어들끼리 묶어 Section Bar 형태로 출력해 줍니다.(V5에서는 Toolbar라고 칭하였습니다)
Customize를 사용하여 각 Section Bar에 원하는 명령어를 추가하거나 삭제하는 것이 가능합니다.
또는 작업자의 편의에 맞춰 자신만의 Section Bar를 생성하는 것도 가능합니다.
Section Bar의 표시 Mode는 사용자의 편의를 맞추어 변경할 수 있습니다.
아래와 같이 임의의 App에 들어간 후 Section Bar에서 마우스 오른쪽 메뉴를 확인하면 다음과 같은 값을 확인할 수 있습니다.

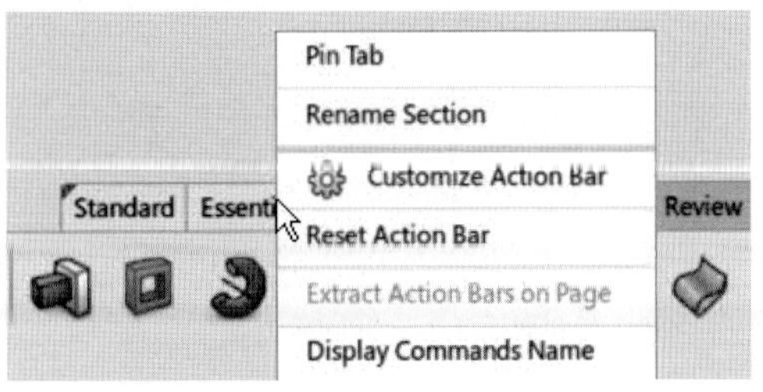

Chapter 04. 3DEXPERIENCE Platform

Pin/Unpin Tab	Section Bar를 항상 표시할 수 있도록 설정해 줄 수 있습니다.
Rename Section	Section Bar의 이름을 변경할 수 있습니다.
Customize Action Bar	Section Bar 내의 명령어들의 위치를 바꾸거나 제거하는 작업을 할 수 있습니다. 또한 Action Pad를 사용할 경우 Action Pad의 명령어를 배치하거나 조정해 줄 수 있습니다. 완료 후 Exit Customize를 해주어야 합니다.
Reset Action Bar	개인 설정한 Section Bar의 설정을 초기화합니다.
Display Commands Name	Section Bar의 명령어들의 이름을 표시하게 하는 기능입니다. (Tools Section에 있는 Icon with Labels을 활성화한 것과 같습니다.)

Section Bar는 기본적인 명령어들이 모여있는 영역(Primary Area)과 부수적으로 클릭을 통해 확장되는 영역(Secondary Area)으로 나눌 수 있습니다.

또한 Section Bar의 명령어들은 한 번 더 유사한 기능들끼리 묶어놓게 됩니다. 이를 사용하기 위해서는 아래와 같이 Section Bar에 위치한 화살표시를 눌러 Flyout이라 부르는 Sub Section을 띄울 수 있습니다. 여기서 추가적인 명령 사용이 가능합니다. Flyout의 명령 중에 하나를 사용하면 Section Bar에서도 해당 명령이 먼저 노출됩니다.(과거 V5에서는 이를 Sub Toolbar로 불러주었습니다.)

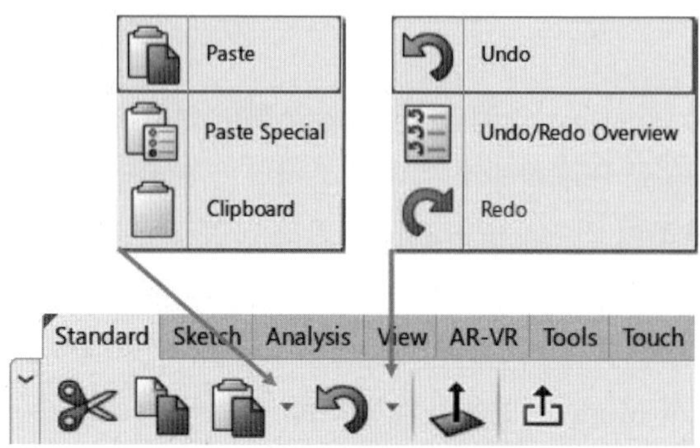

만약에 하나의 Section Bar에 명령어들이 많아 하나의 화면에 나타내기 어려운 경우 아래와 같이 Bar를 잡고 좌우로 이동하여 선택할 수 있도록 기능이 제공됩니다.

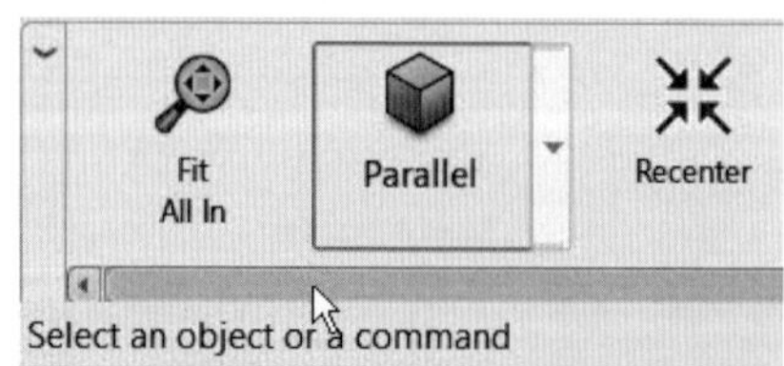

Section Bar의 좌측에 화살표시를 클릭하면 숨기기가 가능한데 이런 경우 마우스 커서를 Section Bar가 있던 위치로 이동하였을 때 자동으로 팝업되게 구동됩니다.

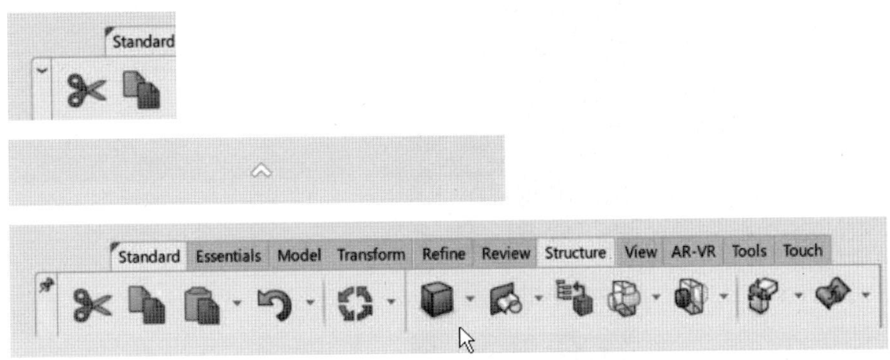

물론 다시 고정하는 것도 가능합니다.

2. Action Pad

Section Bar의 사용과 더불어 보다 편리하게 명령어를 사용할 수 있도록 Action Pad라는 것을 활성화하여 사용할 수 있습니다. 화면에서 마우스 오른쪽 메뉴를 선택, Action Pad를 체크하면 다음과 같이 화면에 명령어들이 나열된 Action Pad가 나타납니다.

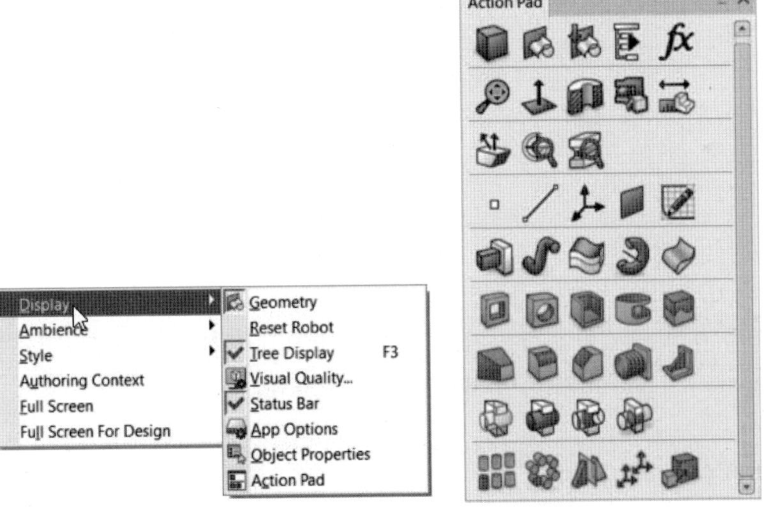

여기서 Action Pad는 원하는 위치로 이동할 수 있으며, Action Pad 안에 속한 명령어들을 편집할 수 있습니다. 앞서 Section Bar를 설정하는 부분에서 Customize Action Bar를 활성화하여 설정 가능하며, 필요에 맞게 명령어들을 구성하여 보다 편리하게 명령어를 이용할 수 있습니다.

추가로 앞서 오른쪽 메뉴의 Display 값 중에 App Options와 Object Properties를 체크하여 활용할 수 있습니다.

이 두 가지 옵션을 추가로 활성화하여 각 명령어나 작업에 필요한 하위 옵션을 손쉽게 정의할 수 있으며, 개체의 속성을 정의해 줄 수 있습니다. Object Properties와 App Options에 대해서는 뒤에서 다시 한번 자세히 다루겠습니다.

E. Command와 Dialog Box

Native App을 실행하면서 기능 구현을 위해 명령어를 실행합니다. 명령어의 실행 방법은 기본적으로 Native App이 GUI 기반이기 때문에 Section Bar 또는 Action Pad에서 아이콘을 클릭하면 됩니다.

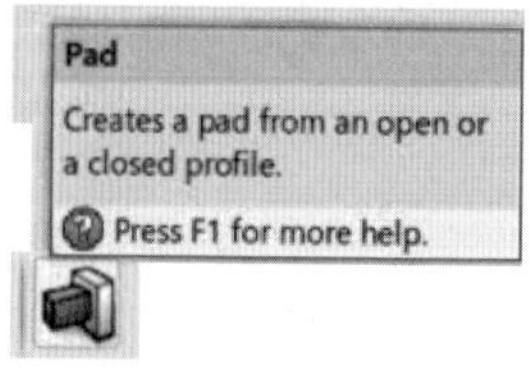

또는 명령어 단축키 설정에 앞서 Customize 부분에서 설정하여 단축키를 통해 구동하게 할 수 있습니다.

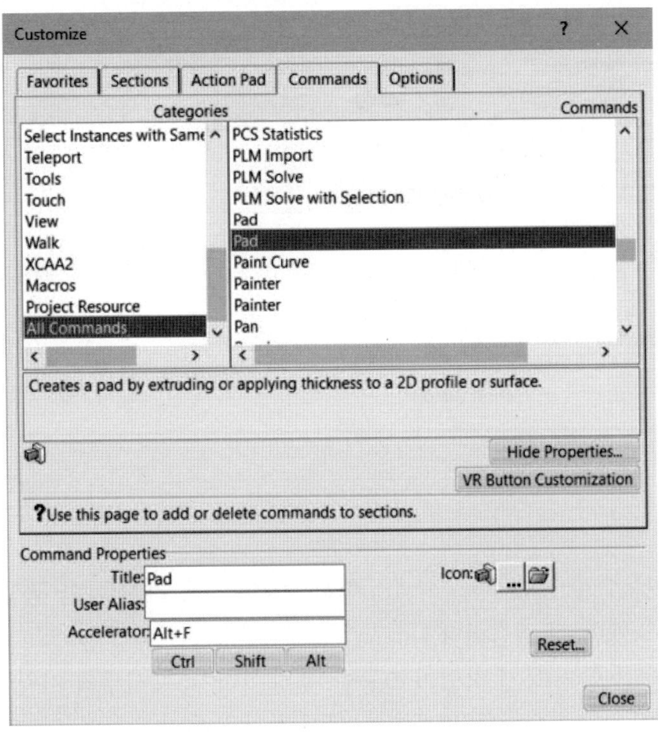

마지막으로 동일한 PLM Object를 사용하는 App들의 경우 명령어를 반드시 해당 App으로 이동하지 않아도 되며 Status Bar에서 명령어의 이름을 Key-in하여 실행할 수 있습니다. Status Bar는 앞서 Display 설정에서 체크해 줄 수 있습니다.

이렇게 활성화된 Status Bar를 통하여 세션에 실행 중인 상태 정보를 확인하거나 명령어 입력이 가능합니다.

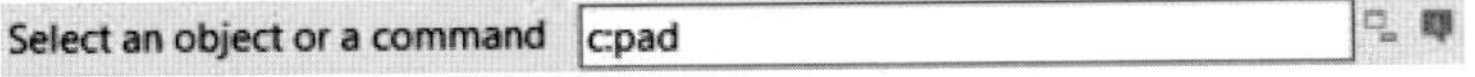

위와 같은 방법들로 명령어를 실행하면 다음과 같은 Dialog Box를 확인할 수 있습니다. 이러한 Dialog Box의 구조는 각 명령어들의 특징마다 다르게 나타날 수 있음에 유의해야 합니다. 이 Dialog Box 안에서 각 명령에 대한 세부 설정을 할 수 있는데 치수 값은 물론 범위 세부 옵션이 활성화/비활성화, 대상 선택과 같은 작업을 하게 됩니다.
이 Dialog Box 창은 작업을 실행할 당시와 수정을 할 때 모두 같은 형태로 띄워집니다.

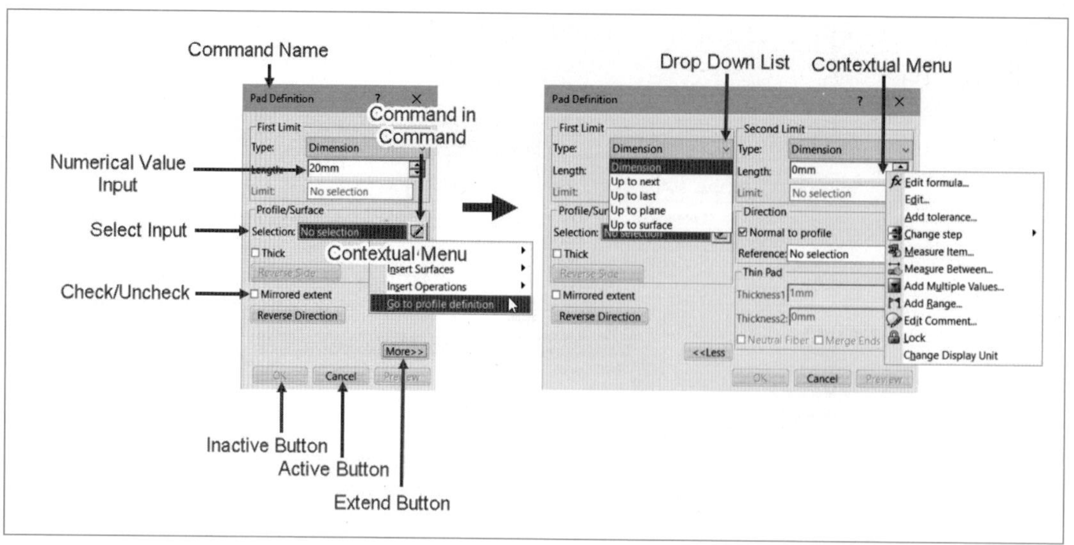

F. Tab

3DEXPERIENCE Platform Native App에서 보이는 도드라진 화면 구성의 차이 중에 하나로 Tab 기능을 소개할 수 있습니다.
여러 개의 데이터를 열어 동시 작업이 가능한 것은 이미 V5에서부터 지원이 되어왔으나 동시에 여러 개의 대상을 불러오거나 생성한 후 설계 작업을 돕기 위하여 Tab 기능을 지원하여 여러 개의 대상을 분할 또는 통합하여 배열할 수 있습니다.
다음은 새로운 PLM Object를 생성하거나 불러왔을 때 손쉽게 작업 대상을 전환할 수 있도록 하는 Tab 구조를 보여줍니다. Native App을 실행한 후 Compass 우측에 작은 '+' 버튼을 클릭하여 Tab을 생성합니다.

같은 방법으로 옆에 나란히 여러 개의 Tab을 생성할 수 있으며, 원하는 Tab을 선택한 후 해당 Tab에 PLM Object를 생성해 주거나 불러오기가 가능합니다.

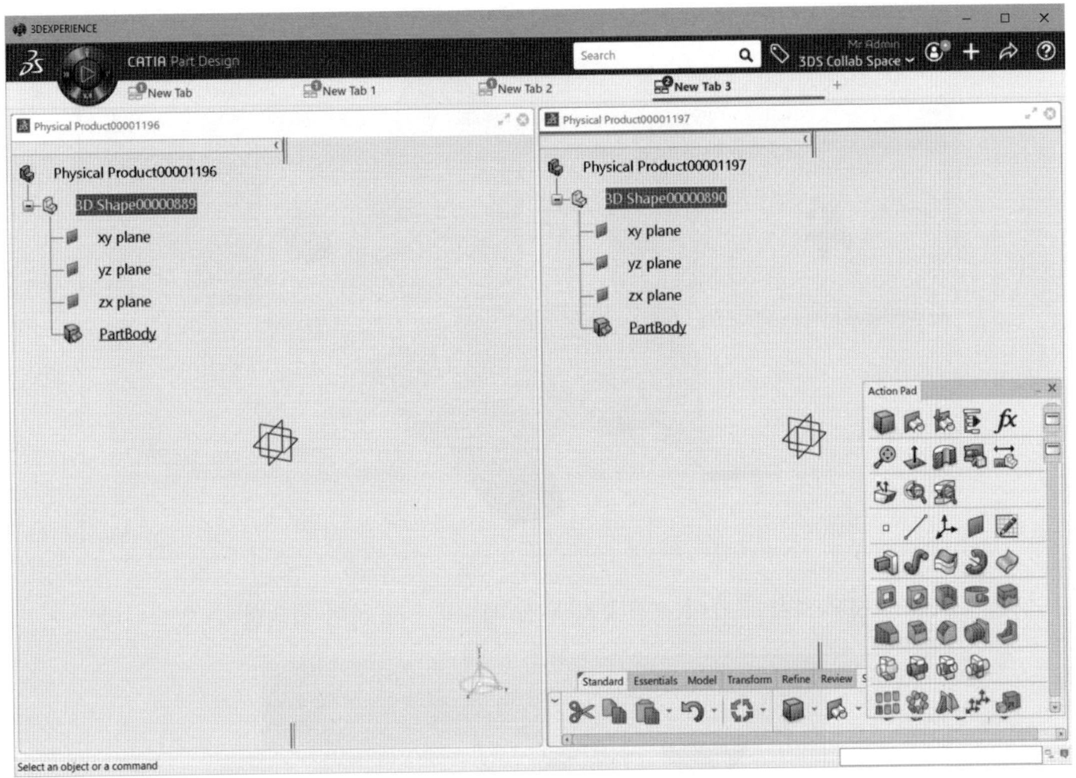

하나의 Tab에 여러 개의 PLM Object를 배열할 수 있으며 설정에 따라 PLM Object 별로 Tab이 생성되도록 할 수 있습니다. 이렇게 여러 개의 Tab과 위젯으로 작업할 경우 아래와 같이 마우스 커서를 이용하여 현재 Tab에서 열려있는 PLM Object를 확인할 수 있으며 이동 역시 가능합니다.

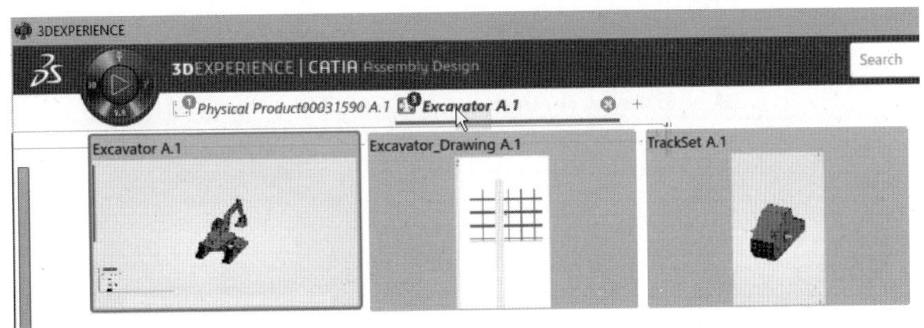

또는 아래와 같이 CTRL + Tab Key를 눌러 이동할 수 있습니다.

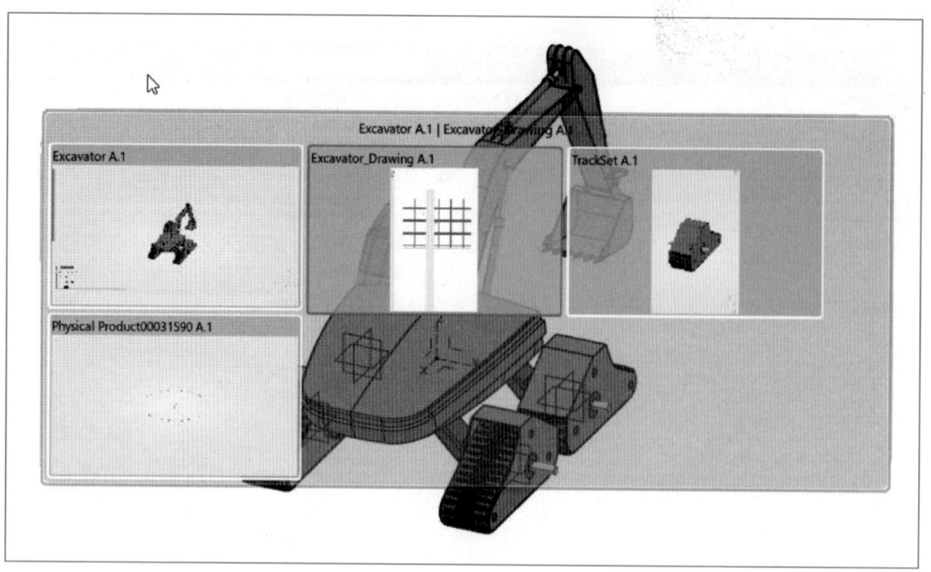

Tab에 관한 설정은 다음과 같이 오른쪽 마우스 메뉴를 사용하여 정의할 수 있습니다.

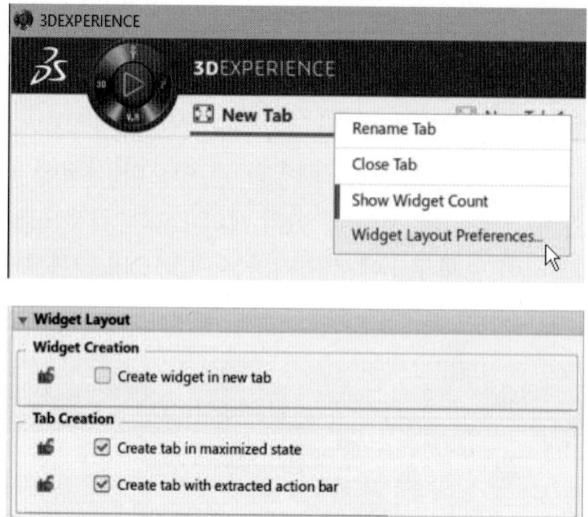

G. Using Mouse

Native App은 기본적으로 대부분의 경우 3차원 작업 환경을 가지고 있습니다. 이에 따라 화면에 출력되는 대상을 이리저리 둘러보고 확대/축소/회전 등을 관찰하며 필요한 부분으로 이동해야 할 경우가 매우 빈번합니다. 이때 일일이 명령어를 사용하여 위치를 이동시키고 확대/축소하는 것은 작업의 비효율화를 초래합니다.

다음은 CATIA를 사용하면서 가장 빈번히 사용되는 이동 기능의 마우스 단축 동작입니다.

마우스를 사용한 조작 방법은 크게 3가지로 나누어집니다.(마우스 가운데 버튼은 오늘날 거의 사용되지 않으며 Wheel 버튼을 통해 사용할 수 있습니다.)

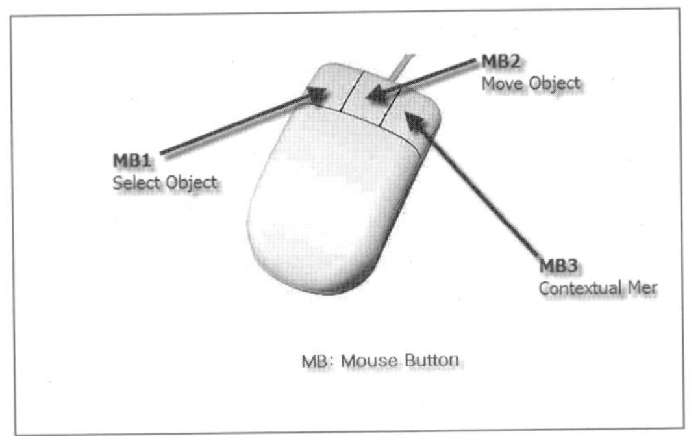

- Click, Drag, Double Click

MB1 버튼을 사용하여 우리는 원하는 대상을 선택하거나 명령을 선택하는 것이 가능합니다. 복수 선택을 원할 경우 CTRL Key를 누르고 선택하거나 드래그하여 해당 영역에 포함된 대상들을 모두 선택해 줄 수 있습니다.

형상이나 Spec Tree의 항목을 더블클릭하면 수정 Mode에 들어가게 됩니다. 선택한 대상에 대해서는 아래와 같이 손가락 모양이 아이콘이 표시되며 선택한 대상이 하이라이트 됩니다.

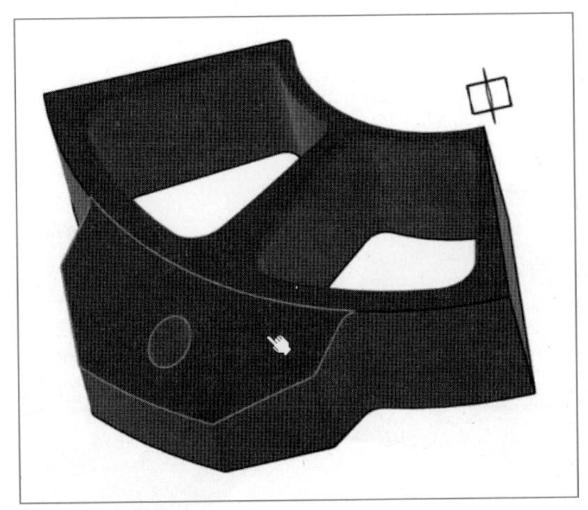

- 대상 또는 Spec Tree의 이동

MB2 버튼을 누른 상태에서 Drag하여 이동하면 화면의 형상이 이동 방향으로 같이 옮겨집니다. 마우스 가운데 버튼을 누르면 다음과 같이 기세기 로 표시되었다 이동시 다시 로 표시됩니다.

이 상태에서 마우스를 이동하면 형상이 나란히 움직이는 것을 확인할 수 있습니다. 화면 중앙에 생기는 표시의 위치를 정중앙으로 해서 이동되는 것을 확인할 수 있습니다.

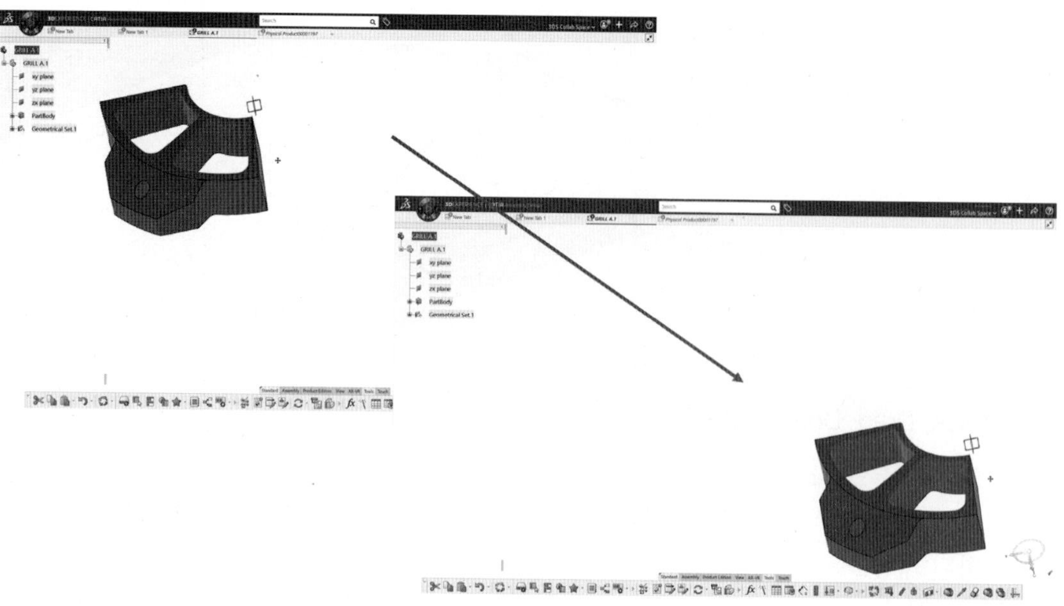

- Rotation

MB2 버튼과 MB3 버튼을 동시에 누른 상태에서 Drag 하면 화면이 회전되는 것을 볼 수 있습니다.(커서 모양은 손바닥 모양 이 됩니다.)

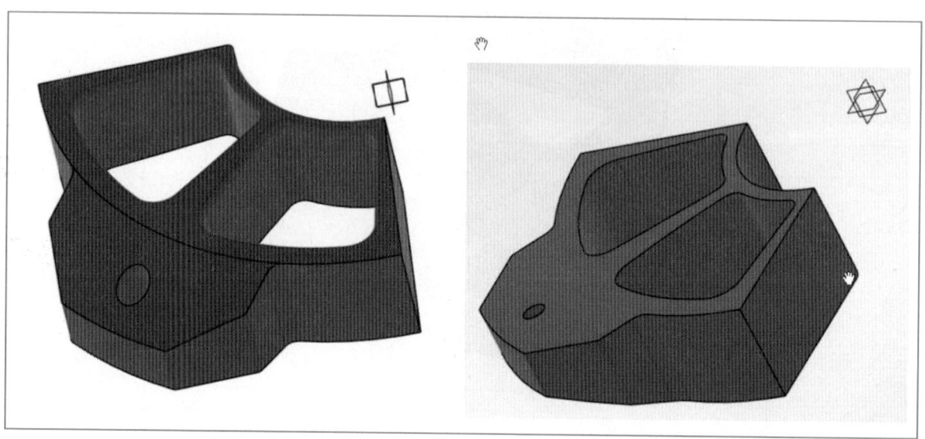

■ 대상 또는 Spec Tree의 확대/축소

MB2 버튼을 누른 상태에서 MB3 버튼을 누른 뒤 MB3 버튼을 놔두면 확대 축소가 가능합니다.(커서의 모양은 상하 화살표 모양 ↕ 이 됩니다.)

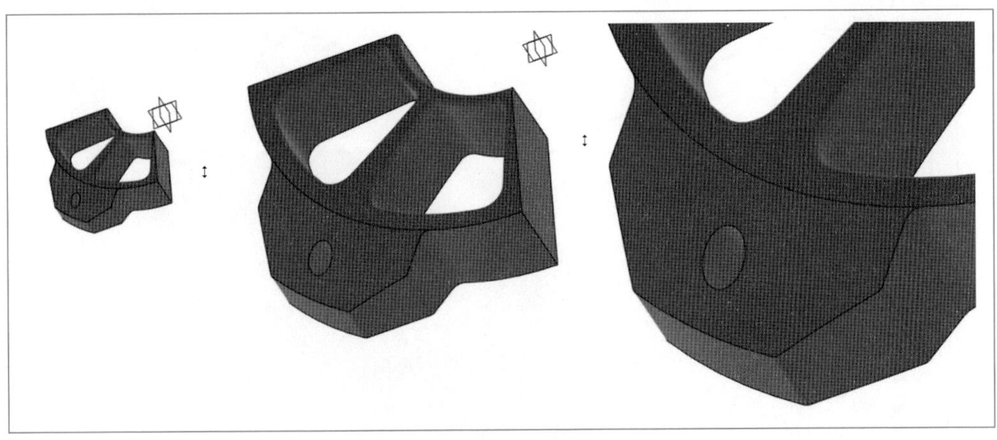

터치 화면 인터페이스 또는 AR-VR 장비를 사용하는 경우에는 보다 직관적인 설계 작업에서 Manipulation도 가능합니다.

H. Specification Tree

Native App에서 모델링을 포함한 설계 작업을 하게 되면 해당 Object의 Specification Tree(이하 Spec Tree)에 그 내용이 기록됩니다. 이렇게 기록된 내용을 바탕으로 설계 수정이나 응용, 변환 등을 수행할 수 있습니다.

Spec Tree는 단순히 History 기반으로 기록만 하는 것은 아니며 필요에 따라 Tree 구조를 인위적으로 변경하여 사용할 수 있으며, 다른 Object 안에 전체 또는 그 일부를 포함하여 복사 또는 이동시키는 것이 가능합니다.

Spec Tree에 있는 형상(Feature)들은 수정 가능한 요소들에 대해서 언제든 더블클릭하여 수정할 수 있습니다. 물론 수정하는 내용이 이후에 이어지는 작업에 영향을 주어 오류를 발생할 수 있으므로 주의가 필요합니다.

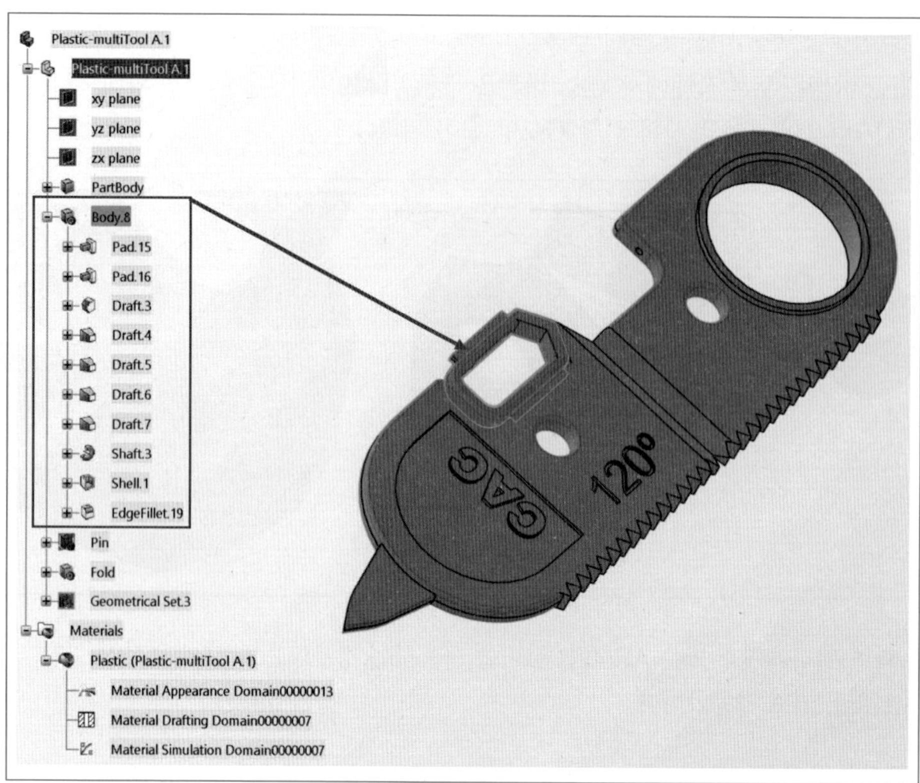

Native App의 Spec Tree는 접어두기가 가능하여 Spec Tree 상단의 Unpin을 클릭하여 화면에서 좌측 벽면으로 접어둘 수 있습니다.

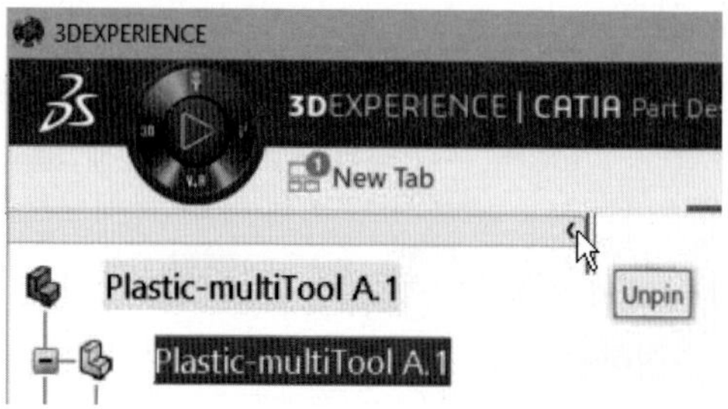

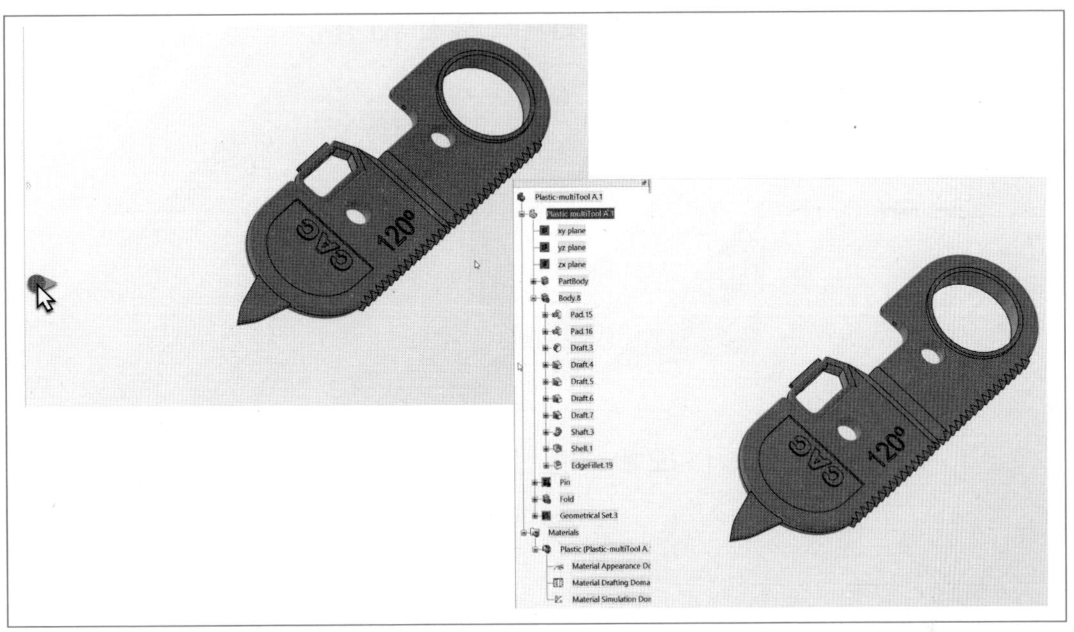

F3 Key를 눌러 Spec Tree를 숨기기를 하는 것과는 다릅니다.

I. Context Toolbar

Native App이 가지는 또 하나의 특징적인 인터페이스로 Context Toolbar를 들 수 있습니다. 이 Context Toolbar는 선택하는 대상과 App에 따라 다르게 나타나며 간단하면서도 반복적인 작업 등에 대해서 손쉽게 접근할 수 있도록 작업 보조자 역할을 합니다.(일종의 Smart Toolbar라고도 할 수 있습니다.)
Context Toolbar는 현재 선택한 대상(형상 또는 구속 등)에 대해서 해당 App에서 실행 가능한 기능들을 보여줍니다. 굳이 대상을 선택하고 별도의 기능을 실행하지 않고 바로 실행할 수 있도록 도와주는 것 입니다. 다음은 Context Toolbar의 표시 예를 보여줍니다.

예시 Part Design App에서 Plane을 선택한 경우

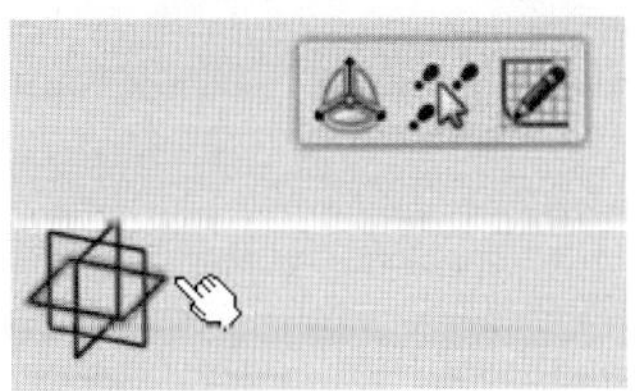

예시 Part Design App에서 형상의 면(Face)을 선택한 경우

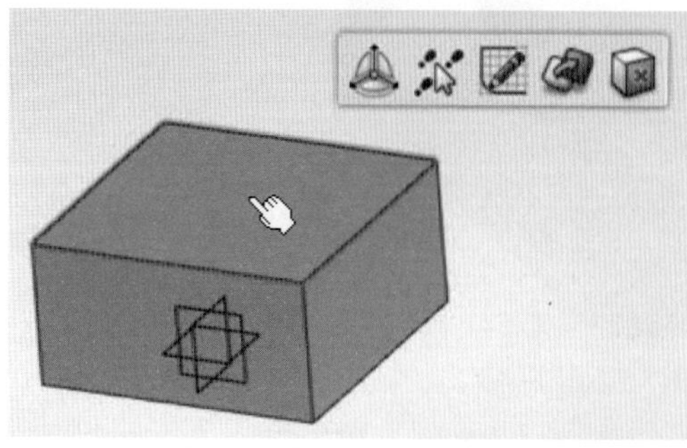

예시 Sketcher App에서 지오메트리를 선택한 경우

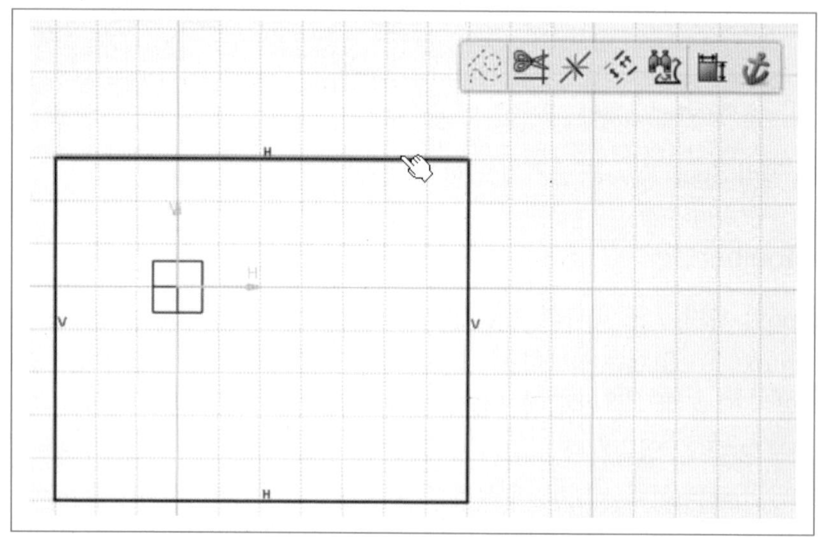

Context Toolbar는 각 App별로 다른 기능들을 포함하고 있으며 Preferences에서 하위 메뉴에서 설정도 가능합니다.(Sketcher App 제외)

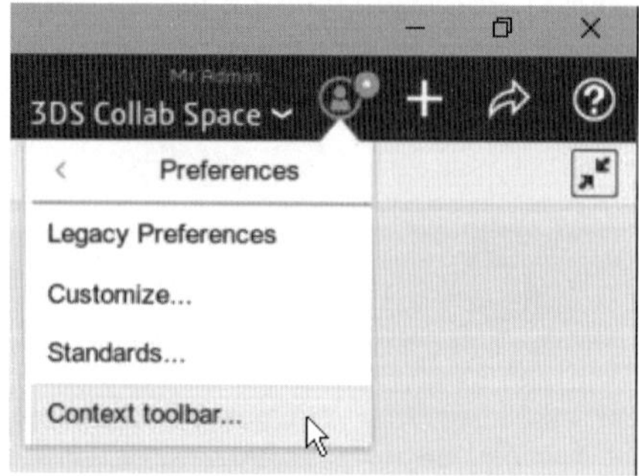

Part Design App	Generative Shape Design App
Customize context toolbar Use context toolbar Commands list Sketch Pad Pocket Shaft Groove Fillet Plane parallel through point Plane through two lines Plane through three points Plane through planar curve Plane tangent to surface Plane normal to curve Plane through point and line Line using two points Point on curve Direct Edit Remove Face Reuse of design intent	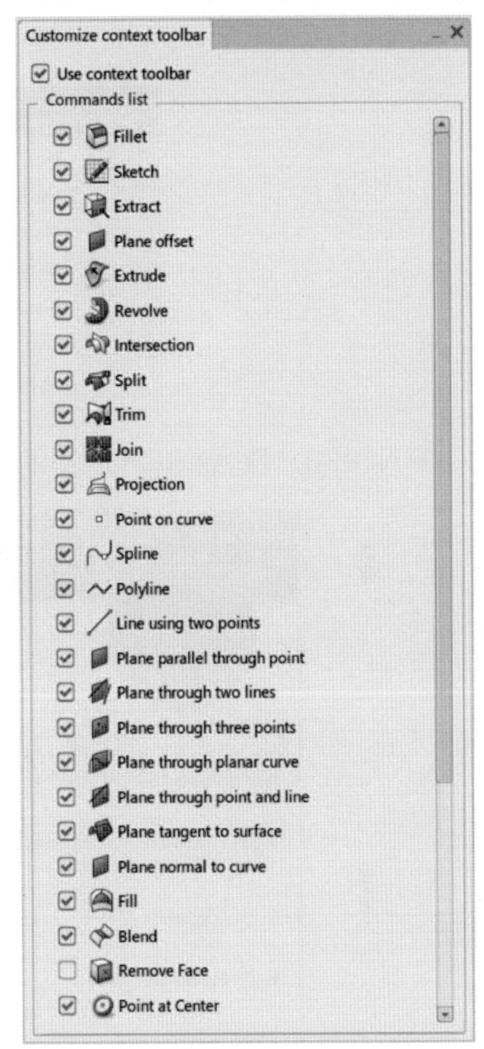

이러한 Context Toolbar를 충분히 활용한다면 설계 작업 시 형상과 구속, 명령어를 번갈아 가며 마우스를 조작하지 않고 직관적으로 설계 작업을 진행할 수 있습니다. 단, Spec Tree에서 선택한 피처에는 작용하지 않습니다.

Context Toolbar를 적극적으로 활용하는 아래의 예시를 보겠습니다.

예시

① 간단한 솔리드 형상을 만들기 위해 새로운 Part를 생성합니다.

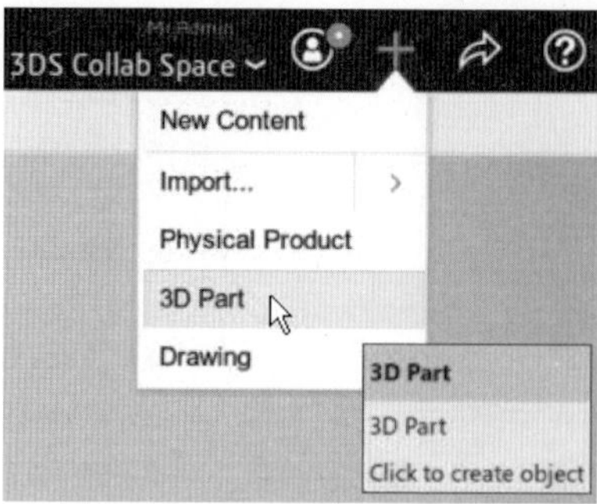

② App은 Part Design으로 선택합니다.

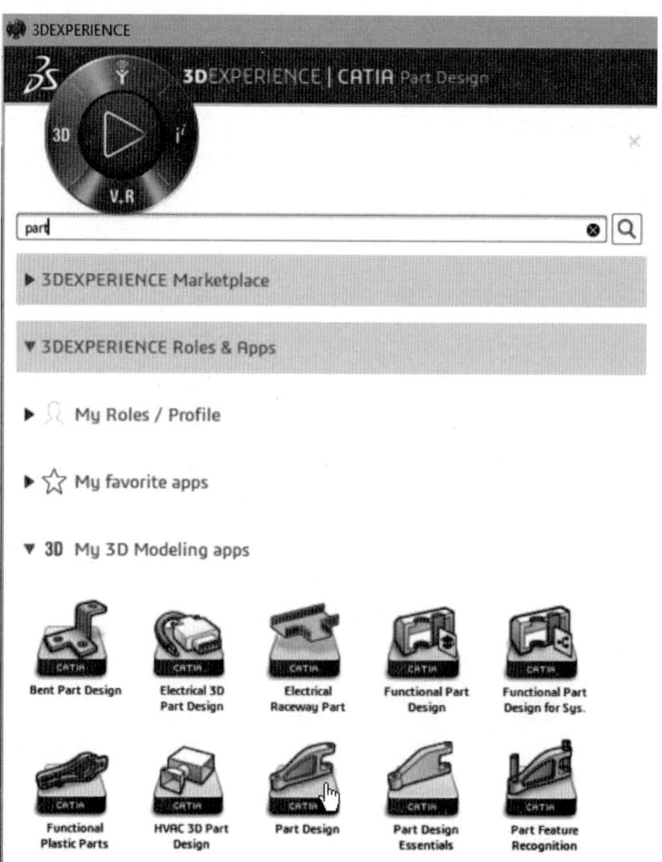

③ 화면 중앙의 XY 평면을 선택합니다. 여기서 나타나는 Context Toolbar에서 Sketch를 선택해 줍니다.

④ 앞서 선택한 XY 평면으로 Sketcher App으로 이동되었습니다. 여기서 Circle 명령을 찾아 원점을 중심으로 원을 그려 줍니다.

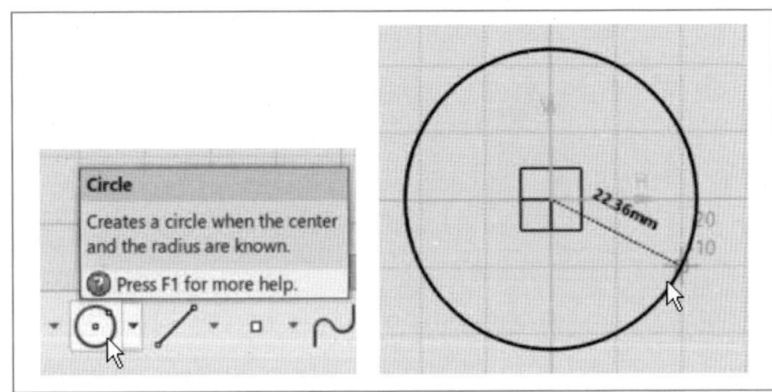

⑤ 이렇게 그려준 원을 클릭하고 Constraints를 Context Toolbar에서 선택합니다.

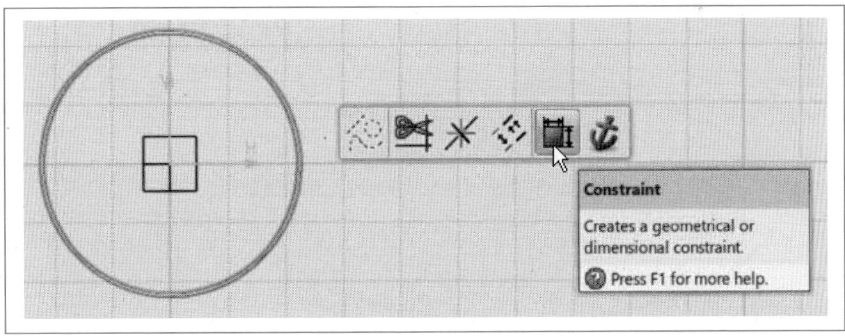

⑥ 치수를 100mm로 입력합니다.

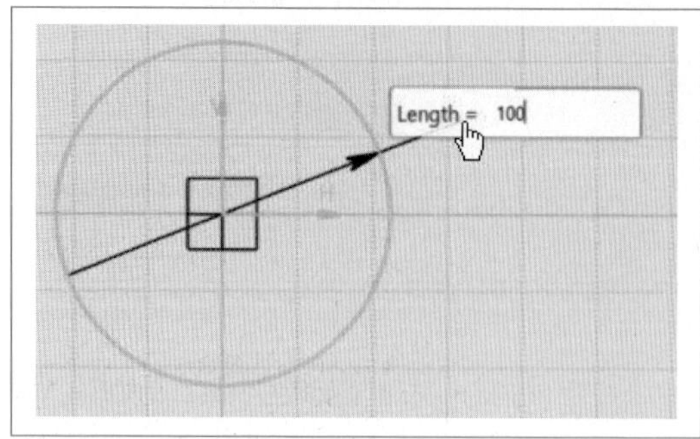

⑦ Exit App 버튼을 클릭하여 3차원 App으로 이동합니다.

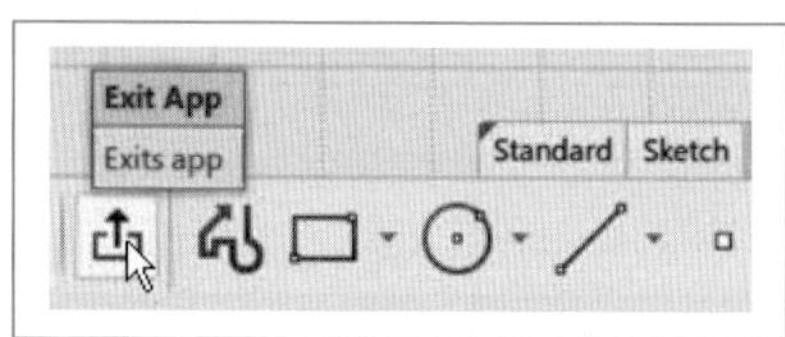

⑧ 앞서 원을 그려준 Sketch가 선택되어 있으면 자동으로 Context Toolbar가 활성화되어 있을 것입니다. 선택 대상이 바뀐 경우 다시 원을 화면에서 선택합니다. 그럼 다음과 같이 Context Toolbar가 활성화됩니다. 여기서 Pad를 선택합니다.

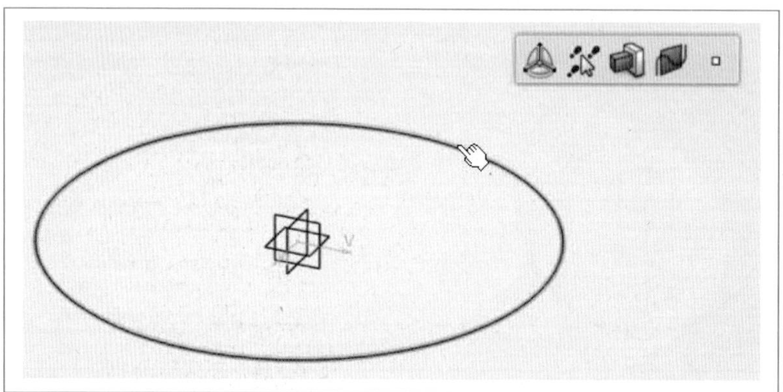

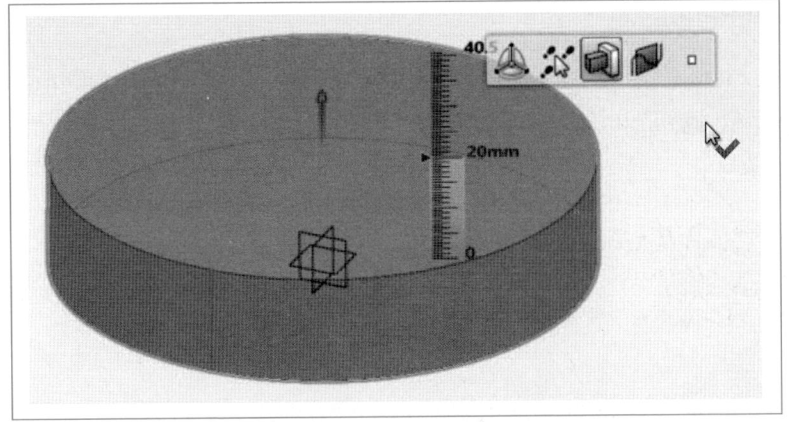

⑨ 미리 보기 되는 높이 값을 50으로 변경해 주고 화면을 클릭합니다.

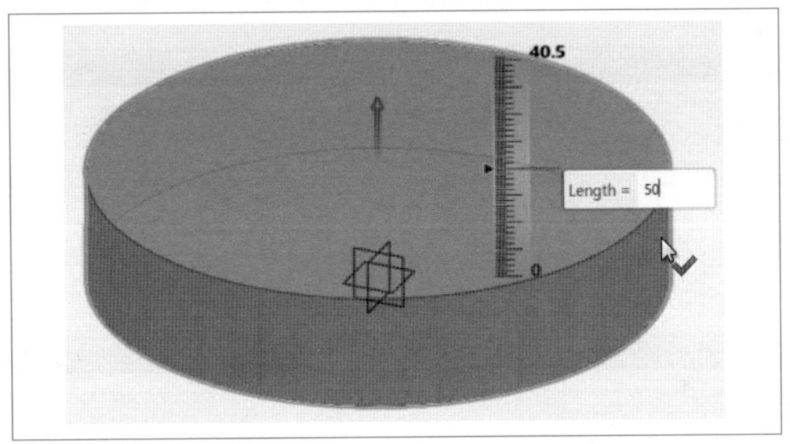

⑩ 아래와 같이 간단한 원기둥 형상이 만들어졌습니다.

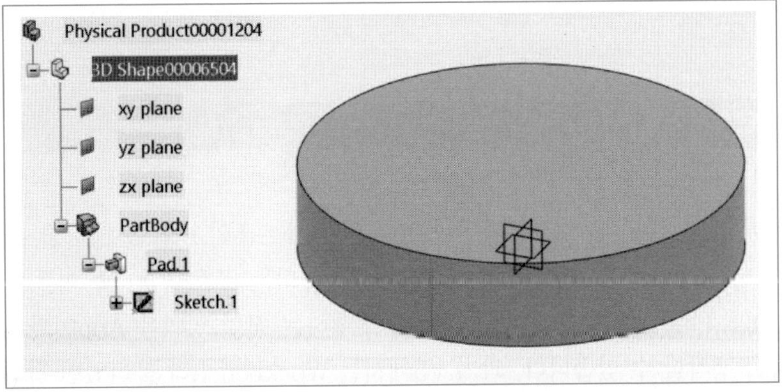

위 작업을 Context Toolbar 없이 진행할 경우 두배에 가까운 추가 마우스 조작이 필요하게 됩니다. 이처럼 Context Toolbar는 설계자에게 편의를 제공합니다.

J. Immersive Panel

Immersive Panel은 Native App의 좌우상하 측면을 기준으로 App Option이나 Object Properties, Action Pad 등을 고정하여 사용할 수 있습니다.

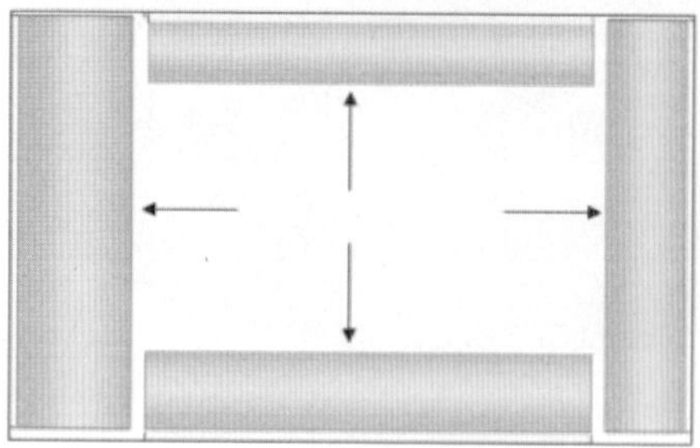

아래 그림처럼 원하는 창을 선택하여 Immersive Panel 위치에 드래그하면 됩니다. 물론 창을 다시 빼낼 때도 마찬가지로 드래그하여 뺄 수 있습니다.

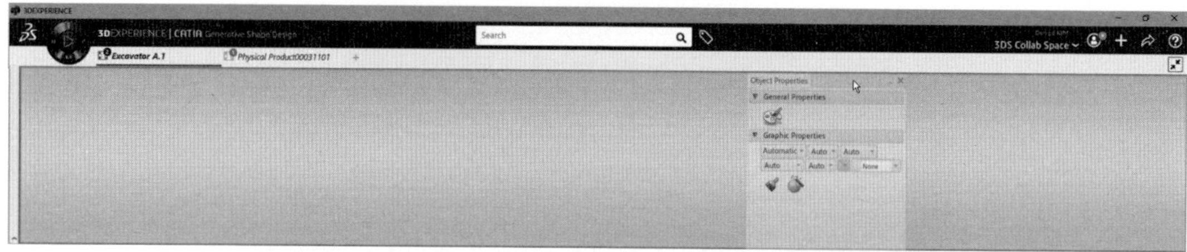

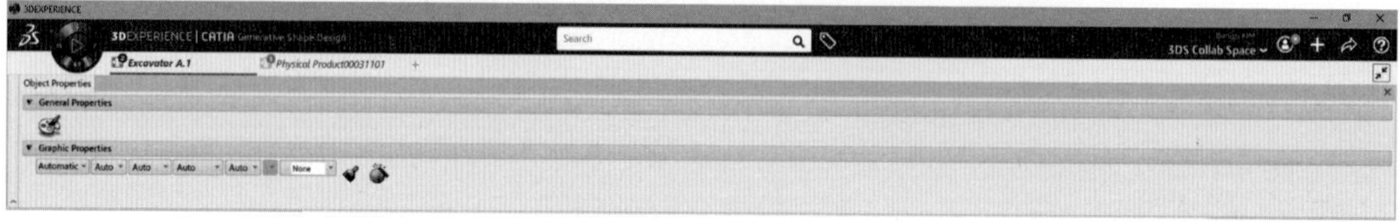

SECTION 05 CATIA Apps

App이라는 단어를 생각할 때 주로 독자 여러분들은 스마트폰의 어플을 생각할 수 있을 것입니다. 스마트폰이라는 플랫폼을 기반으로 그 안에서 운용되는 프로그램, 즉 어플을 생각해 볼때 3DEXPERIENCE Platform에서 고유의 기능을 수행하는 작업 영역을 App이라하는 것과 크게 다르지는 않다고 생각할 수 있습니다. 과거 V5에서는 Workbench라 불리었던 작업 영역이 이제 App이라는 이름으로 불리고 있는 것입니다.

3DEXPERIENCE Platform에서 App들이 하는 역할은 각 App들이 가진 고유 역할에 따라 나누어져 있습니다. 가령 Part Design App은 3차원 솔리드 단품 형상을 모델링 하는 App이며

Assembly Design App은 앞서 모델링 된 3차원 단품들을 취합하여 조립된 제품을 설계하는 기능을 합니다. 그리고 우리는 이러한 App을 필요에 맞게 이동하며 원하는 작업을 수행합니다. 물론 이러한 App의 전환은 작업자가 형상을 일일이 열거나 저장해가며 이리저리 옮겨 다니는 것이 아니고 형상과 작업자는 가만히 있는 상태에서 App만이 바뀌게 됩니다. 즉, 작업 환경 전환입니다. 물론 이는 같은 PLM Object를 사용하는 App들끼리만 가능하다는 점을 기억해두기 바랍니다.(다른 형식을 사용하는 App으로 이동하는 경우 새로운 PLM Object가 생성되니 이점 유의하기 바랍니다.)

Sketcher	→	Part Design	App 전환
Part Design	→	G.S.D	App 전환
Part Design	→	Part Design	새 PLM Object(3D Part) 생성
Part Design	→	Assembly Design	새 PLM Object(Physical Product) 생성

다음은 본 교재에서 설명하고자 하는 5개의 중요 Native App에 대한 간단한 소개입니다.

- Sketcher App

  2차원 단면 Profile 또는 Guide 형상을 그리는 App입니다. 도안에 나온 단면 형상이나 구상하고자 하는 형상의 단면 형상을 정의합니다. 이러한 Sketcher App에서의 2차원 형상은 그 자체만으로 완료하는 경우는 별로 없고 나중에 3차원 Solid 또는 Surface 형상을 만드는 데 사용됩니다. 3차원 모델링 작업이 주 업무인 작업자에게 필수적인 App입니다.

- Part Design App 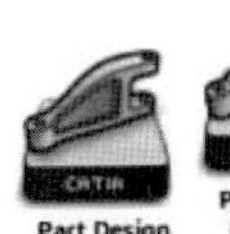

  단품으로 구성된 3차원 Solid 형상을 만드는데 사용하는 App입니다. 일정한 두께를 가지거나 내부가 꽉 차 있는 Solid를 기반으로 형상을 모델링 하게 되며 제품 디자인에 있어 기본이 됩니다. 일반적인 적층형식(CSG)의 모델링 방법과 Boolean 연산을 통하여 형상을 완성할 수 있습니다.

- Generative Shape Design(G.S.D) App 

또는 Gen. Wireframe & Surface

  3차원 형상 모델링 작업의 형상 표현도를 더욱 풍요롭게 해주는 App으로 일반적인 Wireframe(Curve나 Line 등)이나 Surface로 형상을 구현합니다. 두께나 부피 정보를 가지지 않기 때문에 Solid 형상과 비교하면 형상 표현 능력이 우수하며 일반적으로 Surface 또는 Wireframe으로 만들어진 형상을 사용하기도 하며 모델 완성 후 Part Design App으로 이동해 Surface 형상을 Solid로 전환해 주는 작업을 하기도 합니다. IGES와 같은 서피스 또는 Curve로 구성된 데이터를 불러와 수정하는 데 유용하게 사용할 수 있습니다.

■ Assembly Design App 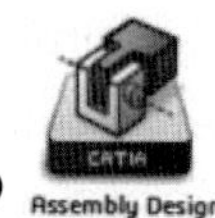

CATIA의 여러 형상들(3D Part) 또는 하위 조립 구조(Sub Assembly)들을 하나의 Product로 조립하는 작업을 수행하는 App입니다. 기본적으로 조립 시 간섭이나 충돌 체크 등을 수행하여 이 Assembly Design App 작업을 기반으로 나중에 DMU와 같은 고수준의 작업을 진행하게 됩니다.

■ Drafting App 

CATIA에서 2차원 도면을 생성하는 App로 3차원 작업으로 생성된 3D Part와 Physical Product를 기반으로 View를 생성하고 치수, 표제란 등을 기입하여 도면을 손쉽고 빠르게 만들어 냅니다. DXF나 DWG와 같은 CAD 파일을 수정하거나 Native App에서 읽어 들이는 데에도 사용되는 App입니다.

■ 기타 Native App

본 교재에서 설명하지는 않지만 MDG Role에서 추가로 사용 가능한 App들은 다음과 같습니다.

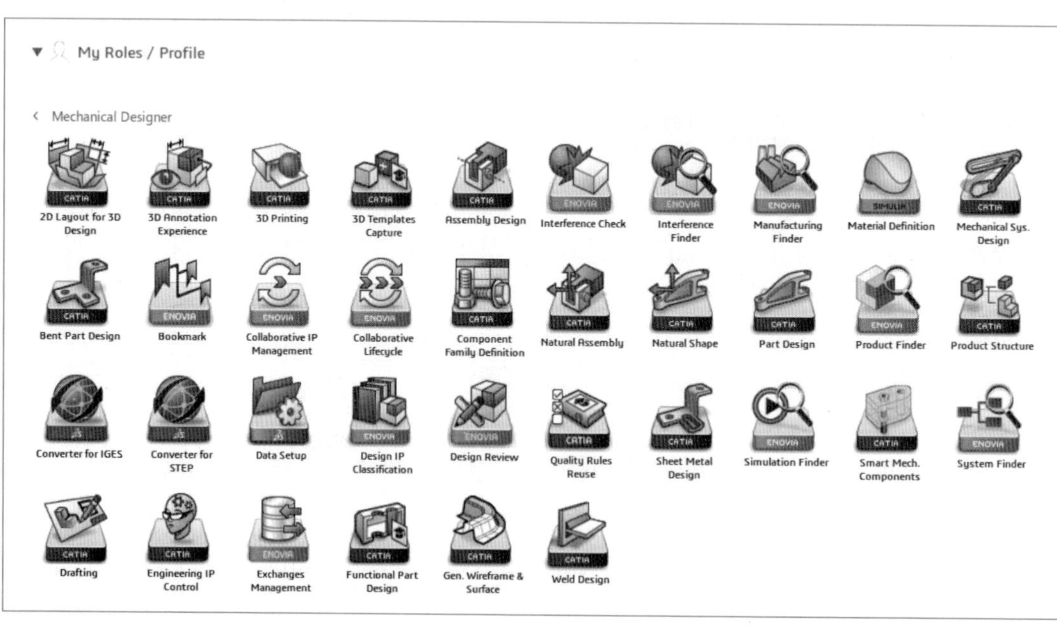

■ Wep Apps

3DEXPERIENCE Platform은 단순히 컴퓨터에 설치한 Native App에서만 한정되지는 않습니다. 웹 기반 어플리케이션을 다양하게 제공하여 보다 높은 수준의 협업 환경을 제공합니다.

아래와 같이 App 아이콘 우측 상단에 표시가 있는 아이콘은 웹 브라우저 3DDashboard에서 실행되는 App을 의미합니다.(Web App이라고도 합니다.)

따라서 이러한 App을 실행하면 아래와 같이 웹 브라우저가 실행되어 App을 사용할 수 있는 것을 확인할 수 있습니다.

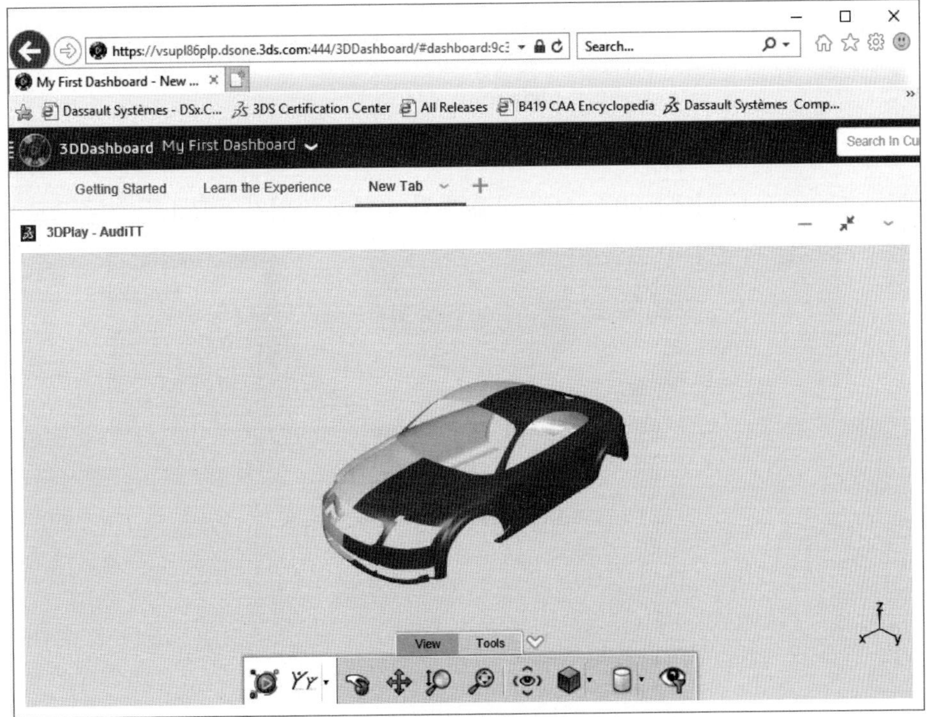

SECTION 06 PLM Objects

3DEXPERIENCE Platform에서 생성되는 데이터는 데이터베이스 서버로 저장되기 때문에 기본적으로 로컬에 저장하는 파일로 구분하지는 않습니다. 이는 앞서 서론 부분에서 설명한대로 File Base가 아닌 Data Based Modeling이기 때문입니다. 따라서 별도의 파일 형식을 나누지는 않으나 PLM 상에 사용되는 Object로 구분하기도 합니다.
3DEXPERIENCE Platform에서 사용할 수 있는 Object 유형을 확인할 수 있는 가장 좋은 방법은 새로운 데이터를 생성하는 것입니다. 아래와 같이 Add Content를 클릭합니다. 여기서 가장 기본적이면서 자주 사용하는 Object인 Physical Product, 3D Part, Drawing은 노출되어 있습니다.

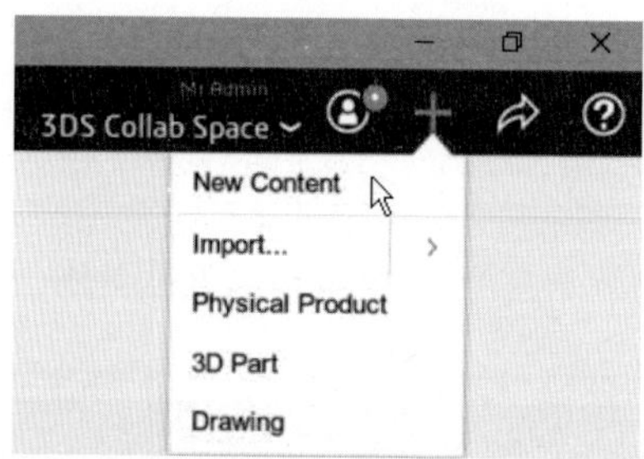

여기서 New Content를 선택합니다. 그럼 다음과 같이 현재 작업자의 Role을 기준으로 생성 가능한 모든 Object를 확인할 수 있습니다.

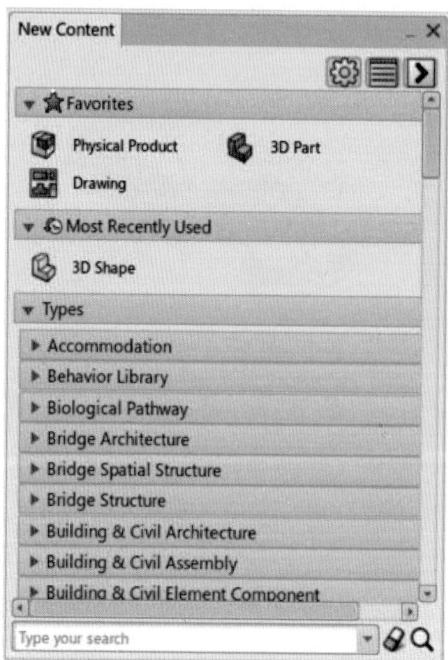

새로운 Object가 생성될 때 속성 창을 띄어 정보를 입력하도록 설정하고자 할 경우에는 다음과 같이 "Set attributes at creation for all types"를 체크해 줍니다.

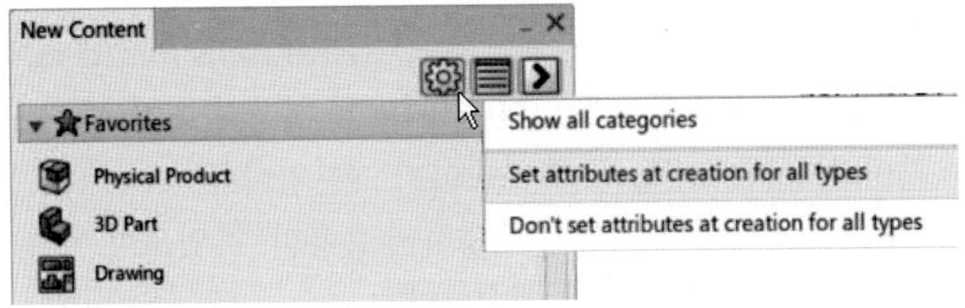

그럼 아래와 같이 새로운 Object를 생성할 때, 속성을 정의할 수 있습니다. 여기서 보이는 설정은 가장 기본적인 초기 설정(OOTB : Out Of The Box)으로 필요에 따라 Attribute 값의 설정은 다양하게 가능합니다.

- Physical Product

Physical Product
Physical Product | 3D Part | Configuration
Title: Physical Product00043993
Name: prd-95529106-00043993
Description
Design Range: Normal Range
Collaborative Policy: Engineering Definition
OK Cancel

- 3D Part

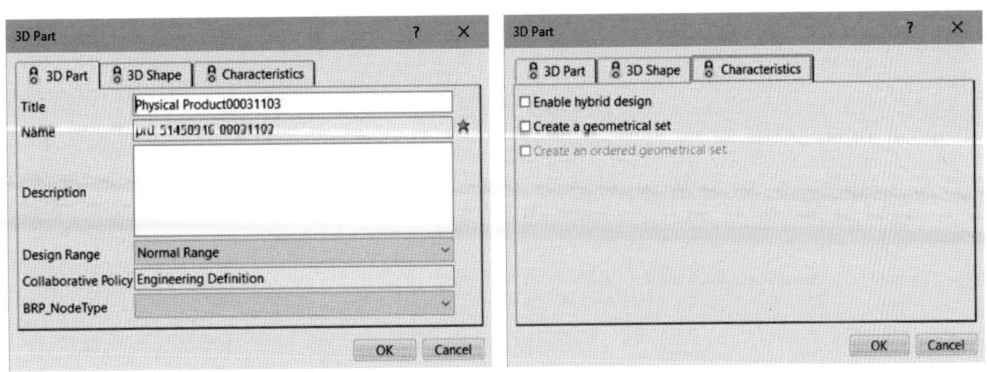

SECTION 07 Search

Native App을 사용하거나 웹 브라우저를 통해서 3DEXPERIENCE Platform에 로그인한 후 가장 중요한 기능 중에 하나가 바로 검색 기능입니다. 서버에 저장된 데이터를 가져와 작업하거나 검토하기 위해 가장 많이 사용되는 기능 중에 하나이기 때문입니다.
3DEXPERIENCE Platform에서 검색 기능은 다양하게 응용할 수 있으며 여기서는 기본적인 검색 기능과 6WTag에 대해서만 소개하도록 하겠습니다.

A. Search

정식 명칭은 3DSearch입니다. 기본적으로 검색 기능은 저장된 정보를 찾아내기 위해 사용합니다.(또는 3DSearch App을 사용할 수 도 있습니다.) 따라서 검색 창에 검색어를 입력하여 정보를 확인할 수 있습니다. 기본적인 키워드 검색입니다. 아래 그림에서 검색 창을 클릭하면 새로운 검색을 입력하거나 앞서 검색했던 이력을 확인할 수 있으며, 추가적인 검색 메뉴를 확인할 수 있습니다.

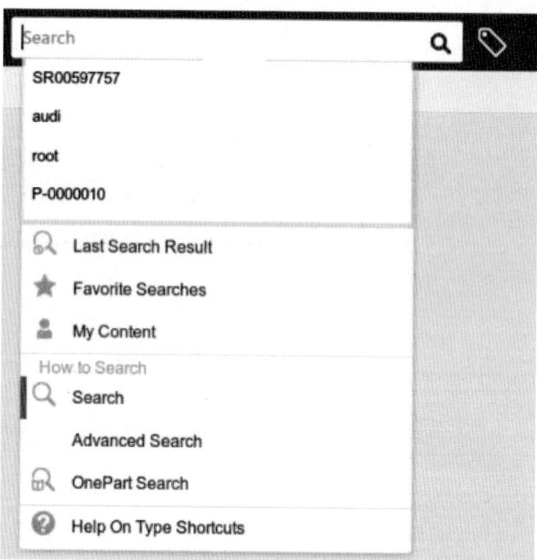

여기서 검색어를 입력하고 검색 버튼을 누르면 다음과 같이 검색된 결과를 확인할 수 있습니다.

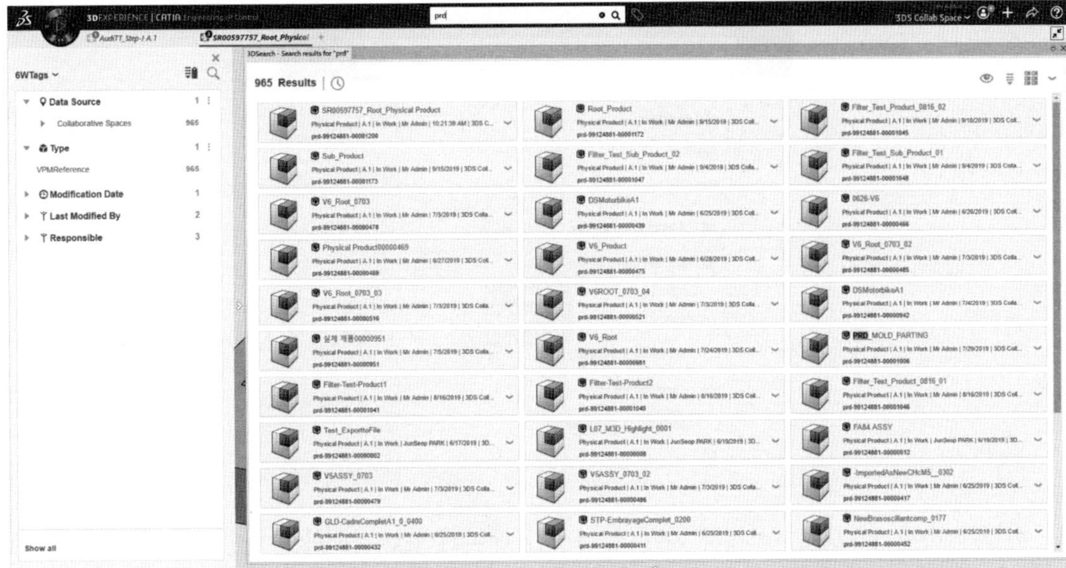

Thumbnail을 가지는 대상의 경우 아래와 같이 미리보기도 가능합니다.

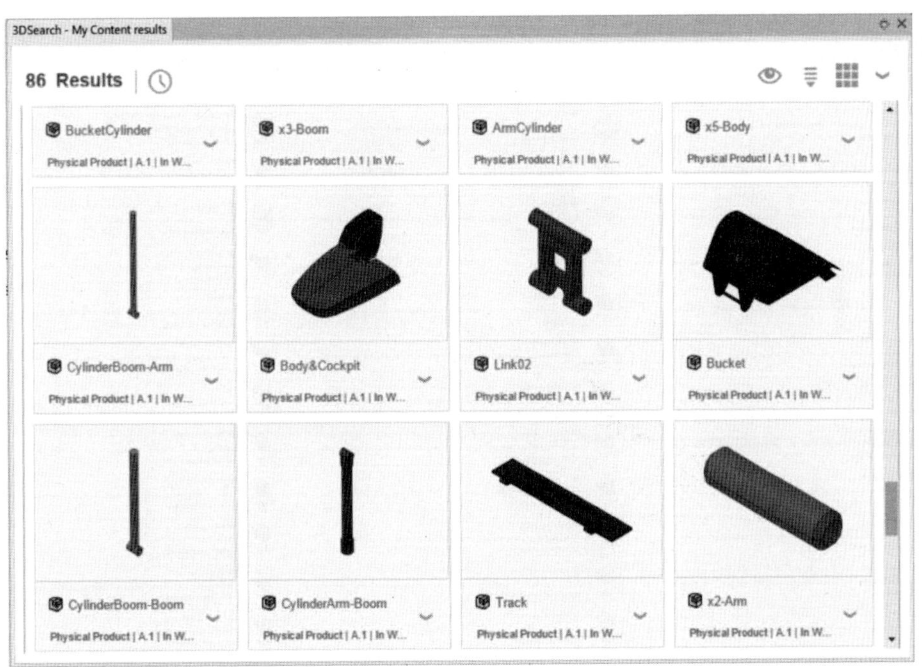

다른 검색 방법으로 작업자 본인만의 데이터를 검색하기 위하여 검색 창에서 아무 검색이 입력 없이 My Contents를 클릭해 줍니다.

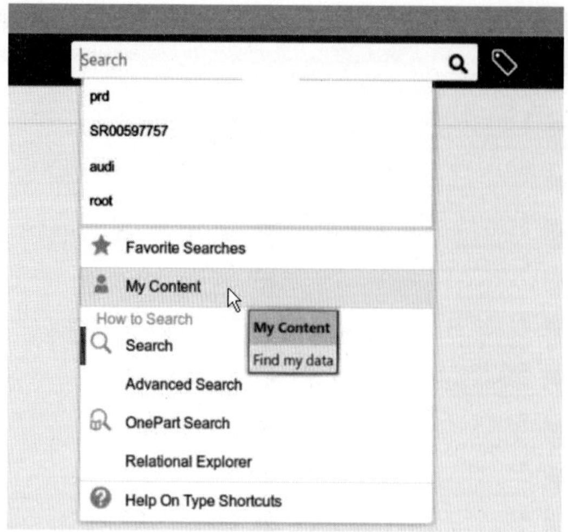

이렇게 하면 로그인한 설계자 자신이 생성한 데이터만을 검색할 수 있습니다. 이러한 My Contents 검색은 여러 작업자가 협업하는 환경에서 더욱 능률적인 검색을 위해 사용할 수 있습니다.

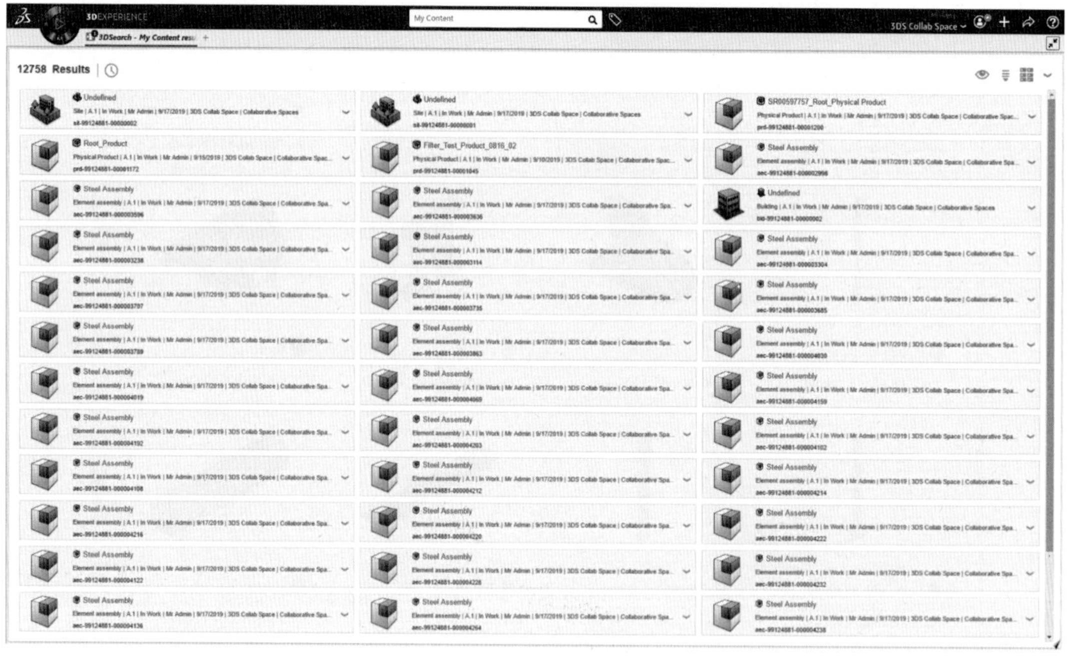

또한, 더욱 상세한 검색을 위해 여러분은 Advanced Search 기능을 사용할 수 있습니다. 다음과 같이 검색 창에서 Advanced Search를 선택합니다.

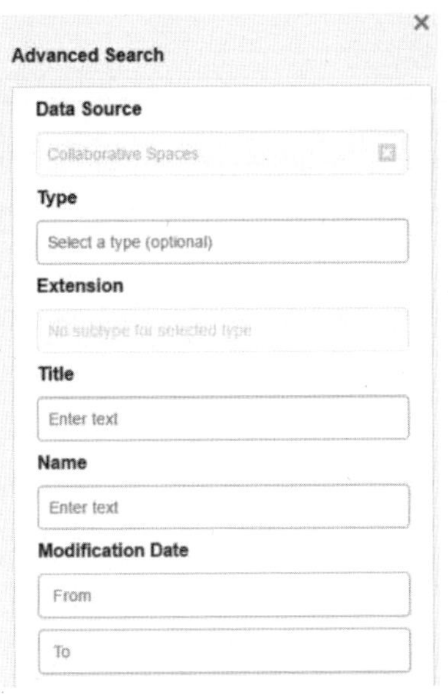

그러면 좌측에 고급 검색 패널이 표시되어 데이터의 위치나 유형, 타이틀, 이름 또는 수정한 날짜 등으로 검색을 진행할 수 있습니다.

3DEXPERIENCE Platform에서 검색은 플랫폼 서버로부터 정보를 검색하기 때문에 서버에 해당 데이터에 대한 Index 작업이 완료되어 있어야 합니다. 따라서 저장하자마자 검색을 하면 데이터가 나타나지 않을 때도 있습니다. 이런 경우 Indexing 작업이 수행될 때 까지 기다려야 하나 또는 아래와 같이 검색 결과에서 시계 모양의 아이콘을 클릭해 줍니다.

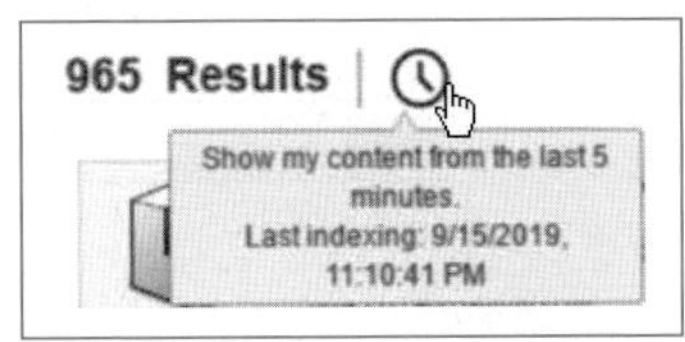

이렇게 검색한 데이터에서 원하는 것을 선택한 후 아래와 같은 작업을 수행할 수 있습니다. 기본적으로 설계 작업을 위해서는 Explore나 Open(Authoring Mode)으로 데이터를 열거나 Properties로 속성 정보를 확인, Related Objects로 선택한 대상과 관련된 요소들을 확인할 수 있습니다.

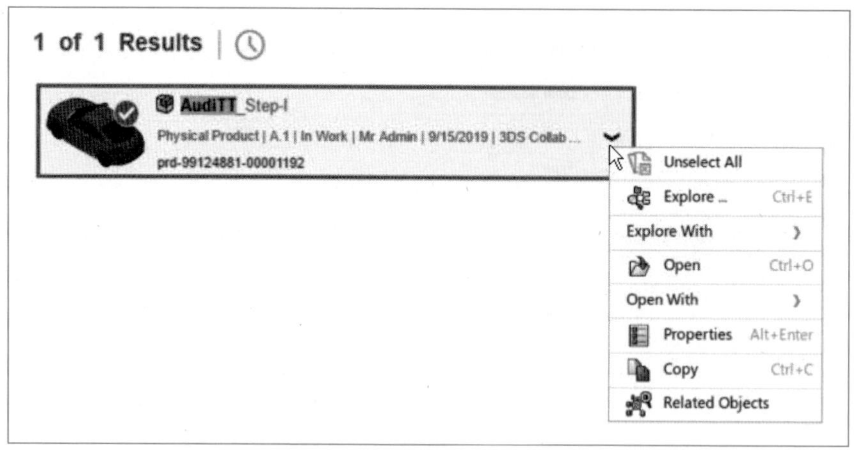

검색 결과 창은 아래와 같이 전체화면이 아닌 창으로 만들어 사용할 수 도 있습니다.

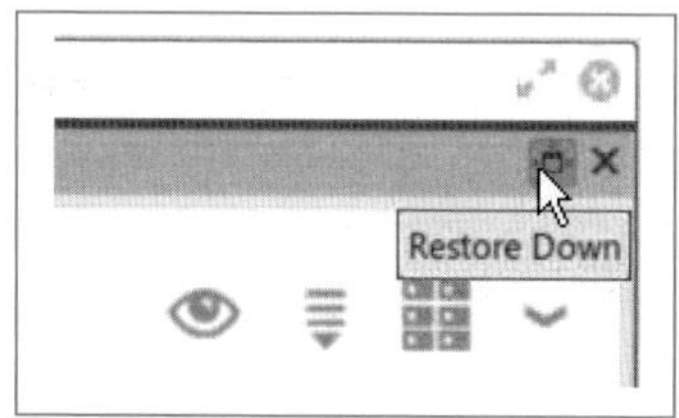

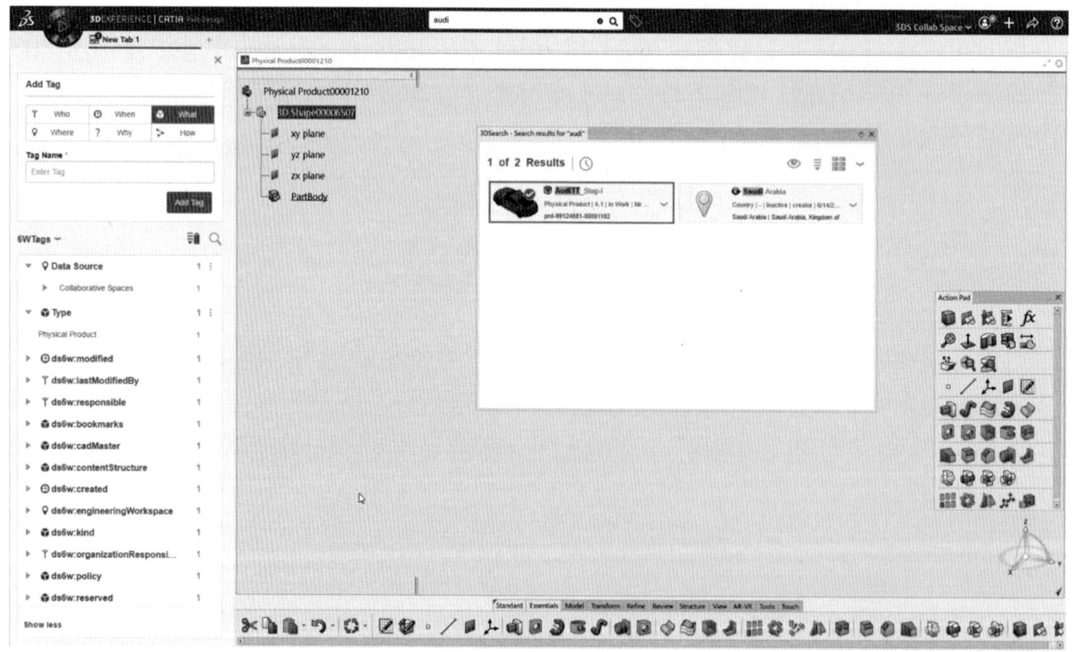

물론 검색 결과에 대해서 복수 선택도 할 수 있습니다.

B. 6WTag

6WTag는 검색 결과에 대한 필터링 기능으로 많은 데이터가 검색된 경우 결과 내에서 세부 검색을 위해 사용할 수 있습니다. 6WTag는 검색창 우측에 있는 아이콘을 통해 실행할 수 있으며, 일반 검색 후에 자동으로 6WTag가 나타나는 것을 확인할 수 있습니다.

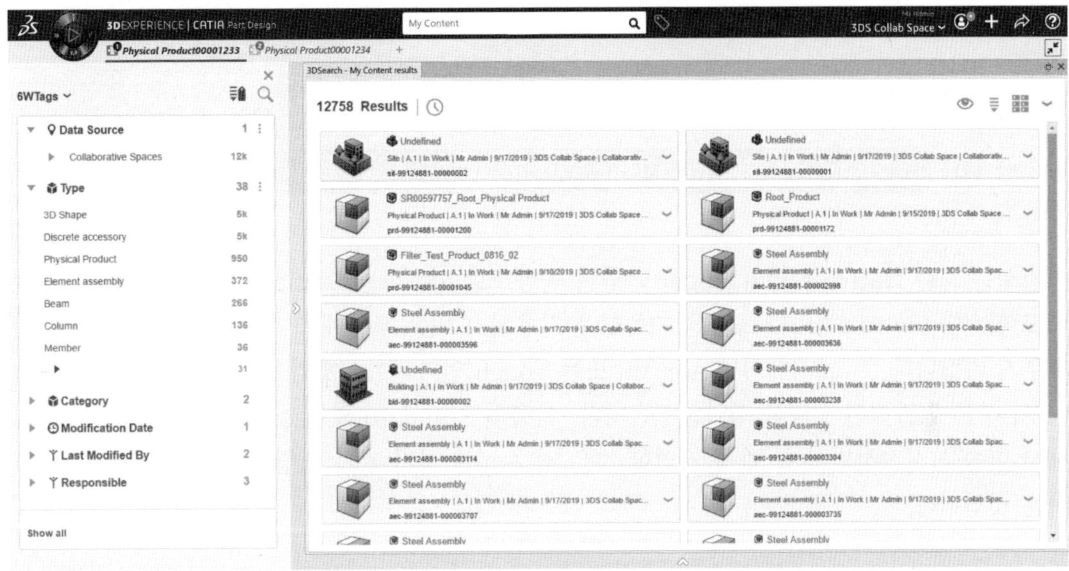

여기서 작업자는 필요에 맞게 6WTag 필터링을 실행해 원하는 대상을 찾아낼 수 있도록 선택을 줄여줄 수 있습니다.

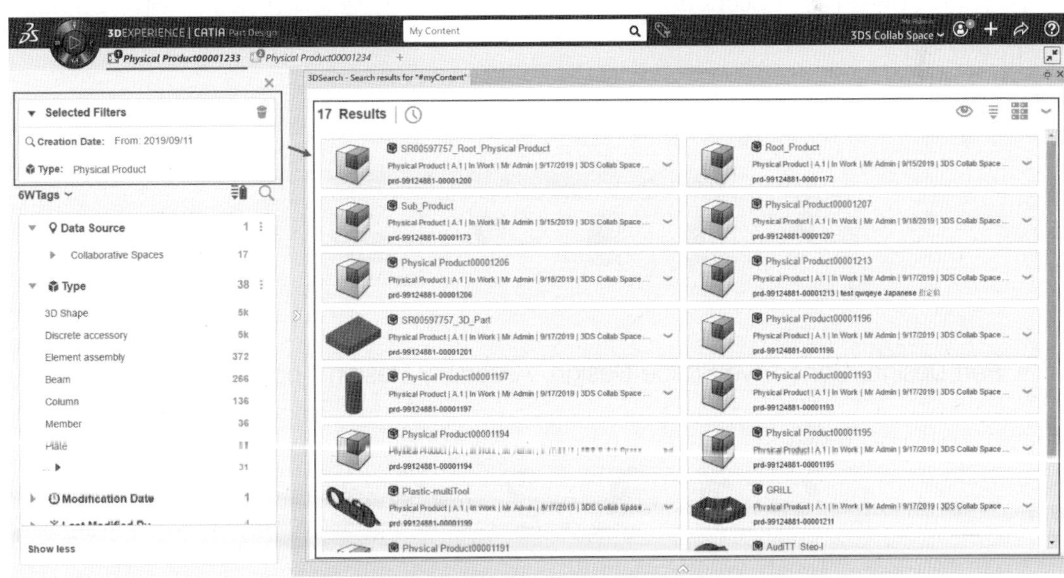

이렇게 필터링한 결과는 다시 필터를 지우거나 수정함으로 업데이트가 가능합니다. 현재 선택한 필터 전체를 지우고자 할 경우에는 휴지통 모양의 아이콘을 클릭해 줍니다.

만약에 일부 필터만 삭제하고자 할 때는 해당 값을 클릭해 줍니다.

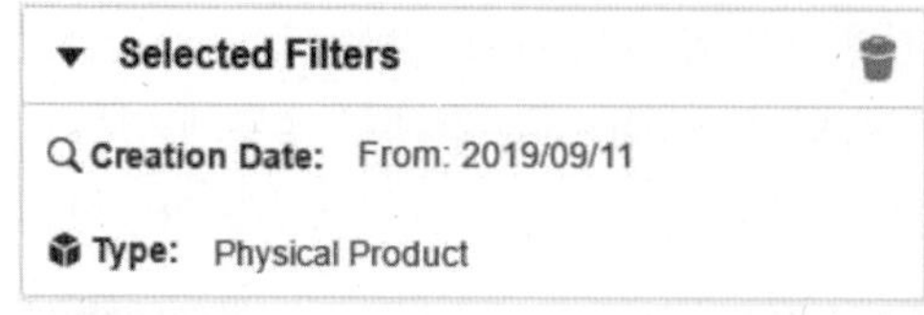

SECTION 08 Common Section Bar

여기서는 모든 Native App의 App들에 있어 공통으로 사용하는 Section Bar에 대해서 설명하려고 합니다. 각 App들마다 공통된 기능들을 사용하고 있는 부분에 대해서 이번 섹션에서 확인해두기 바랍니다. 본 교재에서는 AR-VR 또는 Touch 인터페이스에 대해서는 고려하지 않고 있어 이 부분에 관해선 설명을 생략하였습니다. 다음의 Standard Section과 View Section에 대해서 학습을 시작하면서 한 가지 기억할 것은 각 App에 따라 추가 명령이 다르게 표시될 수 있다는 것입니다.

A. Standard

Standard의 기능은 가장 일반적으로 사용되는 명령어들을 포함하고 있습니다. 그러므로 기본적으로 Pin되어 상시 Section Bar에 표시되고 있습니다.(불필요한 경우 언제든 Unpin할 수 있습니다.)

- Sketcher App

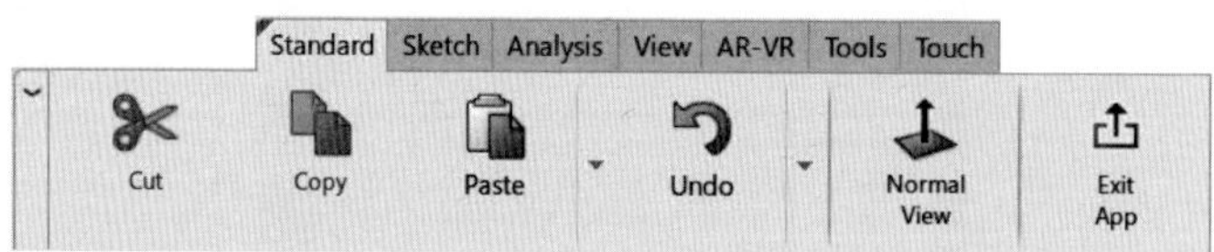

- Part Design, Generative Shape Design, Assembly Design App

• Cut ✂

선택한 대상을 잘라내기를 할 때 사용합니다. 잘라내기는 복사하지 않고 선택한 대상 자체를 사용하고자 할 경우에 사용합니다.

2차원/3차원 Modeling 및 Assembly 작업, 2차원 도면 작업 등에 있어 3차원 컨텐츠들은 모두 3DEXPERIENCE Platform의 Object 안에서 재사용이 가능합니다. MS Office 프로그램상에서 문단이나 단어, 이미지 등을 복사하여 재사용하는 것과 유사하다고 생각하면 이해가 쉬울 것 입니다.

• Copy

선택한 대상을 복사할때 사용합니다. 복사하기는 것은 선택한 대상의 복사본을 만들어 이것을 사용하고자 할 경우에 사용합니다.

■ Flyout for Paste

• Paste

앞서 잘라내기 또는 복사한 대상에 대해서 붙여넣기를 할 때 사용합니다.

• Paste Special

일명 "선택하여 붙여넣기"라고 불리는 이 기능은 복사하거나 잘라낸 대상을 일부 정보를 변경하여 붙여넣기를 할 때 사용합니다. 대상을 잘라내기를 하거나 복사한 후에 Paste Special을 클릭하면 다음과 같이 창이 나타나 복사 Mode를 선택할 수 있습니다.

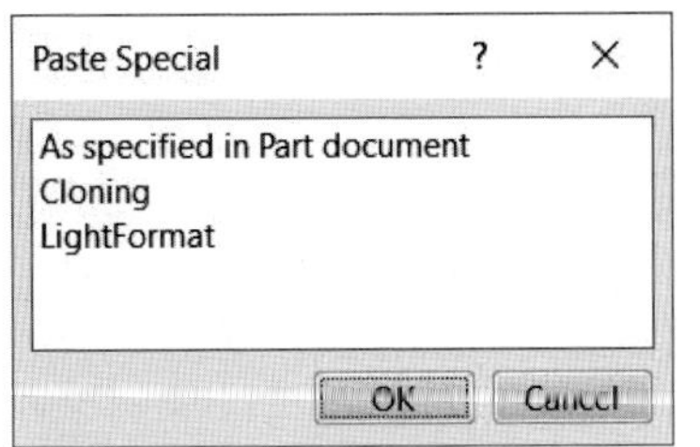

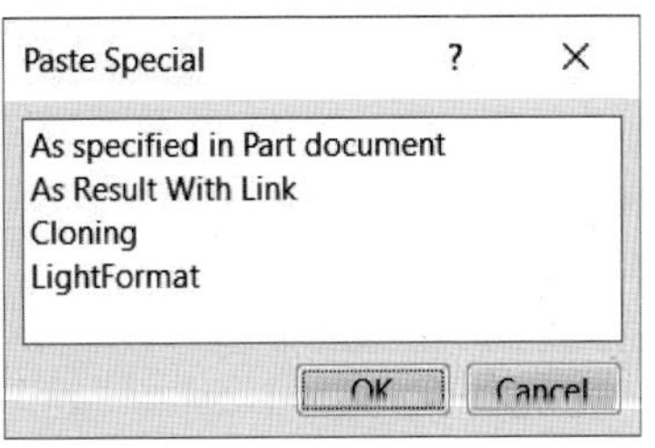

- Clipboard

반복하여 재사용하기 위해 잘라내기나 복사한 대상을 클립보드로 복사하여 사용할 수 있습니다. 대상을 복사하거나 잘라내기 한 후에 Clipboard 아이콘을 클릭하면 아래와 같은 창이 나타납니다.

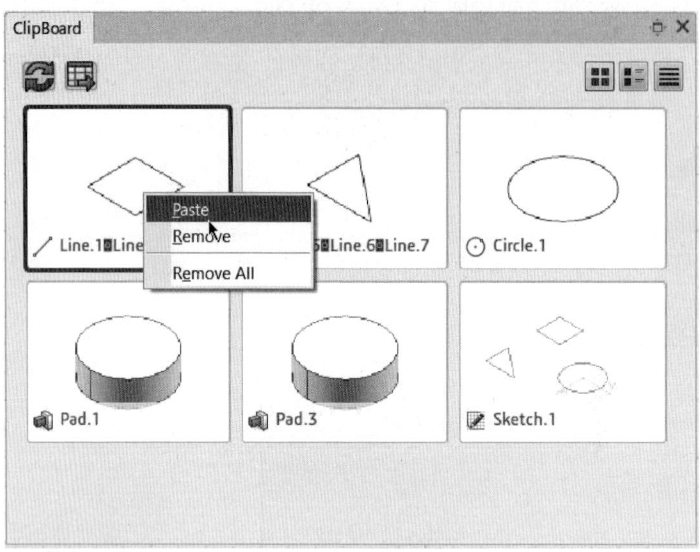

여기서 원하는 대상을 붙여넣기하여 사용할 수 있습니다. 물론 적용 가능한 대상에 대해서만입니다.

■ Flyout for Undo

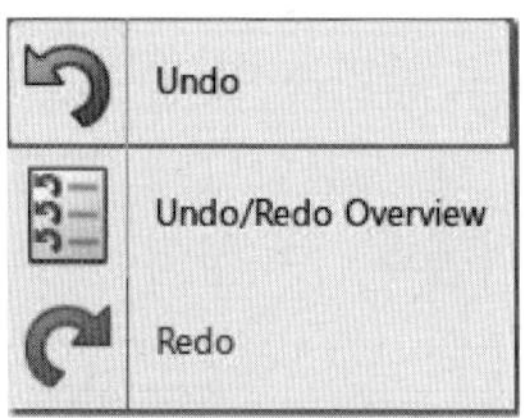

- Undo

이 명령은 작업한 기능을 뒤로 돌리기하는데 사용합니다. 즉, 작업 내용을 취소하고자 할 때 사용합니다. 이는 Native App에서 작업 내역을 메모리에 저장하고 있기 때문에 가능합니다. 따라서 Undo 작업은 무한정으로 반복되는 것은 아니며 저장 후 다시 불러오거나 했을 때는 가능하지 않습니다. Undo는 주로 키보드의 CTRL + Z Key를 사용합니다.

- Undo/Redo Overview

Undo 또는 Redo 내역을 확인할 수 있습니다.

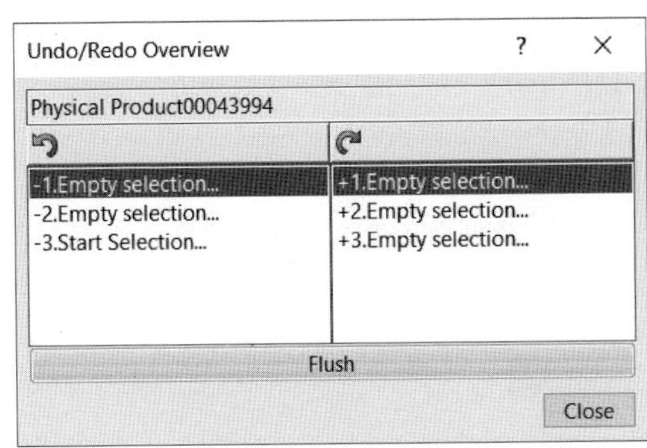

- Redo

작업한 내역을 Undo로 취소한 상태에서 이를 다시 원래 상태로 돌리기 위해 사용합니다. CTRL + Y Key로 실행해 줄 수 있습니다.

■ Sketcher App 경우

- Normal View

스케치 평면에 대해서 화면이 나란하게 View의 방향을 잡아 줍니다.

- Exit App

현재 App에서 다른 App으로 나갈 경우에 사용합니다. Exit App으로 App을 이동하는 경우는 동일한 PLM Object를 사용하는 2차원 모델링 App인 Sketcher App에서 3차원 모델링 App인 Part Design App이나 Generative Shape Design App으로 이동하는 것과 같이 하나의 App이 다른 App에 하위 요소로 사용되는 경우에만 입니다.

■ Flyout for Update

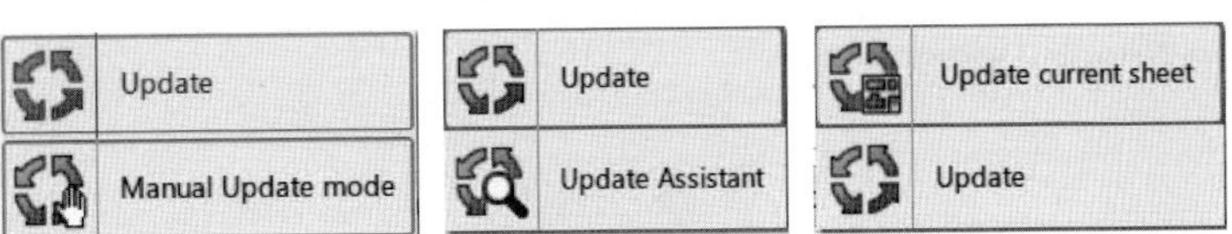

- Update

현재 PLM Object에 업데이트가 필요한 경우에 활성화되어 업데이트를 실행하고자 할 때 사용합니다. 기본 옵션이 Automatic Update인 경우에는 별도의 Update 작업이 필요없어 비활성화되어 있습니다.

- Manual Update

  수동 업데이트 Mode로 변경하고자 할 때 사용합니다. 수동 업데이트 Mode의 경우 명령을 실행하기 전까지 수정 사항이 반영되지 않습니다.

- Update Assistant

  이 명령은 업데이트 작업에 대한 상태 확인 및 추가 옵션을 수행할 수 있게 해줍니다. 명령을 실행하면 다음과 같이 대상의 업데이트 상태를 색상으로 나타내며 정보를 확인할 수 있습니다.

- Update Current Sheet

  3차원 데이터의 업데이트 사항을 Drawing의 Sheet에 업데이트 하도록 실행하는 명령입니다. 수동 업데이트가 기본 Mode이기 때문에 형상 업데이트에 따라 직접 실행해 주어야 합니다.

B. View

View Section Bar에서는 기본적으로 설계 작업에 필요한 View 관련 작업 또는 설정을 할 수 있습니다. App에 따라 부수적으로 확장되는 명령들이 있으니 참고 바랍니다.

■ Common

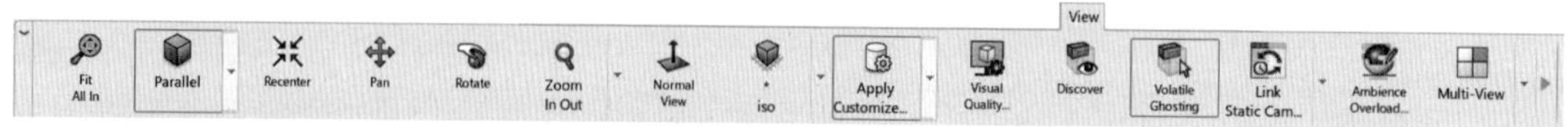

■ Sketcher App

■ Generative Shape Design App

■ Assembly Design App

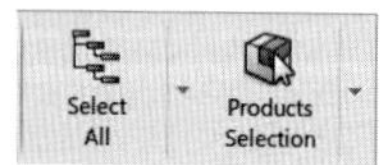

■ Primary Area

• Fit All In

가끔 설계 작업을 하다 보면 형상을 너무 확대하여 형상을 분간하기 힘들거나 반대로 너무 축소하여 형상을 찾지 못하는 경우가 발생합니다. 이런 경우에 View Toolbar의 Fit All In 명령을 사용하면 현재의 화면 크기에 맞추어 형상을 맞추어 출력해 줍니다.

■ Flyout for Parallel

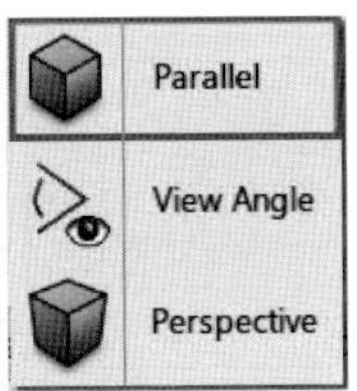

• Parallel / View Angle / Perspective

형상을 표시하는 기본적인 두 가지 Mode가 있는데 하나는 형상을 원근법적으로 출력해 주는 Perspective Mode이고 다른 하나는 형상을 원근법적 효과 없이 나란하게 보여주는 Parallel Mode입니다. 이 두 가지 Mode를 비교해 보면 다음과 같이 하나의 형상을 화면의 위치에 따라 서로 다르게 보여줍니다. 기본적으로 기계 설계 작업에서는 Parallel Mode를 주로 사용합니다.

그리고 View Angle Mode를 사용하면 원하는 시각 방향을 0°에서 90° 사이에서 직접 정의해 줄 수 있습니다.

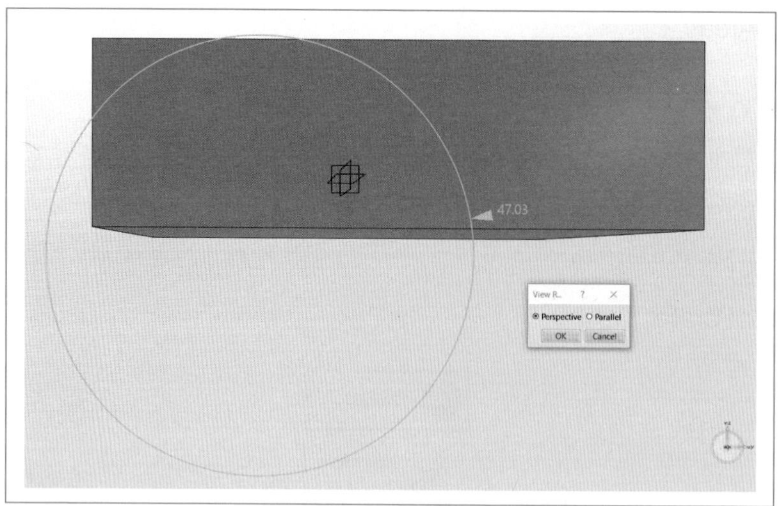

- Recenter

이 기능은 선택한 위치나 대상을 Viewing의 중심으로 이동해줍니다.

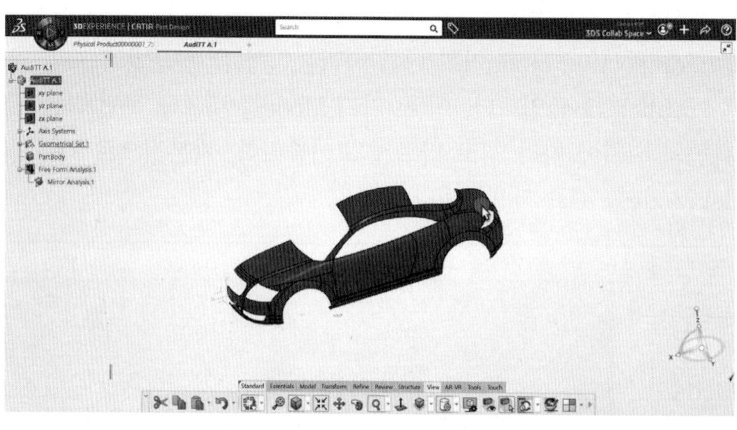

↓

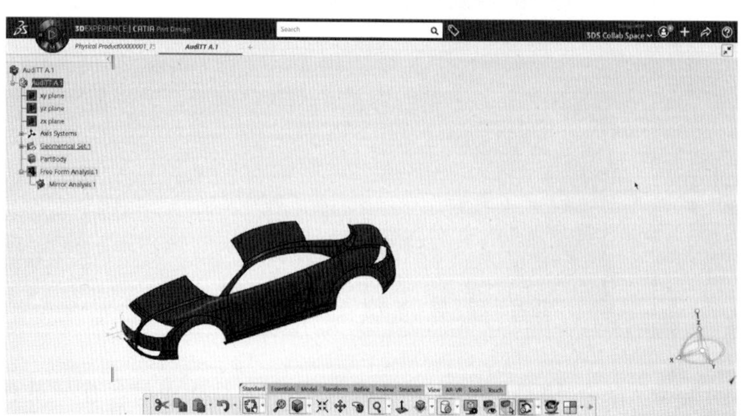

- Pan

  가운데 마우스 버튼(휠)을 이용하여 화면상에 평행 이동하는 동작을 아이콘화한 것입니다. 해당 아이콘을 누르고 화면상에 평행 이동이 가능합니다. CTRL Key와 방향키를 이용하여서도 가능합니다.

- Rotate

  가운데 마우스 버튼과 오른쪽 마우스 버튼을 함께 눌러 화면을 회전하는 기능을 아이콘환 한 것입니다. SHIFT Key와 방향키를 이용하여서도 Rotate 작업이 가능합니다.

■ Flyout for Zoom

- Zoom In out

  대상을 확대 또는 축소하는 데 사용합니다. 마우스를 이용하여 사용하는 것과 유사하게 명령을 실행하고 마우스를 위아래로 이동합니다. 위 방향이 확대, 아래 방향이 축소입니다.

- Zoom Area

  이 명령은 작업자가 원하는 부분만을 확대하여 보여주는 명령입니다. 명령을 실행하고 원하는 위치에 드래그 상자를 만들면 해당 위치가 확대됩니다.

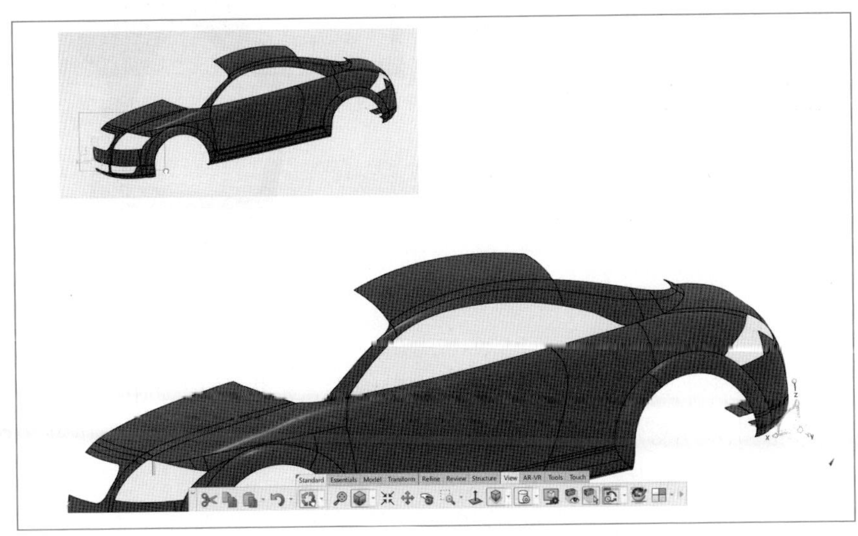

- Normal View

선택한 평면 요소(Plane 또는 형상의 평평한 면)에 대해서 화면이 나란하게 View의 방향을 잡아 줍니다.

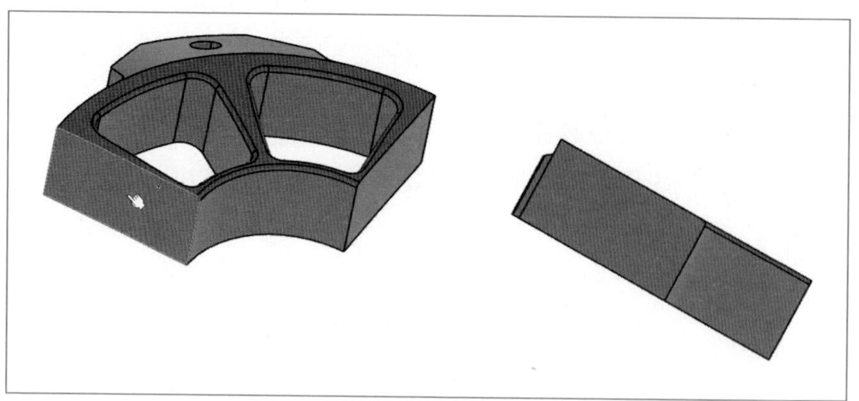

형상이 가지는 평평한 면을 선택하는 경우 위 그림과 같이 선택한 면에 나란하게 최소 위치 이동을 하기 때문에 View가 좌표계와 정렬되어 보이지 않을수도 있습니다.
좌표계 방향과 나란하게 정렬하고자 한다면 Plane 요소를 선택해 줍니다.

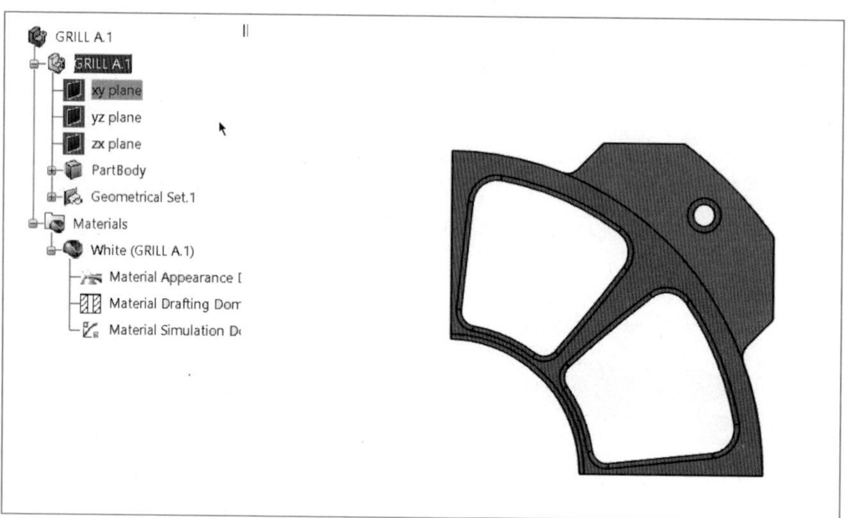

■ Flyout for View Orientation

여기서는 신속하게 View의 방향을 정렬해 주는 기능을 할 수 있습니다. 원점을 기준으로 직교 좌표계의 축 방향에 맞추어 설계된 대상에 대해서 각 View 방향을 미리 정의된 값으로 변경해 줄 수 있습니다.

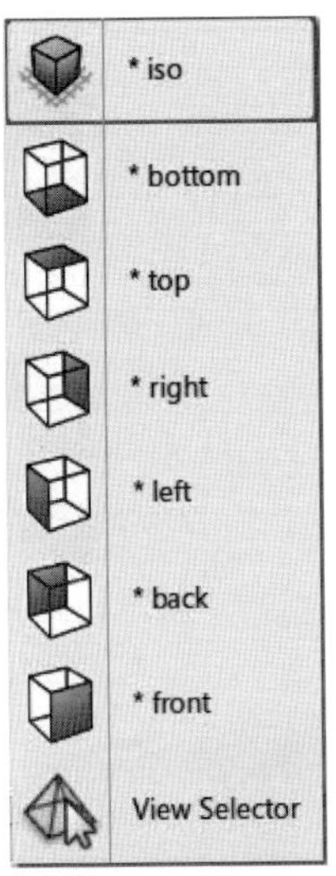

iso	
bottom	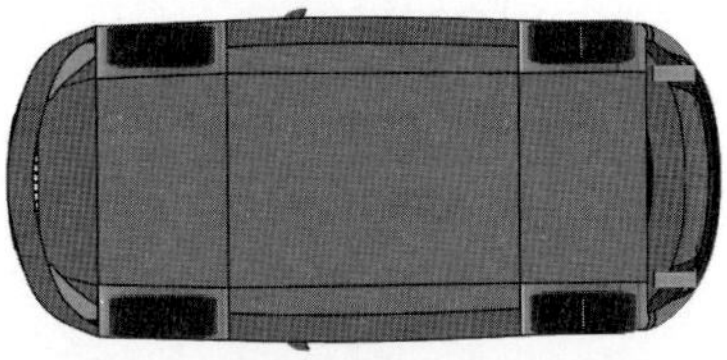
top	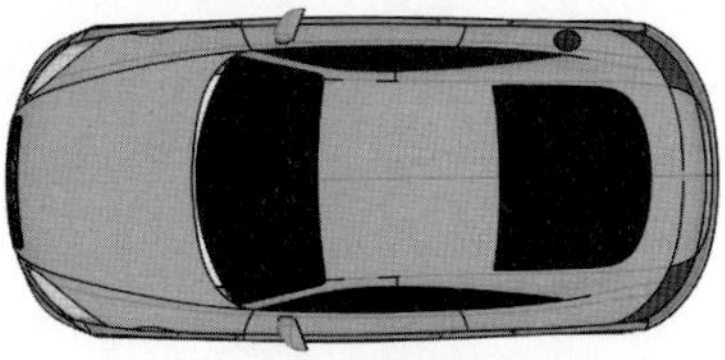
right	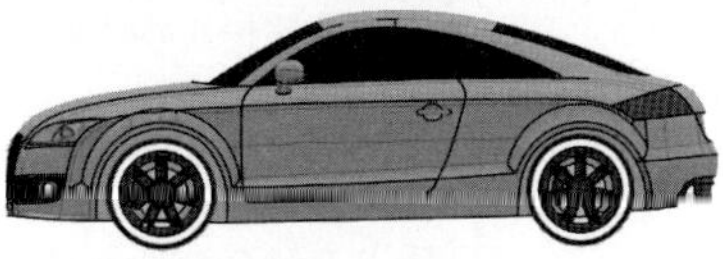
left	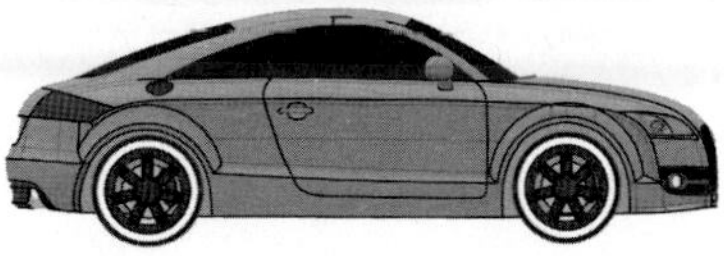

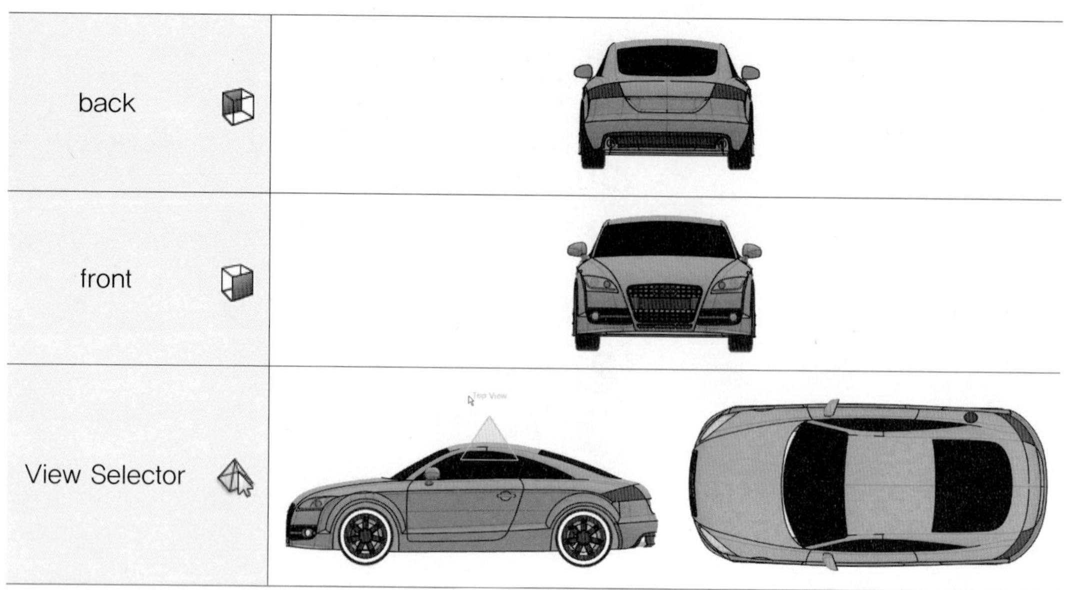

■ Flyout for Render Style

여기서는 형상이 표시되는 스타일을 정의해 줄 수 있습니다. 형상이 가진 외부 경계를 표시하거나 재질과 같은 요소를 포함하여 출력하는 설정을 해 줄 수 있습니다. 기본 설계 단계에서는 Shading with Edge를 주로 사용하지만, Viewing이나 렌더링을 위해 다른 스타일을 선택해 줄 수 있습니다.

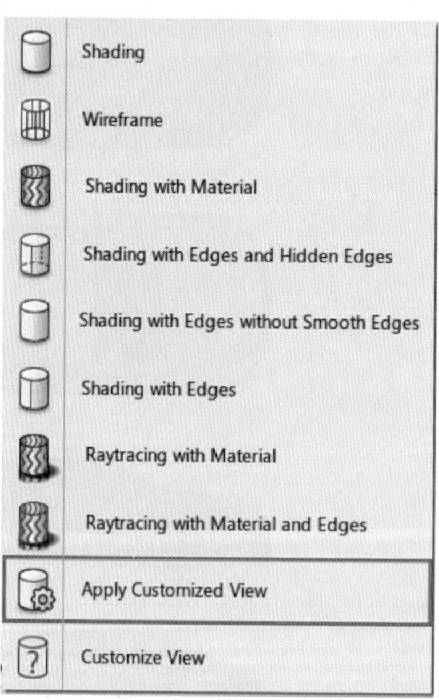

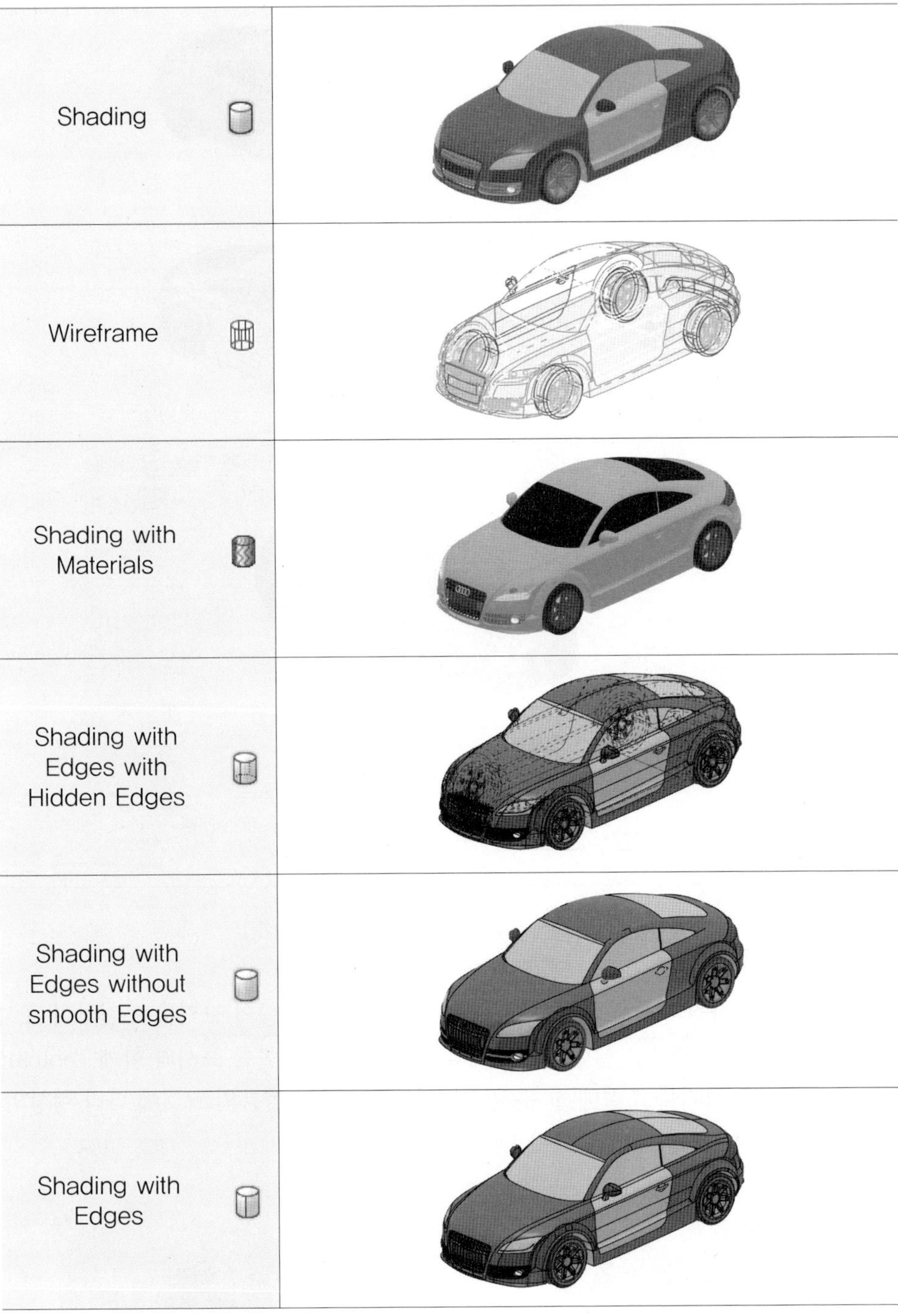
Shading
Wireframe
Shading with Materials
Shading with Edges with Hidden Edges
Shading with Edges without smooth Edges
Shading with Edges

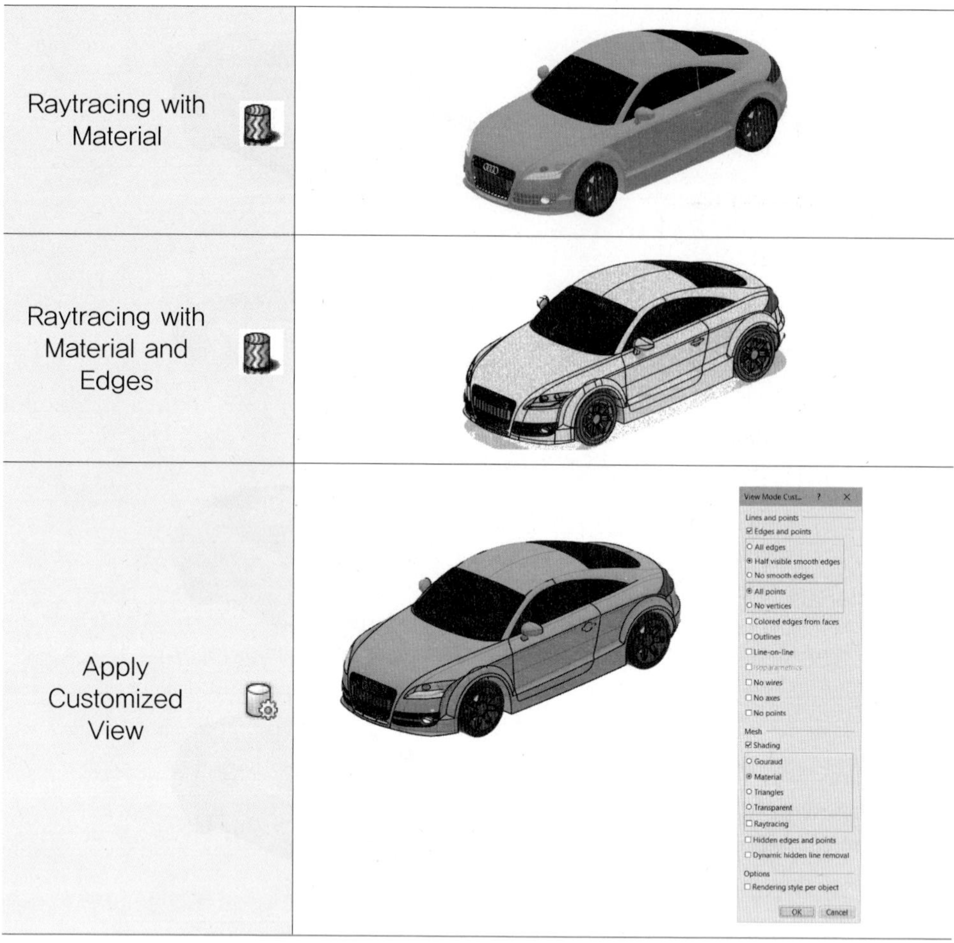

Raytracing with Material	
Raytracing with Material and Edges	
Apply Customized View	

- Discover

이 기능은 3차원 형상의 내부 관찰을 위하여 가상의 볼륨의 크기를 조절하여 표시하는 기능을 합니다. 명령을 실행하면 아래와 같은 반투명한 볼륨 표시와 함께 Toolbar가 나타나 볼륨의 크기를 조절해 줄 수 있습니다. 그리고 이 볼륨의 크기에 따라 형상의 표시되는 범위가 다르게 나타납니다.

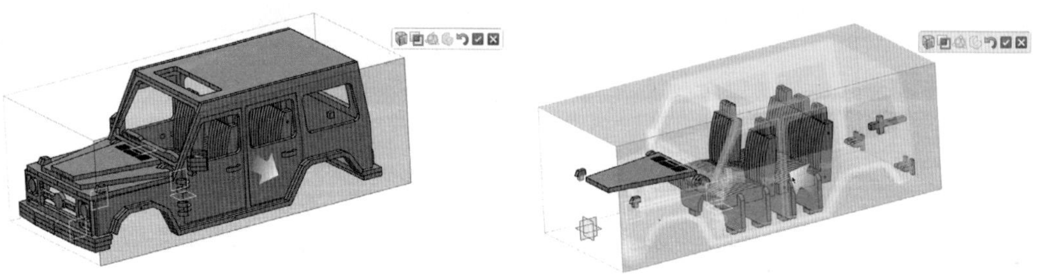

Toolbar에는 볼륨의 모양이나 Selection Mode, 초기화와 같은 기능들이 있습니다.

- Volatile Ghosting

  이 옵션은 일시적으로 선택한 대상을 안 보이게 숨기기 하는 기능을 활성화합니다. 이 옵션이 활성화된 상태에서 대상의 면에 커서를 놓은 후 Alt + G Key를 누르고 있으면 일시적으로 숨기기가 가능합니다.

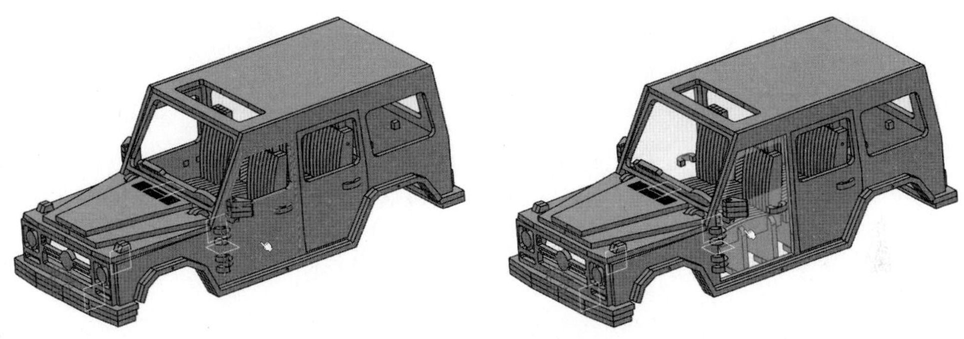

누르고 있던 Key를 해제하고 커서를 이동하면 원상복귀 됩니다.

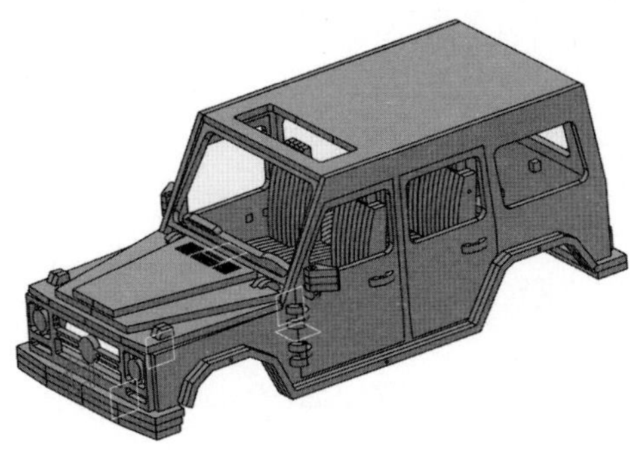

- Multi-View

  이 기능은 작업 화면을 4분할하여 형상을 표시해 주는 작업을 합니다. 각각의 View에 대해서 서로 다른 방향으로 회전이나 확대 축소 등이 가능합니다. 개별적으로 Viewing 되는 것이기 때문에 다른 하나의 View를 회전/이동/확대 또는 축소 조작하여도 다른 View들은 영향을 받지 않습니다.

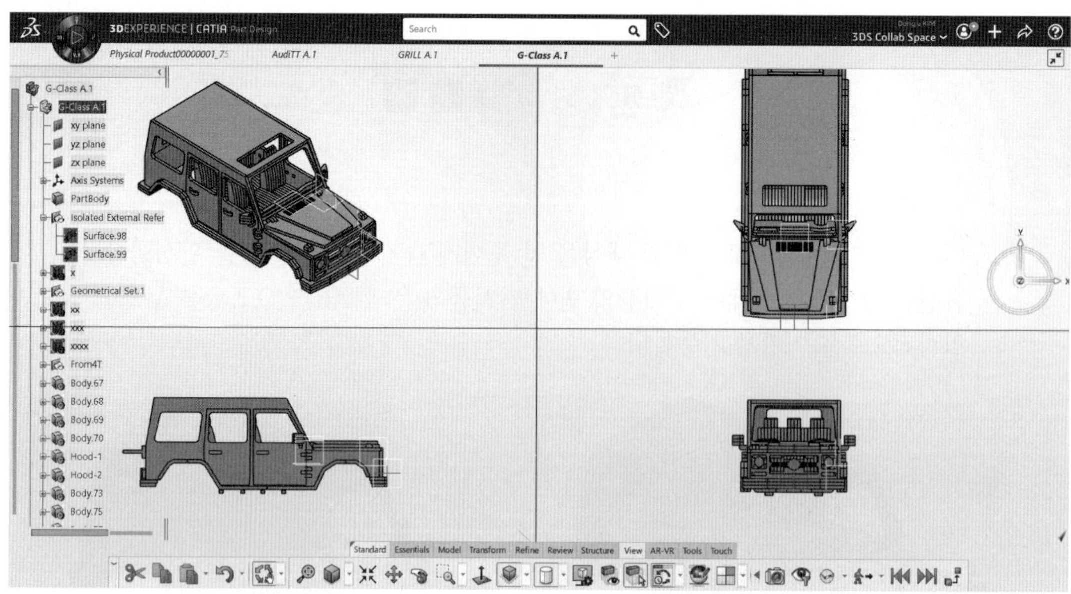

해당 기능은 명령을 해제할 때까지 4분할 상태로 유지됩니다.

C. Tools

Tools에서는 기본적으로 각 App이 가지는 설계 작업에 더불어 사용할 수 있는 고급 기능들을 포함하고 있습니다. 직접적인 App 설계 기능 보다는 응용 도구들의 모음이라고 생각하면 좋을 것입니다.

■ Common

■ Part Design App

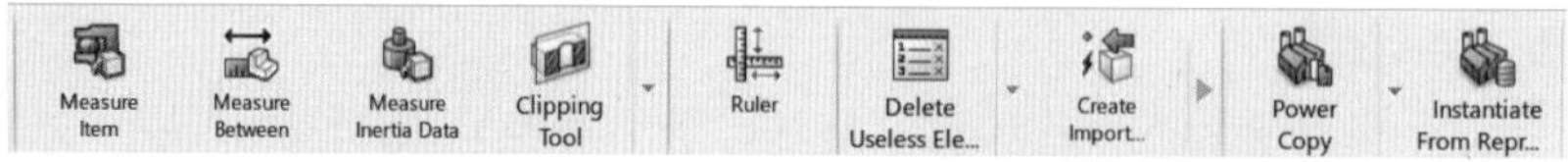

■ Generative Shape Design App

■ Assembly Design App

■ Drafting App

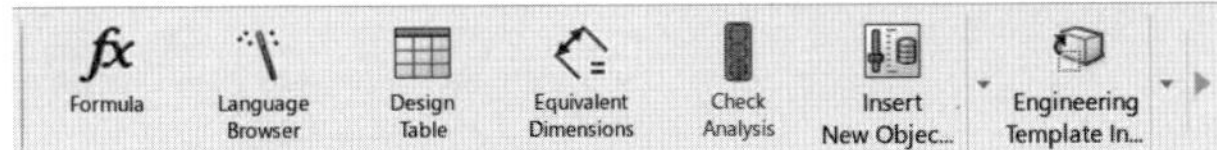

■ Primary Area

- App Options

앞서 Section Bar의 Context 메뉴로 확인하였던 App Option 패널을 표시합니다.

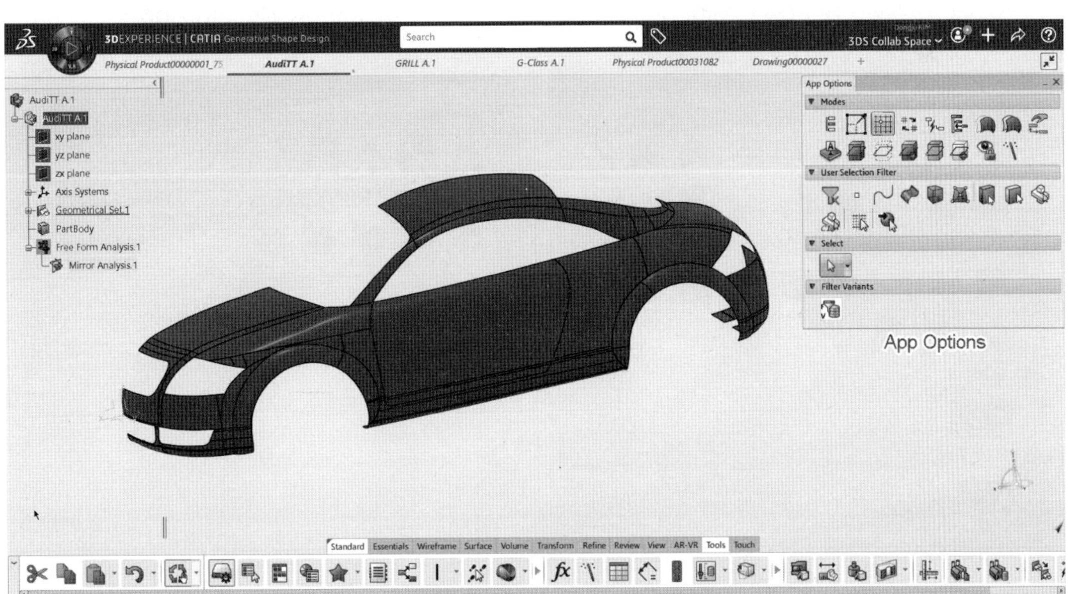

App Option은 설계 작업을 위해 해당 App에서 사용할 수 있는 유용한 기본 기능들이 포함되어 있습니다. App의 유형이 다르므로 각 App마다 사용할 수 있는 App Option의 기능들이 다르게 됩니다. 일부 기능들은 동일하게 사용할 수 있습니다.

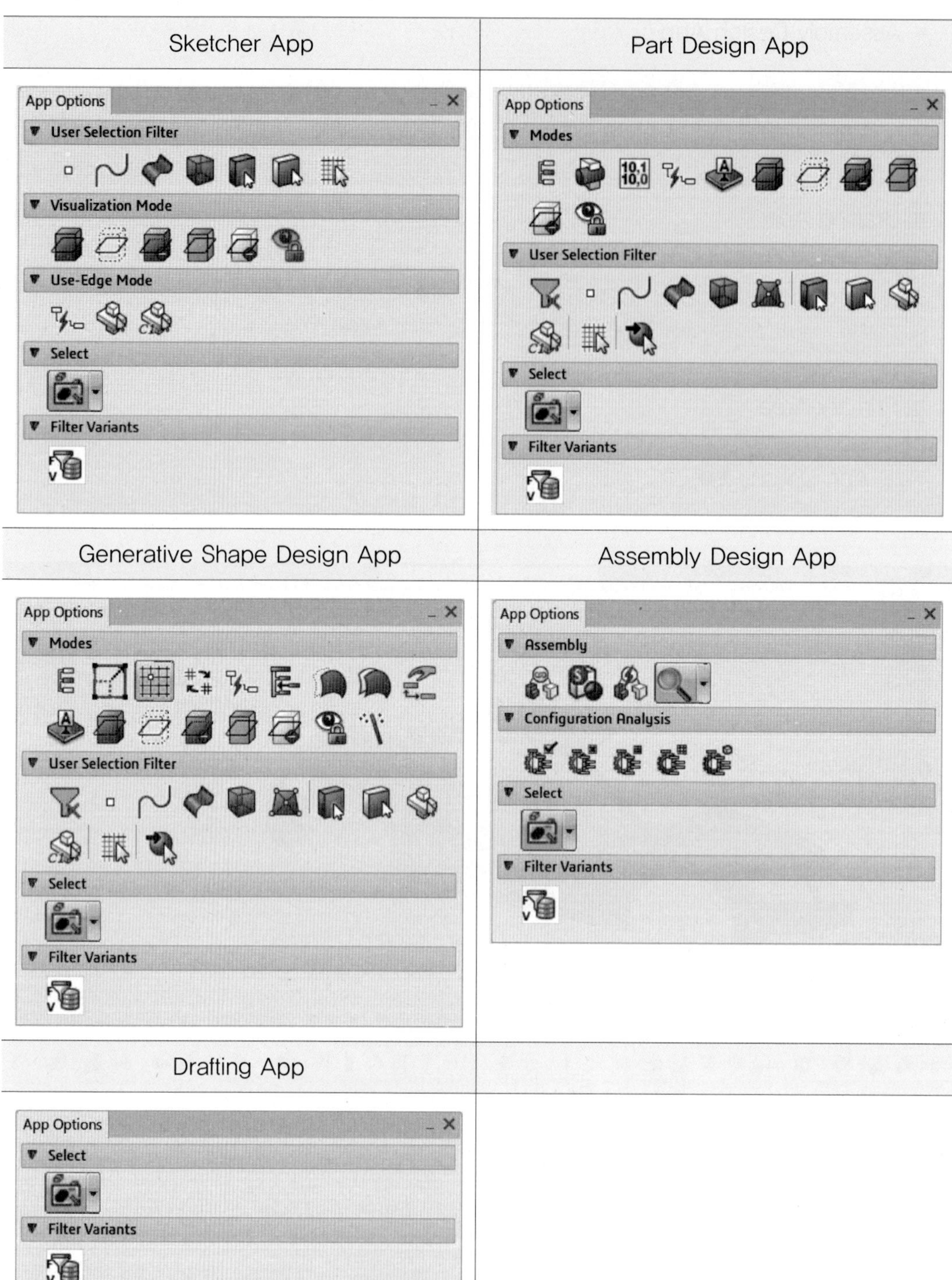
Sketcher App
App Options
User Selection Filter
Visualization Mode
Use-Edge Mode
Select
Filter Variants
Part Design App
App Options
Modes
User Selection Filter
Select
Filter Variants
Generative Shape Design App
App Options
Modes
User Selection Filter
Select
Filter Variants
Assembly Design App
App Options
Assembly
Configuration Analysis
Select
Filter Variants
Drafting App
App Options
Select
Filter Variants

■ User Selection Filter

User Select Filter에서는 작업자가 화면을 통해 선택할 수 있는 대상 요소를 선택할 수 있습니다. 작업에 필요한 대상으로 모서리나 커브 요소만을 선택하고자 할 경우 Curve Filter 만을 켜고 형상에서 대상을 선택해 줄 수 있습니다. 참고로 Filter는 복수 선택이 가능하며, 선택한 필터 외에 다른 대상은 선택할 수 없습니다.

■ Select

작업 화면상에서 3차원 형상을 선택하는 도구입니다. 어떤 값을 선택하느냐에 따라 화면에 드래그 상자를 만들어 선택할 때 선택되는 결과물들이 달라집니다.

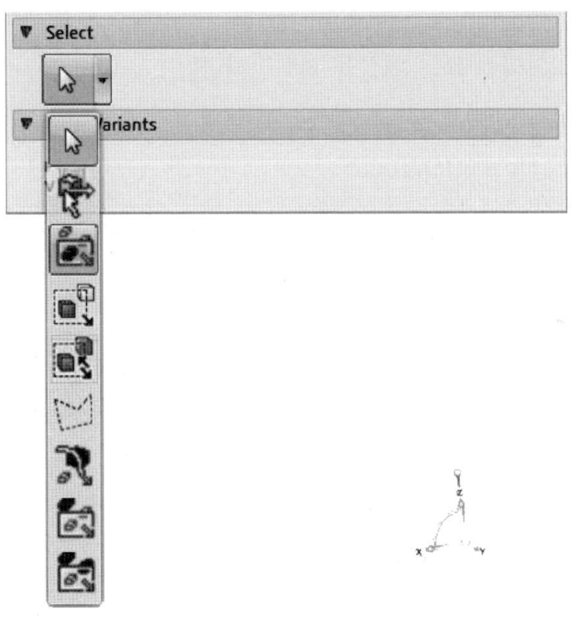

우리가 Mouse를 사용하여 선택할 수 있는 형상의 요소는 다음과 같습니다.

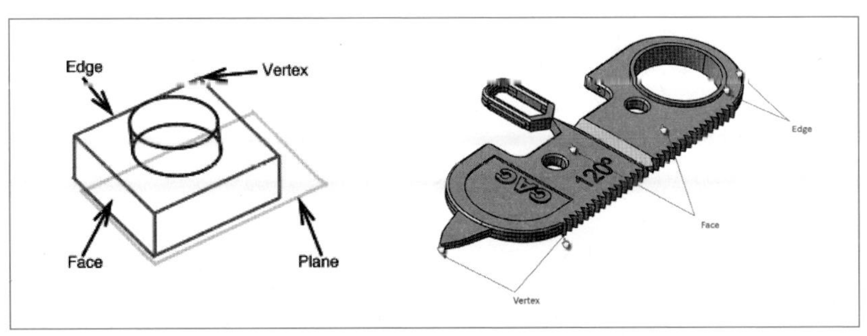

Face(s)	형상을 구성하는 면
Vertex(Vertices)	형상의 모서리와 모서리가 만나는 꼭지점
Edge(s)	형상의 면과 면의 경계 부위
Plane(s)	평면
Axis(Axes)	축 대상

각각에 대한 상세한 설명은 생략하겠으며 다양한 종류의 대상 선택 방식이 있으니 사용 해보기를 권장합니다.

- Select : 일반적으로 작업 요소를 선택할 때 사용합니다.
- Selection trap above geometry
- Rectangle selection Mode : 사각형의 드래그 박스 안에 포함된 대상을 선택합니다.
- Intersecting rectangle selection Mode : 사각형의 드래그 박스 안 및 드래그 박스의 경계에 교차하는 모든 대상을 선택합니다.
- Polygon selection Mode : 다각형으로 영역을 지정하여 그 안의 대상을 선택합니다.
- Free hand selection Mode
- Outside rectangle selection Mode
- Outside intersecting rectangle selection Mode

■ Filter

Native App에서 형상 요소들에 Filter를 정의하는 데 사용합니다.

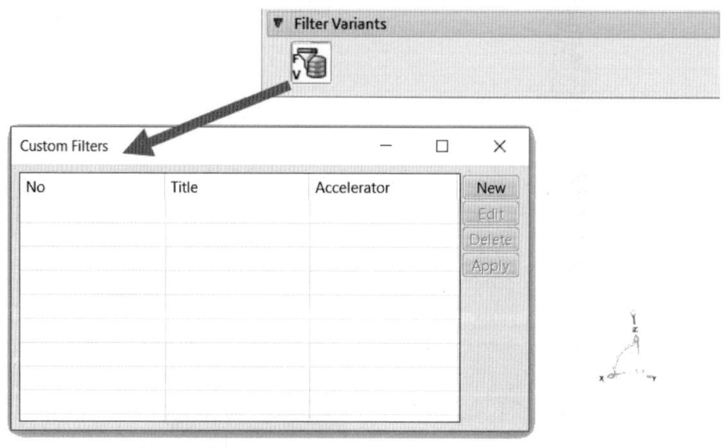

- Object Properties

이 역시도 Section Bar의 Context Menu에서 설정 가능한 기능입니다. 개체에 적용 가능한 속성 정보를 정의할 수 있습니다. 과거 V5에서는 Graphic Properties와 유사하다고 할 수 있습니다.

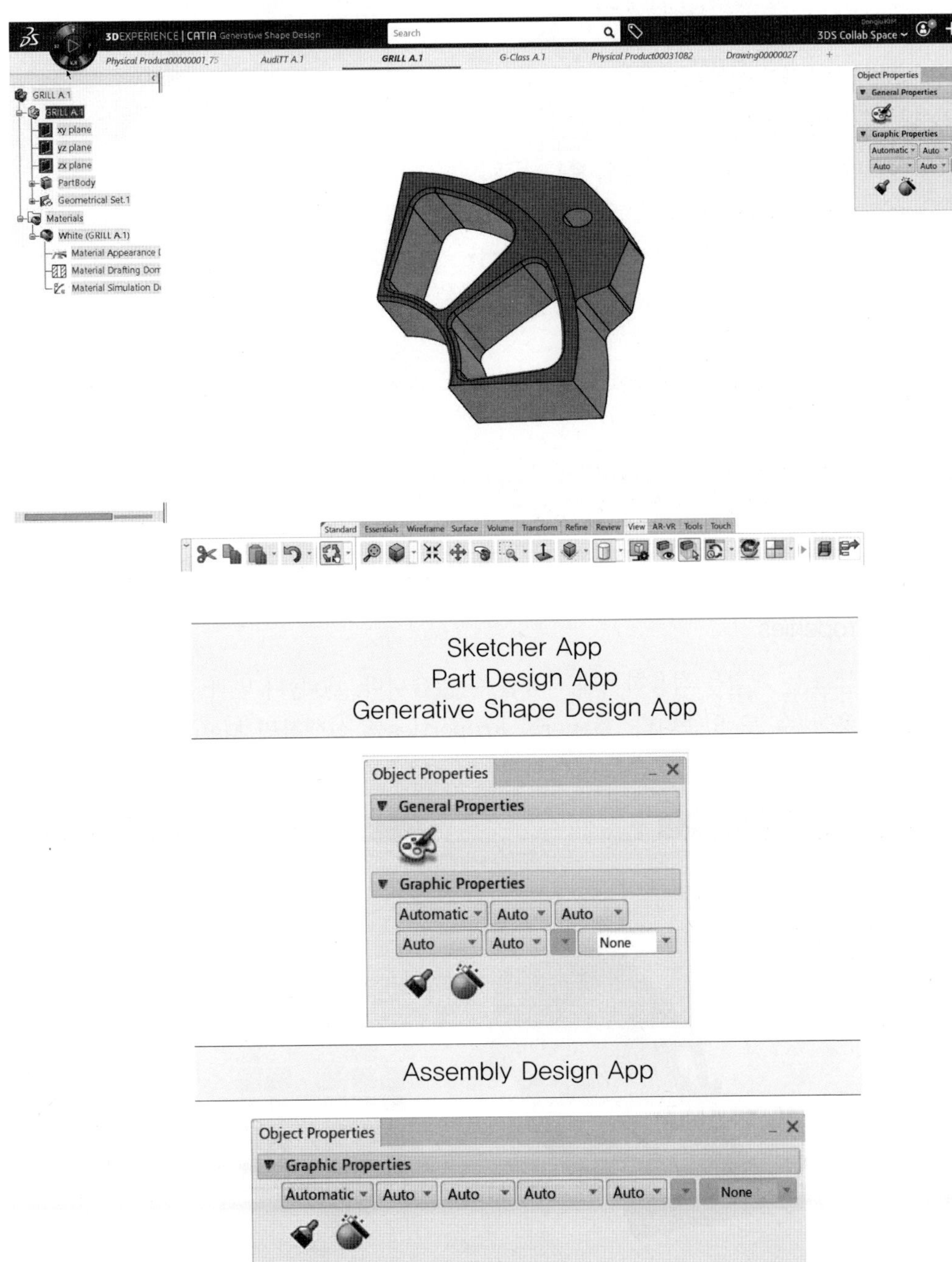

Drafting App

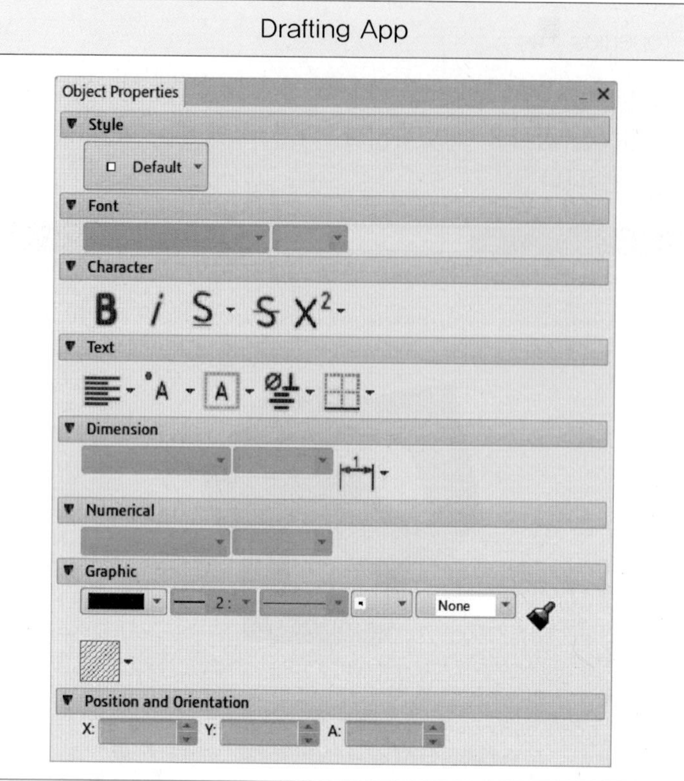

■ General Properties

대상에 색상 또는 재질을 적용하는데 사용할 수 있습니다. Body나 면과 같이 일부 영역에 대해서 적용할 수 도 있습니다. General Properties를 실행하면 Material Chooser과 Painter Tools가 나타납니다.

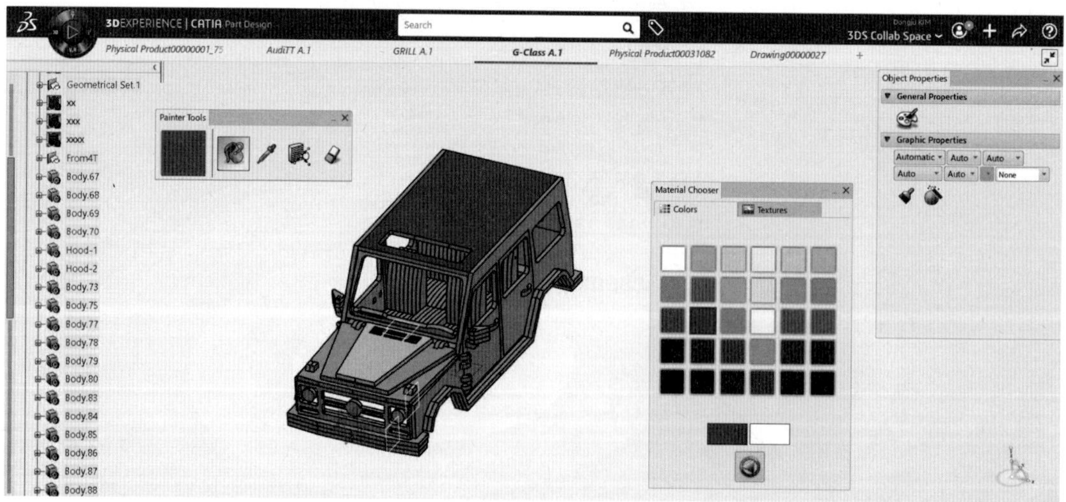

■ Graphic Properties

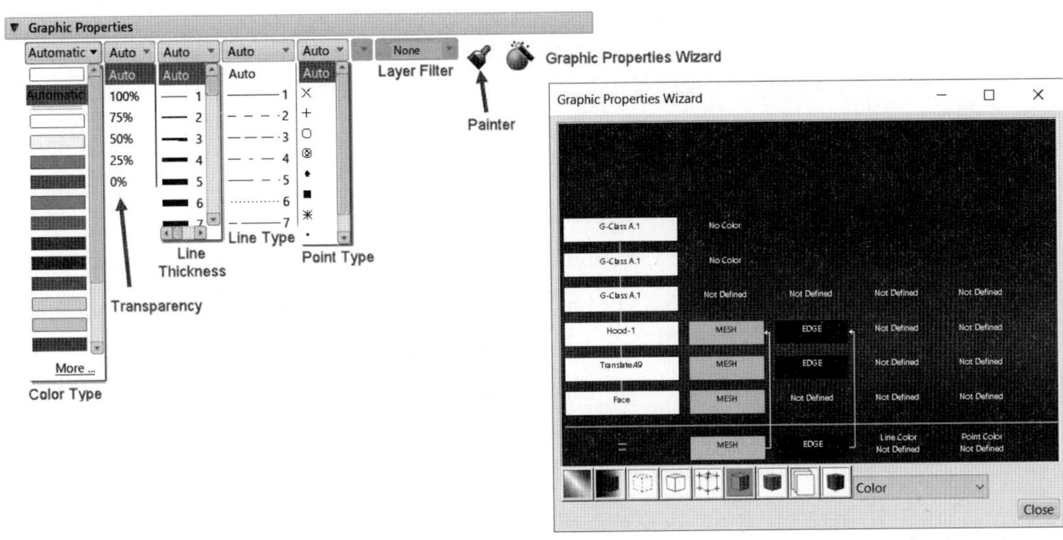

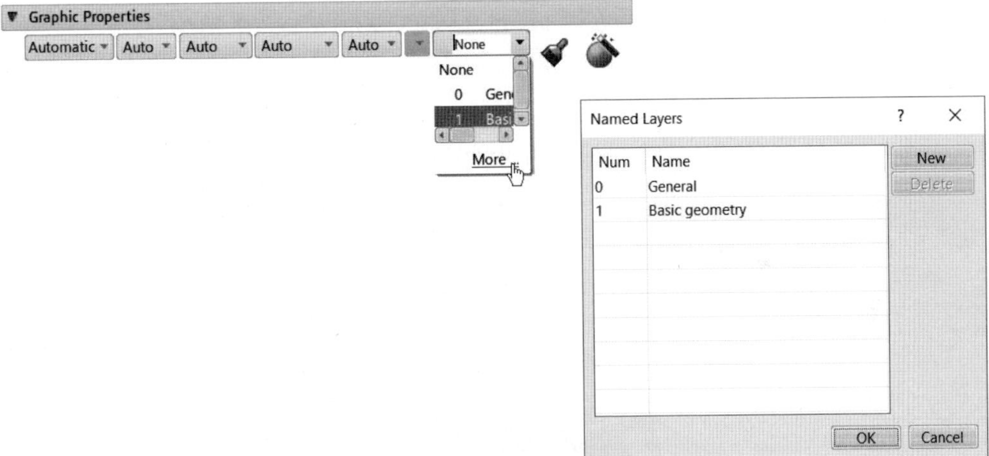

Chapter 04. 3DEXPERIENCE Platform

Color Type	여기서는 선택한 대상의 색상을 변경해 줄 수 있습니다. 우선 대상을 선택한 후에 이 값을 변경해 주면 변경된 색상으로 선택한 대상의 색상을 변경할 수 있습니다. Assembly나 여러 개의 Body를 이용하여 작업하는 경우 요소들 간의 구분을 위해 자주 사용합니다. 일반적으로 색상은 Body나 Geometric Set 단위로, 혹은 3D Part나 Physical Product 단위로 설정해 주는 것이 좋습니다. 일일이 면이나 커브 요소들을 선택하여 색상을 변경하는 방법은 주의하도록 합니다.
Transparency	이것은 선택한 3차원 요소의 투명도를 조절하는 부분으로 여러 개의 형상이 내부에 포함되거나 중첩된 경우 대상들의 투명도를 조절하여 시각화 효과에 도움을 줍니다.
Line Thickness	여기서는 커브 요소들의 선 굵기를 변경해 줄 수 있습니다. 선의 굵기가 다르다고 해서 실제 작업에 영향을 주는 것은 아니지만 표현상으로 일반적인 선들과 다르게 구분해 줄 수 있습니다.
Line Type	선의 종류를 선택해 주는 기능으로 위와 마찬가지로 3차원 모델링 App에서 보다 Drawing에서 유용하게 사용할 수 있습니다.
Point Type	여기서는 포인트의 모양을 변경해 줄 수 있는데 포인트 요소는 이 Point Type과 Color의 변경이 가능합니다.
Layer Filter	CATIA에서 Layer 기능을 사용하기 위한 Filter로 사용할 수 있습니다.

Painter 기능을 사용하면 선택한 대상에 복사해오고자 하는 대상의 그래픽 속성을 복사해 올 수 있습니다. 복사될 대상을 먼저 선택하고 다음으로 복사할 대상을 선택합니다.

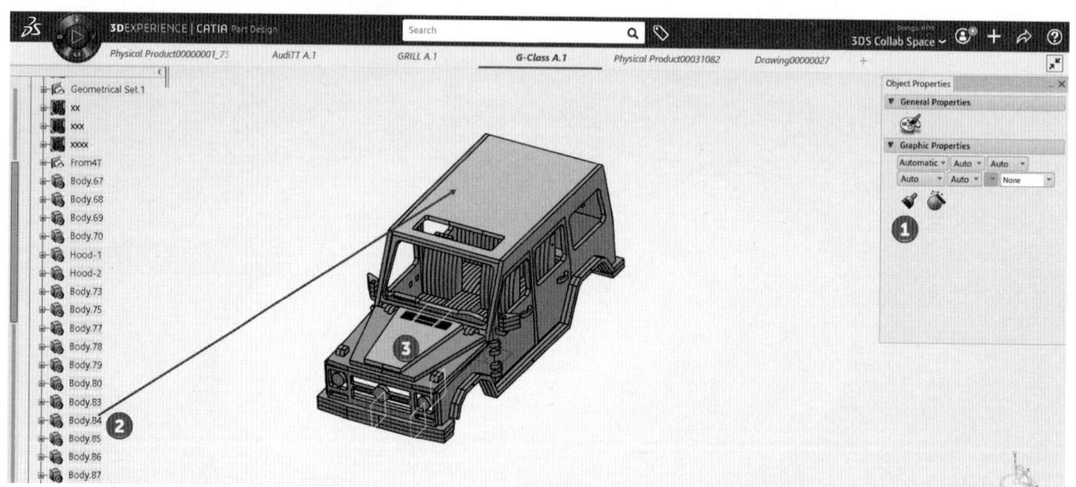

■ Action Pad

이 역시도 Section Bar의 Context Menu에서 설정 가능한 기능입니다. 자주 사용하는 기능을 모아 Section Bar가 아닌 별도의 윈도우를 통해서 명령들을 실행할 수 있습니다. 이를 Action Pad라 부릅니다.

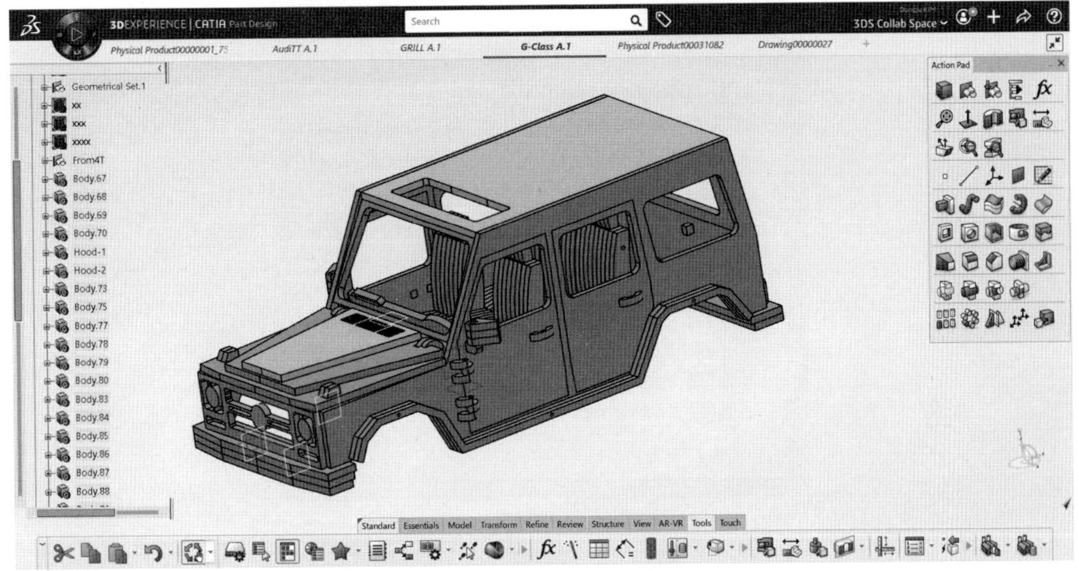

Action Pad는 필요에 따라 원하는 명령어를 가감하는 것이 가능합니다. 물론 같은 PLM Object를 사용하는 App들이 가진 명령어들에 대해서만 가감할 수 있다는 것을 주의해야 합니다.

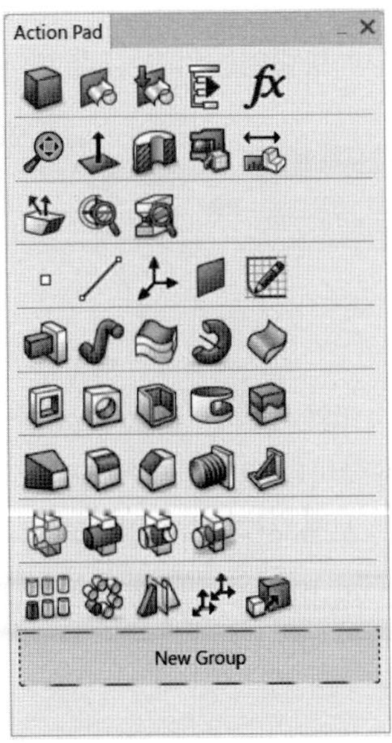

- Catalog Browser

Catalog는 CATIA V5에서 라이브러리의 역할을 하는 도큐먼트였습니다. 마찬가지로 3DEXPERIENCE Platform에서도 Catalog는 이러한 역할을 합니다.

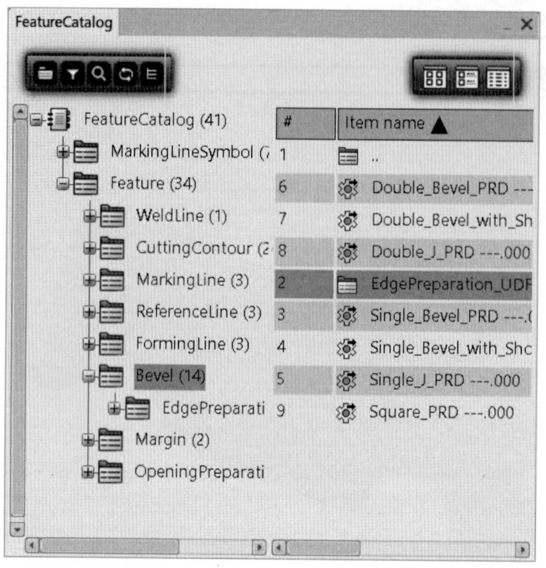

- Action Bar Customization

Action Pad를 수정할 때 사용하는 기능입니다. 앞서 설명하였듯이 Context Menu에서도 설정 가능합니다.

- Icon With Labels

Section Bar의 표시를 해당 명령어들의 이름과 함께 표시하도록 하는 옵션입니다.

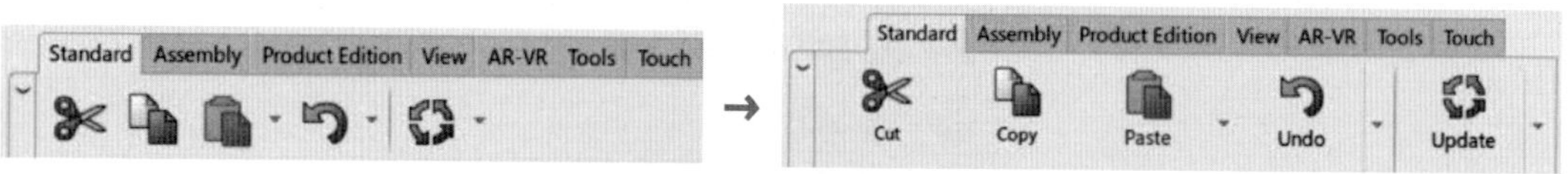

- Material Browser

3DEXPERIENCE Platform에서 재질(Material)을 대상에 적용하거나 재질을 수정하는 등의 작업을 위해 사용합니다. 과거 개인 장비에 재질 관련 Catalog가 저장되었던 CATIA V5와 달리 재질 정보를 서버에서 일관되게 관리하고 있습니다. 따라서 재질을 적용하기 위해서는 Material Browser를 통하여 3DSearch 후 결과를 확인할 수 있습니다.

Material Browser를 실행하면 다음과 같은 3DSearch 창이 나타납니다.

여기서 원하는 재질을 선택한 후 Context Menu를 확인하면 다음과 같은 메뉴들을 확인할 수 있습니다.

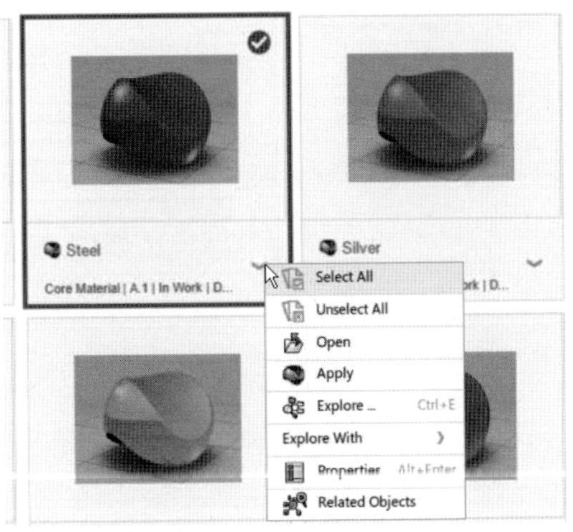

여기서 Apply를 클릭하여 대상을 선택하면 재질이 적용됩니다.

이러한 재질 적용 정보는 Spec Tree와 View Mode를 변경하여 확인할 수 있습니다.

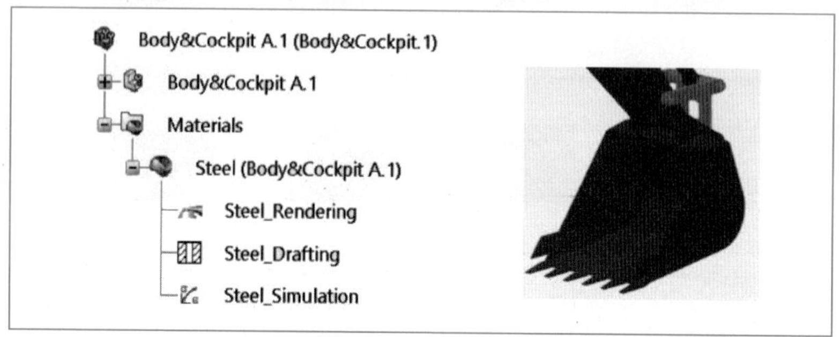

이러한 재질 정보는 단순히 시각 효과 정보만을 가지는 것은 아니며 SIMULIA에 속한 App들과 연동할 수 있도록 해석치 정보를 가지게 됩니다.

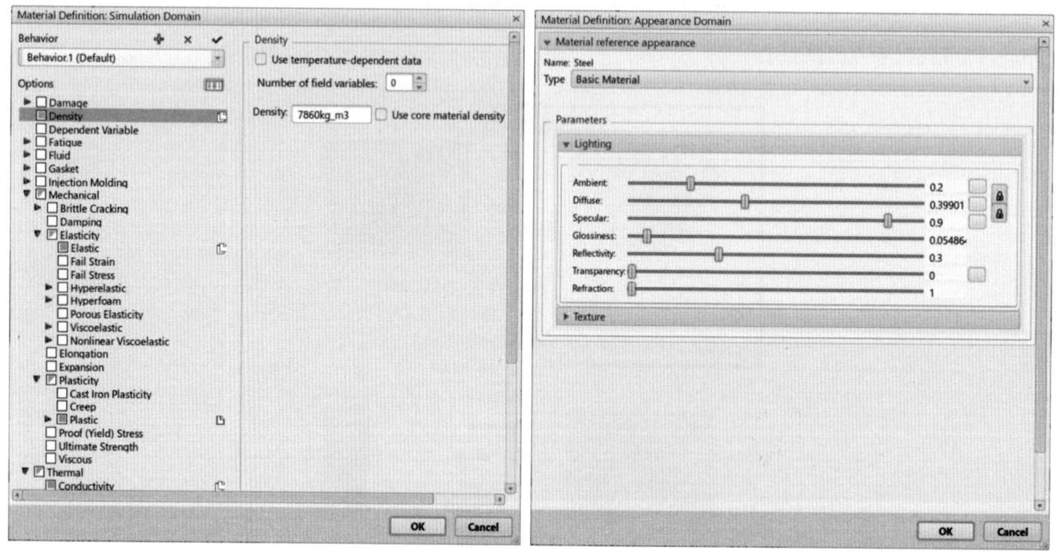

재질 정보는 기본적으로 설치 코드 내에 기본적으로 제공하는 재질 라이브러리가 있습니다.

설치 경로₩win_b64₩resources₩materials₩

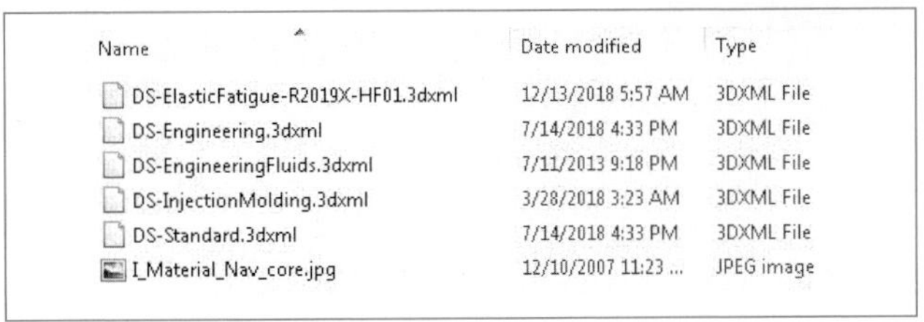

Name	Date modified	Type
DS-ElasticFatigue-R2019X-HF01.3dxml	12/13/2018 5:57 AM	3DXML File
DS-Engineering.3dxml	7/14/2018 4:33 PM	3DXML File
DS-EngineeringFluids.3dxml	7/11/2013 9:18 PM	3DXML File
DS-InjectionMolding.3dxml	3/28/2018 3:23 AM	3DXML File
DS-Standard.3dxml	7/14/2018 4:33 PM	3DXML File
I_Material_Nav_core.jpg	12/10/2007 11:23 ...	JPEG image

사용을 위해 Import할 경우 As Reference Mode로 가져와야 합니다.(일반적으로 개별적으로 재질을 관리하지는 않으니 관리자에 의한 일괄 관리를 추천합니다.)

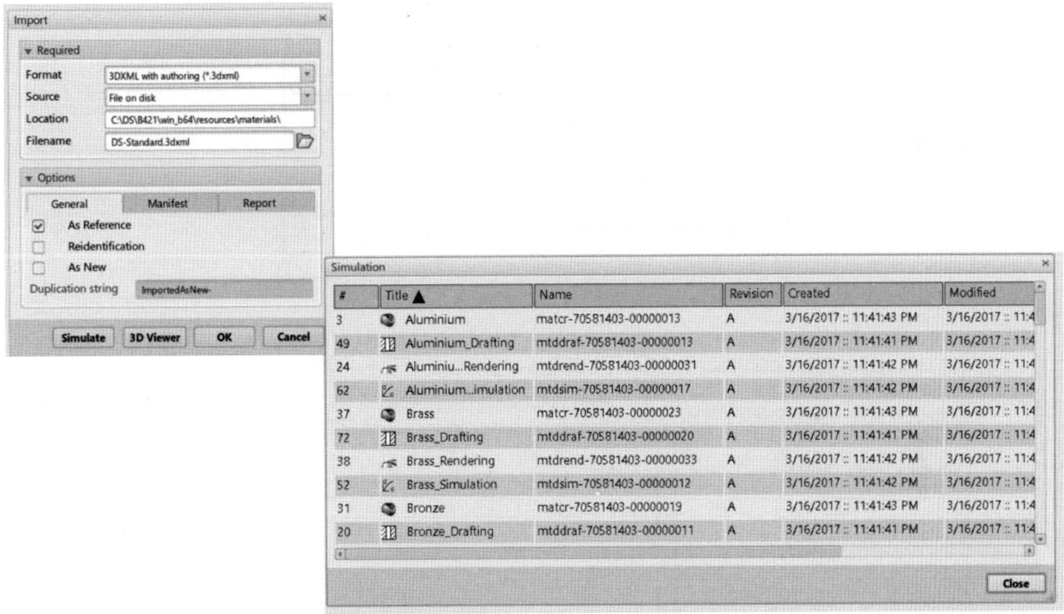

#	Title ▲	Name	Revision	Created	Modified
3	Aluminium	matcr-70581403-00000013	A	3/16/2017 :: 11:41:43 PM	3/16/2017 :: 11:4
49	Aluminium_Drafting	mtddraf-70581403-00000013	A	3/16/2017 :: 11:41:41 PM	3/16/2017 :: 11:4
24	Aluminiu...Rendering	mtdrend-70581403-00000031	A	3/16/2017 :: 11:41:42 PM	3/16/2017 :: 11:4
62	Aluminium...imulation	mtdsim-70581403-00000017	A	3/16/2017 :: 11:41:42 PM	3/16/2017 :: 11:4
37	Brass	matcr-70581403-00000023	A	3/16/2017 :: 11:41:43 PM	3/16/2017 :: 11:4
72	Brass_Drafting	mtddraf-70581403-00000020	A	3/16/2017 :: 11:41:41 PM	3/16/2017 :: 11:4
38	Brass_Rendering	mtdrend-70581403-00000033	A	3/16/2017 :: 11:41:42 PM	3/16/2017 :: 11:4
52	Brass_Simulation	mtdsim-70581403-00000012	A	3/16/2017 :: 11:41:42 PM	3/16/2017 :: 11:4
31	Bronze	matcr-70581403-00000019	A	3/16/2017 :: 11:41:43 PM	3/16/2017 :: 11:4
20	Bronze_Drafting	mtddraf-70581403-00000011	A	3/16/2017 :: 11:41:41 PM	3/16/2017 :: 11:4

- Secondary Area

  - Macros

    3DEXPERIENCE Platform에서 Visual Basic 프로그래밍 작업을 위해 Macro Editor를 실행할 때 사용합니다.

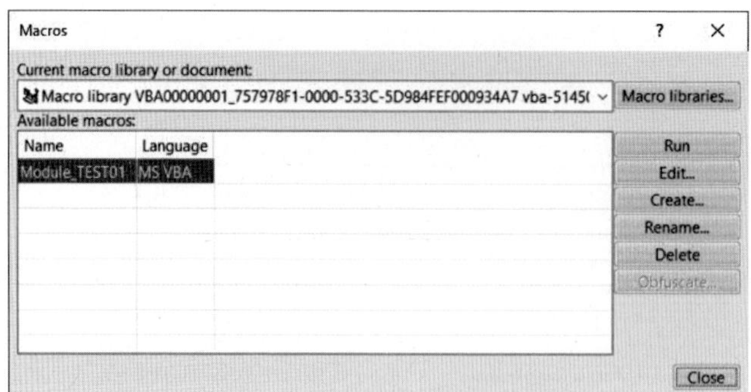

VBA 활용 역시 3DEXPERIENCE Platform부터는 서버 기반의 환경에서 적용된다는 점을 기억해 두기 바랍니다.

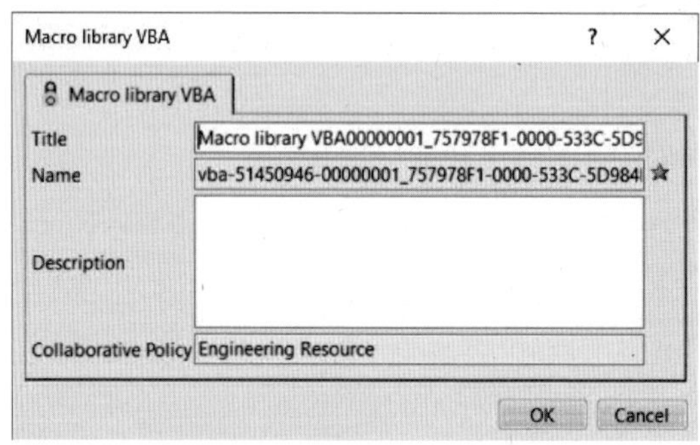

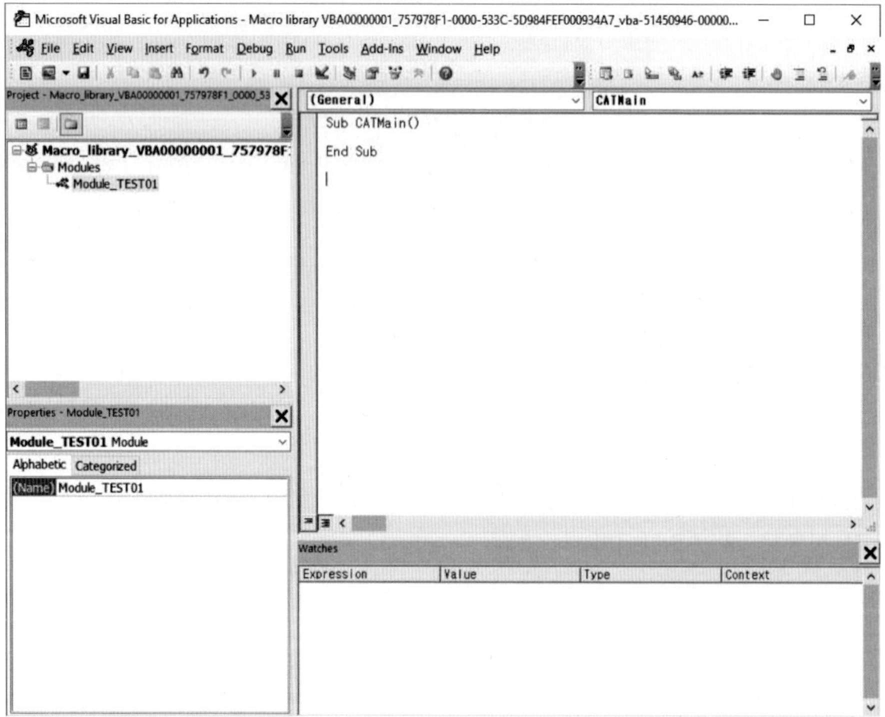

■ Flyout for Capture

• Video /Album /Capture

작업 화면의 동영상 또는 이미지 캡처를 위해 사용할 수 있는 기능들입니다.

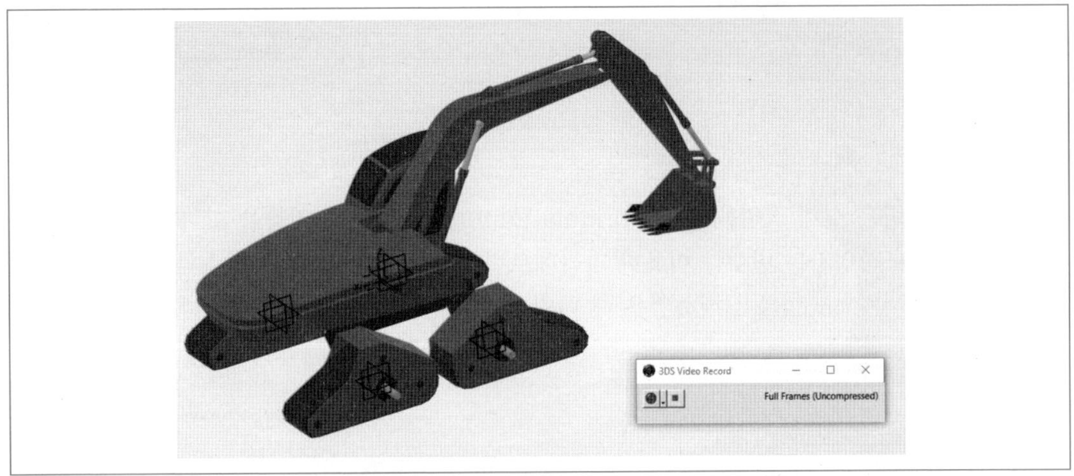

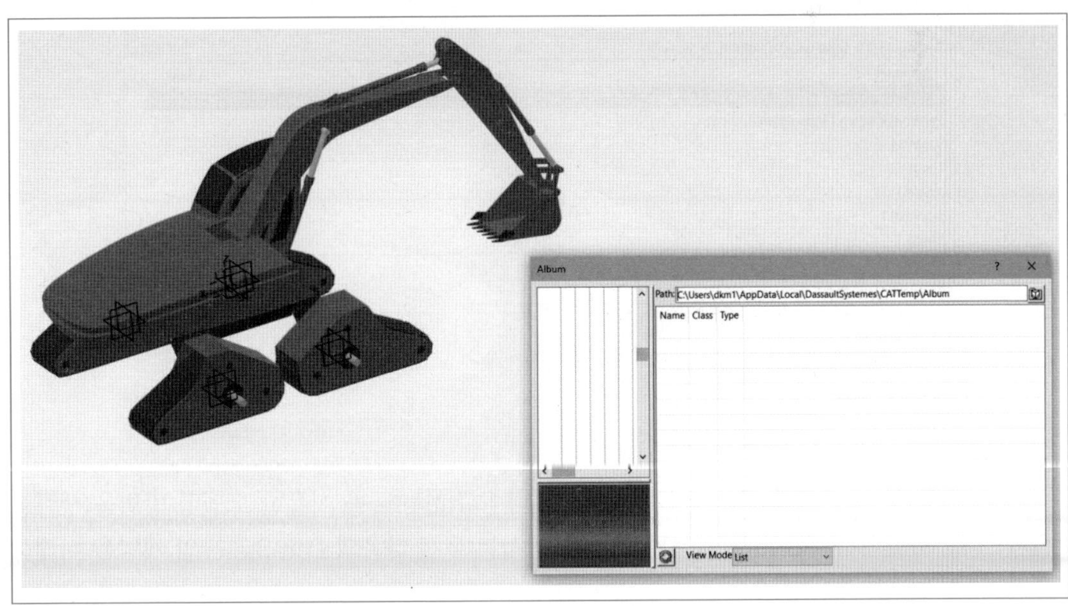

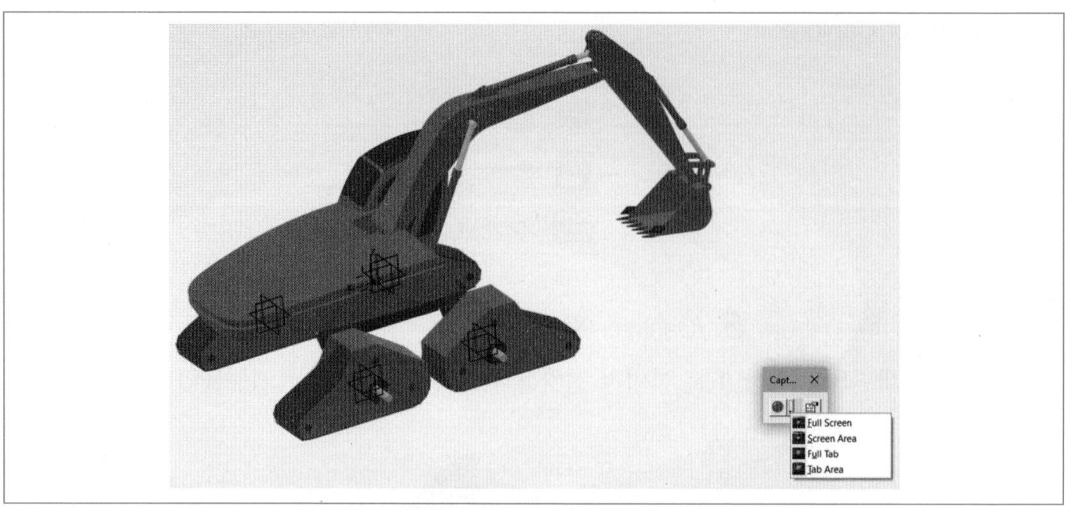

- Formula *fx*

이 명령은 설계 작업을 위해 Formula Editor를 실행하는 기능을 합니다. Formula를 통하여 작업자는 변수를 이용한 파라메트릭 모델링을 수행할 수 있습니다.
다음은 Formula를 실행하였을 때 나타나는 Formula 창의 모습입니다.

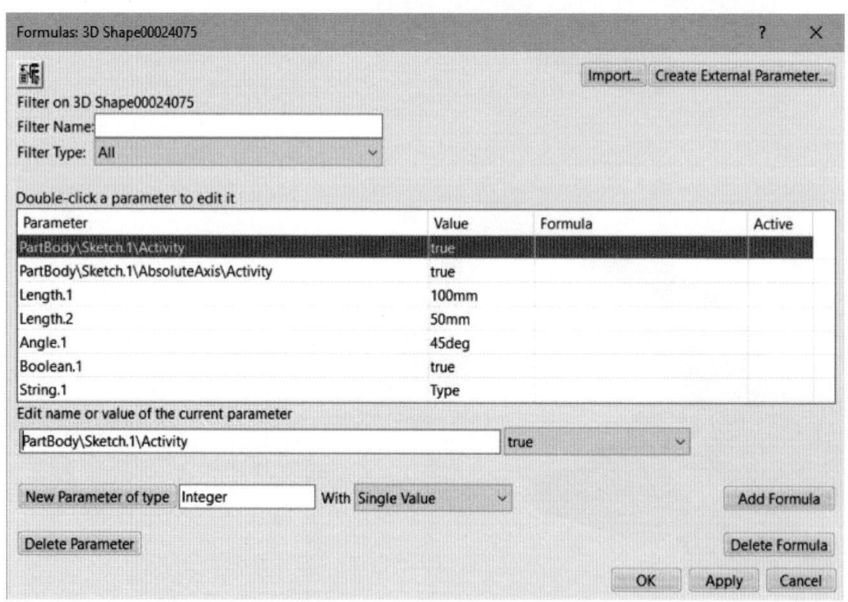

기초 학습 단계에서는 이러한 Formula나 Parameter를 이용한 모델링 방법을 생략할 수 있습니다. Formula를 사용하기 위해서는 우선 다음의 Parameter의 개념을 이해해야 합니다.

Parameters의 개념은 3EDEXPERIENCE Platform의 Native App에서 지식 기반 설계 작업을 하는 데 있어 가장 핵심적인 역할을 하는 변수(Variables)라고 생각할 수 있습니다. Native App에서 원하는 형상을 모델링 한다거나 구속한다고 하였을 때 작업 상에 필요로 하는 치수 또는 구속, 그리고 개개의 명령에 따른 작업에 필요한 수치 등을 Parameters라고 할 수 있습니다. 즉, 값(Values)을 가지는 치수나 구속, 활성/비활성, 논리 값 등이 모두 Parameters입니다.

Parameters는 Native App 작업 자체에서 가지고 있는 Intrinsic Parameters와 작업자에 의해 만들어지는 User Parameters로 나눌 수 있습니다. Intrinsic Parameters는 Native App에서 모델링 작업하는 과정에서 사용되는 인위적인 조작이 불가능한 Parameters입니다. Native App에서 작업자의 Knowledge 사용 목적에 의해 임의로 생성하여 사용하는 Parameters인 User Parameters가 바로 Knowledge 구현을 위한 Parameters입니다. Parameters는 작업자들만의 특정 정보 또는 노하우를 도큐먼트 상에 추가시킬 수 있으며 이러한 User Parameters는 Formula 등에 의해 다른 Parameter들과 조건을 가지거나 상관관계를 만족하도록 구성됩니다.

Intrinsic Parameters	Parameters inherent to a CATIA Document or Feature
User Parameters	Parameters created by the user for a specific purpose • Magnitude(Real, Length, Angle, Speed) • String • Boolean • Geometric(Point, Line, Plane) • Import From Spread Sheet(In Design Table)

User Parameters를 설명하기에 앞서 이러한 Parameters들이 사용되는 단계와 경우를 알아 둘 필요가 있습니다. 각 단계에 따라 Parameters들이 할 수 있는 역할이 다를 수 있기 때문입니다. Parameters는 개별 명령 또는 Feature 단계에서, 3D Part 또는 Physical Product, Drawing과 같은 PLM Object 단계에서 적용 및 사용이 가능합니다.

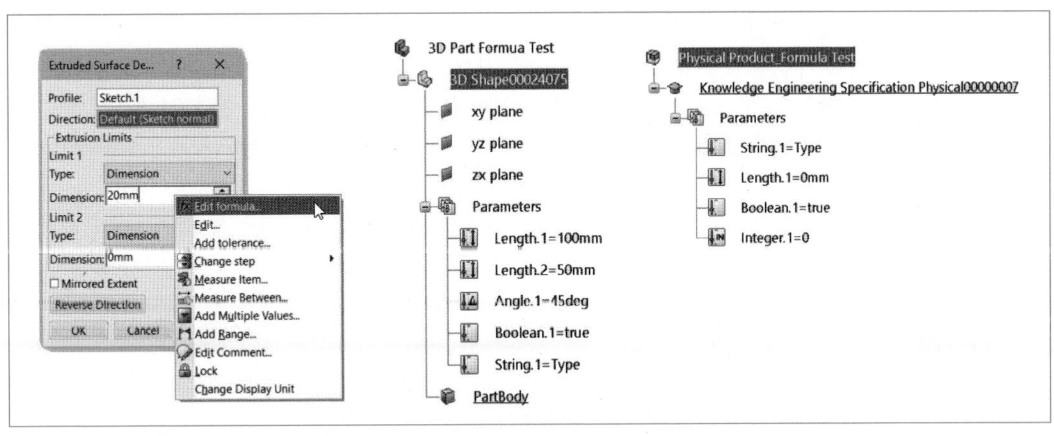

Formula 사용에 앞서 다음과 같이 Preference 설정이 필요합니다.

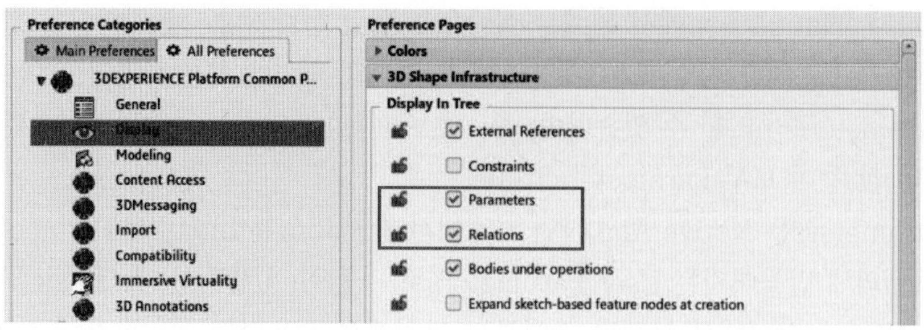

이러한 Parameters의 변수의 종류는 다양한 종류가 있으며 작업 목적에 따라 원하는 Parameters를 선택하여 생성한 후, 사용할 수 있습니다. 아래 그림과 같이 Formula Editor에서 변수 유형을 선택한 후에 생성해 줄 수 있습니다.

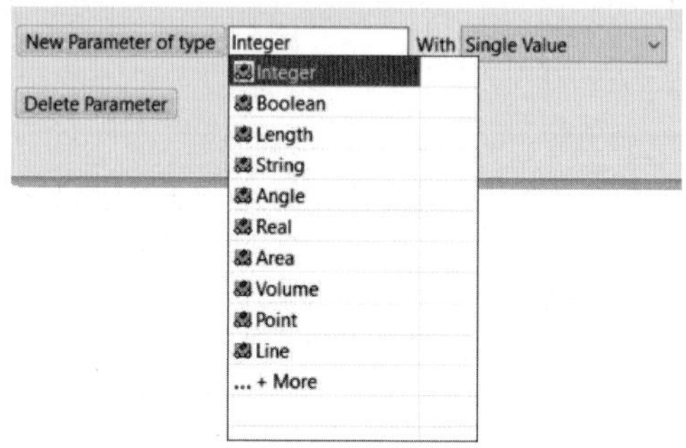

다음은 주로 사용되는 Parameters들에 대한 간단한 정리입니다.

Parameters	Description
Real	길이를 나타내는 값이 아닌 Instance(수량의 개념) 등으로 사용할 수 있는 크기 값에 관하여 사용하는 실수 변수, 프로그램 언어에서 기본 변수형 중 하나. 단위 없음
Integer	길이를 나타내는 값이 아닌 Instance(수량의 개념) 등으로 사용할 수 있는 크기 값에 관하여 사용하는 정수형 변수. 프로그램 언어에서 기본 변수형 중 하나. Integer는 소수점 표현이 불가능함. 단위 없음
String	초기 값을 함께 가지거나 이름만을 가져 논리식을 구성하는데 사용할 수 있는 문자열 변수. Formula 상에서 사용할 수 있는 문자열 변수. 단위 없음. 문자열 변수는 반드시 값을 입력할 때, " " 안에 변수를 정의해 주어야 함. " " 없이 문자열을 입력하면 Error 발생
Boolean	참(true), 거짓(false) 값을 가져서 Feature의 활성과 비활성을 조건 짓는데 사용하는 변수
Length	길이(Length)나 거리(Distance, Offset), 반지름(Radius) 개념으로 수치 값으로 사용할 수 있는 변수
Angle	각도(Angle) 값을 가지는 수치에 사용할 수 있는 변수
Mass	질량(Mass)을 나타내는 변수

Parameters	Description
Volume	Part 도큐먼트나 Feature, Product에 대한 부피(Volume)를 나타내는 변수
Density	Part 도큐먼트나 Feature, Product에 대한 밀도(Density)를 나타내는 변수
Area	Feature의 면적(Area) 값을 나타내는 변수
List	변수들을 성분으로 가지는 변수. 변수들의 묶음. 이러한 변수들의 묶음 값을 사용하여 또 다른 변수나 연산을 수행할 수 있음. 프로그램에서 배열이라 생각해도 됨
Ratio	비율을 나타내는 변수
Curvature	곡률 값을 나타내는 변수
Surface, Plane, Curve, Circle, Line, Point	각각의 Constructor에 의해 구성될 수 있는 형상(Feature)이자 변수

여기서 언급된 변수들 이외에도 각 작업에 따라 추가적인 변수의 종류가 존재한다는 것을 반드시 알아 두기 바랍니다. 특히, Boolean 변수형의 기능을 잘 기억해 두기 바랍니다. 참(True)/거짓(False)로 나누어지는 이 변수 형은 CATIA Feature의 그 자체 형상이나 형상의 세부 옵션 사항들을 활성 또는 비활성으로 조건 짓는 결정 인자로 사용됩니다. 이러한 Parameter는 앞서 예시와 같이 Formula를 이용하여 생성 후 활용이 가능합니다. 다음의 간단한 예를 보겠습니다. 새로운 3D Part를 생성한 후 다음과 같이 3개의 Parameter를 생성합니다. 두 개는 Length, 다른 하나는 Area 유형입니다. 참고로 여기서 변수들의 이름을 변경해 줄 수도 있습니다.

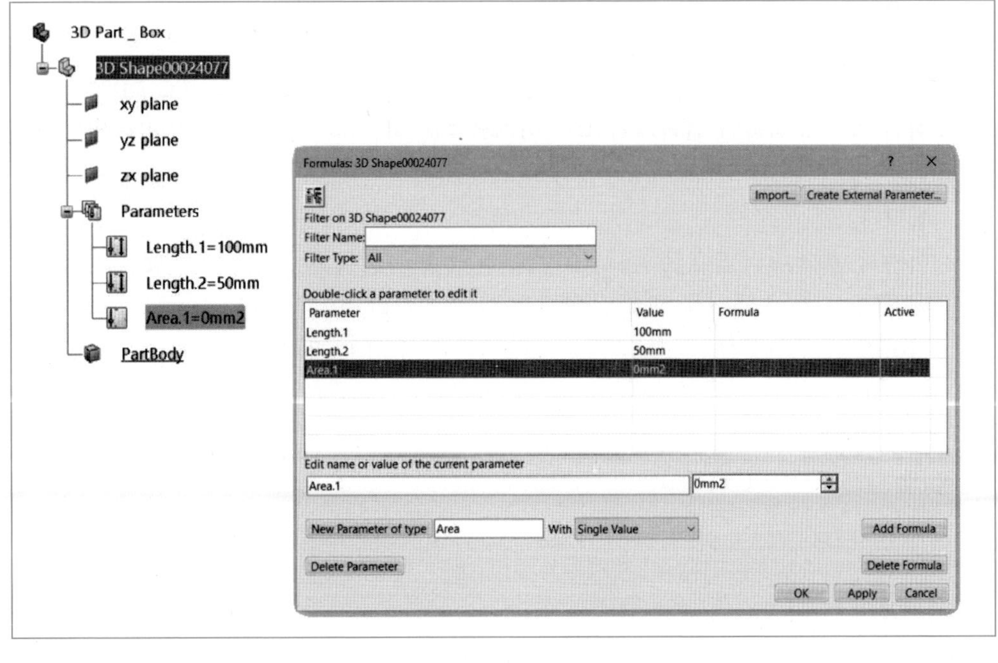

여기서 마지막 Area 유형의 변수를 선택한 후 Add Formula 버튼을 클릭합니다. 해당 변수에 다른 변수들과의 연산을 적용하는 Relation을 생성해 줄 수 있습니다.

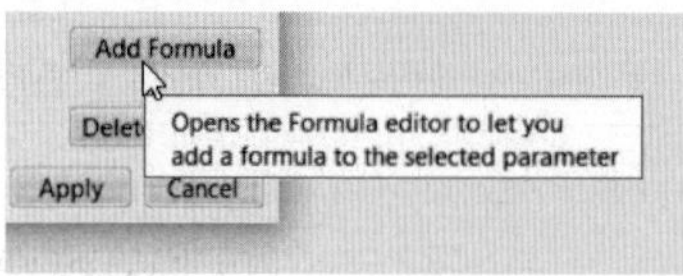

Add Formula를 실행하면 아래와 같은 Formula Editor 창이 나타납니다. 여기서 작업자는 다른 변수들이나 PLM Object가 지닌 정보를 활용할 수 있습니다.
자세히 Formula Editor를 확인하면 앞서 선택한 Area.1 변수의 이름 우측에 "=" 기호가 있는 것을 확인할 수 있습니다. 이는 논리식에서는 대입 연산자라고 합니다.
즉 Area.1에 앞으로 정의할 값을 대입하라는 의미가 됩니다. Formula Editor에서 수식 정의는 변수의 경우 화면 상에서 직접 더블 클릭하여 입력할 수 있으며 기타 연산자의 경우 하단의 Dictionary에서 직접 선택 또는 타이핑하여 입력도 가능합니다.

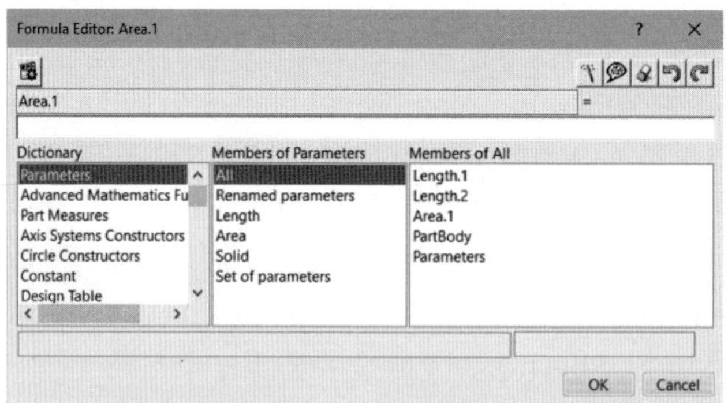

다음과 같이 Length 유형으로 생성한 두 값을 곱하기하여 Area.1을 정의하도록 Length.1 * Length.2을 정의해 줍니다. Length.1과 Length.2 값은 Spec Tree에서 직접 더블 클릭하여 선택해 주고 곱하기를 의미하는 * 기호는 타이핑하여 입력하여 줍니다. 또는 하단의 Dictionary에서 Operator를 선택하여 이에 속한 *를 선택해 주어도 됩니다.
여기서 앞서 변수 유형을 Area.1은 Area 유형을 선택하였기 때문에 정상적으로 두 길이 값의 곱하기 수식에 대해서 인식을 한 것입니다. 면적을 의미하는 Area는 두 변의 길이의 곱하기와 같은 차원을 가집니다. 만약 이러한 차원이 올바르게 매치되지 않는 수식을 Formula Editor에 정의한다면 오류가 발생합니다.

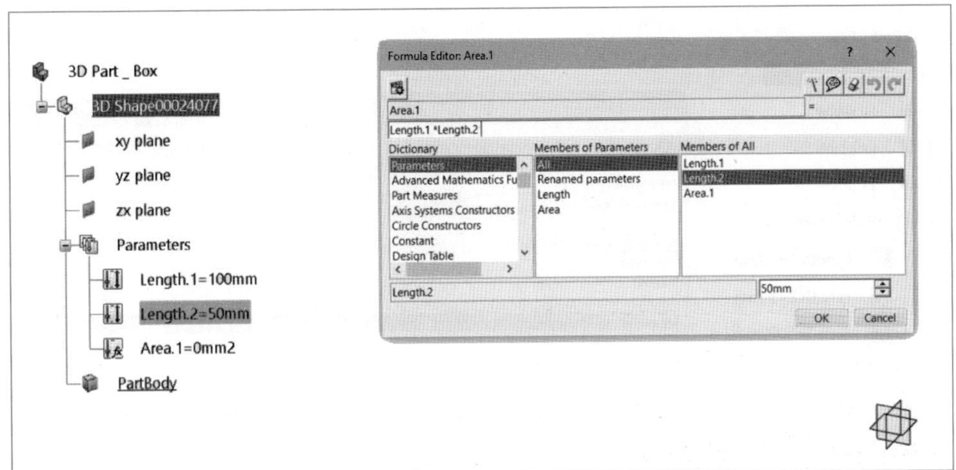

참고로 면적을 의미하는 Area의 단위 값이 기본인 m2가 아닌 mm2로 변경하고자 할 경우 앞서 공부한 Preferences로 이동하여 아래와 같이 변경해 줄 수 있습니다.
Main Preferences ⇨ Modeling ⇨ Units ⇨ Units and dimension display ⇨ Units display

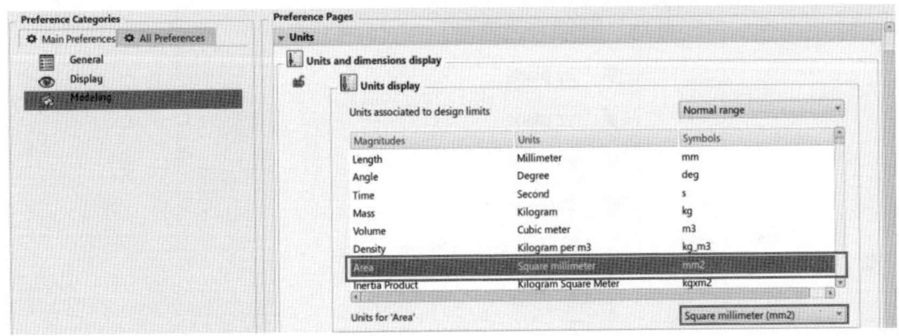

이제 아래와 같이 수식의 완료와 함께 Area.1의 값이 생성되는 것을 확인할 수 있습니다. 그리고 Spec Tree에 Relations 항목이 생성되는 것을 확인할 수 있습니다.
이제 Area.1 값은 수식에 의해 두 길이 값의 곱하기로 얻어지는 결과를 그 값으로 가지게 됩니다.
여기서 Length.1과 Length.2와 같이 독립적으로 수치 값을 가지는 변수를 독립 변수라 하고 Area.1과 같이 자율적으로 값을 가지는 것이 아닌 다른 변수에 의해서 값을 조절 받는 변수를 종속 변수라고 합니다. 이러한 수식화된 변수 역시 파라메트릭 모델링에서 주요하게 사용하는 기술 중에 하나입니다.

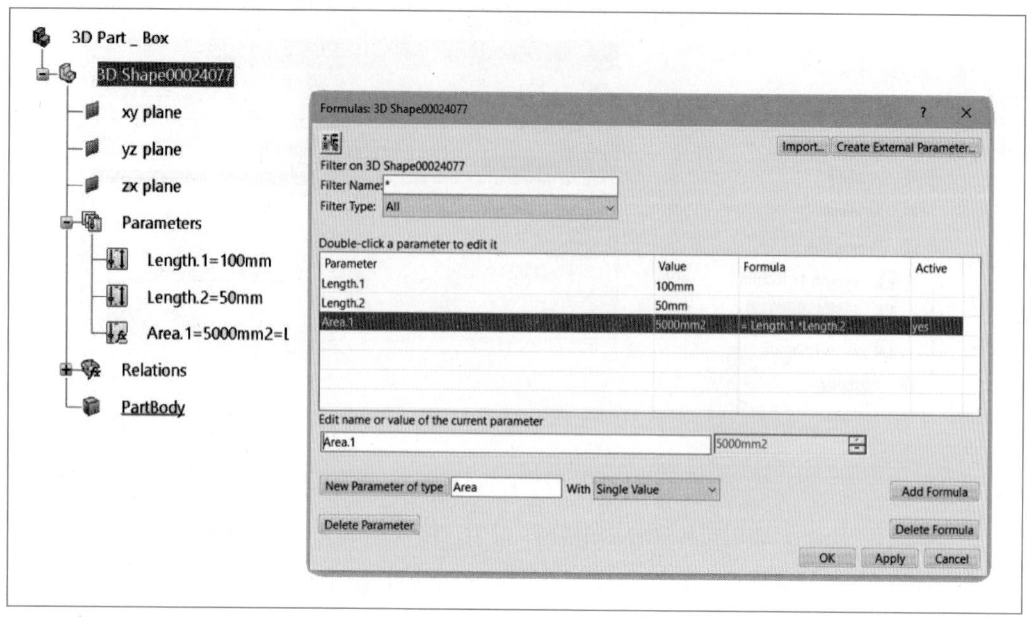

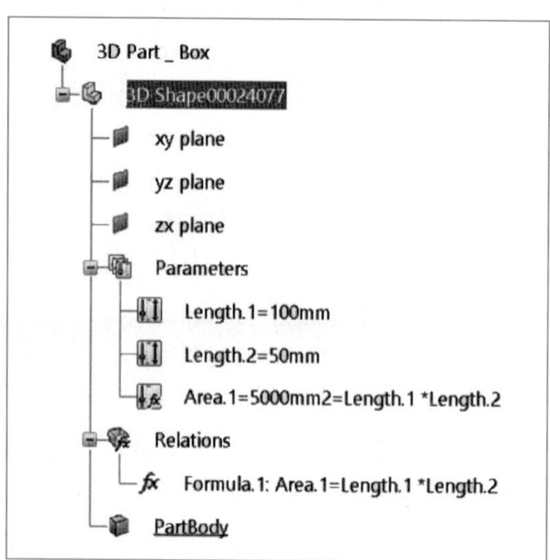

이제 Sketch에서 사각형을 그려주기 위해 XY Plane을 선택한 후, Sketch 아이콘을 Context Toolbar에서 클릭합니다.

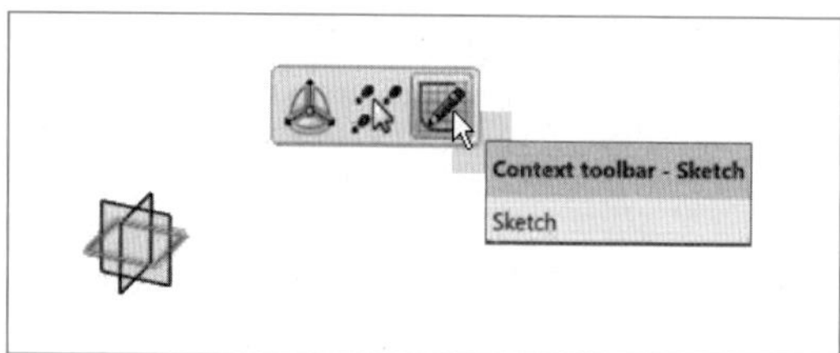

Sketcher App에 들어온 상태에서 Centered Rectangle 을 선택하여 줍니다. 이 명령으로 생성하는 2차원 사각형은 중심 대칭으로 정의가 가능합니다.

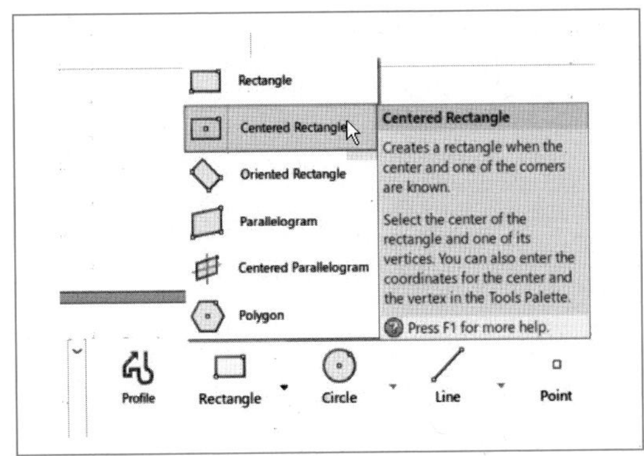

아래와 같이 스케치의 원점에 대칭이 되도록 그려 줍니다. 중심을 클릭한 후 대각선 방향으로 커서를 이동하여 두 변이 만나는 지점을 정의하면 생성됩니다.

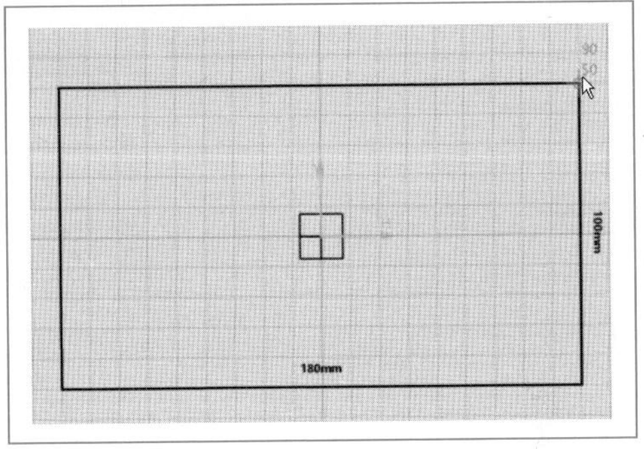

사각형이 생성된 후 가로 변을 선택하여 Context Toolbar에서 Constraints 를 선택해 줍니다. 그럼 아래와 같이 구속 치수 값이 생성됩니다.

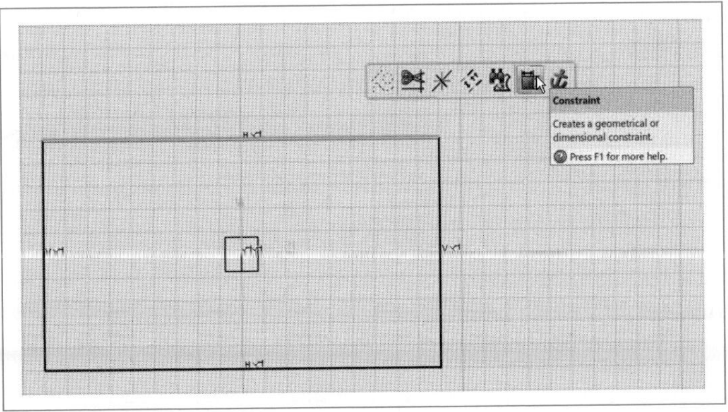

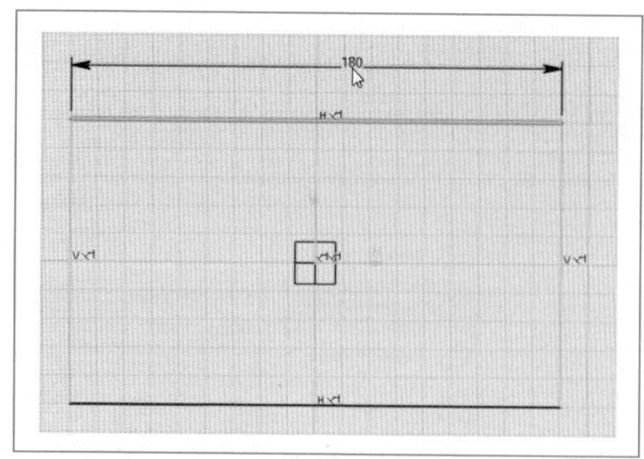

여기서 생성된 구속 값을 선택하여 Context Toolbar에서 Formula를 선택해 주거나, 더블 클릭하여 Constraints Definition 창이 나타났을 때 수치 값을 입력하는 위치에서 마우스 오른쪽 버튼을 클릭하여 Context Menu에서 Edit Formula를 선택하여 Formula Editor 창을 띄워 줍니다.

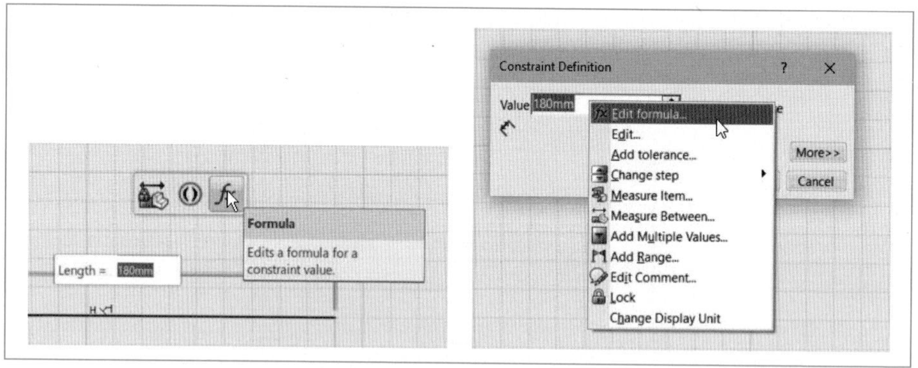

Formula Editor 창이 나타나면 선택한 가로 변의 치수 구속에 대해서 Length.1을 선택해 입력해 줍니다.

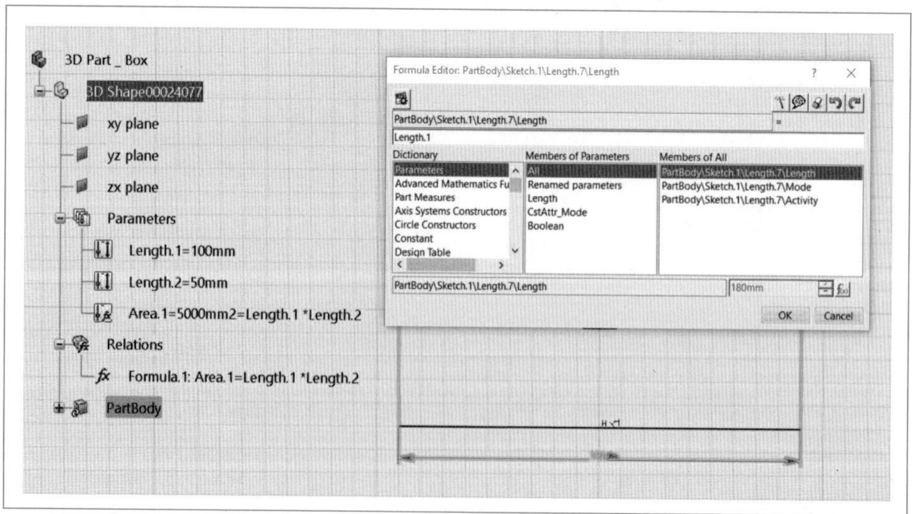

이렇게 Length.1 변수를 선택해 주면 해당 변수 값이 치수 구속과 연결되어 함께 동기화 되는 것을 확인할 수 있습니다. Relations에서 그 값을 확인할 수 있습니다.

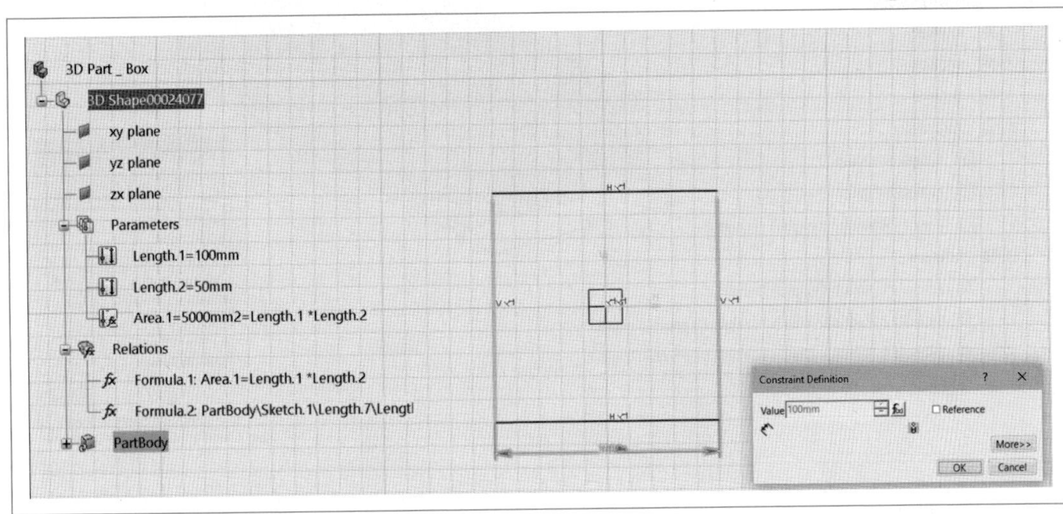

같은 방법으로 세로 변에 대해서는 Length.2 변수와 연결해 주도록 합니다.

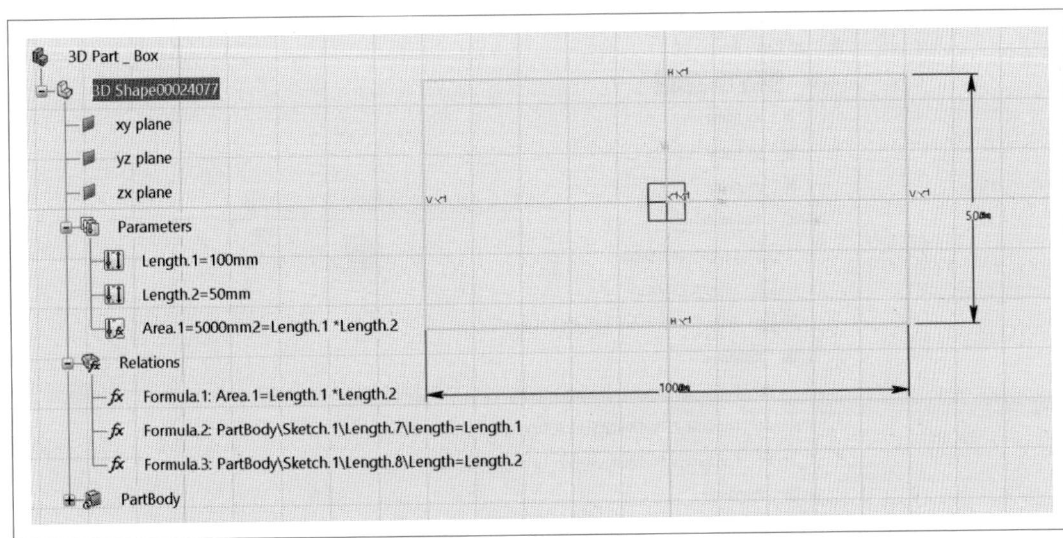

이제 Sketcher App을 Exit App 으로 빠져나옵니다. 다음으로 Part Design App으로 이동하여 Pad 명령으로 앞서 정의한 사각형에 높이 값을 부여 하여 볼륨을 생성합니다.

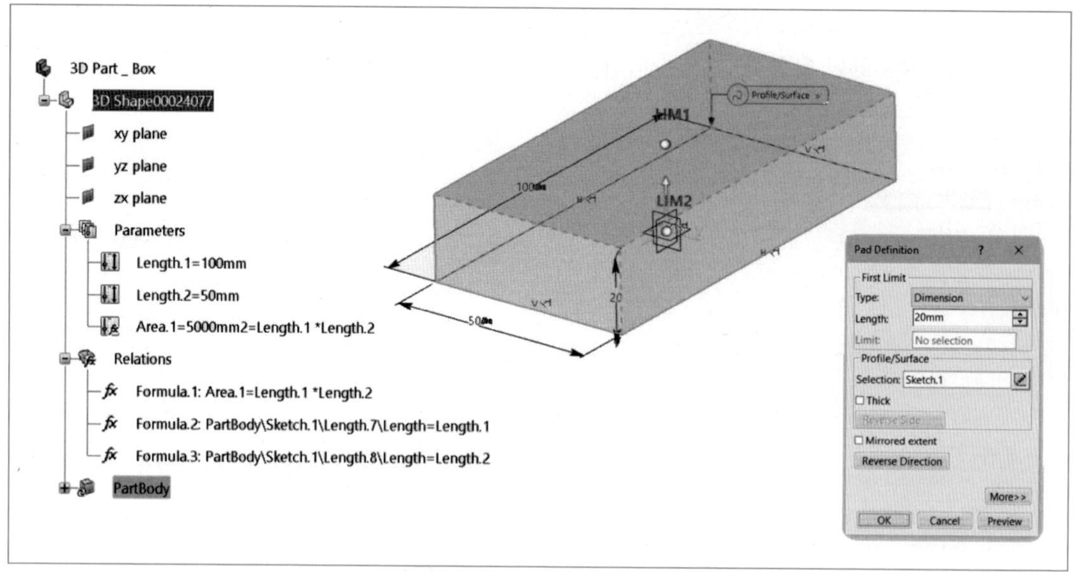

이렇게 완성된 볼륨 형상에 대해서 Parameter의 변화에 따라 어떻게 달라지는지 확인을 위하여 Length.2 값을 더블 클릭하여 50mm에서 100mm로 변경해 줍니다.

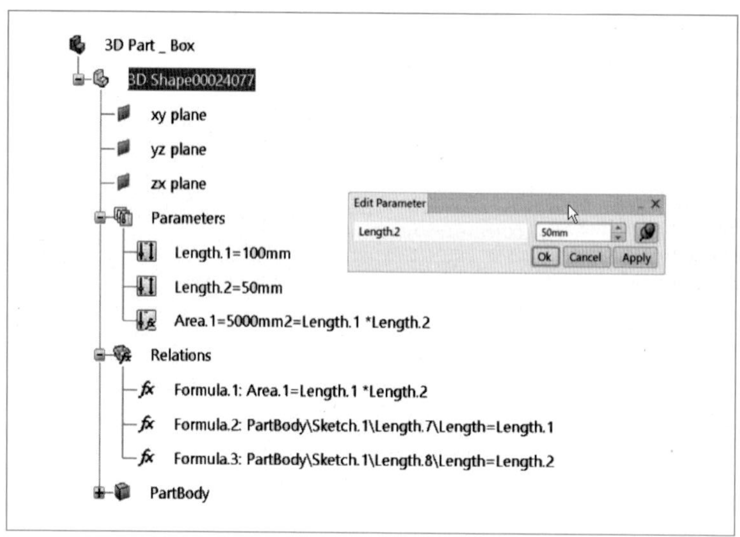

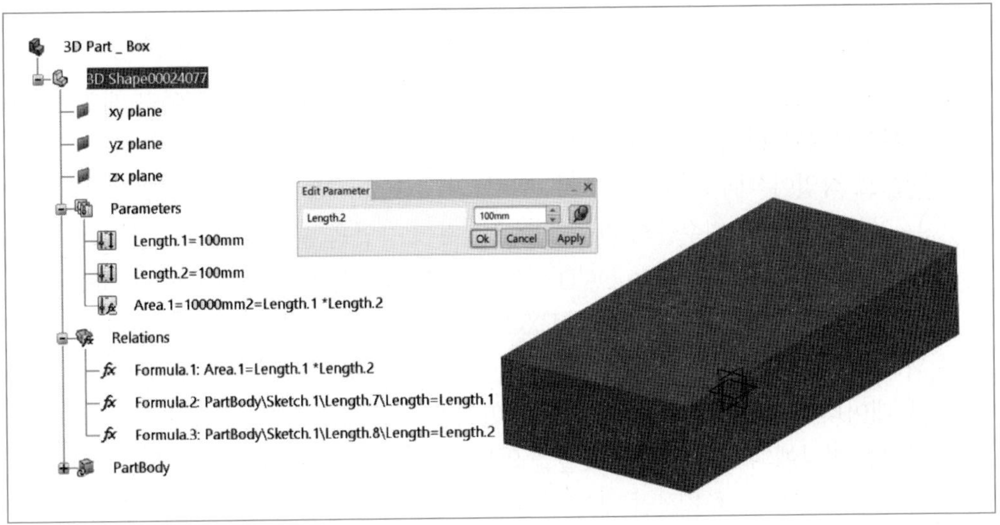

그림 아래와 같이 Area.1 값의 변경과 함께 Pad 형상의 크기 역시 함께 업데이트 되는 것을 확인할 수 있습니다. 이는 Length.1, Length.2 변수가 Area.1 변수와 Pad 형상을 구성하는 Sketch의 가로, 세로 변과 연결되어 있기 때문입니다.

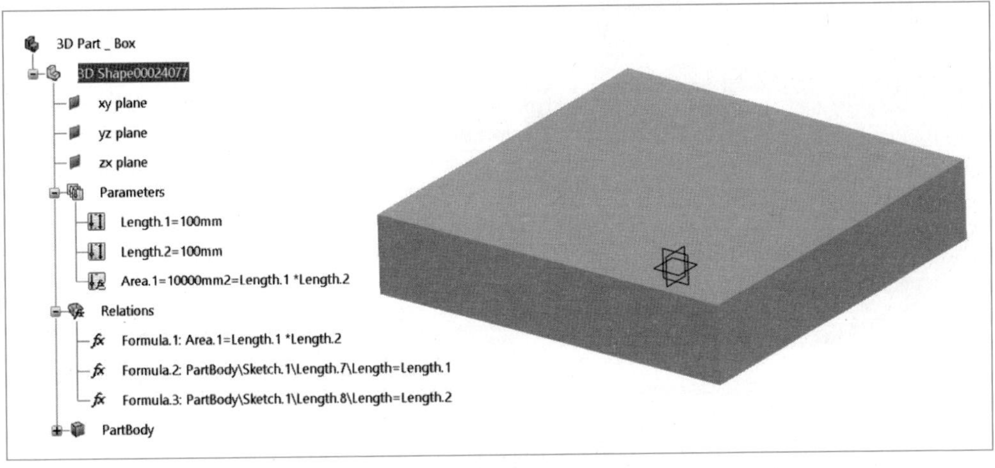

이렇듯 Parameter를 활용한 설계 작업은 형상과 변수 사이의 관계를 활용하여 더욱 편리하고 능동적인 설계 변경이 가능하도록 정의할 수 있습니다. 여기서는 간단한 Parameter의 생성과 형상에 적용까지만을 확인해 보았지만 보다 다양하고 고급 활용이 가능합니다.

- Design Table

Design Tables은 Knowledge 관련 모델링 기법 중에 동시적으로 여러 개의 변수들을 다루는데 유용한 명령입니다. 어떤 형상을 설계한다고 할 경우 동일한 형상과 치수 유형으로 작업이 이루어지며 오로지 변수들의 값(Value)들만이 다르다고 할 경우 작업자는 일일이 이러한 변수들의 값들만을 조절하여 작업을 손쉽게 하고자 합니다.
이런 경우 사용할 수 있는 CATIA Knowledge 기능이 바로 Design Tables입니다. Design Tables은 TEXT(.txt)나 EXCEL(.xls, .xlsx)과 같은 외부 데이터로부터 변수의 정보를 불러들여(Import) 변수들의 값들을 묶음화하여 처리할 수 있으며 형식에 맞게 데이터만 준비된다면 원본 형상을 언제라도 간편하게 재사용할 수 있습니다. 또한 작업한 형상에 대한 변수들의 값들을 외부 파일로 내보낼 수도 있으며(Export) Catalog과 결합하여 더욱 효율적인 데이터 관리와 개발이 가능합니다.

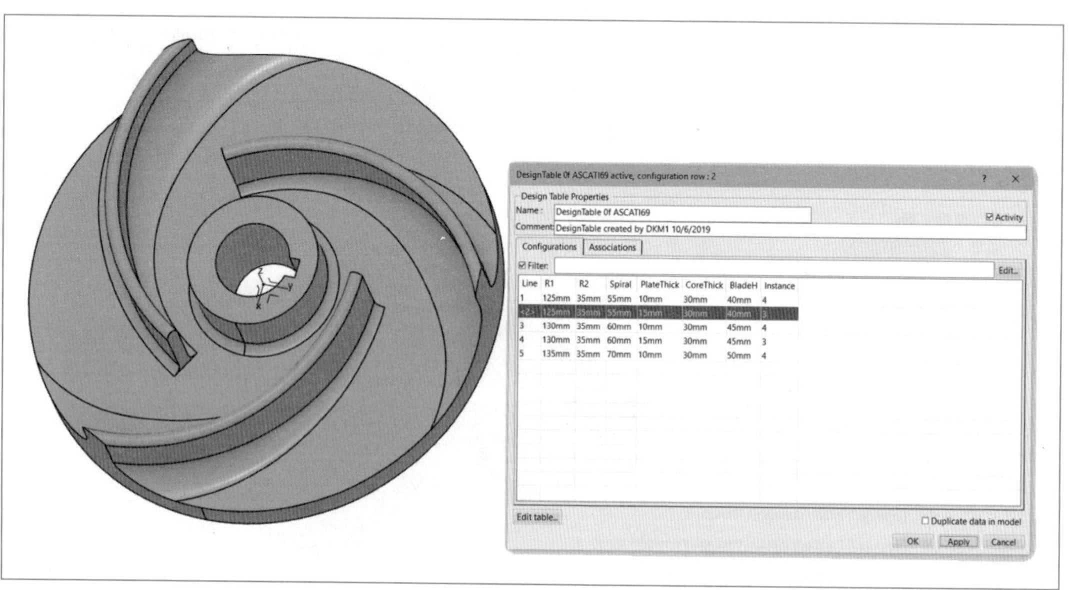

실제 Design Tables를 응용할 수 있는 분야를 하나 예를 들어 보도록 하겠습니다. 항공기 날개 형상의 단면 형상(Airfoil)의 정보를 불러들여 형상을 만드는데 있어, Airfoil의 정보가 XY 좌표로 구성된 테이블의 경우가 많습니다. 이런 경우 각 Airfoil 단면의 형상을 그리기 위해 각 포인트의 위치를 일일이 Sketch하여 구속하지 않고 테이블 자체를 불러오게 되면 손쉽게 작업을 진행할 수 있습니다.

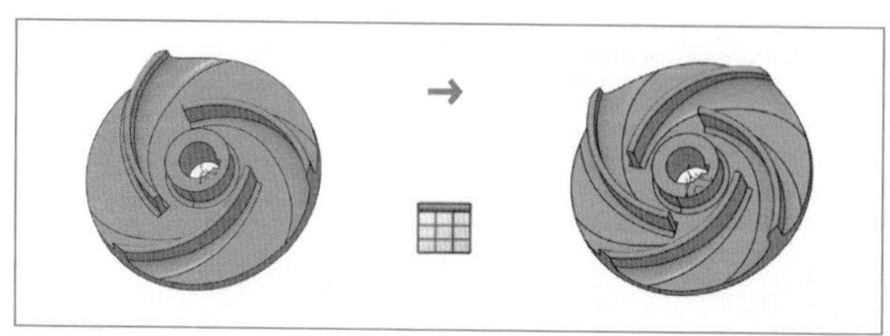

Design Table을 통하여 작업자는 원본 파일에 대한 효율적인 재사용의 유용한 방법 하나를 더 배우게 될 것이며, Design Table의 핵심은 외부 데이터 값들로부터 원본 형상을 손쉽게 구현 하는 것이라 할 수 있습니다.
Design Tables을 공부하기에 앞서 작업자의 장비에 MS Office가 설치되어 있는지 확인하기 바랍니다. 메모장(.txt)를 사용하여 작업할 수도 있으나 본 교재에서는 MS Office EXCEL을 기준으로 설명을 할 것입니다.
우선 본 작업을 수행하기에 앞서 다음과 같이 3D Part를 구성하도록 합니다. 마지막 Instance만이 Integer 값으로 나머지 변수들은 Length 유형으로 생성합니다.

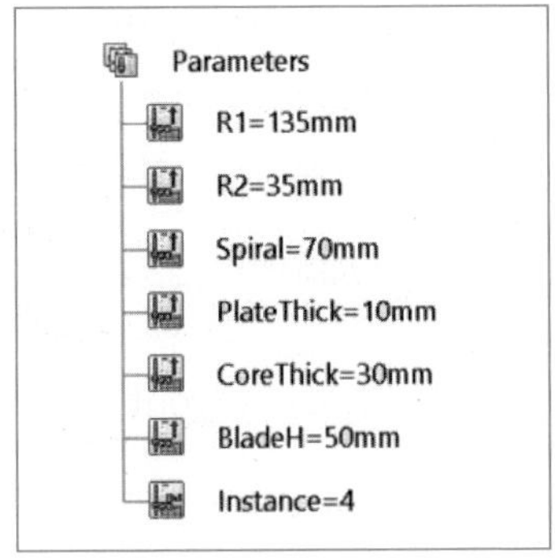

여기서 Parameters들만을 구성하여도 Design Tables 작업에는 지장이 없으며 만약에 형상과 함께 동기와 되는 것을 확인하고자 할 경우에는 앞서 만들어준 Parameters들을 실제 형상의 치수로 동기화하도록 합니다.(Sample Data : ASCATI69 A.1.3dxml 참고)
이제 Design Tables 명령을 실행시킵니다. 그럼 다음과 같은 Creation of a Design Tables 창이 나타나는 것을 확인할 수 있습니다.

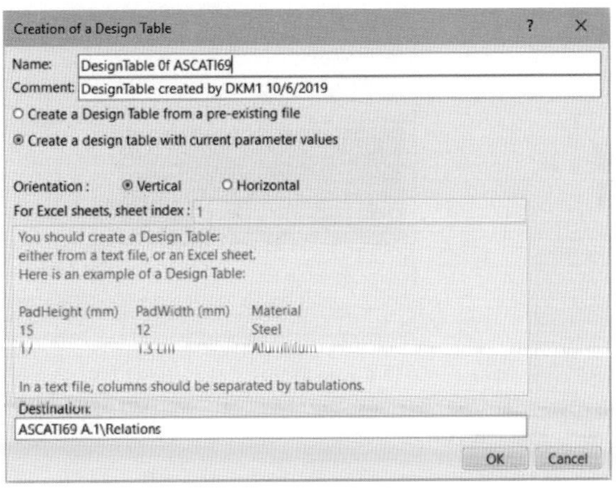

Design Tables는 두 가지 Mode로 작업을 할 수 있습니다.

Create a design tables from a pre-existing file	Create a design tables with current Parameter value
'Create a design tables from a pre-existing file'Mode를 선택하는 경우에는 이미 본 작업을 수행하는데 필요한 Design Tables의 변수들을 외부 파일 형태로 만들어 놓은 경우에 사용합니다. 이것을 체크하고 "OK"를 누르면 외부 파일을 불러오는 창이 나타나게 됩니다.	'Create a design tables with current Parameter value'Mode를 선택하게 되면 지금 작업을 하면서 현재의 형상에 대한 변수들을 사용하여 외부 파일(EXCEL 또는 TEXT)과 함께 Design Tables를 만들어 줄 수 있게 됩니다.

가운데 보이는 EXCEL에서의 Sheet 번호를 입력하는 부분은 동일한 EXCEL 파일에서 Sheet만 다르게 작업하고자 할 경우에는 번호를 바꾸어 주어야 합니다.(자칫 잘못된 Sheet 번호를 입력하면 덮어쓰기가 될 수도 있습니다.)

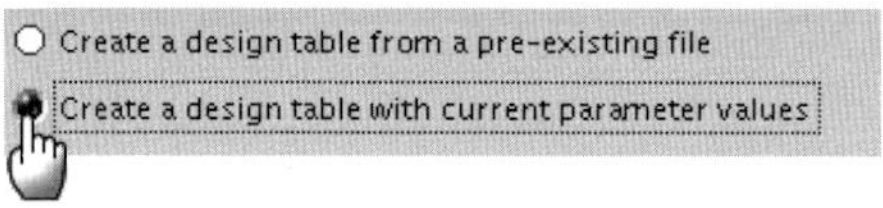

여기서 'Create a design tables with current Parameter value' Mode를 선택한 후에 "OK"를 선택합니다.

Create a design table from a pre-existing file
Create a design table with current parameter values

그럼 다음과 같이 Design Tables에 넣고자 하는 변수를 선택할 수 있는 창이 나타납니다. 여기서 좌측에 있는 변수 중에서 원하는 값들을 선택해 줍니다. 그리고 가운데 보이는 화살표를 사용하여 우측의 메뉴로 이동시켜 줍니다.

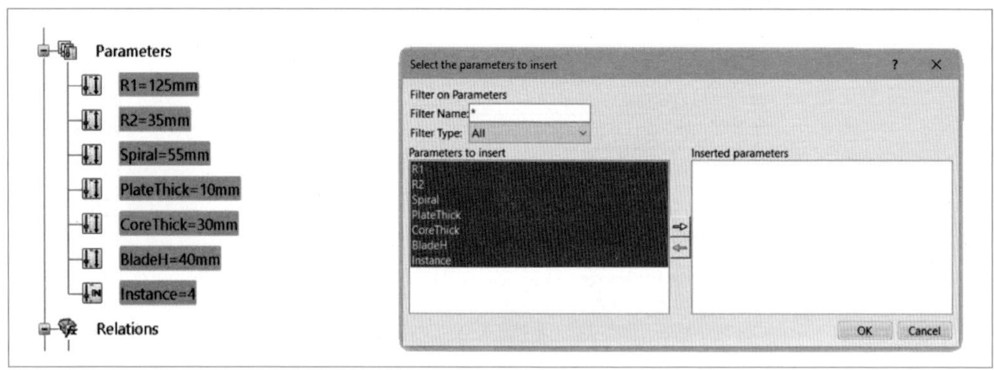

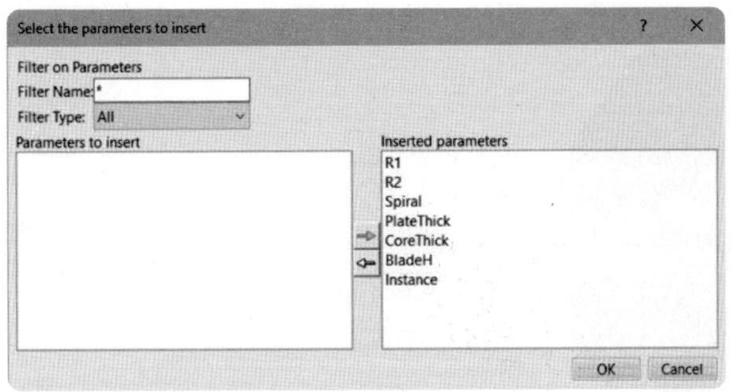

여기서 주의할 것은 다른 변수에 의해 계산된 값을 가지게 되는 종속 변수는 선택하지 않습니다. 이 값은 작업자가 임의로 조절할 수 없기 때문입니다.(사실 선택하더라도 입력되지 않습니다.)

이제 원하는 변수들을 모두 선택해 주었다면 다시 "OK"를 선택합니다. Design Tables 정보를 가진 테이블 정보를 EXCEL로 저장합니다. 여기서 적절한 이름으로 파일 이름을 변경해 줍니다.

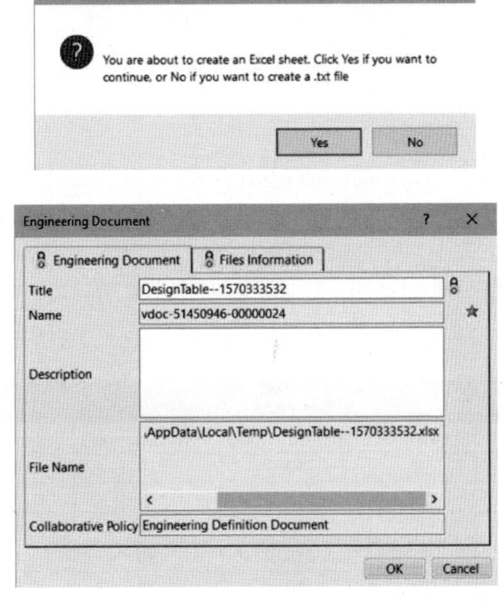

그럼 다음과 같은 Configuration 창이 나타나는 것을 확인할 수 있습니다. 현재로서는 일시 아무런 값을 입력해 주지 않았으므로 Table이 비어있는 것을 확인할 수 있습니다.

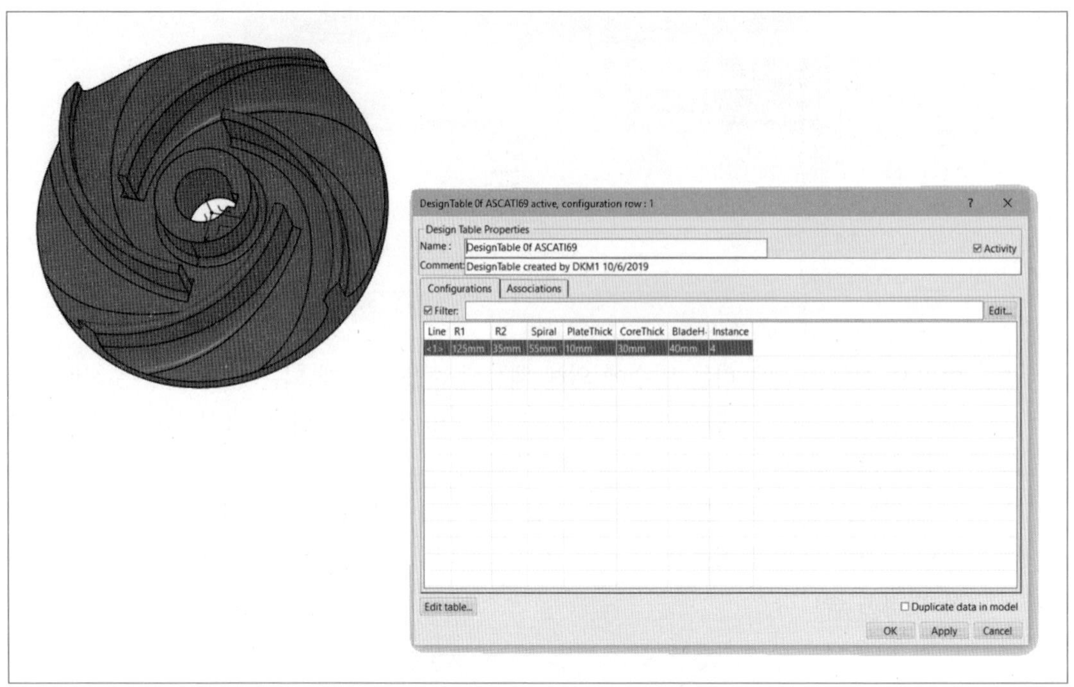

여기서 추가로 데이터를 입력해 주기 위해 좌측하단의 Edit table을 선택합니다.

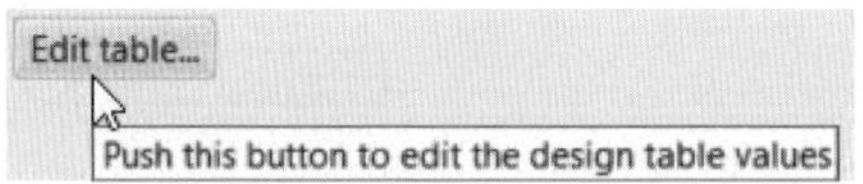

그럼 앞서 저장하였던 EXCEL 파일이 열리는 것을 확인할 수 있습니다. 이제 열린 EXCEL 파일의 형식에 맞추어 데이터들을 입력해 줍니다. 데이터를 입력할 때 단위는 생략하는 경우가 많은데 이런 경우 기본 Parameter의 단위를 따르게 됩니다.

A	B	C	D	E	F	G
R1 (mm)	R2 (mm)	Spiral (mm)	PlateThick (mm)	CoreThick (mm)	BladeH (mm)	Instance
125	35	55	10	30	40	4
125	35	55	15	30	40	3
130	35	60	10	30	45	4
130	35	60	15	30	45	3
135	35	70	10	30	50	4

이제 저장 버튼을 눌러준 후에 EXCEL을 종료하도록 합니다. 그럼 다음과 같은 메시지 창과 함께 도큐먼트 창이 업데이트되는 것을 확인할 수 있습니다.

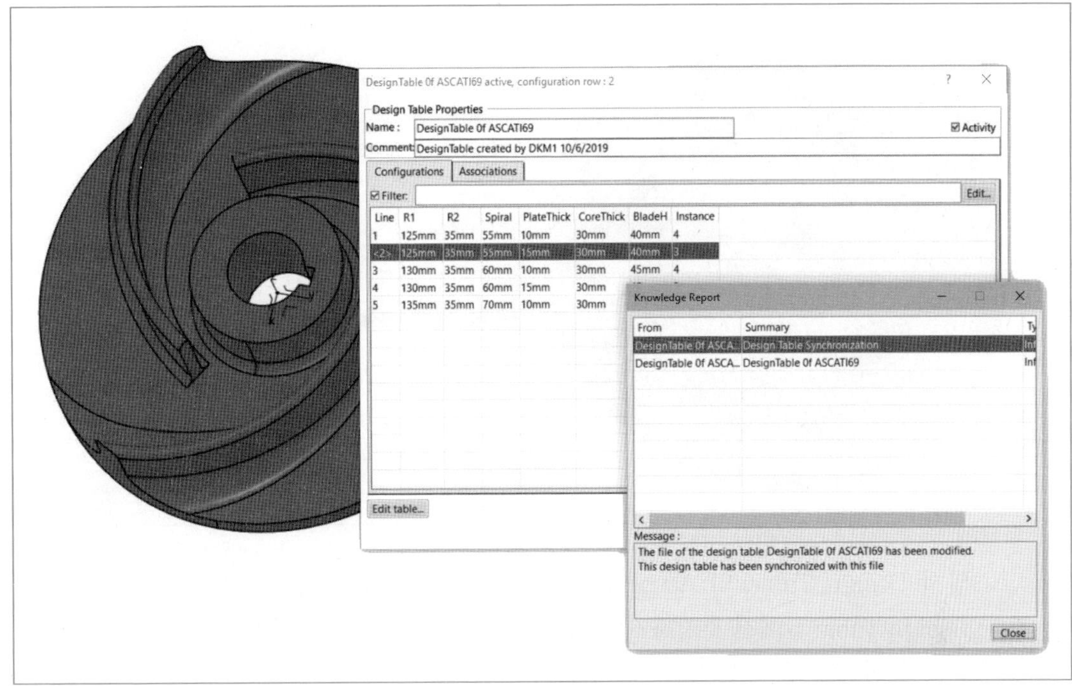

여기서 원하는 리스트를 선택하고 Apply를 누르면 현재 도큐먼트의 변수 값을 변경해 놓을 수 있습니다. 또한 우측의 Edit를 사용하여 변수에 Formula를 적용할 수도 있습니다.

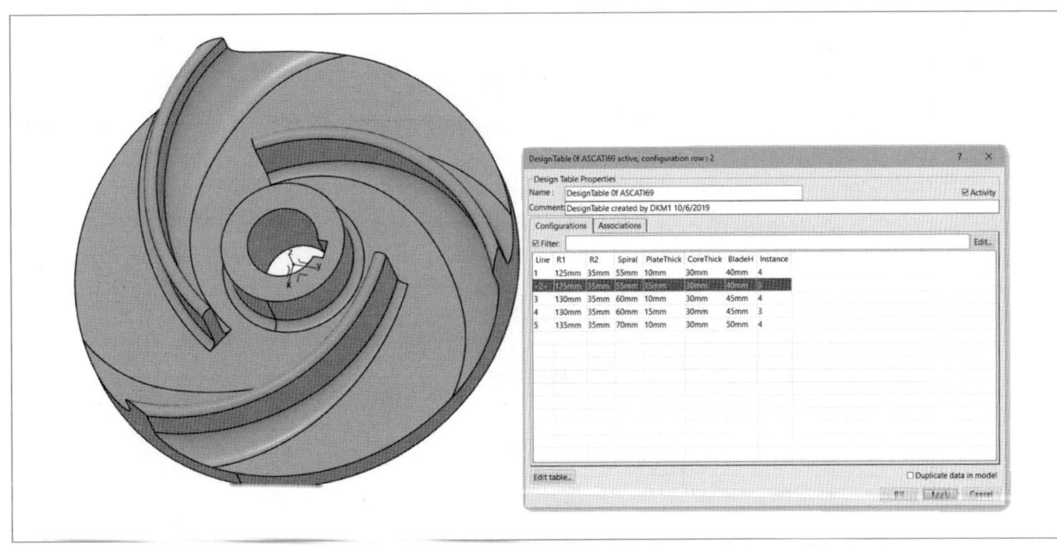

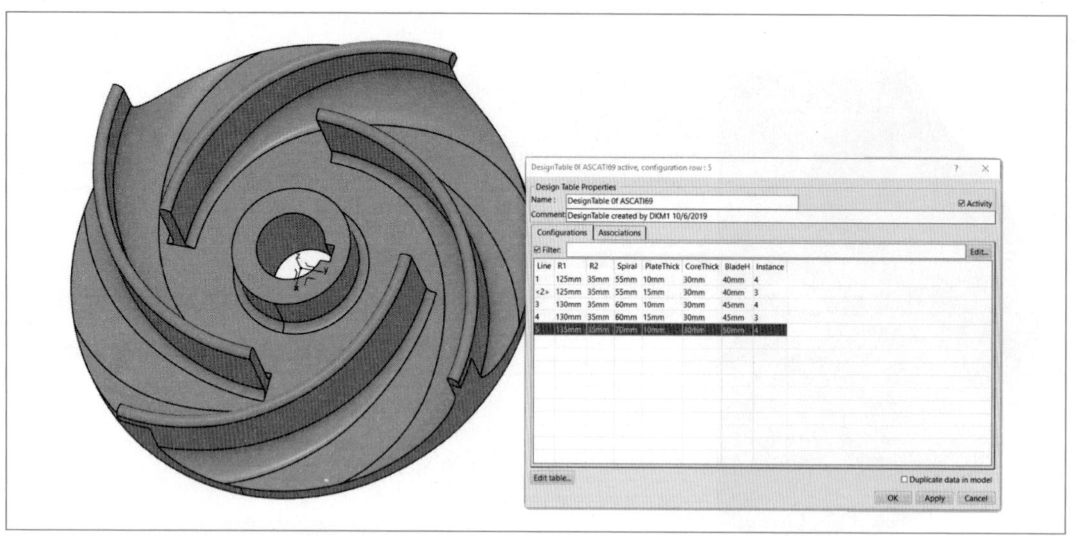

앞서 Design Tables의 Association Tab에서는 앞서 만들어준 각 변수들에 대해서 Design Table 값에서 추가하거나 제거해 주는 작업이 가능하며 Design Tables 상에서 순서를 변경해 주는 것 역시 가능합니다.

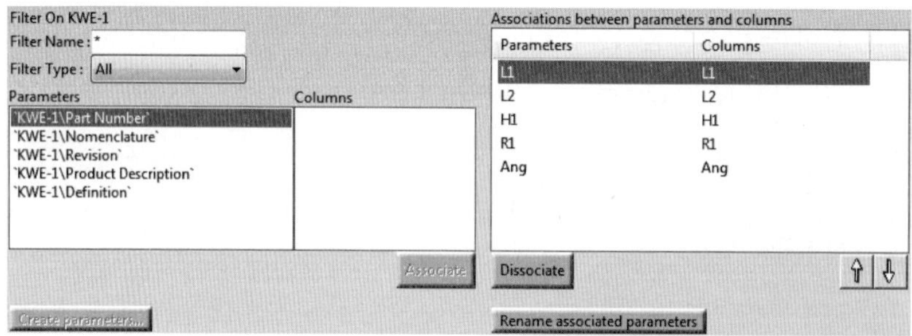

여기서 Design Table로 사용하고자 하지 않는 변수를 선택하여 Dissociate 해주면 Table List에서 해당 변수가 빠진 것을 확인할 수 있습니다.

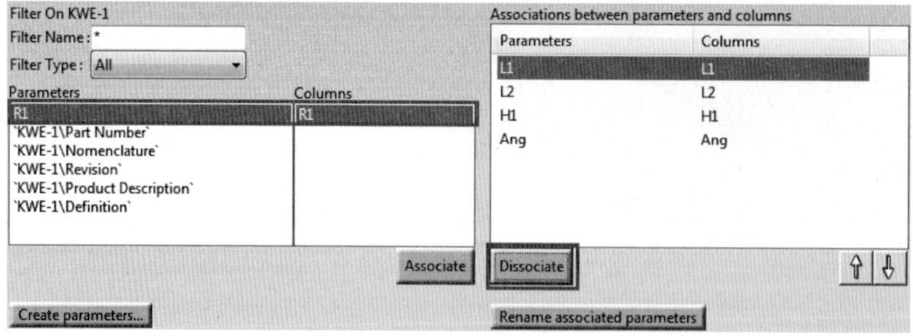

반대로 Design Table 작업 후 추가로 변수를 Design Table에 더해주고자 할 때 아래와 같이 Associate 기능으로 묶어줄 수 있습니다.(만약 두 대상 간의 이름이 틀릴 경우 직접 짝을 맞춰준 후 Associate해 줍니다.)

- Equivalent Dimensions

  이 명령은 여러 개의 치수 값이나 변수들에 대해서 동시에 하나의 값으로 일관되게 정의할 수 있도록 값을 묶어주는 기능을 합니다. 물론 같은 단위의 변수들에 대해서만 정의할 수 있다는 것을 유의해야 합니다. 명령을 실행하여 Edit List 버튼을 클릭하여 동기화 해주고자 하는 변수들을 선택해 주고 값을 입력해 줍니다.

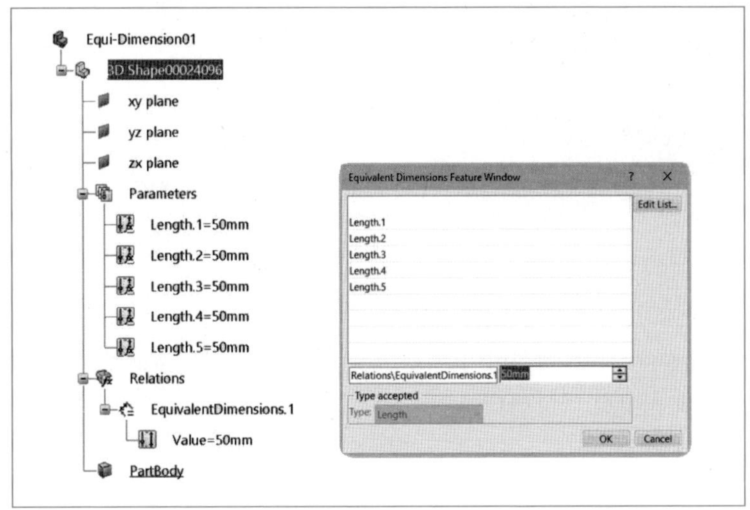

참고로 변수에 적용하는 Relations들은 반드시 Parameter를 만들어야 하는 것은 아니며 형상이 가지고 있는 치수 값을 직접 선택하여 활용도 가능합니다.

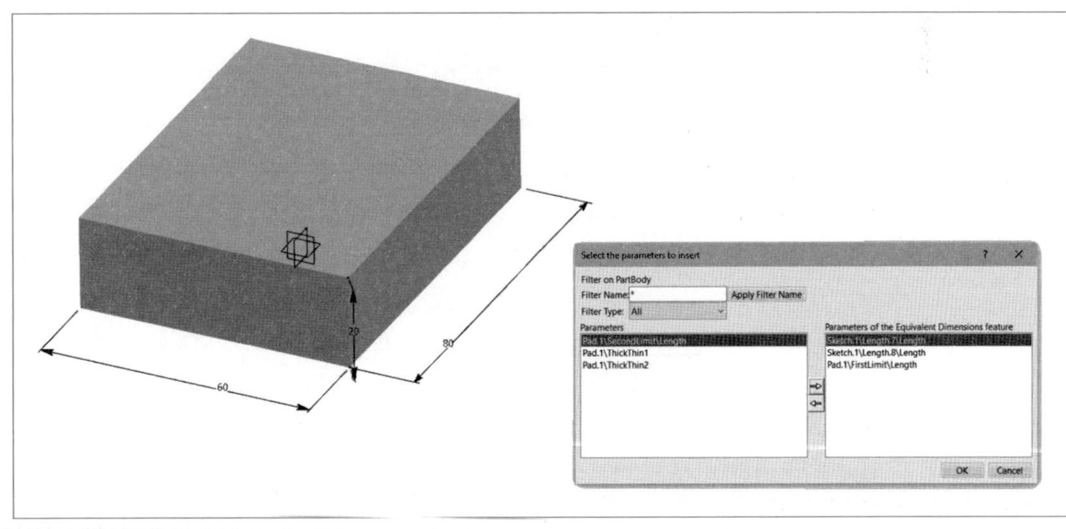

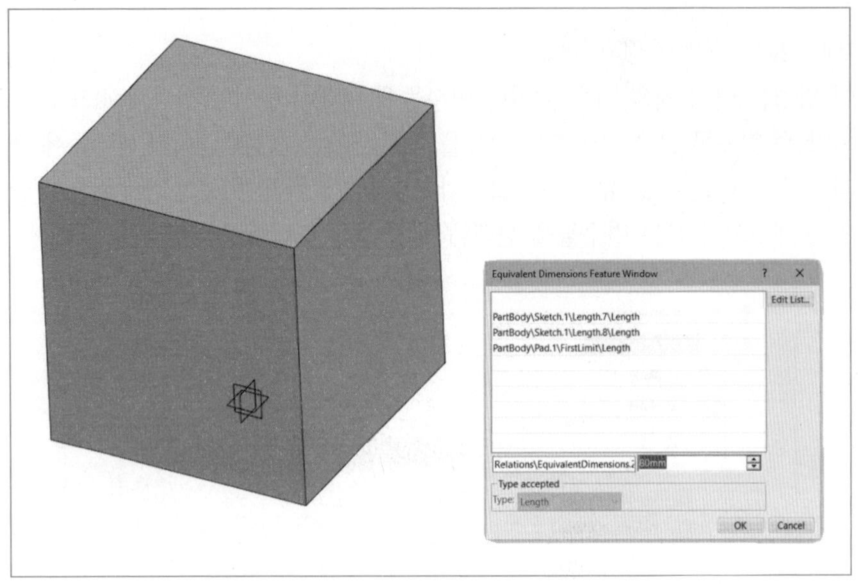

하나의 Parameter를 생성하여 이를 Formula로 각각의 위치에 동기화해주는 방법으로 대체하여 사용도 가능합니다.

- Measure Item

이 명령은 측정하고자 선택한 대상에 대해서 길이나 반지름, 면적 값 등을 측정해 줍니다.

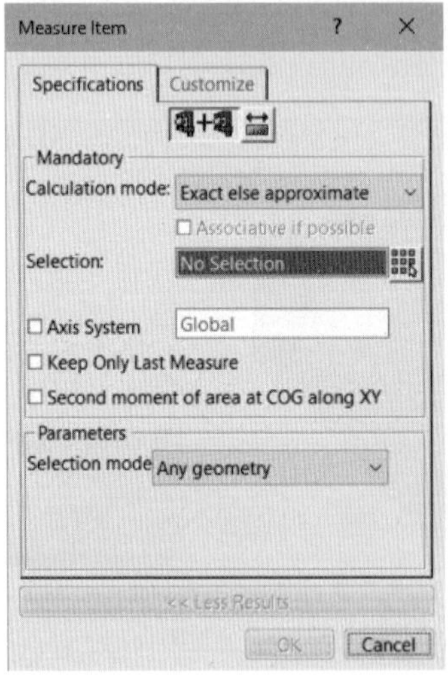

우리가 실제로 어떠한 형상을 만들면서 대상의 한 면에 대한 면적이나 무게 중심의 위치와 같은 값을 일일이 손으로 계산하여 구하는 것은 번거롭고 어려운 작업이라는 것을 알고 있습니다. 이러한 경우 Measure Item을 이용하여 더욱 쉽게 측정 데이터를 추출할 수 있습니다.

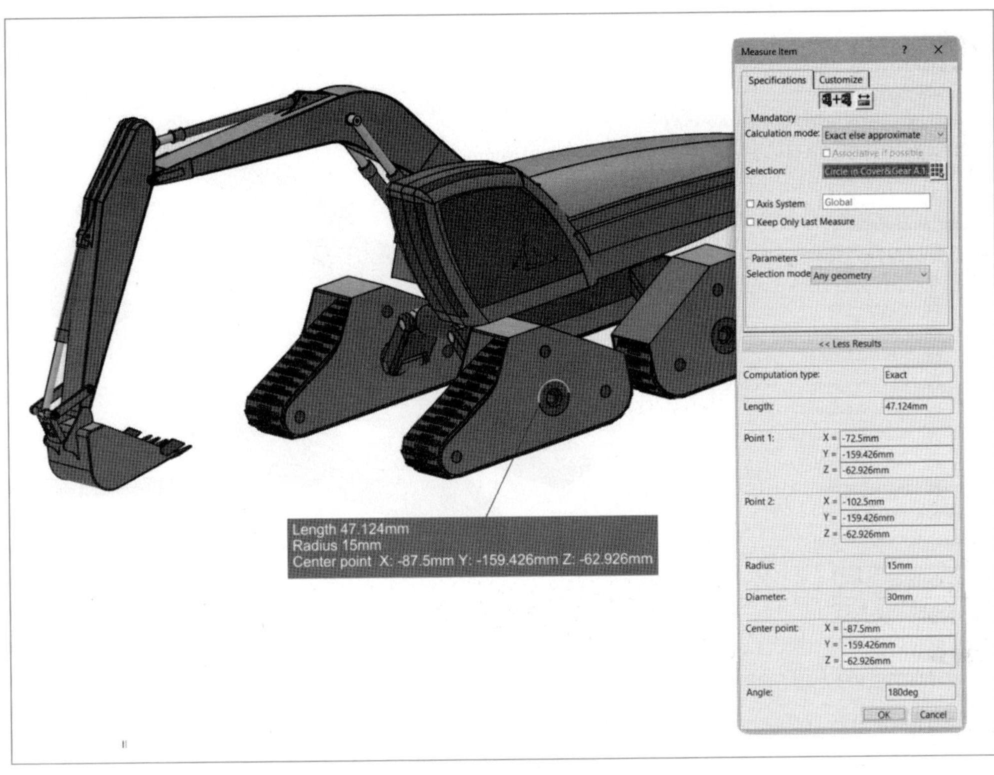

Measure한 결과 값을 Spec Tree 상에 저장하고자 할 경우에는 Review 나 MarkUp을 생성하여야 합니다.

To persist a measure you must activate/insert a Markup or create a Review and Markup.

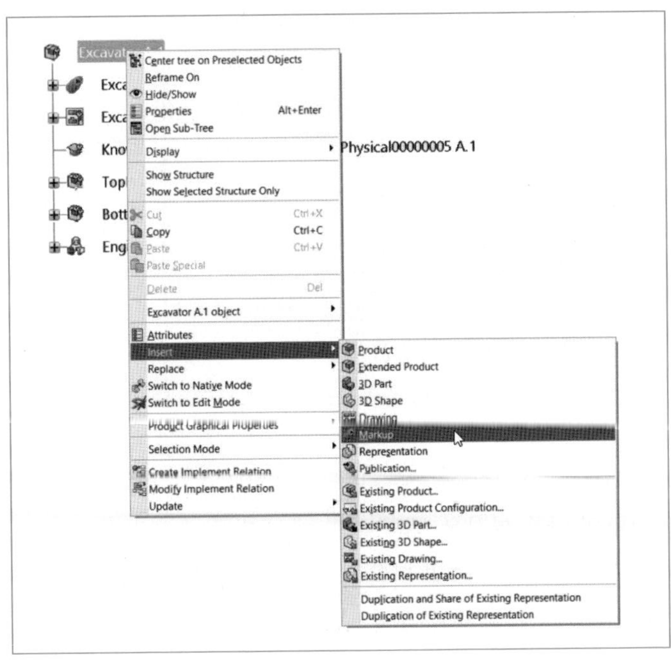

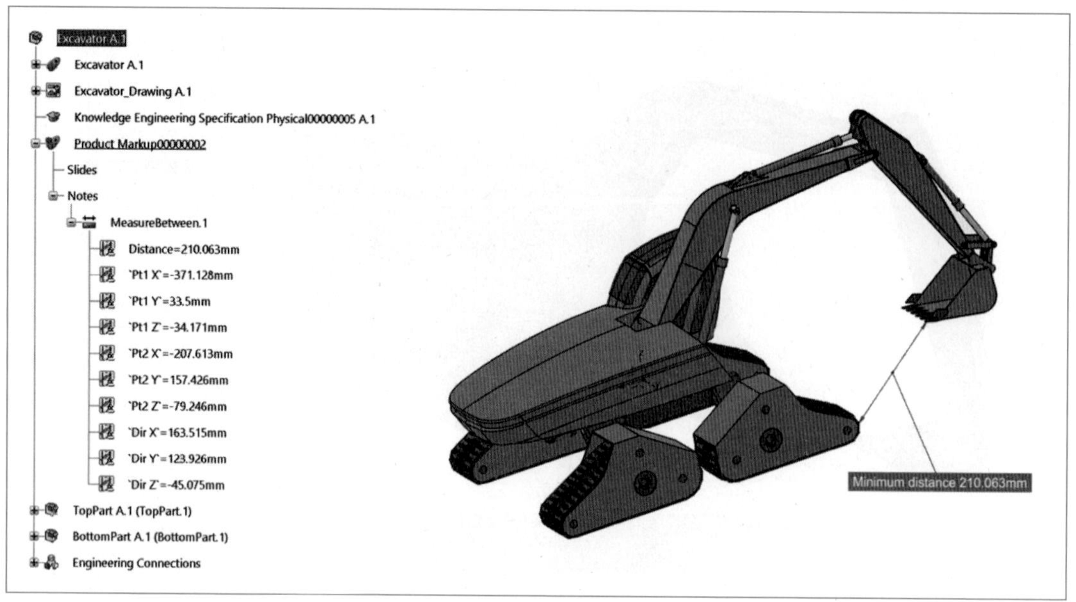

- Measure Between

이 명령은 두 가지 요소를 선택하여 이 두 대상간의 거리나 각도 등을 측정할 수 있게 해줍니다.

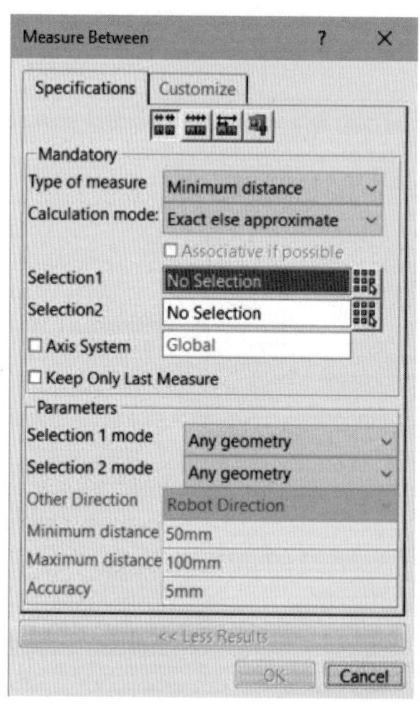

이 명령은 하나의 단품 형상은 물론 여러 개의 단품이 조립된 Assembly 상에서도 사용 가능합니다. 명령을 실행시키면 다음과 같은 창이 나타나게 되는데 여기서 원하는 측정 Mode나 대상 선택을 설정할 수 있습니다.

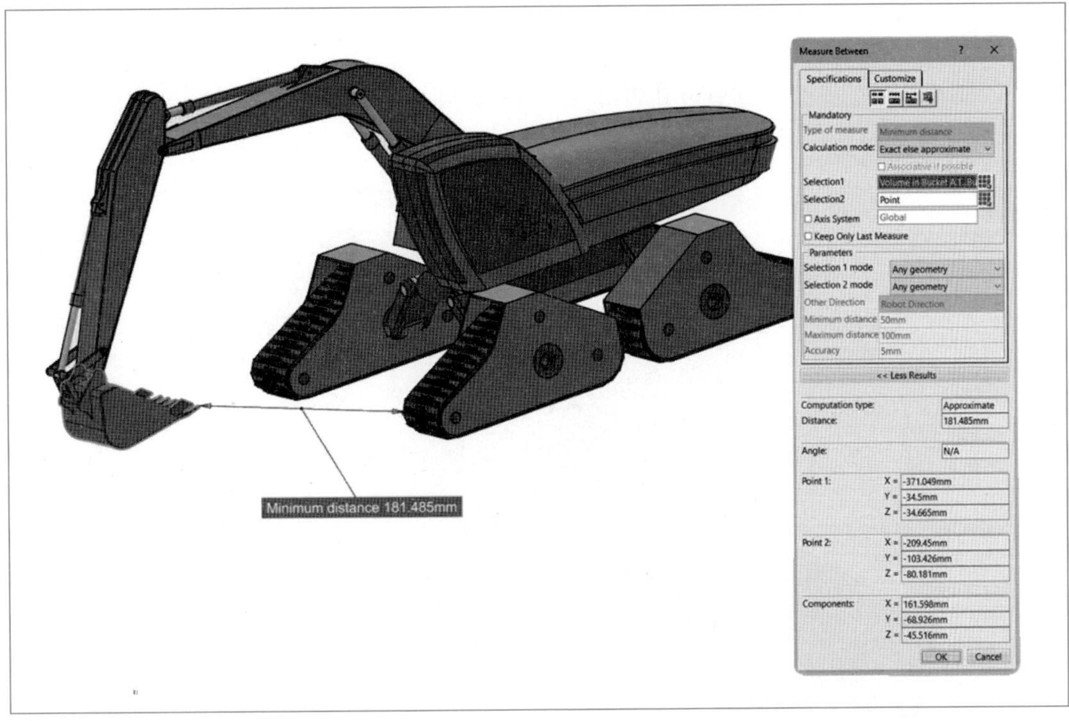

- Measure Inertia

우리가 실제로 어떠한 3차원 형상을 만들면서 대상의 면에 대한 면적이나 전체 체적에 대한 무게 또는 무게 중심(CG)의 위치와 같은 값을 일일이 손으로 계산하여 구하는 것은 번거롭고 실제로는 불가능한 경우가 많습니다. 그러나 이러한 값이 필요한 경우 CATIA에서는 Measure Item을 이용하여 더욱 쉽게 Inertia 측정 데이터를 추출할 수 있습니다.

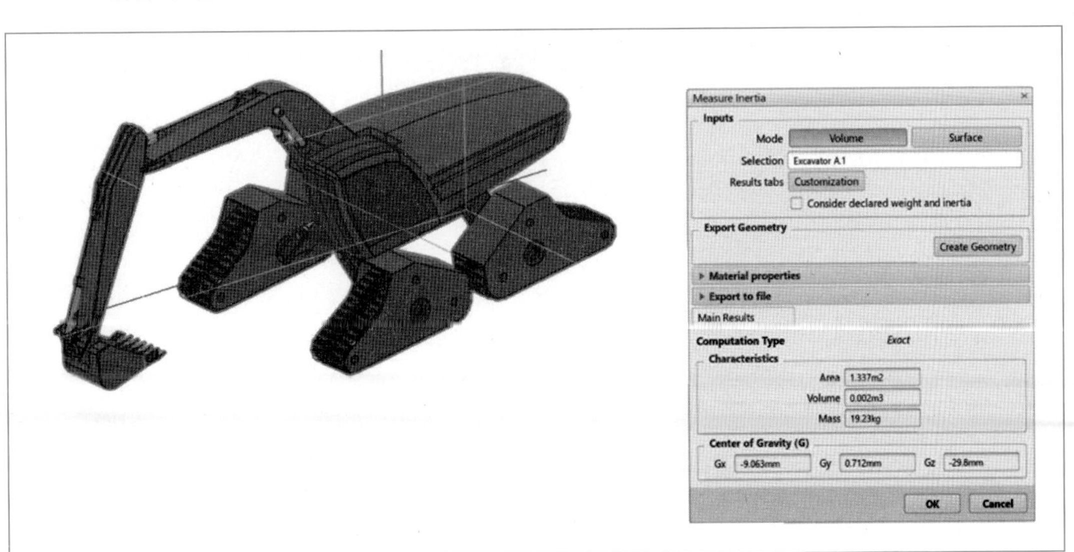

- Clipping Tool

  3차원 형상을 실제 절단하지 않고 시각적으로 내부 상태를 관찰하기 위하여 단면 View를 확인하고자 할 경우에 사용합니다.

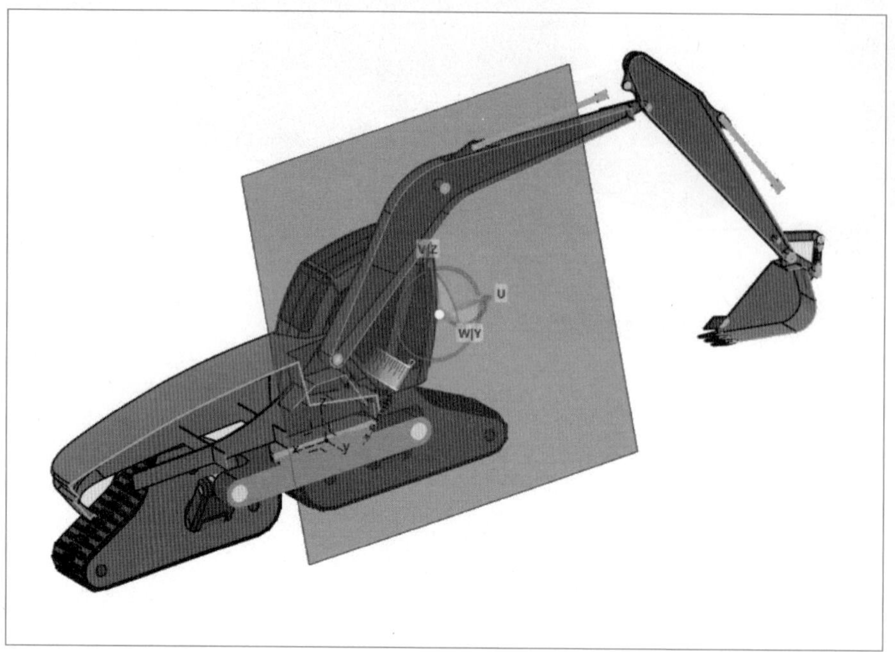

절단 기준면을 선택하여 방향의 변경이나 표시 방식을 변경해 줄 수 있습니다.

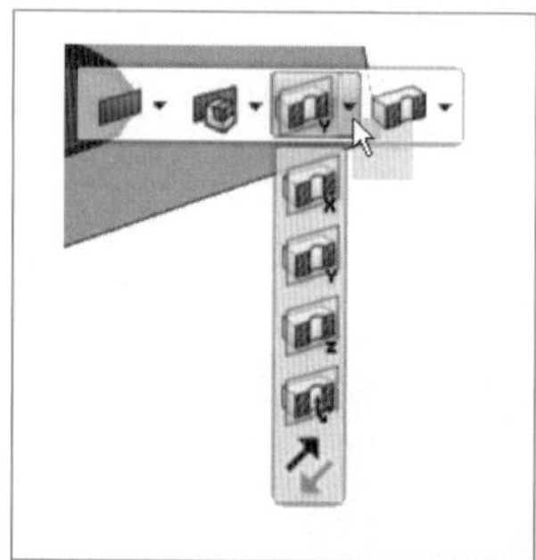

- Ruler

  작업 화면에 Ruler를 표시하여 형상의 크기를 가늠할 수 있도록 하는 기능입니다.

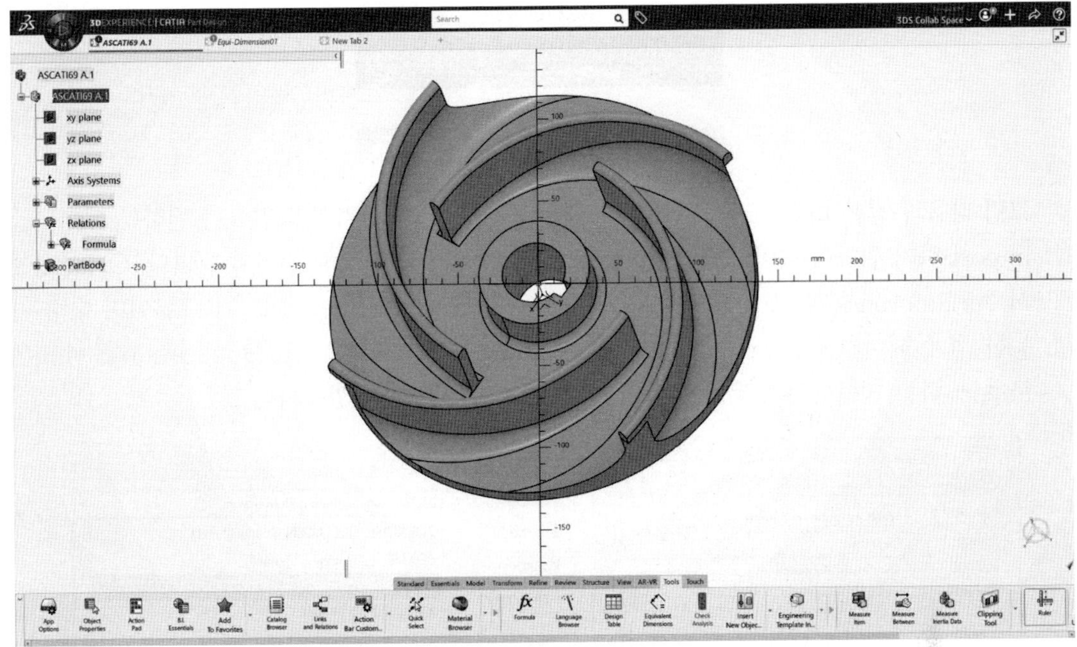

SECTION 09 Import/Export

3DEXPERIENCE Platform에서 데이터는 엄격히 서버 내의 것과 아닌 것을 구분합니다. 서버에 포함되지 않은 데이터를 서버에 넣어주기 위해서는 Import 작업을 수행해 주어야 합니다. 또는 서버의 데이터를 플랫폼에 속하지 않은 작업이나 공유를 위하여 추출해야 할 경우에는 Export 작업을 해주어야 합니다. 이러한 Import와 Export 작업을 통하여 3DEXPERIENCE Platform 서버의 데이터는 외부와 소통될 수 있습니다. 여기서는 간단히 이러한 Import 작업과 Export 작업을 공부해 보겠습니다.

A. Import

3DEXPERIENCE Platform 내에서 생성한 데이터가 아닌 로컬 드라이브에 저장된 이전 버전의 데이터나 외부 파일을 가져오는 방법은 Import를 통하는 방법뿐입니다.(3DEXPERIENCE Platform의 Batch Utility를 이용한 대량의 파일을 가져오는 방법도 있습니다.) Import 기능을 실행하기 위해서 아래와 같이 선택해 줍니다.

그럼 다음과 같은 Import 정의 창을 확인할 수 있습니다. 여기서 작업자는 원하는 데이터를 Import 하기 위하여 데이터의 유형(Format)과 경로 등을 지정해 주어야 합니다. Options에서 'As Reference'로 Import 하는 경우는 주로 Catalog와 같은 데이터가 주류이며 수정 가능한 설계 데이터를 Import 할 때는 'As New'로 가져와야 합니다. Duplication String은 Import 하는 데이터의 문두에 임의의 Prefix를 정의해 줄 수 있습니다.

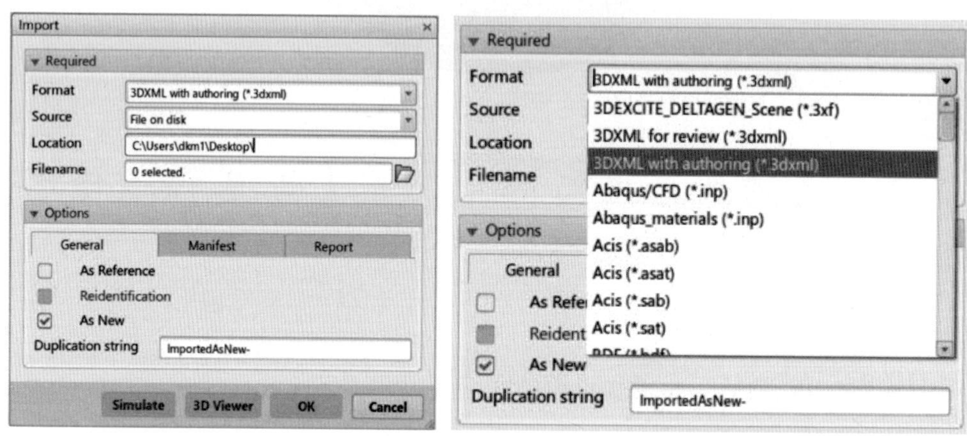

CATIA V5 데이터를 불러오기 위해서는 다음과 같이 별도의 메뉴를 선택해야 합니다. 아래와 같이 Import ⇨ CATIA Files를 선택합니다.

그럼 다음과 같은 데이터 선택 창과 CATIA File Import 창이 나타납니다.

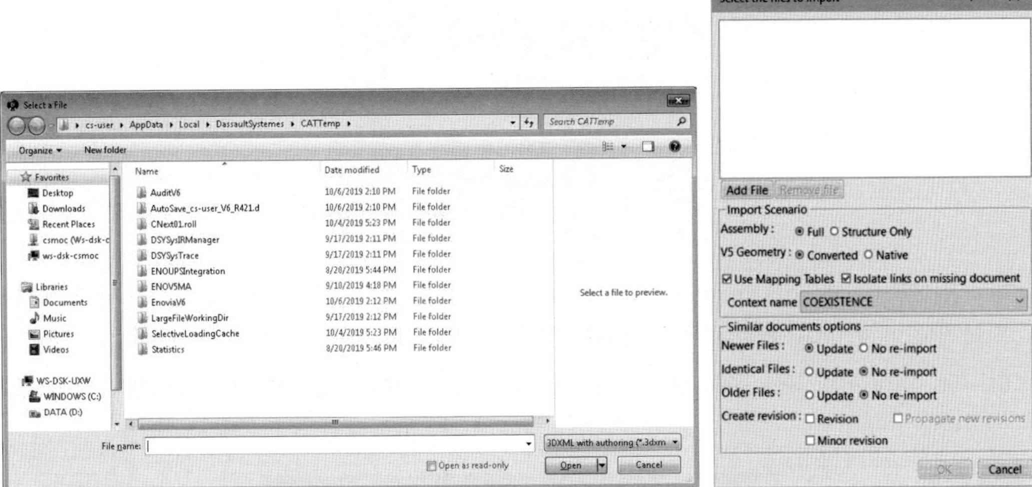

선택한 대상에 하위 요소들은 자동으로 선택됩니다.

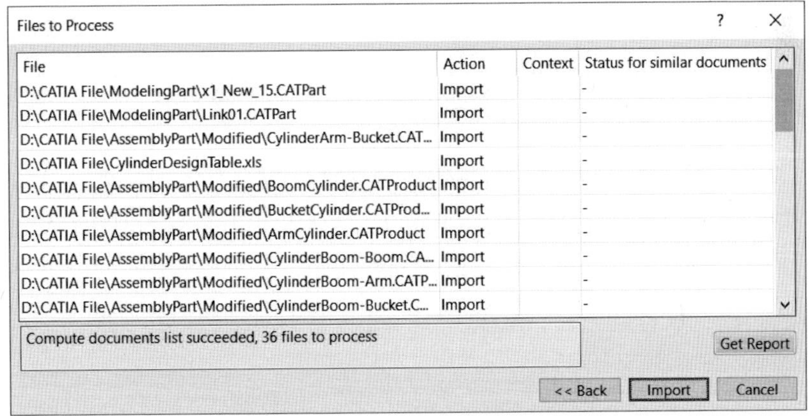

대량의 데이터를 가져올 경우에는 Batch Utility를 사용하는 방법을 추천합니다.

B. Export

Export는 3DEXPERIENCE Platform에서 작업한 데이터를 플랫폼 밖으로 내보내고자 할 경우에 사용합니다. 여기서의 데이터는 3차원 형상(단품 또는 어셈블리)이나 2차원 도면, Catalog 등 다양한 유형을 내보낼 수 있습니다.
또한 Export할 때 데이터의 포맷도 정의할 수 있는데 아래와 같습니다.(라이센스에 따라 차이가 날 수 있으니 유의 바랍니다.)

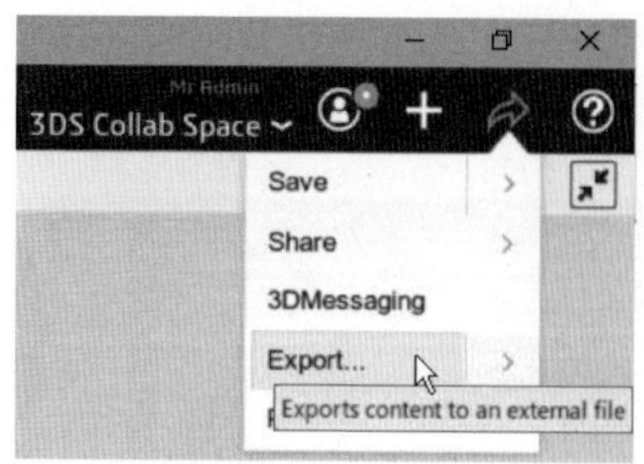

3DEXPERIENCE Platform 데이터를 Export하기 위해서는 우선 마지막 상태까지 저장이 되어 있어야 합니다. 플랫폼에 저장되지 않은 상태에서는 Export가 불가능함을 유의하기 바랍니다. 저장하지 않은 데이터에 대한 Export 시도 시에는 아래와 같은 오류 메시지를 표시합니다.

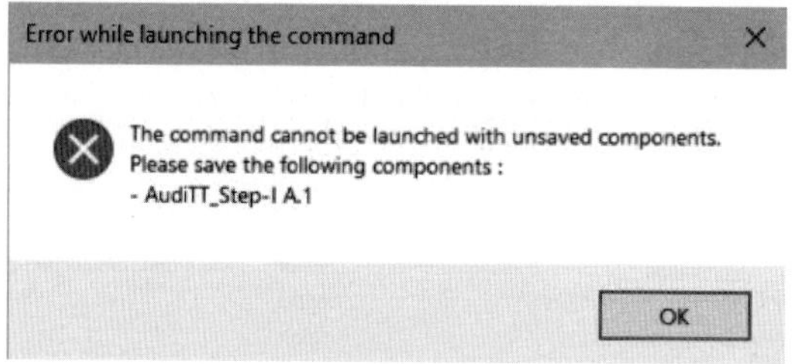

데이터가 저장된 상태로 Export를 실행하면 우선 데이터 유형을 선택해 줍니다. 3DEXPE-RIENCE Platform의 기본 데이터 호환 유형은 3DXML입니다. 여기서는 CATIA V5와 호환성을 체크해 보기 위하여 CATIA Files를 선택합니다.

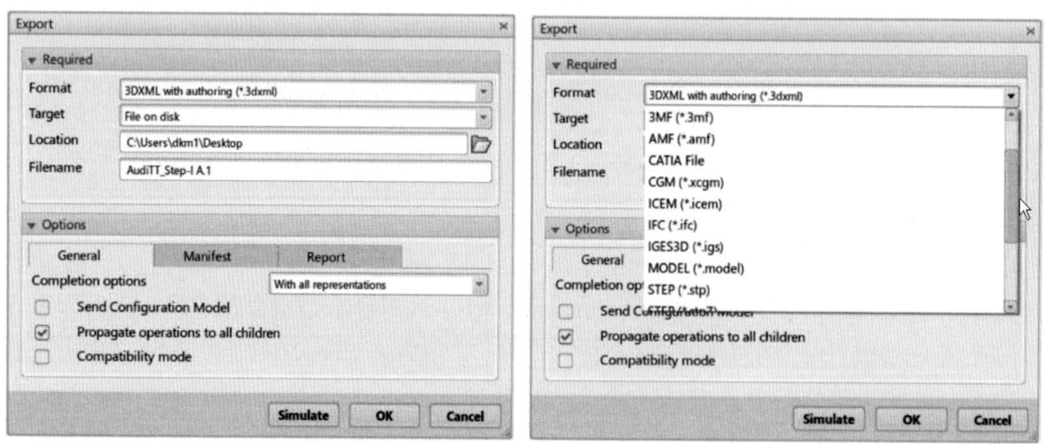

하위 메뉴에서는 CATIA V5의 버전을 선택할 수 있습니다.

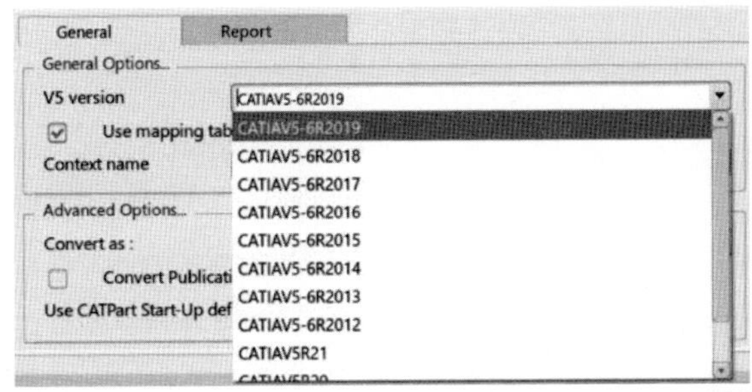

Use Mapping tables 옵션을 해제하고 데이터 저장 위치를 설정해 줍니다.

Export
Required
Format CATIA File
Target File on disk
Location C:\Users\dkm1\Desktop
Filename AudiTT_Step-I A.1
Options
General
Report
General Options...
V5 version CATIAV5-6R2019
Use mapping tables
Context name COEXISTENCE
Advanced Options...
Convert as : Convert Part As Specifications
Convert Publications on intermediate geometry :
Use CATPart Start-Up defined in : 0 selected
OK
Cancel

Advanced Options에서 Convert as 값은 두 가지로 정의할 수 있습니다. 여기서 Spec Tree의 피처들을 모두 유지한 상태로 내보내기 위해서는 'Convert Part As Specification'으로 선택합니다.

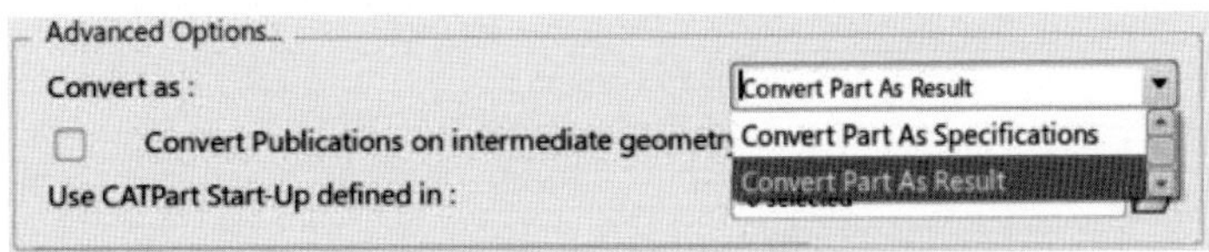

"OK"를 선택하면 변환 진행 상태와 잔여 시간을 확인할 수 있습니다. 반드시 Status가 녹색으로 Succeed인지를 확인해야 합니다.

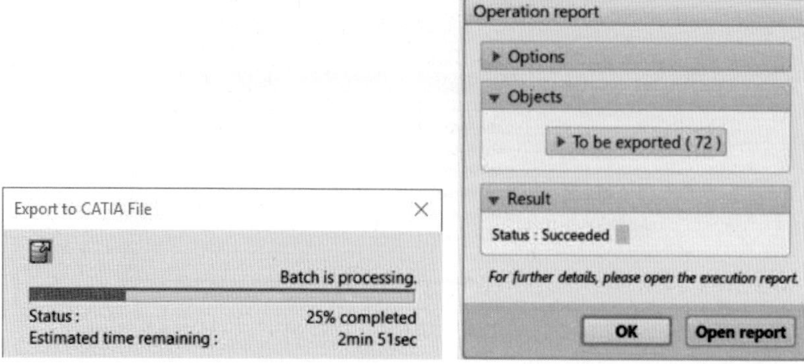

3D Part를 Export하여 CATIA V5에서 불러와 보도록 하겠습니다. 결과물은 아래와 같이 CATIA V5에서 사용한 작업 명령들을 인식할 수 있도록 정상적으로 변환된 것을 확인할 수 있습니다.

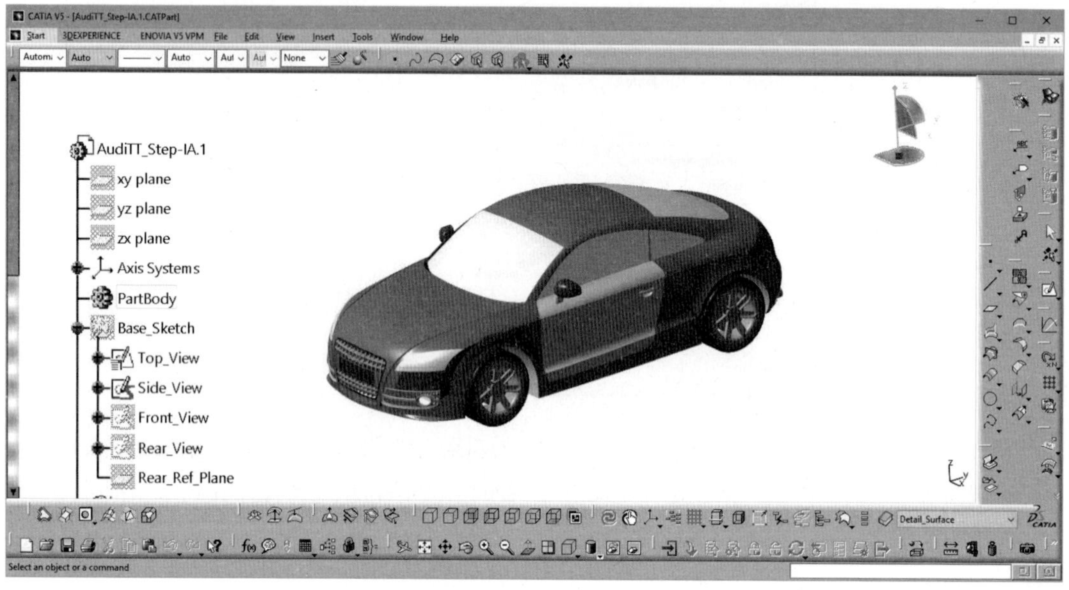

SECTION 10 Save

A. Save

현재까지 작업한 설계 데이터를 저장합니다. 여기에서 저장은 3DEXPERIENCE Platform 서버로 데이터를 저장하는 것을 의미합니다. 설계자의 장비에 직접 저장하는 것이 아님을 다시금 주의해야 합니다.

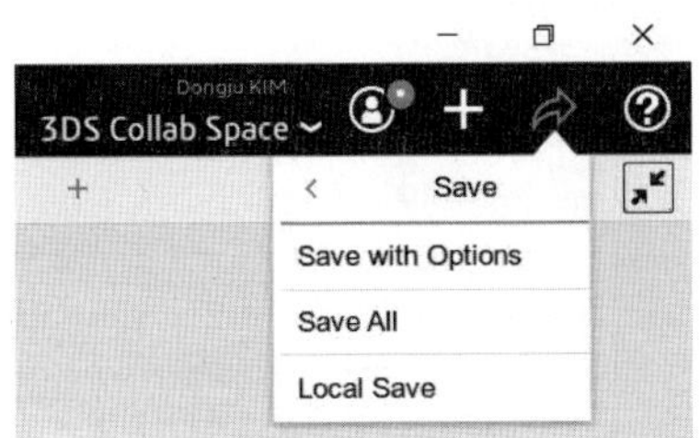

또한 여기서 서버로의 저장은 Check-in하는 개념과는 다르므로 주의하기 바랍니다.

B. Save with Options

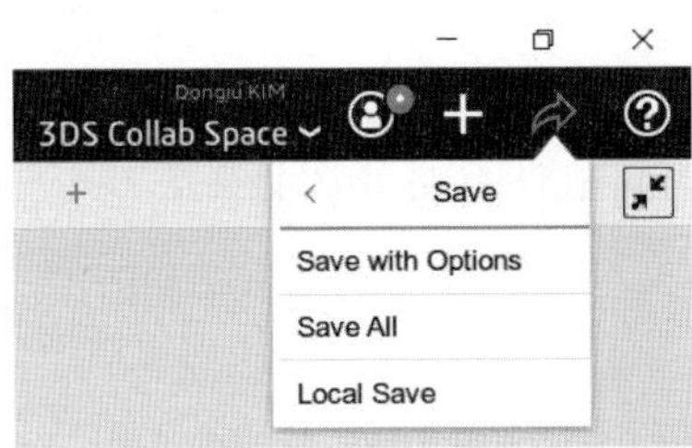

데이터를 저장할 때 옵션을 적용하여 사용할 수 있는 기능입니다. 단순히 바로 저장하지 않고 데이터의 상태나 Revision 등과 같은 설정을 변경해 줄 수 있습니다. Save with Options을 실행하면 다음과 같은 창이 나타납니다.

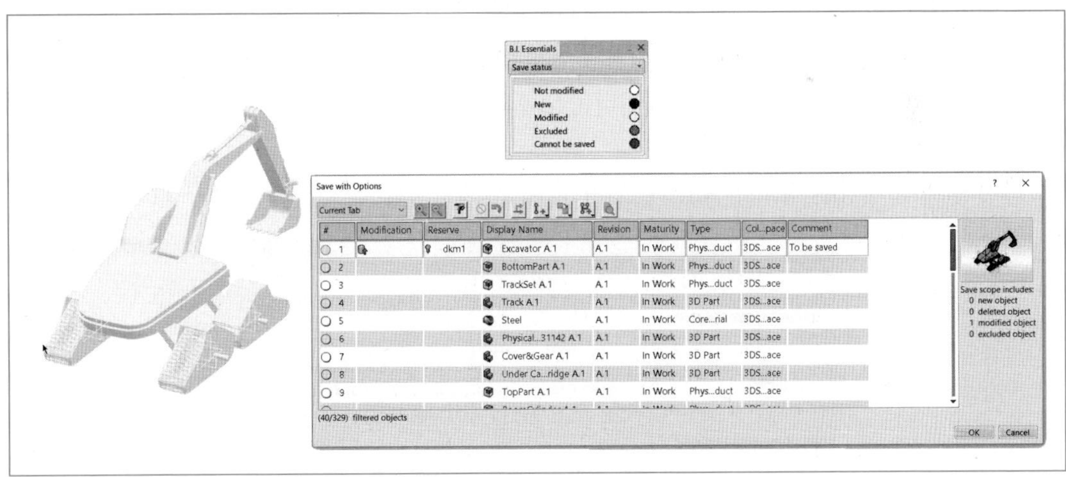

여기서 작업자는 현재 열려있는 PLM Object의 상태 확인 및 저장 등의 작업을 수행할 수 있습니다. 개체를 선택하고 Save with Options 창의 상단이나 마우스 오른쪽 버튼을 클릭하여 아래와 같이 설계 변경 작업도 가능합니다.

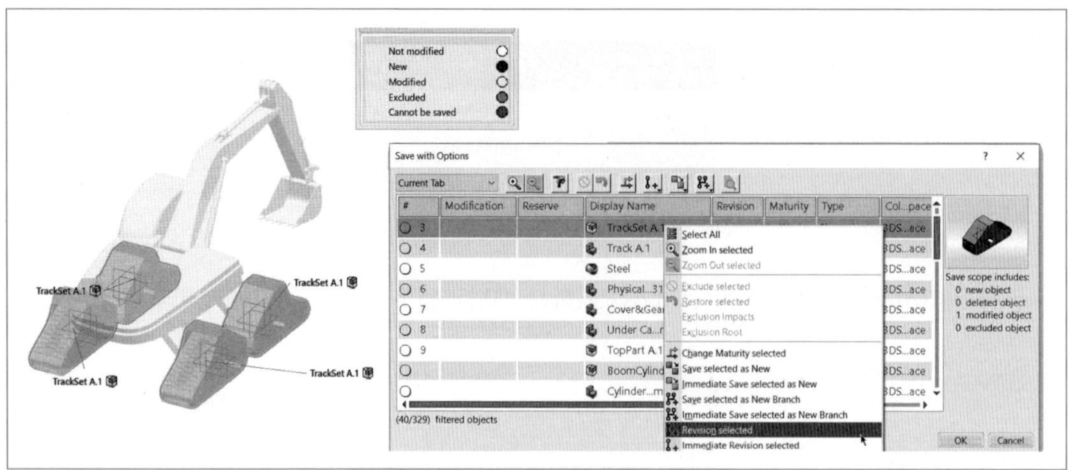

CATIA V5의 Save Management와 유사한 기능으로 생각할 수 있습니다.

C. Save All

Native App에 열려있는 모든 Object의 현재 상태를 모두 저장합니다.

D. Local Save

Local Save의 경우 서버로 데이터를 저장하는 것이 아니라 로컬 드라이브로 저장하는 작업을 수행합니다. 여기서 로컬로의 저장은 CATIA V5와 같이 특정 파일 형식으로 데이터를 지정한 경로에 저장하는 것이 아니라 현재까지의 작업 상태를 임시 드라이브 경로에 저장하는 것을 의미합니다. 이렇게 로컬로 저장한 데이터는 암호화되기 때문에 외부 시스템이나 타 사용자에게 공유되지는 않습니다.
로컬 장비에 저장된 정보는 Native App 종료 후 재실행하였을 때 자동 복구 값이 됩니다.

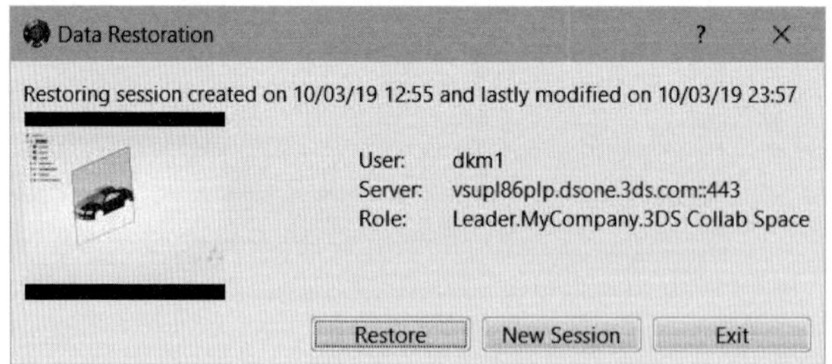

일반적으로 Native App에서 각 오브젝트들을 저장만 하고 닫지 않고 프로그램을 종료하게 되면 로컬에 현재 상태가 저장되어 있어 다음 Platform에 로그인 시 이전 데이터를 복구하여 시작할지를 묻게 됩니다. 따라서 서버 기반의 작업이라 하더라도 데이터 손실에 대한 최대한 안전장치가 있다고 생각할 수 있습니다.

SECTION 11 Utility

Utility 기능은 배치를 사용하여 작업할 수 있는 기능들을 담고 있습니다. 그래픽 사용자 환경과 별도로 실행되는 기능으로 App에서 아이콘을 실행할 수 있으며 또는 윈도우 시작 메뉴에서 Batch Management를 선택하여 줄 수 있습니다.

명령을 실행하면 다음과 같은 창이 나타납니다. 여기서 작업자는 Role에 따라 사용 가능한 기능을 선택하여 사용할 수 있습니다.

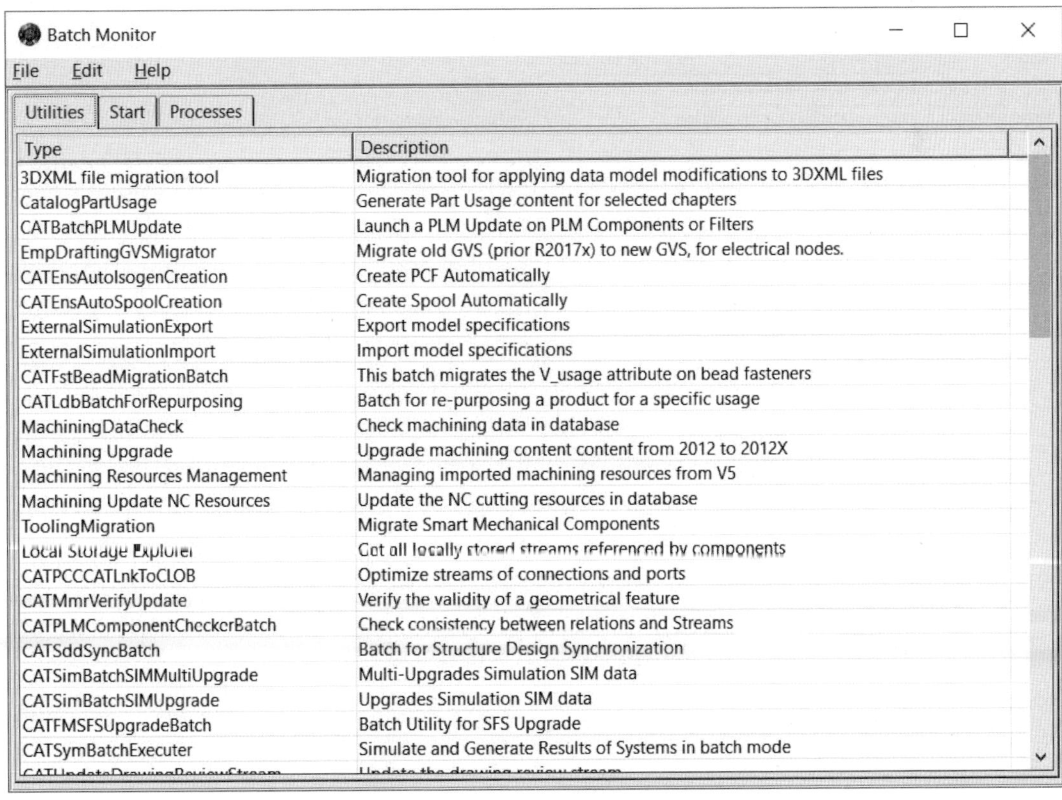

Type	Description
3DXML file migration tool	Migration tool for applying data model modifications to 3DXML files
CatalogPartUsage	Generate Part Usage content for selected chapters
CATBatchPLMUpdate	Launch a PLM Update on PLM Components or Filters
EmpDraftingGVSMigrator	Migrate old GVS (prior R2017x) to new GVS, for electrical nodes.
CATEnsAutoIsogenCreation	Create PCF Automatically
CATEnsAutoSpoolCreation	Create Spool Automatically
ExternalSimulationExport	Export model specifications
ExternalSimulationImport	Import model specifications
CATFstBeadMigrationBatch	This batch migrates the V_usage attribute on bead fasteners
CATLdbBatchForRepurposing	Batch for re-purposing a product for a specific usage
MachiningDataCheck	Check machining data in database
Machining Upgrade	Upgrade machining content content from 2012 to 2012X
Machining Resources Management	Managing imported machining resources from V5
Machining Update NC Resources	Update the NC cutting resources in database
ToolingMigration	Migrate Smart Mechanical Components
Local Storage Explorer	Get all locally stored streams referenced by components
CATPCCCATLnkToCLOB	Optimize streams of connections and ports
CATMmrVerifyUpdate	Verify the validity of a geometrical feature
CATPLMComponentCheckerBatch	Check consistency between relations and Streams
CATSddSyncBatch	Batch for Structure Design Synchronization
CATSimBatchSIMMultiUpgrade	Multi-Upgrades Simulation SIM data
CATSimBatchSIMUpgrade	Upgrades Simulation SIM data
CATFMSFSUpgradeBatch	Batch Utility for SFS Upgrade
CATSymBatchExecuter	Simulate and Generate Results of Systems in batch mode

다음은 데이터의 오류가 있는지를 검사하고 수정하는 CheckRepresentation의 실행 예시입니다.

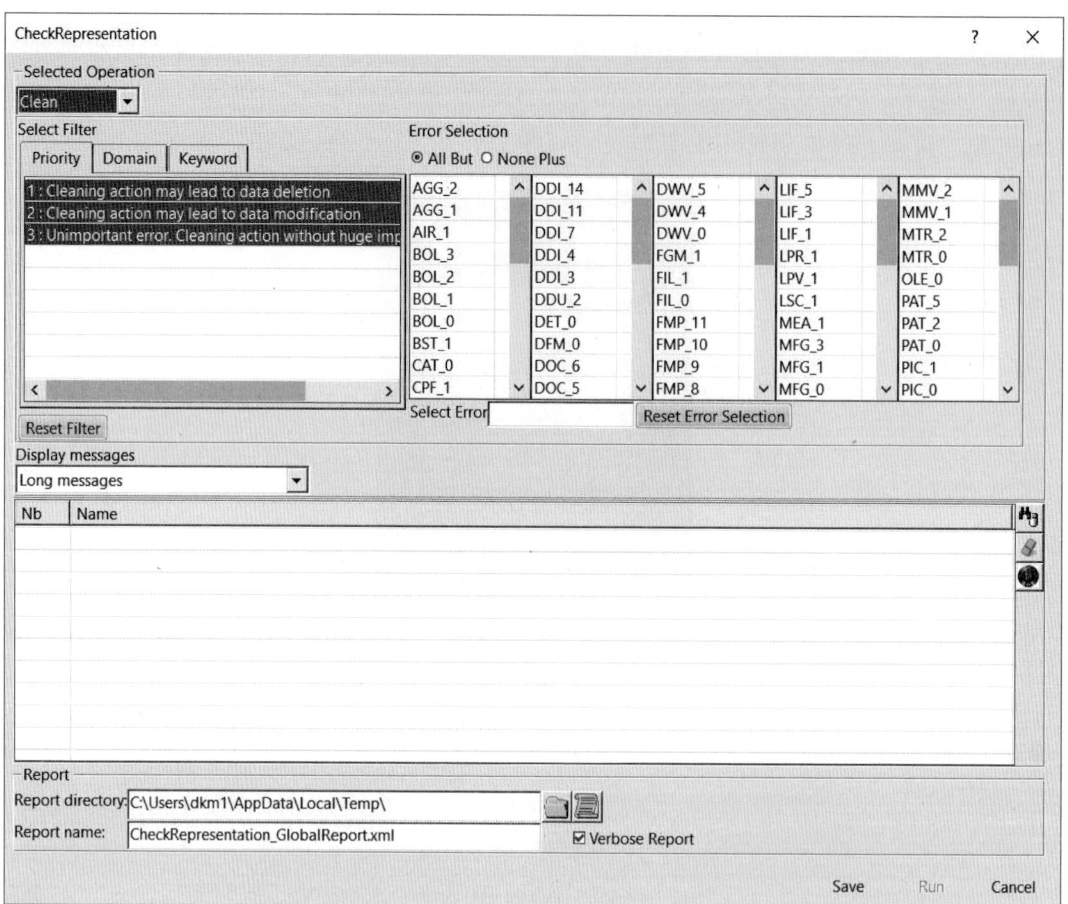

B.I Essential

이 기능은 CATIA Client가 Local 환경이 아닌 Server 환경을 통해 사용하게 되면서 생겨났다고 할 수 있습니다. B.I. Essentials는 세션의 컨텐츠가 가지는 중요한 정보를 색상과 라벨을 통해 시각적으로 보여줍니다. B.I. Essentials는 각 App마다 고유 기능이 있으며 본 교재에서는 Assembly Design에서 기능을 사용할 수 있습니다.

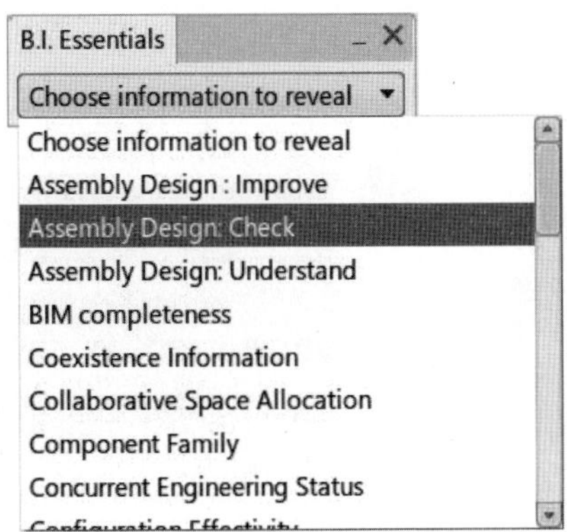

다음은 형상에 데이터 중량 정보를 체크하는 예시입니다.

B.I. Essentials는 앞으로 설계 작업에서 매우 유용하게 사용될 것입니다.

SECTION 13 Link and Relations

선택한 오브젝트의 다른 오브젝트들과의 링크 관계를 확인하고 재연결 등의 작업을 수행할 수 있습니다.

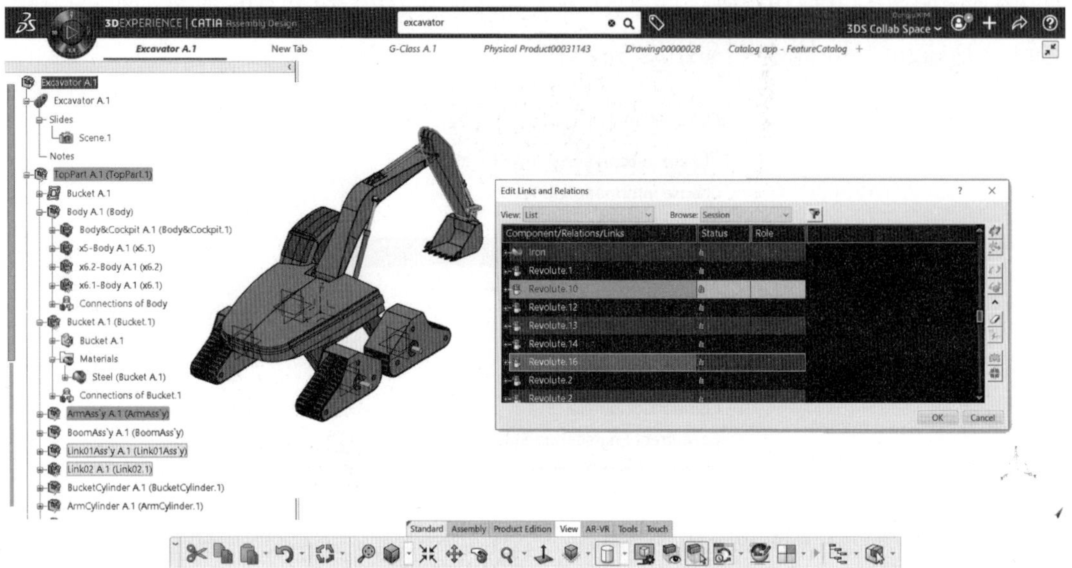

SECTION 14 Activate/Deactivate

활성화/비활성화 작업은 설계한 대상을 삭제할 수는 없으나 인식하지 못하게 하려는 경우에 사용할 수 있습니다. 옵션으로 사용할 수 있는 피처나 요소에 대해서 활성/비활성 옵션을 조절하여 다양한 베리에이션을 만들어 낼 수 있습니다.
비활성화한 요소는 다시 활성화 할 때까지 인식할 수 없으며 언제든 다시 활성화가 가능합니다.
비활성화된 요소는 아래와 같이 아이콘 모양이 업데이트됩니다.
설계 작업에 따라 자칫 잘못된 활성/비활성화 작업의 반복은 설계 오류를 가져올 수 도 있으니 주의하기 바랍니다.

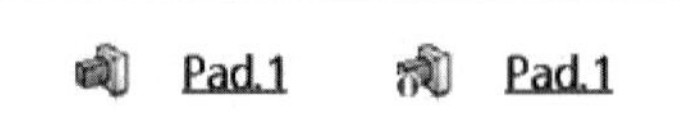

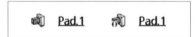

SECTION 15 Replace Element

Replace란 대체를 의미하며, 설계 작업에서 형상 요소나 부품을 다른 것으로 대체하는 목적으로 3DEXPERIENCE Platform에서 활용할 수 있습니다.

Replace는 크게 형상(Feature) 단계에서와 Product 단계로 나누어 생각할 수 있습니다. 형상 단계에서 Replace는 모델링을 구성하는 요소를 바꿔 현재까지의 작업 내역에 손상 없이 간단한 업데이트를 실행할 수 있는 것입니다.

아래 이미지는 3차원 형상을 구성하는 형상의 기본이 되는 사각형 스케치(Sketch.1)를 원형 스케치(Sketch.3)로 변경하는 과정을 보여주고 있습니다.

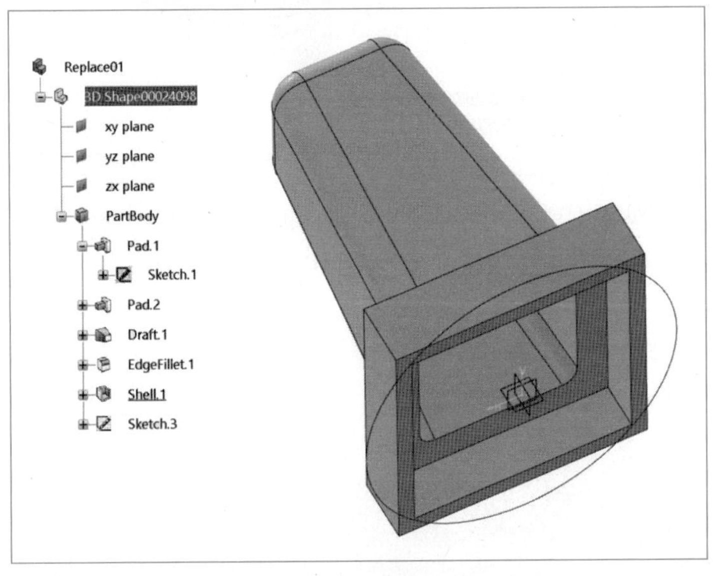

위 그림과 같이 일련의 모델링 작업이 수행된 상태에서 초기 작업에 베이스가 되는 Sketch 정보가 통째로 변경되어야 할 경우 처음부터 작업을 다시 수행하는 것 보다 일부 요소을 대체(Replace)하는 방법으로 작업 효율을 높일 수 있습니다.

다음과 같이 대체할 대상을 선택하여 마우스 오른쪽 메뉴의 Replace를 선택합니다.

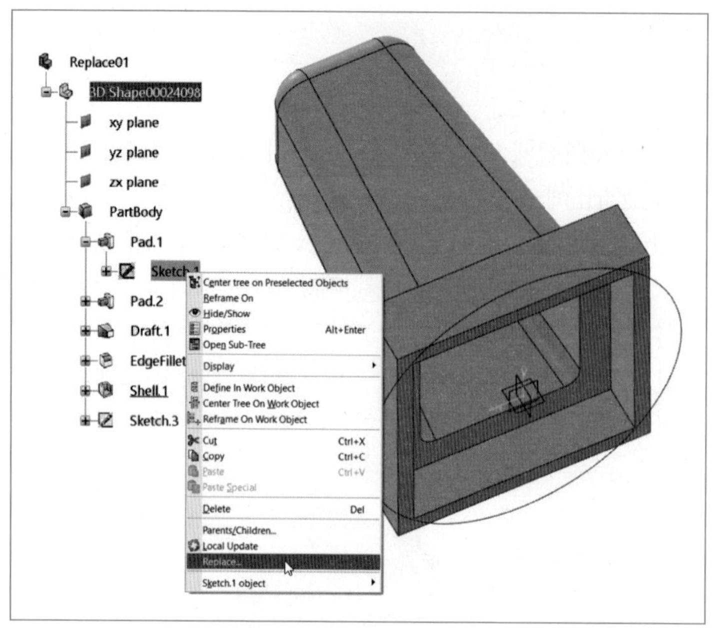

다음으로 대체해줄 대상을 선택하면 아래와 같이 Replace 정의 창이 나타납니다. 필요한 경우엔 여기서 방향, 기준과 같은 값을 매칭해 주어야 합니다.

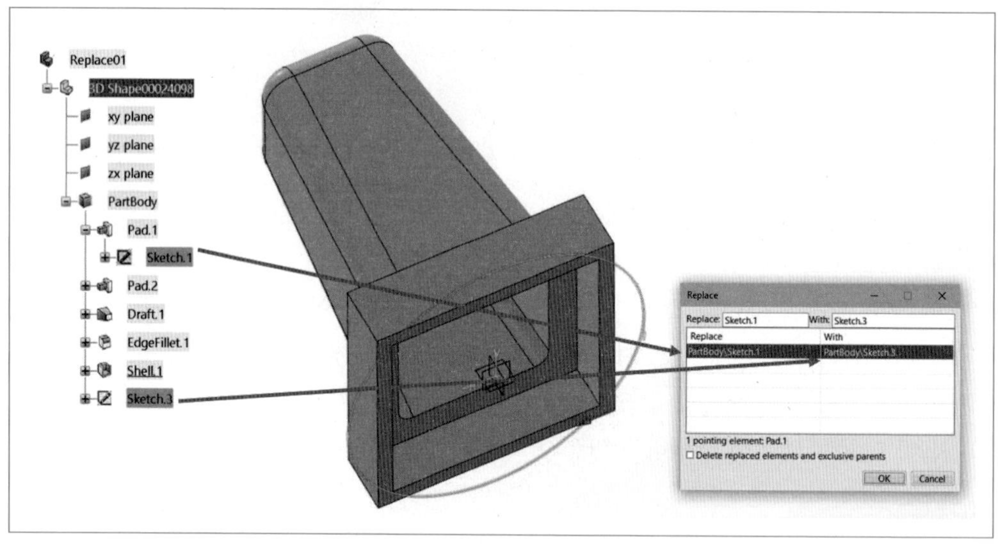

Replace가 올바르게 정의된 경우 아래와 같이 손쉽게 결과를 확인할 수 있습니다.

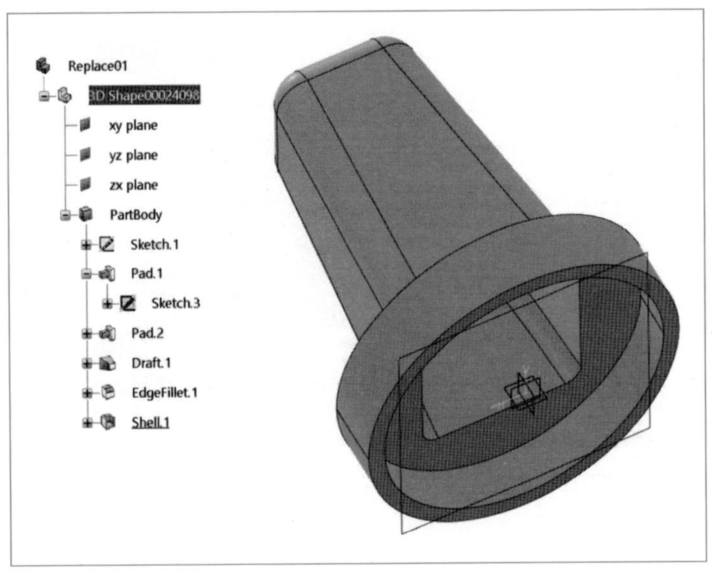

Product 레벨에서의 Replace는 Product를 구성하는 컴포넌트 즉, 3D Part나 Physical Product를 다른 요소로 대체하는 작업을 의미합니다. Assembly 작업에서 조립 파트를 다른 파트로 대체하는 작업을 생각해 볼 수 있을 것입니다.

방법은 위의 것과 유사합니다. Replace 하고자 하는 대상을 선택하여 마우스 오른쪽 메뉴의 Replace에 들어갑니다.

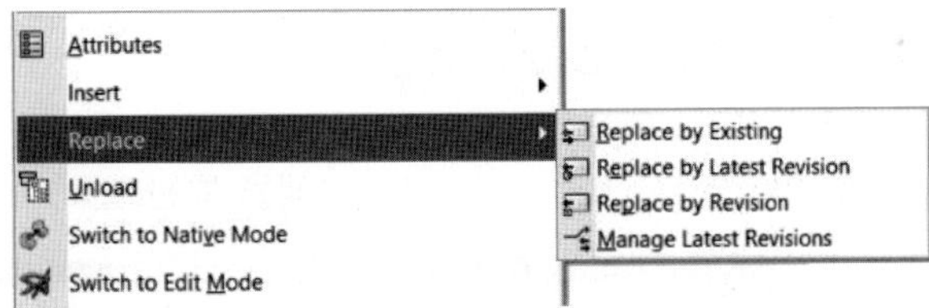

여기서는 간단히 Replace by Existing으로 기존에 대체할 대상을 만들어 놓고 이를 대체하는 과정을 보여 주고 있습니다.

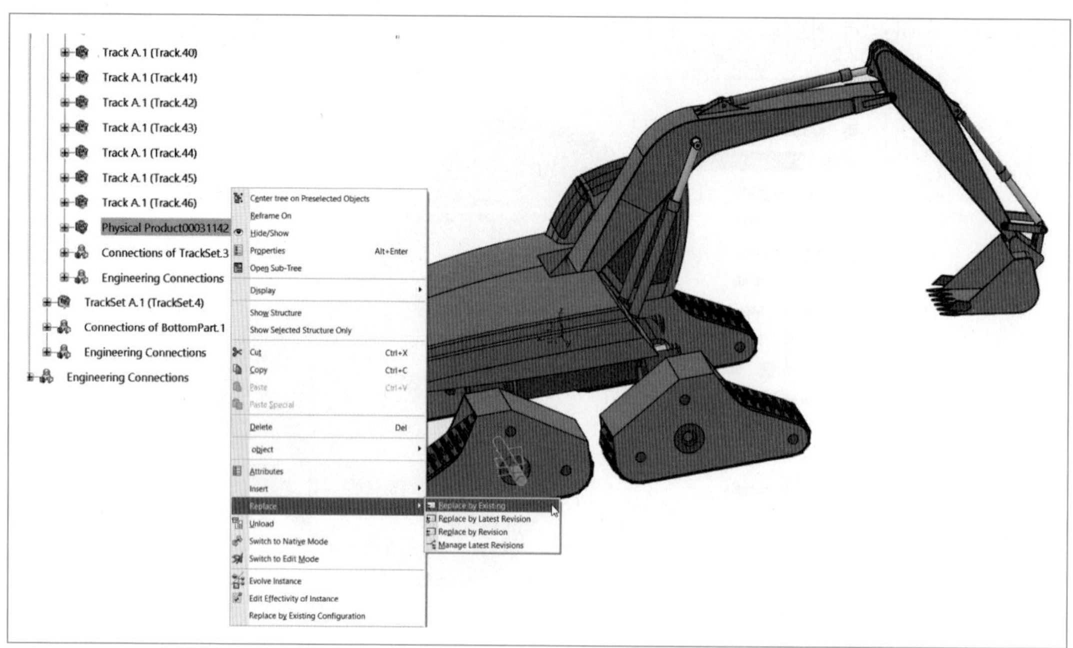

Replace by Existing을 선택하면 아래와 같이 대체할 대상을 선택 또는 검색하라는 메시지가 나타납니다. 기본적으로 서버 기반의 3DEXPERIENCE Platform은 다음의 두 가지 방식으로 대상을 선택할 수 있으니 기억해 두기 바랍니다.

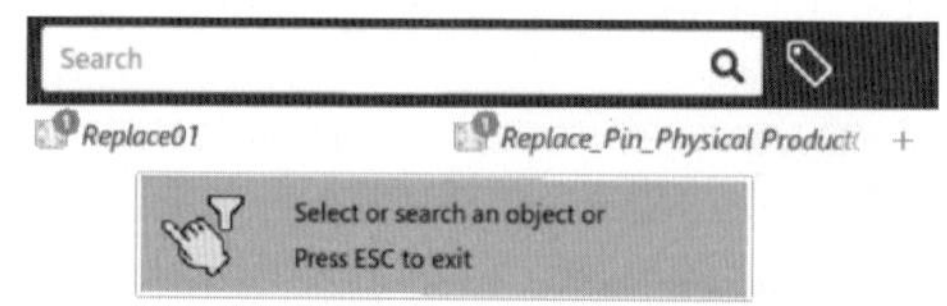

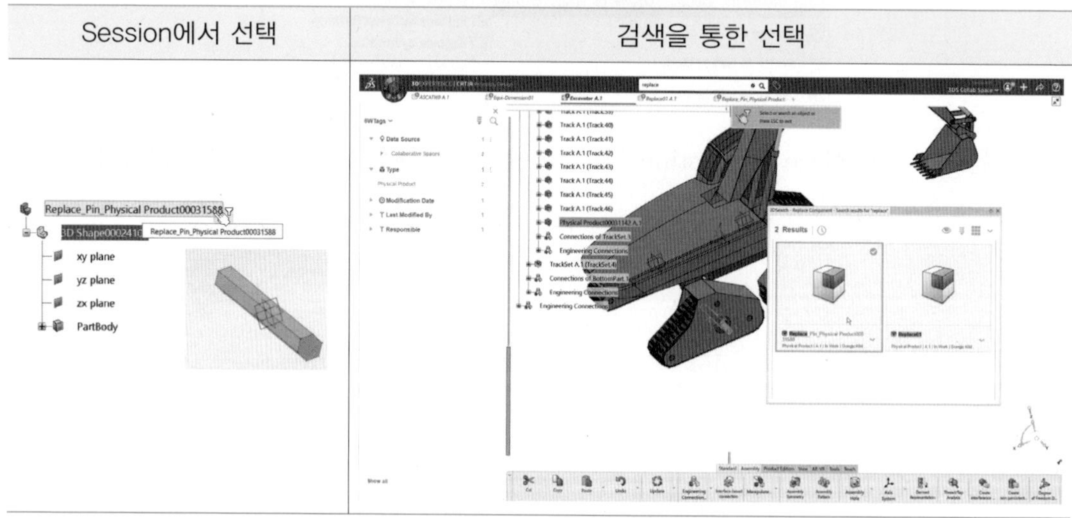

여기서 기억할 것은 Replace 작업에서 동일한 Instance가 있을 경우 이들이 함께 Replace 된다는 것입니다.

SECTION 16
Reorder

Reorder 작업은 단순히 Spec Tree의 순서를 재배열하는 것으로 생각할 수 있습니다. 그러나 이러한 Reorder는 두 가지 경우로 생각해 볼 수 있습니다.

작업 순서가 형상에 영향을 주는 모델링의 경우(Part Design App에서 Body를 기준으로 한 솔리드 모델링 또는 Generative Shape Design App에서 O.G.S(Ordered Geometrical Set)를 기준으로 한 곡면 설계 작업)와 Part나 Product를 사용하여 조립 구조를 정의하는 경우(Assembly Design App에서 Product Structure 정의)로 나누어 볼 수 있습니다.

여기서는 모델링 관련 App들에 있어 Reorder에 대해서 생각해 보겠습니다. 3D Part의 Body에서 작업은 시작에서부터 끝까지 그 작업에 대한 순서가 Spec Tree 안에 남게 됩니다. 이 작업 순서를 무시한 채 다른 작업을 할 수 없으며 중간에 어떤 작업으로 인해 생긴 형상을 강제로 지울 수 없습니다. 이는 다음 작업 형상과 연관이 있기 때문입니다.

따라서 작업의 순서에 따라 Body의 3차원 형상은 결과에 큰 차이가 있게 됩니다. 그리고 어떤 작업을 먼저 했는지도 중요한 영향을 미치게 되는데 이로 인해 때때로 우리는 작업의 순서를 조정하려고 합니다. 1번 작업과 2번 작업 사이에 다른 작업을 먼저 하게 하고 싶은 경우 그 아래의 작업을 모두 지우고 다시 한다는 것은 말로만 들어도 비효율적이라는 느낌이 듭니다.

그래서 CATIA에서 제공하는 기능이 바로 Reorder입니다. 말 그대로 순서를 다시 정렬한다는 뜻인데 Spec Tree에서 작업 순서를 조절할 수 있습니다. 다음 예를 보도록 하겠습니다.

아래와 같은 형상이 있습니다. 이 형상의 Spec Tree를 보면 Sketch.1 작업 후 이를 이용하여 Pad.1을 하고 여기에 EdgeFillet.1을 높이 방향 모서리 두 곳에 준 뒤에 Mirror.1을 대칭 평면으로 실행 하였습니다. 그리고 마지막으로 Sketch.2에 원을 그리고 Pocket으로 구멍을 만들어 주었습니다.

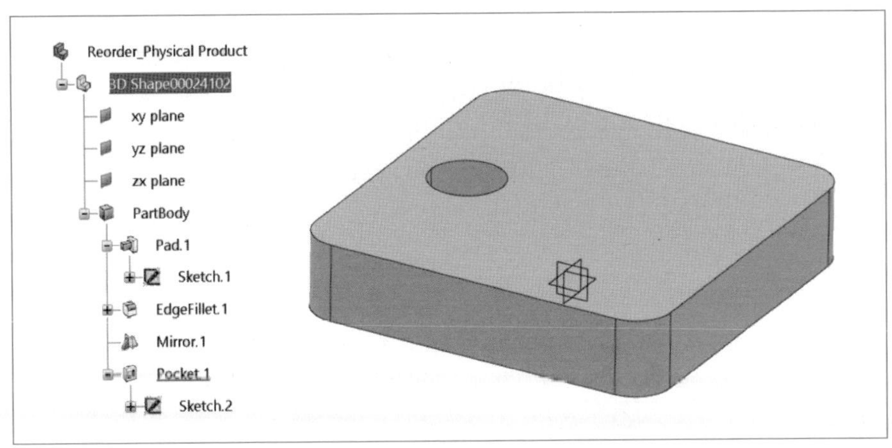

여기서 Pocket.1까지 포함한 상태로 Mirror를 하려면 어떻게 해야 할까요?
바로 Reorder를 사용하면 됩니다.
Spec Tree에서 Mirror.1을 선택합니다. 그리고 Contextual Menu에서 가장 아래 Mirror. Object에서 Reorder를 선택해 줍니다. 그러면 Spec Tree가 다음과 같이 표시될 것입니다.

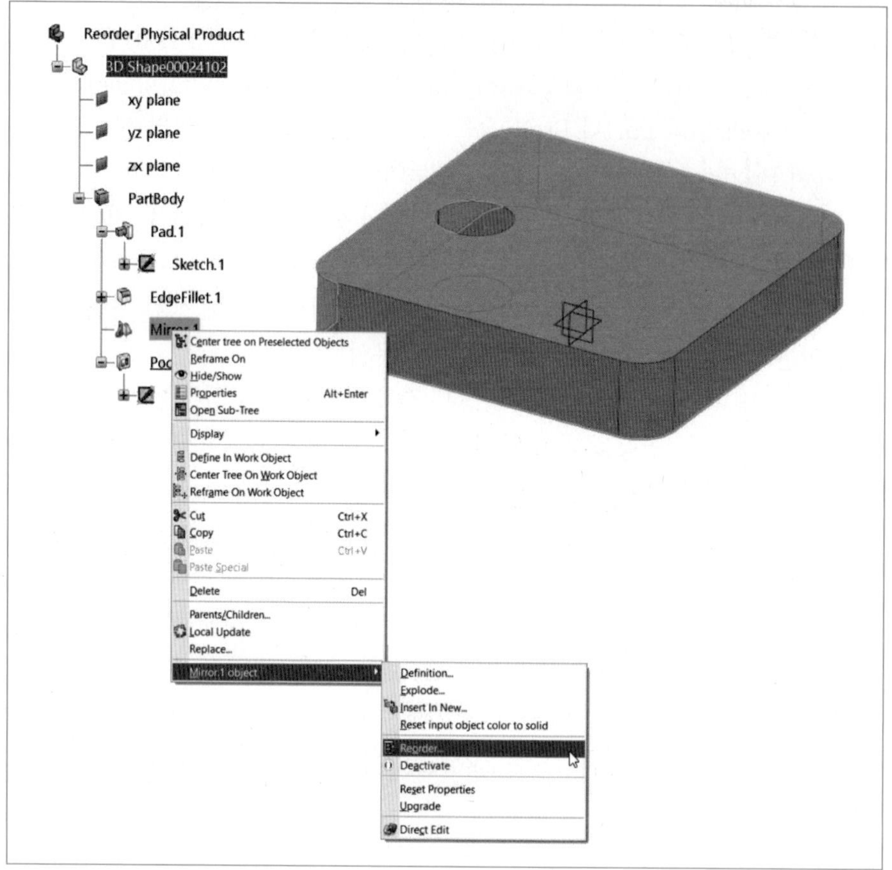

여기서 노란색으로 표시된 부분은 절대 선택할 수 없는 부분이 됩니다. 즉, 노란색으로 표시된 부분의 다음으로 작업을 옮길 수 없다는 말이 됩니다.

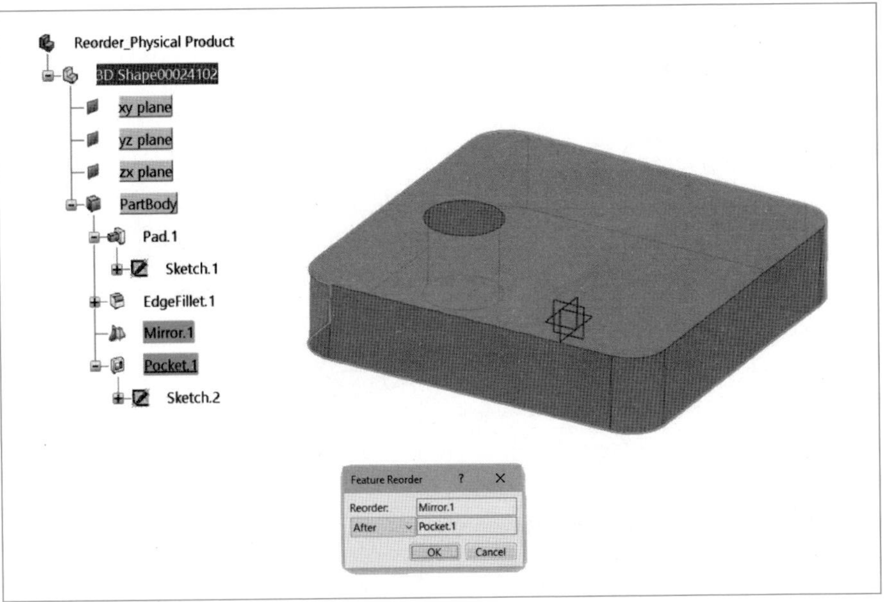

여기서 Pocket.1을 선택합니다. 그리고 “OK”를 누릅니다.(그리고 현재 PartBody를 선택하고 Define in Work Object를 클릭해 줍니다.)

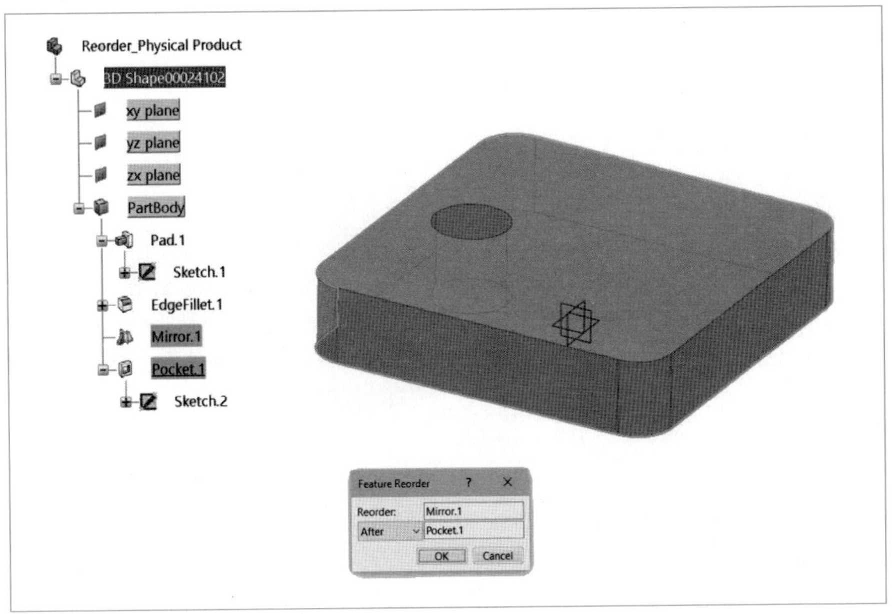

그러면 다음과 같이 전체 형상이 Pocket까지 포함된 상태로 Mirror 되어 두 개의 구멍이 만들어진 형상으로 바뀌는 것을 볼 수 있을 것입니다.

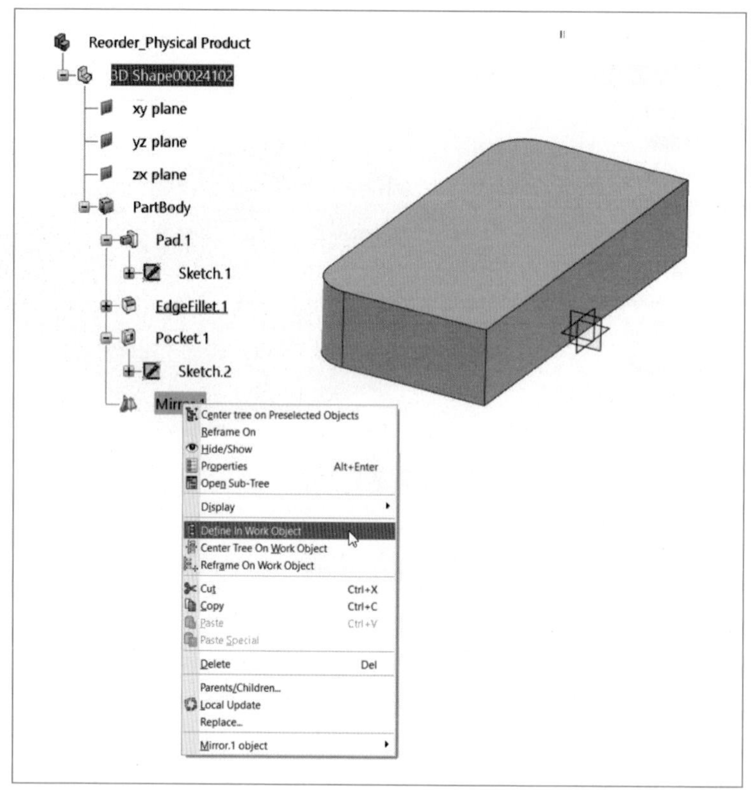

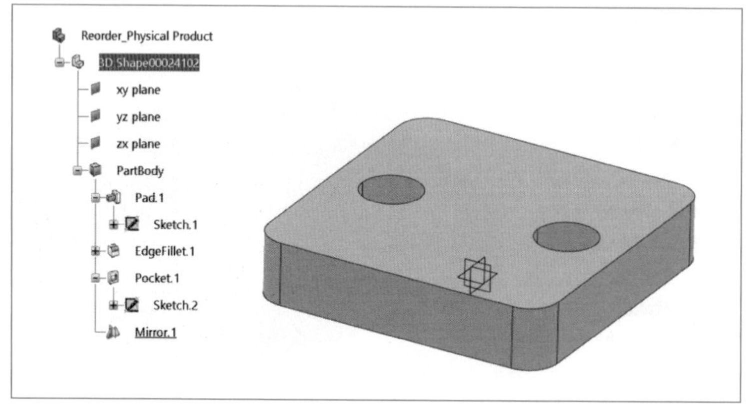

Assembly Design App(또는 Product Structure App)에서 Reorder 기능은 Tree Reordering 기능을 사용하여 Spec Tree 상에 나열되는 컴포넌트의 순서를 변경하는 데 사용됩니다.

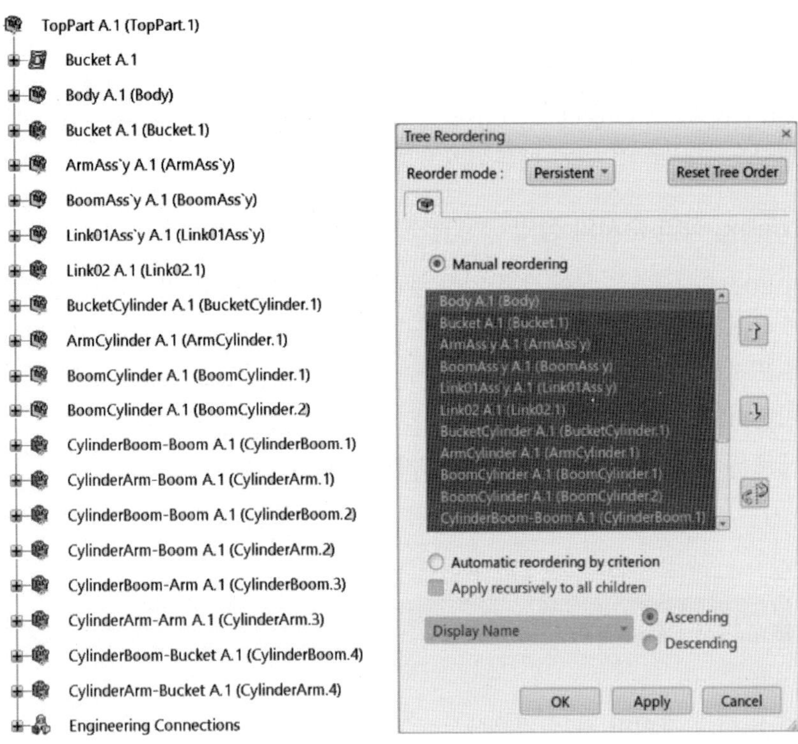

SECTION 17

Define in Work Object

Define in Work Object 기능은 3D Part 상에서 모델링 작업을 진행하면서 활용할 수 있는 기능으로 크게 두 가지 의미에서 사용할 수 있습니다.

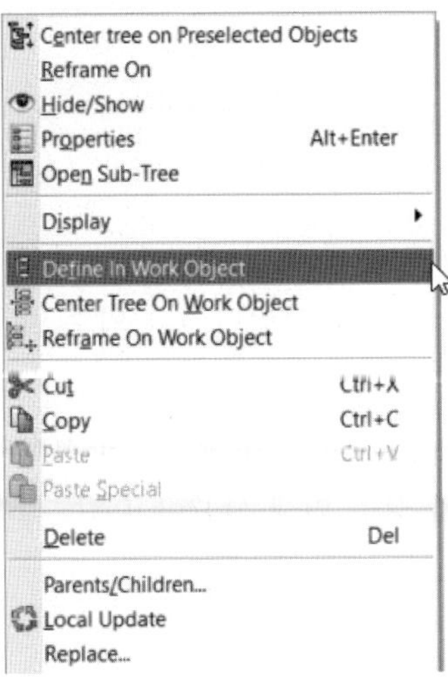

■ 3D Modeling 작업의 위치 정의

3D Part 상에서 Body나 O.G.S가 삽입된 경우 작업 위치를 어떤 Body나 O.G.S로 할 지를 Define in Work Object로 결정해 줄 수 있습니다. 이는 서로 다른 위치 상의 작업으로 설계 형상을 구분할 수 있기 때문이기도 합니다.

■ 3D Modeling 작업 순서의 정의

하나의 Body나 O.G.S 상에서 작업하는 작업의 결과물은 작업 순서에 영향을 받습니다. 그리고 이러한 작업 순서에 따라 결과가 달라집니다. Define in Work Object 기능을 사용하면 특정한 순서에서 작업 시점의 순서를 정의할 수 있습니다. 하나의 형상을 위한 작업이 진행되었다고 했을 때 특정한 위치로 작업 순서를 변경할 수 있습니다. 그리고 이 사이에 새로운 작업을 삽입하는 것 또한 가능합니다.

SECTION 18 Content Lifecycle

기본적으로 단순 설계 작업만 하는 경우에는 형상 자체가 중요하고 형상이 가지는 특성 정보에 대해서는 무관심한 경우가 많습니다. 그러나 PLM(Product Lifecycle Management) 개념을 적용한 설계에 있어서는 설계 대상이 가지는 속성 정보를 무시할 수 없습니다. 다음은 개념적으로 데이터가 가질 수 있는 Maturity 상태의 변경 순서를 보여주고 있습니다.

SECTION 19 Compatibility

호환성에 대한 문의는 많은 설계자들에게 주어지는 숙제 중에 하나입니다. 정성껏 작업한 데이터가 다른 작업자의 장비에서 읽어들이지 못한다거나 외주 발주를 위하여 데이터를 생성하였는데 호환되지 않을 경우 문제가 되기 때문입니다. 전자의 경우 3DEXPERIENCE Platform을 사용하면서 크게 문제가 되지 않습니다. 그러나 후자의 경우처럼 CATIA V5 데이터를 불러와 수정해야 한다거나 반대로 내보내야 할 경우 현재 사용하고 있는 Platform의 릴리즈에 따라 호환에 대해서 주의해야 합니다.

다음의 예를 보겠습니다. 앞서 Import/Export의 설명에서 간단히 살펴 보았지만, CATIA V5 데이터를 그대로 불러와 3D Part로 인식하여 사용할 수 있습니다. 물론 Spec Tree도 온전히 보존됩니다. 그러나 호환되는 버전이 다른 경우 높은 버전의 CATIA V5 데이터를 낮은 버전의 환경으로 가져올 때 문제가 발생할 수 있습니다.

SECTION 20 3DPlay

3DPlay는 3DEXPERIENCE Platform의 기본 뷰어라 할 수 있습니다. 2차원(도면을 포함한 문서 파일까지 Viewing 가능) 및 3차원 형상 요소에 대한 Viewing 작업이 가능합니다. 다음은 웹 브라우저에서 설계 형상을 확인하는 예시를 보여주고 있습니다.

SECTION 21 Ambience & Style

A. Ambience

Ambience는 미리 정의된 시각화 환경 조건을 의미합니다. 여기에는 조명(Lighting), 지면(Ground) 그리고 배경(Background)의 설정 값을 가지고 있습니다. 이러한 Ambience 설정을 통하여 설계 작업에 편리한 작업 환경을 맞춰줄 수 있습니다.

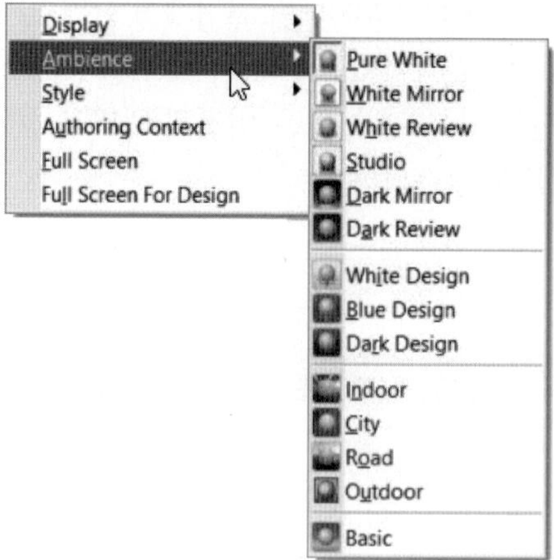

Ambience는 두 가지 종류로 Design Ambience, Review Ambience가 있으며 그 안에 각각 다음과 같은 유형들이 있습니다.

Pure White	White Mirror	White Review
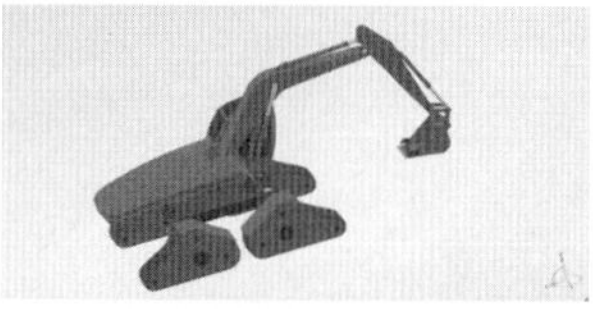	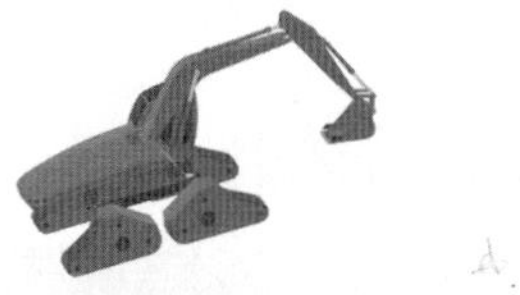	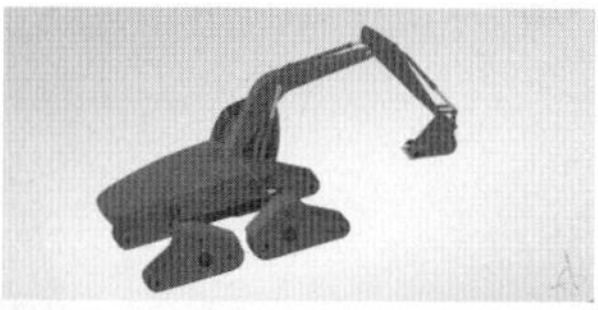
Studio	Dark Mirror	Dark Review
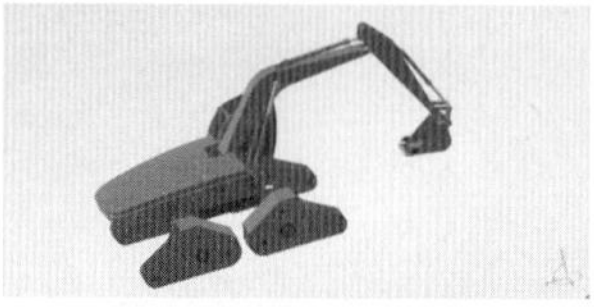	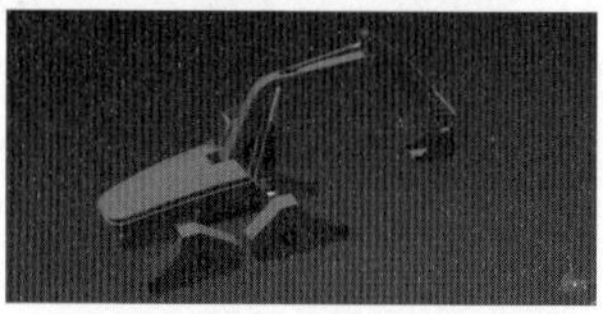	
White Design	Blue Design	Dark Design
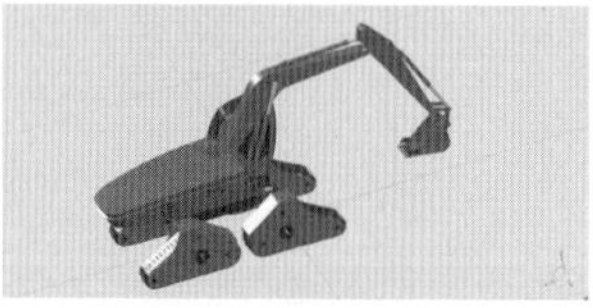	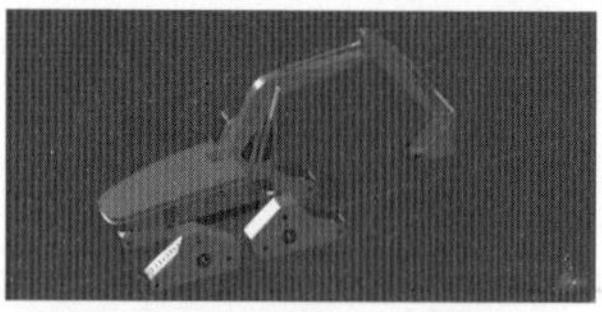	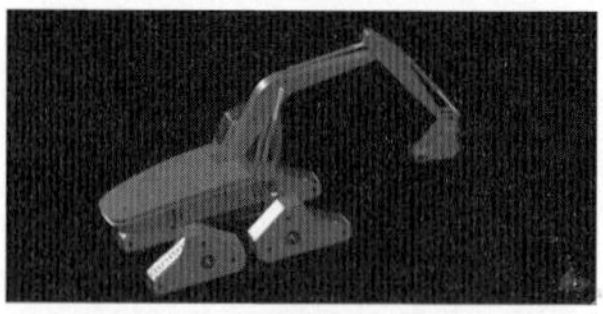
Indoor	City	Road
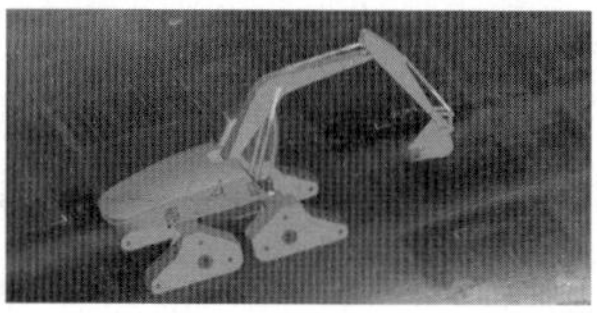	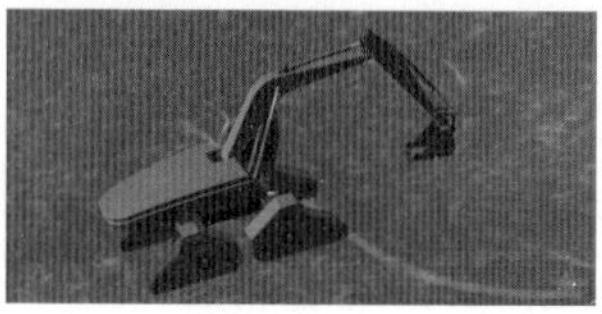	

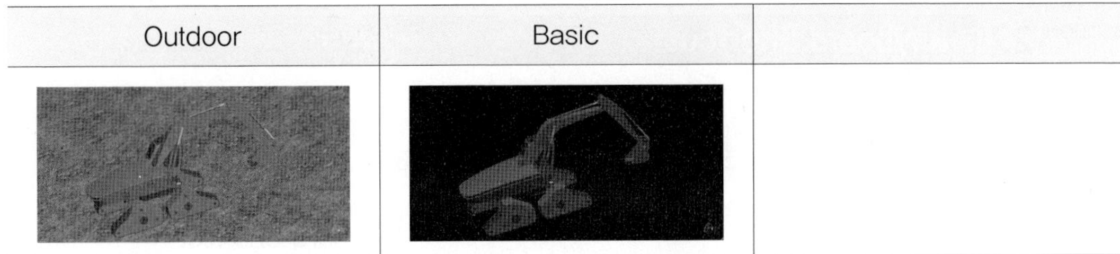

B. Style

또한, 설계자는 다음의 Drawing Style을 적용하여 설계한 형상에 그래픽 효과를 적용해 줄 수 있습니다. 설계 용도 보다는 시각적 효과가 적용된 상태에서 대상의 확인을 목적으로 합니다.

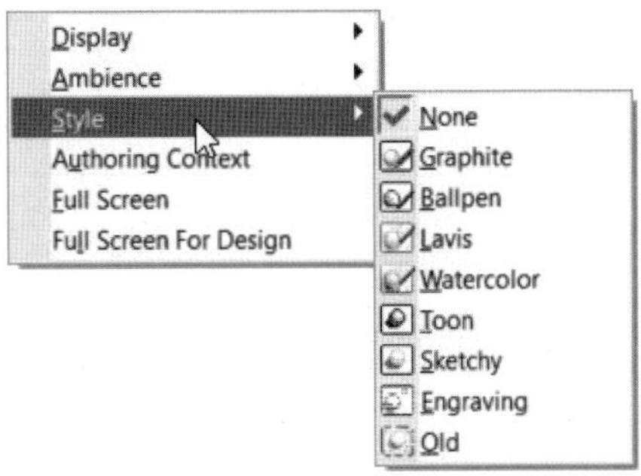

None	Graphite	Ballpen
Lavis	Watercolor	Toon
Sketchy	Engraving	Old

SECTION 22 Keyboard Shortcut

다음은 기본적으로 사용할 수 있는 Native App에서 사용 가능한 단축키입니다.

Task	Keyboard Shortcut
Macro 실행하기	Alt+F8
속성(Properties) 창 실행하기	Alt+Enter
복사하기(Copy)	Ctrl+C
찾기(Fine)	Ctrl+F
Selection Sets 실행하기	Ctrl+G
새로운 컨텐츠(Content) 창 실행하기	Ctrl+N
열기(Open)	Ctrl+O
Open Advanced 실행하기	Ctrl+Shift+O
출력(Print)	Ctrl+P
빠른 출력(Quick Print)	Ctrl+Shift+P
저장(Save)하기	Ctrl+S
Save with Options 실행 하기	Ctrl+Shift+S
붙여넣기(Paste)	Ctrl+V
잘라내기(Cut)	Ctrl+X
Redo	Ctrl+Y
Undo	Ctrl+Z
Action Pad in furtive mode	B
위젯 사이 이동	Ctrl+Tab 또는 Ctrl+Shift+Tab
Spec Tree ovwerview 실행	Shift+F2
Spec Tree Hide/Show	F3
Spec Tree 조절	Shift+F3
화면 확대	Ctrl+Page Up
화면 축소	Ctrl+Page Down
실행 중인 명령의 취소	Esc
Online Docu 실행	F1
선택한 명령에 대한 도움말 실행	Shift+F1

CATIA를 비롯하여 3DEXPERIENCE Platform의 Native App에서 정의되지 않은 명령어들의 단축키는 사용자가 Customize에서 직접 입력해 줄 수 도 있습니다.

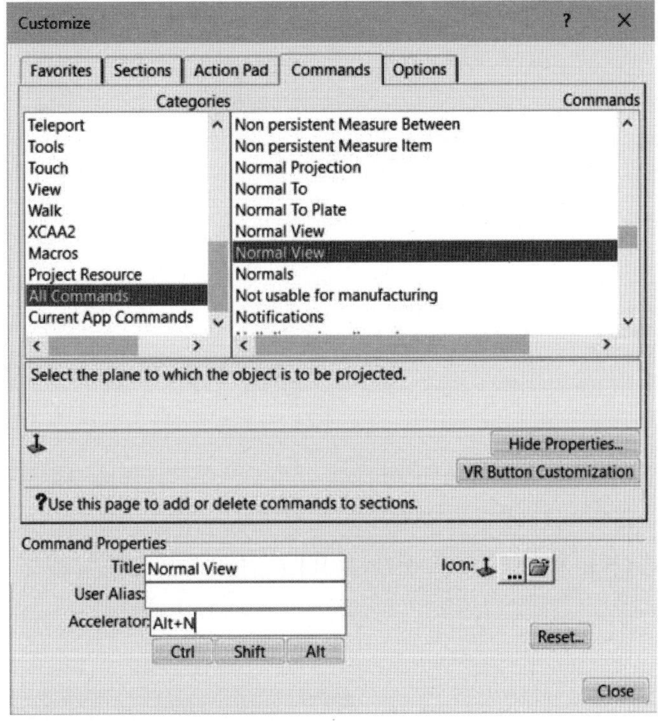

SECTION 23 Robot

과거에는 Compass로 불리기도 하였으며 대상에 대한 이동 조작(Manipulation)하는데 직접 사용하거나 방향의 가이드 역할을 하는 요소입니다.

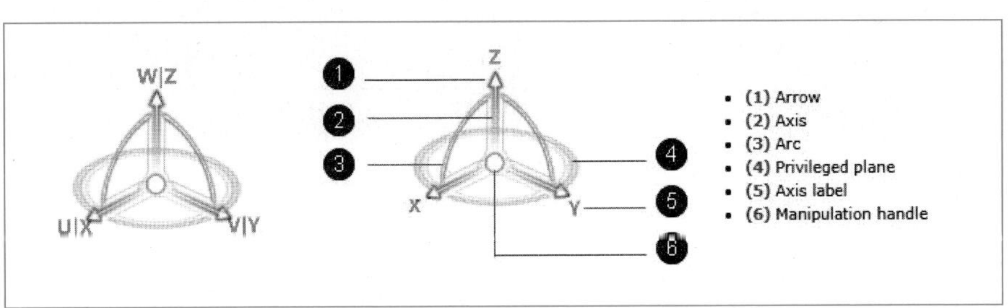

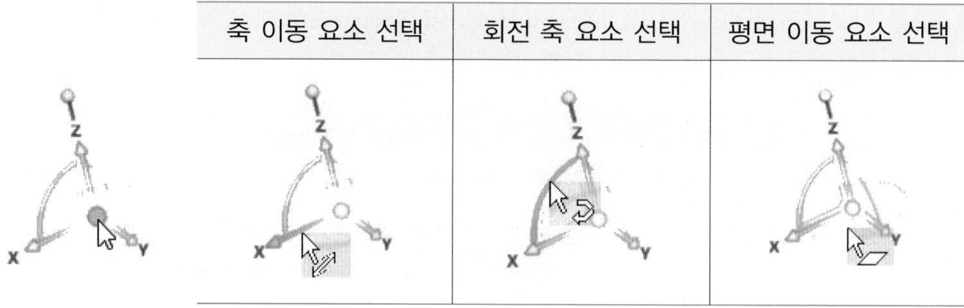

축 이동 요소 선택
회전 축 요소 선택
평면 이동 요소 선택

SECTION 24 Find

Find 기능은 현재 열려있는 PLM Object 내에서 설계 요소를 검색하는 데 사용합니다.(서버로부터 검색하는 Search와는 다릅니다.) 검색을 통해 설계자는 형상 요소나 Instance 등 다양한 개체를 선택할 수 있습니다. Find 명령을 실행하거나 Ctrl + F Key를 통해 검색 창을 열 수 있습니다.

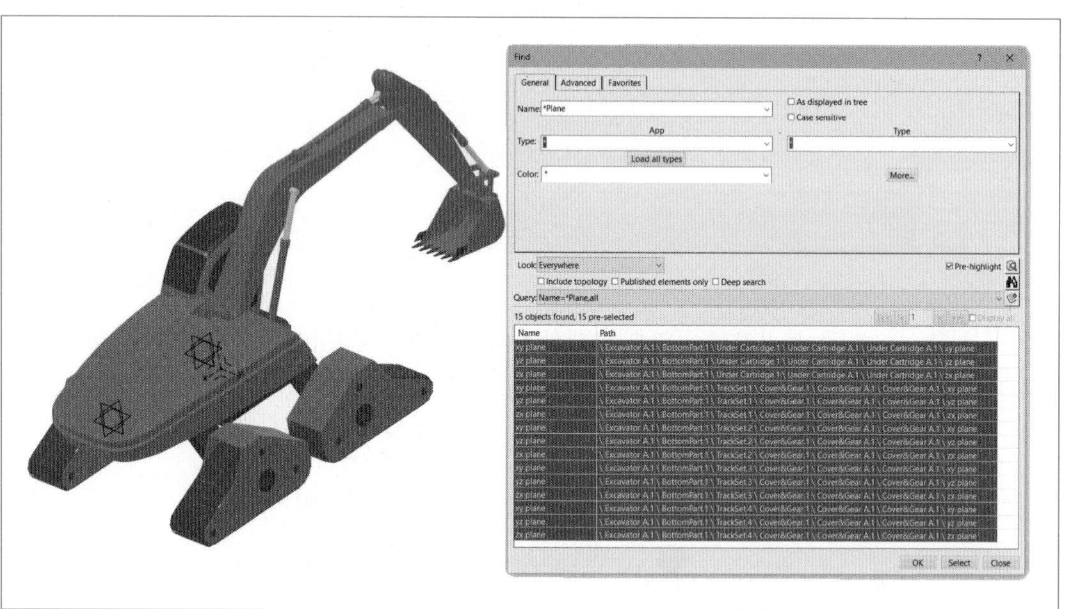

SECTION 25 ## PLM Object Properties

3DEXPERIENCE Platform에서 사용하는 Object에 대해서는 속성 정보를 매우 중요하게 사용할 수 있습니다. 단순히 모델링 작업만 하는 경우에는 간과할 수 있으나 설계 변경과 BOM 관리를 하는 업무 분야에서는 속성 정보를 확인하고 정의할 수 있어야 합니다. 속성 정보는 아래와 같이 Authoring Mode에서 마우스 오른쪽 메뉴(Context Menu)나 Explore Mode 또는 검색 결과에서 속성(Properties)을 선택하여 확인 가능합니다.

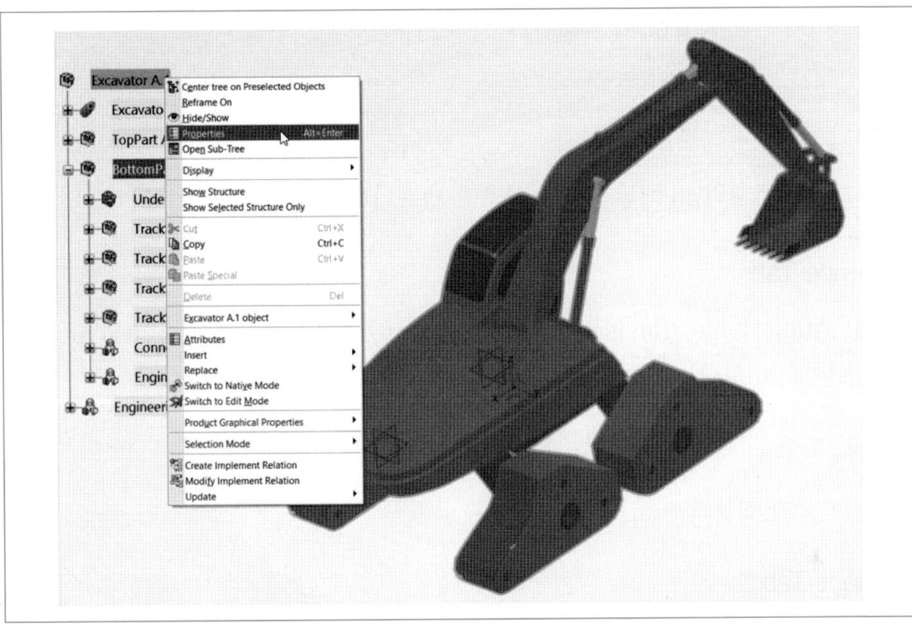

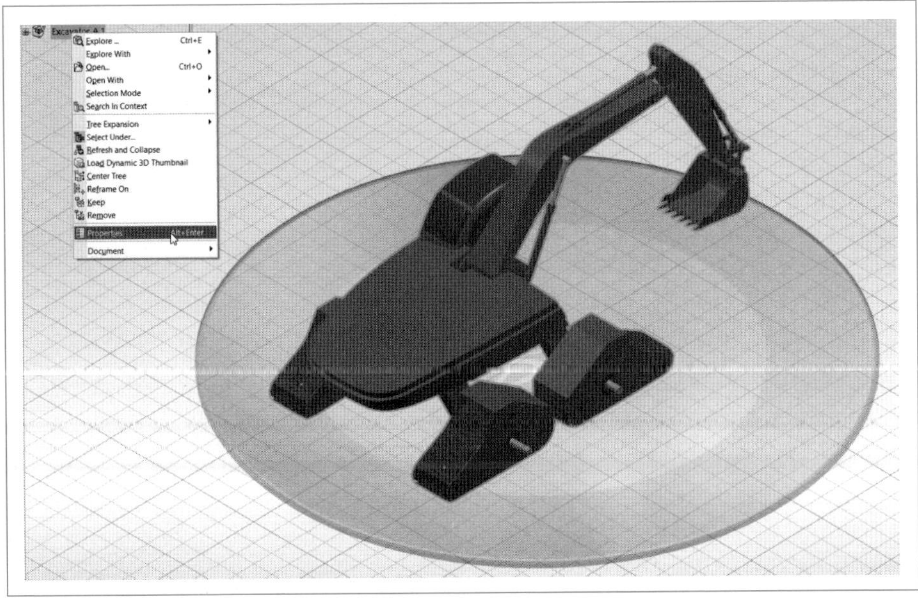

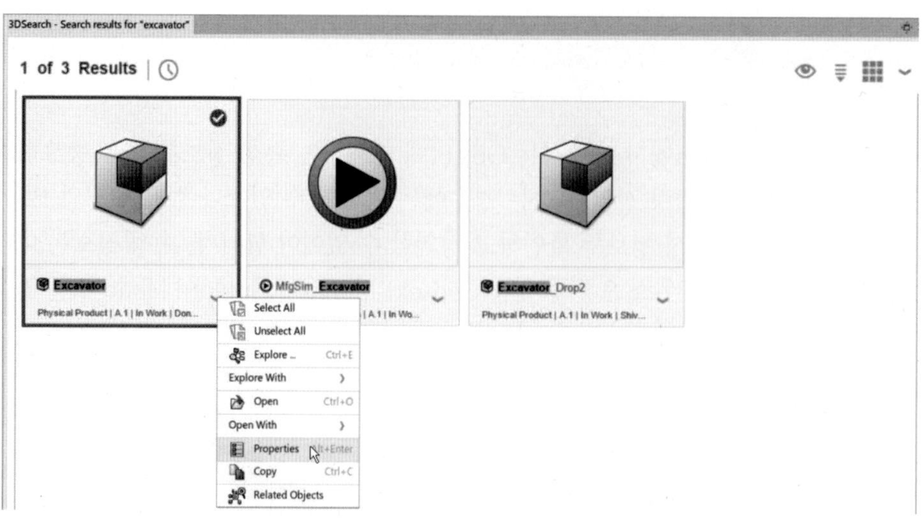

다음은 속성값에서 주요 Tab 메뉴들을 보여주고 있습니다.

- Reference Tab

  Type, Title, Name, Revision, Creation Date, Design Range, Last Modification, Maturity Status, Responsible, Organization, Collaborative Space

- Graphic Tab

  Graphic Properties

- Revisions Tab

  Revisions

- Configuration Tab

  Context, Criteria, Predefined Configurations

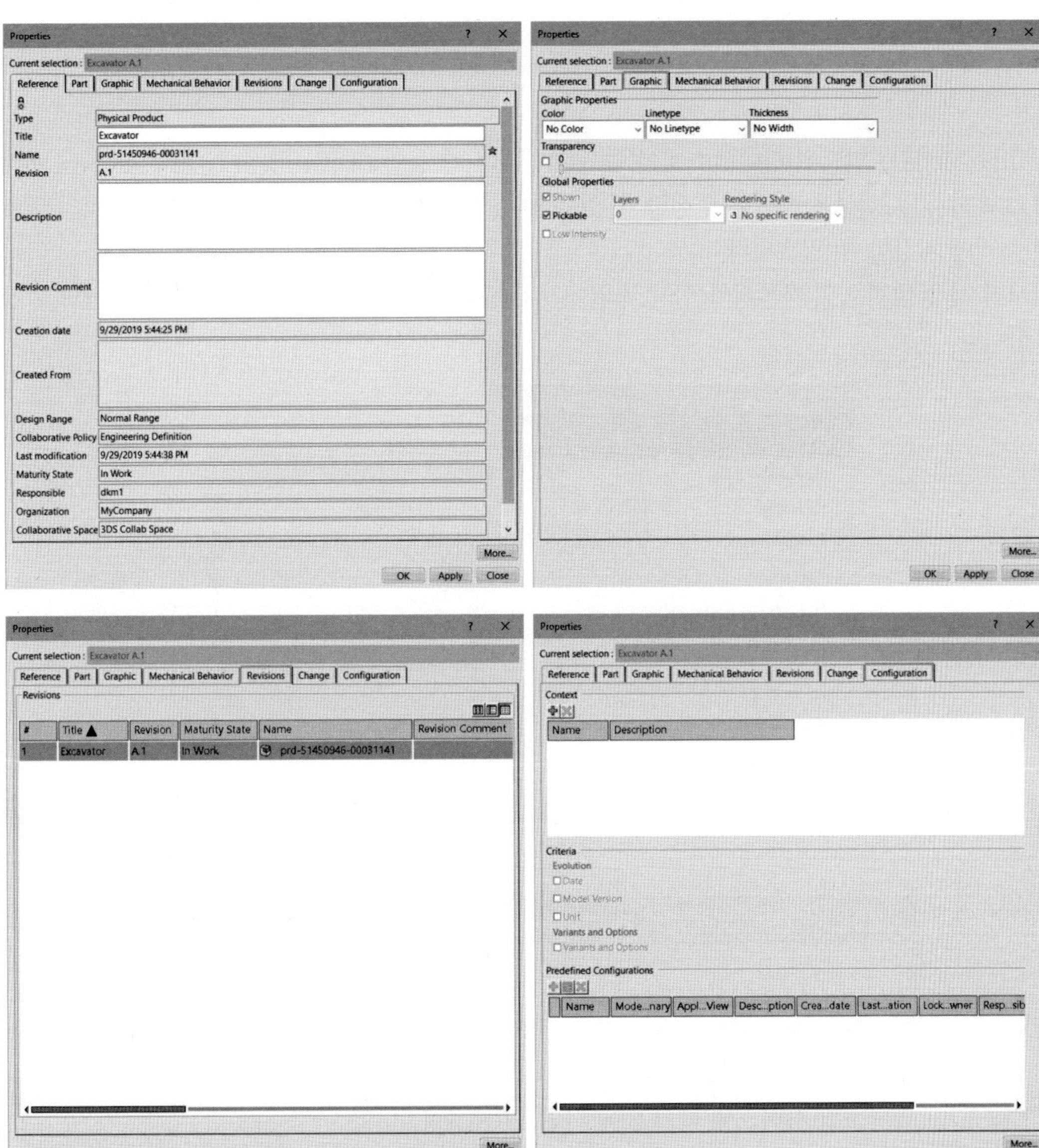

Properties
Current selection : Excavator A.1
Reference Part Graphic Mechanical Behavior Revisions Change Configuration
Type Physical Product
Title Excavator
Name prd-51450946-00031141
Revision A.1
Description
Revision Comment
Creation date 9/29/2019 5:44:25 PM
Created From
Design Range Normal Range
Collaborative Policy Engineering Definition
Last modification 9/29/2019 5:44:38 PM
Maturity State In Work
Responsible dkm1
Organization MyCompany
Collaborative Space 3DS Collab Space
More...
OK Apply Close
Graphic Properties
Color No Color
Linetype No Linetype
Thickness No Width
Transparency
Global Properties
Shown
Pickable
Low Intensity
Layers
Rendering Style No specific rendering
Revisions
Title Revision Maturity State Name Revision Comment
1 Excavator A.1 In Work prd-51450946-00031141
Context
Name Description
Criteria
Evolution
Date
Model Version
Unit
Variants and Options
Variants and Options
Predefined Configurations
Name Mode...nary Appl...View Desc...ption Crea...date Last...ation Lock...wner Resp...sib

Chapter 04. 3DEXPERIENCE Platform

SECTION 26 Offline Mode

Offline Mode는 할당된 라이센스에 대해서 제한된 시간 동안 3DEXPERIENCE Platform 서버에 접속하지 않고 설계 작업을 수행할 수 있습니다. 여기서 Offline Mode인 동안에 데이터는 로컬 장비에 저장할 수 있습니다.
임시적 사용 방법으로 기본적인 설계 작업에서 Offline Mode를 자주 사용하는 것은 아님을 강조합니다.

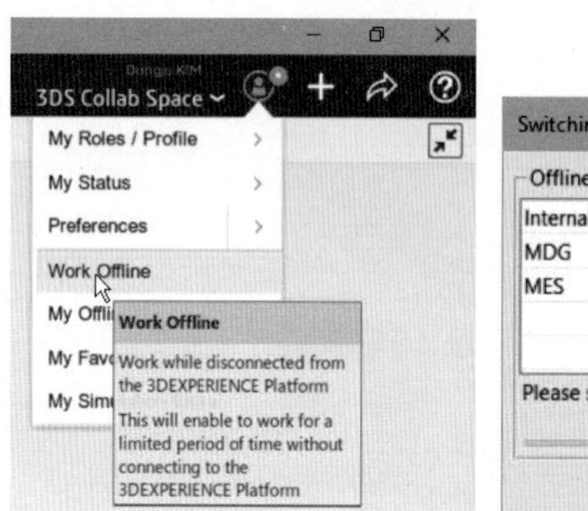

SECTION 27 3DEXPERIENCE Launcher

3DEXPERIENCE Launcher는 3DEXPERIENCE Platform의 백그라운드 서비스로 On Clound를 사용하는 경우 Native App을 설치하기 전에 반드시 필요합니다. 그 외 3DEXPERIENCE Platform의 서비스에 따라 3DEXPERIENCE Launcher를 사용하는 경우가 있어 화면 우측 하단에 다음과 같은 3DEXPERIENCE Launcher Tray가 실행되고 있는 것을 확인할 수 있습니다.

SECTION 28 Hide/Show

우리가 작업을 하면서 작업 후에 필요 없게 된 대상들이 화면에 다 표시될 경우 작업에 방해는 물론 보기에 좋지 못합니다. 그렇다고 해서 그러한 불필요한 대상들을 현재의 형상들과 연결이 되어있는 상태에서 그냥 지워버릴 수는 없는 것입니다.

이럴 때 사용할 수 있는 방법이 이러한 요소를 간단히 '숨기기(Hide)'하는 것입니다. 물론 이렇게 숨겨진 대상은 화면에 나타나지 않을 뿐이며 지워지는 것은 아니므로 작업에도 문제가 되지 않습니다. 대상을 선택하여 MB3 버튼을 누르면 Contextual Menu 안에 Hide/Show가 보일 것입니다. 이것을 사용하여 선택한 대상을 숨기기 하는 것이 가능합니다.

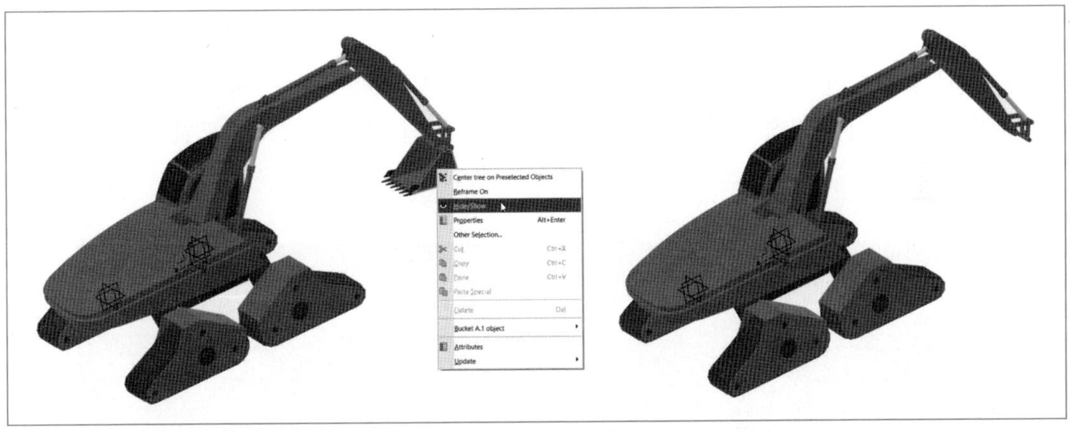

또한 CTRL Key를 누르고 복수 요소를 선택한 후에 동시에 Hide/Show 시키는 것도 가능하니 알아 두기 바랍니다. 물론 다음처럼 Spec Tree에서 직접 대상(Feature)을 선택하여도 됩니다.

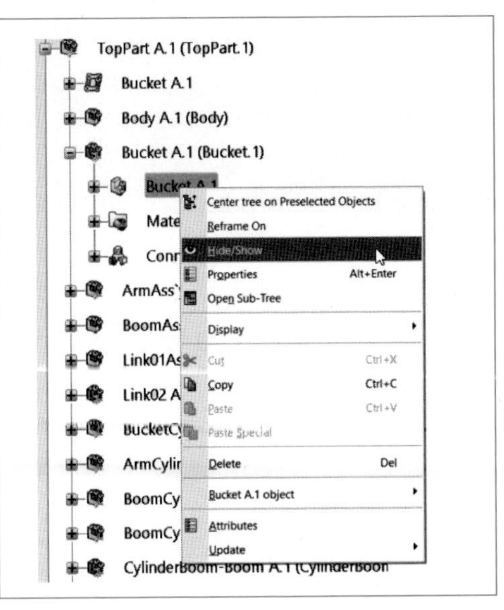

물론 작업하는 과정에서 다시금 이러한 숨겨진 대상이 필요하거나 숨겨진 대상을 확인할 필요가 있습니다. 이때 사용할 수 있는 기능이 Swap Visible Space입니다.

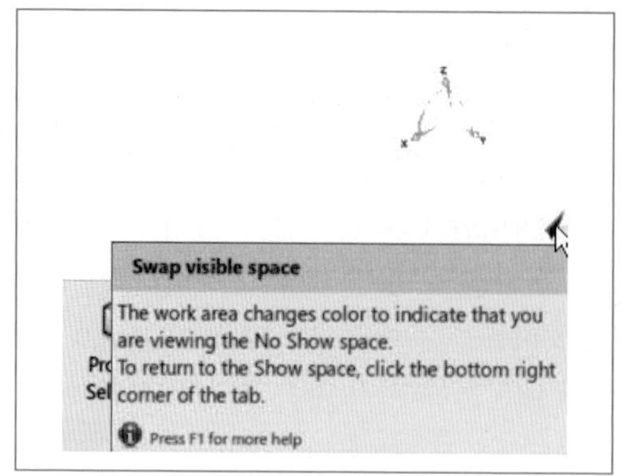

이 아이콘을 클릭하면 다음과 같이 배경색이 변하면서 현재 Object에 숨겨진 대상들만이 화면에 나타납니다. 여기서 숨겨진 대상들을 보면 의도적으로 숨긴 대상도 있지만 모델링 작업 과정에서 불필요해진 요소들이 자동으로 숨겨지는 경우도 있습니다.

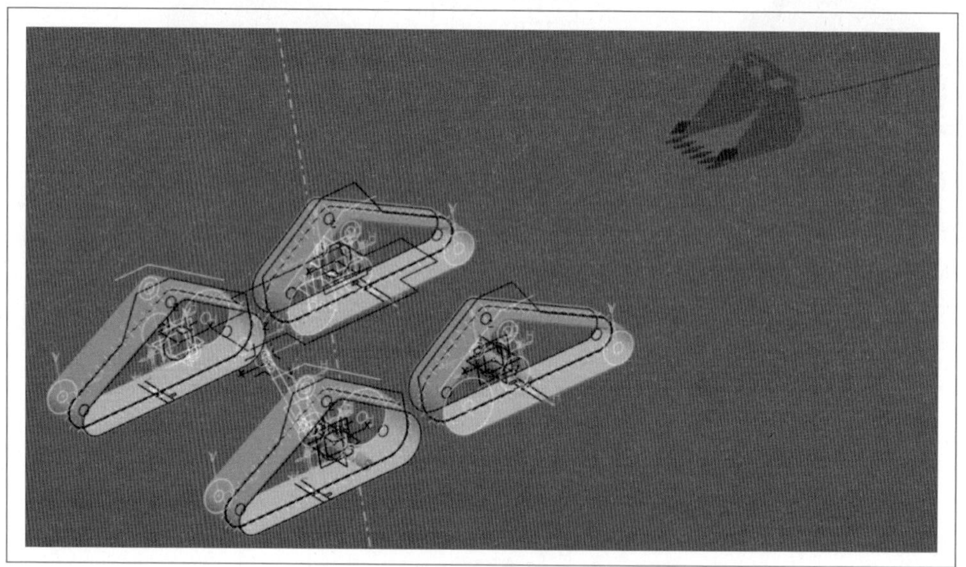

이것은 물론 화면상의 두 가지, 실제 작업 영역과 숨김 영역을 나누어 보게 되는 것입니다. 숨김 영역에 있는 것을 작업하는데 선택하여 사용할 수 있으며 다시 작업 영역으로 옮길 수 있습니다. 이 두 가지 영역을 오가는 것을 익숙히 사용할 줄 알아야 숨겨진 대상을 찾거나 다시 이용하는데 수월할 것입니다.

SECTION 29 Power Input Box

Power Input은 설계자가 특정 명령을 직접 타이핑하여 실행할 수 있도록 해줍니다. 아래와 같이 Display 값에서 Status Bar를 체크함으로 화면에 표시하여 사용할 수 있습니다.

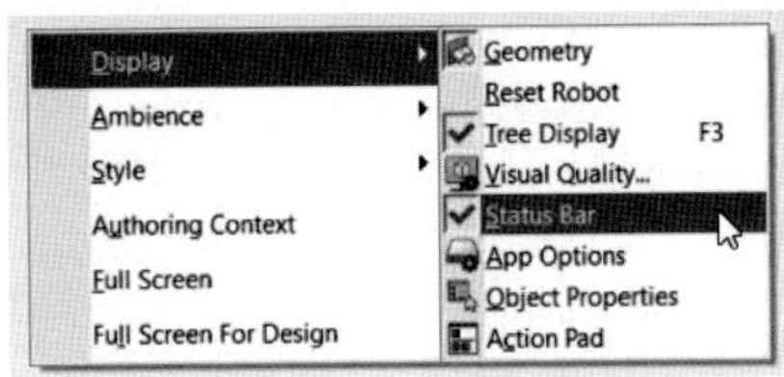

가령 Generative Shape Design App에서 Part Design App의 Pad 명령을 실행한다 하였을때, 별도의 단축 기능을 지정하지 않았다면 Power Inut Box에서 c:pad이라고 입력후 Enter Key를 입력합니다.

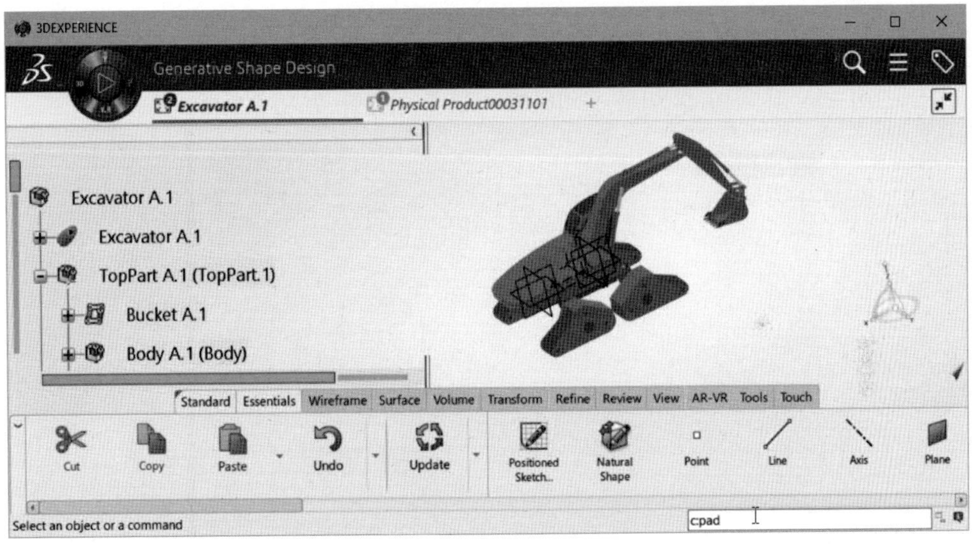

그러면 다음과 같이 명령이 실행되는 것을 확인할 수 있습니다.

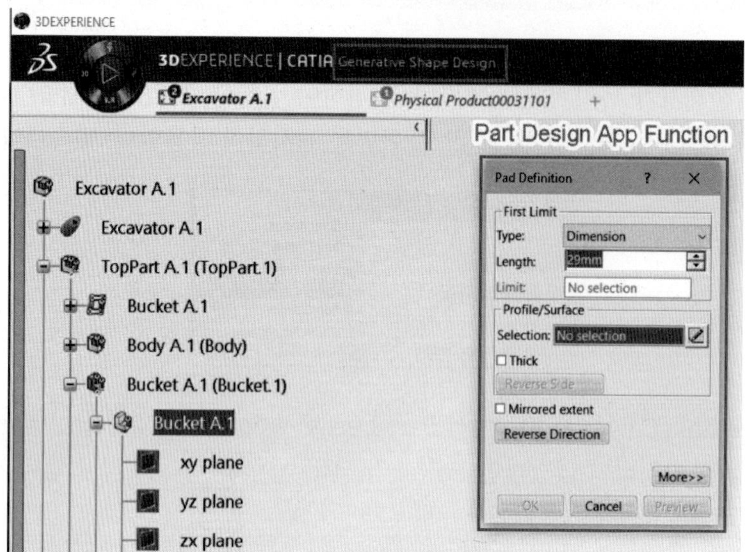

또는 원하는 작업 명령의 이름을 완벽히 모르는 경우 특정 부분만을 입력하여 제안되는 값들 통해 원하는 값이 있는지 확인 후 이를 클릭하여 작업에 이용할 수 있습니다.

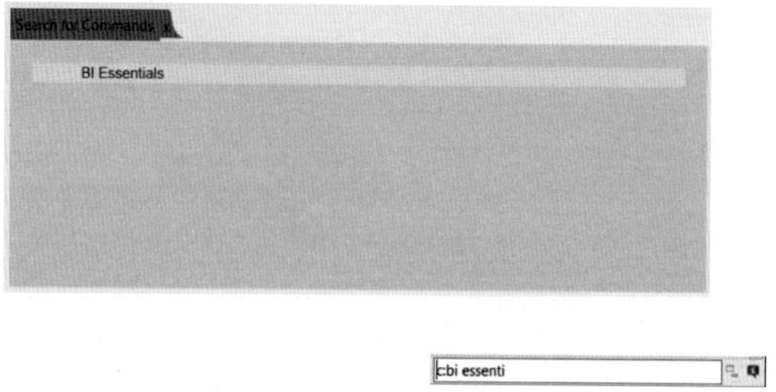

SECTION 30 Online Document

3DEXPERIENCE Platform의 모든 사용 기능에 대한 설명은 아래와 같은 온라인 도큐먼트에 자세히 설명되어 있습니다. 프로그램 설치 시 도큐먼트를 같이 설치하였거나 웹을 통한 접속이 가능하도록 계정을 가진 경우 아래와 같은 온라인 도큐먼트 창을 사용할 수 있습니다.
또는 Native App 환경에서 기능을 확인하고자 하는 명령에 커서를 두고 F1 Key를 눌러 온라인 도큐먼트를 실행할 수 있습니다.

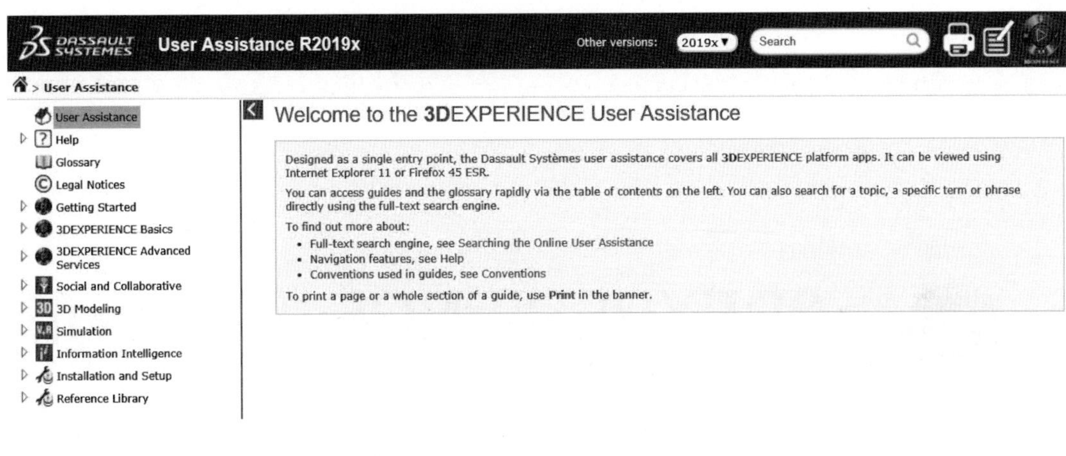

3DEXPERIENCE Platform

for Mechanical Engineers

CHAPTER 05

Native Apps

이번 Chapter에서는 실제로 3DEXPERIENCE Platform에서 3차원 모델링 또는 설계 업무를 진행하는 Mechanical Design App들의 기능을 공부해 볼 것입니다. 각 App들이 가진 기능들이 무엇인지 이해하며 설계하고자 하는 대상에 필요한 작업을 떠올릴 수 있어야 하겠습니다.

이번 장에서는 실제로 3DEXPERIENCE Platform에서 3차원 모델링 또는 설계 업무를 진행하는 Mechanical Design App들의 기능을 공부해 볼 것입니다. 각 App들이 가진 기능들이 무엇인지 이해하며 설계하고자 하는 대상에 필요한 작업을 떠올릴 수 있어야 하겠습니다. 각 App들이 가지는 기능을 모두 외울 필요는 없습니다. 대신 원하는 작업을 하기 위해 어떤 App으로 이동하여 어떤 작업을 하면 되는지 떠올릴 수만 있으면 됩니다.

본 교재에서 공부하게 될 5가지의 기본 App들은 3차원 단품 설계와 조립 작업, 그리고 이 데이터를 활용한 도면 작업을 포함하는 일련의 작업 프로세스를 가지고 있습니다. 다음 그림을 참고 바랍니다.

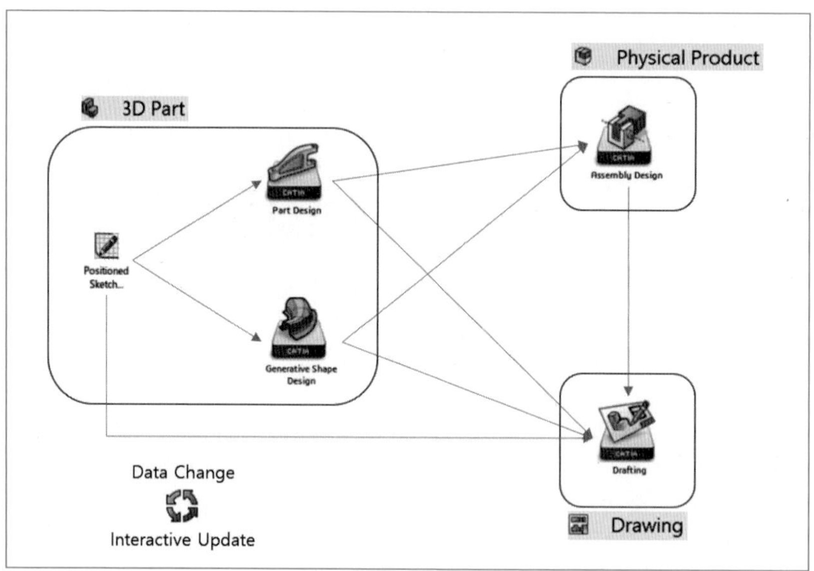

이러한 Mechanical Design의 기본 5가지 App은 각각이 하나의 독립된 작업으로 마무리되는 것이 아니라 위와 같은 제품의 Design Cycle을 구성함으로써 설계자의 설계 변경이나 신제품 개발에 있어 상호작용을 한다는 것을 알 수 있습니다. 그리고 어떤 대상을 만드는 데 있어 중요하게 고려해야 하는 설계 변경(Design Change) 또는 데이터 변경(Data Change)을 항상 고려해서 만들어야 함을 이 표에서는 보여주고 있습니다. 3DEXPERIENCE Platform은 이러한 2차원 Sketch에서부터 3차원 솔리드나 서피스, 그리고 이렇게 만들어진 3D Part들을 통한 Assembly 작업과 도면 작업은 서로 연결되어 있으며 능동적으로 업데이트 관계를 유지한다는 점을 기억하기 바랍니다.

SECTION 01 Sketcher App

Sketcher App은 3차원 형상을 만들기에 앞서 그 기본 형상이 되는 2차원 단면 Profile이나 가이드 커브과 같은 2차원 형상을 지정해 준 임의의 평면을 기준으로 그려주는 작업을 합니다. 2차원 형상을 단독으로 만들어 내는 결과물보다는 3차원 형상을 구현하는 App들의 기초 요소가 된다고 할 수 있습니다.(실제로 3차원 형상은 여러 개의 2차원 요소(Sketch)를 기준으로 만들어진 형상들의 조합이라 할 수 있습니다.)

기본적으로 3차원 모델링 App에서 간단한 형상 요소를 제공하고 있으나 복잡하거나 작업 도면에 명시된 Detail 한 Profile 작업이 요구되는 부분에 대해서는 이러한 Sketcher App에서 반드시 작업해 주어야 합니다.

Sketcher는 COMPASS 상에 별도의 App으로 노출되어 있지는 않습니다. 그러나 2차원 요소를 필요로 하는 모든 3차원 모델링 App안에서는 이 Sketcher App으로 작업 전환이 가능합니다. Sketch/Positioned Sketch 아이콘 을 통해서 입니다. Sketcher App을 도면을 생성하는 기능이라고 오해해서는 안 됩니다.

A. Sketcher App 시작하기

- Sketch 정의하기

Sketch를 시작하기에 앞서 알아둘 것은 Sketcher App에서 작업은 3D Part를 사용한다는 것입니다. 3차원 형상의 기본이라 할 수 있는 2차원 단면 형상을 준비하는 과정이기 때문에 같은 Object 형식을 사용한다고 생각하면 좋을 것입니다. 아래와 같이 새로운 3D Part를 실행하면 Spec Tree와 함께 화면 중앙에 3개의 평면(Plane)이 생성됩니다. 이것이 기본적인 3D Part를 시작하였을 때 기본구조입니다. 3개의 직교축을 기준으로 공간상에 3개의 평면이 정의되며 3D Part 생성 이후에는 필요에 따라 이러한 평면(Plane)을 만들어 줄 수 있습니다. 평면(Plane)은 Reference Element로 형상 요소가 아닌 형상 정의 및 공간상의 기준 정보로 활용하기 위한 요소입니다.

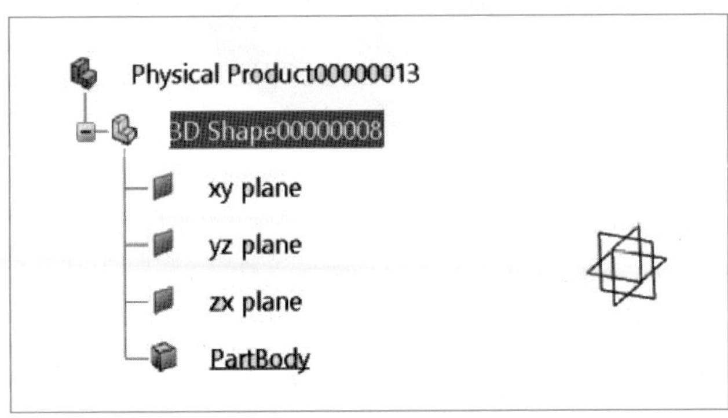

또한 Sketcher App은 2차원 단면 Profile을 평평한 면에 생성하는 작업을 해서 본 작업을 위해서는 Sketch의 기준이 되는 평면 요소(Plane, Axis System 또는 3차원 형상의 평평한 면 등)가 필요합니다. 기준이 되는 면을 선택하여 그 평면상에서 Sketch 작업을 시작하는 것입니다. Sketcher는 기준 요소 선택이 우선시 되어야 한다는 것을 잊지 말아야 합니다.
새로운 Sketch를 생성할 때 기본적으로 빈 3D Part의 화면 중앙에 나타나는 다음과 같은 평면 요소를 선택하여 Sketch 작업을 시작할 수 있습니다.(또는 우측의 Spec Tree에서 평면 요소를 선택할 수 도 있습니다.)

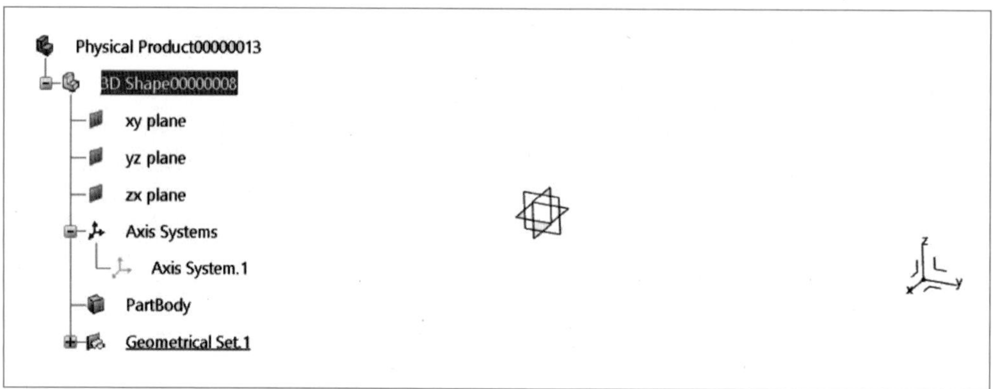

또한, 모델링 작업을 진행하면서 3D Part 내에 3차원 형상이 만들어 지면, 이러한 형상이 가지고 있는 평평한 면을 평면(Plane)처럼 기준 요소로 선택하여 Sketch에 사용할 수 있습니다.

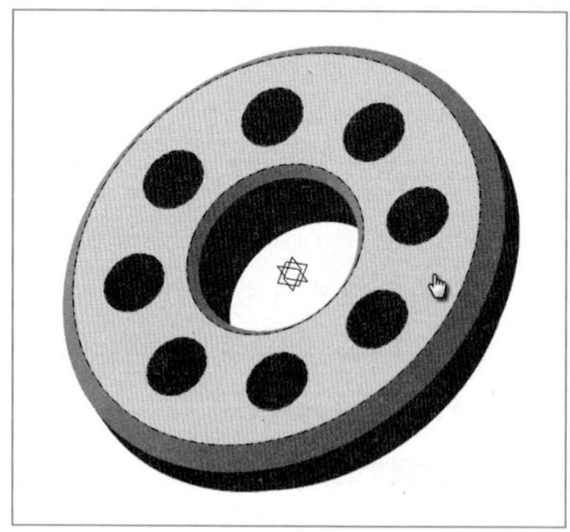

Sketch 기준의 선택은 앞서 설명한 대로 3D Part의 원점에 위치한 3개의 기본 평면 중의 하나를 직접 선택하거나 Spec Tree에서 선택할 수 있습니다. 이렇게 원하는 평면을 선택한 후 Positioned Sketch 아이콘을 클릭하거나 Context Toolbar에서 Sketch 를 클릭해 줄 수 있습니다.

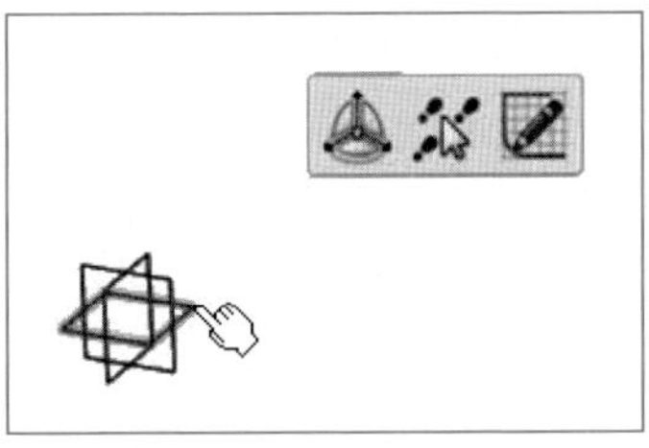

다음은 Sketcher App에 들어간 상태를 보여주는 화면입니다. 좌측 상단에 App 이름이 Sketcher인 것과 격자 표시, 중앙에 노란색으로 출력되는 H 축과 V 축을 확인할 수 있습니다. 좌측의 Spec Tree에서는 PartBody안으로 Sketch.1이 생성되었습니다.
이 Sketch.1이 현재 작업 중인 Sketch를 나타냅니다.

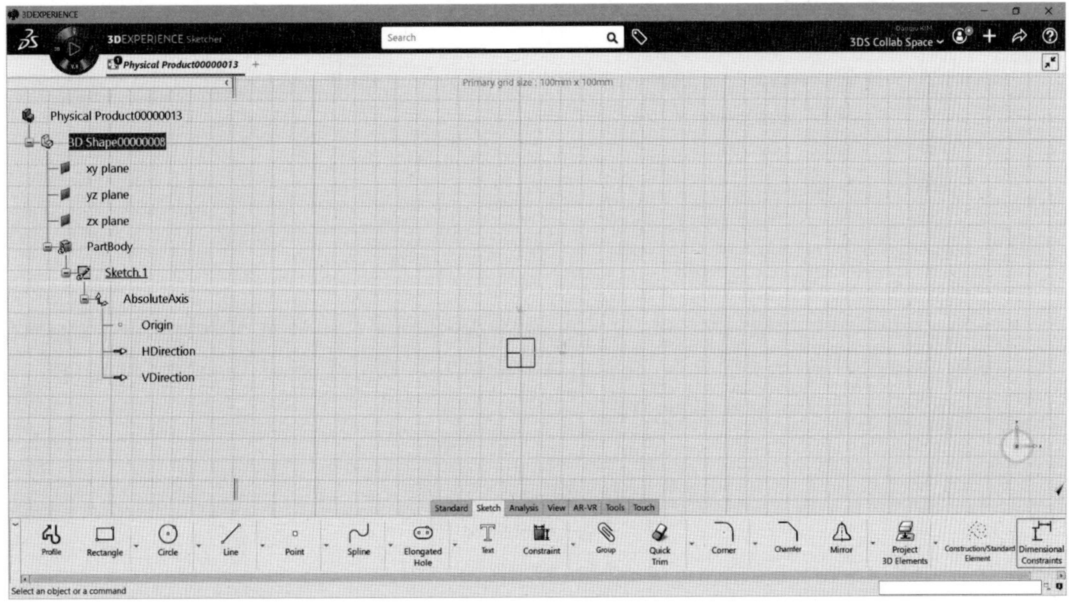

여기서 그려주는 2차원 형상이나 구속 등의 작업은 모두 이 Sketch.1의 하위 Tree에 기록됩니다. 다음은 이러한 Sketcher에서의 작업 진행에 따른 Spec Tree의 업데이트 상태를 보여줍니다.

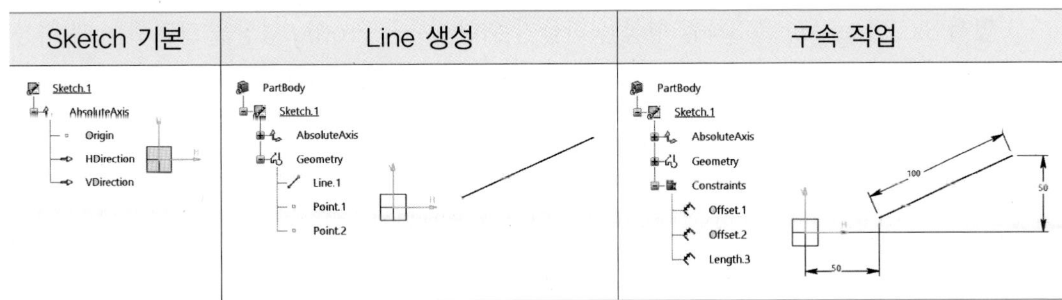

이렇게 작업한 Sketch는 작업 완료 후 다음 작업을 위해 Sketch App을 벗어나 3차원 모델링 App으로 이동해 줍니다. Sketcher App을 벗어날 때는 Exit App 을 클릭해 주어야 합니다. 일반적으로 3차원 형상을 모델링 하는 과정에서 여러 개의 Sketch가 필요로 하므로 복수의 Sketch를 생성할 수 있어야 합니다. 아래 그림과 같이 하나의 Sketch를 생성한 후, 다음 Sketch에 대해 작업을 진행하면 Spec Tree 상에 새로운 Sketch.2가 생성됩니다.(숫자는 자동으로 작업 과정에 따라 증분되어 입력되며 원하는 이름으로 변경해 줄 수 있습니다.)

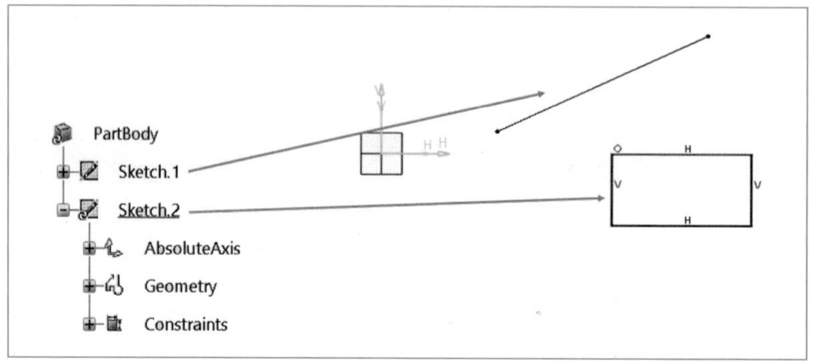

이렇게 생성한 Sketch의 위치는 나중에 다른 Body나 Geometrical Set으로 이동시키는 것이 가능합니다. 또한, Sketch 자체를 복사하여 붙여넣기를 하면 재사용이 가능합니다. 현재 Sketch가 작업 중에 있는 경우 업데이트 아이콘 표시가 Spec Tree에서 함께 나타나고 있다는 것을 기억하기 바랍니다.

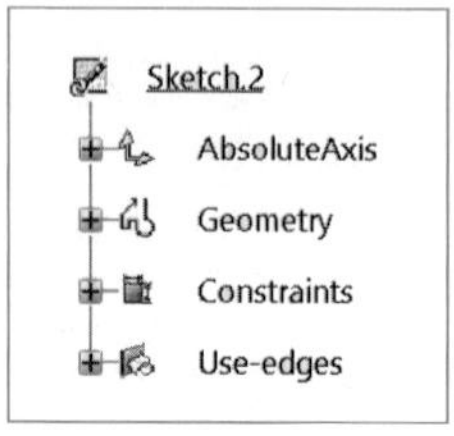

■ Sketch 작업 순서

앞서 Sketcher App은 3차원 형상을 만들기 위한 2차원 Profile 형상을 그려주는 데 사용한다고 설명 한 바 있습니다. 복잡한 형상을 단계적이며 효율적으로 그려내기 위해서는 작업의 순서를 몸에 익히고 있어야 하며 이러한 작업의 순서나 방식은 차이가 조금씩 있을 수 있습니다.

Sketcher App의 일반적인 작업 순서는 다음과 같습니다.

- Profile 작업

  형상의 개략적인 모습을 그려냅니다. 완벽한 형상을 그리기에 앞서 형상을 간단하게 보았을 때 핵심이 되는 형상을 그리는 것입니다. 주로 다듬어지지 않은 기본 형상인 사각형 또는 다각형, 원, 호와 같은 1차적인 형상으로 구성됩니다.

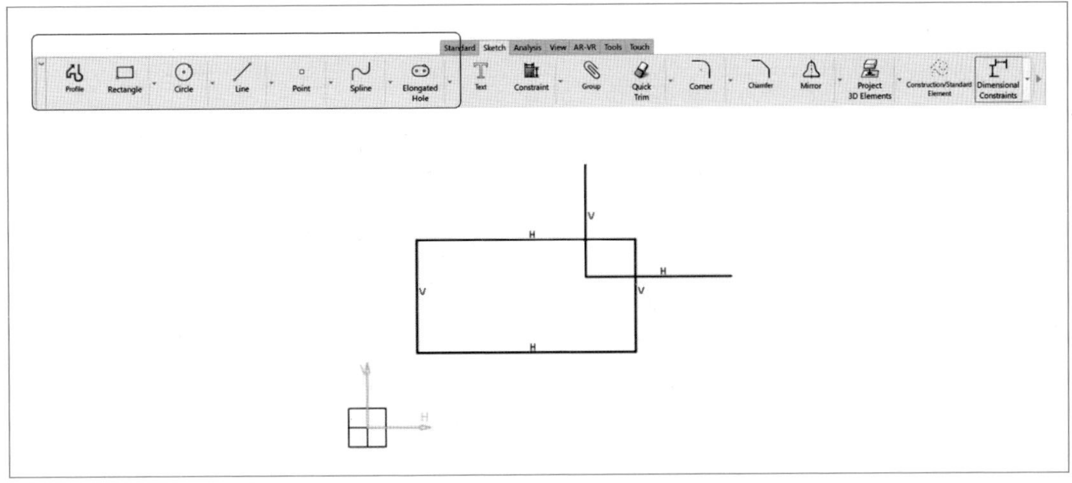

- Operation 작업

  형상의 Detail 한 부분을 다듬거나 수정하여 형상을 잡습니다. 앞서 작업한 대략적인 형상에 Detail을 가해주는 작업으로 선 요소들이 만나는 지점에서의 곡률 처리나 형상의 이동, 회전, 복사 등과 같은 과정을 처리해 줍니다.

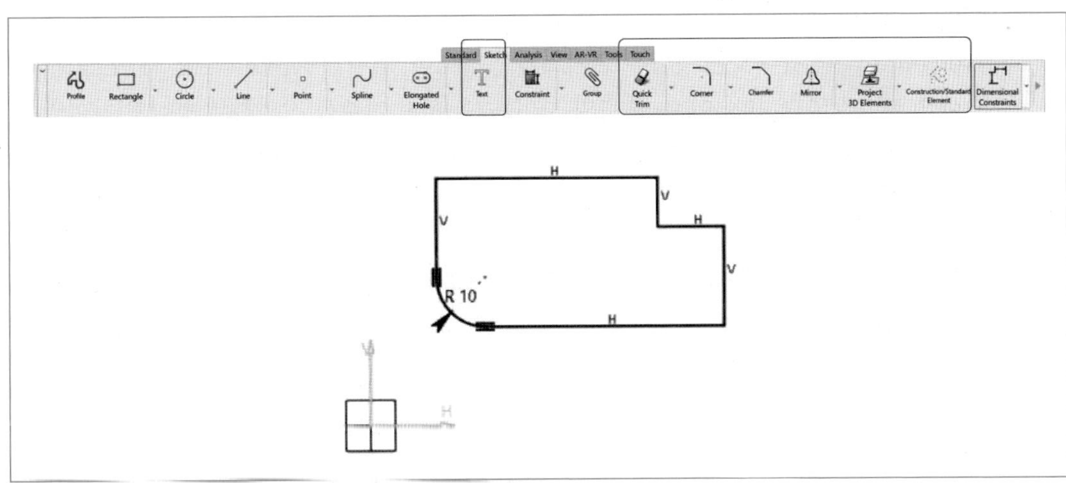

• Constraints 작업

모습이 갖추어진 형상에 구속을 주어 완전한 Profile을 만듭니다. 형상이 잡히면 이제 치수 구속을 주어 형상의 데이터를 입력해 줍니다. 구속을 해주지 않는 한 Profile은 완성되지 않습니다.

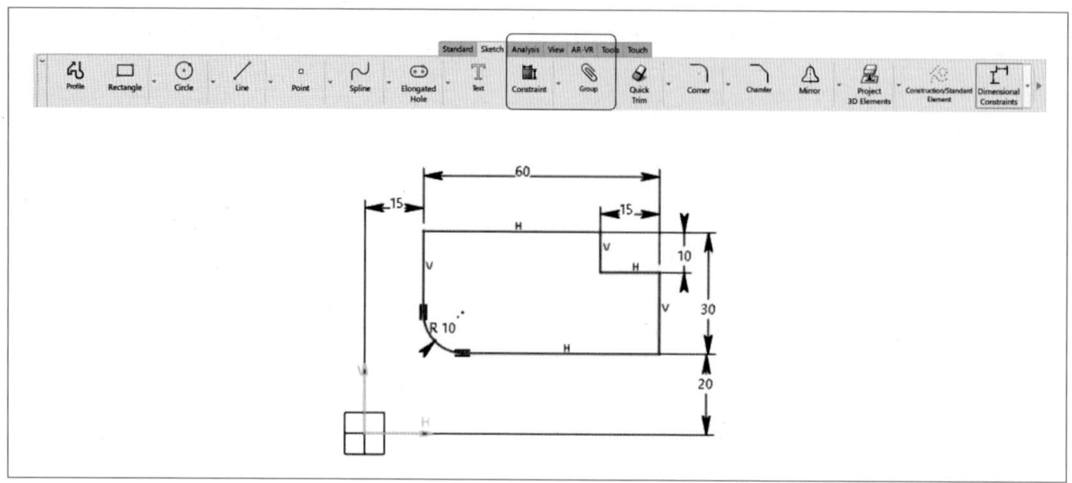

물론 작업 중간에 이들 각각의 기능들을 혼합하여 사용할 수 있으나 전체적인 윤곽은 이를 벗어나 작업 하지 않으므로 각 Sketcher App 명령어들의 기능과 함께 작업 순서의 윤곽을 기억하면 충분히 원하는 형상을 Sketch 할 수 있습니다.
처음에 바로 복잡한 형상을 한 번에 그리려고 무리할 필요는 없습니다. 명심해 주세요.

■ Sketch vs. Positioned Sketch

Sketcher App에 들어가는 명령은 두 가지가 있습니다. 일반적인 Sketch 와 Positioned Sketch 가 있습니다. 이 두 명령의 차이는 Sketch 기준을 정의하는 방식의 차이만 있을 뿐 Sketcher App으로 들어간 후에 작업은 동일하게 적용됩니다.

① Sketch

현재 3D Part의 원점과 좌표계의 +방향을 직교축의 +방향으로 하는 Sketch를 생성합니다. 원하는 평면 요소를 선택하였을 때 나타나는 Context Toolbar에서 Sketch를 선택합니다. Spec Tree에서 평면을 선택하여서는 나타나지 않습니다.

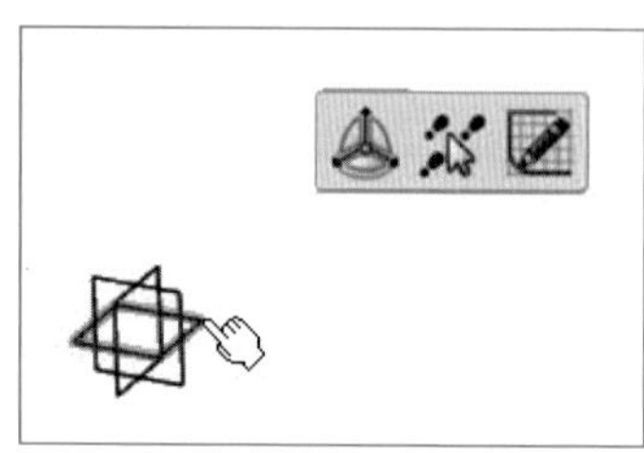

그림 아래와 같이 View 방향이 선택한 평면에 나란하게 정렬되며 화면 중앙에 주황색으로 축 방향 요소가 하이라이트 되는 것을 확인할 수 있습니다. 여기서 H, V 방향 화살표나 Swap 표시를 클릭하여 축 방향을 변경해 줄 수 있습니다.

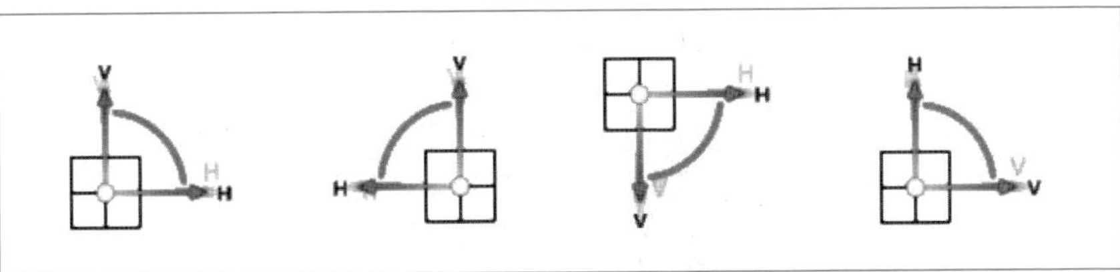

② Positioned Sketch

Sketcher App에 들어가는 또 다른 중요한 방법으로 Positioned Sketch 라는 명령이 있습니다. 앞서 Sketch 명령은 단순히 선택한 평면에 Part의 원점 위치를 기준과 방향을 기준으로(Sliding) Sketch를 정의하고 들어간 것이라면, Positioned Sketch 명령을 사용하면 사용자가 원하는 지점을 Sketch의 원점으로 하여, Sketch의 수평(H), 수직(V) 방향을 임의의 방향에 대해서 정의할 수 있습니다.

간단히 Sketch는 면만 찍으면 바로 Sketch 작업을, Positioned Sketch는 '사용자 정의 Sketch'라 할 수 있습니다.

물론 원점과 방향을 정의하면서 Sketch를 생성하기 때문에 나중에 Sketch 기준 위치를 수정하는 데도 이러한 특성을 효과적으로 활용하며 목적에 맞출 수 있습니다.(User Feature나 Power Copy 등의 기능에서는 Positioned Sketch 사용이 필수라 할 수 있습니다.)

Sketch 상에서 원점의 위치가 어디냐에 따라 작업에서 효율성은 크게 달라집니다.(Sketch의 각 수평 · 수직축의 '+' 방향과 '–' 방향에 대해서도 작업에서 큰 영향을 줍니다.) 따라서 자신이 원하는 지점을 Sketch의 원점으로 설정할 수 있는 이 명령을 알아둔다면 분명 도움이 될 것입니다.(실무에서는 작업 Sketch를 데이터 변경과 수정 작업에 맞게 Sketch의 기준을 잡아줄 수 있는 Positioned Sketch 의 사용을 강조하고 있습니다. 기본적으로 일반 Sketch는 Part에서 작업 초기에 사용되거나 기준의 설정이 필요 없는 대상에, Positioned Sketch는 초기 작업은 물론 다른 대상과 연관된 설계를 하고자 할 때 중요합니다. 물론 이미 만들어진 Sketch를 Positioned Sketch로 변경도 일정 부분까지는 가능합니다.)

일반적으로 Sketch 는 Simple Geometry를 제작하거나 단순 설계의 경우에, Positioned Sketch 는 Sketch의 재사용 및 Sketch로 지정할 수 없는 특정 위치에 Profile을 그려줄 경우에 사용합니다.

기본적으로 Positioned Sketch 는 기준면, 원점, 축 방향에 대한 설정이 필요하므로 명령을 실행하면 바로 Sketch로 들어가지 않고 아래와 같은 Sketch Positioning 창이 나타납니다.(이미 평면을 선택한 상태라면 일반 Sketch가 됩니다. 평면 요소를 먼저 선택하지 않고 Positioned Sketch 명령을 실행합니다.)

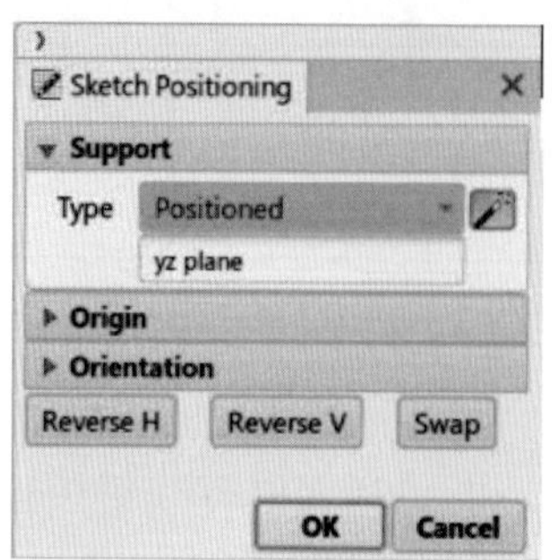

다음과 같은 순서로 Sketch의 기준을 잡는 과정을 진행합니다.

Positioned Sketch 지정 순서

1단계. 기준 평면 요소 선택(Support)
2단계. 생성하고자 하는 Sketch의 원점 요소 선택(Origin)
3단계. 생성하고자 하는 Sketch의 축 방향(H, V)의 결정(Orientation)

- 1단계 : 기준 평면 요소 선택(Support)

  1단계의 기준면을 선택하는 방법은 일반적인 Sketch 명령을 실행하는 것과 동일하며, 단순히 Sketch의 기준이 될 평면 요소를 선택하기만 하면 됩니다. 평면 요소로는 Plane, Axis의 Plane, Planner Face 등이 해당합니다. Support가 선택되지 않으면 다음 단계로 이동할 수 없습니다.

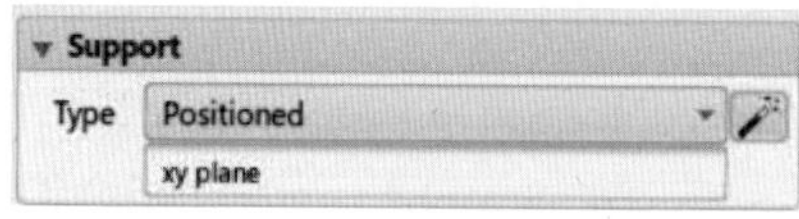

  Positioned Sketch의 Support Type에서는 'Positioned'와 'Sliding' 두 가지 Type이 있는데 'Sliding'은 일반적인 Sketch를 의미하는 것이고 이 Support Type을 'Positioned'로 변경해야 Sketch의 위치를 설정할 수 있습니다.(일반 Sketch도 이 Type을 변경하여 Positioned Sketch로 변경할 수 있습니다.) 작업자가 원하는 위치(Design Point)에 Sketch를 설정하고자 하는 경우 반드시 'Positioned'로 설정을 해주도록 합니다.

- 2단계 : 생성하고자 하는 Sketch의 원점 요소 선택(Origin)

  2단계의 Sketch의 원점을 잡아주는 Planner Support 부분이 가장 중요합니다. Part의 원점(0, 0, 0)이 아닌 현재 Sketch 생성 목적에 맞게 원점을 잡아줌으로써 작업자는 더욱 쉽게 그리고 능동적으로 형상의 변경과 수정이 가능해집니다. Definition 창의 Origin에서는 Profile의 원점 위치를 잡아줍니다. 여기서 일반적인 Sketch와 확연히 구별되는 점이 나타납니다. Part의 원점을 단순히 이용하는 Sketch와 달리 작업자가 지정한 Origin 설정 방식으로 형상이 가진 요건을 따라 Sketch에서의 원점을 정의할 수 있습니다. Origin의 설정은 여러 가지 방식으로 정의할 수 있는데 그 Type을 보면 다음과 같습니다.

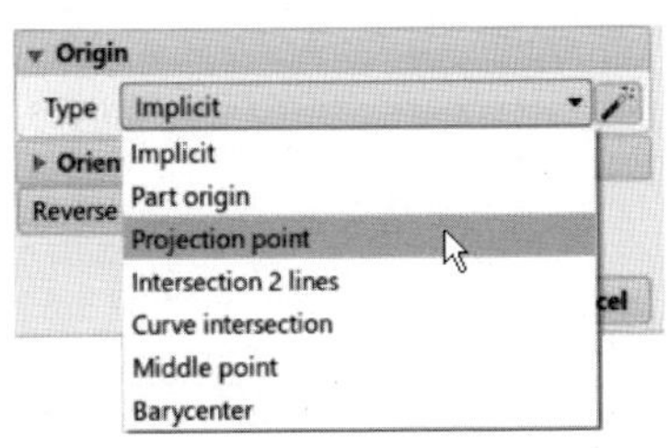

Implicit	Default 값으로 따로 원점을 설정하지 않습니다.(일반적인 Sketch와 동일한 결과)
Part origin	Part의 원점을 그대로 현재 Sketch의 원점으로 사용합니다.(일반적인 Sketch와 동일한 결과)
Projection Point	3차원 형상의 꼭지점(Vertex)이나 곡선의 끝점 또는 Point와 같은 점으로 인식할 수 있는 요소를 선택하여 선택한 포인트 요소를 기준 면의 평면상으로 투영하여 원점으로 지정합니다. 자신이 원하는 지점을 클릭하여 원점을 지정하는 방법으로 사용 빈도가 높습니다.
Intersection between 2 lines	두 개의 직선 요소의 교차하는 지점을 원점으로 사용할 수 있습니다.(반드시 직선이 아니라 형상의 교차하는 모서리 요소를 선택하여도 됩니다.(Edge)) 따로 Geometry를 그리지 않고도 교차하는 형상 요소의 모서리를 선택하여 원점을 지정할 수 있습니다. Type을 변경한 후에 순서대로 두 직선을 선택하도록 합니다. 물론 교차하는 두 직선 요소는 같은 평면상에 존재해야 합니다.
Curve Intersection	두 개의 곡선 요소의 교차하는 지점을 원점으로 사용할 수 있습니다. 두 개의 직선이 교차하는 경우와 마찬가지로 교차하는 지점에 원점이 만들어집니다. 그려진 곡선이나 형상의 가진 Edge를 활용하여 정의가 가능합니다. 여기서 두 곡선 요소가 교차하는 지점이 선택되었다 하더라도 지정한 평면 위에 놓여있지 않은 경우에는 선택할 수 없습니다.
Middle Point	선택한 대상의 이등분 지점을 앞서 선택한 기준 면에 투영하여 원점으로 정의할 수 있습니다. 직선이나 곡선 또는 3차원 형상의 단일 모서리(Edge)를 선택하여도 됩니다. 또는 원통형이나 회전체의 중심축을 Sketch의 원점으로 정의하는데 사용할 수 있습니다.
Barycenter	선택한 형상의 면의 중심을 기준면으로 투영하여 원점으로 정의할 수 있습니다. 여기에서 중심점은 선택한 면의 면적 중심의 위치입니다.

- 3단계 : 생성하고자 하는 Sketch의 축 방향(H, V)의 결정(Orientation)

다음 단계로 Profile의 기준면을 정의하기 위해서 추가적인 기준 방향(수평 · 수직)을 잡아줄 수 있습니다. 일반적인 절대 축 방향으로(Part의 X, Y, Z축에 대해 나란한 방향)의 수직 · 수평축의 설정이 아닌 작업상 필요로 되는 임의 위치로의 설정이 가능합니다. 형상과 도면의 방향의 기준에 있어 이런 방향성 정의는 중요합니다. 다음은 기준 방향을 정의하기 위한 Type들입니다.

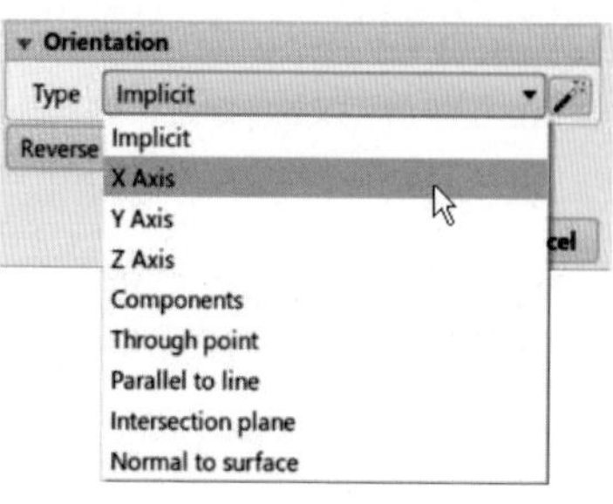

Implicit	Default 값으로 따로 원점을 설정하지 않습니다. Part의 원점을 그대로 사용합니다.(일반적인 Sketch에서의 XYZ 축에 대한 방향을 그대로 유지)
X Axis	선택한 축 방향을(H 또는 V) X 축 방향을 따르도록 합니다. 물론 앞서 선택한 기준면과 평면상에 나란해야 합니다.
Y Axis	선택한 축 방향을(H 또는 V) Y 축 방향을 따르도록 합니다. 물론 앞서 선택한 기준면과 평면상에 나란해야 합니다.
Z Axis	선택한 축 방향을(H 또는 V) Z 축 방향을 따르도록 합니다. 물론 앞서 선택한 기준면과 평면상에 나란해야 합니다.
Components	선택한 축 방향을(H 또는 V) 현재 선택된 원점과 다른 하나의 공간상의 점의 좌표를 입력하여 방향을 지정합니다.
Through Point	선택한 축 방향을(H 또는 V) 현재 선택된 원점과 다른 또 하나의 점을 선택하여 두 점에 의한 축 방향을 지정합니다.
Parallel to Line	선택한 직선 요소(또는 모서리)에 나란하게 선택한 수평 또는 수직축을 잡아줍니다. 임의의 직선 또는 형상의 Edge를 선택하여 축의 방향으로 설정할 수 있습니다. 임의의 사선 방향으로의 축을 설정하고자 할 경우에 유용합니다.
Intersection Plane	두 평면 요소의 교차로 생성되는 직선의 방향으로 선택한 축 방향을(H 또는 V) 지정합니다.
Normal to Surface	선택한 면 요소의 수직인 방향으로 수평 또는 수직축을 잡아줍니다.

여기서 Type을 선택해 수평·수직의 기준을 정의하는 것 외에도 수평축 방향(H-Direction)과 수직축 방향(V-Direction)의 '+', '–' 방향을 전환하는 것도 가능하며, 또한 Swap을 클릭하여 각 축 방향을 반전(Reverse)시키는 것 또한 가능합니다.

Reverse H   Reverse V   Swap

물론 Sketch의 수평 · 수직축의 기본 방향을 잡아주는 설정 작업은 반드시 필요한 것은 아니며 기준 방향을 잡아주지 않았을 때는 Default 상태로 정의가 됩니다.
이와 같은 Positioned Sketch 과정이 다소 번거롭거나 불편하게 느껴질 수 있습니다. 그러나 이러한 Profile 선정과정을 통하여 작업자는 유용한 작업 과정의 결과를 추후 데이터 변경이나 수정에 있어서 그 유용함을 경험할 수 있을 것입니다.
Sketch 작업이 끝나고 Sketch App을 나가려면 기본적으로 우측 상단에 배치된 Exit App 아이콘을 사용하거나 G.S.D나 Part Design처럼 3차원 모델링 App을 COMPASS에서 선택하면 Sketcher App에서 나와 해당 3차원 작업 App으로 바로 이동하게 됩니다.
따라서 작업자는 Sketch 작업 후 이어지는 작업에 맞게 해당 App 명령을 바로 실행하는 것이 바람직합니다.(Exit App 아이콘은 Standard Section에 있습니다.)

■ Open Profile & Closed Profile

여기서 설명하고자 하는 내용은 Sketch 작업을 넘어 3차원 모델링 작업에서도 중요한 사항입니다. 어떻게 Sketch를 그려야지만 정석적인 Profile로 인식할 수 있는지에 대해서 알아보도록 하겠습니다. 우리가 Sketcher에서 어떠한 2차원 형상을 그려줄 때 결과에 따라 크게 Open Profile & Closed Profile 두 가지 부류로 나눌 수 있습니다.
Open Profile은 말 그대로 형상이 열려있다는 말이 됩니다. 열려있는 경우는 시작점과 끝점이 만나지 않거나 시작점과 끝점이 만나기는 하지만 그 이후로도 길이가 연장되어 튀어나온 경우, 하나의 폐곡선이 아닌 다수의 루프를 형성하는 경우 등이 그러한 경우라 할 수 있습니다.
반대로 하나의 닫혀있는 형상을 Closed Profile이라 부릅니다. 하나의 완전한 폐곡선 또는 서로 중복되지 않도록 루프를 형성하는 도메인 등이 이러한 경우입니다.
이 두 Profile의 차이는 3차원 작업을 하는 데 있어 중요한 변수로 작용함으로 잘 파악해야 합니다. 일반적으로 Solid 모델링에서는 Closed Profile로 작업하는 것을 정석적으로 사용하고 있으며 Surface 모델링의 경우에는 이 두 가지 Profile을 두루 사용할 수 있습니다. 이는 Surface 모델링이 두께를 고려한 모델링 방식이 아니므로 열려있는 것과 닫힌 Profile을 모두 사용할 수 있기 때문입니다.(Solid 모델링에서도 Thickness 옵션이 있는 명령어들을 사용하면 Solid 작업이 가능합니다.)

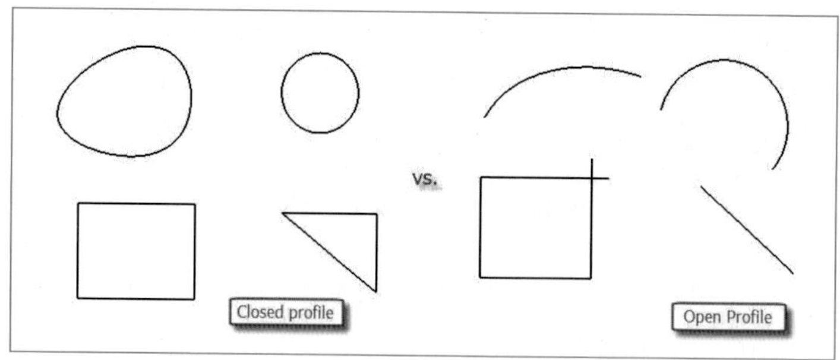

이제 다음 장에서 각각의 Sketcher Toolbar들의 학습을 통하여 그 세부 기능을 익히도록 하겠습니다.

B. Section Bar

여기서는 실제 Sketcher App에서 사용 가능한 명령어들에 대해서 학습해보겠습니다. 앞서 공통 기능들에 관해 설명한 부분은 생략하였으니 4장을 참고 바랍니다.

■ Standard

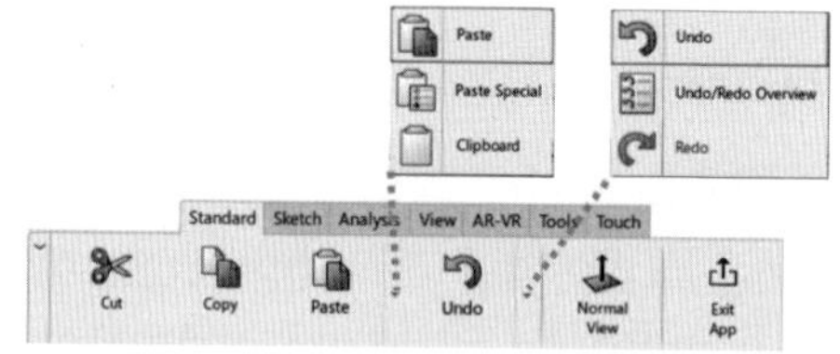

- Normal View

  Sketch 평면을 기준으로 View 방향을 나란하게 정렬하고자 할 경우에 사용합니다. 2차원 Sketch 작업 과정에서도 대상의 확대, 축소, 회전과 같은 Manipulation 작업을 하다 보면 화면이 뒤틀어지는 경우가 많습니다. 다시 정렬된 화면상에 작업을 위해 사용합니다.

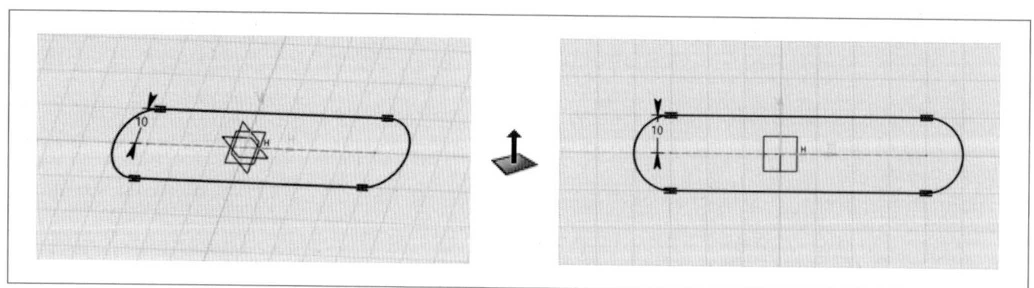

- Exit App

  Sketch 작업을 완료한 후에 3차원 모델링 App으로 이동할 때 사용합니다. Exit App을 실행하면 이전 작업하였던 모델링 App으로 이동됩니다.
  원하는 모델링 App으로 이동하고자 할 경우 COMPASS에서 해당 App을 선택하거나 원하는 모델링 App에 단축키를 지정하여 사용할 수 있습니다.

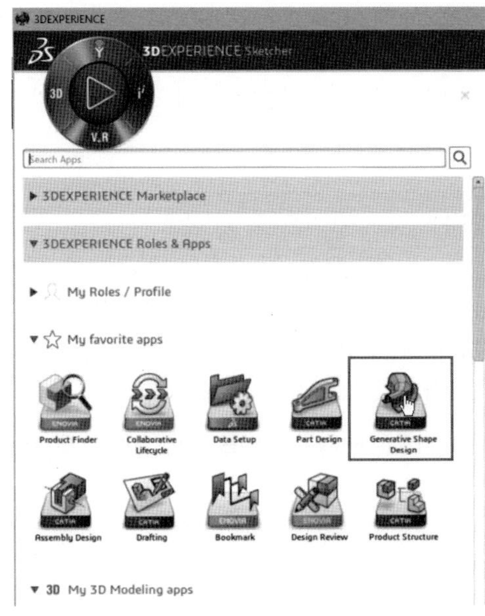

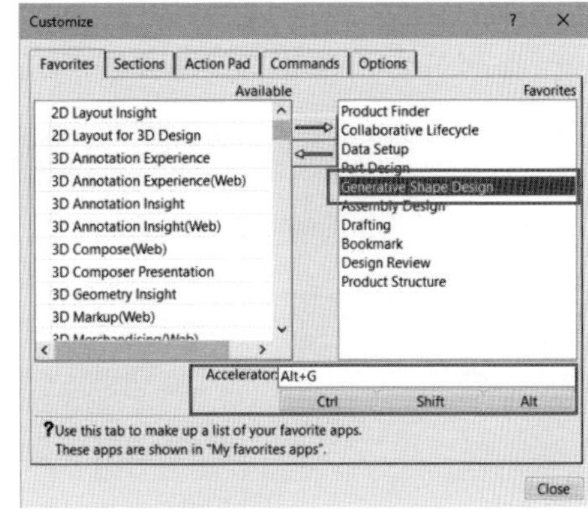

■ Sketch

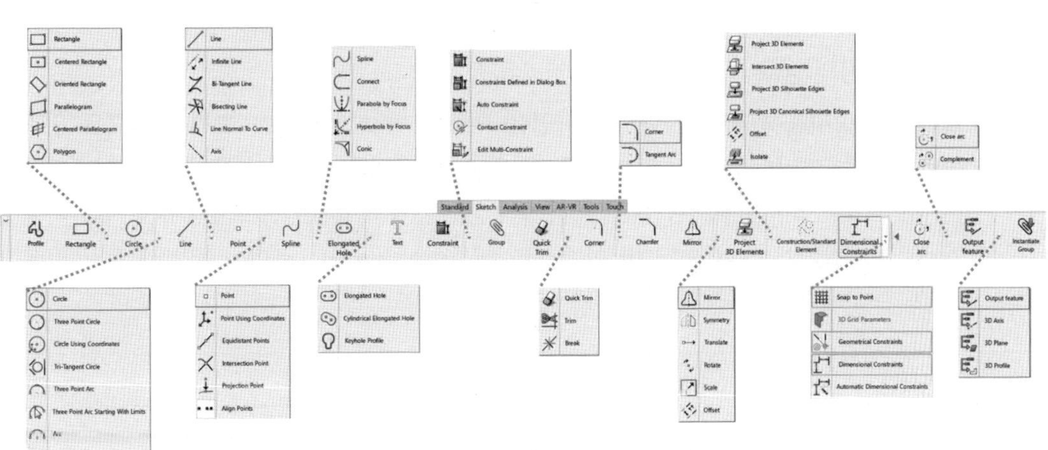

- Profile

다각형 형상을 그리는 명령으로 Sketcher App에서 형상을 그리는 데 가장 사용 빈도가 높은 명령입니다. 이 Profile 기능을 사용하면 일반적인 Sketch 명령들이 형상 요소를 한 가지씩만 그리는 데 반해 곡률 형상 및 다각형을 연속적으로 그릴 수 있습니다. Profile은 필요에 따라 형상 옵션을 변경하여 Tangent Arc 또는 Three Point Arc로 변경할 수 있습니다.
Profile은 다음과 같은 3가지 부가적인 옵션이 있습니다. 따라서 Profile 아이콘을 클릭하면 Tools Palette가 나타납니다. 그리고 여기서 형상을 그리면서 작업에 따라 Type을 변환해 가면서 작업해 주면 됩니다.

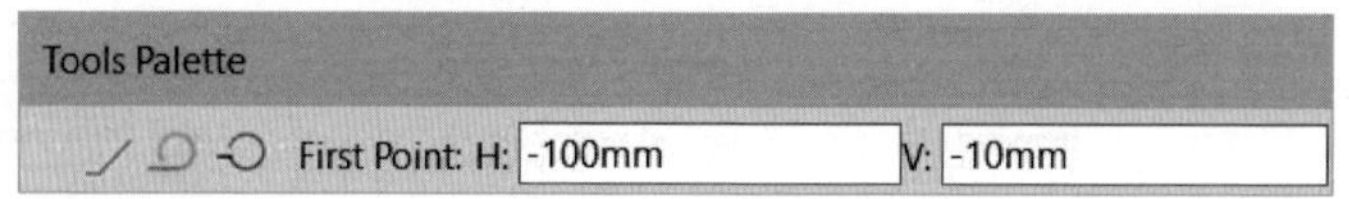

Line	• 클릭한 두 지점 사이를 직선 형태로 이어주는 Profile이 연속적으로 그려짐 • Profile 명령을 실행시켰을 때 Default로 선택된 그리기 Mode
Tangent Arc	• 이전에 그려준 요소와 Tangent 하게 다음 부분을 Arc 형태로 그려주는 Mode • Profile 명령이 활성화된 상태에서 Sketch Tools에 확장된 Option 부위에서 아이콘을 누르면 Type이 변경 가능 • 마우스를 드래그하여 Tangent Arc로 Mode 변경이 가능
Three Point Arc	• 3지점의 클릭으로 만들어지는 Arc 형상을 만들어 주는 Mode

▶ Profile 명령의 종료

일반적인 명령들은 한번 클릭하여 작업을 수행하면 한번 형상을 그리는 것으로 명령이 종료됩니다. 그러나 Profile로 형상을 그리게 되면 그리는 작업이 무한정 반복이 되는데 Profile 시작 후 시작점과 끝점이 만나거나 Esc Key를 두 번 연속으로 누르거나 마치고자 하는 지점에서 클릭을 두 번 연속으로 해주어야 Profile 작업이 정지합니다. 다음은 이 Profile 명령을 종료하는 세 가지 예입니다.

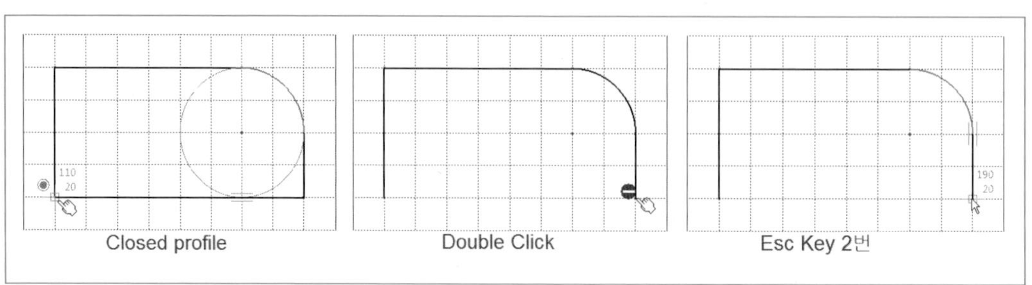

Closed profile　Double Click　Esc Key 2번

- SmartPick

SmartPick은 Sketch의 작업을 보다 수월하게 도와주는 기능을 합니다. 형상 Profile을 그리는 과정에서 현재 그리는 대상에 적용할 수 있는 다른 요소들과의 일치점이나 수평, 수직, 직교, 평행, 중점과 같은 구속들을 스스로 찾아줍니다. 앞서 Profile 형상을 그리는데 수평 또는 수직 상태에서 선의 색이 파란색으로 나타나는 것도 SmartPick에 의한 표시 기능입니다. 따라서 우리가 Sketch 작업을 하면서 일일이 이러한 구속을 잡아주지 않아도 일부 구속은 CATIA 스스로 잡아줍니다.
특히 이러한 유용성은 Profile을 이용해 형상을 그릴 때 유용한데 다각형을 그리는 데 있어 이러한 보조 구속 도구의 역할은 매우 유용합니다. 다음은 일부 SmartPick를 이용한 형상을 그려주면서 구속을 함께 정의하는 예시입니다.

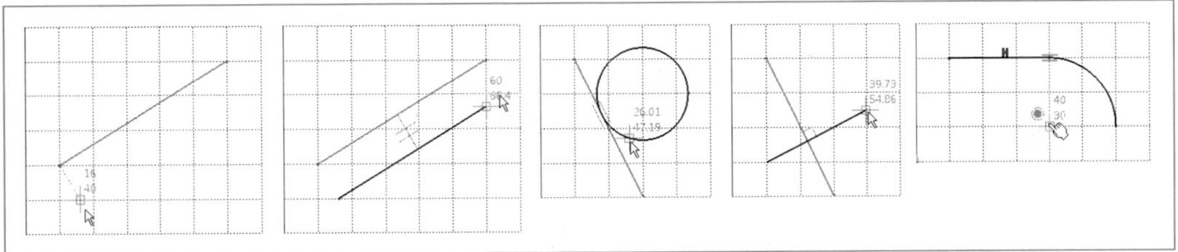

앞서 설명한 대로 이러한 SmartPick를 사용하지 않으려면 옵션에서 해제하거나 SHIFT Key를 누른 상태에서 작업하면 됩니다.
다음은 SmartPick에서 정의할 수 있는 Geometrical Constraints의 종류입니다.

- Lines and Circles
- Parallelism
- Tangency
- Horizontality and Verticality
- Alignment
- Perpendicularity
- Concentricity
- MidPoint

종종 이러한 SmartPick의 기능으로 인해 의도하지 않은 곳에 구속이 잡히는데 이런 경우에는 해당 구속을 선택하여 삭제(Delete)해 주어야 합니다. SmartPick에 의한 의도하지 않은 구속은 형상의 불필요한 제약을 주어 Sketch가 바르게 그려지지 않거나 작업에 방해를 줄 수 있으니 주의하기 바랍니다.

▶ Flyout of Rectangle

Rectangle
Centered Rectangle
Oriented Rectangle
Parallelogram
Centered Parallelogram
Polygon

- Rectangle

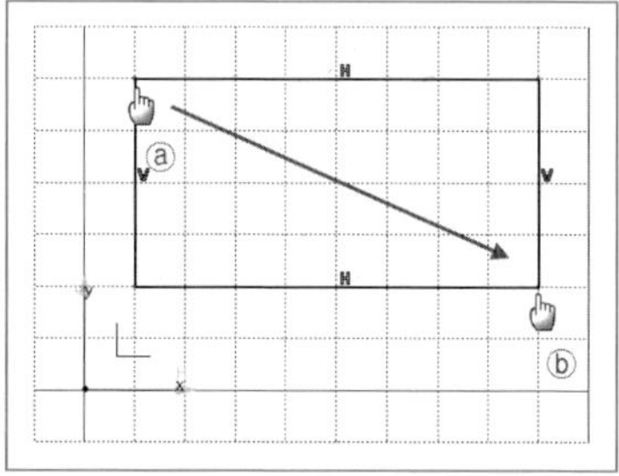

  - 시작점과 끝점을 대각선으로 클릭해 사각형을 생성
  - 사각형인 성질과 함께 기준 좌표에 대해서 수평과 수직인 성질을 가짐
  - **H**, **V** 표시는 Geometrical Constraints로 각각 직선 요소의 수평 수직을 의미

- Centered Rectangle

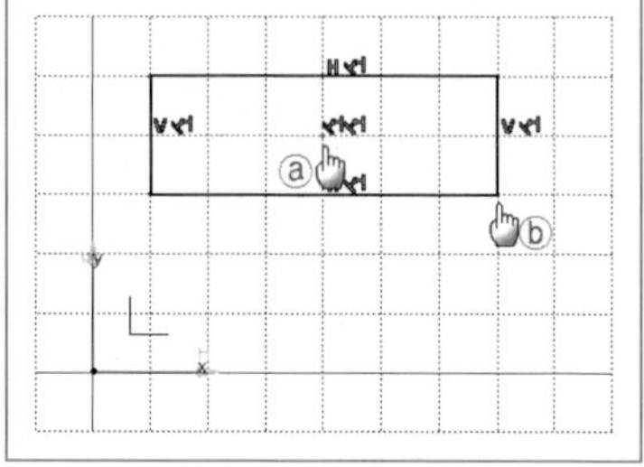

  - 중심 대칭 구속을 가지는 직각 사각형 제도
  - 대칭 구속을 상징하는 기호에 의해 한 변을 잡아당기거나 이동시키면 대칭인 변 역시 변형됨

- Oriented Rectangle

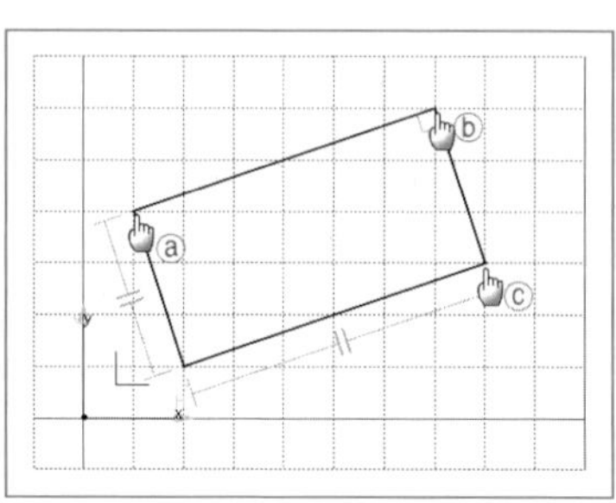

  - 임의의 기준 방향을 정한 후 해당 방향으로 직각 사각형을 제도
  - 두 개의 평행 구속과 1개의 직교 구속이 생성

- Parallelogram

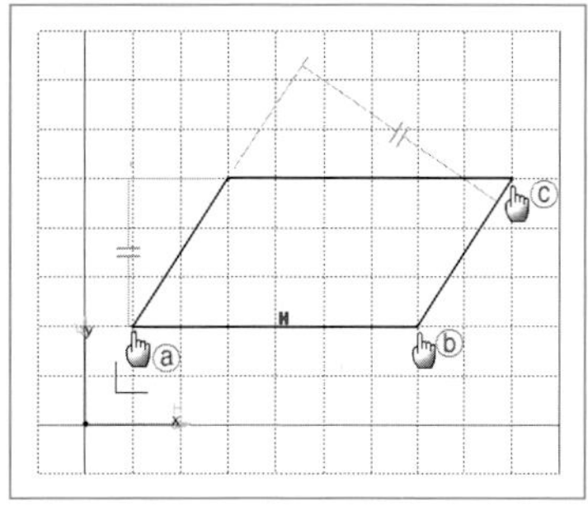

- 평행사변형 형태의 Profile을 제도
- 기준 방향을 설정 후, 두 번째 변의 방향을 설정
- 두 개의 평행 구속이 생성

- Centered Parallelogram

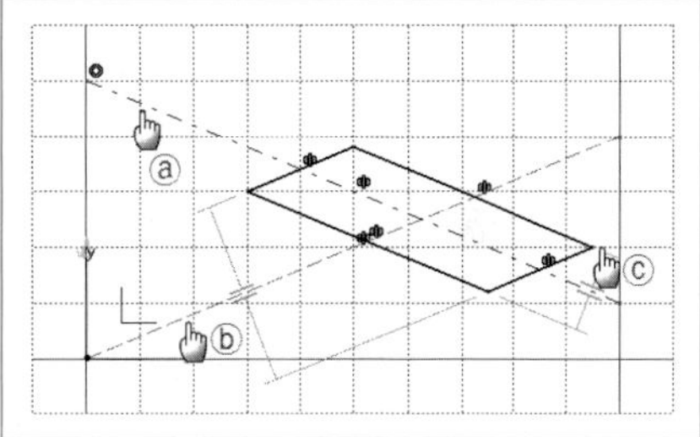

- 임의의 교차하는 두 개의 기준선 사이로 평행사변형을 만드는 명령
- '기준선 1 ⇨ 기준선 2 ⇨ 꼭지점 순서로 제도

- Polygon

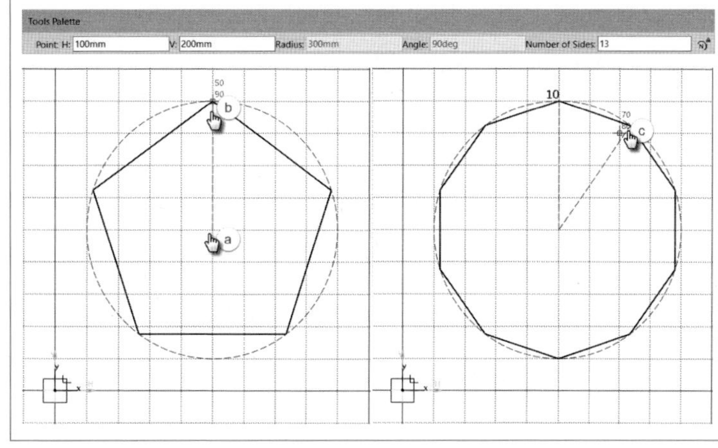

- 다각형을 제도하는 명령
- 중점 ⇨ 끝점 ⇨ 각의 수 순서로 제도
- Sketch Tools 확장 확인 필요

▶ Flyout of Circle

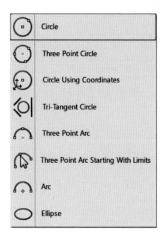

- Circle
- Three Point Circle
- Circle Using Coordinates
- Tri-Tangent Circle
- Three Point Arc
- Three Point Arc Starting With Limits
- Arc
- Ellipse

• Circle

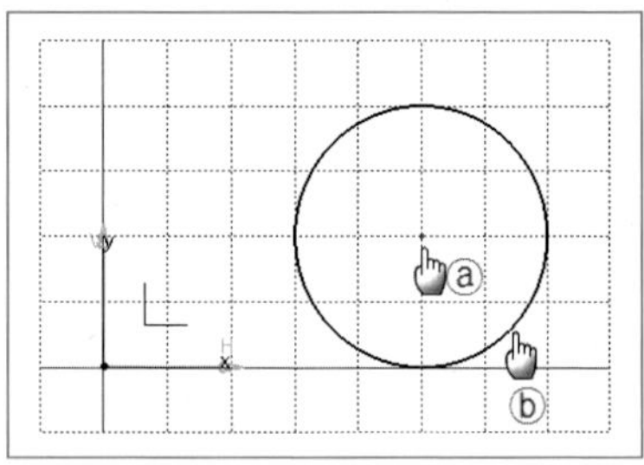

– 기본적인 원 생성 명령
– 중점 ⇨ 반경 순서로 생성

• Three Point Circle

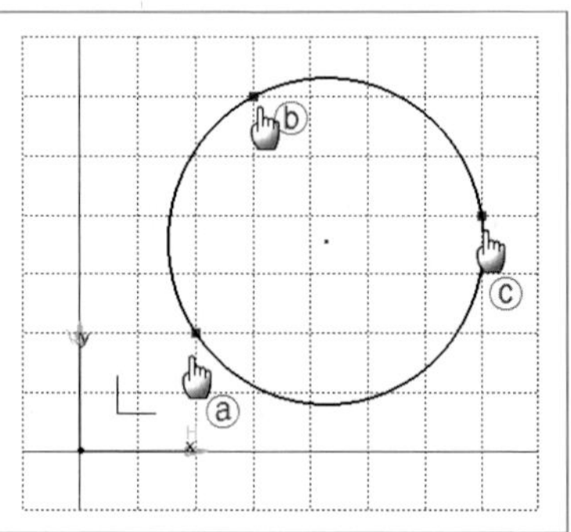

– 원둘레를 지나는 3개의 점을 사용하여 원을 생성하는 명령
– 시작점 ⇨ 중간 점 ⇨ 끝점 순서로 생성

- Circle Using Coordinates

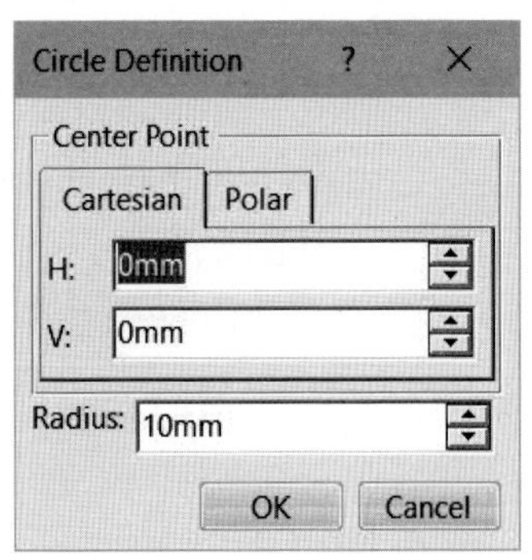

- 원 생성 시 원의 중점 좌표와 반지름을 미리 정의하여 구속까지 한꺼번에 하는 방법
- Circle Definition 창에 값을 입력하여 원을 생성
- Cartesian, Polar 두 가지 Mode가 있음

- Tri–Tangent Circle

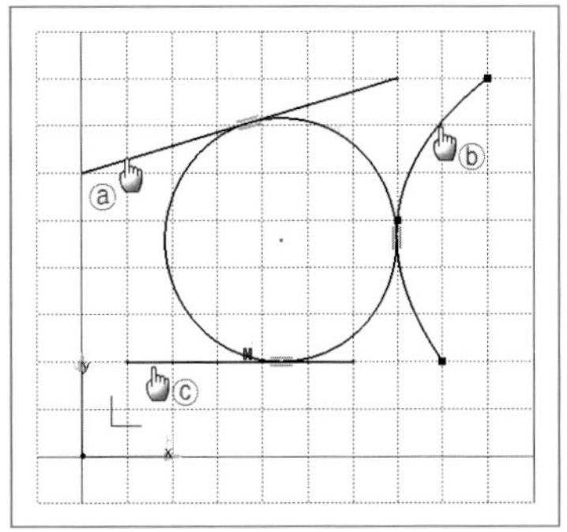

- 선택한 3개의 형상 요소와 접하는 원을 만드는 명령
- 3개의 접해줄 형상은 미리 정의되어있어야 함
- 선택한 3개의 형상 요소에 접하는 원을 만들 수 없는 조건의 것이라면 원은 생성되지 않음

- Three Point Arc

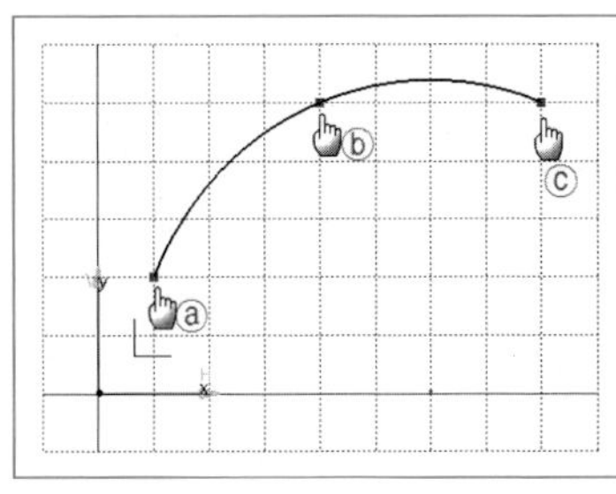

- 선택한 세 지점을 지나는 호를 생성
- 시작점 ⇨ 중간 점 ⇨ 끝점 순서로 생성

- Three Point Arc Starting With Limits

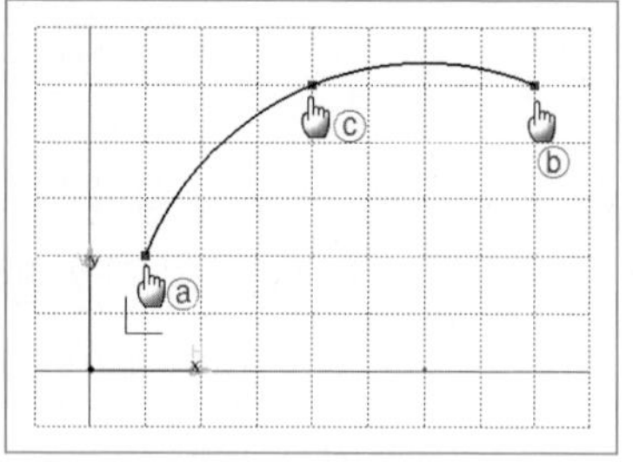

- 선택한 세 지점을 지나는 호를 생성
- 호의 양쪽 끝 지점을 먼저 선택하고 이후 임의의 한 지점을 선택
- '시작점 ⇨ 끝점 ⇨ 중간 점'의 순서

- Arc

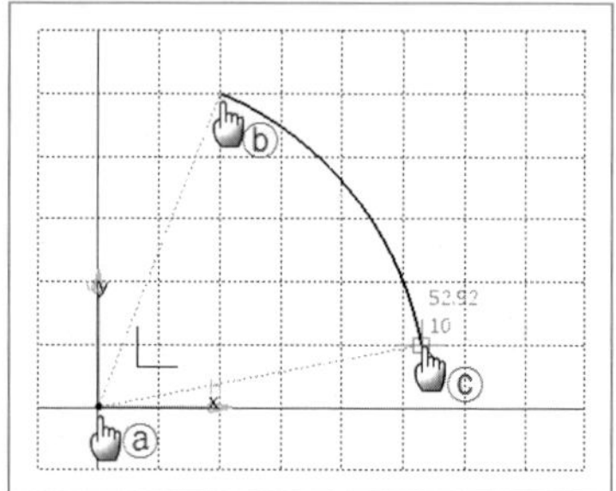

- Arc는 호 형상을 그리는 가장 간단한 방법
- 중점 ⇨ Arc 시작점 ⇨ Arc 끝점 순서로 생성
- Arc 요소의 각도 구속을 통해 Arc를 구속할 경우 반드시 보조선을 그려 준 후에 각도 구속을 넣어주어야 함

- Ellipse

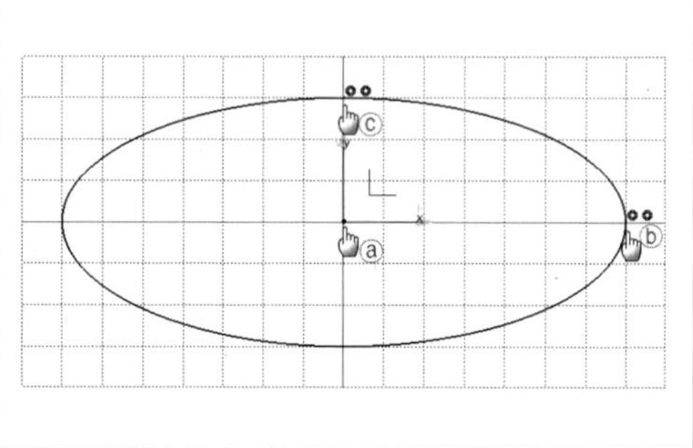

- 타원 형상을 그려주는 명령
- 타원은 장축과 단축의 길이가 서로 다르며 이 둘이 같으면 원
- 중점 ⇨ 1 축(장축 또는 단축) ⇨ 2 축(장축 또는 단축) 순서로 생성
- Constraints Defined in Dialog Box 명령을 사용해 구속 가능

▶ Flyout of Line

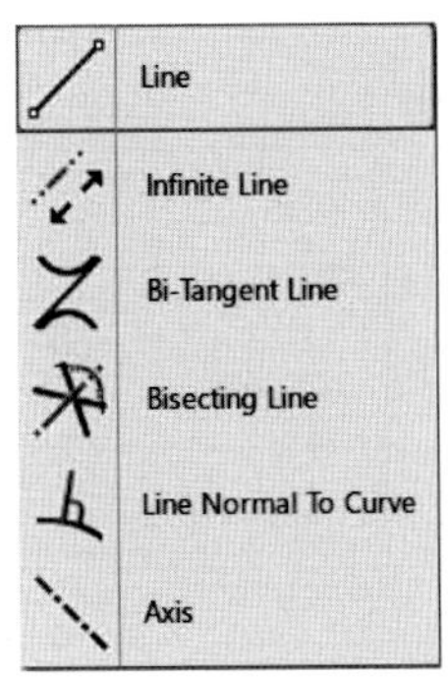

- Line

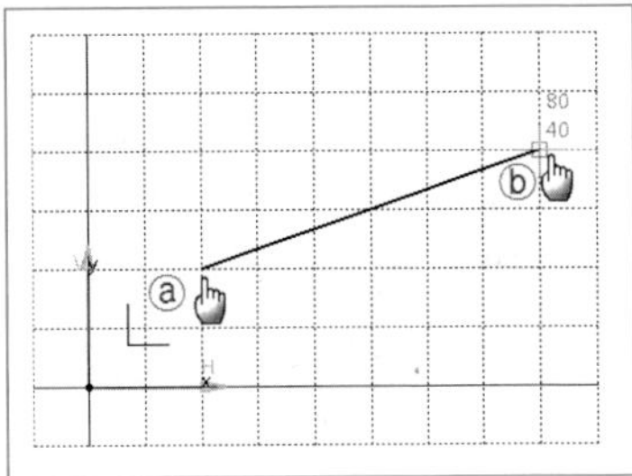

  - 시작점과 끝점으로 이루어진 가장 일반적인 직선을 정의

- Infinite Line

  - 화면상의 무한히 긴 직선을 그리는 명령
  - 부가 Option에는 다음과 같이 수평 , 수직 , 사선 Type 설정 가능

- Bi–Tangent Line

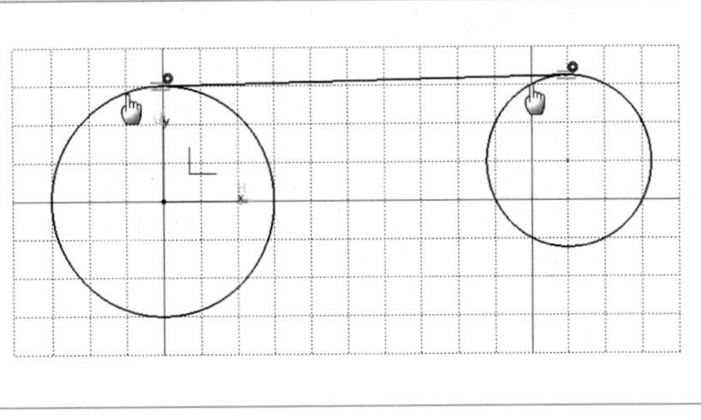

  - 두 개의 형상 요소 사이에 접하게 직선을 그려주는 명령
  - 두 형상 사이에 끝이 일치하면서 접하는 조건을 가지는 직선을 그리고자 할 경우에 유용함
  - 선택한 형상의 위치에 따른 방향성이 존재

- Bisecting Line

  - 교차하는 두 직선 요소의 이등분선을 그려주는 명령
  - 무한 직선으로 그려짐
  - 교차하는 두 직선 요소는 미리 준비되어 있어야 함
  - 기호가 대칭(Symmetry)을 나타내는 표시

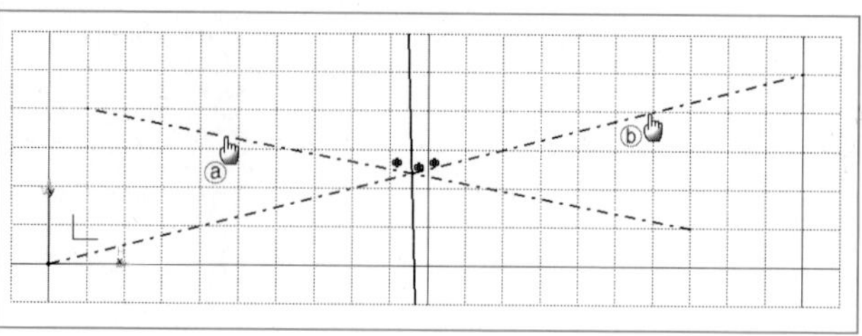

- Line Normal To Curve

  - 선택한 곡선에 대해서 임의의 지점에서 수직인 직선(법선)을 그려주는 명령

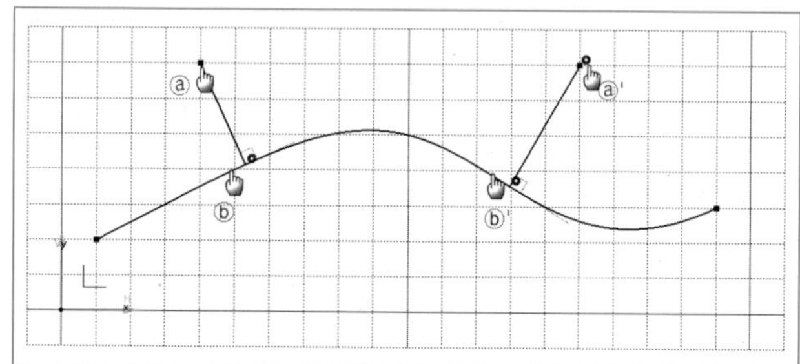

- Axis

  - Axis란 회전체의 중심축 역할을 하는 2차원 요소로 만들어질 당시부터 Construction Elements인 형상 요소
  - Sketch App 상에서만 확인할 수 있고 3차원 App으로 이동해서는 보이지 않음
  - 3차원 모델링 App 상에서 축을 이용한 작업에 사용
  - 시작점과 끝점을 선택하여 생성
  - 하나의 Sketch에서 여러 개의 Axis가 있으면 회전축 요소로 인식하지 못할 수 있음

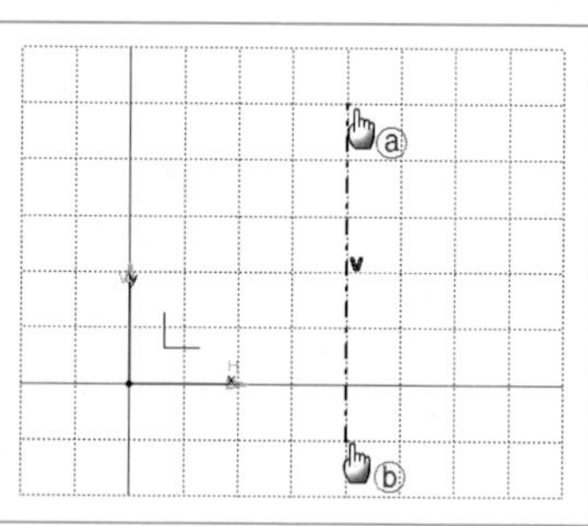

▶ Flyout of Point

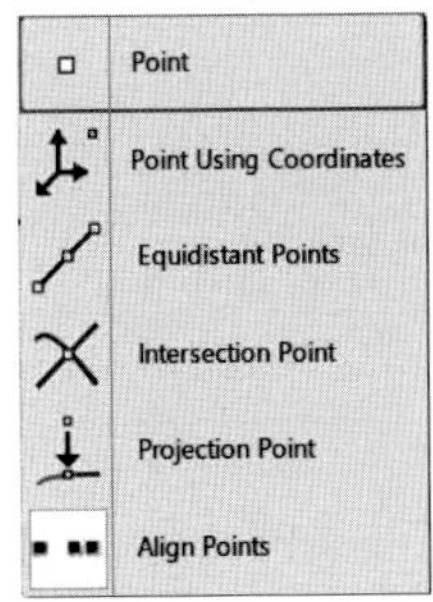

• Point

- 가장 일반적인 포인트 생성 명령으로 원하는 지점을 클릭하여 점을 생성

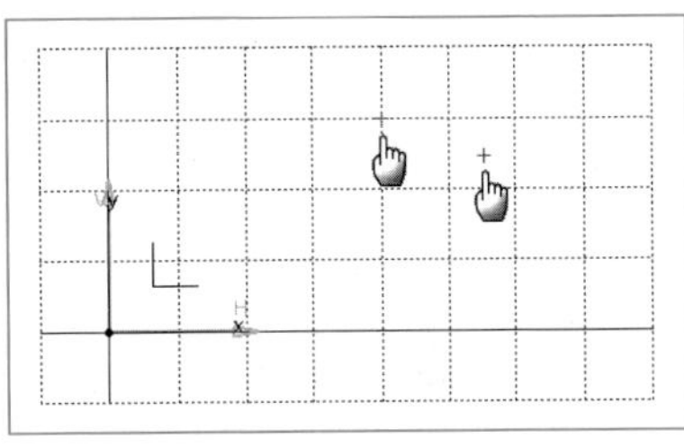

• Point Using Coordinates

- 포인트를 생성하기 전에 Definition 창에서 위치를 결정하여 구속까지 함께 생성
- Cartesian, Polar 두 가지 Mode가 있음

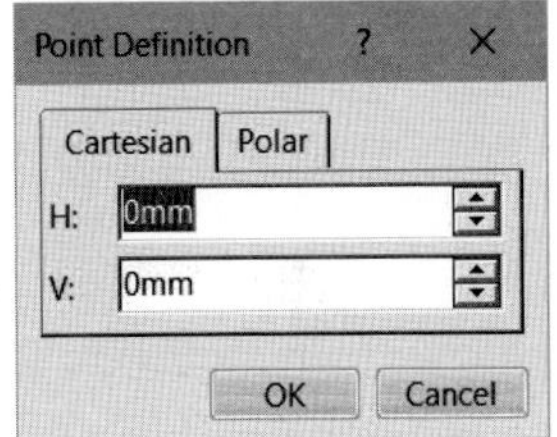

• Equidistant Point

- 선 또는 커브 요소를 선택하여 해당 요소 위에 등간격으로 포인트를 생성
- 포인트를 생성해 주고자 하는 선 또는 커브 요소는 미리 생성되어 있어야 함
- 대상을 선택하면 Definition 창이 나타남
- 형상 요소의 양 끝점은 포함되지 않음

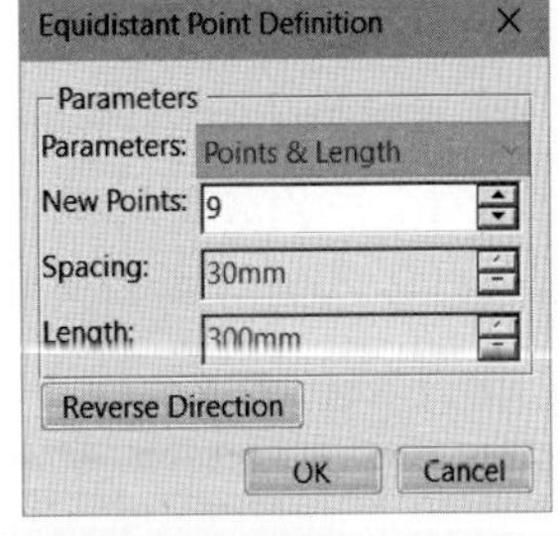

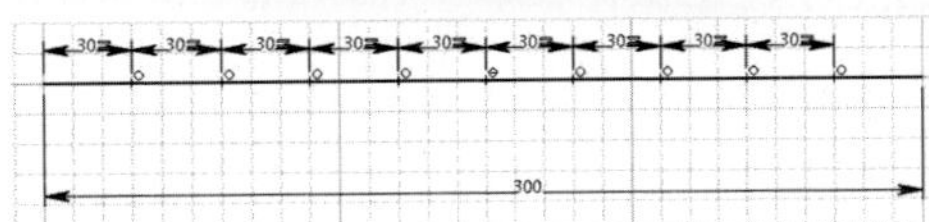

- Intersection Point

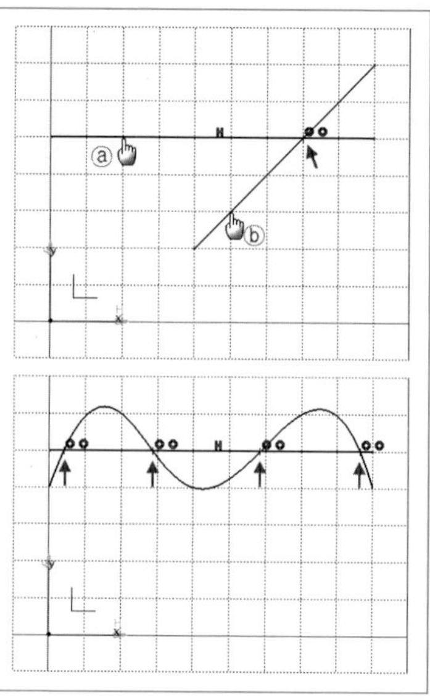

– 교차하는 두 요소 사이에 교차점을 만들어 주는 명령
– 교차하는 두 요소가 있다고 했을 때 이 교차하는 지점에 포인트를 생성
– 만약에 두 선택한 대상이 여러 곳에서 교차하고 있다면 그 교차하는 모든 지점에 포인트가 생성
– 교차하는 지점에서의 포인트는 일반적인 Point 명령 ㅁ 을 사용하여 SmartPick의 도움으로 쉽게 생성 가능

- Projection Point

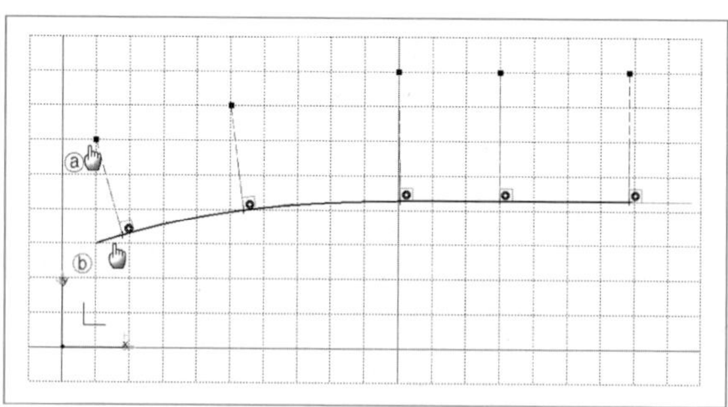

– 선택한 포인트를 Curve나 직선에 투영시켜 그 Curve나 직선상에 있는 점을 생성

- Align Points

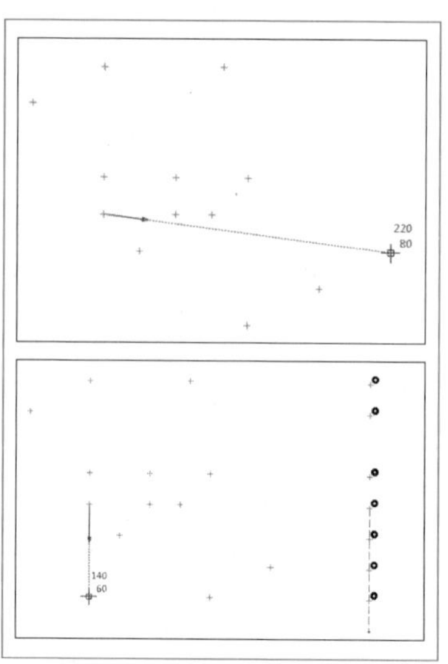

– 이 명령은 선택한 점들을 일정한 방향으로 정렬을 시켜주는 기능
– 명령을 실행하고 기존의 Point들을 선택하면 방향을 지정할 수 있도록 화면에 표시가 생성되며, 임의의 방향 선택 시 기존 포인트들이 정렬됨

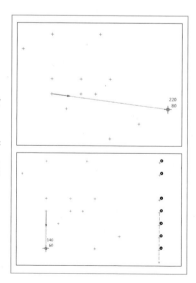

▶ Flyout of Spline

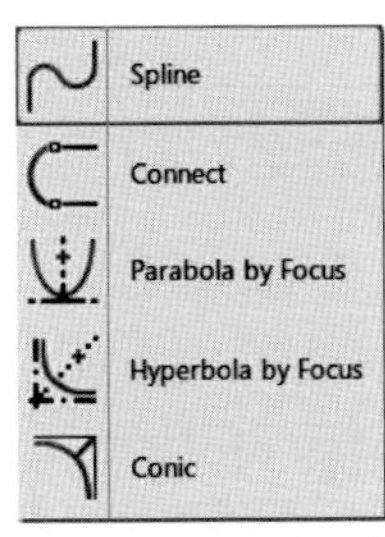

- Spline

  - Sketch 상에 여러 개의 점을 지나는 곡선을 만드는 명령
  - 곡선을 이루는 각각의 점들을 정의하고 구속 시킬 수 있으며 곡선 생성 후 수정이 용이
  - 아이콘을 누른 상태에서 원하는 지점들을 클릭하여 생성
  - 여기서 화면에 표시되는 포인트들은 Geometry가 아니라 Spline 형상의 곡선을 정의하는 Spline 함수의 Control Point(제어점)
  - 명령을 종료하기 위해 Esc Key를 두 번 연속으로 누르거나 화면의 끝나는 점에서 두 번 연속 클릭
  - Spline을 완전히 닫힌 형상으로 만들기 위해서는 종료 점 위치에서 MB3 버튼(Contextual Menu)을 눌러 Close Spline을 클릭
  - Control Point나 Spline을 생성 후 직접 더블 클릭하여 Control Point Definition 창에서 Tangency와 같은 추가 정의 가능
  - Spline을 더블 클릭하여 제어점을 추가하거나 제거하는 것이 가능

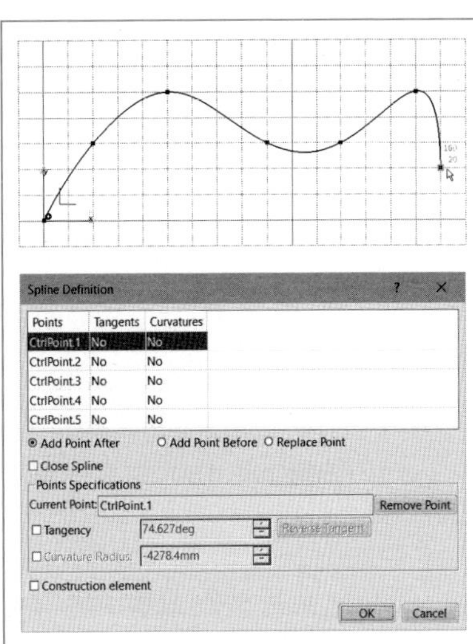

- Connect

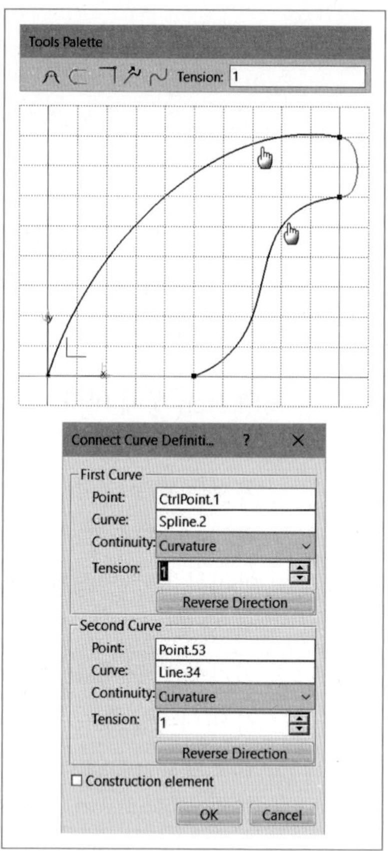

- Connect는 두 형상 요소 사이를 이어주는 명령
- Tools Palette에서 Connect with Arc 와 Default 값인 Connect with Spline 으로 사용 가능
- 더블 클릭하여 Connect Definition 창을 활성화하면 Continuity Mode 및 Tension 강도, 방향 설정 등이 가능
- Continuity Mode는 Continuity in Point , Continuity in Tangency , Continuity in Curvature 가 있음

- Parabola by Focus

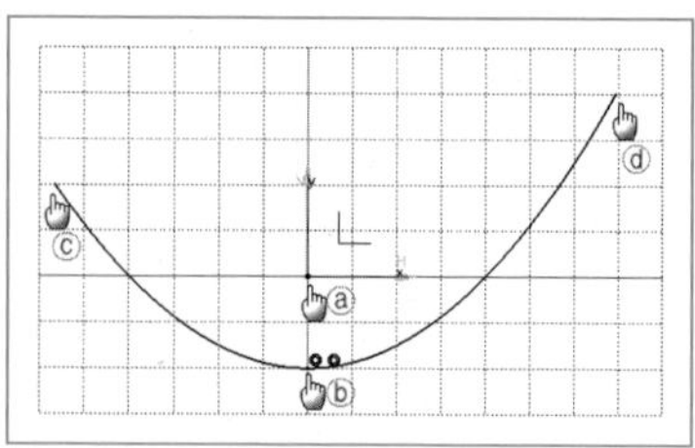

- 포물선을 그려주는 명령
- 초점(Focus)과 정점(Apex)를 사용하여 포물선을 정의하고 시작점과 끝점으로 그 경계를 정의

- Hyperbola by Focus

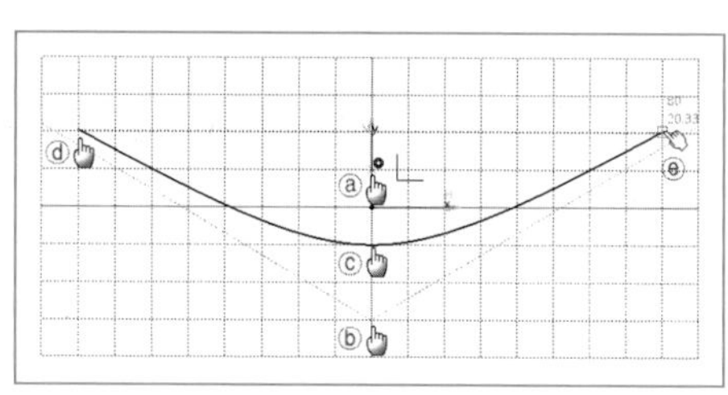

- 쌍곡선을 그려주는 명령
- 두 정점과 중점을 사용하여 쌍곡선을 정의하고 두 번 점을 찍어 양 끝을 정의

- Conic

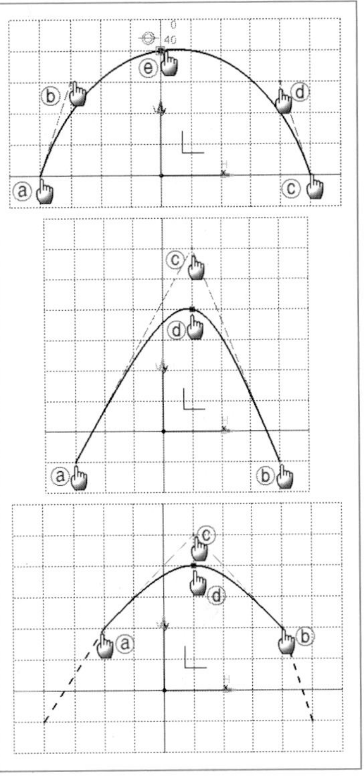

– 원뿔 형상을 그려주는 명령
– Two Points & Start and End tangent Mode
– Two Points & Tangent Intersection Point Mode
– Two Points & Nearest End Point Mode
– Four Points 와 Five Points Mode

▶ Flyout of Elongated Hole

- Elongated Hole

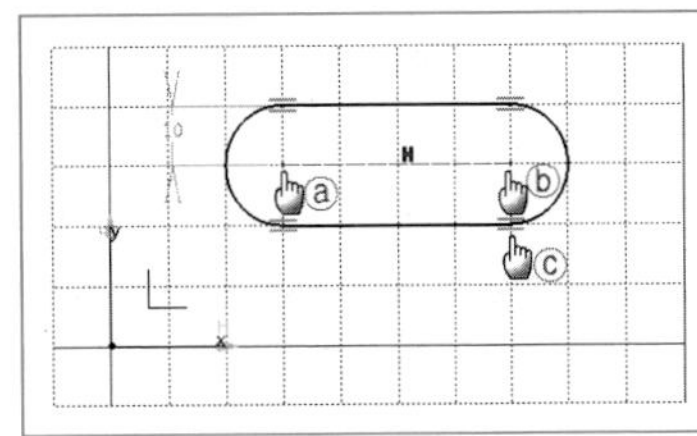

– 원 형상에서 원의 중심이 늘어난 모양
– 시작점 ⇨ 끝점 ⇨ 반경 순서로 생성

- Cylindrical Elongated Hole

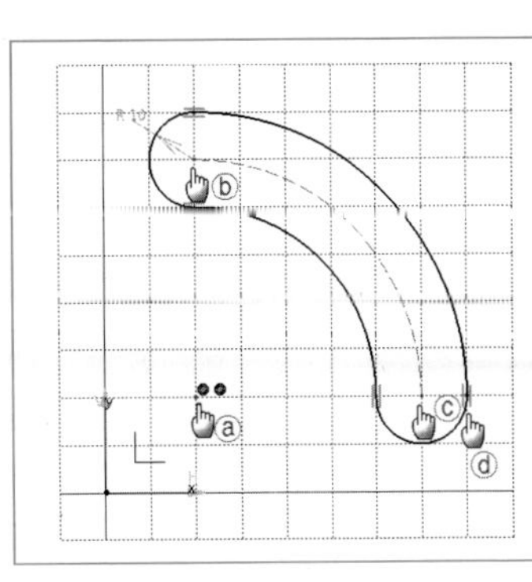

– Elongated Hole과 비슷하나 원의 중심이 연장된 형상이 Arc를 이루고 있음
– 구부러진 Elongated Hole이라 보아도 됨
– 중점 ⇨ 시작점 ⇨ 끝점 ⇨ 반경 순서로 생성

- Keyhole Profile

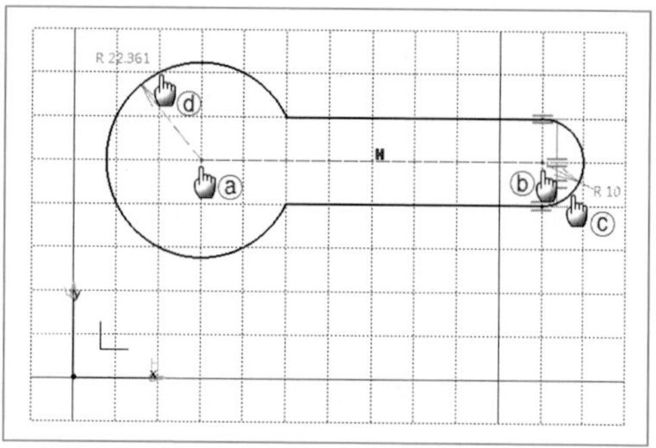

  - 열쇠 구멍 모양의 프로파일을 생성
  - 시작점 ⇨ 끝점 ⇨ Tangent 한 작은 반경 ⇨ 큰 반경 순서로 작업

- Text

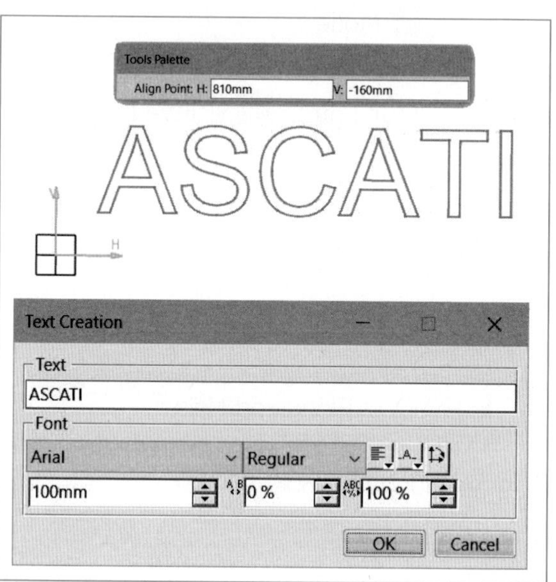

  - 열쇠 구멍 모양의 프로파일을 생성
  - 시작점 ⇨ 끝점 ⇨ Tangent 한 작은 반경 ⇨ 큰 반경 순서로 작업

▶ Flyout of Constraint

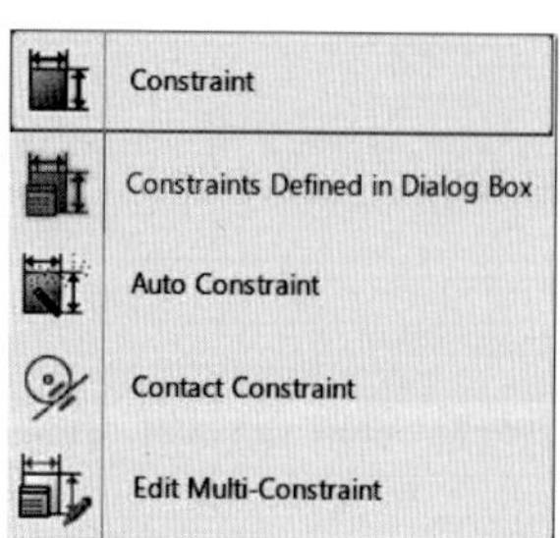

Constraints란 앞서 말한 바와 같이 구속을 의미합니다. 형상을 만드는데 필요한 숫자 또는 문자 형태의 치수가 그것이며 이러한 구속을 이용하여 작업자가 원하는 형상 치수대로 제도한 형상을 만들어 냅니다.
형상을 그려냈다고 해서 제도가 끝나는 것은 아니며 구속 작업을 통하여 바른 치수를 입력해 주어야 그 형상이 의미 있는 데이터가 된다는 것을 기억하기 바랍니다.

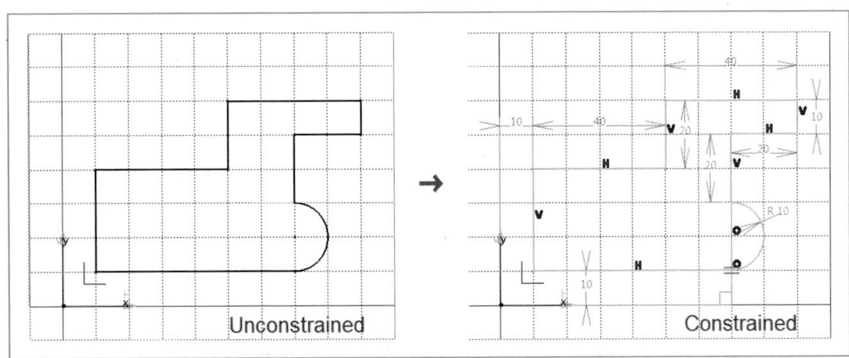

CATIA의 구속 방식을 크게 두 가지로 나뉘는데 앞서 Sketch Tools에서 언급한 대로 Geometrical Constraints와 Dimensional Constraints가 있습니다. 이 두 가지 구속의 차이를 이해하면 더욱 손쉽게 구속을 부여할 수 있을 것입니다.

- Geometrical Constraints & Dimensional Constraints

  숫자가 아닌 기하학적 형상 정의 방식을 가진 구속들로 수치적인 구속이 아닌 문자나 기호로 정의되는 구속을 의미합니다. 기하학적 구속의 종류에는 다음과 같습니다.

Fix, Horizontal, Vertical, Coincidence, Concentricity, Tangency, Parallelism, Midpoint, Perpendicularity

예를 들어 직선 요소가 수평 하거나 수직인 경우, 두 개의 직선 요소 사이가 직교하는 경우 등을 수치로 표현하는 경우보다 기하학적 구속을 사용하면 보다 간편하게 정의할 수 있습니다. 대신에 숫자가 포함되어야 하는 구속은 기하학 구속에서 사용할 수 있는 방법은 없습니다. 아래 동일 구속을 수치 구속과 기하학 구속으로 표현하였을 때 차이를 확인해 보기 바랍니다.

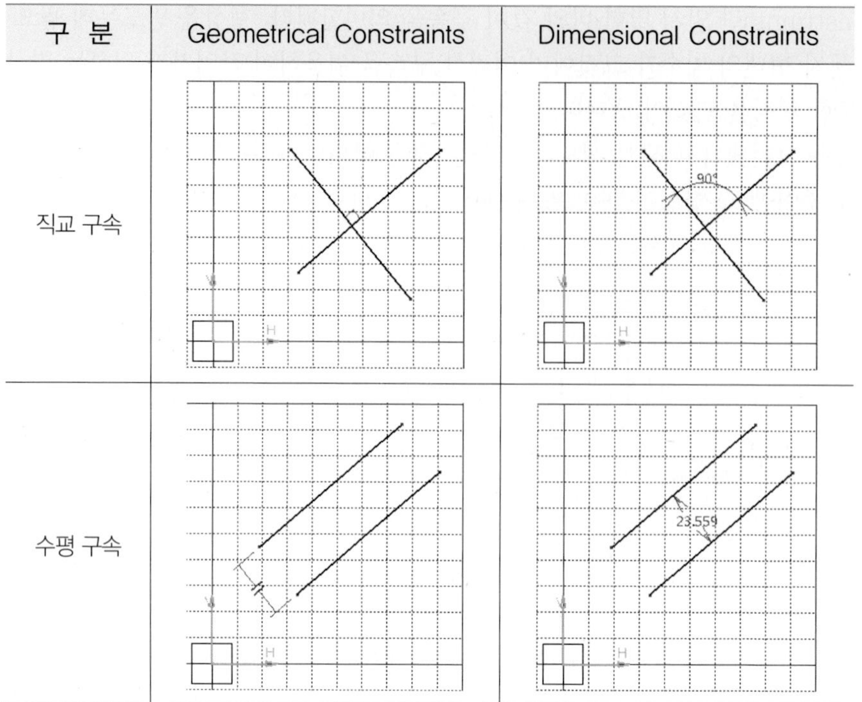

구 분	Geometrical Constraints	Dimensional Constraints
직교 구속		
수평 구속		

또한, 아래와 같이 기하학 구속 명령을 실행하기에 앞서 선택된 형상 요소의 수에 따라 다음과 같은 구속들이 적용 가능합니다.

Number of Elements	적용 가능한 Geometrical Constraints
한 개의 요소를 선택했을 때	Fix Horizontal Vertical
두 개의 요소를 동시에 선택했을 때	Coincidence Concentricity Tangency Parallelism MidPoint Perpendicularity
세 개의 요소를 동시에 선택하였을 때	Symmetry Equidistant Point

숫자로 나타낼 수 있는 구속을 의미합니다. 형상 정보를 구속하는 데 있어 실제 제도를 위해서 필요하게 되는 길이나 거리, 반지름, 지름, 각도와 같은 수치 구속 값을 의미합니다. 기본적으로 도면에 나온 수치 정보는 모두 길이나 거리, 반지름, 지름, 각도로 표현되는 것들입니다.

Number of Elements	적용 가능한 Constraints
한 개의 요소를 선택했을 때	Length Radius/Diameter
두 개의 요소를 동시에 선택했을 때	Distance Angle

이제 이러한 구속을 실제의 Sketch 형상 요소에 적용하는 명령들을 공부해 보도록 할 것입니다.
앞으로 배울 명령 중에는 Geometrical Constraints를 적용하는 구속 명령이 있고 Dimensional Constraints를 적용하는 구속 명령이 있습니다. 이를 잘 구분하여 사용하면 보다 쉽고 빠르게 구속을 줄 수 있을 것입니다.

- Internal Constraint & External Constraints

Sketch에서 형상을 만드는 것만큼이나 구속을 주는 작업은 무척 중요합니다. 구속이 바르지 않으면 아무리 형상을 Sketch 하였더라도 무용지물이 됩니다.
일반적으로 구속은 Geometrical Constraints와 Dimensional Constraints로 구분하는 것 외에 Internal Constraint와 External Constraints로 구분되기도 합니다. 후자는 우리가 Sketch 원점 상에서 구속을 주는 데 있어 중요하게 여겨야 하는 개념으로 실제로 형상을 구속 주는 방법론적으로 알고 있어야 합니다.
CATIA의 Sketch 환경은 원점을 기준으로 작업이 이루어집니다. 우리가 Sketch App에 들어갔을 때 가운데 보이는 H, V 표시의 화살표는 수직축과 수평축을 의미합니다.

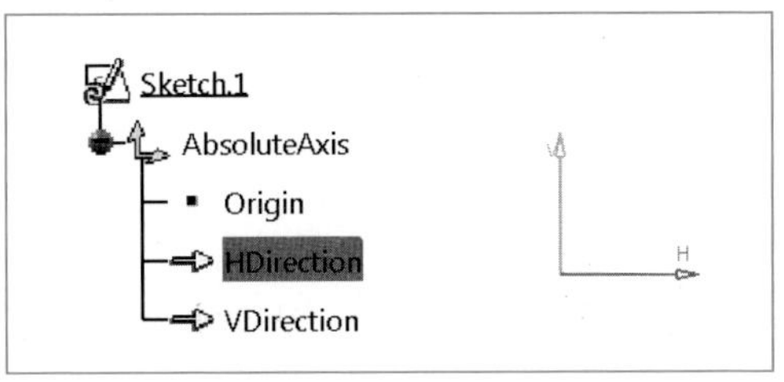

그리고 이 두 축의 교차점에는 원점이 존재합니다. 이러한 기준 요소가 존재하는 이유는 단지 이 형상을 그리는 데 참고하라는 것이 아니라 이곳을 기준으로 형상을 그려야 한다는 의미가 됩니다. 따라서 우리가 구속을 주는 과정에서도 이 점을 잊지 말아야 합니다. 원점을 무시하거나 틀리게 그린다는 것은 아예 작업 자체를 망치게 된다는 점을 기억해 주기 바랍니다.
앞서 말한 External Constraints는 바로 이러한 원점과의 구속을 나타낸다고 본다. 즉 형상을 구성하는데 필요한 Internal Constraints와 달리 External Constraints는 원점, 수직축, 수평축과 같은 기준 요소와 형상과의 구속이라고 생각하면 됩니다.

다음 그림을 보겠습니다.

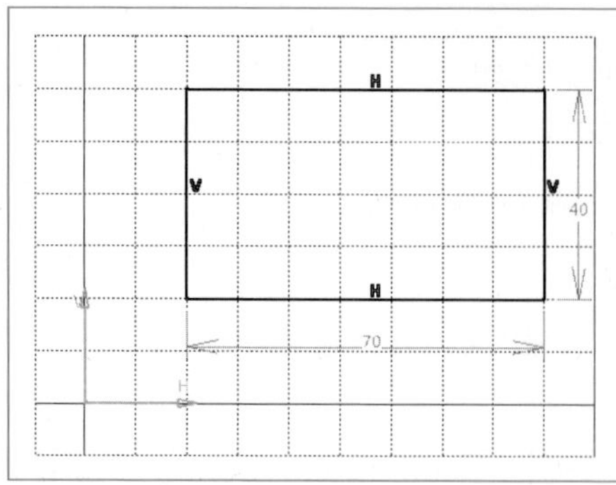

위 그림은 형상에 대한 Internal Constraints가 모두 충족된 모습입니다. 그러나 이 Sketch는 아직 완벽하지 못합니다. 바로 External Constraints가 없기 때문인데 이 External Constraints가 빠진 상태라면 이 형상을 마우스로 드래그하여 움직이면 형상이 따라 움직이게 됩니다. 따라 움직인다는 말을 들어도 알 수 있듯이 무언가 빠져있다는 의미입니다. 여기에 External Constraints를 다음과 같이 주게 되면 완전한 구속이 주어진 상태가 됩니다.

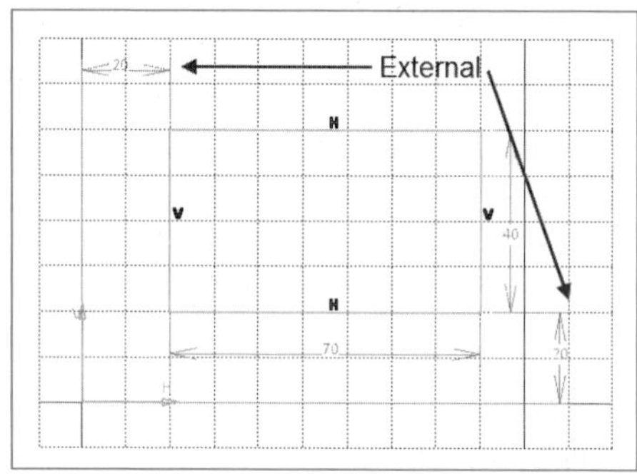

Sketch에서 구속을 주면서 항상 기억해 주도록 하겠습니다. 구속은 Internal Constraints와 External Constraints가 모두 갖추어 져야 완전한 구속이 됩니다.

- Geometrical Constraints

⊾	Perpendicular	두 대상이 서로 직교함을 나타내는 구속 기호
●	Coincidence	두 대상이 서로 일치함을 나타내는 기호
V	Vertical	선택한 직선 요소가 좌표축에 대해 수직임을 나타내는 기호
H	Horizontal	선택한 직선 요소가 좌표축에 대해 수평임을 나타내는 기호

●	Concentricity	선택한 원이나 호 요소들끼리 중심이 일치함을 나타내는 기호
⫽	Parallel	두 대상이 서로 평행함을 나타내는 구속 기호
⚓	Fix	선택한 대상들이 하나로 묶여있음을 나타내는 구속 기호
●	Symmetry	선택한 대상이 다른 요소와 대칭 하다는 구속 기호
◀	Bisecting	선택한 대상이 다른 대상을 이등분 한다는 구속 기호

- Dimensional Constraints

10	Length Distance	직선의 길이 또는 대상과 대상 사이의 거리를 나타내는 구속 기호
45°	Angle	두 개의 직선이 이루는 그 사이의 각도를 나타내는 구속 기호
D 50 / R 25	Diameter /Radius	원이나 호, Corner의 곡률값을 나타내는 구속 기호

- Constraint

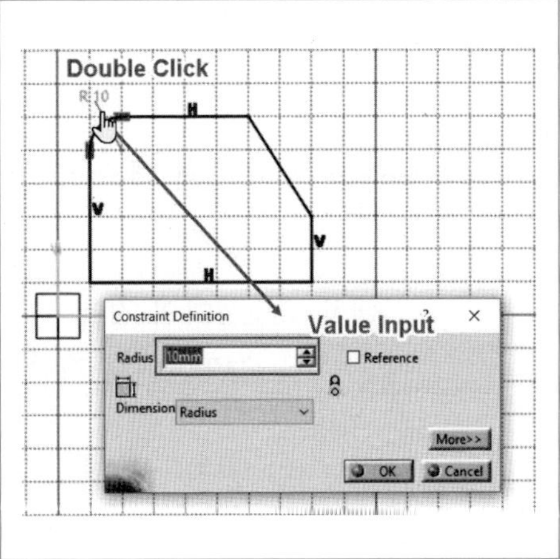

- 수치로 적용 가능한 구속을 대상에 정의
- 대상 선택 ⇨ 구속 생성 ⇨ 더블 클릭 ⇨ 수치 입력 순서로 정의
- 길이, 거리, 각도, 반지름, 지름 등 정의 가능
- 명령을 연속적으로 사용하기 위해 더블 클릭 후 구속 정의
- Contextual Menu를 사용하여 Geometrical Constraints로 변경 가능
- 반지름과 지름의 경우 Definition 창에서 Dimension으로 변경

- Constraints Defined in Dialog Box

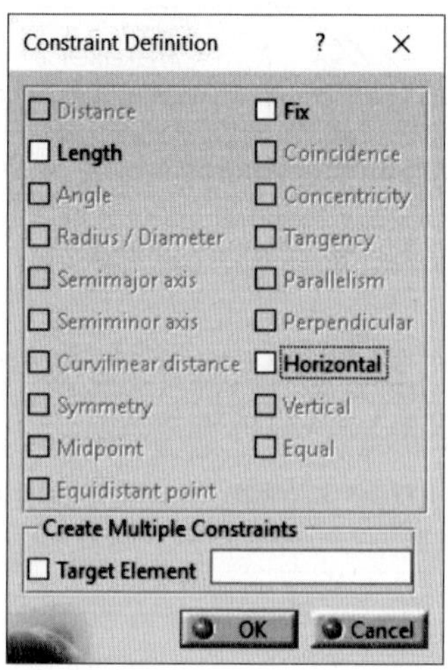

  - 2차원 형상 요소에 Geometrical Constraints 및 Dimensional Constraints를 Definition 창을 통해 부여
  - 적용하고자 하는 구속 값을 Definition 창에서 선택해 주면 대상 요소에 해당 구속이 생성
  - 선택한 대상에 따라 활성화되는 구속의 종류가 달라짐

- Auto Constraint

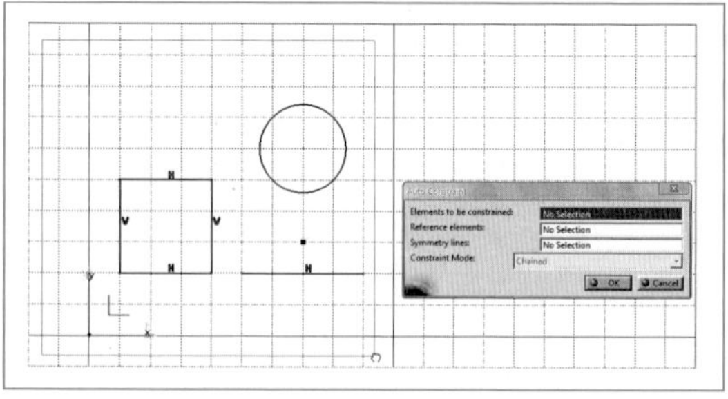

  - 구속을 자동 생성해 주는 기능
  - 명령을 실행 후 대상을 선택하면 선택 범위 내 모든 형상의 구속이 생성
  - 원점 기준 요소를 배제하고 구속을 생성할 경우 완전 구속은 불가능
  - 구속 방법이 설계 치수 기입 방식과 다를 수 있음

- Contact Constraint

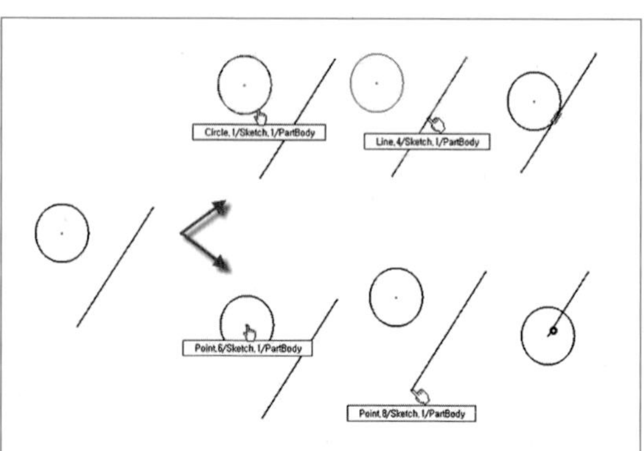

  - 선택한 요소들과의 접촉 조건에 의해 구속을 CATIA에서 직접 잡아주는 명령
  - 명령을 실행하고 구속을 주고자 하는 두 개의 요소를 각각 차례대로 선택해 주면 구속이 스스로 생성

다음은 형상에 따른 Contact Constraints 의 구속 생성 결과를 간단히 표로 나타내었습니다.

형상	구속	설명
A Point and a line Two Points A Point and any other Element	Coincidence	점과 점, 점과 직선, 점과 원점과 같이 일치하는 형상 구속을 생성
A line and a circle Two Curves (except circles and/or ellipses) or two lines	Tangency	원과 직선이 접하는 것과 같이 한 위치에서 접하는 구속을 생성
Two Curves and/or ellipses Two circles Circle or Arc/Fillet	Concentricity	원이나 호와 같은 요소들의 중심을 일치시키는 구속을 생성

- Edit Multi-Constraint

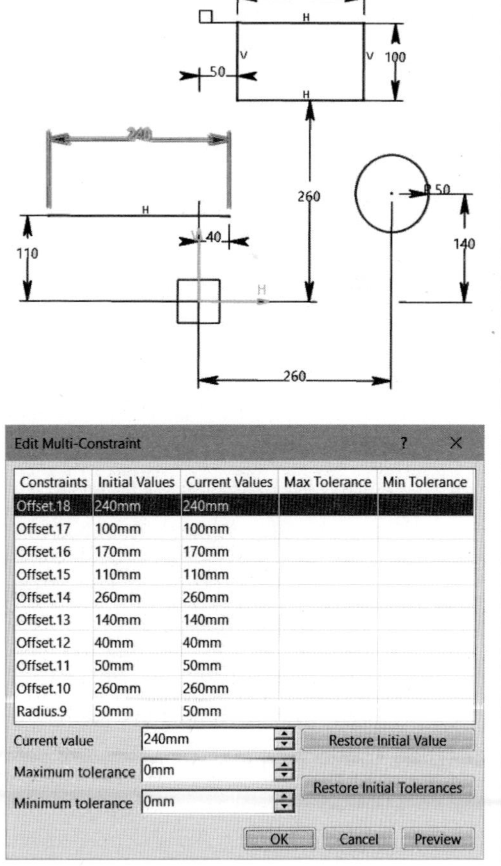

- Sketch 상의 모든 구속을 동시에 수정할 수 있는 기능
- Restore Initial Value로 수정 전 원래 값으로 초기화 가능
- 공차 정의도 가능

• Group

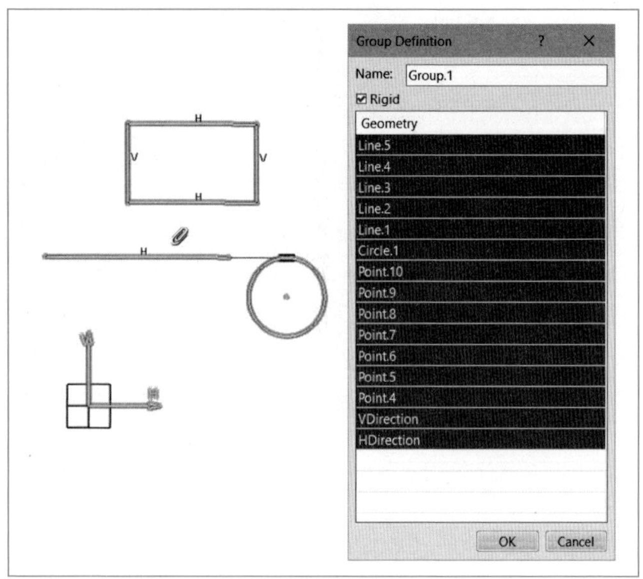

- Sketch 형상 요소들을 모두 현재 상태의 위치로 묶어 버리는 기능
- 수치나 문자 구속 없이 형상을 현 상태 그대로 고정하는 것이 가능

▶ Flyout of Quick Trim

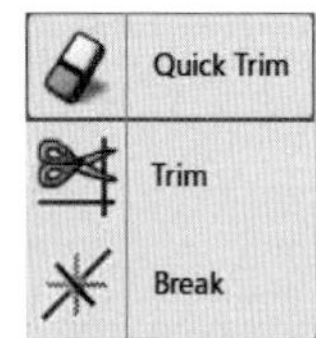

• Quick Trim

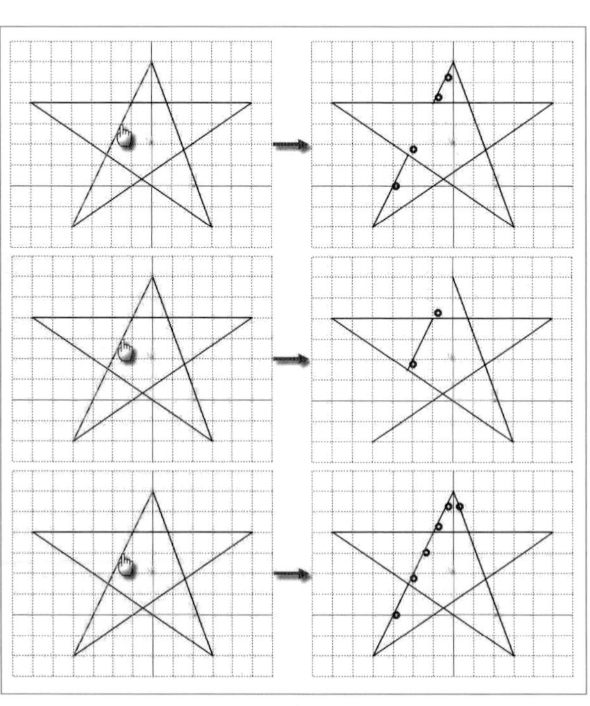

- 불필요한 형상 일부분을 제거할 때 사용하는 명령으로 쉽게 Trim이 가능
- Operation Type 역시 Tools Palette에서 선택 가능
- Beak and Rubber In
- Beak and Rubber Out
- Break and Keep

- Trim

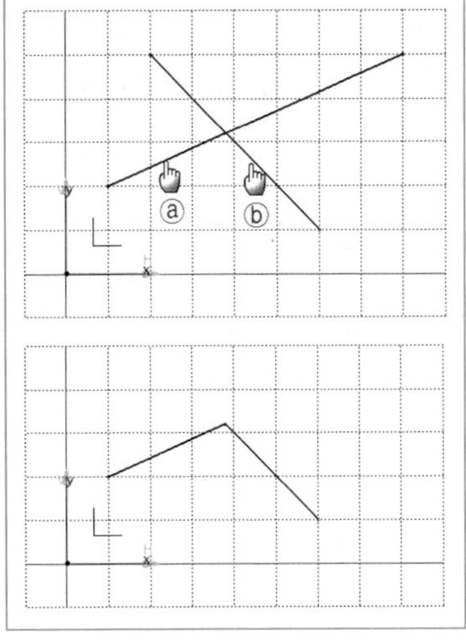

  - Sketch에 그려진 형상 중에 불필요한 프로파일을 교차하는 다른 형상 요소를 기준으로 제거하는 명령
  - Operation Type 역시 Tools Palette에서 선택 가능
  - Trim All Elements
  - Trim First Element

- Break

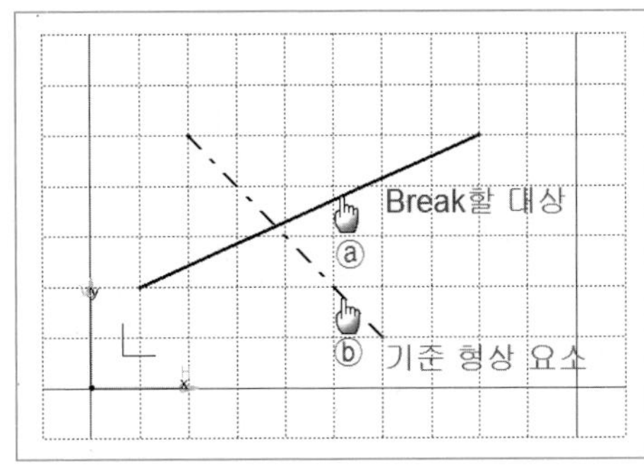

  - 하나의 직선 또는 곡선과 같은 요소를 기준 요소에 대해서 나눠주는 기능을 수행
  - 원래 마디가 없는 형상 요소에 대해서 절점 정의가 가능
  - 이 명령을 사용하기 위해서는 Break 할 대상과 Break 할 기준이 필요

▶ Flyout of Corner

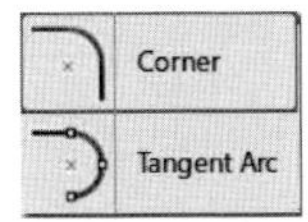

- Corner

  - Profile 형상 중에 Tangent 하지 않고 꼭지점이 있는 뾰족한 부분에 대해서 라운드 처리를 해주는 명령
  - Operation Type 역시 Tools Palette에서 선택 가능

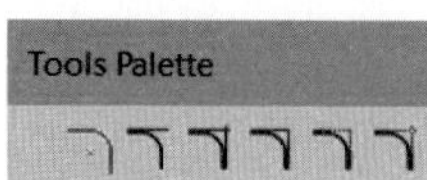

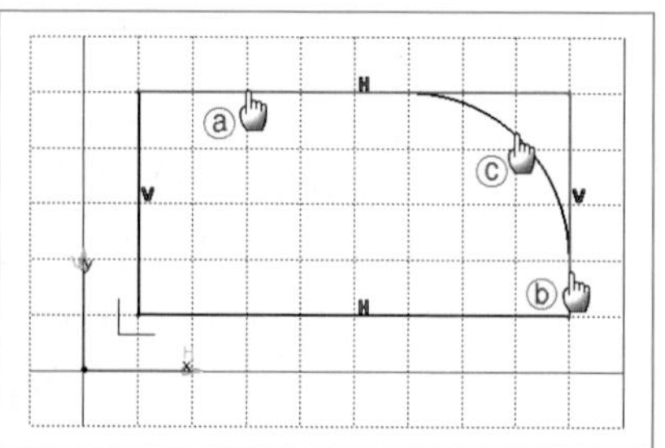

- Trim All Elements
- Trim First Elements
- No Trim
- Standard Lines Trim
- Construction Lines Trim
- Construction Lines No Trim
- 동시에 여러 곳에 Corner를 주고자 할 경우 드래그하여 해당 꼭지점들이 선택될 수 있도록 선택하여 값을 Tools Palette에 입력

• Tangent Arc

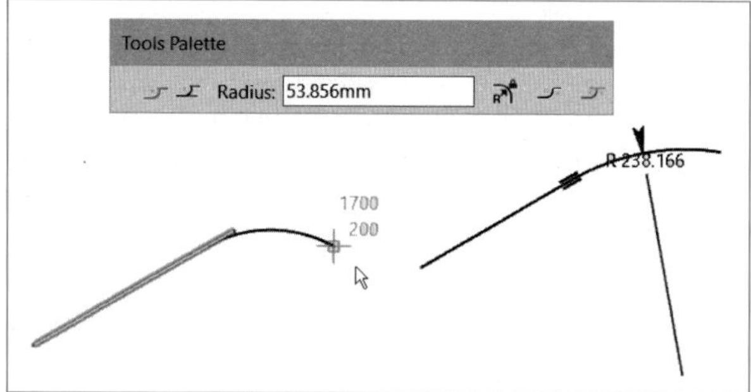

- 선택한 형상 요소를 기준으로 Tangent 한 호를 생성하는 명령

• Chamfer

- 선택한 모서리 사이를 평평하게 일정 길이와 각도를 주어 다듬어 줌
- Operation Type 역시 Tools Palette에서 선택 가능

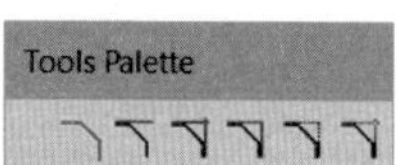

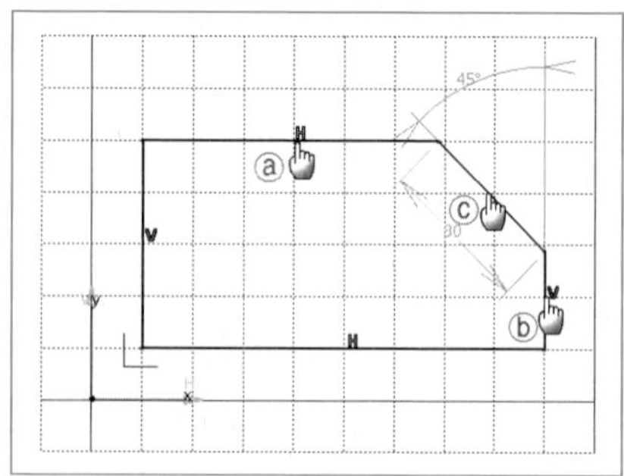

- Trim All Elements
- Trim First Element
- No Trim
- Standard Lines Trim
- Construction Lines Trim
- Construction Lines No Trim

– Chamfer 치수 기입/정의 방법

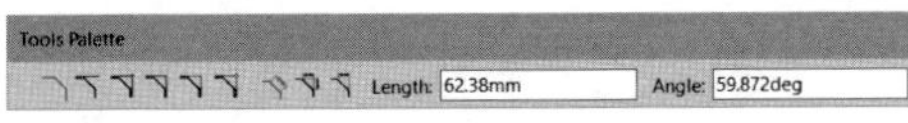

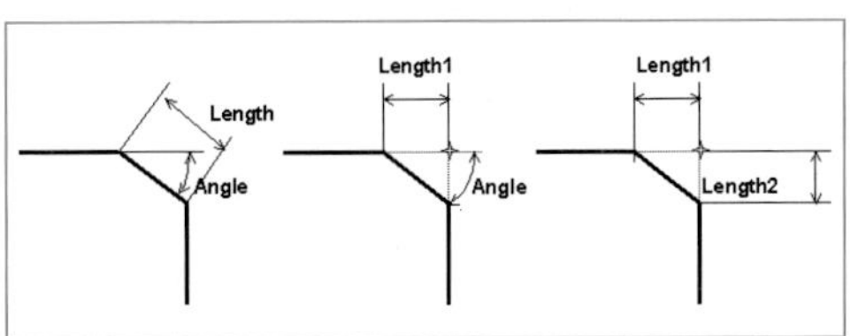

– Angle and Hypotenuse
– Angle and First Length
– First and Second Length

▶ Flyout of Mirror

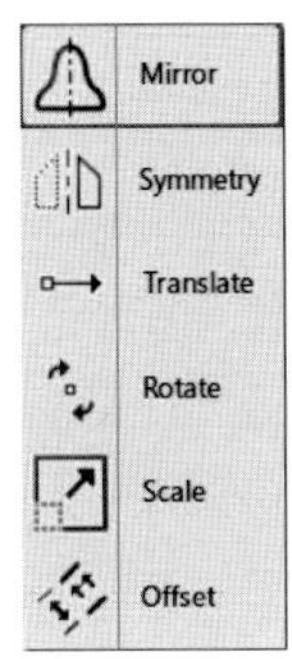

• Mirror

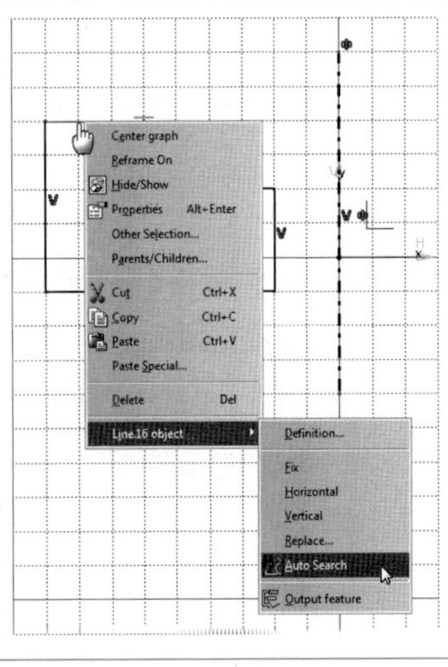

– 임의의 기준선이나 축을 대칭으로 선택한 형상 요소를 대칭 복사해 주는 명령
– 기준 요소로는 Sketch 축(H, V축), Axis, 다른 선형 형상 요소 등을 사용할 수 있음
– Mirror 명령으로 형상이 복사되면 표시가 생성
– 복잡한 형상을 Sketch 할 경우 축 대칭의 성질을 이용하여 절반 형상 또는 1/4 형상을 만들어 나머지는 Mirror를 사용
– 여러 개의 대상을 동시에 선택할 때는 드래그하여 대상을 선택하거나 Contextual Menu(MB3)를 사용하여 Auto Search 기능을 이용하여 작업하면 효과적 임

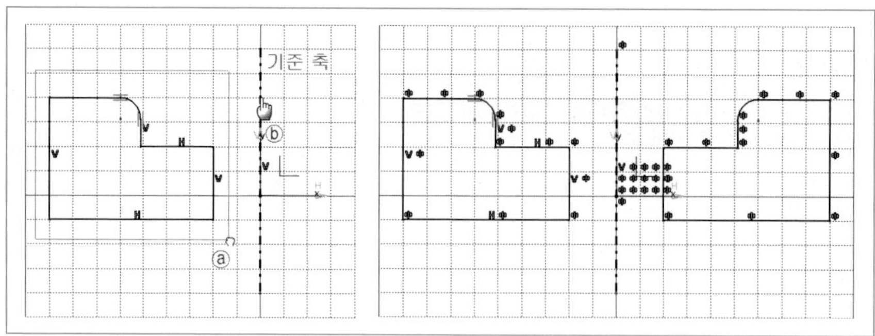

- Symmetry

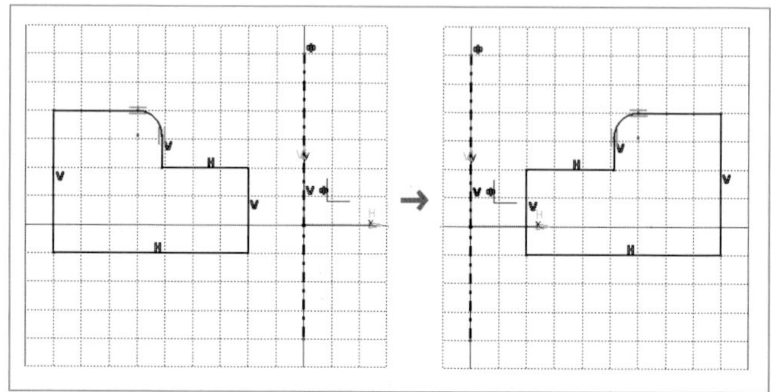

  - 선택한 대상의 대칭 이동의 기능을 수행
  - 사용 방법은 Mirror와 동일

- Translate

  - 선택한 대상을 다른 지점으로 평행 이동하거나 하나의 원본 대상을 Sketch에 여러 개 복사할 때 사용하는 명령
  - Translate 하기 위해 기준점이 되는 시작 위치를 반드시 지정해 주어야 함
  - Duplicate Mode : Translate 명령으로 평행 이동을 할 것인지 아니면 평행 복사를 할 것인지를 설정
  - Keep internal Constraints : 형상 자체를 구성하는 구속이 Translate 후에도 유지될 수 있도록 체크
  - Keep external Constraints : 형상과 기준 요소 사이 관계 구속이 Translate 후에도 유지될 수 있도록 체크 (Reference)로 구속이 생성
  - Keep original constraints mode : 형상과 기준 요소 사이의 구속이 Translate 후에도 유지될 수 있도록 체크

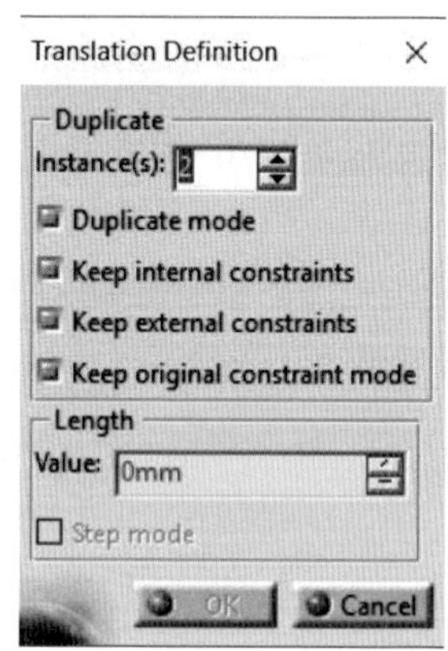

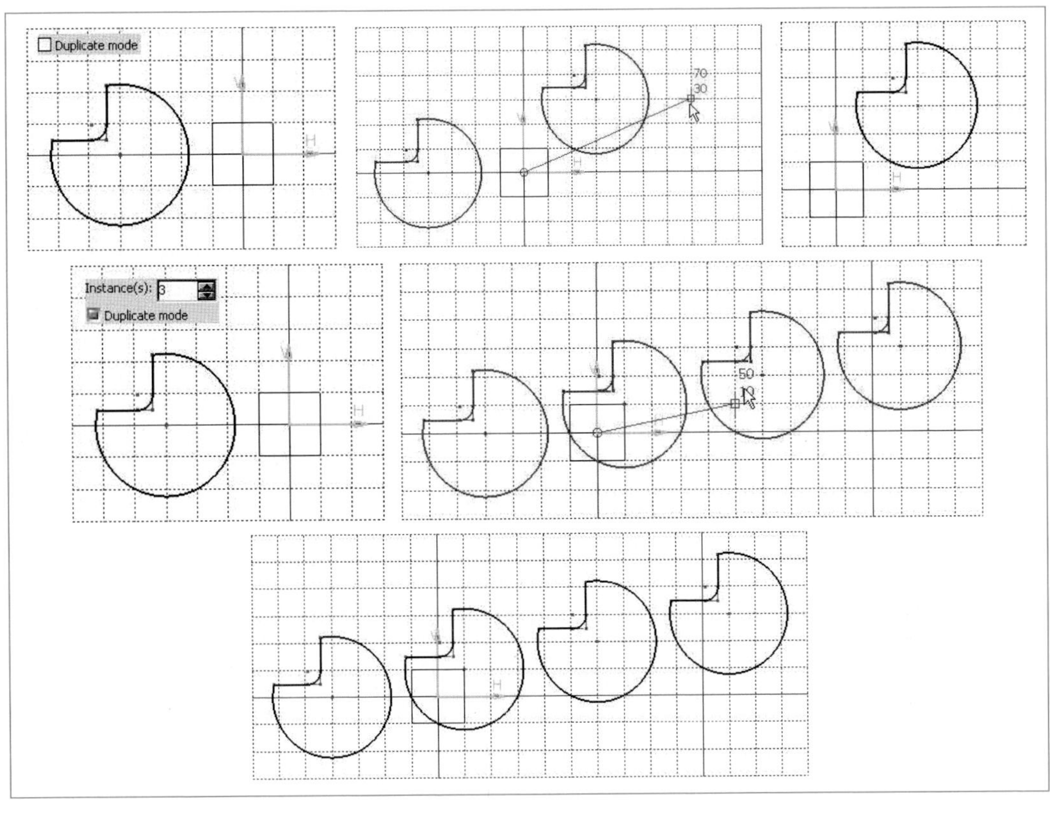

- Rotate

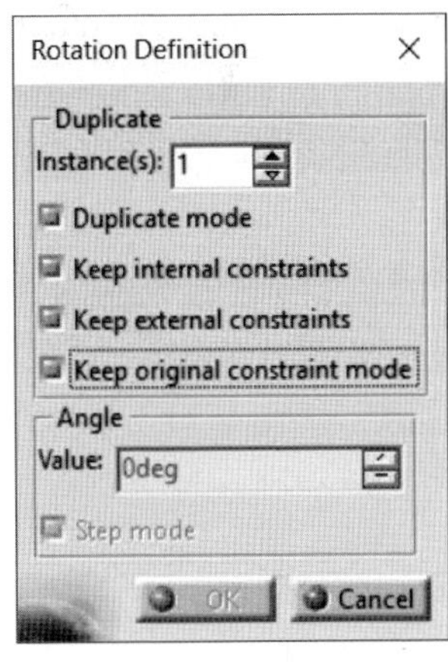

  - 선택한 대상을 다른 지점으로 회전 이동하거나 하나의 원본 대상을 Sketch에 여러 개 회전 복사할 때 사용하는 명령
  - Rotate 하기 위해 기준점이 되는 시작 위치를 반드시 지정해 주어야 함
  - 세부 Option은 Translate와 동일

- Scale

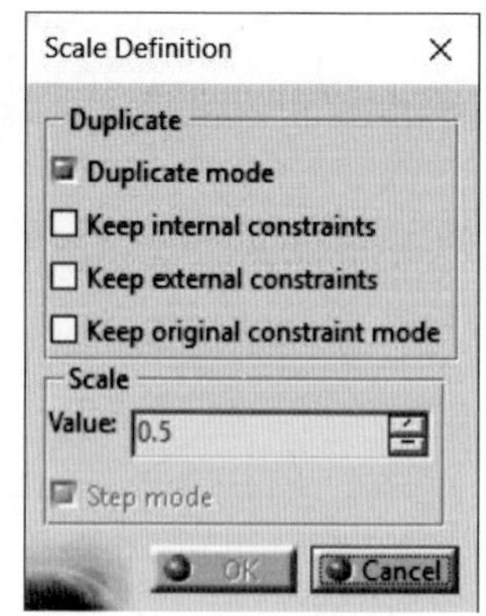

  - Scale 기능은 현재 Sketch의 형상 요소의 크기를 일정 비율을 가지고 크게 하거나 작게 할 때 사용
  - 완성된 형상이나 도면 파일에서 형상 요소를 가져왔을 때 그 스케일이 잘못되었을 때 전체 Sketch의 크기를 크게 하거나 작게 할 때 사용
  - Scale하기 위해 기준점이 되는 시작 위치를 반드시 지정해 주어야 함
  - 세부 Option은 Translate와 동일

- Offset

  - 선택한 형상을 일정 간격을 띄워서 만들어 주는 명령
  - Offset Mode

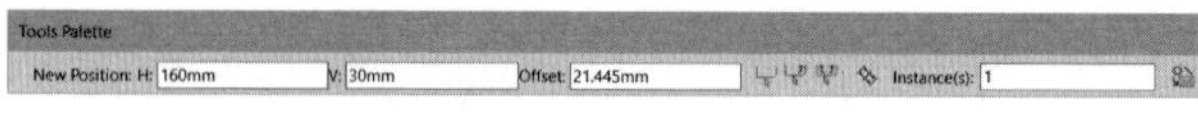

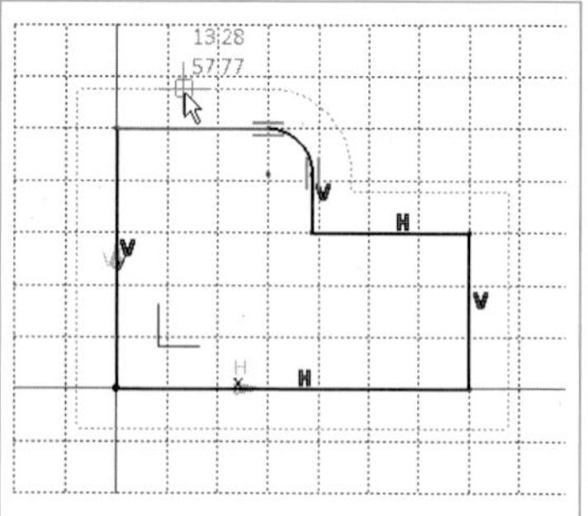

  - No Propagation
  - Tangent Propagation
  - Point Propagation
  - Both Side Offset

▶ Flyout of Project 3D Elements

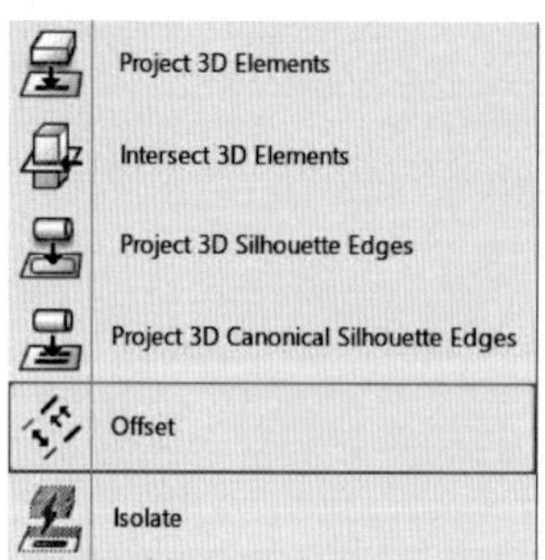

- Project 3D Elements

  - 3차원 형상의 면 또는 모서리, 꼭지점 등을 현재의 기준 Sketch에 투영된 Geometry를 생성하는 명령
  - 기준이 되는 3차원 형상에 종속되기 때문에 형상의 임의 수정은 Isolate하기 전엔 불가능
  - Projection의 원본이 되는 3차원 형상 또는 다른 2차원 요소에 대해서 형상 업데이트가 있는 경우 함께 업데이트 됨
  - 투영된 Geometry는 노란색으로 표시
  - Spec Tree에서는 선택한 요소 만큼 Projection으로 생성됨

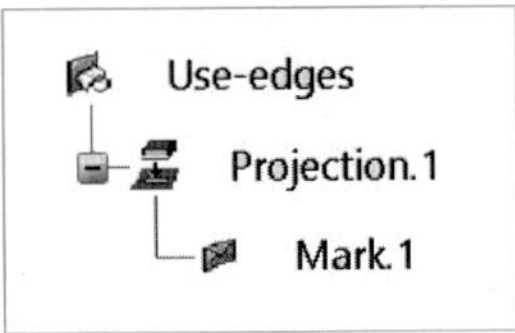

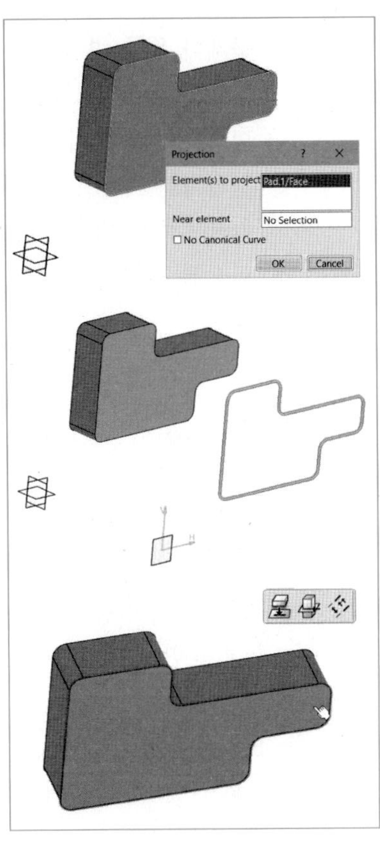

  - 3차원 형상의 특성에 따라 투영하지 못하는 요소(구나 원통면 등 날카로운 모서리가 없는 경우)도 있음
  - 형상에 따라 Context Toolbar에서 선택 가능

- Intersect 3D Elements

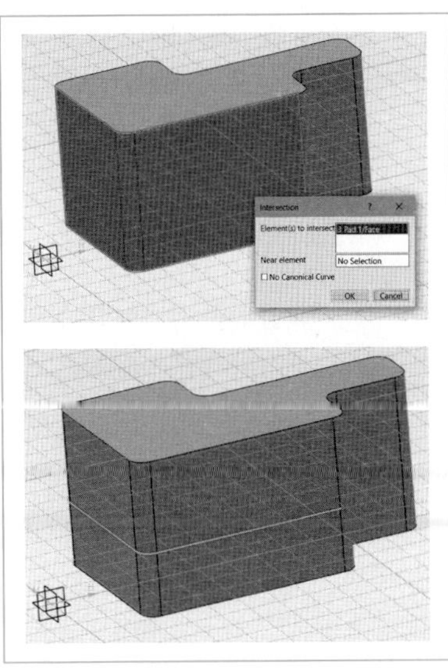

  - 현재 Sketch 평면과 교차하는 부분을 투영
  - Sketch 평면과 형상의 선택된 면 또는 선 부분의 교차하는 모양을 투영하여 2차원 요소로 생성

- Project 3D Silhouette Edges

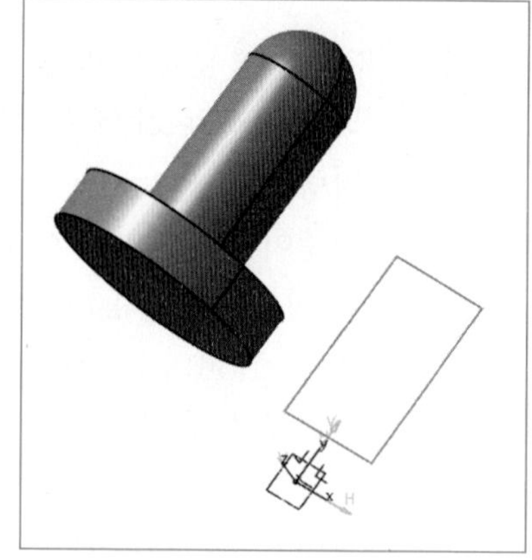

- 구체나 원통 면과 같은 회전체의 옆면 실루엣 형상을 현재 Sketch 면에 투영
- 회전체의 경우 회전에 의해 만들어진 옆면 부분은 일반적인 Project 3D Elements 로 가져올 수 없으므로 이 명령을 사용하여 실린더나 구와 같은 회전체 형상의 외곽면을 Sketch 평면으로 투영 가능

- Isolate

- 선택한 형상 요소가 다른 대상에 종속된 경우(Projection으로 생성된 대상과 같은 경우) 이러한 종속 관계를 끊어주는 기능
- Isolate한 결과물은 다시 종속시키는 것은 불가능
- Project 한 결과물을 Isolate 한 경우 Spec Tree에 다음과 같이 일반 Geometry로 변경됨

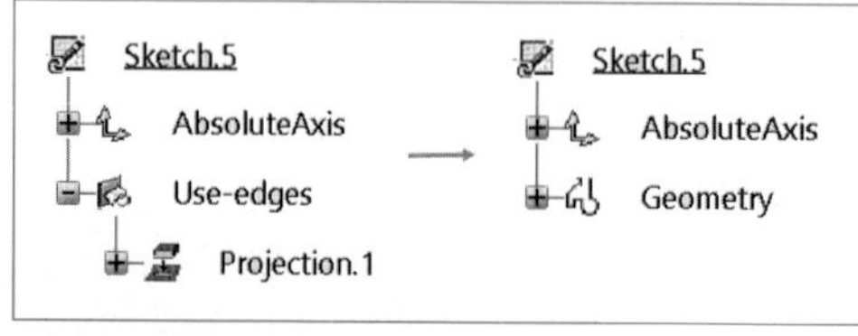

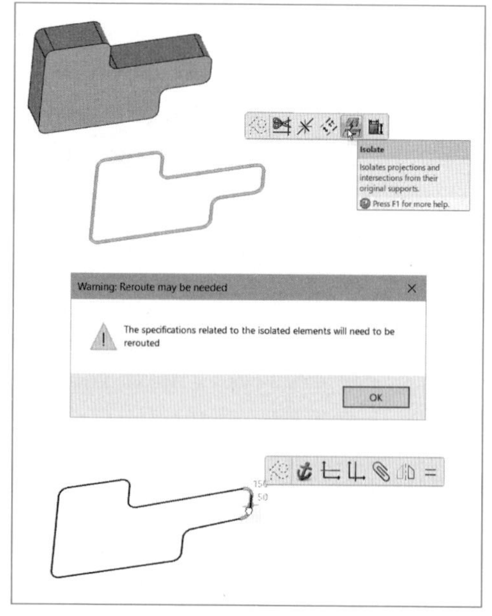

- Construction/Standard Element

이 명령은 Sketch 상에서 그린 Geometry 요소를 3차원 형상 작업 시에 사용할 수 있는 Standard 요소로 할 것인지 Sketch 상에서만 그 형상 및 구속을 확인할 수 있는 보조선 역할의 Construction 요소로 정의할 것인지를 설정할 수 있는 기능을 합니다. 생성한 Geometry를 선택하여 변경해 줄 수 있으며 옵션을 ON/OFF하여 생성되는 모든 Geometry를 변경해 줄 수 있습니다.

Standard Element	Construction Element
Standard Element는 일반적인 2차원 Sketch Geometry 요소로 보면 되는데 Sketcher App에서 작업을 마치고 3차원 작업 App로 이동하여서도 그 요소를 사용할 수 있는 형상을 말합니다. 우리가 일반적으로 Sketch에서 그려주고 구속하는 대상입니다.	Construction Element는 Standard Element와 달리 Sketcher App에서만 그 기능을 다하고 3차원 App로 이동하게 되면 화면에 나타나지 않으며 그 요소를 사용할 수 없게 됩니다. 물론 해당 형상이 완전히 사라지거나 형상이 가진 구속이 지워지는 것은 아니며 단지 출력되지 않을 뿐입니다. Construction Element는 Sketcher App에서 제도 작업을 하는데 필요한 보조 도구 역할을 한다고 보면 됩니다.
Sketcher App / 3D App	Sketcher App / 3D App

Construction/Standard Element 전환은 Context Toolbar에서도 활용 가능합니다.

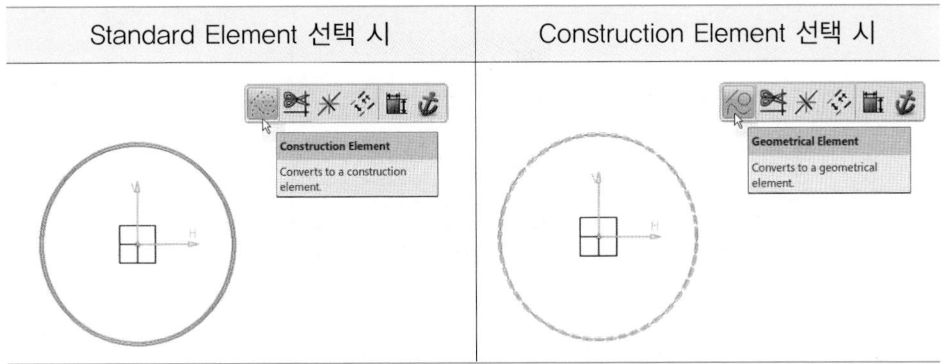

참고로 Standard Element를 정의하는 데 있어 Construction Element가 사용되기도 합니다. 아래 그림에서 Line은 Construction Element인 두 개의 Point로 구성됩니다.

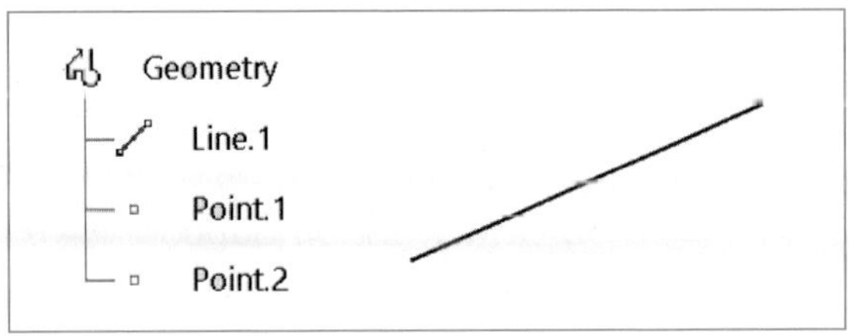

이와 같은 두 요소의 성질을 잘 이용하면 매우 복잡한 형상을 제도하는 데 있어 효율적인 작업을 할 수 있습니다. 가령 형상을 만드는 데 있어 보조선이나 보조 형상이 필요하다고 하면 Standard Element와 Construction Element를 적절히 조합하여 작업할 수 있을 것입니다.

다음은 다각형을 생성하는 Polygon 명령을 통해 형상을 생성한 결과입니다. 자세히 보면 실선인 Standard Element와 점선으로 보이는 Construction 요소가 복합적으로 하나의 결과물을 만드는 것을 알 수 있습니다. 여기서 Construction 요소가 불필요해 보인다고 삭제하게 되면 형상 구속 조건이 깨지게 됩니다.

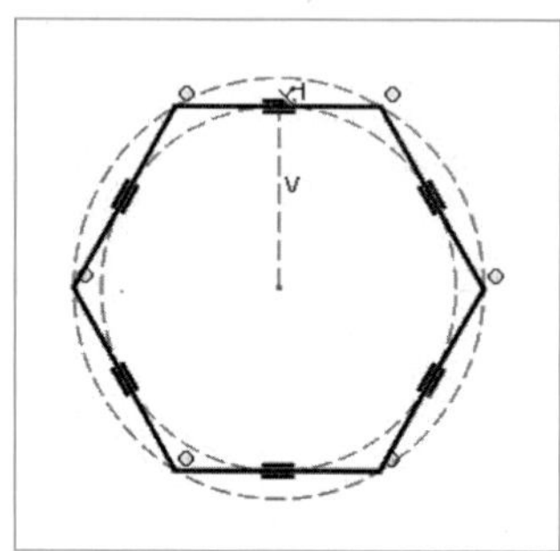

▶ Flyout of Dimension Constraints

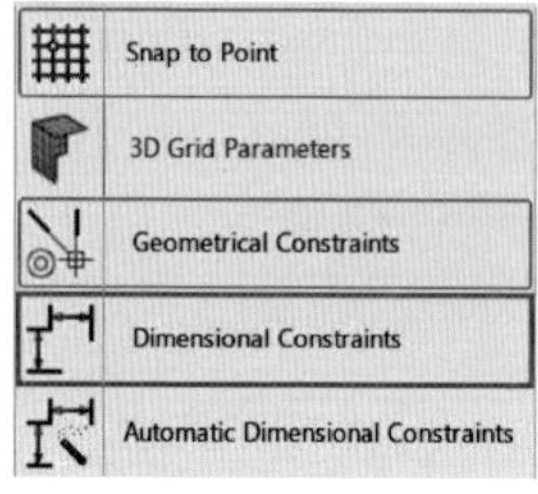

- Snap to Point

Snap 기능이란 Sketcher Workbench에 들어갔을 때 격자 간격으로만 커서가 놓일 수 있게 하는 Option입니다. 이 기능을 체크해 두면 임의의 지점에 Profile을 그리기 위해 마우스를 움직이면 포인터가 격자와 격자 사이로만 움직이는 것을 볼 수 있습니다.

- 3D Grid Parameters

이 Option은 G.S.D App에서 사용하는 3D Grid 값을 Sketch에서 사용하고자 할 경우에 사용합니다. 기본적으로 3D Grid(Work on Support)가 없는 경우에는 비활성화되어 있으며, 3D Grid가 있는 경우에 이 Option을 활성화하면 Sketch Grid가 아닌 3D Grid로 격자 표시가 바뀌게 됩니다.

- Geometrical Constraints

  Geometrical Constraints는 간단히 말해 형상에 대한 기호로 정의되는 구속으로 보면 되는데 수치로 나타나는 구속이 아닌 수직, 수평, 평행, 직교 등과 같은 구속이라고 생각하면 됩니다. 이 아이콘이 활성화하지 않으면 이러한 Geometrical Constraints를 줄 수가 없게 됩니다.

- Dimension Constraints

  Dimensional Constraint는 앞서 Geometrical Constraints와 같이 Sketch 상에서 구속을 제어하는 역할을 하는데 앞서의 것과 다른 것은 이 아이콘은 수치로 나타나는 구속을 제어한다는 것입니다. 이 수치 구속이 CATIA에서 두 번째 구속의 종류로 숫자로 나타낼 수 있는 길이, 거리, 지름, 각도 등과 같은 구속을 의미합니다.
  이 아이콘 역시 반드시 Sketch Tools에 활성화되어 있어야 합니다. 명심하기 바랍니다.

- Automatic Dimensional Constraints

  Sketch App 상에서 형상을 제도하다 보면 구속을 별도로 지정해 주는 것에 불편함을 느낄 수 있습니다. 형상을 그리고 구속하는 작업을 반복하는 과정을 간소화하기 위하여 형상을 그릴 때 형상에 대한 Internal Constrain만큼은 자동으로 생성할 수 있도록 이 Option을 켜 놓을 수 있습니다.
  가끔은 실제 설계 작업에는 불필요한 구속이 생성되기도 하는 데 필요에 따라 해당 Option을 활성화하여 Sketch 작업하기 바랍니다.

▶ Flyout for Close Arc

- Close Arc

  - 이나 타원, 닫힌 Spline 같은 단 요소의 닫힌 형상에 대해서 일부분이 잘려나간 경우 이를 다시 처음의 닫혀 있던 상태로 돌려주는 기능
  - 원이나 타원, 닫힌 Spline 형상에 대해서만 사용이 가능
  - 사용법은 단순히 이러한 형상을 클릭

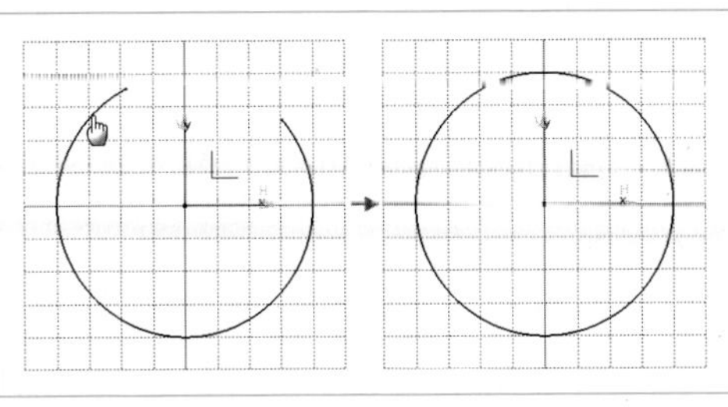

- Complement

  - Complement는 원이나 타원, 닫힌 Spline과 같은 형상의 일부가 잘려져 나갔을 때 현재 부분을 현재 남아있는 부분의 반대 부분으로 바꾸어 주는 작업을 수행

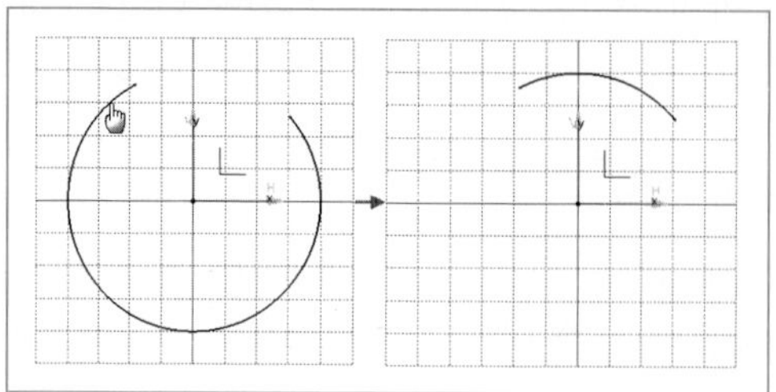

▶ Flyout for Output Feature

- Output feature

  - 현재 Sketch에서 만들어진 성분들을 각각의 요소들로 분리하여 3차원 App 상에서 개별 인식할 수 있도록 정의
  - 명령을 실행하고 분리하고자 하는 대상을 선택
  - Sketch 안에서는 수정 및 변경이 가능
  - Sketch 상에서 Contextual Menu를 사용하여 정의하는 것도 가능

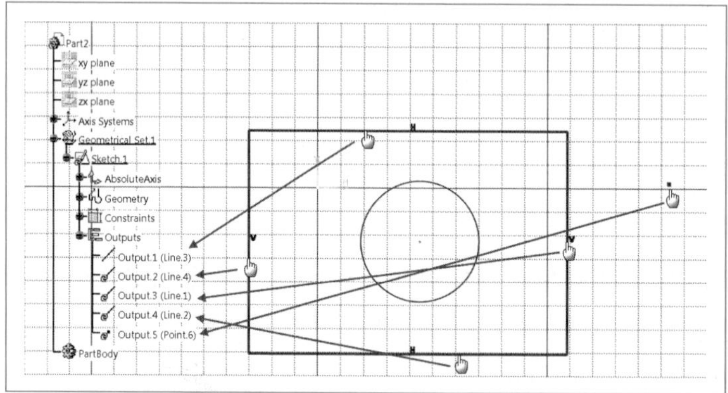

- 3D Profile

  - Output Feature 명령과 유사하나 각각의 Sketch 성분들을 낱개로만 인식하는 것 뿐만 아니라 연결된 Profile의 경우 이들을 연결된 상태로 Feature로 분리하여 사용 가능
  - 다음과 같은 Definition 창을 통하여 이름 및 색상을 정의

- 만약에 위와 같은 연결된 형상 중에서 닫혀있는 Profile 상태가 아닌 일부분만을 Profile Feature로 사용하고자 할 경우 Definition 창에서 Mode를 Wire(Explicit Definition)으로 변경한 후 Check connexity를 해제한 후에 원하는 것만을 선택도 가능
- 하나의 기준면에 대해서 Sketch를 만들 때 여러 개의 Sketch를 만들지 않고 하나의 Sketch에서 작업한 후에 분리하여 사용할 수 있음

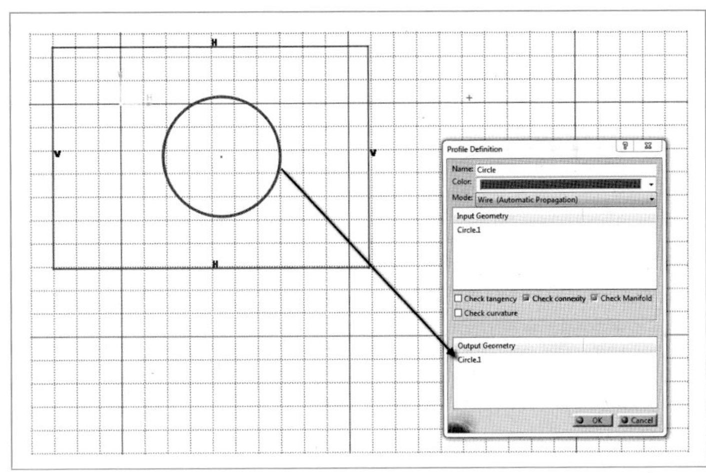

■ Analysis

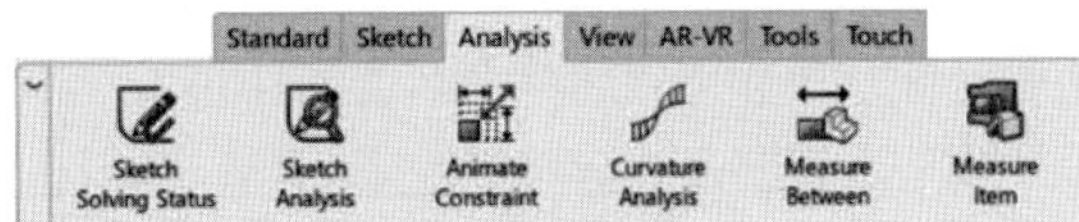

- Sketch Solving Status

  현재 Sketch 구속 상태가 어떤지를 알려주는 명령으로 명령을 실행하면 현재 Sketch의 구속 상태에 대해 다음과 같은 창으로 메시지를 보여줌

  - 구속이 들어가지 않았을 때(흰색)

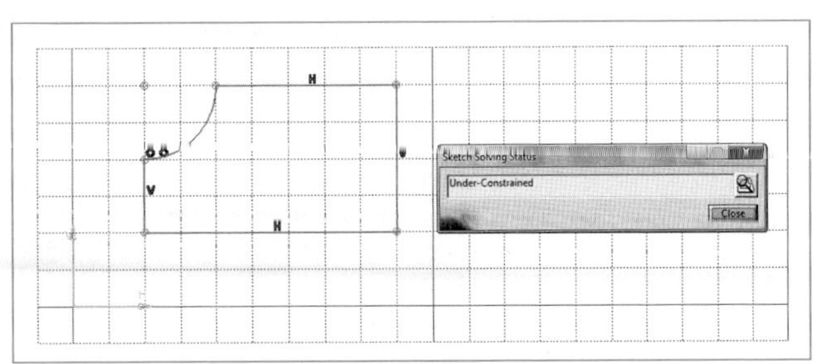

- 구속이 바르게 들어갔을 때(녹색)

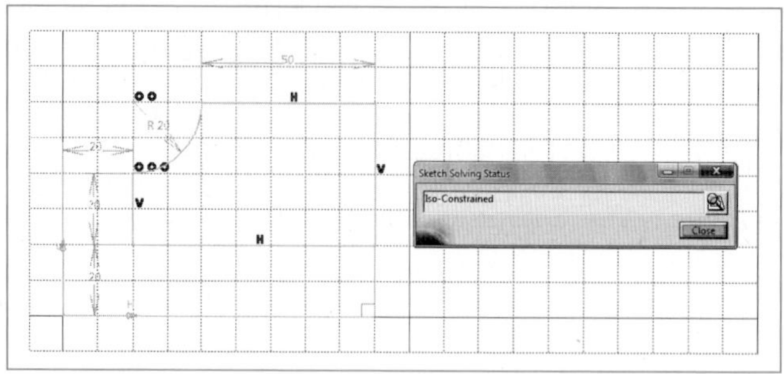

- 구속에 중복이 있을 때(보라색)

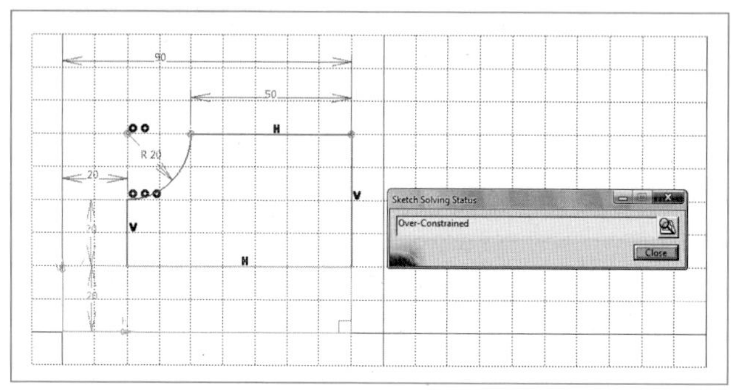

- Sketch Analysis

  - 현재 Sketch에 그려진 형상에 대해서 분석을 해주는 도구로 Geometry가 어떻게 구성되며 이들 각각의 요소는 닫혀있는지 외부 형상으로부터 Projection이나 Intersection을 사용했는지, 구속의 상태를 표시

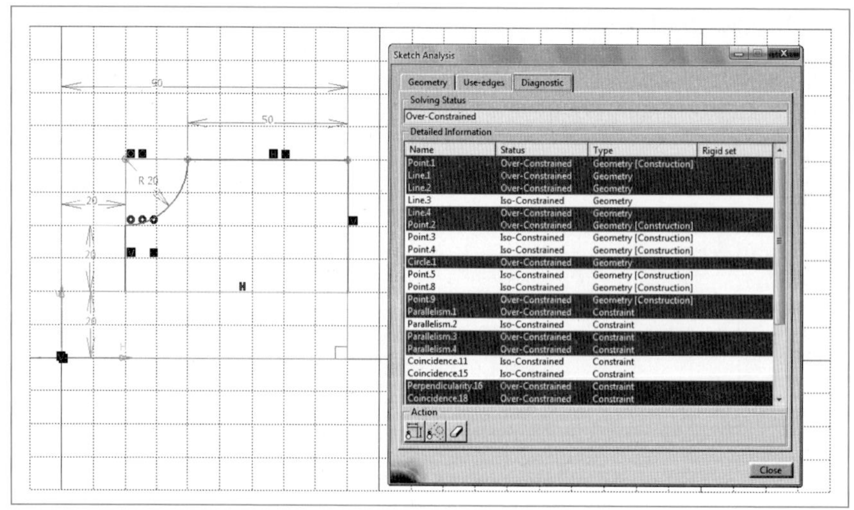

- Animate Constraints
  - 주어진 구속 값을 변수로 하여 치수가 정해진 범위를 움직여 볼 수 있게 정의
  - 선택된 구속 부분에 치수 값의 범위를 가늠하거나 변경하였을 때 다른 부분과 간섭이나 충돌이 없는지 2차원 기구학 분석을 할 때 사용
  - 변형하고자 하는 구속을 선택 후 Definition 창에서 범위와 증분 등의 설정 가능

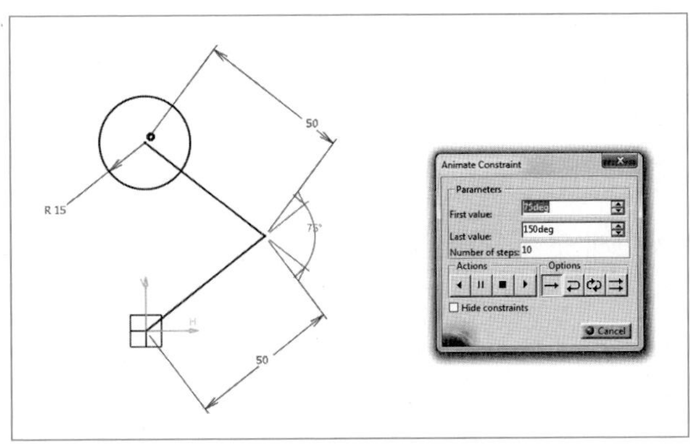

- Curvature Analysis
  - 주로 G.S.D에서 곡면 또는 곡선 설계에서 사용되던 기능으로 대상의 곡률 정보를 분석
  - 상세한 기능 설명은 G.S.D App에서 확인

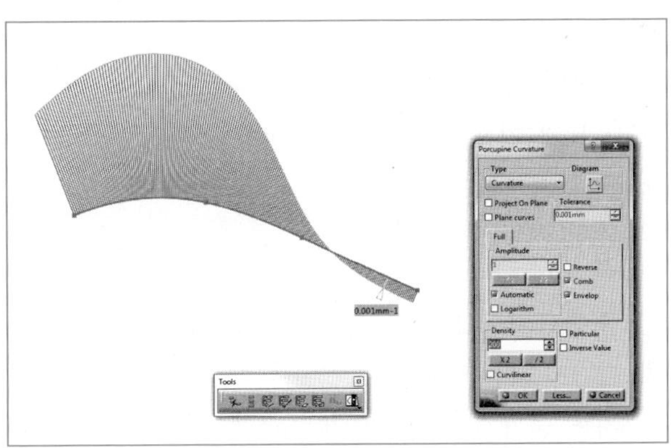

■ View

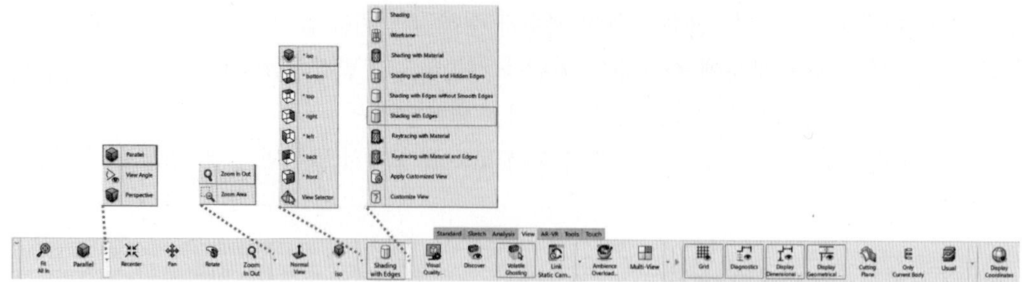

- Display Grid

  이 Option을 체크해 놓게 되면 Sketcher App에 들어왔을 때 화면에 격자가 표시됩니다. 2차원 형상을 제도하는 데 도움을 줍니다. 만약에 작업에 방해가 된다면 해제해 두어도 상관없습니다.

- Diagnostics

  Sketch 형상의 구속 정도에 따라 색상으로 알려주는 것을 활성화합니다. 이 명령이 꺼져 있는 경우 색상으로 구속 상태를 알려주지 못합니다.

- Display Dimensional Constraints

  Sketch 형상에서 수치 구속을 출력시키게 합니다. 만약에 이 명령이 꺼진다면 화면에 Sketch 치수 구속이 출력되지 않습니다.

- Display Geometrical Constraints

  Sketch 형상에서 문자 기호화된 구속을 출력시키게 합니다. 만약에 이 명령이 꺼진다면 화면에 Sketch 문자 기호 구속이 출력되지 않습니다.

- Cutting Plane

  - 현재 Sketch 평면을 기준으로 작업자의 시각 앞을 가리는 Solid 또는 Surface 물체를 절단하여 보이게 하는 명령
  - 작업자에게 3차원 물체로 인한 현 Sketch에서 작업 방해를 받지 않기 위한 용도로 사용
  - 실제로 형상을 잘라 절단한 결과물을 만드는 것이 아니므로 Sketch App을 벗어나거나 명령을 해제하면 원래대로 돌아옴

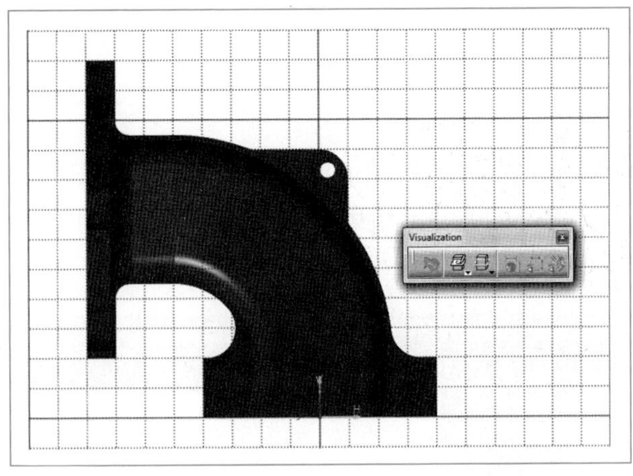

SECTION 02 Part Design App

Part Design App은 CATIA의 3차원 단품 Solid 형상을 만드는 App입니다. Sketch App에서 작업을 끝낸 Sketch를 사용하여, 또는 기타 Profile 요소를 사용하여 Solid 형상을 만들게 됩니다. 이 장에서는 앞서 배운 Sketch App의 작업 능력을 갖추고 3차원 Solid 형상을 만드는 방법을 설명할 것입니다. 또는 STEP 파일의 Solid 데이터를 수정하는데 사용할 수 있습니다. Solid 형상이란 형상의 외형은 물론이고 내부 부피까지 가지는 형상을 말합니다.

이러한 Solid 모델링은 CAD/CAM 시스템을 구성하는 가장 고급인 모델링 기법으로 형상을 구성하는 방식은 Wireframe이나 Surface 모델링 방식과 다르지 않지만, 공학적 해석(부피, 무게, 관성 모멘트값 등)을 실행할 수 있어 형상이 만들어졌을 때 주변 경계 조건에 따라 물체에 영향을 주는 상태를 파악할 수 있습니다.

이번 장을 마치게 되면 여러분은 간단한 단품 Solid 형상을 만들 수 있게 됩니다. 그러나 Part Design만으로는 형상 표현에 있어 제약이 따르게 됩니다. 그래서 다음 장에서 배우게 될 G.S.D App와 함께 Solid와 Surface의 Hybrid Design 작업 방식을 선호하게 될 것입니다.

이제 여러분은 CATIA가 자랑하는 사용자와 작업 간의 즉각적인 3차원 상호작용에 의한 형상 설계 및 수정 방식을 경험하게 될 것입니다.

A. Part Design App 시작하기

■ Part Design 들어가기

3D Part를 사용하는 Part Design App은 다음과 같이 COMPASS에서 즐겨찾기에 Part Design App을 등록하여 사용하는 방법이 일반적입니다. 즐겨찾기에 등록해 놓으면 App 실행 시 단축키를 지정하여 사용할 수도 있습니다.

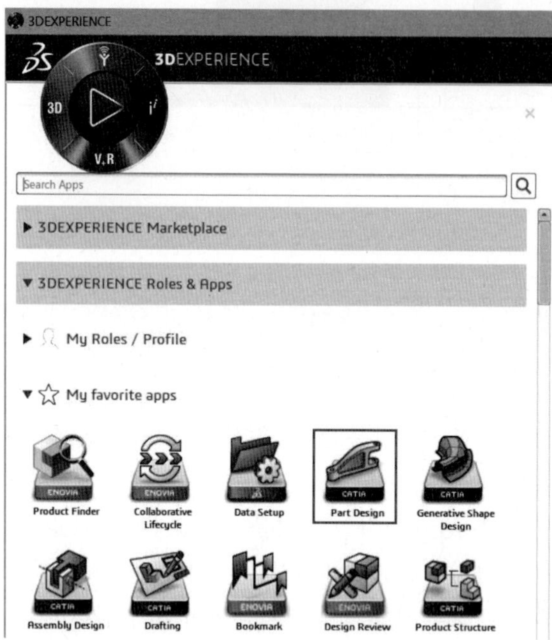

또한 새로운 3D Part를 생성하거나 서버에서 3D Part를 불러오는 방법도 사용할 수 있습니다. 그러나 이 경우 이전에 사용하였던 모델링 App을 기억하여 3D Part가 생성 또는 열리는 것이기 때문에 Part Design App이 아닌 다른 App으로 시작할 수도 있습니다.

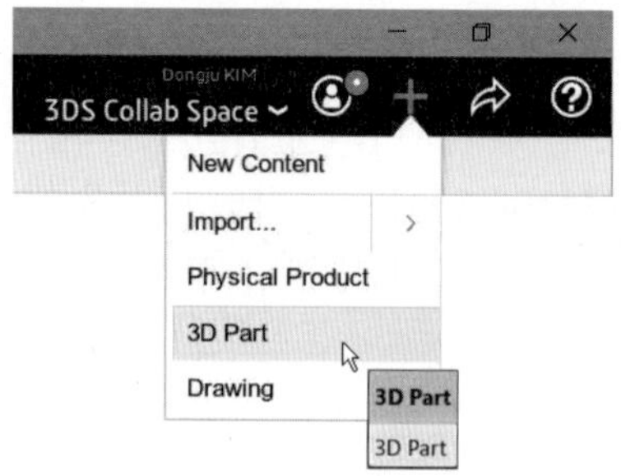

새로운 3D Part를 생성하며 Part Design App을 실행할 경우 다음과 같은 3D Part 정의 창이 나타날 수 있도록 설정을 해두기 바랍니다.(4장 Section 6 참고) 여기서 작업자는 생성할 3D Part Object의 Title, Description, Design Range, Hybrid Design 설정 및 Geometrical Set의 추가 여부를 정의할 수 있습니다.

3D Part
3D Part | 3D Shape | Characteristics
Title: Physical Product00000021
Name: prd-86230931-00000021
Description
Design Range: Normal Range
Collaborative Policy: Engineering Definition
OK Cancel

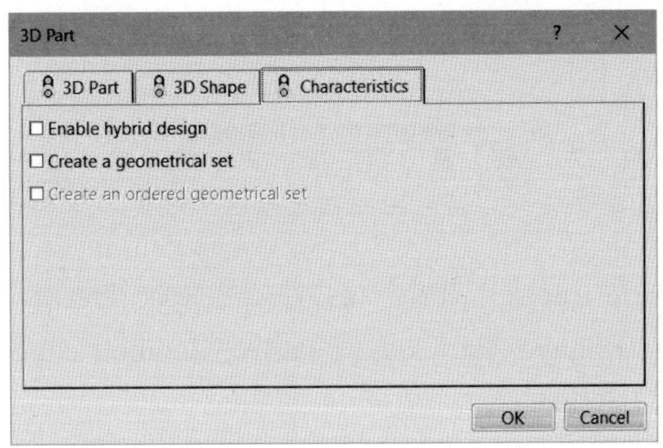

여기서 중요한 것은 Title을 정확히 기재하는 습관을 기르는 것입니다. 흔히 바로 모델링 작업에 들어와 형상 제도에만 집중하면서 빼먹는 행동이 대상 정보를 올바르게 기입하는 것입니다. Title을 정의하지 않아도 데이터는 큰 문제가 없어 보이기에 생략할 수 있다고 생각할 수 있지만 Assembly Design과 같이 Product 상에서 여러 개의 Part를 다루다 보면 이들의 이름이 정확히 주기 되지 않으면 혼동을 줄 수 있다는 점을 주의해야 합니다. (위 경우는 기본 환경 상태(OOTB : Out Of The Box)에서 설정값을 보여주며 관리자에 의한 커스터마이징이 가능합니다.)

Title은 각 작업 방식이나 회사의 규칙에 따라 다양한 방법이 나올 수 있습니다.(규칙을 엄수하는 회사에서는 자동으로 도큐먼트 생성 시 특정 룰을 지정하기도 합니다.) 대상의 부품명을 기입하거나 또는 작업 날짜와 접목한 이름을 정의하여 Part의 이름에 의한 혼선을 줄여야 합니다.

Part Design App에 들어가게 되면 다음과 같은 화면 구성을 볼 수 있을 것입니다. 좌측에 Spec Tree와 가운데 Reference Elements(XY, YZ, ZX 평면), 하단에 Section Bar 등을 확인하기 바랍니다.

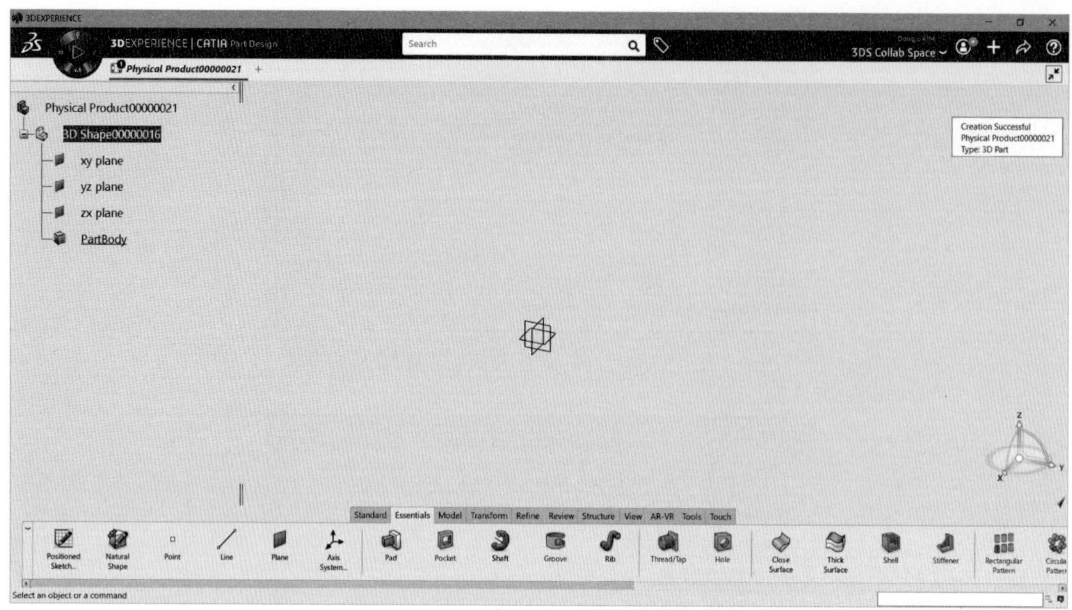

이러한 Part Design App에서 작업은 다음과 같은 Spec Tree를 가지게 되는데 이 Spec Tree에서 Part, 3D Shape, PartBody, Feature, Geometrical Set 등이 가지는 의미와 역할을 생각해 보기 바랍니다.

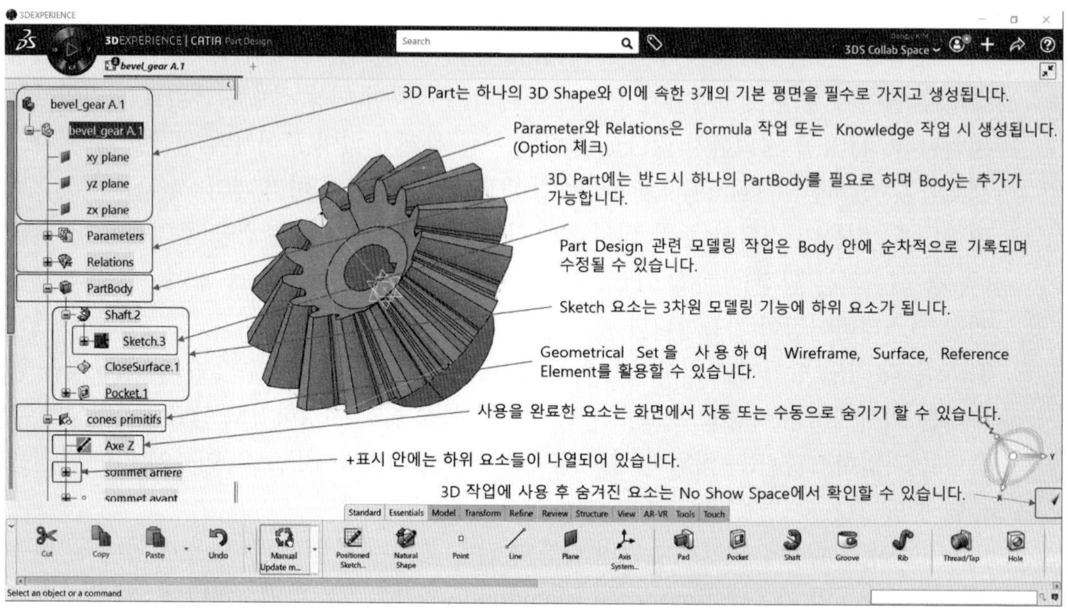

■ Part Design 작업 순서

Sketch App와 마찬가지로 Part Design App에서의 작업 방식에도 기본적인 작업의 흐름이 있습니다. 이 흐름을 기준으로 작업의 방향을 잡게 되면 쉽게 원하는 형상을 만들 수 있으리라 생각합니다. Part Design App에서의 작업 순서는 대략적으로 다음과 같습니다.

- STEP 01 – Rough Feature

  2차원 Sketch 형상을 이용하여 바탕이 되는 Solid 형상을 만듭니다. 여기서 Profile 형상은 반드시 Sketch가 아닌 형상의 면이나 DWG, DXF 파일을 불러와 사용도 가능합니다. 이때 만들어진 3차원 형상은 Sketch의 단면 형상에 의존한 형상을 하고 있어 추가적인 수정 또는 다듬기 작업을 해주게 됩니다.

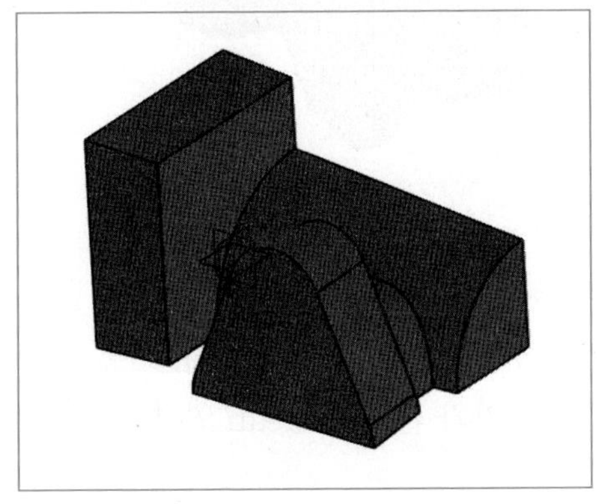

- STEP 02 – Dressup Feature

  Sketch를 이용하여 만든 거친 형상을 다듬어줍니다. 이 단계에서는 형상을 만들어 내는데 있어 Sketch를 이용하지 않고 명령 자체의 기능만을 주로 이용하여 작업이 수행됩니다.

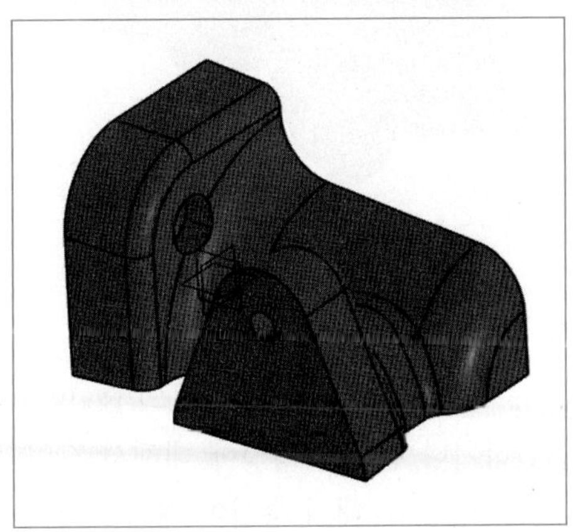

- STEP 03 – Additional Feature

  필요에 따라 형상을 이동시키거나 같은 형상을 대칭 복사하거나 반복적으로 만들어 낼 수 있으며 추가로 Surface 형상을 이용하여 3차원 형상을 만드는 작업도 가능합니다.

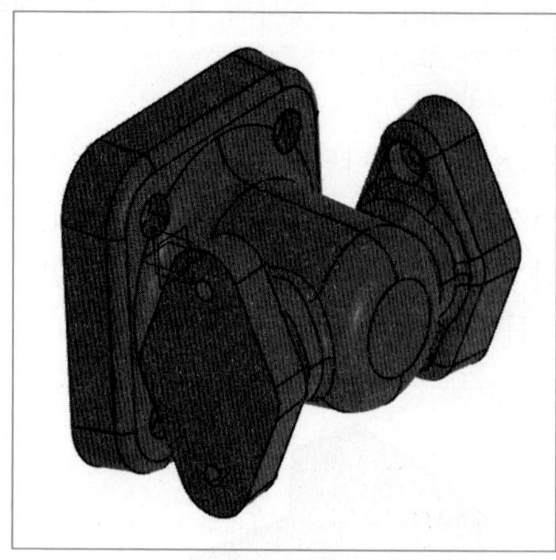

- STEP 04 – Advanced Feature

  작업의 난이도에 따라서는 Boolean Operation 기능을 사용하여 형상을 정의한 Body와 Body 사이에 합 또는 차와 같은 Boolean 연산을 수행하여 복합 형상을 생성합니다.

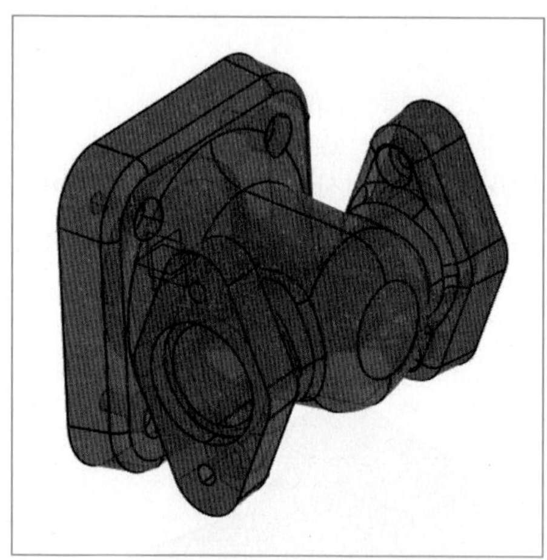

■ Multi-Body Operation

일반적으로 Part Design에서 모델링 작업은 하나의 Body를 사용합니다.(PartBody) 그러나 이것은 아주 간단하거나 단순한 형상에 대해서 작업할 경우에 대해서 입니다. 실제 어떤 제품을 만든다고 한다면 수 내지 수십여 개의 Body를 사용하여 하나의 Part 도큐먼트를 완성하기도 합니다.

이는 간단한 형상들로만 Part 도큐먼트를 구성하였을 경우 나중에 불필요하게 Assembly 상에서 많은 컴포넌트를 불러오는 불편을 없애기 위한 방법론이기도 합니다.
Body를 분리하여 작업하는 데에는 다음과 같은 이점이 있습니다.

- Body는 서로 독립된 Part 도큐먼트로 분리할 수 있습니다.
- Body는 다른 Body끼리 연산할 수 있습니다.
- Body끼리 나누어 작업하면 복잡한 Part 도큐먼트라 하더라도 쉽게 수정할 수 있습니다.
- Body를 나누어 작업하면 불필요하게 Assembly를 많이 사용하지 않아도 됩니다.
- Body를 나누어야지만 각 Body에 대해서 재질(Material)을 적용하거나 색상을 변경하는 등의 작업이 가능합니다.

Multi-Body를 활용한 모델링 방법은 이후 Boolean Operation에서 상세히 다루겠습니다.

Parents & Children

어떠한 하나의 형상을 만들게 되면 우리는 일련의 순서를 통해 정의하는 과정을 거치게 됩니다. 이러한 과정을 지나면서 어떤 작업을 먼저하고 그 작업을 이어 다음 작업을 하게 되는 데 이러한 작업의 순서에 의해 Parents/Children 관계가 성립됩니다.
다음과 같이 Context Menu를 통해서 Parent/Children 관계를 확인할 수 있습니다.

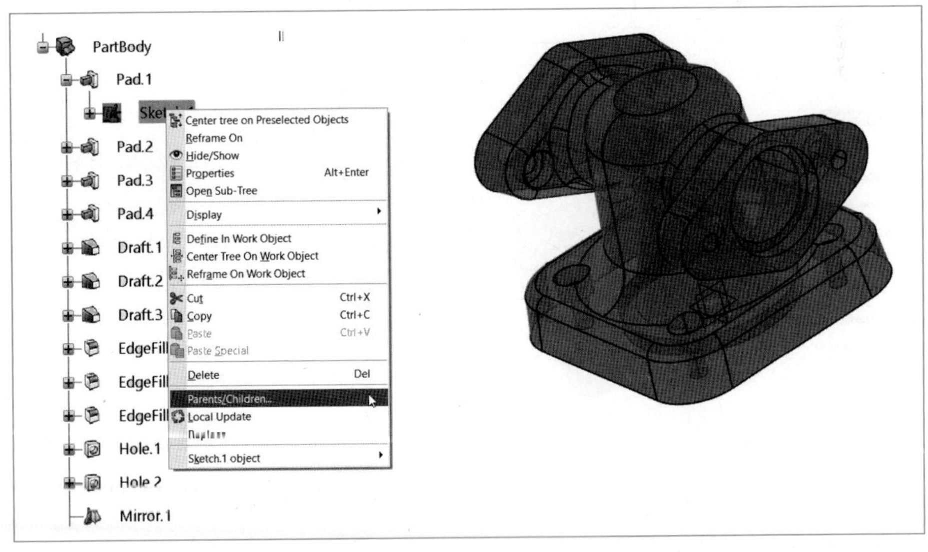

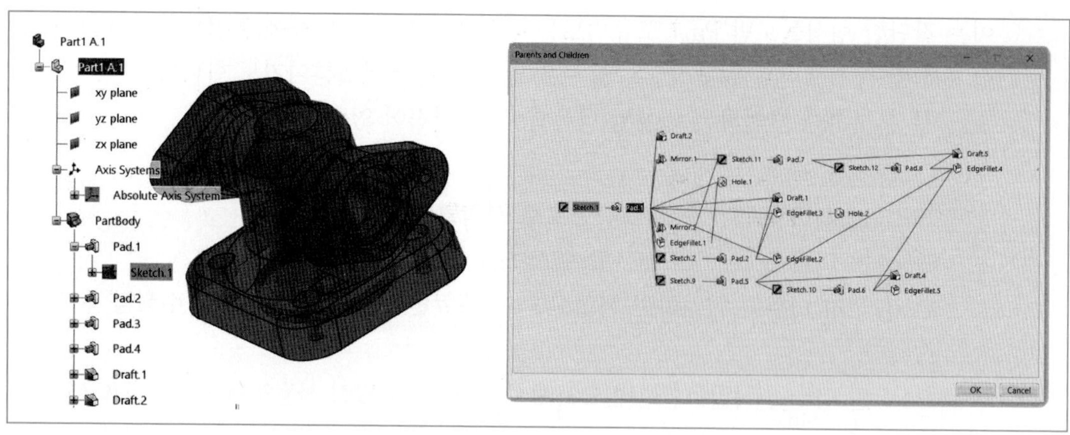

■ Reorder

Body에서 작업은 시작에서부터 끝까지 그 작업에 대한 순서가 Spec Tree 안에 남게 됩니다. 이 작업 순서를 무시한 채 다른 작업을 할 수 없으며 중간에 어떤 작업으로 인해 생긴 형상을 강제로 지울 수 없습니다. 이는 다음 작업 형상과 연관이 있기 때문입니다.
따라서 작업의 순서에 의한 Body의 형상은 큰 차이가 있게 됩니다. 그리고 어떤 작업을 먼저 했는지도 중요한 영향을 미치게 되는데 이로 인해 때때로 우리는 작업의 순서를 조정하려고 합니다. 그래서 CATIA에서 제공하는 기능이 바로 Reorder입니다. 말 그대로 순서를 다시 정렬한다는 뜻인데 Spec Tree에서 작업을 순서를 조절할 수 있습니다.
아래 그림은 Pocket으로 원형 형상을 생성한 결과가 두 번의 Mirror 전에 작업한 형상을 Reorder를 통해 Mirror의 마지막으로 순서를 변경하는 과정과 그 결과를 보여줍니다.

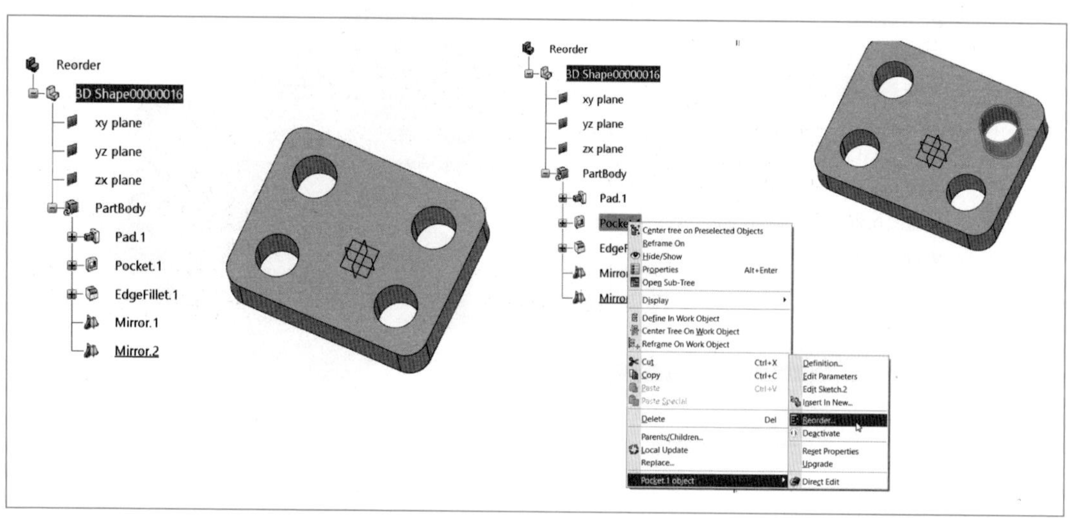

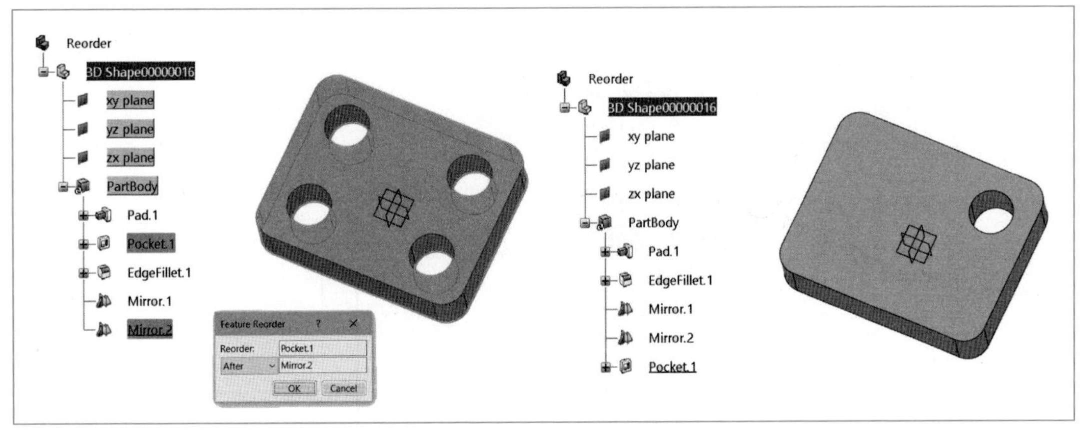

B. Section Bar

여기서는 Part Design App에서 사용 가능한 Solid 모델링 관련 기능들에 대해서 살펴보겠습니다. 각 기능이 하는 역할을 이해하고 활용할 수 있어야 하겠습니다.
풍부한 연습을 통해서 각 명령이 어떤 기능을 하는지 숙지하기 바랍니다.

■ Standard

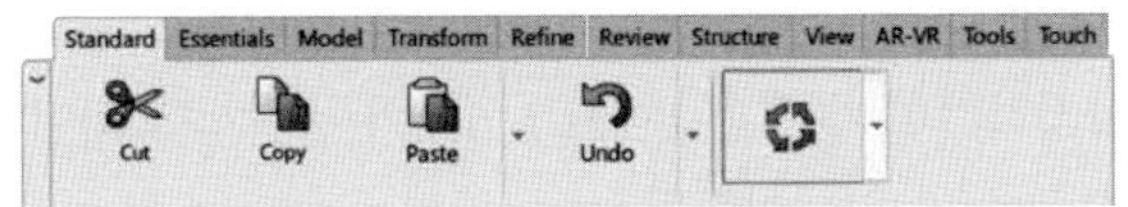

- Update
  - 업데이트를 실행하기 위해 실행하는 명령
  - 일반적인 3D Part에서 작업은 자동으로 업데이트되지만, 별도의 업데이트 지시가 필요한 경우나 업데이트 Mode를 수동 으로 하였을 때 이 명령을 클릭하여야지만 3D Part 안에 변경된 사항이 업데이트 됨
  - Context Menu에서도 실행 가능

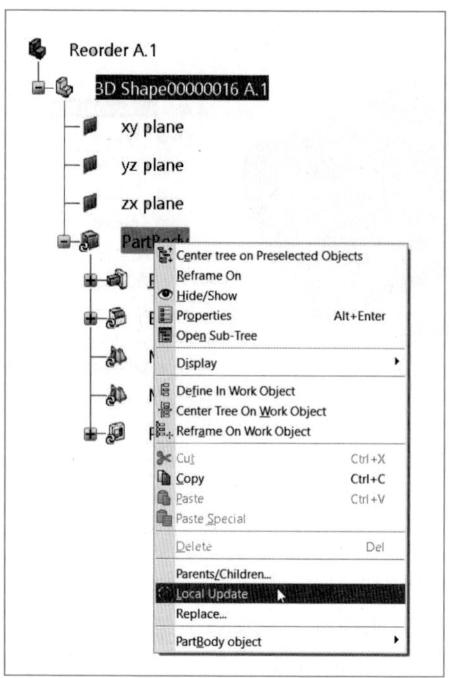

- Manual Update
  - 3D Part에서 업데이트 작업을 수동으로 하도록 설정.
  - 이 명령을 활성화하면 자동 업데이트 Mode가 비활성화 되어 업데이트 를 실행하여야지만 3D Part가 업데이트됨

■ Essentials

각각의 Section Bar로 나누어진 기능들을 필수 요소로만 모아 하나의 Section Bar에 모아놓은 것입니다. 각각의 설명은 본 Section Bar의 위치에서 설명하겠습니다.

■ Model

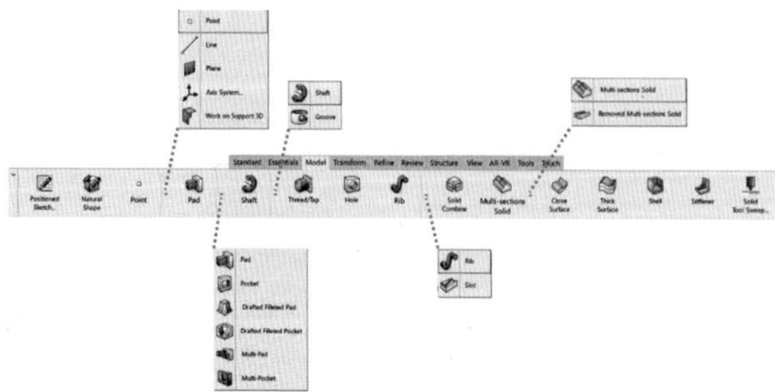

- Positioned Sketch
  - 3D Part 상에 Sketch를 생성해 주는 기능
  - 기존의 Sketch를 수정하기 위해서는 해당 Sketch를 더블 클릭
  - Sketcher App 설명 참고

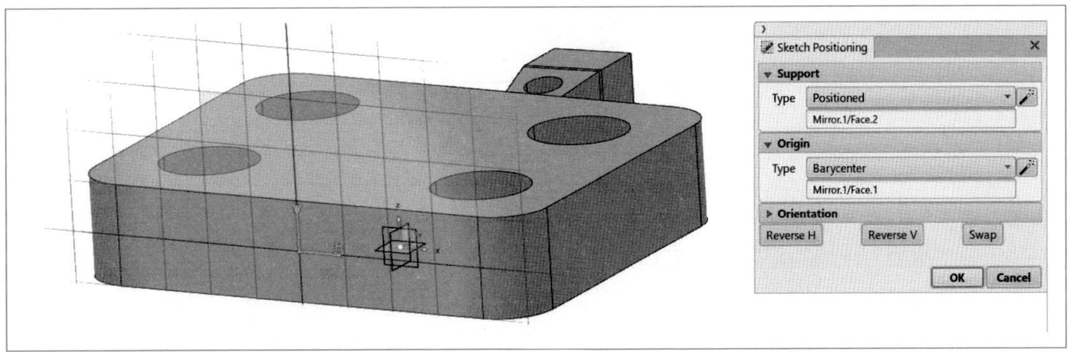

- Natural Shape

Natural Shape란 직관적인 조작을 통해 3차원 형상을 설계하는 3DEXPERIENCE Platform의 Native App으로 사용자의 편의를 위해 고안되었습니다. 기존의 모델링 App들이 가지는 치수나 명령어 중심의 설계 인터페이스에 변화를 준 설계 방식이라 할 수 있습니다. 기존 Part Design App이나 G.S.D App과 연동할 수 있어 Section Bar에 추가되어 있습니다.

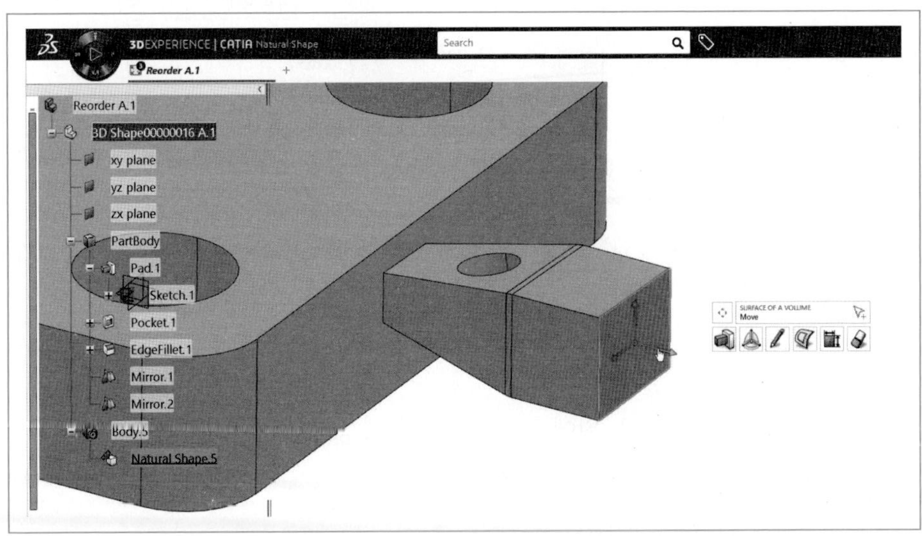

Natural Shape App (CATIA Natural Shape) 은 추후 별도의 교재를 통해 상세히 설명하도록 하겠습니다.

▶ Flyout for Point

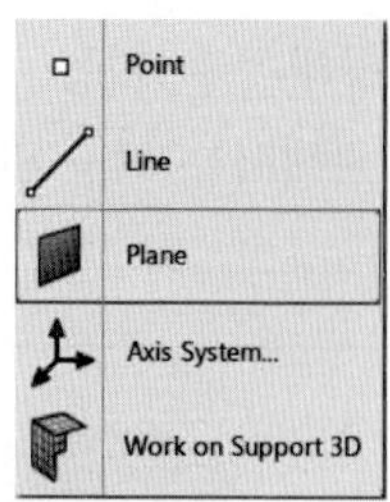

- Point

  - 3차원 공간상에 Point를 생성하는 명령
  - 평면이 아닌 3차원 상에 Point를 생성하는 명령으로 총 7가지 방식으로 정의 가능

① Coordinates

- 가장 단순한 형태로 Point의 위치를 각각 X, Y, Z 방향의 좌표 값을 정의하여 Point를 생성
- Reference에 입력한 위치를 기준(포인트 또는 Axis)으로 입력되며 하단에 별도로 입력하지 않으면 원점을 기준으로 정의

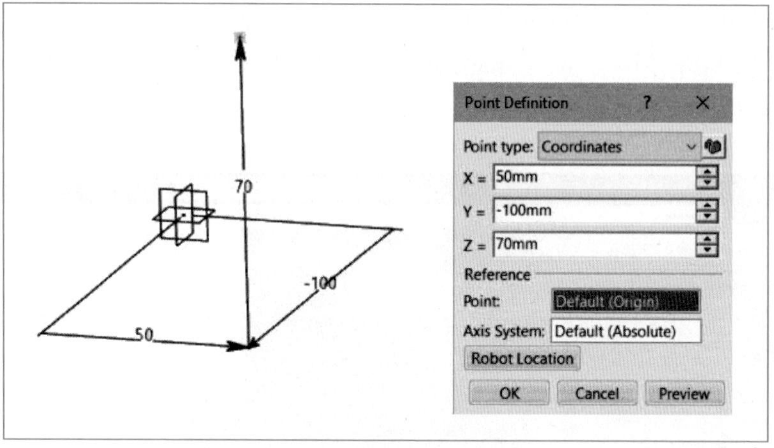

② On Curve

- 곡선이나 직선 요소 위에 놓인 Point를 생성하고자 할 경우에 사용

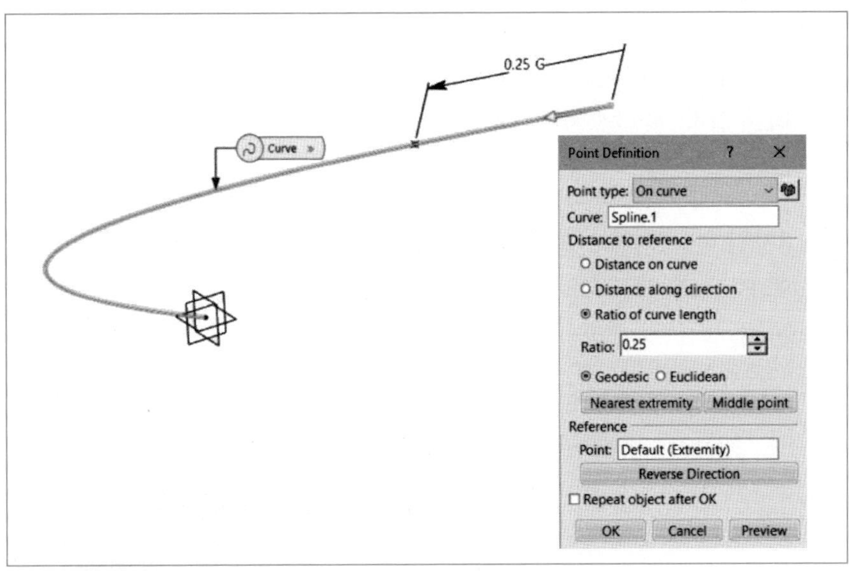

ⓐ Distance to reference

- 시작 위치를 기준으로 Curve 위의 위치를 지정하는 방식
- Distance on Curve : Curve 상의 실제 길이 기준으로 정의
- Distance along Direction : 지정한 방향으로의 길이를 기준으로 정의
- Ratio of Curve length : Curve 전체 길이를 1로 보고 그 비율로 정의

ⓑ Middle Point

- Curve의 정 중앙에 Point를 생성

ⓒ Reference

- 현재 선택한 Curve 위에 있는 임의의 Point를 선택하여 이것을 기준으로 시작점의 위치 변경
- Reverse Direction을 클릭하여 포인트 생성 방향 변경

③ On plane

- 평면상에 Point를 만들고자 할 경우에 사용하는 Type
- 평면을 선택하면 그 평면상에서 Part의 원점을 지준으로 H, V 두 방향으로 값을 입력

④ On Surface

- 곡면 위에 Point를 생성하는 명령으로 Surface를 선택하고 방향을 지정하여 거리를 입력

⑤ Circle/sphere/ellipse center

- 3차원 형상 중에 일정한 곡률을 가진 부분이면 원이나 호, 타원 형상의 중점 위치에 Point를 생성

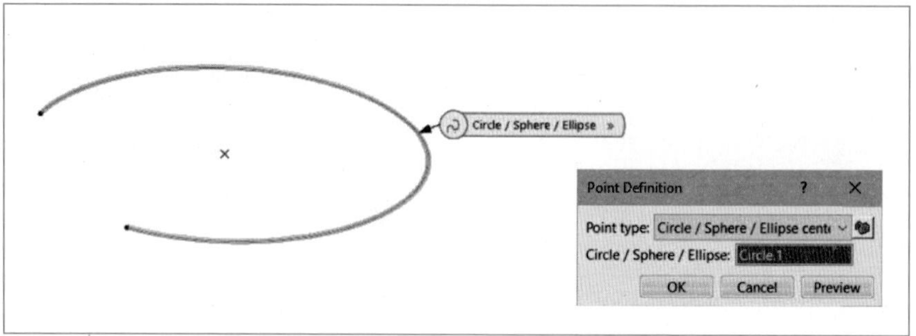

⑥ Tangent on Curve

- 임의의 Curve에 대해서 선택한 방향으로 Tangent 한 위치에 Point를 만들어 주는 방식
- Curve를 선택하고 임의의 방향을 직선 또는 축으로 방향을 잡아 주게 되면 Tangent 한 부분에 대해서 Point가 생성
- Tangent 한 부분이 없다면 만들어지지 않음

⑦ Between

- 선택한 점과 점 사이에 이등분 하는 지점에 Point를 생성해 주는 방식

• Line

- 3차원 상에서 Line 요소를 그리는 명령으로 6가지 Type으로 정의 가능

① Point-Point

- 선택한 두 개의 점과 점 사이를 잇는 Line을 생성하는 방식
- 미리 두 개의 Point 또는 형상의 꼭지점을 활용하여 사용하거나 Stacking Command로도 정의 가능

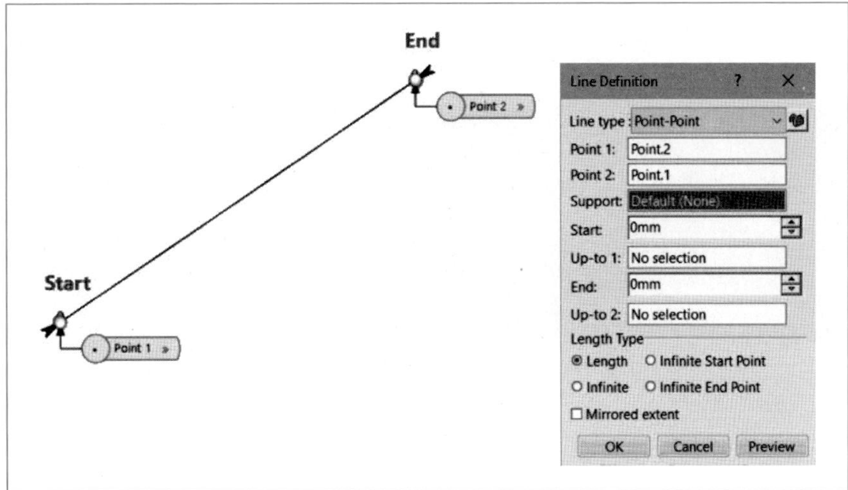

② Point–Direction

- 하나의 시작점(Point)과 선이 만들어질 방향(Direction)을 선택하고 그 길이 값을 입력하여 Line을 정의

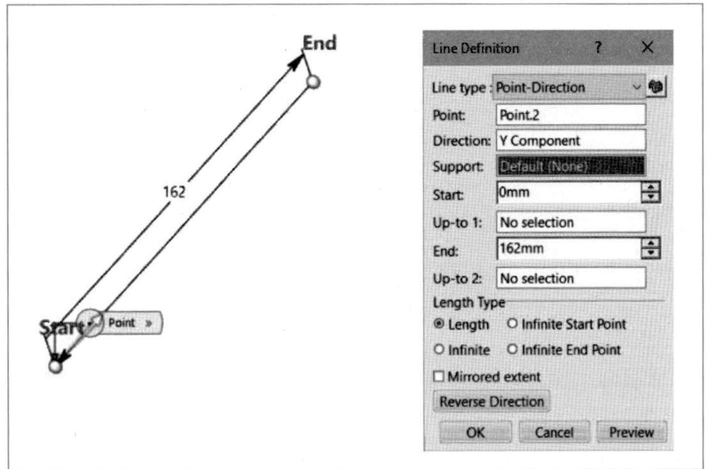

③ Angle/Normal to Curve

- 선택한 Curve 또는 모서리에 대해서 Support를 기준으로 각도를 입력받아 Line을 그리는 방법
- Curve와 Support를 반드시 입력해 주어야 하며 입력 후 각도와 길이를 입력
- Geometry on support Option을 체크하면 선택한 Support 위를 지나는 곡선의 정의가 가능

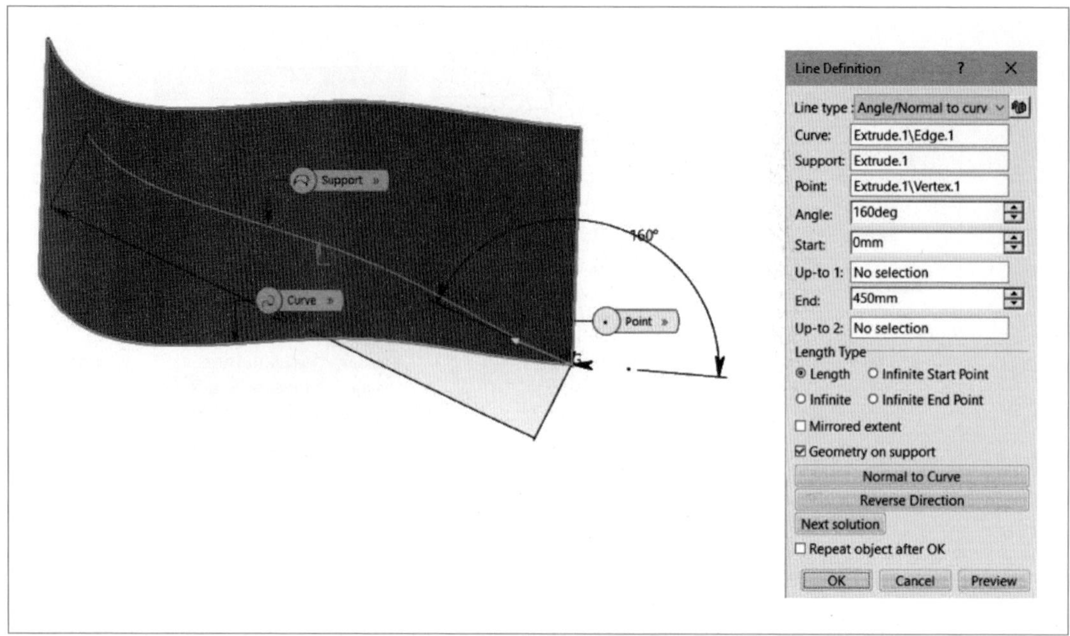

④ Tangent to Curve

- Curve에 접하게 직선을 그리는 방법으로 두 개의 Curve를 순차적으로 Curve와 Element 2에 선택

⑤ Normal to Surface

- Surface에 대해서 수직인 직선을 그리는 명령으로 선택한 Surface로 임의의 Point에서 수직한 직선을 생성

⑥ Bisecting

- 이등분선을 그리는 명령으로 두 개의 Line에 대해서 이 사이를 지나는 Line을 생성

• Plane

- Plane은 2차원 작업 평면의 기능이 있으며 임의의 위치에 생성 가능
- 3D Part 생성 시 처음 나타나는 3개의 XY, YZ, ZX 평면 역시 Plane 유형이나 수정 불가능한 대상임

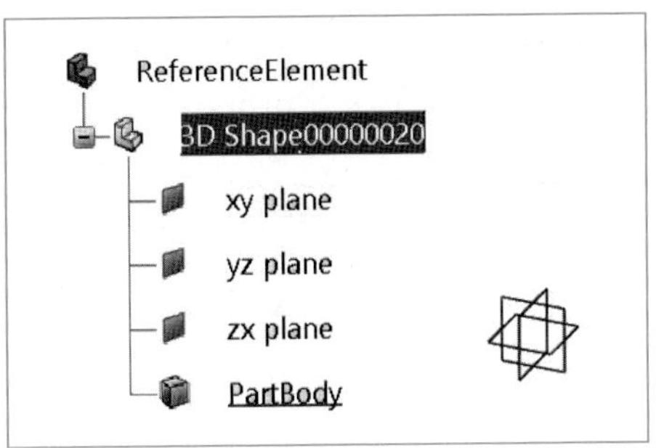

- 생성된 Plane을 기준으로 Sketch 작업을 할 수 있으며 Plane을 기준으로 다른 형상을 대칭 시키거나 절단, 복사하는 등의 작업 가능
- 따라서 Plane을 필요에 맞게, 상황에 맞게 잘 선택해서 만들 수 있는 능력이 필요
- Plane은 Geometrical Set 또는 Body(Hybrid Design Option 활성화 시)에 정렬됨
- Plane에 종속된 형상 요소는 Plane이 업데이트되거나 수정되는 경우 함께 영향받음
- Plane은 12가지 방식으로 정의 가능

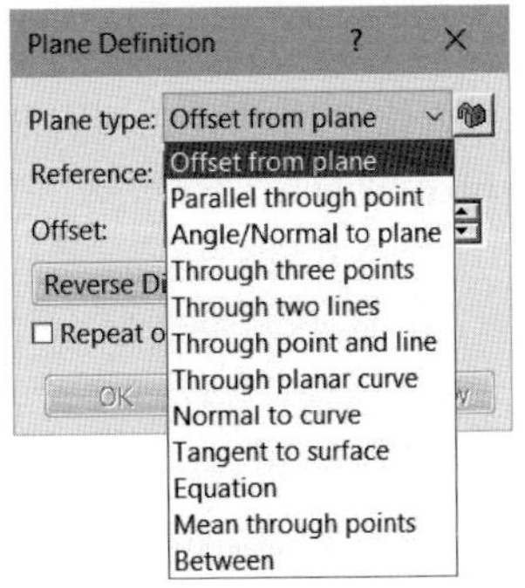

① Offset from plane

- 가장 일반적인 Plane 생성 명령으로 기준으로 선택한 평면과 같은 평면을 거리만 띄워서 만드는 방법

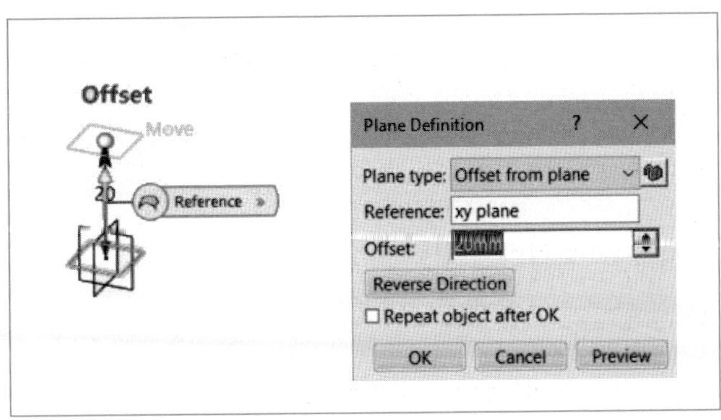

② Parallel through point

- 선택한 기준 평면을 임의의 Point 위치로 평행하게 새 평면을 생성

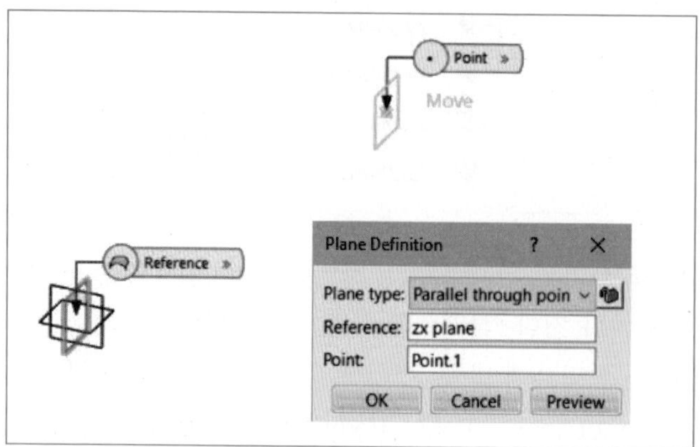

③ Angle/normal to a plane

- 선택한 기준 평면에 대해서 입력한 각도만큼 기울어진 평면을 생성
- 기준이 될 회전축과 평면을 선택하고 마지막으로 원하는 각도를 입력하면 해당 각도 만큼 기울어진 평면이 생성

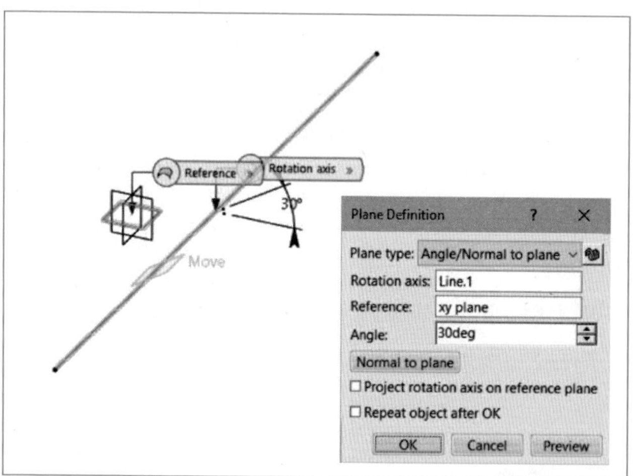

④ Through three points

- 3개의 Point를 선택하여 평면을 정의

⑤ Through two lines

-2개의 Line 요소를 선택하여 평면을 정의

⑥ Through point and line

– 평면을 지나는 직선 하나와 점 하나를 사용하여 평면을 만드는 방법

⑦ Through planar Curve

– Curve가 하나의 평면상에서 그려진 경우라면 이 Curve를 이용하여 평면을 정의

⑧ Normal to Curve

– 선택한 Curve에 대해서 수직인 평면을 만드는 명령으로 곡선이나 직선에 대해서 그 선의 수직 방향으로 평면을 생성
– Curve 요소를 선택하면 평면이 중앙에 만들어지고 마지막으로 선의 점(Vertex)을 선택해 주면 그곳에 평면이 생성
– Sweep이나 Multi-section 형상을 만드는 데 많이 사용되는 평면 생성 방식

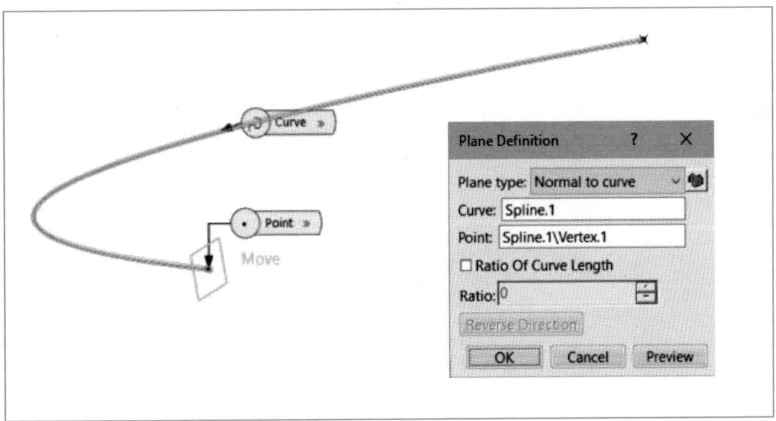

⑨ Tangent to Surface

– Surface 면에 대해서 접하는 평면을 만드는 방법

⑩ Equation

– 이 방법은 다음과 같은 수식의 상수 값을 이용하여 평면을 만드는 방법

⑪ Mean through points

– 3개 이상의 점을 이용하여 평면을 만드는 방법

⑫ Between

- Work on Support 3D

  – 이 명령은 3차원 모델링 화면(일반적으로 G.S.D App) 상에서 공간을 제약적으로 사용하기 위해 Support를 지정하는 기능으로 여기서 Support를 지정하면 해당 평면 위치로 한 차원으로의 자유도가 제거되어 마치 평면에서 Sketch를 하듯이 3차원 모델링 기능을 사용 가능(Work On Support에 지정된 면을 Sketch 면처럼 인식)

  – 명령을 실행하고 Support에 평면 요소를 선택하면 아래와 같이 창이 확장됨 여기서 Work on Support의 원점이 될 지점을 선택해 주고 Grid Spacing 등의 설정을 추가로 해줄 수 있음

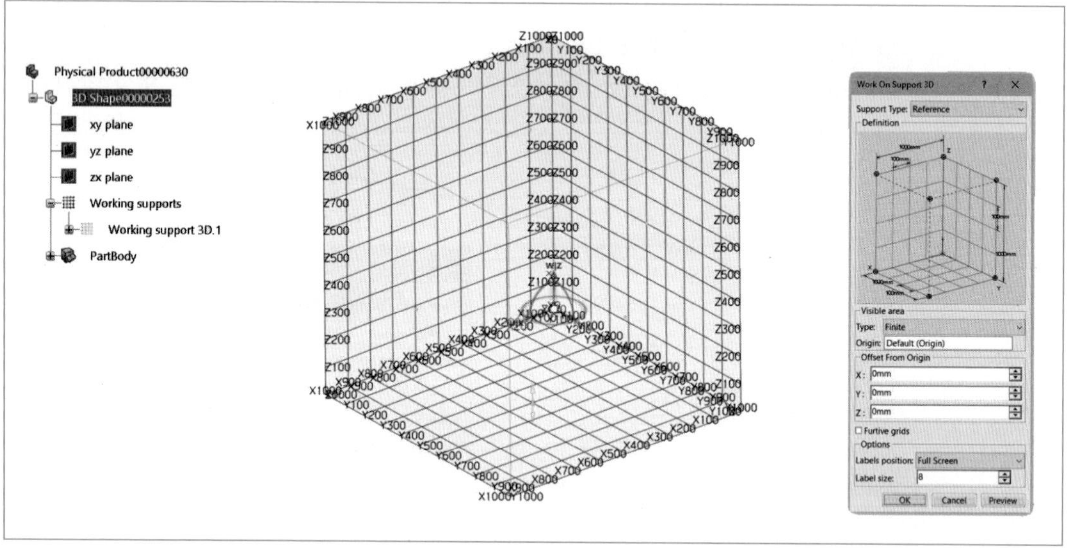

  – 이러한 Work on Support는 작업의 필요에 따라 임의의 평면 위치에 설정할 수 있으며 한번 작업을 마친 후에도 필요에 따라 재사용이 가능

▶ Flyout For Pad

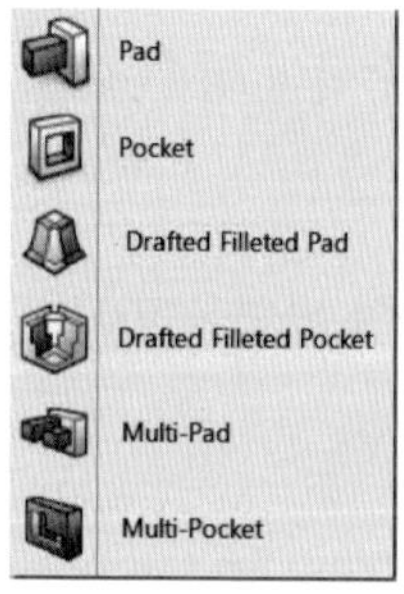

- Pad

  - Pad는 Sketch App에서 작업한 2차원 Sketch 또는 3차원 폐곡선, 단면 서피스 등의 형상에 높이 또는 특정 방향으로 길이 값을 주어 3차원 형상을 생성
  - 단면 형상에 높이를 주어 3차원 형상을 정의하는 개념으로 Profile 형상이 Closed인지 Opened인지가 중요
  - Pad Definition 창을 통하여 필요한 정보들을 입력하여 Pad 형상을 정의

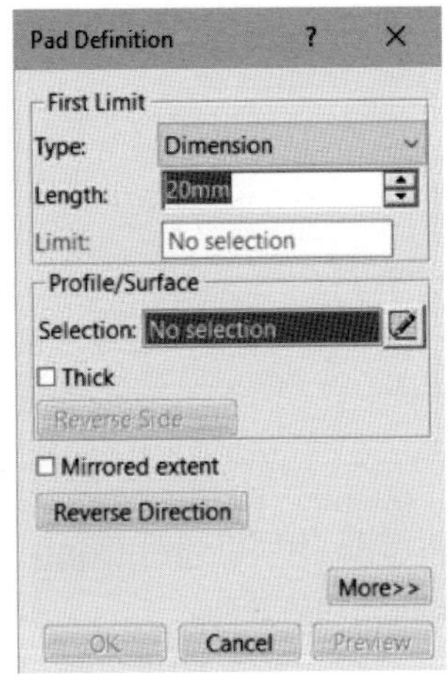

  - Pad Definition에서 형상을 정의하는 다양한 방식을 이해하면 다른 명령어들을 사용할 때 공통으로 활용할 수 있음
  - Context Toolbar 이용 가능

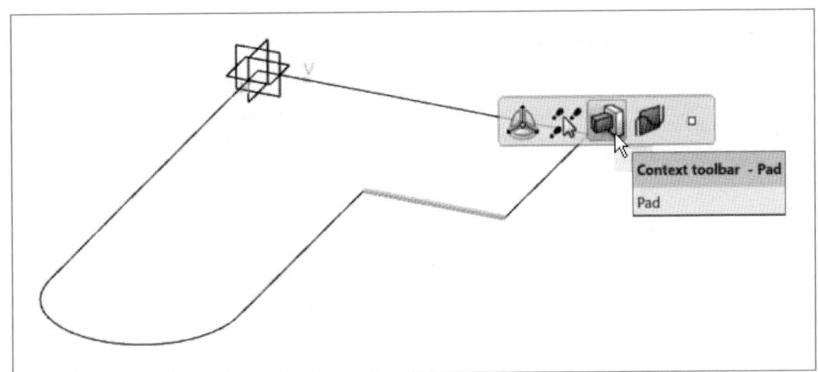

① Profile/Surface

- Pad 하고자 하는 대상을 선택 Sketch 또는 면(Surface) 요소를 선택(또는 Contextual Menu를 사용하여 선택 대상을 확장) 가능

- 여기서 Profile을 선택할 때 주의할 것은 기본적으로 Pad는 닫힌 Profile(Closed Profile)에 대해서만 생성되기 때문에 완전히 닫혀있지 않거나 여러 개의 형상이 교차하는 경우, Trim이 잘못된 경우, Pad가 안될 수 있음

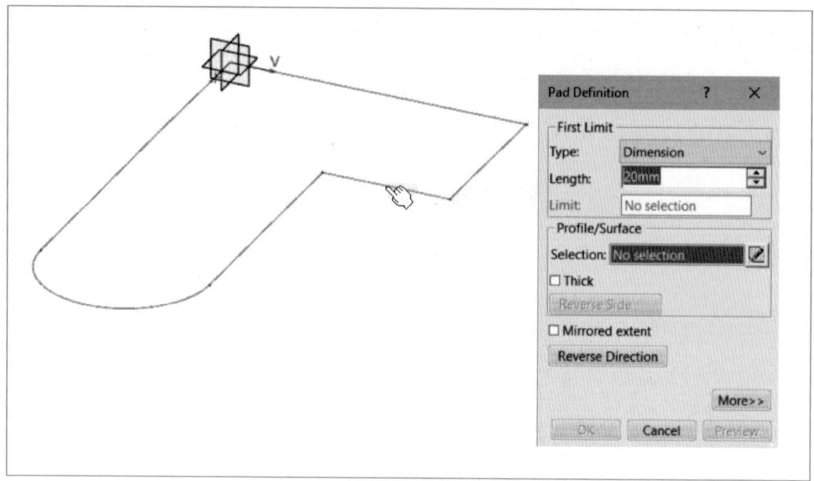

- 또한, 아래와 같이 Profile 선택란에서 Contextual Menu를 실행하여 추가 도구를 사용하여 Profile의 정의가 가능

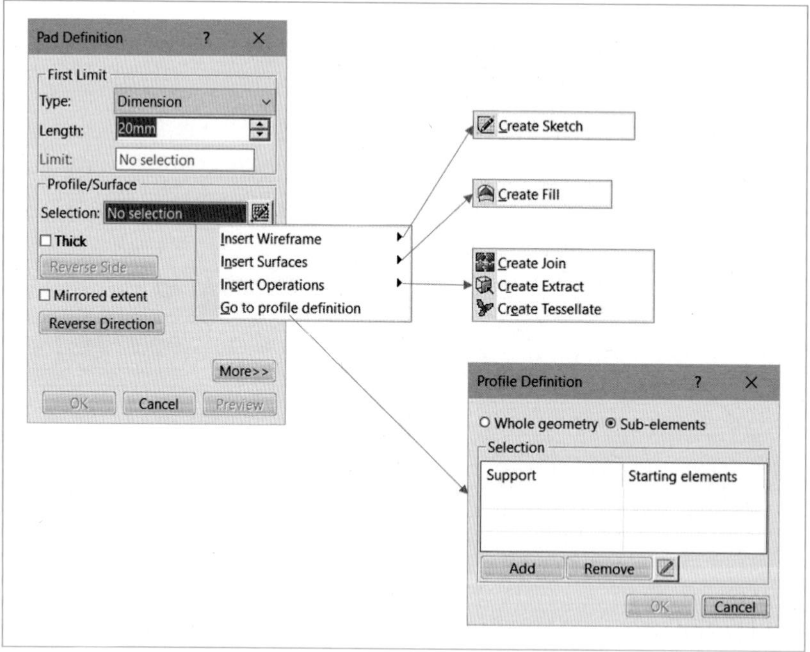

- Profile로 선택된 요소는 Spec Tree에서 Pad의 하위 메뉴로 들어가는 것을 확인 (Sketch는 자동으로 숨기기 됨)

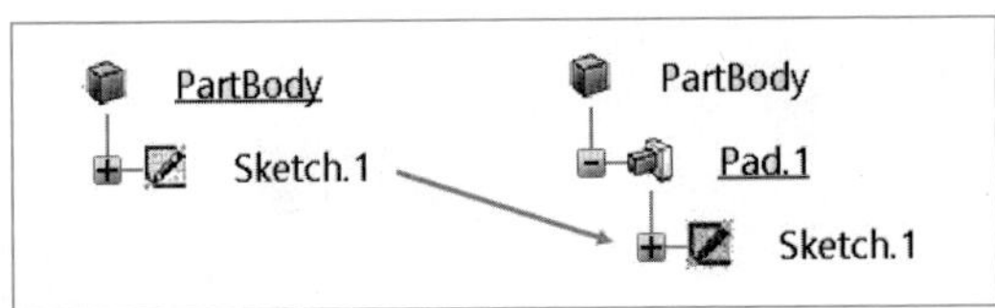

- Profile이 선택된 상태에서 원하는 치수를 입력하고 Preview를 누르면 현재 조건으로 만들어지는 형상을 미리 확인 가능

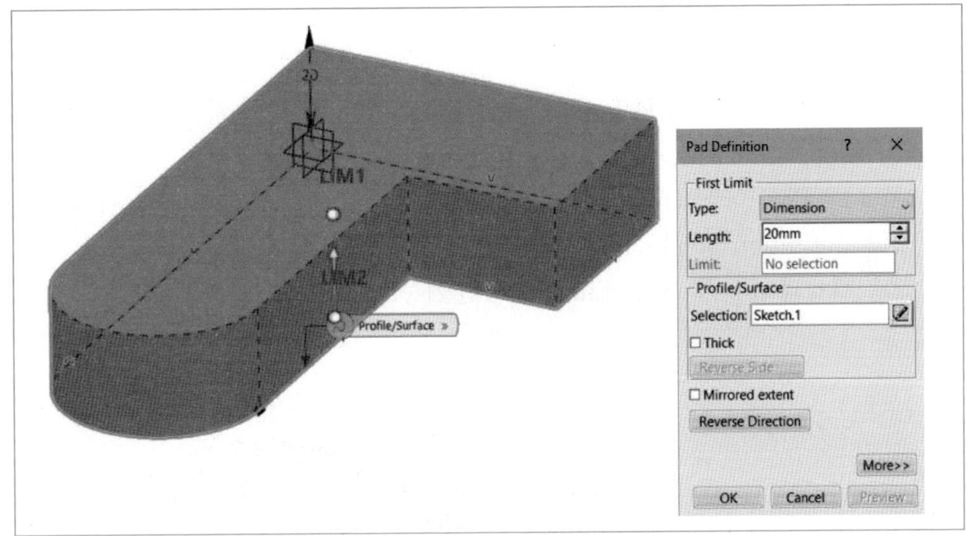

② 'First Limit'과 'Second Limit'

- Pad 하고자 하는 대상(Profile)을 선택한 후에 다음으로 해야 할 일은 이 형상을 Pad 할 때 얼마만큼 어느 방향으로 무엇을 기준으로 높이를 줄지를 결정하는 것으로 Pad의 볼륨 생성은 두 방향으로 정의되는데 Profile을 기준으로 상하 두 방향으로 정의 가능(면에 대해서 수직인 방향은 +, − 두 방향으로 정의)
- 'First Limit'은 Profile을 선택하였을 때 나타나는 화살표 방향으로의 정의 값
- 이 'First Limit'으로 Pad Type에 따라 여러 가지 기준을 가지고 Pad 가능
- 'Reverse Direction'을 누르거나 형상에 나타나는 주황색 화살표시를 직접 클릭하면 'First Limit'의 방향을 바꿀 수 있음 작업하고자 하는 기준 방향에 맞추어 First Limit 방향을 설정

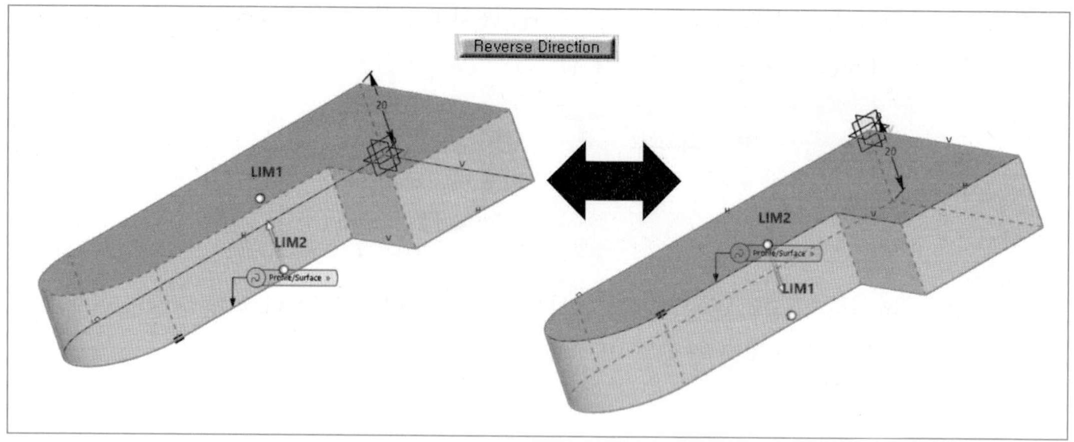

- Pad의 치수 입력 Default Type은 'Dimension'로 수치 값을 입력해서 Pad 형상을 생성
- Profile이나 Surface는 면 요소이기 때문에 항상 두 개의 방향을 가짐 위의 Pad Definition 창에는 'First Limit'만 보이지만 아래의 'More' 버튼을 누르게 되면 다음과 같이 'Second Limit'도 확인 가능

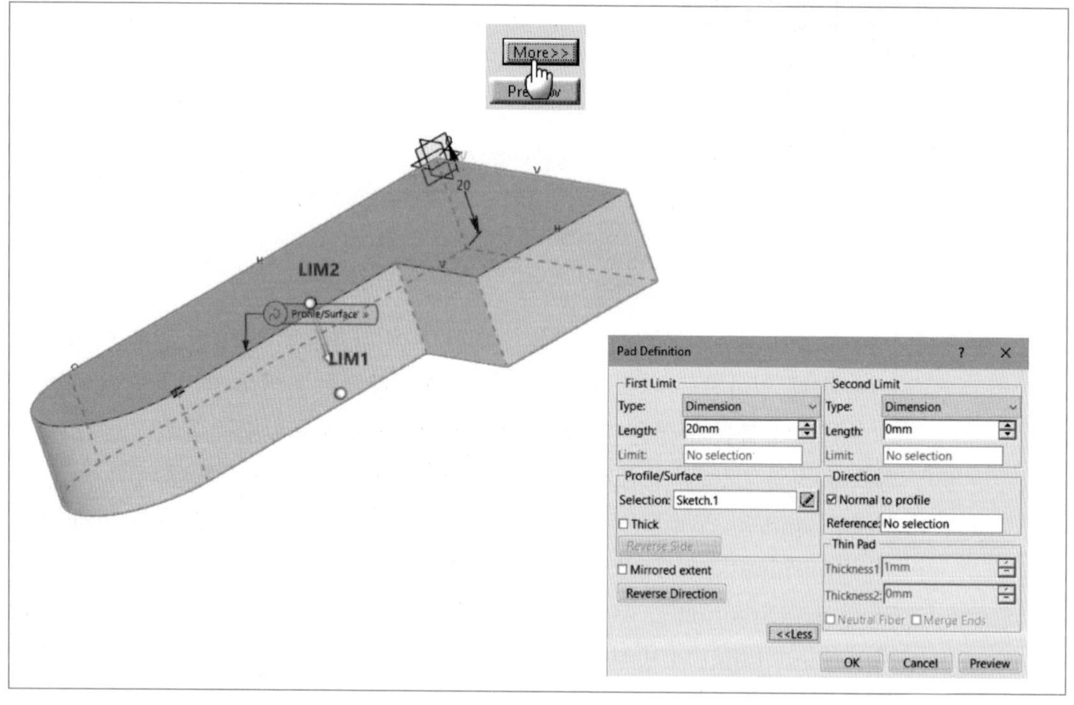

- 'Second Limit'은 앞의 'First Limit'의 반대 방향으로 이러한 양방향으로 다른 길이 값을 주어 Pad 생성 가능

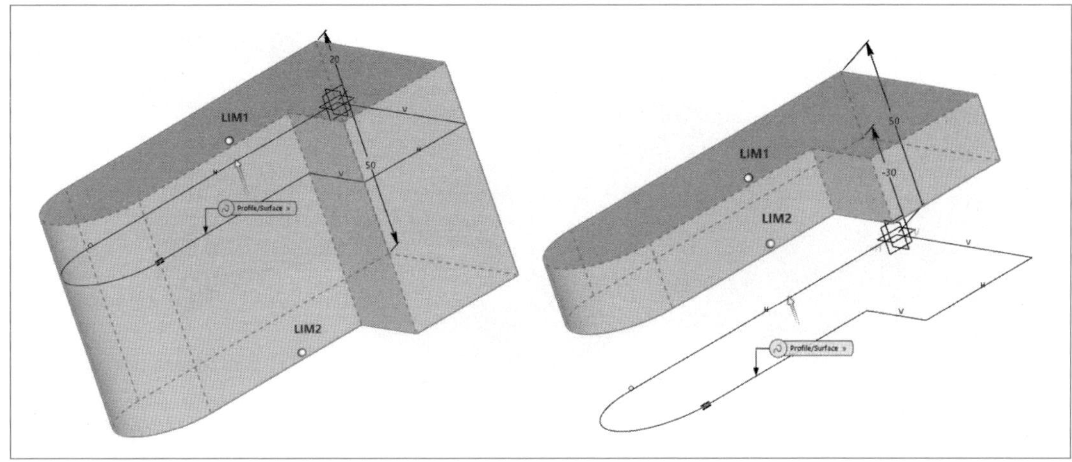

③ Pad의 치수 정의 Type

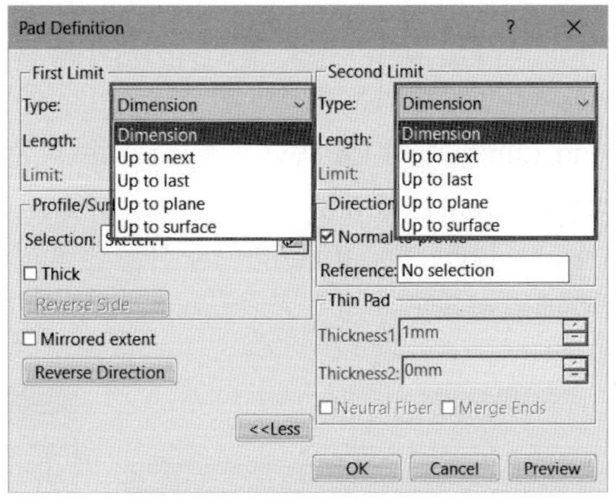

ⓐ Dimension

- 치수를 주는 Type으로 Pad할 길이를 수치 값을 입력
- 양수 음수 모두 가능하며 음수일 경우에는 원래 기준 방향과 반대 방향으로 치수를 주는 것과 같은 의미를 가짐
- Pad에서 'First Limit'과 'Second Limit'을 적절히 사용하면 다음과 같이 형상을 Sketch 위치에서 오프셋 하여 정의 가능
- 치수 입력 값으로 Formula, 사칙연산을 직접 입력도 가능

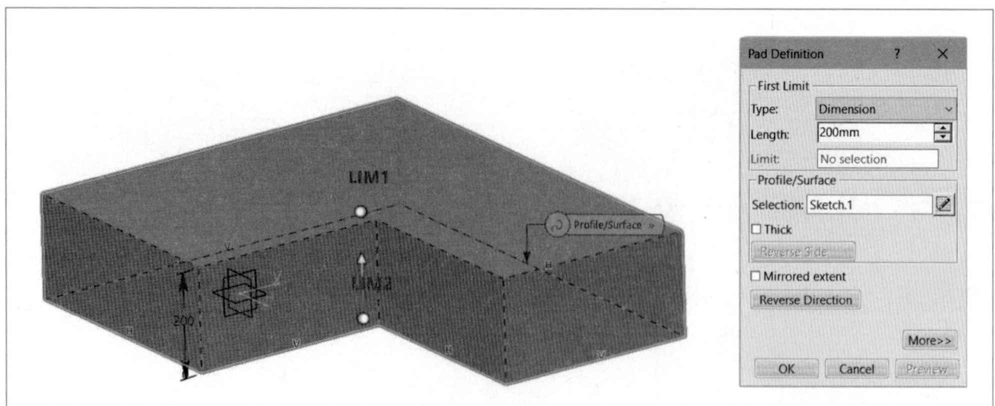

ⓑ Up to Next

- Up to Next를 선택하게 되면 현재의 Body 내에서 Sketch한 면, 바로 다음의 Solid 면까지 Pad 작업을 수행(다른 Body의 경계 면은 인식하지 않음)
- 즉, 따로 수치를 입력하거나 대상을 선택하지 않아도 Pad를 할 때 현재 Sketch 기준면에서 다음 형상의 면까지 Pad가 생성
- 'Second Limit' 대해서도 똑같이 'Up to next' Type을 사용할 수 있으며 Mirrored extent는 불가능
- 경계가 되는 Body 형상이 Pad하고자 하는 단면 형상을 충분히 가리지 못하는 경우에는 사용할 수 없음

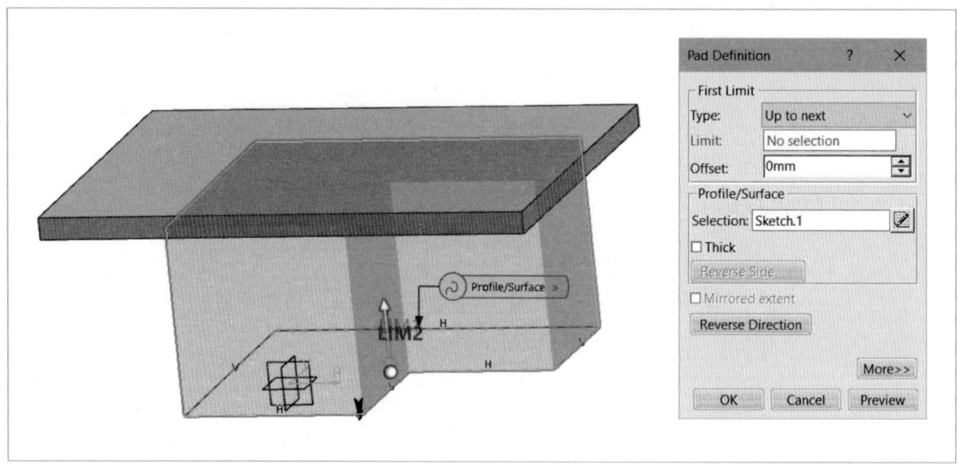

ⓒ Up to Last

- Up to Last는 이름에서도 알 수 있듯이 현재 Body의 가장 마지막 Solid 면까지 Pad를 하는 Option
- Up to Last로 Pad를 하게 되면 하나의 Body의 가장 마지막 부분까지 Pad가 그대로 생성

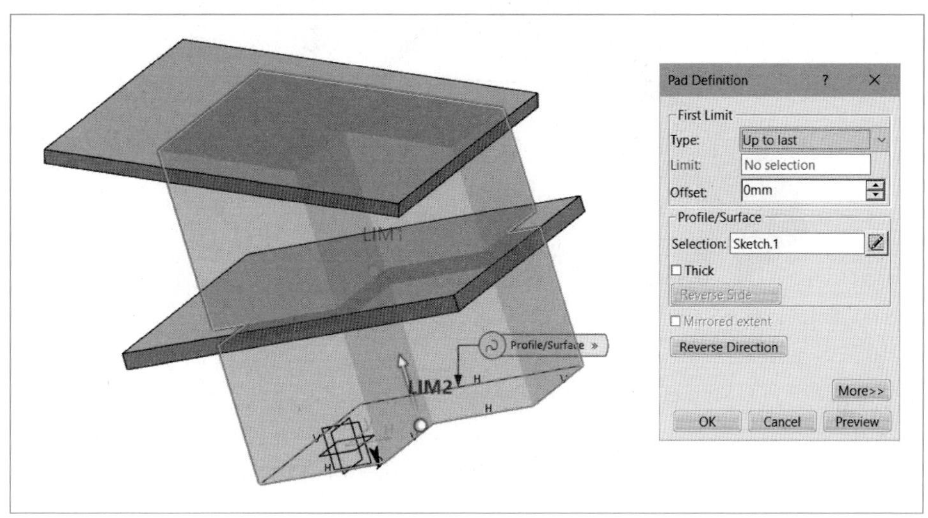

ⓓ Up to Plane

- Up to Plane은 임의의 평면이나 형상의 면을 선택하여 그 면까지 Pad를 생성
- 물론 Surface는 사용할 수 없으며, Solid의 면이나 Plane을 선택할 수 있음

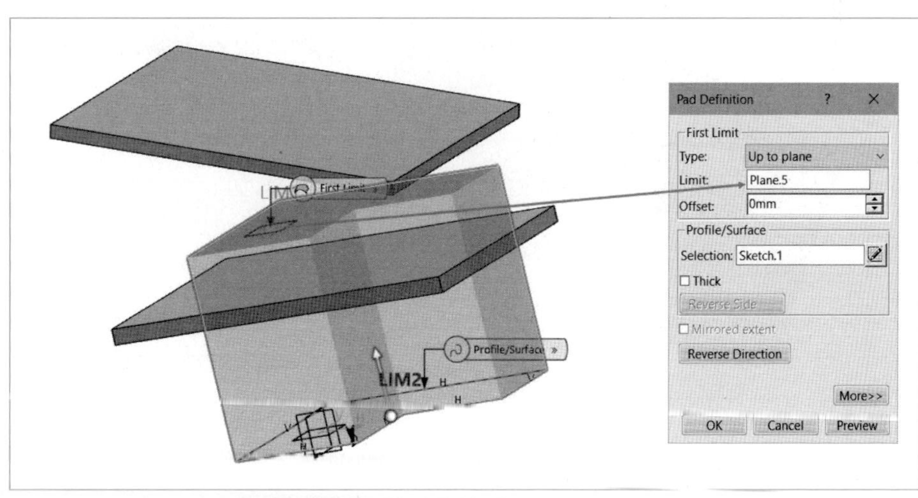

ⓔ Up to Surface

- 현재 3D Part에 곡면 요소가 있을 경우에 그 요소 면까지 Pad를 생성
- 즉, 곡률을 가진 면에 대해서 그 면까지 Pad를 생성

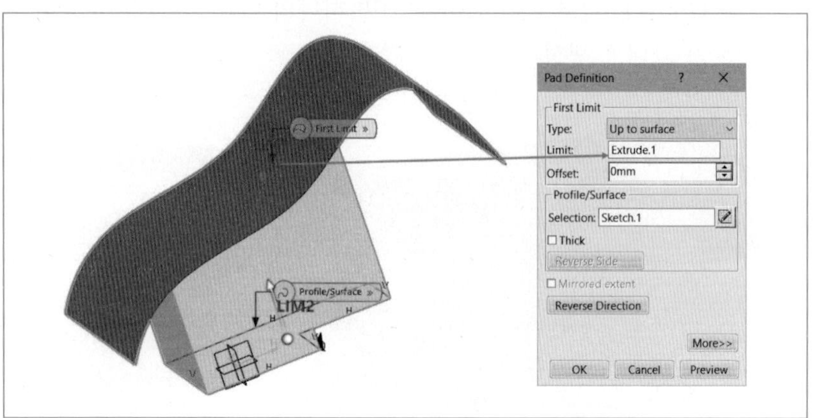

④ Mirrored Extent

- First Limit 길이 값을 Profile/Surface를 기준으로 양쪽에 똑같이 적용해 주는 것
- 즉, 하나의 길이 값을 가지고 양쪽으로 값을 주게 하는 방법으로 입력한 값이 이등분되는 것이 아니라 양쪽으로 각각, 결국 2배가 된다는 것

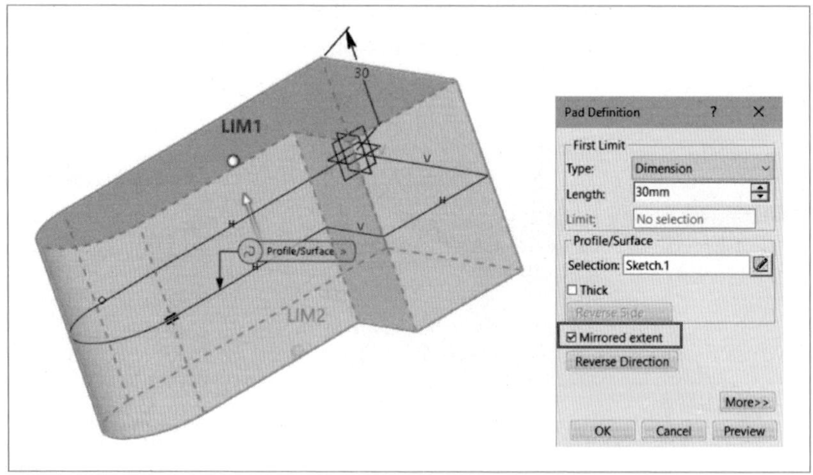

⑤ Thick

- 경우에 따라서 완전히 닫힌 형상이 아닌 열려있는 Profile을 사용할 경우 체크하는 Option
- 또는 닫힌 Profile에 대해서 완전히 안을 채우지 않고 Sketch의 둘레에 대해서 두께만 주어 Pad를 생성할 때 사용
  Feature Definition Error 창에서 "Yes"를 선택

예시 1

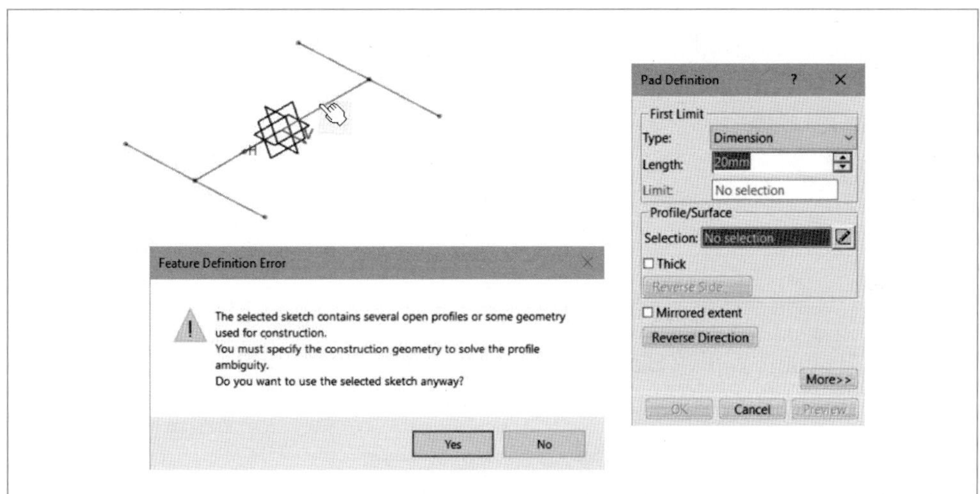

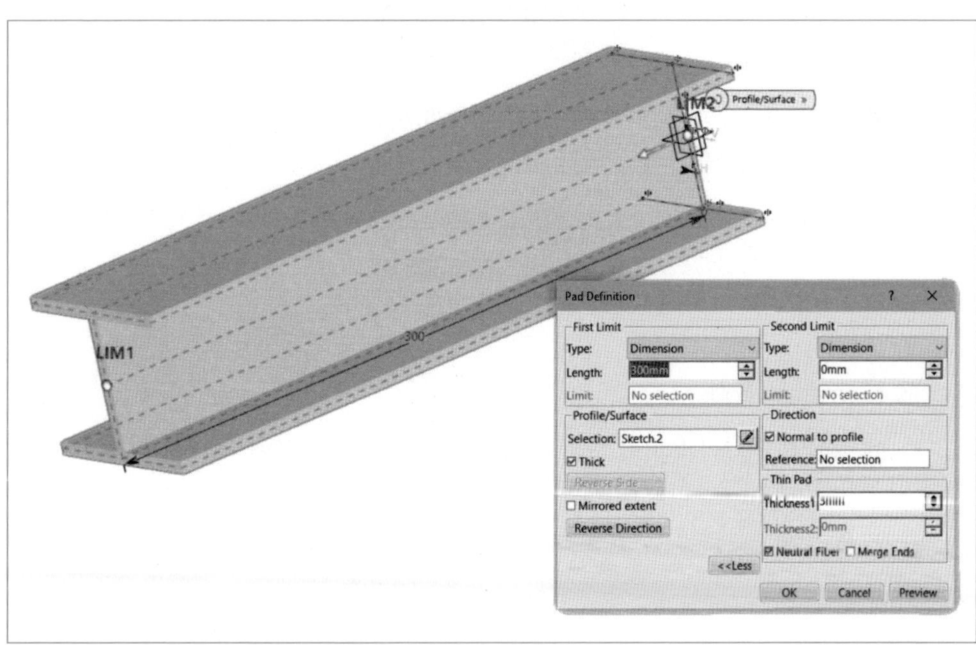

예시 2

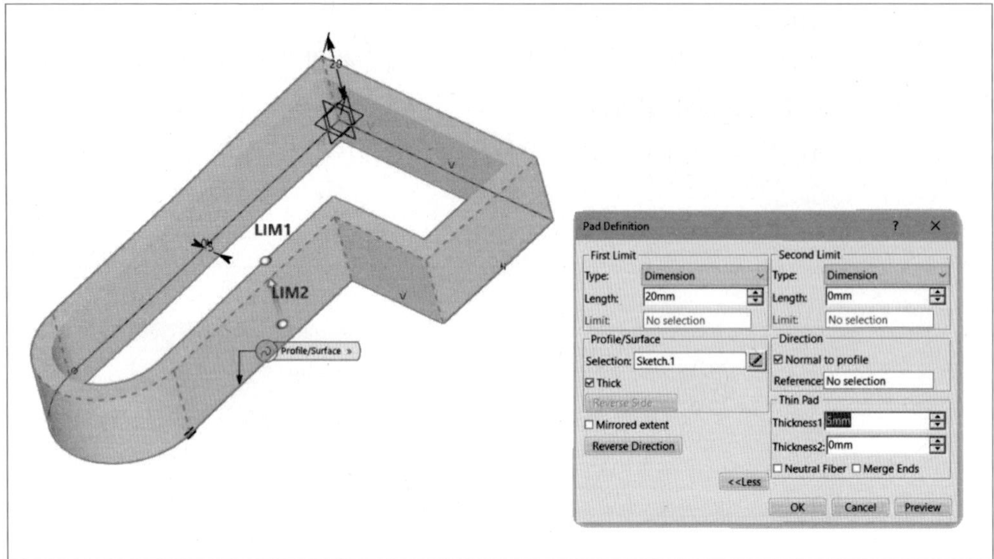

- 'Thickness 1'은 Sketch Profile을 기준으로 안쪽 방향을 정의하고 'Thickness 2'는 바깥 방향을 정의

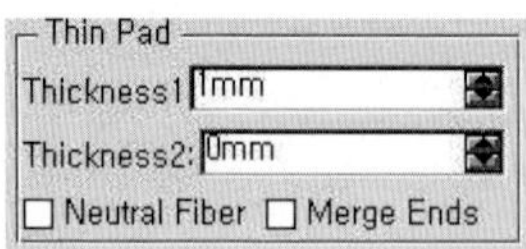

- Neutral Fiber를 사용하면 'Thickness 1' 값을 Sketch Profile의 라인을 기준으로 좌우로 등분하여 두께가 생성

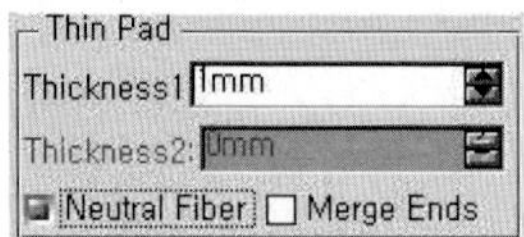

⑥ Normal to Profile

- 필요에 따라서 Pad의 방향을 바꾸어 주어야 할 경우가 있는데 이때 이 'Normal to Profile'을 해제하고 임의로 그려준 직선이나 기준 요소를 선택하여 Pad의 방향 변경

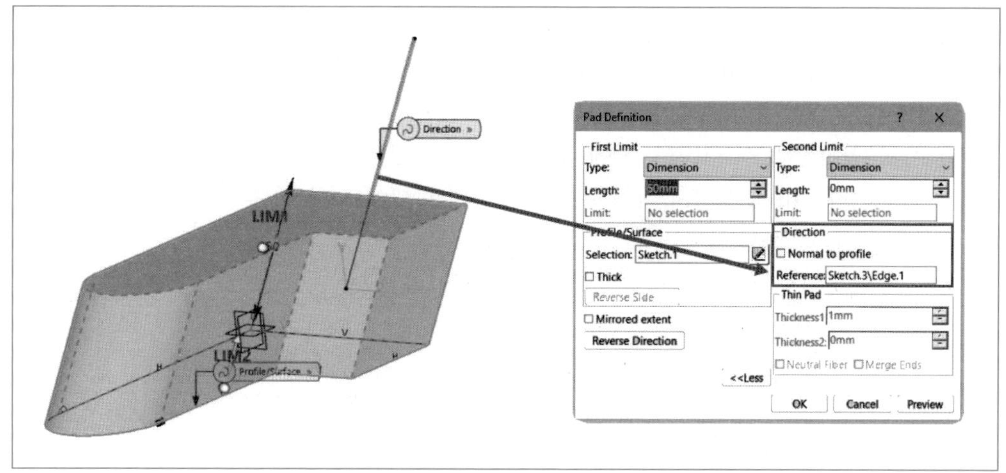

- 물론 이 Reference에 곡선 요소나 끊어진 커브의 선택은 불가능(곡선을 따라 단면 형상을 만들어야 하는 경우에는 Rib 명령을 사용)

⑦ Reverse Side

- Pad 하려는 형상이 다른 3차원 Solid 형상의 면들과 Profile이 교차하여 만들어진 닫힌(Closed) 부분에 대해서 다음과 같이 두 개의 방향으로 Pad가 정의가 가능(하나의 Body 안에서 작업이어야 가능)

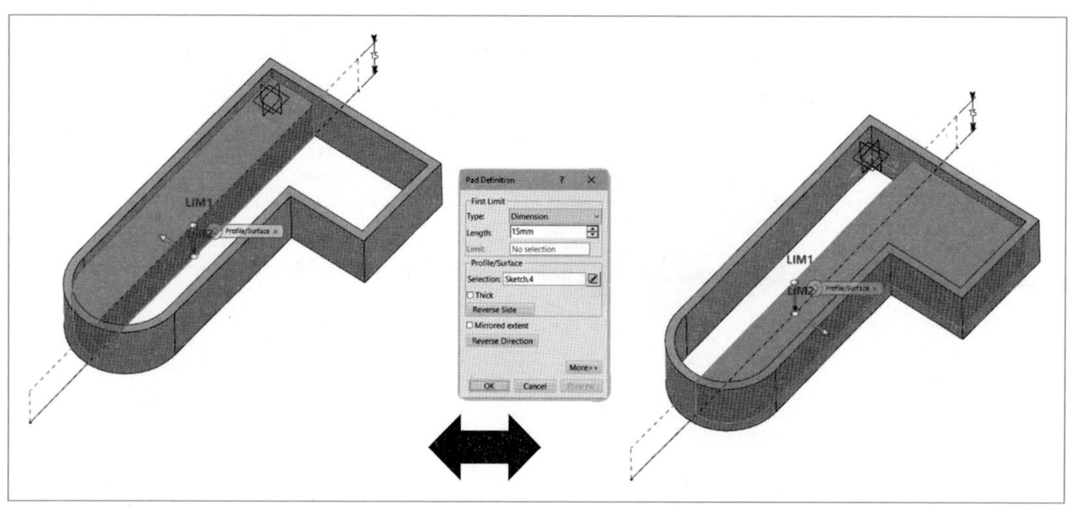

⑧ Go to Profile Definition

- 하나의 Sketch에 여러 개의 Domain이 존재할 때, 중 일부만을 선택하여 Pad 하고자 할 경우 전체 Sketch에서 일부만을 불러오는 Go to Profile Definition 기능을 사용

- 다음과 같은 여러 개의 Domain을 가지는 Sketch에서 일부분만을 작업에 사용하고자 할 경우 다음과 같이 Profile 선택란에서 Contextual Menu ⇨ 'Go to Profile Definition'을 선택
- Profile Definition 창에서 원하는 Profile 요소를 선택 가능 하나로 이어진 Domain 요소끼리는 모서리 하나만을 선택해도 한 번에 선택되며 복수 Domain 선택도 가능

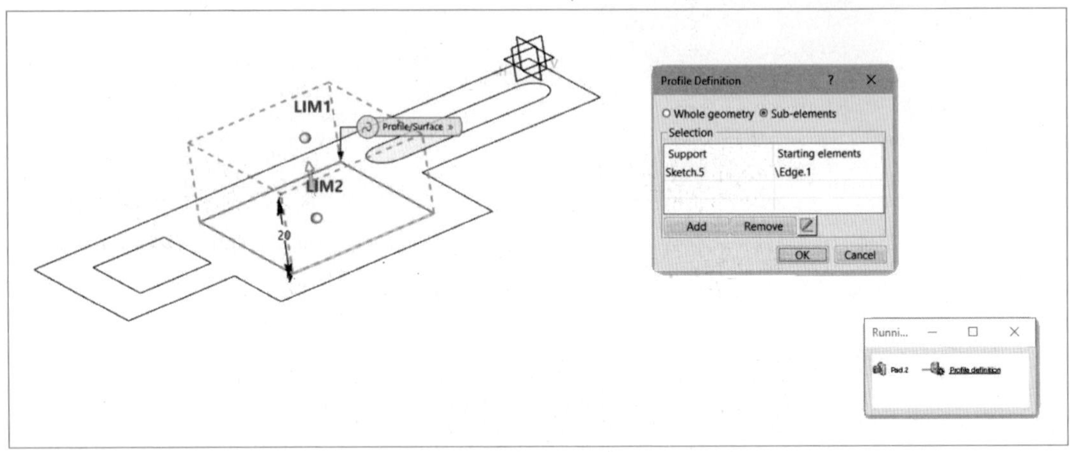

Profile 요소를 선택하였다면 "OK"를 누릅니다 그러고 나면 아래와 같이 선택된 Domain만이 Pad에 Profile로 입력된 것을 확인할 수 있습니다.

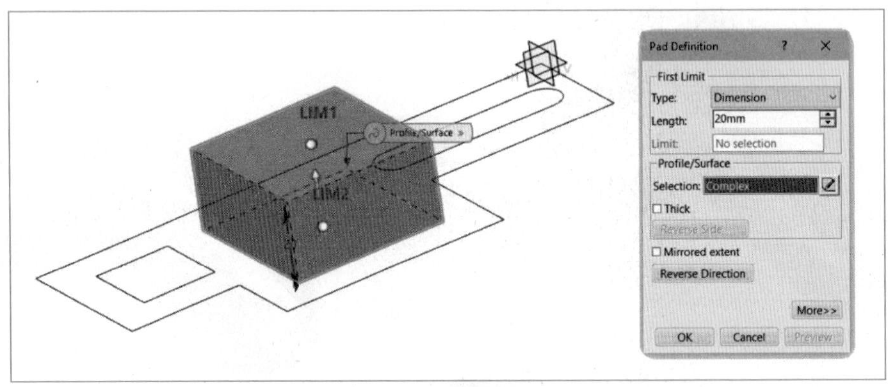

- 복잡한 전체 프로파일에서 원하는 형상만을 골라내어 작업할 수 있음

위의 Pad 명령을 통하여 다양한 CATIA 입력 체계를 여러분은 공부하였습니다. 이러한 명령 정의 방식은 다른 CATIA 명령들에도 두루 활용되기 때문에 필히 숙지하기 바랍니다

- Pocket

  - Pocket은 임의의 Sketch를 사용하여 그 Sketch의 Profile 형상대로 현재 Body에 속한 Solid 형상을 제거하는 명령
  - 형상을 제거한다는 속성 외에는 모든 작업 방식이나 세부 Option이 Pad와 동일
  - 따라서 세부 Option에 대해서는 Pad 부분을 참고
  - Context Toolbar 사용 가능

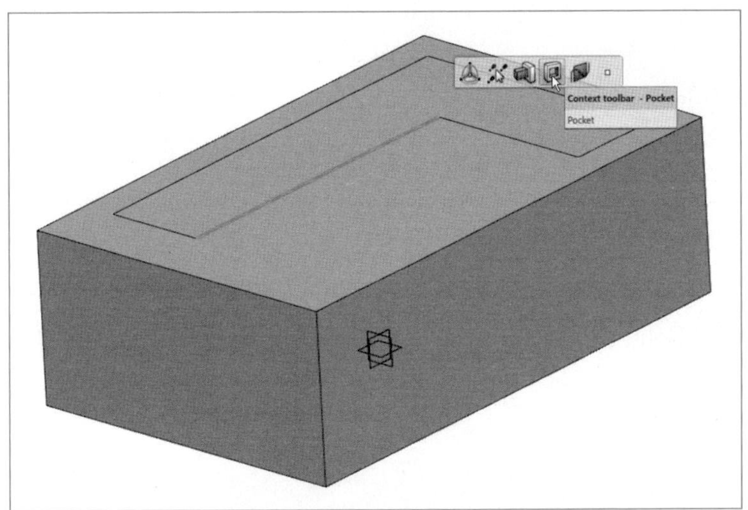

  - 아래와 같이 Body에 Solid 형상이 있고 Pocket에 사용할 Sketch가 있는 경우에 Pocket 명령을 실행하면 다음과 같은 결과를 확인

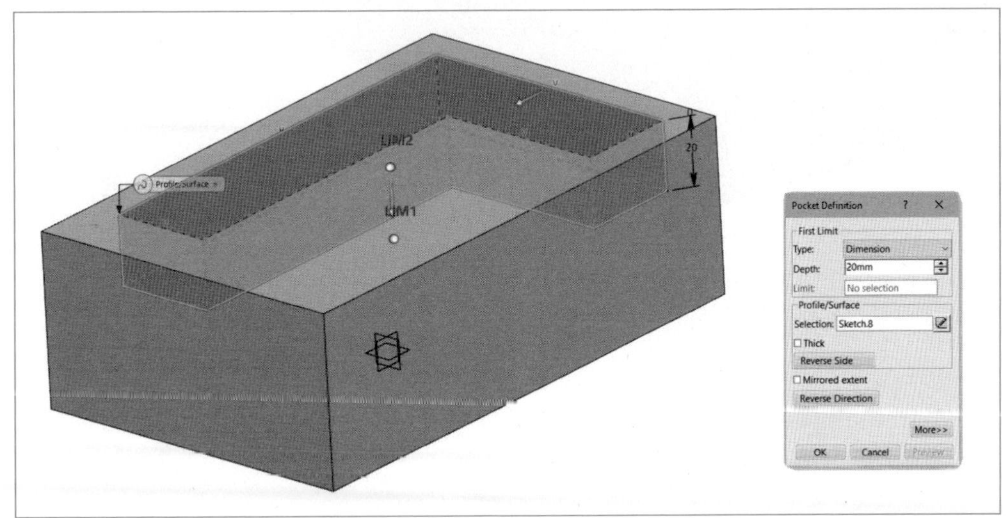

① Thick 옵션 사용

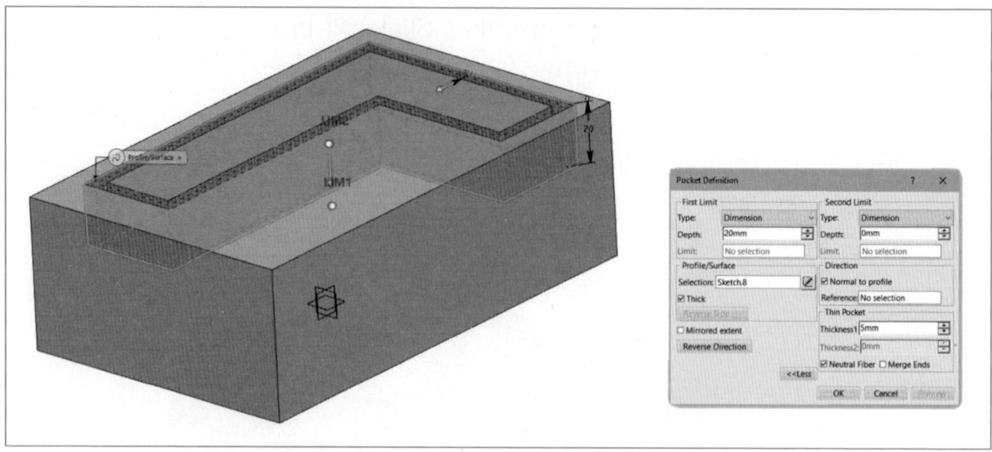

② Reverse Side 사용

현재의 Solid 형상에서 Pocket할 부분을 Profile을 기준으로 두 방향으로 변경

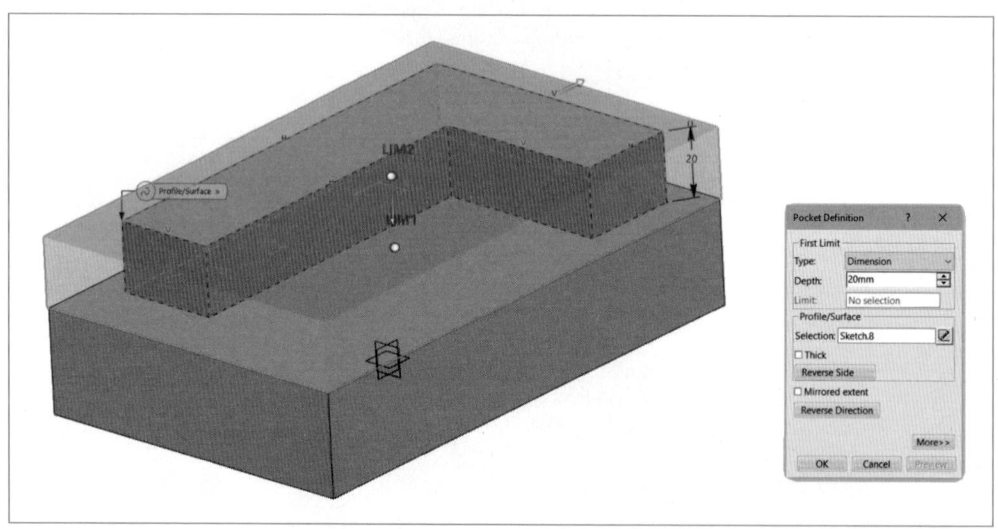

③ Limit

– Pocket 역시 Profile을 기준으로 양방향으로의 Pocket 값 설정이 가능

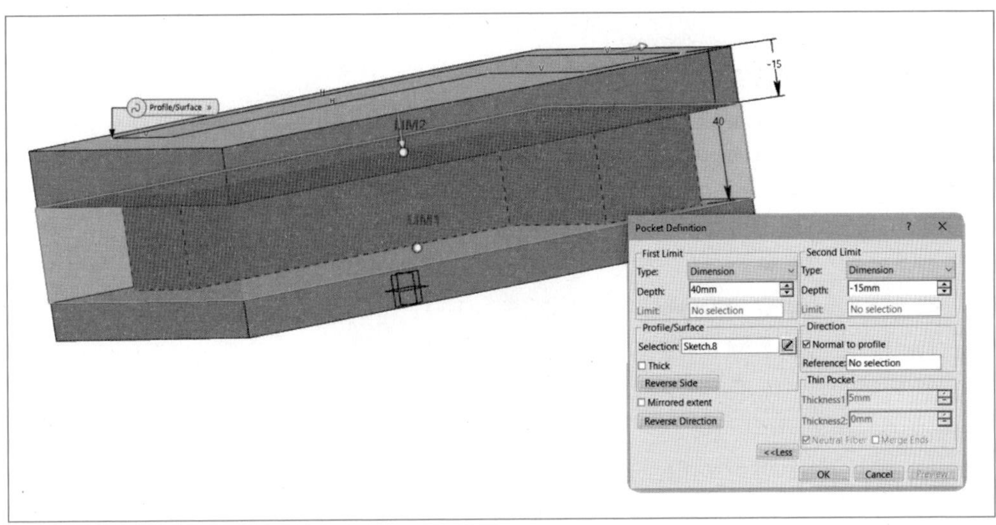

– 한 가지 기억해 둘 것은 여러 개의 Body에 형상을 나누어 작업하는 경우 아무 Solid 형상이 없는 Body에 Pocket을 하면 Pad를 수행한 것과 같은 결과가 생성(반드시 여러 개의 Body가 있는 경우에만 가능)

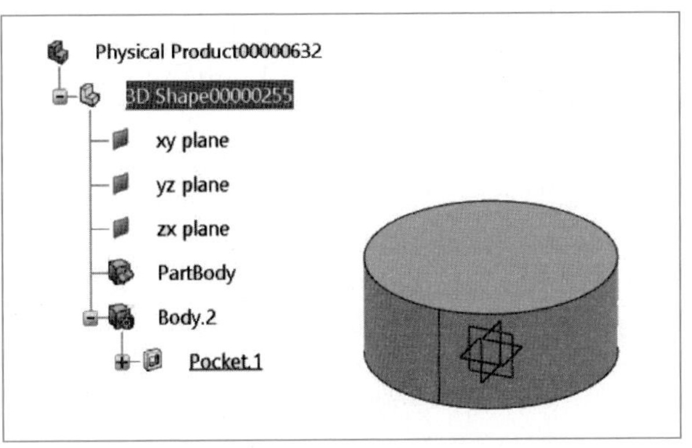

- 이 부분은 나중에 Boolean Operation을 다루면서 활용
- 아래의 경우는 Boolean Operation중 Assemble을 통하여 두 Body를 합한 결과

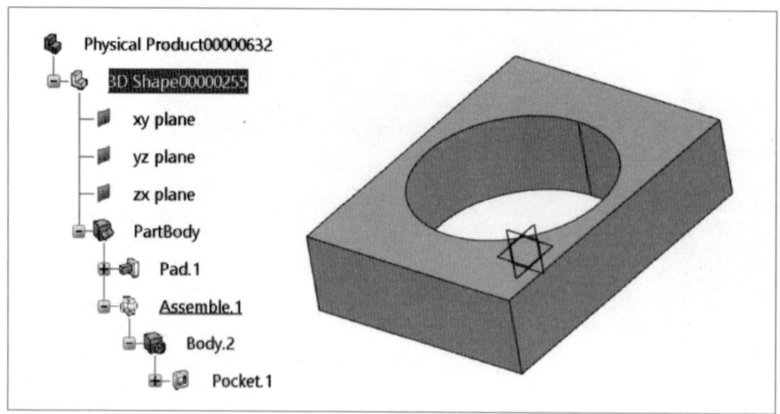

- Pocket 할 Profile Sketch를 Solid 형상의 면에 지정하여 작업할 경우 Solid 형상이 지워지거나 수정되었을 때 영향을 받음

• Drafted Filleted Pad

- 이 명령은 3개의 CATIA 명령이 복합된 것으로 Pad를 하면서 동시에 Solid 면에 Draft로 각도를 주고 Fillet으로 라운드 처리까지 해주는 작업 방식 즉, 한꺼번에 Pad, Draft, Edge Fillet 작업을 동시에 수행하는 명령
- Profile을 선택한 후에는 반드시 Second Limit의 Limit를 면 요소로 선택해주어야 미리 보기 됨
- 여기서 Draft의 Neutral Element를 어디로 지정하는지에 따라 형상의 Draft 기준 면을 변경
- Fillets 부분에서는 위아래 Limit 면의 Fillet과 측면 방향의 Fillet을 정의 원하지 않는 부분은 체크를 해제

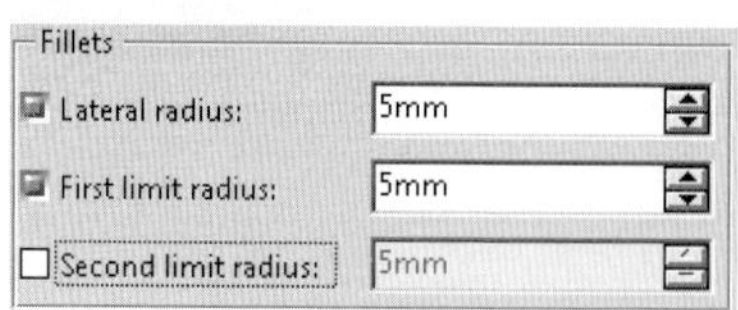

- Drafted Filleted Pad는 다음과 같이 Spec Tree 상에 하나의 Feature로 남지 않고 각 작업에 대한 Feature들로 구성

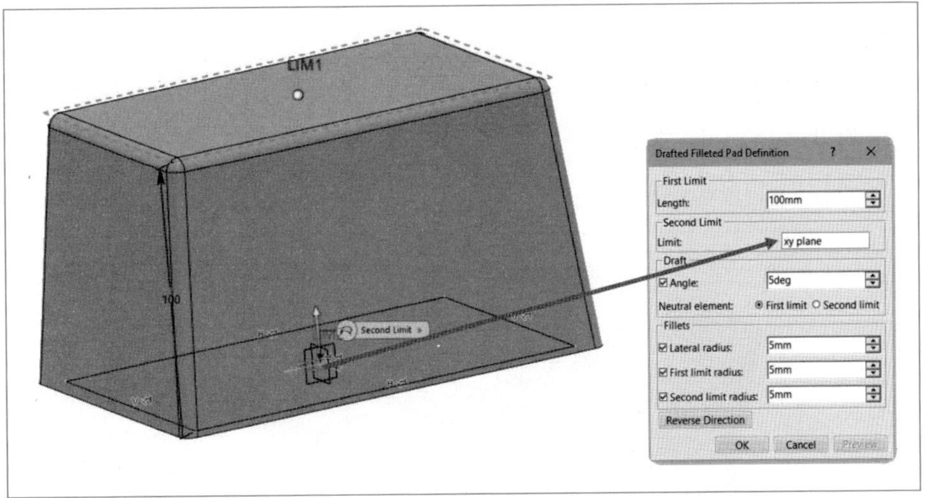

- Drafted Filleted Pocket
  - Drafted Filleted Pad 와 생성 결과만 다를 뿐 세부 Option은 동일

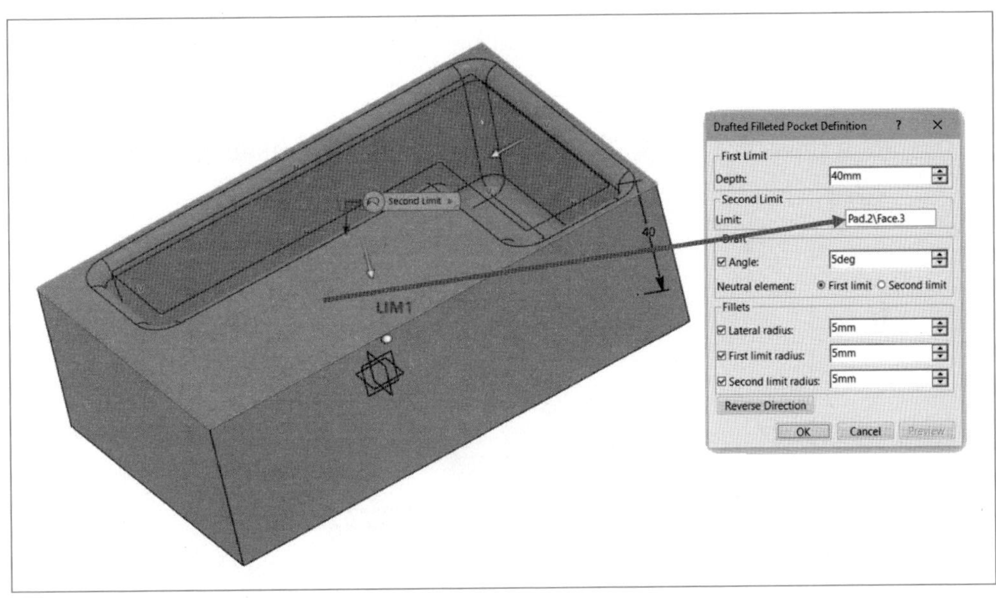

Chapter 05. Native Apps

- Multi-Pad

  - 하나의 Sketch에 대해서 만약 이 Sketch가 여러 개의 Domain을 가지고 있다면 그 각각의 Domain 별로 따로 치수를 주어 Pad하는 방법 즉, 여러 개의 Domain을 가지는 Sketch를 사용하여 한 번에 여러 높이의 Pad를 만드는 방법

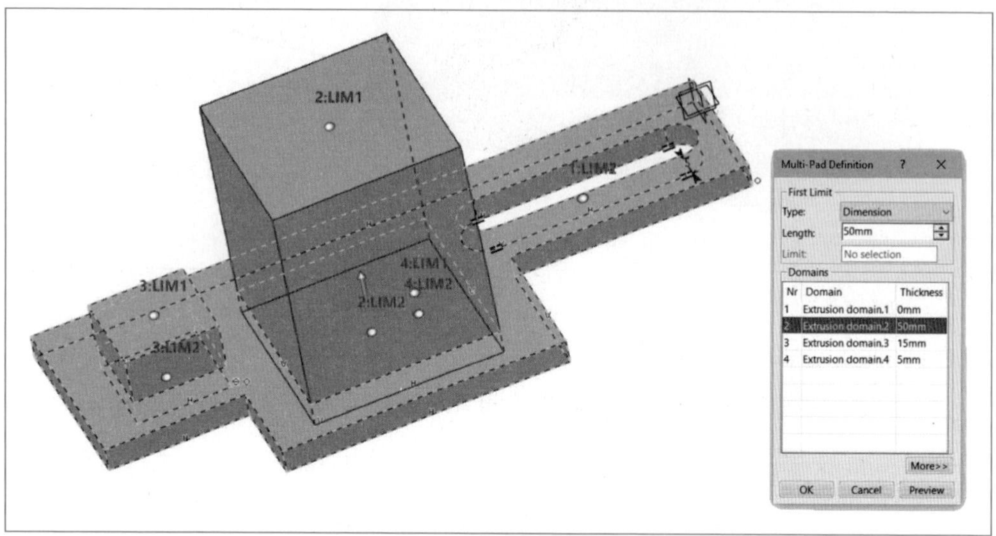

  - Multi-Pads에서 주의할 것은 Profile 형상이 완전히 Domain 별로 나누어지지 않은 경우에는 Multi-Pads를 사용할 수 없음

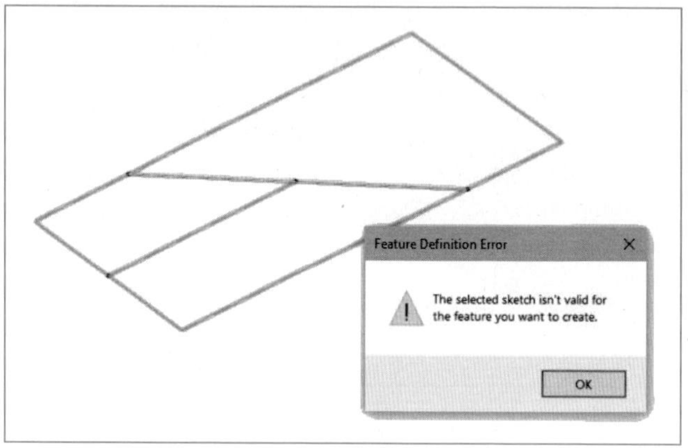

  - Domain끼리 구별이 확실하다면 아무런 문제가 없으나 Sketch에 일부분 요소가 이어지거나 공유되면 문제 발생 CATIA에서 Domain으로 인식이 되려면 이어지는 마디가 모두 끊어져 있어야 함
  - 이러한 작업은 Sketch App에서 Break 명령을 사용하여 형상의 교차하는 지점을 모두 끊어주어야 함 Multi-Pads하려는 대상은 교차하는 지점에서 직선이나 곡선은 항상 나누어져 있어야 함

- Multi-Pocket
  - Multi-Pads와 짝을 이루는 명령으로 여러 개의 Domain을 포함하는 한 개의 Sketch에 대해서 서로 다른 값으로 Pocket을 수행

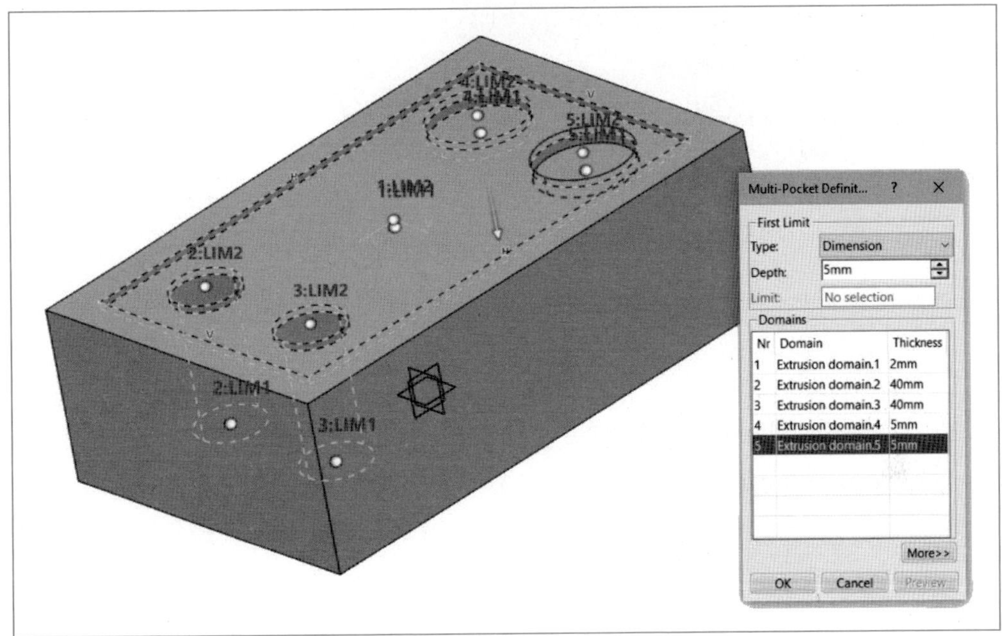

  - Multi-Pocket 역시 교차하는 부분에서 각각의 직선이나 Curve 요소가 끊어져 있어야 함

▶ Flyout for Shaft

- Shaft
  - 2차원 단면 형상을 회전축을 기준으로 Solid 형상을 만드는 명령
  - Shaft에는 필수적인 두 가지 요소로 바로 회전축(Axis)과 Profile이 필요

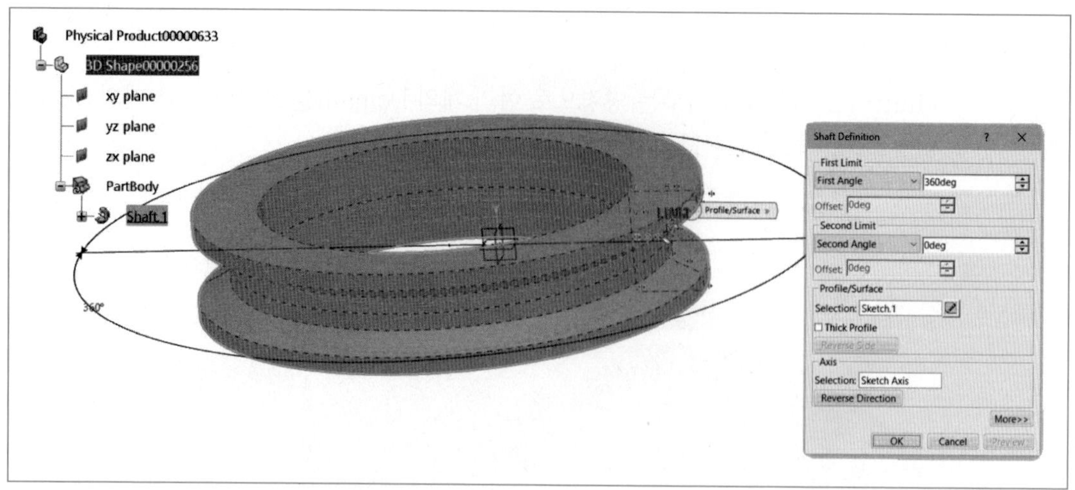

① Limit

Shaft를 사용하는데 회전축을 중심으로 Profile이 회전하게 되는 First Angle/Second Angle 값을 입력

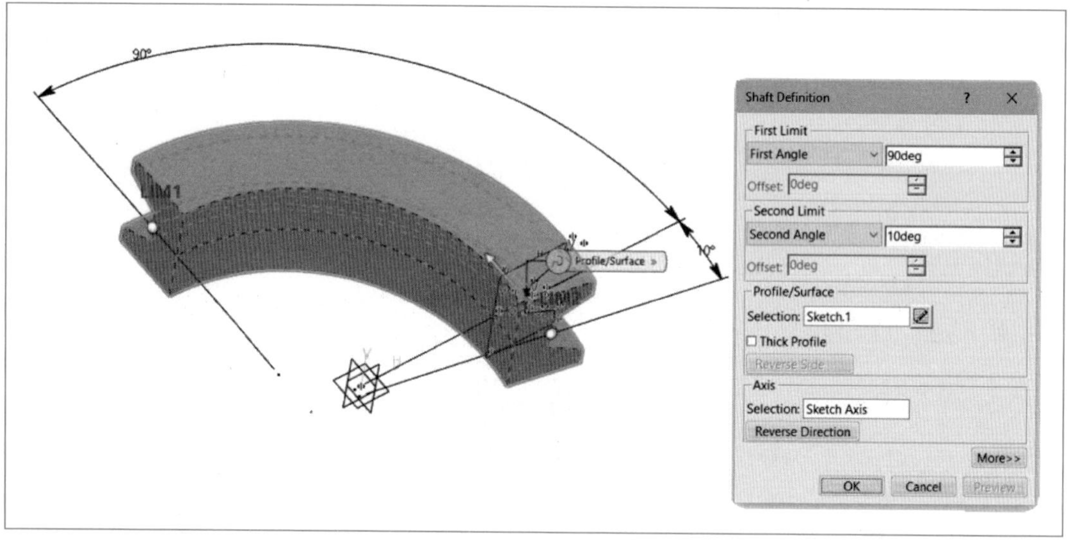

② Profile/Surface

회전체 Solid 형상을 만들기 위한 단면 Profile 형상을 입력 Sketcher App에서 생성한 Sketch나 면 요소를 선택할 수 있음. 여기서 선택한 Profile 요소가 Sketch Axis를 가지고 있다면 별도로 Axis를 지정하지 않아도 됨

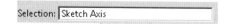

③ Thick Profile

Shaft 하고자 하는 대상의 Profile이 완전히 닫혀있지 않은 형상이거나 닫힌 형상을 두께를 가지고 Shaft 하고자 할 때 이 Option을 체크 'Thickness 1'과 'Thickness 2'는 형상을 기준으로 안쪽과 바깥쪽으로의 두께 값

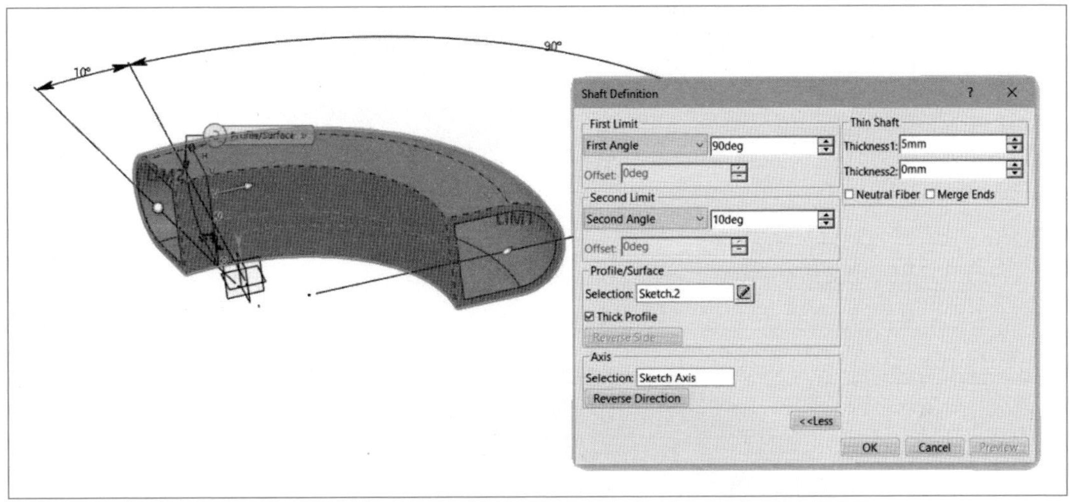

여기서 'Neutral Fiber'를 체크하면 'Thickness 1' 값을 형상을 기준으로 안쪽 바깥쪽으로 등분하여 두께가 생성 또한 'Merge Ends'를 사용하게 되면 Shaft 스스로가 Profile의 부족한 부분을 보간하여 Shaft를 완성

④ Axis

회전하고자 하는 대상이 가지는 회전 중심축으로 이러한 회전축은 Sketch App에서 Axis를 사용하여 그려주어도 되고 또는 형상 자체의 직선 요소를 선택하여도 됨 Axis로 사용할 수 있는 요소에 따른 예

ⓐ Sketch Axis

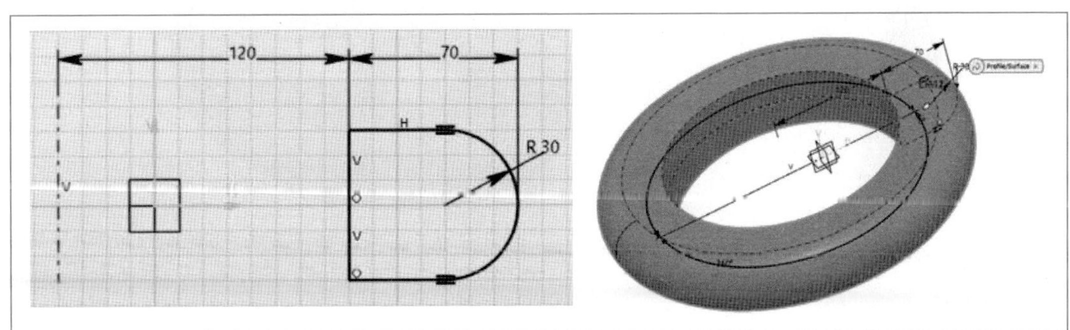

ⓑ Profile Element

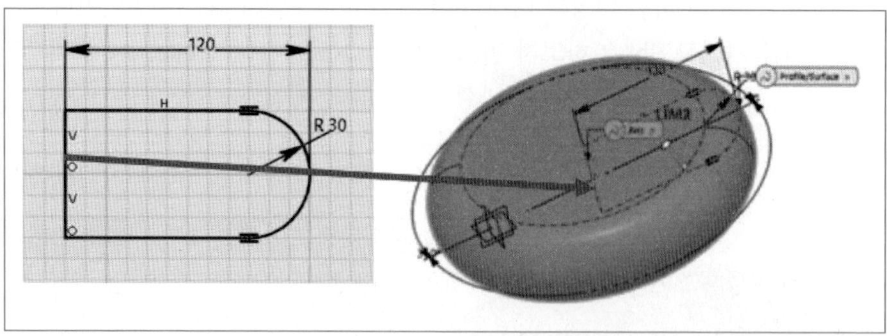

ⓒ Absolute Axis

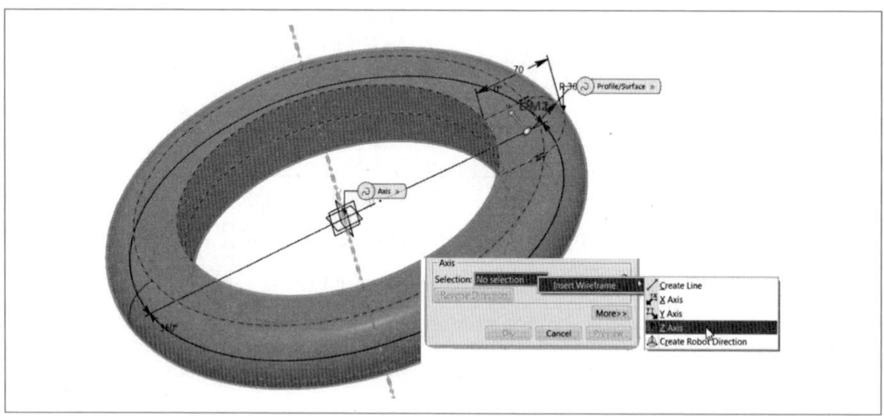

ⓓ 3D Cylindrical Face

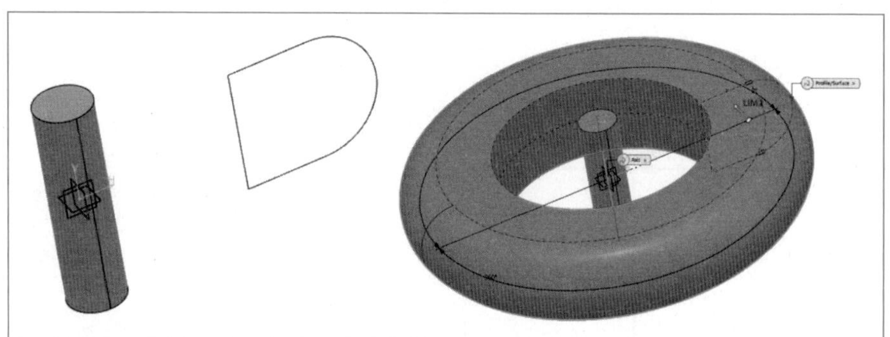

⑤ Open Profile

Shaft 역시 다음과 같이 Open 된 Profile이 이미 만들어진 형상과 교차되어 만들어진 부분을 만들어 낼 수 있음

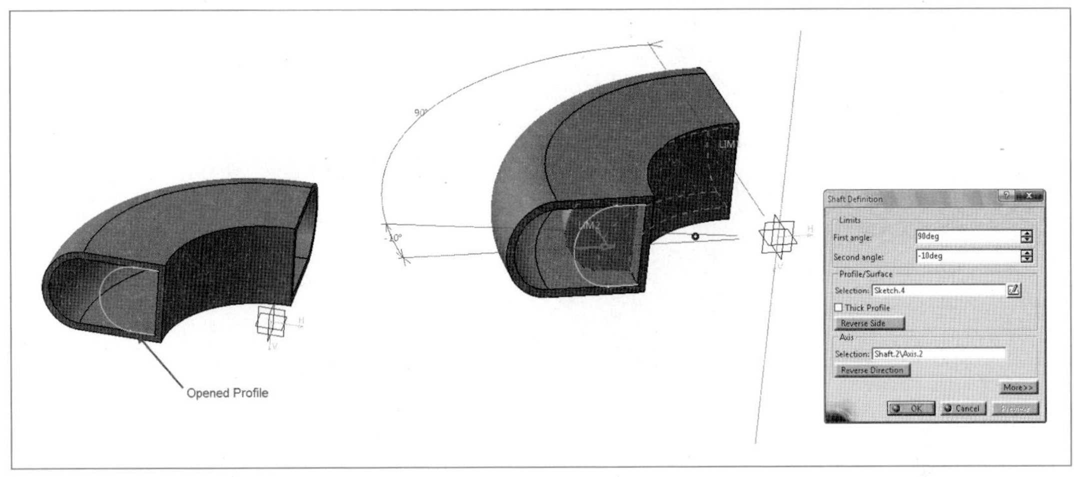

이런 경우 형상은 두 가지 방향으로 나타날 수 있기 때문에 Reverse Side가 활성화되며 이를 사용하게 되면 위와 같이 두 가지 형상을 만들 수 있음

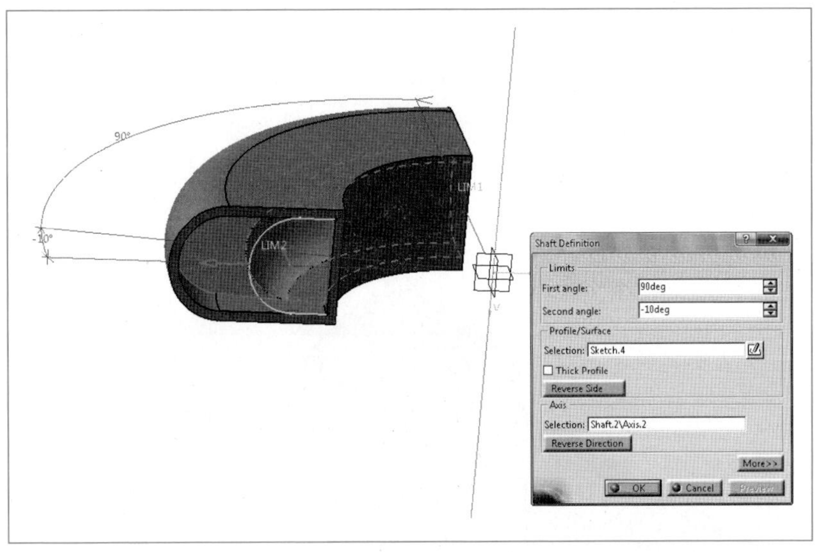

Chapter 05. Native Apps

- Groove
  - Shaft와 짝을 이루는 명령으로 2차원 Profile을 회전축을 기준으로 회전시켜 형상을 제거
  - 세부 Option은 Shaft와 동일

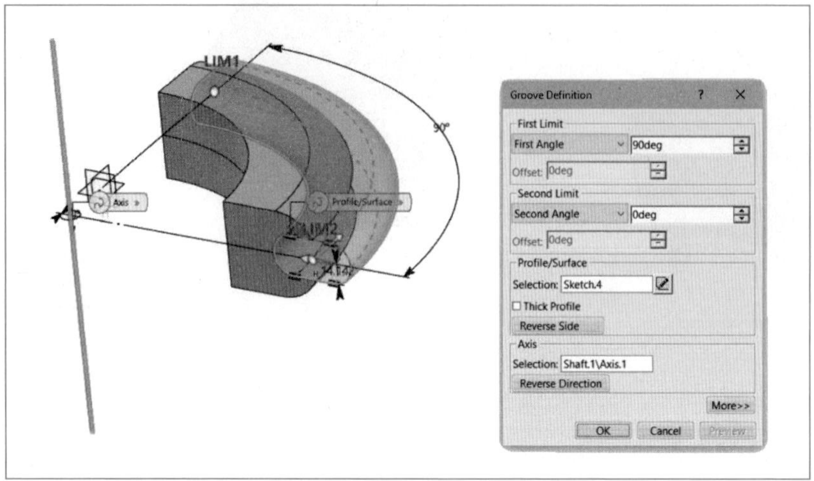

- Thread/Tap
  - Hole 명령 에서 Thread Option을 통하여 나사 가공 정의가 가능하지만 별도 형상에 대해서 가공 정보를 입력하고자 할 경우에 사용
  - Thread Hole을 정의하기 위해 Lateral Face로 원통 형상의 둥근 면(나사산이 들어갈 위치)을 선택해 주고 Limit Face(나사산의 시작 기준)로 끝 면을 선택

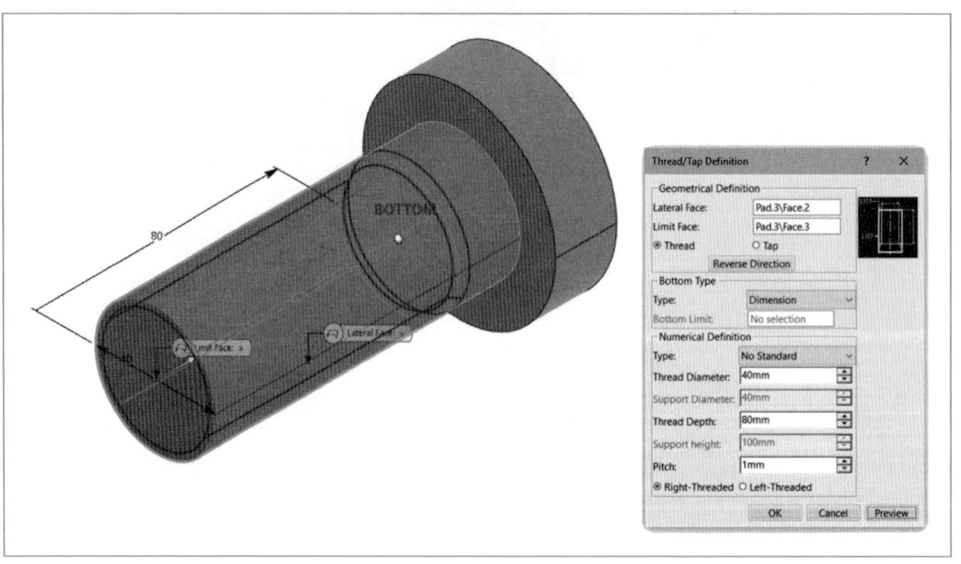

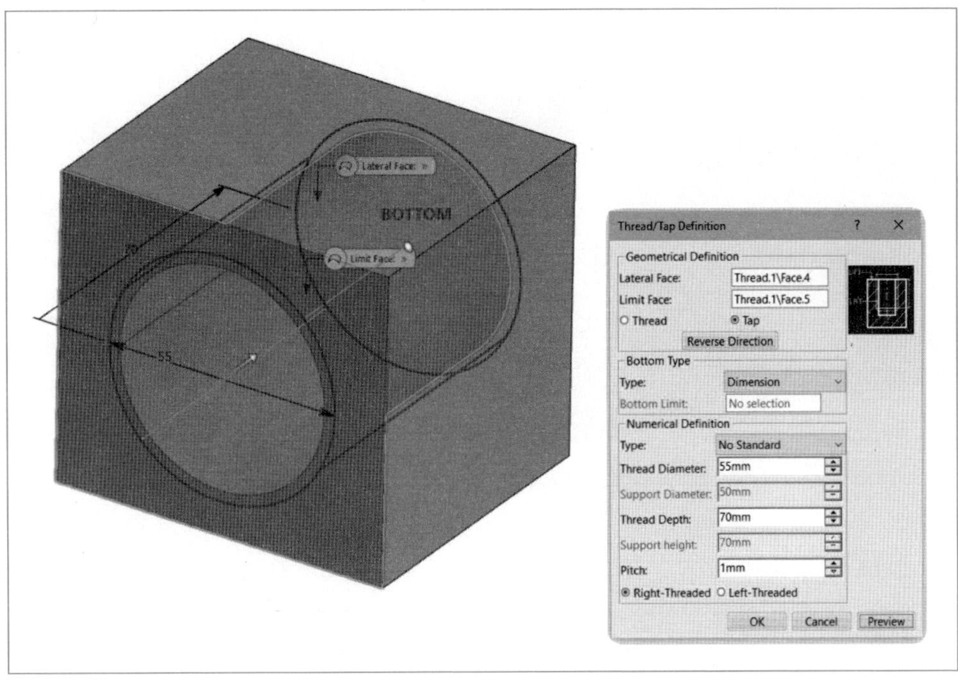

- Thread는 숫 나사 형태의 작업일 때이고 Tap은 암 나사 작업일 때 사용하여 자동으로 명령에서 인식
- Thread에 대한 Standard 정보를 사용하고자 할 경우 미리 생성된 값이나 별도로 생성하여 활용 가능(Hole 명령 참고)
- Spec Tree상에 다음과 같은 정보로 저장

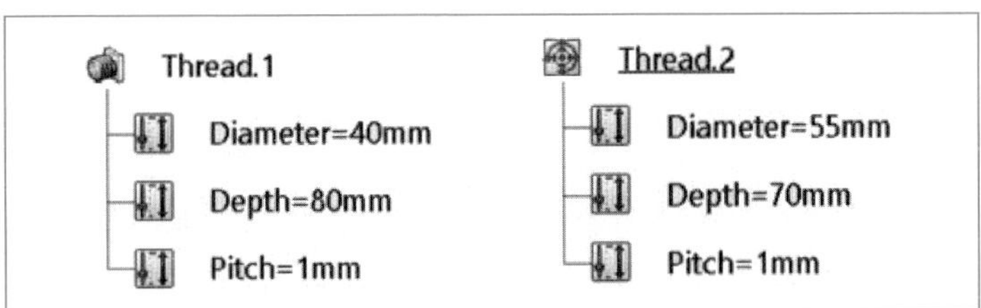

- Hole

  - 일반적인 기계 제도 나사 가공 구멍을 생성하는 명령으로 다양한 방식을 제공
  - 나사산을 직접 표시하지 않으며 이는 단지 기호 및 수치적으로 명시
  - Hole을 생성할 지점을 포인트 ⇨ 면 순서로 선택하고 명령을 실행하면 다음과 같은 Definition 창이 나타남

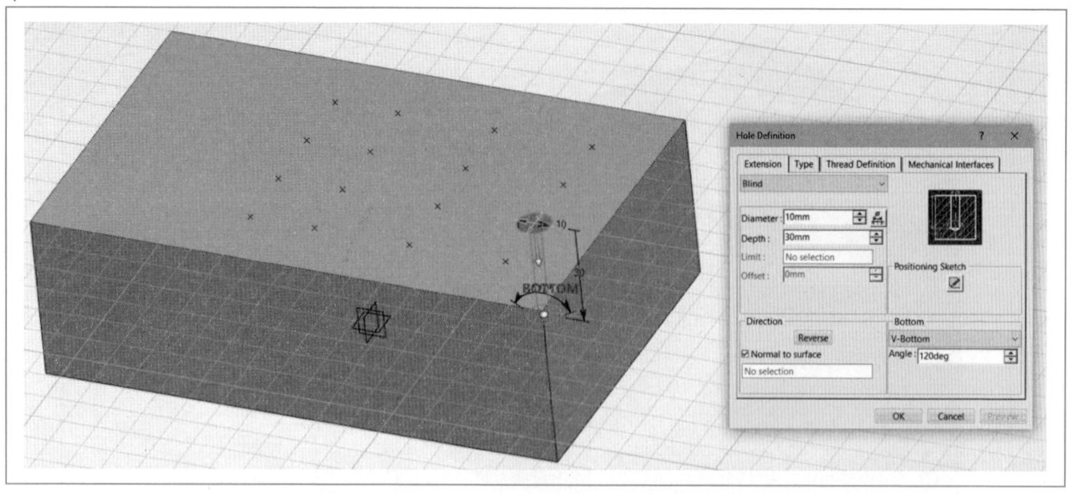

① Hole의 세부 Type

– Hole의 형상은 다음과 같은 5가지 방식으로 정의 가능

Simple	Tapered	Conuterbored	Countersunk	Counterdrilled
	Parameters Angle : 90deg	Parameters Diameter : 15mm Depth : 5mm	Parameters Mode: Depth & Angle Depth : 5mm Angle : 90deg	Parameters Diameter : 15mm Depth : 5mm Angle : 90deg

② Extension

– Hole 역시 Pad나 Pocket처럼 수치 값을 주는 방법으로 5가지로 정의 가능

Blind	Up to Next	Up to Last	Up to Plane	Up to Surface

③ Hole Positioning

- Hole의 위치를 지정해 주기 위해서 Hole Definition 창의 Positioned Sketch 사용 가능

- 먼저 Hole의 중심이 될 포인트를 선택하고 Hole이 생성될 면을 선택하는 것이 가장 바람직한 방법이지만 먼저 Hole의 중점을 정의하지 못한 경우 Positioned Sketch에 들어가 중점을 정의

④ Bottom

- Hole 가공을 할 때 바닥 부분을 평평하게 할 것인지(Flat) 아니면 Taper를 줄 것인지(V-Bottom)를 정의

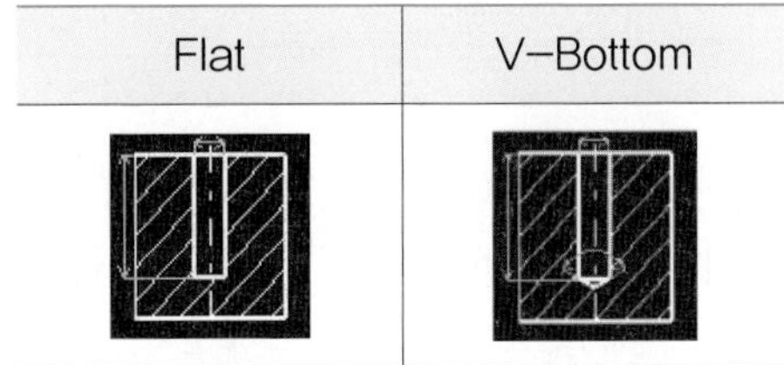

⑤ Tolerance

- Hole 형상의 가공을 고려한 공차 값의 정의를 위해 사용
- Hole에서는 지름 값을 입력하는 곳 옆에 버튼을 클릭하여 Limit of Size Definition 창에서 정의

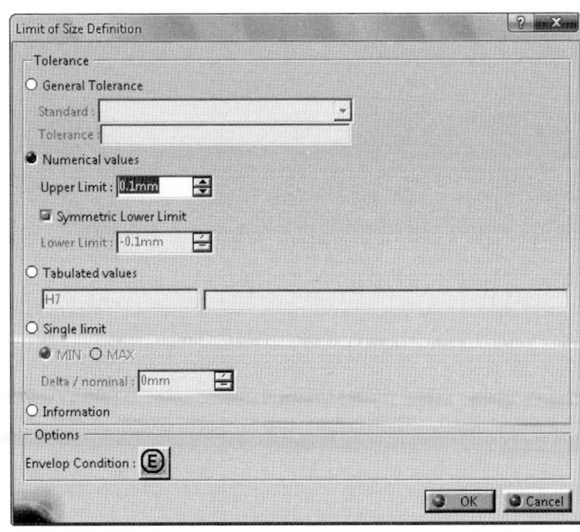

- 원하는 치수로 공차를 입력하면 Hole에 적용
- Hole에 공차가 적용된 경우 Spec Tree에서 Hole 표시가 다음과 같이 변경

- Tolerance를 해제 : Hole Definition 창의 치수 입력란 ⇨ Contextual Menu ⇨ Tolerance ⇨ Suppress 선택

⑥ Direction

- Hole Definition 창에서 Direction의 'Normal to Surface'를 해제하고 방향이 될 직선이나 축을 선택하여 방향 설정 가능

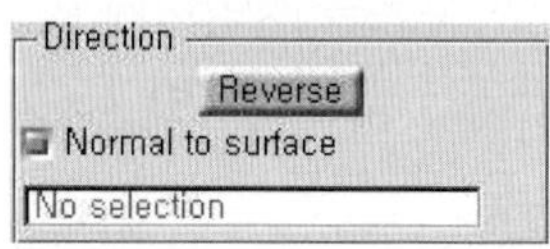

⑦ Thread

- Hole의 나사산 가공을 정의하는 부분으로 Threaded를 체크해야 사용 가능

- Thread Type

ⓐ No Standard : 사용자 정의 값

ⓑ Metric Thin Pitch : ISO standard values(ISO 965-2)

Nominaldiam	Pitch	Minordiam
80	10	6917
100	10	8917
100	125	8647
120	125	10647
120	15	10376
140	15	12376
160	15	14376
180	15	16376
180	20	15835
200	15	18376
200	20	17835

Nominaldiam	Pitch	Minordiam
220	15	20376
220	20	19835
240	20	21835
270	20	24835
300	20	27835
330	20	30835
360	30	32752
390	30	35752
420	30	38752
450	30	41752
480	30	44752
520	40	4767
560	40	5167
600	40	5567
640	40	5967

③ Metric Thick Pitch : ISO standard values (ISO 965-2)

Nominaldiam	Pitch	Minordiam
1	025	0729
12	025	0929
14	03	1075
16	035	1221
18	035	1421
20	04	1567
25	045	2013
30	05	2459
35	06	2850
40	07	3242
50	08	4134
60	10	4917
70	10	5917
80	125	4917
100	15	8376
120	175	8376

Nominaldiam	Pitch	Minordiam
140	20	11835
160	20	11835
180	25	11835
200	25	17294
220	25	19294
240	30	20752
270	30	23752
300	35	23752
330	35	23752
360	40	31670
390	40	34670
420	45	37129
450	45	40129
480	50	42587
520	50	46587
560	55	50046
600	55	54046
640	60	57505

- ISO 값으로 정해진 것 이외에 사용자가 값을 미리 정의하여 엑셀이나 텍스트 문서로 저장해 사용할 수도 있음

사용자 정의 Standard 만들기

- Thread Type을 만들 때 다음과 같은 순서로 값을 정의해야 함

Nominal diameter	Pitch	Minor	Diameter	Key

- 사용자 정의 공차 테이블을 완성하였다면 다음과 같이 Add를 사용하여 추가

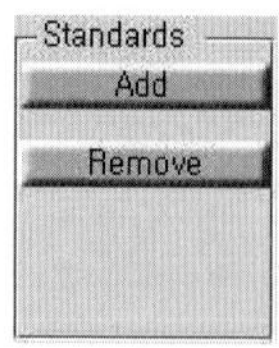

- 다음은 'ASCATIToleranceExample.txt'란 공차 데이터 파일을 추가한 결과로 Type에서 선택 가능

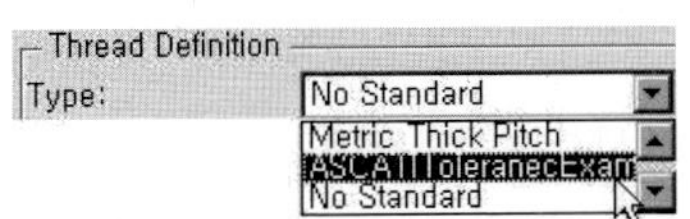

- Thread가 들어간 Hole은 Spec Tree에서 다음과 같이 나타나며, 세 번째 Hole은 Thread와 Tolerance가 같이 들어간 결과임

- 이러한 Thread의 결과는 나중에 배울 Tap/Thread Analysis 라는 명령에의해 정보를 파악할 수 있음

▶ Flyout for Rib

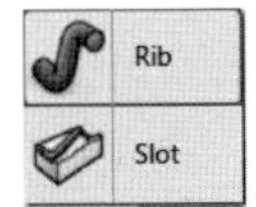

- Rib
  - 하나의 단면 Profile을 지정한 가이드 Curve를 따라 지나가는 Solid 형상을 만드는 명령
  - 즉, 단면 Profile을 곡선이나 여러 개의 직선으로 이루어진 가이드 Curve를 따라서 만들어지도록 하는 명령으로 Pad에서는 임의의 직선 방향으로 단면 Profile을 만들 수 있던 것에서 확장하여 이제는 곡선이나 구불구불한 선들에 대해서도 Solid 형상 정의가 가능

① Rib Definition 창

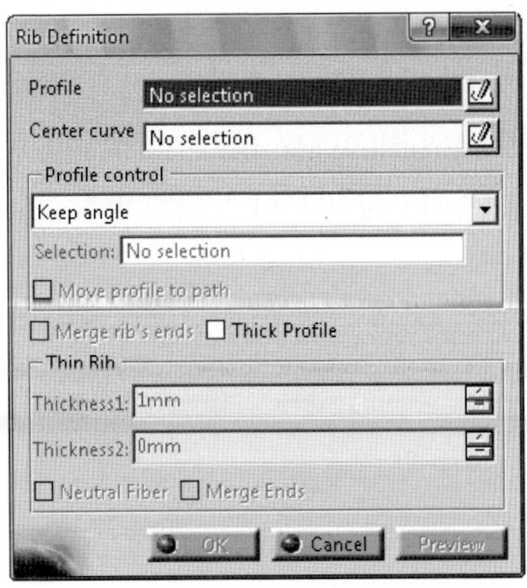

② Profile

- Rib 하고자 하는 형상의 단면 의미
- 닫힌 Profile 형상을 기본으로 하며 닫힌 Profile 형상이 아닌 경우 'Thick' Option을 사용 가능
- Profile 형상을 작업할 때는 가급적(또는 반드시) Positioned Sketch를 사용하여 Part의 원점이 아닌 Center Curve의 끝단을 중심으로 잡아 주어야 함

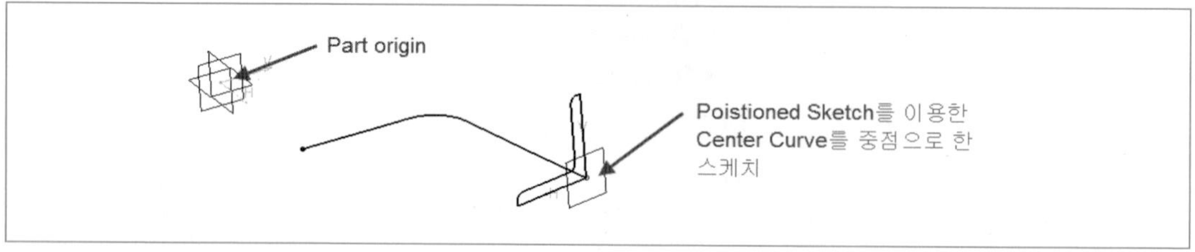

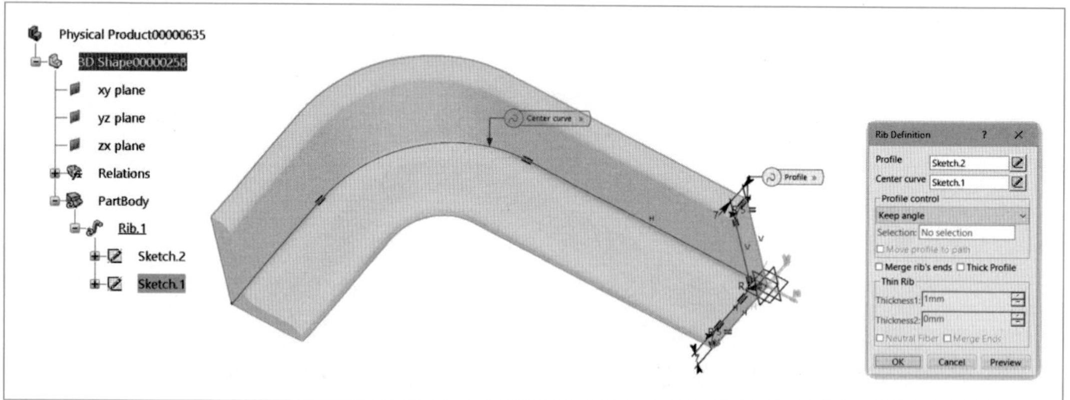

③ Center Curve

- 앞서 생성한 Profile을 여기 선택한 Curve 형상을 따라 이어지는 형상을 정의
- 연속적인 곡선이나 다각형을 사용할 수 있으나 연속되지 않은 Curve는 사용 불가능
- Center Curve는 항상 단면 Profile과 꼬임이 발생하지 않도록 적절한 곡률을 가져야 하며, 만약에 Profile이 Center Curve를 따라 지나가면서 꼬임(Twist)이 발생하면 형상이 만들어지지 않으니 주의해야 함

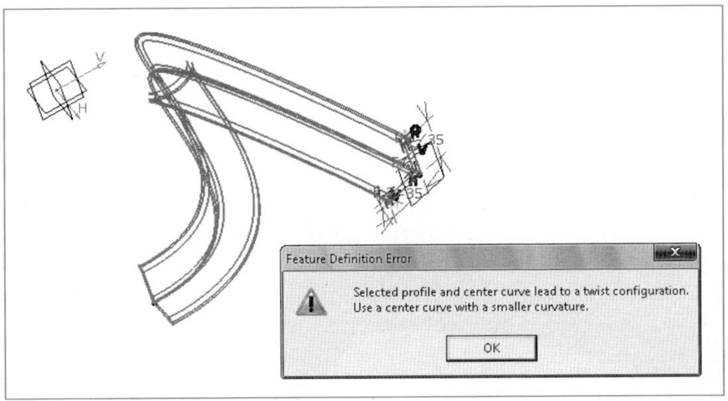

④ Profile Control

ⓐ Keep angle : Profile의 단면과 Canter Curve가 이루는 각을 그대로 유지한 상태로 Rib를 생성

ⓑ Pulling Direction : Profile을 임의의 방향으로 정한 상태에서 Rib가 되도록 정의 Center Curve를 따라가기는 하지만 Center Curve와 일정한 각을 유지하지는 않음

ⓒ Reference Surface : Profile을 Surface를 사용하여 Center Curve를 따라가도록 정의

⑤ Merge rib's ends

Rib는 Center Curve의 길이만큼 형상이 만들어짐 따라서 따로 제한을 둘 수 없으나 다음과 같은 경우에 Merge ribs ends를 사용하여 Rib의 끝을 마무리 지을 수도 있음

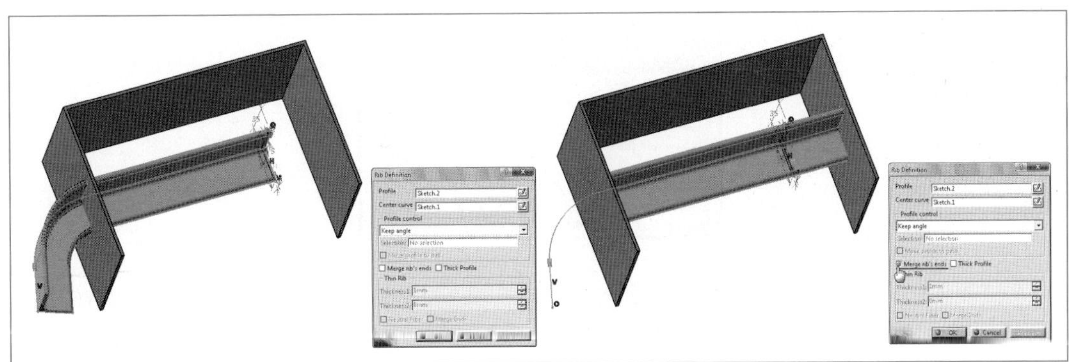

이는 반드시 다음 경계로 선택할 Solid 형상이 있는 경우에만 가능

⑥ Thick Profile

Rib에 사용하는 단면 Profile이 닫혀 있지 않거나 닫힌 형상에 두께를 주어 Rib를 하고자 할 때 사용

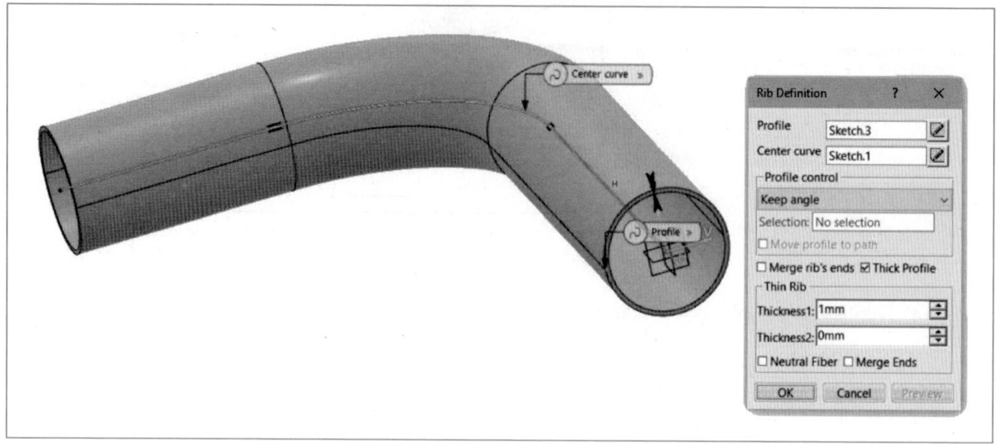

- Slot

– Slot은 Rib와 짝을 이루는 명령으로 Center Curve를 따라 단면 Profile 형상대로 기존의 Solid 형상을 제거하는 명령

– 기본적인 명령 구조는 앞서 Rib와 동일

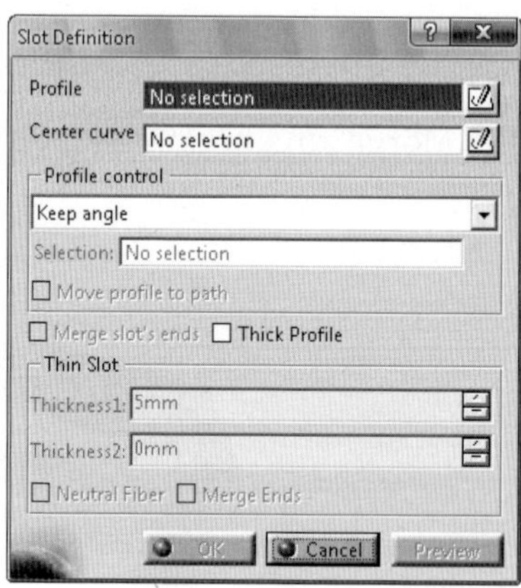

– Slot 역시 Profile 형상의 경우 Positioned Sketch를 사용하여 Center Curve에 일치하도록 작업해 주는 것이 바람직

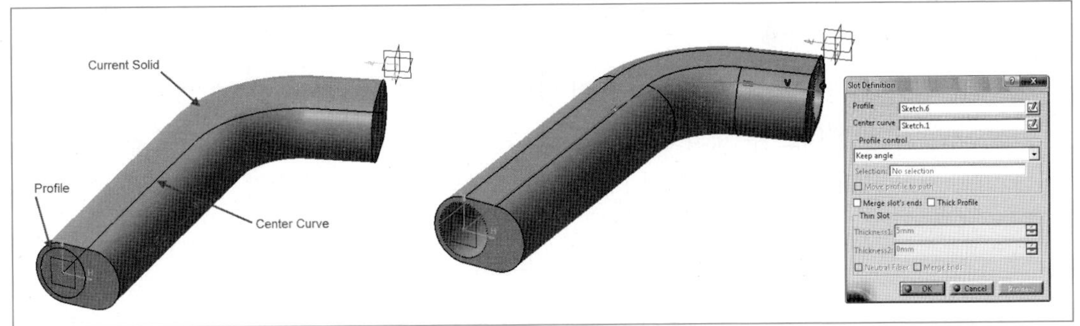

① Merge slot's ends

- 아래와 같이 Center Curve 형상이 완전히 형상을 지나지 않는 경우에 나머지 경계 부분까지의 Slot을 마무리해 줄 수 있음

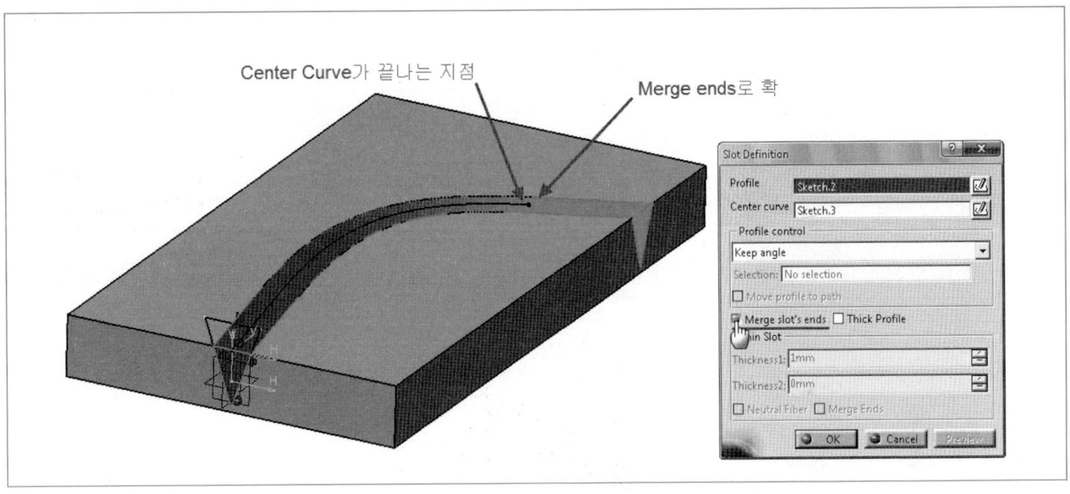

- Rib와 Slot을 사용한 볼트 설계의 예시

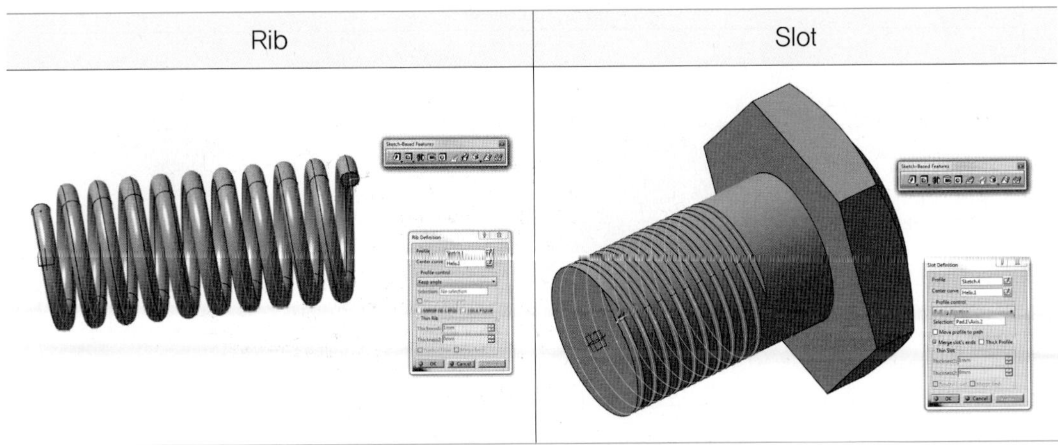

- Solid Combine

  - 두 개의 Profile에 대해서 이 둘의 단면 Profile이 교차하는 부분을 3차원으로 생성
  - 앞서 말한 대로 두 개의 Component 즉, Profile이 필요하고 다른 수치 값은 필요하지 않으며 Profile을 반드시 Profile에 대해서 수직하게 하지 않고 방향을 잡아 줄 수도 있음

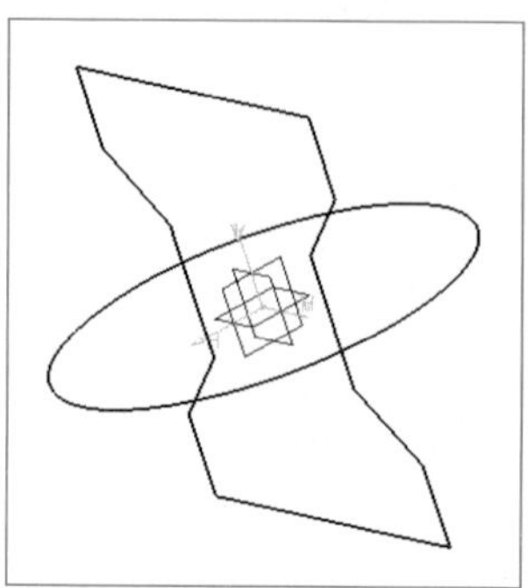

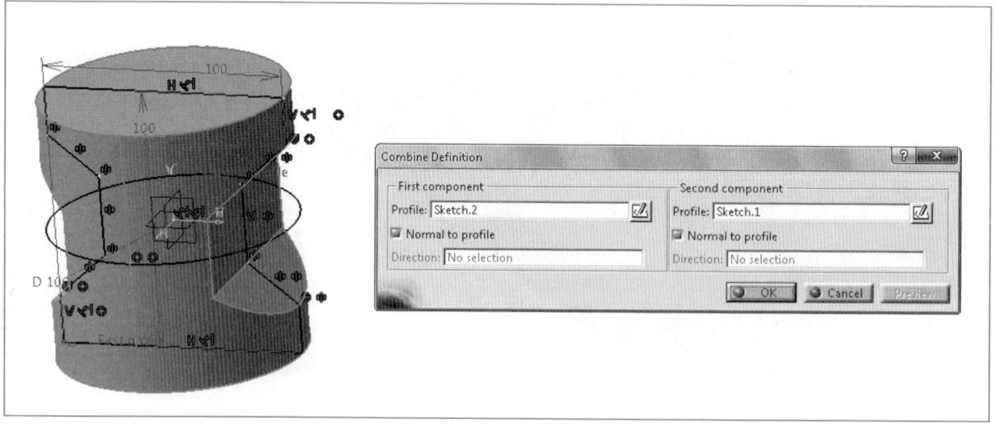

  - 이와 같은 형상은 나중에 배우게 될 Boolean Operation에서 Intersect 와 동일

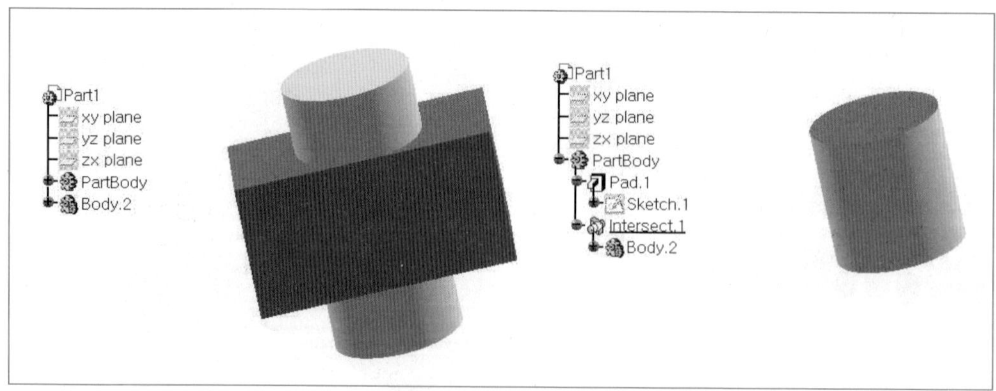

▶ Flyout for Multi-sections Solid

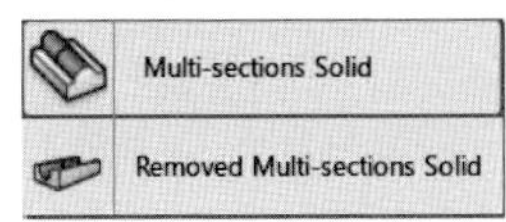

- Multi-sections Solid
  - Multi-sections Solid는 두 개 이상의 단면 Profile을 이용하여 그 단면들을 따라 이어지는 Solid 형상을 만드는 명령
  - 배나 비행기의 단면들처럼 여러 개의 단면을 이용하여 형상을 만드는 기능을 함
  - 또한 이 Multi-sections Solid는 여러 개의 단면 Profile외에 Guide Curve를 사용하기도 하며 각각의 단면 Profile에서 'Closing Point'라는 요소 또한 살펴야 함
  - Multi-sections Solid Definition 창

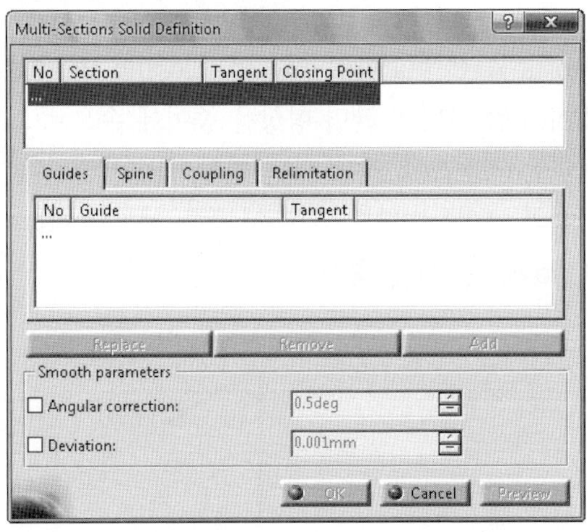

① Section
- 단면 Profile을 선택해 주는 섹션으로 다수의 단면 Profile을 입력할 수 있음
- 각각의 단면에는 Section1, Section2 … 와 같이 표시가 되며 단면 Profile을 선택할 때는 반드시 순서대로 선택하여야 함

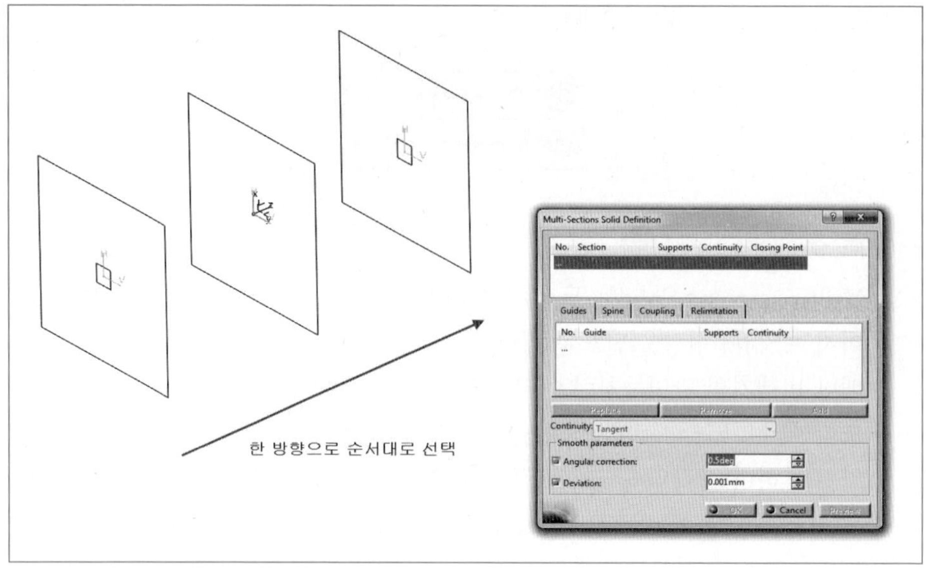

- 각 단면 Profile을 선택할 때는 다음의 'Closing Point'를 유의해야 함
- 'Closing Point'란 하나의 단면 형상을 종이에 손으로 그린다고 했을 때 시작점과 끝 점이 만나는 지점으로 어떤 단면 형상이든 이러한 점은 반드시 존재하게 되며 이 점의 위치와 그리는 방향을 맞추어 주는 게 Closed된 단면을 사용하는 Multi-section Solid에서는 매우 중요

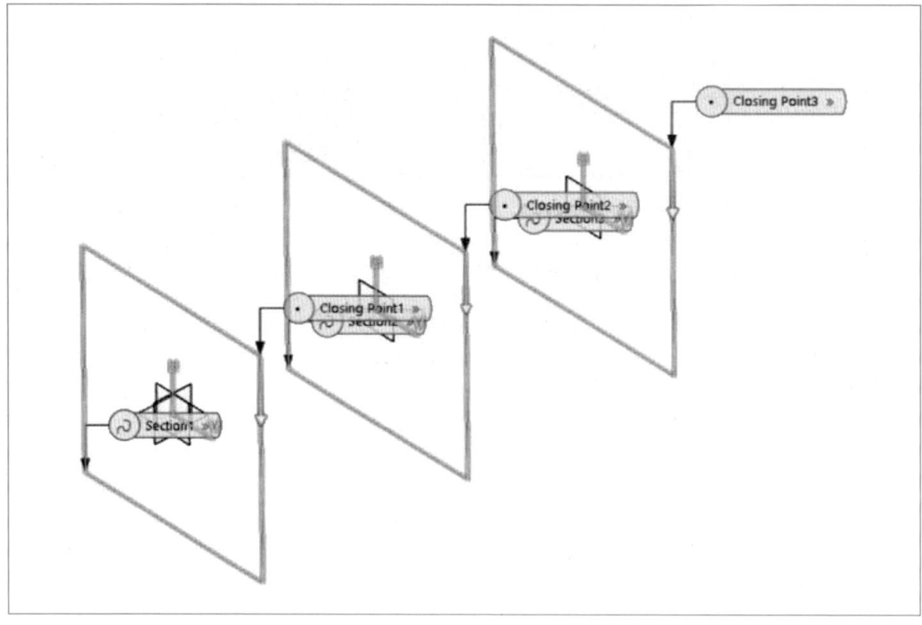

- 'Closing Point'의 방향은 다음과 같이 간단히 마우스 클릭으로 화살표 방향을 변경해 줌으로 가능

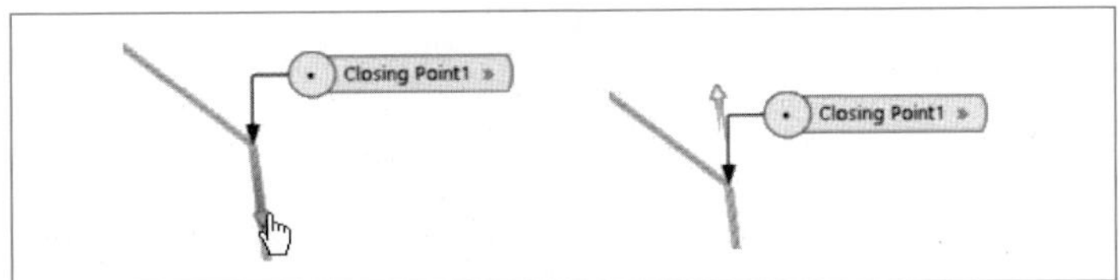

- 'Closing Point'의 위치 변경은 다음과 같이 Contextual Menu에서 'Replace'를 사용함

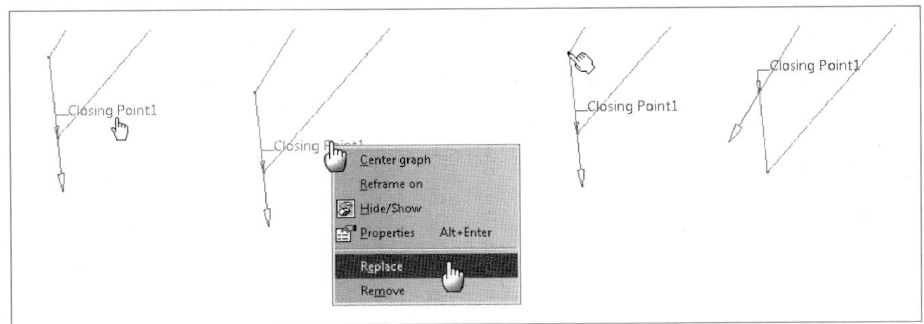

- Closing point의 위치 설정에 따라 다음과 같은 결과의 차이를 확인할 수 있음

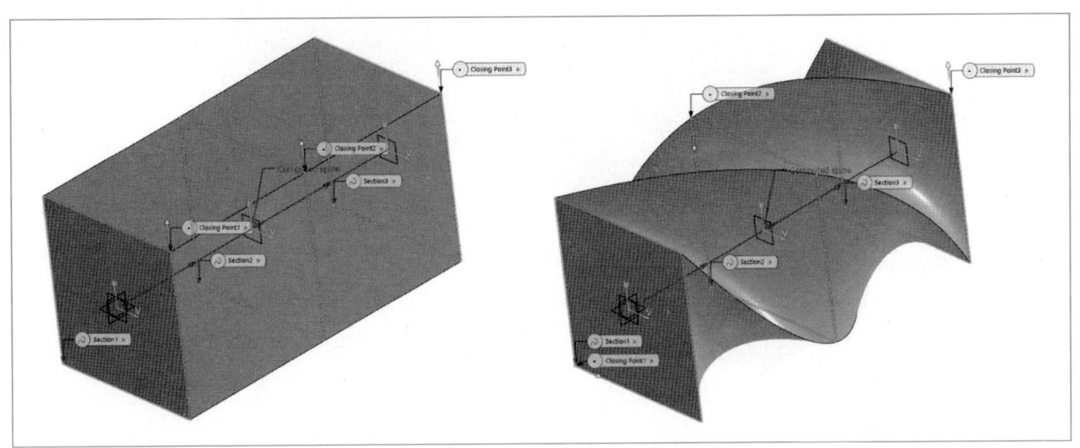

- 형상에 따라 이웃하는 Solid 면과 연속적인 형상이 만들어져야 하는 경우에는 다음과 같이 Solid 면을 단면으로 선택해 줄 수도 있음
- Definition 창에 Support가 입력되면 Tangent하게 형상이 이어지는 것을 확인할 수 있음

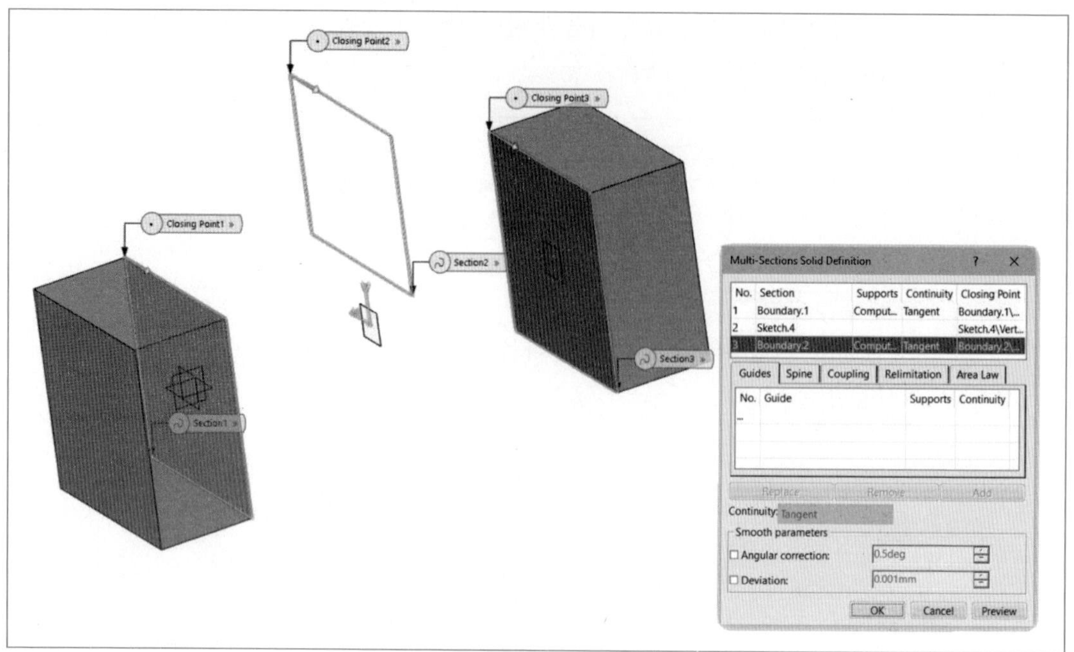

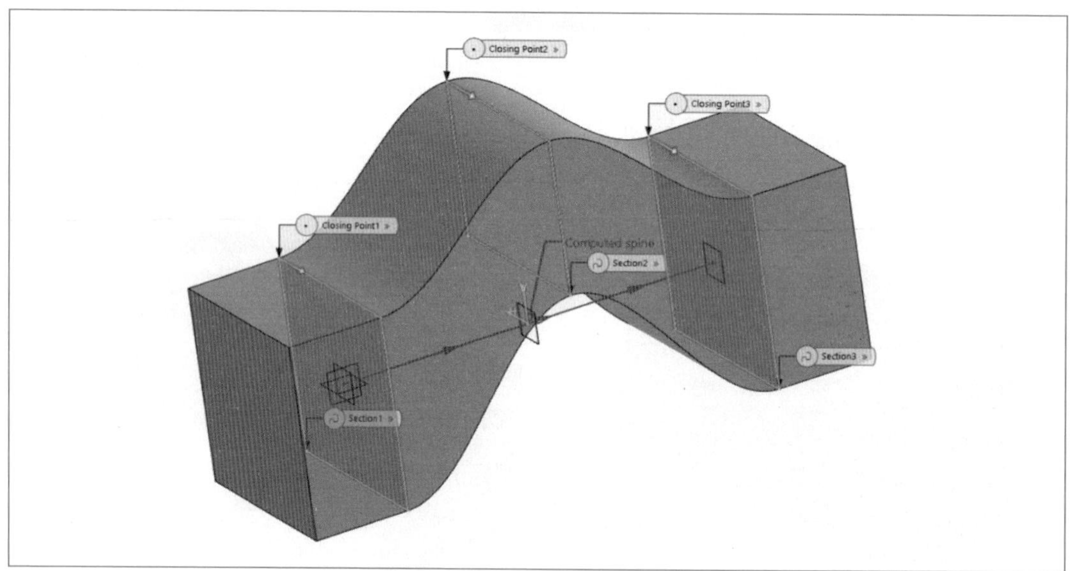

② Guides

- 각각의 단면 Profile들의 Vertex를 잇는 선으로 단면들 사이의 세부적인 구현을 위해 사용
- Guide Curve는 주로 G.S.D App의 Spline, Polyline 등을 사용

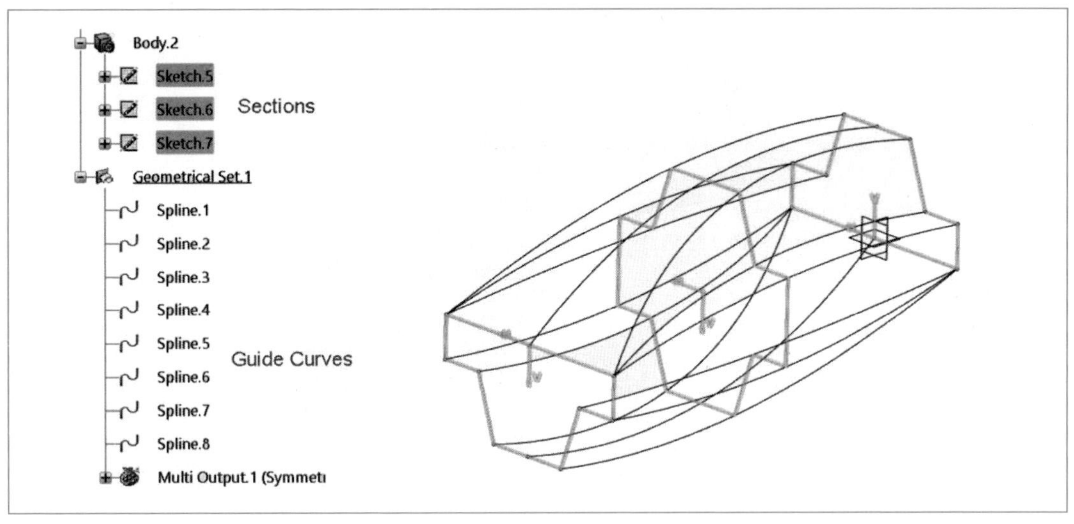

③ Spine

- Spine은 척추라는 의미는 갖는데 이 작업에서도 같은 기능을 수행하여 전체 단면 형상을 가로지르는 중심선 역할을 함
- Guides는 단면 Profile에 대해서 형상의 각 마디마다 그려주어야 하는 반면 Spine은 단면 형상들을 지나는 단 하나의 Guide Line으로 형상을 정의할 수 있음
- Spine은 주로 Sketch에서 직접 그려주어도 되며 또는 G.S.D App의 Spine 라는 명령을 사용할 수도 있음

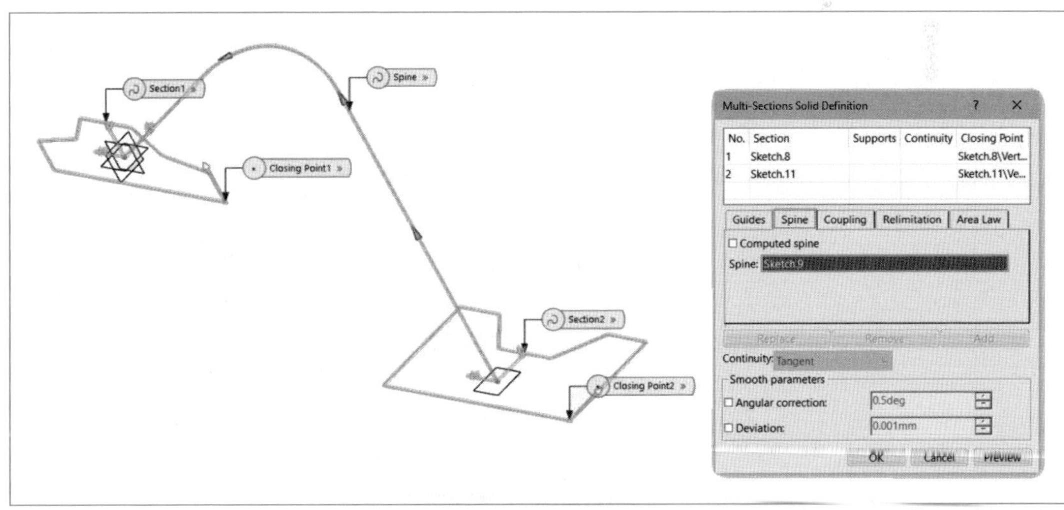

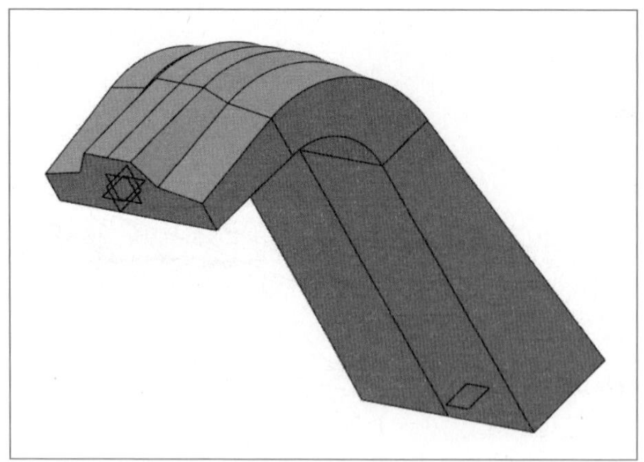

④ Coupling

- Coupling은 각각의 단면 Profile이 가지고 있는 꼭지점(Vertex)들을 각각의 위치에 맞게 이어주어 형상 생성에 도움을 주는 작업 방식

Guide Curve를 생성할 수 없을 때 유용

- 단면의 Vertex가 다음 단면의 이 Vertex와 이어지고 또 다음 단면의 Vertex와 이어진다는 정의를 해주는 것
- 주로 단면의 형상이 제각기 다를 때 이 Coupling을 사용하여 Vertex들을 짝지어 줌
- Definition 창에서 Coupling Tab을 'Ratio'로 바꾸어주고 각 단면의 Vertex를 순서대로 선택해 줌
- 처음 단면에서 마지막 단면까지 차례대로 선택을 해주어야 하나의 Coupling이 만들어짐

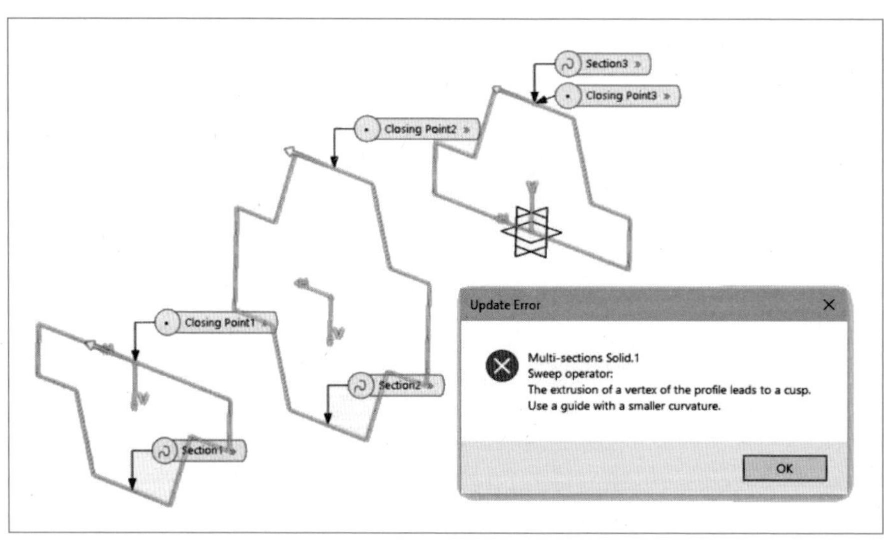

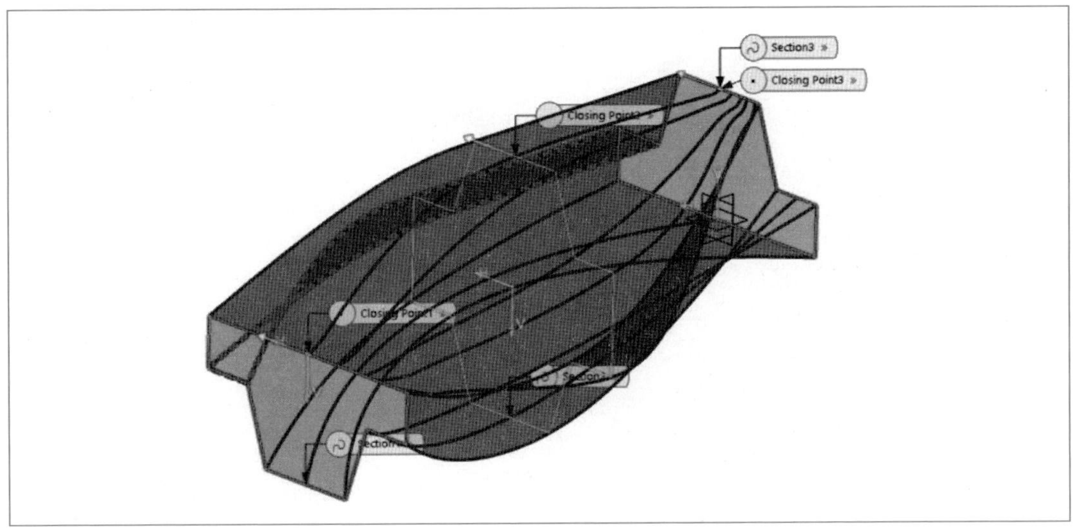

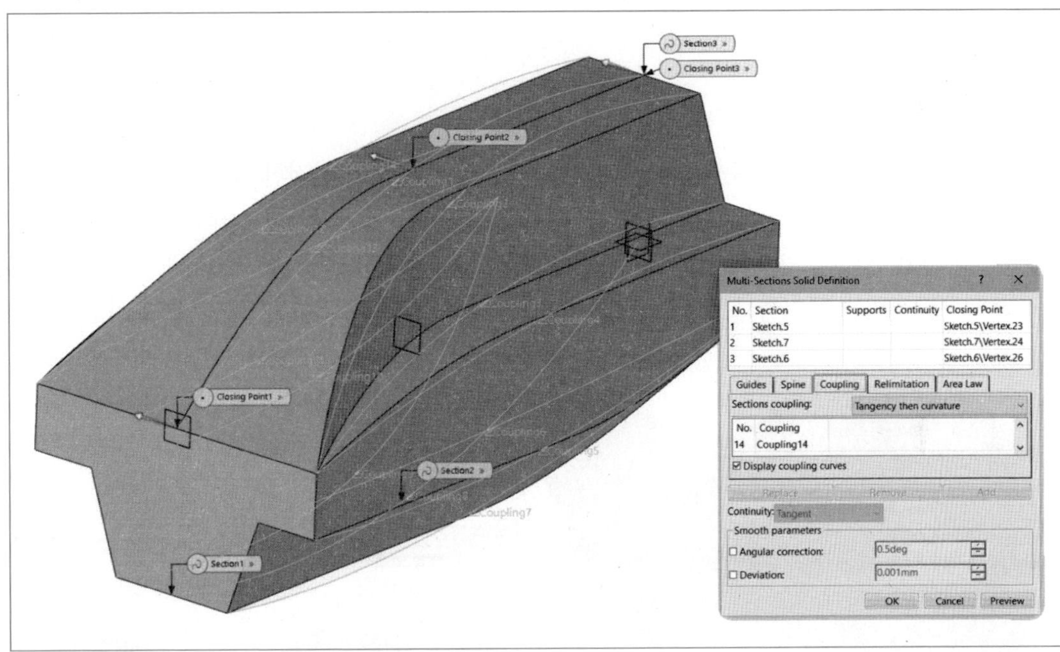

- Multi-section의 추가적인 부분은 다음 장의 G.S.D App의 Multi-sections Surface 참고

- Removed Multi-sections Solid
  - 여러 개의 단면을 이용하여 현재 형상에서 단면들로 이루어진 형상을 제거하는 명령
  - 앞서 설명한 Multi-Sections Solid와 짝을 이루며, 세부 Option은 Multi-sections Solid와 동일

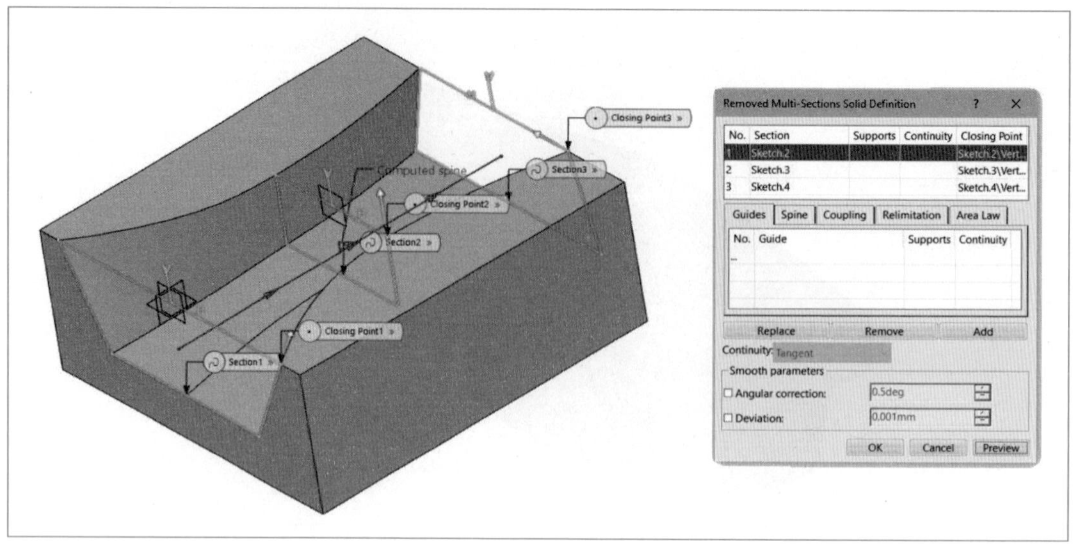

- Close Surface
  - 닫혀있는 또는 단순한 Surface 형상에 대해서 내부를 완전한 Solid로 만드는 명령
  - 앞서 Thick Surface가 두께만 주는 것과 다르게 이 명령은 완전히 닫힌 Solid를 만들며 일반적으로 Surface가 닫혀있지 않으면 만들어지지 않음
  - 닫혀있지 않더라도 열려있는 경계가 단순할 경우 Close Surface 실행이 가능

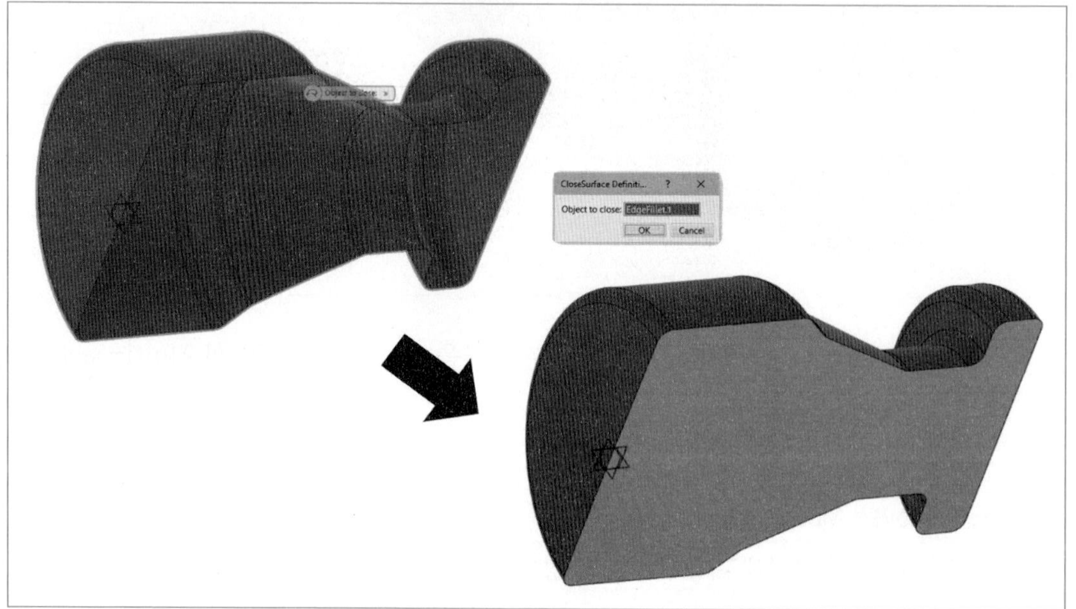

- Thick Surface
  - Surface 요소에 대해서 두께를 주어 Solid를 만드는 명령
  - Surface는 두께가 없는 형상이기 때문에 여기에 두께를 이러한 방법으로 따로 주어야 함
  - Thickness Definition 창에서 두께를 입력하게 되는데 Surface 면을 기준으로 두 방향으로 입력이 가능

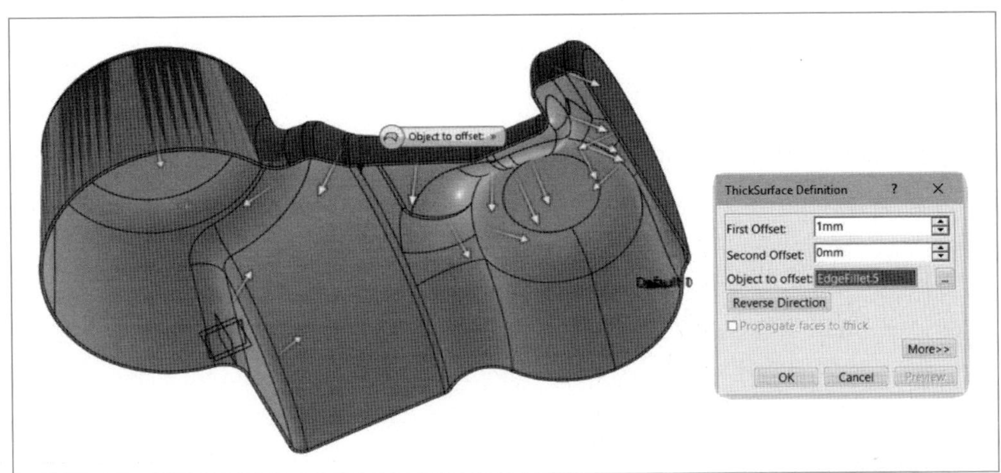

  - Surface의 두께를 주는 과정에서 곡률에 따라 지정한 두께가 적용되지 않고 오류가 발생할 수 있으며, 이런 경우 형상 수정이 필요

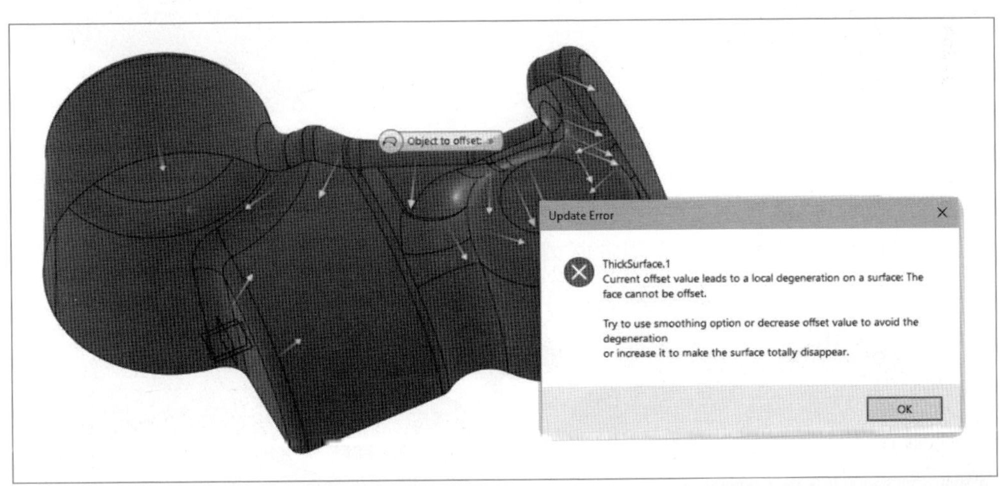

  - 곡면에 대해서 수직 방향으로 두께가 생성되기 때문에 돌출되는 부분에 주의 필요

- Shell

  - Solid 형상에 대해서 그 안을 일정한 두께로 파내어 얇은 껍데기와 같은 구조로 만드는 작업을 수행
  - Solid 형상의 외형을 만들고 내부를 간단히 제거 가능

① Default inside thickness

- 현재 Solid 형상의 경계면을 기준으로 안쪽 방향으로 두께를 정의하고자 하는 값을 입력
- 여기에 입력 값 이외의 Sold 형상의 내부는 모두 비워짐

② Default outside thickness

현재 Solid 형상의 경계면을 기준으로 바깥 방향으로의 두께 값을 정의

③ Face to remove

- Shell 작업을 수행하기 위해 Open 시키고자 하는 면을 선택
- 복수 선택이 가능

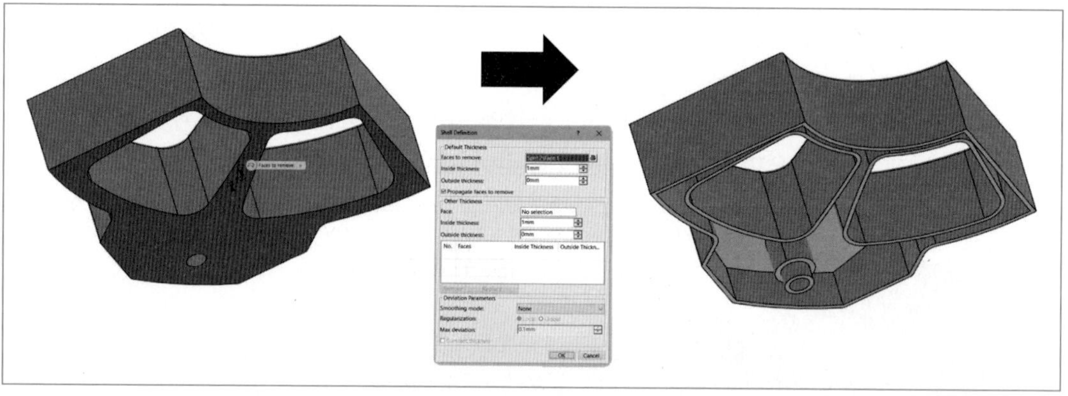

- 선택한 면에 따라 다른 결과를 가질 수 있음

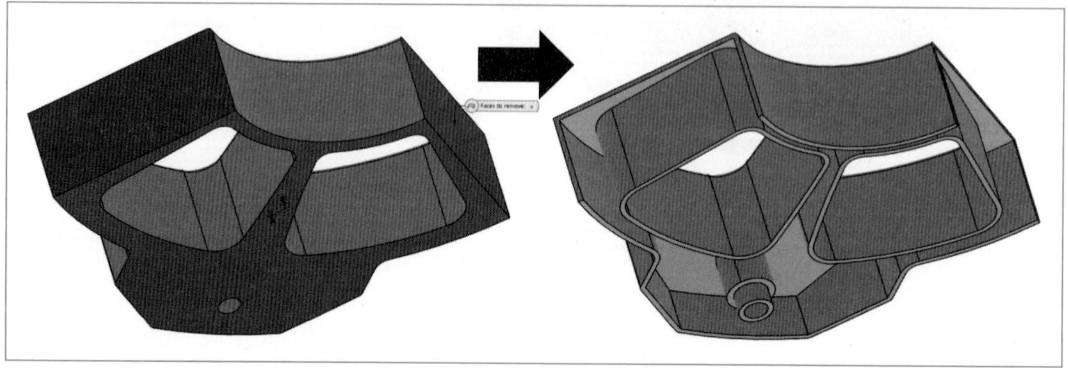

④ Other thickness faces

- 동일한 두께로 Shell을 수행하는 데 있어 일부 면에 다른 두께 값을 정의하고자 할 때 해당 면을 선택 후 두께 값을 입력

• Stiffener

- Solid 형상 사이에 보강제 형식의 구조물을 만들어주는 명령
- Stiffener Definition 창

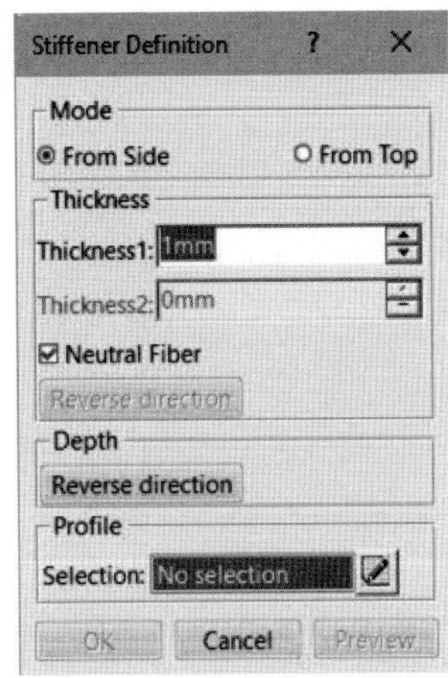

① Mode

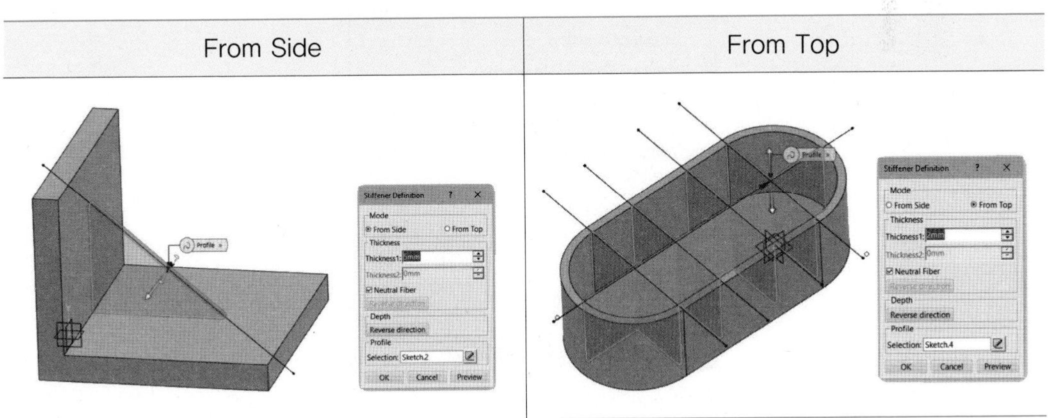

② Thickness

- 보강제가 들어갈 경우 그 두께를 나타내며 일반적으로 Neutral Fiber가 체크되어 있어 두께를 입력하면 Profile을 기준으로 좌우로 값이 정의됨

■ Transform

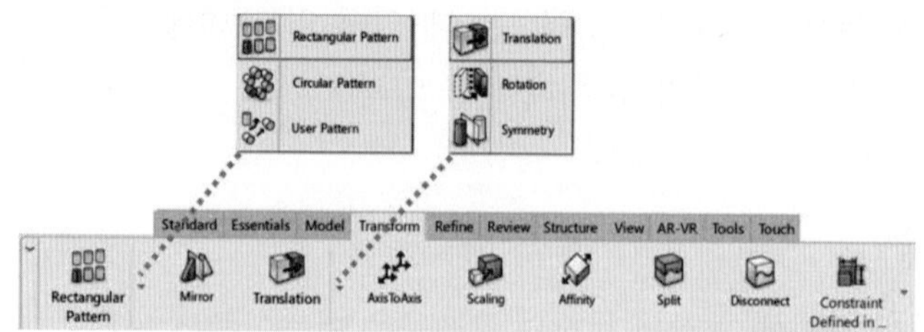

▶ Flyout for Rectangular Pattern

- Rectangular Pattern

  – Pattern이란 일정한 규칙성을 가진 채 반복되는 형상을 가리키는데 Rectangular Pattern은 가로와 세로 두 개의 직교하는 방향으로 선택한 형상을 반복하여 생성하는 명령

  – 이 두 개의 방향대로 Pattern의 값 설정이 가능

  – Rectangular Pattern을 클릭하면 다음과 같은 창이 나타납니다

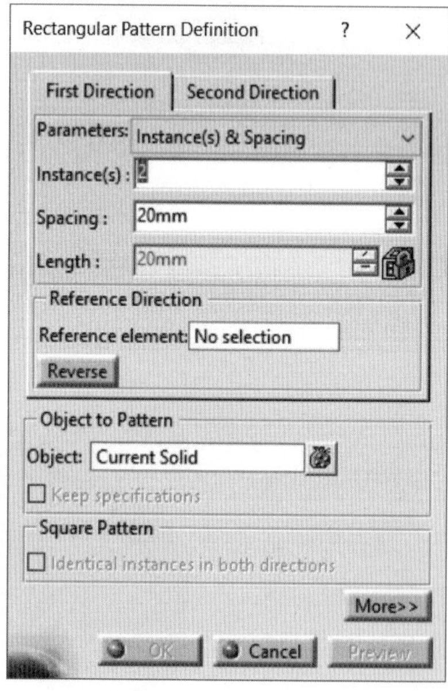

① Parameters

Pattern을 정의할 때 필요한 방식을 선택하고 정의

– Instance & Length

Instance란 반복하여 만들 복사되는 개체의 수를 의미 여기에 전체 Pattern 될 길이를 정의

- Instance & Spacing

  Instance란 반복하여 만들 복사되는 개체의 수를 의미 Spacing은 이들 사이의 간격

- Spacing & Length

  반복하여 만들 복사본을 정의할 때 전체 길이와 Instance들 사이의 간격으로 정의

② Reference Direction

- 우선 First Direction과 Second Direction이 있는 것을 확인하여 각 방향 성분을 입력

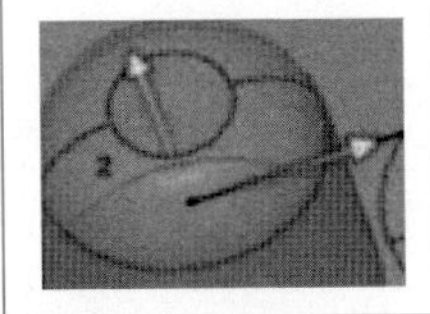

- Pattern이 만들어질 기준 방향을 선택하게 되는데 직선 요소를 선택하거나 평면 요소를 선택 가능
- Reverse를 사용하면 선택한 방향에 대해서 반대 방향으로 Pattern의 방향 변경 가능
- 두 직교 방향으로 선택한 대상을 반복적으로 생성 가능. 여기서의 Pattern 생성은 반드시 대상을 생성하는 것이 아닌 Pocket과 같은 제거 작업을 하는 Feature도 가능

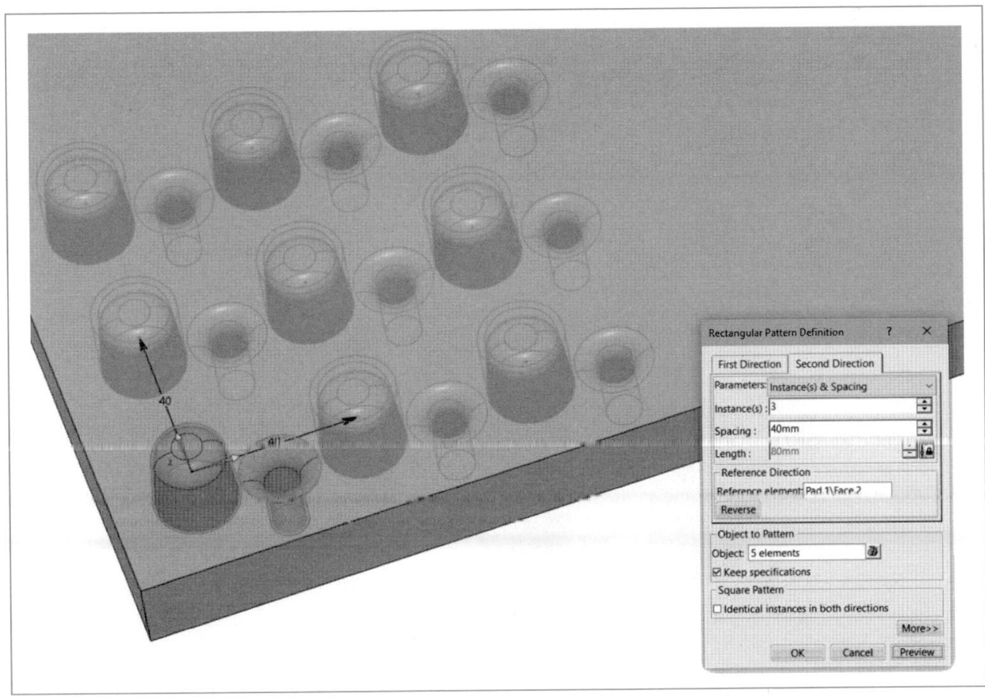

③ Object to Pattern

- Pattern 하고자 하는 대상을 선택하는 부분으로 Body 전체인 경우에는 Current Solid로 표시가 되며 일부 Feature만 선택이 가능
- 만약에 Pattern 대상이 여러 개라면 Pattern 명령을 시작하기 전에 미리 CTRL Key를 누르고 원하는 형상을 모두 선택한 후에 Pattern 명령을 실행

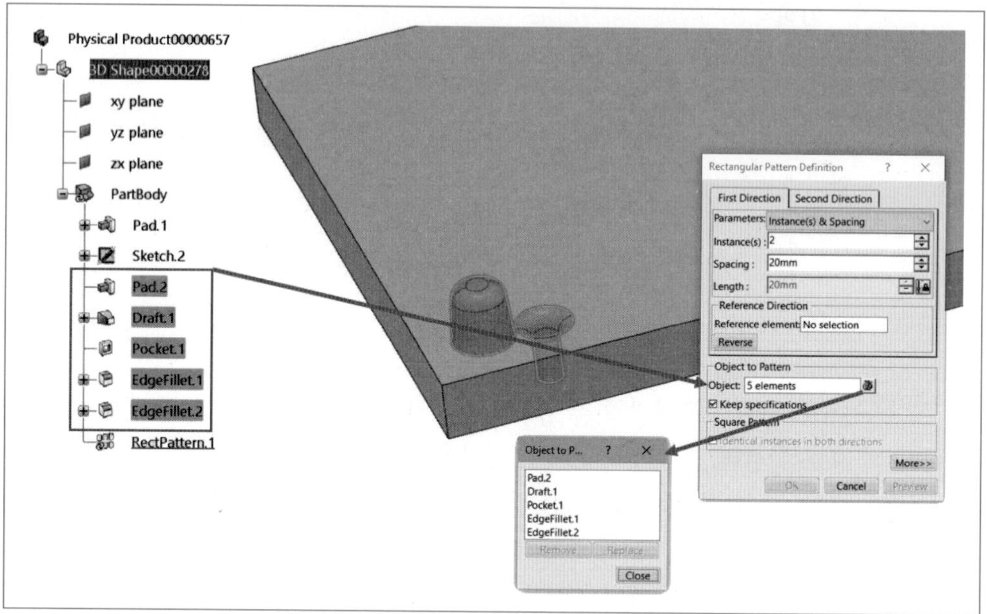

④ Keep Specifications

- Pattern하고자 하는 대상을 현재 형상만이 아닌 대상의 특성을 유지한 채 Pattern 하는 Option
- Keep Specification을 활성화하면 선택한 Pattern 대상이 가지는 특성을 유지하게 됨

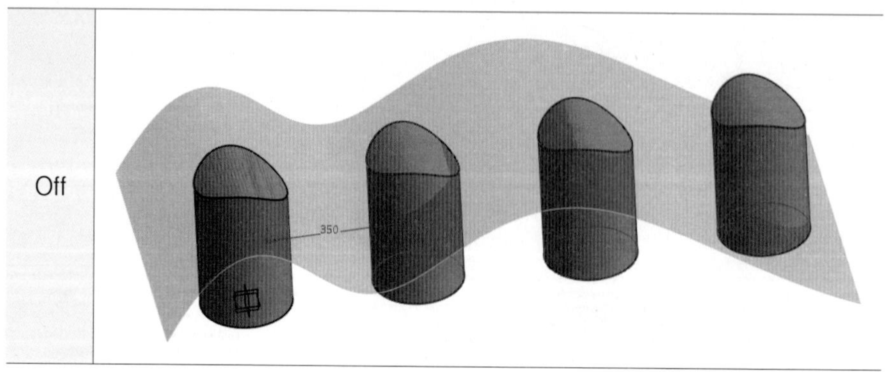

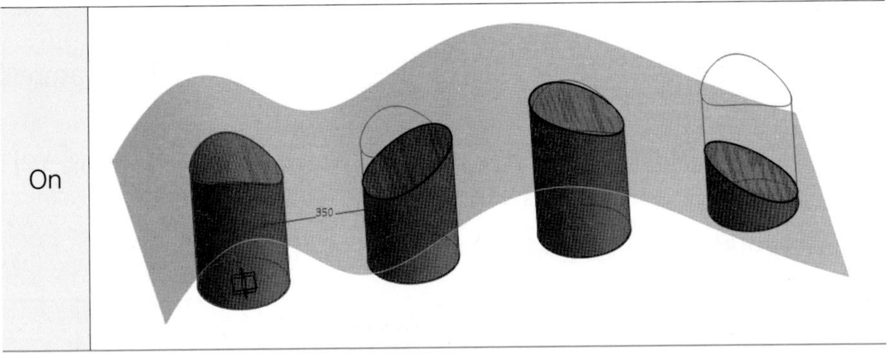

⑤ Pattern에서 필요 없는 부분 제거하기

- Pattern을 하게 되면 두 개의 방향에 대해서 격자 형태로 형상이 복사되는데 이 중에 불필요한 부분을 선택하여 제거 가능
- 이런 경우 Pattern에서 다음과 같이 미리 보기 상태에서 각 형상이 만들어질 위치에 있는 주황색 포인트를 클릭하여 제거

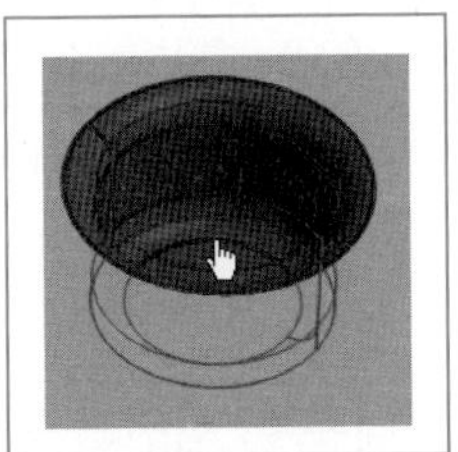

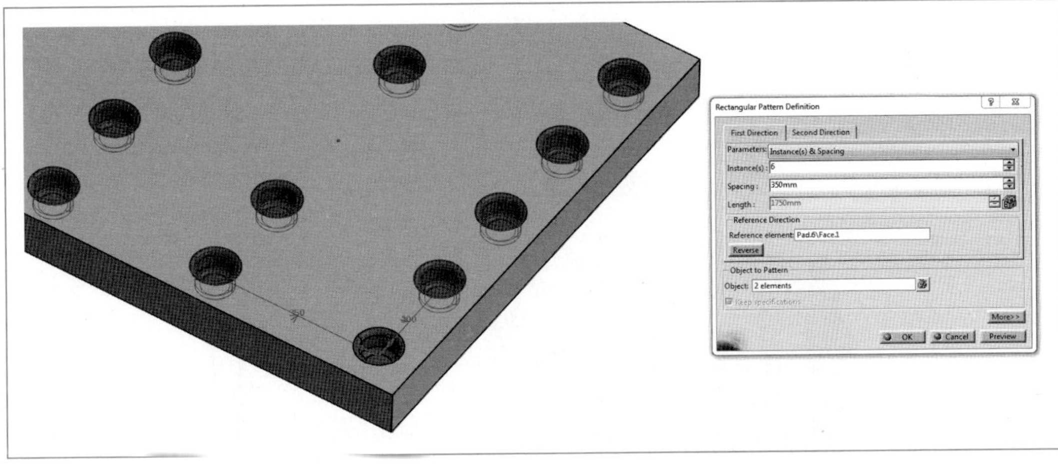

⑥ Position of Object in Pattern

- Pattern을 정의하게 되면 정해진 방향에 대해서 한쪽으로만 만들 수가 있는데, 여기서 이 Row in Direction의 값을 바꾸어 주게 되면 그 줄에서의 반대쪽으로의 Pattern을 조절 가능

⑦ Pattern Explode 하기

- Pattern을 사용하여 만든 형상은 기본적으로 Pattern이라는 Feature에 종속되어 관리
- 이를 풀어 개별적으로 인식하기 위하여 Contextual Menu에서 Object의 Explode 사용 가능
- 단, 이렇게 Explode한 형상은 다시 Pattern으로 돌릴 수 없음

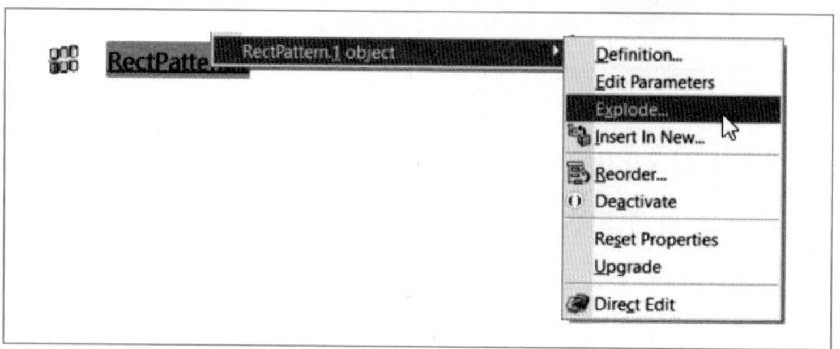

- Circular Pattern

  - Circular Pattern은 앞서 Rectangular Pattern과 마찬가지로 어떤 규칙을 가진 채 형상을 복사하게 되는데 이 명령은 회전축을 잡아 그 축을 중심으로 회전하여 원형으로 형상을 복사
  - Circular Pattern을 정의할 때는 이 회전의 중심이 될 Reference Direction을 축/선 요소 또는 원통 면을 선택
  - Circular Pattern은 두 개의 방향을 가지는데 하나는 축 회전 방향(Axial Reference)과 반지름 방향(Crown Definition)으로 Tab의 두 값을 통해 설정

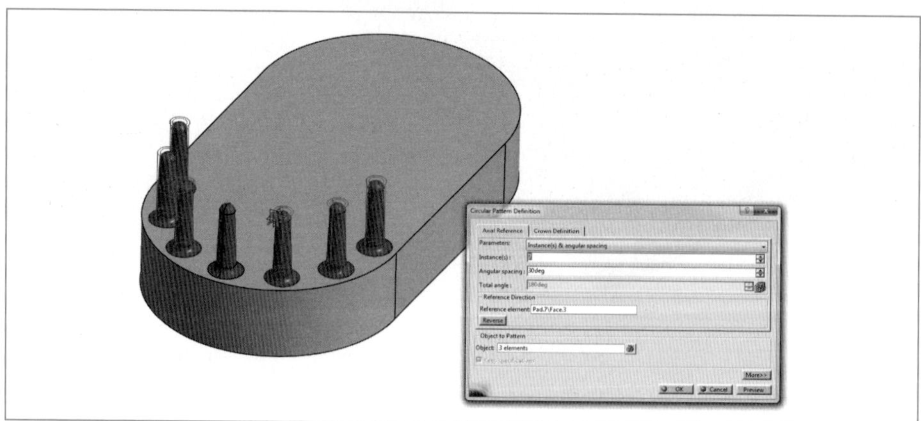

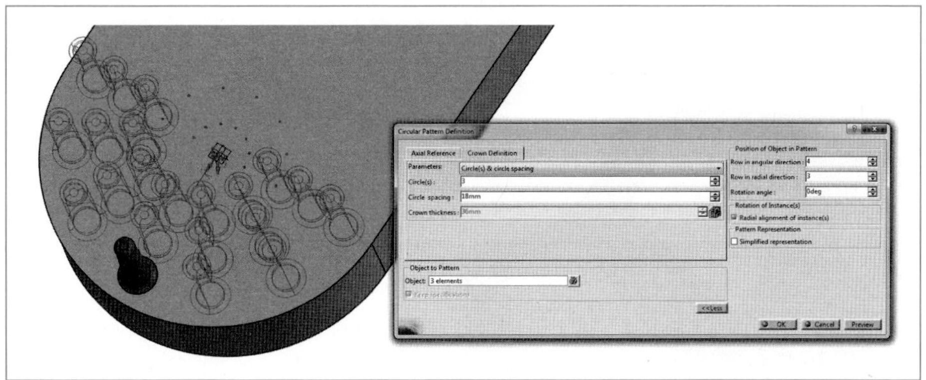

- User Pattern

User Pattern은 앞서 Pattern과 다소 차이가 있는데 이 명령은 일정하게 Pattern 되는 규칙이 정해진 것이 아니라 자신이 Pattern으로 복사될 지점을 Sketch에서 포인트로 만들어서 이 지점으로 선택한 Solid 형상을 Pattern

- 따라서 User Pattern에는 다음과 같이 Position 이라는 부분이 있어 이곳에 작업자가 Sketch로 그린 포인트들의 위치를 입력해 주어야함
- User Pattern을 할 때 마찬가지로 우선 Pattern 하고자 하는 대상을 선택한 후, Pattern 될 Position으로 Sketch에서 포인트로 정의한 Sketch를 선택

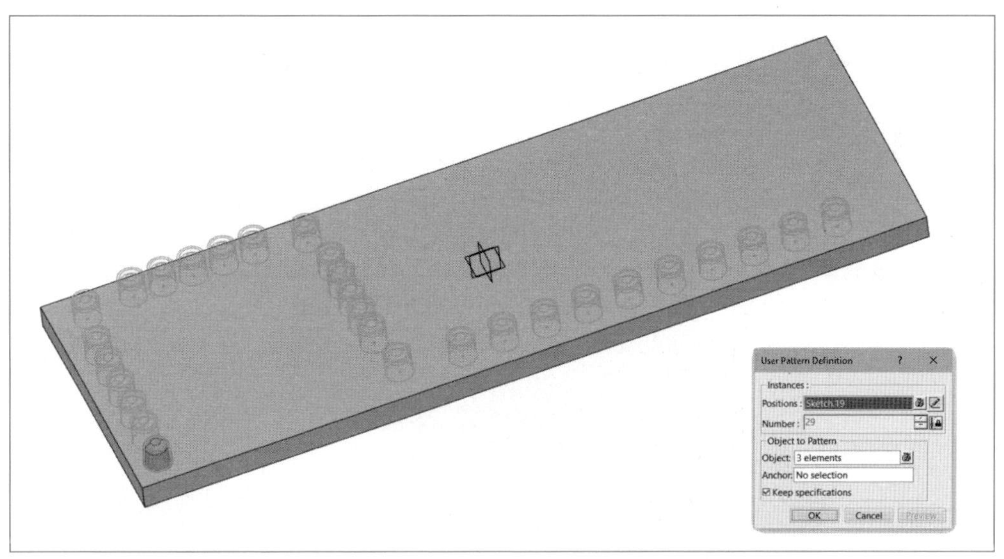

- Mirror

Body에 정의된 형상에 대해서 1선택한 기준면에 대해서 전체 또는 일부를 대칭 복사하는 명령

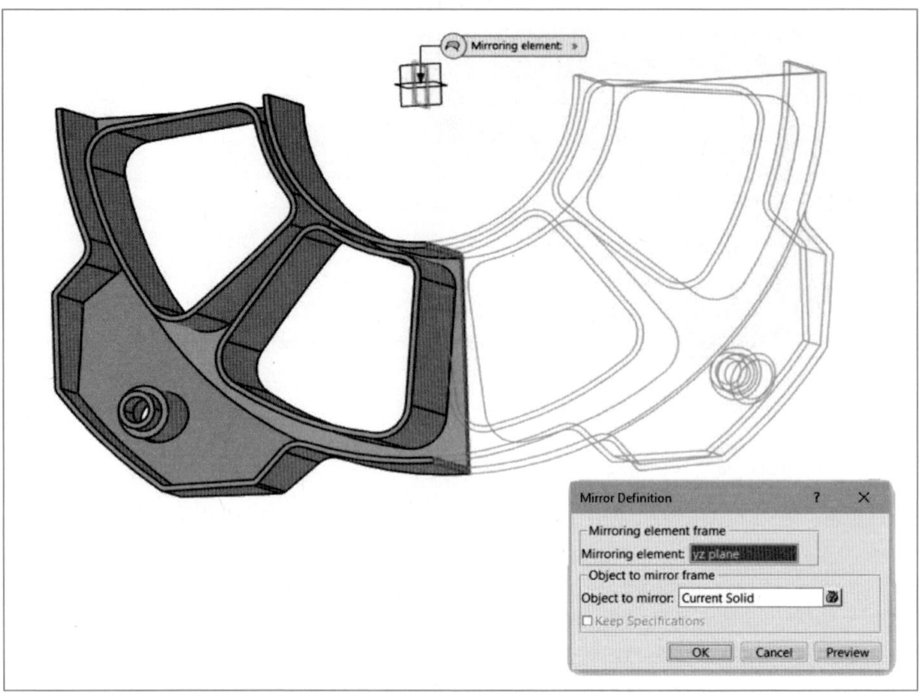

- Body 안의 임의로 형상(Feature)만을 선택하여 대칭 복사에 사용할 수 있으며 Body 전체를 대칭 복사하게 할 수도 있으나 일부 작업에 대해서는 Mirror할 수 없는 경우가 있으니 주의 필요
- 다음과 같이 제거 작업에 관한 형상에 대해서도 복사가 가능

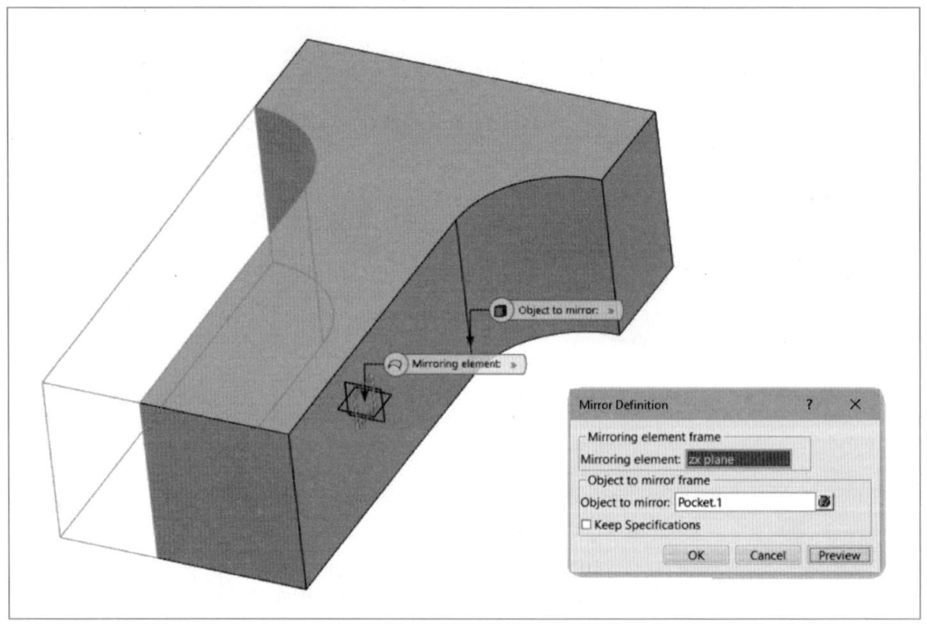

- Mirror 형상은 Spec Tree에서 Explode가 가능

▶ Flyout for Translation

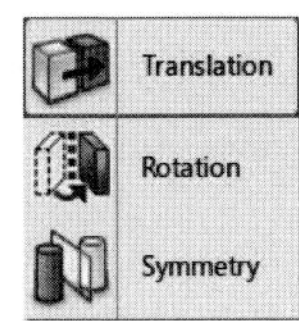

- Translation

  – Solid 형상을 현재의 Part 도큐먼트 상에서 평행 이동을 시킨 때 사용

  – Body를 기준으로 이동하므로 임의로 Body 안의 어떤 특정한 부분만을 이동시키는 것은 아님

  – 명령을 실행하면 다음과 같은 창이 나타나며 여기서 'Yes'를 클릭하고 방향과 거리를 입력

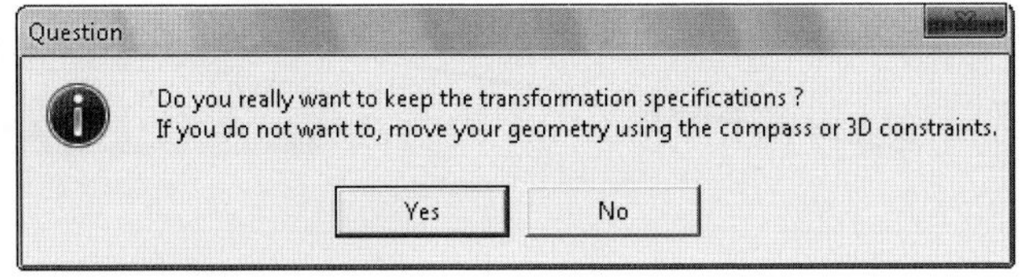

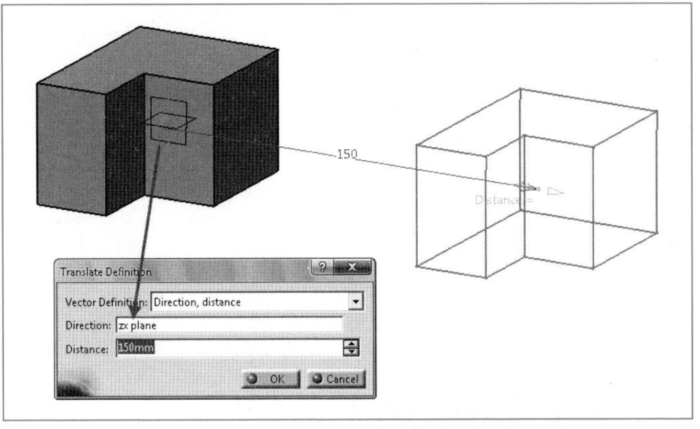

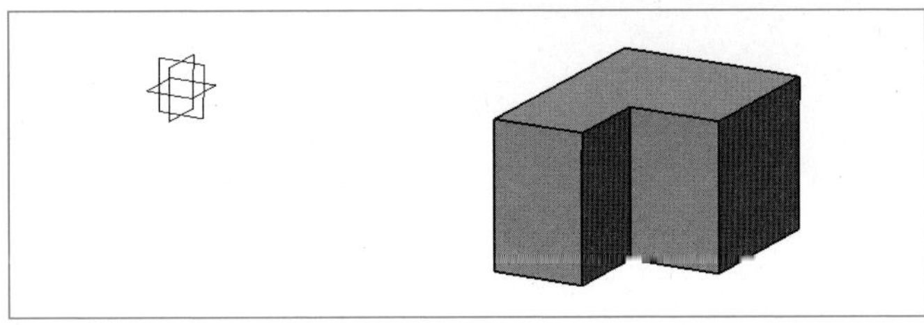

- Rotation
  - 임의의 회전 축을 기준으로 회전 이동시키는 명령
  - Body 단위로만 이동(임의의 Feature만 이동 불가)
  - Translate와 마찬가지로 명령을 실행하면 우선 메시지가 뜨는 것을 확인할 수 있으며 'Yes'를 선택한 후, 회전의 기준이 될 축(Axis)과 각도를 입력

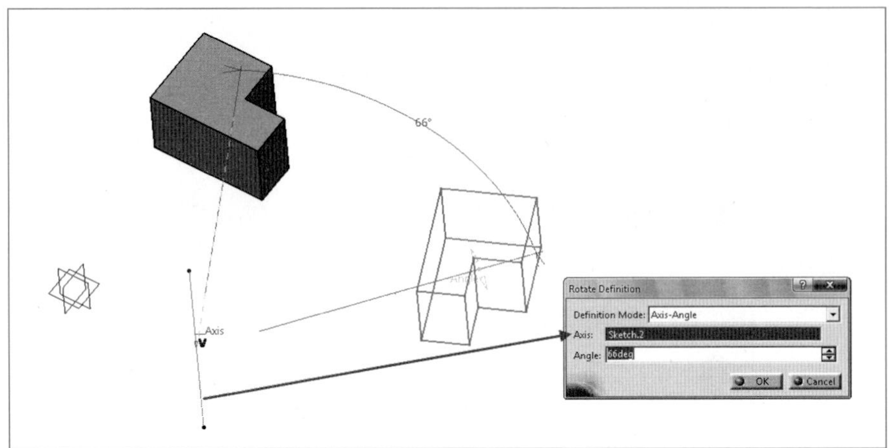

- Symmetry
  - 평면 대칭으로 형상을 이동하는 명령으로 대칭 형상의 작업에 용이
  - Body로만 작업이 가능하며 명령 실행 후 기준 면을 선택

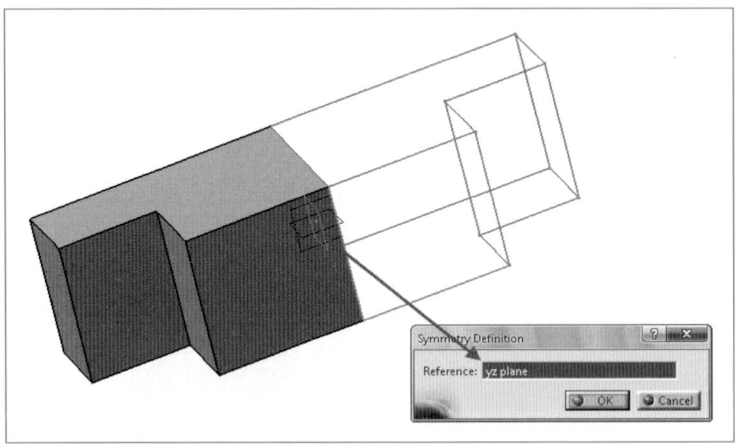

- AxisToAxis
  - Body를 기준으로 축 대칭 이동을 수행
  - Axis의 위치와 방향을 기준으로 원본 형상을 목적 위치에 이동

– 이동에 앞서 원본 위치와 목적 위치를 정의하는 두 개의 Axis가 필요

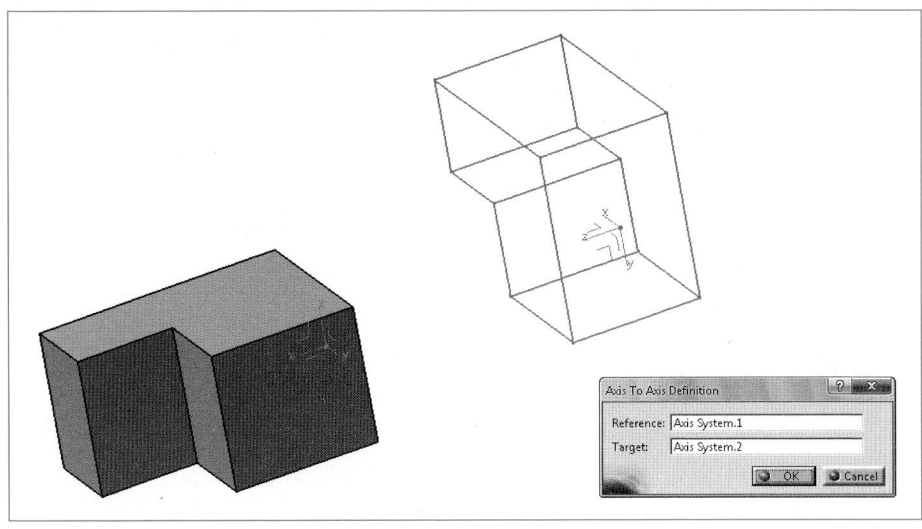

- Scaling

  – 3차원 형상을 임의의 선택한 방향으로 크기를 늘리거나 줄이는 명령
  – 3차원 상에서 크기를 조절해야 하므로 Definition 창에서 기준 방향을 선택해 주어야 하며 기준 방향은 2차원 평면 또는 축 요소가 선택
  – 따라서 3차원으로 모든 방향에 대해서 Scaling을 해주려면 3번의 Scaling을 해주어야 함

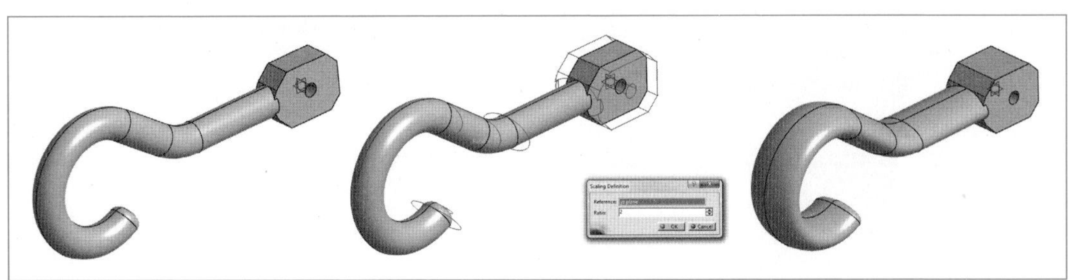

- Affinity

  – 3차원 Solid 형상에 대해서 3축 방 향 모두에 대해서 동시적으로 Scale해 주는 명령
  – Define한 Body의 Scale 기준이 될 원점과 XY 평면, X 축을 정의해 주면 해당 방향에 맞추어 Scale을 입력
  – 따로 이 값을 입력하지 않은 경우 기본적인 Part 원점 요소가 그대로 적용

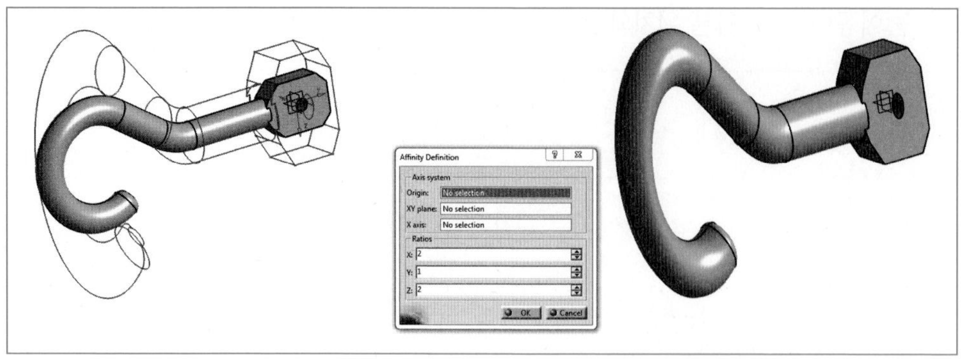

- Split
  - Solid 형상을 임의의 Surface나 평면, 또는 형상의 면을 기준으로 잘라주는 기능
  - Solid 형상이 있을 때 임의의 기준 면을 선택하게 되면 그 면을 기준으로 두 방향으로 나뉘게 되는데 이때 원하는 방향을 선택하여 Solid 형상을 절단
  - Splitting Element에 Surface 또는 면 요소를 선택하고 방향은 남아있기를 원하는 방향을 선택

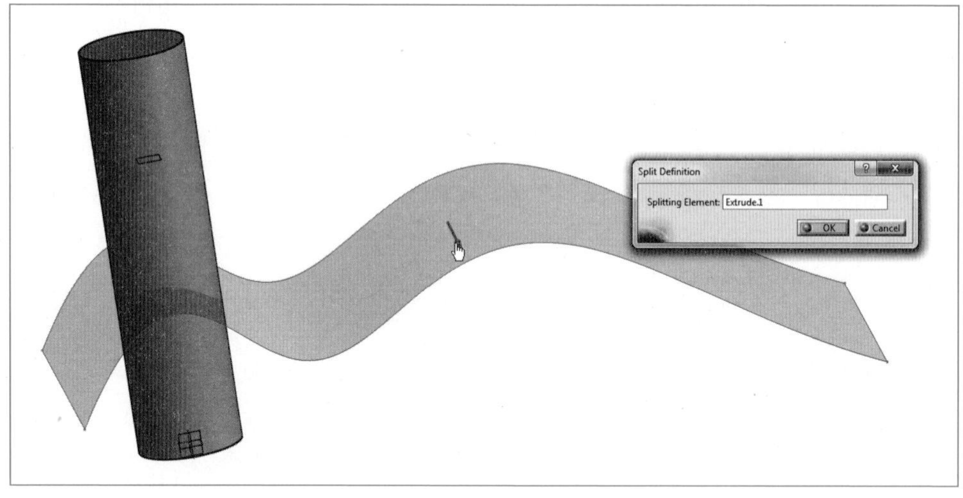

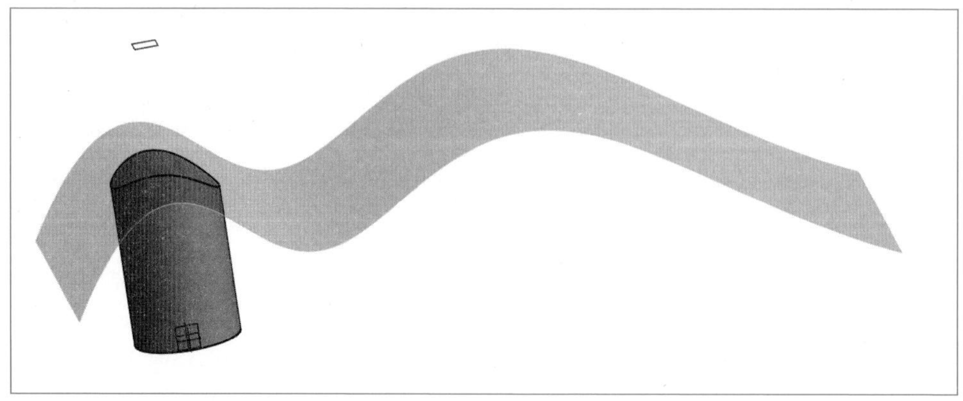

■ Refine

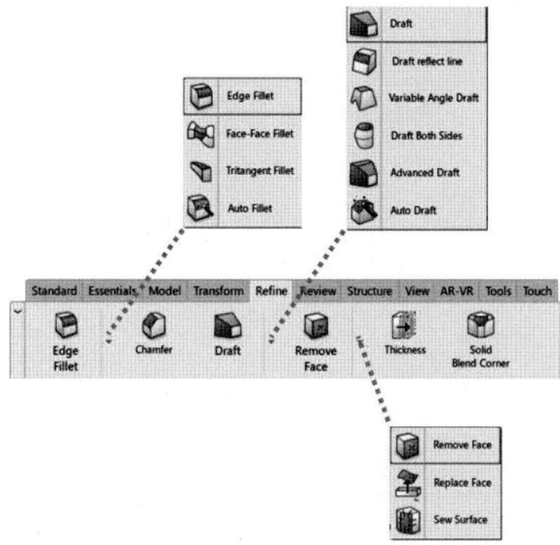

▶ Flyout for Edge Fillet

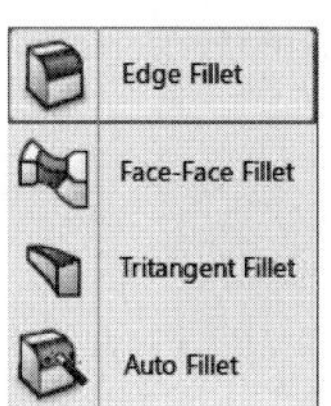

- Edge Fillet
  - 형상의 모서리(Edge)를 둥글게 라운드 처리하는 작업 명령
  - Sketch Based Feature에서 만든 Solid 형상은 모서리가 날카롭게 되는데 이러한 모서리를 둥글게 가공할 때 사용
  - Edge Fillet Definition 창

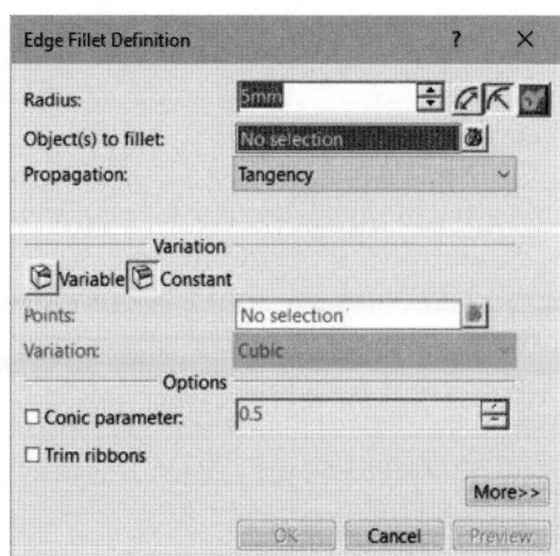

① Radius/Chordal Length

- 기본적으로 Fillet 치수는 반경 값을 입력하는 방식과 Chordal이라는 버튼을 클릭하면 치수 입력 Mode로 변경하여 사용 가능

② Object(s) to Fillet

- Edge Fillet의 사용은 우선 Fillet을 주고자 하는 모서리 또는 면을 선택해 줄 수 있음
- 복수 선택이 가능함

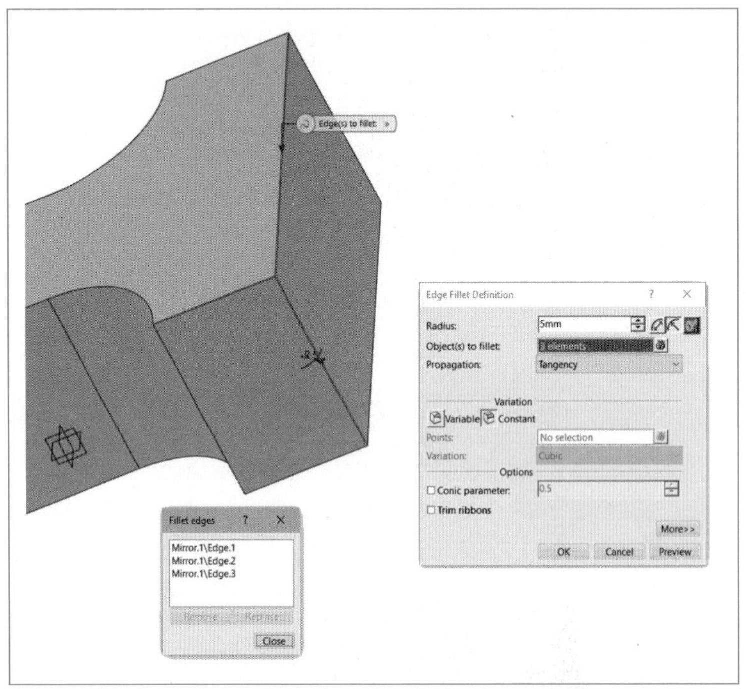

③ Propagation

- Fillet이 적용될 영역에 대한 연속성 Mode를 정의

Tangency	선택한 모서리와 탄젠트하게 접하는 모든 모서리에 Fillet이 적용
Minimal	선택한 모서리에 대해서 이웃하는 모서리에 최소한의 영향이 가도록 Fillet
Intersection	선택한 두 Feature의 교차하는 부분에 대한 Fillet을 수행하고자 할 경우 사용(불필요한 Fillet Edge의 선택 횟수를 조절)
Intersection with selected features	Fillet을 선택한 임의의 형상(Feature)와 교차하는 지점에만 주고자 할 경우에 사용

④ Variation

ⓐ Constant Mode

- 선택한 모서리 또는 면에 대해서 일정한 라운드 값을 가지는 Fillet을 만드는 방식

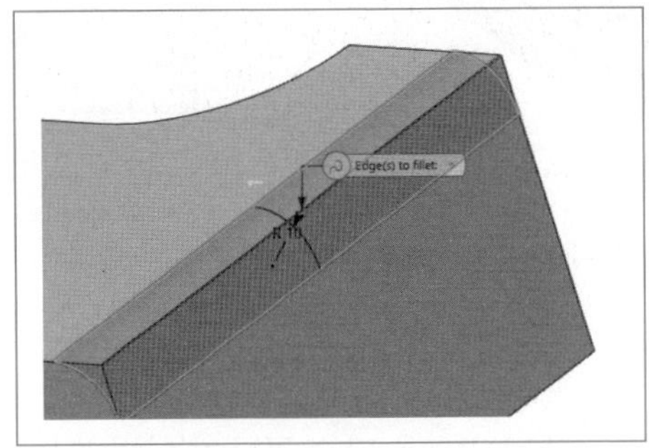

ⓑ Variable Mode

- 선택한 모서리에 대해서 임의의 지점을 기준으로 반경 값에 변화를 줄 수 있는 명령
- 즉, 우리가 곡률 값이 일정하지 않고 모서리를 따라 변한하게 작업하고자할 때 Mode 변경
- Mode를 변경하면 하단에 Point 입력란이 활성화

⑤ Points

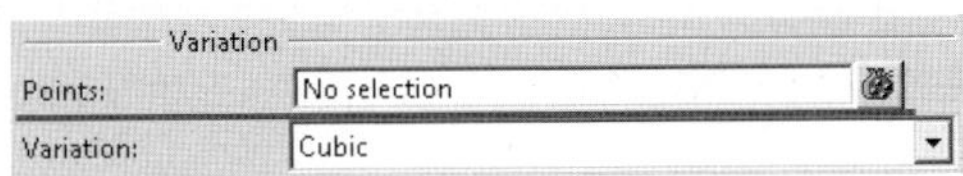

- Fillet의 곡률을 변화시킬 지점을 선택하여 주면 되는데 작업자가 임의로 점을 선택
- 또는 모서리가 Tangent하게 옆의 모서리와 연결되면서 그 사이의 마디 점을 곡률이 변하는 지점으로 선택

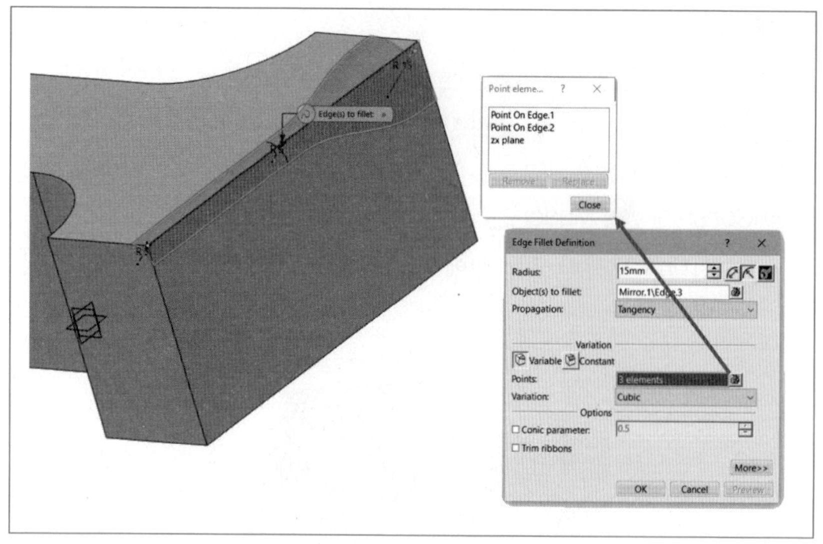

⑥ Conic Parameter

- Conic Parameter는 Fillet을 단순 곡률이 아닌 Fillet의 단면 형상을 다양하게 변형하기 위하여 0에서 1사이 값으로 그 형상을 정의

0 < Parameter < 05	Ellipse
05 = Parameter	Parabola
05 < Parameter < 1	Hyperbola

⑦ Edge(s) to keep

- 형상의 Fillet 값은 주고자 하는 부분 외에 그 주변의 모서리에 의해 그 범위를 제한하고자 할 경우에 사용

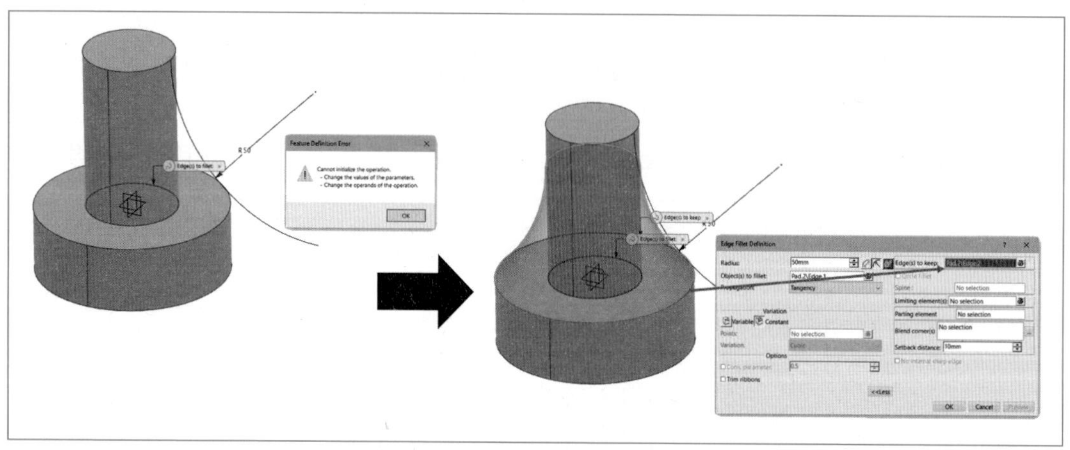

⑧ Limiting Element(s)

– Fillet하고자 하는 모서리와 교차하는 임의의 기준면을 넣어 이 기준까지만 Fillet 하게 정의

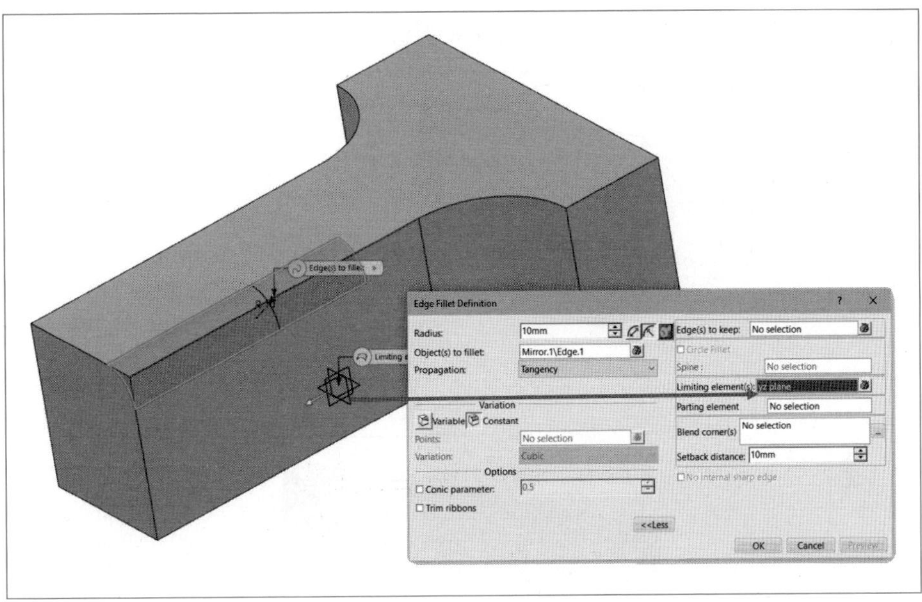

⑨ Blend corner(s)

– Fillet들이 모여 복잡한 형상을 나타내는 부분을 부드럽게 뭉개어 형상을 수정하는 Option

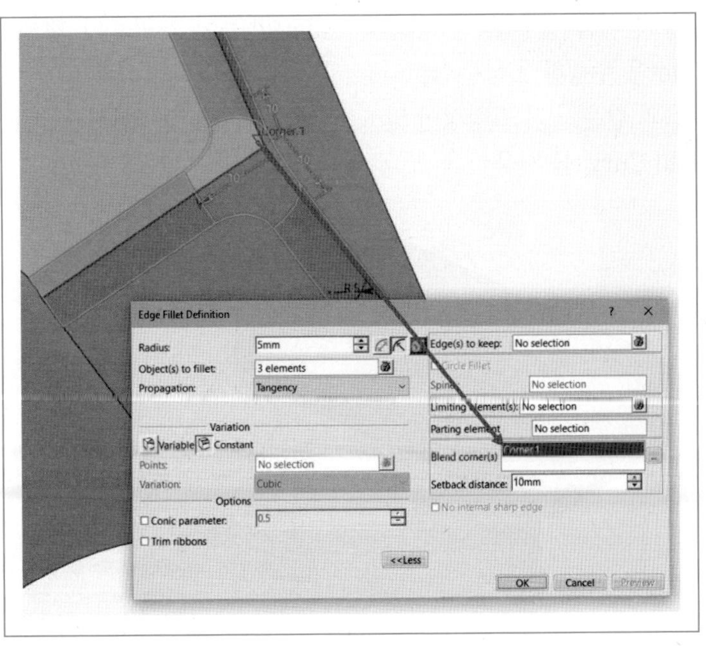

- Face–Face Fillet
  - 형상의 면(Face)을 선택하여 그 면과 면 사이에 곡률을 주는 명령
  - 여기서 선택한 면은 서로 교차하지 않는 면이어야 함
  - 이웃하지 않는 두 Face들을 선택하고 적당한 Fillet 값을 입력

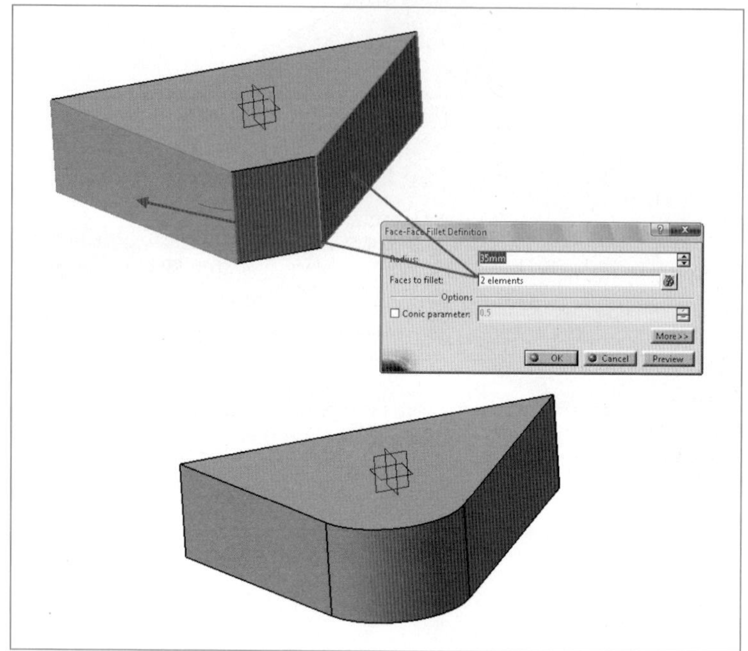

① Hold Curve

- 곡률 반지름 값을 넣는 대신에 Fillet이 들어갈 곡률의 경계선을 입력해 주어 Fillet을 수행하게 하는 Option
- 다음과 같은 솔리드 형상이 있고 이 형상 위에 다음과 같은 곡선이 있다고 했을 때 Hold Curve를 사용

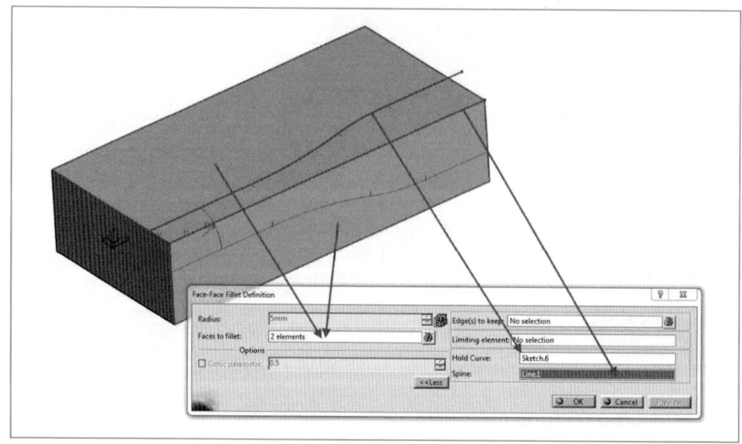

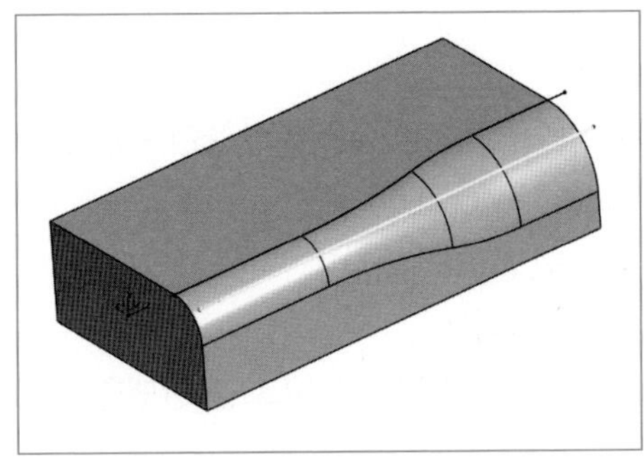

- Tritangent Fillet
  - Tri-tangent Fillet은 곡률 값을 따로 지정하지 않고 3개의 면에 대해서 접하도록 Fillet을 주는 명령
  - 세 면에 접한다는 형상학적인 구속 조건이 작용
  - Tri-tangent Fillet은 선택한 3면에 대해서 접해야 하기 때문에 양쪽의 면과 접하면서 그 사이면 즉, remove될 면에는 접하면서 해당 면을 제거
  - Tri-tangent Fillet을 주기 위해서 우선 양 옆의 두 개의 면을 선택하고 마지막으로 Fillet이 생길 면을 Face to remove 부분에 선택

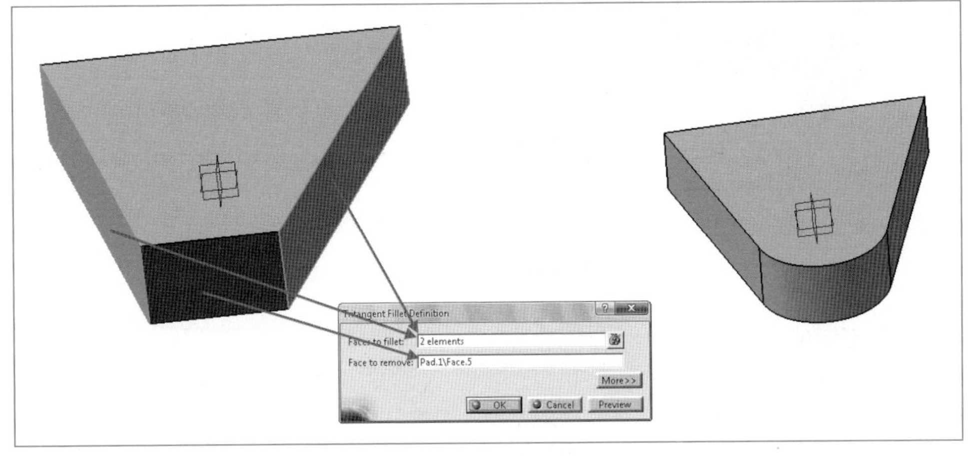

- Auto Fillet
  - 3차원 형상의 날카로운 모서리를 단번에 Fillert 해주는 기능
  - 명령을 실행 후 Definition 창에서 값을 정의
  - Definition 창의 More 버튼을 클릭하여 해당 입력 값에 대한 확인 가능

- Chamfer
  - 3차원 상에서 모 따기를 하는 명령으로 만들어지는 결과나 치수 넣는 방식을 제외하고는 Edge(s) Fillet과 유사
  - Chamfer 역시 다중 선택이 가능하며 치수 값은 길이와 각도를 입력하거나 또는 두 개의 길이를 사용하여 입력
  - 명령을 실행하고 원하는 모서리나 면 요소를 선택한 후에 치수를 입력하면 Chamfer 작업이 수행

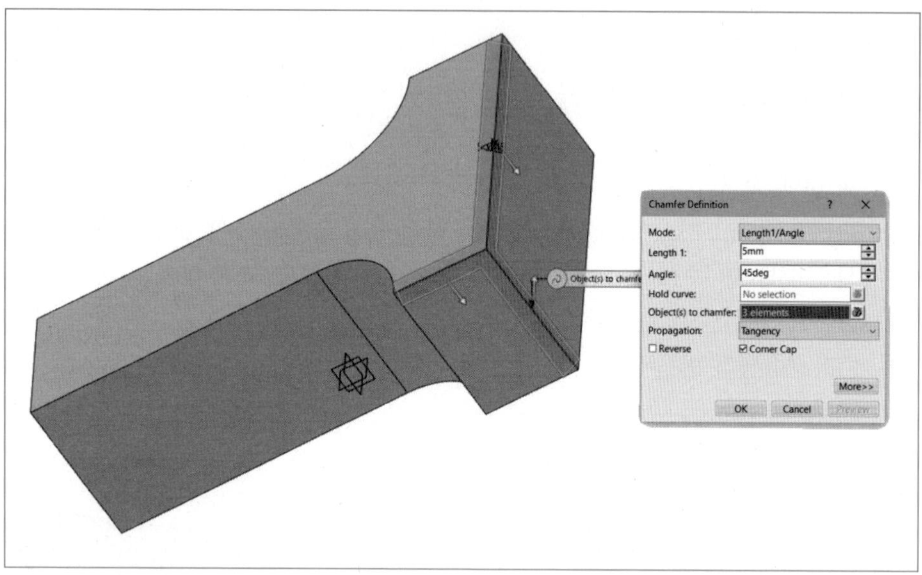

– Flyout for Draft

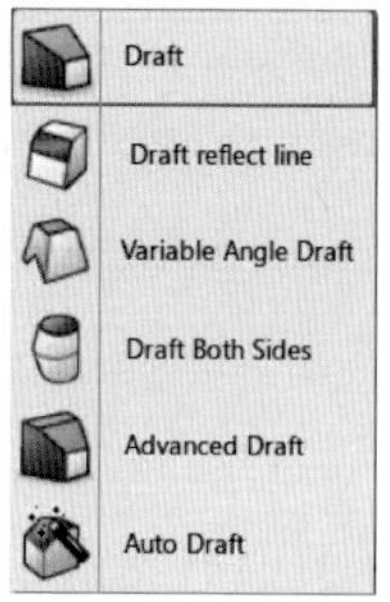

- Draft / Variable Angle Draft
  - Solid 형상의 면에 각도를 부여하는 명령으로 금형 작업에서 형상을 만들고 떼어내기 편하도록 구배 각을 부여하는 명령

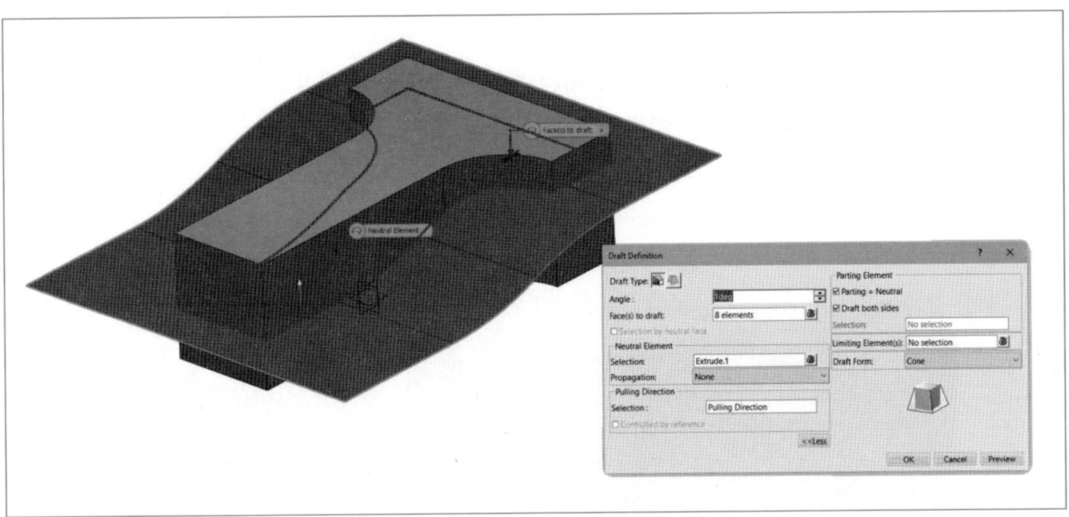

① Draft Type

- 기본적으로 Constant 가 선택되어 있으며 선택한 면에 대해서 일정한 각도 값을 가지는 구배 각을 정의
- Variable 로 변경해 주면 선택한 면에 대해서 구배 각이 변하는 가변 Draft를 수행할 수 있음

② Angle

- 기준 방향 및 Neutral Element에 대해서 선택한 Solid 면을 몇 도의 각으로 기울이게 할 것인지(구배각) 그 값을 입력

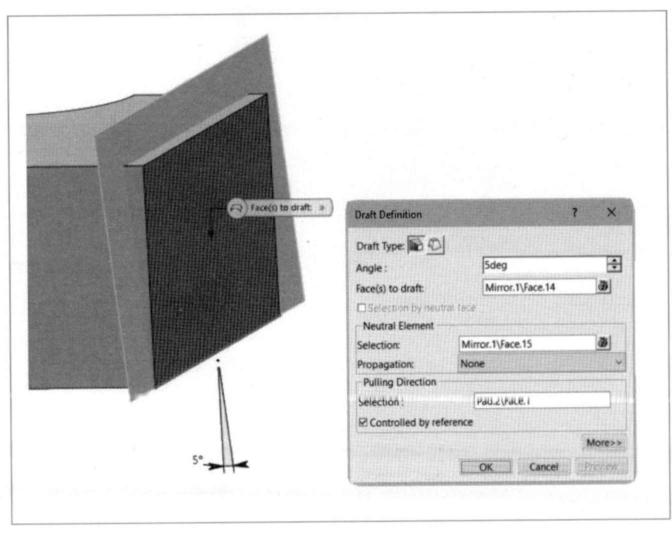

③ Face(s) to draft

- Draft 하고자 하는 면을 선택하는 부분으로 다중 선택이 가능하며 면들이 Tangent 하게 이어져 있다면 연속적으로 선택됨

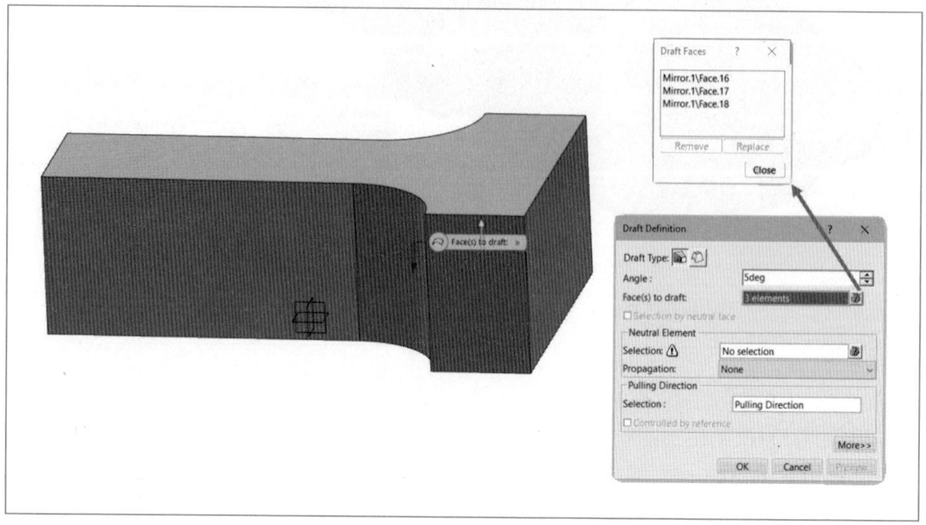

- 따라서 경우에 따라 Fillet을 먼저 하지 말고 Draft를 먼저 해야 함

④ Neutral Element

- Draft의 기준이 되는 중립면으로 반드시 선택을 해주어야 함
- Neutral Element는 평면 요소 또는 곡면 요소를 선택 가능

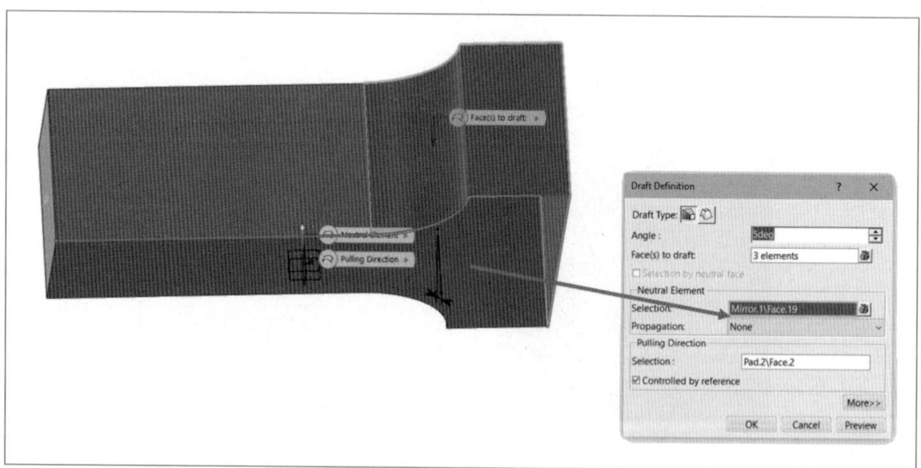

⑤ Pulling Direction

- Draft가 들어가는 방향을 정의하는데 Neutral Element에 수직
- Pulling Direction 방향에 따라 Draft 각이 '+'로 들어가기도 하고 '–'로 적용

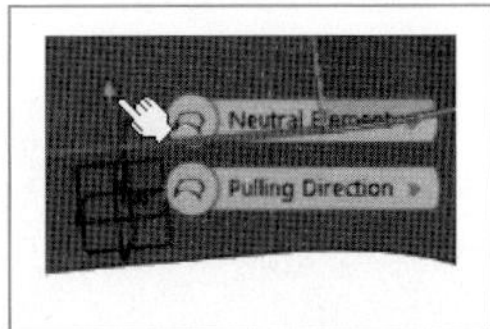

⑥ Parting Element

- 형상에 Draft를 정의하는 데 있어 선택한 면 전체에 Draft를 주지 않고 임의의 위치까지만 Draft가 정의되도록 설정 가능

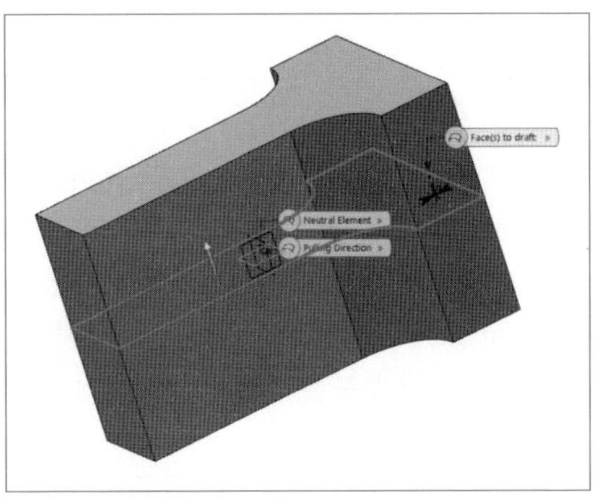

ⓐ Parting = Neutral

- 앞서 선택한 Neutral Element를 기준으로 Draft를 정의

Parting Off	Parting On
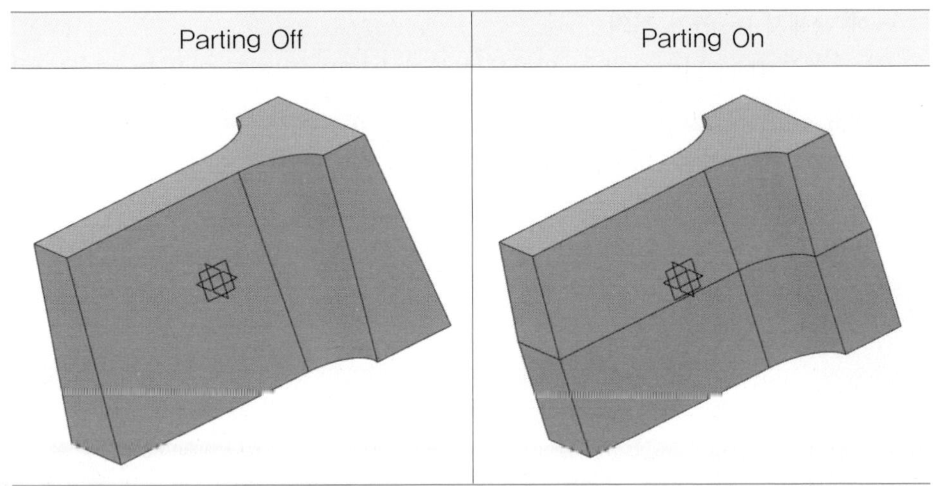	

ⓑ Draft both sides

Neutral Element를 기준으로 상하 두 방향 모두에 Draft를 적용

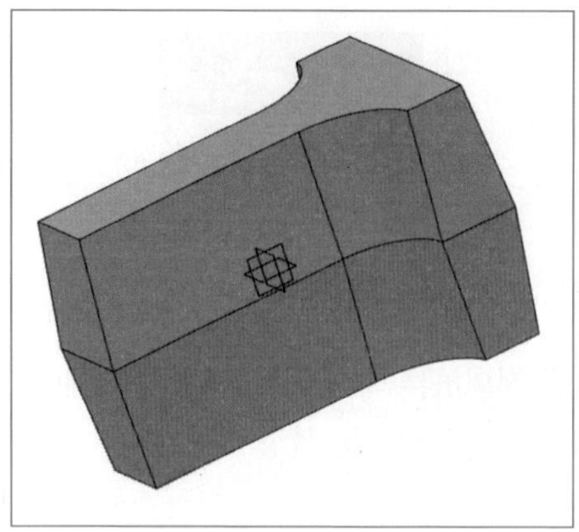

⑦ Variable Angle Draft Mode

- Variable Angle Draft Mode는 Variable Radius Fillet처럼 선택한 면에 대해서 각도 값이 하나로 일정하지 않고 특정 부위에 다른 각도를 줄 수 있게 하는 명령
- Draft Type을 Variable로 바꾼 것으로 이 명령 역시 Variable Radius Fillet 명령과 같이 Points 입력 부분을 통하여 구배 각이 바뀔 지점을 정의

• Draft reflect line

- 선택한 면에 대해서 Pulling Direction으로 Draft 하는 것은 위와 동일하나 Reflect Line을 기준으로 Draft가 생성
- 즉, 기준 방향에 대해서 형상이 나누어지는 부분을 직접 정의하지 않고 Reflect Line에 대해서 Draft가 정의
- Draft Reflect Line은 주로 원기둥 형상이나 Fillet 처리된 면을 Draft 하고자 할 때 사용

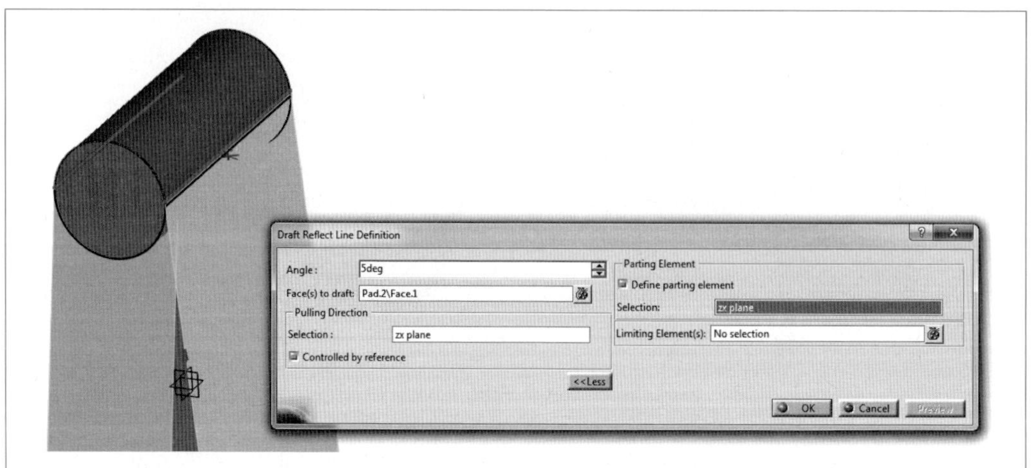

▶ Flyout for Remove Face

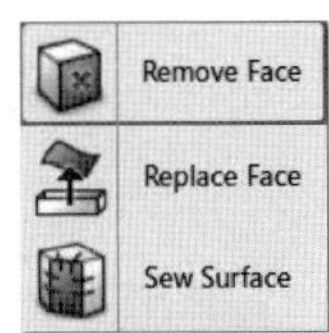

- Remove Face
  - 현재의 Solid 형상에서 필요하지 않은 형상의 면을 제거하는 명령으로 제거할 면을 현재 존재하는 다른 면들로 감쌀 수 있는 경우에만 사용 가능
  - Face(s) to remove는 제거하고자 하는 면들을 선택하고 Face(s) to keep에서는 앞서 선택한 면을 제거할 때 이 부분을 감싸는 면들을 선택

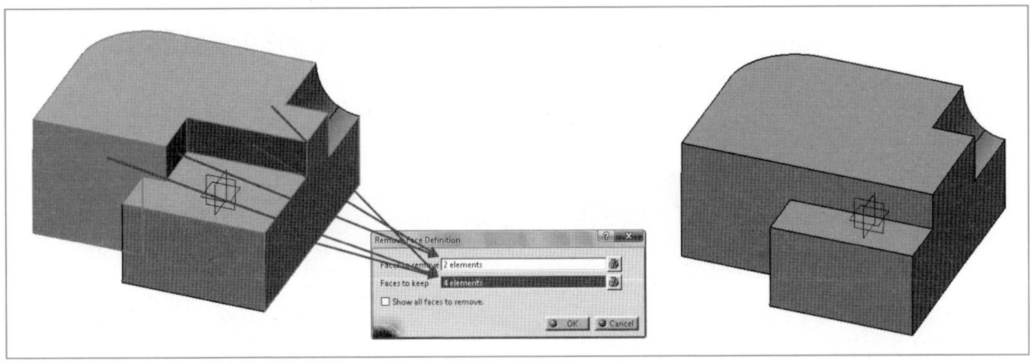

- Replace Face
  - Replace Face는 말 그대로 현재 형상의 면을 다른 면으로 대체하는 명령
  - 즉, 현재 형상을 구성하는 면을 모델링 작업을 수정하지 않고 다른 면이나 Surface의 면으로 바꿀 수 있는 작업 명령
  - Replacing Surface에 새로이 바꾸게 될 면을 선택하고 Face to remove에는 바꾸어 버릴 기존 형상의 면을 선택

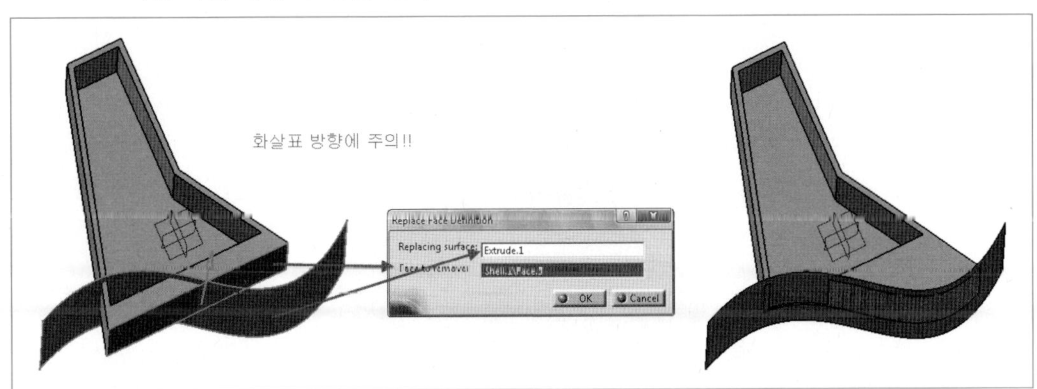

  - 이 명령은 Pad 작업을 Up to Surface로 하는 것과 유사

- Sew Face
  - 선택한 Surface와 Solid가 교차하여 만들어지는 Surface 부분을 Solid화하는 명령

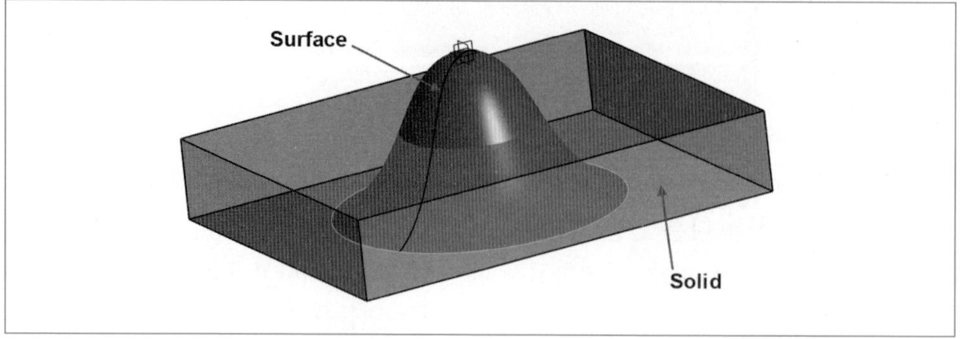

- Sew Surface를 사용하여 다음과 같이 Surface에서 화살표 방향이 안쪽으로 가게 방향을 맞추고 "OK"를 클릭

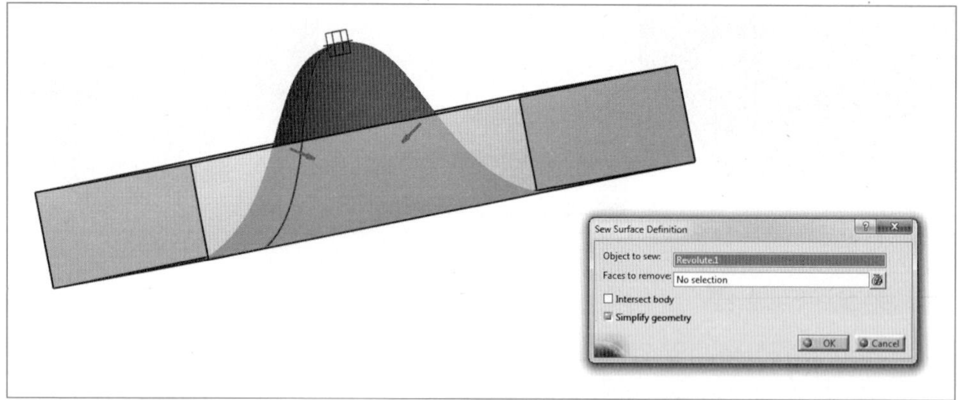

- 그러면 아래와 같이 Solid 형상에서 Surface의 바깥 부분은 모두 사라지고 Surface 안쪽 부분에 Solid가 생성
- 이러한 경우는 Surface가 Solid를 완전히 양분할 때의 경우 임

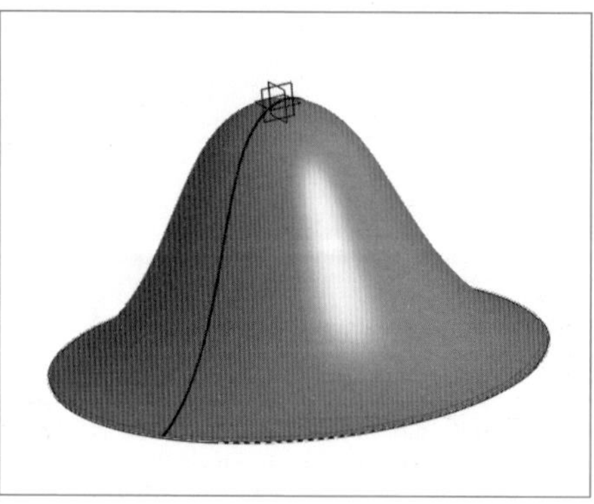

- Surface가 Solid를 완전히 양분하지 못하는 경우 Intersect body를 체크

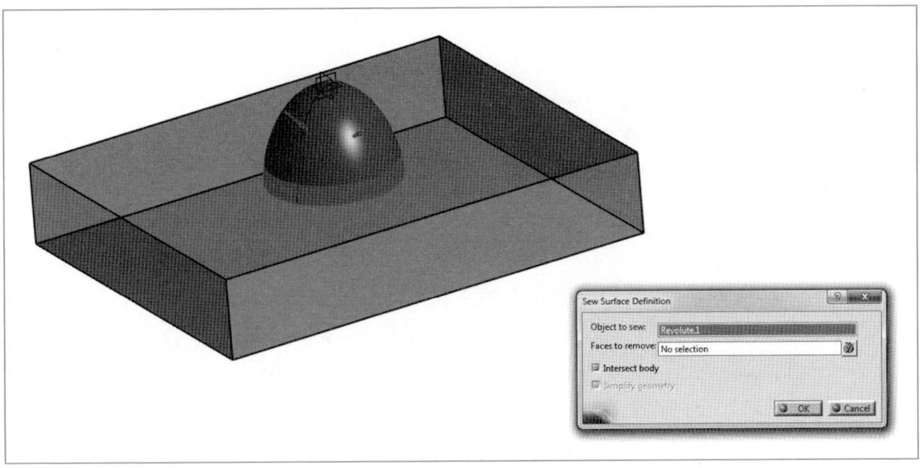

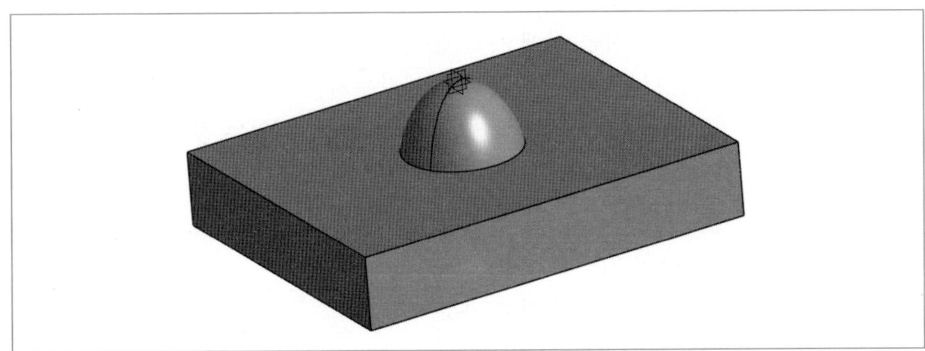

- Thickness
  - Solid의 기존 형상에 두께를 추가하거나 제거시키는 명령
  - 임의적으로 현재 만들어진 형상의 어떤 면에 두께를 추가시켜 주거나 두께를 빼 주어야 할 때 이 명령을 사용하여 두께를 조절
  - 수치 값은 양수(+)와 음수(−) 모두 가능
  - 복수 면 선택이 가능하며 Other thickness face를 이용하여 두께를 다르게 입력 가능

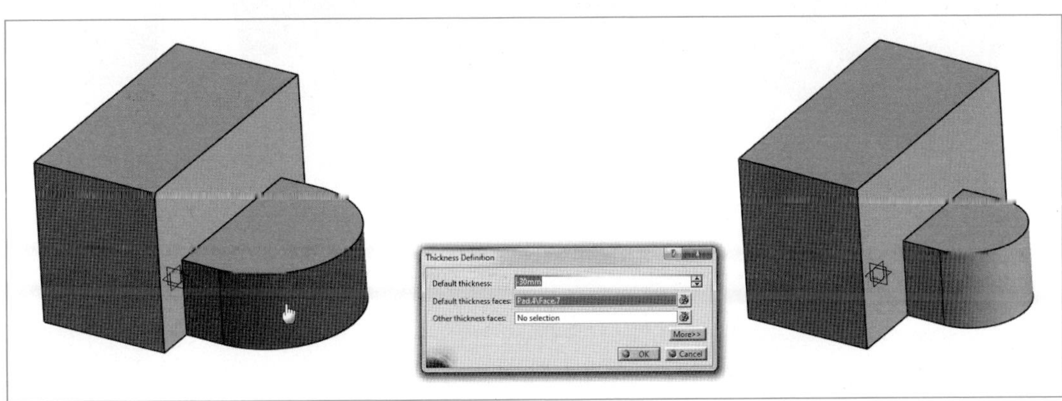

Chapter 05. Native Apps

■ Review

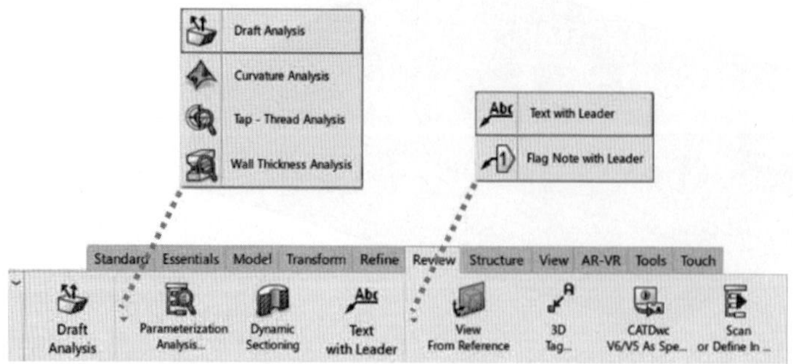

- Draft Analysis
  - 3차원 형상의 면이 가지는 구배 각을 분석하는 기능을 수행
  - 금형이나 기타 형상의 면에 경사각이 들어갔는지를 확인하는데 활용할 수 있는 기능
  - 기본적으로 형상이 가지는 구배 각, 경사 정도를 알 수 없는 경우나 일일이 Spec Tree 에서 찾아서 확인하기 어려운 경우에 직관적으로 확인 가능
  - 명령 실행에 앞서 View Mode를 Shade with material 로 설정한 후에 분석하고자 하는 Body의 면을 지정
  - CTRL Key를 누르면 복수 선택도 가능
  - 작업자의 필요에 따라 각도 값 및 Contour를 변경하는 것도 가능

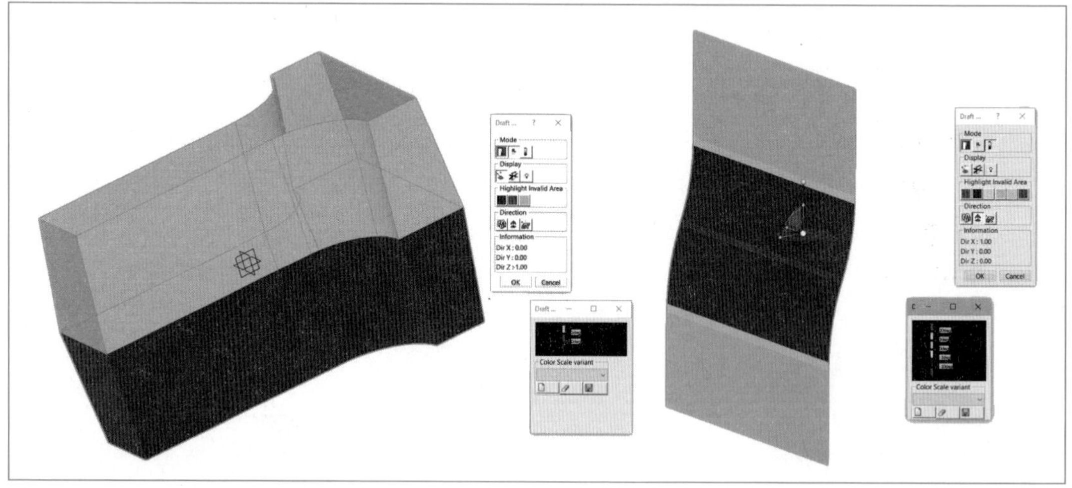

- Dynamic Sectioning

  - 이 명령은 3차원 형상을 Compass를 기준으로 방향을 정해 단면을 보는 기능을 수행
  - Shell 구조와 같이 내부에 일정 작업이 작업되거나 외부 형상에 의해 내부 형상을 확인하기 어려운 경우에 사용
  - 명령을 실행하면 별도의 Definition 창 없이 붉은색으로 Plane이 Compass와 함께 나타나며, 관찰하고자 하는 위치로 평행 또는 회전을 통해 이동시켜 주면 해당 부분에 대한 단면 확인 가능

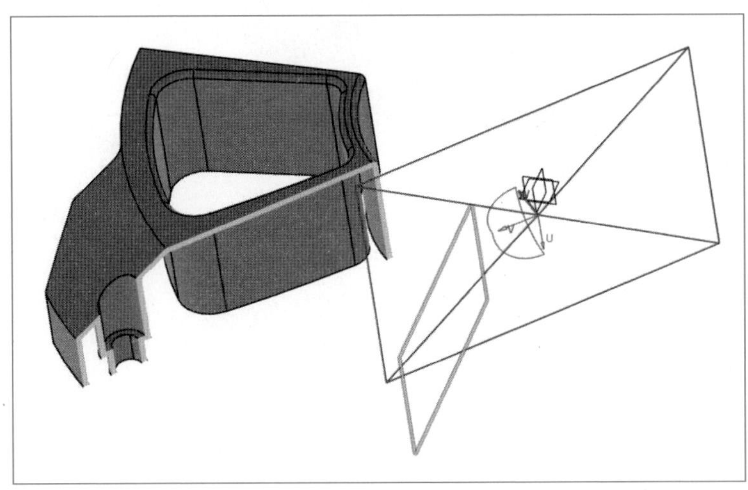

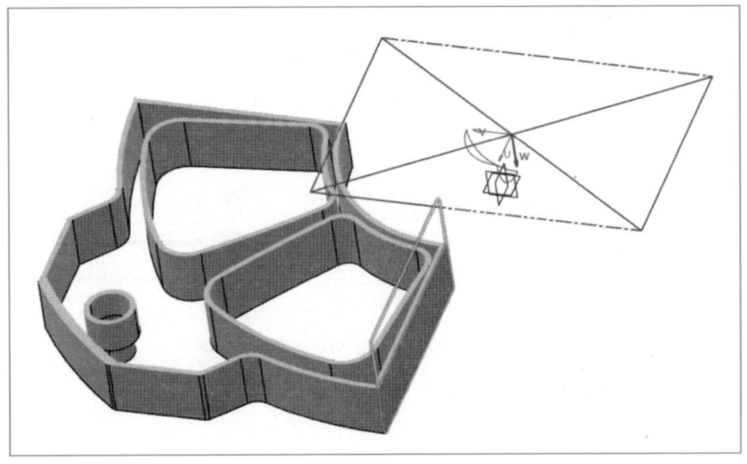

  - 일시적인 View 기능으로 실제로 형상을 Split하는 것은 아님

- Text with Leader
  - 3차원 Text와 함께 지시선을 생성

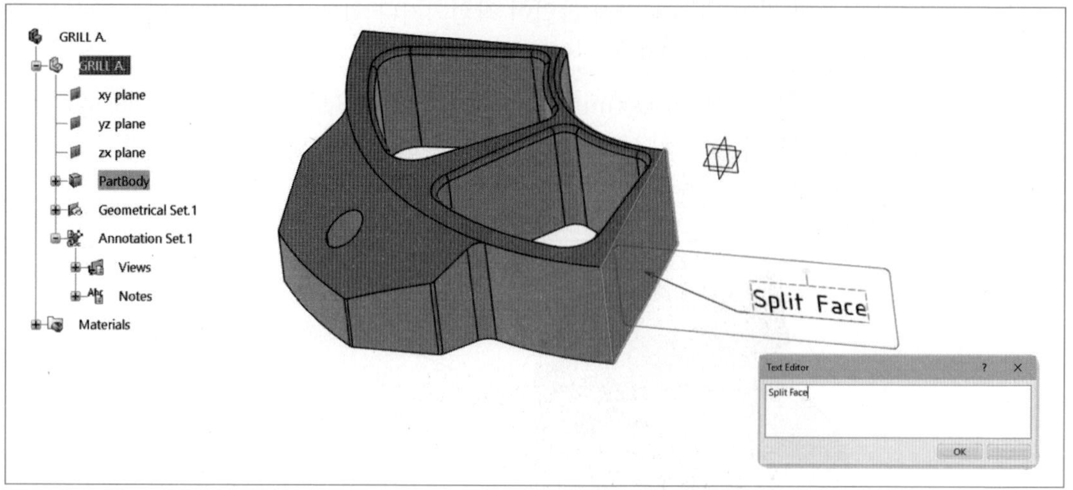

- Scan or Define In Work Object
  - 작업 순서에 따라 형상을 확인할 수 있는 기능으로 설계 과정 검토시 사용
  - 명령을 실행하면 좌측 하단에서 설정 가능하며, Update를 기준으로 작업 순서를 되짚어 볼 수 있음
  - Spec Tree상에 History가 없는 경우 사용 불가

■ Structure

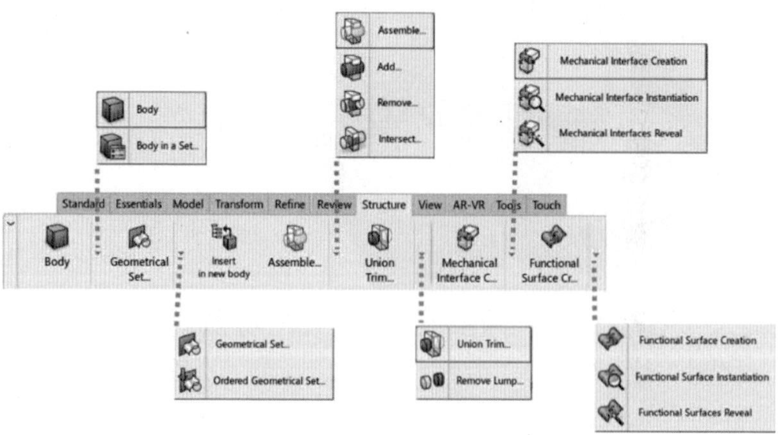

▶ Flyout for Body

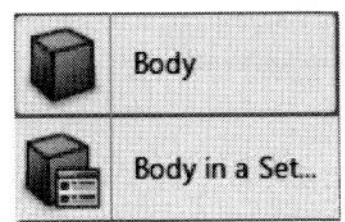

- Body

  - CATIA에서 하나의 3D Part의 형상을 구분하는 기준
  - 하나의 3D Part에 두 개 이상의 Body로 형상이 나누어지면 서로 독립된 형상으로 인식하여 나중에 서로 다른 3D Part로 분리 또는 Body 간 모델링 작업이 가능
  - 서로 다른 Body에 별도의 Graphic 속성 정보 변경 가능
  - 하나의 3D Part엔 반드시 하나 이상의 Body가 필요(Default로 PartBody는 반드시 존재)
  - 3D Part를 실행하였을 때 이미 하나의 Body가 정의된 것을 Spec Tree 구조를 통해 확인 가능(PartBody는 하나의 3D Part에서 기준이 되는 Main Body)

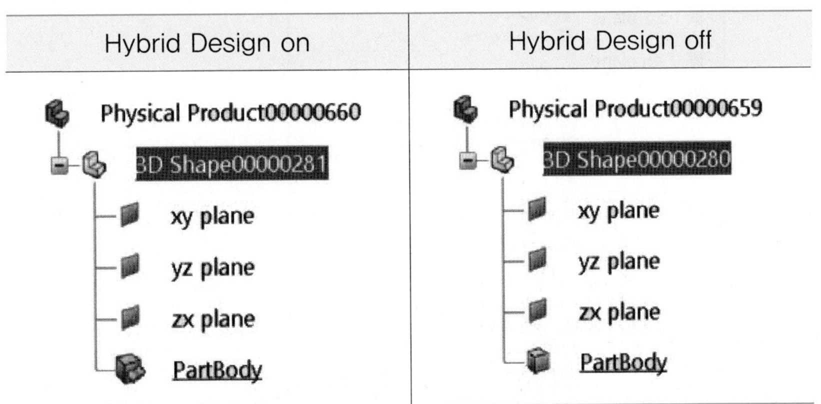

  - 3D Part를 생성할 때 Enable Hybrid Design 옵션을 체크하면 위와 같이 PartBody의 Spec Tree 아이콘 형상이 달라지며, Surface 및 Wireframe 요소를 포함하여 설계가 가능 Enable Hybrid Design 옵션이 꺼지면 Sketch 및 Solid 관련 Feature만이 Body 안에 기록되며 이외 요소들은 Geometrical Set 에 저장됨)
  - Multi Body를 이용한 Boolean Operation을 위해 이러한 Body를 추가해 주고자 할 경우에 사용
  - Body 명령을 실행하면 다음과 같이 Spec Tree에 Body가 추가됨

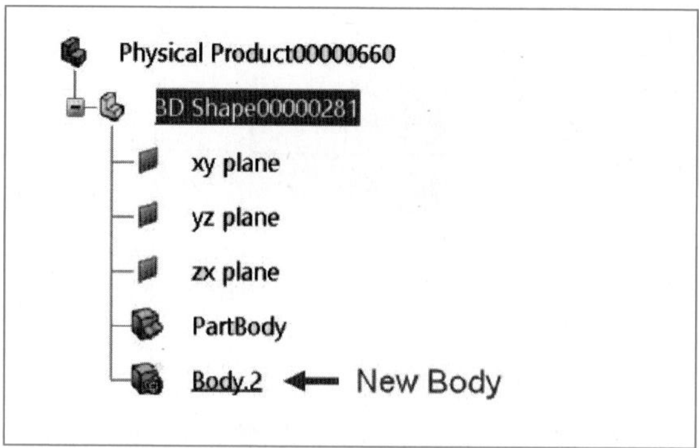

- Part Design 등과 같은 Solid 기반 App에서 주로 사용
- Context Menu를 사용하여 추가 가능

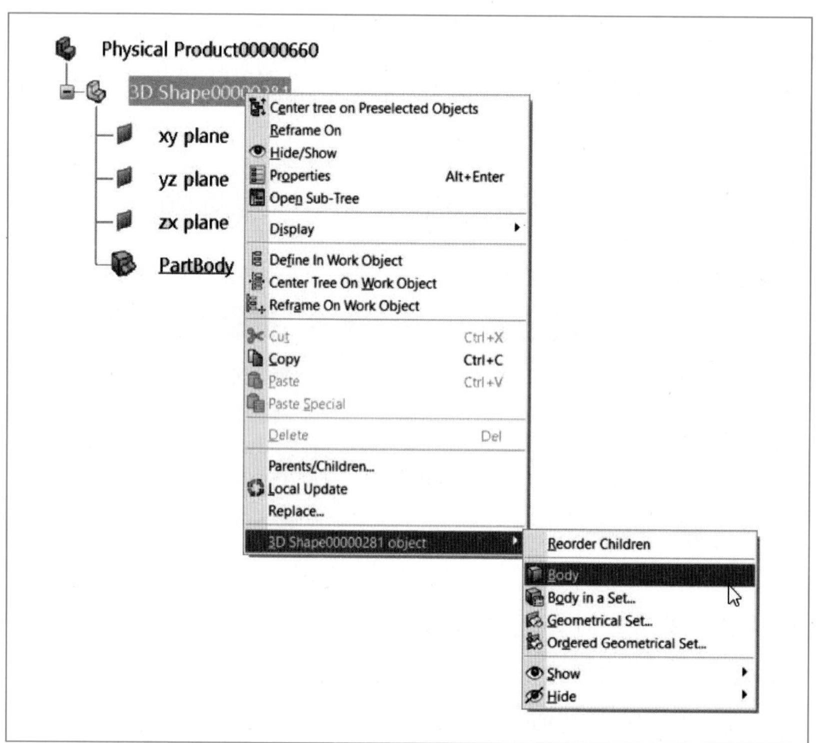

- Context Toolbar에서 추가 가능

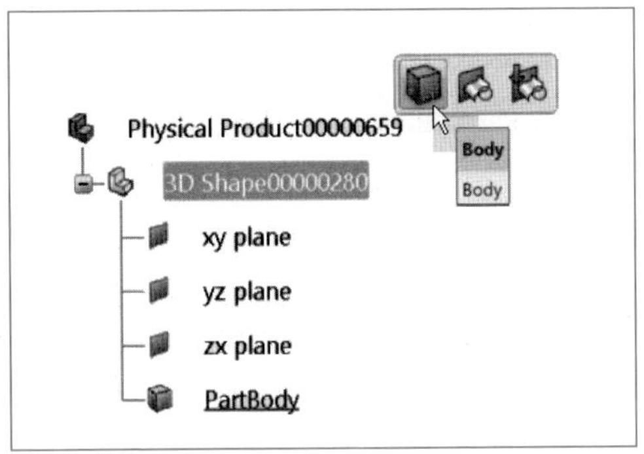

- Body in a Set
  - Body를 삽입할 때 이름을 정의할 수 있도록 Definition 창이 나타남

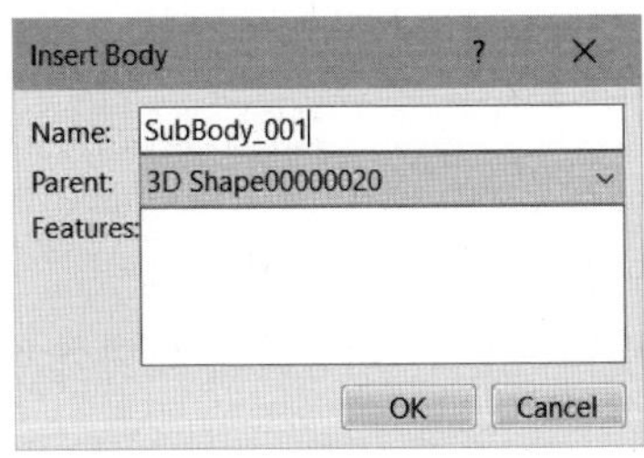

▶ Flyout for Geometrical Set

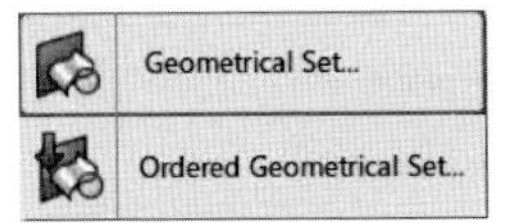

- Geometrical Set
  - 모델링에서 Surface 및 Wireframe 형상 요소에 대해 정렬 및 구분을 짓기 위한 꾸러미 도구로 Surface Design을 수행하는 데 있어 기본
  - Sketch, Wireframe, Surface, Reference Elements, Geometrical Set 등에 대해서 Geometrical Set 안으로 정렬하여 그룹처럼 지정할 수 있음
  - 단순히 App 상에서 형상을 만들어 결과를 얻으려는 것이 아닌 데이터 관리 및 수정 등을 고려한 체계적인 모델링을 수행하고자 할 경우에 반드시 Geometrical Set Tree 구조부터 구성할 수 있어야 함
  - Geometrical Set은 작업 순서에 상관없이 대상들을 정렬할 수 있음(형상에 대한 Parent/Children 관계는 유지)
  - G.S.D App에서 상세 설명

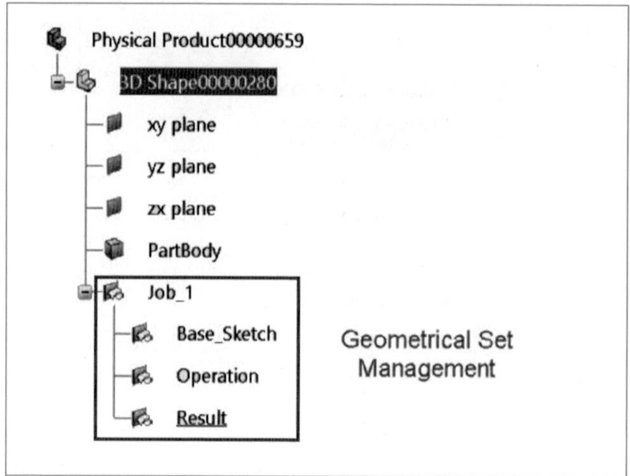

- Ordered Geometrical Set
  - Geometrical Set과 마찬가지로 Surface 및 Wireframe 형상 요소들에 대해서 정렬 및 데이터 관리를 위한 꾸러미 기능을 하는 명령
  - Geometrical Set과 달리 정렬한 대상들에 대해서 작업 순서에 대한 영향을 받음

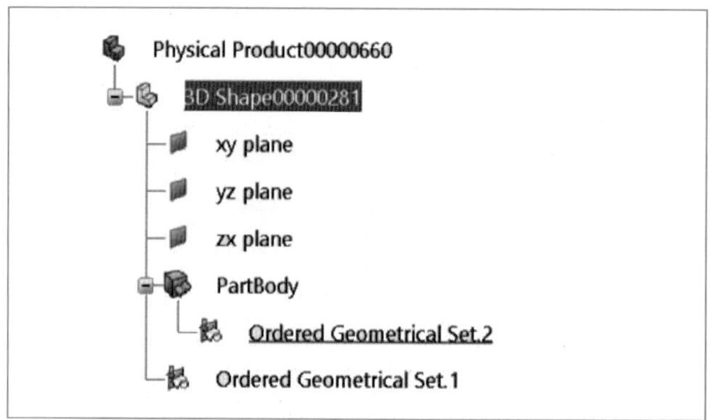

  - Body안에 삽입될 수 있으며 Defined in work object에 영향을 받음

- Insert a new body
  - 기존 Body에서 모델링 작업이 진행된 상태에서 새로운 Body로 형상을 분리하고자 할 경우에 사용(형상에 변화는 없으며 Spec Tree 구조의 변경)
  - 새로운 Body로 삽입하고자 하는 대상을 선택한 후에 명령 실행(복수 선택 가능)

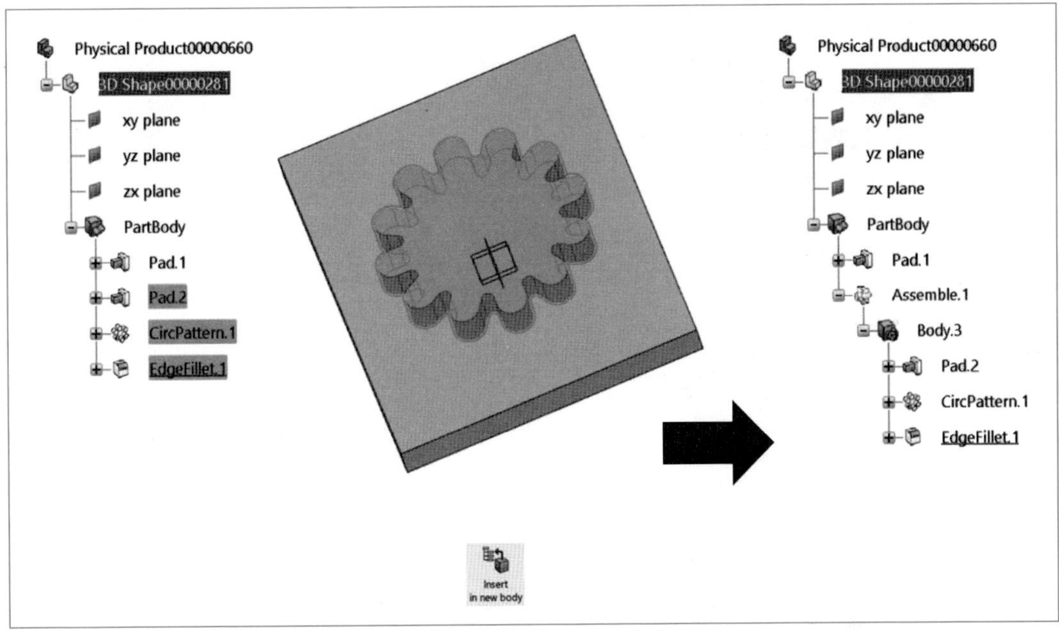

– 명령 실행 결과에서의 Assemble은 Boolean Operation 연산 기능 중에 하나로 필요 시 변경 가능

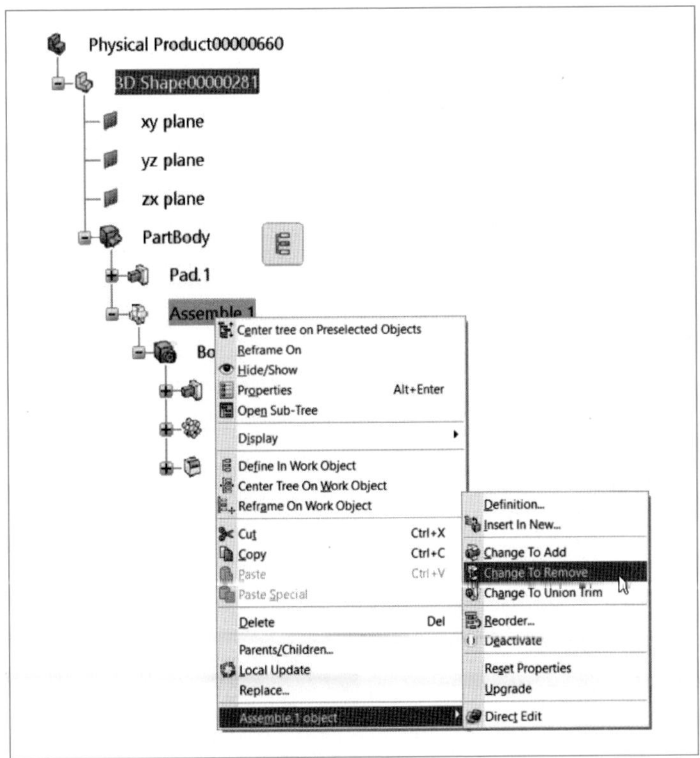

Chapter 05. Native Apps

– Boolean Operation인 Assemble을 삭제하면 두 개의 Body로 분리 가능

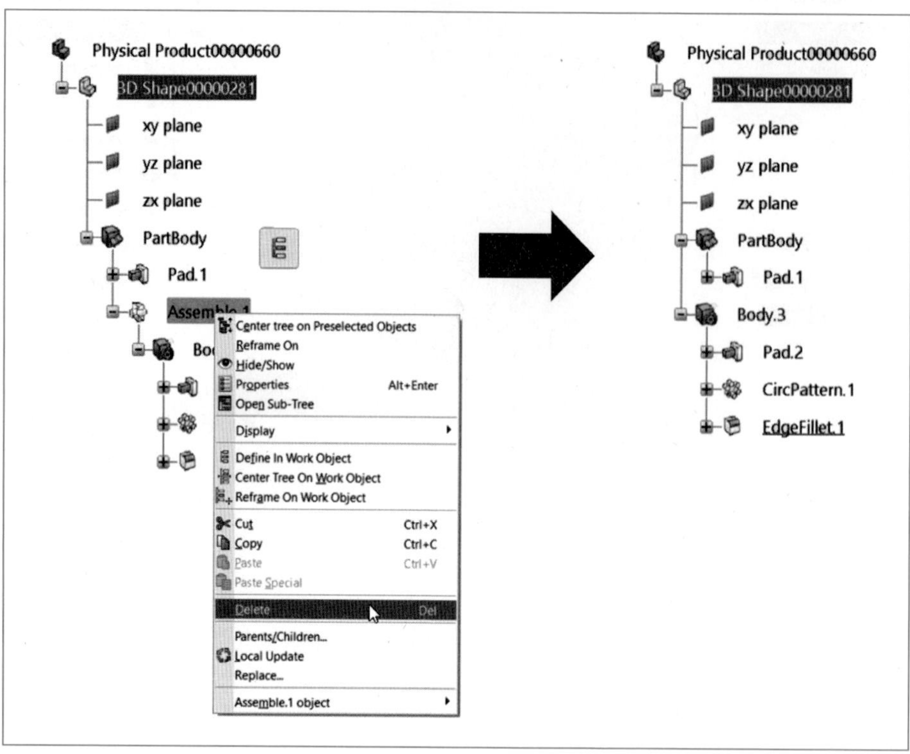

– Contextual Menu에서 사용 가능

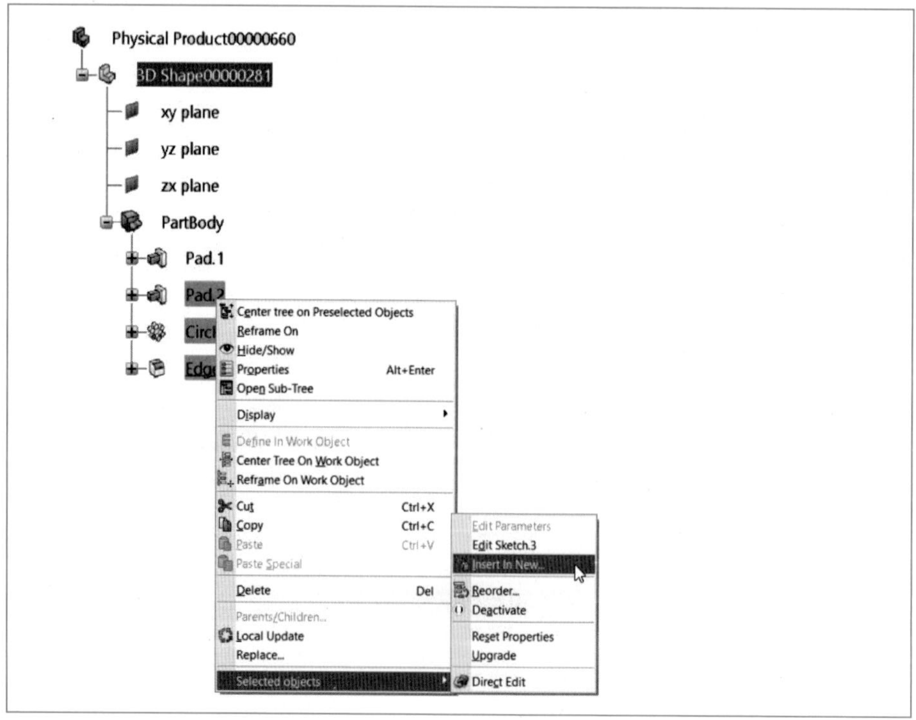

– 참고로 Insert in new body 명령은 Spec Tree 상에서 연속적으로 이어진 작업 형상들에만 적용 가능
– 서로 연결되지 않았거나 분리할 수 없는 대상을 선택한 경우 에러가 발생

▶ Flyout for Assemble

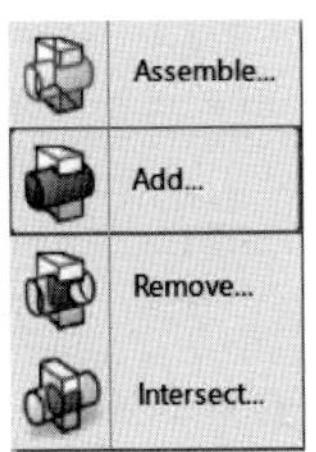

• Assemble

– Boolean Operation 중에 하나로 Body와 Body끼리 합쳐주는 명령으로 여러 개의 Body를 하나로 병합하는 작업을 수행
– Assemble을 실행시키면 다음과 같은 창이 나타나는데 여기서 Assemble에 합치기 위해 종속될 대상을 "To"에는 기준이 될 Body를 선택

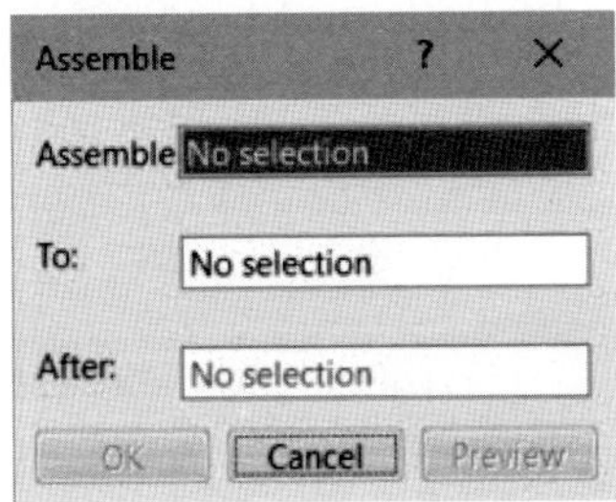

– 여러 개의 Body를 동시에 Boolean 작업하고자 할 경우엔 먼저 Spec Tree 상에서 선택한 후에 명령을 실행

– Context Menu에서 사용 가능

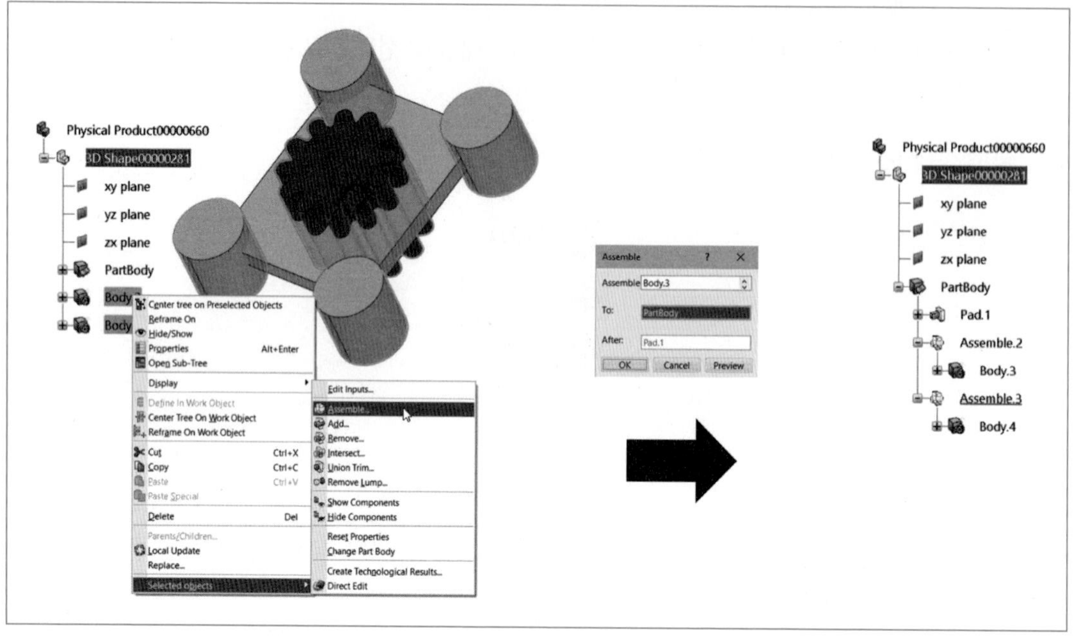

– Assemble은 형상의 속성을 그대로 유지한 채로 합치기가 가능. 아래 예시와 같이 Assemble 하고자 하는 Body의 형상이 Pocket으로 정의된 경우 Assemble 작업 결과는 실제 Pocket을 한 것과 같음

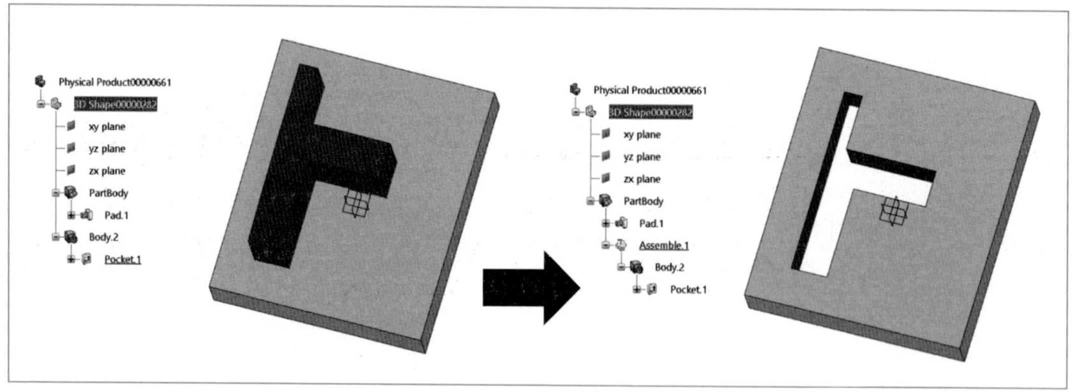

- Add

– Boolean Operation 중에 하나로 선택한 Body 들에 대해서 서로를 모두 더해 하나의 덩어리로 합쳐주는 작업을 수행

– 명령을 실행시키고 Add 부분에는 종속될 Body를 "To"에는 기준이 될 Body를 선택

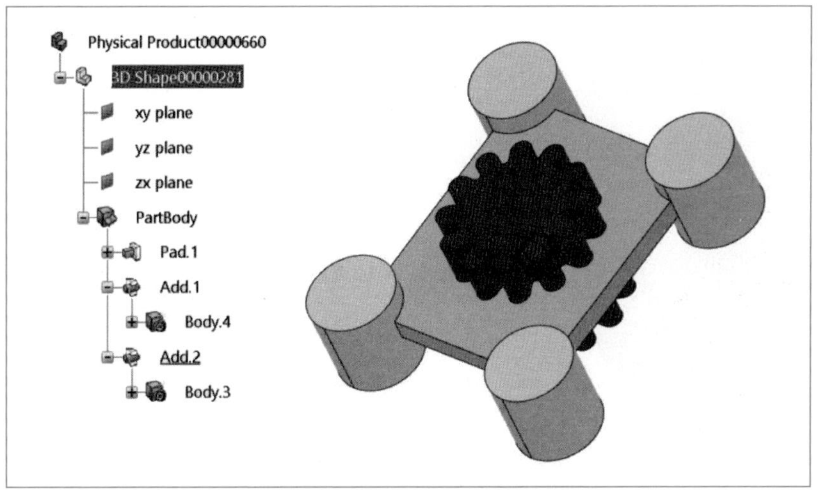

- Remove
  - Boolean Operation 중에 하나로 차 집합을 생각하면 되며 Body 간에 교차하는 부분을 기준이 되는 Body에서 제거함
  - Remove에는 없애고자 하는 대상을 "From"에는 기준이 될 Body를 선택

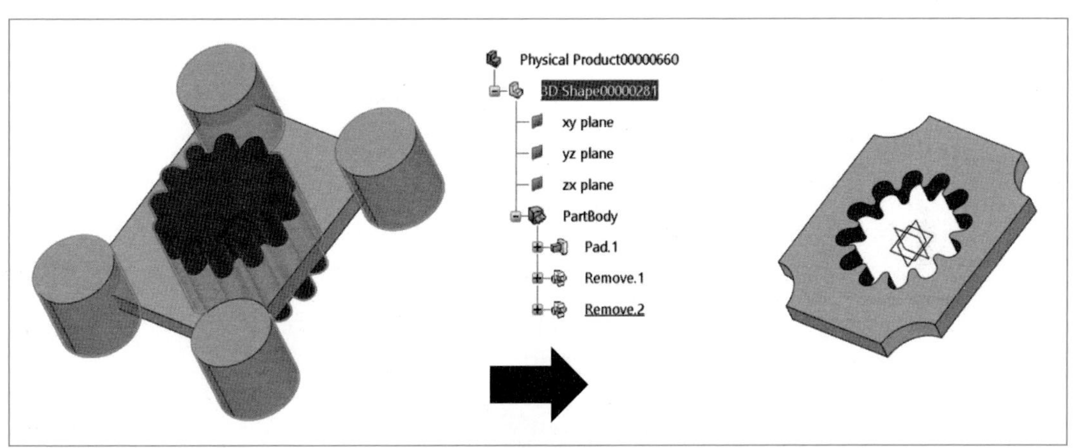

- Intersect
  - Boolean Operation 중에 하나로 서로 다른 Body에 대해서 공통되는 부분만을 제거하고 나머지는 모두 제거
  - Intersect에 추가한 Body를 선택하고 "To"에는 기준 Body를 선택

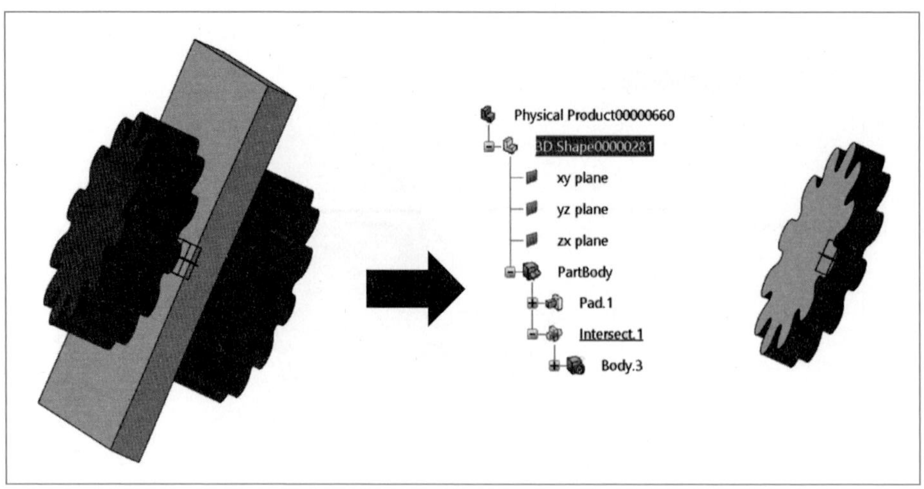

▶ Flyout for Union Trim

- Union Trim
  - Boolean Operation 중에 하나로 Body들끼리 합치는 작업을 하면서 선택적으로 필요하지 않은 부분을 제거 가능
  - 즉, 필요한 부분은 합치고 필요하지 않은 부분은 제거하면서 Boolean Operation을 할 수 있는 명령
  - Union Trim 명령을 실행하여 Trim에 새로 추가한 Body를 선택하고 Face to Remove에는 제거할 면을 Face to keep에는 제거하지 않을 면을 선택

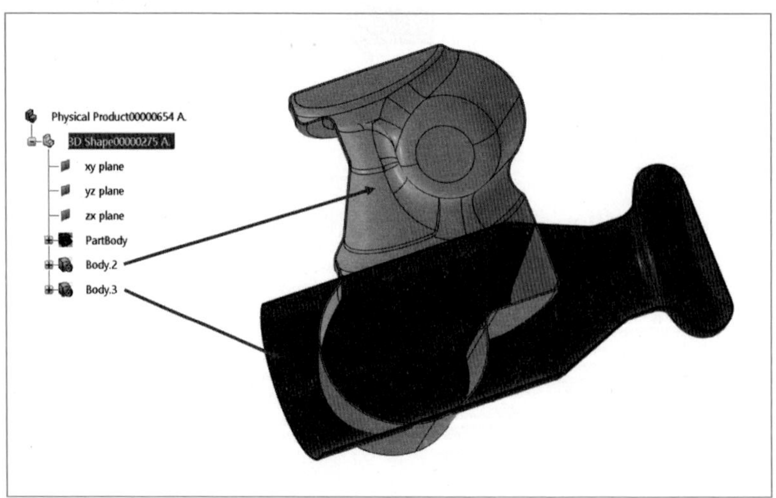

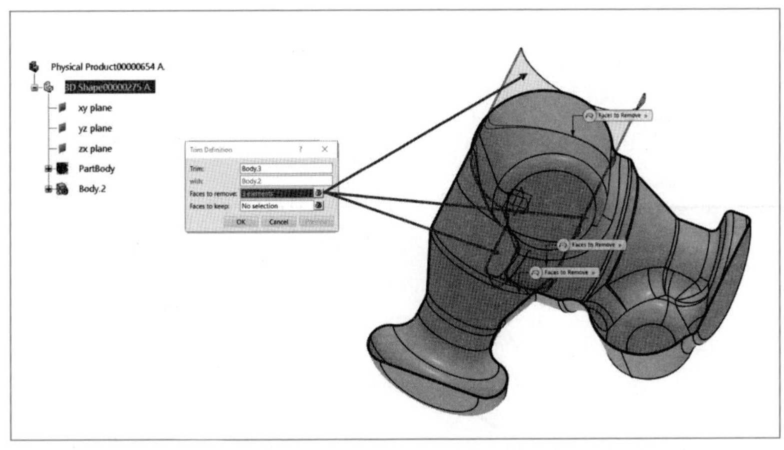

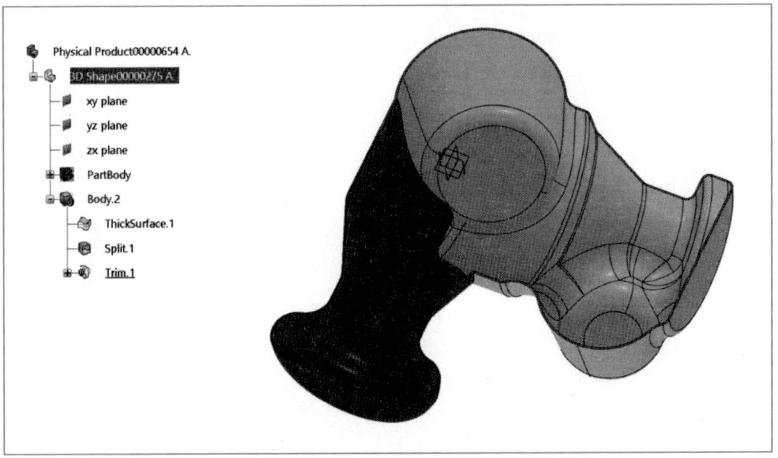

- Remove Lump
  - Boolean Operation 후 만들어진 형상 중에 불필요한 부분을 제거하는 명령
  - 앞서 Boolean Operation을 사용할 후에 사용 가능
  - 이 작업은 기준이 되는 Body에서의 작업이며 Face to remove에는 제거하고자 하는 형상의 면을 Face to keep에는 제거하지 않을 부분을 선택

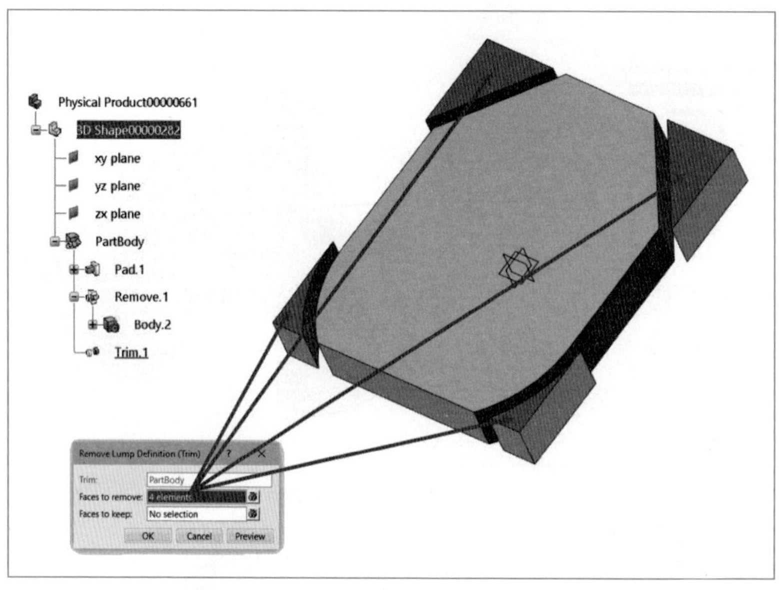

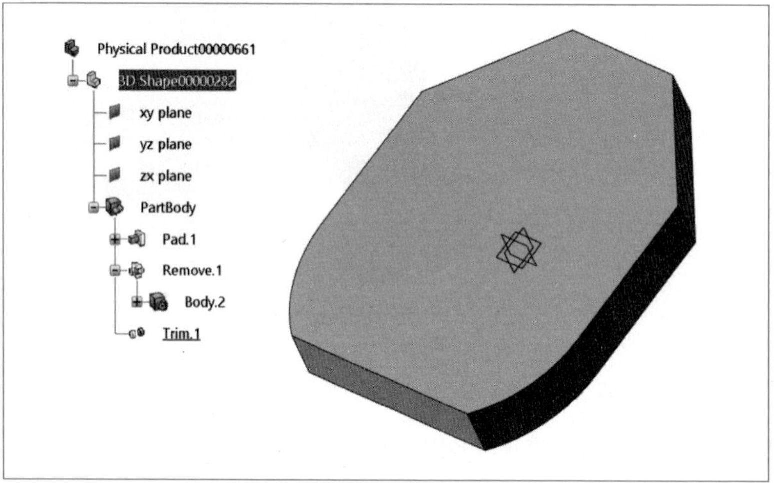

■ Tools

- Delete Useless Elements
  - 모델링 작업 이후 불필요한 작업 요소를 삭제하는 데 사용

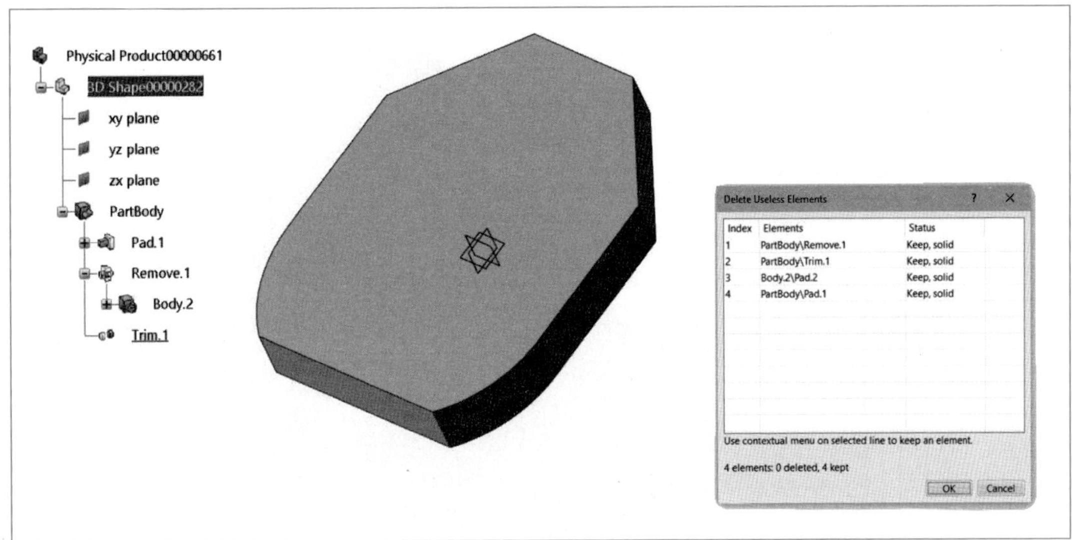

- Power Copy

  – Power Copy란 CATIA 모델링에서 사용자의 작업 및 작업 Know-How를 재사용하는 방법의 하나로 이미 완성한 작업 형상에서 일부 요소만을 입력 요소로 받아 같은 방식의 형상을 손쉽게 만드는 방법입니다. 즉, 한번 유사한 작업을 하였다면 Power Copy를 통해 이 작업의 전 과정을 다시 실행하지 않고 필요한 요소만을 변경하여 형상을 완성 시킬 수 있는 이점이 있습니다.

  단순한 개개의 요소나 결과적인 형상만이 복사되는 것이 아닌, 형상의 구체적인 생성 과정인 Spec Tree의 항목까지 복사하여 원하는 위치에 적용하는 것이 가능하여 반복적인 작업을 피하고 작업 효율을 높일 수 있습니다.

  Power Copy로 형상을 재사용하기 위해서는 원본 Part 도큐먼트에 Power Copy를 만들어 주어야 합니다 그리고 새로운 Part 도큐먼트에서는 필요한 입력 요소만을 구성한 뒤 Power Copy를 불러와 입력 요소만을 잡아 주면 됩니다.

  여기서는 다음과 같은 예를 이용하여 Power Copy를 설명하도록 하겠습니다.

  우선 Power Copy를 생성하기에 앞서 다음과 같은 생각을 가져야 합니다.

"어디에, 어떠한 방법으로 복사하여 붙일 것인가?"

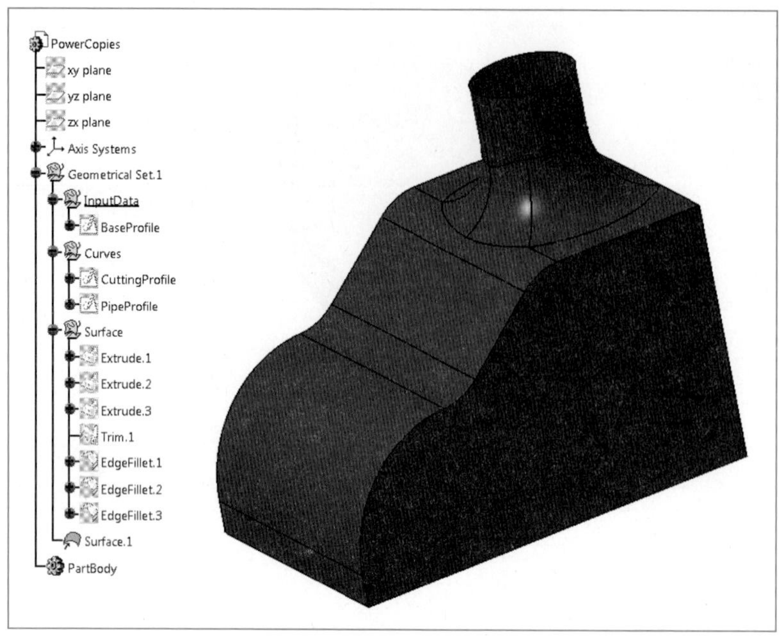

Power Copy Creation 명령을 실행시키면 다음과 같은 Definition 창이 나타납니다.

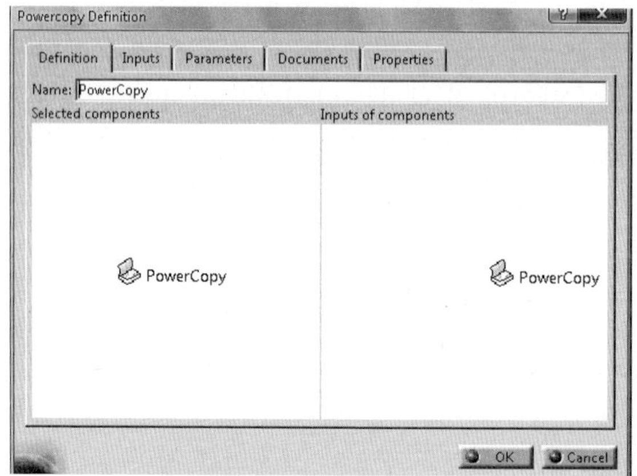

① Definition Tab

여기서 "Name"은 적절한 이름으로 바꾸어 주면 됩니다 중요한 부분은 바로 아래 Selected Components와 Inputs of Components입니다. 여기서 Selected Components는 Power Copy에서 나중에 불러오게 될 형상을 의미합니다.
따라서 현재 형상을 Power Copy에 넣어주고자 한다면 Selected Components에 Spec Tree에서 원하는 형상들을 모두 선택해 주어야 합니다. 간단히 클릭만 해주면 선택한 요소들이 선택됩니다.
아래의 그림에서 Geometrical Set의 요소를 일일이 선택하지 않고 다음과 같이 Geometrical Set을 선택하면 전체 형상이 들어가게 됩니다.

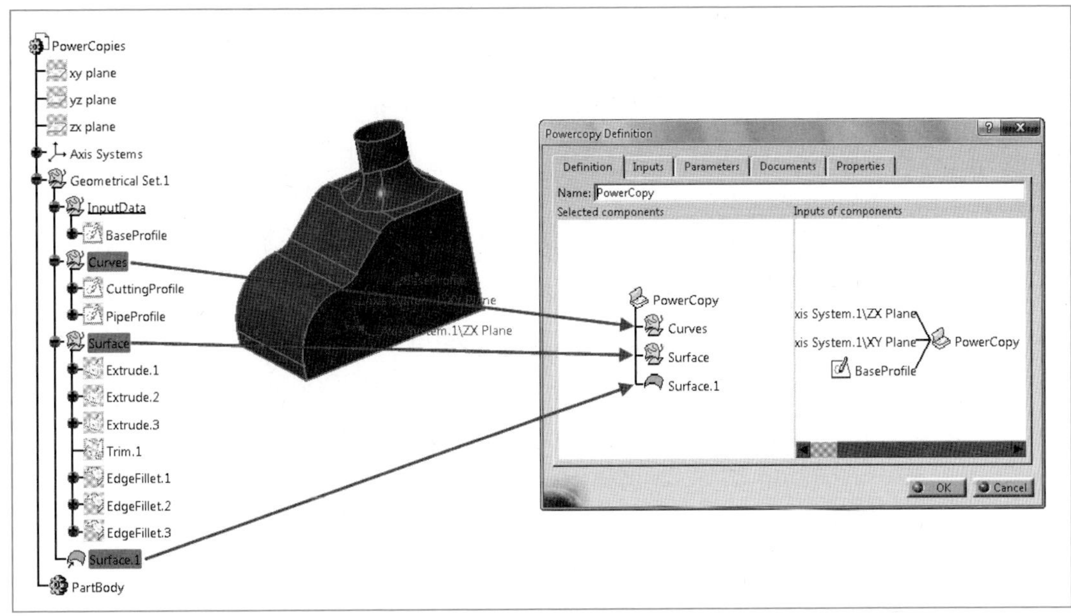

② Inputs Tab

다음으로 이 형상에서 Power Copy로 불러올 때 필요한 입력 요소를 선택해 주어야 합니다. Inputs of Components가 이러한 형상에서 새로운 Part에서 만들어 주어야 하는 입력 요소를 의미합니다. 아래 그림과 같이 이 형상에서는 'BaseProfile'이라는 Sketch를 입력 요소로 하여 형상을 복사할 수 있도록 할 것입니다. 입력 요소에 대해서 다음과 같이 "Name"에 별칭을 입력할 수도 있습니다.

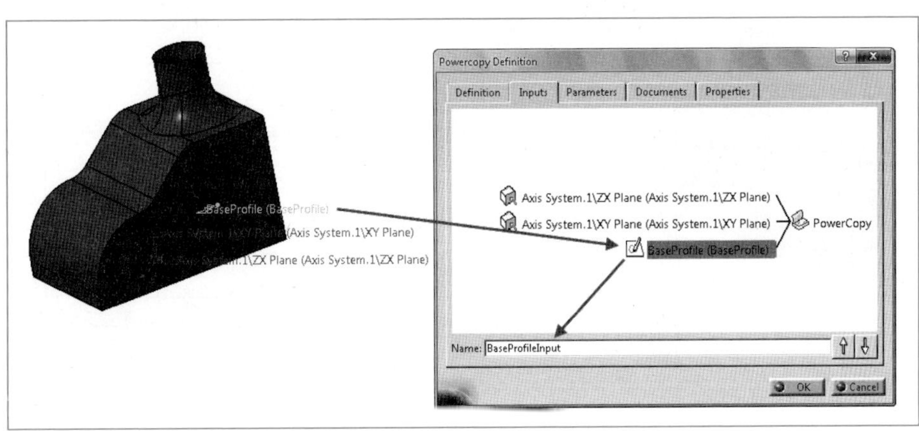

이렇게 Inputs of Components에 있는 요소들을 새로 Part 도큐먼트를 만들 때 미리 갖추어 놓아야 할 요소가 됩니다. 즉, 위의 예의 경우에는 ZX 평면과 XY 평면, BaseProfile Sketch가 될 요소만 있으면 위 형상을 반복하여 작업하지 않고 만들어 낼 수 있습니다.

Input 요소는 가급적 적은 수로 정의될수록 좋으며, Sketch를 Input 요소로 사용할 경우 완전히 구속된 상태를 유지하여야 좋습니다.

3차원 상에서 형상을 정의할 수 있는 기본 Input 요소 3가지를 기준 면, 기준 점, 기준 축이라 하는데 이에 맞추어 Power Copy를 생성하면 좋습니다.(물론 다른 Input 요소를 추가하는 것도 가능합니다)

한 가지 주의할 점으로 Input 요소들 사이에 가급적 연결되지 않도록 구성하는 것이 좋습니다. Input 요소들이 서로 연관된 경우 범용적으로 활용이 어렵거나 복사 생성을 방해할 수 있기 때문입니다. 따라서 독립적인 관계로 Input 요소들을 정의하기를 추천합니다. 그리고 Part가 가지는 Local Axis 성분(X, Y, Z축)을 사용하지 않아야 합니다.

그런데 간혹 Inputs of Components에 입력하지 않은 요소가 포함되기도 하는데 이것은 현재 자신이 선택한 입력 요소와 관계된 요소이기 때문에 강제로 제거할 수 없습니다. Vertex나 Plane, Axis 등이 그러한 예 입니다. 이런 경우 Power Copy를 불러오는 과정에서 이것들 역시 짝을 맞추어 주어야 합니다.

③ Parameters Tab

다음으로 Parameter Tab에 가면 현재 형상 중에 임의의 치수를 공개시켜 놓을 수 있습니다. 치수를 공개해 놓으면 Power Copy로 형상을 불러왔을 때 이 값을 Definition 창에서 임의로 조절하여 형상을 불러올 수 있습니다. 여기서는 간단히 Fillet 곡률 값만을 Parameter화 하도록 합니다.

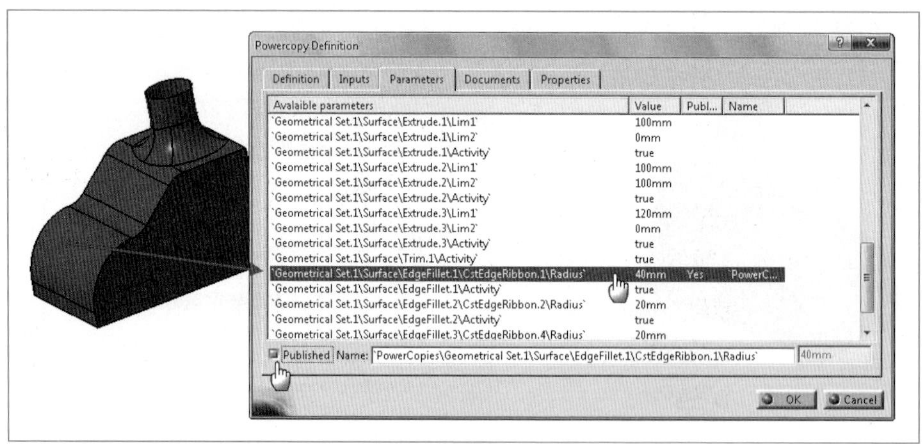

Parameter에서 공개를 원하는 수치를 선택하고 아래의 Published Name을 체크한 뒤 이름을 입력해 줍니다.

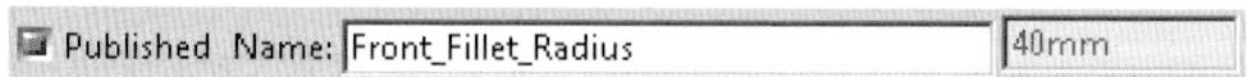

여기까지 작업이 되었다면 이제 'OK'를 누른다 뒷부분에 아이콘을 생성하거나 하는 부분은 생략하도록 합니다. 그러면 다음과 같이 Spec Tree에 방금 작업한 Power Copy가 생기는 것을 볼 수 있습니다.

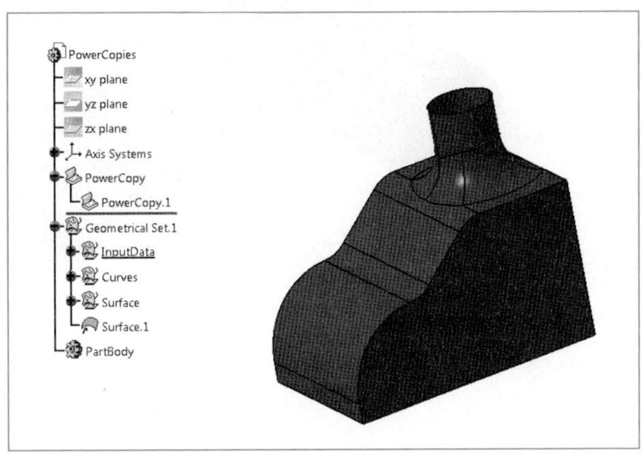

- User Feature

이 명령 역시 작업 및 작업 Know-How를 재사용하는 방법으로 위의 Power Copy와 유사한 방법으로 원본 형상에서 입력 요소만을 사용하여 형상을 재구성합니다. UserFeature 명령을 실행시키고 재사용하고자 하는 원본 형상을 선택해 주고 입력 요소를 선택, 필요한 부분에 대해서 Parameter를 공개하여 변경할 수 있도록 하는 방법 모두 Power Copy와 유사합니다. 대신에 User Feature는 복사될 형상으로 작업 Tree가 공개되지 않습니다.

UserFeature 명령을 실행시키고 복사할 형상과 입력 요소를 선택해 줍니다.

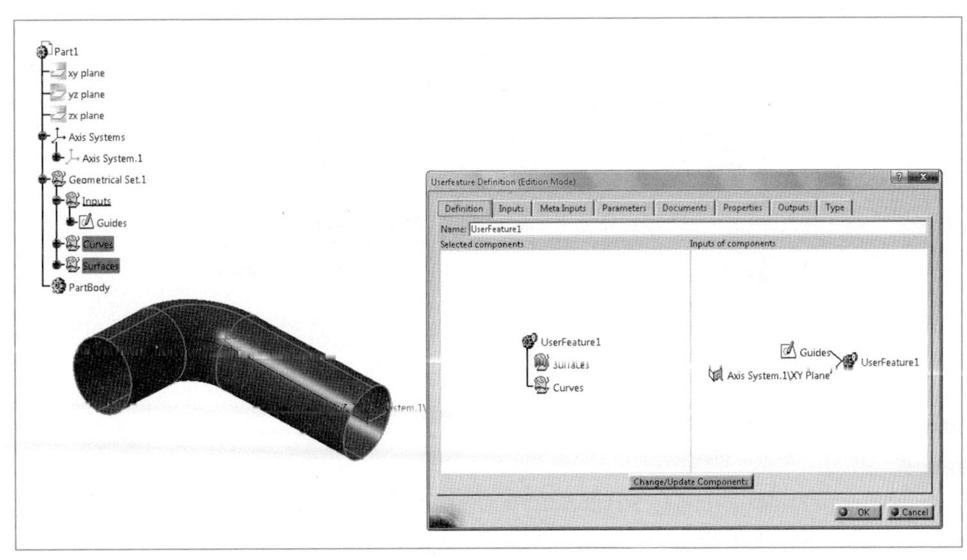

Chapter 05. Native Apps

UserFeature 작업이 완성되면 다음과 같이 Spec Tree에 나타납니다.

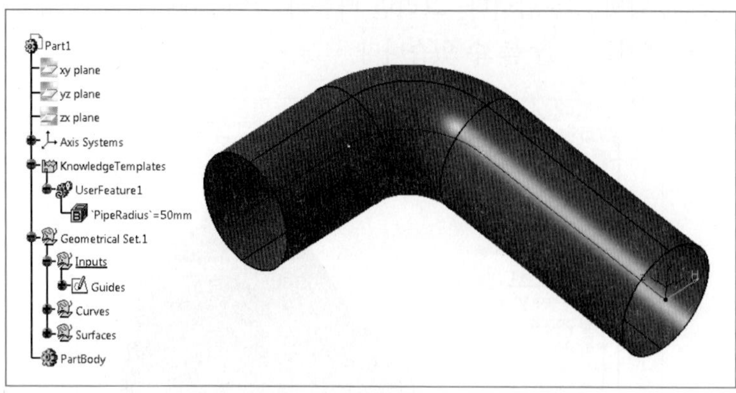

① Meta Input

UserFeature에는 Meta Input이 있는데요. 이것은 입력 요소를 그룹화하여 정의할 수 있게 합니다.
복수의 입력 요소를 사용하는 형상에 대해서 작업할 때 유용하게 사용할 수 있습니다. Add 버튼을 눌러 Meta Input을 생성하고 그룹화하고자 하는 입력 요소들을 하단에서 우측 상단으로 화살표를 이용하여 추가해 줍니다.

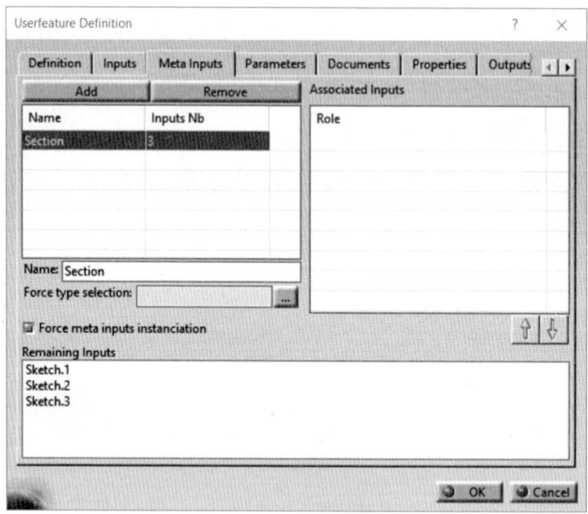

여기서 입력 요소들의 이름은 복사될 대상에 반드시 동일한 이름으로 정의되어있어야 합니다.

② Instantiation Mode

Properties Tab에는 아래와 같이 Instantiation Mode를 설정할 수 있습니다. 이 Mode에 따라 UserFeature의 작업 결과를 보호하는 모드를 설정할 수 있습니다. White Box는 User Feature를 복사하고 난 결과에 모든 Spec Tree가 공개됩니다.

반면 Black Box Mode는 그 결과를 숨길 수 있습니다. 그러나 UDF Debug 명령을 사용하여 이를 풀어낼 수 있습니다. Black Box Protected Mode는 완전한 비공개 모드로 작업 결과에 대한 Debug도 허용하지 않습니다.

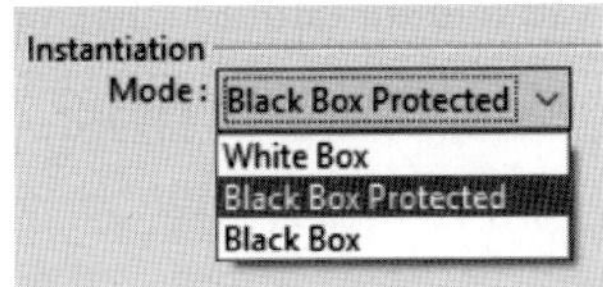

이러한 UserFeature를 만들어 불러올 때 역시 Instantiate From Selection 또는 Representation 를 클릭해 원본 작업이 들어있는 파일을 선택해 줍니다. 다음과 같이 입력 요소를 준비해 주고 형상을 불러온다.
입력 요소를 맞춰 주고 Parameter를 변경해 주고 "OK"를 선택합니다.

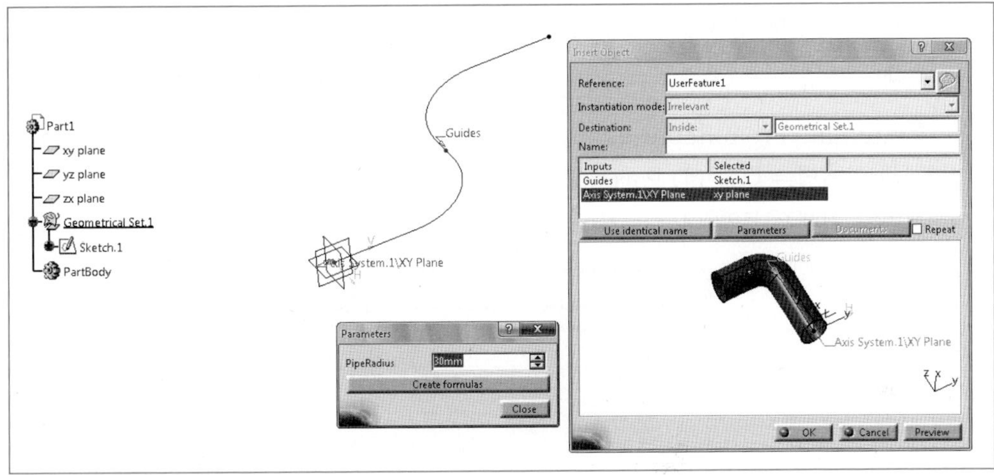

다음과 같이 형상이 복사되어 만들어지는 것을 볼 수 있습니다.

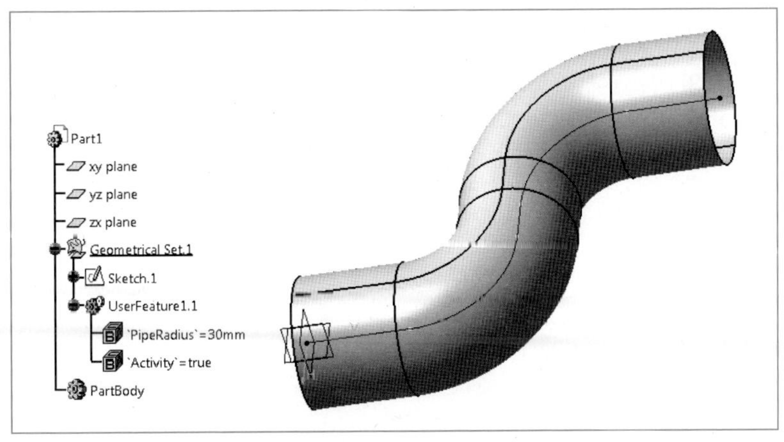

- Instantiate From Representation

이제 앞서 Power Copy Creation으로 만든 형상을 불러와 새로운 3D Part를 구성하는 방법을 설명하겠습니다.

새로운 3D Part를 생성합니다. 이제 여기에 앞서 형상에서 입력 요소로 선택한 대상을 구성해 줍니다. 필요한 요소만을 그려주면 됩니다. 위의 형상 예에서는 'Base Profile' Sketch와 ZX 평면만을 준비하면 되었습니다.

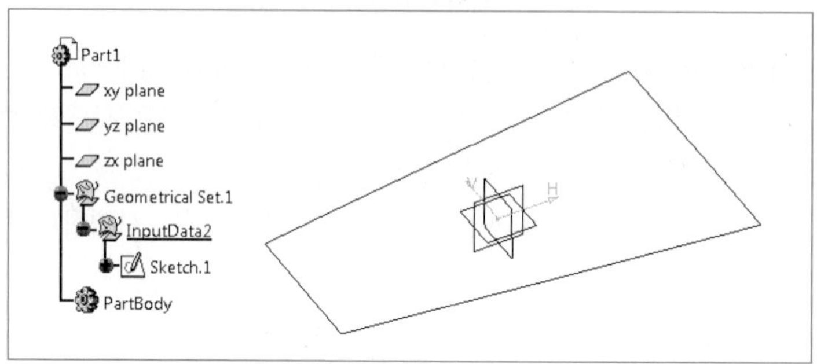

Instantiate From Representation 를 클릭합니다. 그러면 다음과 같이 검색 또는 현재 열려있는 다른 3D Part를 선택하도록 표시가 나타납니다.

여기서 검색을 통해 대상을 찾아 선택하거나 열려있는 오브젝트를 선택해 줍니다.

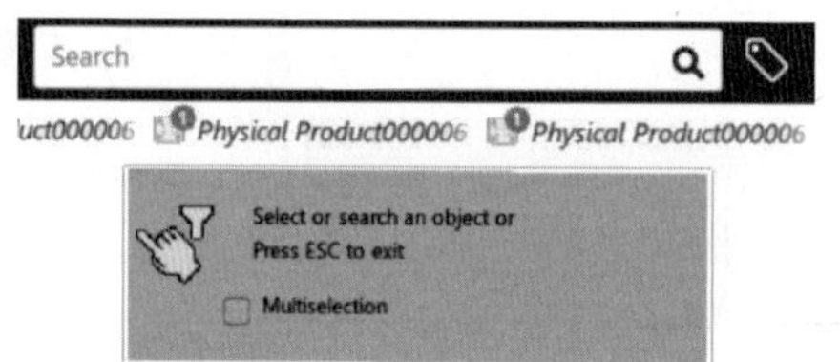

이제 Insert Object 창이 나타납니다. 여기서 중간의 Inputs 요소를 현재의 Part 도큐먼트에 맞게 선택해 줍니다.

Inputs에 있는게 앞서 Power Copy에서 입력 요소로 선택한 요소들이고 Selected에 새로이 만든 3D Part에 만들어 놓은 대상을 선택해 주는 것입니다.

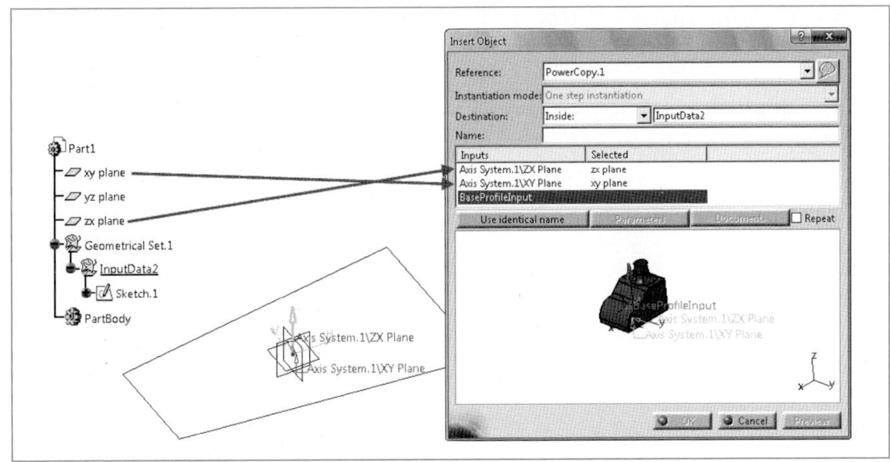

Sketch와 같이 복잡한 입력 요소의 경우에는 아래와 같이 Replace Viewer를 통하여 대체시킬 부분을 정의하여야 합니다.

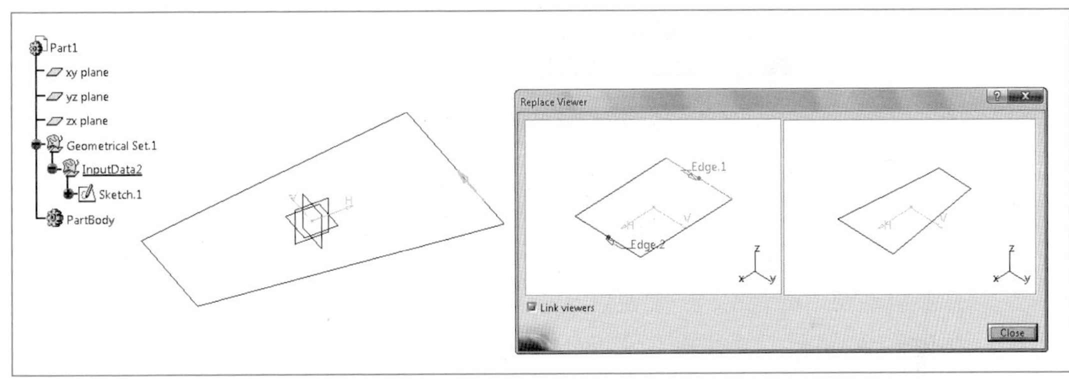

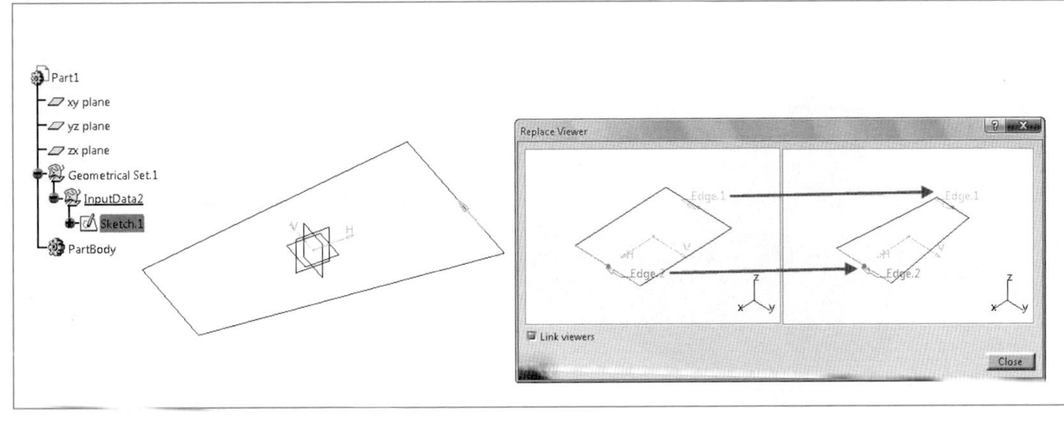

다음으로 Parameter를 클릭하여 앞서 Publish한 치수 값을 수정 입력해 줄 수가 있습니다.

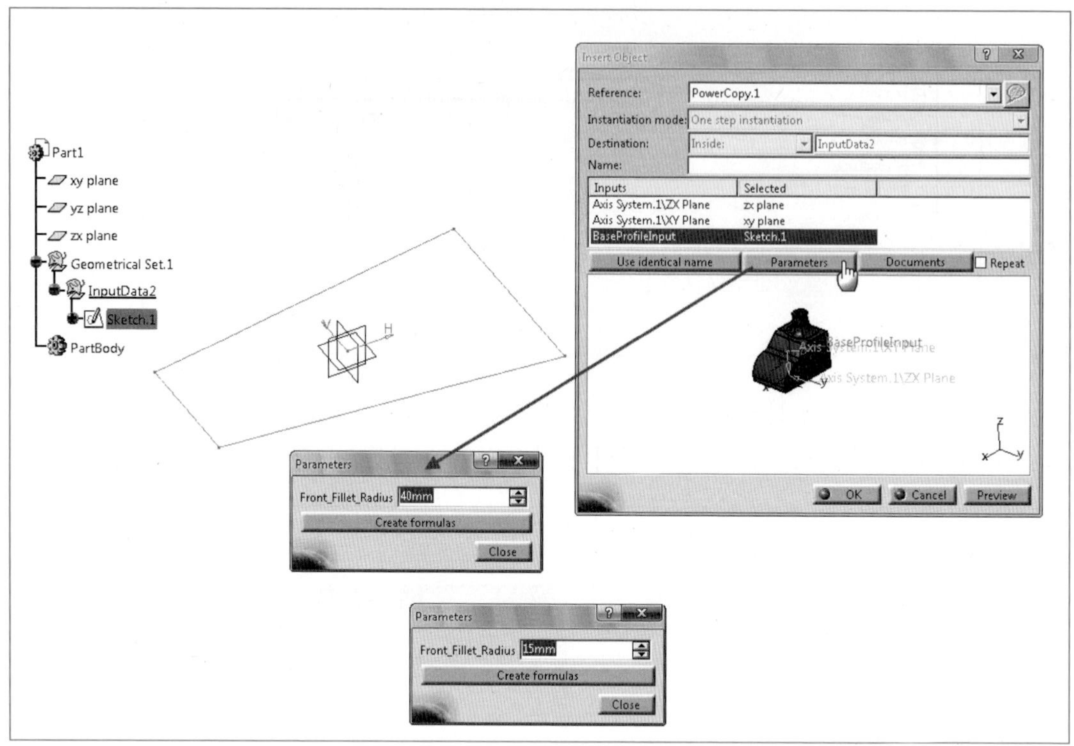

이제 미리 보기나 "OK"를 해 보면 앞서 Power Copy 형상으로 만들었던 형상을 입력 요소에 해당하는 부분만 바꾸어 형상이 만들어지는 것을 볼 수 있습니다.

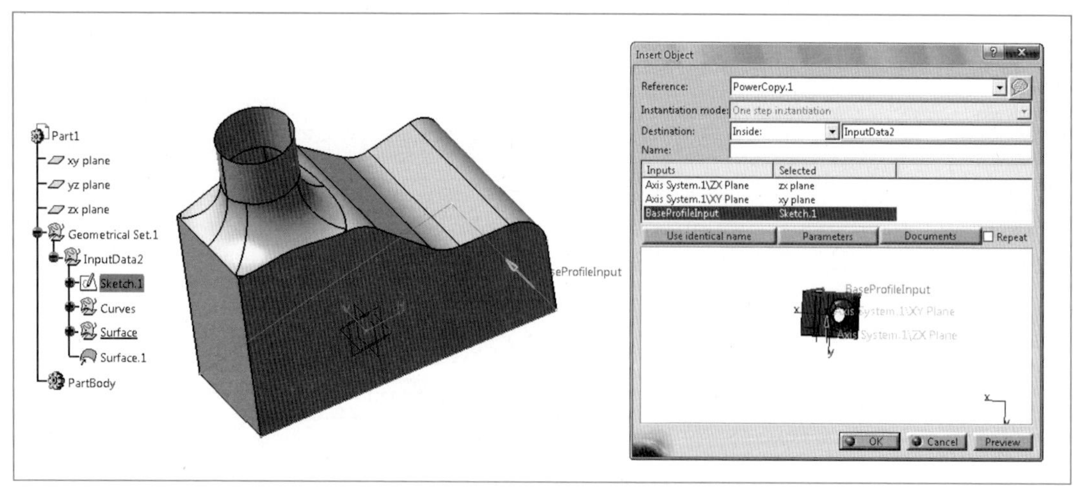

여기서 작업에 따라 일부 형상을 수정해야 하는 경우가 발생하기도 합니다. 위의 예에서는 Spec Tree를 변경해 주어야 할 필요가 있습니다.

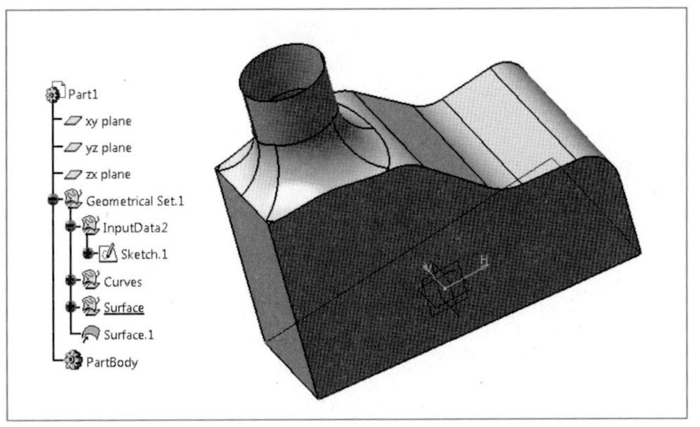

이러한 방법을 사용하여 원본 형상을 재사용하는 기술을 Power Copy라 하며 PartBody의 형상이나 Geometrical Set의 형상 모두 사용 가능합니다.

- Instantiate From Selection

이 명령은 앞서 생성한 Power Copy나 UserFeature를 새로운 설계에 사용하고자 할 때 사용합니다. 특징인 것은 이미 열려있는 도큐먼트 안에 속한 Power Copy나 UserFeature를 재사용하고자 할 때 사용한다는 것입니다.(현재 작업 중인 3D Part 에 속하여 있어도 되며 또는 열려있는 다른 도큐먼트의 것을 선택할 수 있습니다)
명령을 실행한 후 현재 Power Copy 또는 UserFeature가 저장된 Spec Tree를 선택해 주면 Insert Object 창이 나타납니다.

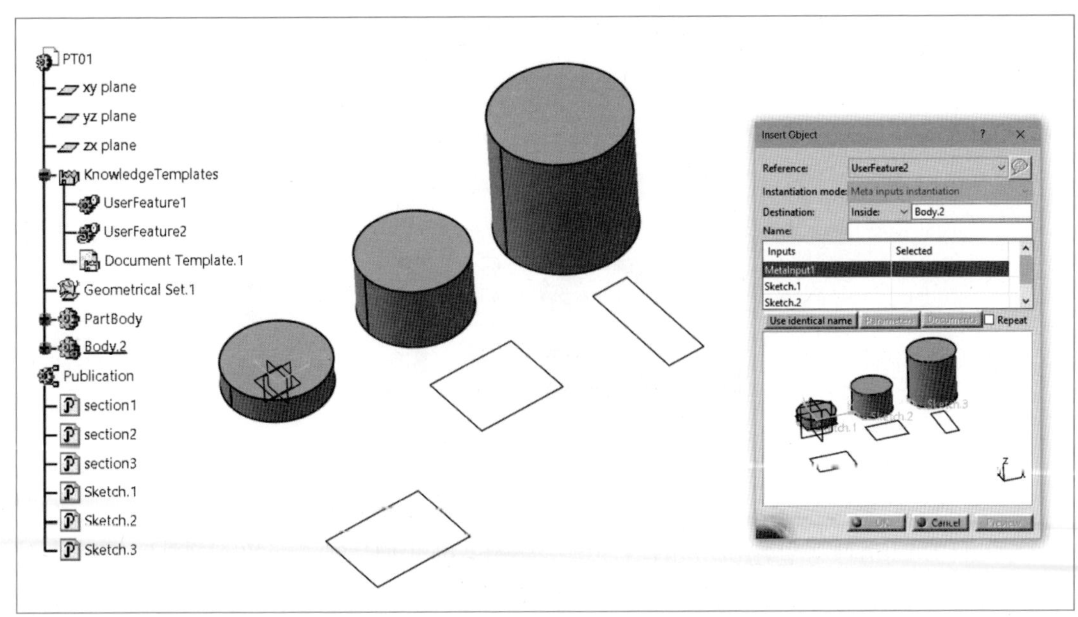

그 외 설정은 Instantiate From Representation 와 동일합니다.

SECTION 03 Generative Shape Design App

이번 장에서는 CATIA Native App 3차원 설계의 가장 큰 강점이라 할 수 있는 Surface와 Wire-frame을 활용하여 형상을 설계하는 방법을 공부할 것입니다. Surface는 두께가 없는 Geometry 이다 보니 표현이 자유롭고 더욱 풍부한 표현 능력을 나타내고 있습니다.
Part Design으로 형상을 만들지 못하는 건 G.S.D에서 만들 수 있다고 생각해도 좋습니다. 따라서 App의 학습을 통하여 독자 여러분은 더욱 복잡하고 난이도 있는 형상을 다룰 수 있으며 Surface로 모델링 후에 Solid화 하여 제품으로 활용하는 방법을 공부할 것입니다.
더불어 IGES와 같은 중립 파일로 전달받은 형상을 수정하거나 변환하는 방법 또한 친숙해질 것입니다.

A. Generative Shape Design App 시작하기

■ G.S.D 들어가기

3D Part를 사용하는 Generative Shape Design(G.S.D) App은 다음과 같이 COMPASS에서 즐겨찾기에 Generative Shape Design App을 등록하여 사용하는 방법이 일반적입니다. 즐겨찾기에 등록해 놓으면 App실행 시 단축키를 지정하여 사용할 수도 있습니다.

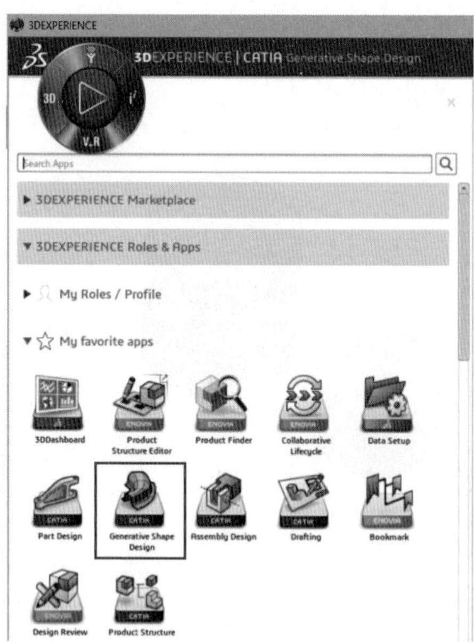

Part Design과 동일한 3D Part 오브젝트를 사용하기 때문에 App을 실행하는 나머지 설명은 동일하므로 Part Design App의 시작하기를 참고하기 바랍니다.

다음은 G.S.D로 3D Part 오브젝트를 시작했을 때의 모습입니다. 기본적인 Section Bar의 항목들이나 설정에 따라 App Option, Action Pad, Object Properties를 확인할 수 있습니다.

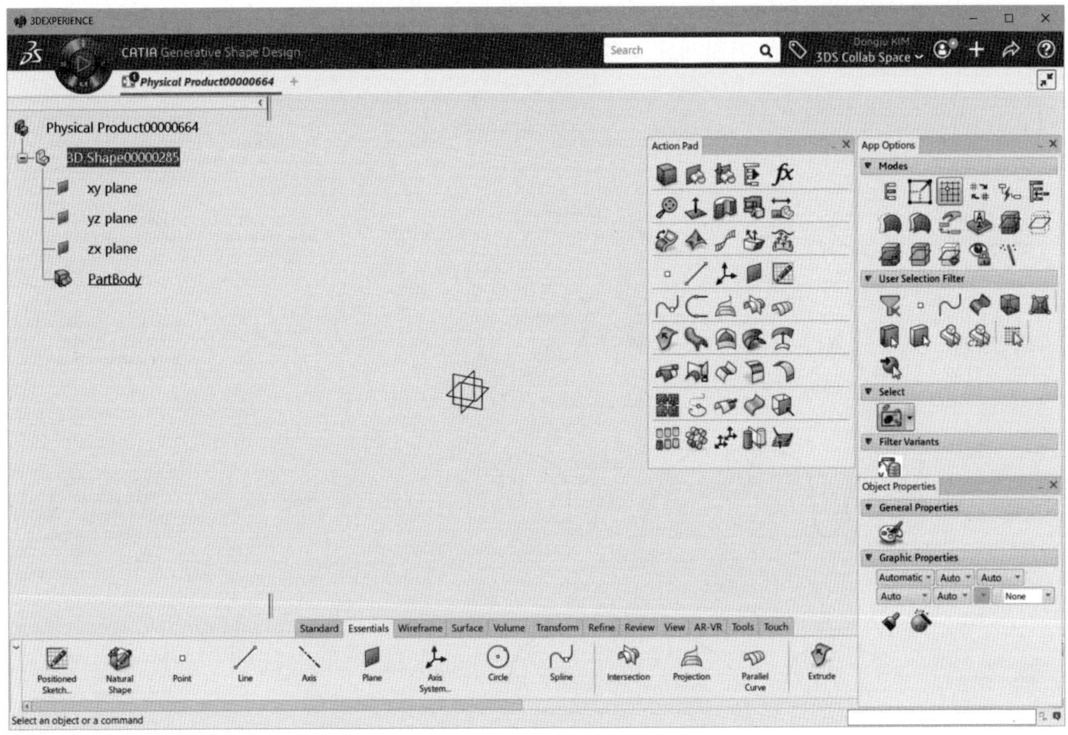

■ Continuity

곡면 모델링 기능에 대한 공부를 하기에 앞서 여기서는 곡선 또는 곡면(또는 일반적인 면)의 연속성에 관해 이야기해볼 것입니다. 연속성이 무엇이고 왜 중요한지는 곡면을 이용한 형상 설계를 하시는 분들이시라면 공감할 것입니다.
우리가 설계하는 형상은 단번에 하나의 곡면 패치로 설계할 수 없다는 것은 모두 이해할 것입니다. 여러 개의 곡면과 곡면 패치들이 모여 하나의 형상을 이루게 되는데요. 여기서 이러한 곡면과 곡면들 사이 또는 곡선과 곡선 사이에 연결되는 지점에 대한 연속성을 정의하게 됩니다. 단순히 이어 붙여 하나의 형상을 만드는 것이 아니라 곡면의 가공성 또는 품질을 고려하여 연결해 주어야하기 때문에 연속성이 필요하다고 할 수 있습니다.
앞서 간단히 살펴본 Bezier, B-Spline, NURBS 모두 각각이 패치들을 연결(Composite)할 때 아래와 같은 원리가 필요하며, 여러분이 CATIA에서 곡선이나 곡면들을 연결할 때도 이를 따져보아야 하는 부분이 됩니다. 단순히 Join만 시켜서 가공할 수 있는 완벽한 곡면이 나오지는 않습니다.

여기서는 곡선 또는 곡면의 부드러움(Smooth)을 기준으로 연속성을 따져보도록 하겠습니다. 일반적으로 수학적인 연속성을 정의하는 기준은 Cn으로 표기를 합니다. C0, C1, C2 이렇게요. 하지만 이것은 수학적인 기준인지라 Geometry에 기준하기에는 상당히 애매한 부분이 있습니다. 그래서 Geometry에 대한 연속성의 기준은 따로 Gn으로 표기를 합니다. G0, G1, G2 이렇게요.

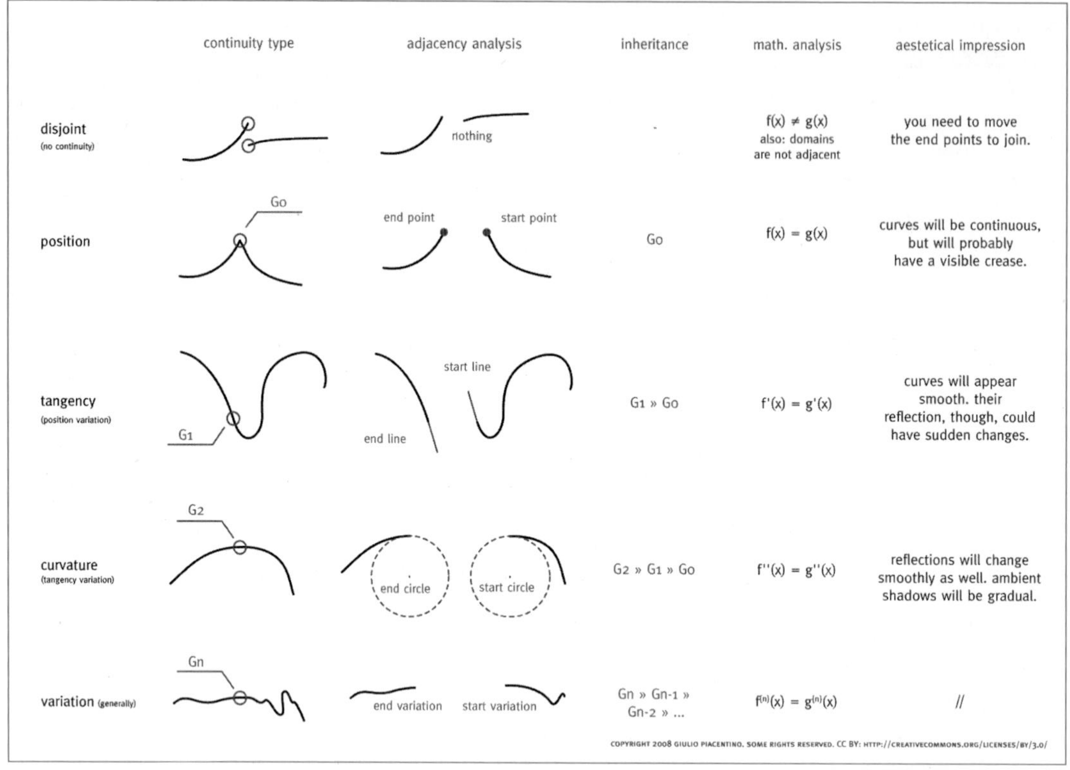

[이미지 출처 : http://www.giuliopiacentino.com/wp-giulio/wp-content/uploads/gs-Continuity-derivative.png]

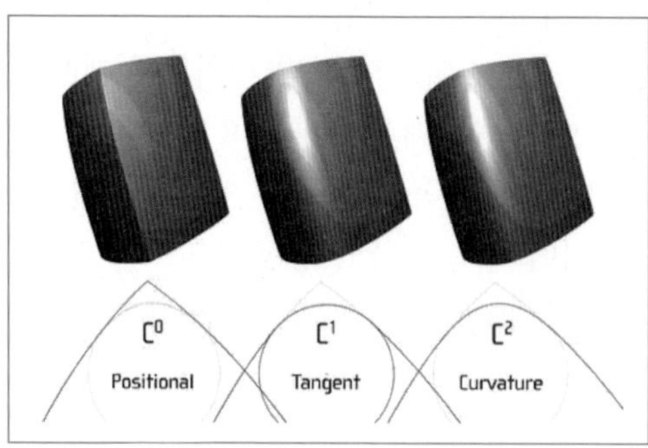

[이미지 출처 : http://www.digitalartform.com/archives/2010/02/studio_cyc_no-s.html]

C0(Point Continuity) 연속의 경우 두 곡선 또는 곡면이 한 점 P 또는 한 모서리 PP'에서 만난다고 할 때 이한 점 P 또는 한 모서리 PP'에서 두 곡선 또는 곡면은 일치해야합니다.

닿아있어야 한다는 것이지요. 만약에 이 한 점 P 또는 한 모서리 PP'에서 두 형상이 닿지 않는 다면 나머지 C1, C2 역시 만족 될 수 없습니다. 여기서 C0는 G0와 동일한 연속 조건을 갖습니다.

C1(Tangent Continuity) 연속의 경우에는 한 점 P 또는 한 모서리 PP'에서 C0를 만족한 상태에서 기울기가 같아야 합니다. 즉, Tangent해야 한다는 것이지요. 혹은 접한다고도 표현할 수 있습니다. 서로 다른 두 방향에서 이어져 온 형상이 이 만나는 지점을 기준으로 기울기가 같아야 한다고 생각하면 됩니다. 수학적으로 기울기가 같으려면 해당 위치에서 두 곡선 또는 곡면의 방정식의 1차 미분이 같아야 합니다. G1 연속의 경우에는 C1 연속 조건에 유연성 부여를 위해 상수 곱이 가능한 경우라고 보면 됩니다.

일반적으로 우리가 일반적으로 모델링을 하면서 이웃하는 형상들을 부드럽게 이어주어야 한다고 할 때 만족해야 하는 최소 조건이 G0 연속입니다.

C2(Curvature Continuity) 연속의 경우 완전 연속이라고도 할 수 있습니다. 한 점 P 또는 한 모서리 PP'에서 두 곡선 또는 곡면이 연결된다고 할 때 이 위치에서 곡률이 일치합니다. 곡률은 기울기의 변화율인데 그 변화율까지 같은 경우이므로 완전 연속이라 할 수 있습니다. 가장 부드럽게 두 대상간을 연결하는 방법이라고 기억해 주시면 좋을 것 같습니다.

앞으로 곡면을 이용한 많은 설계 작업을 하실 여러분들께서는 이러한 곡면 연속의 특징을 잘 파악하셔서 사용하시기를 권장 드립니다. 이러한 특성이 곡면 최종 품질과 결부되었음은 물론 CATIA를 다루면서 명령어 속에서도 확인하실 수 있을 것입니다.

■ Solid Modeling vs. Surface Modeling

일반적으로 기계 제도를 공부하거나 기계공학을 전공한 분들이 곡면 설계를 하는 경우 어려움을 겪는 경우가 종종 있습니다. 형상을 이해하는 방식 또는 모델링에서 접근 방식의 차이에서 오는 어려움이라 할 수 있는데요. Solid 모델링 방식을 통해 하나씩 쌓아나가거나 제거하는 방식은 간편한 모델링 방식에 속합니다.(Solid 모델링이 나중에 정립된 모델링 방식이지만 접근은 더 편리합니다.)

그러나 곡면 모델링의 경우 내부가 비어있는 상태(두께 0)를 고려하여 정의하기 때문에 중첩이나 틈(Gap)이 생길 경우 처리해야 하는 문제점도 있습니다. 또한 작업 내역이 순차적 기록이 아닌 단순 묶음에 의한 정렬이라는 점도 우리가 CATIA에서 모델링을 하면서 단순히 형상 위주의 모델링을 할 때 주의해야할 사항이기도 합니다.

Geometrical Set을 이용한 Tree 정리 및 작업 구상을 확실히 정의한 후에 모델링하는 습관을 들이길 권장합니다. Solid 모델링에서 Body를 나누는 것보다 더 비중 있는 사항입니다. 또한 우리는 곡면 모델링의 경우 다루게 되는 대상이 Solid 모델링에서 보다 훨씬 복잡하다는 점을 염두에 두어야 합니다.

Solid 모델링 방식으로 처리할 수 없는 형상이기에 Surface 모델링으로 작업 하는 경우가 많기 때문입니다. 그것은 Surface 모델링이 형상을 정의하는 제약이 거의 없기 때문입니다. 그리고 이웃하는 곡면들과의 연속성도 살펴야 하는 문제구요. 단순히 우리가 형상들을 이어 붙인다고 해서 실제 제작까지 가능한 형상이 나오는 것은 아닙니다. 얼마나 매끄럽게 부드럽게 정의하는지가 Skin 형상을 정의하는 작업에서는 큰 영향을 미치게 됩니다. 선도 Class A라는 말을 종종 들어보신 분들이라면 곡면에 연속성에 대해서 잘 이해하리라 생각됩니다.

여기 Generative Shape Design App의 경우 Surface 모델링을 하는 가장 대표적인 CATIA App라고 할 수 있습니다. 일반적으로 Profile과 치수를 이용한 설계 방식이기에 곡면이 들어간 정형화된 형상을 정의할 때 G.S.D에서 작업을 수행합니다. Profile을 그리고 거기에 형상에 관련된 3차원 기능을 적용하는 것은 Solid 모델링과 유사하다고 할 수 있습니다. 그리고 이렇게 만들어진 각각의 곡면들을 교차하는 지점을 기준으로 잘라낸다거나 이어 붙여주는 작업을 수행하게 됩니다. 아마도 Solid 모델링을 익히신 후에 Surface 모델링을 공부하신다면 G.S.D가 가장 쉬운 App라 할 수 있을 것입니다. 그러면서 곡면 설계에서 비중도 높은 편이니 깊이 관심을 두기 바랍니다.

■ Geometrical Set Management

Geometrical Set은 Surface 또는 Wireframe, Sketch, Reference Element 형상 요소들을 나누어 보관하는 꾸러미 역할을 합니다. 작업 순서와 상관없이 위의 형상 요소들을 묶어 두는 기능을 하기 때문에 우리가 필요한 형상들만을 모아서 새로운 Geometrical Set을 구성할 수도 있으며 하나의 Geometrical Set을 다른 Geometrical Set에 넣을 수도 있습니다. 이러한 Geometrical Set의 특성을 잘 이용한다면 현재 작업한 형상을 보다 수정하기 쉽도록 Spec Tree를 구성할 수 있는데 우리가 모델링을 하면서 우선하여 고려해야 할 사항 중에 하나입니다. 무조건 형상만 맞게 만든다고 만점이 되지는 않습니다. 이제 Geometrical Set을 다루는 방법을 통하여 더욱 효율적이고 수정이 쉽도록 모델링 작업 방식을 소개하겠습니다.

- Geometric Set 만들기

  Section Bar 또는 Action Pad, Spec Tree에서 3D Shape 선택을 통해서 Geometrical Set을 생성해 줄 수 있습니다.

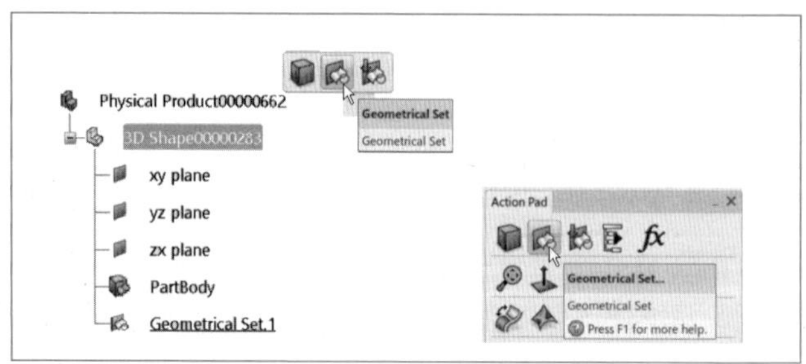

Geometrical Set을 생성할 때는 다음과 같이 Insert Geometrical Set 창이 나타날 것입니다.

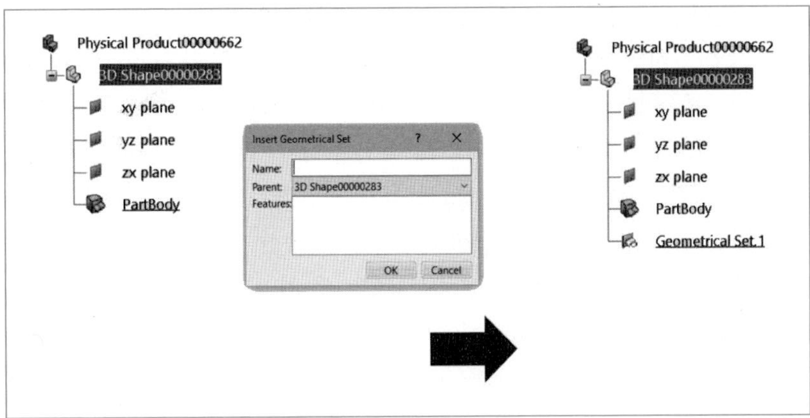

여기서 원하는 Geometrical Set의 이름을 “Name”에 입력을 해줍니다. “Name”을 빈칸으로 두면 자동으로 Geometrical Set. X와 같이 나타납니다. 그리고 이 상태에서 바로 “OK”를 입력하면 현재의 Spec Tree에서 Define 된 곳의 다음 부분에 Geometrical Set이 추가됩니다.

- Geometric Set을 이용한 Spec Tree 구성

앞서 Geometrical Set을 추가하는 방법을 사용하여 다음과 같은 구조를 만들 수 있습니다. Geometrical Set은 다른 Geometrical Set을 포함하거나 포함될 수 있습니다.

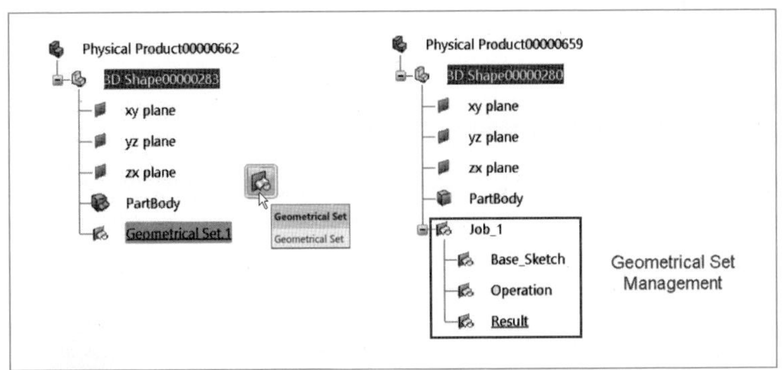

물론 이와 같은 구조는 간단히 Toolbar의 이름으로 나누어준 하나의 예에 지나지 않습니다. 작업의 효율을 생각하여 또 다른 분류 목록을 작성하여 Geometrical Set으로 구조를 만들어주어도 됩니다.

그리고 이러한 Geometrical Set의 구조는 Duplicate Geometrical Set 명령을 사용하여 현재 Part 도큐먼트에 여러 개를 복사하여 틀로 사용할 수 있습니다.

- Geometric Set으로 형상 요소 정렬하기

위에서 Geometrical Set을 구조적으로 정렬하였다면 다음으로 할 일은 이 Geometrical Set으로 원하는 형상 요소들을 이동시켜 주어야 합니다.
모델링 작업을 하면서 'Define in work object'를 원하는 Geometrical Set에 지정하며 작업을 할 수도 있습니다. 그러나 항상 이렇게 Geometrical Set을 지정하며 작업을 하는 것은 번거로울 수 있습니다. 따라서 작업을 해 놓고 일정 단계별로 작업이 완료된 후 이것을 각 하위 Geometrical Set으로 옮기는 방법을 생각할 수 있습니다.
형상을 Geometrical Set에 정렬하고자 할 때, 우선 이동하고자 하는 요소들을 CTRL Key를 이용하여 복수 선택합니다. 그리고 Contextual Menu에서 Change Geometrical Set을 이용하여 원하는 Geometrical Set을 선택해 줍니다.

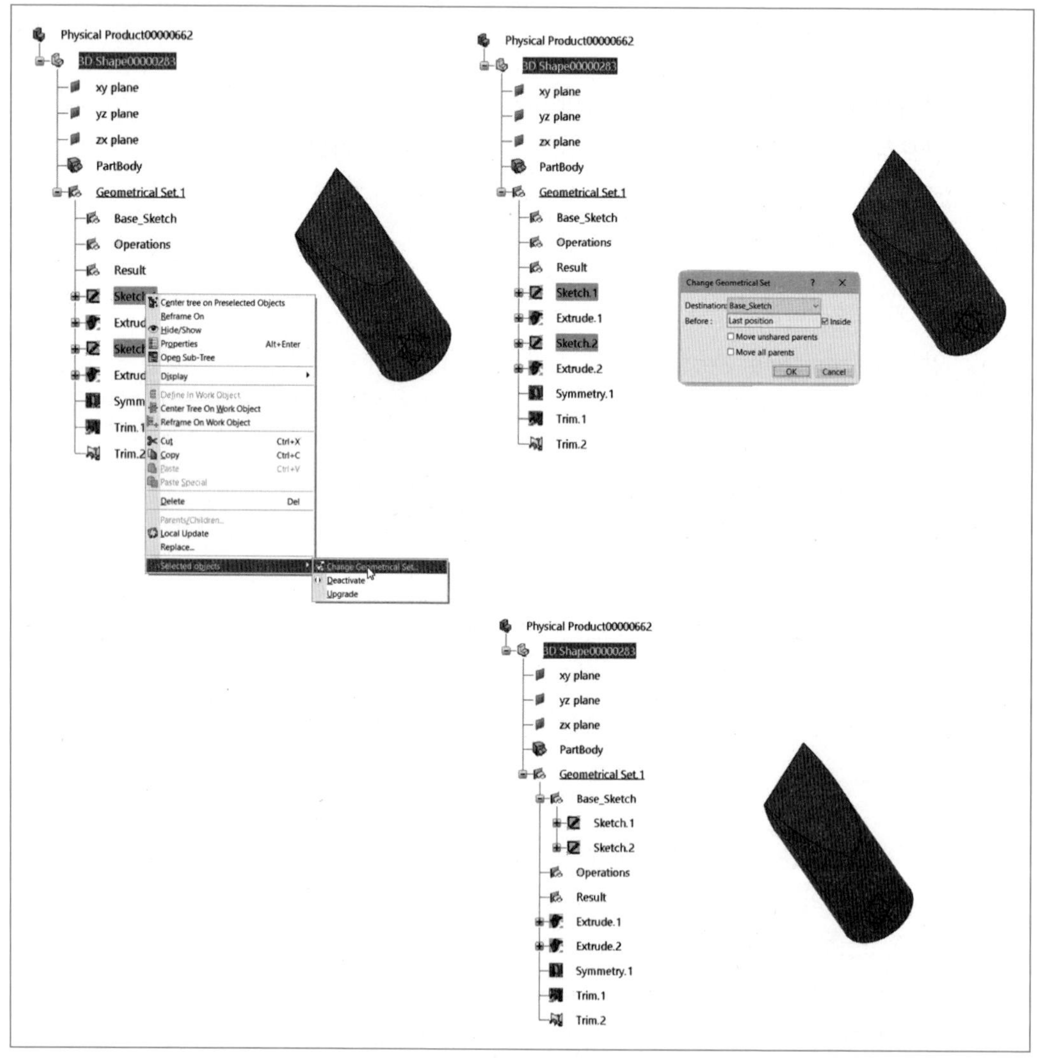

같은 방법으로 나머지 형상 요소 역시 정렬해 줄 수 있습니다.

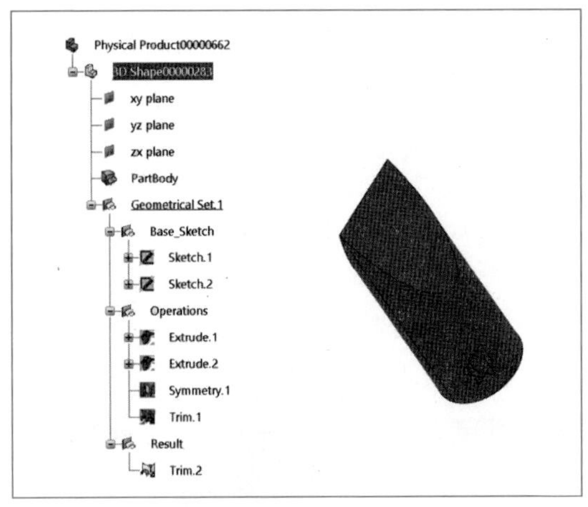

- Geometric Set 삭제하기

  Geometrical Set을 삭제하고자 Delete Key를 누르면 그 안에 들어있던 모든 성분 역시 모두 사라지게 됩니다. 만약에 Geometrical Set만 지우고 내부 구성 요소는 보존하고자 할 때는 어떻게 해야 할까요? 이런 경우라면 다음과 같이 제거하고자 하는 하위 Geometrical Set의 Contextual Menu의 Geometrical Set. X object ⇨ Remove Geometrical Set을 선택해 줍니다. 그러면 Geometrical Set만 삭제가 되고 그 안에 들어있던 요소들은 상위 Tree로 옮겨집니다.

- Geometrical Set으로 Group 만들기

  Geometrical Set으로 정렬된 형상 요소들은 나중에 Group이라는 요소로 하나의 묶음으로 바꾸어 줄 수 있습니다. 다음과 같이 Group으로 묶어주고자 하는 Geometrical Set을 선택하여 마우스 오른쪽 Contextual Menu에서 Create Group을 선택해 줍니다.

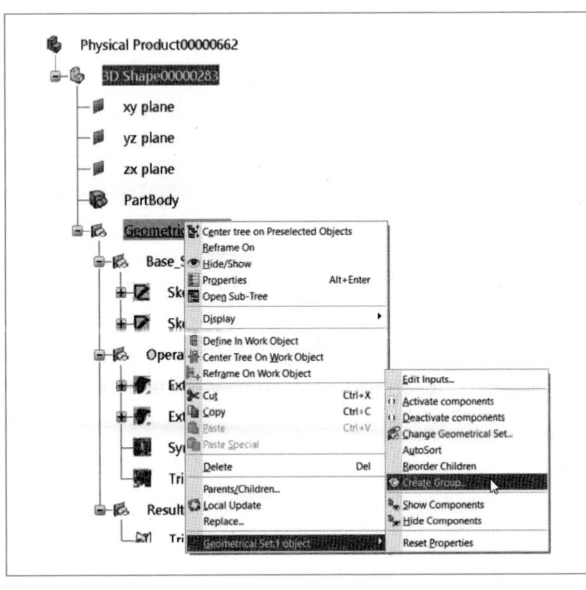

그럼 창이 나타나 Group 이름과 입력 요소를 선택해 줄 수 있습니다. 입력 요소로 선택된 대상은 Group에서 Tree에 나타납니다. 그 외 Geometrical Set 안에 있던 대상은 Group 안으로 들어갑니다.

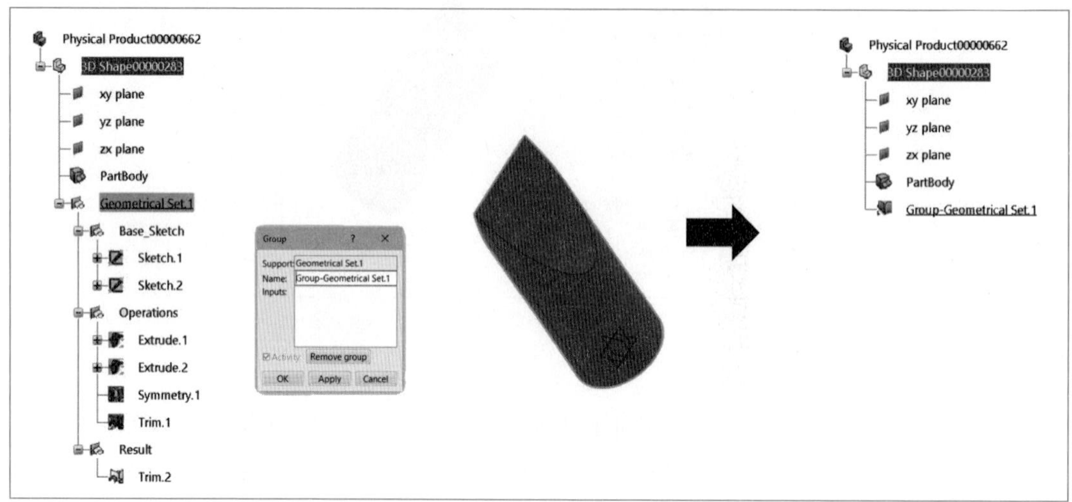

만약에 Group으로 묶인 대상들을 다시 열어 수정 또는 보고자 한다면 Group을 선택하고 Contextual Menu를 선택하여 Expand Group을 선택해 줍니다.

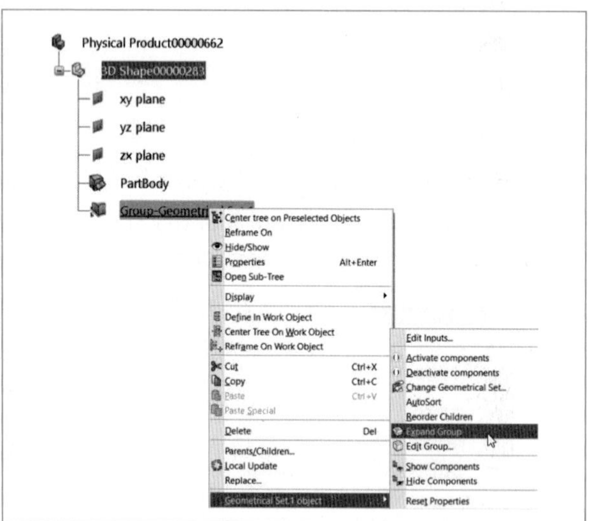

앞에서도 설명하였지만 이러한 Geometrical Set은 형상 정렬 요소뿐만 아니라 복수의 대상을 입력 요소로 하는 명령에서 입력 요소로 선택할 수 있습니다.

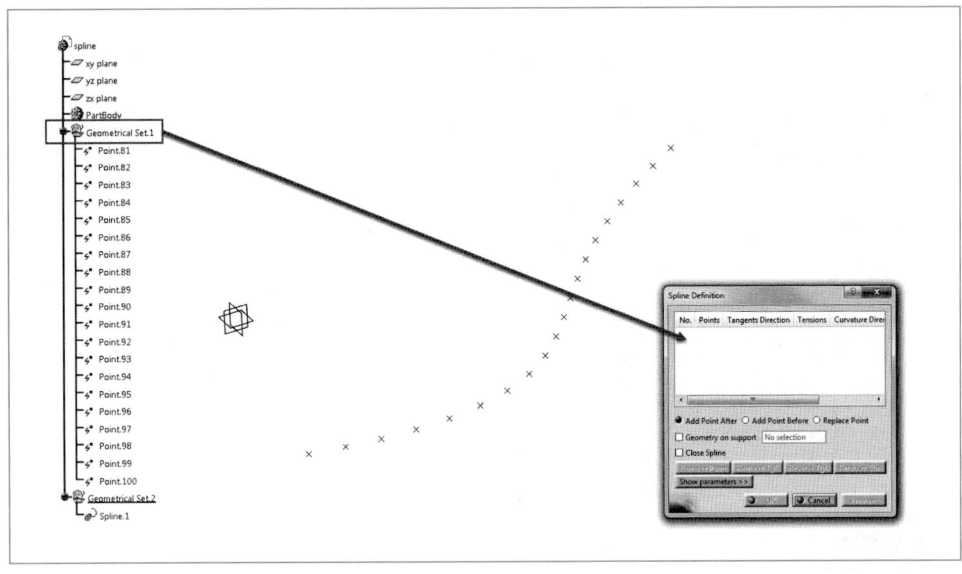

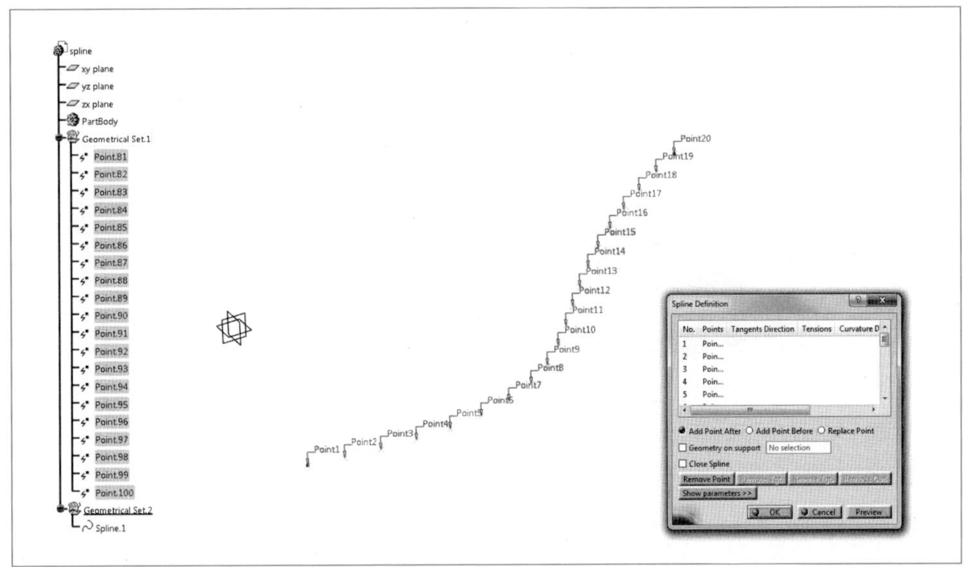

- Ordered Geometric Set(O.G.S)

Ordered Geometrical Set(O.G.S) 은 작업한 형상과 작업한 내용이 작업 순서를 가지 채 저장이 됩니다. 즉, 시작에서부터 끝까지 하나의 Ordered Geometrical Set의 내용은 이진 작업과 다음 작업에 영향을 주고받는 것입니다.

일반적인 Geometrical Set이 아무런 작업 순서에 구애 받지 않음을 안다면 확실한 차이를 알 것입니다. 따라서 O.G.S에서 작업한 형상들 사이에서는 'Define in work object'를 사용할 수 있습니다. 또한 작업 순서의 영향을 받기 때문에 Reorder도 사용 가능합니다.

■ Multi–Result Management

- Surface와 Wireframe 형상 요소를 이용해 작업하다 보면 작업한 결과 형상이 연속적으로 이어지지 않고 따로 나누어진 여러 개의 요소가 되는 경우가 발생하며, 이런 경우 CATIA에서는 바로 결과를 출력하지 않고 Multi–Result Management 창을 띄워 이 결과를 어떻게 할 것인지 선택하게 함
- 그 이유는 이러한 결과가 의도한 것일 수도 있고 그렇지 않은 것일 수도 있으나 하나의 작업으로 인해 나온 결과 형상은 연속적이어야 하기 때문임
- 이런 경우 한 작업에 의해 여러 개의 결과물이 나와 Multi–Result라고 하며 다음과 같은 창이 나타남(Surface 형상 위에 Curve 요소를 Project 하는 과정에서 연속적이지 않은 결과 발생)

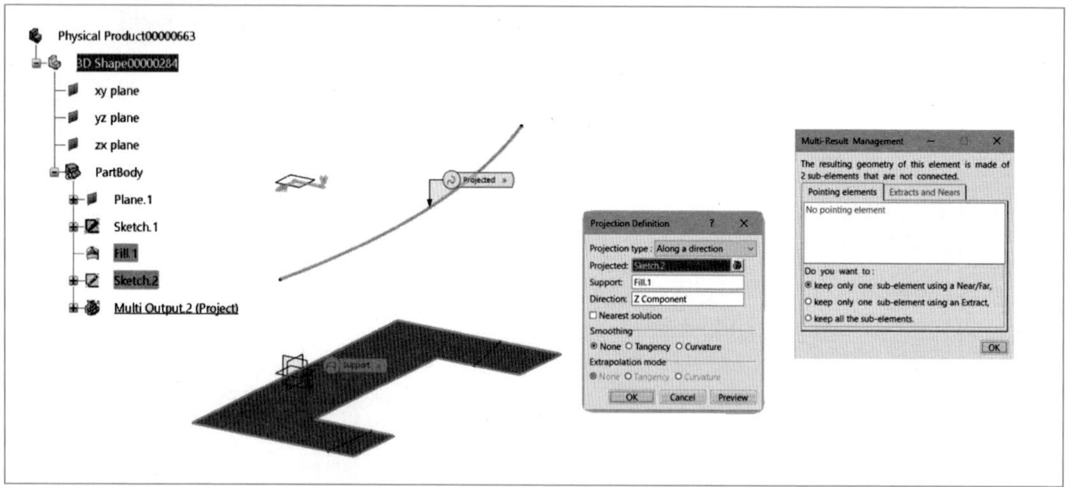

• Multi–Result Management Mode

① Keep one Sub–Element using the Near command

- 복수의 결과로 나타난 형상 중에 임의의 기준 요소와 가장 가까운 부분을 살리고 나머지는 제거하는 방식
- 이 방식을 사용하면 Near라는 명령의 Definition 창이 나타나 남겨놓고자 하는 부분의 근처에 있는 요소를 선택할 수 있는 창이 나타남

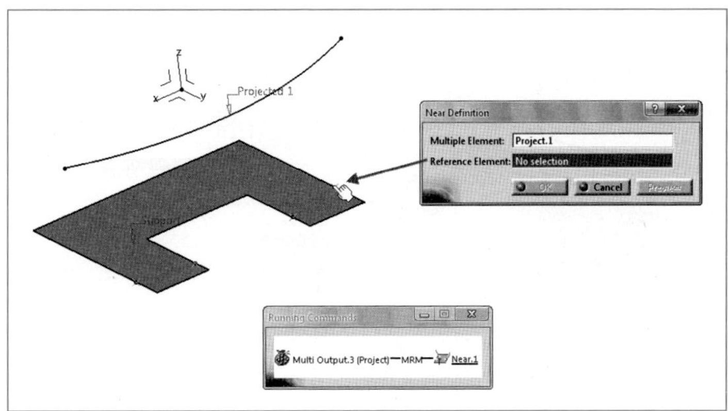

- 여기에 Surface의 꼭지점이나 모서리 등을 선택해 주면 그것과 가장 가까운 부분이 남게 되고 다른 부분은 제거
- Spec Tree 상에 Near로 결과물이 생성됨

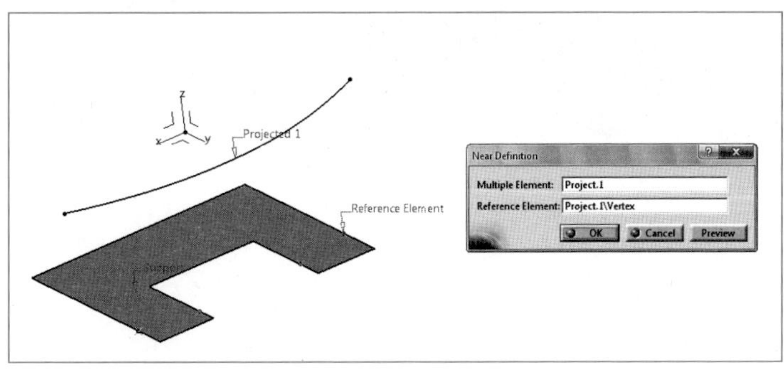

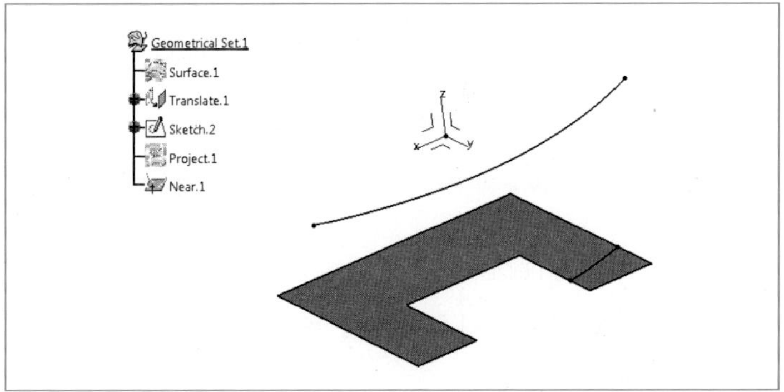

② Keep One Sub-Element using the Extract command

- 복수의 결과로 나타나는 형상 중에 원하는 부분만을 Extract 명령을 사용하여 남기는 방법
- 이 방식을 선택하면 다음과 같이 Extract Definition 창이 나타나며, 여기서 원하는 형상의 부분을 선택

Chapter 05. Native Apps

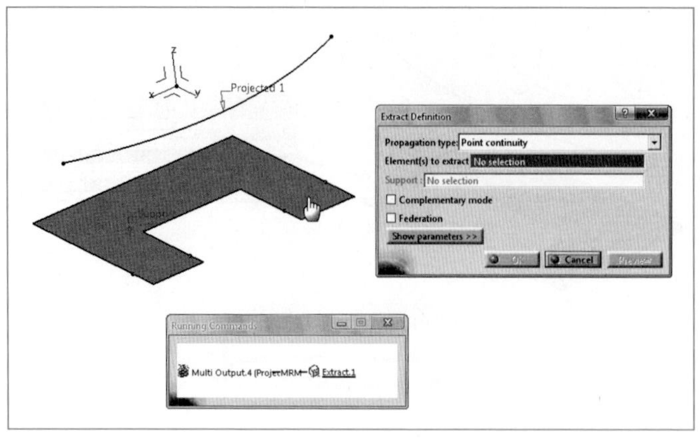

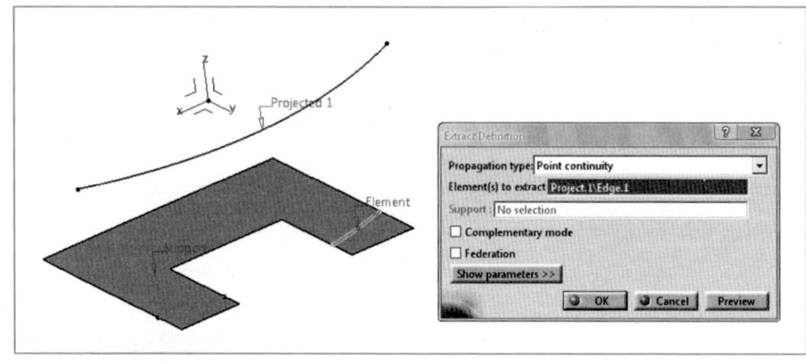

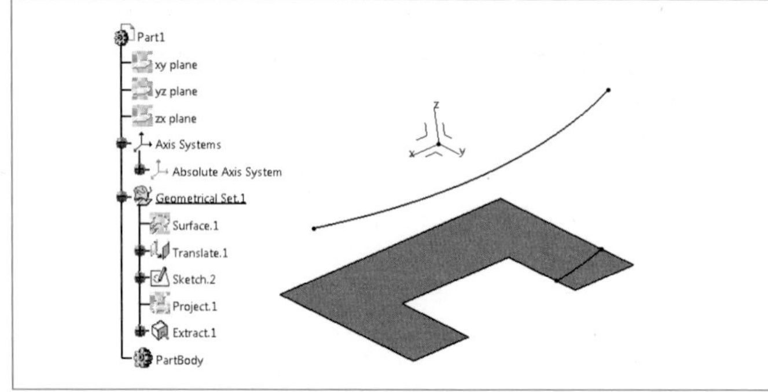

③ Keep all the sub-Elements

- 이 방식은 복수의 결과로 나온 형상을 변경하지 않고 있는 그대로 놔두는 방식

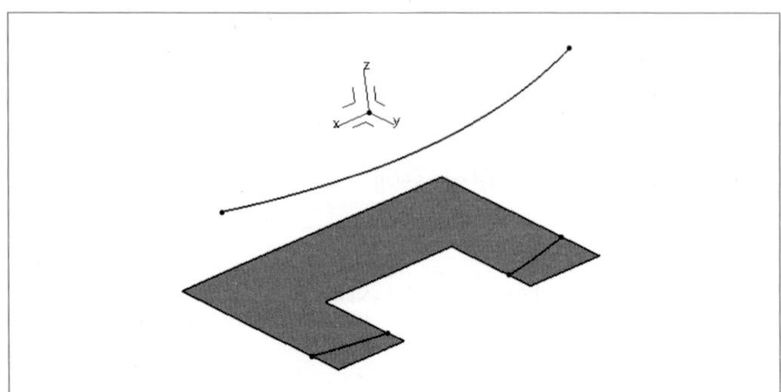

- 그러나 이 방식으로 유지된 복수 요소는 다른 작업을 하는 데 있어 항상 이 Multi-Result Management를 상태를 유지
- 따라서 이 방식으로 사용은 이 점을 감안하고 나중에 따로 이 복수의 결과물들을 수정할 경우에 사용하길 권장

B. Section Bar

■ Essentials

각각의 Section Bar로 나누어진 기능들을 필수 요소로만 모아 하나의 Section Bar에 모아놓은 것입니다. 각각의 설명은 본 Section Bar의 위치에서 설명하겠습니다.

■ Wireframe

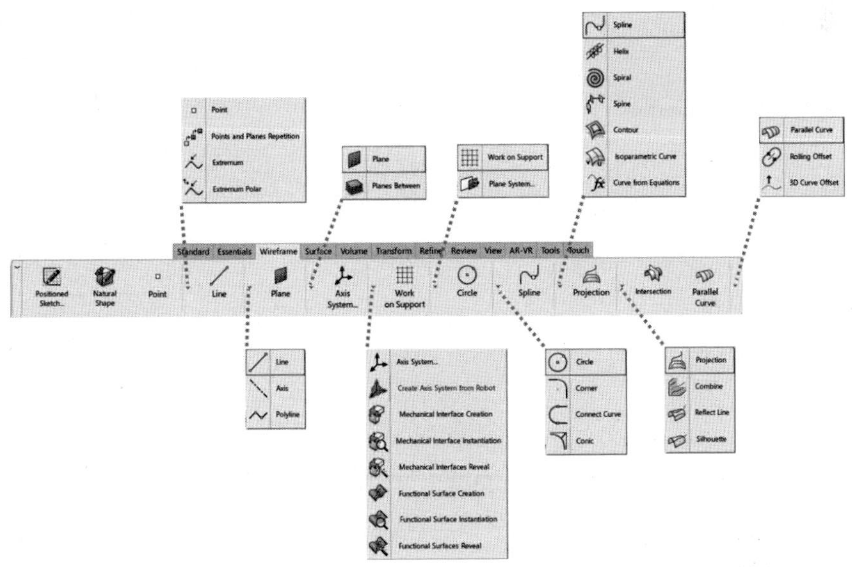

- Positioned Sketch
  - 3D Part 상에 2차원 Sketch를 생성해 주는 기능
  - Surface 및 Wireframe을 정의하는 요소로 활용
  - 기존의 Sketch를 수정하기 위해서는 해당 Sketch를 더블 클릭
  - Sketcher App 설명 참고

▶ Flyout for Point

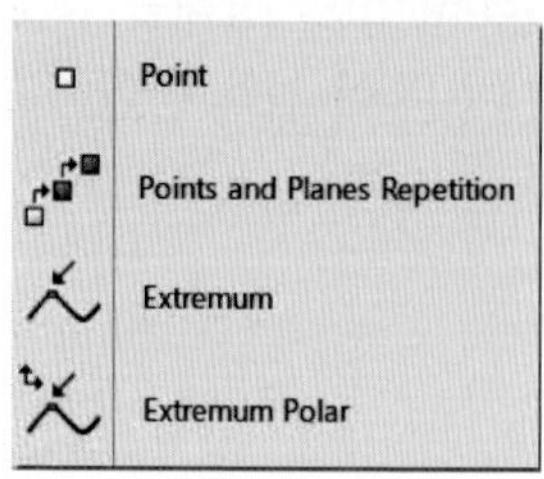

- Point and Planes Repetition
  - 선택한 Curve 요소에 일정한 간격으로 Point(Point)와 평면(Plane)을 생성하는 명령

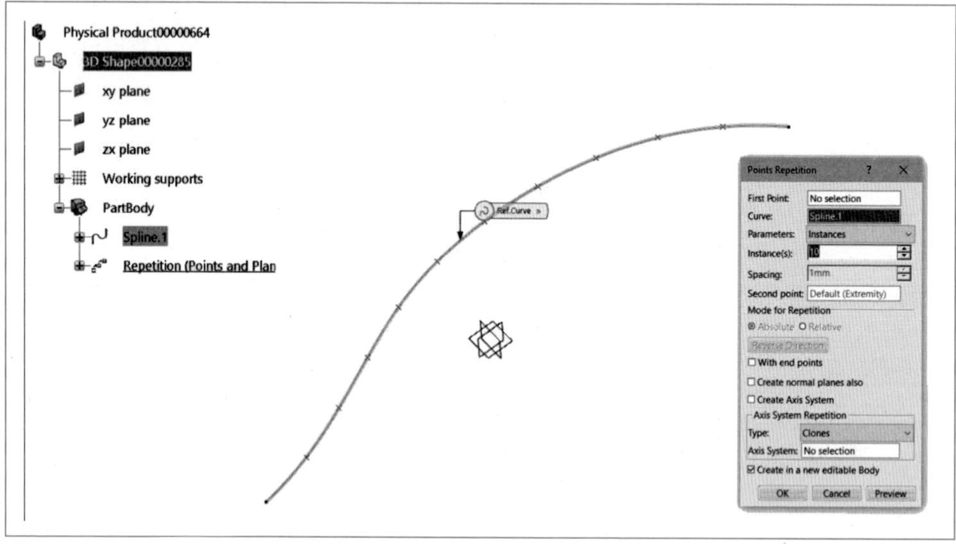

  - Instance : 만들고자 하는 Point의 수를 입력
  - With end points : Curve의 끝점을 포함해서 Point를 만들 것인지를 선택
  - Create normal planes also : 현재 Point가 만들어지는 지점에 Curve에 수직한 평면을 함께 생성
  - Create Axis system : 현재 Point가 만들어지는 지점에 Axis를 생성
  - Create in a new editable body : 포인트들을 새로운 Geometrical Set에 삽입되어 생성하는 Option

- Extremum
  - 선택한 형상 요소를 지정한 방향으로의 극값
    즉, 최대(Maximum) 또는 최소(Minimum) 거리의 값을 찾아 해당 지점을 형상 요소(Point, Edge, Face 등)로 만들어주는 명령

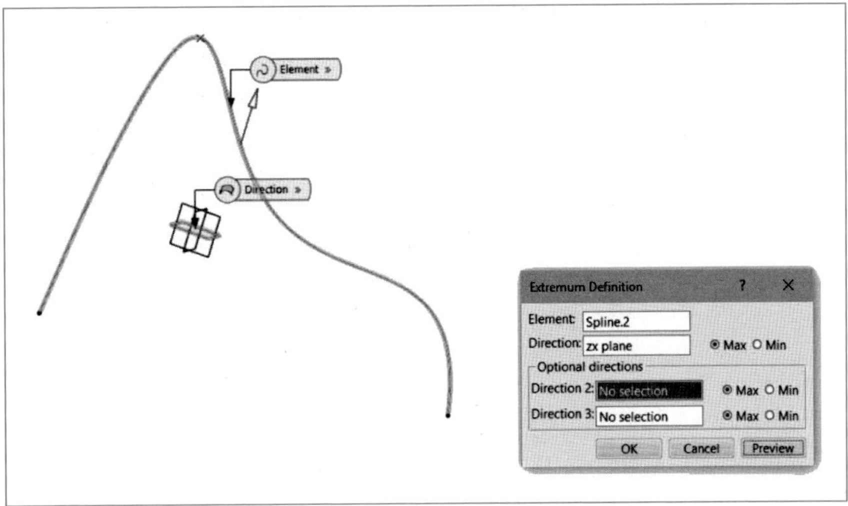

- Element : 극값을 정의할 대상을 선택
- Direction : 선택한 대상과 최대 또는 최소 거리를 측정할 기준 방향을 선택. 직접 기준 요소를 선택할 수 있으며 또는 Contextual Menu에서 지정할 수 있음
- Max/Min : 극값을 최대로 할지 최소로 할지를 선택
- Optional Directions : 앞서 지정한 방향 성분 외에 추가적인 방향 성분을 두 개 더 지정 가능

- Extremum Polar
  - 앞서 Extremum 과 유사한 기능으로 선택한 대상에 기준 방향으로 극값을 정의
  - 극값의 정의로 입력하는 기준이 극좌표 방식으로 Support, 원점이 기본 입력되어야 함

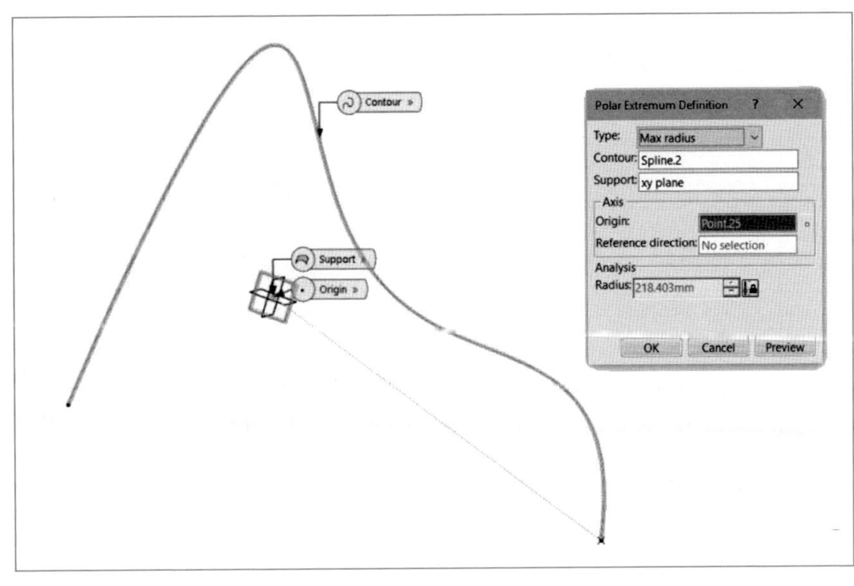

– 극값을 생성하는 Type에는 Min radius와 Max radius, Min angle와 Max angle이 있음

▶ Flyout for Line

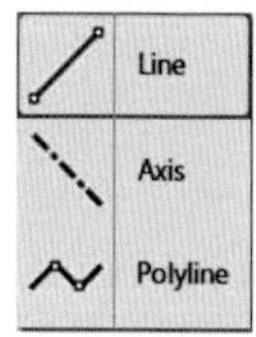

• Axis

– 3차원 공간에 Axis 요소를 생성하는 명령
– Axis를 만들기 위해 선택 가능한 요소
ⓐ 원이나 원의 일부가 잘려나간 호 형상
ⓑ 타원이나 타원의 일부가 잘려나간 형상
ⓒ 회전으로 만든 Surface 형상

① Aligned with reference direction

선택한 요소와 평행한 방향으로 Axis를 만드는 방식

② Normal to reference direction

선택한 기준 방향에 대해서 수직하게 Axis를 생성

③ Normal to circle

선택한 Element에 대해서 수직하게 Axis를 만드는 방식

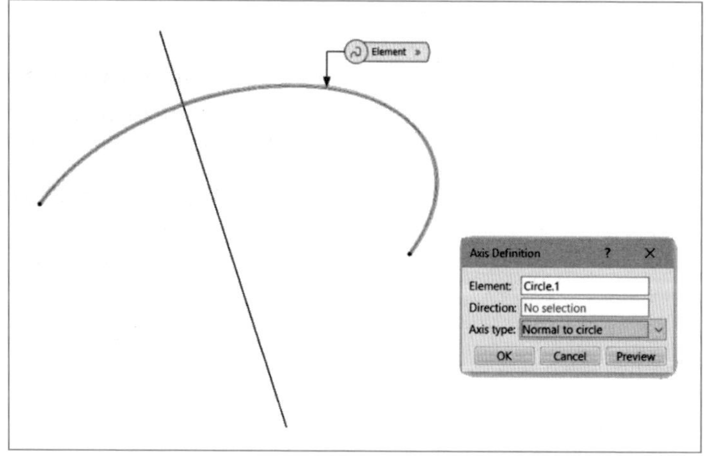

• Polyline

–여러 개의 절점을 지나는 다각 선을 생성

– 명령을 실행 후 Point 요소들을 순차적으로 하나씩 선택해 주면 그 순서대로 Line으로 이어짐

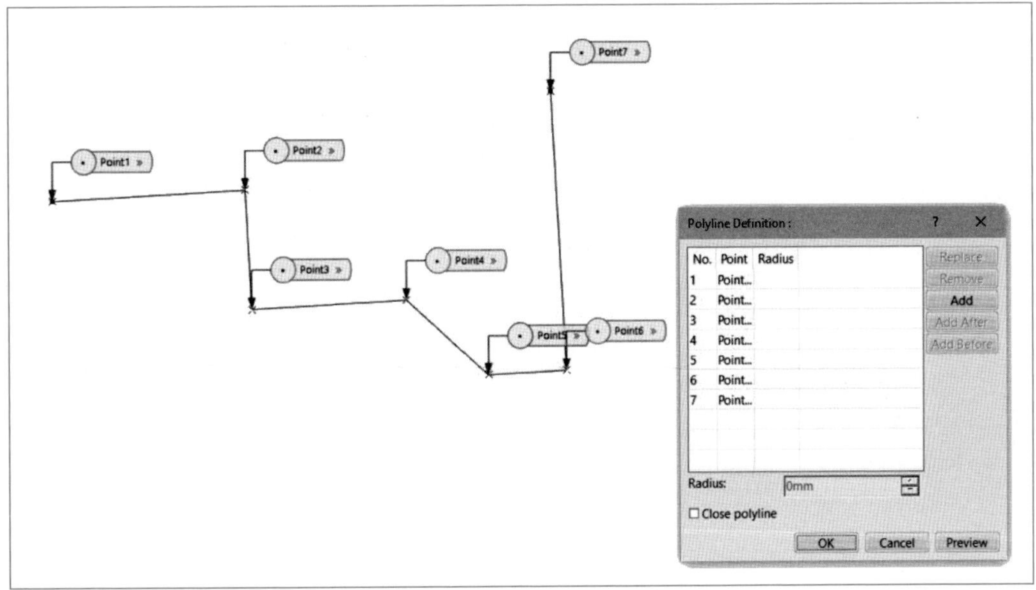

– 선이 이어지는 부분에 Corner를 줄 수 있음

– 'Close Polyline'을 체크하면 시작점과 끝점을 이어 닫힌 형태의 Polyline 정의 가능

▶ Flyout for Plane

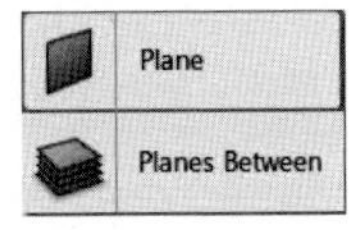

• Planes Between

– 이 명령은 두 개의 평면 사이에 등 간격으로 평면을 만드는 명령

– 평행한 두 평면이 있다고 했을 때 이 사이에 일정한 간격으로 평면을 만들고자 할 때 사용

– Plane 1, Plane 2에 각 평면을 선택해 주고 아래의 Instance(s)에 필요한 수를 입력

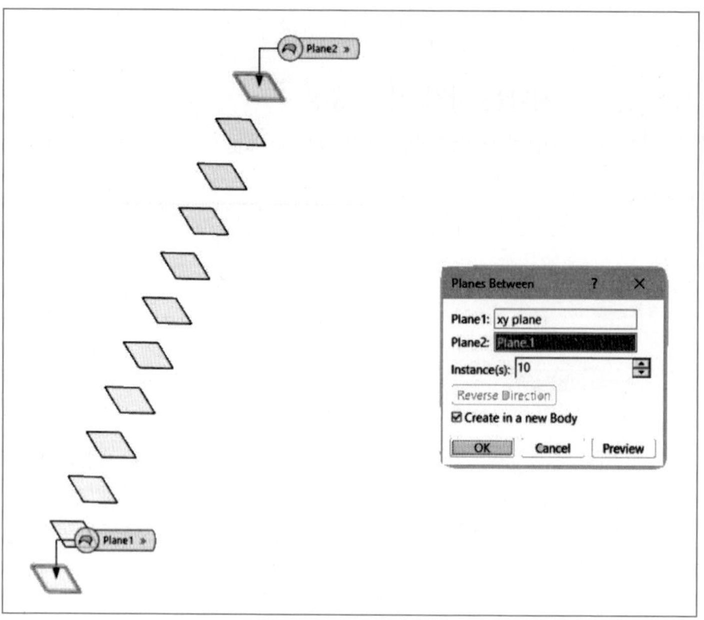

▶ Flyout for Axis System

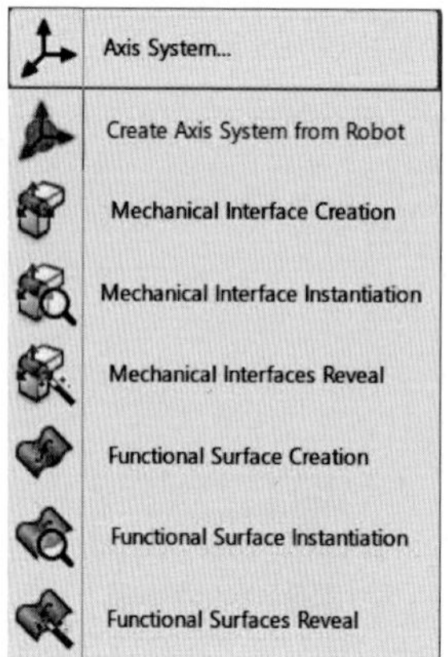

- Axis System
  - 3D Part에 Axis System을 생성
  - Axis System이란 CATIA에서의 Reference Element의 일종으로 원점과 3축 방향, 그리고 XY, YZ, ZX 평면 요소를 가짐
  - 하나의 Axis에 7개의 Reference Element로 구성

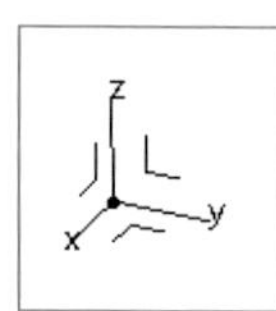

– 기본적으로 원점에 생성되는 Absolute Axis와 달리 추가로 새로운 위치에 Axis를 생성할 수 있음
– 명령을 실행하면 다음과 같은 Axis System Definition 창이 나타남

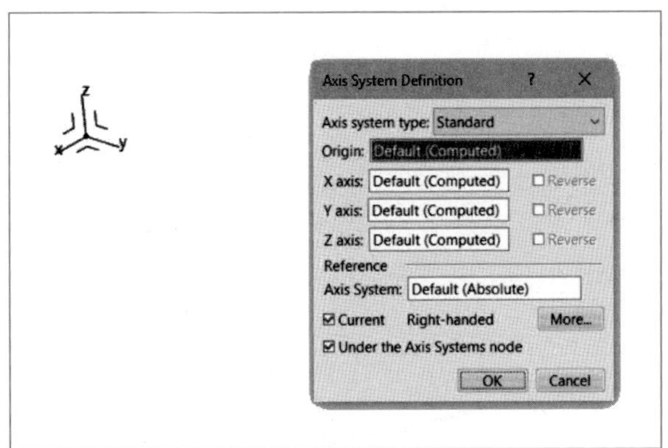

– 반드시 설정되어야 할 입력 요소로 원점(Origin) 성분이며 다음으로 부가적으로 X, Y, Z 각 축 방향 성분을 지정할 수 있으며 Reverse를 사용하여 축의 + 방향 변경도 가능

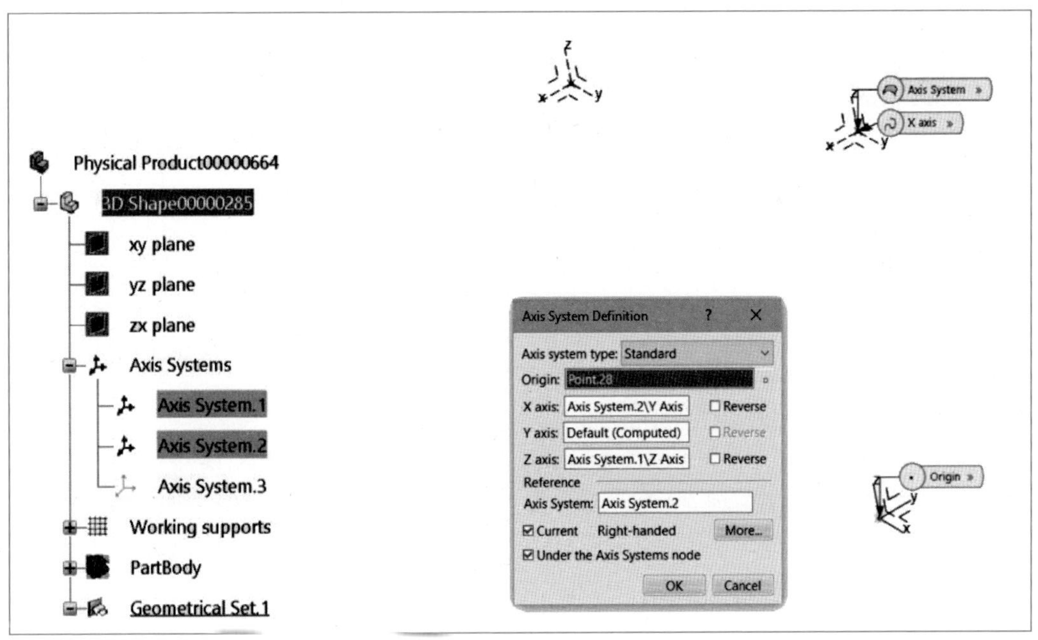

– 이렇게 생성한 여러 개의 Axis를 Sketch 작업이나 형상 모델링 작업에서 선택하여 바로 사용하는 것도 가능하며 자신이 사용하고자 하는 Axis에 Set as Current로 지정해 줄 수도 있음

▶ Flyout for Work on Support

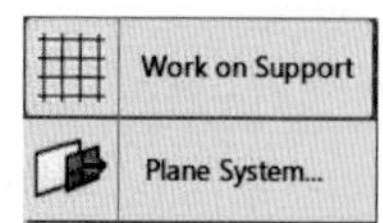

- Work on Support
  - 3차원 공간을 2차원으로 제약하여 간단히 사용하기 위해 Support Grid를 생성하는 기능
  - 명령을 실행하여 기준이 될 평면 요소를 선택

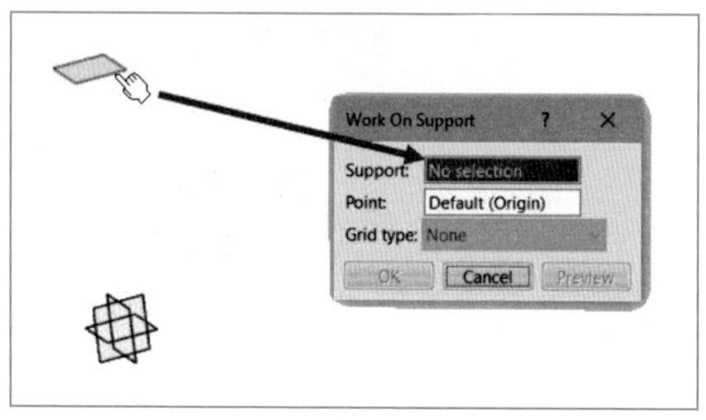

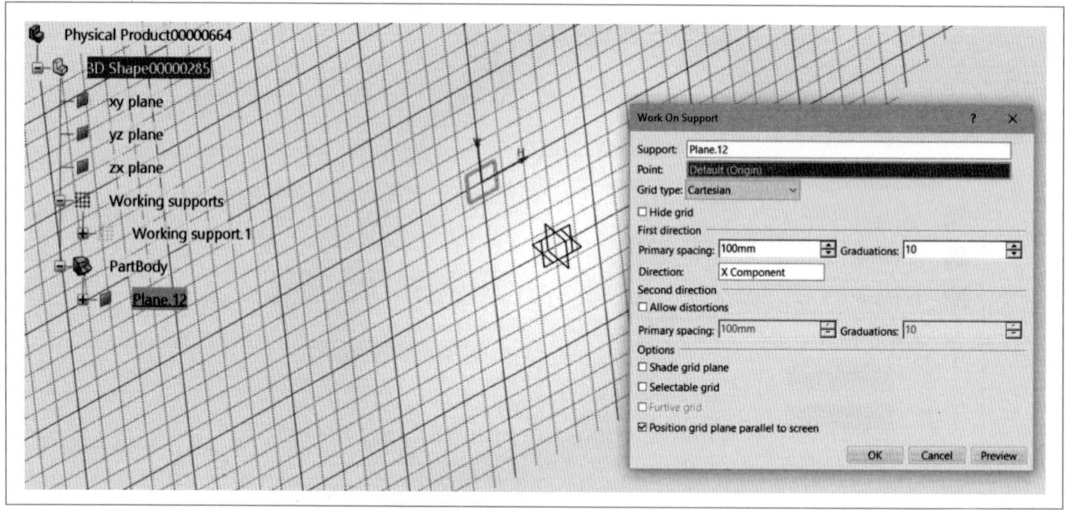

  - 생성한 Work on Support를 기준으로 G.S.D 작업 가능

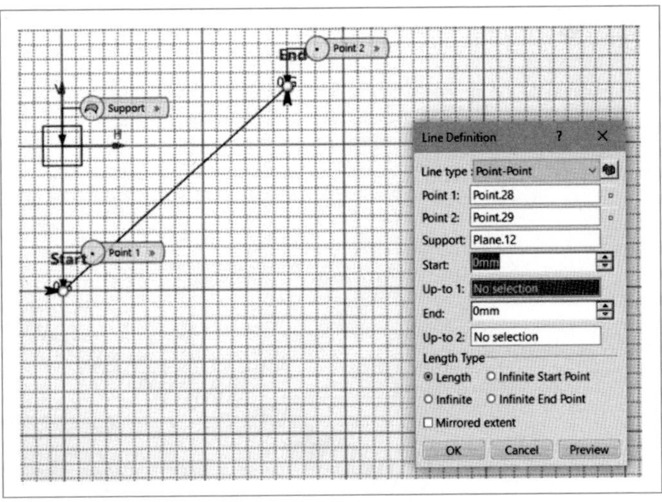

- Spec Tree에서 Work on Support는 활성화되면 파란색으로 활성화를 표시

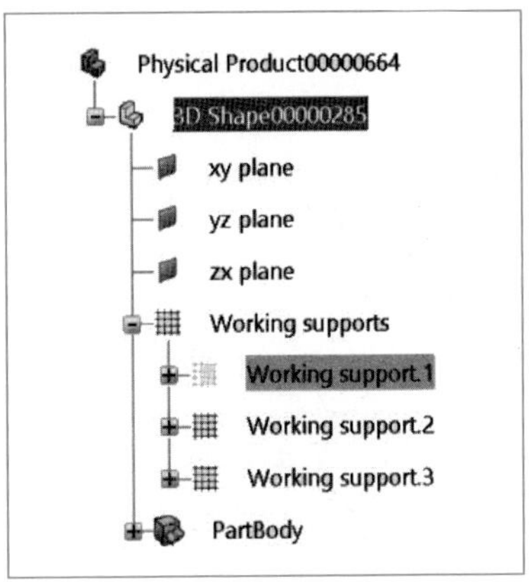

- 여러 개의 Work on Support를 생성한 경우, 활성화하고자 하는 Work on Support를 선택하고 App Option에서 Work Supports Activity 명령을 사용하여 전환이 가능

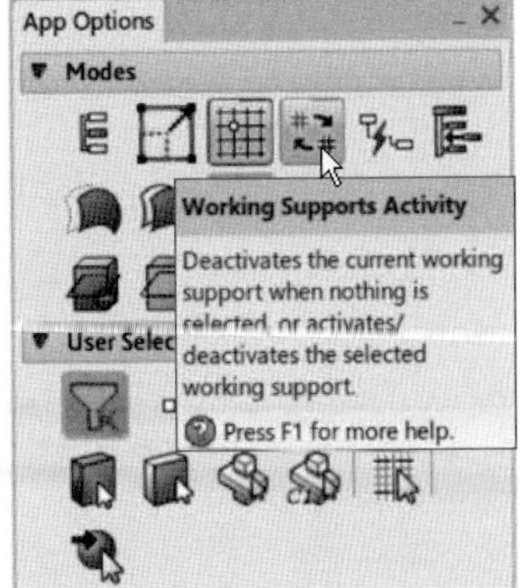

- Work on Support의 비활성화 역시 Work Supports Activity 명령을 사용

- Plane System

– 선박 동체나 항공기 설계 등과 같은 특수 목적으로 등간격 복수 평면을 생성할 때 사용

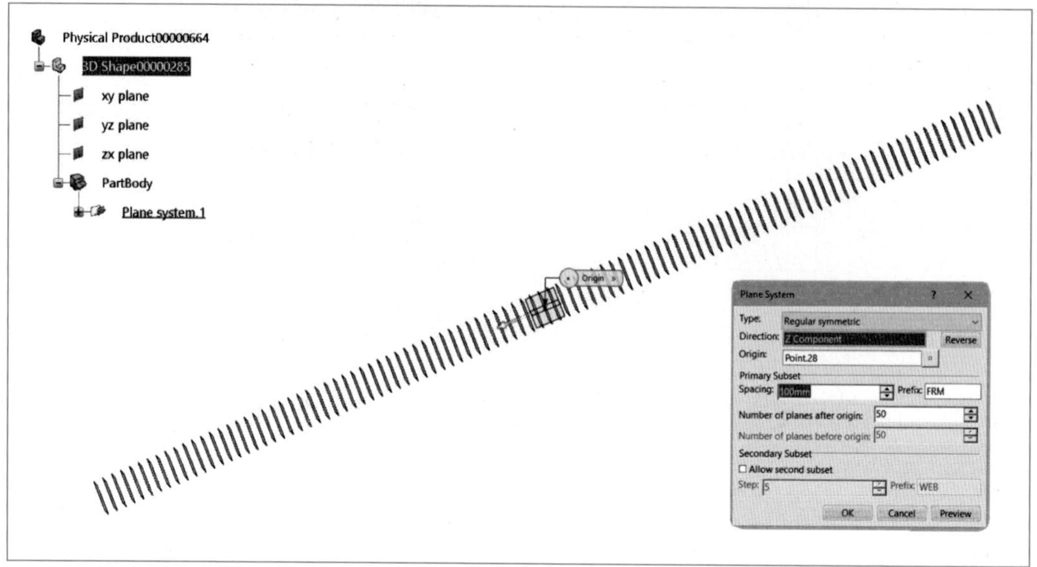

▶ Flyout for Circle

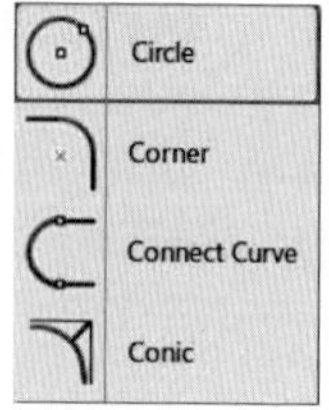

- Circle

– 3차원 상에서 원이나 호를 만드는 명령 9가지 방식으로 정의 가능

① Center and radius

– 원을 구성하기 위해 원의 중심점(Center)과 기준 면(Support), 그리고 반경 값(radius)을 선택

– 여기서 Circle Limitations를 사용하여 결과물을 완전한 형태의 원(Circle)으로 만들 것인지 또는 호(Arc)를 만들 것인지를 선택 가능

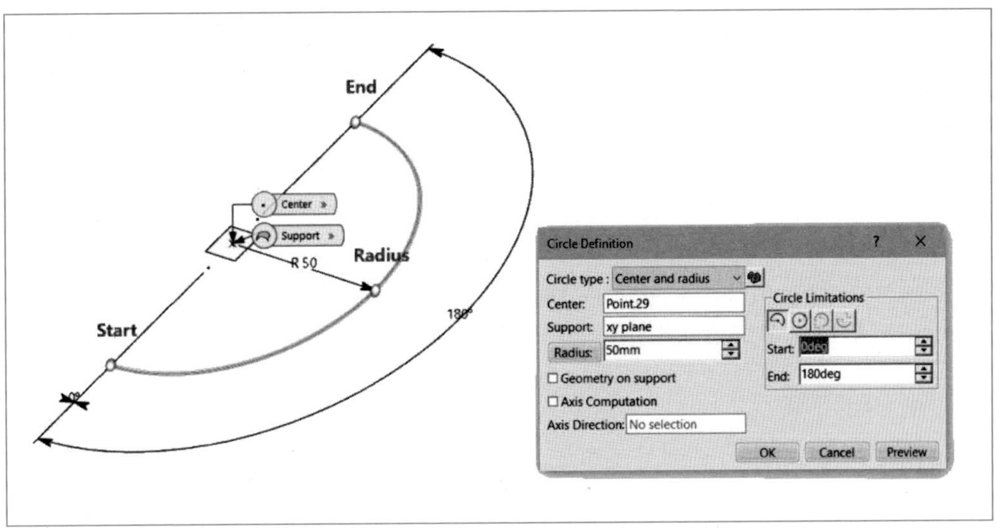

– 또한 여기서 Axis Computation을 체크하면 원의 중심에 Axis 생성 가능

② Center and point

– 원을 구성하기 위해 원의 중심점(Center)과 원을 지나는 Point(Point), 기준면(Support)을 선택

③ Two point and radius

– 원을 지나는 두 개의 점과 반경(radius), 기준면(Support)을 입력하면 이 두 점을 지나는 원을 생성
– 원의 반경과 그 원을 지나는 두 개의 점을 정의할 경우 만들어질 수 있는 원은 두 가지 경우로 이 Type으로 원을 만들 때 Definition 창의 Next solution 버튼을 이용하여 원하는 원을 선택할 수 있음

④ Three points

– 원을 지나는 3개의 Point를 선택하여 원을 생성
– 부가적으로 Geometry on support를 사용하여 곡면 위에 놓인 원으로 생성 가능

⑤ Center and Axis

– 원의 중심축(Axis/line)과 Point(Point), 그리고 반경(radius)을 이용하여 원을 정의
– Project point on Axis/line이 체크되어 있으면 Axis의 선상으로 Point가 투영되어 Axis를 기준으로 하는 원이 생성
– Project point on Axis/line이 해체되어 있으면 Point를 기준으로 원이 생성

⑥ Bitangent and radius

- 두 개의 형상 요소가 있을 때 이 두 가지 형상 요소에 모두 접하는 원을 만들 때 사용
- 반경(Radius) 값 입력 필요

⑦ Bitangent and point

- 두 개의 접하는 요소와 그 원을 지나는 Point 하나를 사용하여 원을 생성
- 반경 대신 Point를 사용하여 원의 크기를 결정

⑧ Tritangent

- 3개의 요소에 대해서 접하는 원을 만들고자 할 때 사용

⑨ Center and tangent

- 원의 중심(Center)과 반경(Radius) 그리고 접하는 형상 요소를 사용하여 원을 생성

• Corner

- 선과 선 요소 사이에 뾰족한 부분(Vertex)을 라운드 처리해 주는 명령

① Corner Type

ⓐ Corner on support

- 같은 평면상에서의 임의의 반경(Radius)으로 Corner를 할 때 사용
- Corner 주고자 하는 두 개의 요소를 각각 Element 1과 Element 2에 선택하고 Corner 반경 값을 입력
- 대상 요소에 따라 Corner 결과가 여러 가지로 나올 수 있는 경우 해당 결과를 선택해 줄 수 있음

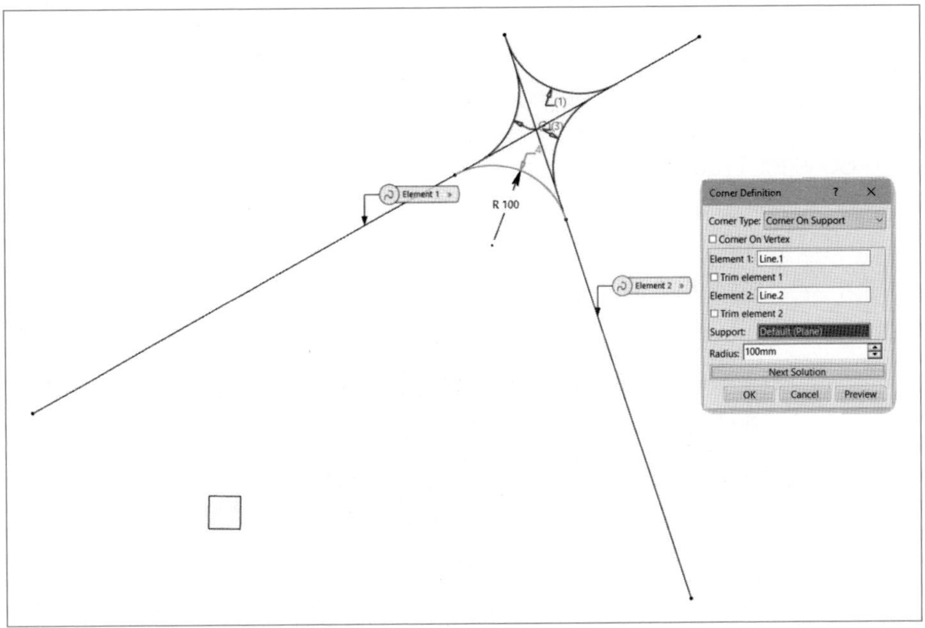

- Trim Element를 사용하면 접하는 위치에서 Element에 Trim을 수행하여 하나의 커브로 결과물이 생성

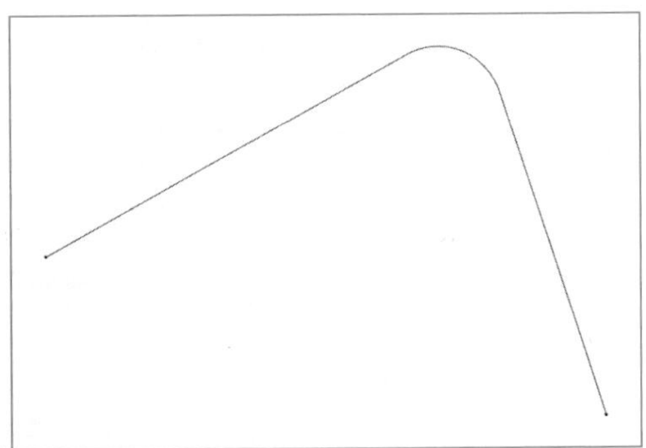

- Corner 결과가 다양한 방향으로 나올 경우 아래와 같이 Next Solution이 활성화되면서 원하는 위치의 Corner를 선택

ⓑ 3D Corner

- 3D Corner는 같은 평면상의 Element를 사용하지 않은 경우에 사용하며 다른 기능은 Corner on support와 동일

- Connect Curve

  – Curve와 Curve 사이를 연결하는 명령

  ① Connect Type

  ⓐ Normal

  – 두 개의 Curve 요소 각각을 연결하는 기본적인 방식으로 각 Curve의 연결하고자 하는 위치의 끝점(Vertex)을 선택

  – 여기서 각 Curve에는 방향을 나타내는 화살표가 보이게 되는데 원하는 형상에 맞게 이 화살표를 클릭하거나 Reverse Direction을 이용하여 방향을 조절

  – 또한, 각 Curve마다 연결해 줄 때 연속성(Continuity)을 조절할 수 있는데 Point, Tangency, Curvature로 설정 가능하며 Type에 따라 Tension 값 정의가 가능

  – 'Tension'이란 장력, 긴장을 의미하는 단어로 여기서는 각 Curve의 연속성에 따른 영향력 정도로 각 Curve의 Tension 값이 클수록 연속성에 따른 영향력을 크게 Connect Curve를 생성

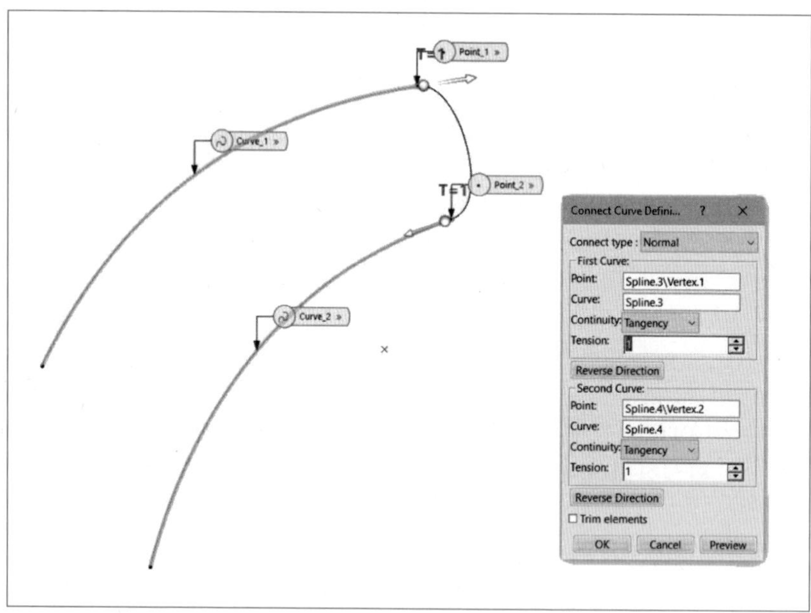

  ⓑ Base Curve

  – 이 Option은 기준이 되는 Curve를 사용하여 두 개의 Curve를 연결하는 방법

– 기준이 되는 Curve를 가지고 여러 개의 형상을 만드는 경우라서 따로 연속성이나 Tension 값을 정의하지는 않음
– Base Curve의 형상에 맞추어 Connect Curve가 만들어지기 때문에 이를 잘 선택해야 하며 여러 개의 Connect Curve를 하나의 기준이 되는 Curve를 기준으로 만들고자 할 때 유용

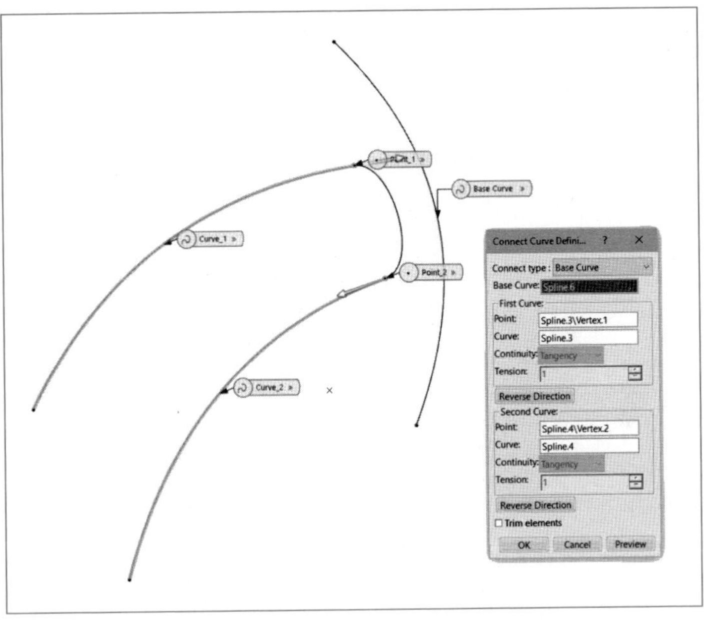

- Conic

  – 3차원 상에 Conic 형상을 만드는 명령으로 다음과 같은 조건으로 형상을 정의

① Type

– Two points, start and end tangents, and a parameter

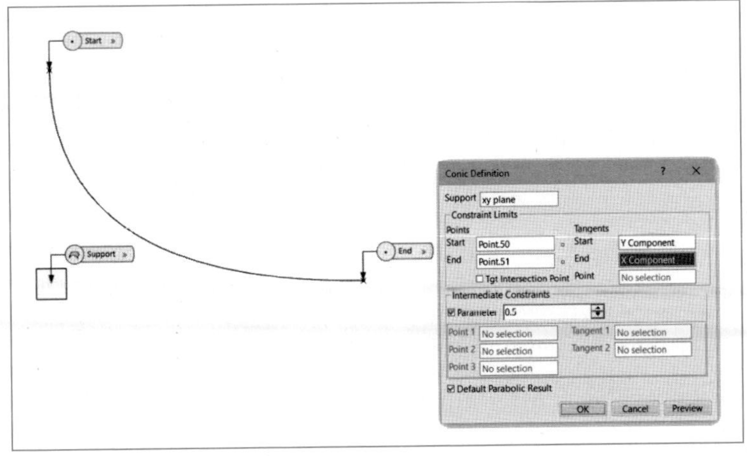

- Two points, start and end tangents, and a passing point
- Two points, a tangent intersection point, and a parameter
- Two points, a tangent intersection point, and a passing point
- Four points and a tangent
- Five points

▶ Flyout for Spline

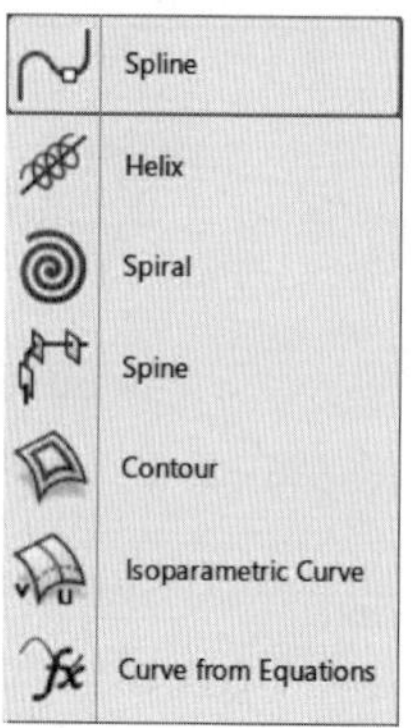

- Spline
  - 3차원 상의 Point들을 이용하여 Curve를 만드는 명령
  - Point는 실제의 3차원상의 Point 또는 형상의 Vertex 등을 사용할 가능(Sketcher의 Spline 기능과 유사)

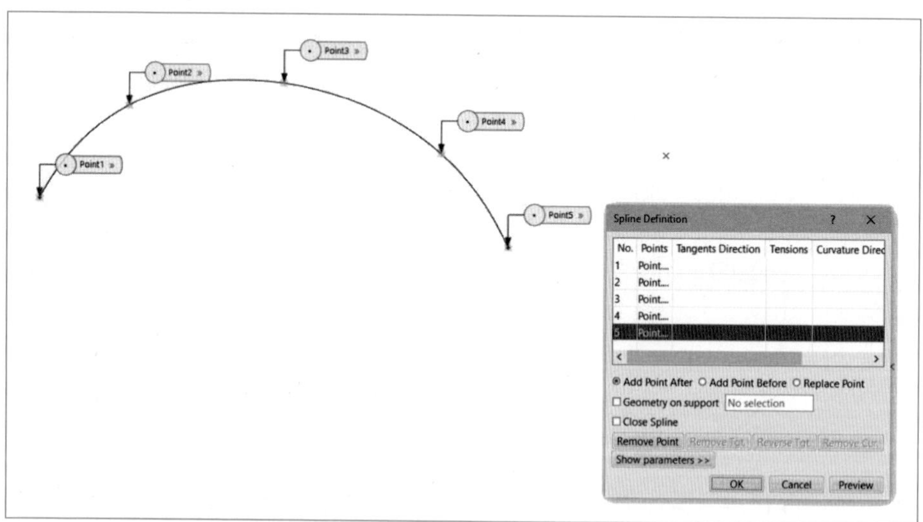

  - 'Close Spline' Option을 체크하면 Spline의 시작점과 끝점을 부드럽게 이어 완전히 닫힌 Spline 생성 가능

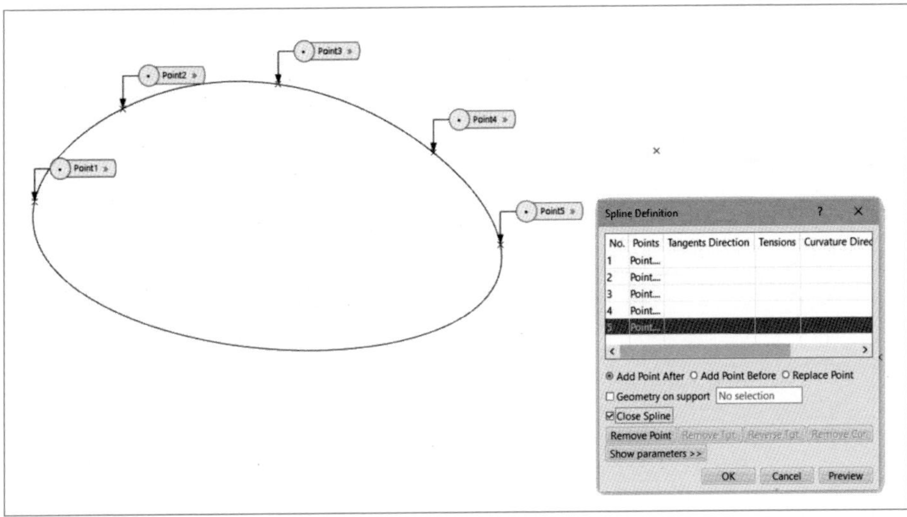

– 각각의 Point에는 그 지점에서 그 점을 지나는 Curve와 접하는 방향(Tangent Dir)을 정의 가능

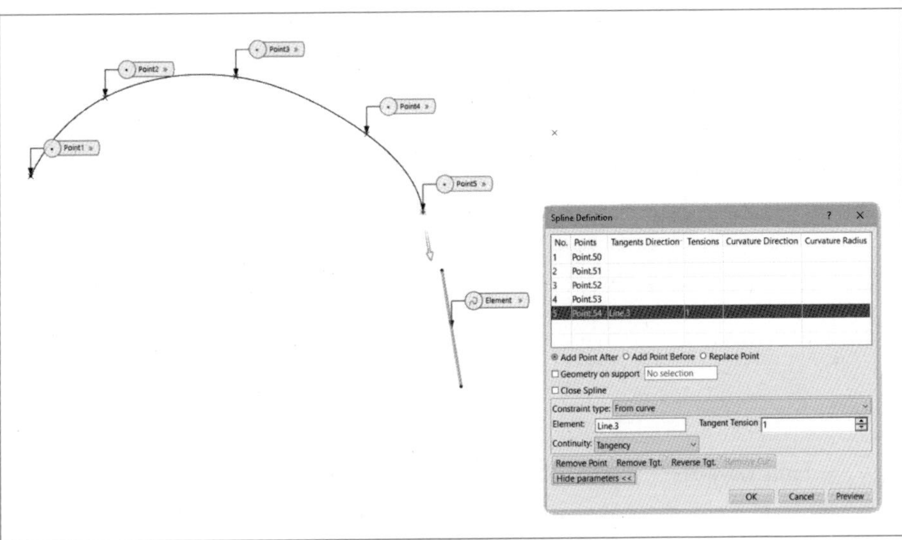

– 또한 'Geometry on support' 기능을 사용하여 곡면 위를 지나는 Spline 정의 가능

- Helix

  – 용수철과 같이 회전하면서 축을 따라 올라오는 형상을 그리는데 사용하는 명령

  – Helix 형상을 만드는데 필요한 요소는 회전의 반경, 즉 지름 둘레 상의 시작점(Starting Point)과 회전축이 되는 Axis임

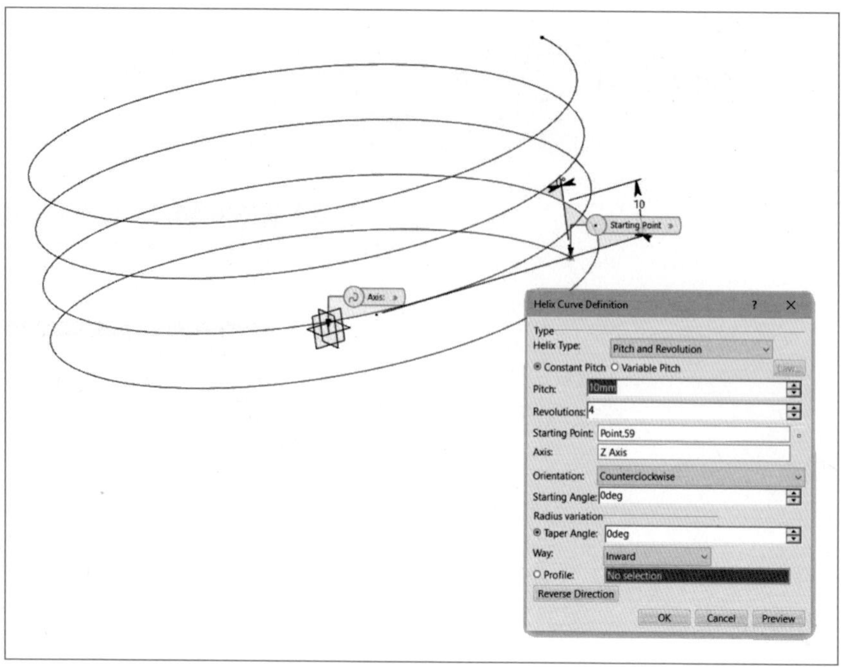

① Type

- 이제 다음으로 할 일은 Helix의 Pitch와 전체 높이를 입력해 주는 것으로 Pitch란 Helix가 한번 회전해서 같은 위치에 올 때까지 올라간 높이를 의미

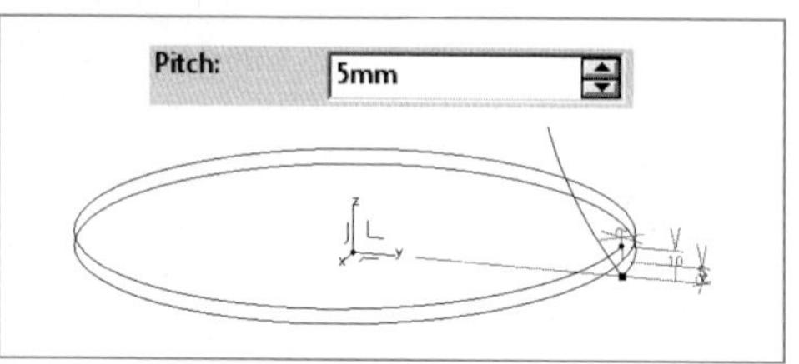

- Height에서는 전체 Helix 형상의 높이를 정의

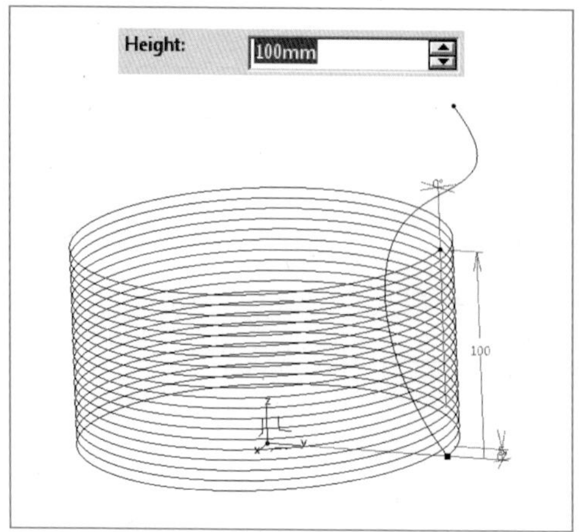

- Orientation에서는 Helix의 회전 방향을 잡아 줄 수 있으며 시계 방향(Clockwise) 또는 시계 반대 방향(Counterclockwise)으로 설정 가능

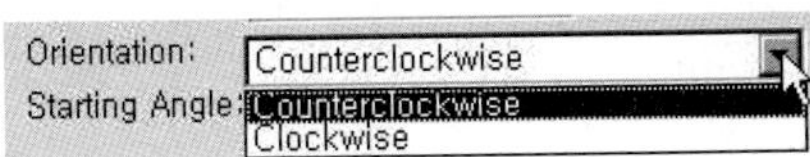

- Starting Angle은 Starting Point에서 입력한 각도만큼 떨어져 시작 위치를 잡을 수 있는 Option

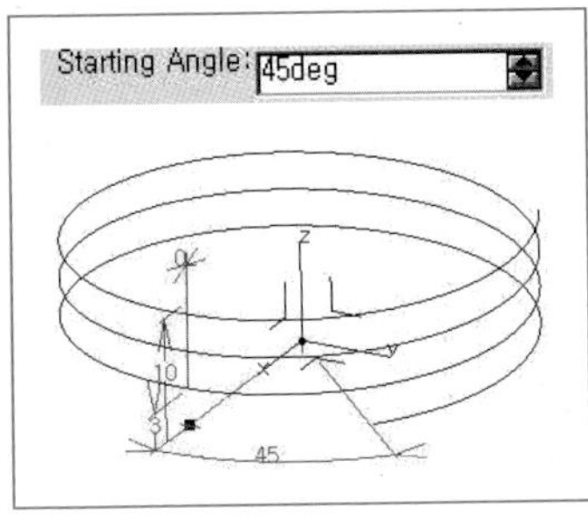

② Radius variation

- Taper angle을 사용하면 Helix를 수직이 아닌 경사각을 주어 정의 가능
- Inward로 way를 정하면 안쪽으로 기울어진 Helix가 만들어지고 Outward로 하면 바깥 방향으로 기울어진 Helix가 만들어짐

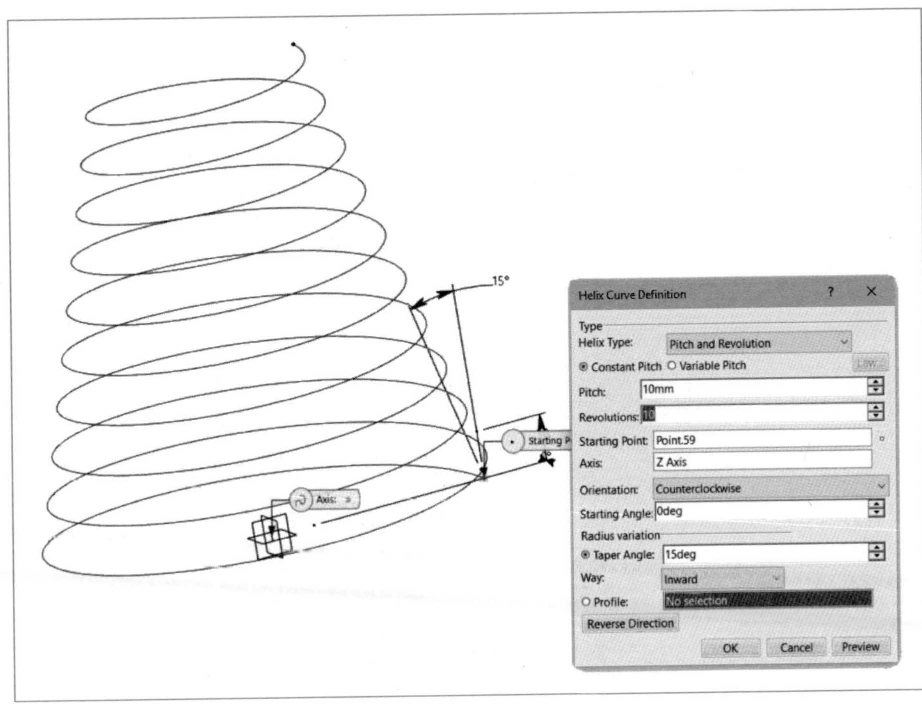

Chapter 05. Native Apps

- Profile은 우리가 Helix가 만들어지는 옆 실루엣 모양을 그려주고 이 Profile을 따라 Helix가 만들어지게 하는 방법
- 이 Profile의 끝점은 반드시 Starting Point를 지나야 한다는 것을 명심해야 함

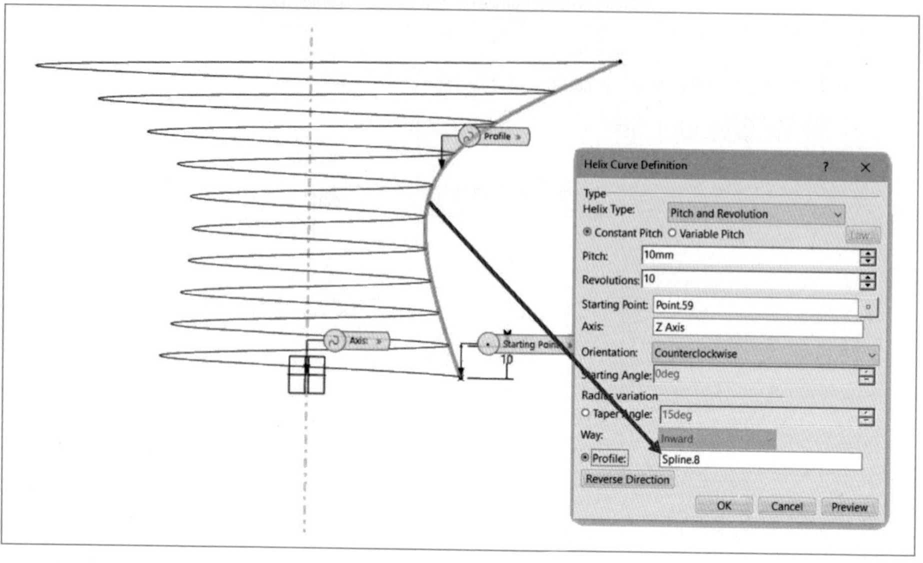

- Spine

  - 시계태엽에 사용하는 스프링처럼 기준면을 중심으로 반경 방향으로 회전하면서 반경이 커지는 커브 형상을 그리는 명령
  - Spiral을 만들기 위해 가장 먼저 입력해 주어야 할 값은 기준면(Support)과 중심점(Center point) 그리고 기준 방향(Reference Direction)으로, 이 3가지 값이 입력되면 Default 값으로 미리 보기가 가능

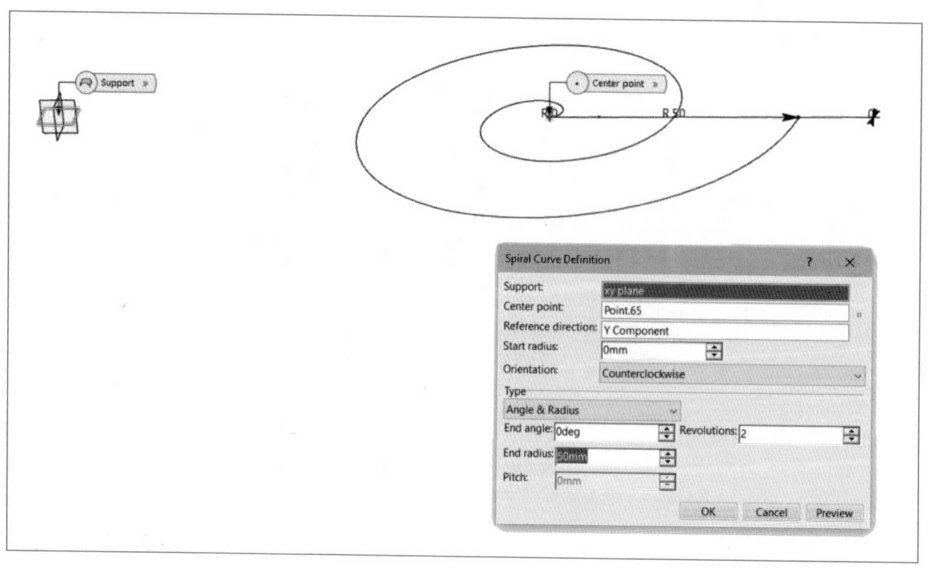

– Start radius는 Spiral의 시작 위치에서의 반경 값으로, 만약 '0'으로 한다면 원점에서 시작

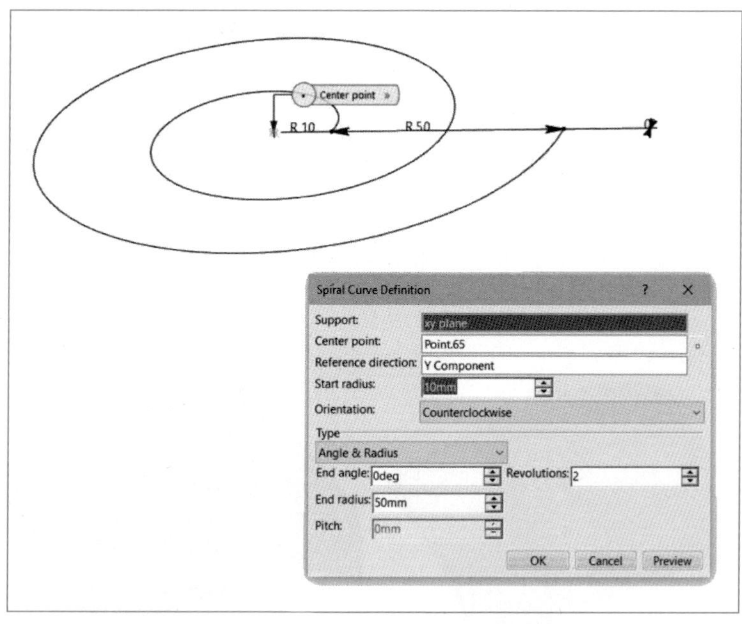

– Orientation은 Spiral의 회전 방향으로 시계 방향(Clockwise)과 시계 반대 방향(Counterclockwise)으로 설정 가능

– Type에는 Angle & radius와 Angle & Pitch, Radius & Pitch가 있으며, 각각의 Type에 따라 입력 값을 다르게 정의 가능

- Contour

– 곡면 위에 놓인 선 요소들을 이어 닫혀있는 곡선을 만들어주는 기능

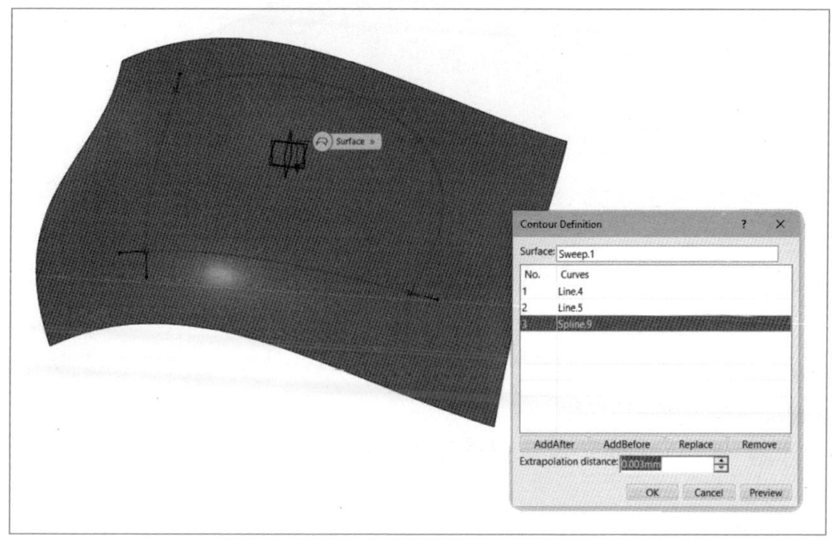

Chapter 05. Native Apps

- Isoparametric Curve
  - 선택한 곡면 위에 대해서 그 곡면 위를 지나는 Isoparametric Curve를 만들고자 할 경우에 사용
  - Support : Curve가 지나갈 곡면을 선택
  - Point : Curve가 위치할 지점을 선택합니다. 미리 Point가 생성되어 있어나 마우스로 임의의 지점을 선택
  - Direction : Curve가 만들어질 방향을 선택할 수 있습니다. 따로 방향을 지정하지 않으면 직교하는 두 방향으로 마우스 선택이 가능
  - 버튼을 클릭하면 Curve의 방향을 U ⇔ V로 변경 가능

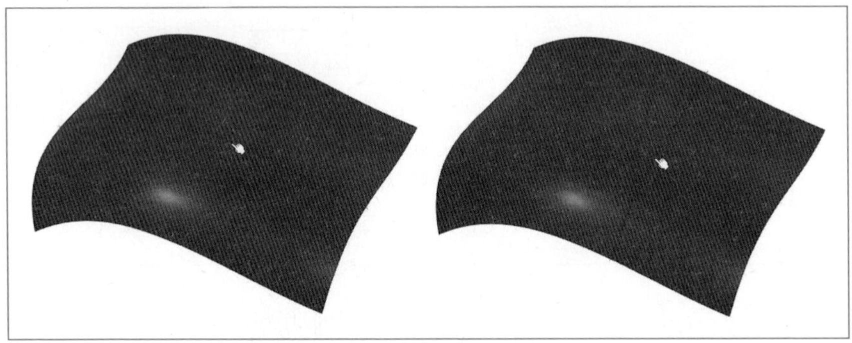

- Isoparametric Curve를 실행하고 곡면을 선택. 그러면 다음과 같이 마우스가 이동하는 지점을 따라 붉은색으로 Curve가 표시되는 것을 확인

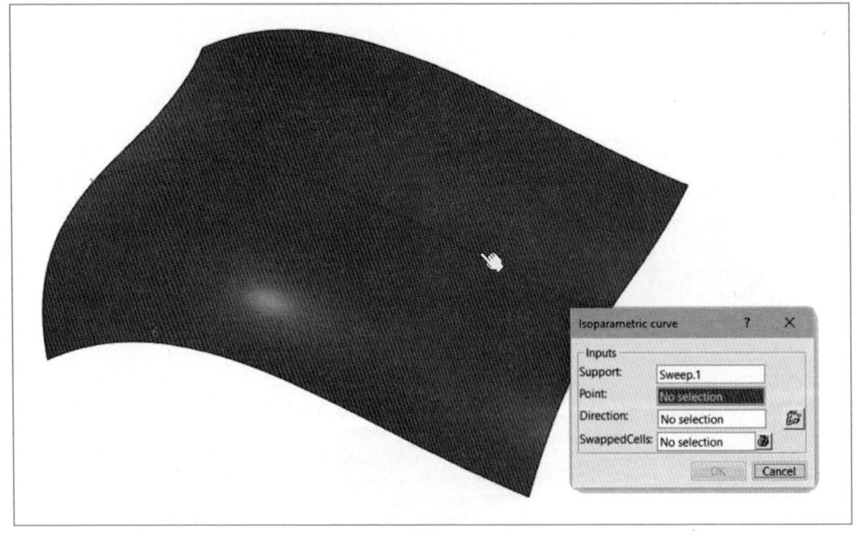

- 커브를 생성한 후에도 더블 클릭하여 언제든 위치 수정 가능

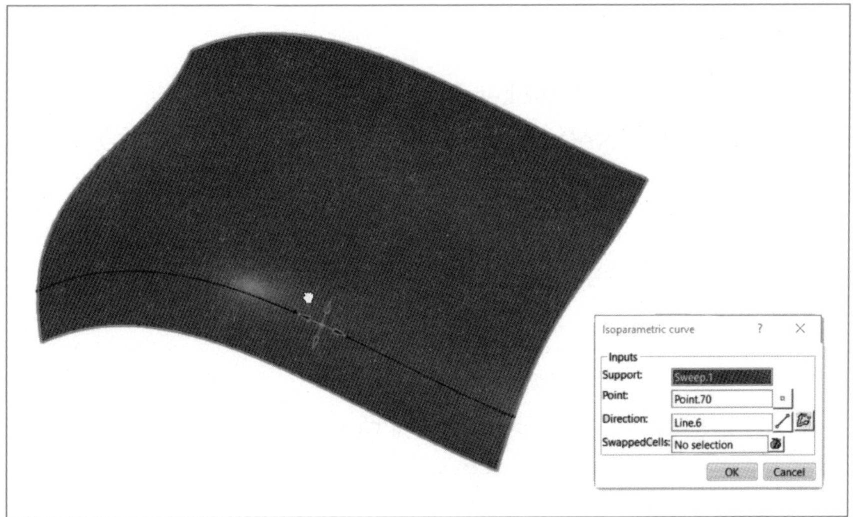

- Curve from equation
  - Law에 의해 정의되는 커브를 생성
  - G.S.D Law 또는 Knowledge Law에 의한 3축 방향 정의가 필요

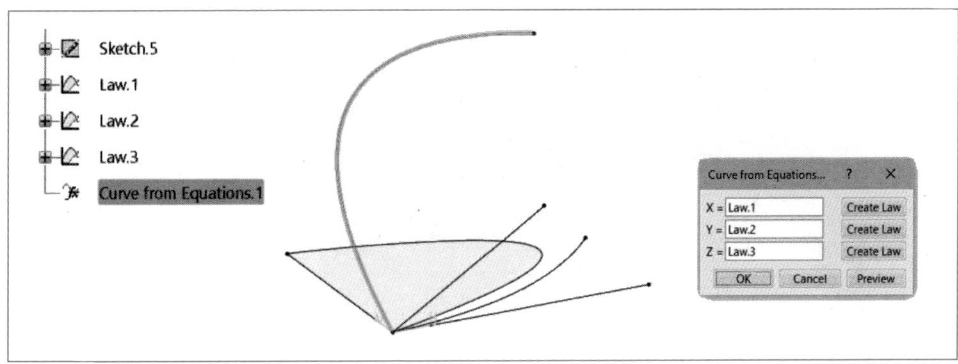

▶ Flyout for Projection

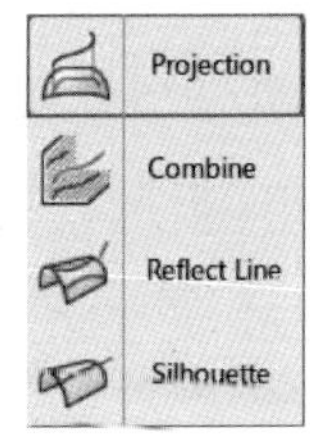

Chapter 05. Native Apps

- Projection

  – Projection 명령은 곡면에 Sketch나 Wireframe 요소를 투영시키는 명령
  – 곡면 위에 놓인 Curve를 만들거나 곡면을 자르기 위해 그 위에 놓여진 Curve를 만들 때 사용

① Projection Type

ⓐ Normal

– Surface 면에 대해서 수직하게 투영
– Surface의 면을 따라 수직하게 Curve가 투영

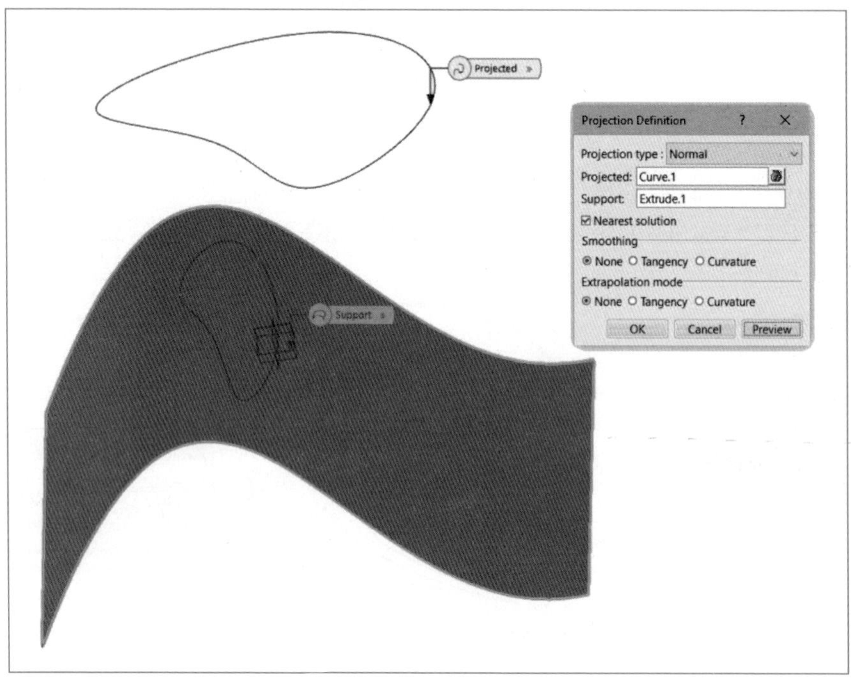

ⓑ Along a direction

– 투영시킬 요소를 선택한 임의의 방향으로 Surface에 투영
– 이 Type은 Definition 창에서 반드시 Direction을 지정해 주어야 하며, Direction으로 선택할 수 있는 요소는 Axis나 Line, 형상의 직선형 모서리(Edge) 등이 가능

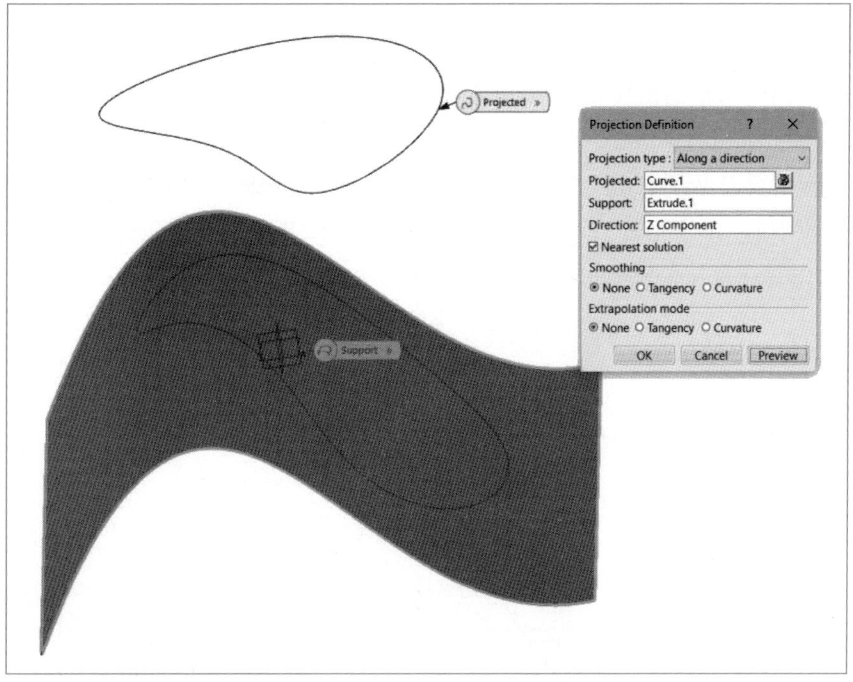

ⓒ Projected

- 투영시키고자 하는 대상으로 Sketch나 Wireframe 또는 Point 요소를 선택 가능
- 복수 선택이 가능하며 선택한 요소를 Surface로 투영

ⓓ Support

- 투영될 Surface 면으로 일반적인 곡면은 모두 선택 가능

ⓔ Nearest solution

- 투영될 Surface에 Wireframe 요소가 여러 번에 걸쳐서 만들어질 때(Multi Result가 발생하는 경우) 가장 Wireframe 요소와 가장 가까운 부분에만 투영되는 형상을 만들게 하는 Option

ⓕ Smoothing

- 투영되는 요소가 Surface에 부드럽게 투영되도록 하는 Option
- Multi-Result 주의

- Combine
  - 두 개의 Wireframe 요소에 대해서 이 두 개의 곡선의 각 방향에서의 형상을 모두 가지는 한 개의 요소를 생성
  - 두 방향의 Wireframe이 가지는 단면 형상이 교차하여 나타나는 모양을 생성
  - 입력하는 두 Wireframe 요소가 교차하지 않으면 결과물은 만들어지지 않음

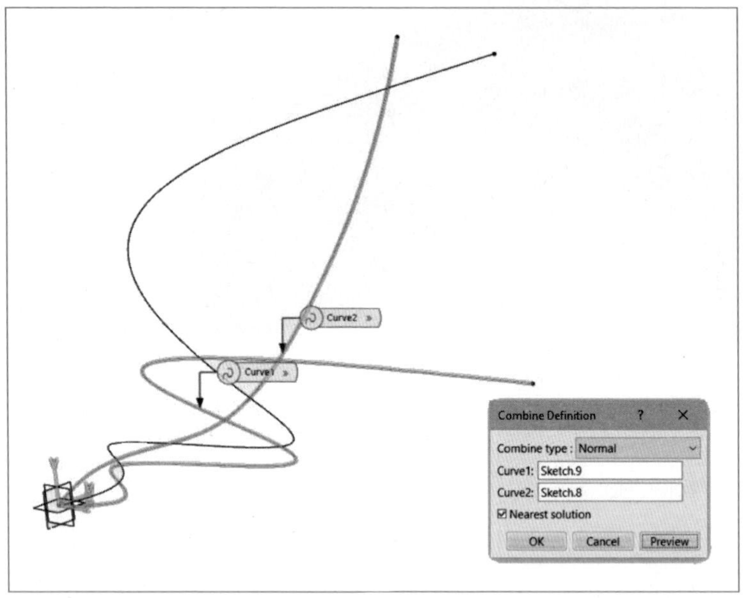

- Reflect Line
  - 선택한 Surface에 대해서 임의의 기준점으로부터 선택한 방향으로 일정한 각도를 가지는 점들을 이어 Curve를 만드는 명령

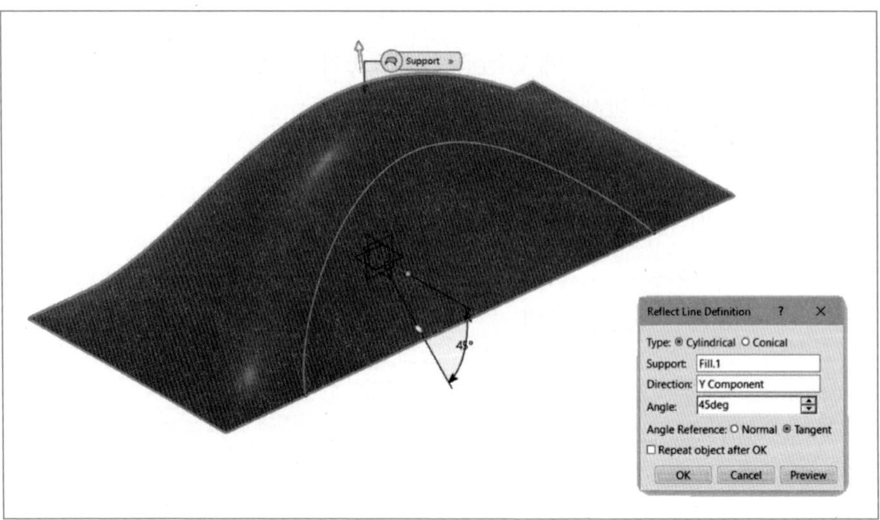

– Type : Cylindrical 또는 Conical로 Reflect line Type을 선택 가능
– Support : 기준이 되는 Surface를 선택
– Direction : Reflect Line을 만들기 위한 기준 방향으로 임의의 Line 요소나 축 요소를 사용. 이렇게 선택한 방향을 기준으로 각도를 입력하게 되며, Cylindrical로 Type을 선택한 경우에는 Direction 값을 지정해 주어야 함
– Origin : Reflect Line을 만들기 위한 기준점으로 이렇게 선택한 방향을 기준으로 각도를 입력. Conical로 Type을 선택할 경우 기준점을 지정
– Angle : Direction에 대해서 각도를 입력
– Angle Reference : Reflect Line에서 각도를 계산하는 방식을 정의. Normal과 Tangent가 있음

- Silhouette

– 선택한 3차원 형상을 지정한 기준면과 방향에 대해 투영한 결과물을 Wireframe으로 만들어주는 명령
– 여기서 작업자는 Support에 투영하고자 하는 대상을(3차원 곡면 또는 Solid) 선택하고 방향과 투영면을 선택

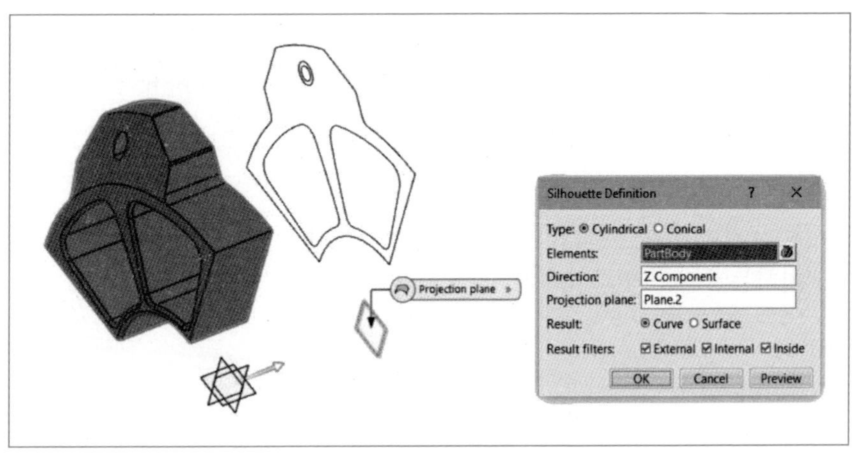

– 형상을 투영할 때 형상에 따라 External, Internal, Inner를 선택하여 그 결과 값을 조절할 수 있으며, 불필요한 형상이 포함될 경우 Multi-Result Management(MRM)를 해주어야 함

- Intersection

  – 형상과 형상 사이에 교차하는 결과를 형상 요소로 만들어주는 명령
  – Wireframe과 Wireframe이 교차하면 그 교차하는 부분에 Point가 만들어지고 Surface와 Surface가 교차하면 Wireframe이 생성

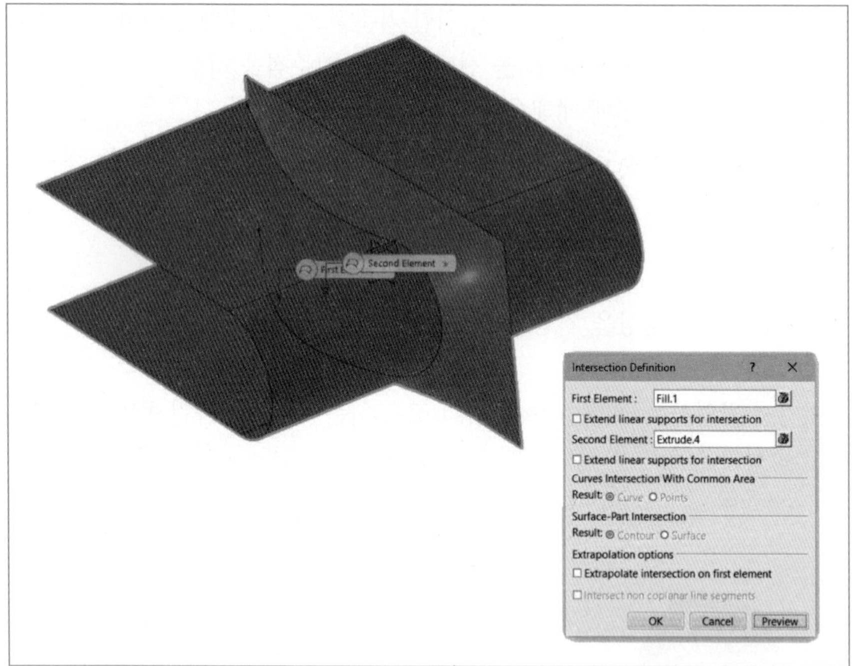

  – 서로 교차하지 않는 대상들에 이 명령을 사용하면 아무런 의미가 없으므로 대상들이 교차하는지를 먼저 파악해야 함

▶ Flyout for Parallel Curve

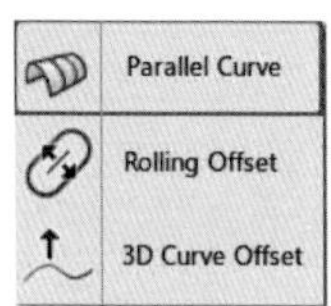

- Parallel Curve

  – Surface 위의 놓인 Curve나 Surface의 모서리(Edge)를 Surface면 위를 따라 평행하게 이동시켜 Curve를 만들어 주는 명령
  – Curve는 반드시 Surface 위에 있어야 사용 가능

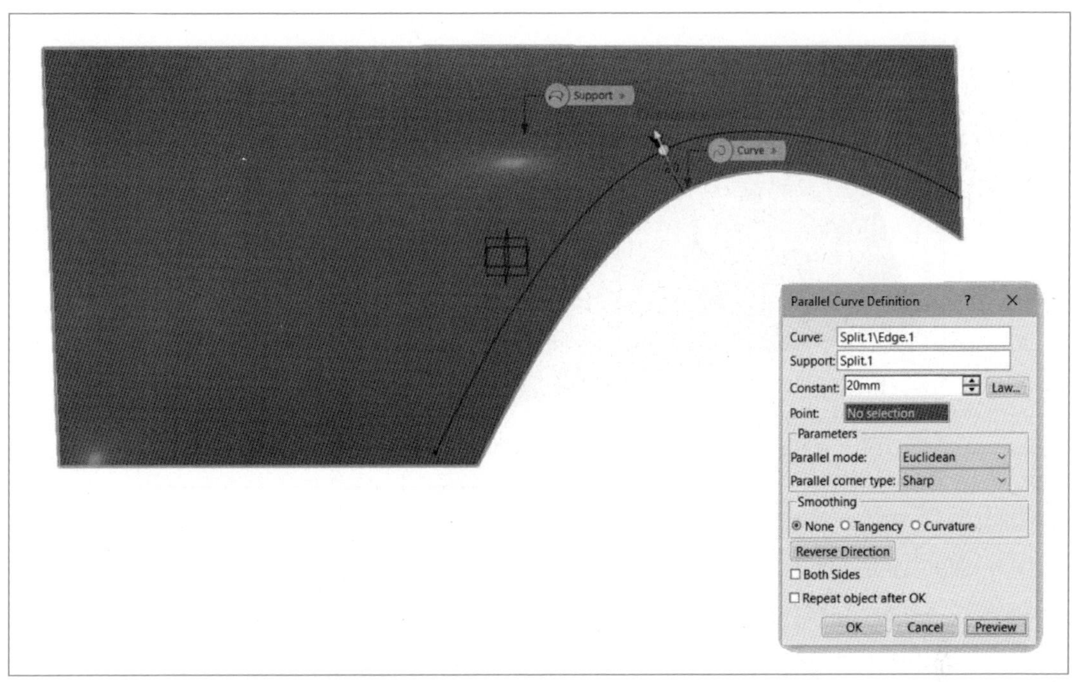

- Curve : 만들고자 하는 Curve의 기준이 되는 Surface 위의 Curve나 Sketch 또는 모서리(Edge)를 선택
- Support : Curve가 지나갈 Surface를 선택
- Constant : 기준이 되는 Curve와 거리 값을 입력
- Point : Parallel Curve가 만들어질 위치를 거리로 지정하지 않고 Point를 선택하여 지정. Parallel Curve가 만들어질 위치를 Point로 지정하면 Constant 값은 쓸 수 없음
- Parameter : Parallel Curve를 만드는 Mode로 Euclidean과 Geodesic Mode가 있음
- Smoothing : Parallel Curve를 만들 때 부드럽게 만들어 주는 역할을 수행

• Rolling Offset

- 선택한 커브 요소에 대해서 일정한 Offset 간격을 가지는 Contour를 생성하는 명령
- 곡면 위에 놓인 커브 요소에 대해서도 Support를 지정하여 적용 가능
- 닫혀있는 폐곡선을 선택할 경우 Multi-Result가 발생하므로 유의하여 사용

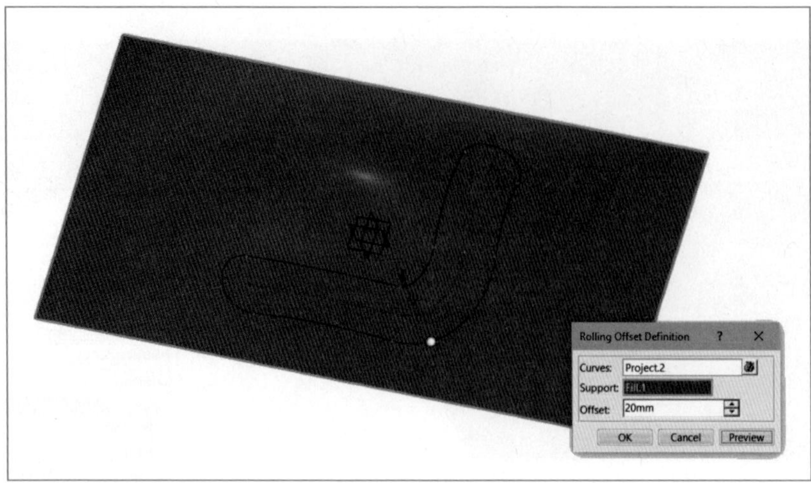

- 3D Curve Offset
  - 3차원 상에서 Wireframe이나 Sketch 요소를 Offset 하는 명령
  - 선택한 방향에 따라 Offset 할 수 있으며 Curve와 평행한 방향으로는 만들 수 없음

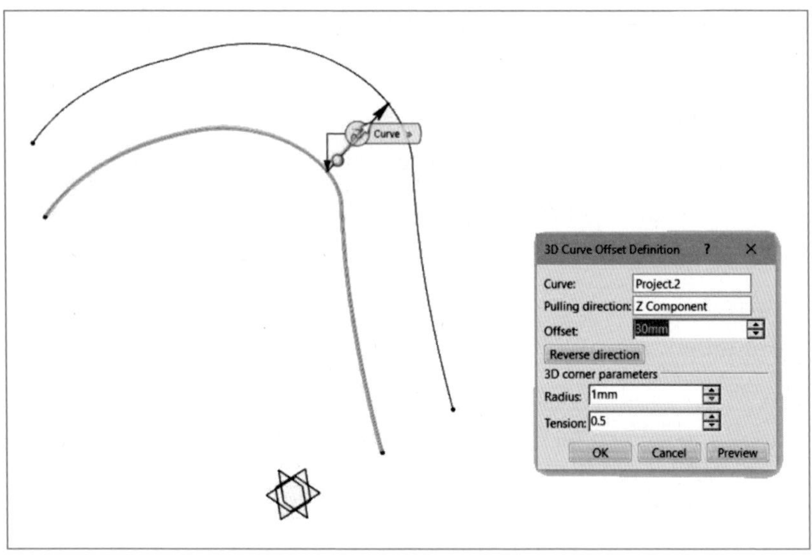

- Curve : Offset 하고자 하는 Curve나 Sketch를 선택
- Pulling direction : Offset 하고자 하는 방향을 선택
- Contextual Menu를 사용하거나 실제 형상에서 원하는 방향을 가리키는 선 요소를 선택 가능
- Offset : Offset 하고자 하는 거리를 입력
- 3D corner parameters : Offset하는 과정에서 형상이 가진 곡률 반경 등의 이유로 결과에 Error가 생기지 않도록 'Radius'와 'Tension' 값을 정의

■ Surface

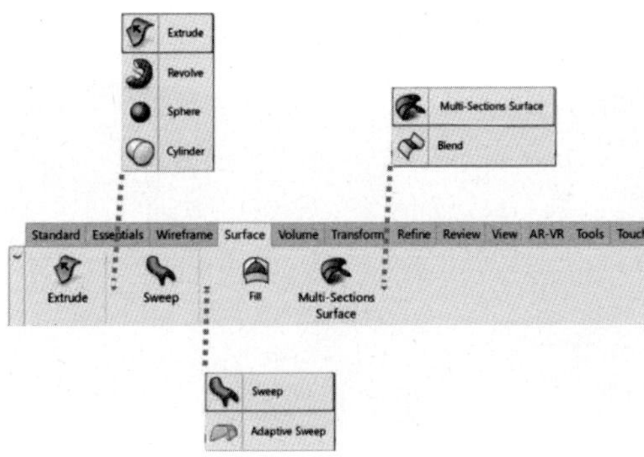

▶ Flyout for Extrude

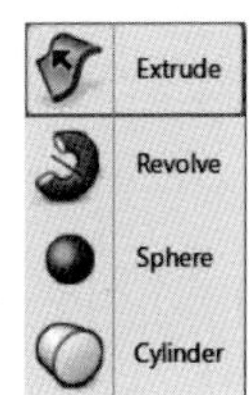

- Extrude

  – Sketch 또는 Wireframe인 2차원 Profile에 일정한 방향으로 길이 값을 입력하여 Profile 형상이 직선 방향으로 늘어나는 Surface를 생성하는 명령. (Part Design의 Pad와 유사)

  ① Profile

  – 닫혀있는 폐곡선이나 열려있는 곡선도 선택 가능.(교차하거나 Multi-Result를 야기할 수 있는 대상은 미리 고려하여야 함)

  ② Direction

  – Profile이 Sketch인 경우엔 Default로 Sketch에 수직한 방향이 설정되며, 그렇지 않으면 직접 방향 요소를 선택해 주어야 함

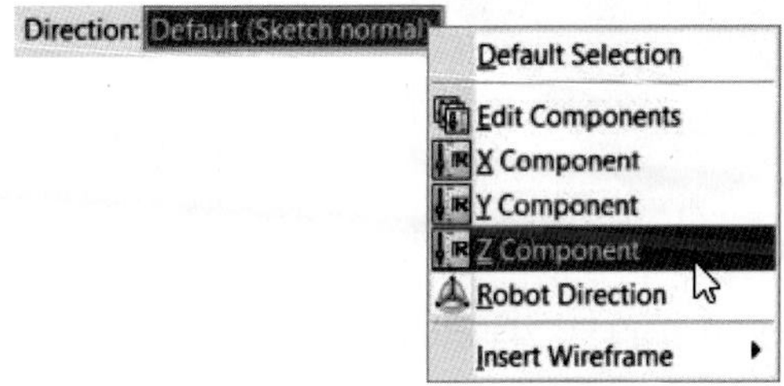

Chapter 05. Native Apps

- 참고로 Point ▫ 요소를 Extrude하면 직선 요소 생성 가능

- Revolve
  - Profile을 회전축을 중심으로 회전하여 Surface 형상을 만드는 명령(Part Design의 Shaft 와 유사)
  - Profile과 Revolution Axis를 먼저 선택해 준 후, 각도를 입력하여 완전한 회전체(360°) 또는 일부 각도를 가지는 형상을 생성

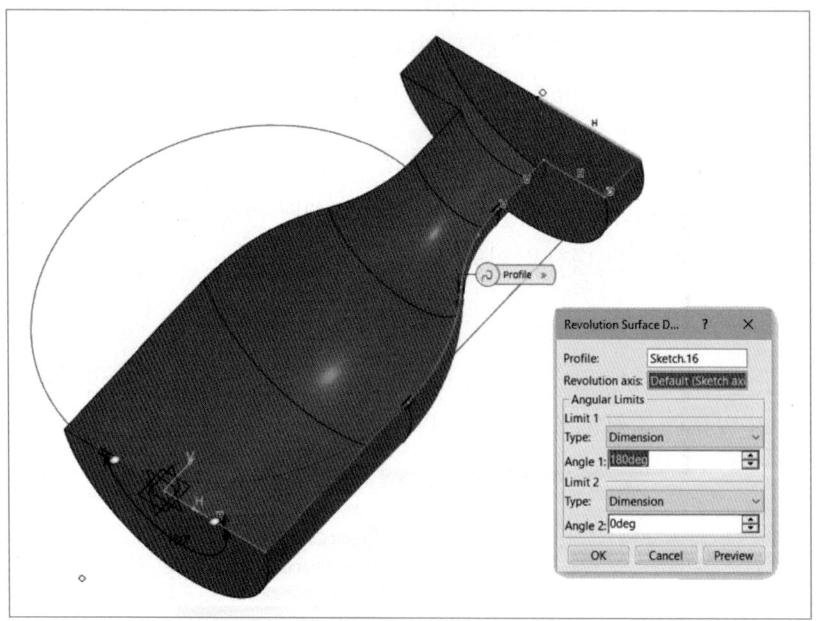

- 회전축의 정의에 따라 다른 결과 가능

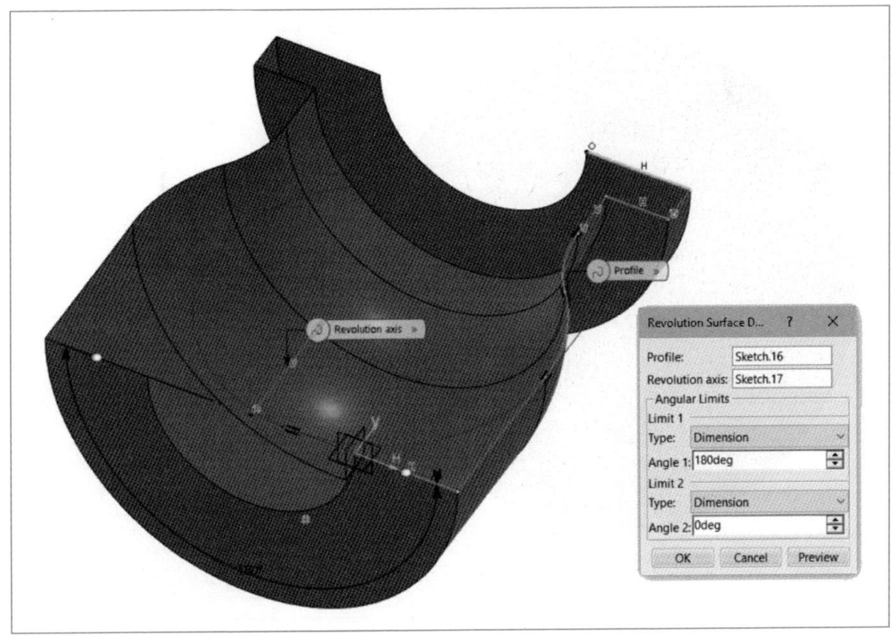

- Sphere
  - 구체를 만드는 명령으로 구의 중심점(Center)을 먼저 선택해 주고 Sphere radius를 입력

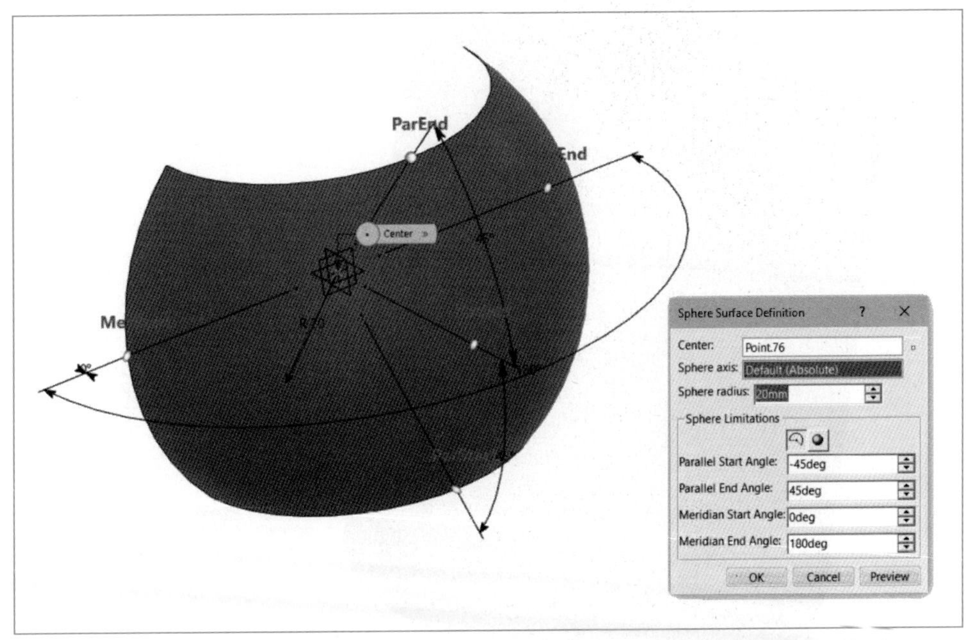

  - Sphere Limitation에서는 구의 각을 조절하여 완전한 구 또는 일부만을 만들 수 있으며, 완전한 구를 만들고자 한다면 을 선택

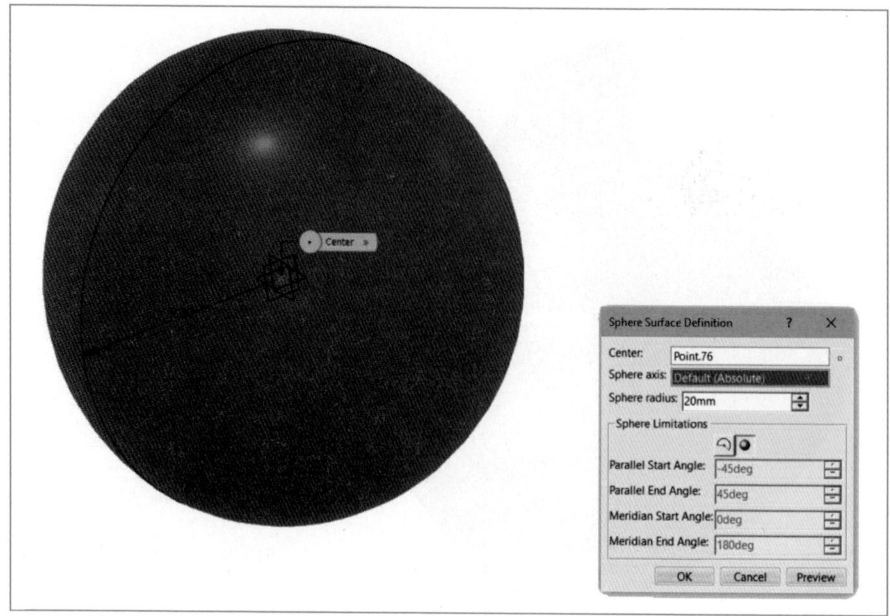

- Cylinder
  - 원기둥 형상을 만드는 명령으로 중심점(Point)과 방향(Direction)을 선택한 후 반지름(Radius)을 입력하여 원통 형상을 생성

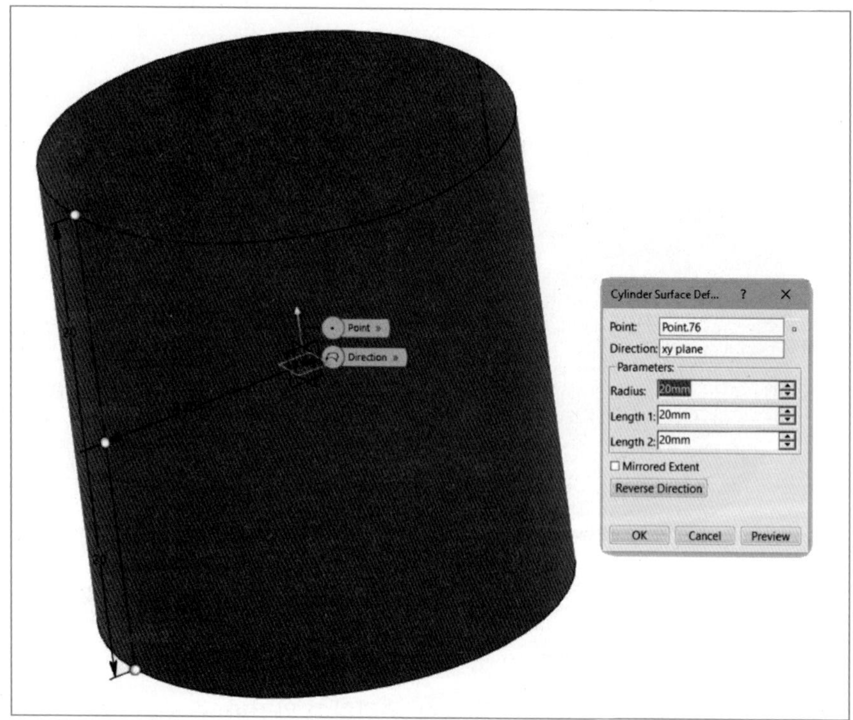

  - 'Length 1'과 'Length 2'를 입력하여 원통의 길이를 조절

▶ Flyout for Sweep

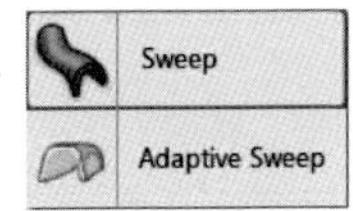

- Sweep
  - Sweep은 단면과 가이드 커브 등에 의해서 다양한 조건으로 곡면 정의가 가능한 명령으로 Profile 정의 방식에 따라 4가지 방식을 가지며 각각에 Sub Type을 통한 추가 조합이 가능
  - Sweep Definition 창 기본 구조

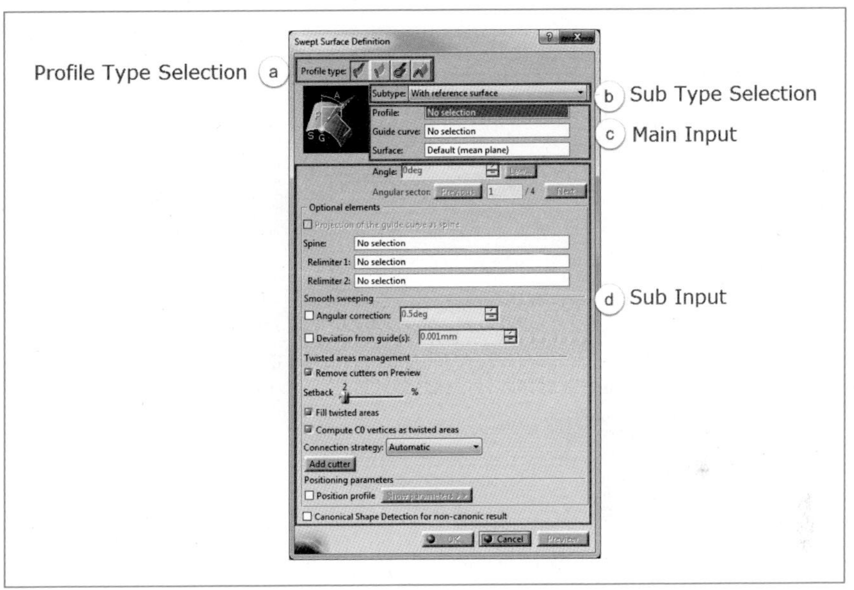

① Profile Type : Explicit

- 한 개 또는 두 개의 Guide를 따라 Profile 형상이 지나가면서 Surface를 형상을 만들 때 사용
- Explicit이라는 단어에서 알 수 있듯이 Profile 형상을 임의로 정의할 수 있기 때문에 다양한 형상에 대해서 Sweep 생성이 가능하여 가장 많이 사용되는 Type임

ⓐ Sub Type : With reference Surface

- 하나의 Profile과 Guide Curve를 사용하여 Guide Curve를 따라 Profile 형상이 지나가면서 Surface를 생성
- 이 Type으로 형상을 만들기 위해서는 앞서 설명대로 Profile과 Guide Curve가 필요하며 이를 순차적으로 선택

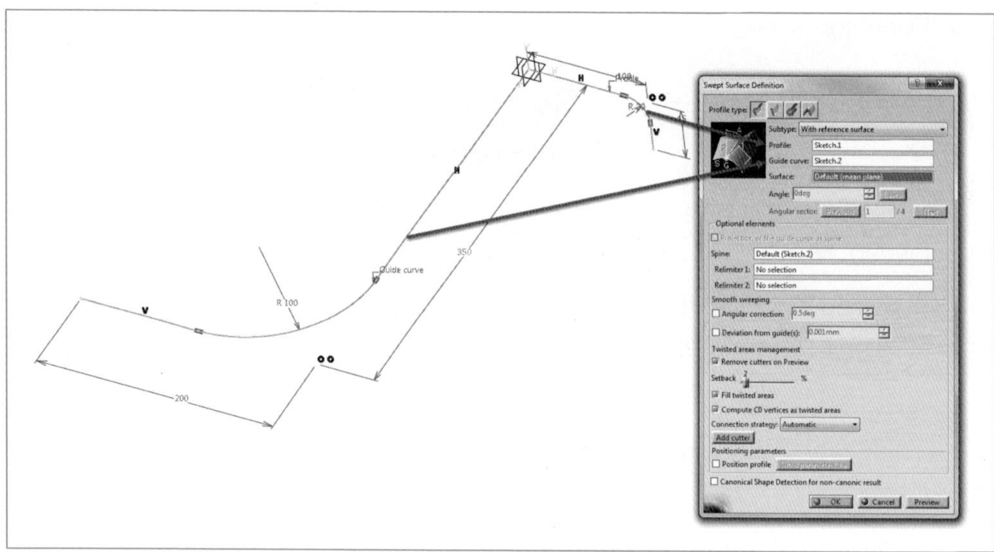

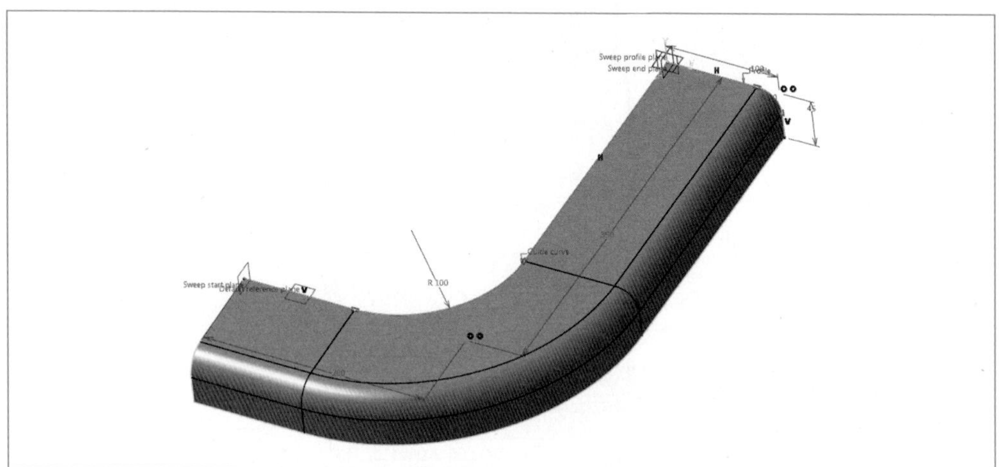

㉠ Surface

- 입력란에 부수적인 입력 요소로 Profile이 Guide Curve를 따라 만들어 질 때 기준이 되는 면을 선택할 수 있음(Guide Curve가 반드시 해당 곡면 위에 놓여 있어야 함)

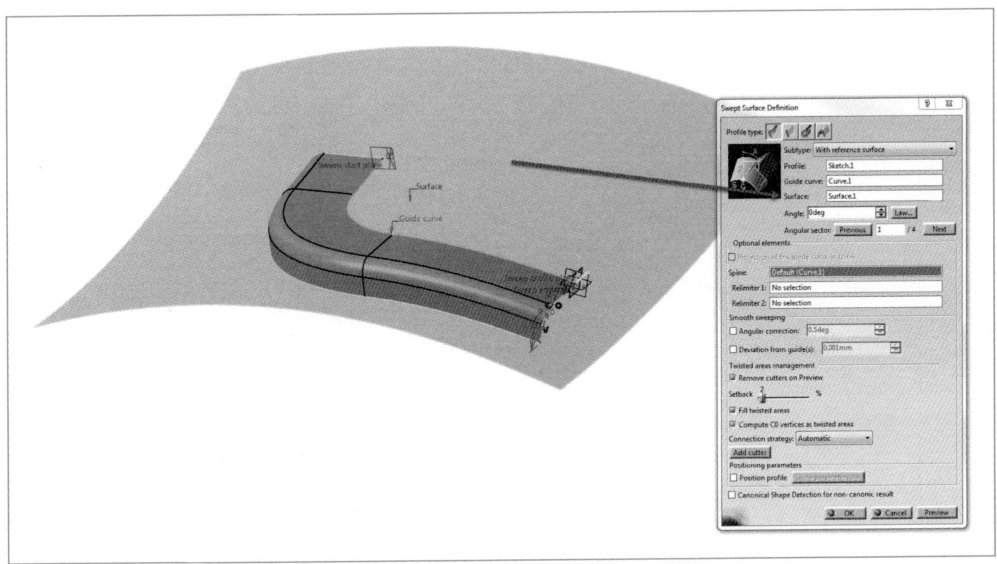

- 또한 Reference Surface가 선택된 경우에는 Angle 입력란이 활성화되어 기준면에 대해서 각도 지정이 가능
- Surface를 선택하지 않는 경우 Default로 mean plane이 지정됨

㉡ Law

- Reference Surface가 선택된 경우 다음과 같이 Law 기능을 사용하면 Profile 형상이 가이드 커브를 지나가는 형상을 좀 더 세밀하게 조절해 줄 수 있음
- 기본값은 Constant이지만 Liner 또는 S type, Advanced로 변경이 가능
- Advanced에서는 G.S.D Law 나 Knowledge Law 를 사용하여 만들어준 Law를 Sweep에 적용 가능

ⓑ Sub Type : With two Guide Curves

- Profile과 두 개의 Guide Curve를 사용하여 형상을 만드는 방법

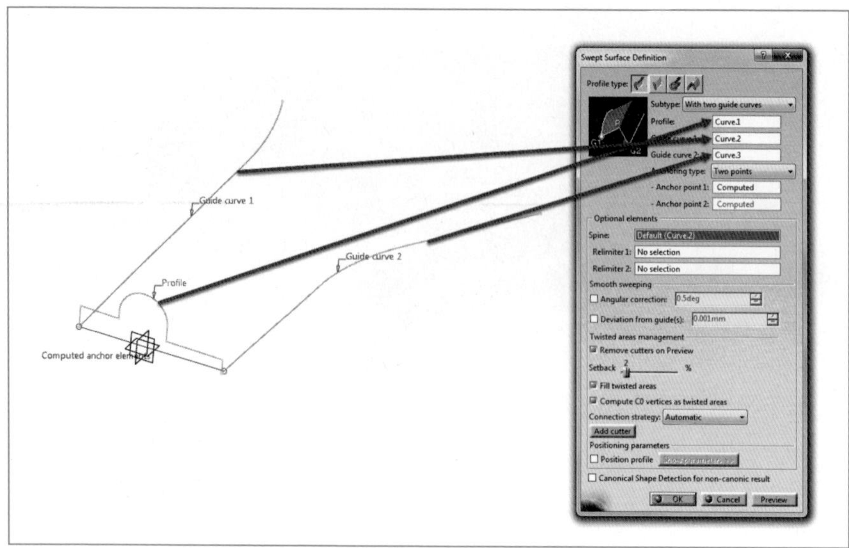

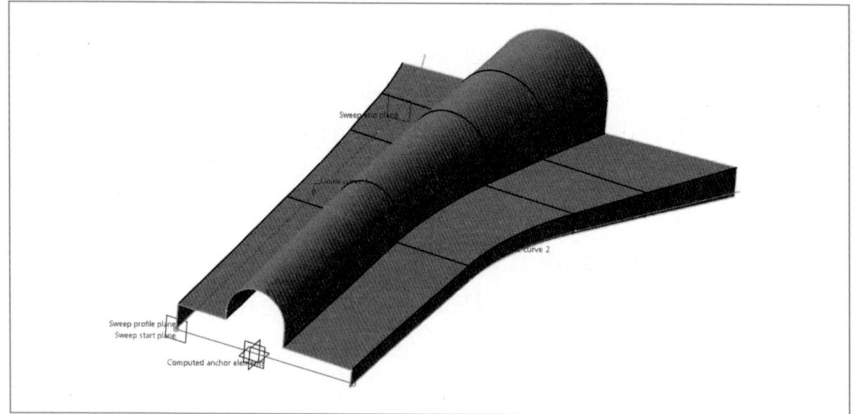

㉠ Anchor Point

- 필요한 경우 각 Guide Curve의 Profile쪽 끝점(Vertex)를 선택
- Profile의 끝점과 Guide Curve의 끝점이 일치할 경우 별도 설정 필요 없음(Computed)

㉡ Spine

- 두 Guide Curve의 길이나 끝점의 위치가 일치하지 않아 Sweep 곡면이 일부만 생성된 경우 Spine을 정의해 주어야 함
- Spine을 따로 지정해 주지 않으면 Guide Curve 1을 Spine으로 인식
- Spine 입력 칸에서 Contextual Menu ⇨ 'Create Spine'을 선택 ⇨ Guide Tab에서 두 개의 Guide Curve 선택

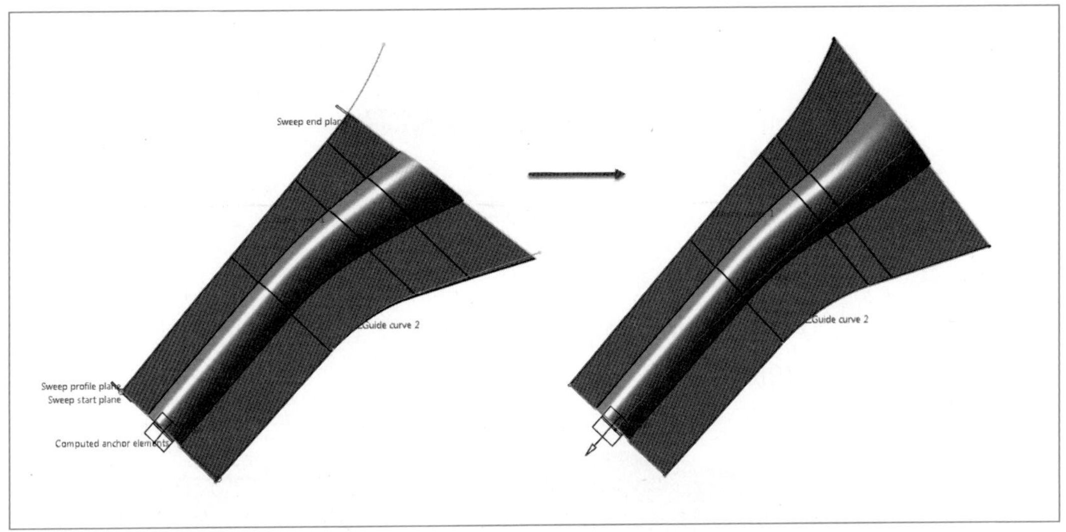

ⓒ Sub Type : With pulling direction

- Profile이 Guide Curve를 따라 지나가면서 형상을 만드는 방법은 위의 Reference Surface와 유사하나 Pulling direction을 지정해 각도를 주어 Profile이 Guide Curve를 따라 지나가면서 기울어지는 형상을 생성

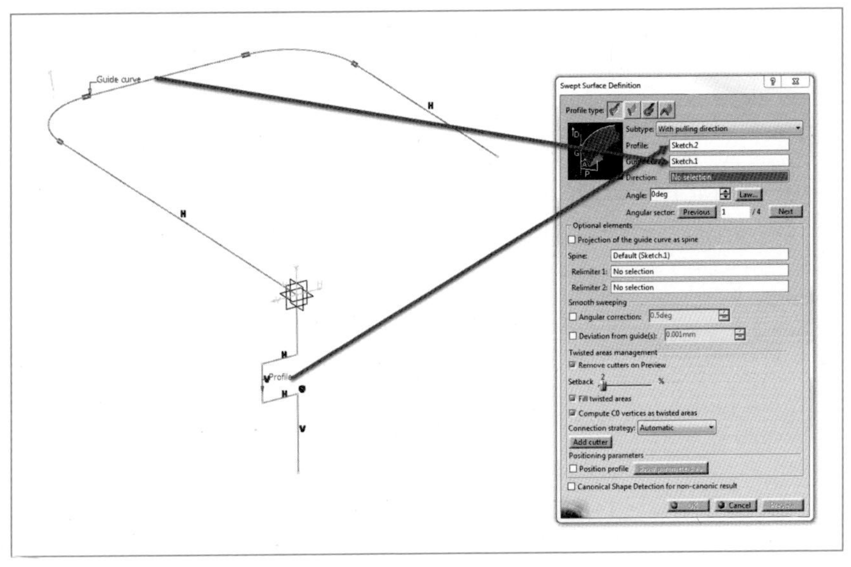

- 여기서 Direction은 Reference Element 또는 임의 직선 요소를 선택해 줄 수 있음

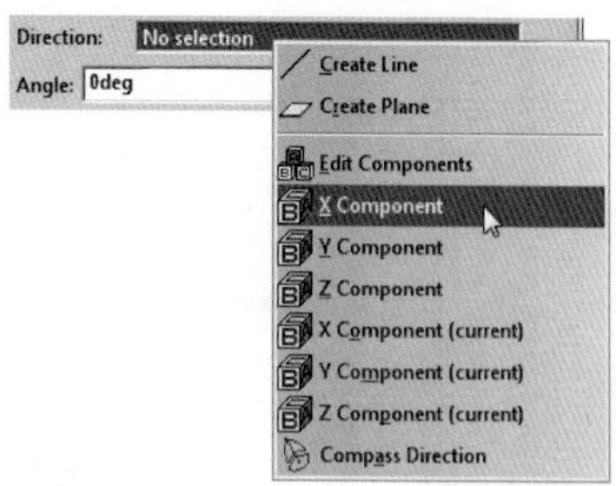

- 그리고 이 Direction에 대한 구배 각도를 입력해 주면 다음과 같이 Sweep 형상이 변경

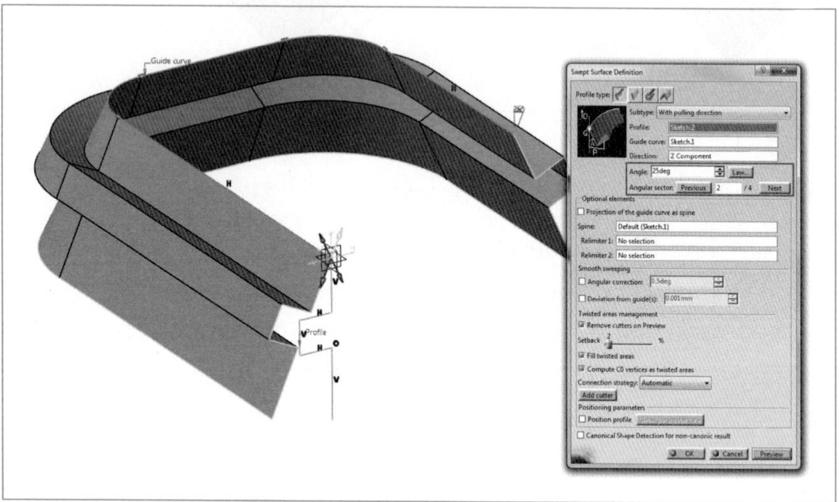

- Angular Sector에서 Previous나 Next로 위와 같은 조건으로 만들어 질 수 있는 Surface 형상 중에 원하는 것을 선택

② Type : Implicit Line

- Profile의 형태가 Line인 Sweep Surface를 만드는 방법
- Implicit형으로 따로 Line 형태의 Profile을 그려주지 않고 Guide나 Reference Surface, Direction 등에 의해 결정

ⓐ Sub Type : Two limits

- 두 개의 Guide Curve를 사용하여 형상을 만드는 방법

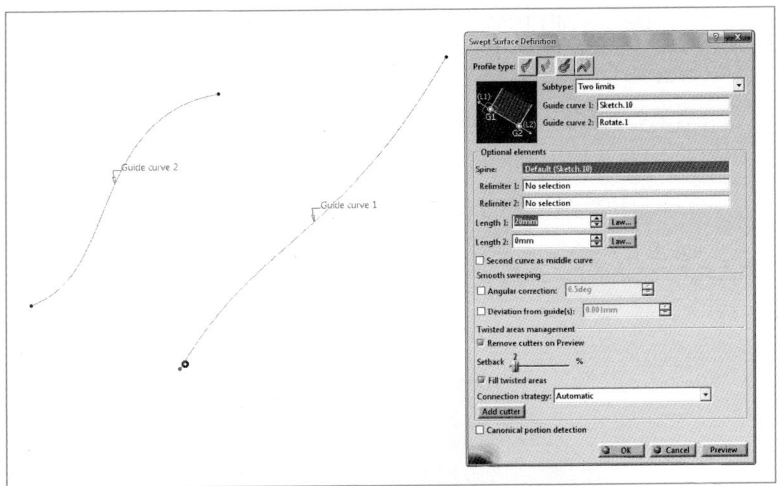

– 형상이 바르게 나오지 않는 경우 Spine 정의 필수

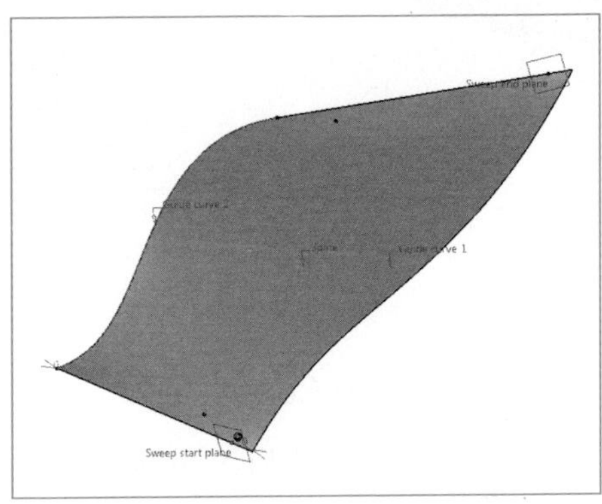

– 'Length.1'과 'Length.2'은 이 두 Guide Curve 바깥으로의 너비 Profile의 너비를 확장하는 길이

ⓑ Sub Type : Limit and middle

– 두 개의 Guide Curve 중, 첫 번째 Guide Curve는 경계선 역할을 하고 두 번째 Guide Curve는 중간 위치의 Guide Curve로 인식하여 형상을 만드는 방식

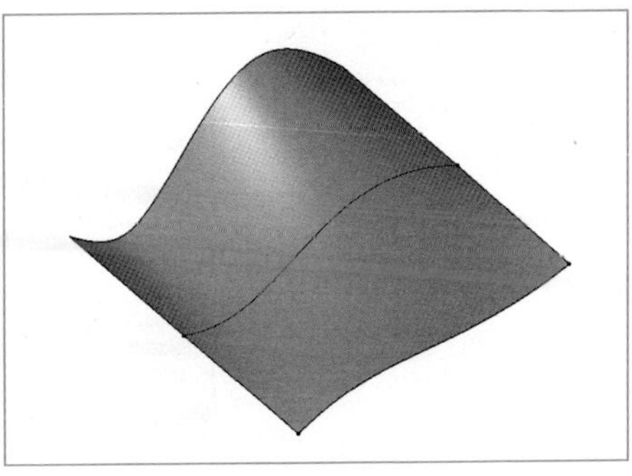

ⓒ Sub Type : With reference Surface

- Guide Curve 하나와 기준이 되는 Reference Surface를 이용하여 형상을 만드는 방식으로 Reference Surface와 이루는 각도를 입력하여 경사각 정의 가능
- Length와 Angle 값을 지정하고 Angular sector에서 원하는 위치의 형상을 선택

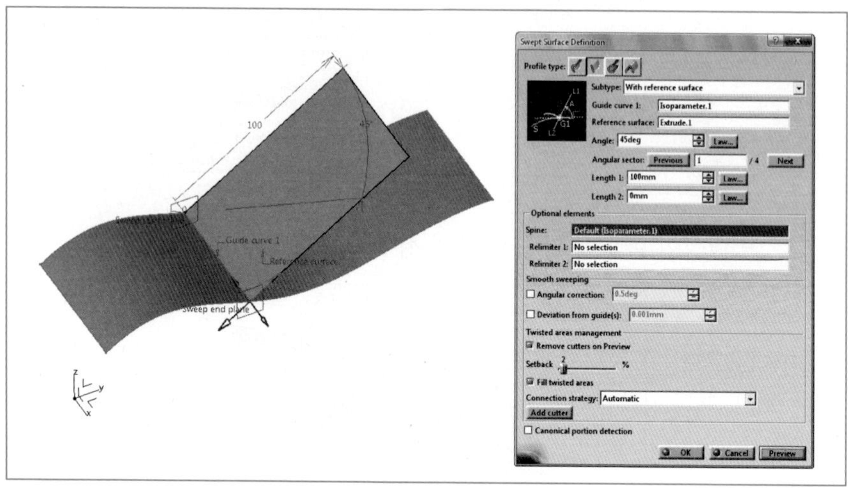

ⓓ Sub Type : With Reference Curve

- Guide Curve 하나와 기준이 되는 Reference Curve를 사용하여 형상을 만드는 방식
- Angle과 Length.1, Length.2 값을 입력하여 형상의 위치와 길이를 조절하며, 원하는 위치의 Surface는 Angular sector에서 선택

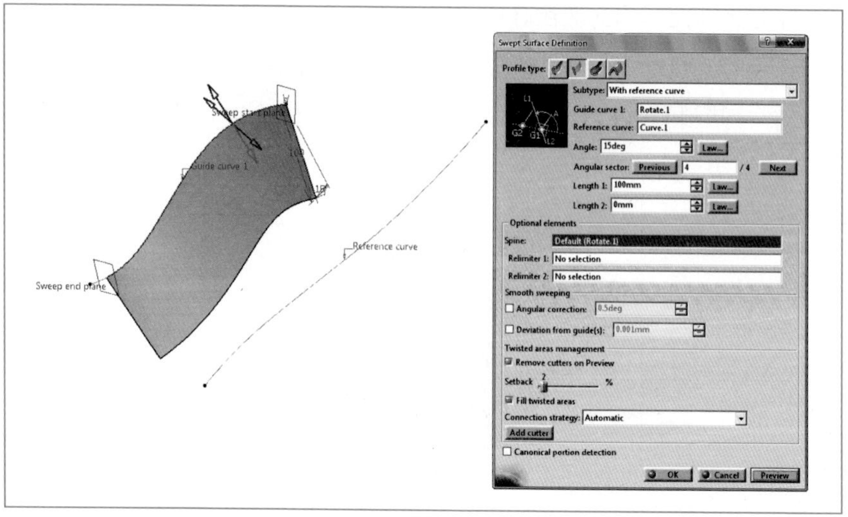

ⓔ Sub Type : With Tangency Surface

- 한 개의 Guide Curve와 Tangency Surface를 사용하여 형상을 만드는 방식
- Sweep 형상이 만들어지면 Guide Curve를 기준으로 Surface에 접하게 만들어집니다.
- Guide Curve에서 Surface로 접하는 지점이 여러 개 존재한다면 이 중에서 Previous나 Next를 사용하여 원하는 형상을 선택(주황색으로 표시되는 곡면이 생성되는 값)

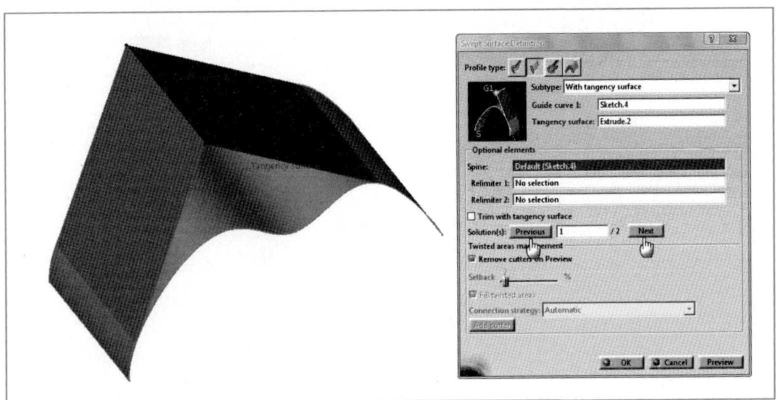

- Trim with Tangency Surface를 체크하면 Sweep으로 만들어진 Surface와 접하는 지점을 기준으로 Tangency Surface를 절단하여 Sweep Surface와 이어줌

ⓕ Sub Type : With draft direction

- Guide Curve를 선택한 Pulling direction을 기준으로 각도를 주어 형상을 생성
- 여기서 Guide Curve에 Sketch로 임의의 형상을 그린 Profile을 사용하여도 됨
- Guide Curve와 Draft Direction 정의가 필요

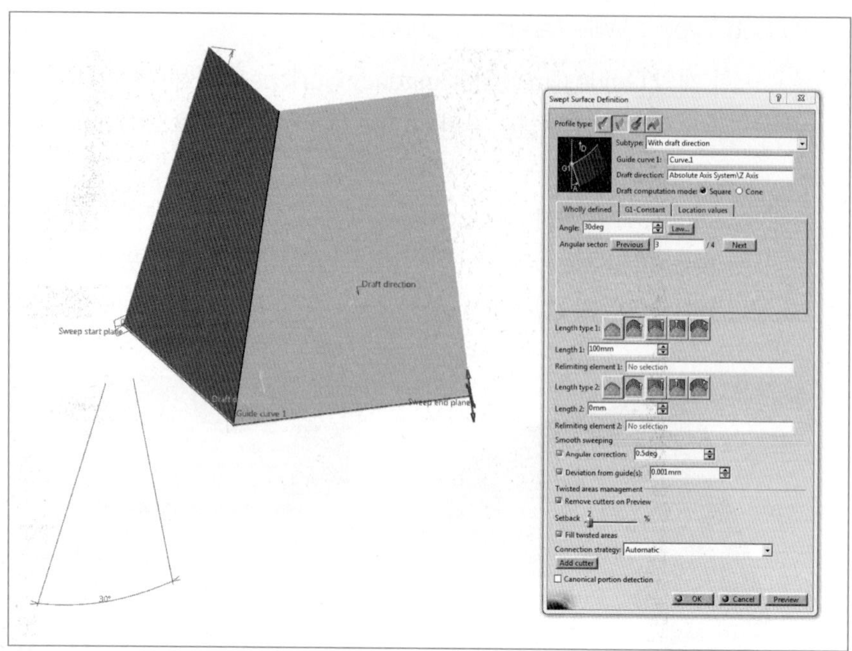

㉠ Length Type

– 단순히 수치 값으로 지정하는 방식 외에 Up to Element와 같은 방법 제공

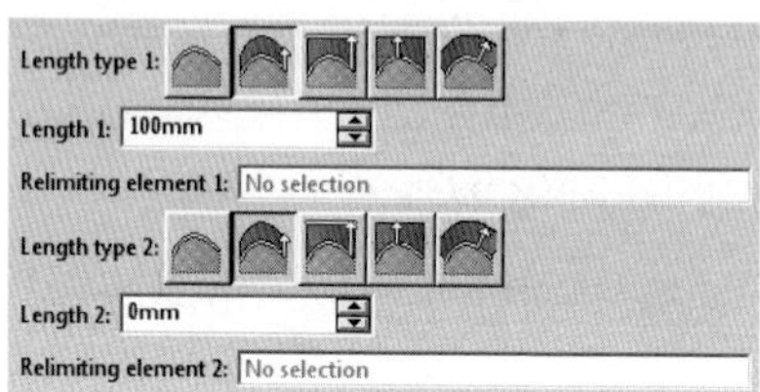

⑨ Sub Type : With Two Tangency Surfaces

– 이 방법은 두 개의 접하는 Surface를 이용하여 그 접하는 지점을 잇는 형상을 만드는 방법

– 두 Surface를 Tangent 하게 연결하기 위해 경우에 따라 Spine을 필요로 함

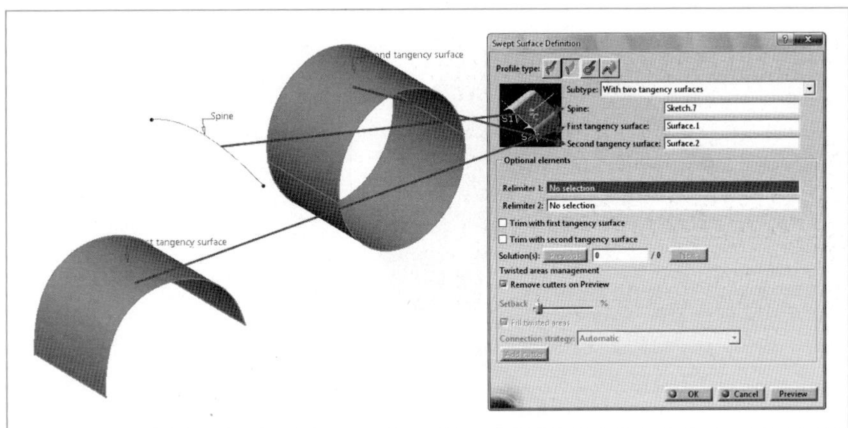

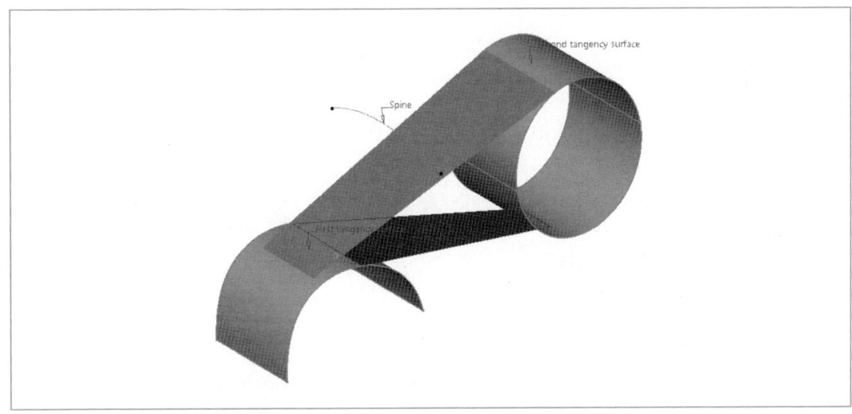

- Trim first/second Tangency Surface를 체크하면 접하는 부분을 기준으로 Tangency Surface를 잘라내어 Sweep으로 만든 Surface와 이어줄 수 있음

③ Type : Implicit Circle

- Profile의 형태가 원형을 가지는 방식으로 따로 반경 값을 넣어 주거나 Guide나 Tangency한 Surface에 의해 정의

ⓐ Sub Type : Three Guides

- 3개의 Guide line에 의해 형상을 만드는 방법. 이 방법으로 만들어진 형상은 단면으로 잘랐을 때 형상이 3개의 Guide line을 지나는 호(Arc) 형상을 가짐
- 필요에 따라 Spine 정의가 필요

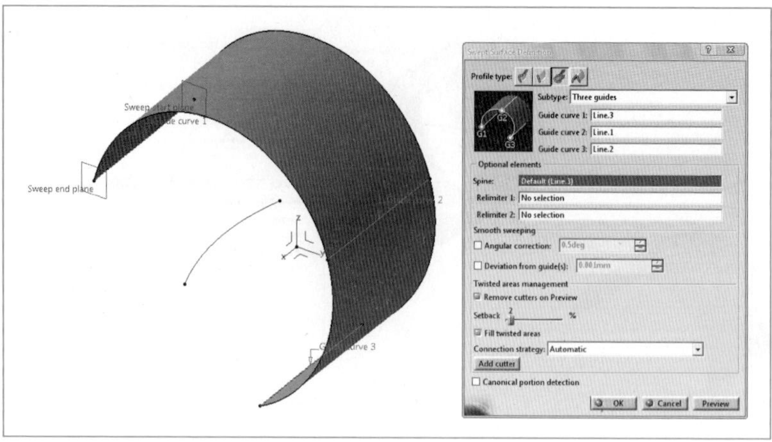

ⓑ Sub Type : Two Guides and radius

- 두 개의 Guide Curve와 반경 값(radius)을 입력하여 Sweep 형상을 정의
- 두 개의 Guide Curve를 선택한 후, 반경 값을 입력
- 여러 개의 결과가 만들어 질 수 있는 경우 Solution에서 Previous와 Next를 이용하여 선택

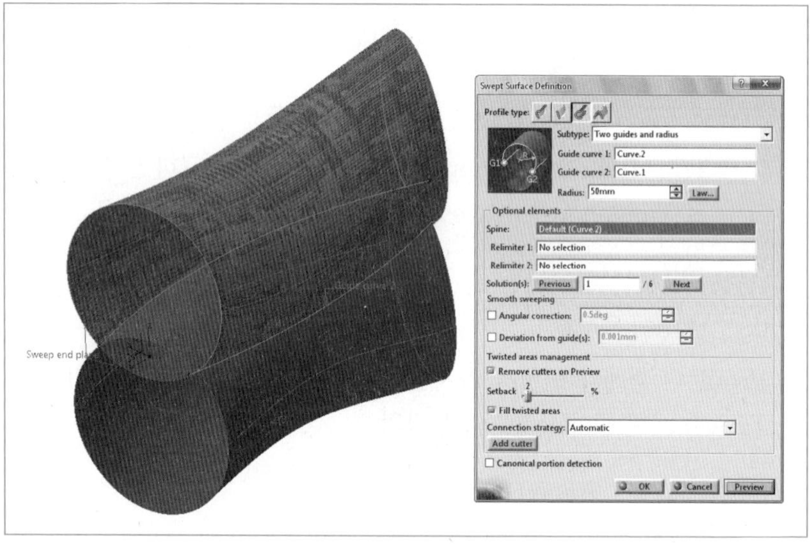

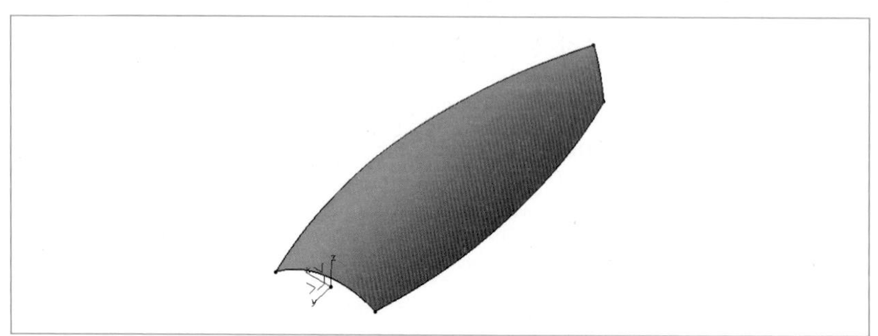

ⓒ Sub Type : Center and two angles

- 단면 원의 중심 지나는 Center Curve와 반경에 해당하는 Reference Curve를 사용하여 형상을 구성하는 방법
- Angle을 정의해 원 또는 호로 정의 가능

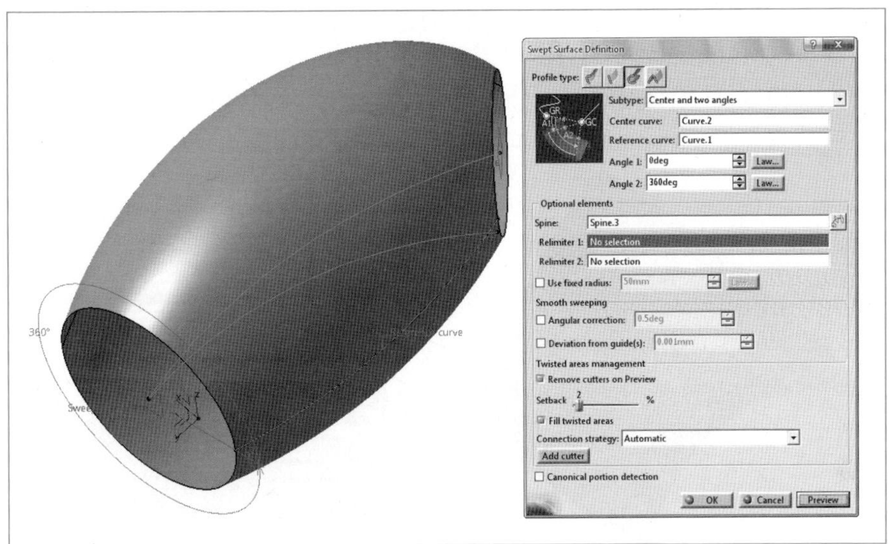

ⓓ Sub Type : Center and radius

- 원의 중심을 지나는 Center Curve와 반경 값(Radius)을 이용하여 Sweep 형상을 만드는 방식
- Center Curve를 선택해 주고 반경 값을 입력해 줍니다.

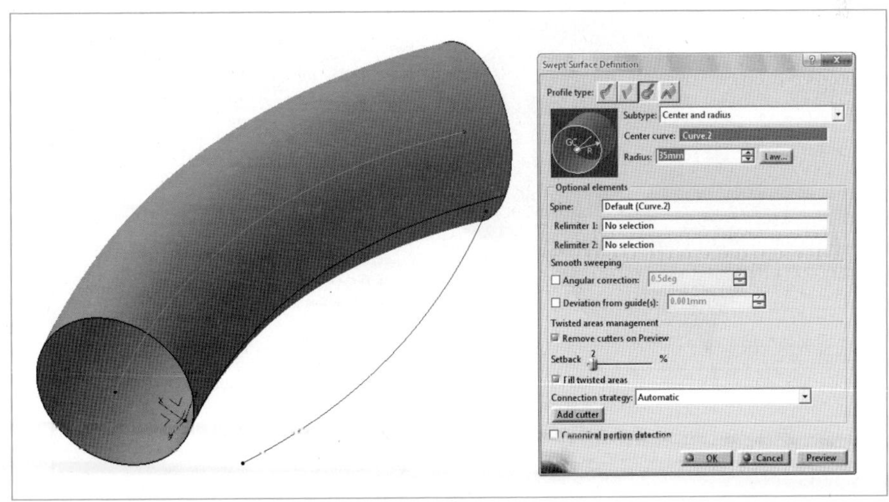

ⓔ Sub Type : Two Guides and Tangency Surface

- 두 개의 Guide Curve와 하나의 Tangency Surface를 사용하여 형상을 만든 방법
- 두 개의 Guide Curve 중에 하나는 Tangency Surface의 위에 놓여 Sweep 형상이 접할 위치를 잡아주는데 사용하는 Curve로 Limit Curve with tangency에 입력
- 다른 하나의 Guide Curve은 Limit Curve에 입력

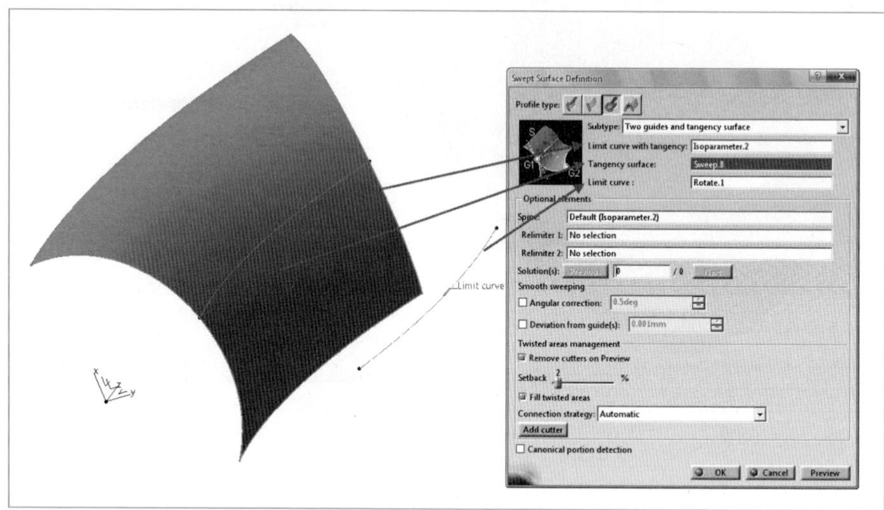

- 선택한 요소가 바르게 또는 계산할 수 있도록 선택이 되면 아래와 같이 미리 보기가 가능하여 원하는 Surface 형상을 선택할 수 있음(Spine까지 적용)

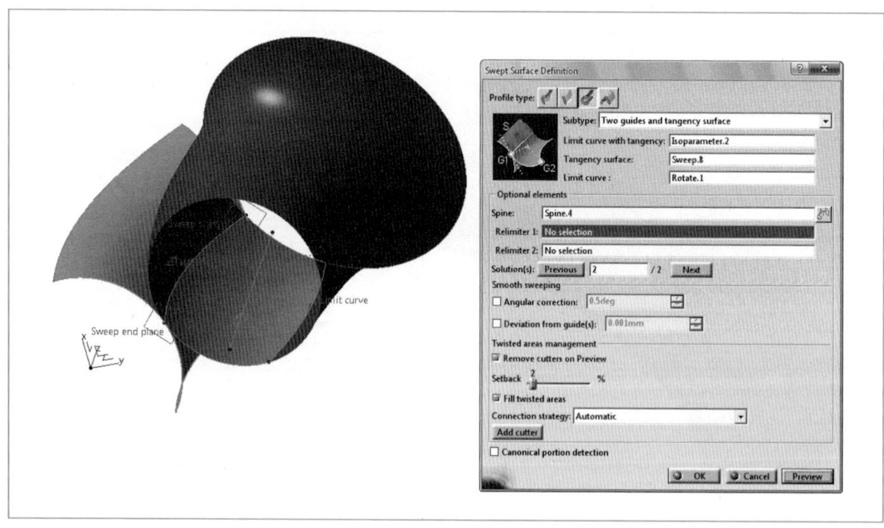

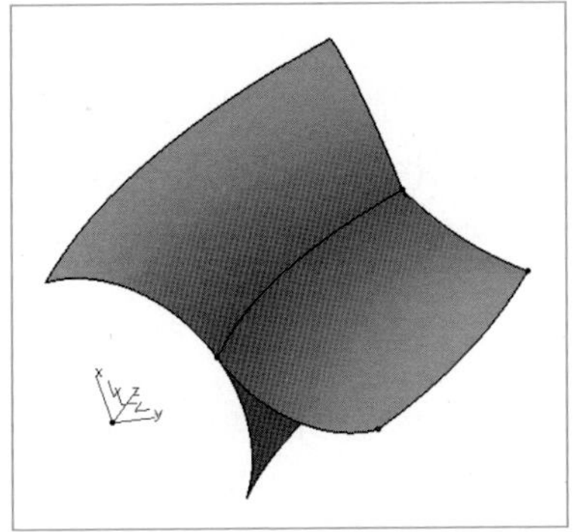

ⓕ Sub Type : One Guide and Tangency Surface

– 한 개의 Guide Curve와 Tangency Surface, 그리고 반경(Radius)을 사용하여 Sweep 형상을 만드는 방법

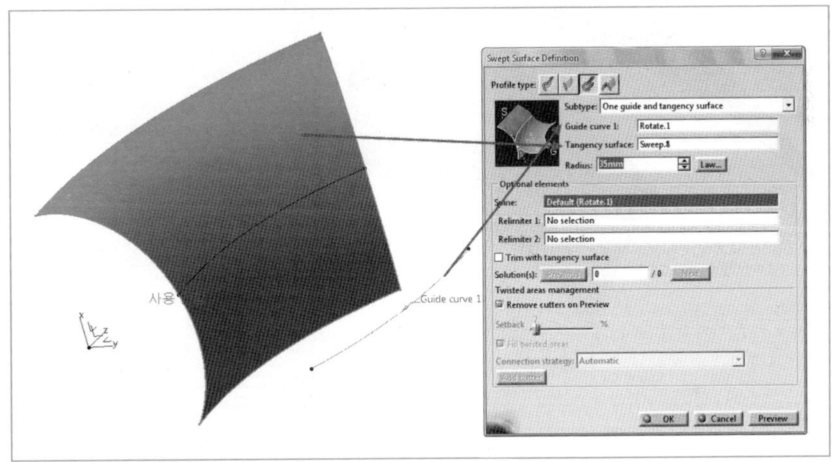

– 조건이 부합되면 다음과 같이 미리 보기가 될 것입니다. 여기서는 반지름을 150mm로 입력합니다. 만약에 형상을 만들 수 없는 경우에는 Error 메시지 창이 뜨는 것을 확인할 수 있습니다.

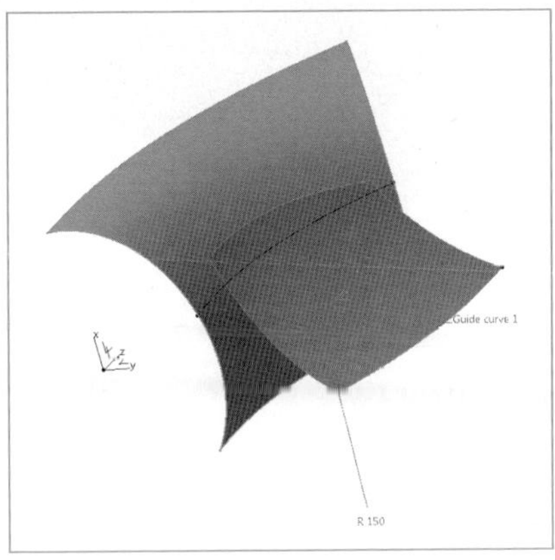

④ Type : Implicit Conic

- Profile의 형상이 원뿔 모양인 Sweep 형상을 만들 때 사용하는 Type
- 원뿔의 단면 형상을 가지는 타원이나, 포물선, 쌍곡선과 같은 형상을 Profile로 하는 형상을 정의하는 데도 사용할 수 있음

ⓐ Sub Type : Two Guides

- 두 개의 Guide Curve를 사용하여 Sweep 형상을 만드는 방법
- 이 두 개의 Guide Curve는 접하는 Surface가 있어서 Tangency에서 선택해 줄 수 있어야 함

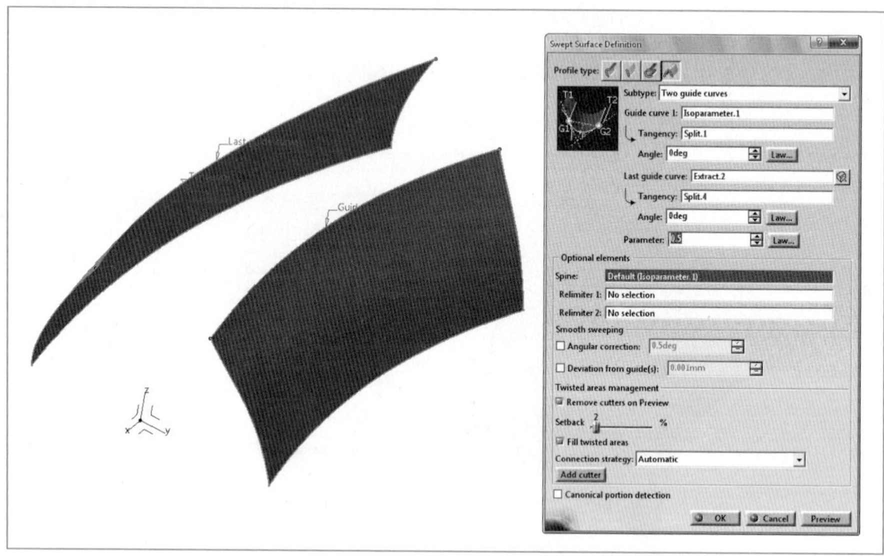

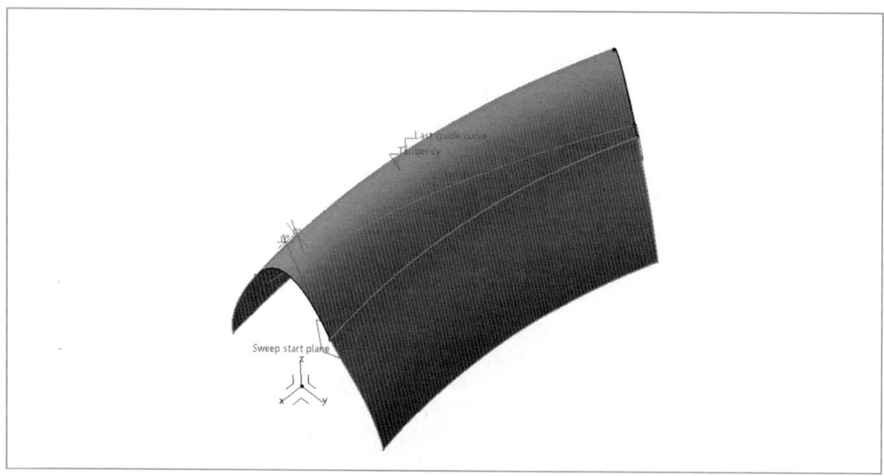

ⓑ Sub Type : Three Guides

- 3개의 Guide Curve를 사용하는 방법으로 두 개의 Guide Curve는 접하는 두 개의 Surface를 선택해 줄 수 있고, 나머지 한 개의 Guide Curve는 이 두 개의 Guide Curve 사이에 위치하게 됨

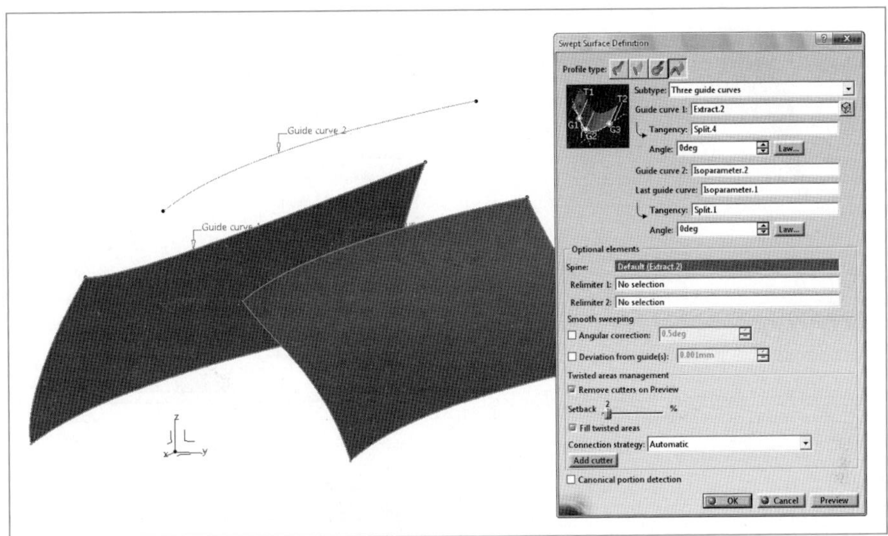

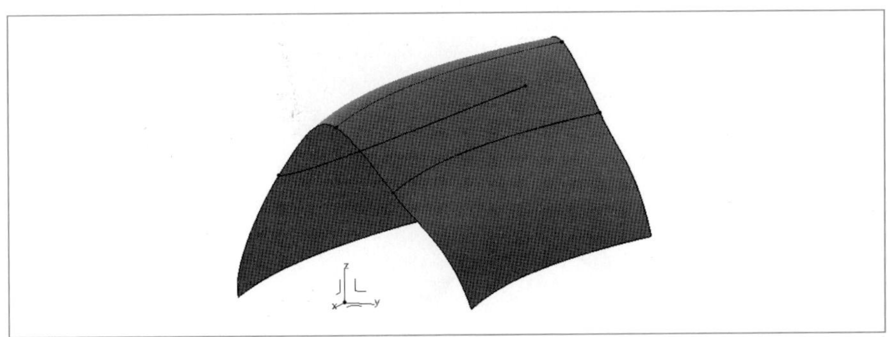

ⓒ Sub Type : Four Guides

- 4개의 Guide Curve를 사용하여 Sweep 곡면을 정의
- 1개의 Guide Curve가 접하는 Surface를 선택할 수 있고 나머지 3개의 Curve가 각각 Guide Curve 2, Guide Curve3, Last Guide Curve로 선택. Guide Curve 1은 반드시 Tangency Surface가 있어야 함

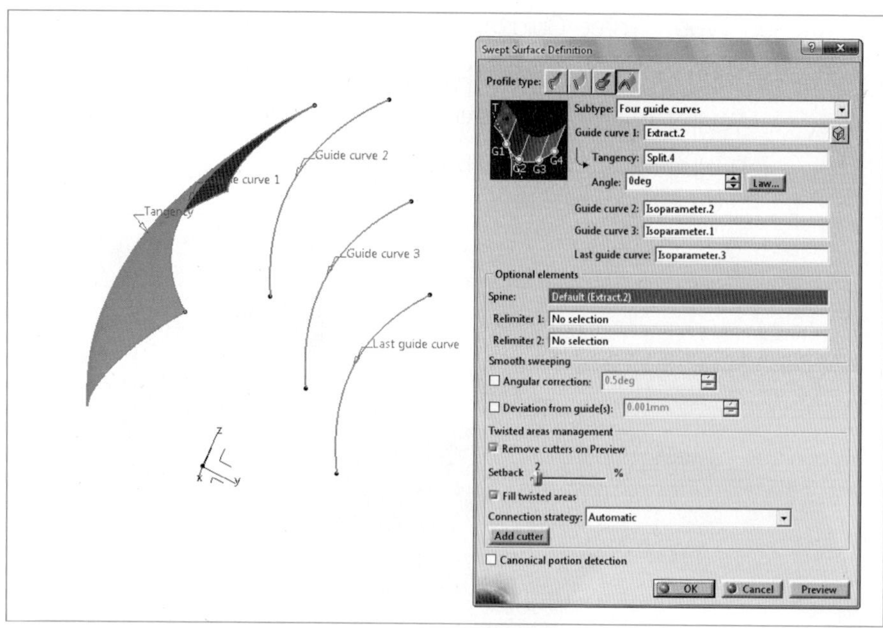

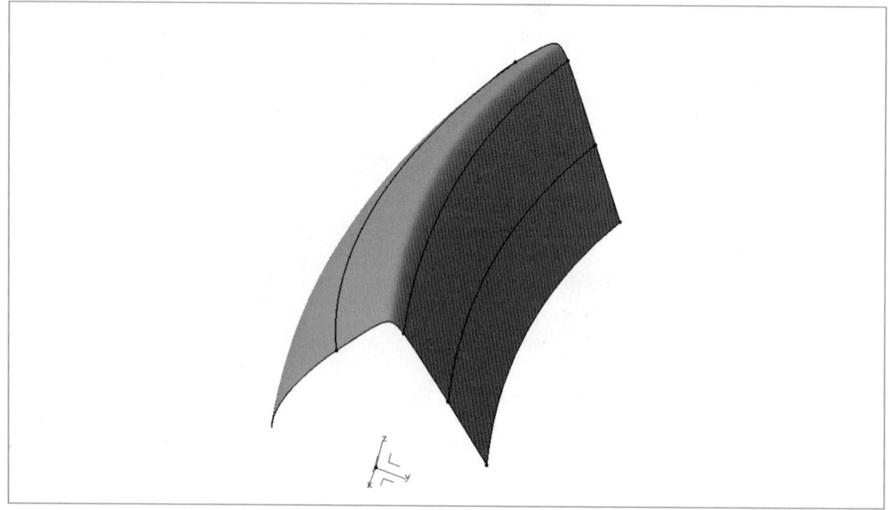

ⓓ Sub Type : Five Guides

– 5개의 Guide Curve를 사용하는 방법은 순차적으로 5개의 Curve를 순서대로 선택하는 방법

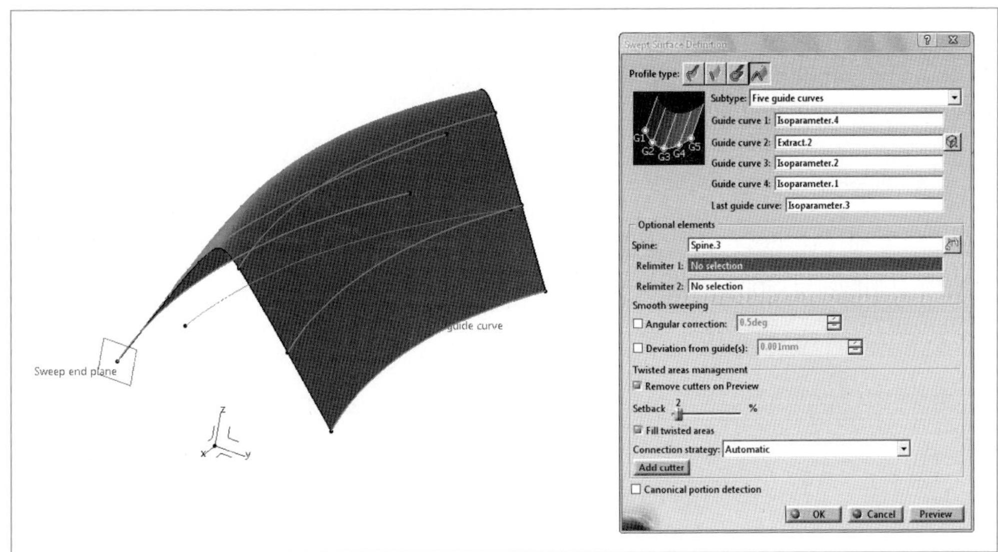

- Advanced Sweep
  - 단면 Profile 형상을 경계 구속된 Guide Curve를 따라 지나가도록 하는 곡면을 생성
  - Sweep 에서 Two Guide Curve type을 연상시킬 수 있겠지만 단면 형상이 Guide Curve와 적절히 구속되어 있어야 하는 점이 다름
  - 기본적으로 단면 형상을 Guide Curve 및 Spine에 따라 지나가는 곡면을 생성하지만 단면 Profile이 가지는 치수 구속과 문자 구속을 보존하면서 곡면을 생성

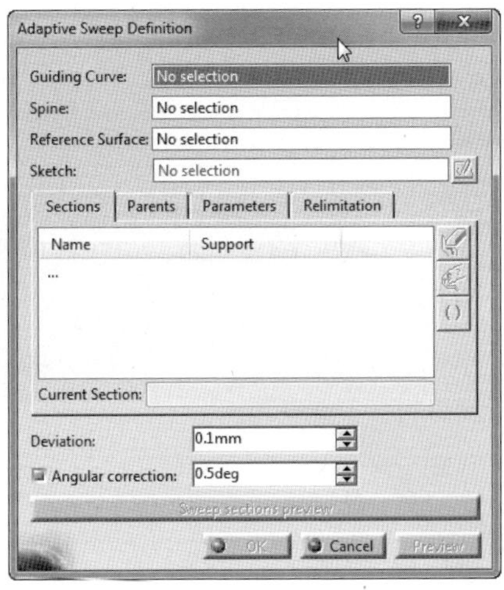

① Guide Curve

단편 Profile 형상이 따라갈 Curve를 선택하며, 이 Curve에 단면 Sketch가 구속되어 있어야 함

② Spine

단면과 Guide Curve가 지나가는 궤적을 보다 정밀하게 정의하고자 할 때 중심선 역할을 하는 Spine을 정의

③ Sketch

단면 Profile을 선택하며, 여기서 단면 Profile은 무조건 Sketch여야 하며 Guide Curve 및 Spine에 구속되어 있어야 함

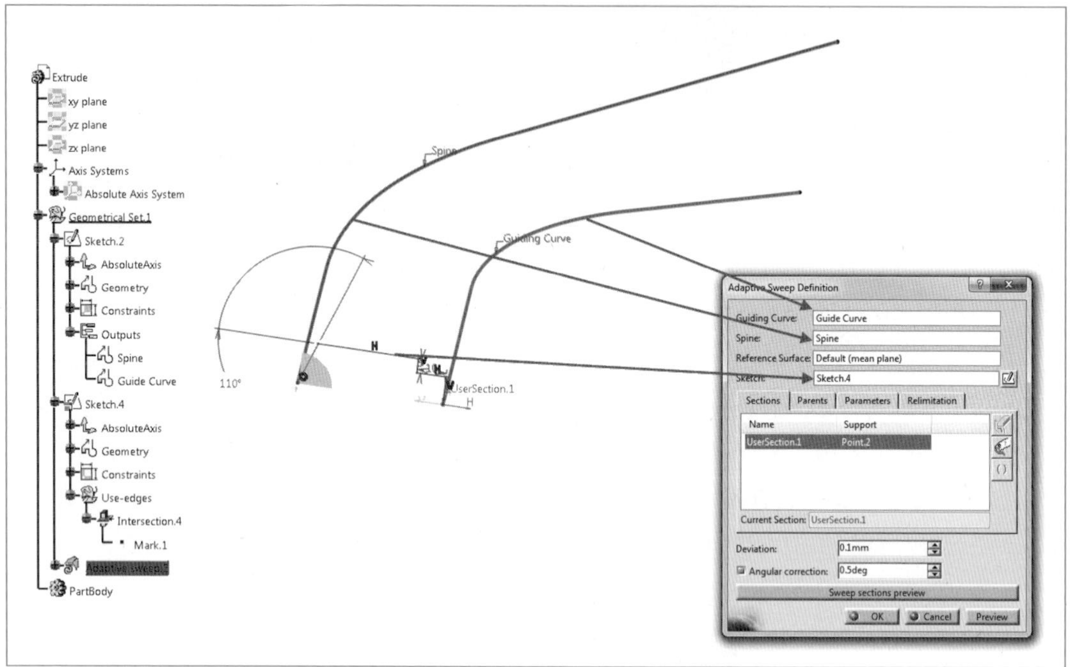

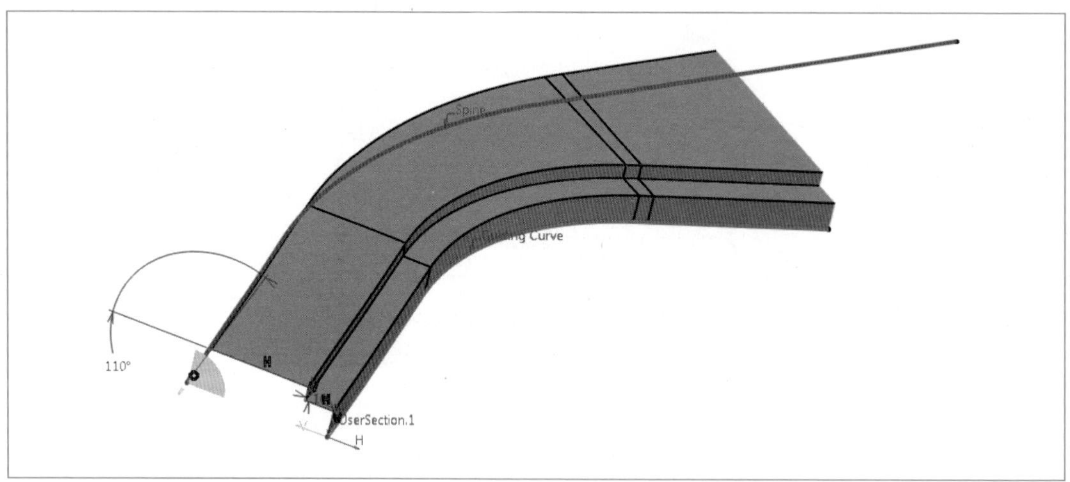

- Fill
  - 3차원 형상의 경계 모서리(Boundary Edge)나 Curve들이 닫힌 형상을 만들 때 이 부분을 Surface로 채워주는 명령
  - 곡면 설계에서 비어있는 틈이 발생하였을 때 이를 채워주기 위한 목적으로 주로 사용
  - 각 형상의 모서리나 Curve들을 순차적으로 선택하여 정의(이웃하는 경계 요소에 대해서 순서대로 선택하지 않으면 오류 발생)

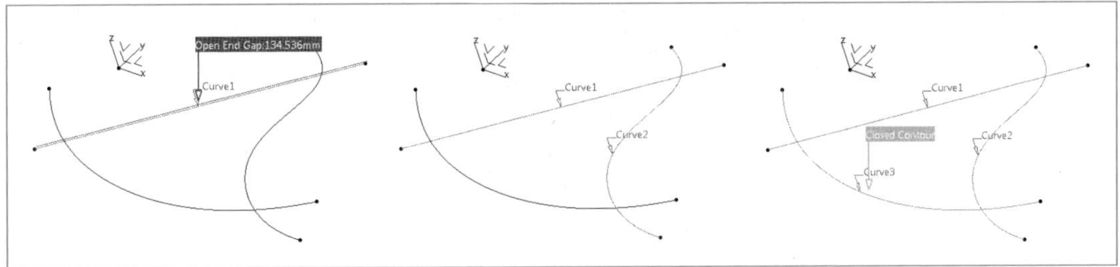

  - 시작 경계와 끝 경계가 이어지거나 교차하면 'Closed Contour'라는 표시가 되며, 다음과 같이 곡면이 만들어지는 것을 확인

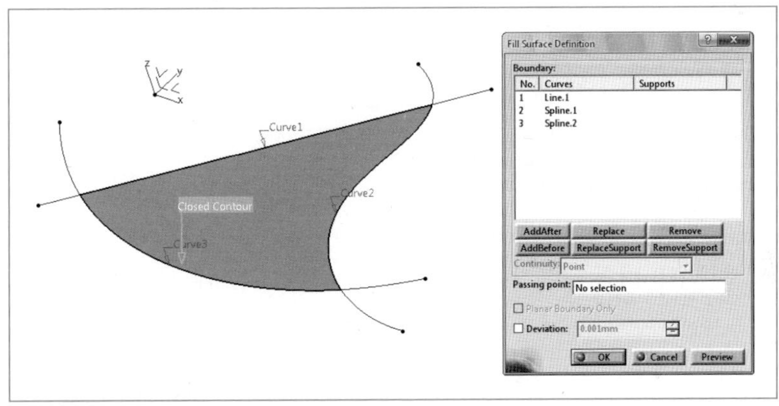

  - 완전히 닫혀있지 않은 경계는 Fill 사용 불가능

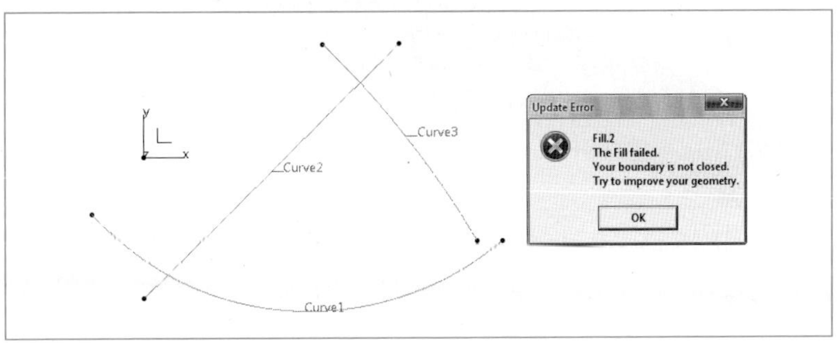

- 커브 요소와 형상의 경계를 사용하여 Fill 작업도 가능하며, 특히 곡면 요소의 경우 Tangent Support로 선택 가능

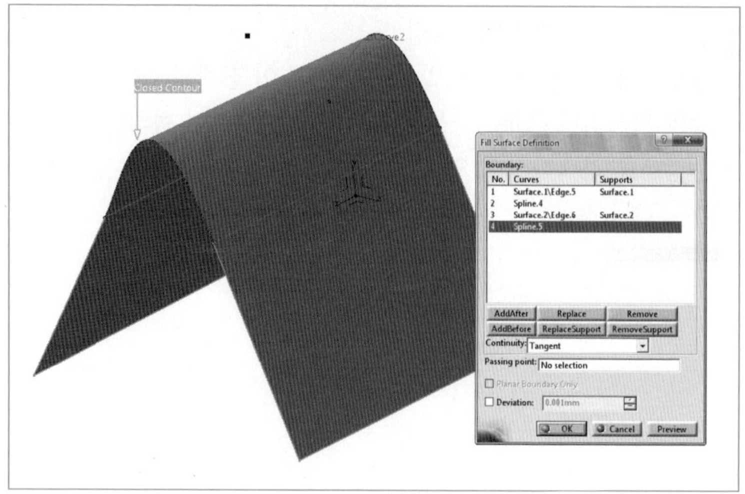

▶ Flyout for Multi-sections Surface

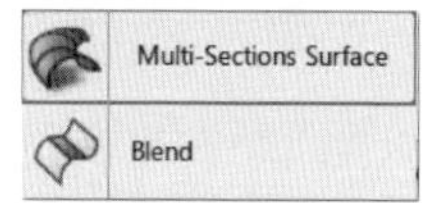

- Multi-sections Surface
  - 여러 개의 단면 Profile을 이용하여 곡면을 만드는 명령으로 항공기 날개나 동체, 선박의 외형(Hull)과 같은 가변 단면 형상을 정의하는 데 사용

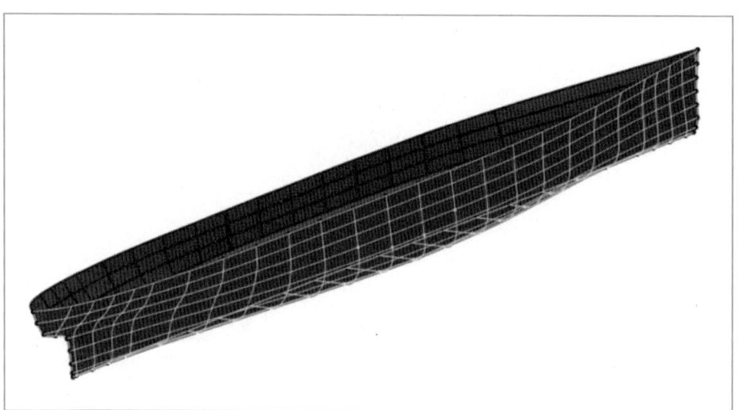

– Multi–Sections Surface Definition 창

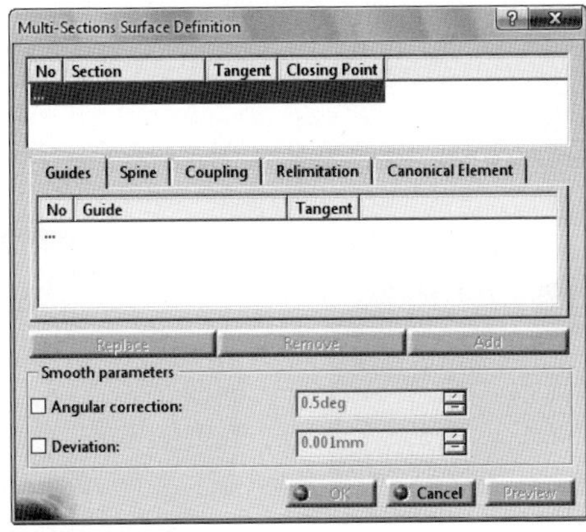

① Section

– 단면 Profile을 선택해 주는 부분으로 단면 Profile을 순차적으로 입력
– Section에서 단면 형상은 반드시 닫힌 Profile을 사용할 필요는 없음
– 단면에 대한 방향성은 여전히 중요하기 때문에 각 단면의 방향을 잘 맞춰 주어야 함
– 닫힌 Profile에 대해서는 Closing Point가 나타날 것이며 열린 형상의 경우에는 화살표만이 나타남
– 만약에 이웃하는 단면과 화살표의 배열 방향이 다르다면 반드시 방향을 하나의 방향으로 맞추어 주어야 하며, 단면의 방향 조절은 해당 화살표를 클릭

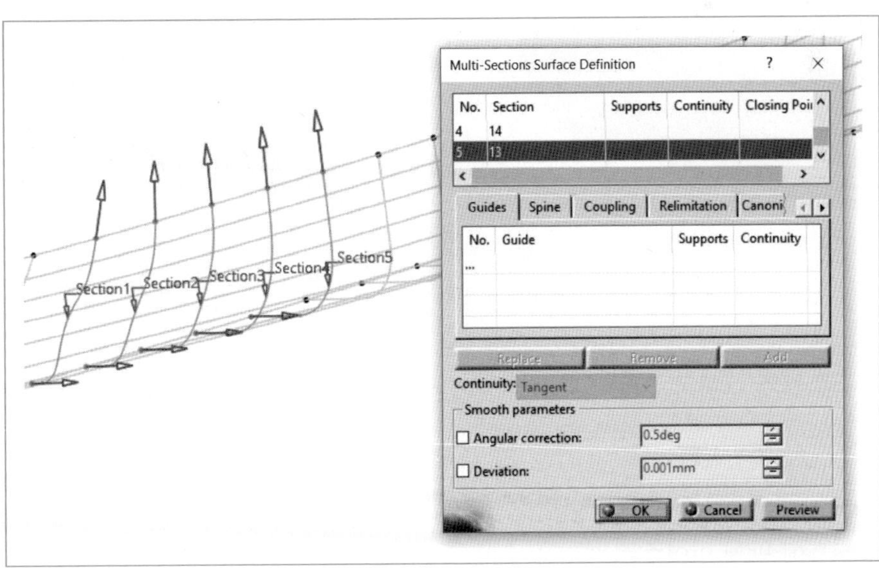

- 선택한 단면 요소는 이웃하는 곡면과 연속할 수 있도록 Support로 선택이 가능하며, 단면 커브 요소가 곡면 위에 놓인 경우에만 선택 가능

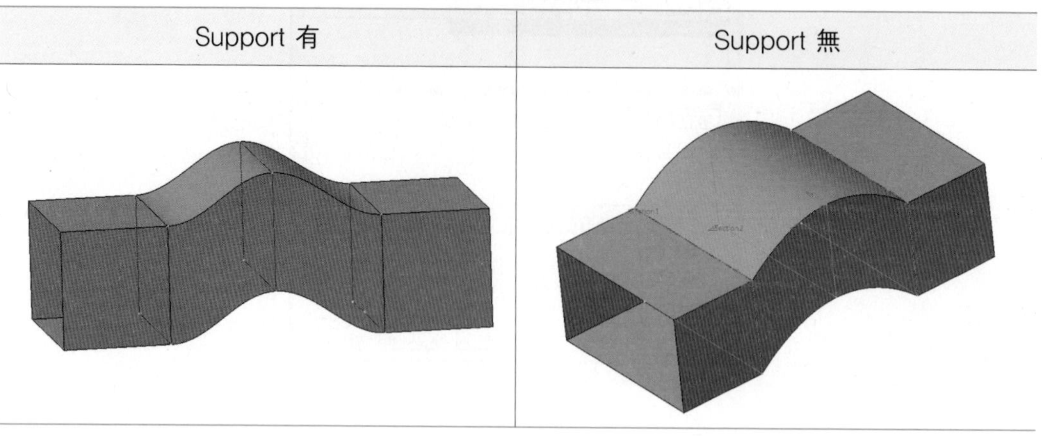

② Guides Tab

- 각각의 단면 Profile의 형상을 잇는 선으로 임의로 Guide line을 그려주었을 때 이 Tab에서 선택

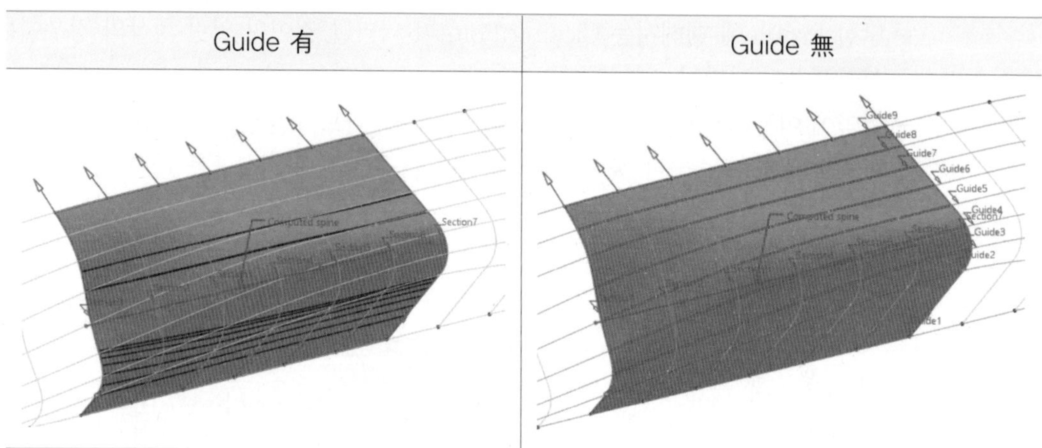

③ Spine Tab

- 전체 단면 형상을 가로지르는 Center Curve를 형상 정의에 사용할 때 정의

④ Coupling Tab

- Coupling은 각각의 단면 Profile이 가지고 있는 꼭지점(Vertex)들을 각각의 위치에 맞게 이어주는 설정을 수행

- Coupling에도 몇 가지 종류가 있으나 다른 것들은 각각의 Vertex의 수가 같아야만 작업을 할 수 있습니다. 주로 Coupling에서는 'Ratio'를 사용

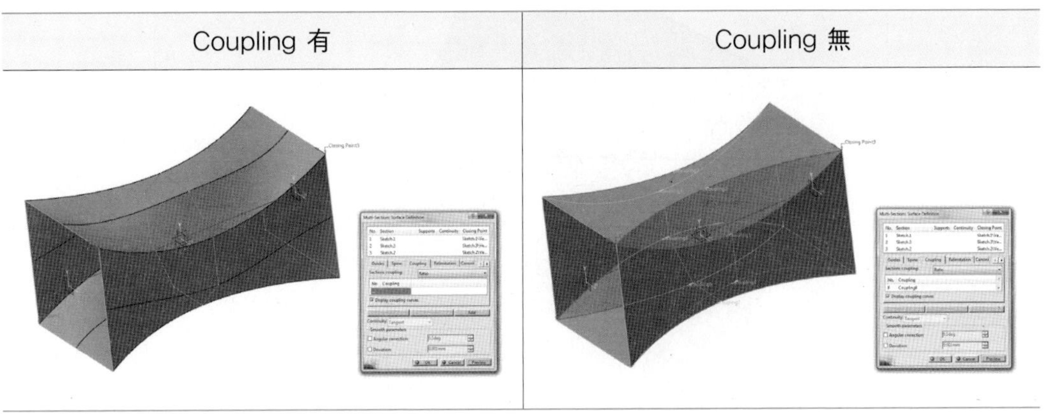

- Blend

  - Curve 사이와 Curve 사이를 이어주는 데 사용하며 이웃하는 곡면은 Support로 선택할 수 있어 곡면과 곡면 사이의 틈을 부드럽게 이어줄 수 있음
  - 선택한 두 경계에 나타나는 화살표 방향이 어긋나지 않도록 방향을 맞춰 주어야 하며, 방향 설정은 마우스를 클릭하여 설정 가능

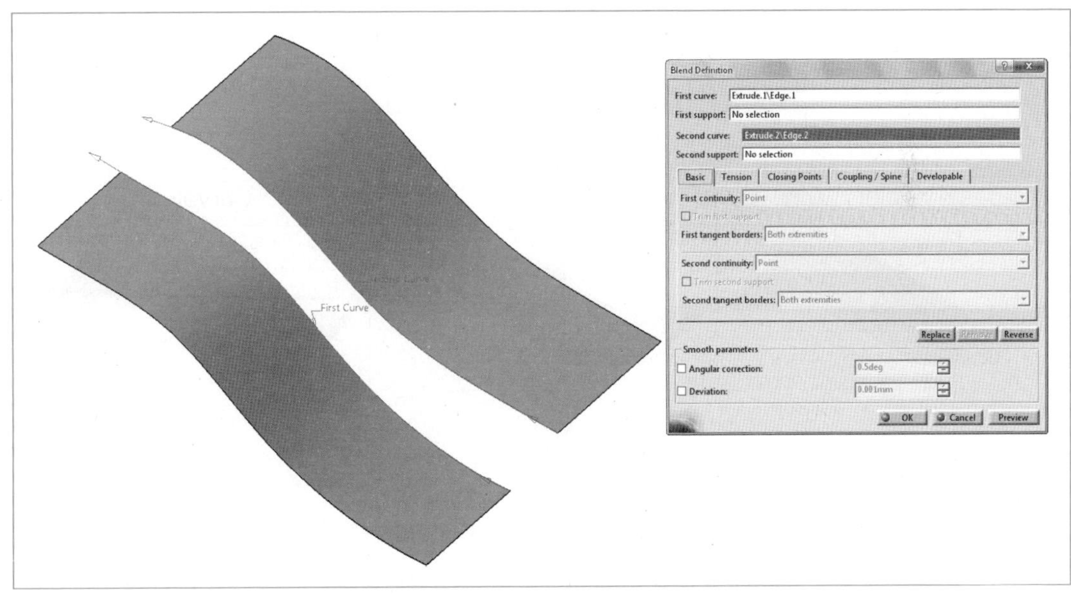

  - 각각의 Curve 성분에 Support를 넣어주면 이 Surface와 접하게 Blend Surface가 생성

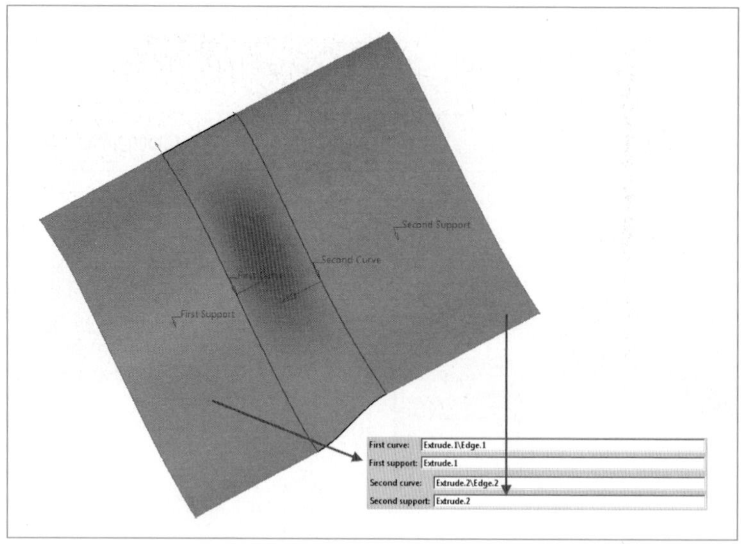

① Basic Tab

– 각 Curve의 연속성에 대한 정의와 Trim Support를 지원

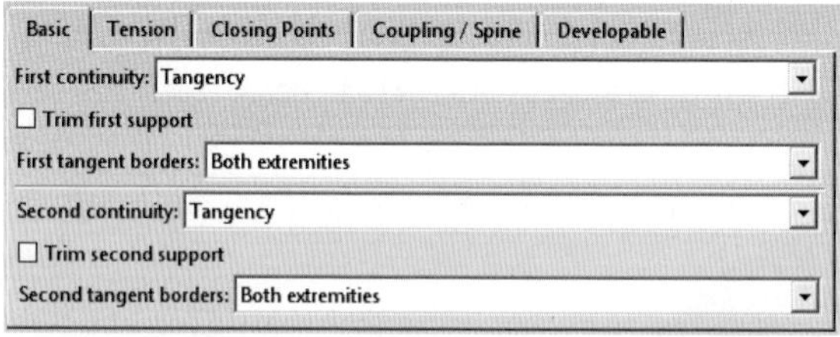

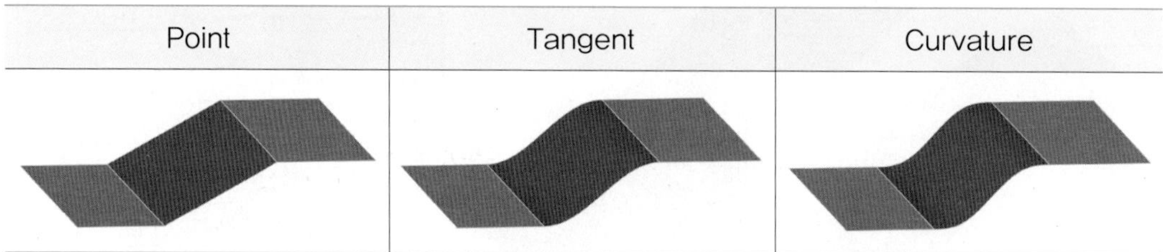

② Tension Tab

– 각 Curve 지점의 Tension 값을 조절

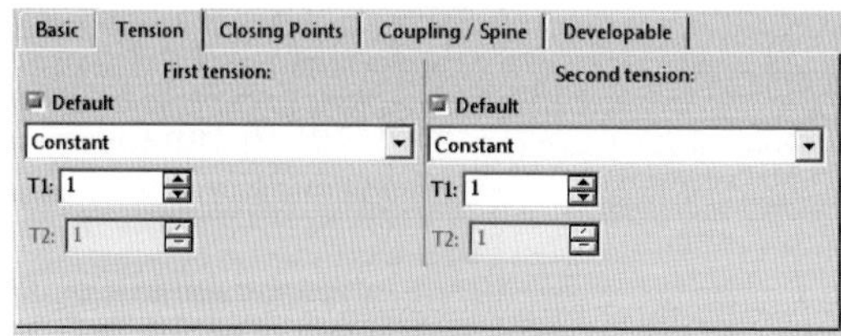

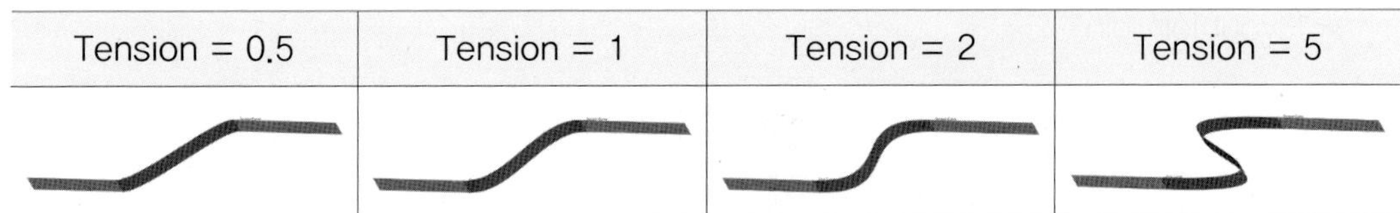

Tension = 0.5	Tension = 1	Tension = 2	Tension = 5

③ Closing Point Tab

- 닫혀있는 Curve 요소를 선택할 경우 Closing Point의 위치를 지정

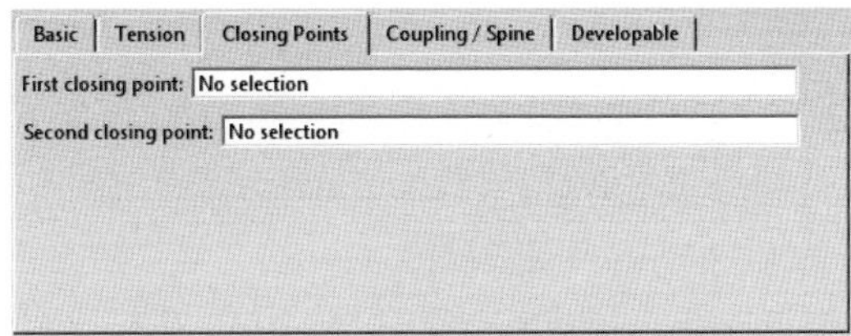

④ Coupling/Spine Tab

- 여러 개의 마디로 나눠진 복잡한 Curve 형상의 경우 각 Vertex 지점으로의 연결 위치를 Coupling으로 잡아 주거나 두 Curve 요소 사이에 Spine을 지정

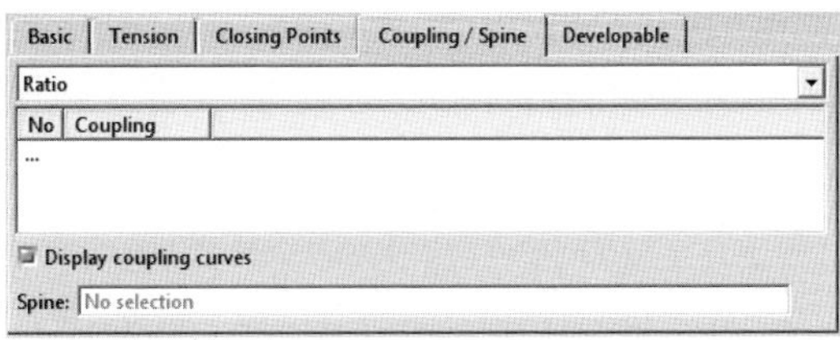

■ Transform

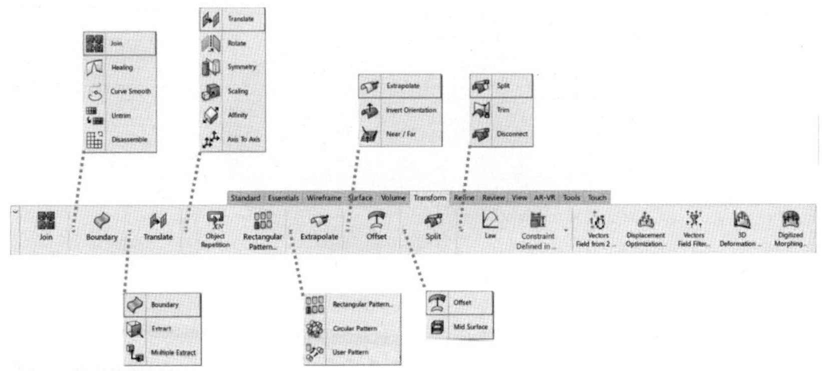

▶ Flyout for Join

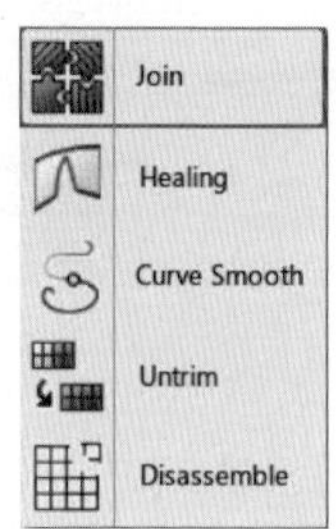

- Join

  - G.S.D App에서 하나 또는 여럿의 Geometrical Set에서 만들어진 형상들은 서로 이웃하고 있더라도 낱개의 요소로 인식
  - 즉, 이어준다/합쳐준다는 정의를 하지 않는 이상 각각의 작업으로 만들어진 결과 형상들은 독립적
  - 따라서 G.S.D App에는 Surface나 Curve 형상을 하나로 이어주는 명령이 반드시 필요한데 그러한 명령이 바로 Join임
  - Join은 이웃하는 여러 개의 Surface들 또는 Curve들을 하나로 합쳐주는 역할을 수행
  - Surface는 Surface 요소끼리 Curve는 Curve 요소끼리 선택을 해주어야 함
  - IGES와 같이 외부 파일을 불러와 수정해 줄 때 조각난 면들을 합쳐주는 작업 등에도 사용

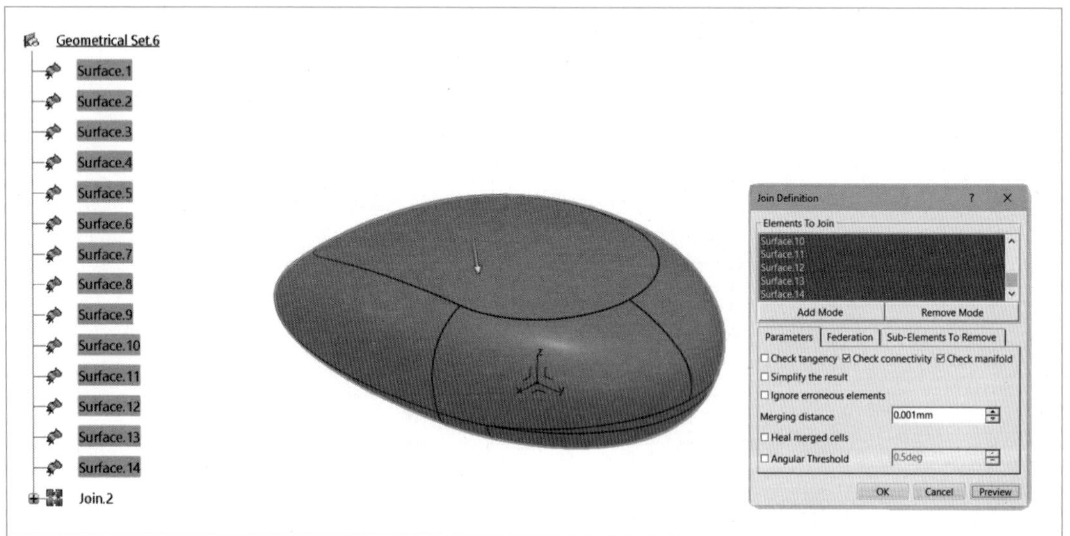

① Check Tangency

- 합쳐주고자 하는 형상들이 서로 접하는 상태인지를 체크해주는 Option

- Tangent 하지 않다면 Error 메시지를 출력
- Default로는 해제

② Check Connexity

- Join하고자 하는 요소들끼리 이웃하는지를 체크하는 Option
- 이웃하지 않거나 요소들 사이의 떨어진 거리가 '0.1mm'보다 클 경우에 Error 메시지를 출력
- 일반적으로 이웃하는 형상 요소들을 하나의 형상으로 합치는 것이 목적이기 때문에 이 Option은 Default로 체크
- Error가 발생한 경우에는 형상 자체를 수정하거나 Join이 아닌 Healing과 같은 방법을 사용해야 함
- 그러나 종종 실제로 이웃하는 형상을 합쳐주려는 목적이 아닌 단순히 하나의 작업으로 묶으려는 목적으로 Join을 사용하기도 함

③ Simplify the result

- Join하면서 형상을 단순화시키는 Option

④ Ignore Erroneous Elements

- Join을 하면서 Error로 인식되는 형상 요소를 무시하는 Option

⑤ Merging Distance

- Join을 실행할 때 이웃하는 형상 요소 사이의 간격을 정의할 수 있는데 이러한 허용 범위가 바로 Merging Distance로 최대가 '0.1mm'의 값으로 정의 가능
- 그 이상의 값은 입력해 줄 수 없으며 이보다 공차가 큰 경우에는 Healing 명령을 사용하길 권장
- Merging Distance는 항상 적용할 수 있는 최소 값을 사용해야 함
- Join으로 형상을 합친 후에 미리 보기를 선택하면 Free Edge에 대해서 녹색의 Boundary로 표시됨

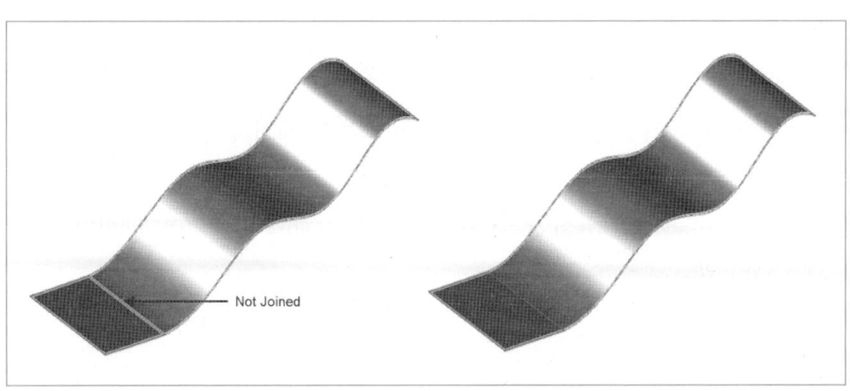

- Join을 하면서 나타나는 화살표시는 Surface 형상의 법선 벡터(Normal Vector)의 방향을 나타냄
- Curve 요소들 역시 Join 가능

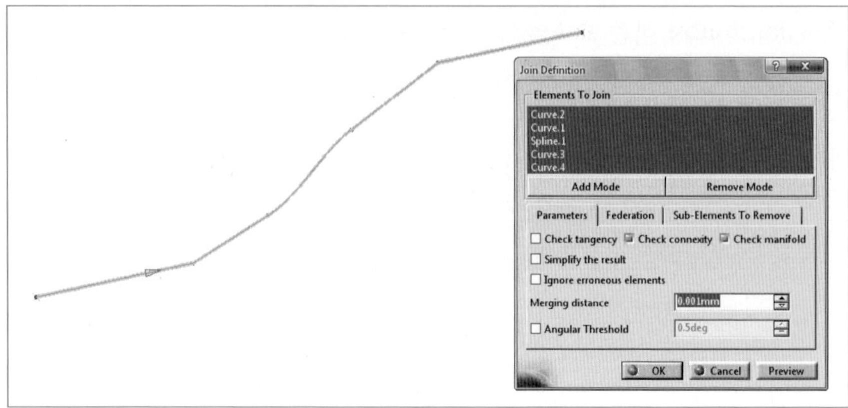

- Healing

  - Join과 유사하게 Surface와 Surface를 하나로 합쳐주는 명령입니다.
  - 일반적으로 Join이 해결하지 못할 정도로 큰 공차를 가진 Surface들을 하나로 합쳐주는데 사용
  - Healing은 Curve 요소에는 사용할 수 없습니다.

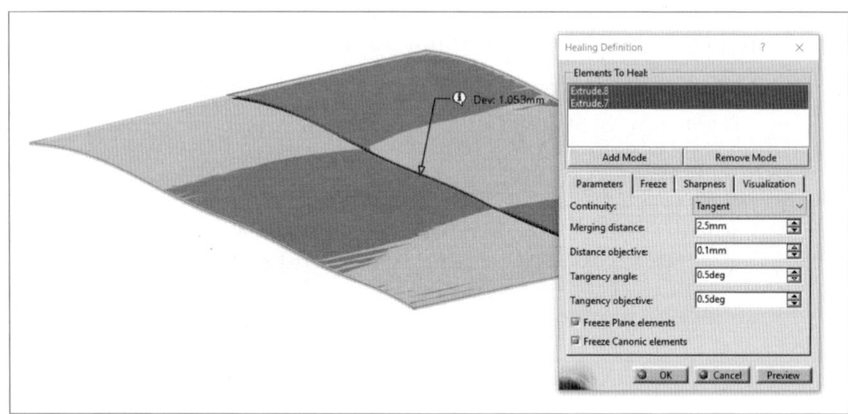

  - 형상의 대 변형을 이용하여 형상의 벌어진 틈을 제거해 합쳐주므로 사용에 주의를 가져야 함
  - 원본 형상을 크게 변형시킬 수 있기 때문에 가급적 Merging Distance 값은 최소로 해주어야 함
  - Healing은 그래서 Review Section에 있는 Connect Checker 라는 명령과 함께 사용하길 권장

① Distance Object

- Healing할 때 허용할 수 있는 최대의 차이 값으로 최대 '0.1mm'까지 입력이 가능

② Freeze Tab

- Parameter Tab을 지나 Freeze라는 Tab을 가면 선택한 Surface의 모서리(Edge) 중에서 Healing할 때 현재 위치에서 변형이 일어나지 않도록 선택을 할 수 있음
- 선택된 Edge를 가진 곡면은 Healing 시에 변형이 최소화됨

• Curve Smooth

- 여러 개의 Sub Element로 즉, 여러 마디로 이루어진 Curve 형상에 대해서 각 연결 지점을 부드럽게 처리해 주는 명령
- Curve를 기반으로 만들어지는 Surface 형상은 Curve가 불연속적이나 마디가 나누어져 있으면 이렇게 나누어진 부분이 그대로 영향을 받기 때문에 필요에 따라 Curve 요소의 수정이 필요함
- 여기서 선택하는 Curve는 반드시 이어져 있어야 하며 떨어진 경우 명령 실행이 되지 않음
- 또한, 연속하더라도 Join과 같은 명령으로 묶여져 있어야 하기 때문에 낱개의 Curve 요소들 사이에 작업해주고자 한다면 Join을 먼저 수행해야 함
- 명령을 실행하고 Curve를 선택하면 Curve to Smooth라는 부분에 입력이 되며 동시적으로 불연속적인 부분을 표시

① 곡선에 대한 연속성(Continuity)

- Point discontinuous(C0 Continuity), Tangency discontinuous(C1 Continuity), Curvature discontinuous(C2 Continuity)
- 각 연속성의 속성을 이해하고 필요한 Smooth하게 하려는 Type을 Continuity에서 선택

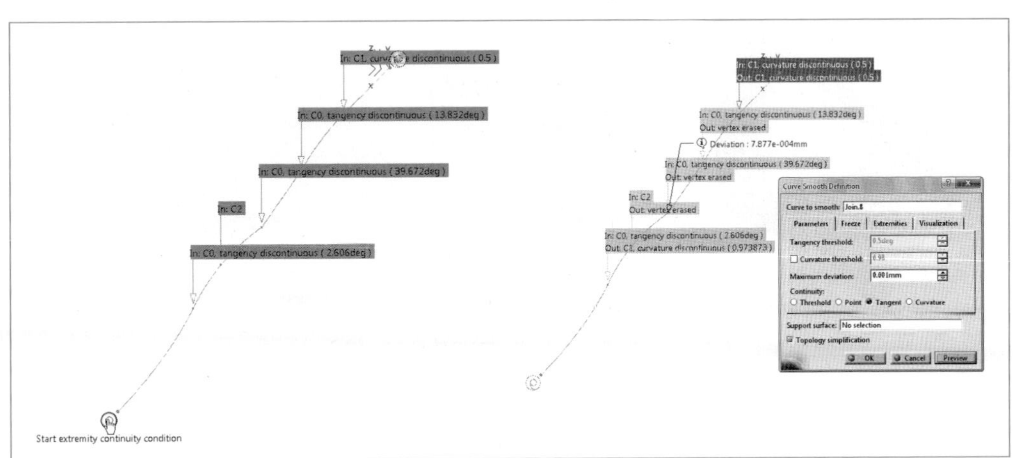

- Maximum deviation(최대 편차) 값을 사용하여 Curve가 연속적이게 Curve를 변형시킬 수 있으나 이 값 역시 너무 큰 값을 입력해 두면 Curve 형상에서 벗어나게 되므로 주의해야 함
- 이러한 작업으로 불연속적인 부분이 제거 되면 화면에서 붉은색으로 나타나던 Vertex 부분이 녹색으로 바뀌면서 'Vertex erased'라고 표시

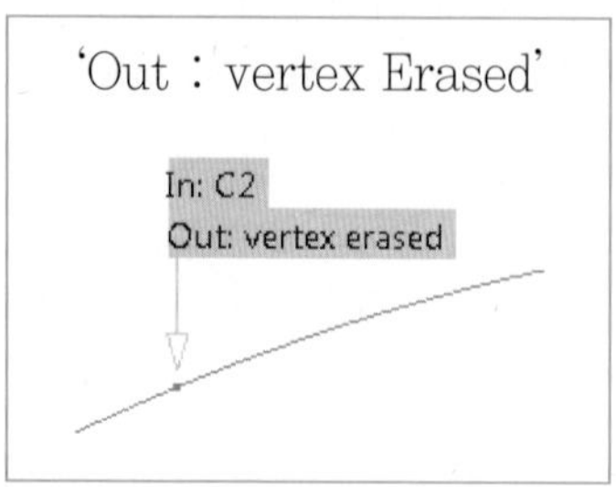

- Parameters Tab을 지나 Freeze Tab에서는 변형을 일으키지 말아야 한 Curve 요소를 선택할 수 있음
- Curve Smooth 명령 역시 원본 형상에 변형을 주는 명령이기 때문에 Maximum deviation(최대 편차)을 너무 크게 주지 않도록 주의해야 함

• Untrim

- Surface를 G.S.D App의 Split 로 절단한 후, 다시 이 절단되어 잘려나간 부분 등을 복구하는 명령
- 물론 앞서 절단시키는데 사용한 명령을 취소하는 방법도 있을 수 있지만 명령을 취소할 수 없거나 형상이 Isolate된 경우라면 Untrim 명령을 사용하는 것이 제일 적합
- 명령을 실행시키고 다음과 같이 곡면을 선택하면 Process 창이 진행되어 결과가 나타남

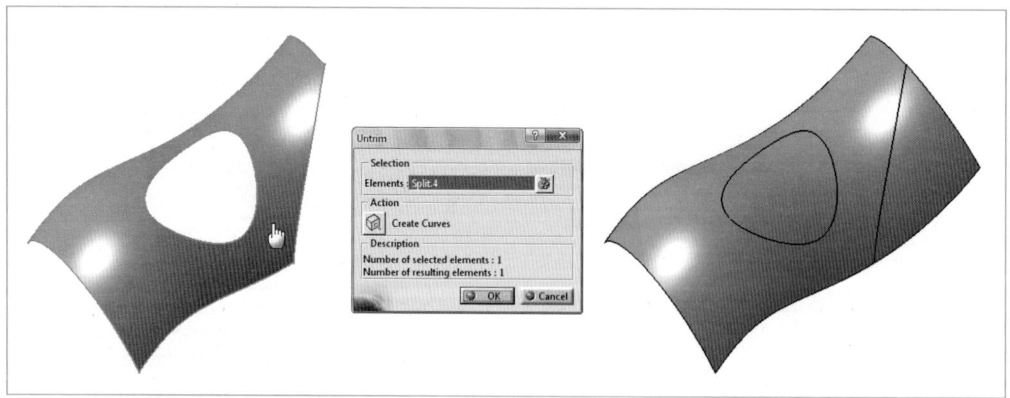

- Untrim 전 형상이 겹쳐서 출력되므로 불필요한 경우 숨기기 해줌
- Definition 창에서 Create Curves 를 체크하면 Untrim을 수행하면서 잘려나간 지점에 경계 요소가 Curve로 추출되어 만들어짐

• Disassemble

- 여러 개의 Sub Element로 이루어진 Surface나 Curve를 Domain을 기준으로 나누거나 또는 모든 Sub Element를 낱개의 요소로 분리시켜 Geometry를 생성
- Surface의 경우 여러 개의 마디(또는 패치)로 나누어졌을 경우 이 각각을 개별 Surface 들로 분리시킴
- 마찬가지로 Curve의 경우도 연속적이지 않고 마디가 나누어진 부분들을 모두 쪼개어 낱개의 Curve 조각을 만들어 냄
- 이렇게 Disassemble된 Surface/Curve는 Isolate된 상태이기 때문에 Spec Tree 상에서 Parent/Children 관계가 모두 끊어짐
- 명령을 실행 후 Input Elements를 입력하면 Default로 Definition 창 왼쪽의 'All Cells'로 즉, 모든 Sub Element 단위로 Disassemble하도록 선택이 가능하며, 동시에 몇 개의 요소로 나누어지는지도 확인 가능

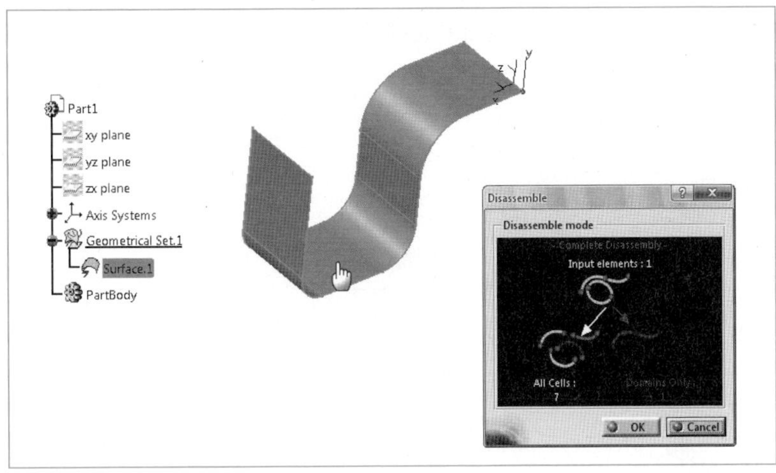

- Disassemble 후에는 원본 형상은 그대로 있고 이 형상을 구성하던 요소들이 분리되어 따로 생성되는 것을 확인 가능

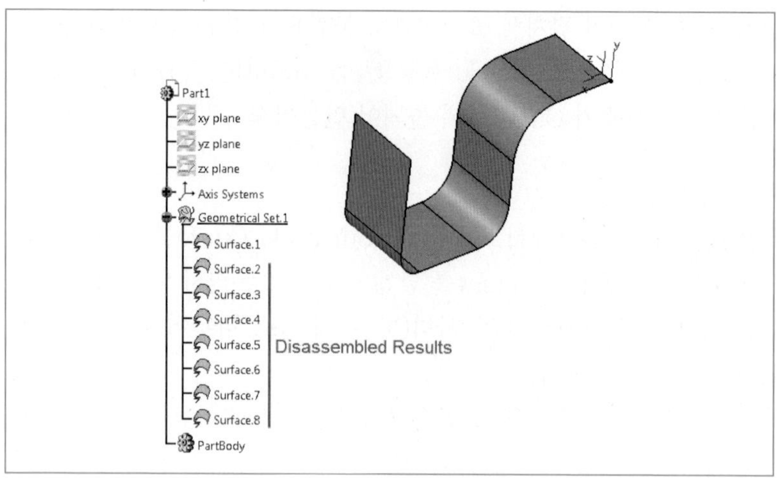

- 이렇게 분리된 형상들은 따로 숨기기나 삭제, 경계면 수정과 같은 독립적인 작업이 모두 가능
- 만약에 Domain 단위로 Disassemble하고자 한다면 Definition 창에서 오른쪽의 'Domain Only'를 선택. Domain 단위로 Disassemble을 하면 연속적인 부분은 나누어 지지 않고 떨어진 요소들끼리만 분리
- 한 가지 주의할 것은 Disassemble에 의한 결과는 완전히 Isolate된 결과이기 때문에 앞서 원본 형상의 업데이트나 수정에 따라 달라질 수 없음

▶ Flyout for Boundary

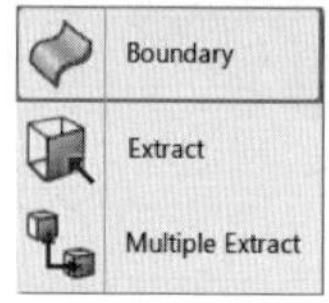

- Boundary
  - Surface나 Solid 형상의 모서리(Edge)를 Curve 요소로 추출하는 명령
  - 일반적으로 Surface의 모서리나 Solid 형상의 것을 직접 선택하여 작업에 이용할 수 있으며, 주로 Surface의 모서리를 추출하는 데 사용하고 Solid 형상에서는 면 단위로 경계선 추출이 가능

① Complete boundary

- 형상이 가지고 있는 모든 모서리의 Edge가 Boundary로 추출

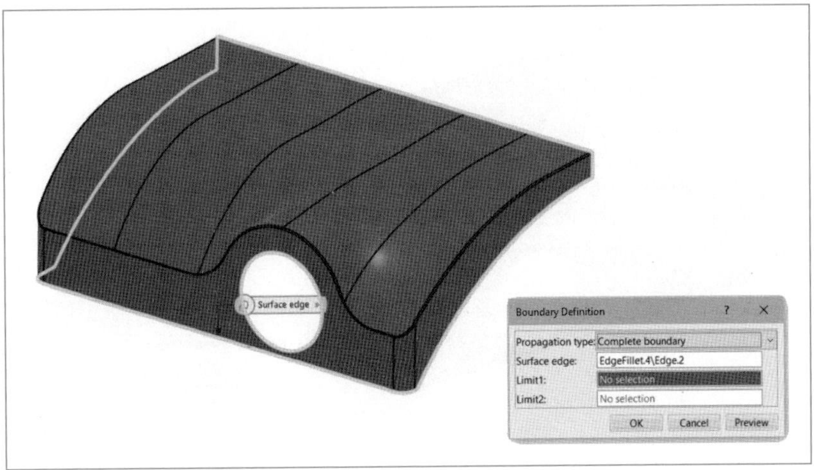

② Point Continuity

- 현재 선택한 모서리와 이어져 있는 모든 모서리가 Boundary로 추출
- 선택한 Edge를 따라서 연속된 모든 형상의 경계를 추출

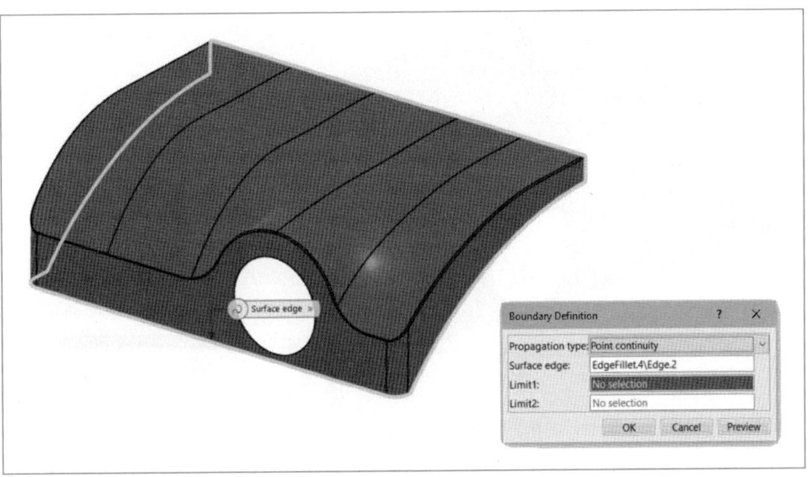

③ Tangent Continuity

- 현재 선택한 모서리와 Tangent하게 접하고 있는 모서리까지 Boundary로 추출

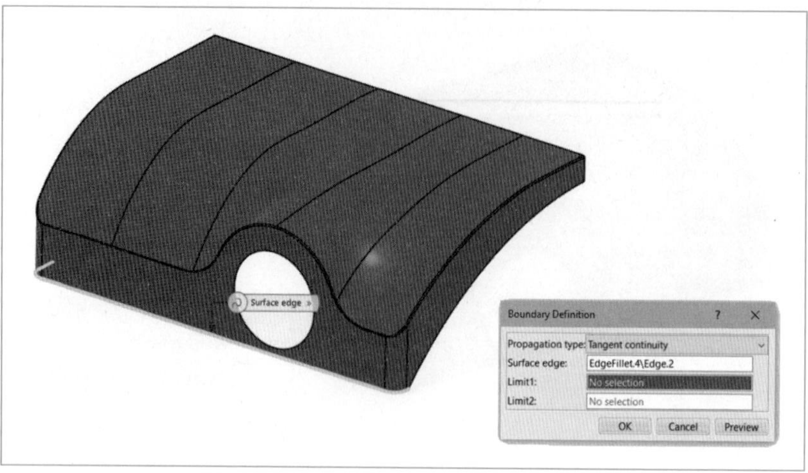

④ No propagation

- 현재 선택한 모서리만 Boundary로 추출

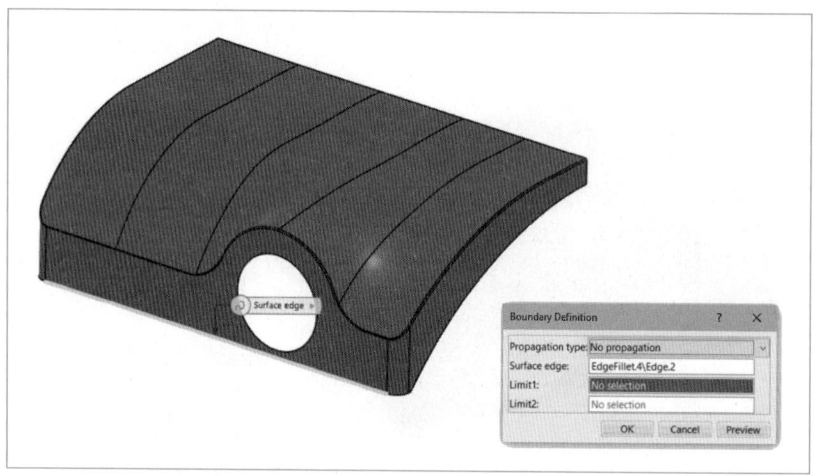

- 경계와 교차하는 두 Limit 요소를 사용하여 Boundary로 추출될 범위를 지정할 수 있음

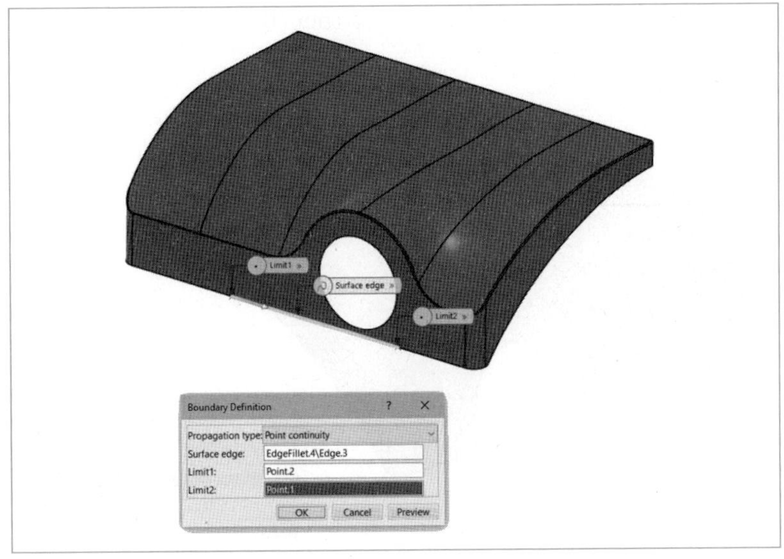

- 이렇게 생성된 요소는 3차원 형상에 종속되기 때문에 Parent인 요소가 변경되었을 때 그 결과를 함께 반영함

- Extract
  - 3차원 형상에서 Sub Element를 추출하는 명령으로 Curves, Points, Surfaces, Solids 등에서 형상을 추출 가능

- 만약에 곡면이 가진 모서리(Edge)를 Extract한다고 하면 선택한 모서리를 Curve 요소로 추출할 수 있음

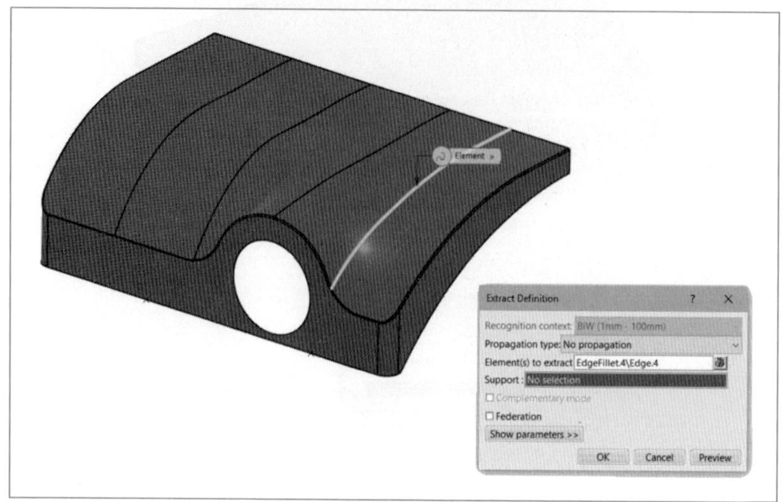

- Complementary Mode란 선택한 대상을 뺀 나머지 모두를 Extract하는 Option.
- Extract 역시 Element를 복수 선택이 가능하고 Boundary와 같이 4 가지의 Propagation Type 사용 가능
- 복수 선택한 대상의 경우 각각의 Surface 형상은 따로 Spec Tree에 나타납니다. 여기서 복수 선택을 했다고 해서 대상이 하나로 이어지는 것은 아님

- Extract와 같은 명령은 다른 형상 모델링 명령의 Stacking Command로 자주 활용할 수 있음

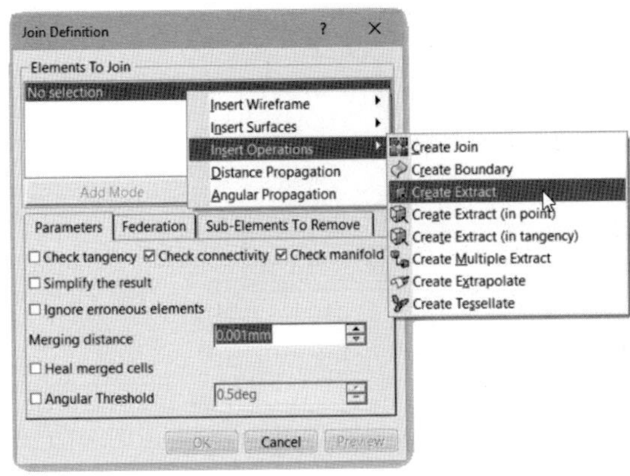

- Multiple Extract
  - Extract와 유사한 명령으로 선택한 요소를 하나로 묶어 추출하는 기능을 수행
  - 선택한 요소별로 연속성 Mode 정의 가능
  - Extract는 복수 선택으로 대상을 선택하였더라도 각각이 서로 독립적인 향상으로 추출이 되지만 이 Multiple Extract는 한 명령에서 선택한 모든 형상은 하나의 형상으로 묶여 추출

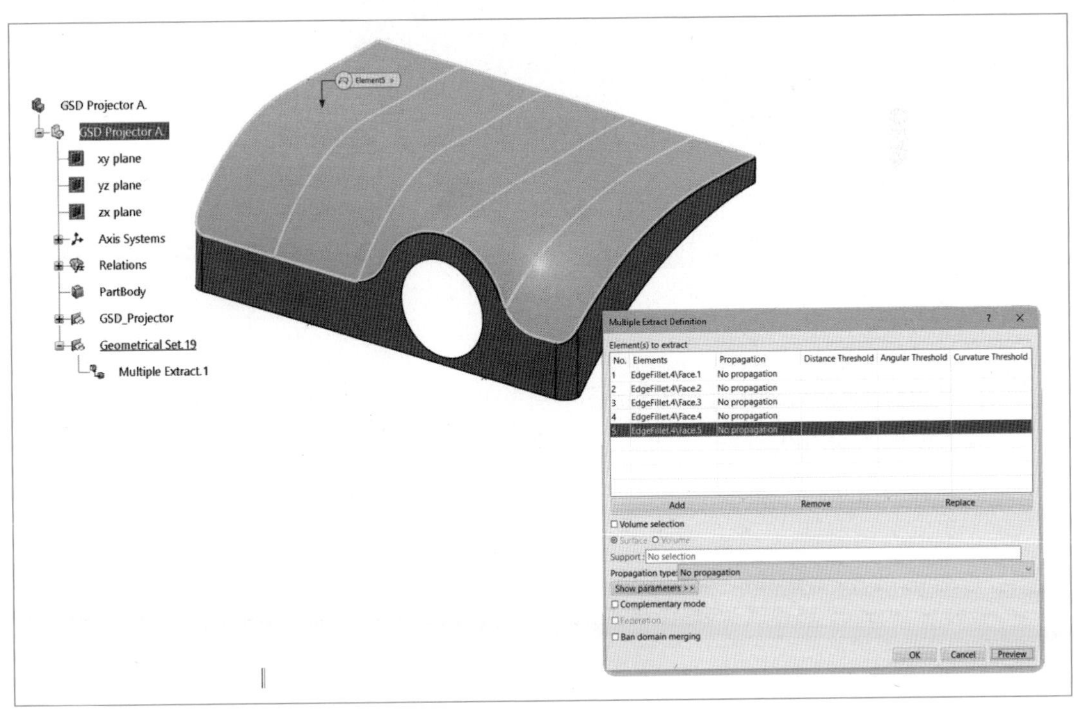

▶ Flyout for Translate

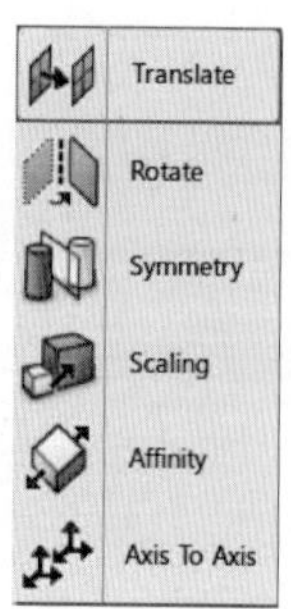

- Translate

  - Surface나 Curve, Point, Sketch 등의 요소를 평행 이동시키는데 사용하는 명령
  - Geometrical Set 안에서 선택한 요소만을 이동시킬 수 있으며 복수 선택 또한 가능
  - Geometrical Set을 선택하면 그 안에 있는 모든 요소가 이동
  - 평행 이동하고자 하는 대상(들)을 선택하고 이동할 방향을 선택하여 거리 값을 입력
  - 방향 성분은 직선 요소인 Line이나 축, 평면 등이 가능

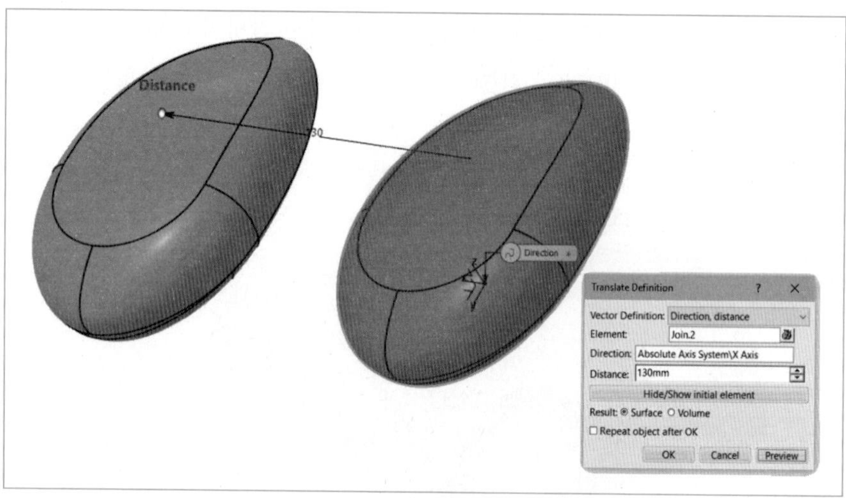

  - 'Hide/Show initial Element'를 클릭하면 원본 형상을 화면에 나타나게도 할 수 있고 또는 숨기기 가능

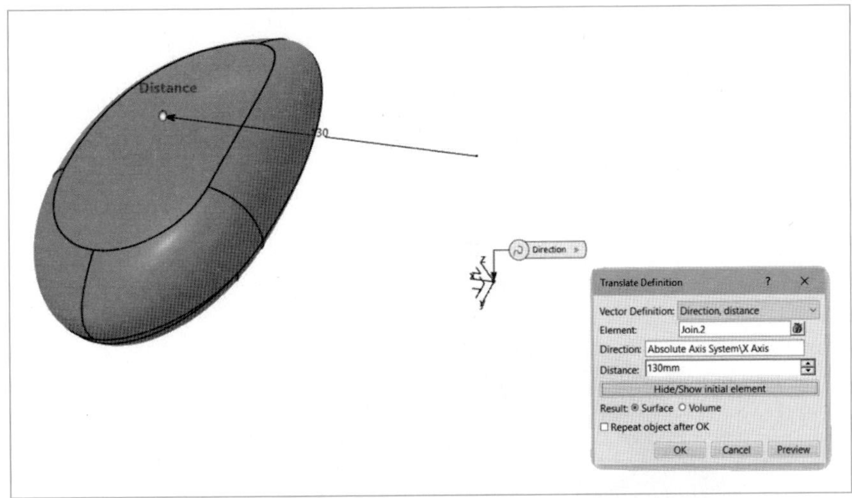

- G.S.D App에서의 작업한 Surface나 Curve 요소는 절단이나 잇기 등의 작업으로 처음 만든 형상을 수정해 다른 형상을 만들어도 원래 상태의 모습을 가지고 있으며, Spec Tree에서 단지 숨기기만 되는 것이기 때문에 언제든지 다시 사용할 수 있음

- Rotate
  - Surface나 Curve, Point, Sketch 등의 요소를 임의의 기준을 이용하여 회전시키는 명령

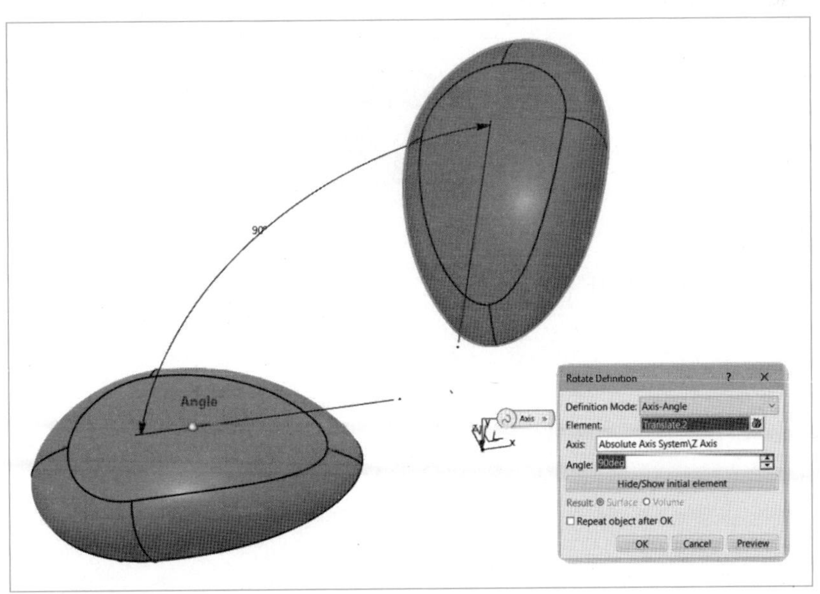

- Symmetry
  - Surface나 Curve, Point, Sketch 등 형상의 대칭 결과물을 만드는 명령
  - 대칭 복사 또는 대칭 이동으로 정의 가능

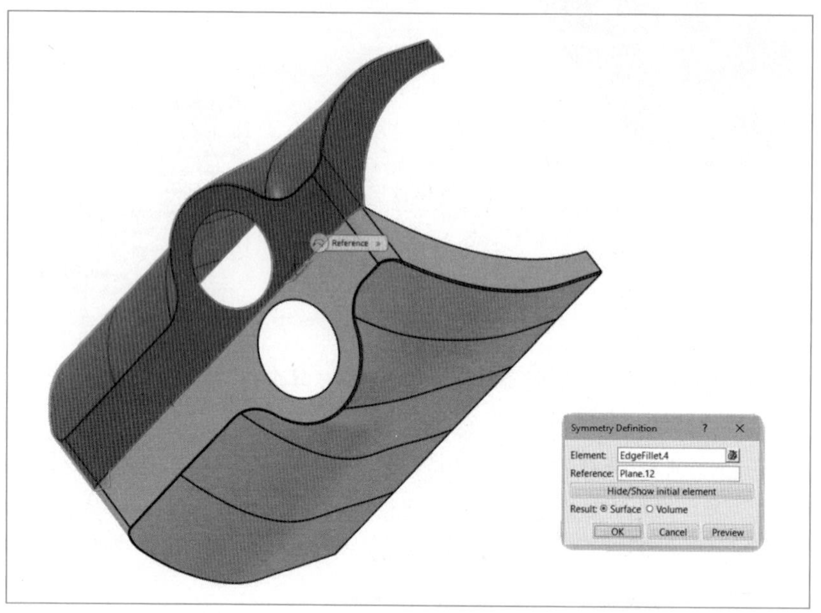

- Scaling
  - Surface나 Curve, Point, Sketch 등의 형상을 임의의 방향을 기준으로 크기를 조절하는 명령
  - 3차원 직교 방향 각각에 대해서 각 방향으로 Scale을 따로 해주어야 함

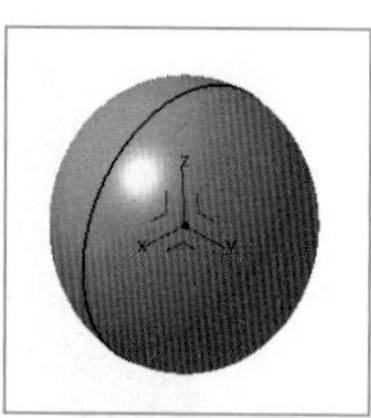

  - 기준 방향과 비율 값 필요

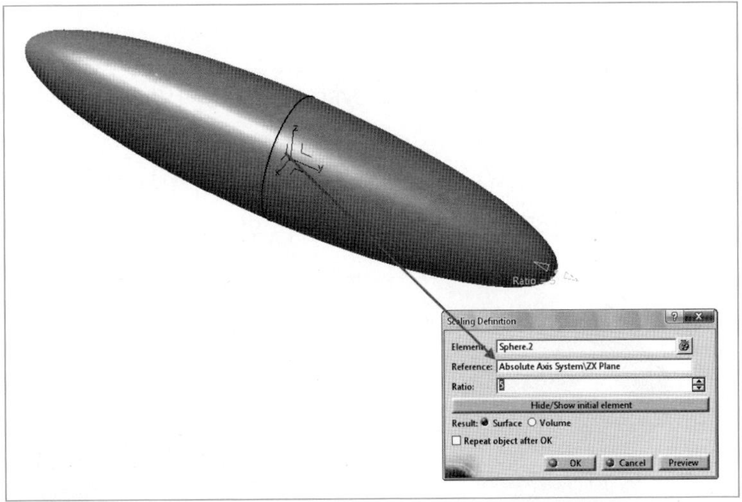

- Affinity
  - 선택한 형상을 3축 방향으로 각각 그 크기를 조절할 수 있는 명령
  - 여기서 대상을 선택하고 방향을 잡기 위해 원점(Origin)과 평면(XY Plane), 축(X Axis) 요소를 선택
  - 다음으로 각 3축 방향의 Ratio를 조절하여 형상의 크기를 조절
  - 'Hide/Show initial Element'를 클릭 안 하면 원본 형상과 겹쳐 보임

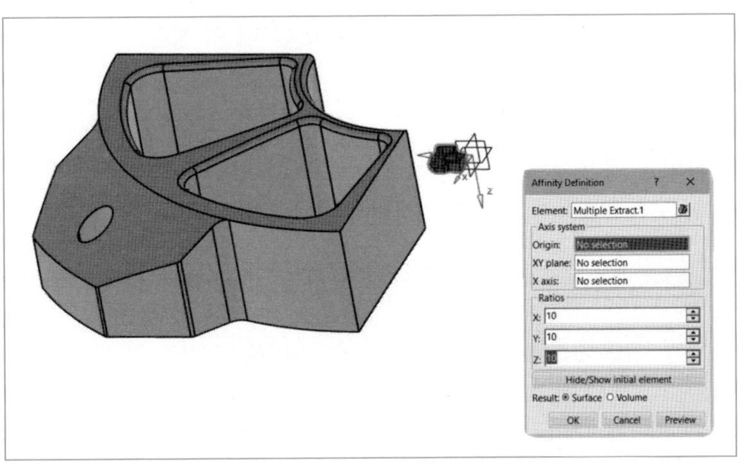

- Axis To Axis

  – 이동하고자 하는 3차원 형상을 Axis system을 이용하여 빠르고 간편하게 축 대칭 이동시키는 명령

  – 옮기고자 하는 형상(Element)을 선택하고 이 형상이 있는 부위의 Axis를 Reference에 선택하고 Target에 새로이 옮기고자 하는 위치의 Axis를 선택

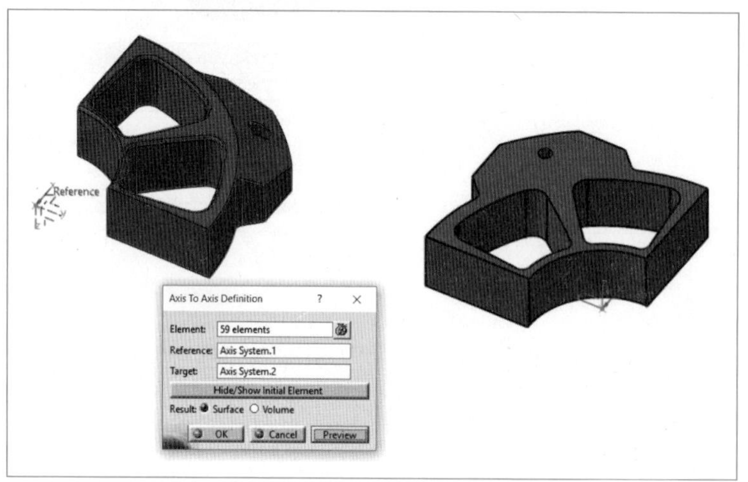

- Object Repetition

  – 현재 어떠한 대상을 만드는 작업을 한다고 할 때 이 생성 작업을 반복해서 하게 하는 명령으로 어떠한 작업을 한번 마치고 이 명령에 따라 그 작업을 몇 차례 반복해서 수행할 수 있게 할 수 있음

  – 일부 작업 명령에 Repeat object after OK가 있는데 이것을 사용하는 것과 같은 효과로 Repeat object after OK Option이 있는 명령은 다음과 같음

> - Point 생성 명령에서 Point Type이 On Curve인 경우
> - Line 생성 명령에서 Line Type이 Angle/Normal to Curve인 경우
> - Plane 생성 명령에서 Plane Type이 Offset from Plane인 경우
> - Plane 생성 명령에서 Plane Type이 Angle/Normal to plane인 경우
> - Surface 또는 Curve 요소를 Offset시키는 경우
> - Surface 또는 Curve 요소를 Translate시키거나 Rotate시키는 경우
> - Surface 또는 Curve 요소를 Scale하는 경우

▶ Flyout for Rectangular Pattern

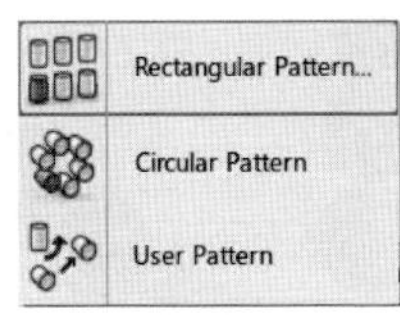

- Rectangular Pattern
  - Pattern이란 일정한 규칙성을 가진 채 반복되는 형상을 가리키는데 직각의 두 방향으로 임의의 선택한 Surface, Curve 형상을 복사하는 명령
  - 기본 설명과 옵션은 Part Design과 동일

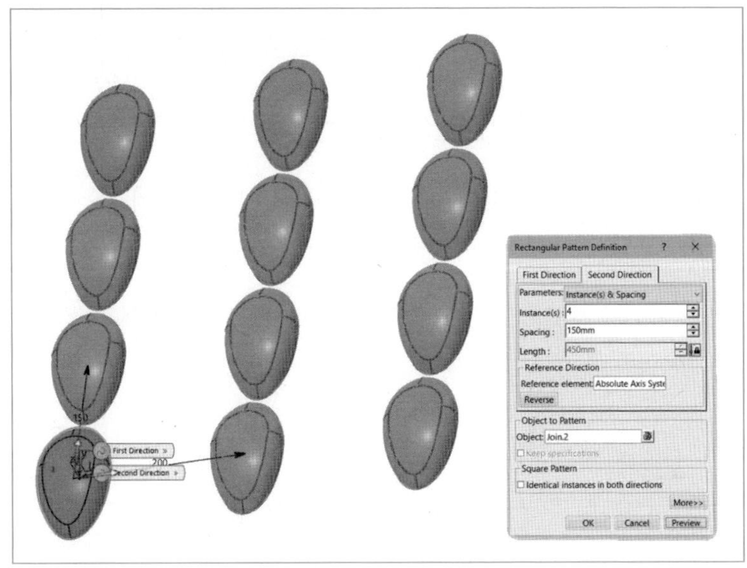

  - Anchor의 경우 각 단면 형상의 기준점 위치를 맞추는 데 사용

- Circular Pattern
  - Circular Pattern은 앞서 Rectangular Pattern과 마찬가지로 어떤 규칙을 가진 채 형상을 복사하게 되는데 이 명령은 회전축을 잡아 그 축을 중심으로 회전하여 원형으로 형상을 복사
  - 선택한 기준 축을 중심으로 임의의 선택한 Surface, Curve 형상을 복사하며, 명령을 실행하고 Pattern 하고자 하는 대상을 선택해 주어야 명령이 활성화 됨

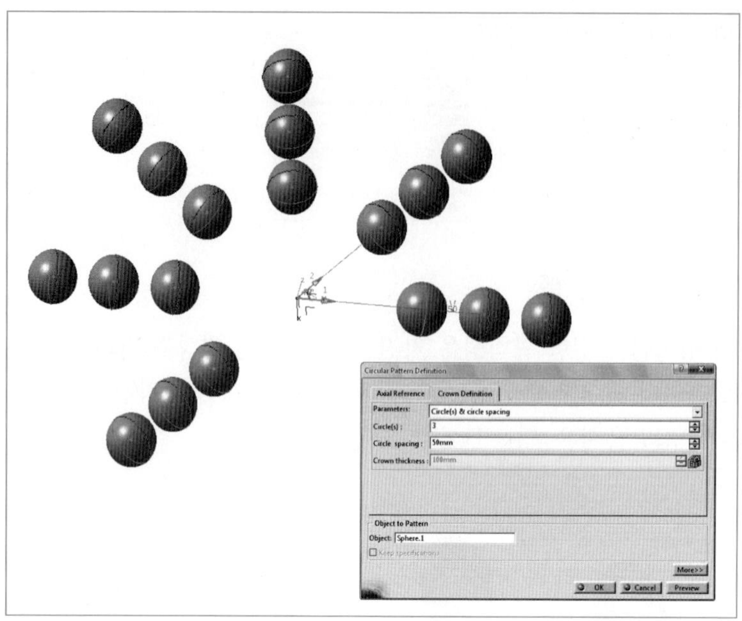

– 물론 이러한 Pattern은 Curve 요소에 대해서도 적용이 가능

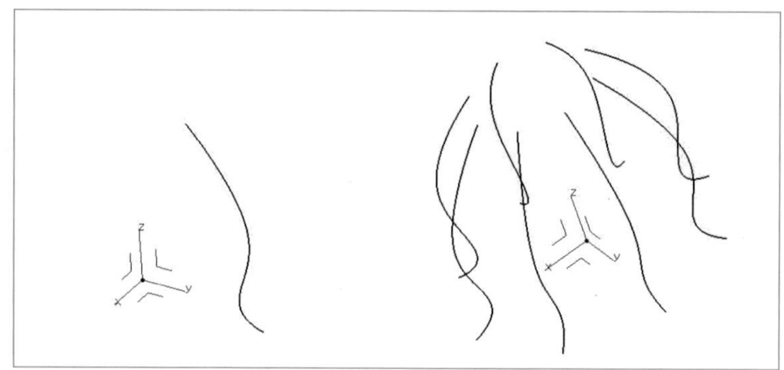

- User Pattern

– User Pattern은 일정하게 Pattern되는 규칙이 정해진 것이 아니라 자신이 Pattern으로 복사될 지점을 Sketch나 별도의 입력 요소를 사용하여 해당 위치에 선택한 형상을 Pattern

– User Pattern에는 Position이라는 부분이 있어 이곳에 작업자가 원하는 위치를 특정하는 것이 가능

– 복사할 대상의 위치를 사용자가 Sketch에서 Point로 Profile하여 임의의 선택한 Surface, Curve 형상을 복사하는 명령

– 다음과 같이 Pattern 하고자 하는 형상과 이 형상이 Pattern 될 위치를 나타내는 위치를 Sketch에서 만들어 주면 해당 위치에 대해서 Pattern이 가능

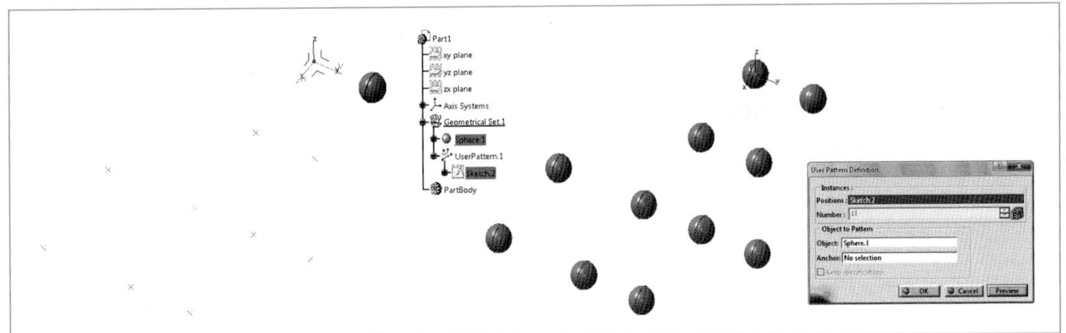

- Axis 요소를 입력 요소로 사용하여 Geometrical Set을 User Pattern의 Position 입력 요소로 정의 가능

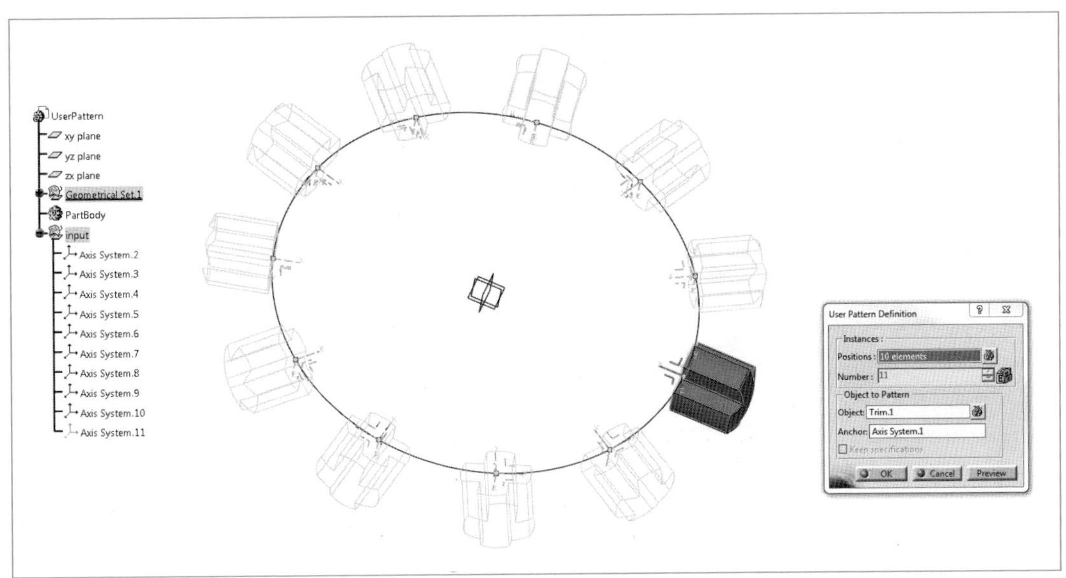

- 여기서 Anchor를 입력했을 때와 아닐 때를 비교하여 보기 바라며, 3차원 공간상에 특정 위치를 정의하여 형상을 Pattern할 때는 Anchor의 역할이 중요

▶ Flyout for Extrapolate

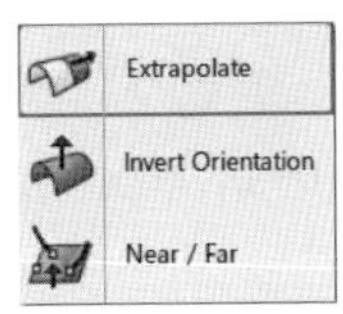

- Extrapolate
  - 이 명령은 Surface나 Curve 요소에 대해서 선택한 지점을 기준으로 그 길이를 연장해주는 명령

- Surface나 Curve를 이용하여 어떠한 작업을 하려고 할 때 그 길이가 모자란 경우 간단히 그 형상의 늘리고자 하는 위치의 Vertex나 Edge를 Boundary에 선택하고 대상을 Extrapolated에 선택 후 길이 값을 입력
- Continuity Option은 Tangent, Curvature 두 가지가 있으며 늘어나는 값을 길이(Length)가 아닌 'Up to Element'를 사용하여 임의의 위치의 대상까지 연장할 수 있음
- Curve/Surface의 경우를 예를 들어보면 다음과 같이 연장될 부분의 Vertex를 Boundary로 선택해 주고 Extrapolated에 Curve를 선택

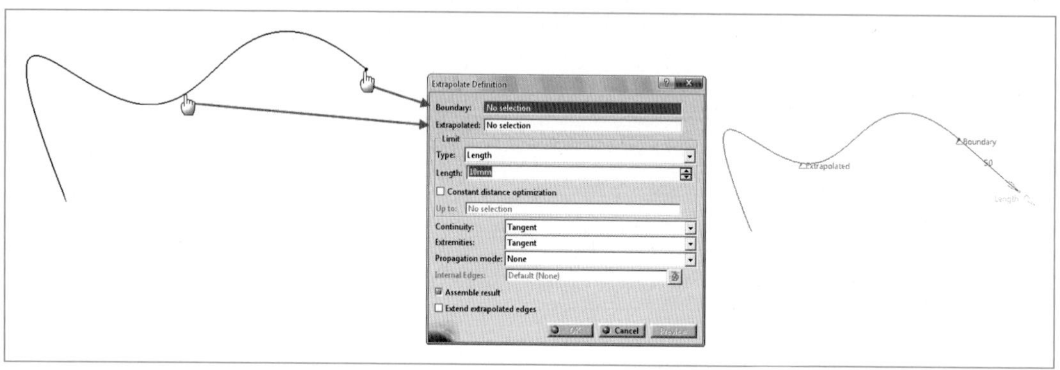

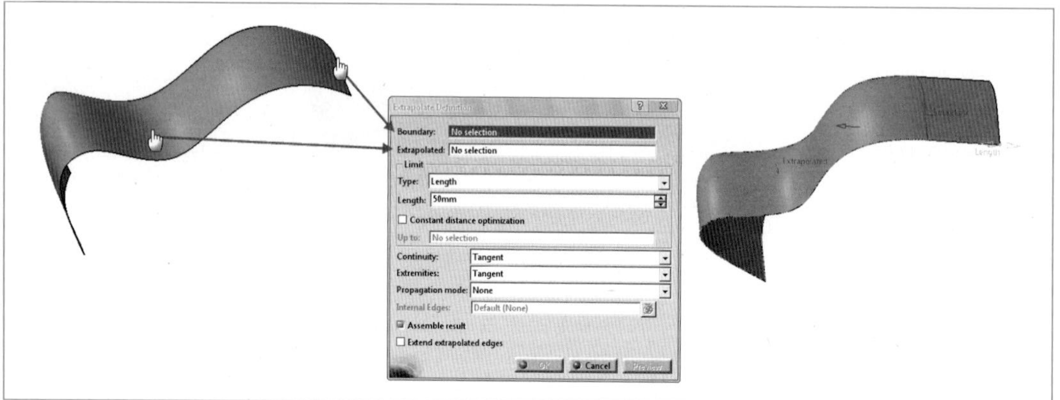

- Definition 창의 'Assemble result'을 해제하면 연장된 부분을 별도의 요소로 인식 가능
- 이렇게 Curve나 Surface 형상을 연장시킬 때 형상이 복잡한 경우 연장되는 형상을 만들어 내지 못하는 경우가 있으니 주의 필요

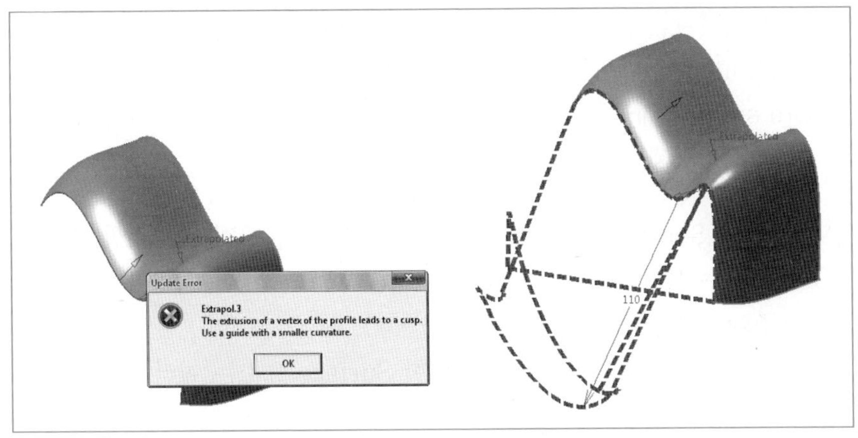

- Invert Orientation
  - 선택한 곡면 또는 곡선 요소의 법선/탄젠트 방향을 변경할 때 사용
  - 명령을 실행한 후 Invert Definition 창에서 Reset Initial 버튼을 클릭하거나 화면 상에서 화살표시를 클릭하여 반전
- Near/Far
  - Multi-Result Management 부분을 참고

▶ Flyout for Offset

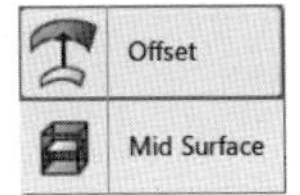

- Offset
  - 선택한 Surface를 일정한 거리를 오프셋하여 새로운 Surface를 만드는 명령
  - Offset 하고자 하는 Surface를 선택하고 Offset 수치 값을 입력

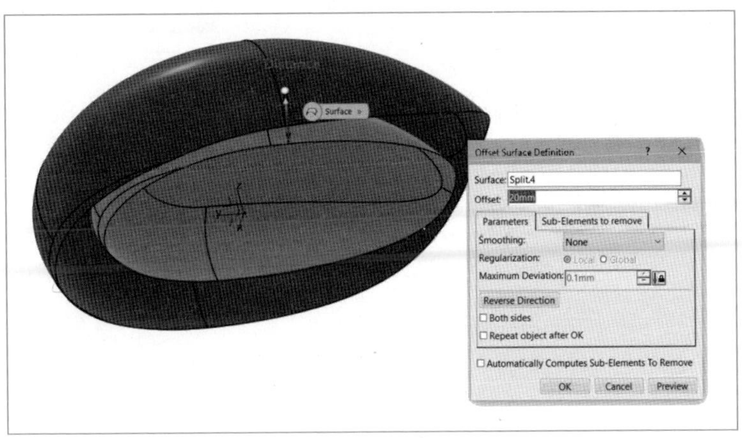

- 화면에 나타나는 붉은색 화살표 방향대로 곡면이 만들어지며 이 화살표를 클릭하거나 Definition 창에서 Reverse Direction을 이용하여 Offset되는 방향 변경 가능
- 'Both sides'를 체크하면 Surface를 기준으로 양쪽 방향으로 Offset 생성

• Variable Offset

- 여러 개의 Sub Element로 이루어진 Surface에 대해서 일정한 값으로 동일하게 Offset 하는 것이 아닌 각 Sub Element(Domain Surface)마다 Offset 값이 변화하는 Offset을 수행하는 명령
- Variable Offset을 사용하려면 선택한 Surface 요소는 여러 개의 Sub Element로 나누어져 있어야만 가능
- 즉, 다음과 같은 하나의 Domain으로 이루어진 Surface는 Variable Offset을 사용 불가
- Global Surface : 전체 Surface 형상을 선택
- Sub-Partto Offset : 여기서는 위의 Global Surface를 구성하는 Sub Element를 차례대로 선택

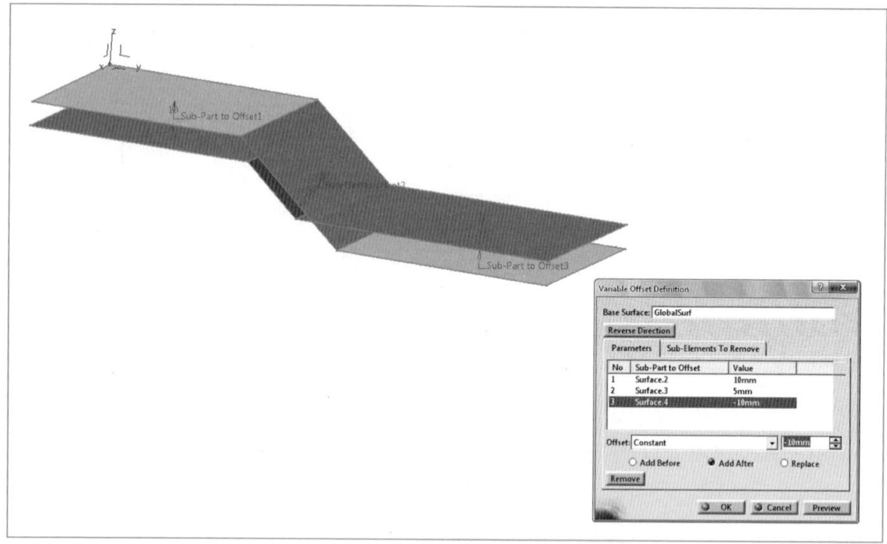

- Offset 값을 Constant에서 Variable로 변경하면 Variable인 Surface의 경우 양쪽 Surface의 Offset 값에 절충하여 형상이 변경

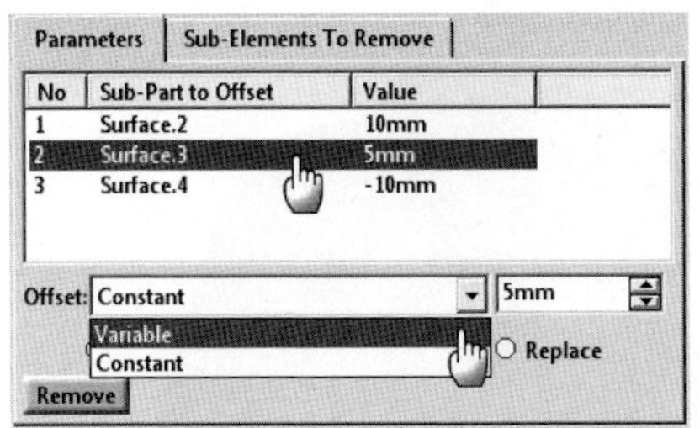

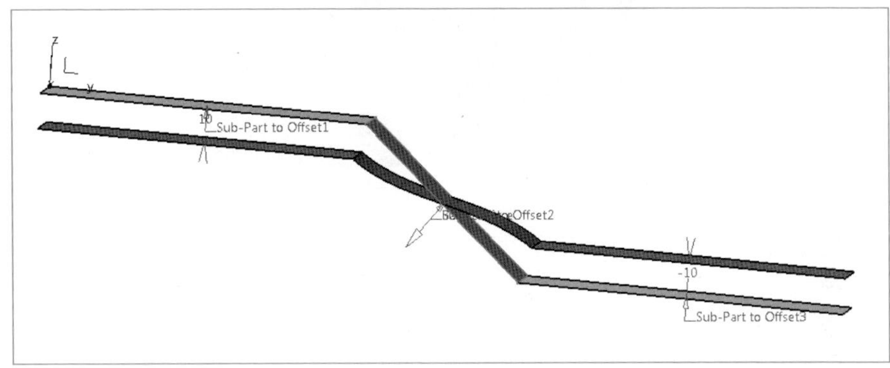

- Rough Offset
  - Rough Offset은 원래의 Surface를 대변형하여 Offset하는 명령(통상 Offset 범위 이상)
  - 복합한 형상의 Domain들을 단순화시킬 수 있는 장점도 있음

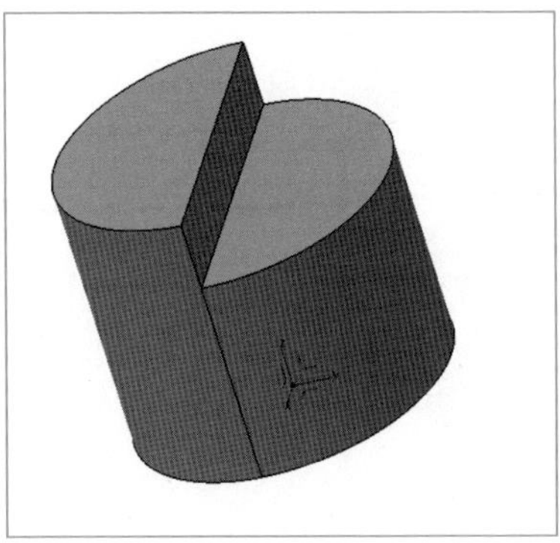

- Rough Offset을 실행시키고 Surface를 선택해 주고 Offset 하고자 하는 값을 입력

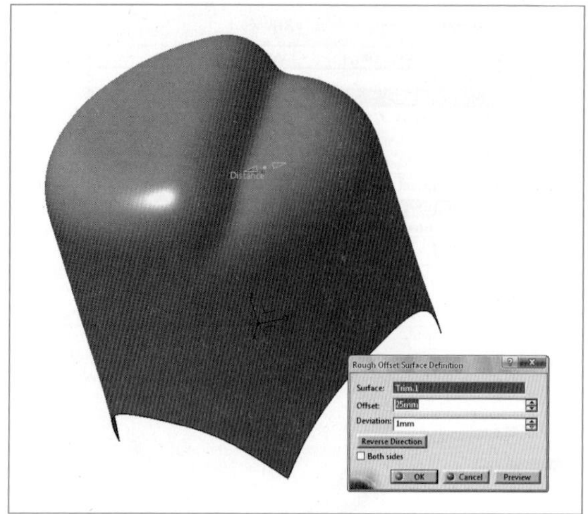

- Deviation은 1mm부터 정의 가능

- Mid Surface
  - 형상이 가진 중립면(Neutral Face)을 생성해 주는 기능 수행
  - 일반적으로 Solid 형상의 중립면을 사용하여 FEM이나 판재 모델링과 같이 일정한 두께를 적용하는 대상의 설계에 활용
  - Creation Mode : Face Pair, Face To Offset, Automatic
  - Face Pair로 할 경우 서로 짝이 되는 면을 맞춰 주어 중립면을 생성

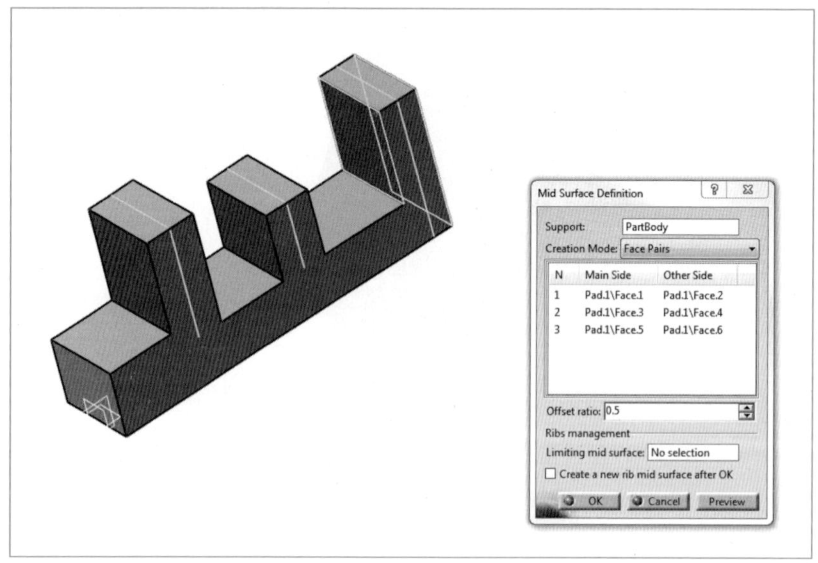

- 아직 가변 두께를 가지는 형상에 대해서 중립면 정의가 불가능

▶ Flyout for Split

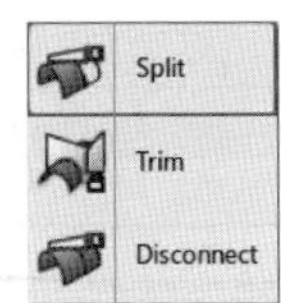

- Split

  - Surface 또는 Curve 형상을 임의의 기준 요소를 경계로 하여 절단하는 명령
  - G.S.D App에서는 형상을 만드는 과정에서 형상을 만들고 불필요한 부분을 잘라내어 다른 형상과 이어주는 작업 방식을 사용하기 때문에 Join 과 함께 매우 중요한 기능을 담당
  - Surface를 이와 교차하는 다른 Surface 면을 기준으로 절단하거나 또는 평면이나 Surface 위에 놓인 Curve를 사용하여 절단이 가능
  - Curve의 경우에는 교차하는 다른 Curve를 기준으로 절단하거나 또는 평면, Curve 위의 Point를 사용하여 절단이 가능

① Example

ⓐ Surface Split

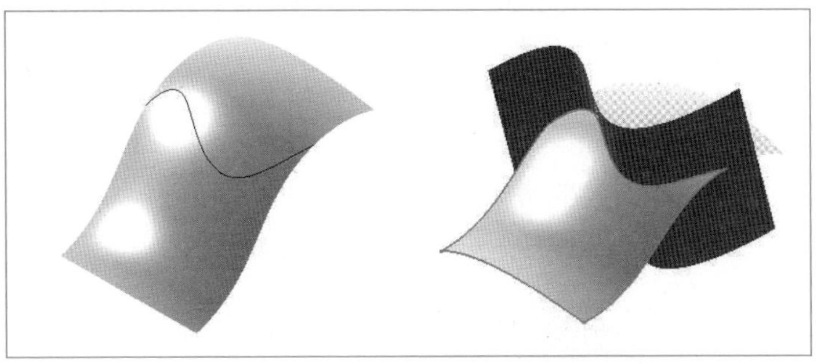

ⓑ Curves Spilt

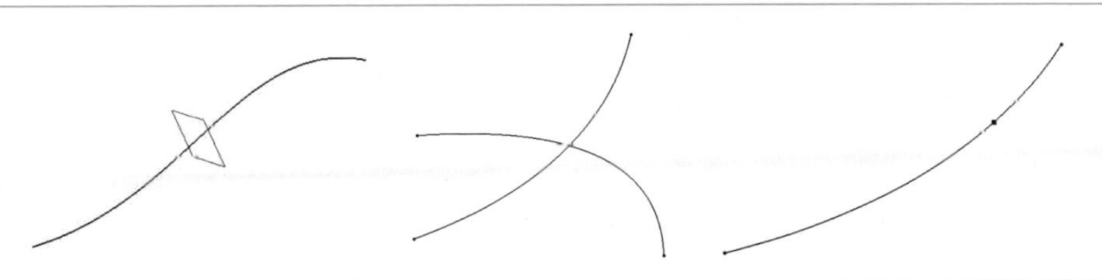

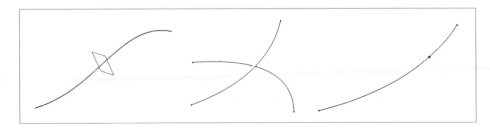

ⓒ Split Definition 창

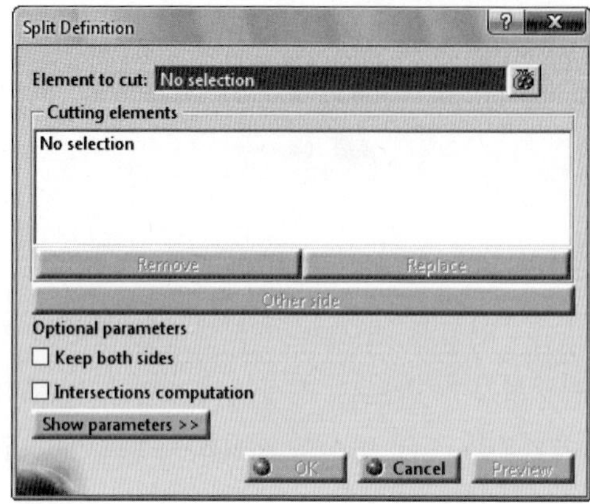

② Element to cut

- 절단하고자 하는 대상을 선택

③ Cutting Elements

- 절단의 기준이 되는 요소를 선택

④ Other Side

- 절단될 결과물이 절단 기준을 바탕으로 두 가지가 발생하기 때문에 원하는 결과물이 생성될 방향을 선택

⑤ Keep both sides

- 절단 요소를 기준으로 양쪽 형상을 모두 원할 경우 이 Option을 체크

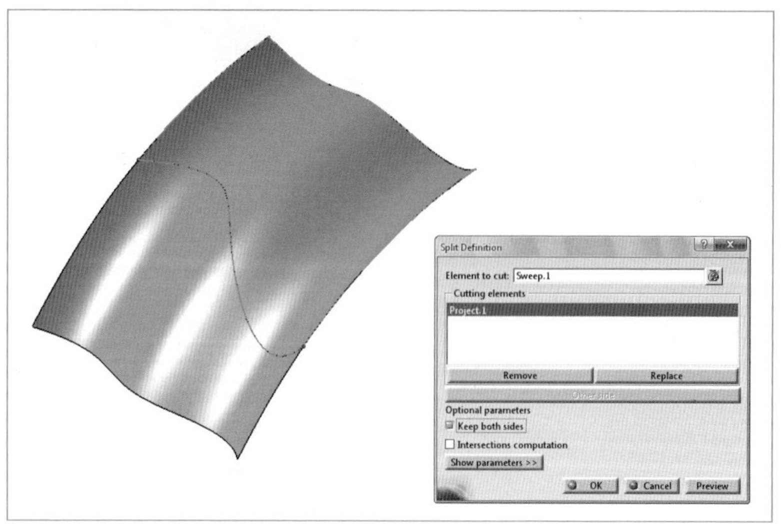

- 이 Option을 체크하면 Spec Tree에서는 다음과 같이 정렬

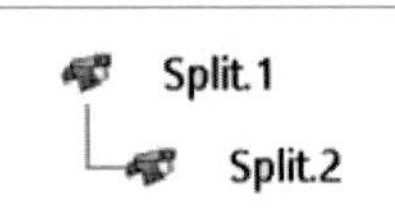

- Split에서 기준면을 자르려고 하는 형상을 완전히 나누지 못하면 Automatic extrapolation 기능에 의해 자동으로 기준면을 늘려 Split를 시킬 수 있습니다.

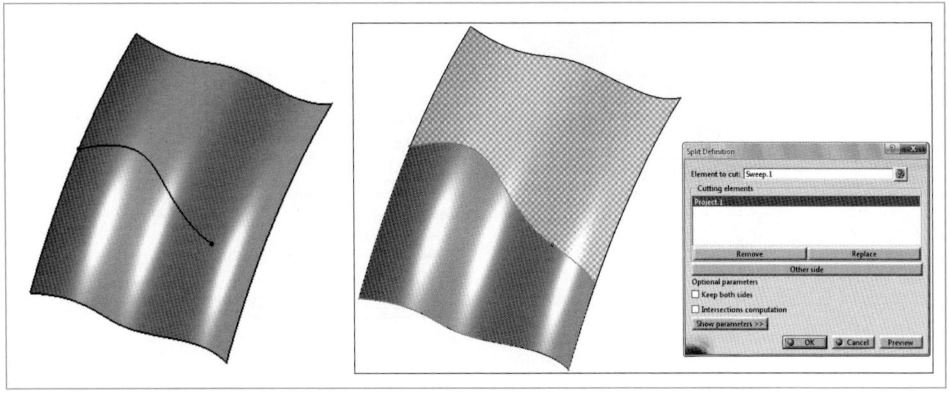

- Split 작업을 수행하는 과정에서 'Multi-Result'로 결과가 나타날 1경우에는 이 중에 원하는 한 부분을 선택해 주거나 또는 모두 현재 그 상태로 활용 가능

- Trim
  - 선택한 형상들을 서로를 기준으로 절단을 하면서 동시에 이 두 형상을 하나의 요소로 합쳐주는 작업을 수행
  - Trim은 Split 명령 2번과 Join 명령 1번을 수행하는 것과 같은 결과를 생성하는 명령

'Trim 1회 = Split 2회 + Join 1회'

① Standard Mode

- Default Mode이며 선택한 요소들을 인위적으로 Trim
- Surface나 Curve 모두 선택이 가능하며 일반적으로 형상을 절단하여 합치고자 할 때 사용
- Trim하려는 대상을 선택하면 'Trimmed Elements'에 리스트가 나타나는데 여기서 두 개 이상의 형상을 선택 가능
- 반드시 두 개라는 것이 아니기 때문에 복수 선택하여 각각의 이웃하는 형상들끼리 Trim하여 전체 Trim 형상을 생성

- 이렇게 선택된 요소들은 각각의 성분끼리 경계에 의하여 다음과 같이 두 가지의 부분으로 나누어지며 이 두 가지 방향 중에 원하는 위치에 맞게 'Other Side'를 사용하여 선택

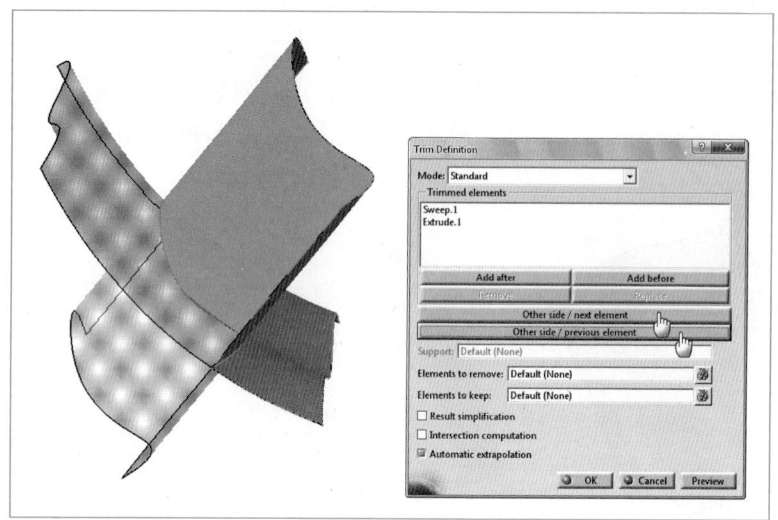

- 원하는 위치가 잡히면 Preview를 클릭하여 형상을 확인한 후 "OK" 클릭

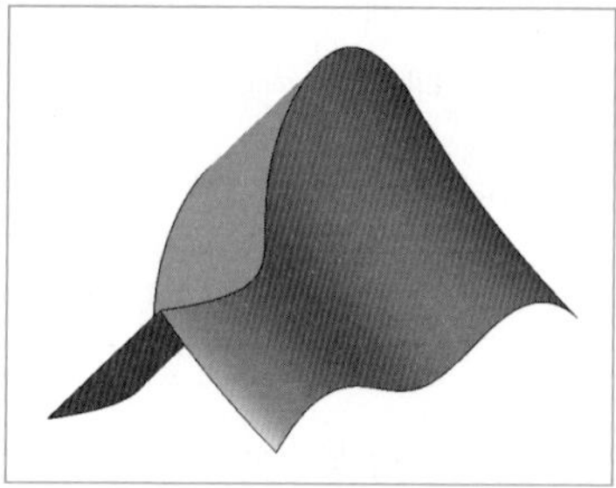

② Piece Mode

ⓐ Curve 요소에만 사용이 가능한 방법

- 교차하는 Curve들을 한 번에 손쉽게 Trim 할 수 있으며 역시 복수 선택이 가능

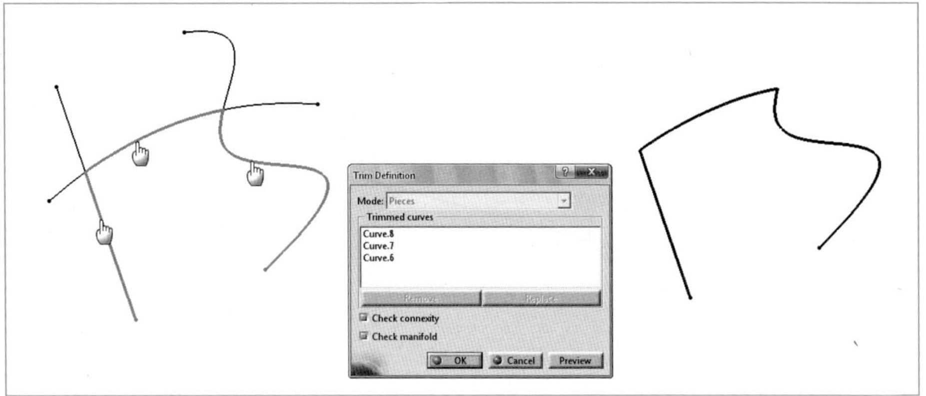

- Law
  - 이 명령은 Sweep이나 Parallel Curve, Shape Fillet등과 같은 명령에서 특정한 형상 규칙을 정의한 후에 이를 필요한 작업에 불러와 사용할 수 있게 하는 기능
  - 특정 규칙에 따라 정의되어야 하는 형상들을 일괄적으로 관리하기 위하여 Law를 생성하고 활용할 수 있음
  - Reference와 Definition에 선택되는 형상에 의해 Law가 정의됨

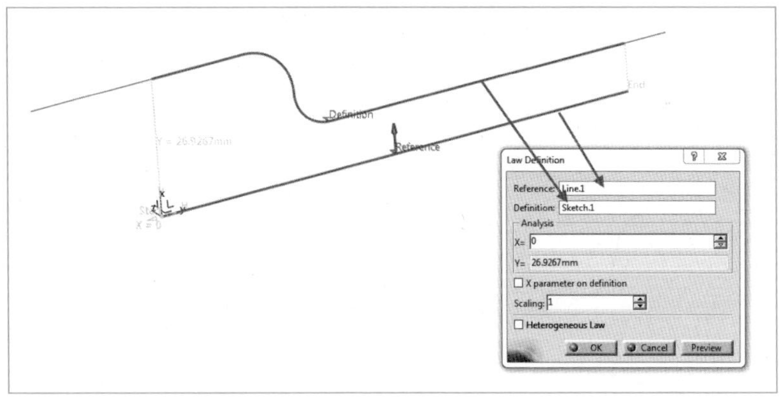

① X parameter on definition

- X parameter on definition 이라는 Option을 체크하면 X 방향 시작 및 끝 기준값을 Reference의 값으로 부터가 아닌 Definition에 입력한 Curve의 길이를 기준으로 설정

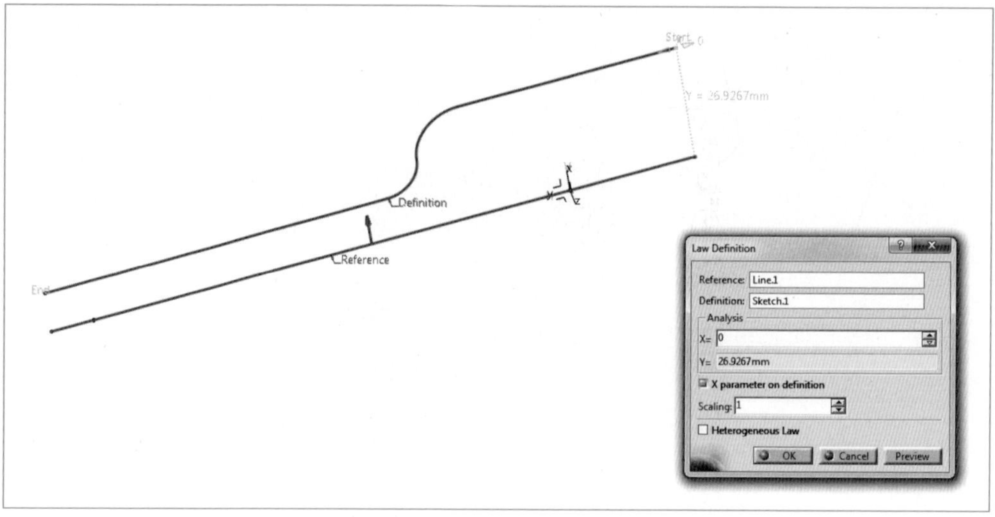

② Heterogeneous Law

- 단위에 대한 설정

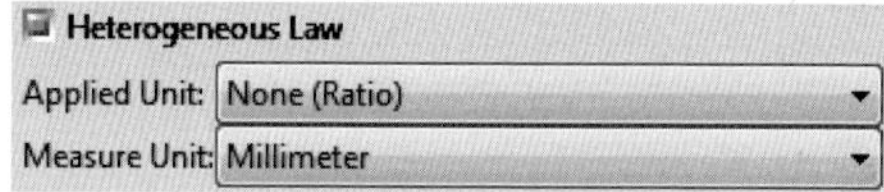

- 필요한 경우 Scale로 그 파형의 크기 값을 스케일 변경해 줄 수 있으며 아래 그림은 간단히 Shape Fillet 에서 적용한 예시

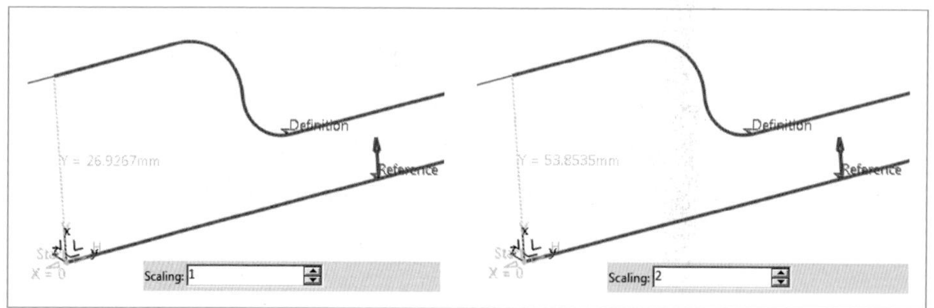

- 이렇게 만들어진 Law는 이를 지원하는 형상 정의 명령에 활용할 수 있음

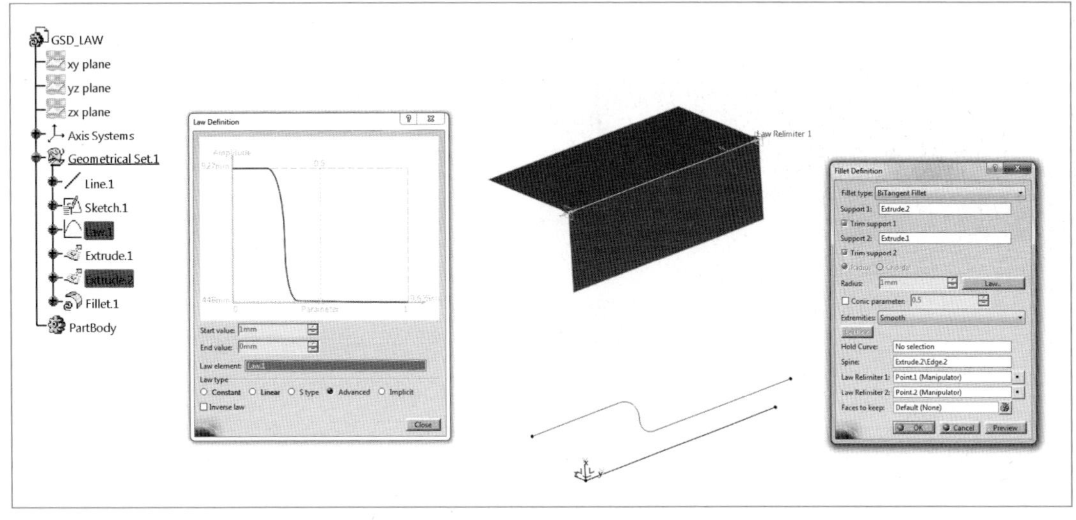
GSD_LAW
xy plane
yz plane
zx plane
Axis Systems
Geometrical Set.1
Line.1
Sketch.1
Law.1
Extrude.1
Extrude.2
Fillet.1
PartBody
Law Definition
Start value: 1mm
End value: 0mm
Law element: Law.1
Law type
Constant Linear S type Advanced Implicit
Inverse law
Close
Law Relimiter 1
Fillet Definition
Fillet type: BiTangent Fillet
Support 1: Extrude.2
Trim support 1
Support 2: Extrude.1
Trim support 2
Radius: 1mm
Law...
Conic parameter: 0.5
Extremities: Smooth
Hold Curve: No selection
Spine: Extrude.2\Edge.2
Law Relimiter 1: Point.1 (Manipulator)
Law Relimiter 2: Point.2 (Manipulator)
Faces to keep: Default (None)
OK Cancel Preview

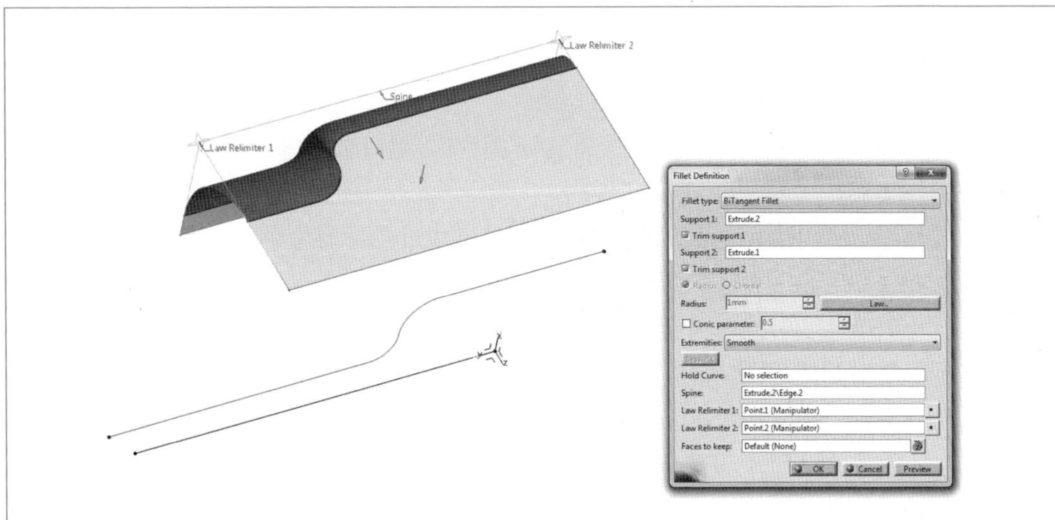
Law Relimiter 2
Spine
Law Relimiter 1
Fillet Definition
Fillet type: BiTangent Fillet
Support 1: Extrude.2
Trim support 1
Support 2: Extrude.1
Trim support 2
Radius: 1mm
Law...
Conic parameter: 0.5
Extremities: Smooth
Hold Curve: No selection
Spine: Extrude.2\Edge.2
Law Relimiter 1: Point.1 (Manipulator)
Law Relimiter 2: Point.2 (Manipulator)
Faces to keep: Default (None)
OK Cancel Preview

- Refine

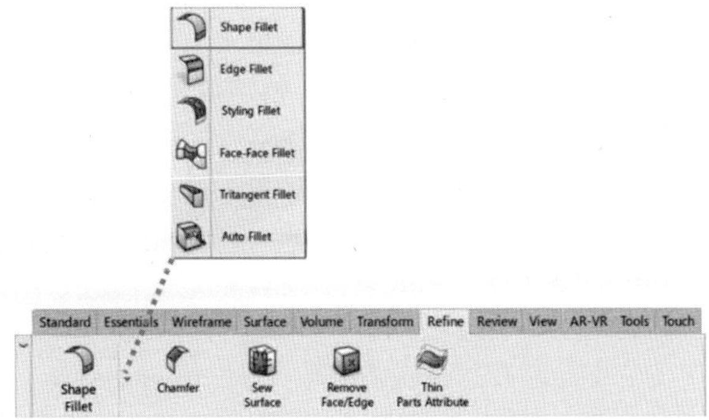
Shape Fillet
Edge Fillet
Styling Fillet
Face-Face Fillet
Tritangent Fillet
Auto Fillet
Standard Essentials Wireframe Surface Volume Transform Refine Review View AR-VR Tools Touch
Shape Fillet
Chamfer
Sew Surface
Remove Face/Edge
Thin Parts Attribute

▶ Flyout for Shape Fillet

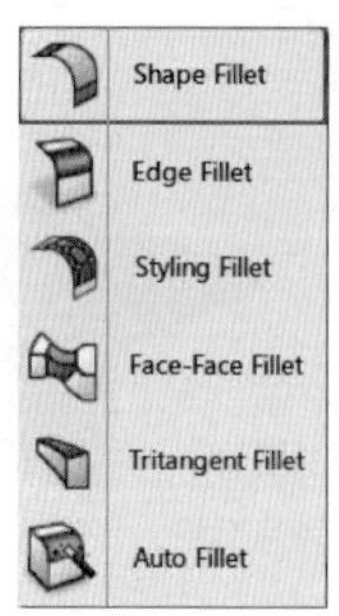

- Shape Fillet

  - 두 개 또는 세 개의 Surface 사이에 Fillet을 수행하는 명령으로 이 명령은 서로 합쳐지지 않은 Surface 간의 Fillet 작업(Join되어 있지 않은 곡면들 사이에 사용)

  ① Bitangent Fillet

  - 두 개의 Surface 사이를 Fillet하고자 할 때 사용
  - Default Type이며 두 개의 Surface를 각각 선택해 주면 Support1, Support2로 입력.
  - 선택된 각 Surface에 나타나는 화살표의 방향을 주의해야 하는데 이 두 방향을 기준으로 Fillet이 적용
  - 따라서 원하는 방향에 맞게 화살표 방향을 조절해 주어야 하며, 간단히 클릭을 해 주면 방향 변경 가능
  - Trim Support란 Fillet을 두 Surface 사이에 만들어 주면서 원래의 Surface 형상을 이 Fillet 지점을 기준으로 잘라서 이어주는 작업을 의미. 즉, 이 Option을 체크해 주면 Shape Fillet 후 두 형상은 Fillet이 들어가면서 하나로 합쳐지게 됨

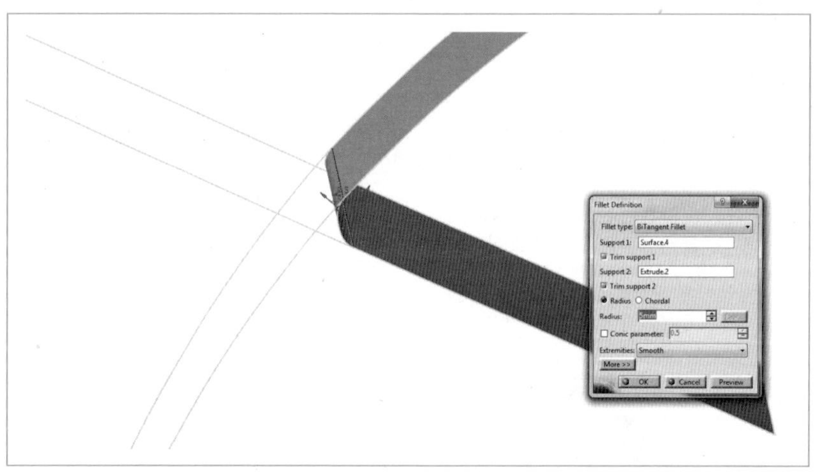

  - Fillet을 주기 위해 곡률 값(radius)을 입력해 가능

② Hold Curve

- 곡률이 변하는 Fillet을 Curve를 사용하여 정의해 줄 수 있는데 이는 Fillet 이 Hold Curve에 입력한 곡선을 따라 두 Surface 사이를 Tangent하게 Fillet을 생성

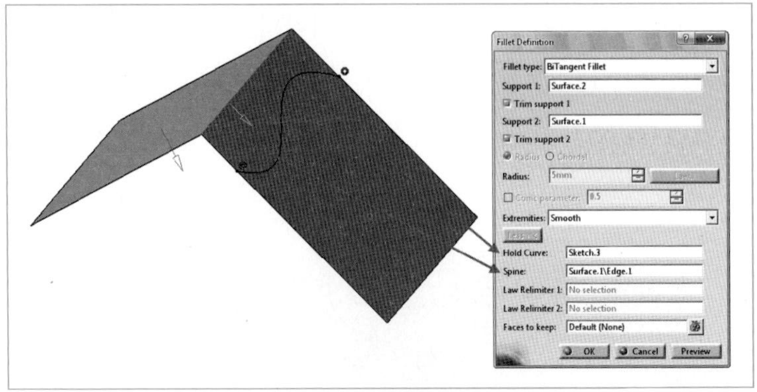

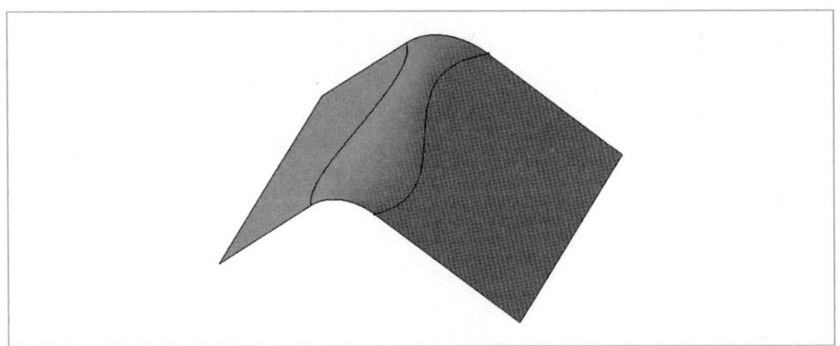

③ TriTangent Fillet

- 3개의 Surface를 선택하여 마지막을 선택한 Surface 면으로 Fillet이 들어가도록 정의

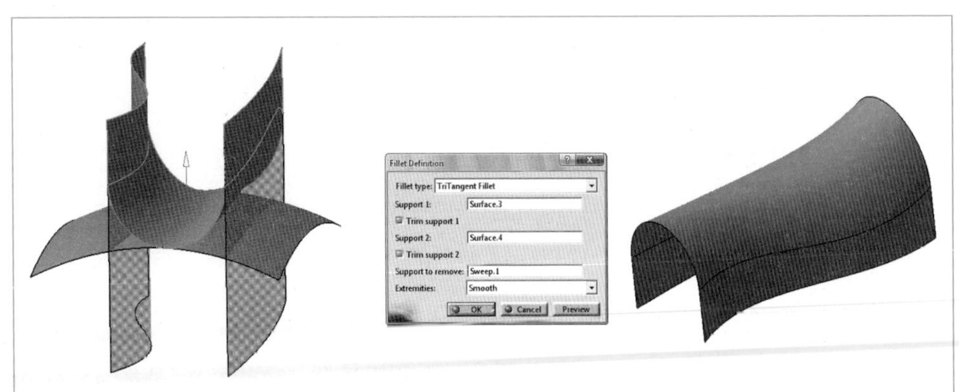

- 두 개 또는 세 개의 Surface 사이에 Fillet을 수행하는 명령으로 이 명령은 서로 합쳐지지 않은 Surface들 간의 Fillet 작업(Join 하지 않은 곡면들 사이에 사용)

- Edge Fillet

  - 일반적인 Surface의 모서리(Edge)를 Fillet하는 명령으로 하나로 묶여있는 곡면 날카로운 형상의 모서리를 둥글게 라운드 처리하는데 사용
  - Edge Fillet을 사용하기 위해서는 우선 하나의 곡면으로 만들어진 형상인지 확인하거나 Join으로 이웃하는 Surface들을 묶어준 후에 작업해야 함

① Edge Fillet Definition 창

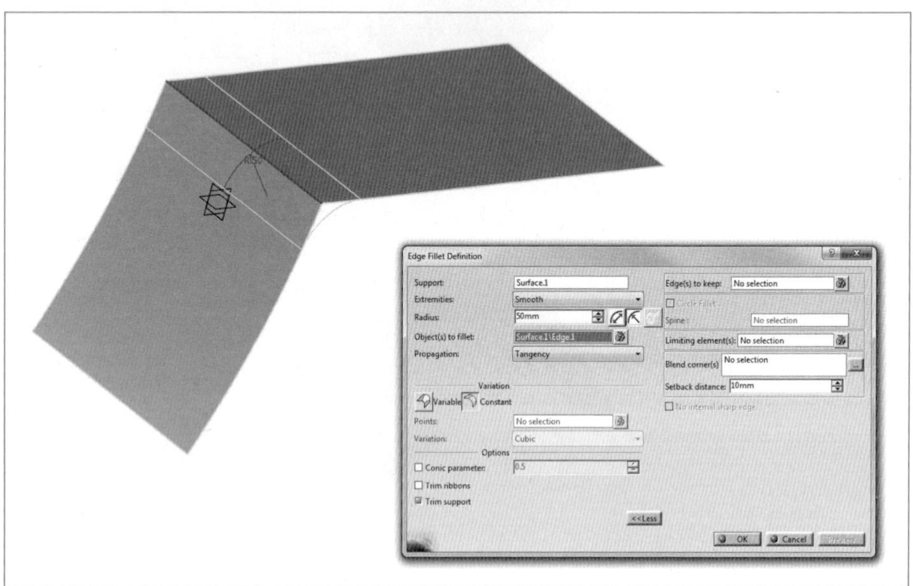

② Radius/Chordal Length

- Fillet이기 때문에 지정하고자 하는 하나의 곡률 값을 입력
- 기본적으로 Fillet 값은 R 값으로 정의하며, 반경 값 대신 현의 길이 값(Chodal)을 사용하여 Fillet을 적용 가능

③ Object(s) to fillet

- Edge Fillet의 사용은 우선 Fillet을 주고자 하는 모서리/면을 선택
- 복수 선택이 가능

④ Propagation

- Fillet을 모서리에 넣어줄 때 주변으로 전파를 Tangency 한 부분에까지 하는지 아니면 현재 선택한 모서리까지로 최소화(Minimal)할 지를 설정

⑤ Variation

- Edge Fillet Mode를 Variable 로 할 것인지 또는 Constant 로 할 것인지 설정
- 일반적으로 Fillet은 일정한 반경 값을 가지는 Constant Fillet이지만 모서리를 따라 가변 반경을 가지는 Fillet을 정의 가능

⑥ Conic Parameter

- Fillet의 단면 값을 반경이 아닌 Parabola, Ellipse, Hyperbola 형태로 변형할 수 있는 Option

0<Parameter<0.5	Ellipse
0.5	Parabola
0.5<Parameter<1	Hyperbola

⑦ Extremities

- Fillet의 한계 값을 정의하는 부분으로 선택한 모서리에 대해서 Fillet을 어떻게 줄지를 선택
- Default로는 Smooth로 사용하고 있으나 Straight, Maximum, Minimum으로 변경해 줄 수 있음

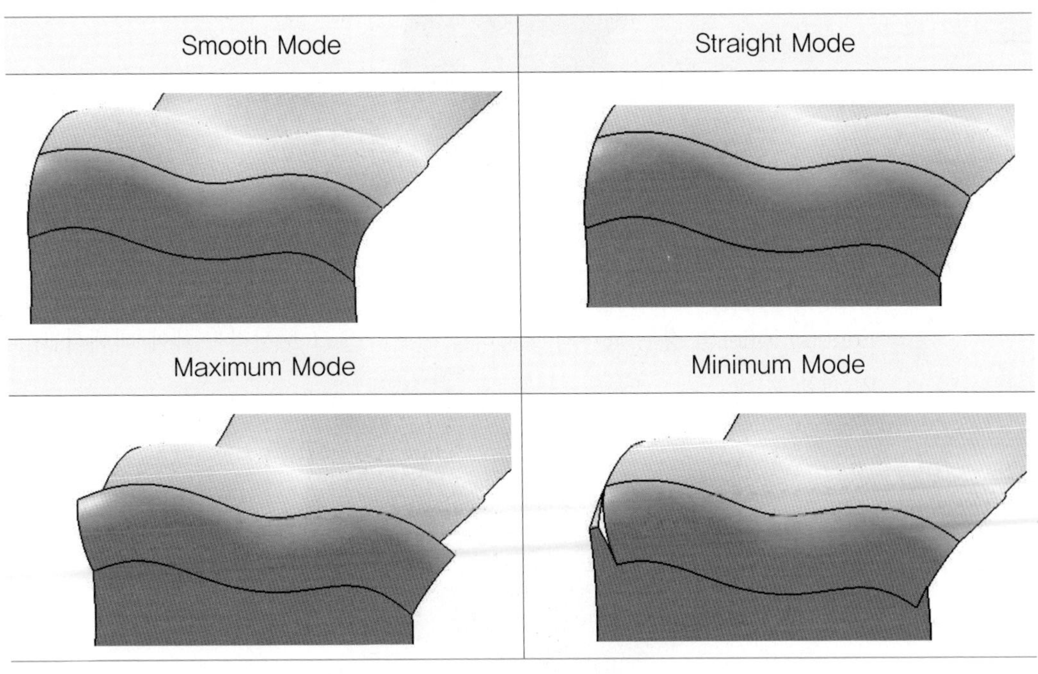

⑧ Selection Mode

- 이웃하는 모서리들과의 연속성을 설정하는 부분으로 Tangency, Minimal, Intersection Edges Mode로 설정 가능
- Default로는 Tangency Mode를 사용

⑨ Definition 창의 확장

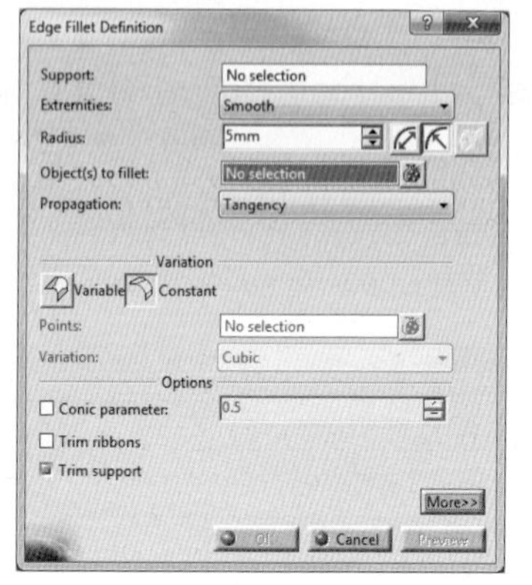

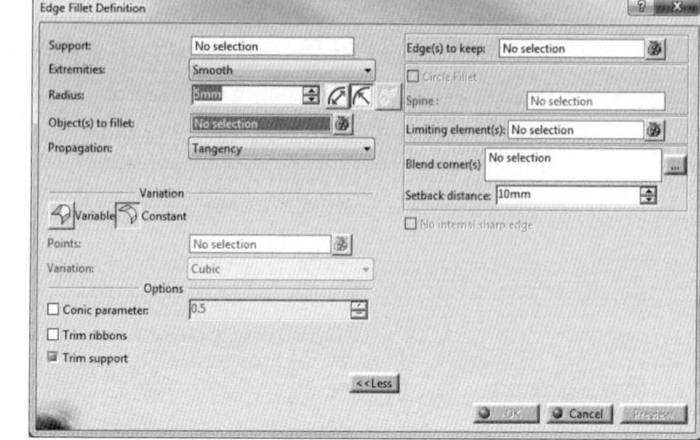

⑩ Edge(s) to keep

- 형상의 Fillet 값은 주고자 하는 부분 외에 그 주변의 모서리에 의해 그 범위를 제한

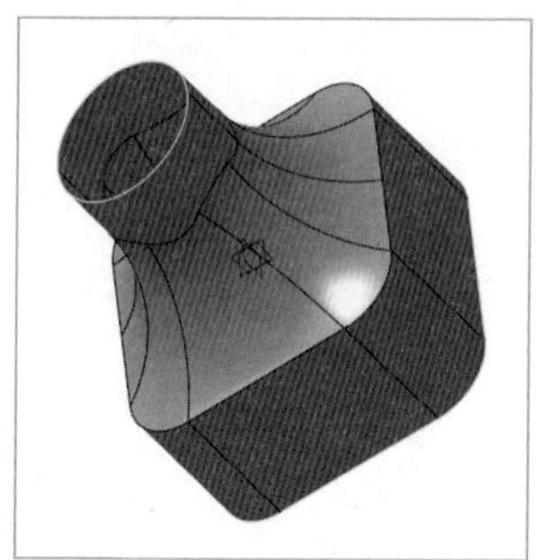

⑪ Limiting Element(s)

- Edge(s) Fillet의 경우 하나의 모서리를 선택하면 그 모서리 전체에 대해서 Fillet이 적용

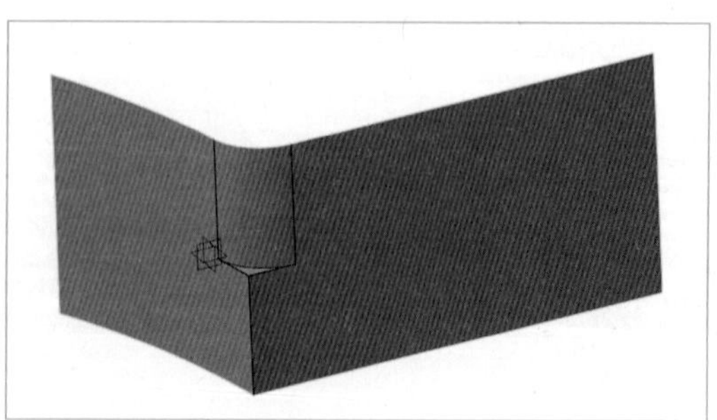

⑫ Blend corner(s)

– Fillet 요소들이 모여 복잡한 형상을 나타내는 부분을 부드럽게 뭉개어 형상을 수정

⑬ Variable mode

– 앞서 Edge Fillet 이 모서리에 대해서 일정한 곡률 값으로 Fillet을 준 것과 달리 곡률 값이 변하는 Fillet 하는 명령으로 임의의 지점에 곡률 값을 다양하게 정의해 줄 경우 Mode 변경

⑭ Points

– Fillet의 곡률을 변화시킬 지점을 선택

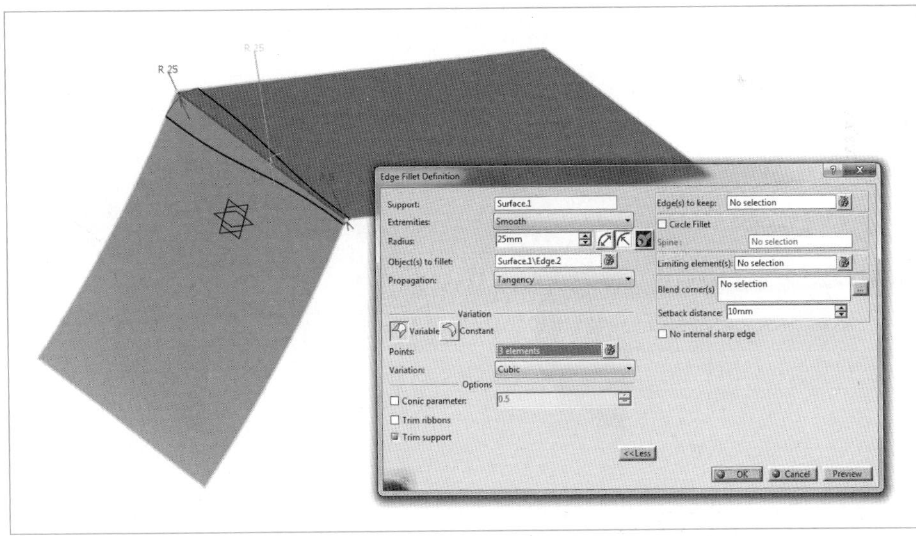

- Styling Fillet

  - 이웃하는 곡면 사이에 Fillet을 수행하는 데 있어 좀 더 고급적인 작업을 수행할 수 있는 명령으로 Fillet 부위의 연속성과 함께 Trim Support 설정 가능

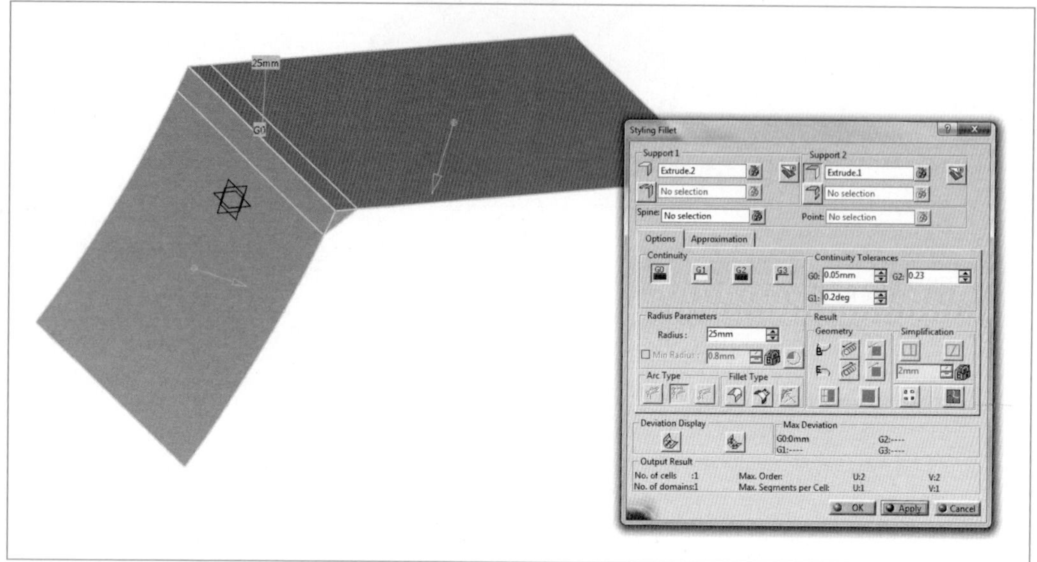

  - 각 곡면 형상의 녹색 화살표 방향으로 Fillet이 적용되기 때문에 우리가 원하는 Fillet 방향으로 설정

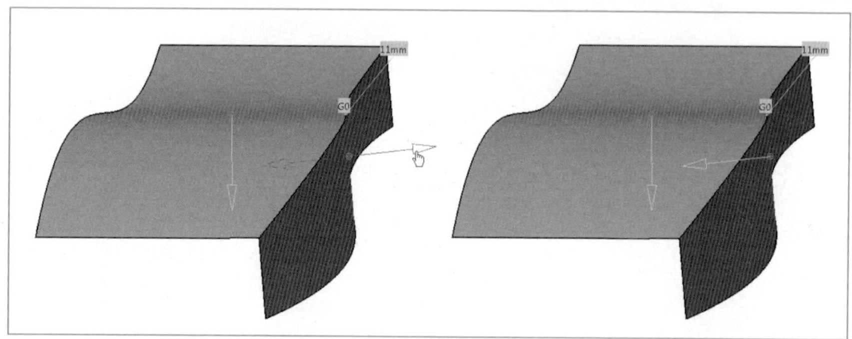

  - 다음으로 두 곡면 사이에 Fillet을 통하여 Trim을 설정할 것 인지를 각 Support의 옆의 아이콘을 통하여 설정이 가능

① Geometry Continuity를 설정

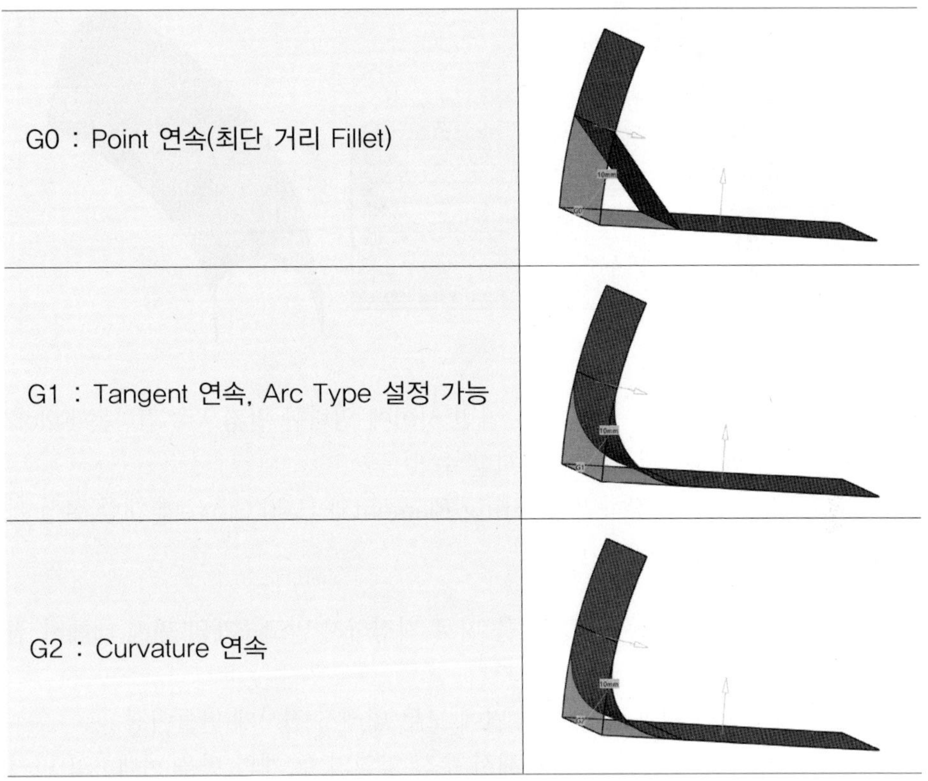

G0 : Point 연속(최단 거리 Fillet)	
G1 : Tangent 연속, Arc Type 설정 가능	
G2 : Curvature 연속	

- Fillet하고자 하는 Continuity를 정한 후에는 곡률 값의 설정이 가능하며(Min Radius도 설정 가능) Fillet Type도 변경 가능

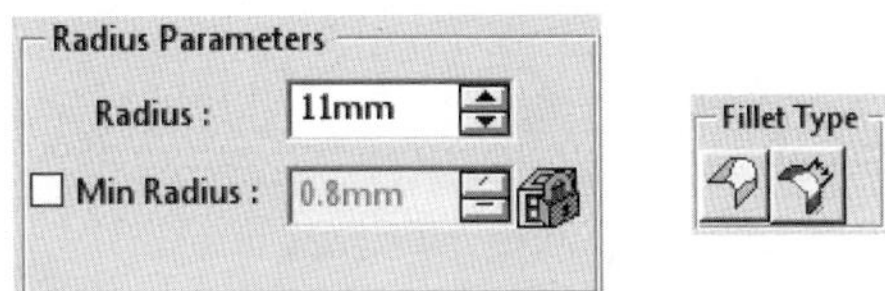

- Advance Tab에서는 Tolerance 값 설정도 가능

• Face–Face Fillet

- 두 개의 Surface면과 Tangent하게 Fillet을 하는 명령으로 모서리가 아닌 이웃하지 않는 형상의 면(Face)을 선택하여 그 면과 면 사이에 Fillet을 주는 명령

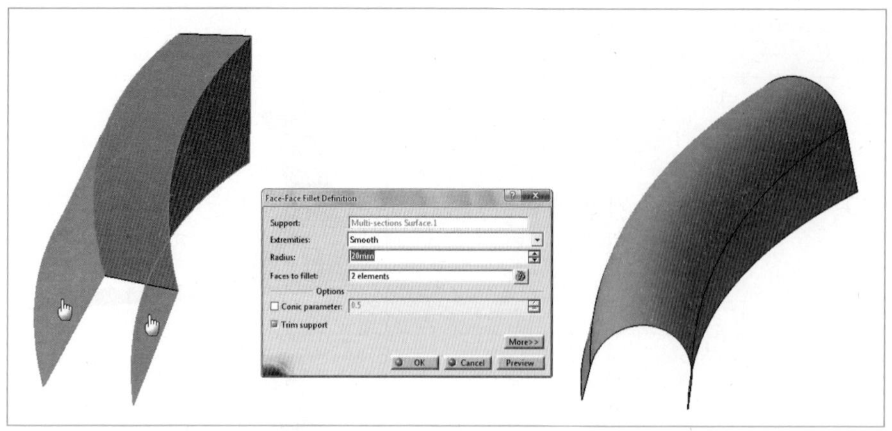

- Face-Face Fillet은 선택한 두 곡면 사이에 입력한 반경으로 접하는 Fillet 형상을 생성. 중간에 부속된 면들은 무시할 수 있음
- Definition 창을 확장하면 Limiting Element와 Hold Curve에 대한 설정 가능

• Tritangent Fillet

- Tri-tangent Fillet은 반경 값을 따로 지정하지 않고 3개의 면에 대해서 접하도록 Fillet을 주는 명령
- Fillet을 수행한 결과 형상은 세 면에 모두 대해서 접하게 만들어짐
- Tri-tangent Fillet을 주기 위해서 우선 양옆의 두 개의 면을 선택하고 마지막으로 Fillet 이 생길 면을 Face to remove 부분에 선택

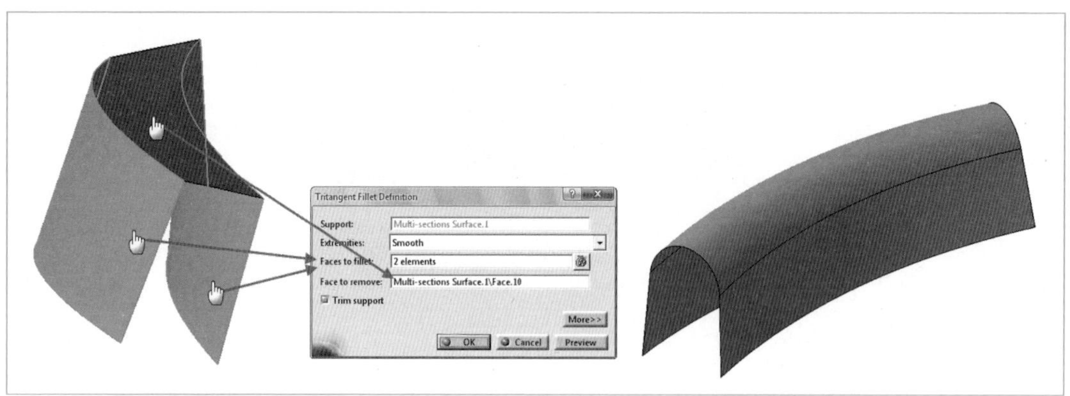

• Auto Fillet

- 3차원 형상의 날카로운 모서리를 단번에 Fillert해주는 기능(Part Design App과 동일)
- 명령을 실행 후 Definition 창에서 값을 정의

- Chamfer

  - Part Design에서와같이 형상의 날카로운 모서리에 모따기 작업을 해주는 기능
  - 반드시 합쳐진 곡면 사이에 적용해 주어야함
  - 일반적인 기능 사용은 Part Design과 동일

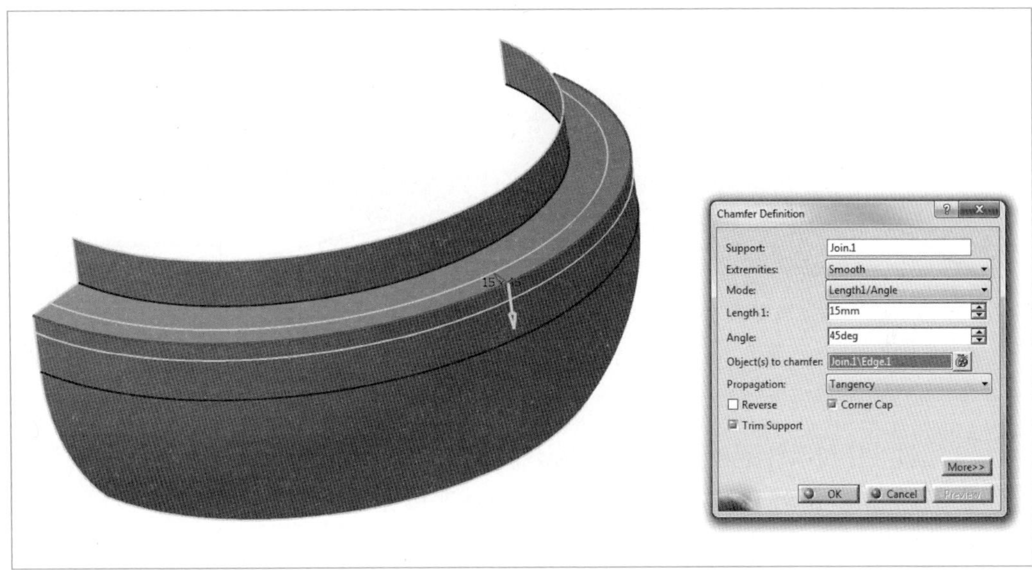

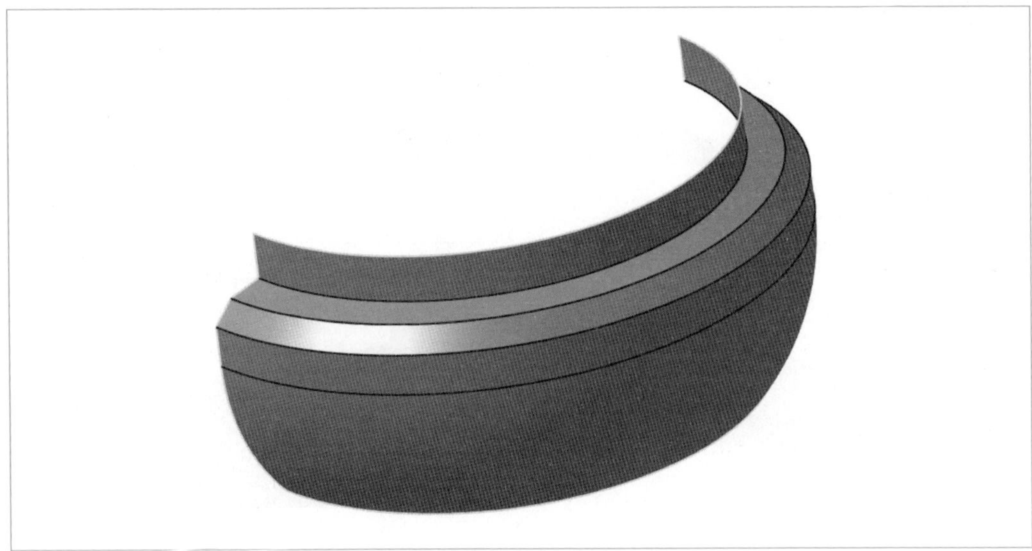

- Sew Surface

  - 이 명령은 Part Design App에도 유사한 기능이 있는 명령으로, 기본 곡면에 추가로 합쳐주고자 하는 곡면이 있을 경우 손쉽게 하나로 합쳐주는 기능을 수행
  - 단, 합쳐주고자 하는 곡면이 기본 곡면 위에 놓여있는 경우에 가능
  - Sew Surface 명령을 실행한 후에 다음과 같은 순서로 대상을 선택해 줍니다.

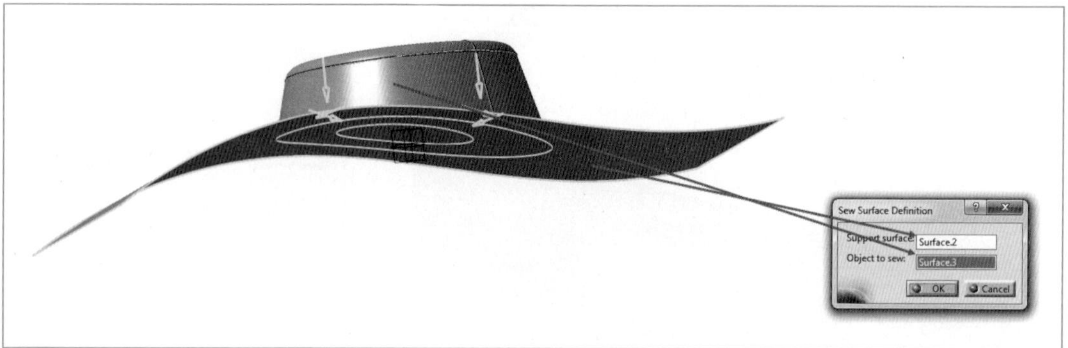

  - 여기서 아래와 같이 Object to sew에 들어가는 곡면의 Normal Vector 방향을 변경해 줍니다. 이 방향에 따라 합쳐지는 결과의 방향이 달라짐

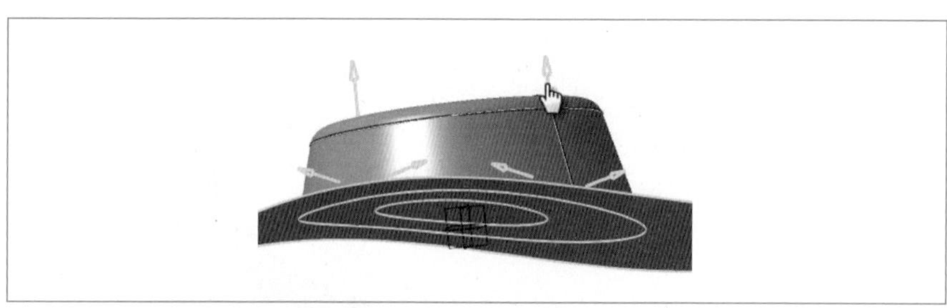

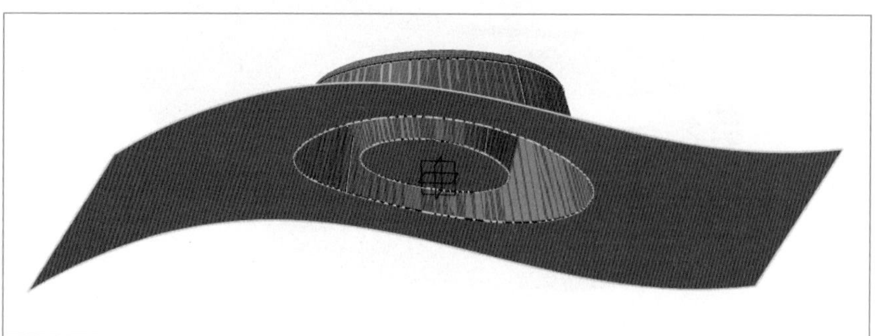

- Remove Face/Edge

  – 이웃하는 형상들을 보간 하여 제거하고자 하는 면을 처리하는 역할을 수행

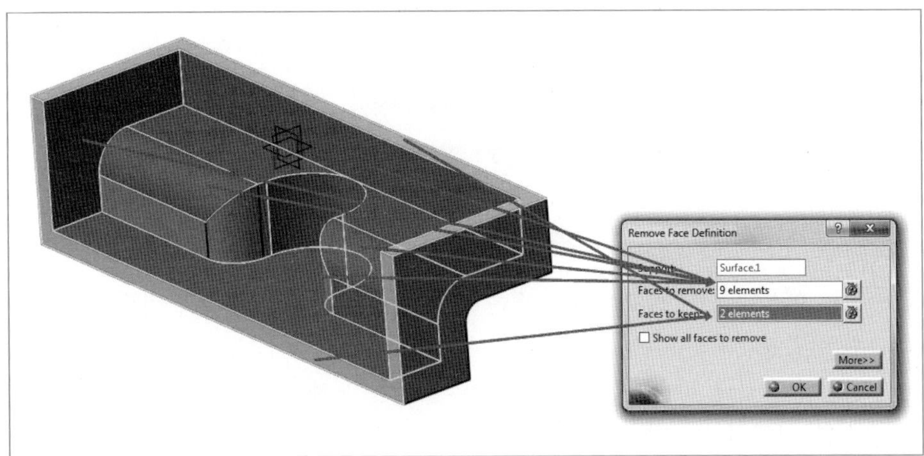

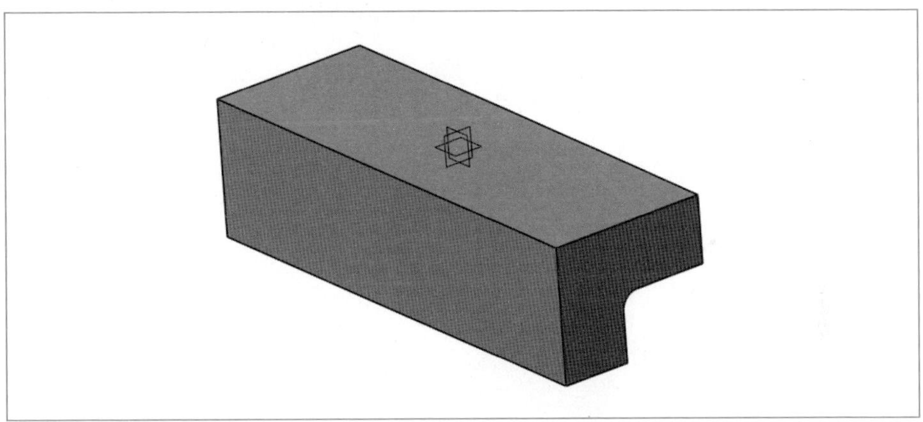

■ Review

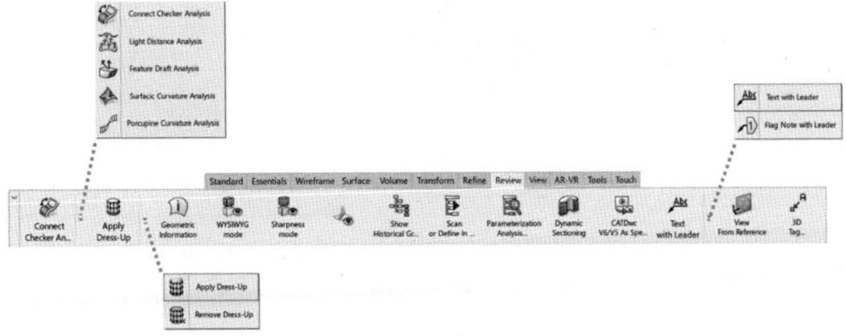

▶ Flyout for Connect Checker Analysis

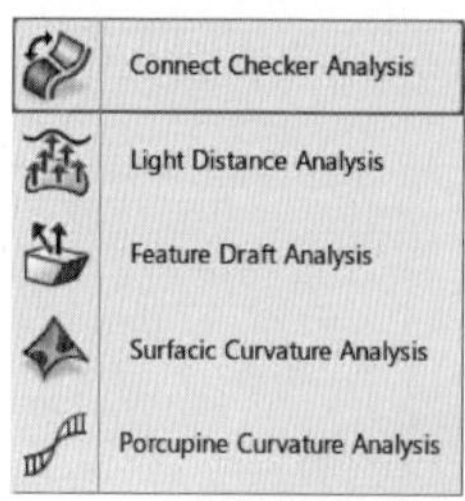

- Connect Checker Analysis
  - 서로 이웃하는 Surface 사이 또는 Wireframe 사이의 간극(떨어진 정도)를 분석해 주는 명령
  - 이러한 간극 분석 기능은 Join과 같은 작업을 통해 형상 요소들 사이의 연산이 들어갈 때 선행되어야 함
  - IGES와 같은 외부 파일을 Import할 때도 분리된(Isolate) 형상 요소들 사이를 검수할 때 사용
  - 선택은 CTRL Key를 누른 상태로 대상들을 복수 선택

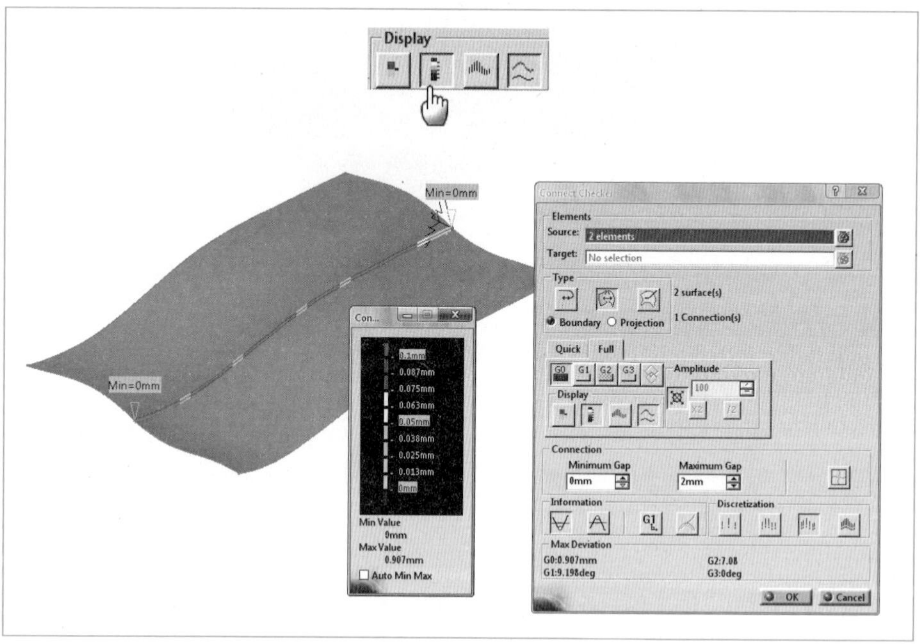

① Type

Curve-Curve Connection	곡선과 곡선 요소 사이의 간극을 분석
Surface-Surface Connection	곡면과 곡면 사이의 간극을 분석
Surface-Curve Connection	곡면과 곡선 사이의 간극을 분석

② Continuity

- 연속성 분석을 위하여 Continuity Mode를 설정하고 대상의 간극을 분석
- 일반적으로 G0 Continuity가 이어지지 않은 형상들 사이에 제일 먼저 파악되어야 하지만 연속을 고려한 G1, G2도 고려해야 하는 경우가 대부분

③ Connection

- 석할 대상들 사이의 Gap을 지정
- Maximum Gap은 특히 선택한 대상들 사이의 최대 Gap 보다 큰 값을 지정해 주어야 함

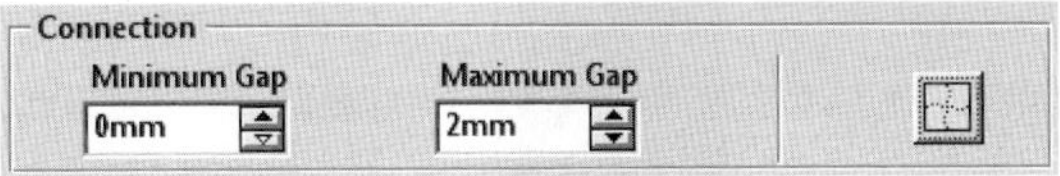

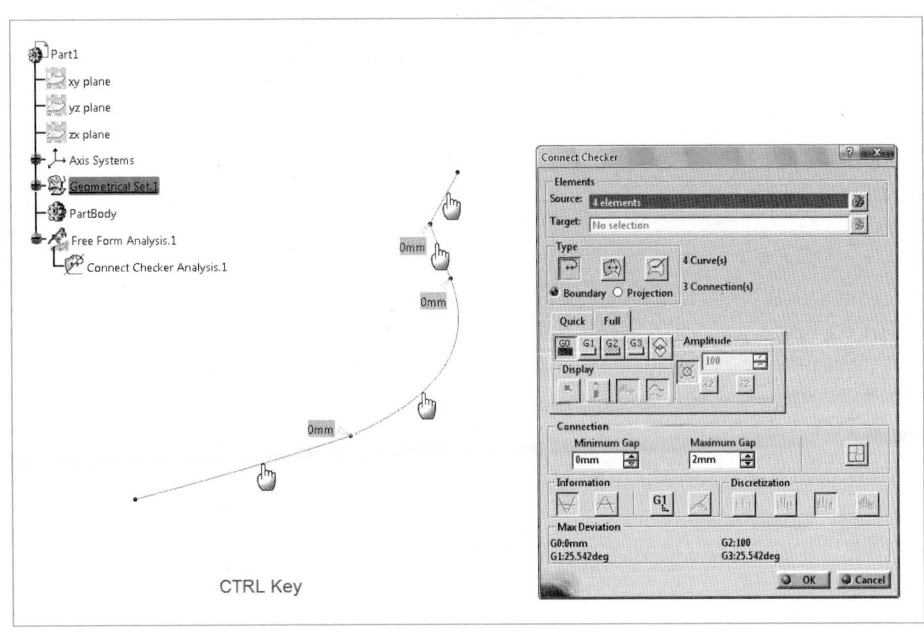

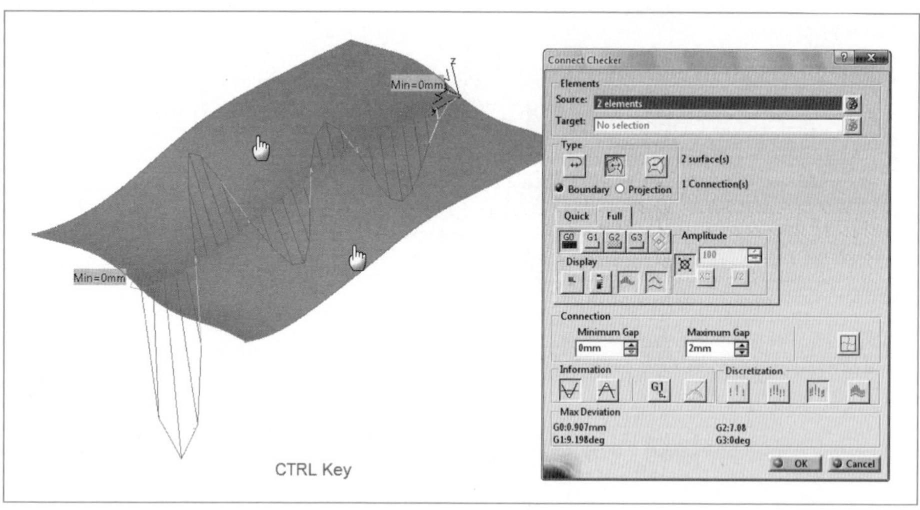

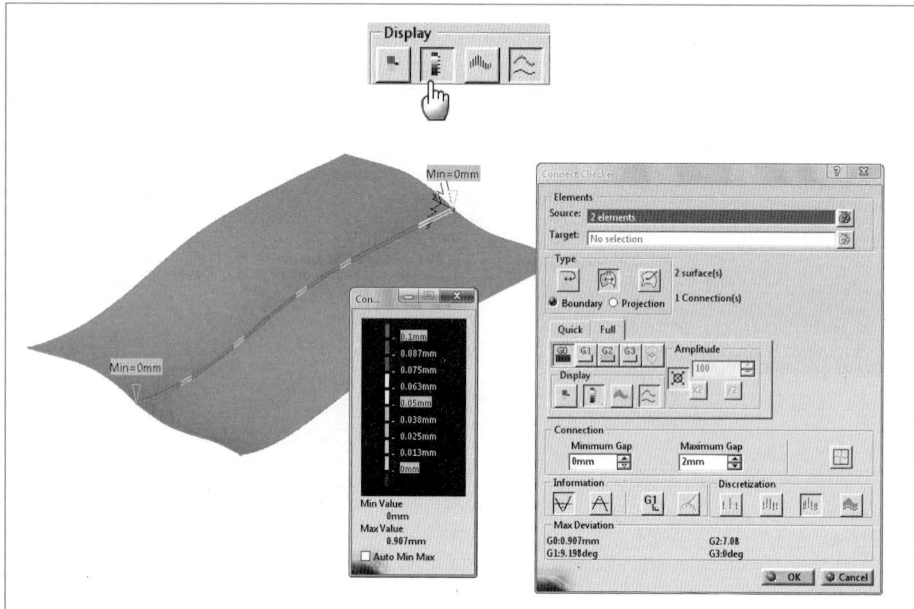

- 'Auto Min Max'를 체크하여 두 Surface 사이의 최대와 최소 Gap을 자동으로 찾아 표시

- Light Distance Analysis
  - 선택한 요소 사이의 거리 간격을 분석해 주는 기능으로 선과 면 요소에 대한 분석 가능
  - 명령을 실행 후 기준이 되는 형상(Source)과 목표가 되는 형상 요소(Target)를 선택

– 다음으로 Projection 방향 요소를 지정 후 Apply를 실행. 여기서 Limit Range 값과 사용자 지정 최대 값(User Mac Distance) 정의가 가능
– 도트 표시로 해당 위치의 거리 간격을 표시

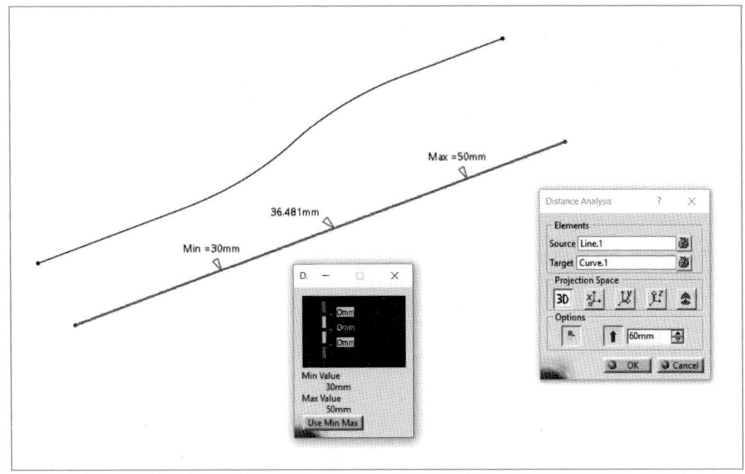

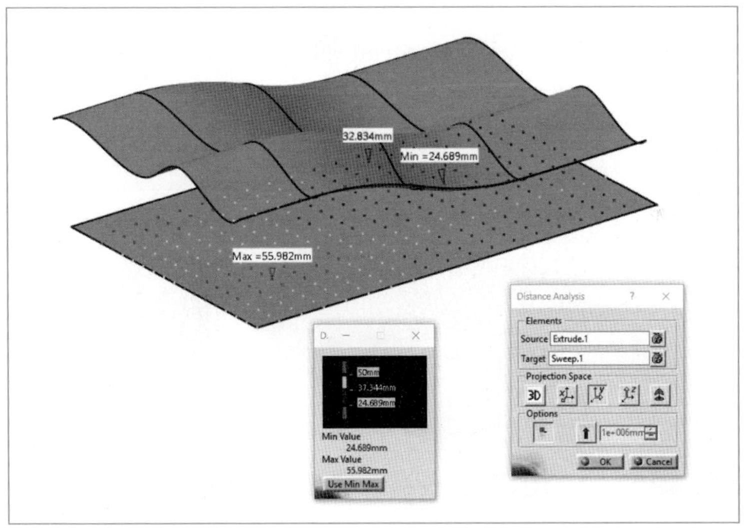

- Feature Draft Analysis

  – 형상을 구성하는 면 요소에 대해서 기울어진 값을 찾아내는 명령. 즉, 형상의 Draft 값을 측정할 수 있음

  – 이 명령을 사용하기 위해서는 View Mode를 'Shade with material 로 변경해 주어야 함

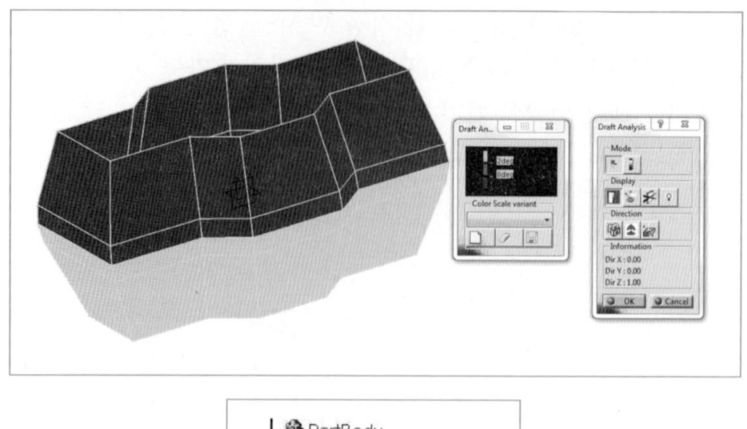

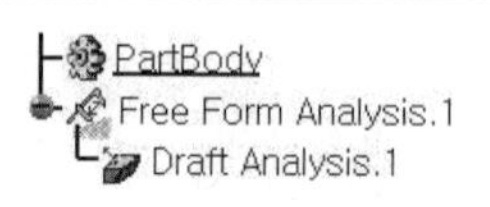

- Surfacic Curvature Analysis
  - 곡면 요소의 곡률을 분석하는 도구
  - View Mode를 'Shade with material 로 변경해 주어야 사용 가능
  - 명령을 실행 후 곡면 요소를 선택해 주면 다음과 같은 Definition 창과 Surface 형상에 표시가 나타남

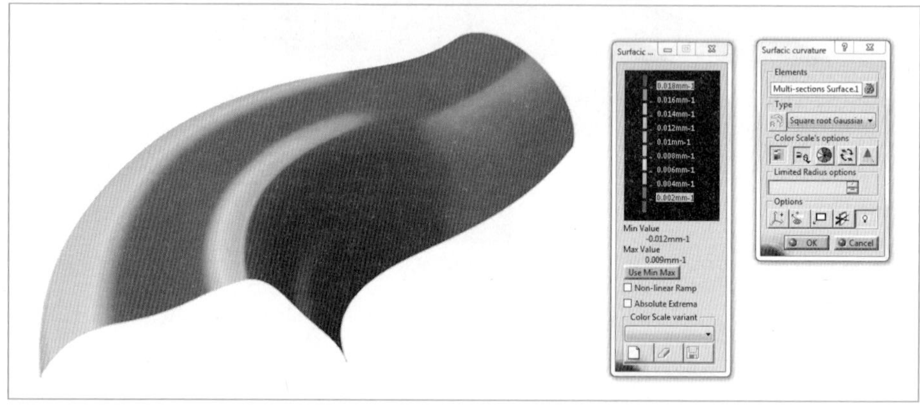

  - 여기서 Use Min Max를 클릭해 주면 다음과 같이 Surface의 곡률을 최대에서 최소로 나누어 Contour로 표시

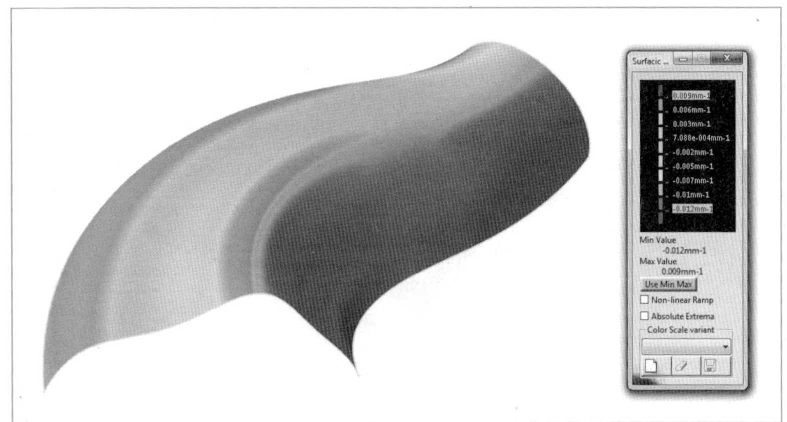

– 이러한 곡률 분석은 제품 형상의 외관의 연속성을 체크하거나 광학적인 분석을 위해 사용되는 중요한 기능

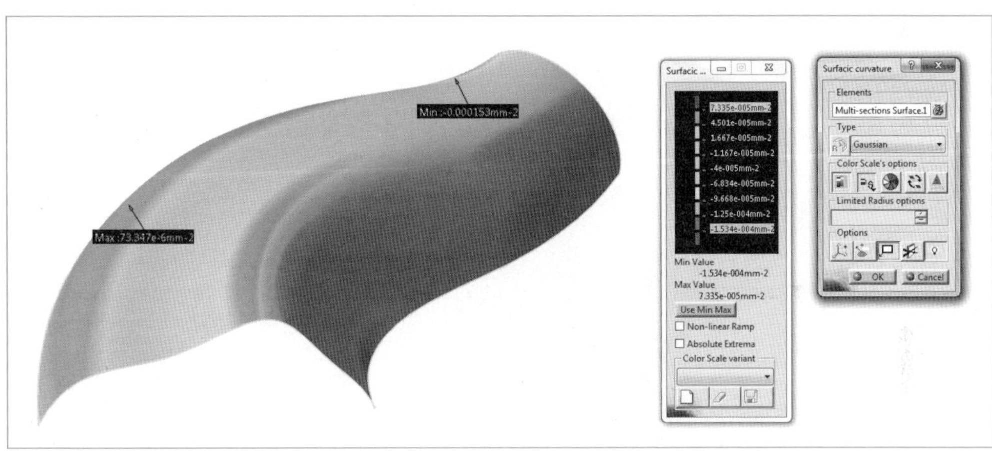

- Porcupine Curvature Analysis
  – Curve나 Surface의 Edge 요소에 대해서 곡률을 분석하는 명령입니다.
  – 명령을 실행하고 Curve 요소를 선택해 주면 다음과 같이 Curve 요소가 어떠한 곡률을 가지고 있는지 표시

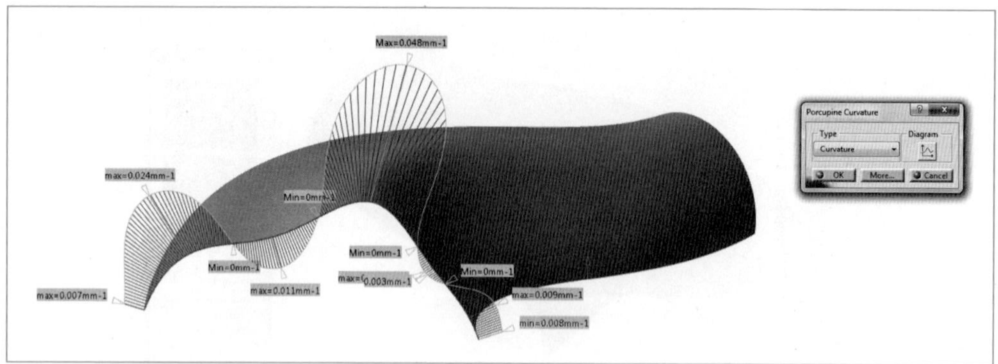

- 선택한 Curve 요소에 대해서 Curvature 또는 Radius 두 가지 Type으로 분석 가능
- 다음과 같이 여러 개의 Curve 요소를 동시에 CTRL Key로 선택하여 한 번에 관찰 가능

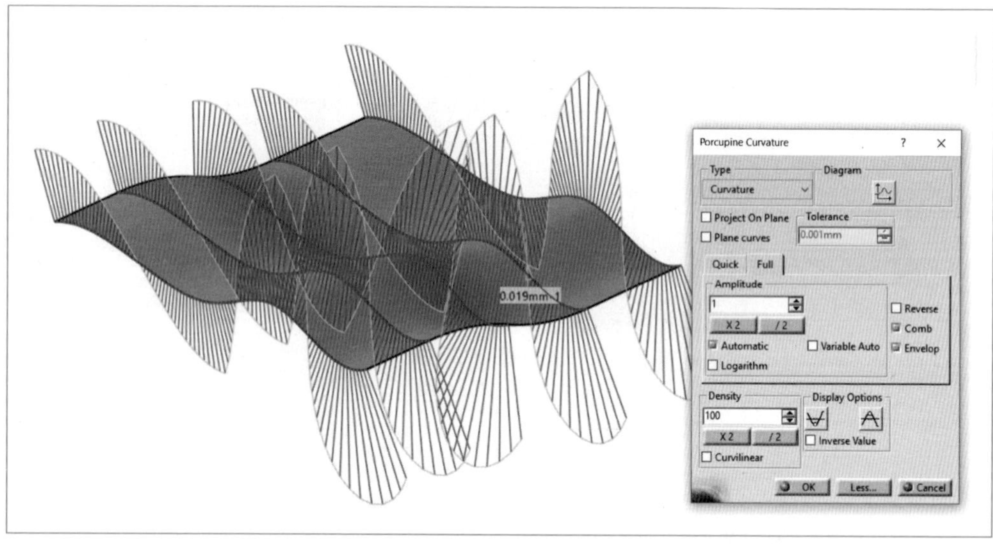

- Diagram을 이용하여 각 Curve 요소에 대한 분석 값을 그래프화 할 수 있음

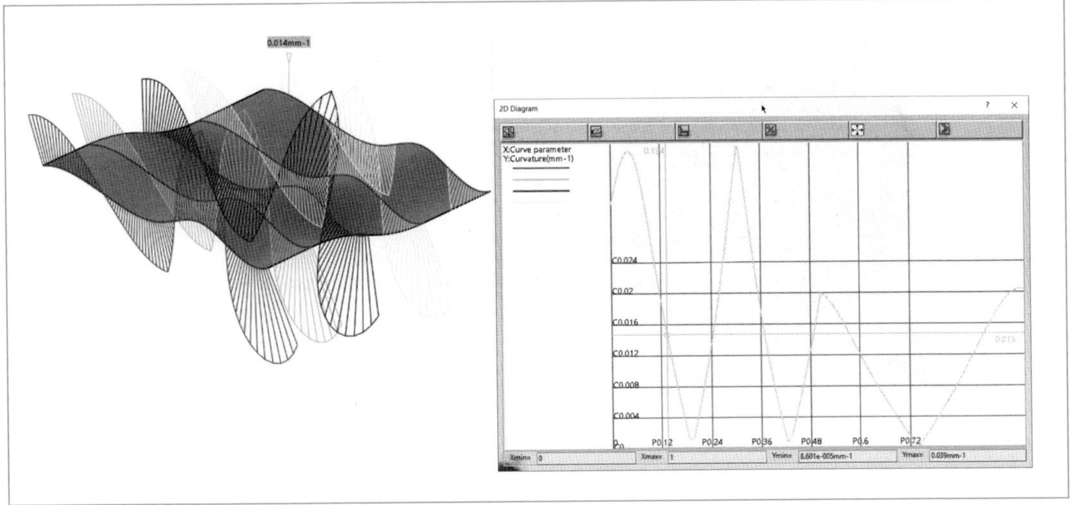

▶ Flyout for Text with Leader

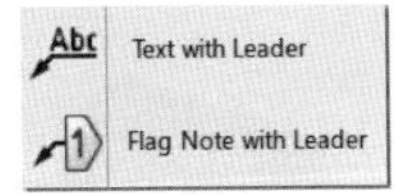

- Text with Leader
  - 3차원 Text와 함께 지시선을 생성

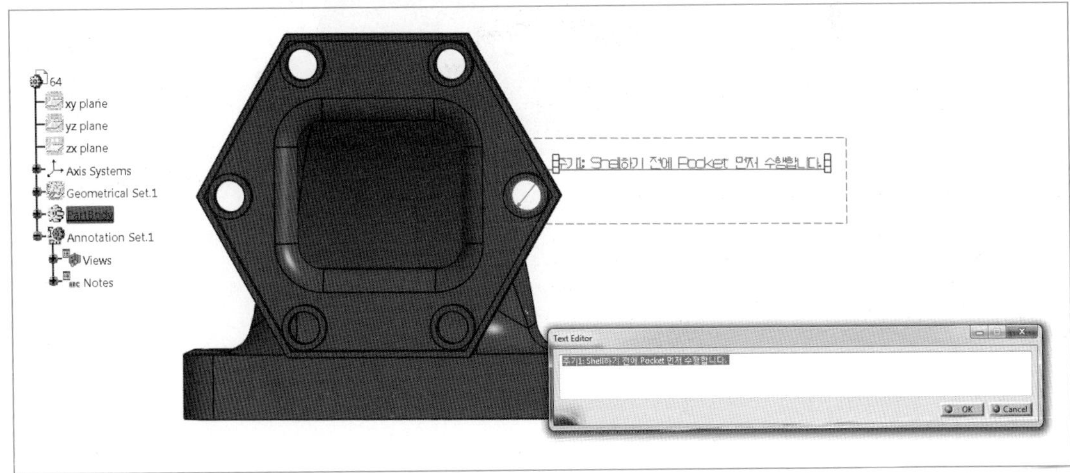

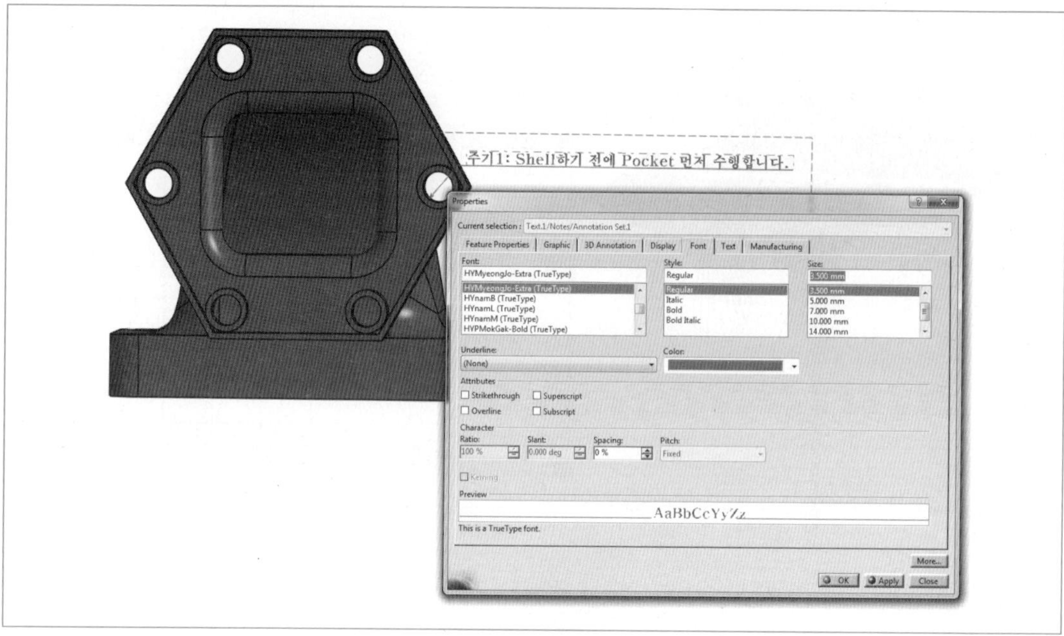
주기1: Shell하기 전에 Pocket 먼저 수행합니다.
Properties
Current selection : Text.1/Notes/Annotation Set.1
Feature Properties
Graphic
3D Annotation
Display
Font
Text
Manufacturing
Font:
HYMyeongJo-Extra (TrueType)
HYnamB (TrueType)
HYnamL (TrueType)
HYnamM (TrueType)
HYPMokGak-Bold (TrueType)
Style:
Regular
Italic
Bold
Bold Italic
Size:
3.500 mm
5.000 mm
7.000 mm
10.000 mm
14.000 mm
Underline:
(None)
Color:
Attributes
Strikethrough
Superscript
Overline
Subscript
Character
Ratio:
100 %
Slant:
0.000 deg
Spacing:
0 %
Pitch:
Fixed
Preview
AaBbCcYyZz
This is a TrueType font.
More...
OK
Apply
Close

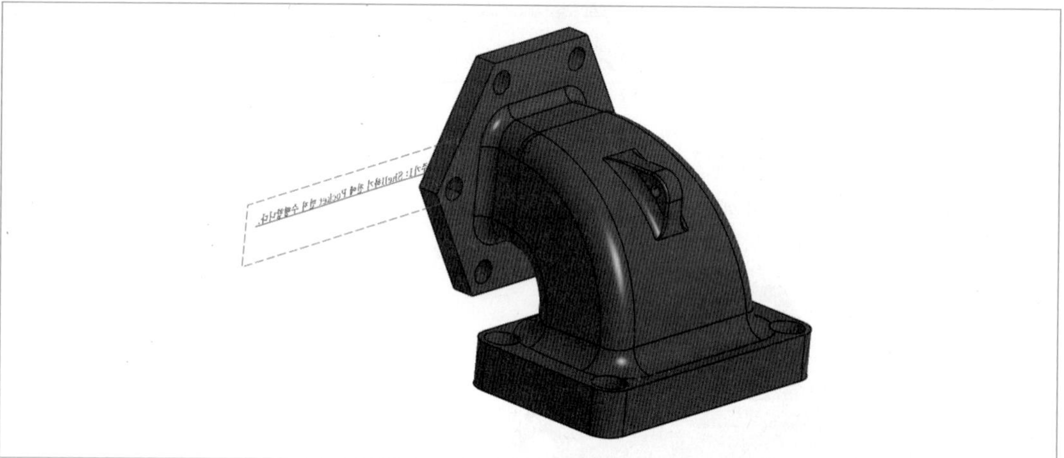

- Flag Note with Leader
  - 깃발 형태의 주석을 지시선과 함께 정의하는 명령
  - 다음과 같은 Definition 창에 의해 주석과 더불어 하이퍼링크도 입력할 수 있음

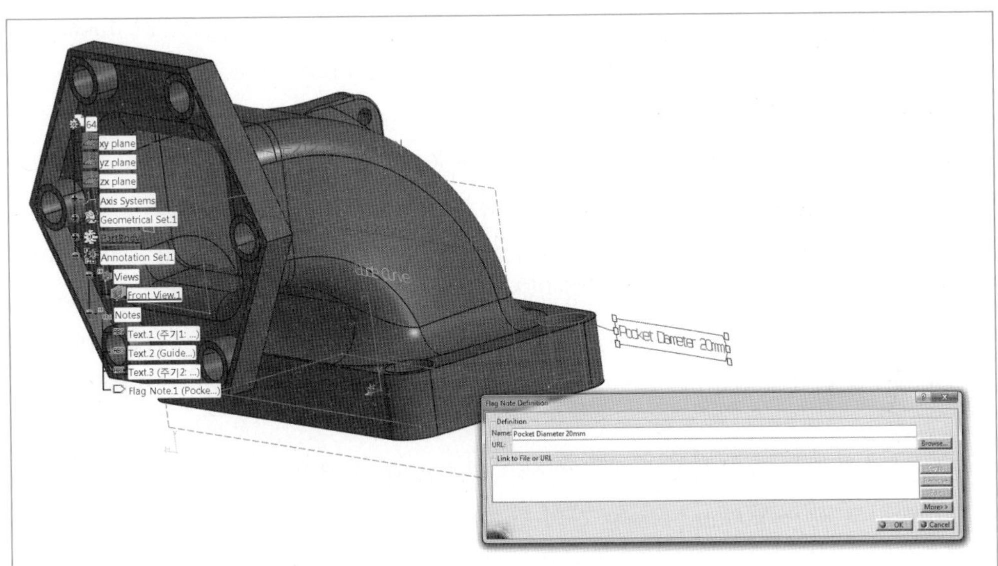

SECTION 04 Assembly Design App

Assembly Design App은 앞서 Part Design과 G.S.D에서 작업한 3차원 단품 형상을 기초로 구속과 배치를 통하여 조립 작업을 수행하는 App입니다. 여러 개의 3D Part 또는 Sub Assembly 들을 성분 요소(Component)로 불러와 작업하기 때문에 Assembly Design App에서는 모델링 작업은 수행되지 않으며 관계를 정의하는게 포인트라 할 수 있습니다.
Assembly Design App에서는 대신 앞서 만들어진 Component들 사이의 위치 구속 관계를 부여하여 각각의 Component들로 하여금 전체 형상을 구성할 수 있도록 합니다.
또한 Assembly Design을 통하여 두 가지 모델링 방식을 사용할 수 있는데 상향식(Bottom-Up) 모델링 방식과 하향식(Top-Down) 모델링 방식이 그것입니다. 이미 만들어진 Component들을 불러와 이들을 조립하는 것이 전자의 경우이며 이미 만들어진 Assembly Product에서 구성 Component들을 하나씩 만들어 가는 전체 형상을 구성하는 것이 후자의 경우입니다.

이렇게 Assembly Design에서 만들어진 형상은 단순히 여러 개의 Component의 조립으로 끝나는 것이 아니고 각 구성 Component 간의 간섭이나 충돌여부 체크, BOM(Bill Of Material) 작성과 같은 Assembly 형상의 분석 작업을 수행할 수 있으며 Assembly 작업 이후의 DMU (Digital Mock Up)에 의한 기구학적 시뮬레이션 등에 사용될 수 있습니다.
또한, Assembly Design App을 공부하면서 Mechanical Design의 기본 App인 Part Design과 G.S.D, Assembly Design, Drafting 간의 연계 작업을 이해하게 될 것입니다.

A. Assembly Design App 시작하기

- Product Structure

Assembly Design에서 고려할 사항은 전체 형상을 구성하는 각각의 요소들 즉, Component들을 조합하여 원하는 형상을 조립, 구성하는 것입니다. 3차원 모델링 App의 활용 단계에서 벗어나 완성된 단품들을 가지고 결합 위치와 구동 조건에 맞추어 조립 작업을 수행하는 과정이라고 생각할 수 있습니다.(물론 조립 상태에서 Contact & Crash 분석을 통해 문제 부위를 발견하여 3D Part에 대한 수정 작업을 할 수는 있을 것입니다.)
실제 제품을 조립하듯이 대상들을 Physical Product로 불러와 위치를 잡고 체결 위치에 구속을 적용합니다. 물론 실제 물리적인 물체가 아니므로 작업자의 구속 정보(Engineering Connection)와 구조 정의를 통해서 대상을 정의할 수 있는 것입니다.
동일 대상을 목표로 조립 작업을 수행할 때, Structure를 어떻게 구성하느냐에 따라 작업량과 효율, 재사용성 등에 있어 큰 차이를 보입니다.
다음은 간단한 예시로 동일한 개수의 3D Part를 사용하여 Structure를 구성한 예시입니다.
단순 조립의 경우 최상위 Product에 모든 3D Part들을 불러온 구조를 취하고 있습니다.

이렇게 작업할 경우 각각의 단품들을 낱개로만 이동시키거나 구속할 수 있으며 특정 부분만을 복수로 불러오거나 다른 Assembly 작업에서 사용하기 어려운 부분도 있습니다. 반면 Sub Assembly를 활용하는 경우 하위 Assembly 요소들을 일괄적으로 이동시키거나 복사/재사용이 가능하며, 모듈화하여 다른 설계 작업에서 불러와 이용할 수 있습니다. 매우 간단한 비교지만 구조를 어떻게 정의하느냐에 따라 많은 차이가 있을 수 있음을 이해하기 바랍니다.
여기서 Assembly Design에서 제공하는 Assembly Feature를 사용하여 더욱 편리한 설계 작업을 수행할 수 있습니다.

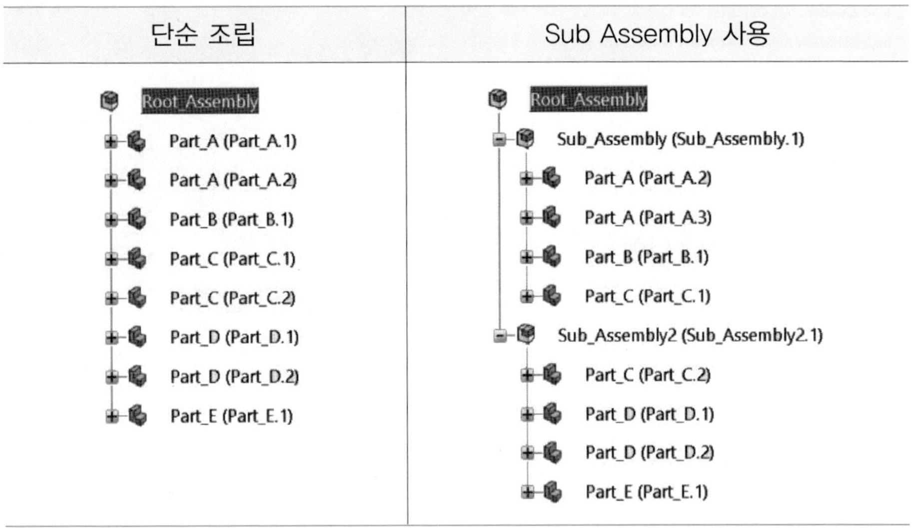

참고로 이러한 Product의 구조를 정의하는 데 있어 대부분 BOM(Bill Of Material)에 기초하여 작업을 수행하게 될 것입니다.

■ 3D Part vs. Physical Product

앞서 설명하였듯이 Assembly Design은 실제 형상을 모델링 하는 App이 아닙니다. 따라서 3D Part를 사용하지 않으며, Physical Product를 통하여 모델링 된 데이터를 불러와 공간상 배치와 이들 사이에 구속 관계를 정의하여주는 역할을 합니다.

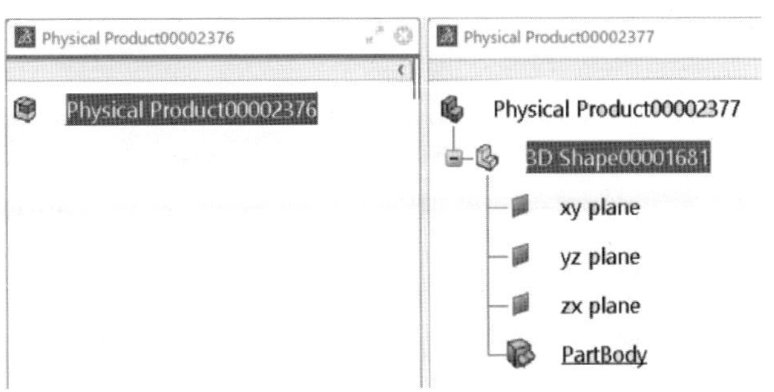

형상은 3D Part 안에 그리고 이들 사이의 관계에 대한 정의는 Product 안에 정의한다고 생각할 수 있습니다. 따라서 Assembly 작업 중에 형상의 수정이 필요한 경우 해당 3D Part로 Define하여 작업하거나 별도로 해당 3D Part를 Open하여 작업해주어야 합니다.

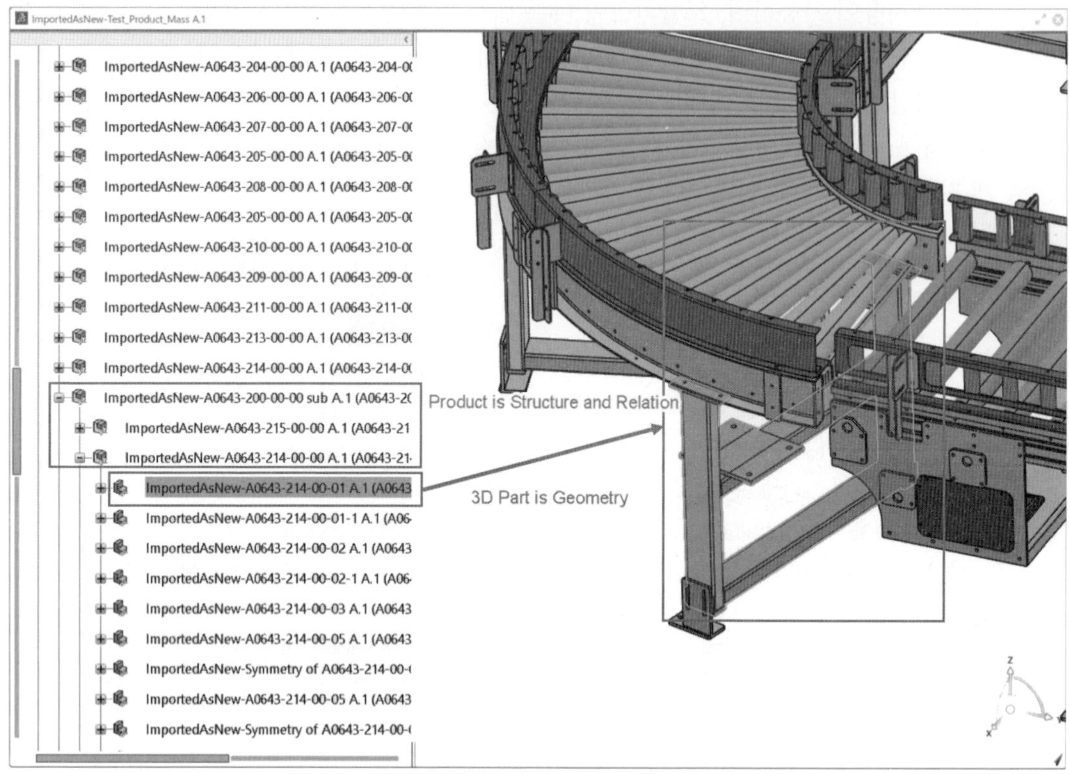

새로운 3D Part가 필요한 경우에도 별도 모델링 App으로 새로운 3D Part를 생성하여 형상을 그려준 후 Product에 삽입하여주거나 Product에 추가한 후 Define하여 모델링 작업을 해주어야 합니다. Physical Product에 3차원 형상 정보를 담을 수 있는 3D Shape를 삽입해 줄 수 있으나 이는 Representation 용이나 Skeleton 용도로만 사용합니다. 실제 모델링 설계 데이터를 정의하는 것이 아님을 명심해야 합니다.

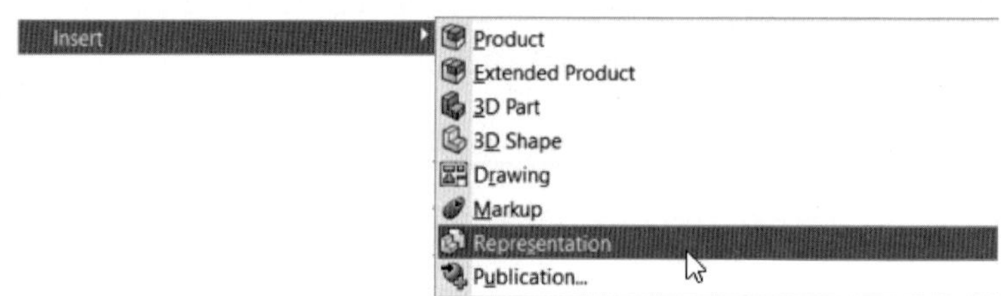

- Engineering Connection

3DEXPERIENCE Platform의 Assembly Design에서는 더 이상 구속과 Mechanism (Kinematics Joint)가 분리되지 않습니다.

Engineering Connection을 통하여 Component들 사이의 구속과 Joint 정보를 함께 생성하게 됩니다. 앞서 V5를 사용해 본 경험이 있는 사용자라면 Constraints에 익숙해 있을 것이므로 이점을 주의해야 합니다.

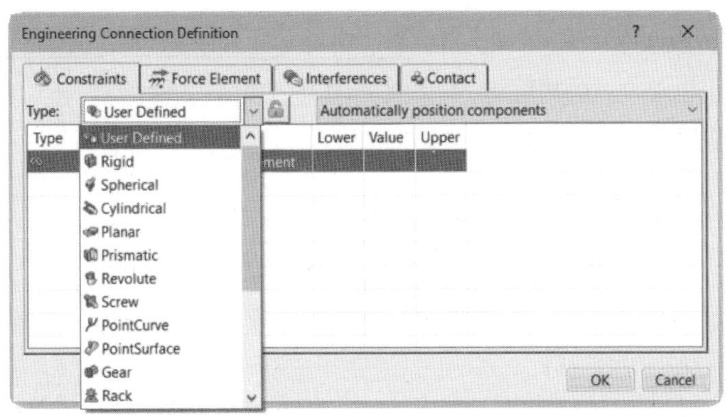

BOM Introduction

BOM(Bill Of Material)은 Assembly Design에서 핵심이 되는 개념으로 설계를 모델링에서 정보 관리의 단계로 업그레이드하는데 필요한 필수 개념입니다.
제품을 만드는데 필요한 정보(조립품, 부품, 수량, 상호 관계-모자관계, 공정 및 작업 방법 등)를 제품 구조로 나타내는 것으로 생산 활동에 필요한 모든 정보를 체계화, 정보화한 것이라 할 수 있습니다. BOM을 통해 설계자는 어떻게 설계되었는지, 특정 품목을 구성하는 요소는 무엇인지, 제품 원가의 산정, 구매 및 생산 일정 수립 등의 정보를 얻을 수 있습니다. BOM은 여러 가지 정보와 필요에 따라 다양한 유형(E-BOM, M-BOM, P-BOM, M-BOM 등)을 가지고 있습니다.
다음의 설명을 참고하기 바랍니다.

- Engineering BOM

  Engineering BOM은 줄여서 E-BOM이라고 합니다. Engineering BOM은 말 그대로 설계 부서에서 사용하는 BOM이라 할 수 있습니다. 제품 설계는 기능(Function) 중심으로 행해지게 되는데 예를 들어, A라는 제품은 특정 기능들의 조합으로 조립품이 이루어지고, 각 조립품은 다시 또 다른 특정 기능을 하는 조립품 또는 부품으로 구성됩니다. 설계 엔지니어에게 제일 친숙한 BOM 정보라 할 수 있습니다.

- Manufacturing BOM 또는 Production BOM

  생산 관리 부서 및 생산 현장에서 사용되는 BOM으로 Manufacturing BOM 또는 Pro-duction BOM이라고 합니다. MRP(자재 소요량 계획) 시스템에서 사용되는 BOM이 바로 Manufacturing BOM입니다. Manufacturing BOM 또는 Production BOM은 줄여서 M-BOM 또는 P-BOM이라고 한다.

M-BOM은 제조 공정 및 조립공정의 순서를 반영한 E-BOM을 변형하여 만들어집니다. 또한 Item이 재고로 저장될 것인지와도 밀접한 관련을 갖습니다.

- Planning BOM

  Planning BOM은 생산계획, 기준일정계획에서 사용됩니다. 주로 사용부서로는 생산관리 부서 및 판매, 마케팅 부서 등에서 사용되며 상당히 포괄적인 개념으로 여러 가지 종류가 있습니다.

- Modular BOM

  Modular BOM 또는 M-BOM은 Option과 밀접한 관계를 맺고 있습니다. 생산 전략 중 Assesmble-To-Order 형태의 전략을 취하는 기업체에서 만드는 제품들은 대개 많은 옵션을 가지고 있습니다.
  이처럼 Modular BOM을 구성하게 되면, 많은 양의 BOM 데이터를 관리하는데 필요한 노력을 줄일 수 있게 되고 Master Production Scheduling을 할 때에도 Option을 대상으로 생산계획을 수립하게 되므로 관리 및 계획 노력을 줄일 수 있습니다.

[출처 : KOCW(Korea OpenCourseWare)]

B. Section Bar

■ Assembly

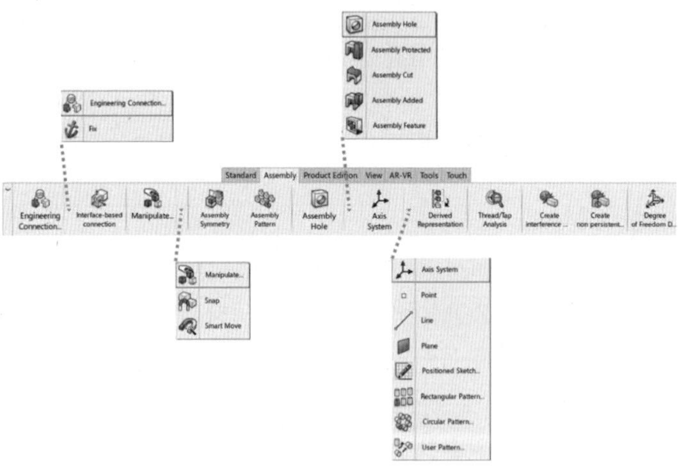

▶ Flyout for Creating Engineering Connections

- Engineering Connection

  – Assembly 상에서의 구속(Constraints)은 Component와 Component 사이에 공간 상의 관계를 정의하는 것

- Component 형상이 가지는 체결 부위나 연결 위치를 기준으로 일치(Coincidence)나 오프셋, 각도 등을 부여할 수 있으며 이렇게 부여된 구속은 Component들을 위치와 상관관계를 정의
- Assembly 상에서 구속은 3차원 형상을 변형하는 것이 아닌 대상들 사이의 위치 관계를 정의하는 것(Assembly 상에서 3D Part나 하위 Sub Assembly는 강체(Rigid Body)로 인식됨)
- Assembly를 구성하는 각각의 3D Part나 Product들은 각 Component만의 원점을 기준으로 만들어지며, 따라서 전체 형상을 구성하는 Root Product에서는 다시금 그것들의 정해진 위치를 찾아 주어야 해서 이러한 Assembly 상에서 Constraint가 필요함
- Root Product에 Component를 정의할 때 원점에 대한 구속 및 Component 간의 구속이 필요
- Assembly 구속 작업은 Engineering Connection 명령을 통하여 정의
- Engineering Connection은 단순 구속 조건과 더불어 Kinematic Joint의 기능도 수행하며 Contact/Crash 분석 가능
- Constraint에 대한 몇 가지 규칙
  ⓐ 구속은 현재 활성화된 Product의 Component들 사이에서만 가능
  ⓑ Sub Assembly에 속한 Component들은 그 상위 Product에서는 하나의 묶음으로 움직임
  ⓒ Sub Assembly의 Component끼리 구속하려면 Sub Assembly의 Product를 더블 클릭하여 활성화해야 함

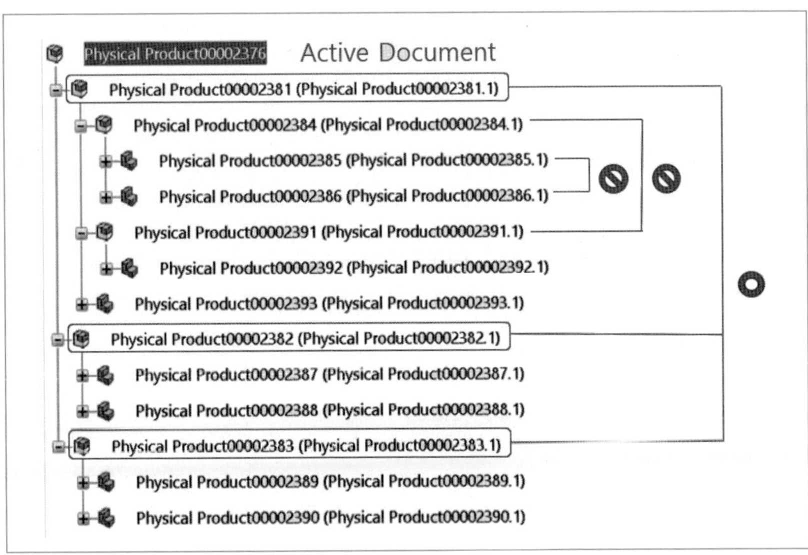

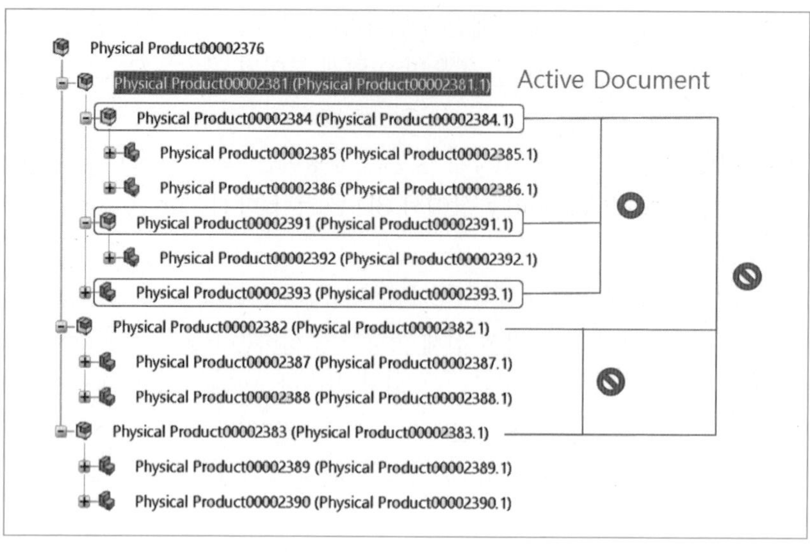

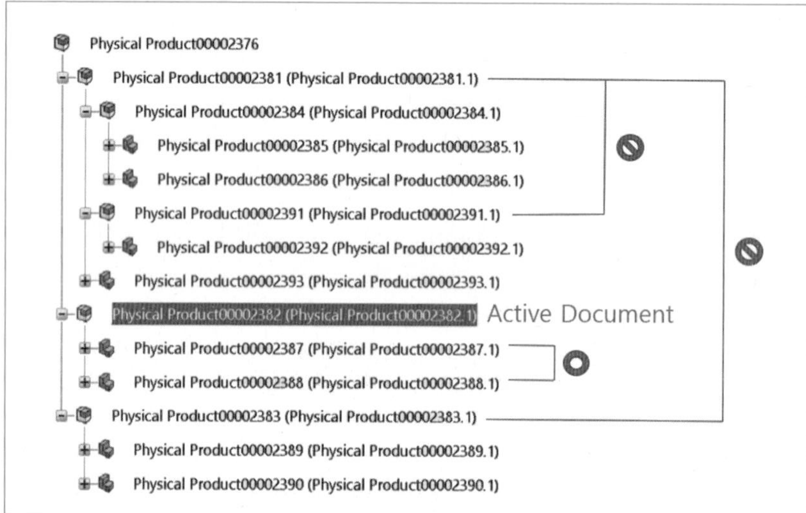

위와 같이 활성화된 Product의 위치에 따라 구속을 정의할 수 있는 대상과 상태가 달라지므로 주의 필요

우리가 구속하고자 하는 대상이 3차원 상에 있다고 했을 때 이 대상의 위치 상태를 완전히 설명하는 데 필요한 최소한의 정보를 직교 좌표계 기준으로 자유도(DOF : Degrees Of Freedom)를 고려하여 정의

3 Dimensions = 3 Translation + 3 Rotations = 6 DOF

① Engineering Connection Definition 창의 구조

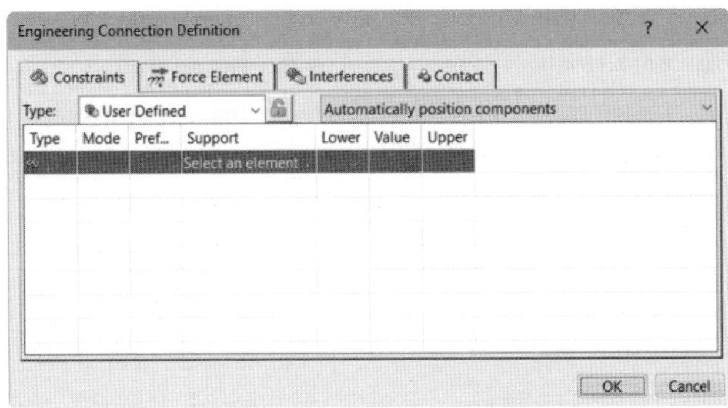

ⓐ Constraints Tab

- Component들 사이에 구속을 정의하는 Tab으로 Type을 먼저 정의한 후 구속을 주거나 구속 요소를 선택하여 Type을 설정해 줄 수 있음
- 하나의 Engineering Connection은 여러 Constraints의 조합으로 정의 가능

예시

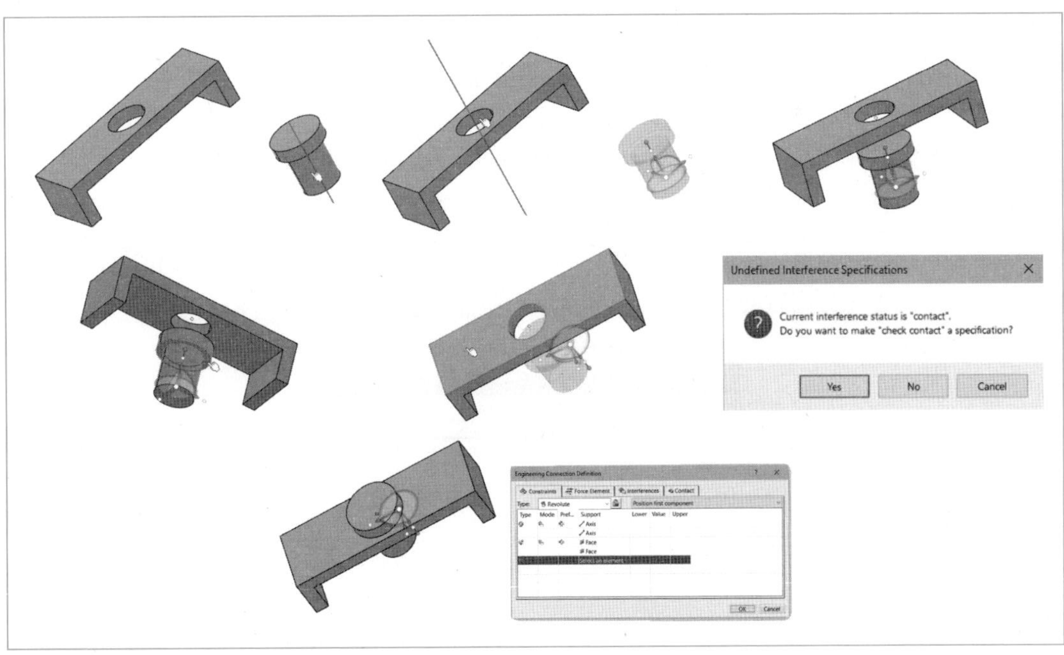

- 위와 같이 구속 정의가 완료되면 이에 맞는 Constraint로 유형이 업데이트됨

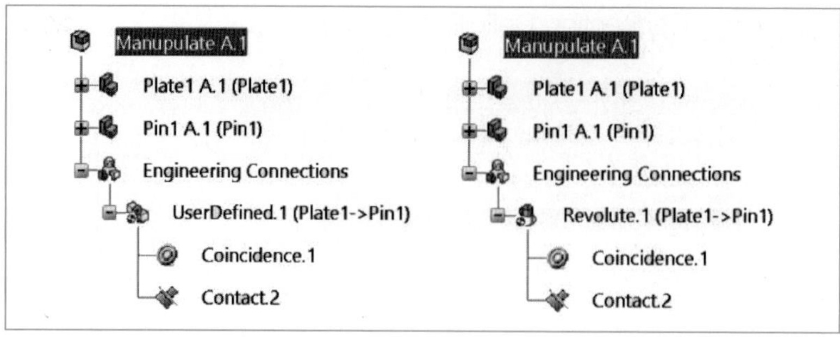

- Update까지 완료된 상태로 이러한 정보는 다음과 같이 Root의 Product와 짝을 이루는 Component의 Spec Tree에 기록됨

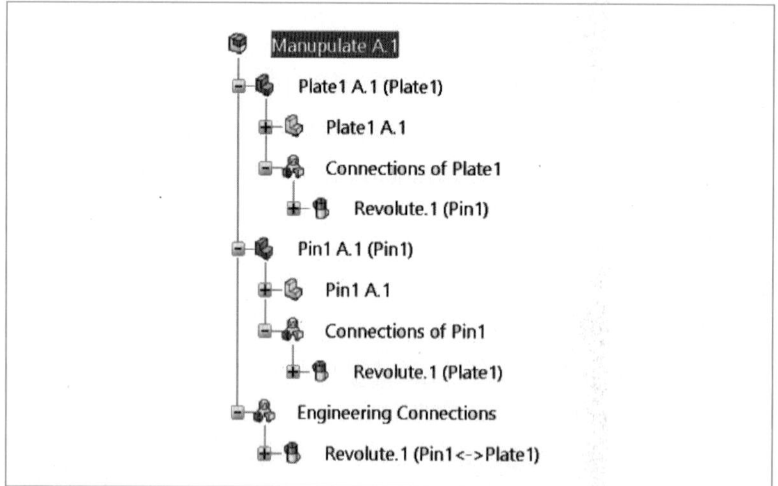

- Constraint 생성 시 이동되는 Component의 결정은 아래 메뉴를 통해 결정
- Position first component 선택을 권장

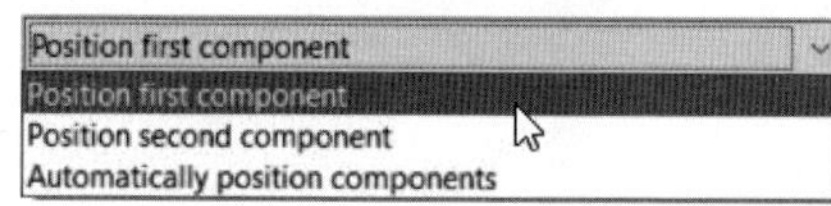

- Constraints의 유형들

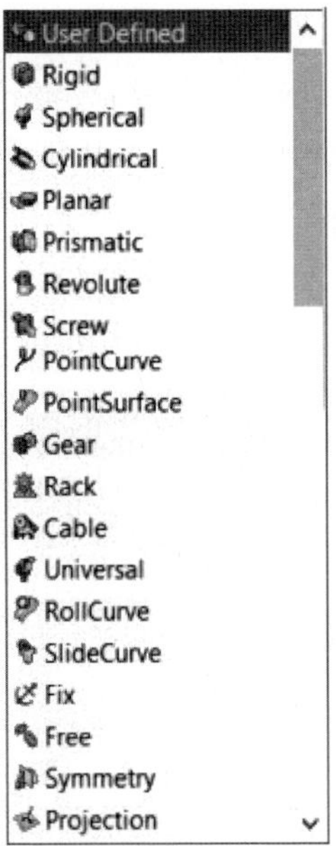

- Constraints Tab에서 구속 유형을 미리 지정하기 위해서는 아래와 같이 Contextual Menu에서 삽입

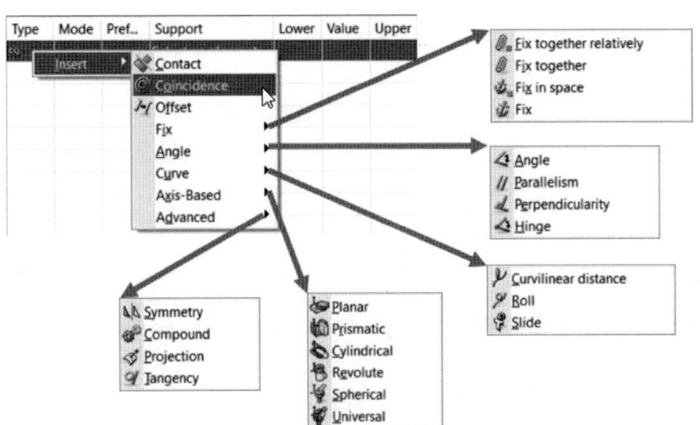

- 생성한 구속을 다른 구속 유형으로 변경해 주기 위해서는 아래와 같이 Contextual Menu에서 선택. 삭제도 가능

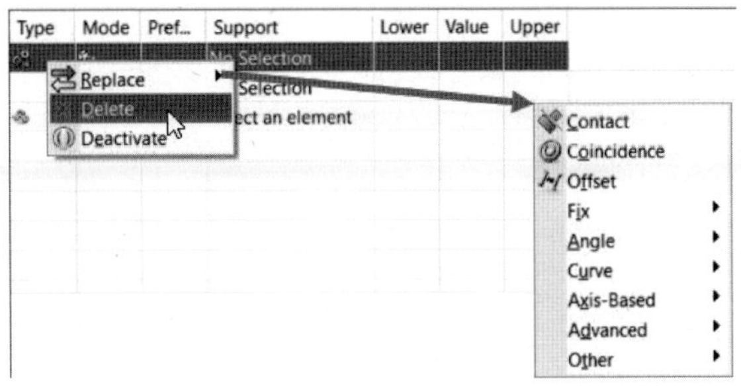

Chapter 05. Native Apps

ⓑ Interferences Tab

- 생성한 Constraint로 발생하는 Component들 사이의 간섭 또는 충돌을 체크할 수 있는 부분으로 필요에 따라 Assembly 단계에서 제품 조립 시 발생할 수 있는 문제점을 검토 가능
- 해당 구속 부분에 대해서만 간섭/충돌을 체크하는 것으로 전체 조립 결과물에 대한 간섭/충돌 체크는 별도 명령으로 사용해야함

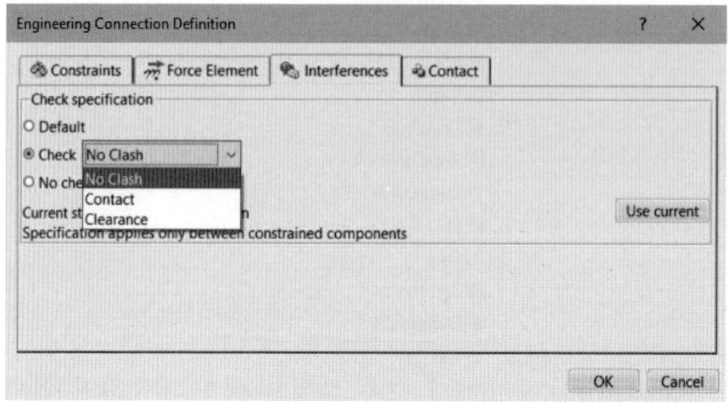

- Engineering Connection에서 적용 가능한 Constraints

ⓒ Contact

- 두 대상 간의 접촉 구속을 주는 명령
- 접촉 구속이기 때문에 거리 값을 입력할 수는 없음
- 접촉 상태를 유지한 평 위에서 병진 운동은 가능
- 대상에 따른 구속 관계는 아래와 같음

	Planar	Cylindrical	Spherical	Conical	Circular
Planar	면 접촉	선 또는 고리 모양 접촉	점 접촉		
Cylindrical	선 또는 고리 모양 접촉	면 접촉 선 또는 고리 모양 접촉			
Spherical	점접촉		면 접촉	선 또는 고리 모양 접촉	선 또는 고리 모양 접촉
Conical			면 접촉	면 접촉 선 또는 고리 모양 접촉	선 또는 고리 모양 접촉
Circular			선 또는 고리 모양 접촉	선 또는 고리 모양 접촉	

ⓓ Fix together relatively

ⓔ Fix together

ⓕ Coincidence

- 선택한 두 Component의 요소 사이에 일치 구속을 주는 명령
- 축(Axis) 요소의 일치나 점(Point, Vertex), 선(Line, Edge), 면(Plane, Face) 요소를 일치시키는 것이 가능
- 축이나 선 요소에 대한 Coincidence 구속은 대상 사이를 하나의 선으로만 구속하므로 회전에 대한 자유도를 가지며 선 방향으로 길이 이동에 대한 자유를 가짐
- 명령을 실행시키고 일치 구속하고자 하는 대상을 차례대로 선택
- Assembly 상의 구속은 수동 업데이트가 기본 설정이라 구속 후 Update(CTRL + U)를 실행(모든 구속 명령에 해당)
- 두 요소에 이미 다른 구속이 정의된 경우가 아니면 먼저 선택한 대상이 위치 이동하여 구속됨(모든 구속 명령에 해당)

ⓖ Offset

- 두 대상 사이에 평행한 일정 거리 구속을 주는 명령
- 선택한 대상 간에 일정한 거리 값을 부여하여 대상을 구속
- Offset Constraints를 사용할 수 있는 경우를 정리하면 다음과 같음

	Plane	Line	Point
Plane	가능	가능	가능
Line	가능	가능	가능
Point	가능	가능	가능

ⓗ Angle

- 선택한 두 대상 사이에 각도 구속을 주는 명령
- 회전체나 경사진 물체와 같이 대상 사이에 회전의 중심이 되는 축 구속이 선행되어야 함
- Sector란 각도를 나누는 기준으로 다음과 같이 정의
- 수치를 가지는 구속 값의 경우 다음와 같이 3가지 유형(Driving, Measured, Controlled)으로 설정 가능(기본 값 Driving)

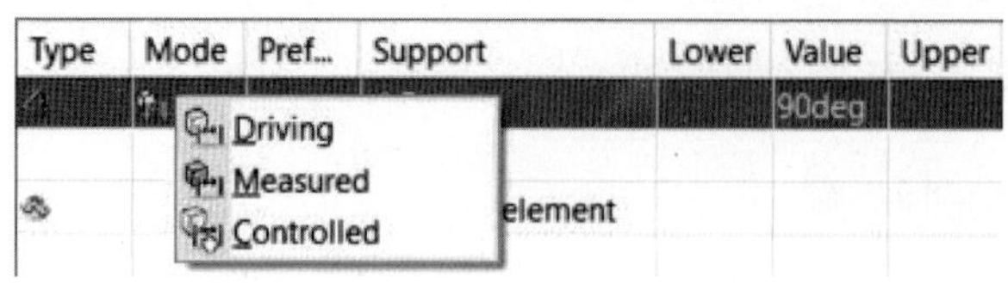

ⓘ Parallelism

ⓙ Perpendicularity

ⓚ Hinge

ⓛ Curvilinear distance

ⓜ Roll

ⓝ Slide

ⓞ Tangency

ⓟ Symmetry

ⓠ Compound

ⓡ Coupling

ⓢ Projection

ⓣ Fix in space

ⓤ Fix

- Engineering Connection 을 활용한 Mechanism 설계

앞서 Engineering Connection 을 사용하여 오브젝트 사이의 구속을 정의한 정보는 단순히 구속에서 끝나는 것이 아닌 기구학적 움직임을 정의하는데 사용할 수 있습니다. 과거 CATIA V5에서는 DMU Kinematics라는 Workbench가 있었으며 현재 3DEXPERIENCE Platform에서는 Mechanical System Design App이 있습니다.

Mechanical Sys.
Design

아래와 같이 회전 운동과 병진 운동의 구동 방식을 가지는 개체를 생각해 보겠습니다. 기본적으로 형상을 고정할 수 있도록 기준 객체가 Fix 되어 있어야 하며, 각 구동부에는 기구학적 움직임을 정의할 수 있도록 Engineering Connection이 적용되어 있어야 합니다.

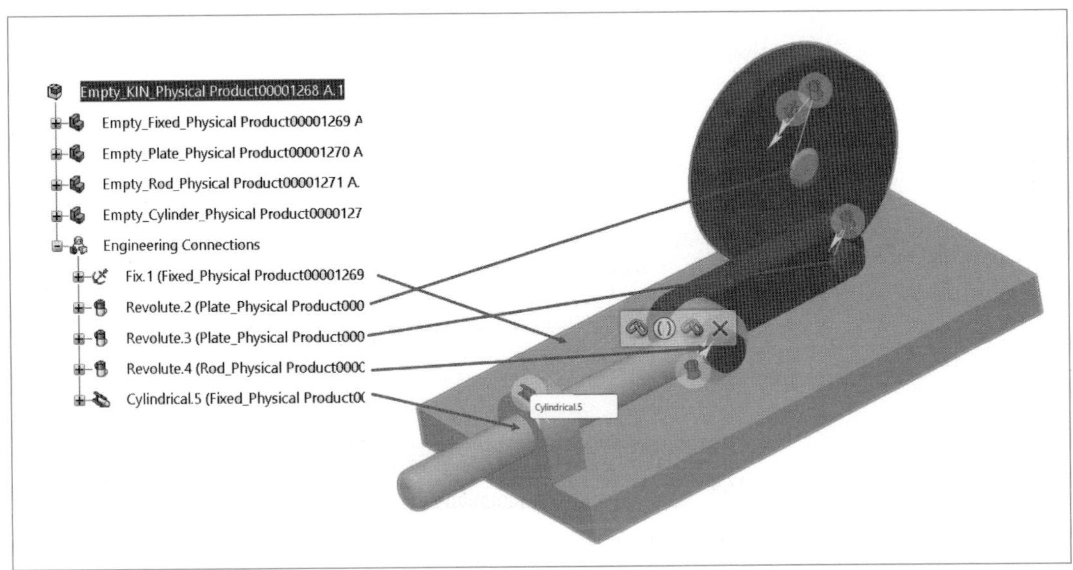

여기서 한 가지 중요한 점은 기구학적인 움직임이 동작할 수 있도록 구동 요소를 Engineering Connection에 정의해 주어야 한다는 것입니다. 일반적으로 구동되는 물체에는 동력원이 있는 것을 감안하여 구동 요소를 정의해준다고 생각하면 좋습니다.

여기서는 아래와 같이 고정된 객체와 회전 원판 사이에 회전을 정의하기 위한 Angle을 추가하고 Mode를 Controlled로 정의하였습니다.(회전 축을 기준으로 두 평면 요소에 대해서 정의)

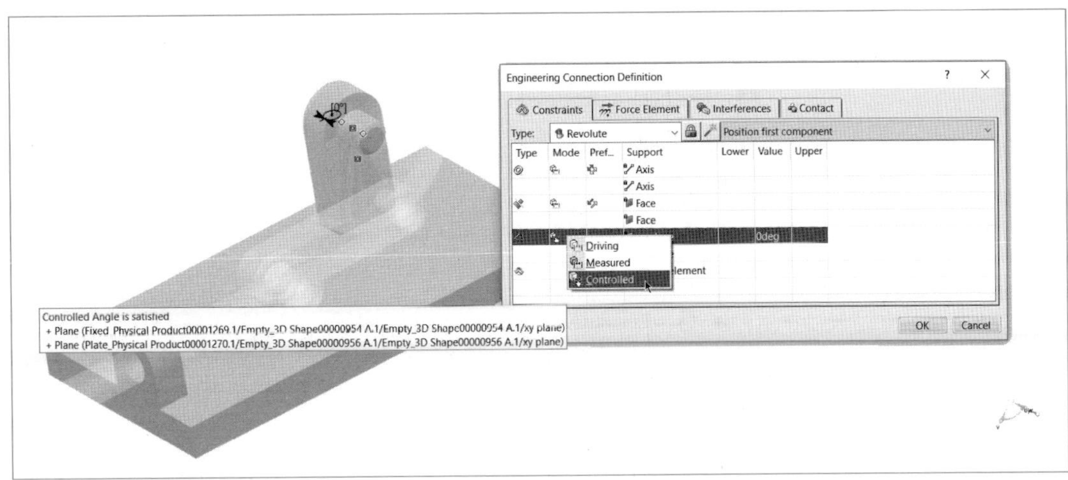

이렇게 Engineering Connection이 정의되었다면, Mechanism Representation 을 삽입해 줍니다. 생성된 Mechanism Representation은 해당 Physical Product에 Engineering Connection 정보와 연결되어 생성됩니다.

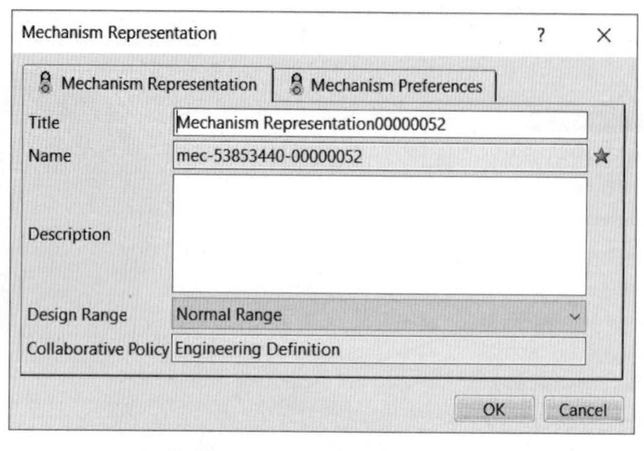

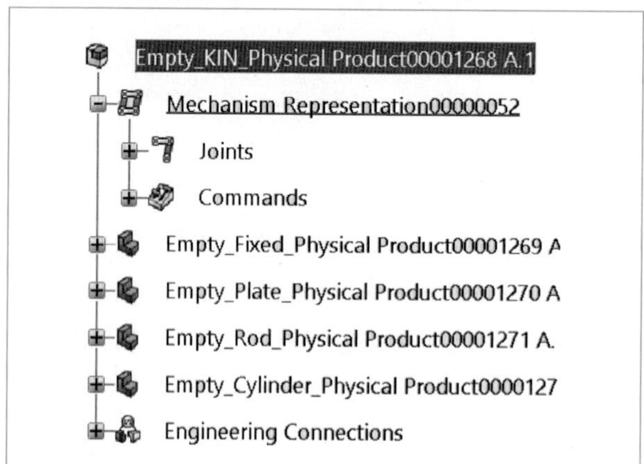

기본적으로 Mechanism에는 복수의 Joint와 Command에 의해 정의됩니다.

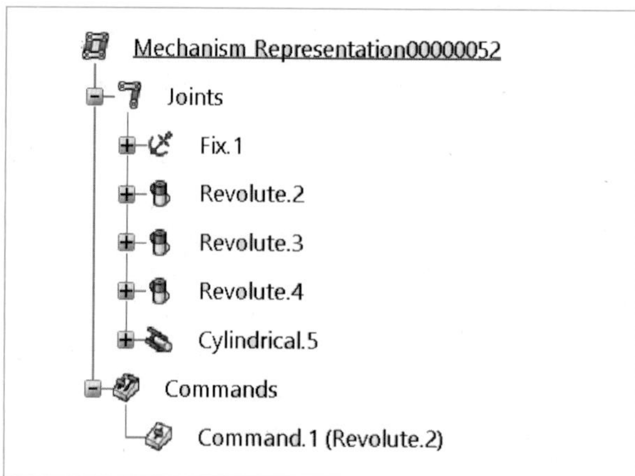

Mechanism에 적용하기 위한 Joint와 Command를 설정해 주기 위하여 Mechanism Manager 에서 설정해 줄 수 있습니다. 특히 Command의 경우엔 Controlled Mode로 생성하였더라도 Mechanism에서 인식할 수 있도록 Command Management에서 체크해 주어야 합니다.

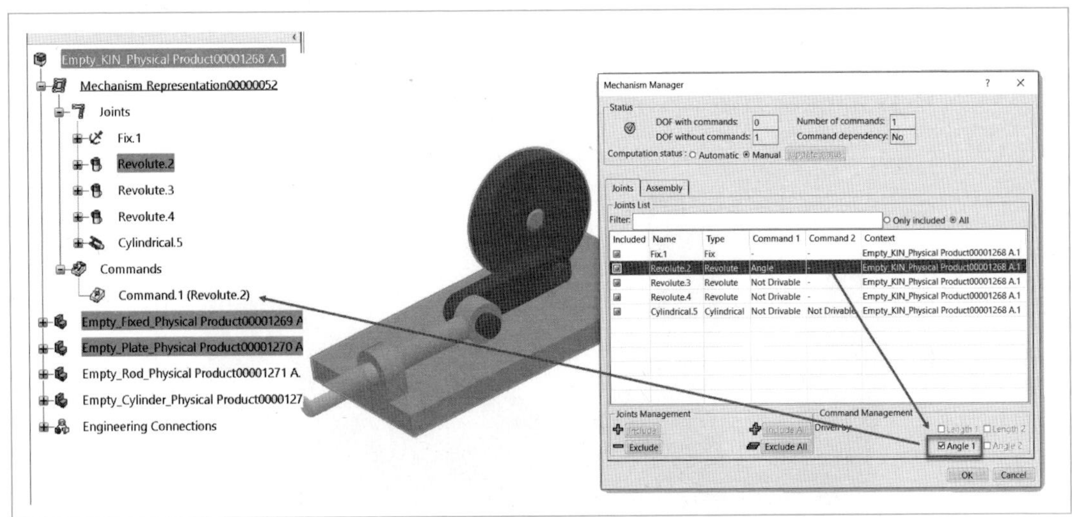

이렇게 Mechanism에 대한 정의가 올바르게 입력되었다면 Mechanism Player 를 통하여 동작을 확인해 볼 수 있습니다.

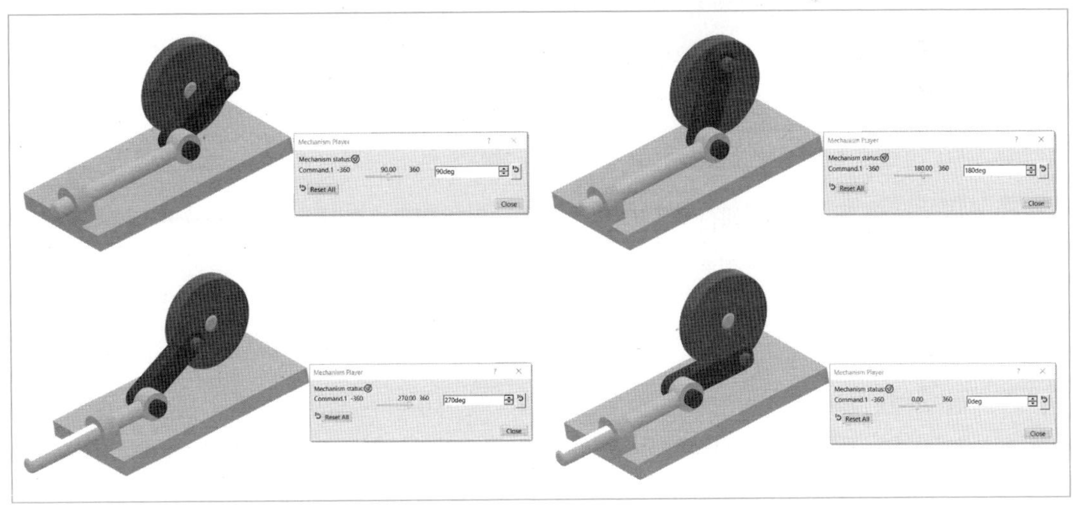

Mechanism의 설계는 제조 분야 제품 설계에서 구동 제품에 대한 동석 시뮬레이션과 공간 분석을 위하여 유용하게 사용될 수 있습니다.

Mechanism 활용 시 유용한 점

- 구동되는 서로 연결된 파트에 의한 다른 단품의 이동 방향이나 이동량 예측
- 메커니즘에 의한 구동에서 관심 있는 위치에서의 속도나 가속도 정보
- 수행하는 동작에 필요한 소요 시간 예측
- 구동 메커니즘에 기반한 단품 조립 구속 지정 가능
- 메커니즘의 설계(궁극적인 목표)

[생산 라인에서 디지털 목업 활용 사례]

[출처 : http://www.catia.co.za/]

• Fix

- 선택한 Component에 대해서 현재 위치에 고정하는 명령
- 기준이 될 요소나 원점이 될 대상을 원하는 위치상에 Fix 시키고 다른 Component 들을 이 Fix된 Component에 맞추어 구속을 주면 유용하게 사용할 수 있음
- Product는 위치를 나타내는 Plane이나 Axis 요소가 없지만 절대 원점(0,0,0)이 존재
- 기존 또는 새로운 3D Part나 Sub Product를 불러올 때 이러한 Product의 절대 원점을 기준으로 삽입됨

– Assembly 작업 시 기준 요소를 선정하여 고정하고 이를 기준으로 구속 작업 진행
– 명령을 실행시키고 대상 선택 후 "OK" 버튼을 클릭
– Fix 명령으로 구속한 대상은 Product 상에서 다른 구속을 주지 않더라도 현 위치에 고정되며 위치가 이동되어도 Update에서 처음 지정 위치로 돌아옴

▶ Flyout for Manipulating and Snapping Components

- Manipulate

– 이 명령은 선택한 Component를 직선 방향 또는 평면, 회전축 기준으로 단순 이동시키는데 사용하는 명령
– Assembly 상에 Component들을 불러온 상태에서 대상들을 배열하기 위하여 우선 구속에 앞서 위치를 조절해 줄 수 있음
– Manipulate를 실행시키면 Manipulation Parameters 창이 나타나며, 선택한 Component를 X축 방향으로 이동시키고자 한다면 Drag along X axis 를 선택한 뒤에 Component를 선택하여 드래그하면 선택한 Component가 X축 방향으로 이동 가능

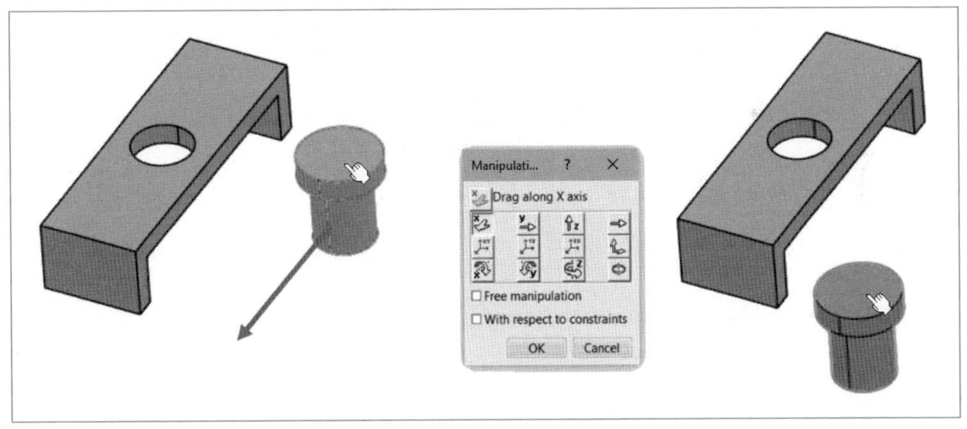

– 여기서 다시 다른 방향 요소를 Manipulation Parameters에서 선택한 후에 Component를 드래그하면 다시 해당 방향으로 움직이는게 가능
– Drag along any axis 요소는 Component를 임의의 방향을 선택해서 이동. 축 방향 요소를 먼저 선택 후 대상을 드래그

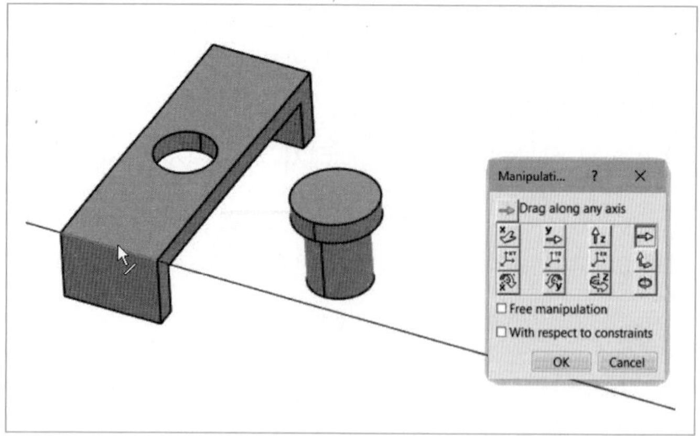

- Free manipulation을 체크하면 모든 방향으로의 Manipulation이 가능
- With respect to Constraints를 옵션을 체크하면 다른 Component들과의 충돌이나 구속에 의한 움직임을 제한(즉, 구속된 Component는 구속에 영향받는 방향으로는 움직이지 않음)
- 또한, App Option의 Stop on Clash를 체크하면 Component를 이동시킬 때 다른 Component들과 만나 충돌하기 전까지만 이동

- 마지막으로 Manipulate를 사용하면서 기억할 것은 "OK"를 눌러야 현재 이동한 위치로 옮겨지고 만약에 Cancel을 누르면 Manipulate를 하기 전의 위치로 초기화 됨

• Snap

- Component들과 Component 간에 관계 통하여 이동을 시키는 명령
- Component 간의 면과 면을 선택하여 이 면을 일치하게 움직이거나 Component들의 모서리나 축 요소를 선택하여 이들 간에 일치하도록 이동 가능

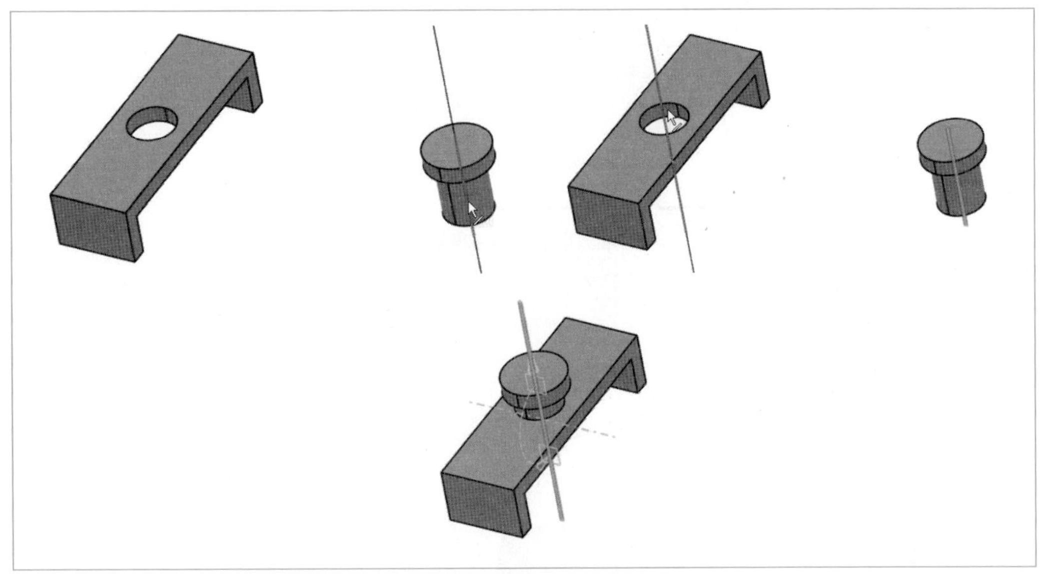

- 한 번에 원하는 위치 상태를 잡아줄 수 있는 것은 아니므로 단계적으로 원하는 위치를 정의할 수 있는 연습이 필요
- 처음 선택한 Component가 이동됨(즉, 두 대상 간의 Snap 이용 시 처음 선택한 Component가 이동하여 일치되는 것)
- 다음과 같이 두 대상을 선택하여 이동시킨다고 하였을 때 녹색으로 나타나는 화살표를 선택하면 Component의 방향 반전 가능

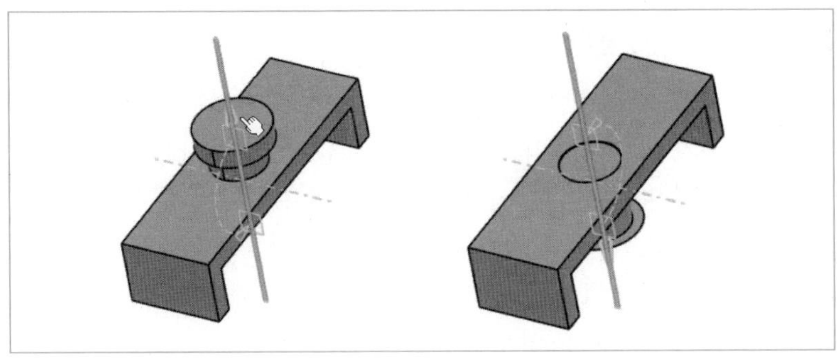

- Smart Move
  - 이 명령은 Snap 명령과 Constraints 생성 기능이 복합된 명령으로 Component들을 이동시키면서 이 이동 조건과 일치하는 구속 명령을 동시에 부여할 수 있음
  - Smart Move 명령을 실행시키면 다음과 같은 Dialog box가 나타나며, Automatic Constraints Creation을 체크하면 Snap 이동과 함께 구속을 함께 부여 가능
  - "More" 버튼을 눌러 인지되어 생성될 구속의 우선 순서를 정해줄 수 있음

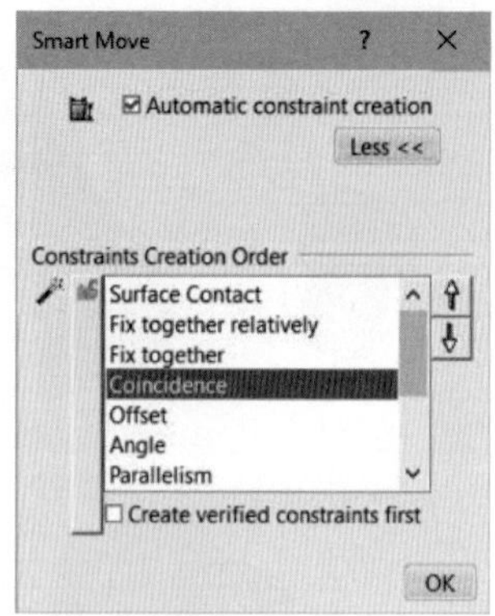

– 명령의 사용하는 방식은 Snap 과 동일

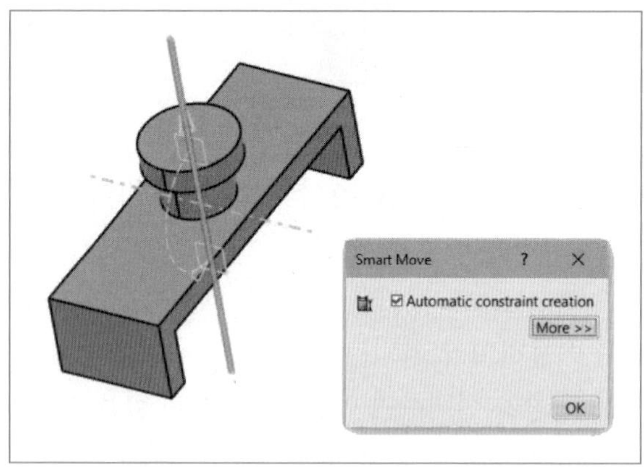

- Assembly Symmetry
  - Assembly 상에서 선택한 Component를 대칭 복사하는데 사용하는 명령
  - 대칭 형상을 가진 부품을 따로 만들어 내지 않고 Assembly 상에서 평면 대칭인 특징을 이용해 새로운 Component로 생성하여 활용
  - 명령을 실행시키고 제일 먼저 해주어야 할 일은 Symmetry 하고자 하는 대상 Component를 선택해 주어야 하며, 여기서 선택한 Component는 Part 또는 Sub Assembly를 갖는 Product 모두 가능

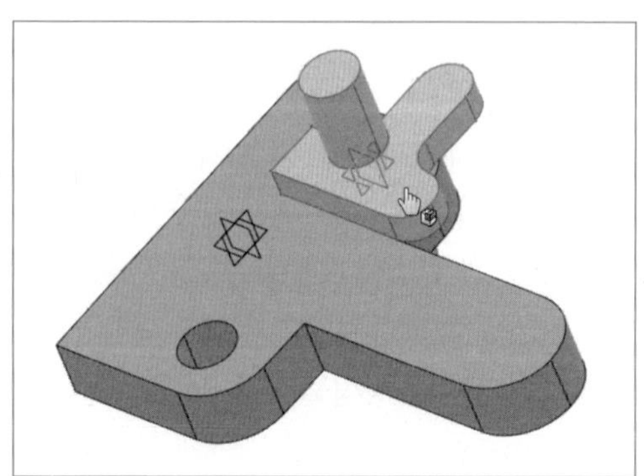

- 기준면을 선택한 후에 해주어야 할 일은 Symmetry의 기준면을 선택하는 것으로 이 기준면은 Symmetry 하고자 하는 Component에 포함된 것이 아니어야 함

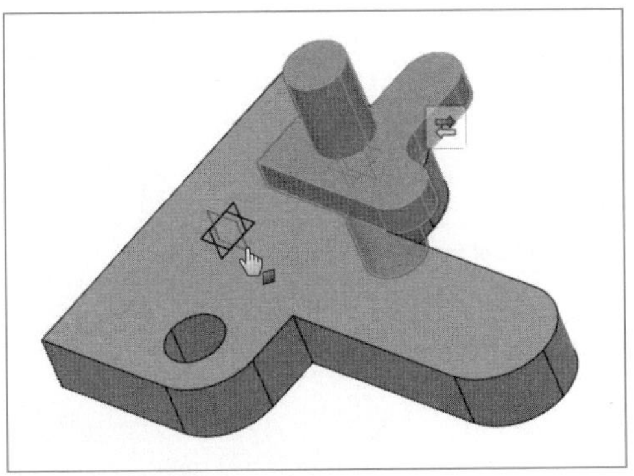

- Symmetry 하고자 하는 대상과 기준면을 선택하면 선택한 Component에 대해서 어떠한 작업을 수행할 것인지 선택할 수 있음

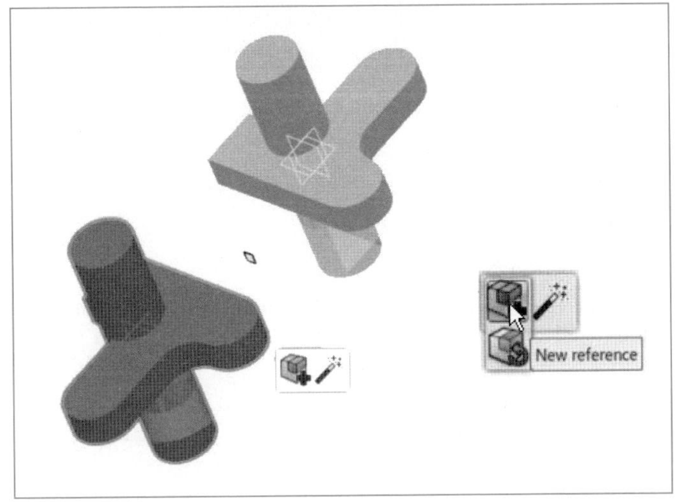

- 이렇게 Symmetry를 통해 만들어진 형상은 대칭의 구속 성질을 가지고 있으므로 원본 형상의 정의를 따르게 됨. 그리고 대칭 복사 형상에는 일반적으로 형상 수정이나 구속을 주지 않음

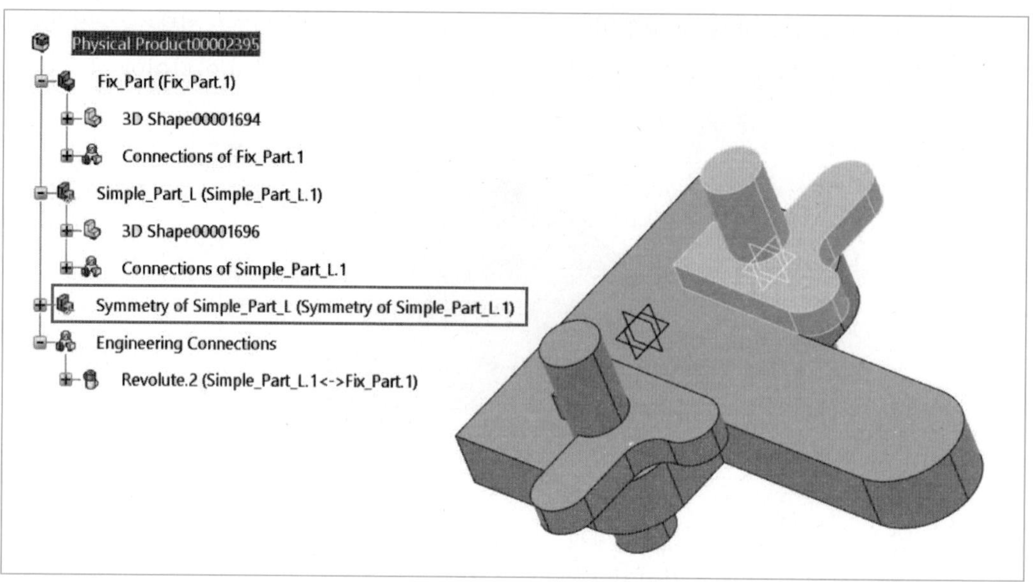

– Symmetry 특성을 없애기 위하여 Spec Tree에서 Assembly Feature의 Symmetry를 삭제할 수 있으며 이는 Assembly 상의 대칭 정보만 사라지는 것으로 이미 대칭되어 생성된 요소는 현 상태를 유지

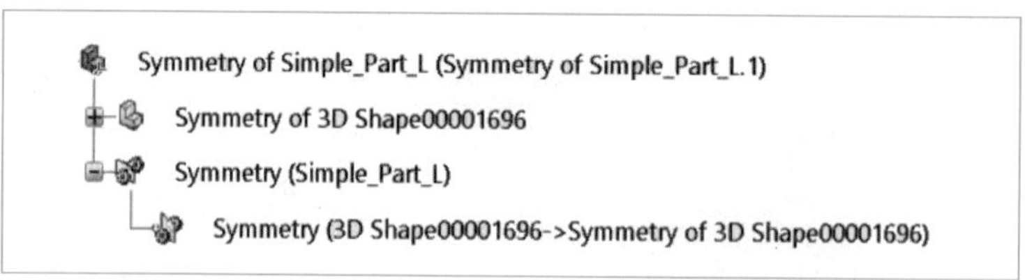

▶ Flyout for Creating Assembly Features

- Assembly Hole
  - Assembly를 구성하는 여러 Component에 동시에 Hole 형상을 만들어 주는 명령
  - 여러 개의 Component에 동시에 Hole 작업을 할 수 있어 개별적으로 Hole 작업을 해주는 것보다 효율적이며 Top-Down 방식으로 모델링 할 때 사용
  - Assembly Hole 명령을 실행시키면 Hole을 정의할 수 있도록 3D Shape를 선택하는 창이 나타나며, 여기서 Create New를 클릭하면 Product 안에 3D Shape가 생성됨(형상 정의를 Product에 직접 해줄 수 없으므로 3D Shape가 필요)

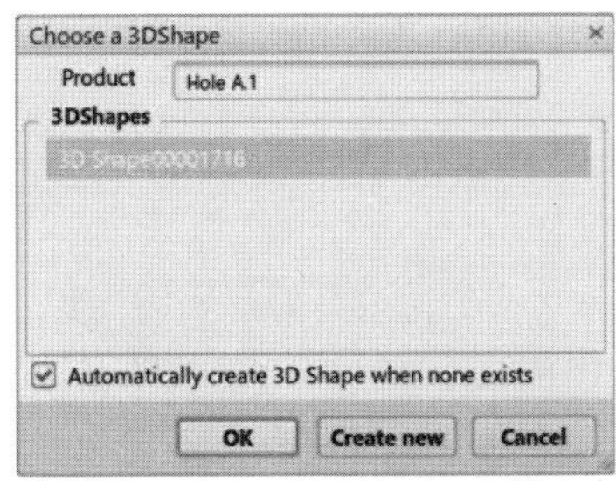

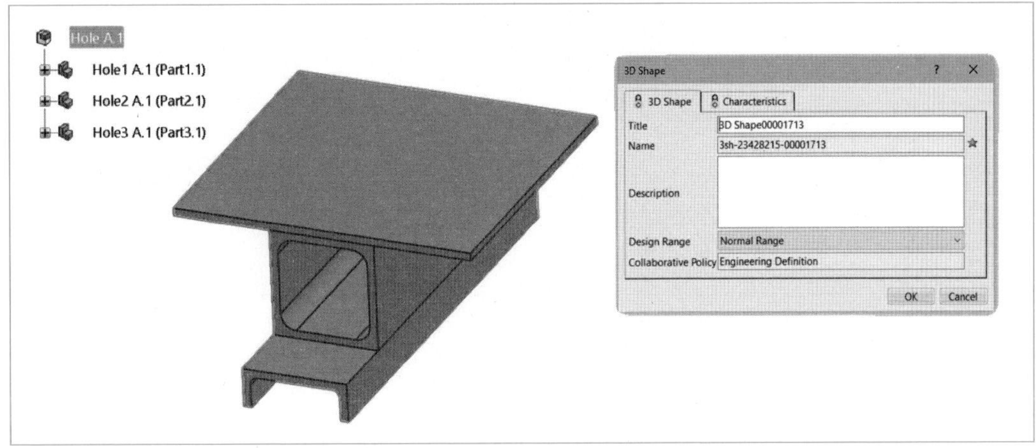

- 3D Shae가 생성(또는 미리 생성해둔 3D Shape를 사용할 수도 있음)
  Hole을 정의할 수 있도록 생성되면 자동으로 해당 3D Shape로 이동하게 되며 여기서 Hole을 정의

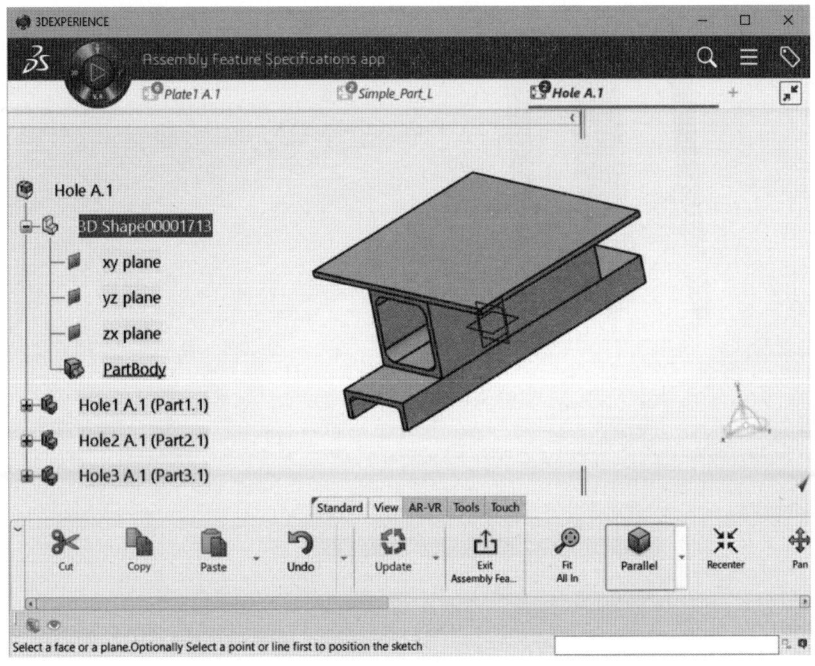

– Hole Definition 창에서 Hole 치수 정보를 입력하고 "OK"를 선택

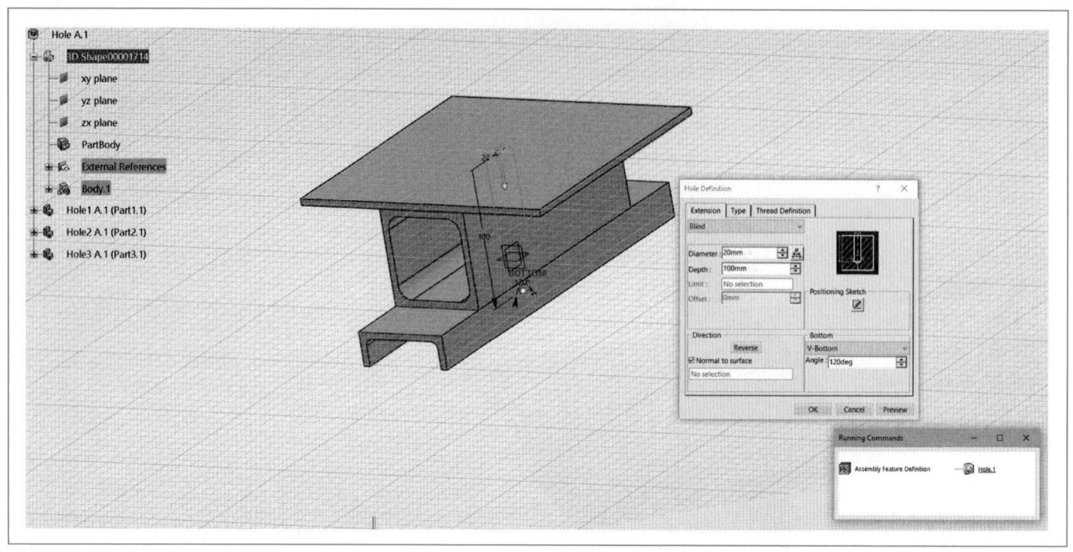

– 그럼 다음과 같은 Assembly Feature Definition 창이 나타나 해당 Hole을 적용해 줄 Component를 선택

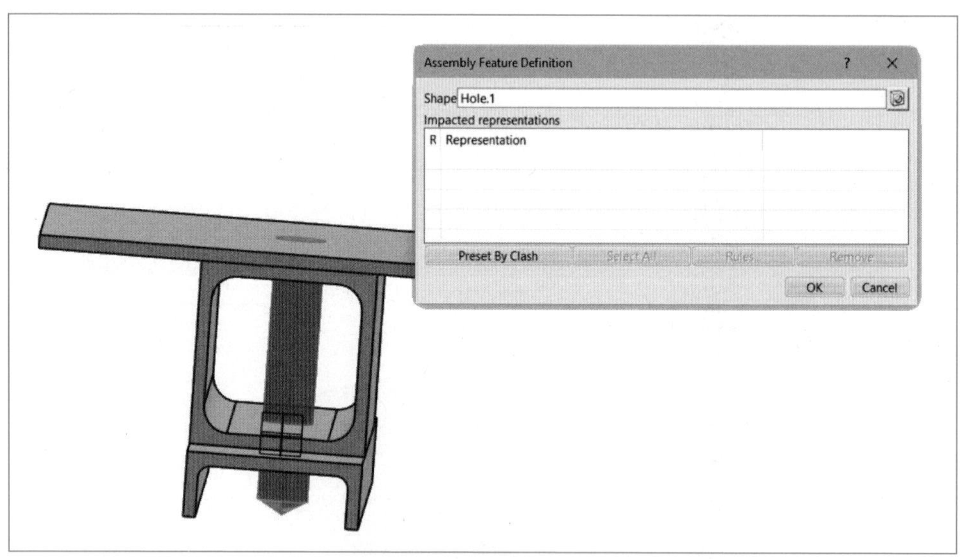

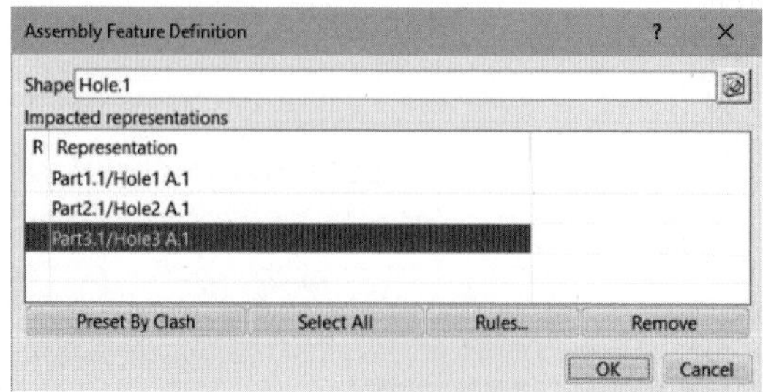

– Update를 완료하면 아래와 같은 결과 확인 가능

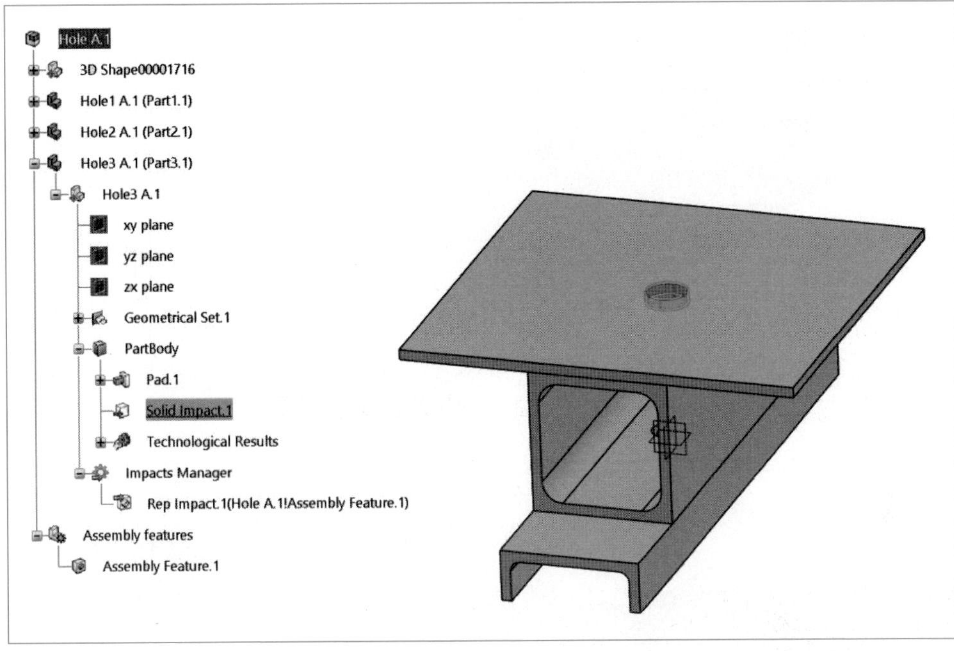

– 이러한 Assembly Hole 작업 결과는 해당 3D Part를 단독으로 Open하였을때도 그대로 유지됨

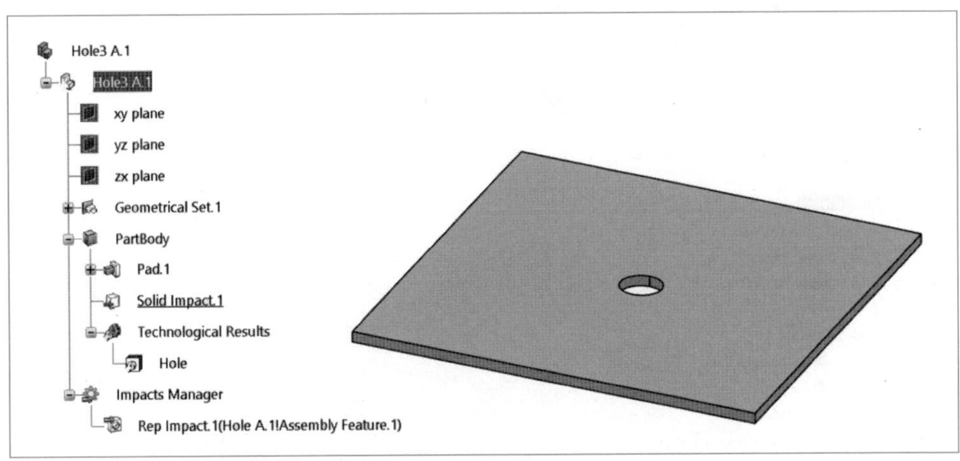

- Assembly Protected
  - Assembly 상에 특정 형상을 기준으로 제거하는 기능
  - Assembly Hole 과 유사하게 Product의 3D Shape를 기준으로 영향 받는 Component들을 선택하여 제거

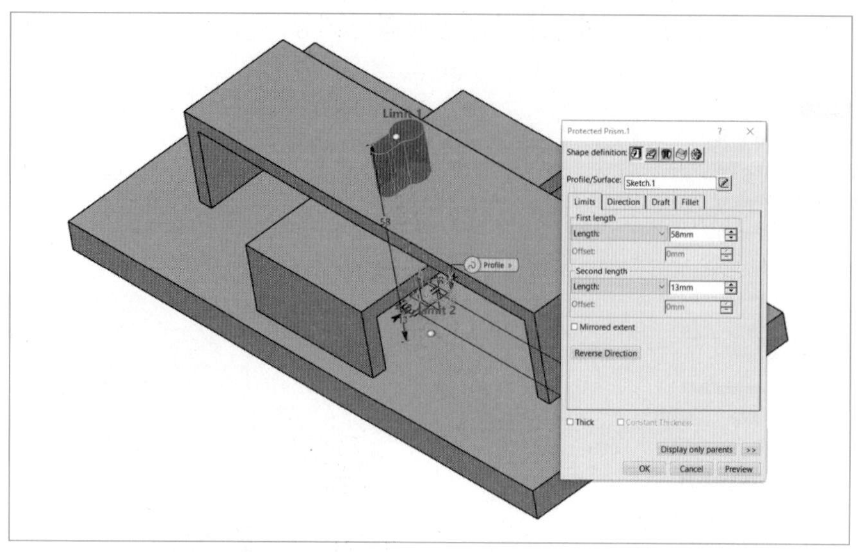
Protected Prism.1
Shape definition:
Profile/Surface: Sketch.1
Limits
Direction
Draft
Fillet
First length
Length:
58mm
Offset:
0mm
Second length
Length:
13mm
Offset:
0mm
Mirrored extent
Reverse Direction
Thick
Display only parents
OK
Cancel
Preview
Profile

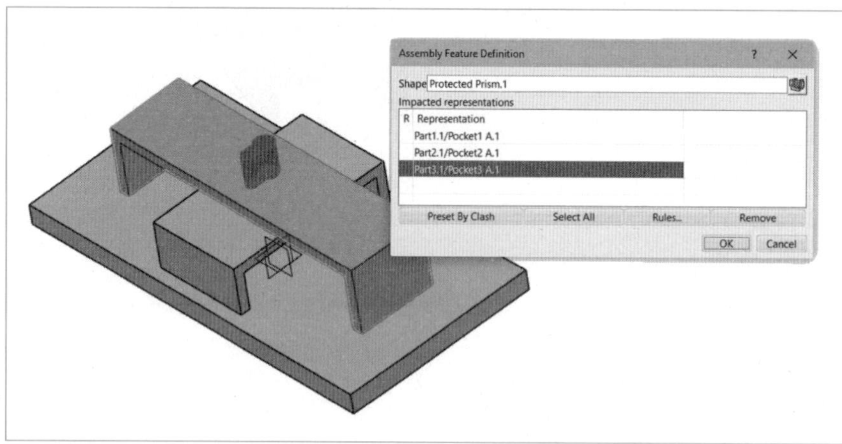
Assembly Feature Definition
Shape Protected Prism.1
Impacted representations
R Representation
Part1.1/Pocket1 A.1
Part2.1/Pocket2 A.1
Part3.1/Pocket3 A.1
Preset By Clash
Select All
Rules...
Remove
OK
Cancel

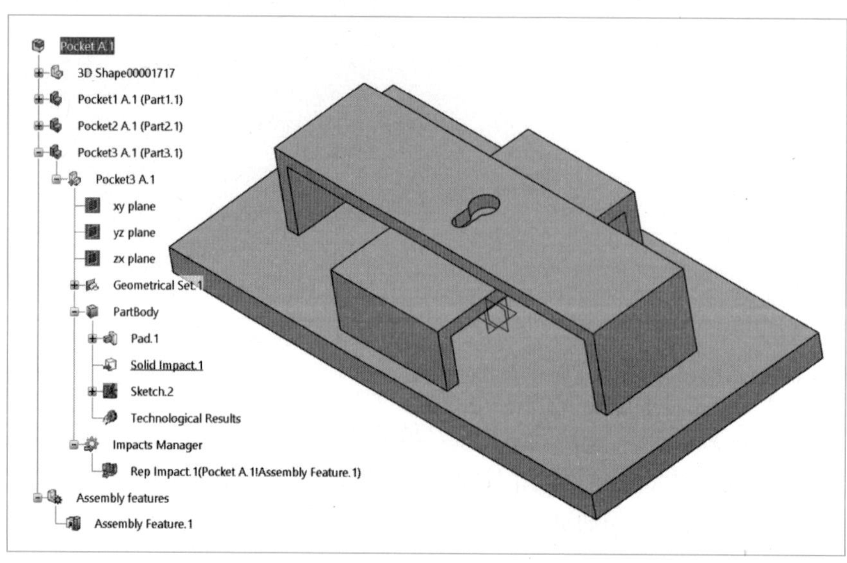
Pocket A.1
3D Shape00001717
Pocket1 A.1 (Part1.1)
Pocket2 A.1 (Part2.1)
Pocket3 A.1 (Part3.1)
Pocket3 A.1
xy plane
yz plane
zx plane
Geometrical Set.1
PartBody
Pad.1
Solid Impact.1
Sketch.2
Technological Results
Impacts Manager
Rep Impact.1(Pocket A.1!Assembly Feature.1)
Assembly features
Assembly Feature.1

- Assembly Protected로 사용 가능한 대상은 Pocket, Rib, Shaft, Thick Surface 기반 형상 또는 미리 3D Shape의 3차원 형상을 지닌 Body 자체가 될 수 있음(Part Design App의 Boolean Operation 중의 하나인 Remove 와 유사)

- Assembly Cut
  - Assembly 상에서 각각의 Component들을 임의의 기준 Component의 곡면 요소를 사용하여 절단하는 기능을 수행
  - Part Design이나 G.S.D에서 사용하였던 Split와 그 기능은 유사하나 절단하는 기준과 절단하려는 대상이 Product의 3D Shape에 정의되어 일괄 적용 가능한 것이 다름
  - 따라서 Assembly Cut 실행 후 형상을 각각의 Component 별로 분리하여 사용할 수 있으며, 한 번에 여러 개의 Part 도큐먼트를 동시에 Split하는 것이 가능
  - 사용 방법은 앞서 Assembly Hole 이나 Assembly Protected 와 유사
  - 3D Shape 상에 곡면 요소가 정의되어 있어야 함

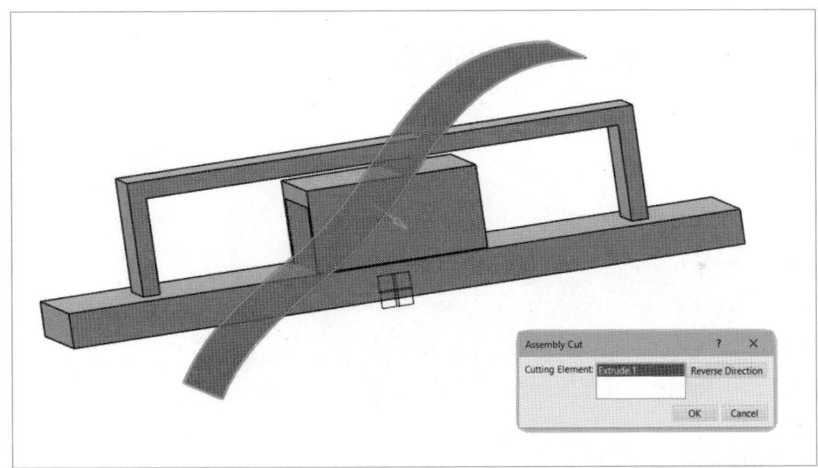

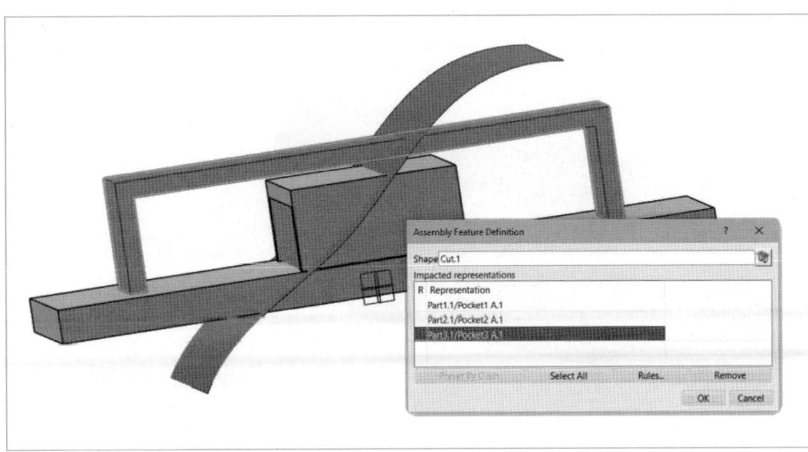

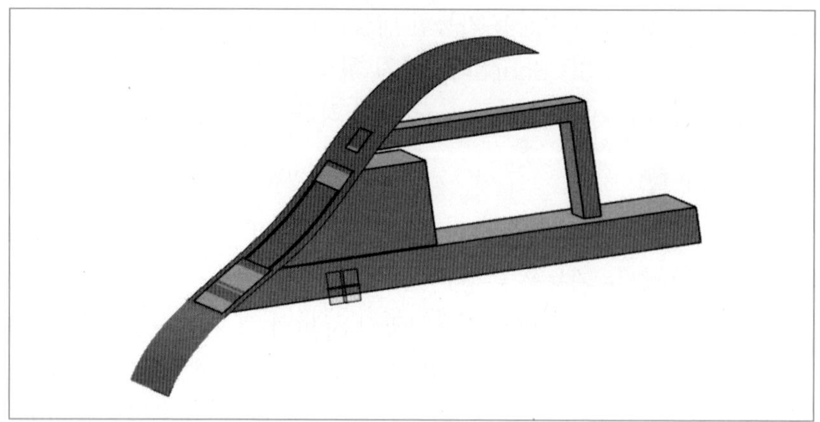

- Assembly Added
  - Assembly 상에서 Component에 Boolean 연산 중에 합(Add) 연산을 수행하는 명령
  - 사용 방법은 앞서 Assembly Hole 이나 Assembly Protected 와 유사

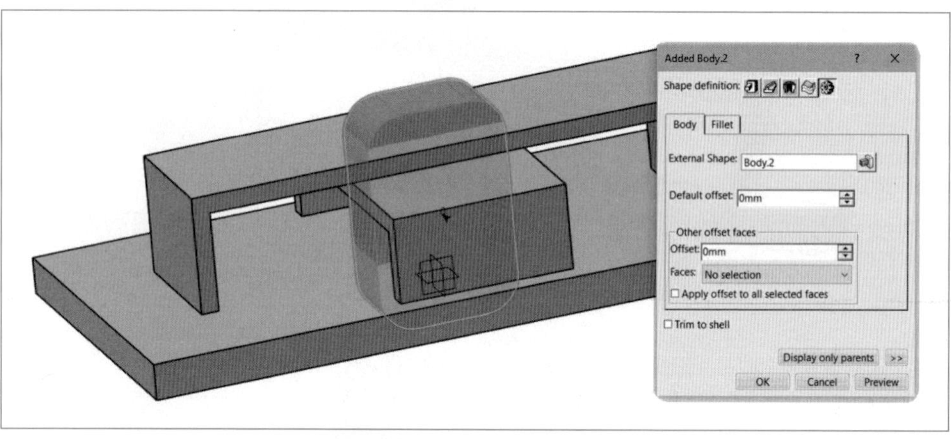

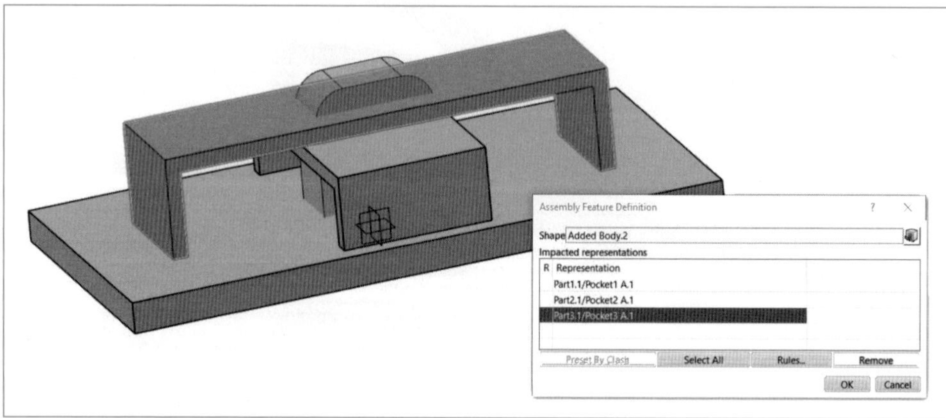

- Assembly Feature
  - 앞서 Assembly Feature 관련 기능을 하나로 묶은 명령으로 4가지 유형의 Assembly Feature 기능(Create Hole, Create Protected Feature, Create Added Feature, Create Split)을 실행 가능

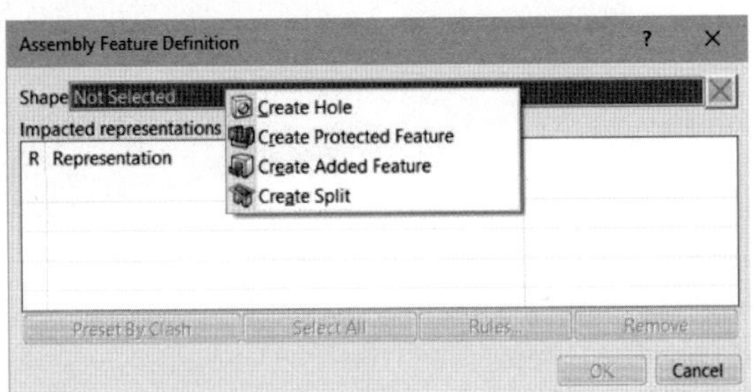

- Derived Representatio
  - 대상 Product의 전체 형상을 지닌 Representation을 생성하는 명령
  - 명령을 실행하고 기존 3D Shape 또는 새로운 3D Shape를 생성하여 Representation을 정의

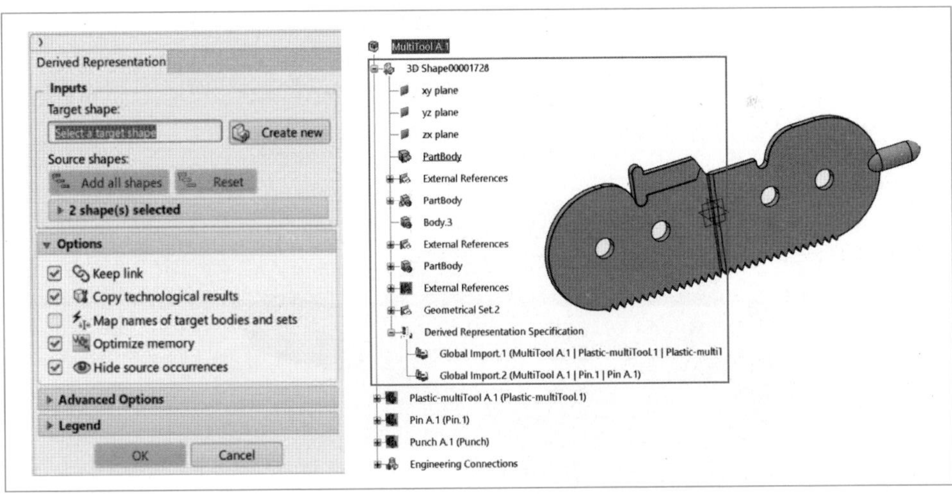

  - 3D Shape는 별도로 Export가 가능하여 OEM의 데이터 전달 목적으로도 사용 가능

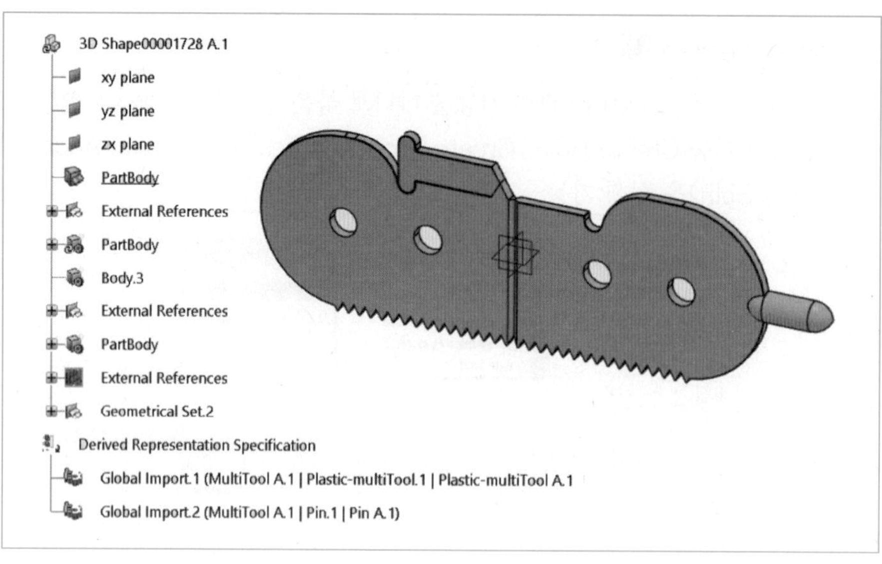

– 과거 CATIA V5의 Generate CATPart from Product 기능과 유사

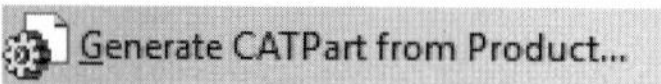

- Threads and Taps Analysis

  – 모델링 App의 Hole 이나 Thread/Tap 명령에 따라서 나사산 가공이 들어간 정보를 화면에 출력하여 주는 기능

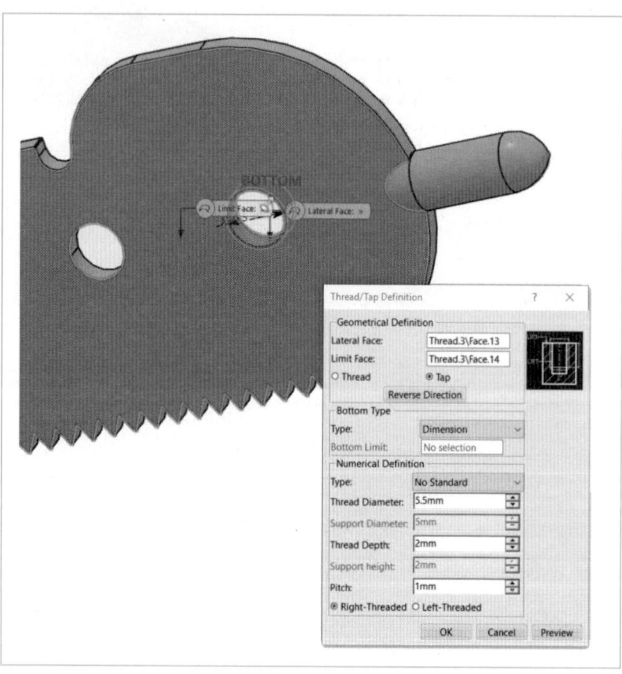

- Hole 명령 등으로 나사산 가공을 정의하면 화면상으로 직접 그 모양이 출력되거나 하지 않기 때문에 데이터상으로 확인 차원에서 유용하게 사용할 수 있음

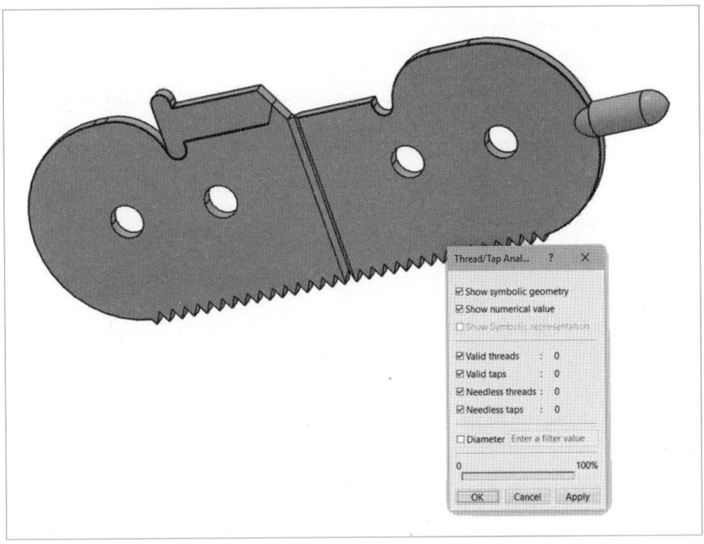

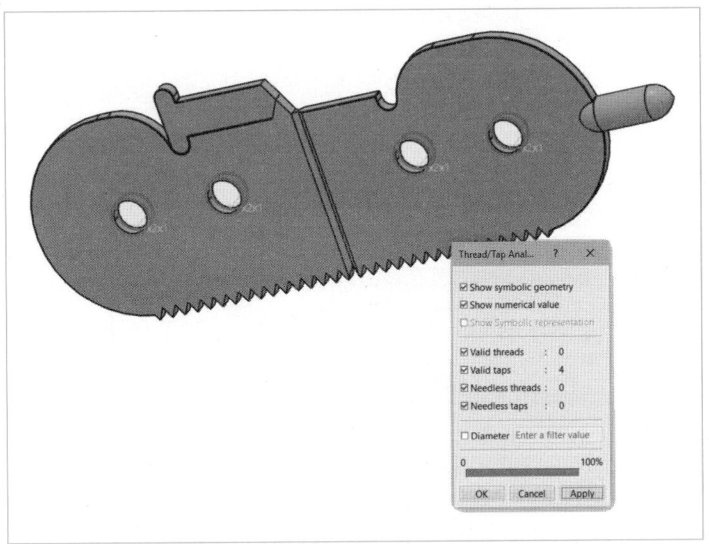

- Create interference Simulation

  - 대상 Product에 대한 간섭 및 충돌 분석을 실행하는 기능
  - 조립 결과물에 대한 가상 검증을 통해 결함을 보완하고 양산 제품을 제작하기전 오류를 방지할 수 있음
  - 명령을 실행하면 Interference Simulation 관련 새로운 PLM 오브젝트를 생성하며, 생성 시 Definition 창에서 추가 설정 가능

① Interference Simulation Tab

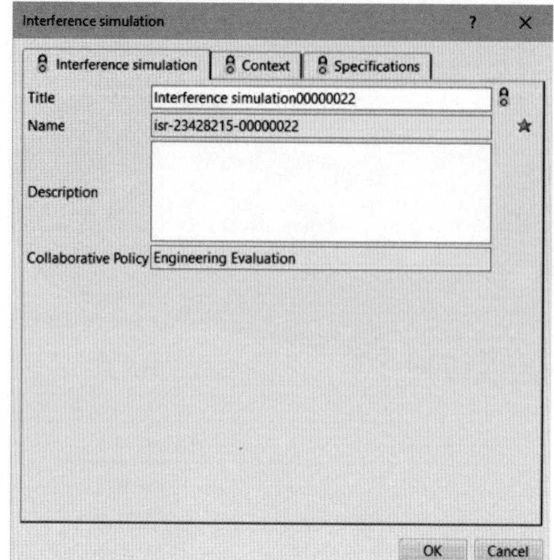

② Context Tab

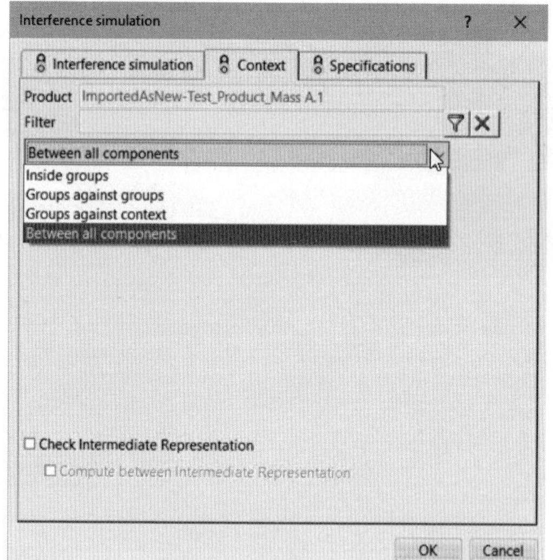

③ Specification Tab

- 명령을 실행한 후 위의 설정 상태에서 "OK"를 클릭하면 PLM 오브젝트의 생성과 함께 간섭/충돌 분석이 완료(해당 결과는 Interference Check App에서 열림)

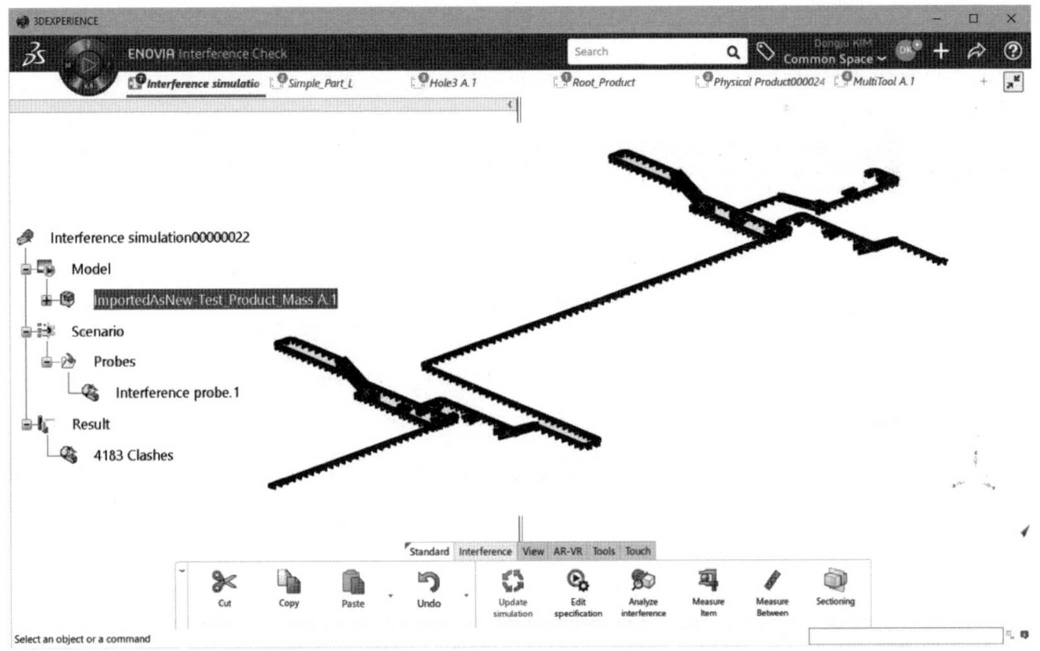

- 간섭/충돌에 대한 개별적인 분석 결과를 확인하기 위해서 Analyze interference

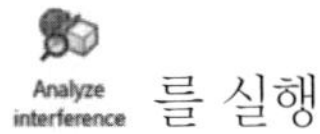

를 실행

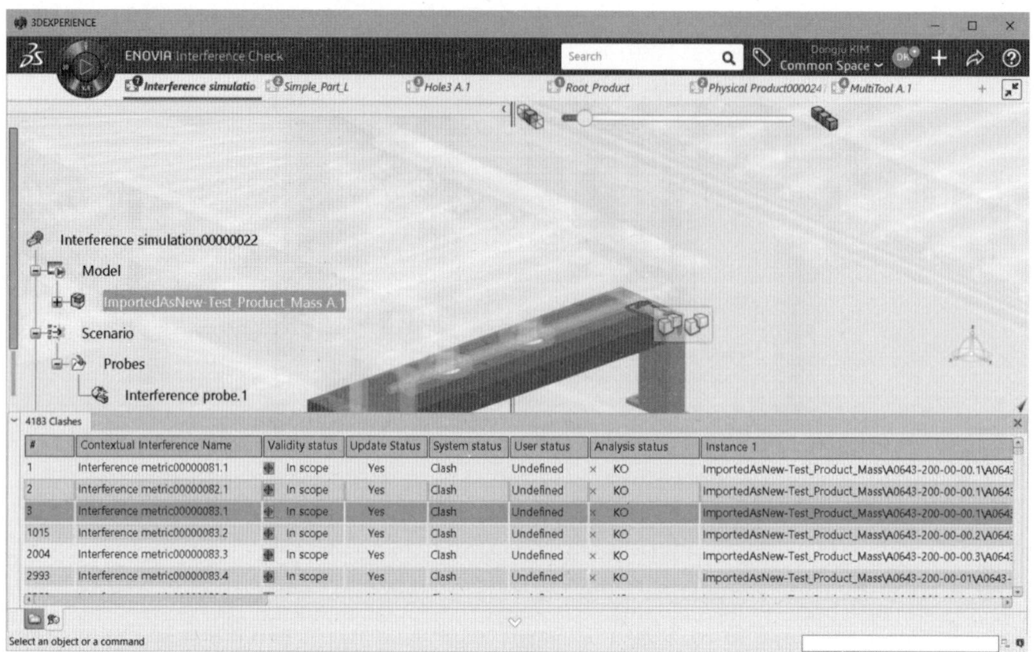

- Create non persistent interference Simulation
  - Create interference Simulation 기능과 유사하나 별도의 PLM 오브젝트를 만들지 않고 기능을 수행(저장되지 않음)

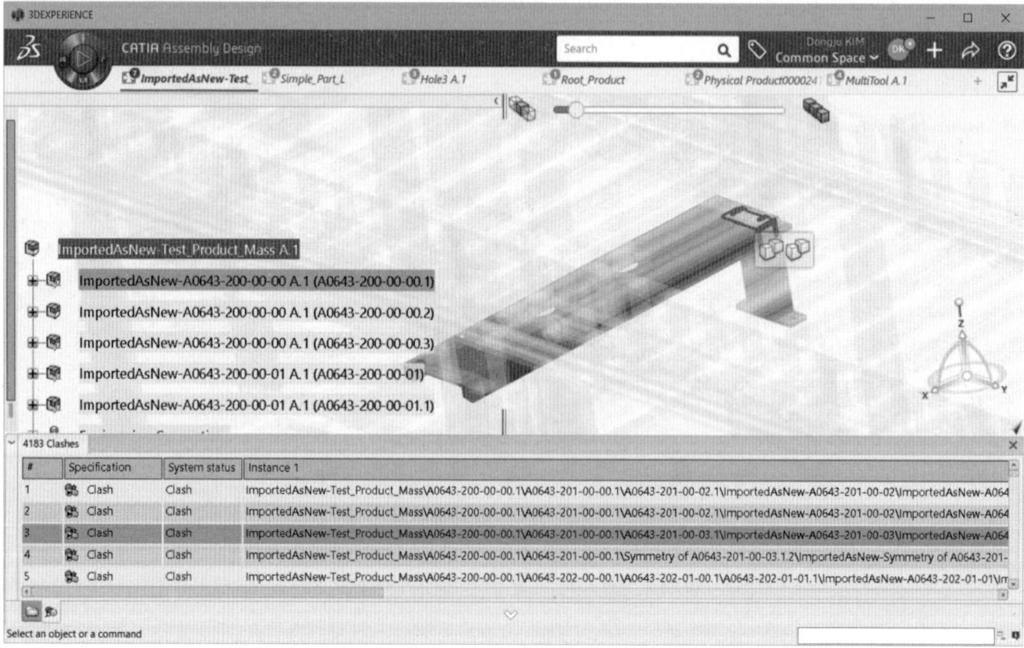

- Degrees of freedom Display
  - 자유도(Degree Of Freedom : DOF)란 물체의 움직임을 기술하는데 사용하는 기본 개념으로 일반적으로 3축 좌표계를 기준으로 이야기할 때 X, Y, Z 축에 대한 각 축으로의 병진 운동과 X, Y, Z 축을 회전축으로 하는 회전 운동, 이렇게 6개의 운동을 의미
  - Assembly 상에서 Component들 역시 Component 간의 구속으로 인해 이러한 움직임을 자유도의 개념으로 설명할 수 있는데 구속이 완전히 잡혀 있는 Component라면 자유도가 '0'이 되어야 함
  - Mechanism에 따른 Engineering Connection에 따라 반드시 자유가 '0'이 아닌 경우도 있음
  - 따라서 Assembly 상에서 구속이 바르게 잡히는지에 대해 자유도를 사용하여 파악할 수 있음
  - 명령을 실행하면 B.I Essentials를 통해 자유도 상태를 색상으로 표시

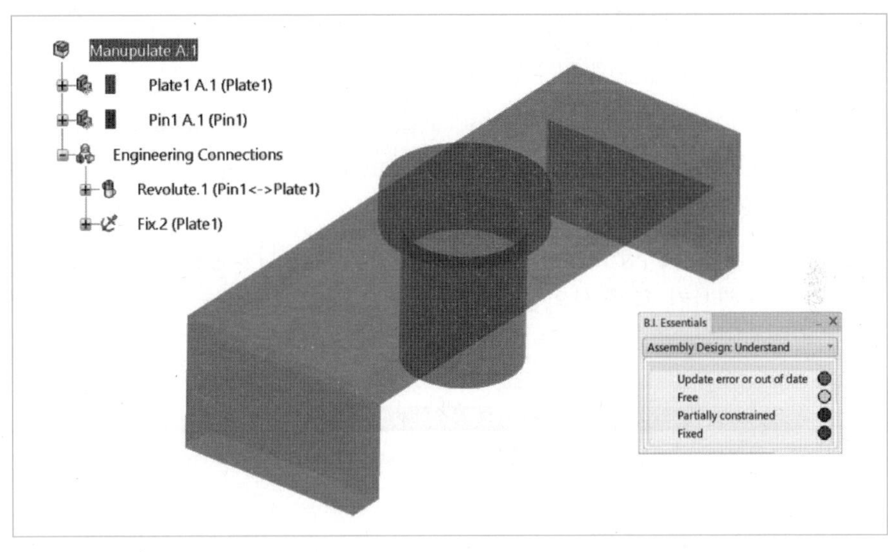

■ Product Edition

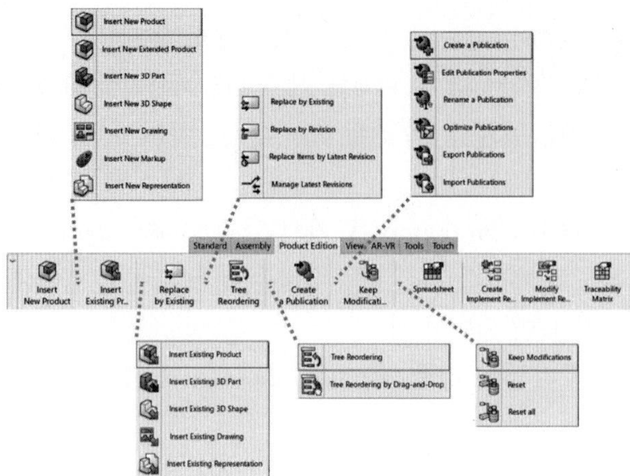

▶ Flyout for Inserting New Objects

- Insert New Product
  - 기존의 Product 구조에 빈 Product를 추가하는 명령
  - Root Product 안에 새로운 Product들을 추가하여 Sub Assembly 구성 가능
  - Sub Product(Sub Assembly)의 경우 Component의 관리 및 협업, 조립품의 모듈화, 재사용 등과 같은 이점이 있음
  - New Product 명령을 실행시키고 추가하고자 하는 상위 Product를 선택
  - 명령을 실행시킨 후에 상위 Product를 선택해주거나, Product가 선택된 상태에서 실행해야 Component가 추가됨

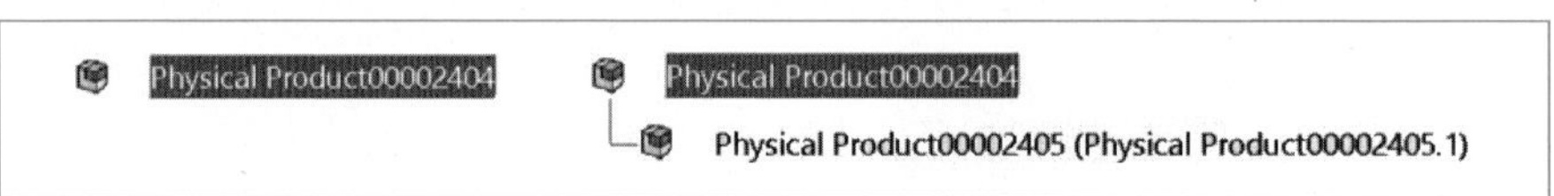

  - Sub Assembly 구성 예

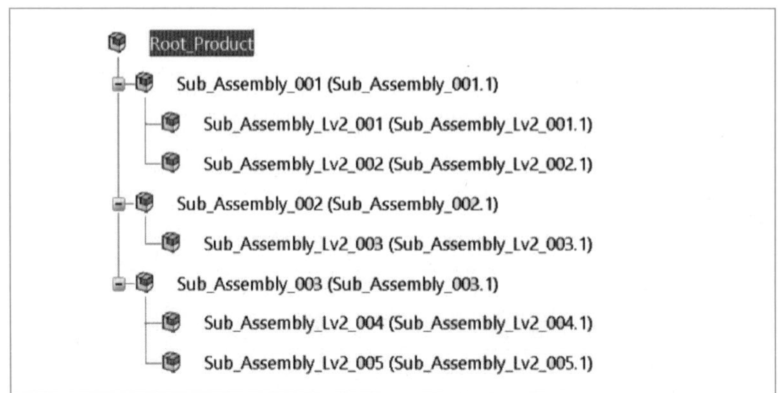

– Contextual Menu를 사용하거나 풀다운 메뉴에서 새로운 Product 삽입 가능

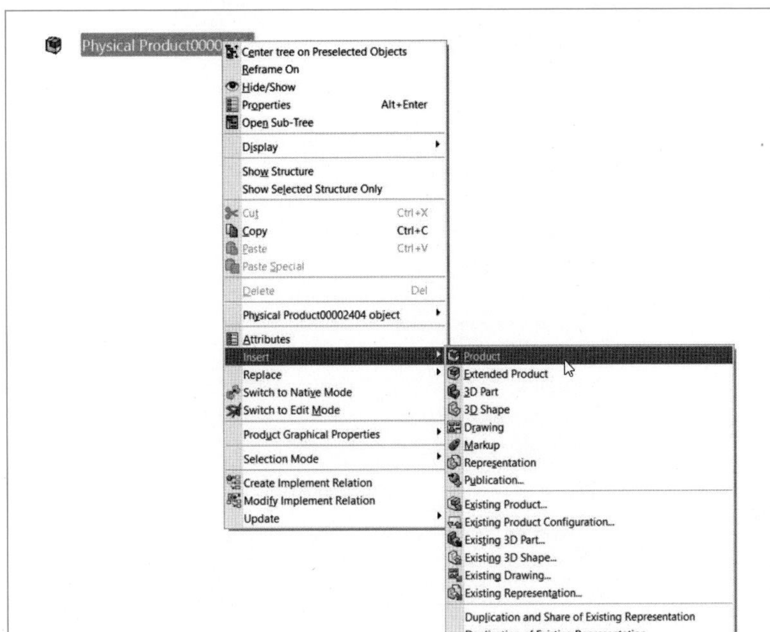

– 이렇게 생성한 새로운 Product는 저장을 해주기 전까지 Local에 임시로만 생성되는 것이며 반드시 작업 완료 후 서버로 저장해 주어야 함

– Product ⇨ Contextual Menu ⇨ Object ⇨ Open in New App으로 별도로 Product를 열어 설계 작업이 가능

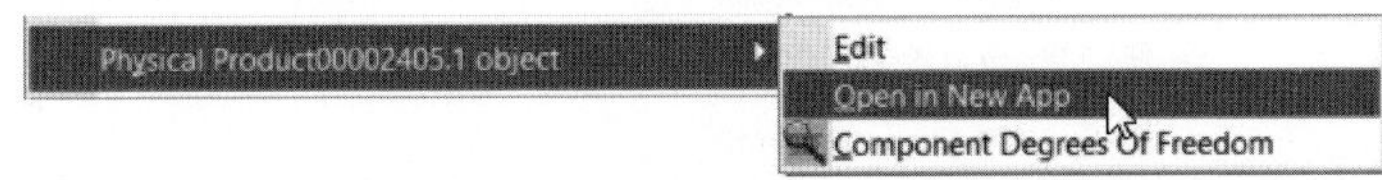

- Insert New Extended Product
  – 일반적인 Physical Product 외 다른 유형의 Product를 삽입하고자 할 경우에 사용
  – Extended Product를 실행하면 바로 Product가 삽입되는 것이 아니라 New Content 창이 나타나 유형을 선택할 수 있음

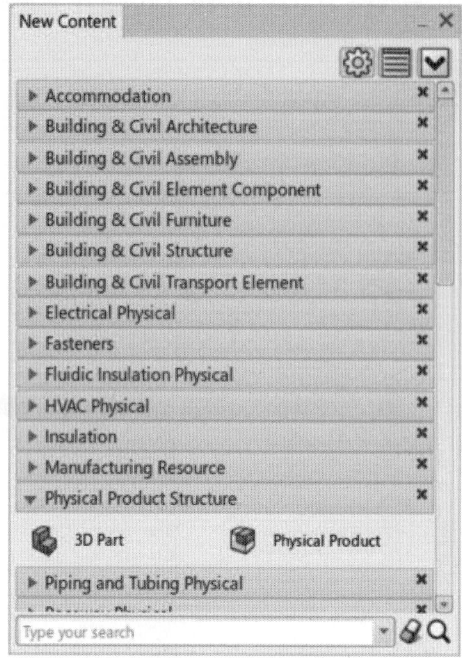

- Insert New 3D Part
  - 새로운 3D Part를 지정한 Product에 추가해 주는 명령
  - Product에 3D Part를 추가하여 Top-Down 방식으로 모델링 가능
  - 명령을 실행시키고 추가하고자 하는 상위 Product를 선택하여 삽입

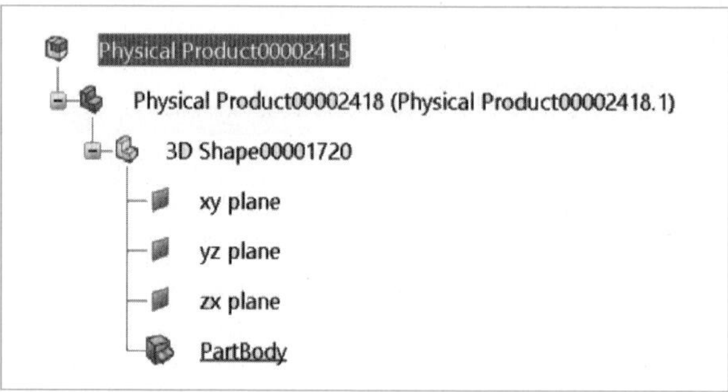

  - 이렇게 추가된 새로운 3D Part에 모델링 작업을 할 수 있는데 그러려면 Spec Tree에서 Part를 더블 클릭하여 Part Level로 Define하여 모델링 작업이 가능

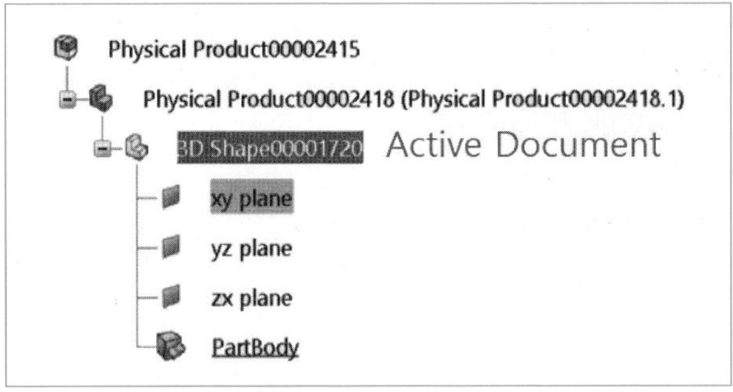

– 새로 만든 3D Part에 대해서는 반드시 저장을 해주어야 함

- Insert New 3D Shape
  – Product에 3D Shape를 삽입하는 명령
  – 설계 부품용 형상을 정의하는 목적이 아닌 Assembly Feature, Skeleton Design과 같은 목적으로 이용

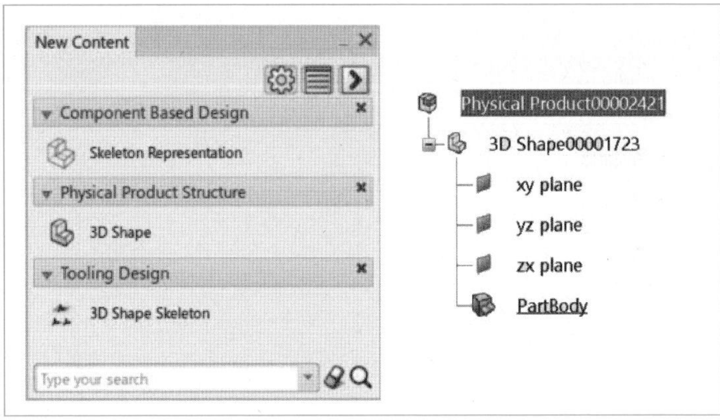

  – 생성된 3D Shape는 다른 Product로 직접 복사하여 사용할 수 없으며, Shared Representation으로 변경해 주어야 가능

- Insert New Drawing
  – Product 상에 Drawing을 삽입하는 명령
  – 3D Part 및 Assembly의 도면 정보를 담을 수 있는 Drawing 오브젝트를 삽입하여 하나의 Product 상에 사용할 수 있어 데이터 관리 차원에서 유용

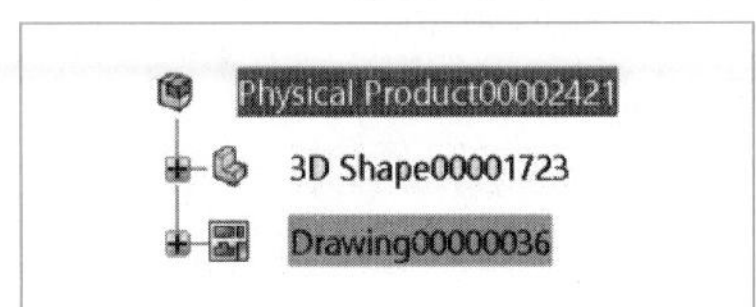

- Open in New App을 통하여 Drawing App으로 열어 작업을 수행할 수 있음

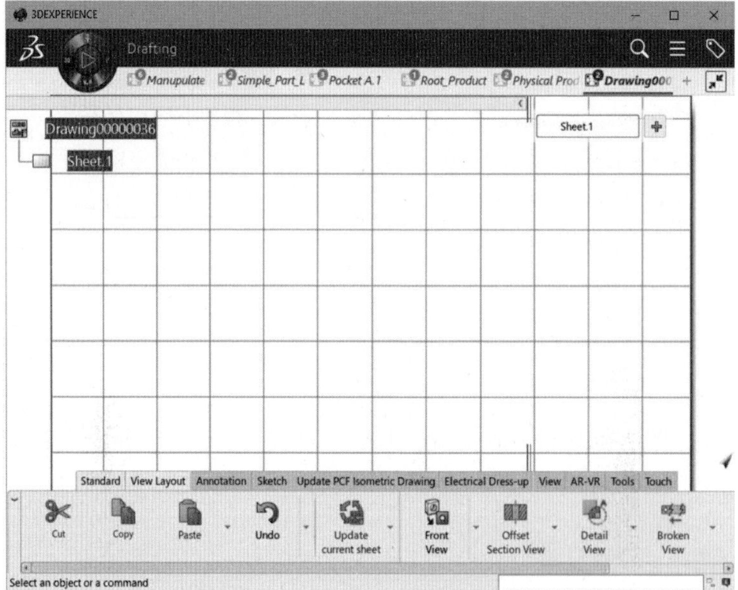

- 필요에 따라 복수의 Drawing을 삽입할 수 있으나, 하나의 Drawing에서 Sheet를 추가하여 도면 작업 수행을 권장
- 삽입된 Drawing은 다른 Product로 직접 복사하여 사용할 수 없으며, Shared Representation으로 변경해 주어야 가능

- Insert New Markup

  – 선택한 Product에 주석 또는 Review 작업을 위한 Markup을 삽입하는 명령

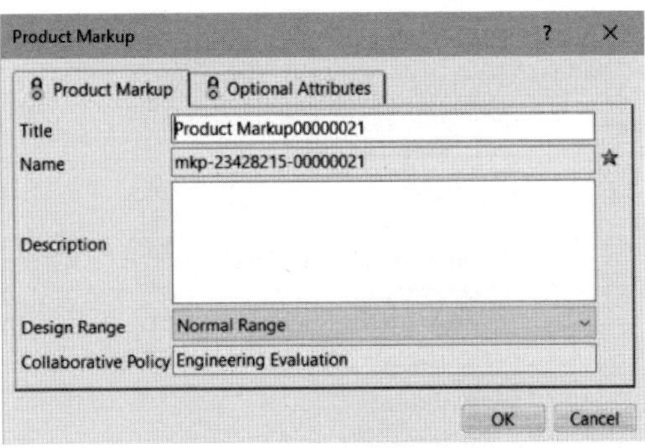

  – 이러한 Markup에는 Design Review App과 같은 App에서 작업한 Review 작업에 대한 기록을 저장할 수 있음

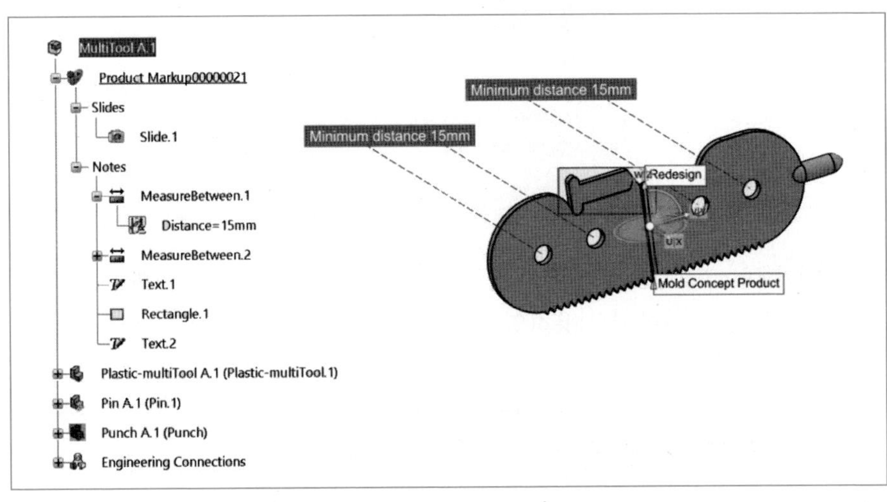

Chapter 05. Native Apps

- Insert New Representation
  - 선택한 Product에 아래와 같은 3D Shape를 추가하는 명령

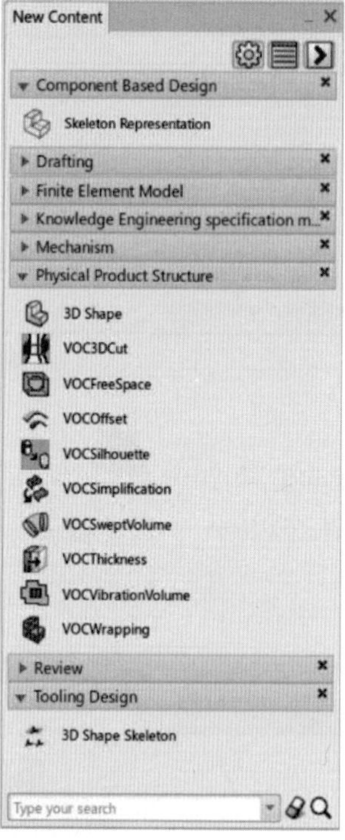

  - 여기서 Physical Product Structure의 3D Shape의 일부는 과거 CATIA V5에서 DMU Optimizer에서 사용하였던 기능들과 유사

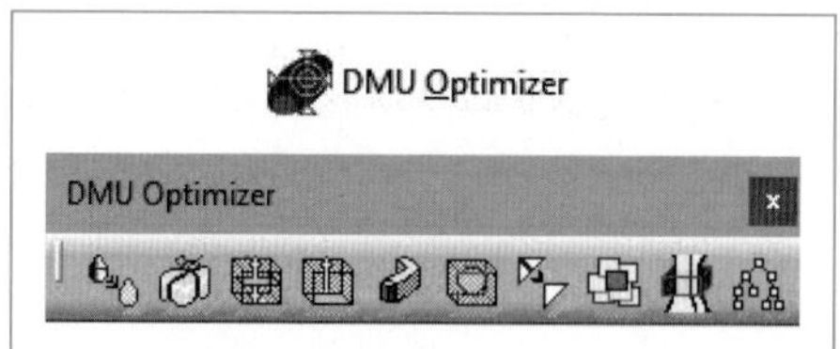

▶ Flyout for Inserting Existing Objects

- Insert Existing Product
  - 이미 만들어 놓은 Product를 현재 선택한 Product에 삽입해 주는 명령
  - 명령을 실행하고 추가하고자 하는 상위 Product를 지정해 준 후, 검색 또는 열려있는 오브젝트 중에서 원하는 대상들을 선택(복수 선택 가능)

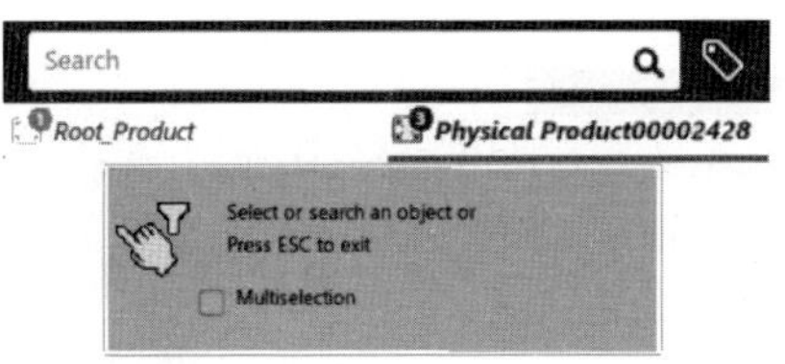

① 검색을 이용한 방법

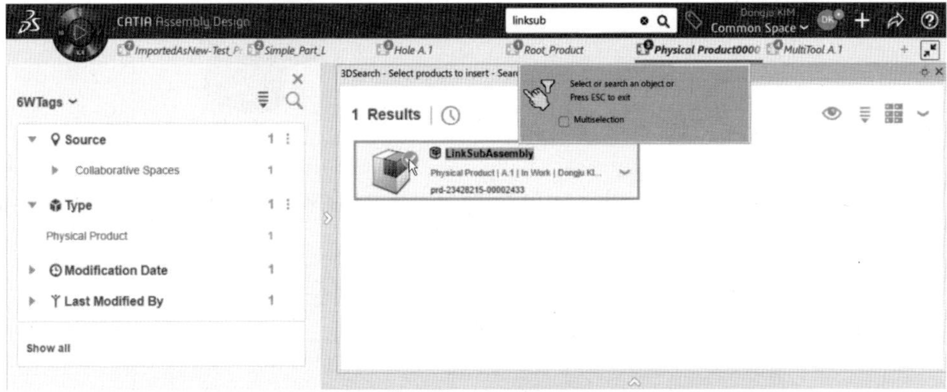

② 열려있는 세션에서 선택

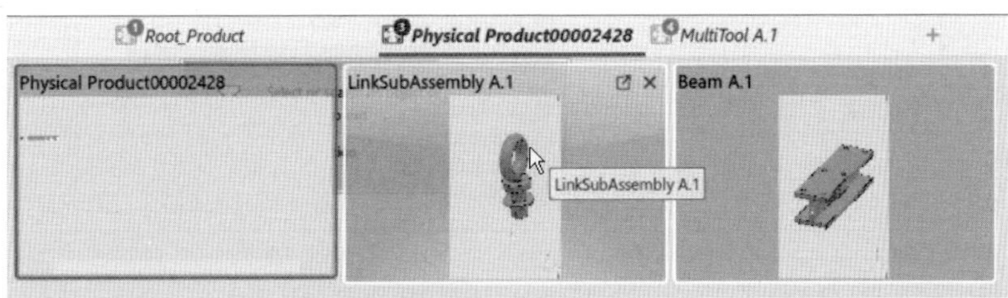

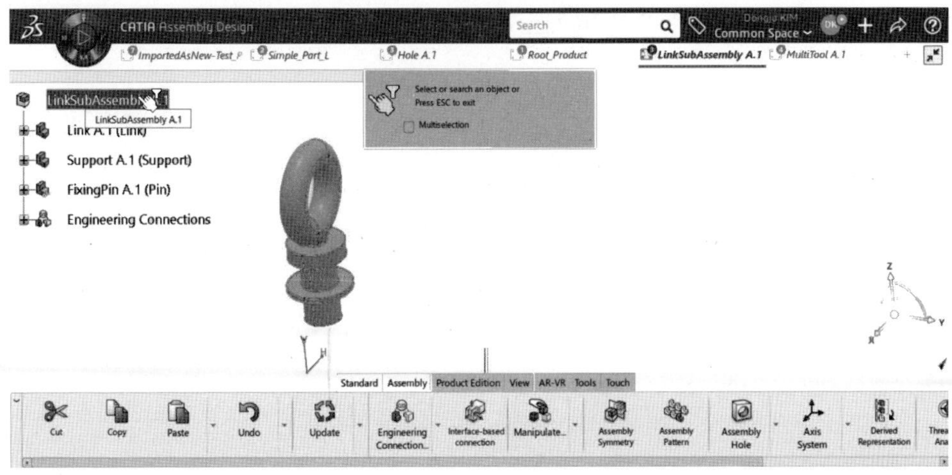

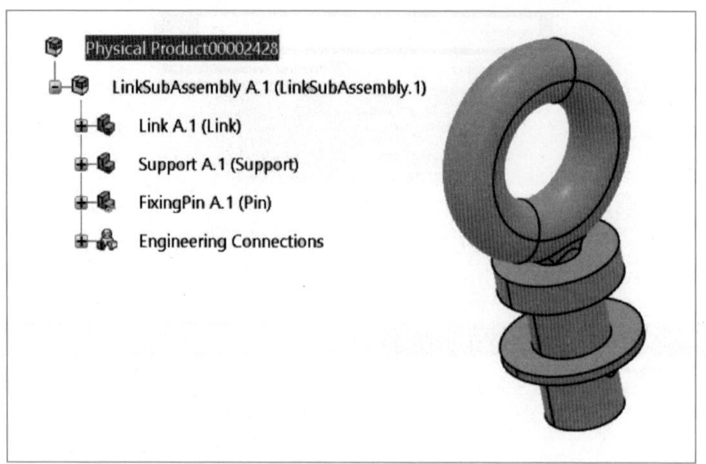

- Bottom Up 방식으로 만들어 놓은 데이터를 현재 지정한 Product에 불러오는 것이 핵심
- Contextual Menu에서 Existing Component 사용 가능

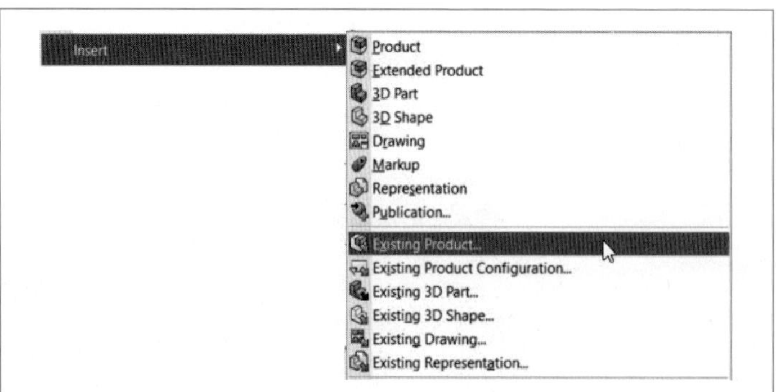

- 삽입한 대상들에 대해서 적절한 위치 구속 및 응용 작업이 필요하며 동일 대상을 여러 개 불러온 경우 자동으로 Instance에 Numbering이 들어감

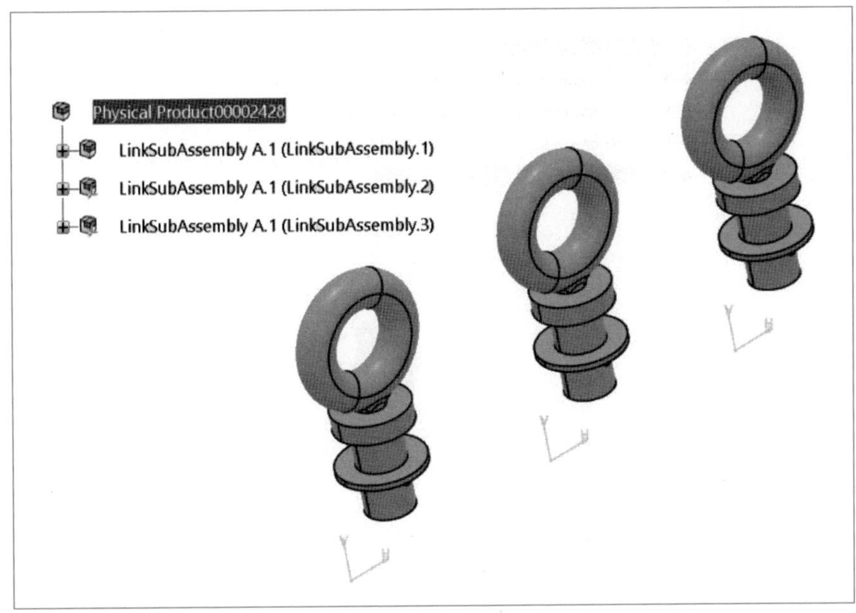

– 이미 열려있는 Component들의 경우 드래그하여 원하는 Product에 삽입도 가능하며 Spec Tree 상에서 복사(Copy)하여 붙여넣기도 사용 가능

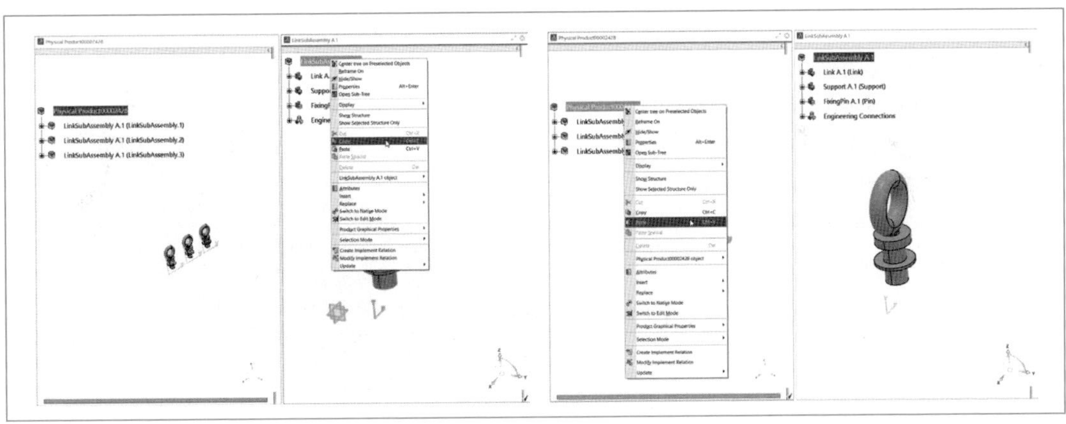

– 삽입된 Component는 초기 원점 위치에 정의되며, 필요에 따라 Robot을 사용하여 이동시킬 수 있음

Chapter 05. Native Apps

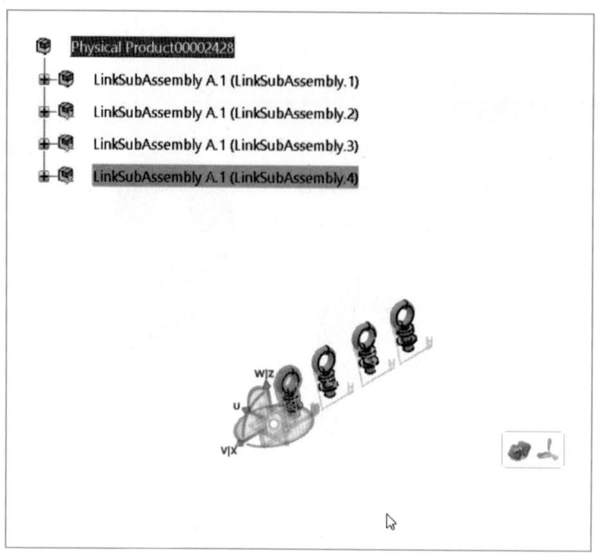

- Insert Existing 3D Part
  - 이미 만들어 놓은 3D Part를 현재 선택한 Product에 삽입해 주는 명령
  - 방식은 Insert Existing Product 와 동일

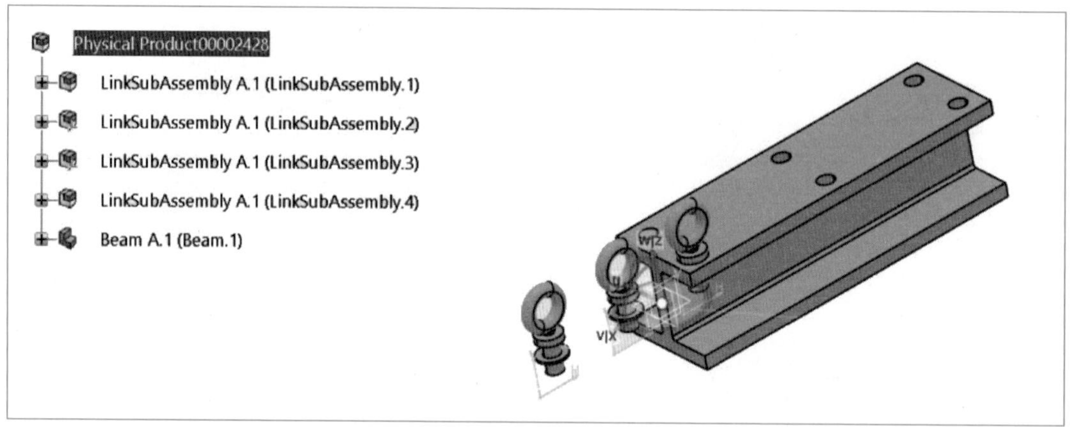

- Insert Existing 3D Shape
  - 이미 만들어 놓은 3D Shape를 현재 선택한 Product에 삽입해 주는 명령
  - 방식은 Insert Existing Product 와 동일
- Insert Existing Drawing
  - 이미 만들어 놓은 3Drawing을 현재 선택한 Product에 삽입해 주는 명령
  - 방식은 Insert Existing Product 와 동일

- Insert Existing Representation
  - 이미 만들어 놓은 Representation(3D Shape)을 현재 선택한 Product에 삽입해 주는 명령
  - 방식은 Insert Existing Product 와 동일

▶ Flyout for Replacing Objects

- Replace by Existing
  - 이 명령은 현재 Product에 들어있는 Component를 다른 Component로 바꾸어 주는 명령
  - 설계 작업에 기존 데이터를 수정하는 경우도 있지만 완전히 다른 데이터로 교체가 필요한 경우에 사용할 수 있는 기능
  - 대체할 대상을 선택한 후 명령을 실행하여 데이터를 선택(검색 또는 열려있는 오브젝트에서 선택 가능)

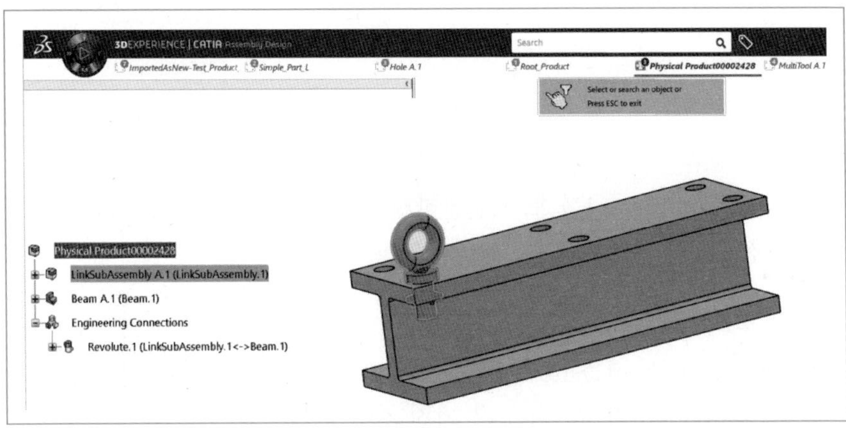

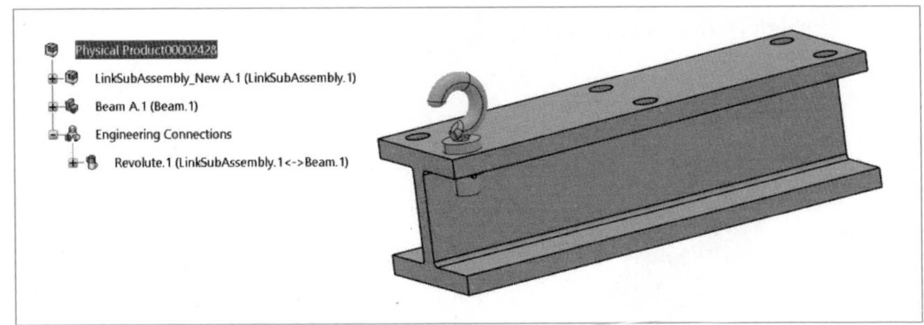

  - 단순히 기존 Component를 삭제(Delete)하고 새로 불러오는 방법은 지양해야 함
  - Contextual Menu에서 사용 가능

- Component를 바꾸어 줌과 동시에 원본 Component가 가진 다른 기존 Component들과 맺은 구속들이 영향받으므로, 교체할 대상의 형상에 따라 구속 관계는 끊어질 수 있으며 이런 경우 Constraints 창에서 Reconnect 작업이 필요

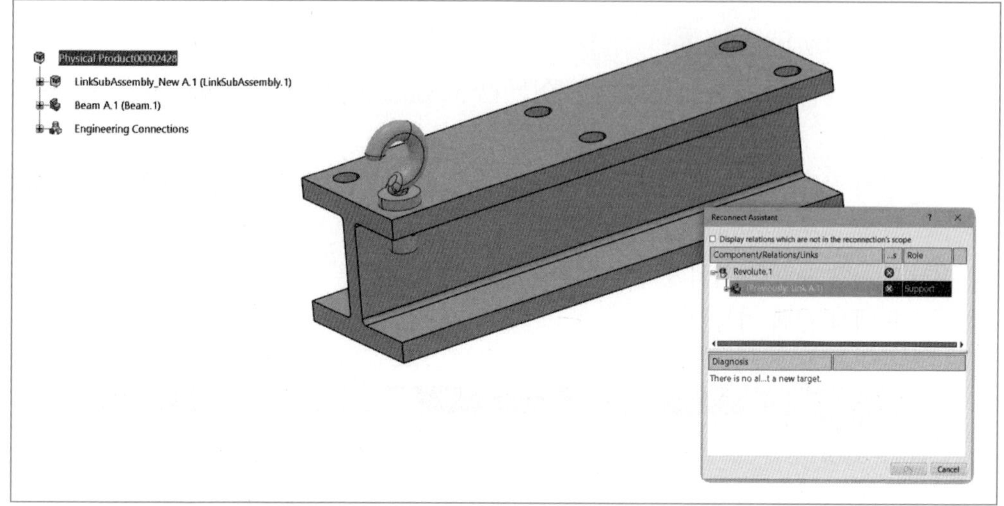

- Replace Component를 보다 원활하게 사용하기 위해서는 Publication을 공부하기를 추천

- Replace by Revision
  - 선택한 Component를 Revision을 기준으로 대체하고자 할 경우에 사용
  - 해당 Component가 Revision을 가진 경우에만 사용 가능
  - 대상을 선택한 후, 명령을 실행하여 Version Selector에서 선택

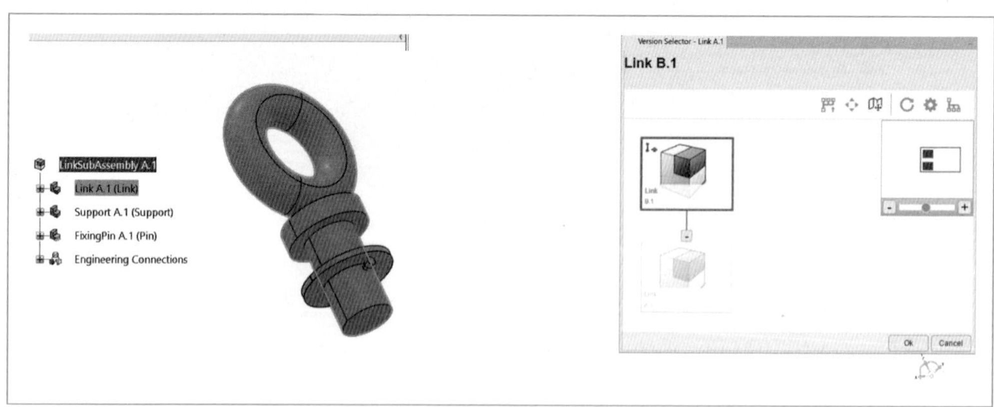

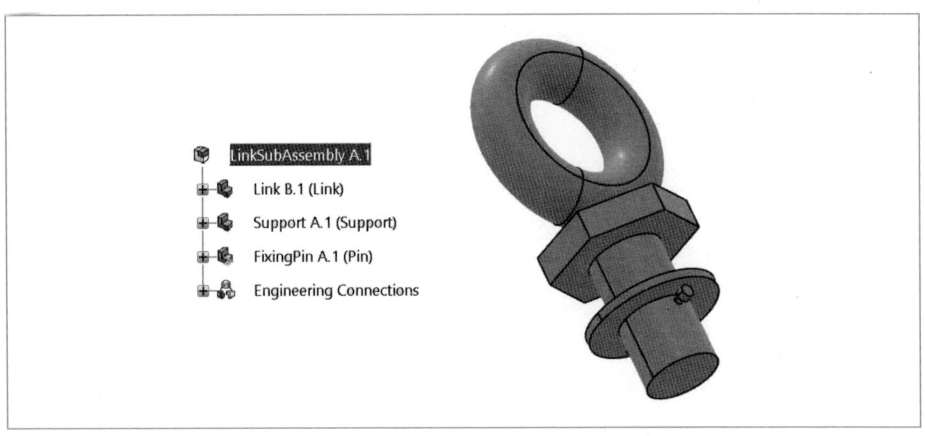

- Replace Items by Latest Revision
  - 선택한 Component를 최신 Revision을 기준으로 대체하고자 할 경우에 사용

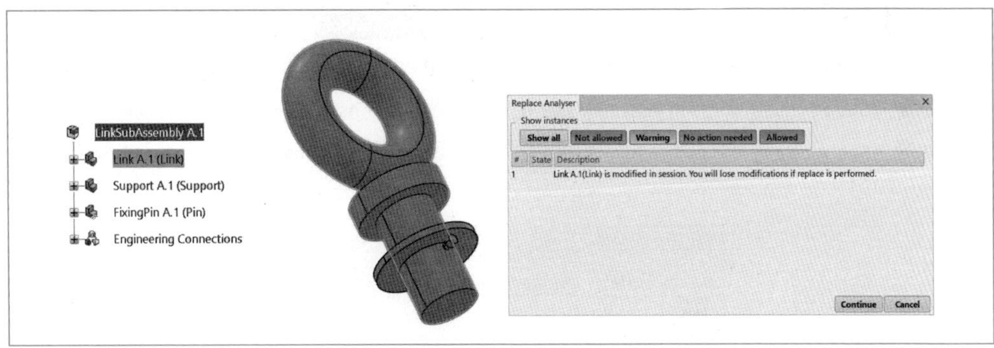

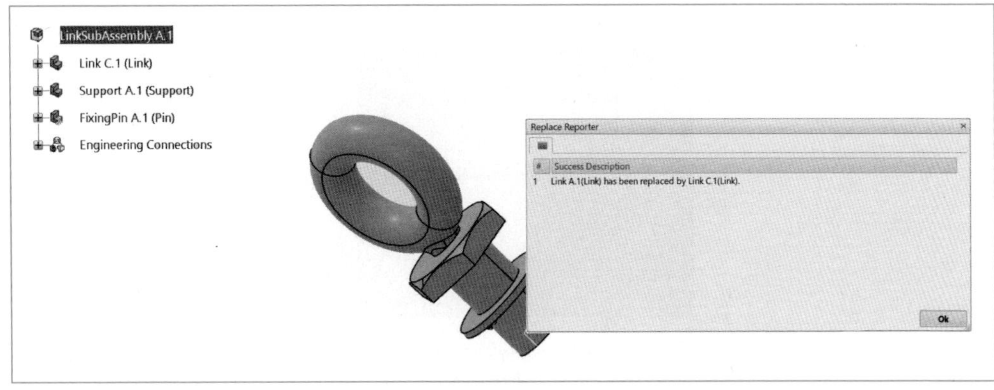

- Overload Minor Revision
  - 선택한 Component를 Minor Revision을 기준으로 대체하고자 할 경우에 사용
- Overload Latest Minor Revision
  - 선택한 Component를 최신 Minor Revision을 기준으로 대체하고자 할 경우에 사용

- Manage Latest Revisions
  - 선택한 대상과 이에 속한 모든 자식 요소를 최신 Revision으로 대체하는 명령

▶ Flyout for Reordering the Tree

- Tree Reordering
  - Product에 불러온 Component들의 순서를 재정렬 시켜주는 명령
  - Component를 불러 올 때 마구잡이로 Component를 불러왔다거나 순서상에 재정렬이 필요한 경우 사용
  - 명령을 실행시키고 재정렬하고자 하는 Product를 선택하면 Graph tree reordering 창에 나타나는데 여기서 순서를 바꾸고자 하는 Component를 선택하여 화살표를 이용하여 순서를 변경

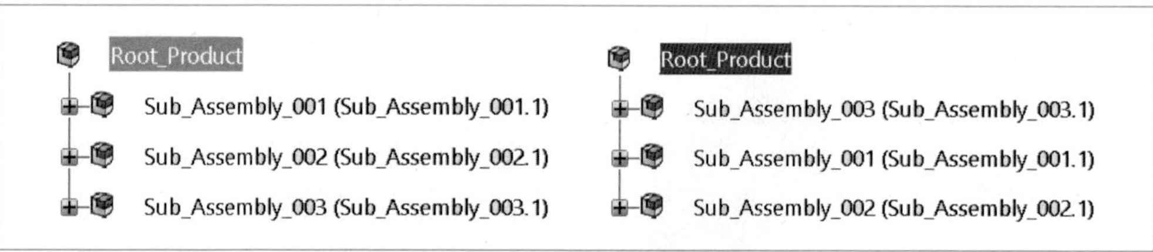

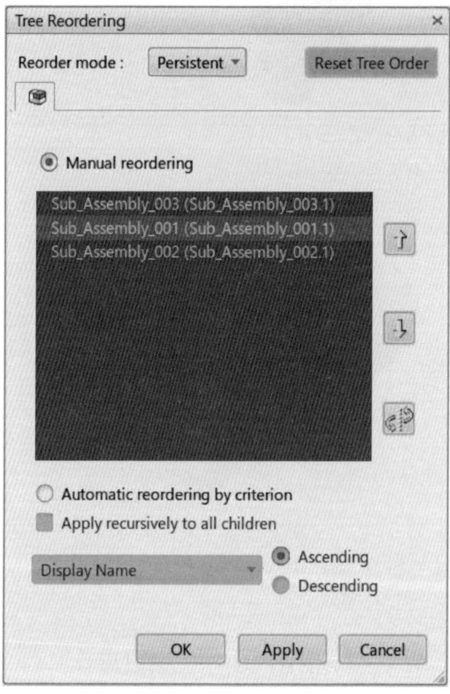

  - Reorder Mode는 Persistent로 해주어야 서버로 재정렬 결과를 저장할 수 있으며, In Session인 경우 세션 종료시 초기화 됨

- Tree Reordering by Drag-and-Drop
  - Component의 Spec Tree 정렬 순서를 마우스 드래그 드롭으로 정의

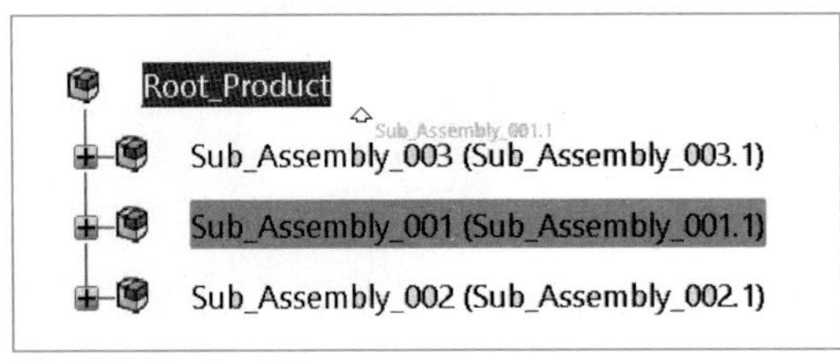

- Create a Publication
  - Publish란 사전적 의미로 '널리 알린다!', '공개한다!'의 의미
  - CATIA에서 Publish란 포인트나 선, 면과 같은 Geometrical Element를 다른 사용자나 작업 환경에서 사용할 수 있도록 공개시키는 것
  - 이렇게 공개된 요소는 다른 도큐먼트에서 인식하기 훨씬 수월함
  - Product에서 형상을 구성하는 모든 요소를 Publish 대상으로 선택할 수 있음
  - Publish할 수 있는 요소들을 대략 나열하면 다음과 같음

Points, Lines, Curves, Planes, Faces, Sketches, Bodies, Parameter, Etc.

  - 이렇게 공개시킨 요소들은 Assembly 작업에서 매우 유용하게 사용할 수 있는데 보다 안정하고 직관적으로 Component 간에 구속 짓는 일이 가능
  - 명령을 실행한 후 대상을 선택하면 Publication 정의 창이 나타남

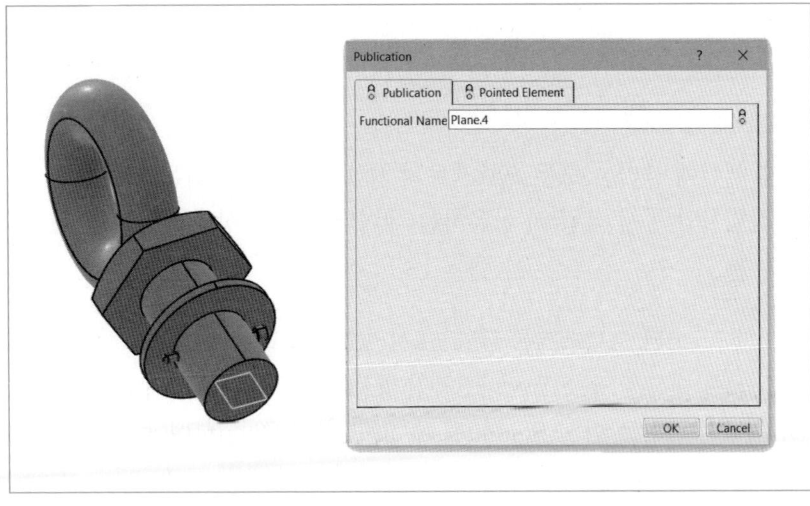

  - 생성된 Publication은 Spec Tree에 정의

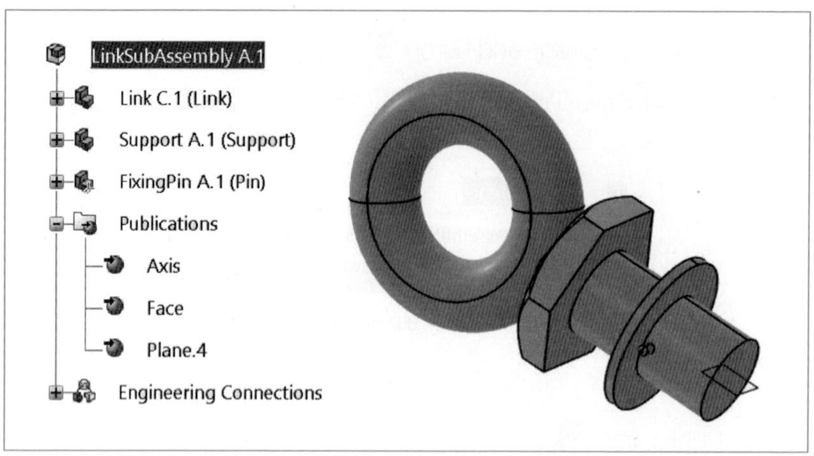

- Spreadsheet

  _ 선택한 Component의 오브젝트를 표시하거나 컨텐츠를 수정하는데 사용

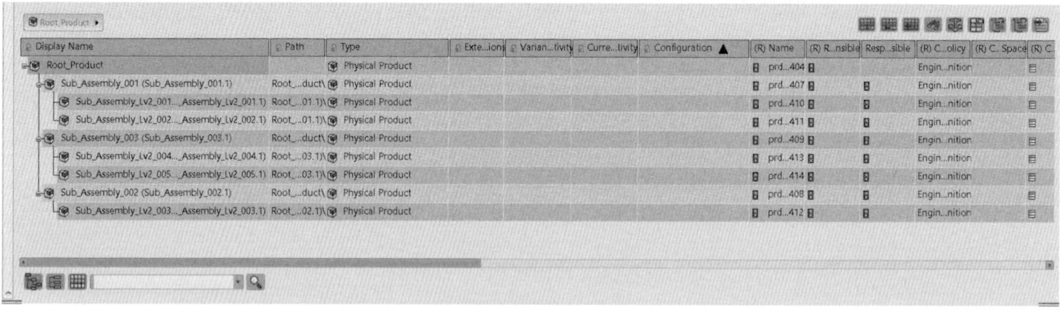

■ Tools

- Global Refresh

  – 현재 세션에 불러온 모든 오브젝트의 상태를 업데이트하는 명령
  – 타 작업자와 동시 작업 시 공유하는 데이터의 수정 상태를 동기화 함

- Unload

  – 선택한 Load된 오브젝트를 Unload시키고 메모리에서 지움
  – Unload한 대상은 Spec Tree나 3차원 형상이나 모두 표시되지 않음(삭제 된 것은 아님)
  – Unload된 대상은 다시 Reload될 수 없고 다시 Open하여야 함

- Switch to Product

  – 선택한 3D Part를 Product로 변환하는 기능

SECTION 05 Drafting App

Drafting App은 앞에서 작업한 3차원 단품 또는 조립 형상을 이용하여 2차원 도면을 생성하는 App입니다. 도면은 BOM과 더불어 제품의 정보를 가장 잘 포함하고 있는 중요한 문서입니다. 일반적인 도면 생성 방법인 빈 Sheet에 형상들의 정면도나 측면도를 직접 그려주었던 이전 시대 방법과 달리 CATIA의 Drafting App는 3차원 모델링 작업이 완료된 3D Part나 Product의 형상을 그대로 Sheet에 불러와 View를 만들어 냅니다.

3D Parts & Product ⇨ Complete Drawing

즉, 3차원 형상만 있으면 얼마든지 원하는 2차원 도면을 손쉽게 만들어 낼 수 있다는 것입니다. 이러한 CATIA의 Drafting 기능의 탁월함은 2차원으로 형상을 다시 구현하는 데 있어 큰 어려움을 겪었던 사용자들에게 편리한 이점을 제공합니다.
3차원 형상과 틀린 2차원 View를 만들 오류가 사라졌기 때문입니다. 물론 2차원 요소를 그리는 작업 또한 가능하여 3차원 형상이 표현하지 못하는 숨은선이나 형상 요소들을 표현해 줄 수 있습니다. 또한 이렇게 만들어진 View에 가장 중요하게 전달해야 할 치수 구속 요소들 역시 사용자의 요구에 맞추어 쉽게 적용할 수 있습니다.
이러한 2차원 도면을 생성하는 Drafting App는 하나의 작업 대상을 만들어 낸다는 의미에서는 다른 App와 차이가 없습니다. 그러나 앞서 4개의 App들은 정보를 읽어드려 형상을 만들어 내지만 Drafting App는 위와 같은 과정을 통해서 만들어진 결과 형상을 다른 사용자가 읽어 볼 수 있도록 정보화한다는 점에서 약간의 차이가 있다고 말할 수 있습니다.
물론 궁극적인 목적은 도면의 생성을 목표로 할 수도 있으나 일반적으로 있어 앞서 모델링에 관계된 App와 이 Drafting App는 차이를 가지고 있다고 할 수 있겠습니다.
시간이 지날수록 2차원 도면으로의 작업 비중이 작아지고는 있으나 아직 3차원 데이터화를 하지 않은 업체와의 일을 위해서 이 Drafting App를 알아두는 것은 필요합니다. 또한 아무리 3차원 데이터가 실제 데이터와 일치한다고 하여도 한눈에 형상의 모든 방향을 읽을 수 있는 2차원 도면의 강점은 아직은 상당 기간 지속될 것입니다.
2차원 Profile을 그리고 이 Profile을 이용하여 3차원 단품 형상을 만들고 이 각각의 단품 형상을 이용하여 조립된 완제품을 일련의 과정의 마무리 단계로 2차원 도면 생성을 Drafting App를 통해 학습함으로써 CATIA의 Mechanical Design의 기본 App를 마스터하게 됩니다.

A. Drafting App 시작하기

■ Interactive Drafting

CATIA에서의 도면 생성 작업은 3차원 형상을 포함한 3D Part나 Product 오브젝트로부터 시작해서 Mechanical Design의 마무리 작업 개념으로 진행됩니다. CATIA 도면 작업의 핵심은 2D 도면을 직접 그려내는 것이 아닌 3차원 형상과 동기화하여 View를 생성하고 이를 업데이트 사이클이 유지된 상태로 도면 데이터를 관리할 수 있다는 것이기 때문에 이에 대한 개념을 확실히 가지고 있어야 합니다.

- 3차원 작업으로 Part에서의 모델링과 Product에서의 Assembly 작업을 마무리합니다.
- Drafting을 실행시키고 도면이 만들어질 Sheet에 대해 설정을 해줍니다.
- 만들어진 Drawing 오브젝트에 3차원 형상으로부터 View들을 생성합니다. 그리고 이 View를 이용하여 필요한 나머지 View들을 만들어 냅니다.
- 불러온 View에 필요한 경우 Geometry를 그려줍니다.
- Sheet를 구성하는 View들의 각 형상 요소에 치수(Dimension)를 기입해 줍니다.
- Annotation과 Table을 이용하여 필요한 부분에 대해서 주석을 달아 줍니다.
- 위와 같은 과정을 반복하여 Drawing의 각각의 Sheet에 작업해줍니다.
- 마지막 단계로 도면의 Frame과 Title Block을 만들어 작업을 마무리합니다.

■ Drawing Management

Drafting App은 다음과 같이 Drafting App을 COMPASS에서 선택하여 실행해 줄 수 있습니다.

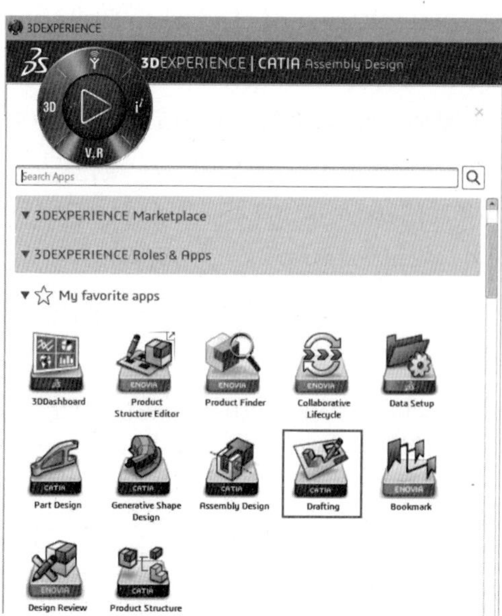

새 오브젝트를 실행하기 때문에 Drawing 오브젝트를 생성할 때 다음과 같이 Title 정의와 더불어 도면의 속성 정보를 업데이트 해주어야 합니다. Sheet의 Standard 및 Sheet Style에서 입력한 정보는 나중에 Sheet의 속성(Properties)이나 Page Layout Page Layout 에서 수정 가능합니다.

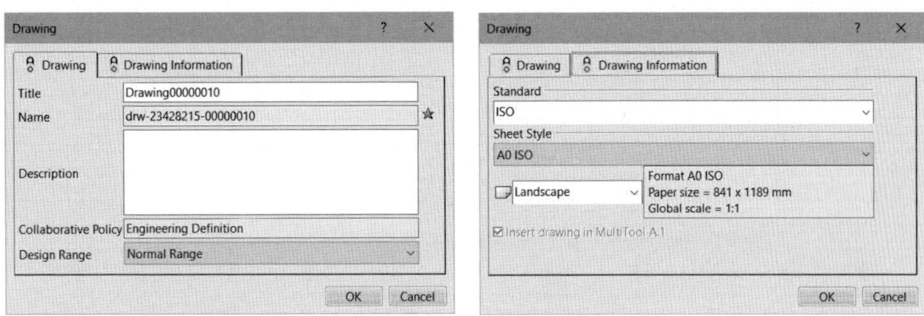

또는 Product에 Drawing 오브젝트를 생성한 후에 이를 Contextual Menu의 Open in New App을 통해 접근할 수 있습니다.

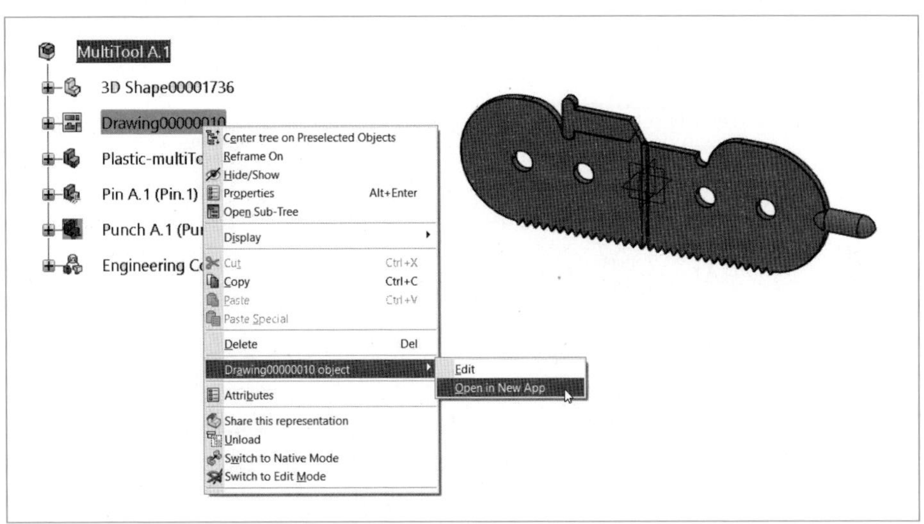

이렇게 Drafting App에 들어가면 다음과 같은 인터페이스를 확인할 수 있습니다.

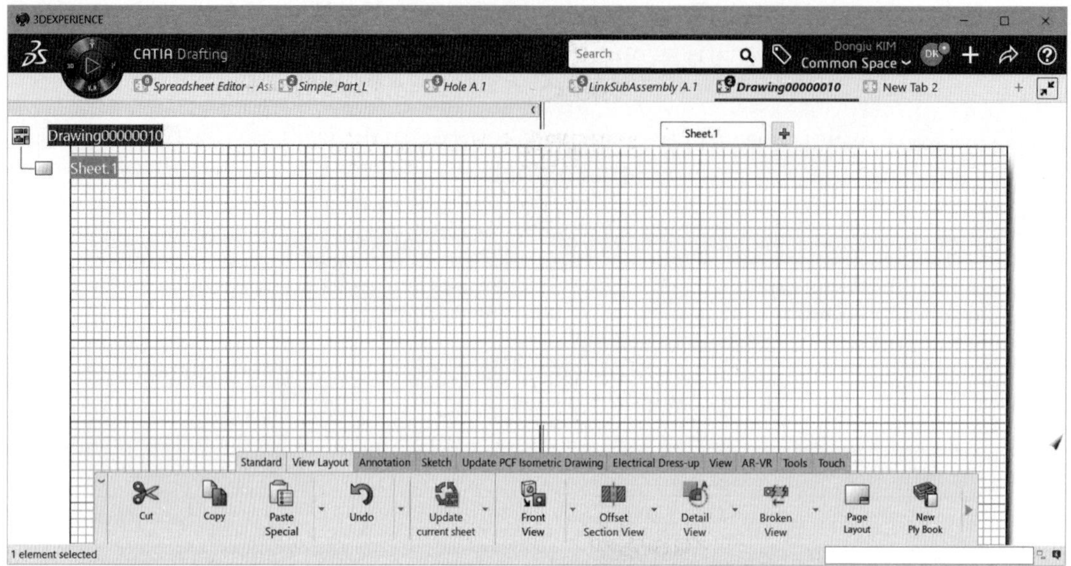

기본적으로 Sheet는 우리가 도면 작업에서 3각법을 사용하기 때문에 속성에 들어가 이를 변경해 줍니다.

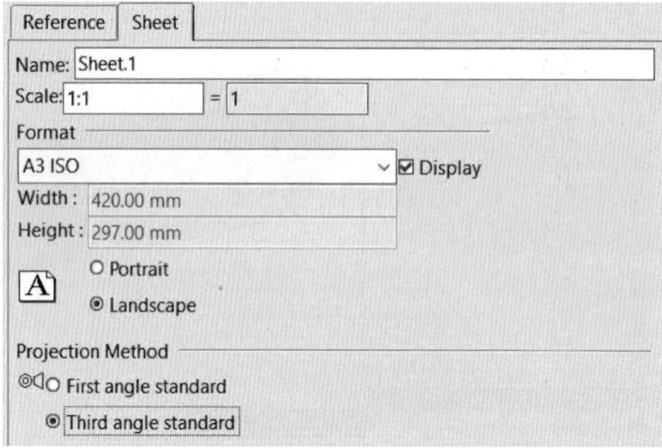

3DEXPERIENCE Platform에서는 Drawing 오브젝트가 Physical Product에 삽입될 수 있어 보다 편리한 이용이 가능합니다. 3차원 데이터와 연관된 도면 데이터가 무엇인지 손쉽게 확인할 수 있기 때문입니다.

- Co-work with DXF, DWG

2차원 도면 작업을 수행하는 App이기 때문에 자연스럽게 DWG 또는 DXF 데이터에 대해서 생각해 볼 수 있습니다. 기본적으로 도면 작업의 표준이기 때문입니다. 2차원 도면 데이터로 DWG 또는 DXF 형식의 데이터를 불러올 때의 설정은 Preferences ⇨ 3D Modeling ⇨ Mechanical Systems ⇨ Drafting ⇨ DXF 2D에서 다음과 같이 정의할 수 있습니다.

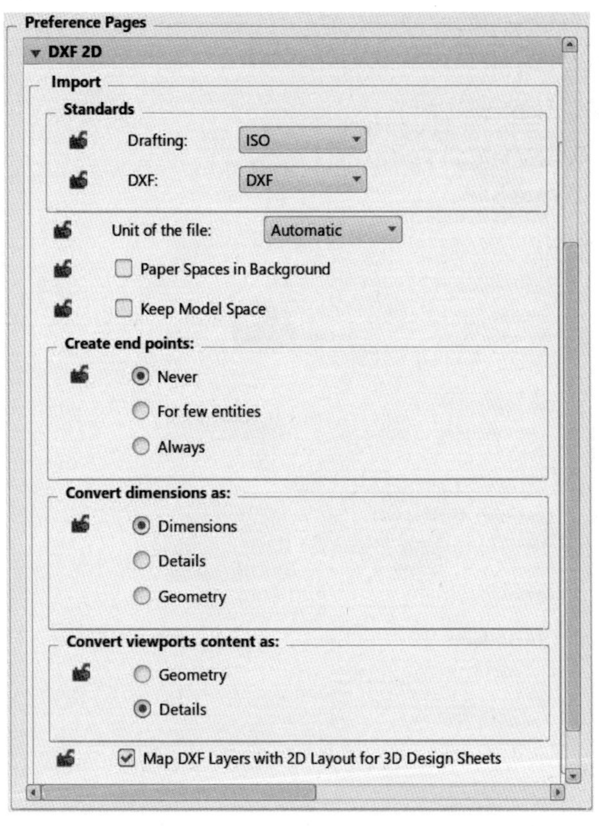

■ Object Properties

Drafting App의 경우 다른 어떠한 App보다 Properties를 통해 수정해 줄 수 있는 정보가 많습니다. Sheet, View, Table, Text, Dimension 등 각각의 대상에 따라 다양한 정의가 가능합니다.

가령 치수를 정의하는 Dimension을 생성하였다고 했을 때 이 Dimension의 속성(Properties)에서 정의 가능한 정보는 아래와 같습니다.

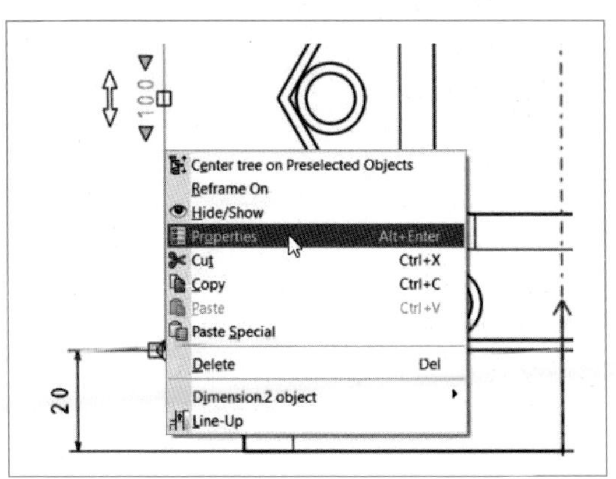

- Value Tab

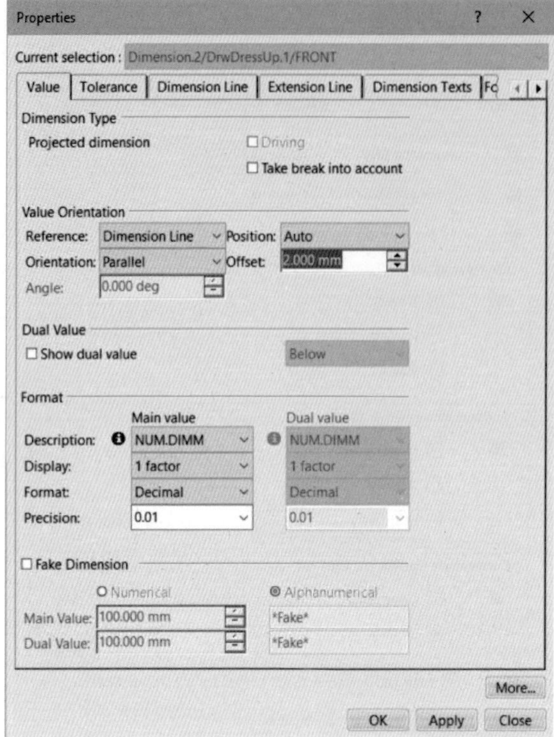

- Tolerance Tab

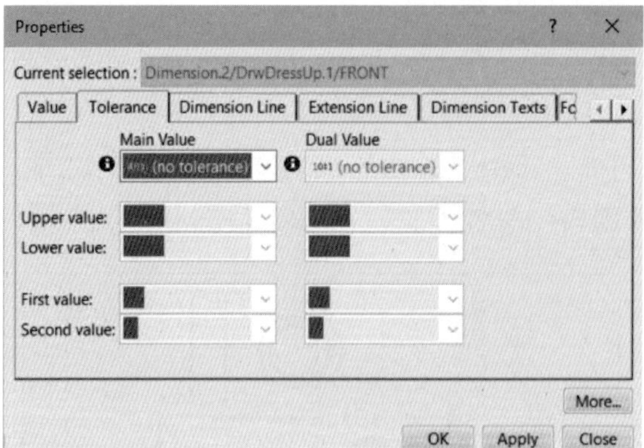

- Dimension Line Tab

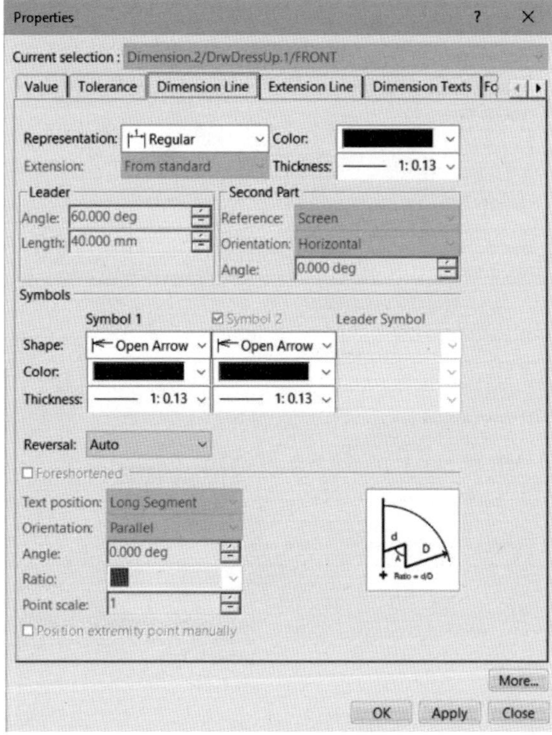

- Extension Line Tab

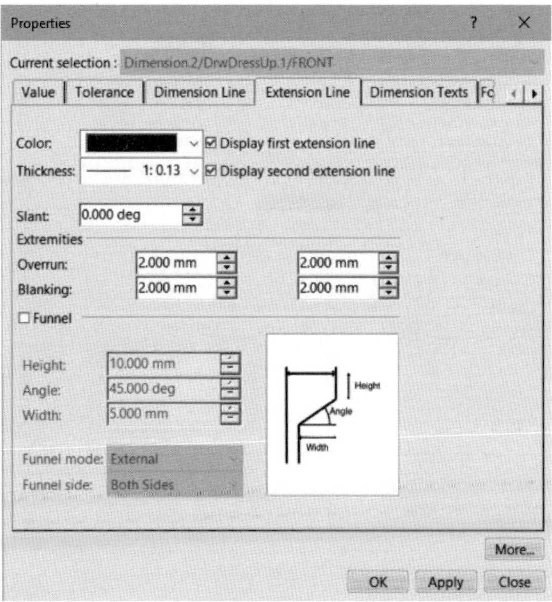

- Dimension Texts Tab

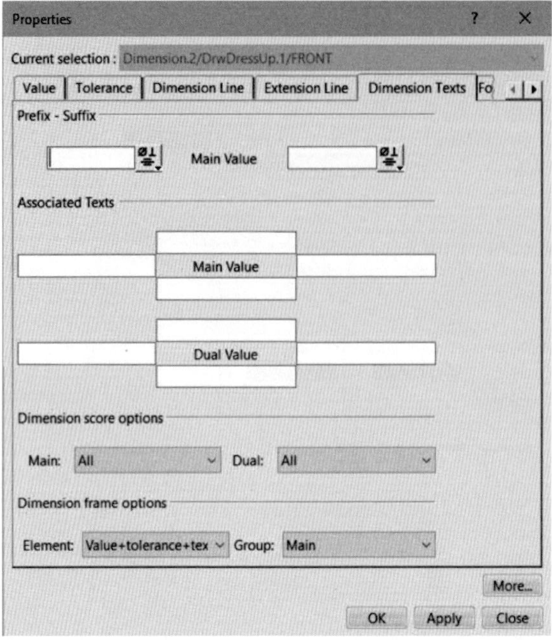

- Font Tab

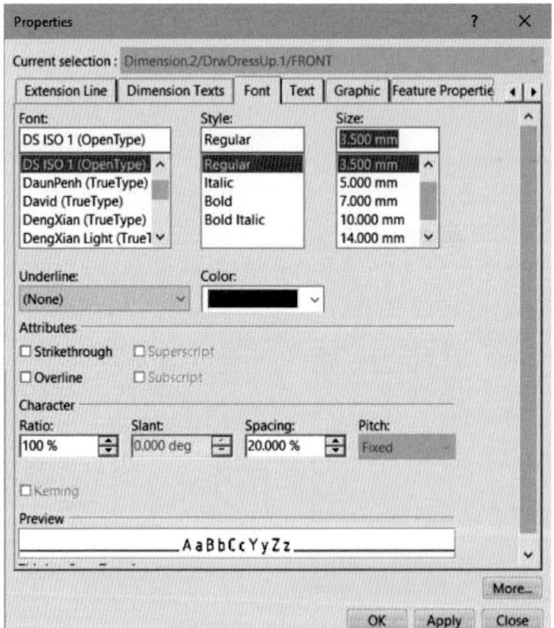

• Text Tab

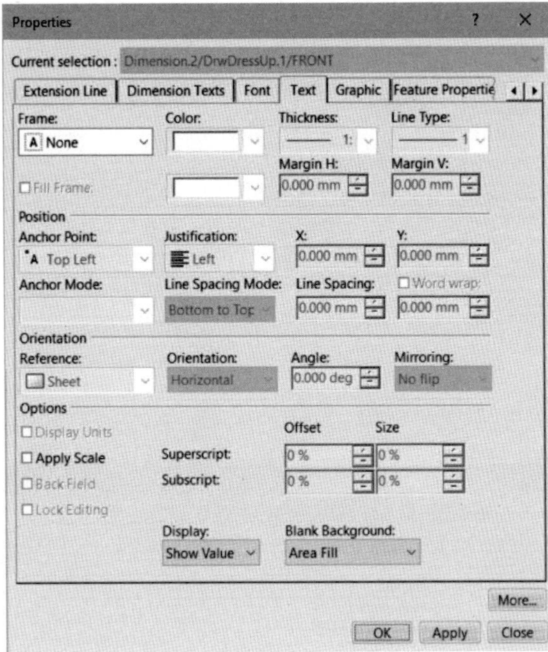

• Graphic Tab

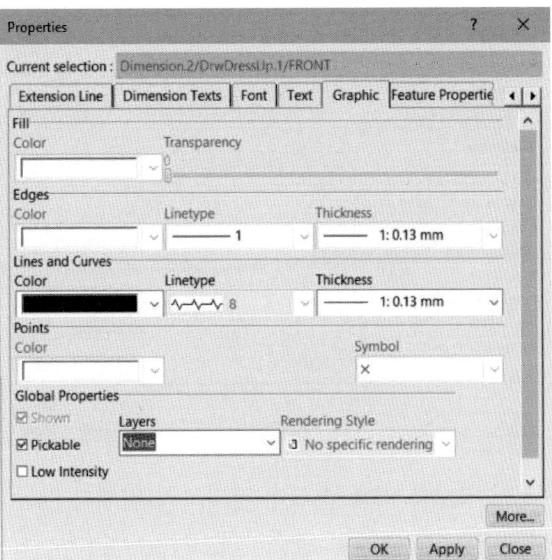

- Feature Properties Tab

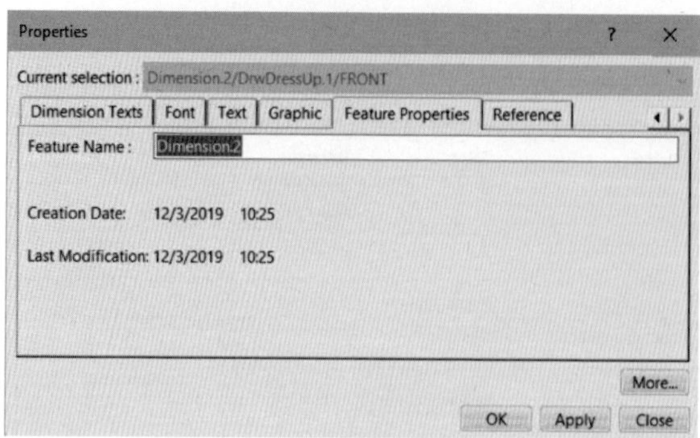

- Reference Tab

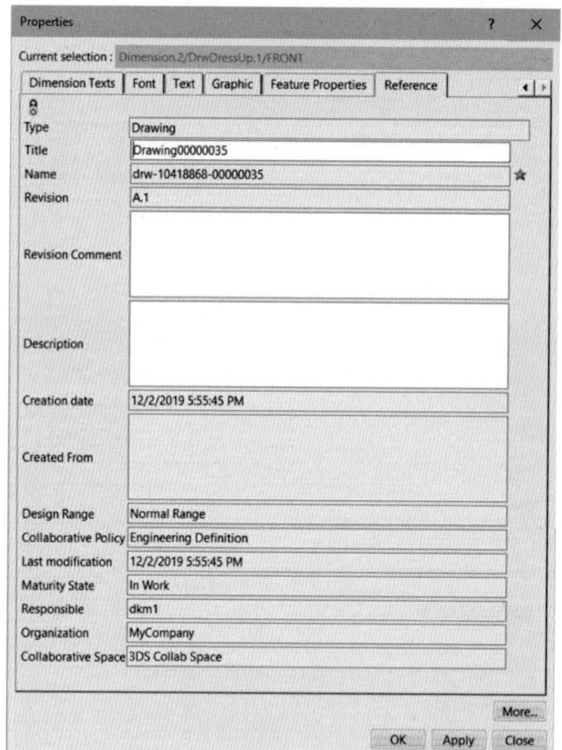

그리고 이러한 속성 정보를 더욱 손쉽게 정의하기 위해서 Drafting App에서는 다음과 같은 Object Properties를 가지고 있습니다. Object Properties에서는 선택한 대상에 따라서 적용 가능한 옵션들이 자동으로 활성화되며, 그렇지 않은 기능에 대해서는 선택할 수 없도록 되어 있습니다.

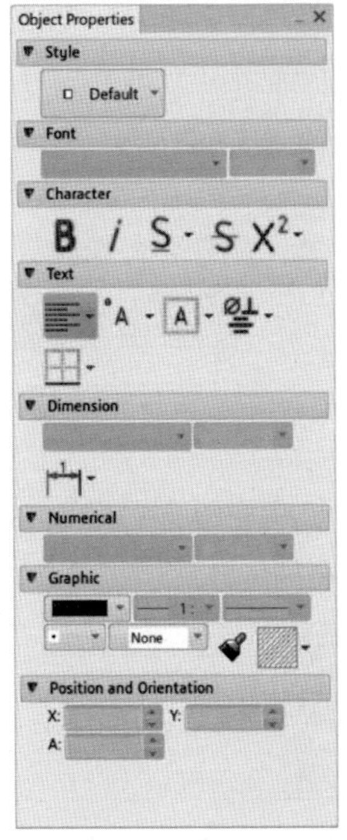

- Style

  선택한 요소에 적용 가능한 폼이 있는 경우에 변경 또는 적용 가능합니다.

- Font

  Dimension이나 Text, Table과 같이 문자열을 갖는 대상의 경우 폰트의 종류 및 크기를 변경해 줄 수 있습니다.

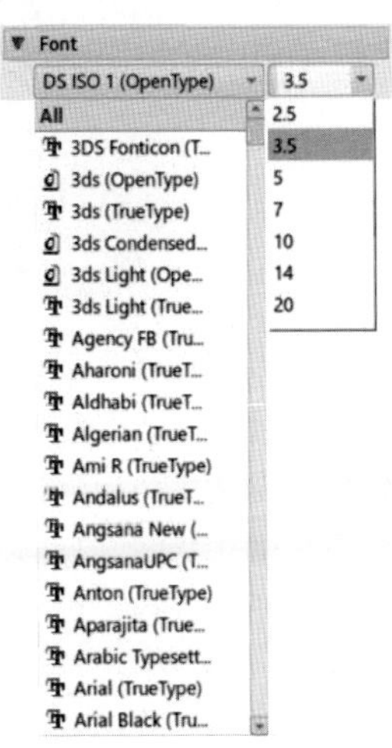

- Character

  Dimension이나 Text, Table과 같이 문자열을 갖는 대상의 경우 볼드, 기울임, 밑줄과 같은 텍스트 효과를 적용할 수 있습니다.

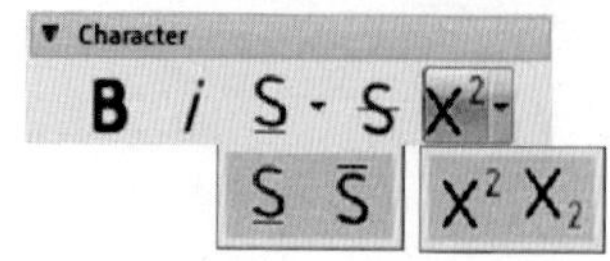

- Text

  Dimension이나 Text, Table과 같이 문자열을 갖는 대상의 경우 정렬 기준이나 중심 위치, 문자열 프레임, 테이블 테두리, 기호 삽입 등을 정의할 수 있습니다.

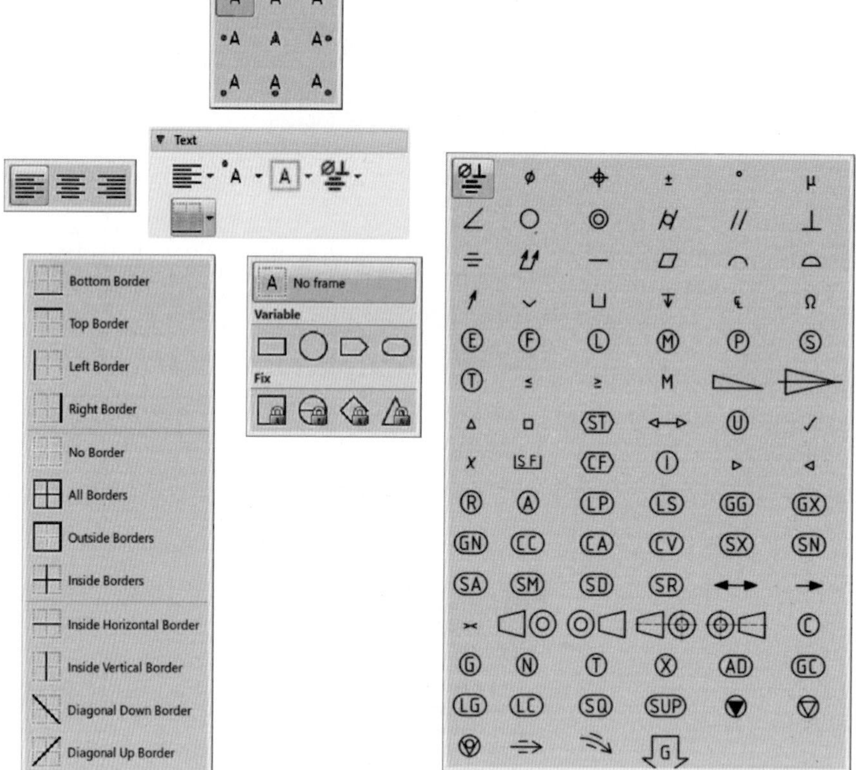

- Dimension

  길이나 거리, 반지름/지름과 같은 Dimension 요소에 대해서 공차나 표시 방식을 변경해주는 작업을 해줄 수 있습니다.

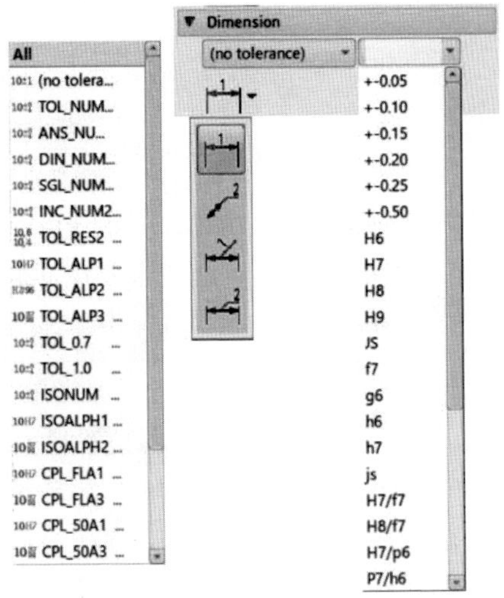

- Numerical

  길이나 거리, 반지름/지름과 같은 Dimension 요소에 대해서 단위 표시 방식이나 자릿수 정의들을 수행할 수 있습니다.

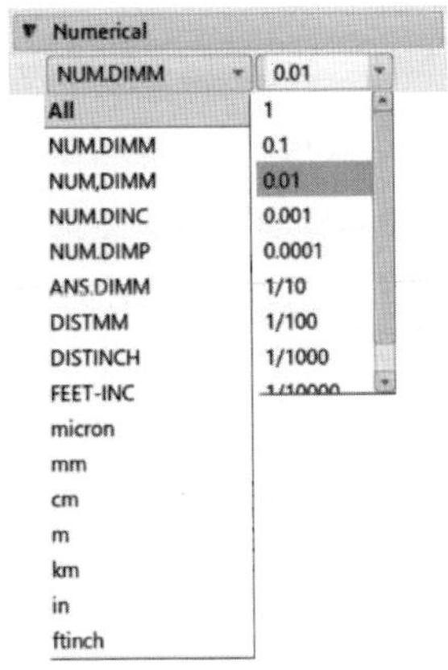

- Graphic

  시각적 정보를 가질 수 있는 모든 대상에 대해서 색상이나 선의 굵기, 선의 종류, 포인트의 종류, 레이어, 해칭면의 스타일 등을 변경해 줄 수 있습니다.

  또한 Copy Object Format을 통하여 선택한 대상의 표시 속성을 다른 대상에 복사해 줄 수 있습니다.

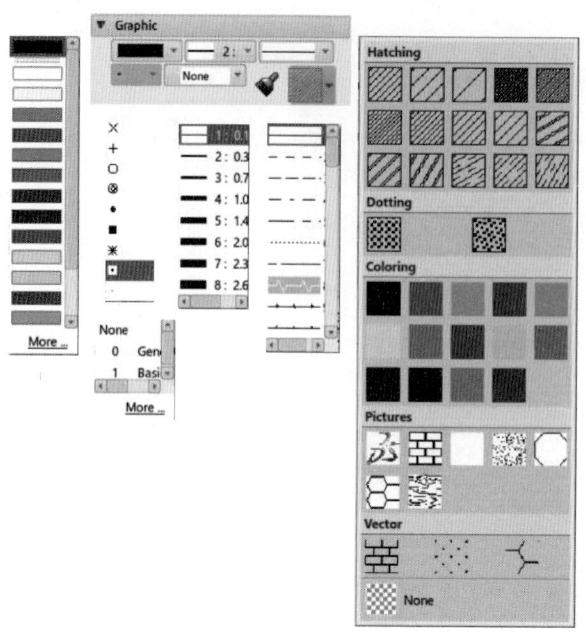

- Position and Orientation

  위치 정보를 가지는 대상 요소에 대해서 수평, 수직 방향 이동 및 회전을 정의할 수 있습니다.

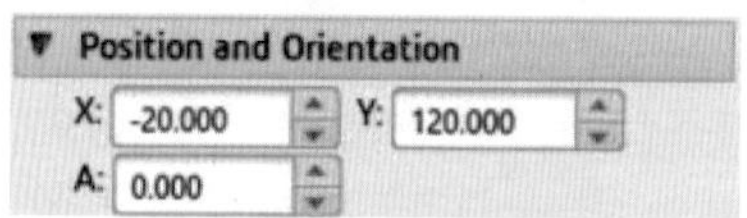

위와같이 Object Properties 패널에서 수행할 수 있는 다양한 속성 변경 작업을 고려하여 작업 화면에 노출시켜 필요 시 적절하게 이용할 수 있어야 합니다. 더불어 Object Properties에서 처리하지 못하는 세부 옵션 설정은 각 대상의 속성에서 작업할 수 있음을 기억해두기 바랍니다.

■ Sheet Management

하나의 Drawing 오브젝트는 여러 장의 Sheet를 가질 수 있습니다. 하나의 Drawing에 여러 단품 및 조립 제품의 정보를 담아야 할 필요가 있을 수 있으며, 출력 가능한 Sheet의 크기 제한으로 View들을 나누어 작업할 수 도 있기 때문입니다. 이런 경우 작업자는 해당 Drawing 오브젝트에 Sheet을 추가하거나 삭제 또는 활성화하는 방법을 사용할 수 있어야 합니다.

- New Sheet

  기본적으로 Drawing 오브젝트가 생성되면 하나의 Sheet를 가진 상태로 만들어집니다.

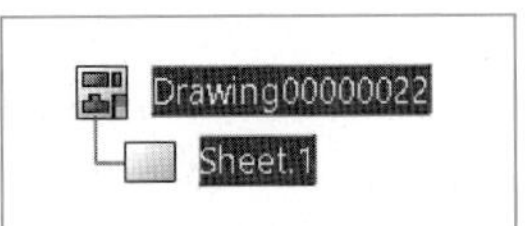

여기서 작업자는 추가 작업을 위해 Sheet를 추가할 수 있습니다. Sheet를 추가하는 방법은 Sheet Browser 를 이용하는 방법과 Context Menu를 사용하는 방법이 있습니다. 상단 정중앙의 Sheet Browser에서 "+" 아이콘을 클릭하면 새로운 Sheet가 생성됩니다.

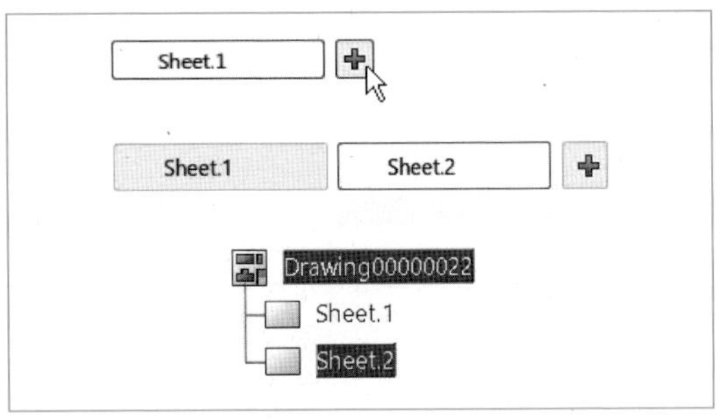

또는 Context Menu에서 New Sheet를 선택할 수 있습니다. Spec Tree와 Sheet Browser에서 해당 방법을 사용할 수 있습니다.

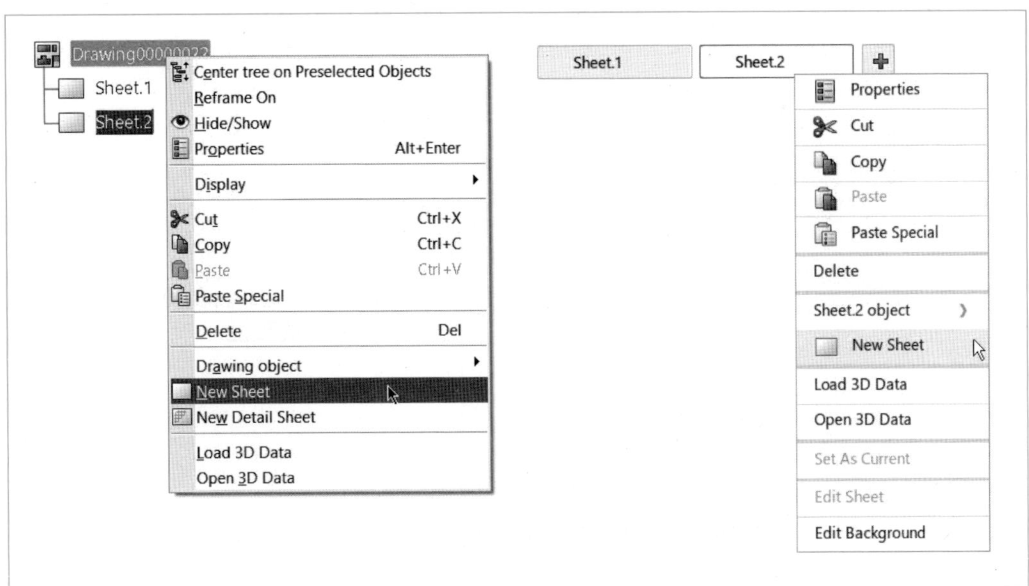

그리고 이렇게 Sheet의 수가 복수면 원하는 Sheet로 작업을 해주기 위해 작업자는 해당 Sheet를 지정해 주어야 합니다. 작업하고자 하는 Sheet를 지정하는 방법은 해당 Sheet를 더블 클릭하거나 Context Menu에서 'Set As Current'를 클릭해 줍니다.

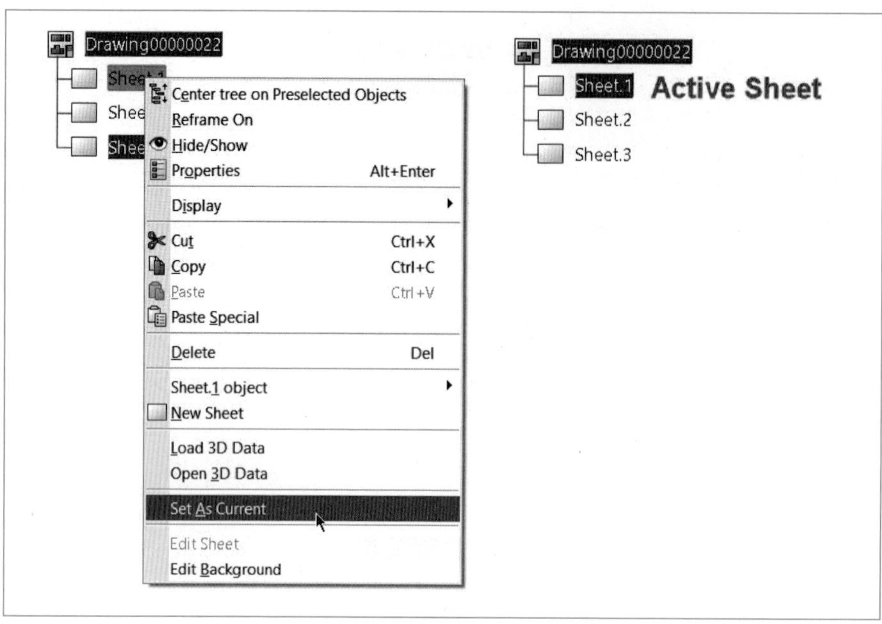

Sheet를 Active 하는 방법과 View를 Active 하여 작업하는 것을 잊지 말기 바랍니다.

- New Detail Sheet

Detail Sheet는 현재의 Drawing에서 자주 사용하는 상용화된 2차원 형상이나 기호를 만들어 놓고 재사용하기 위한 용도로 생성합니다. Context Menu에서 New Detail Sheet를 선택하면 현재 Drawing에 Detail Sheet가 추가됩니다.

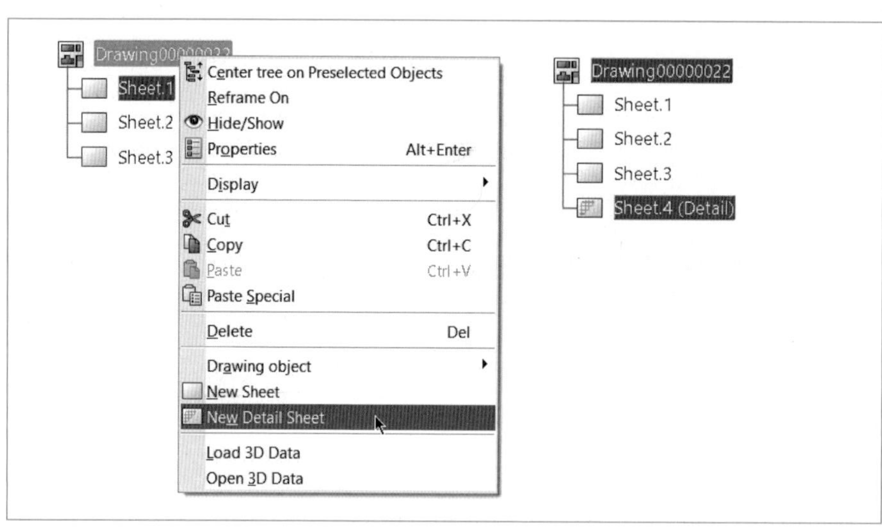

이렇게 생성된 Detail Sheet에 작업자는 2D Component를 생성하여 각 Sheet가 가진 View에 복사하여 재사용할 수 있습니다. 2D Component는 Template Section에서 2D Component 명령을 사용하여 정의할 수 있습니다. 2D Component 명령을 실행하면 다음과 같이 Detail Sheet에 2D Component가 생성됩니다.

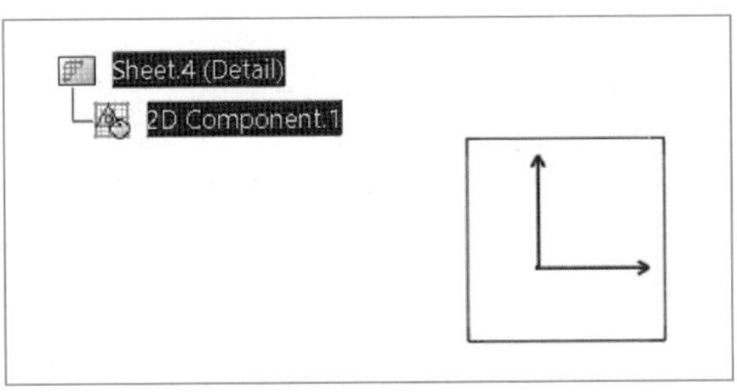

여기에 어떠한 2차원 형상을 Geometry 명령을 사용해 그려주면 현재의 Drawing 안에서 임의의 Sheet에 원하는 위치마다 이것을 복사하여 사용할 수 있습니다. 즉, 반복되어 사용되는 일정한 형상을 일일이 그려주지 않고 기호처럼 불러와 사용할 수 있습니다. 다음과 같이 위에서 만들어진 Detail View의 2D Component에 Geometry로 형상을 그려줍니다.

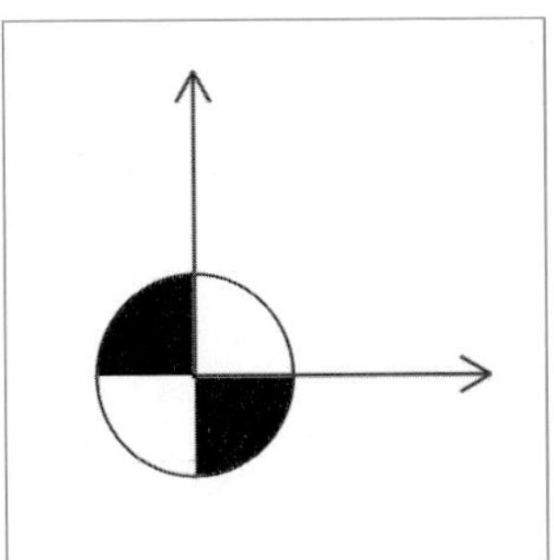

이렇게 만들어진 2차원 형상은 필요한 경우 Instantiate 2D Component 명령을 사용하여 원하는 위치마다 불러와 사용할 수 있습니다. Detail View에 만들어 놓은 2D Component는 위와 같이 실제 형상의 View가 있는 Sheet에 불러와 사용됩니다.

자세한 설명은 Instantiate 2D Component 명령에서 추가 설명하도록 하겠습니다.

B. Section Bar

■ Standard

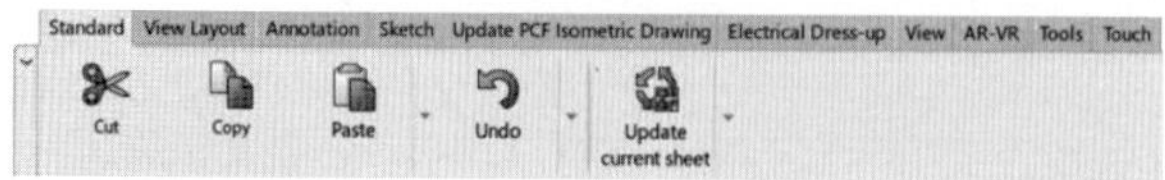

- Update current sheet
  - 현재 Sheet에 관련된 수정된 정보에 대해서 업데이트를 실행하는 명령
  - 3차원 오브젝트를 기준으로 생성되는 View의 경우 3차원 오브젝트의 수정 사항을 Drawing에 반영하기 위하여 업데이트를 실행

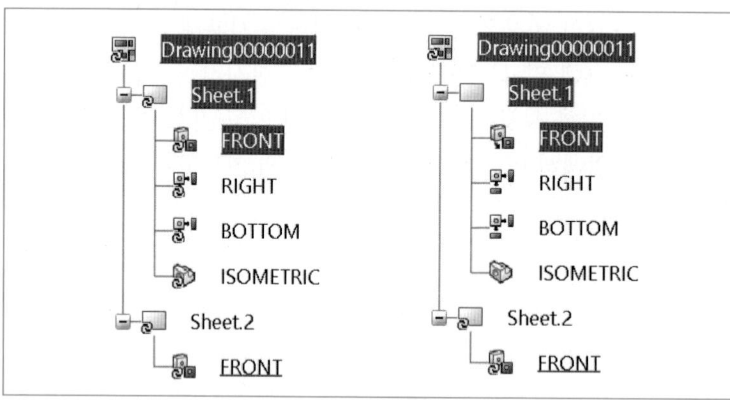

  - 단축키로는 Ctrl + Shift + U Key

- Update
  - 현재 Drawing에 관련된 수정된 정보에 대해서 업데이트를 실행하는 명령
  - 3차원 오브젝트를 기준으로 생성되는 View의 경우 3차원 오브젝트의 수정 사항을 Drawing에 반영하기 위하여 업데이트를 실행

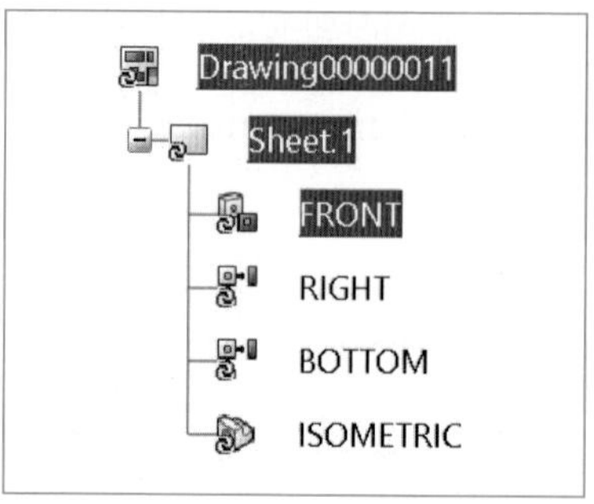

  - 단축키로는 Ctrl + U Key

■ View Layout

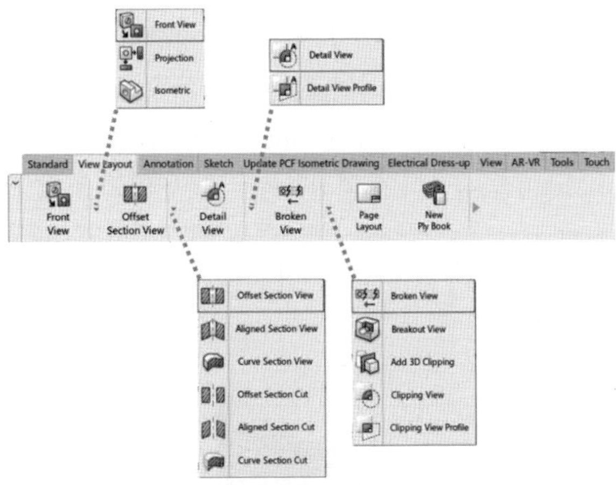

▶ Flyout for Creating Views

- Front View

  - Front View는 도면 생성에서 중심이 되는 정면도를 정의하며, 따라서 형상의 모습을 가장 잘 표현하는 방향의 View를 정의해야 함
  - 명령을 실행시키고 3차원 형상이 있는 오브젝트로 전환하여 형상을 선택(풀다운 메뉴의 Window나 키보드 CTRL + Tab Key를 눌러 전환)
  - 여기서 원하는 오브젝트로 이동을 하면 형상의 위치를 잡아 정면도로 선택하고자 하는 면으로 마우스를 이동시키면 오른쪽 하단에 Oriented Preview로 선택되는 View의 미리 보기 형상이 출력

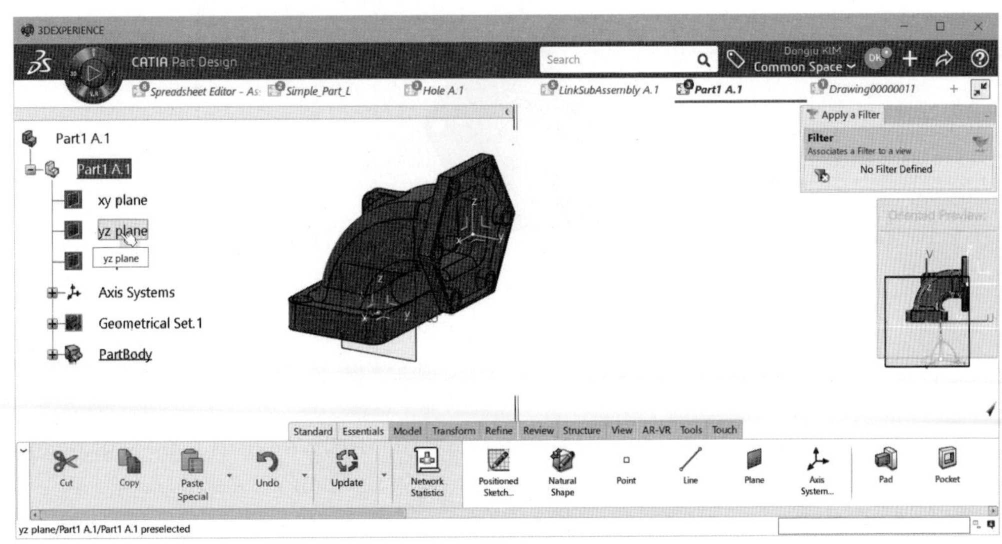

- 형상의 위치가 맞는다면 이제 해당 면이나 빈 화면을 클릭하면 Drafting App로 이동하면서 3차원 형상을 Front View로 가져옴
- 오른쪽 상단에 나타나는 Wizard를 사용하여 형상의 위치를 마지막으로 조절
- 네 곳에 표시된 화살표를 이용하여 회전을 시킬 수 있으며 가운데 지점의 시계 방향, 반 시계 방향의 화살표를 이용하여 View를 조절할 수 있으며 이 화살표를 선택하여 Contextual Menu를 사용하여 회전하는 각도 변화를 조절 가능

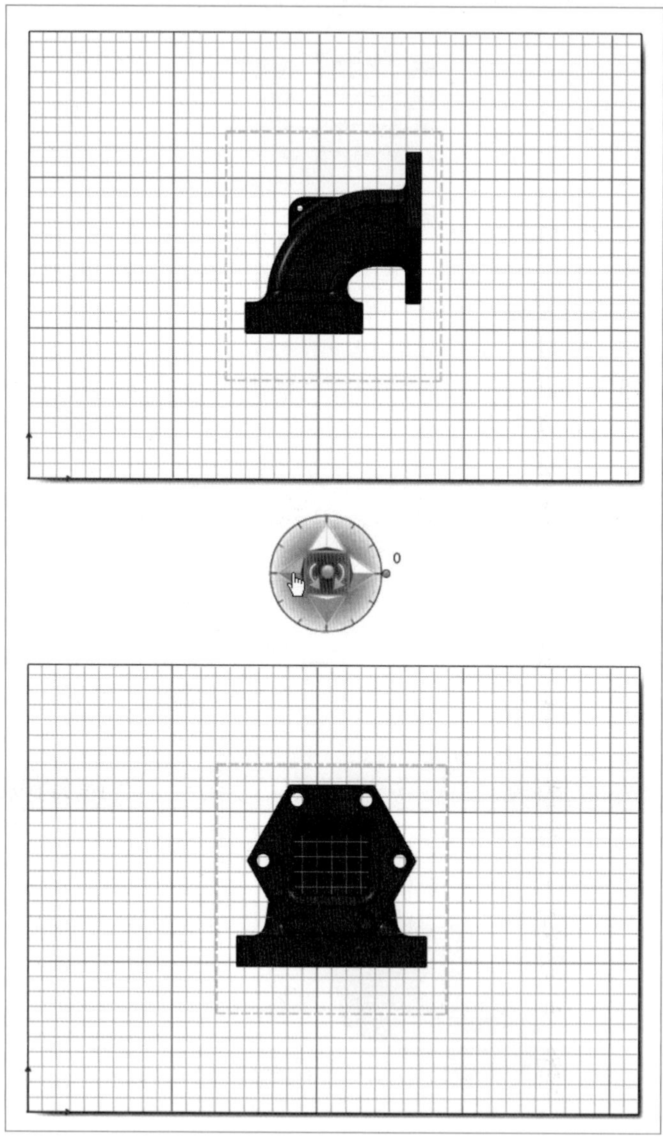

- 원하는 위치를 잡으면 Wizard의 가운데 동그란 버튼을 누르거나 Sheet의 빈 화면을 클릭

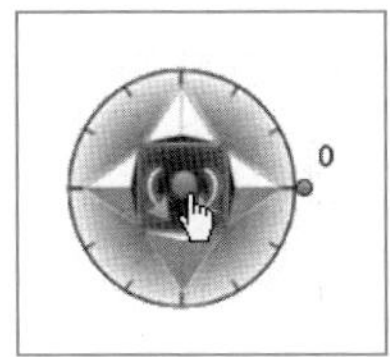

– 그럼 Front View 생성이 완료되어 3차원 형상이 2차원 Front View로 생성

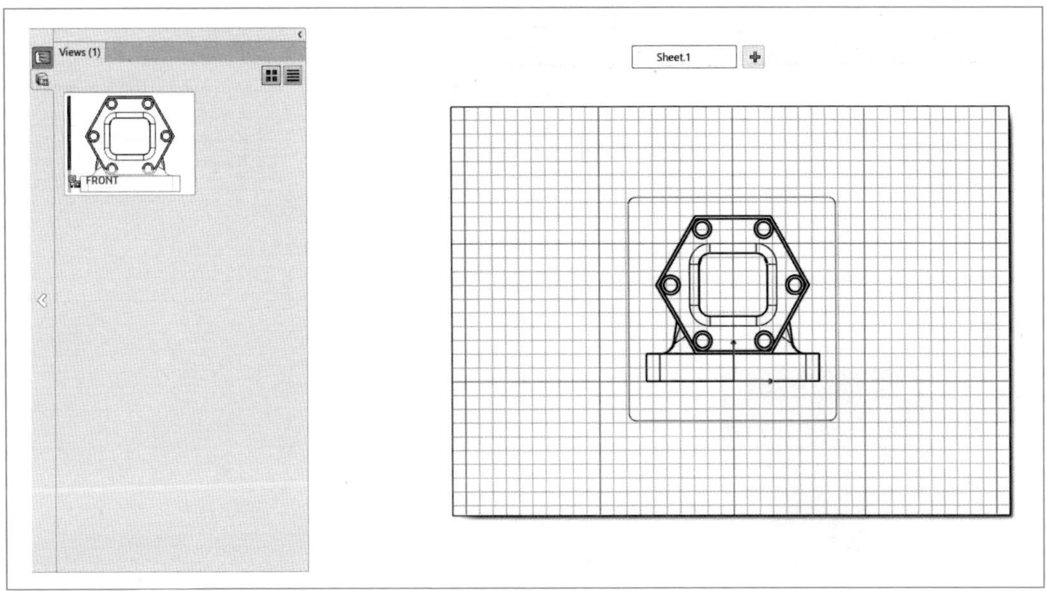

– View를 생성할 때 형상의 면을 직접 선택하는 것보다 Plane과 같은 Reference Element를 선택하는 것이 형상의 View를 바르게 잡아 줌

- Projection

– 현재 활성화되어있는 View의 측면 View를 Project(투영)하여 새로운 View로 생성하는 명령

– 명령을 실행시키고 활성화된 View에 마우스 커서를 이동시키면 방향에 따른 측면 Project 형상을 미리 보기 가능

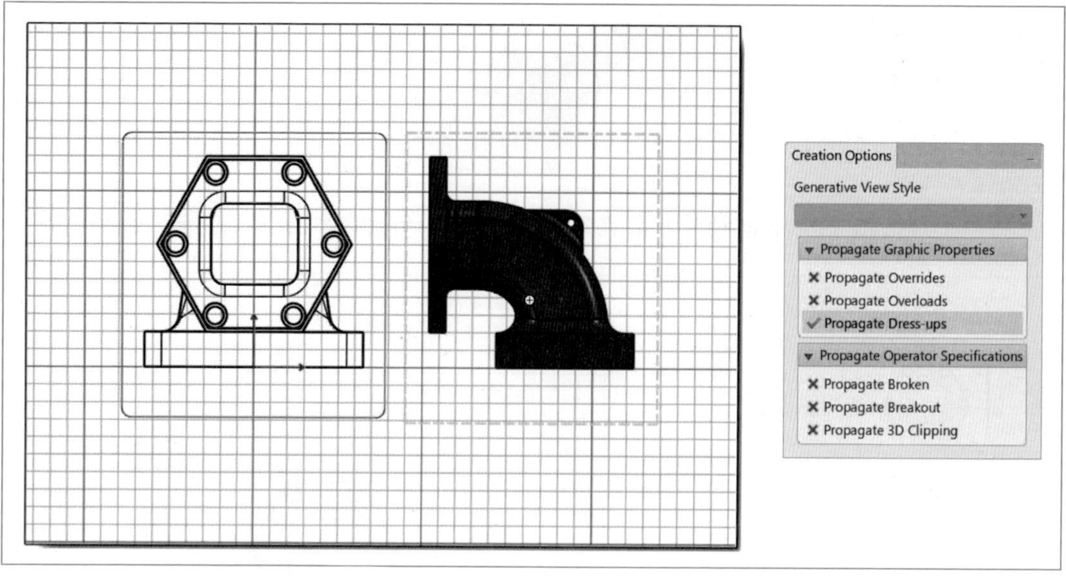

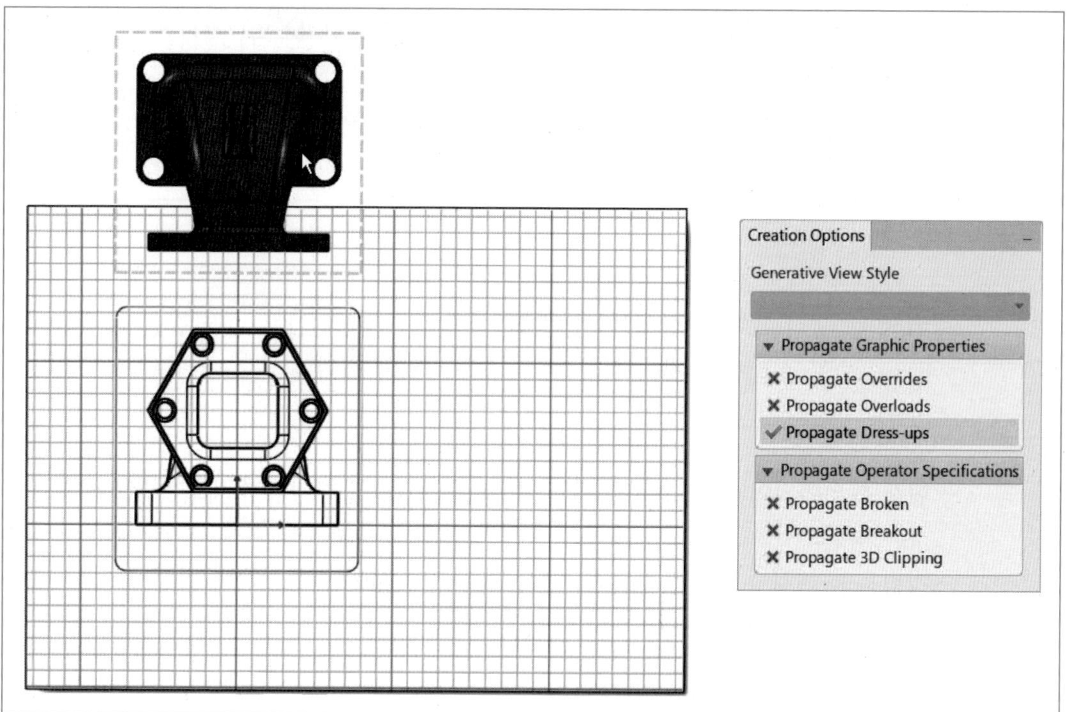

– 여기서 원하는 위치에 대해서 View가 보이는 경우 Sheet를 클릭하여 View 생성을 완료

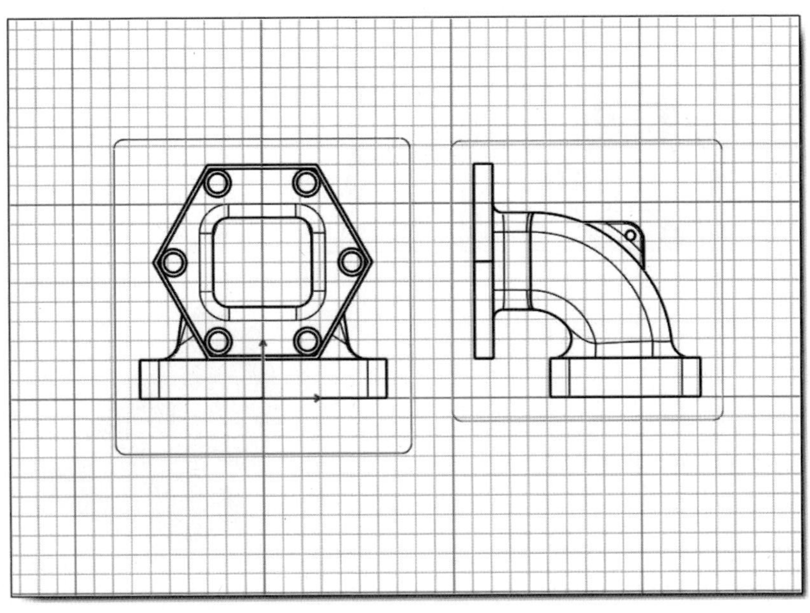

– 이와 같은 방법을 통해서 쉽게 형상의 여러 방향의 Projection View 생성 가능

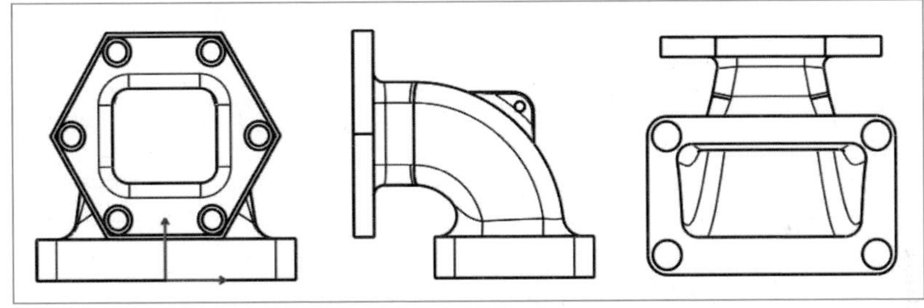

– 기억할 것은 활성화된 View를 기준으로 작업해야 함

- Isometric View

  – 3차원 형상의 Isometric한 등각 View를 만드는 명령으로 형상의 실질적인 치수를 위한 View가 아닌 주로 조감용으로 사용되는 View를 만들 때 사용

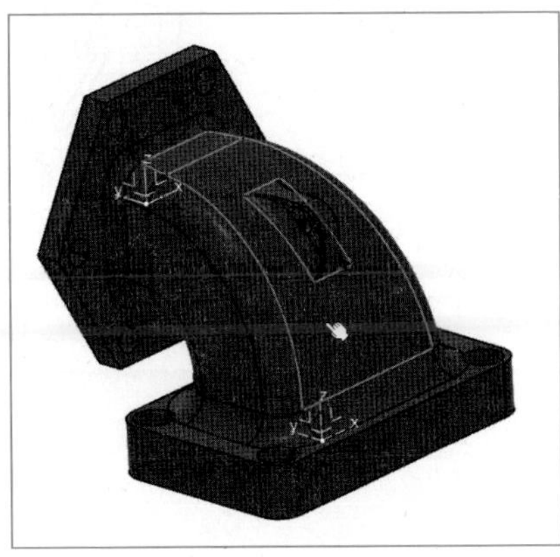

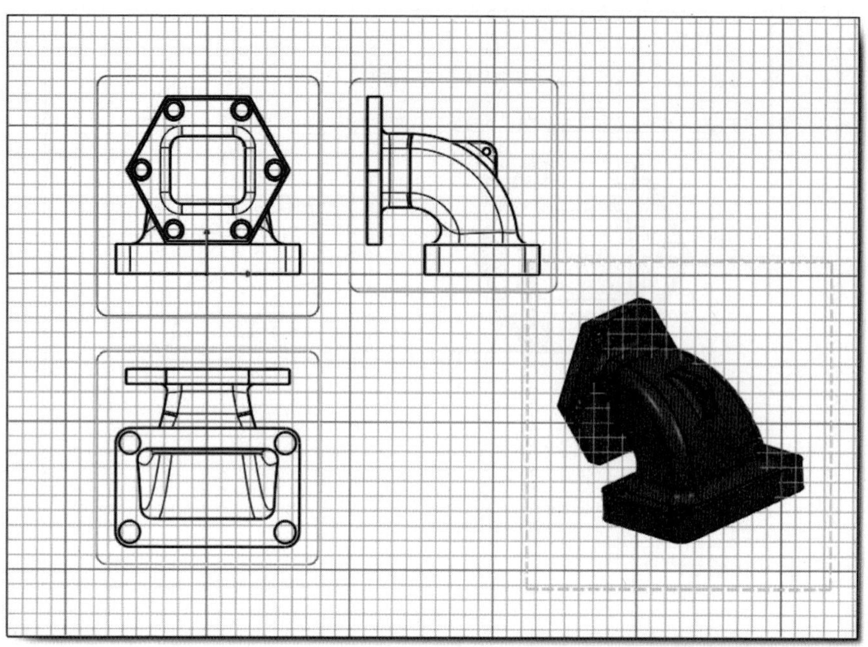

- 명령을 실행시킨 뒤에 3차원 형상이 있는 App로 이동하여 3차원 형상을 클릭해 주면 현재의 모습 그대로가 Isometric View로 생성. 화면에 보이는 상태 그대로 View가 생성됨을 주의

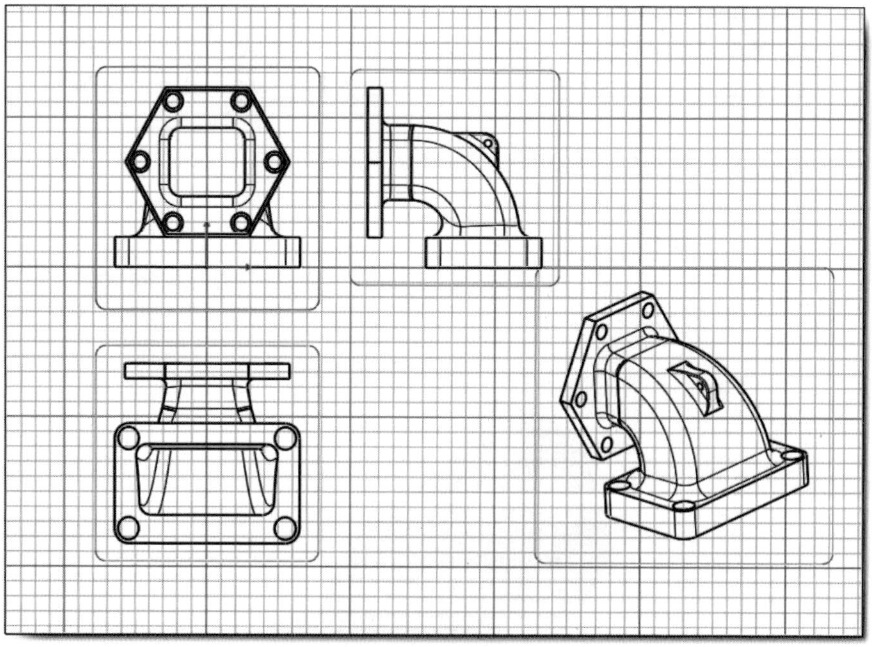

- 생성된 각 View의 속성(Properties)에 들어가면 View에 대한 개별적인 정의가 가능

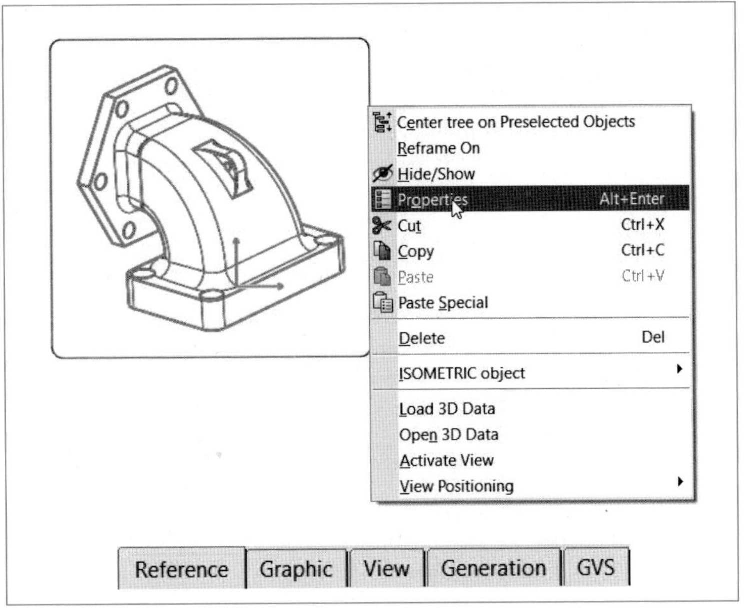

① Reference

- 해당 View에 대한 기본 정보를 입력

Type	Drawing
Title	Drawing00000011
Name	drw-23428215-00000011
Revision	
Revision Comment	
Description	
Creation date	
Created From	
Design Range	Normal Range
Collaborative Policy	Engineering Definition
Last modification	
Maturity State	
Responsible	
Organization	
Collaborative Space	

② Graphic

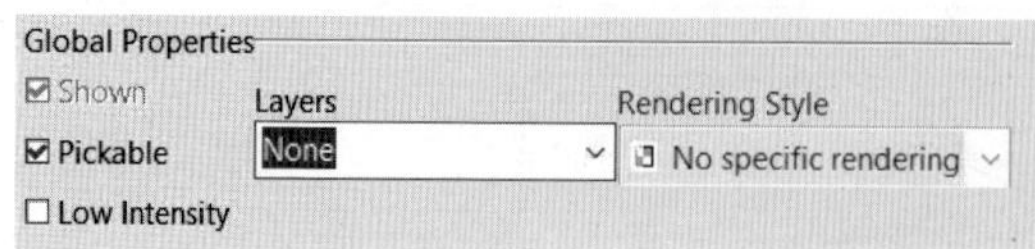

③ View

– View의 Scale 및 회전 등을 설정

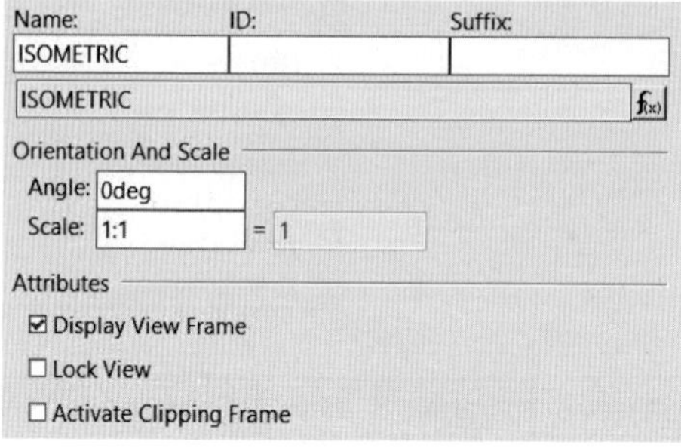

④ Generation

– View를 생성할 때 해당 View에 추가로 표시하고자 하는 요소를 설정해 줄 수 있음

– Preference에서 기본 설정으로 체크해 두고 상시 생성도 가능

– Sketch와 같은 2차원 요소를 표시하기 위해 3D Wireframe을 체크해 주어야 함

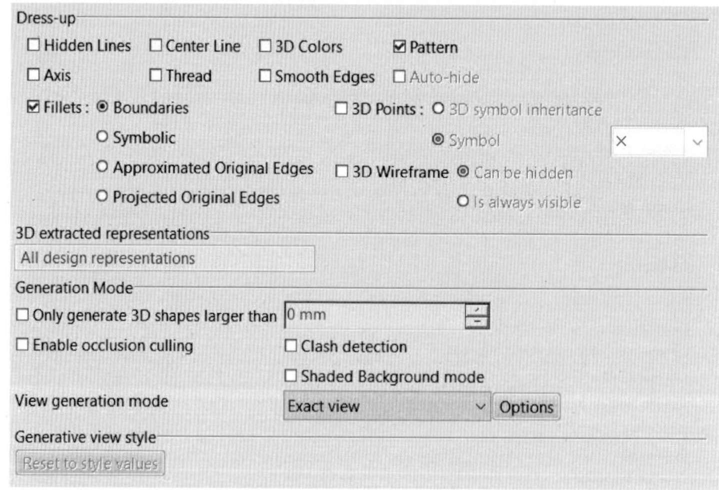

– View Generation Mode를 변경하여 생성되는 View의 스타일을 변경해 줄 수 있음

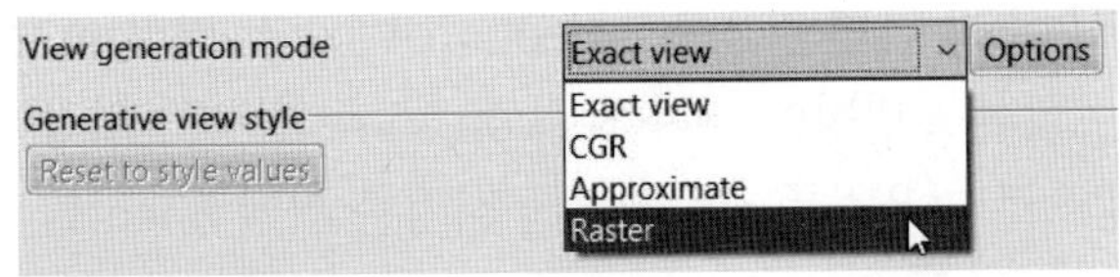

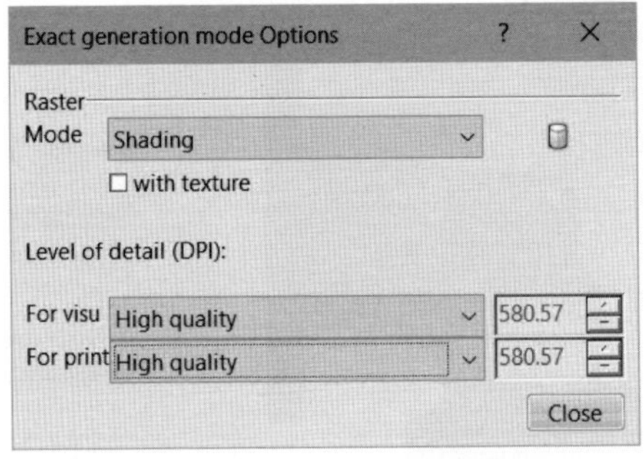

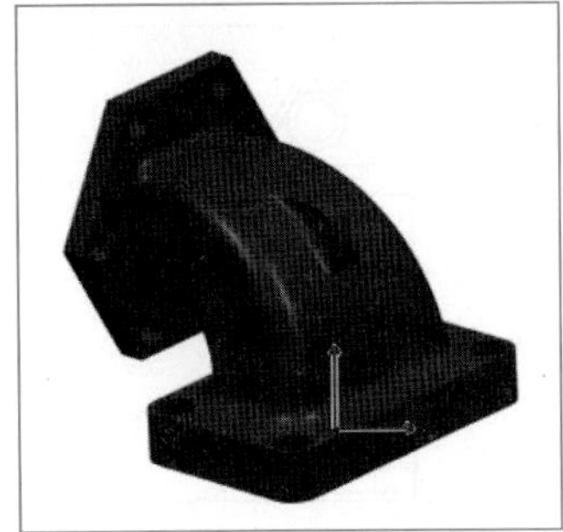

▶ Flyout for Creating Section Views

- Offset Section View / Offset Section Cut
  - 3차원 형상(Part 또는 Product)을 정의한 절단면을 기준으로 Section View(단면도)를 생성하는 명령
  - 외부 형상뿐만 아니라 내부 형상을 함께 표현할 수 있는 이점이 있음
  - 절단되는 면을 기준으로 한쪽을 바라보았을 때의 절단면과 그 방향으로 보이는 나머지 형상 부분을 View로 만들어짐
  - 명령을 실행하고 활성화된 View에서 절단하고자 하는 방향으로 형상과 교차하도록 선을 그어줌

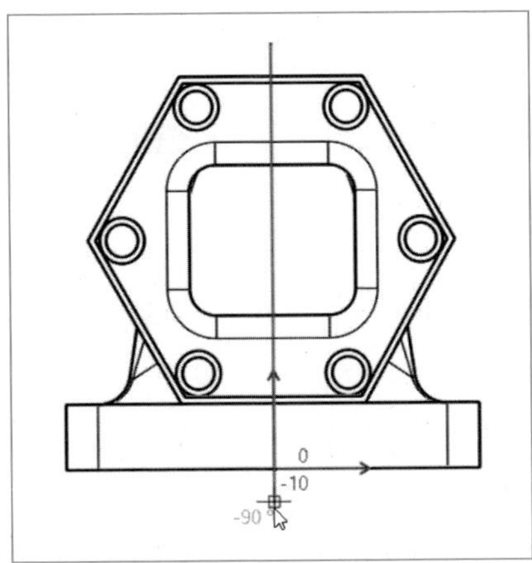

  - 절단선은 무조건 한 방향으로만 인식되며 필요에 따라 중간에 절단 위치를 바꾸어줄 수 있음

- 절단선을 그려주고 나면 자동으로 Section View가 미리 보기 되는데 여기서 절단선에 나타나는 화살표 방향에 따라 Section View 방향이 결정
- 원하는 방향으로 마우스를 사용해 이동시켜준 뒤에 Sheet를 클릭해 줌

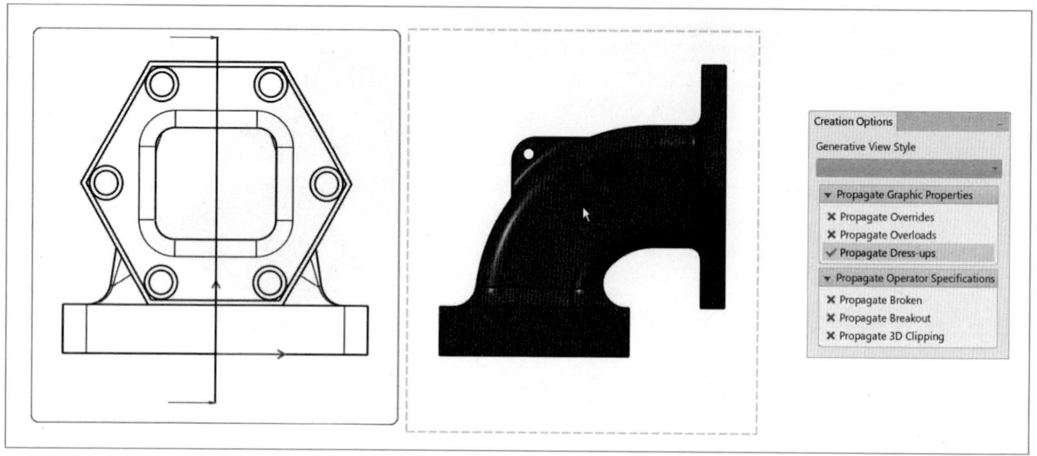

- Section View의 기준이 된 View에는 다음과 같이 절단면의 위치를 나타내는 점선과 절단 방향을 가리키는 화살 표시

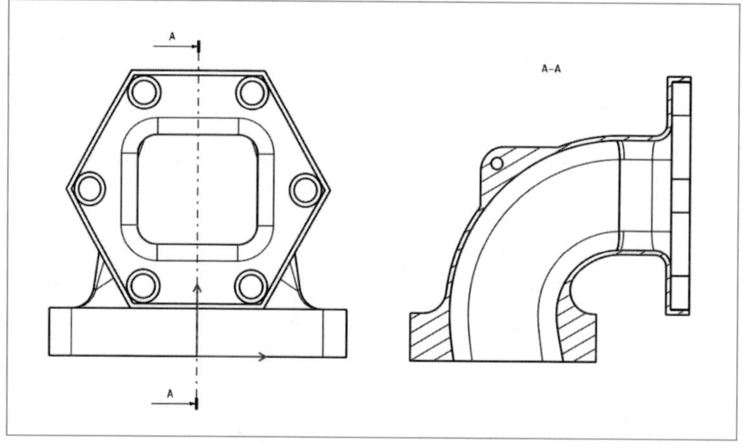

- 만약에 절단하고자 할 위치를 잡기가 힘들다면 Geometry를 사용하여 절단선의 위치를 미리 그려주어 이를 선택해 줄 수 있음
- 또한 Smart Pick 기능을 사용할 수 있으므로 형상 요소와 일치하는 포인트나 평행 또는 직교 조건을 이용할 수 있음
- 만약에 Offset Section View의 위치를 바꾸고자 한다면 절단선으로 사용하였던 Profile을 더블 클릭하거나 Contextual Menu에서 Definition 선택

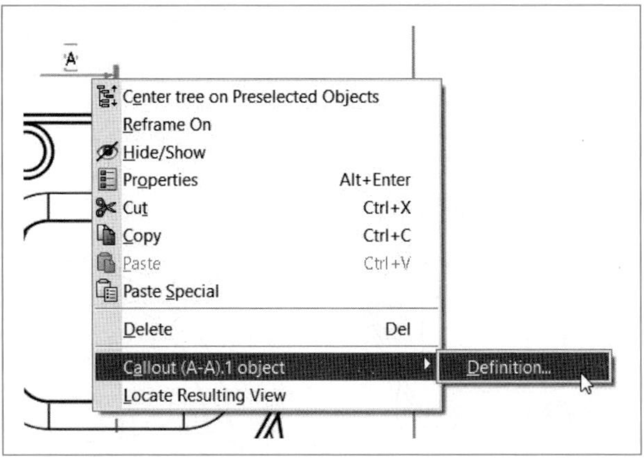

- 그러면 다음과 같이 이 선의 Profile을 변경할 수 있는 창이 나타남. 절단선을 대체하거나 방향을 반전시키는 것, 절단선의 위치 이동 등이 가능

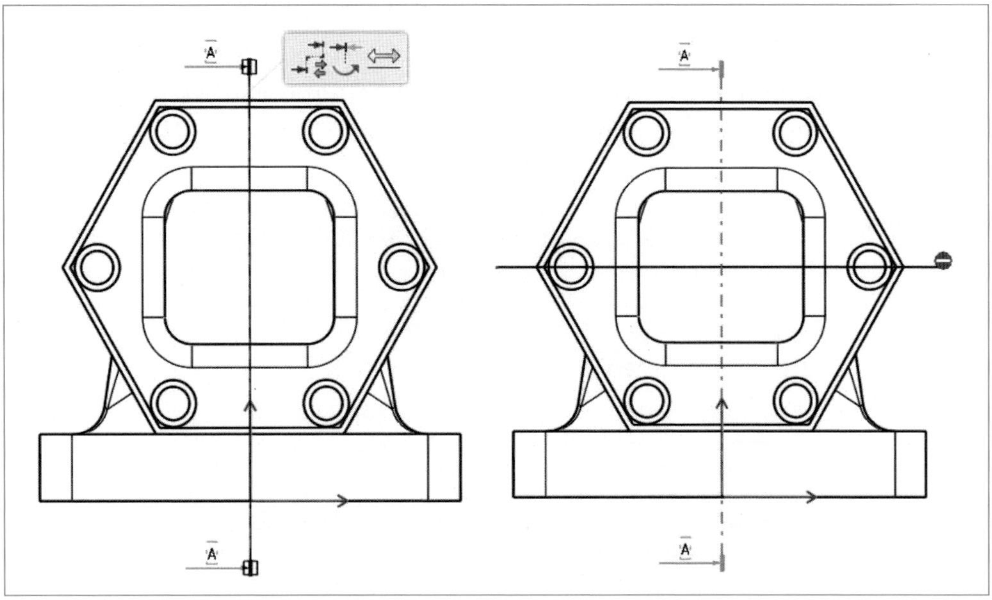

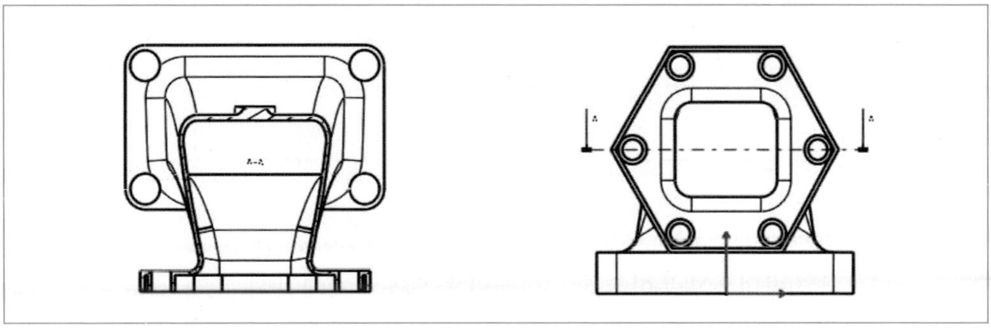

- Offset Section View는 절단면에 대해서 한 방향만을 기준으로 View를 만들기 때문에 절단면을 꺾어서 정의한 경우, 다음과 같은 결과 생성

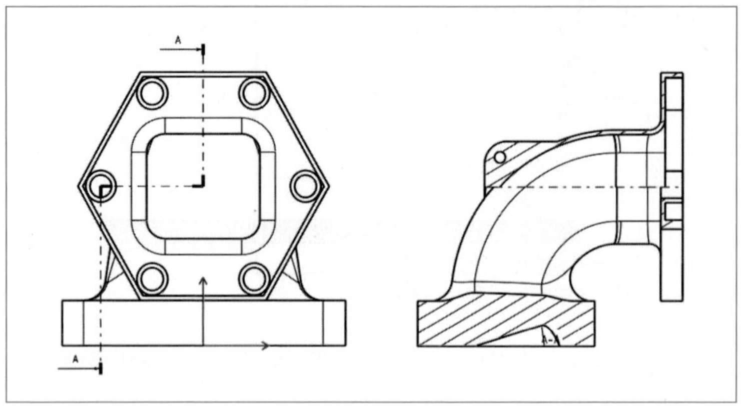

- 추가로 이러한 Section View를 만들고 다시 Section View를 삭제하면 활성화된 View의 절단 표시도 함께 사라짐
- 또한 절단면의 방향을 나타내는 이 화살표의 속성(Properties)에 들어가면 화살표의 스타일이나 길이 등을 조절 가능

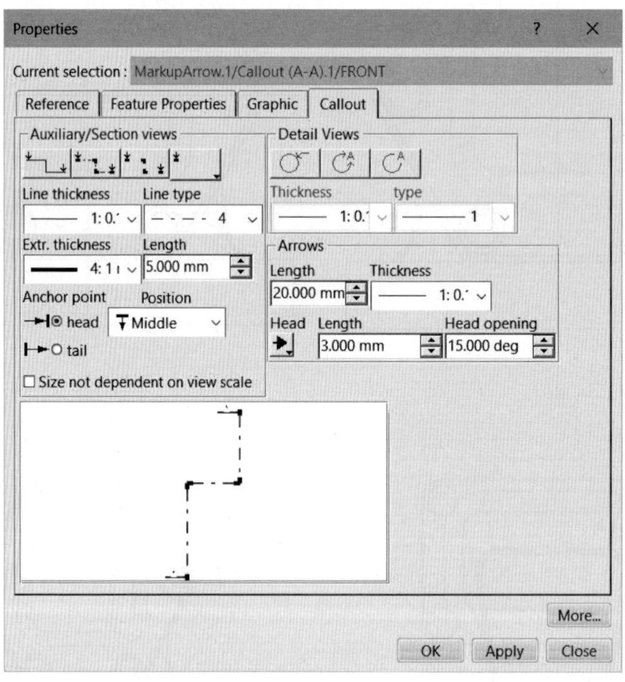

- 따라서 절단면을 만들어준 후, View의 특성과 크기에 맞게 조절 가능

- Aligned Section View /Aligned Section Cut
  - 형상을 임의의 직선 Profile을 따라 선이 지나가는 모든 방향에 대해서 Section View를 만들어주는 명령
  - 위 Offset Section View 명령과 다른 점은 절단면으로 사용되는 Section Profile의 모든 방향을 따라 Section View를 만들어준다는 것
  - 명령을 실행시키고 활성화된 View에서 Section View를 만들고자 하는 Profile을 정의

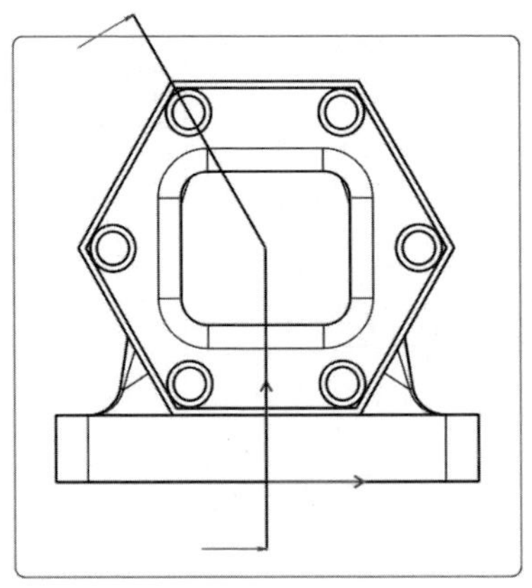

  - 마지막 끝 위치에서 클릭하면 절단 방향을 바꾸어 줄 수 있고 더블 클릭을 하면 Profile 그리는 작업이 종료

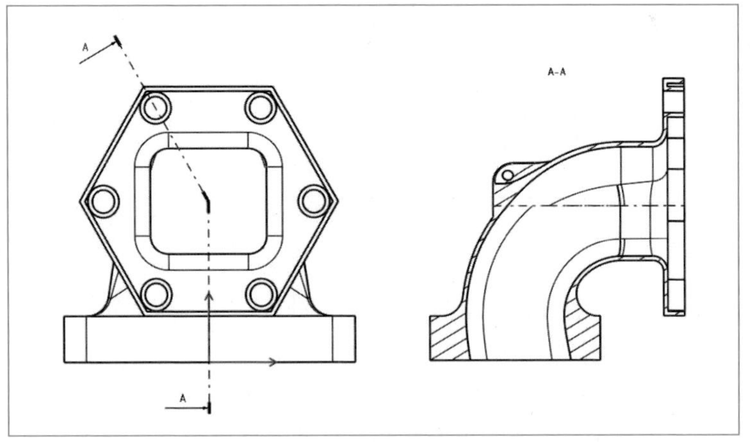

  - 만들어진 결과나 절단면의 방향을 보면 알 수 있겠지만 Profile로 그려준 Profile에 대해서 모두 수직으로 Section이 생성
  - 마찬가지로 Profile의 위치에 표시되는 화살표의 방향에 따라 Section View가 달라지며 Profiled의 수정 또한 가능

▶ Flyout for Creating Detail Views

- Detail View / Quick Detail View
  - 활성화된 View에서 원형으로 형상의 Detail View를 생성
  - Detail View를 만들고자 하는 위치를 선택하여 원을 그리듯 중심을 찍고 반경을 잡아 주면 현재 View의 Scale의 두 배 크기로 Detail View가 생성

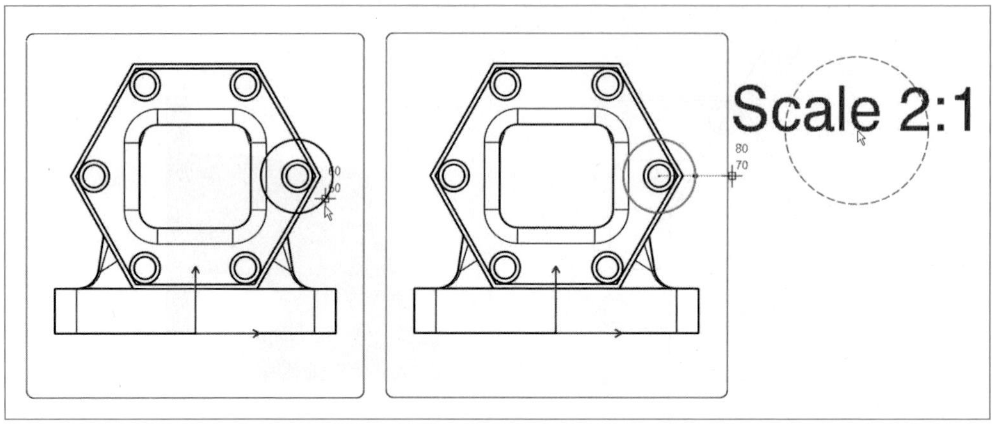

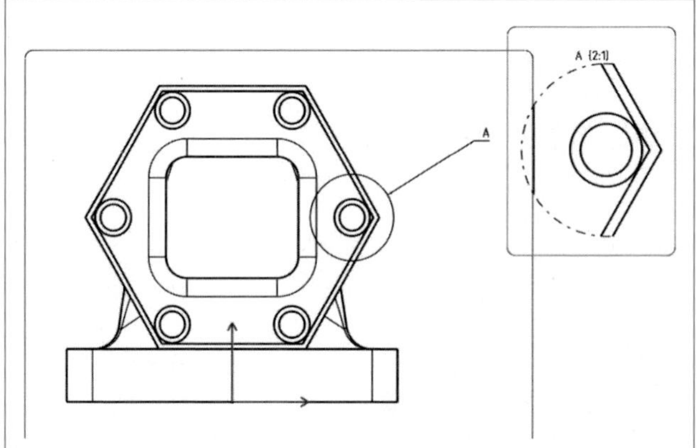

  - Detail View가 만들어 지면 원본 위치에 기호로 표시가 됩니다. 이 기호 및 Leather는 자유롭게 이동과 수정이 가능
  - Detail View를 삭제하면 자동으로 이러한 표시도 같이 삭제
  - 또한 Detail View 역시 독립적인 View이기 때문에 따로 속성(Properties)에서 Scale을 변경시켜 더 크게 하거나 작게 변경 가능(기타 설정도 가능)

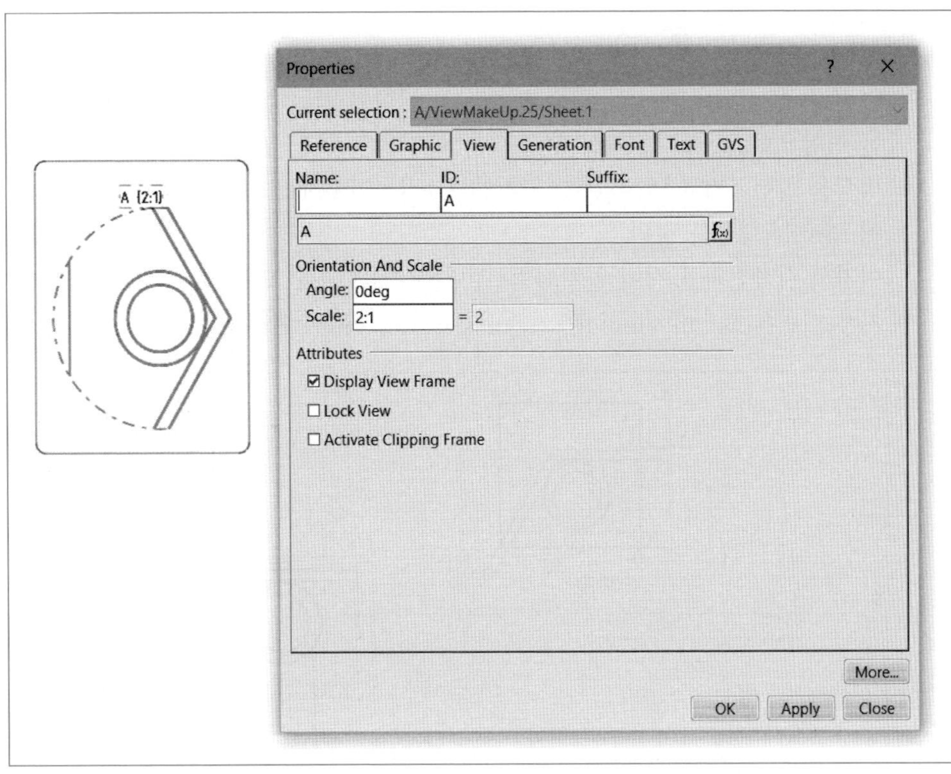

– 활성화된 View에 만들어진 다음과 같은 Detail 표시는 이동이나 조절이 가능

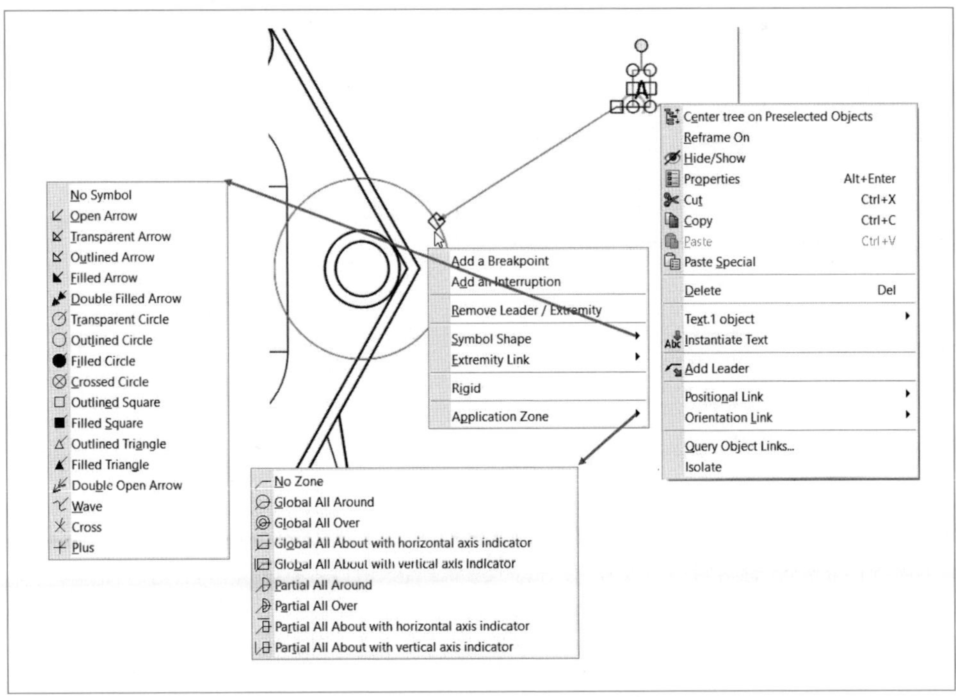

- Detail View Profile / Quick Clipping View
  - 이 명령은 Detail View를 만들 때 형상을 원형이 아닌 임의의 Profile을 사용하여 만든 형상으로 Detail View를 생성
  - 명령을 실행시키고 Profile로 다각형을 그리듯이 Detail View를 만들고자 하는 지점에 Profile 형상을 정의
  - 여기서 시작점과 끝점이 일치되면 그 형상대로 Detail View가 생성
  - 기본 개념은 Detail View / Quick Detail View 와 동일

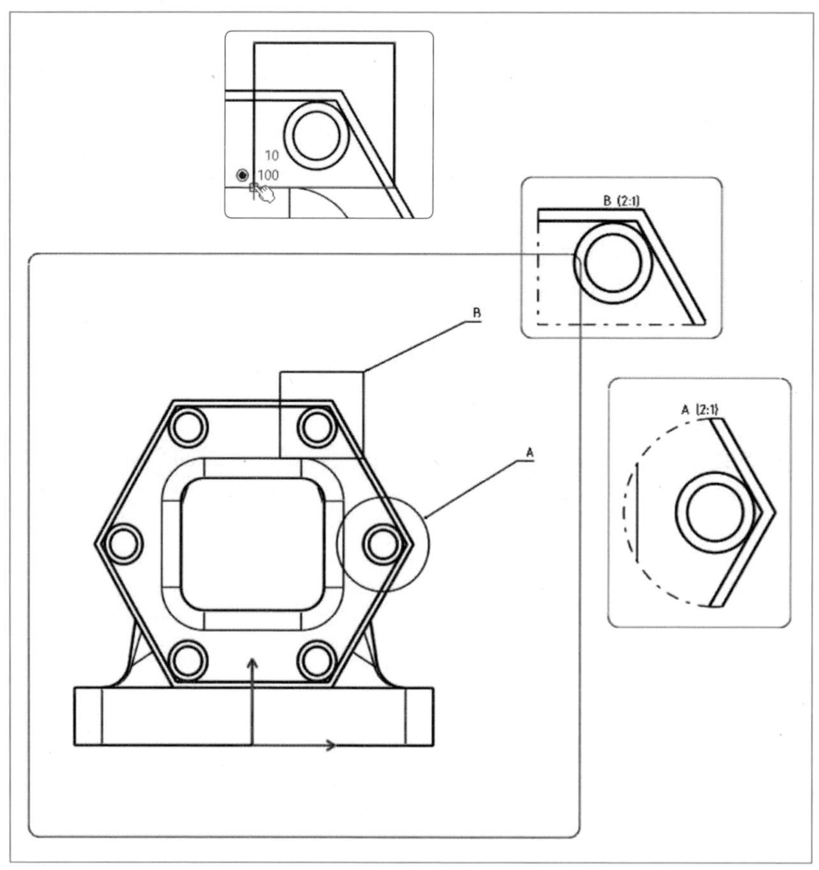

▶ Flyout for Breaking Views

- Broken View
  - 이 명령은 활성화된 View 형상을 선택한 간격만큼을 잘라내어 생략해 표시해 주는 명령
  - Beam과 같은 단방향으로 길이만 긴 형상을 도면상에 표시하려 할 경우 문제가 되는 것이 불필요하게 긴 길이로 인하여 하나의 도면 안에 다 표시를 못 하거나 더 큰 치

수의 도면을 사용하는 불편이 발생하는 것을 방지

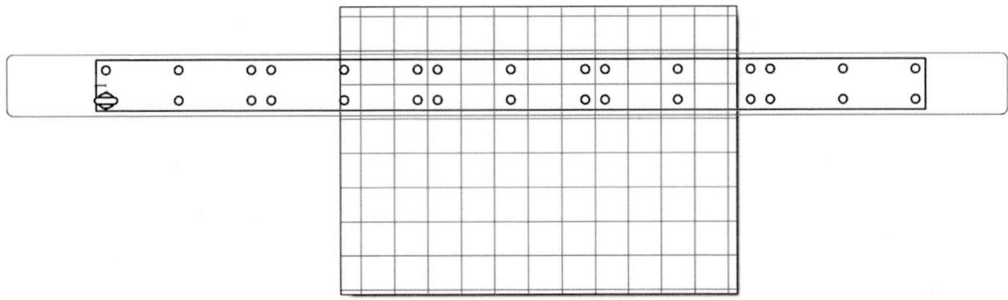

- 명령을 실행시키고 활성화된 View에서 중략시킬 위치에서 Shift Key 선택

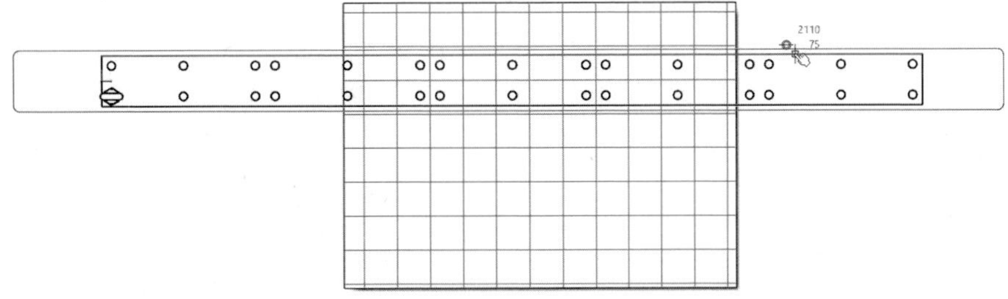

- 형상을 선택해 주면 그 위치에 녹색의 선이 나타나며, 이 선을 기준으로 형상을 절단

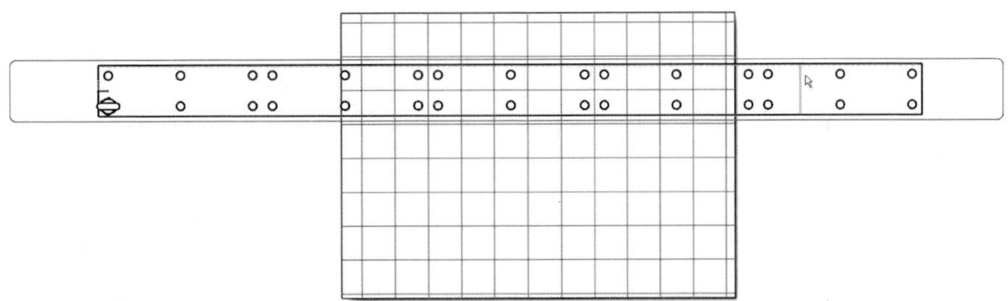

- 이 상태에서 마우스를 이동하면 가로 방향 또는 세로 방향으로 녹색 선이 변하는 것을 확인할 수 있는데 원하는 위치에 맞추어 한 번 더 Sheet를 클릭
- 다음으로 마우스를 이동시키면 이를 따라 또 다른 녹색선이 나타나며, 이 두 선의 사이만큼이 제거

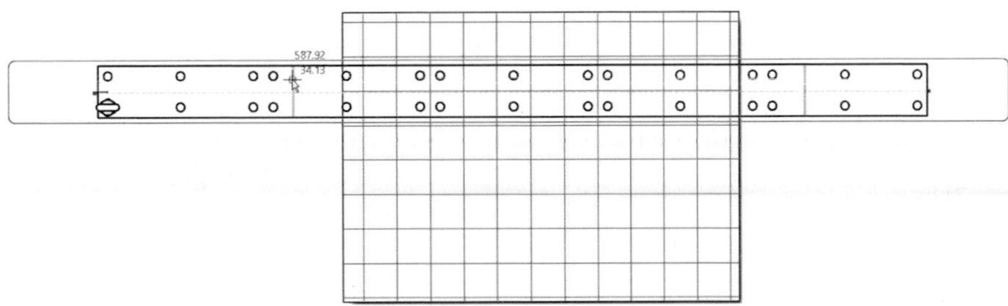

- 마지막으로 한 번 더 클릭을 해주면 Broken View가 생성

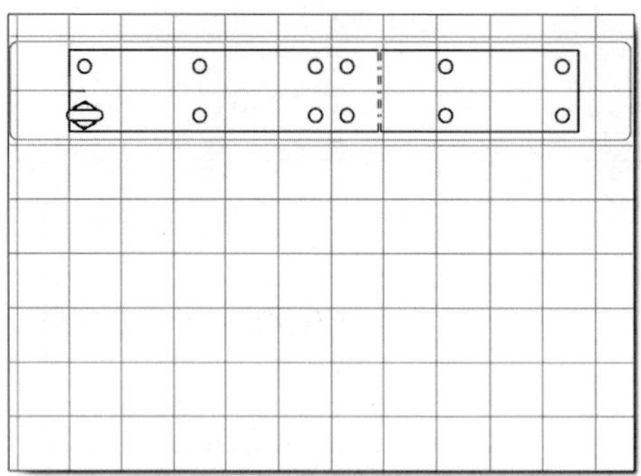

- 여기서 다음과 같이 생략되는 부분의 표시를 Object Properties에서 변경해 주어 생략된 부분이라는 표시를 더욱 강조할 수 있음

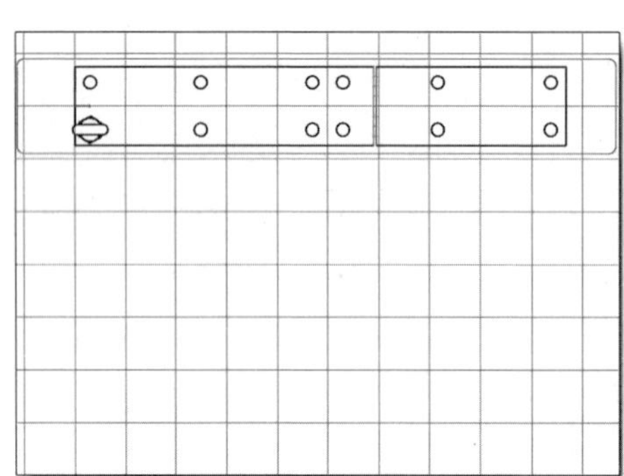

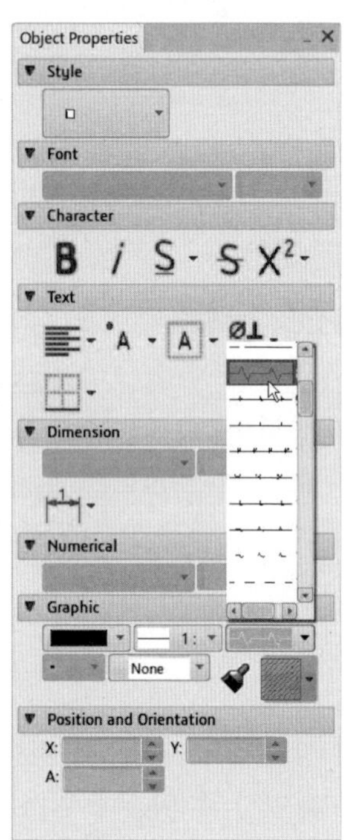

- Breakout View

  - 이 명령은 활성화된 View를 임의의 Profile 형상을 만들어 임의의 깊이만큼 파낸 형상을 View로 만들어주는 명령
  - 즉, 형상 일부를 임의 깊이만큼을 제거하여 그 안을 보여주도록 View를 만들어주는 기능
  - 명령을 실행시키고 제일 먼저 해줄 일은 형상을 파내는 데 필요한 Profile 형상을 그려주는 것
  - Profile로 다각형을 그리듯 시작점과 끝점을 이어줄 수 있는 형상을 정의

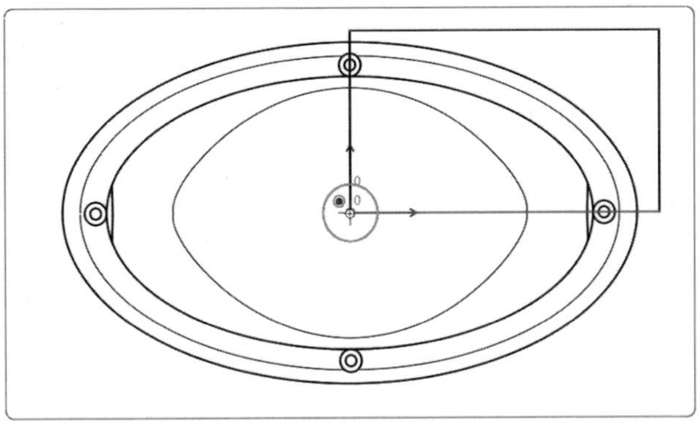

- 그림 다음과 같은 3D Viewer가 나타나 형상을 파낼 깊이를 선택

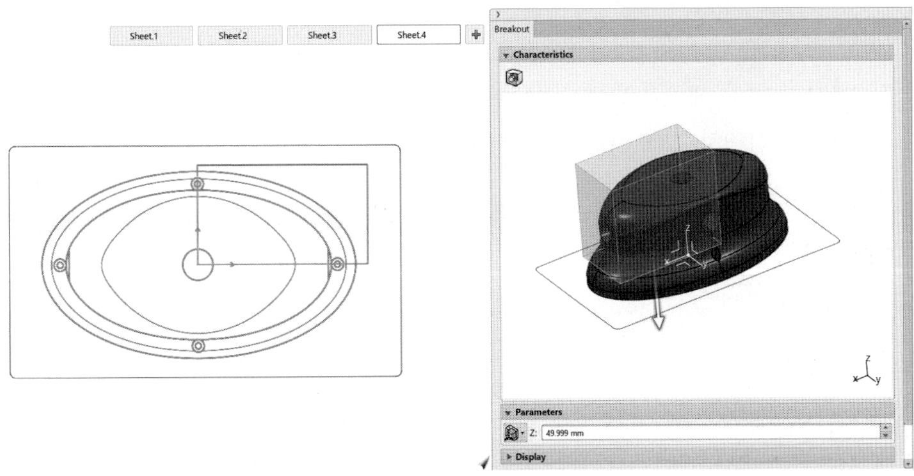

- 여기서 형상을 파낼 깊이를 조절할 수 있는데 마우스를 이용하여 미리 보기 창에 있는 평면을 이동시키거나 Depth Definition을 사용할 수 있음

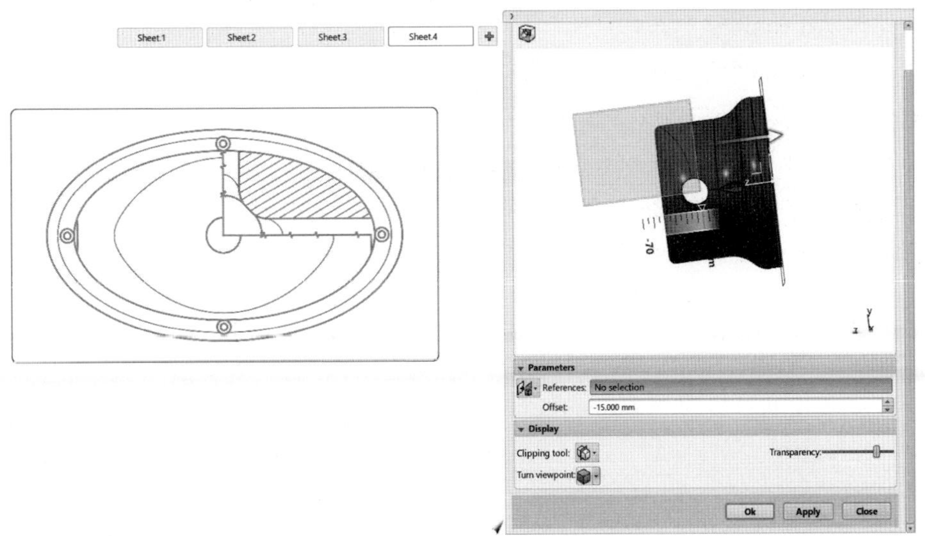

– 명령 실행의 결과

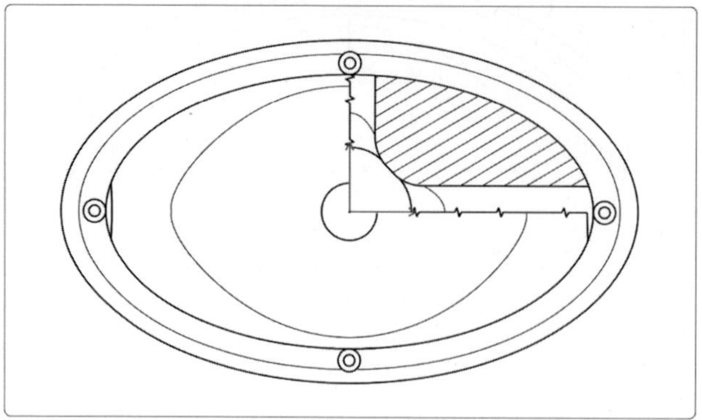

- Add 3D Clipping

– 생성된 View에 3차원 Clipping을 통하여 View를 수정하는 기능
– 명령을 실행하고 Clipping Mode를 선택

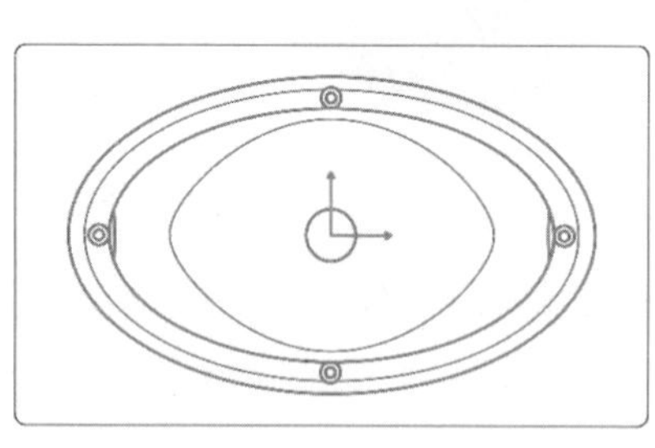

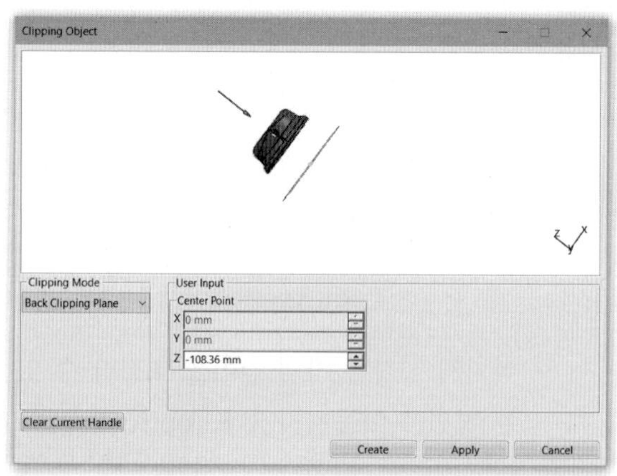

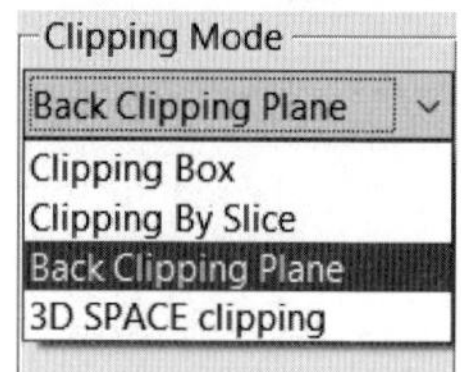

– 위치를 수치 입력 또는 마우스로 지정하여 위치를 정의한 후 Apply 선택

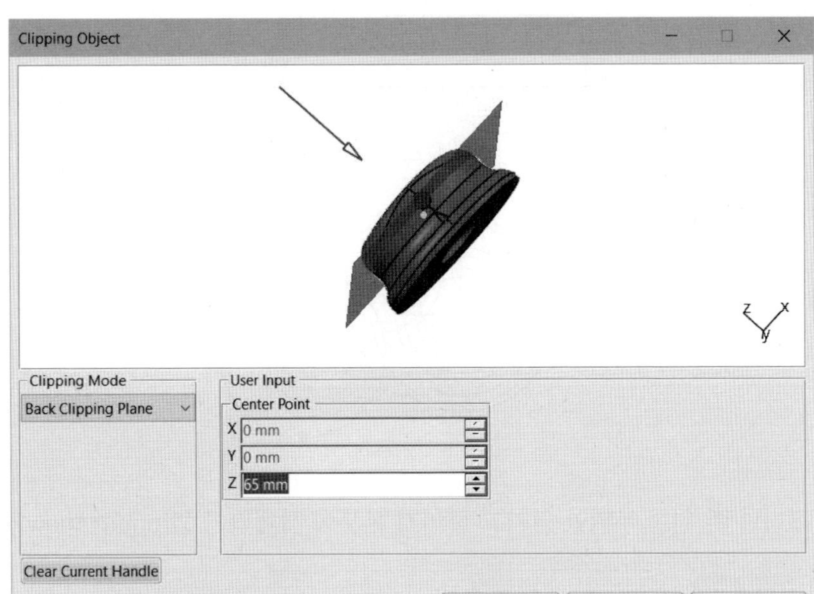

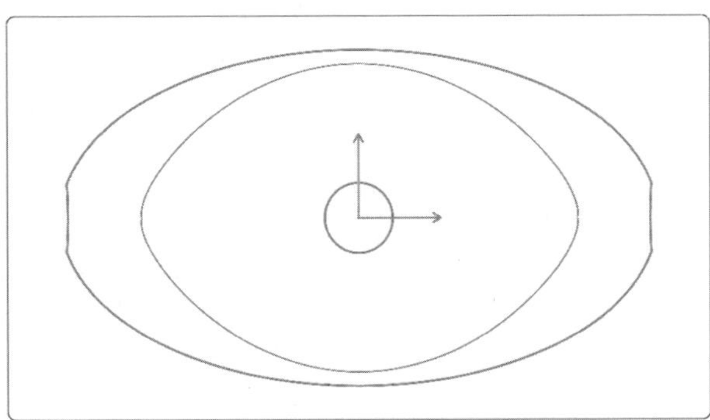

- Clipping View

  – Clip하고자 하는 형상을 원형으로 잡아서 그 부분만이 남겨진 View를 수정
  – 활성화된 View의 원하는 지점에 원을 그리듯 중점을 찍고 반경을 정의

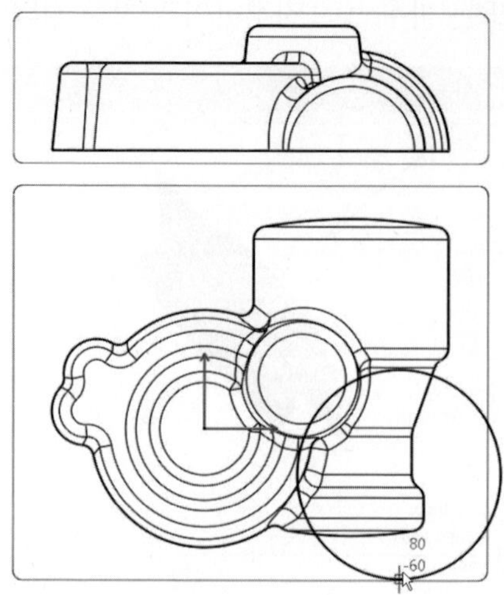

– 그러면 이 원형 부위만 남기고 나머지 부분이 삭제되어 Clipping View가 수정

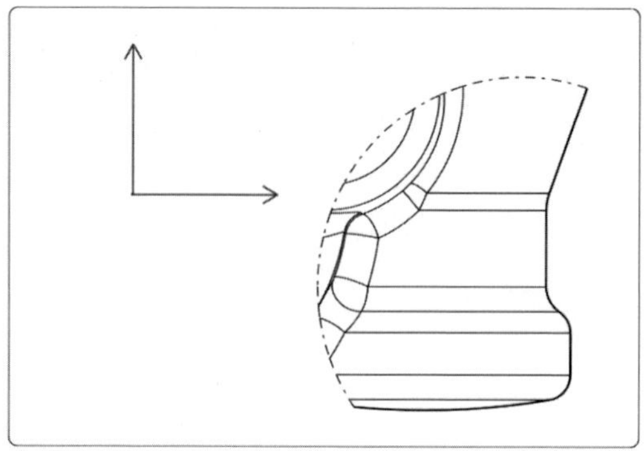

- Clipping View Profile
  - 이 명령은 위와 비슷하게 Clipping View를 만드는 명령이나 Clip하고자 하는 형상을 원이 아닌 다각형 형태의 Profile로 만들어 주는 것이 차이
  - Profile의 시작점과 끝점이 만나도록 형상을 그려주면 그 부분만을 남기고 나머지 부위가 삭제되어 Clipping View가 생성

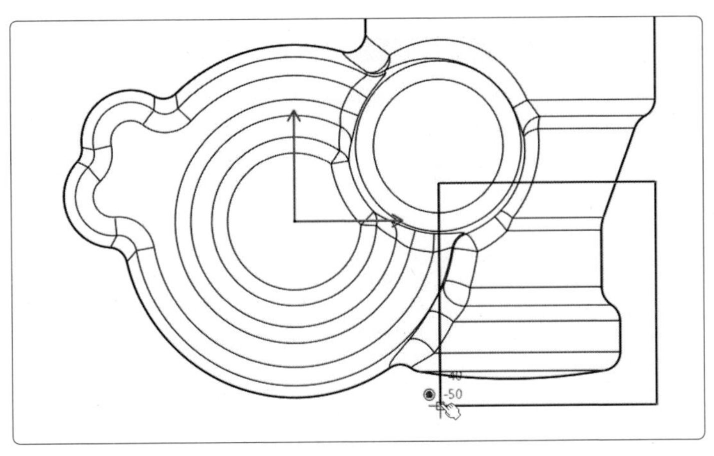

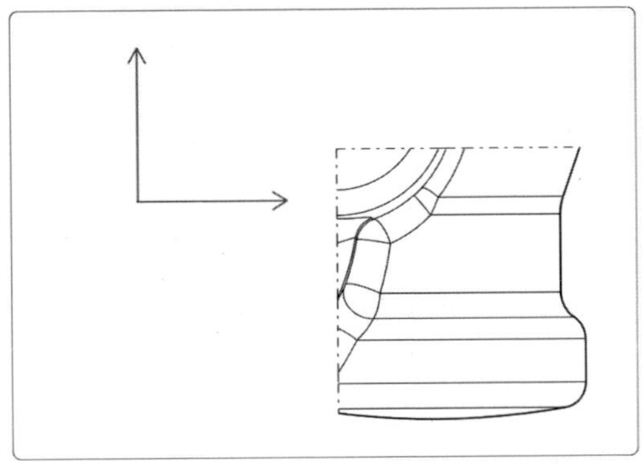

- 이러한 Clipping View는 다시금 그 Profile을 수정할 수 없으며 앞서 Section View나 기타 작업이 들어가 있더라도 그 결과물에는 영향을 미치지 않음

- Page Layout

도면 작업은 일정한 틀을 기준으로 2차원으로 작성된 설계 정보를 전달하는 것이 목적이기 때문에 일정한 기준과 양식이 있습니다. Page Layout 명령을 사용하면 Sheet의 속성을 변경하거나 도면에 표제란과 테두리 등을 작성해 줄 수 있습니다. 도면의 기본적인 폼을 정의하는 표제란과 테두리는 고유한 양식이 있을 수 있으며, 이런 경우 관리부서에서 작성하여 배포하게 됩니다.
일반적으로 설계자는 두 가지 방식으로 기본 폼을 불러와 사용할 수 있습니다.
3DEXPERIENCE Platform에서 제공하는 Titleblock Sample을 사용하거나 즉흥적으로 기본값을 삽입하는 방법입니다.
기본적으로 표제란과 테두리 작업은 Edit Background 모드에서 진행합니다.
Edit Background 상태로 전환은 다음과 같이 Spec Tree에서 Context Menu에서 전환해 줄 수 있습니다.

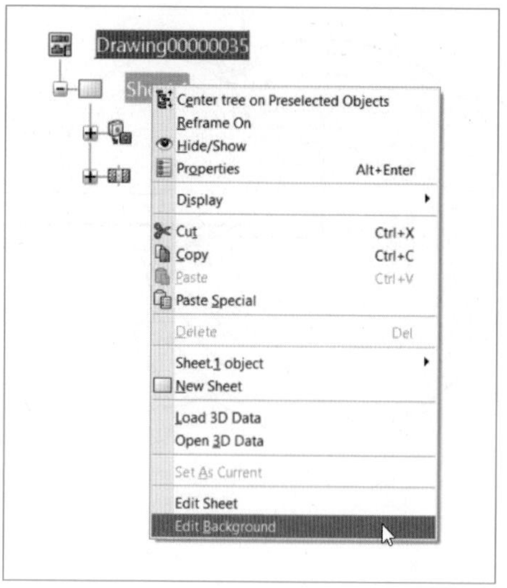

참고로 Edit Background 모드에서는 각 View들에 대한 수정이나 조작은 불가능합니다. 아래와 같이 화면이 어둡게 변하면서 각 View의 지오메트리, 치수, 치수선 등을 선택하여 조작할 수 없는 것을 확인할 수 있습니다.(반대의 Edit Sheet 모드에서는 Edit Background 모드에서 작업한 요소를 수정할 수 없습니다.) 사용할 수 있는 기능들도 일부 변경되는 것을 기억하고 있어야 합니다.

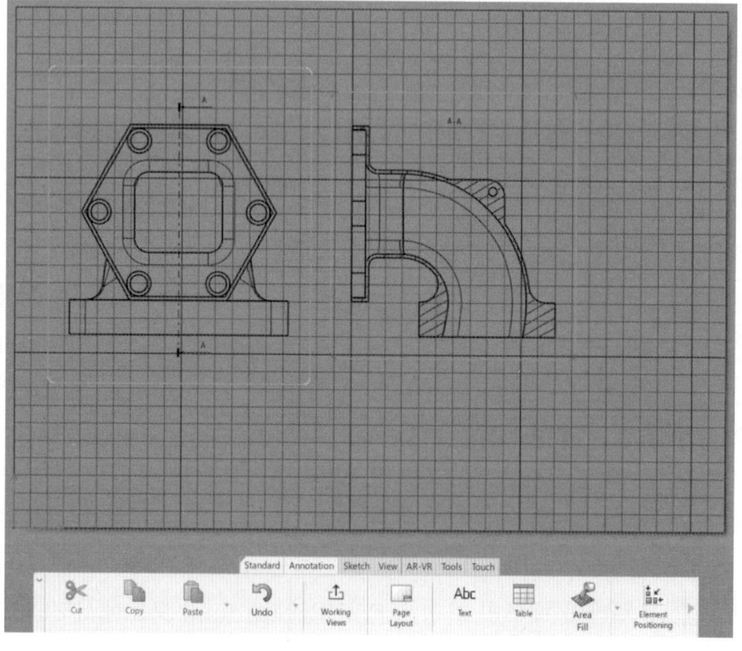

Edit Background 모드에서 Page Layout 명령을 실행하면 다음과 같이 좌측에 Definition 창을 확인할 수 있습니다. 여기서 작업자는 현재 Drawing의 Sheet 및 표제란, 테두리에 대한 다양한 작업을 수행할 수 있습니다.

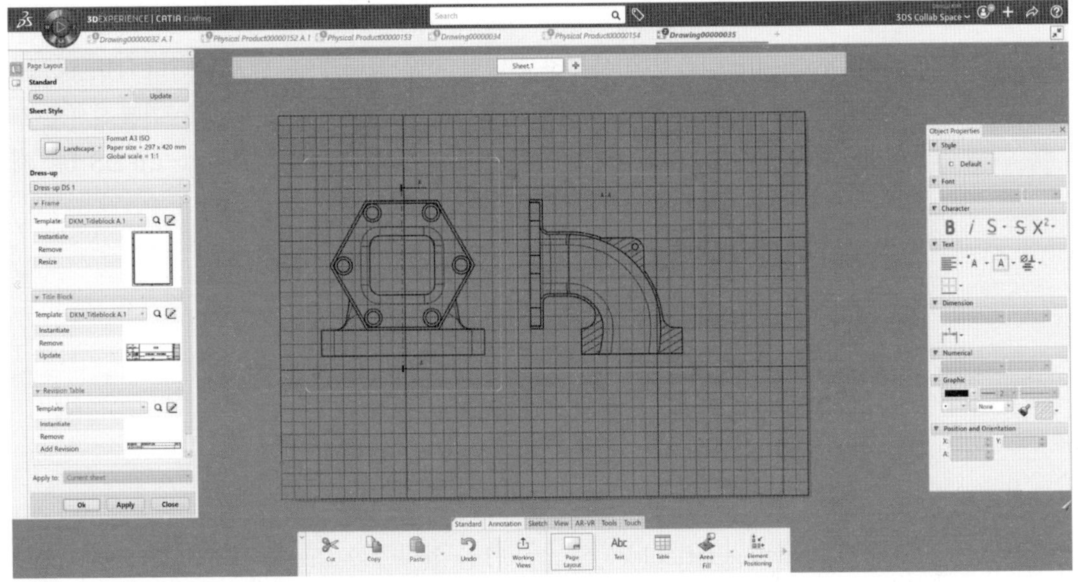

① Standard

도면의 표준 규격을 설정합니다. ANSI-ASME, ISO, JIS 등과 같은 규격을 목록에서 확인할 수 있습니다.

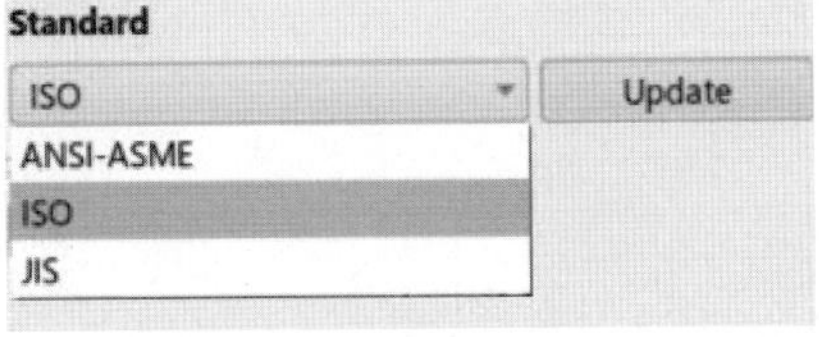

② Sheet Style

Sheet의 크기와 방향을 설정해 줄 수 있습니다. 처음 Drawing 오브젝트를 생성할 때 정의할 수 있지만 Drawing 오브젝트가 생성된 후에 변경이나 수정할 수 있습니다. 변경 후에는 반드시 Apply를 클릭해 주어야 합니다.

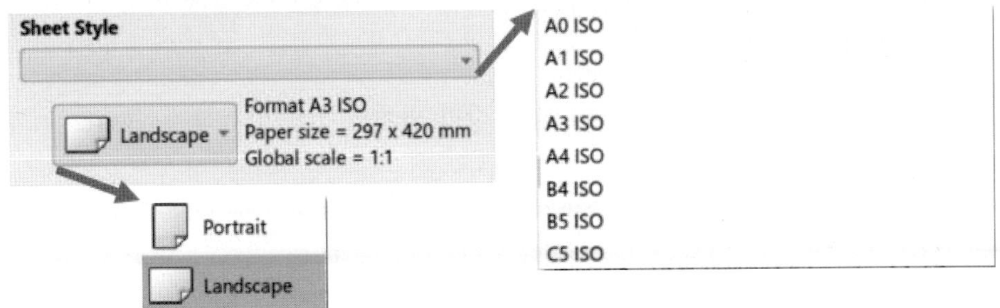

참고로 Sheet의 속성을 이용하면 개별 Sheet에 대해서 별도의 스케일 및 사이즈 변경이 가능합니다.

③ Dress-up

기존의 Dress-up 템플릿을 사용하고자 할 경우 선택해 줄 수 있습니다. Dress-up에서는 Frame, Title Block, Revision Table이 포함되어 있습니다. 기본적으로 제공하는 Dress-up은 다음과 같이 두 가지가 있으며 마지막의 Dress-up DS 1은 개별적으로 기본 폼을 Sheet에 적용할 때 사용합니다.

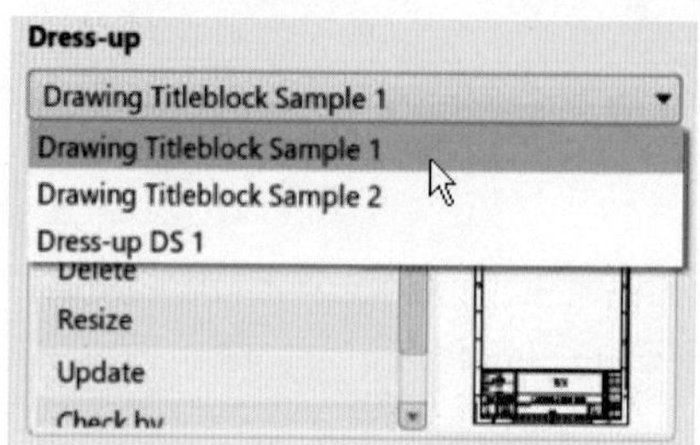

예를들어 Drawing Titleblock Sample 1을 선택한 후 Create를 선택한 후에 Apply를 클릭하면 표제란과 테두리가 생성되는 것을 확인할 수 있습니다.(표제란이나 테두리 폼은 매크로 방식으로 자동으로 생성 및 수정됩니다.)

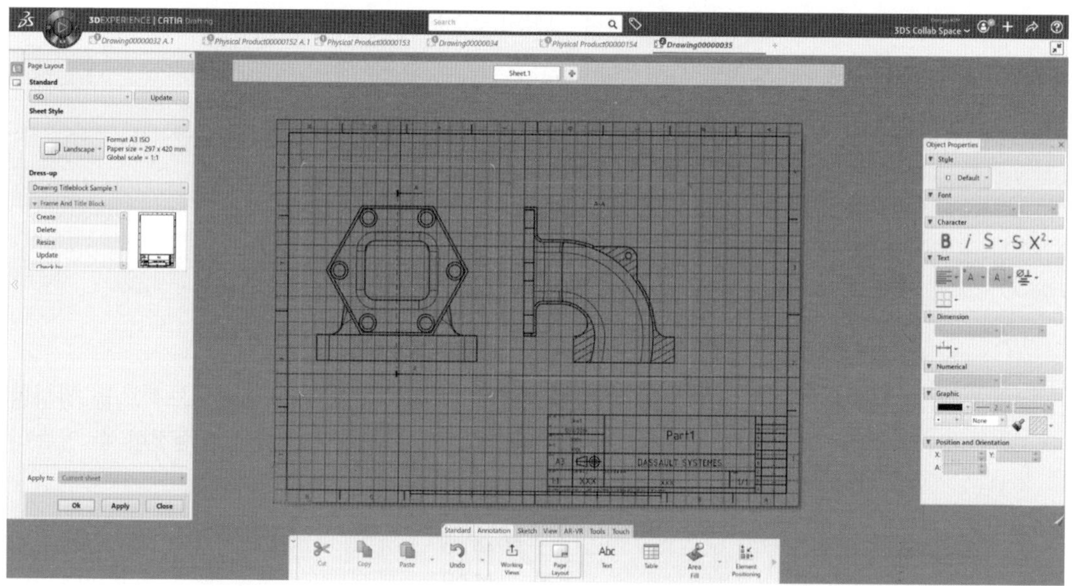

Dress-up 템플릿을 선택한 후에 생성 작업 외에도 수정이나 삭제, Revision 삽입 등을 수행할 수 있습니다.

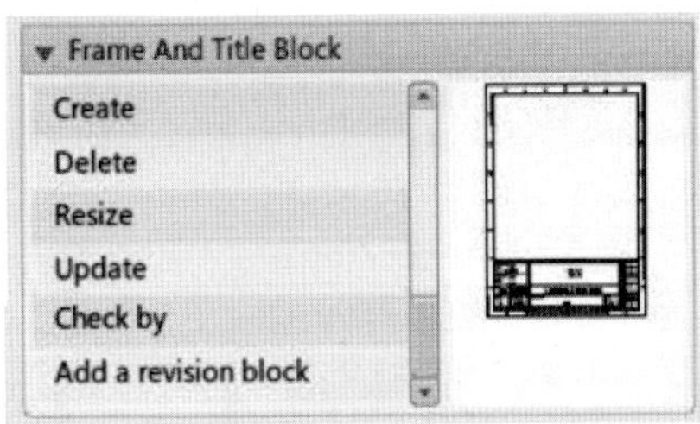

Dress-up 기준을 Dress-up DS 1로 변경하면 앞서 자동으로 정의된 3가지 값 즉, 테두리, 표제란, Revision Table을 개별적으로 정의하는 것이 가능합니다.

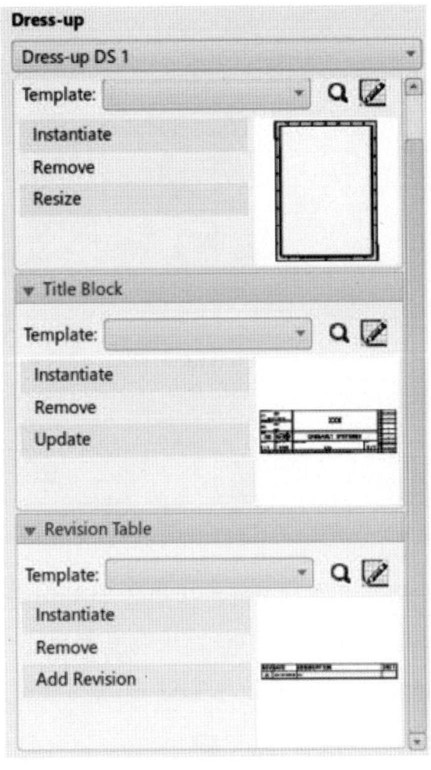

④ Frame

Sheet의 테두리를 정의합니다. Template에서 사용하고자 하는 폼을 선택해 줍니다. 여기서 설계자는 원하는 폼을 검색하여 가져오거나 디폴트 템플릿을 사용할 수 있습니다.

ⓐ Search for an existing template

기존에 미리 생성한 템플릿이 있는 경우 이를 검색하여 불러오거나 열려있는 Drawing 오브젝트를 선택하여 재사용할 수 있습니다.

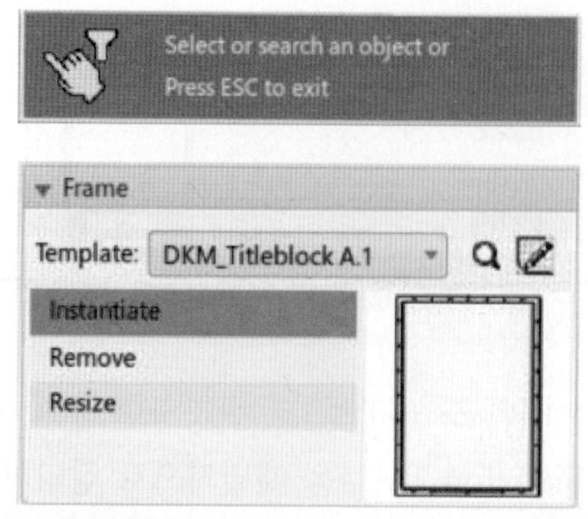

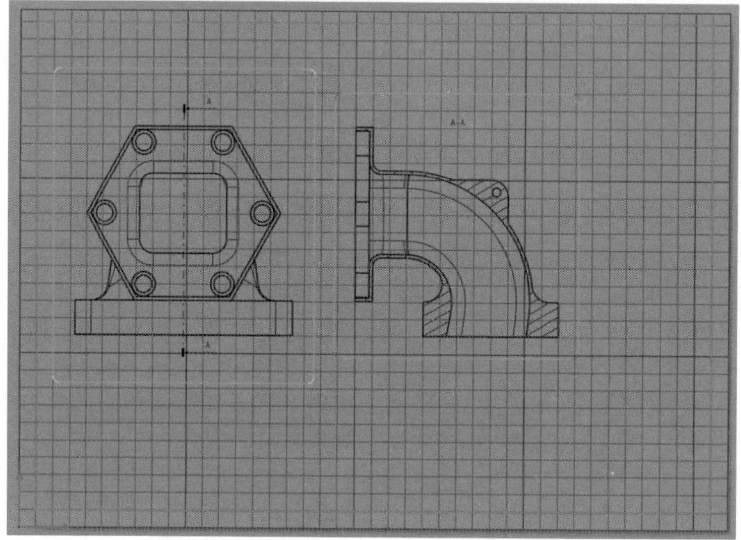

사용자 정의 템플릿을 생성하는 방법을 먼저 학습 한 후 본 방식으로 테두리 템플릿을 삽입해 보기 바랍니다. 위와 같은 검색을 이용한 테두리 삽입 방법은 표제란이나 Revision Table을 삽입할 때도 사용할 수 있습니다.

ⓑ Instantiate a default template

3DEXPERIENCE Platform에서 제공하는 기본 템플릿을 삽입하는 방법입니다. 명령을 실행한 후에 커서를 Sheet로 이동하면 Apply 버튼의 사용 필요없이 테두리가 자동으로 생성되는 것을 확인할 수 있습니다.

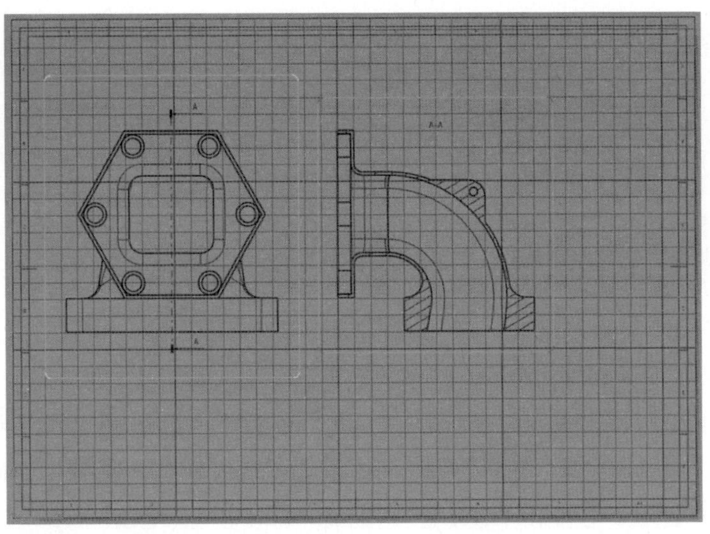

물론 삭제나 Sheet 크기 변경에 따른 Resize 작업의 경우엔 Apply를 실행해주어야지만 업데이트 됩니다.

⑤ Title Block

Sheet의 표제란을 정의합니다. 앞서 테두리 작업과 마찬가지로 두 가지 방법을 사용하여 정의 및 수정 가능합니다.

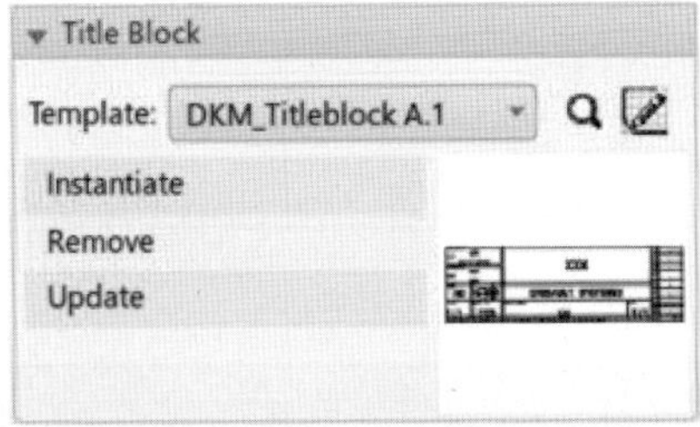

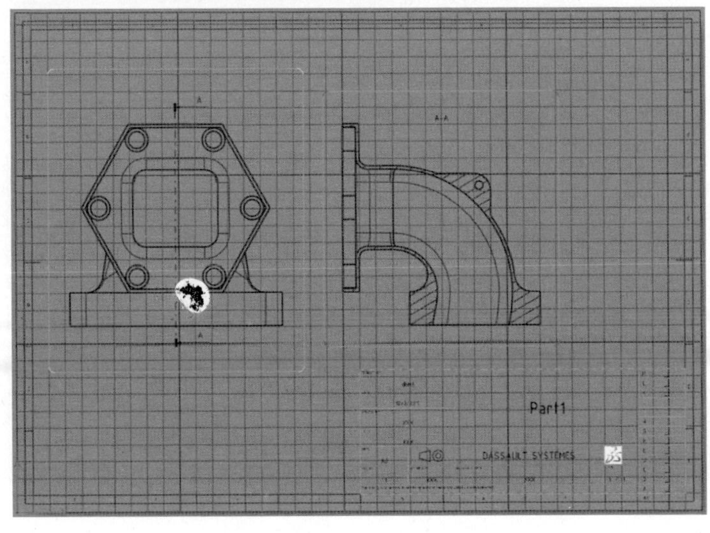

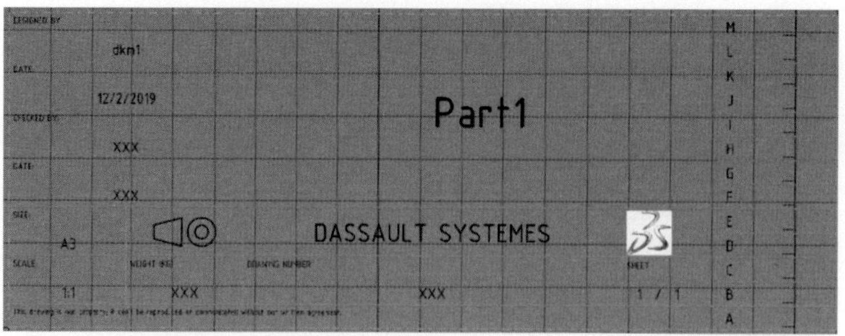

⑥ Revision Table

Sheet의 표제란에 Revision 정보를 업데이트합니다. 도면 작업에서 수정 작업과 변경된 정보를 업데이트 할 때는 새로운 이름으로 저장하여 새 Sheet를 만드는 것이 아닌 현재 도면에 Revision을 추가하여 변경된 사항을 업데이트합니다. 이런 경우 Revision을 추가해 줄 수 있습니다.

앞서 테두리 작업과 마찬가지로 두 가지 방법을 사용하여 정의 및 수정 가능합니다.

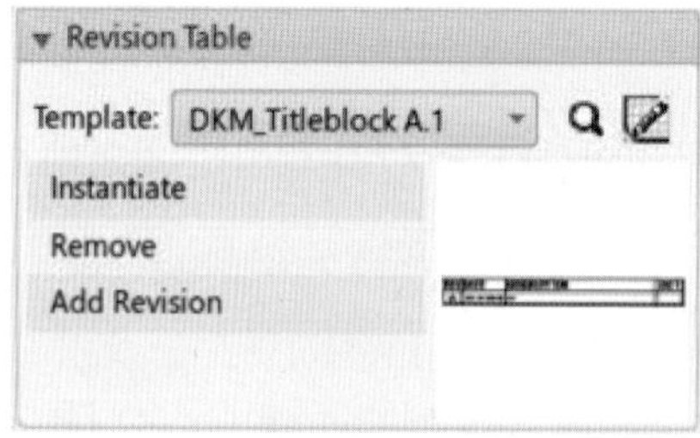

Revision을 추가하면 아래 그림과 같이 Sheet의 우측 상단에 순차적으로 Revision이 누적됩니다.

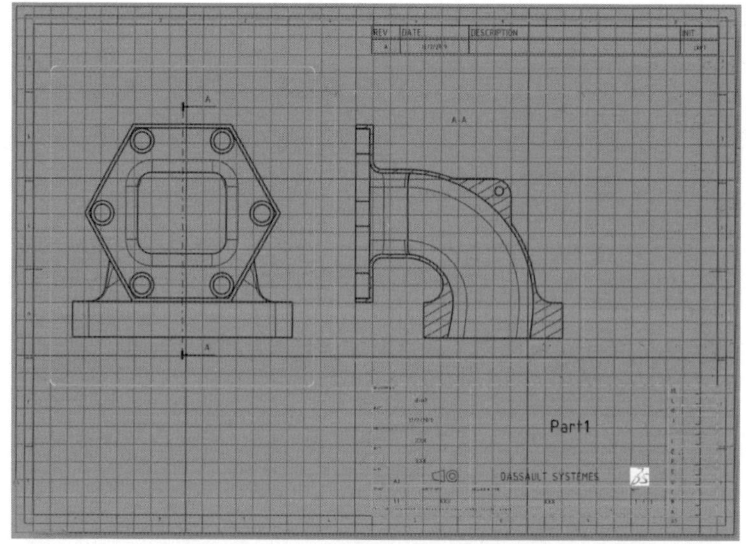

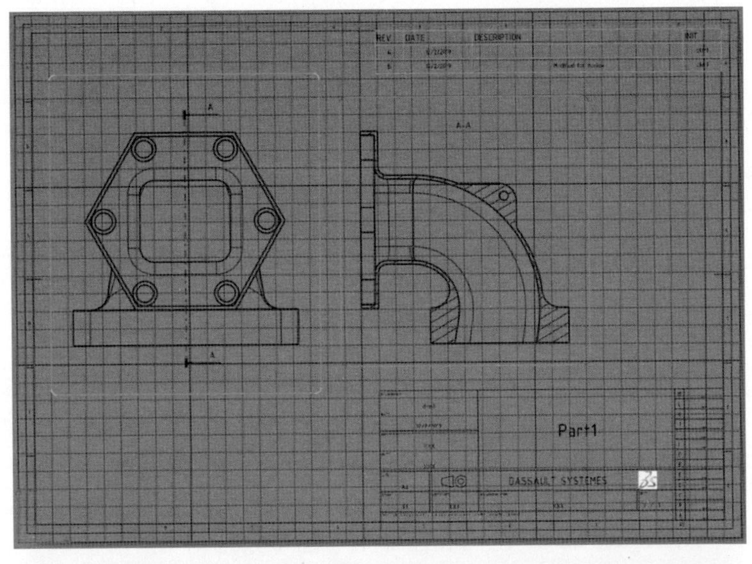

REV	DATE	DESCRIPTION	INIT
A	12/2/2019		dkm1
B	12/2/2019	Modified for review	dkm1

참고로 검색하여 선택한 Drawing 오브젝트에 해당 템플릿이 없는 경우 아래와 같은 오류 메시지가 나타납니다.

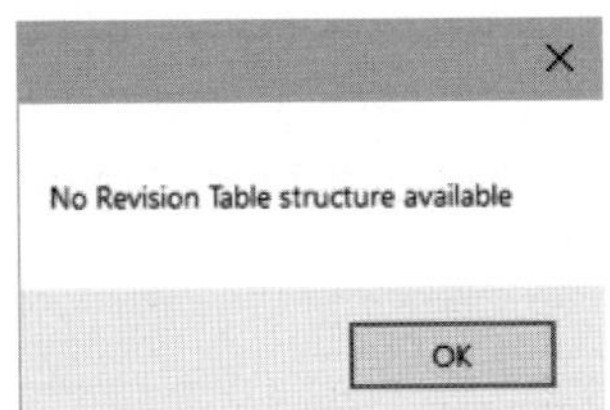

⑦ 사용자 정의 Frame and Title Block 생성하기

앞서 기본 제공 양식을 벗어나 사용자만의 또는 조직 내에서 균일화된 양식을 사용하기 위하여 다음과 같이 사용자 정의 작업이 가능합니다.

서버 기반의 3DEXPERIENCE Platform 특성상 서로 같은 Collaborate Space를 사용하는 작업자들은 허용되는 Role 기준으로 다른 작업자의 데이터를 참고할 수 있습니다.

새로운 Drawing 오브젝트를 생성합니다. 그리고 다음과 같이 테두리 요소가 될 부분을 정의해 줍니다.

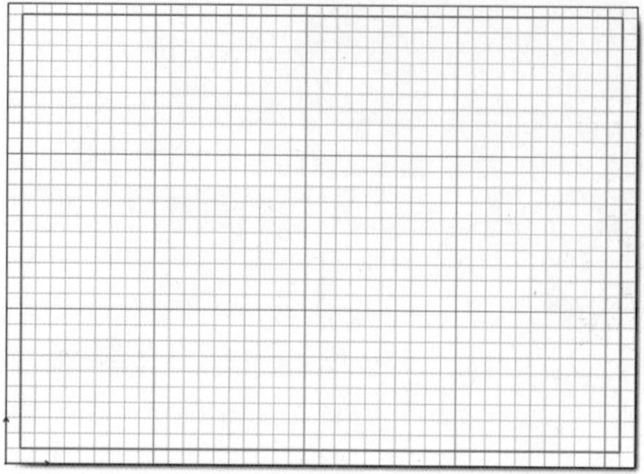

다음으로 표제란이 될 부분을 Table 기능을 통해 생성해 줍니다. 여기서 셀의 수나 배열, Attribute Link 등 자유롭게 정의할 수 있습니다.

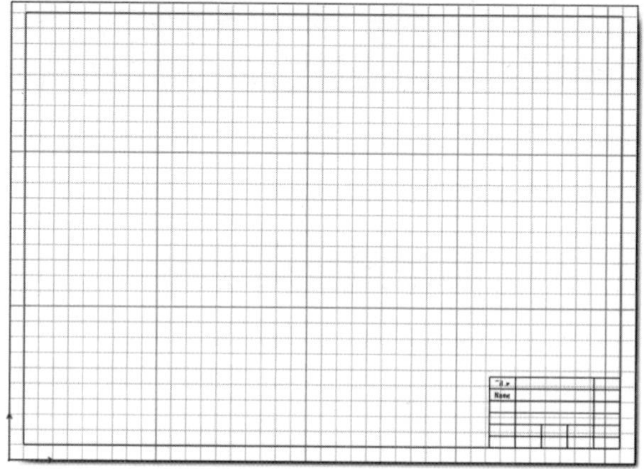

단 생성후 해당 Table의 속성에 들어가 다음과 같이 이름을 정의해 주어야 합니다. Prefix로 'TitleBlock_'을 반드시 기입해야 나중에 Page Layout 명령에서 표제란으로 인식하게 됩니다.

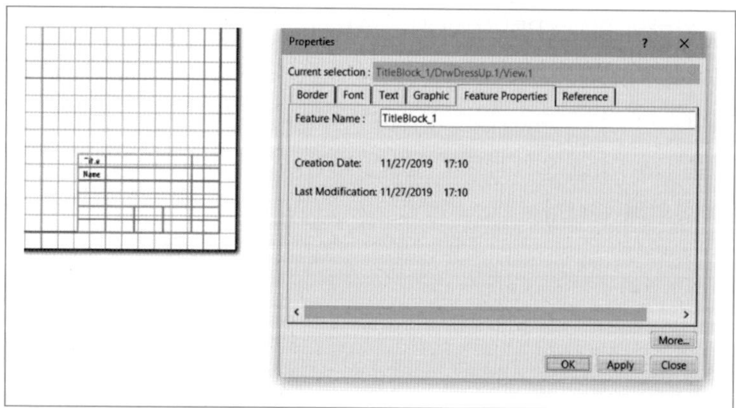

비슷하게 Revision Table의 경우도 Table로 생성한 후에 속성에서 Prefix로 'RevisionTalbe_'을 기재해주어야만 합니다.

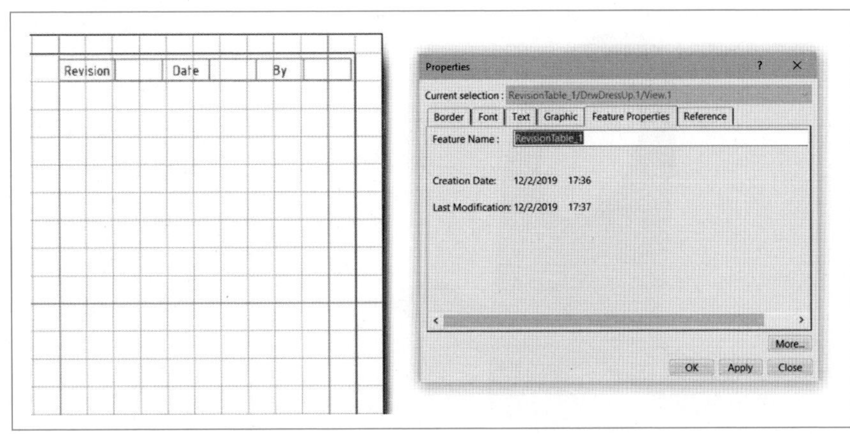

위와 같이 생성한 Drawing 오브젝트를 저장한 후에 Page Layout 기능에서 사용해 보기 바랍니다.

표제란 및 테두리 작업에서도 다양한 편집과 속성에 대한 접근이 필요하므로 Object Properties와 각 Feature에 대한 속성(Properties)에 관해서 확인해두어야 합니다.

- Unfolded View
  - Sheetmetal로 만든 3차원 판재 형상에 대해서 구부러진 Sheetmetal의 전개 형상을 View를 가져오는 명령
  - 반드시 명심할 것은 Sheet Metal의 경우에만 사용이 가능
  - Sheetmetal은 Sheet Metal Design App에서 작업한 대상만을 의미

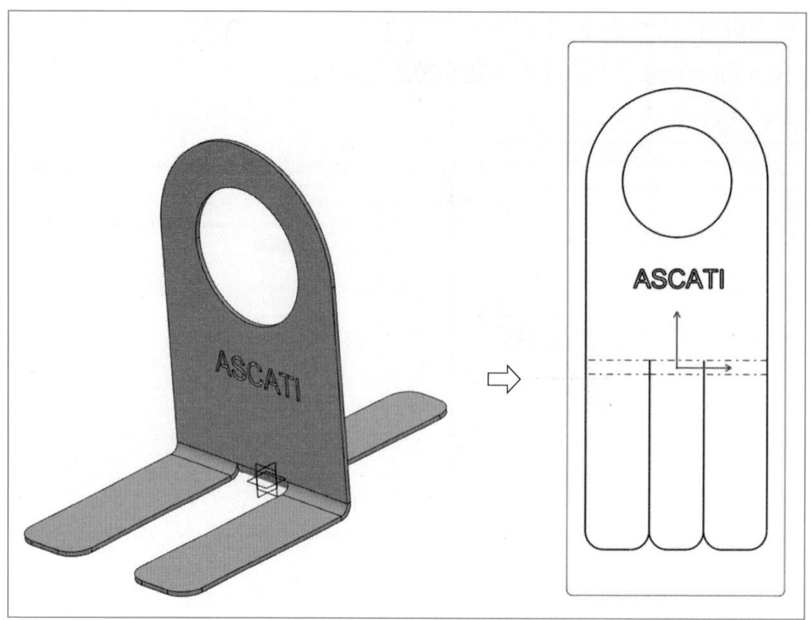

- 일반적인 Part Design에서 생성한 Bending 된 형상을 펼친 형상으로 만들어주고자 할 경우 해당 형상을 먼저 Sheetmetal 요소로 변환해주는 기능을 사용하거나 G.S.D App의 Unfold 기능을 응용해야 함

- View From 3D
  - 3D Tolerancing &Annotation App 또는 2D Layout for 3D Design에서 작업한 결과를 사용하여 View를 생성할 때 이용

- Auxiliary View
  - 활성화된 View에 대해서 임의의 보조선을 이용하여 형상의 View를 만들어 내는 기능
  - 즉, 활성화된 형상에 대해서 임의의 직선을 그려주게 되면 그 직선에 수직 방향으로 형상의 모습을 View로 생성
  - 명령을 실행시키고 활성화된 View에서 임의의 위치에 원하는 방향으로 직선을 그려주면 형상의 View가 미리 보기 가능
  - 여기서 마우스를 이동하면 앞서 그린 직선에 화살표 방향(투영 방향)이 바뀌면서 이 직선을 기준으로 좌우 View를 선택

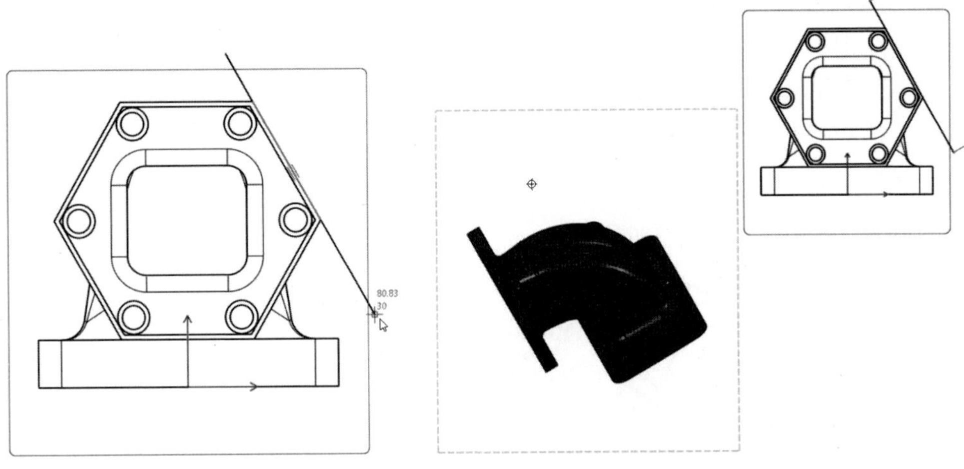

– 여기서 원하는 방향을 선택하고 위치를 잡아 Sheet를 클릭하면 View가 완성

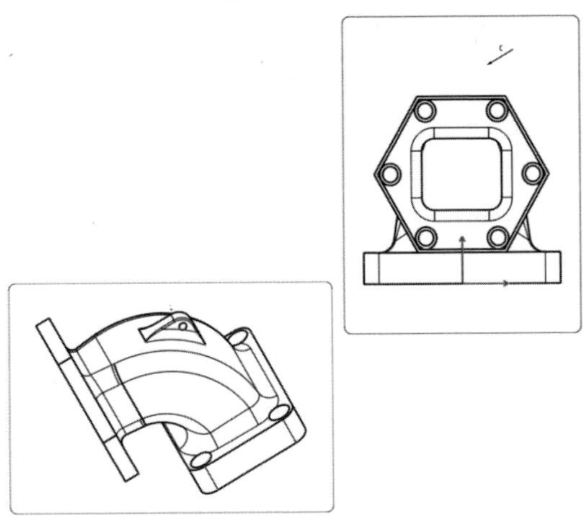

– 속성에서 생성된 Auxiliary View의 Callout 설정 가능

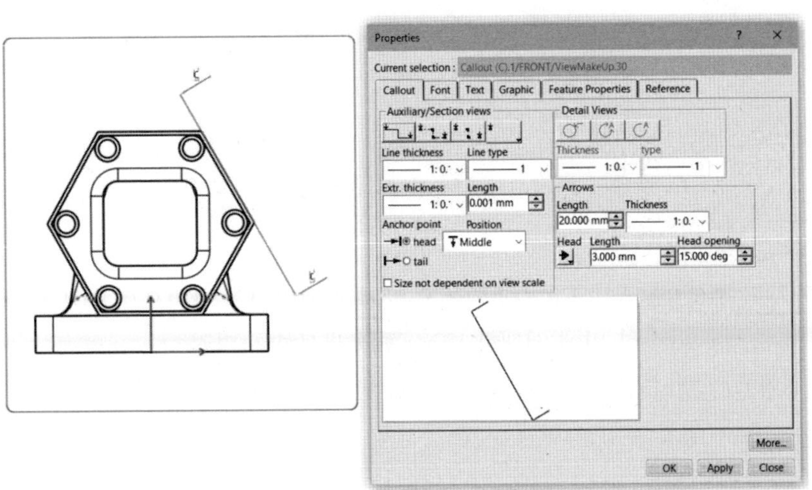

– 앞서 그린 보조선을 더블 클릭하면 이 선을 수정할 수 있게 되는데 여기서 Profile의 방향이나 길이를 변경할 수 있음

– 기본적으로 투영 방향을 기준으로 생성된 View는 그 투영 방향으로만 위치 이동이 가능하며, 이를 풀어주기 위해 아래와 같이 Position Independently of Reference View를 클릭

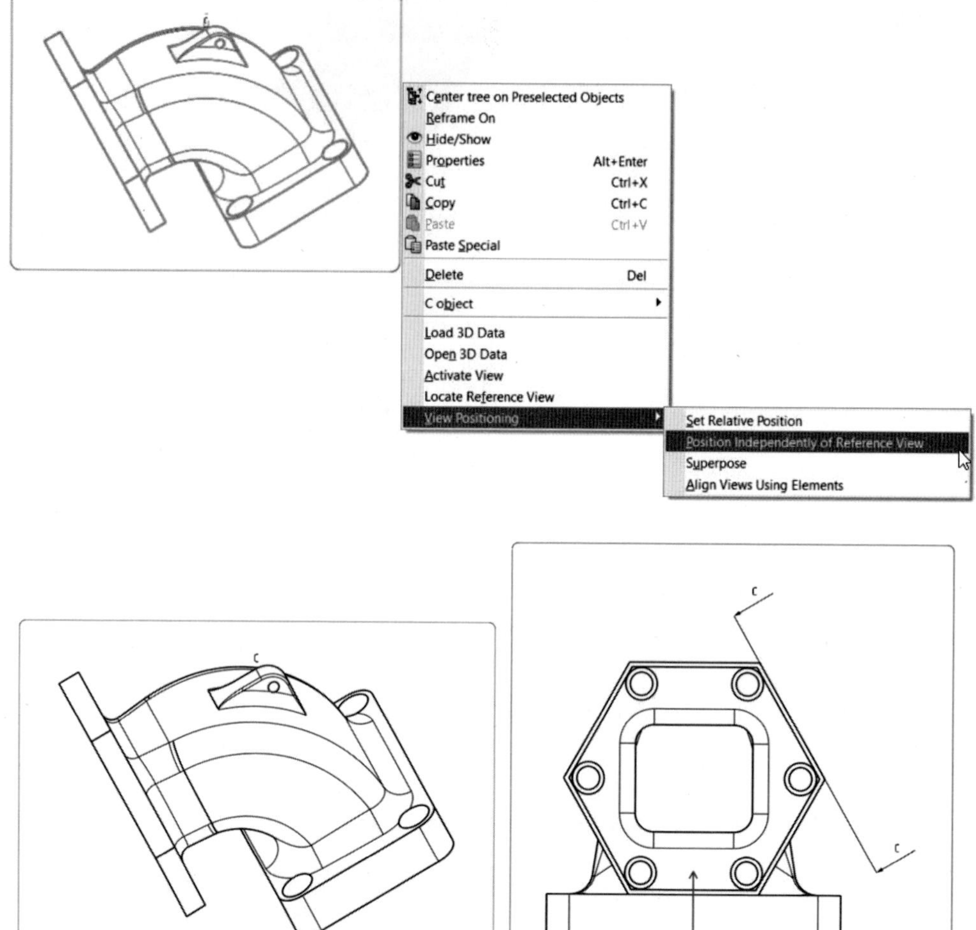

- Wizard

  – 3차원 형상으로부터 View를 가져오는 가장 일반적인 방법으로 바로 View 생성 마법사를 사용하여 한 번에 선택한 View들을 생성하는 명령

  – 명령을 실행시키면 다음과 같은 View Wizard 창이 나타나며, 여기서 생성하고자 하는 View 생성 유형을 선택

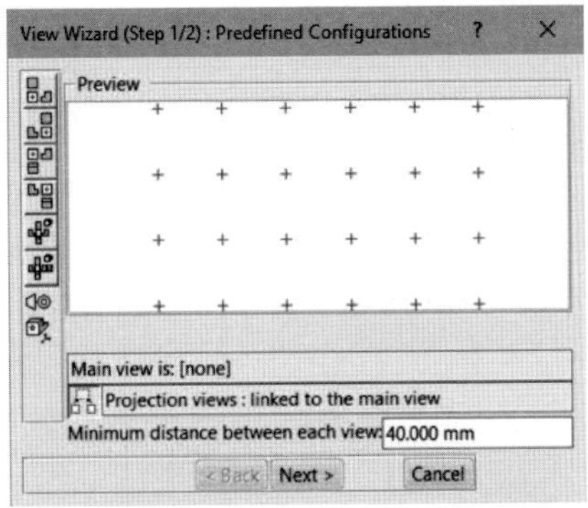

- 왼쪽에 있는 미리 정의된 View 생성 Mode를 선택

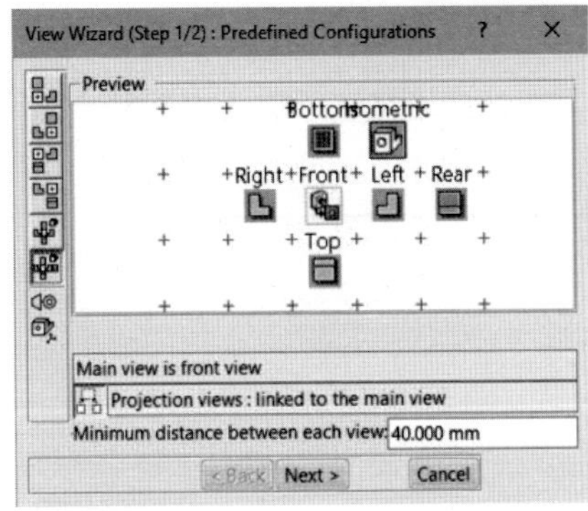

- 다음으로 Next를 누르면 현재의 View들 중에 추가하거나 View를 삭제 및 현재의 View들의 배치를 조절
- View를 추가하거나 삭제하는 작업이 마무리되었다면 다음으로 "Finish" 버튼을 눌러 마법사를 종료

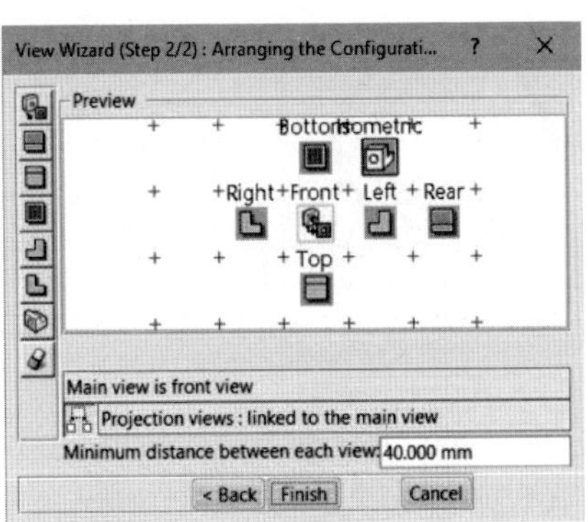

- Wizard를 종료한 후에 3차원 형상으로 이동하여 정면도(Front View)가 될 방향을 선택
- 그러면 이 정면도를 기준으로 나머지 View들이 생성

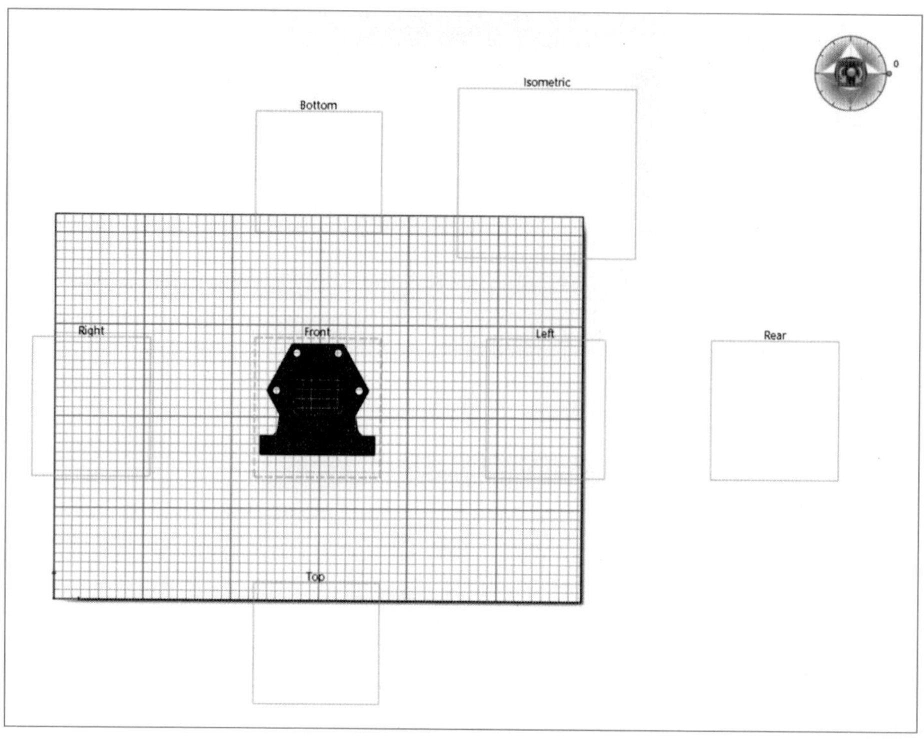
Isometric
Bottom
Right
Front
Left
Rear
Top

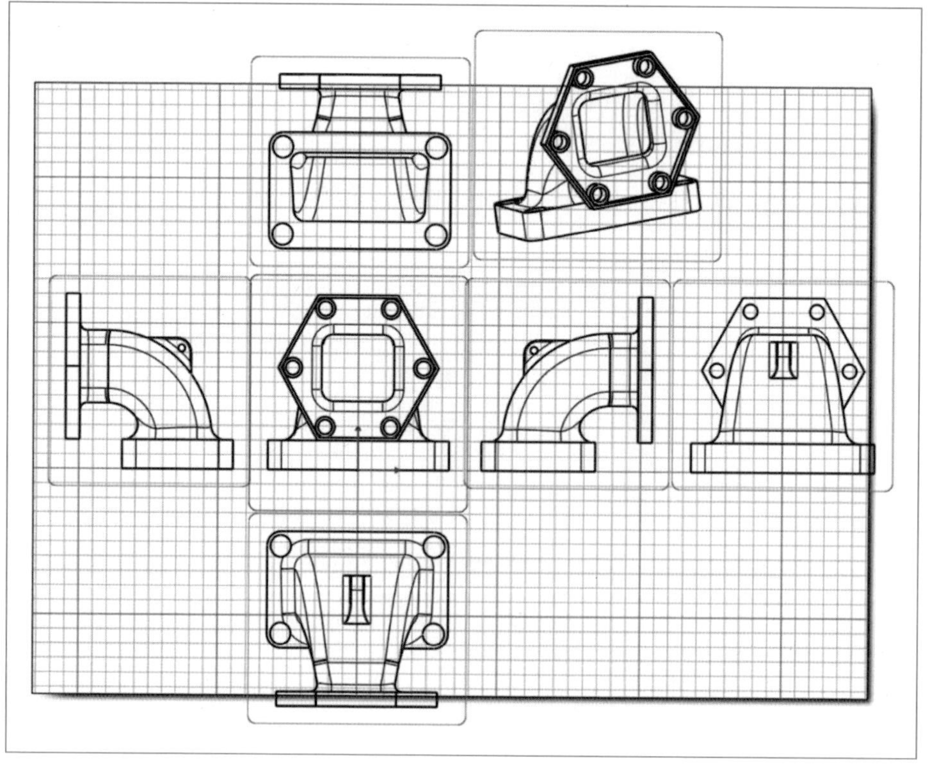

- New View

  – 현재의 Sheet 안에 새로운 View를 추가하는 명령

  – 일반 Sheet의 경우에는 New View 명령을 사용하면 Front View를 시작으로 위치에 따라 Left View, Right View, Top View, Bottom View, Isometric View의 이름으로 View가 생성

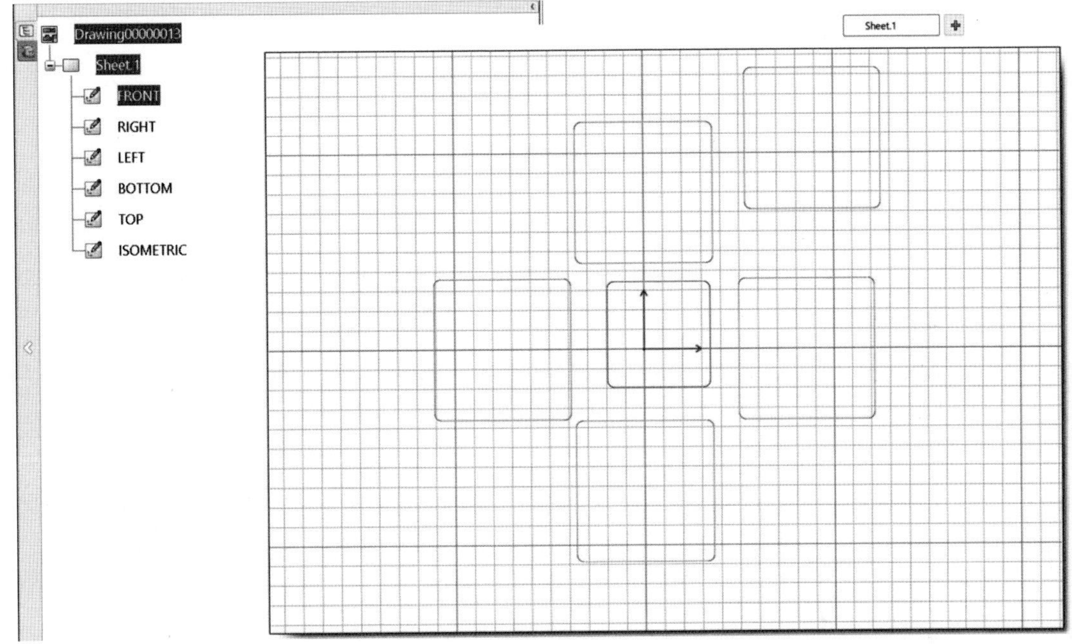

  – 생성된 View 중에 붉은색 점선으로 표시되는 것이 활성화된(Active) View이며 더블 클릭이나 Contextual Menu에서 다른 View로 Active View 변경 가능

  – Active View에서 추가적인 View 생성과 도면 작업을 수행할 수 있음

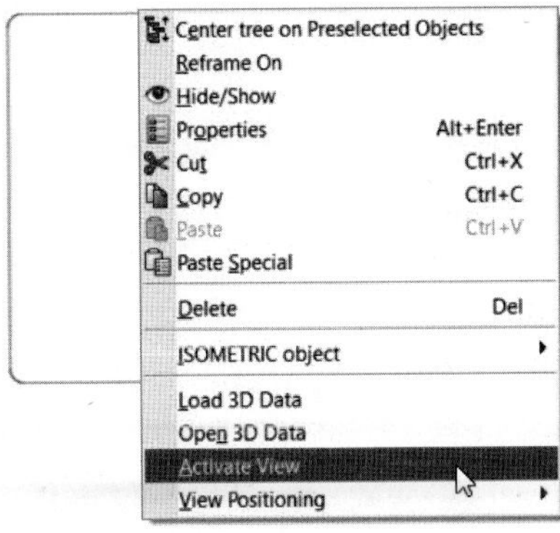

  – View의 생성은 주로 실제 3차원 형상에서 View를 추출하는 경우가 아닌, Geometry를 이용하여 형상을 직접 그려주면서 도면을 만들 때 View를 추가하는 과정에 사용

- 3차원 오브젝트로부터 View를 추출할 경우 별도로 View를 생성할 필요 없음
- View에 무관한 Annotation이나 Table 등을 생성할 때 View를 추가하여 삽입해주는 것 권장

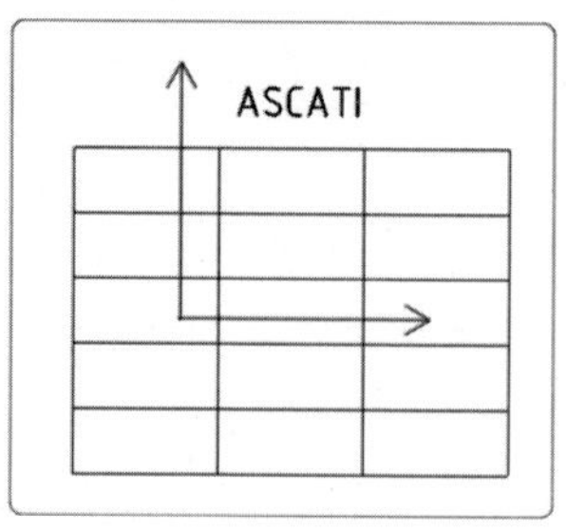

- Preserves modifications of graphical properties
  - 3차원 형상으로부터 정의된 View에 수정을 가했을 때 다시 처음 기본 값으로 복원시키기는 옵션
  - Show, Color, Layer, LineType, Symbol, Thickness, Deleted Element에 대해서 복원 가능
  - 활성화된 View에 수정을 가했다고 했을 때 다음과 같이 Contextual Menu에서 Restore Property를 선택한 후, Restore Original Properties 창에서 복원하고자 하는 값을 선택. 마지막으로 Update Current Sheet 를 실행해 주어야 반영
  - View에서 일부 요소를 삭제한 경우 복원 과정 예시

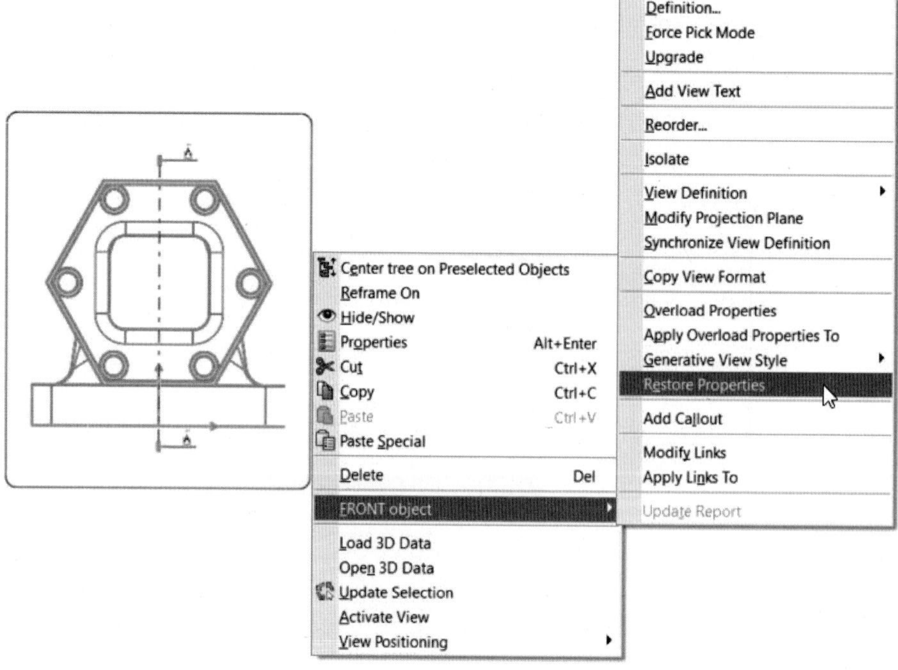

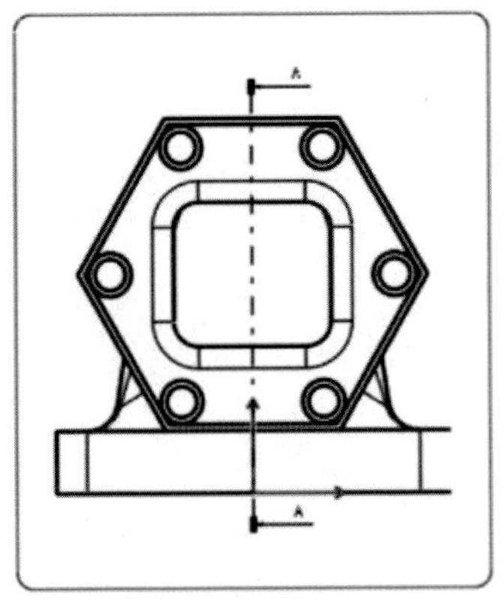

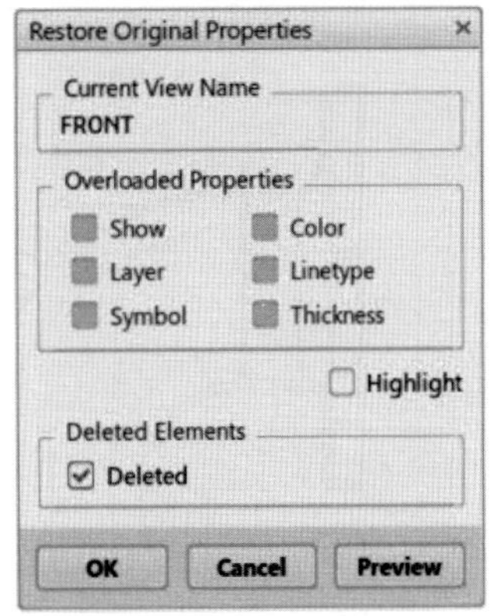

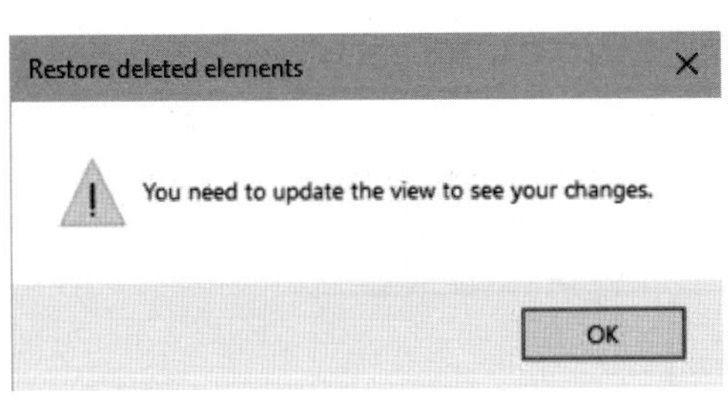

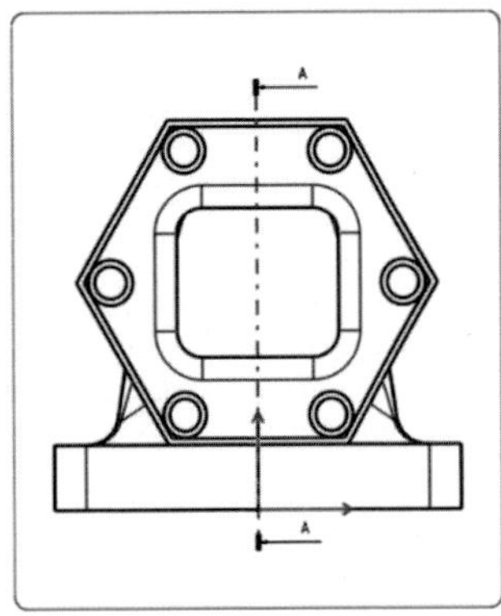

- Element Positioning
  - Annotation 값들을 정렬시키는데 사용하는 기능
  - 대상들을 복수 선택한 후에 명령을 실행하면 정렬 방향을 정의하는 Definition 창이 출력되어 설정 가능

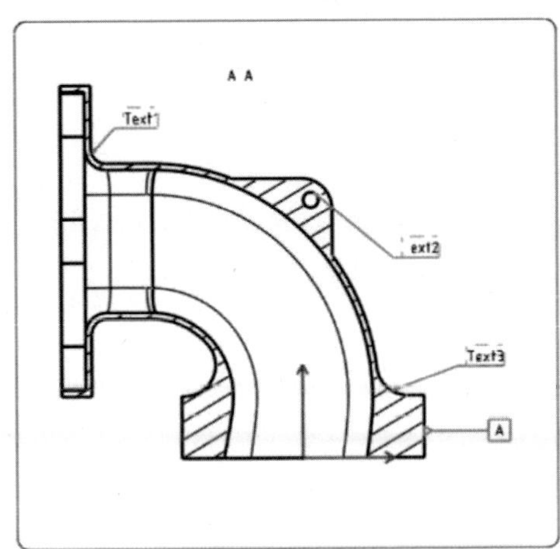

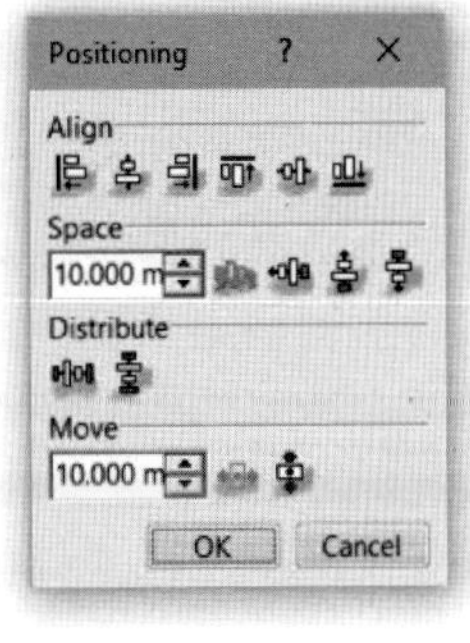

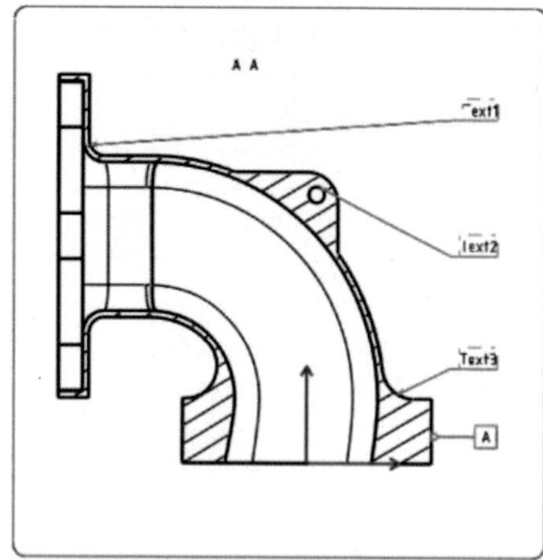

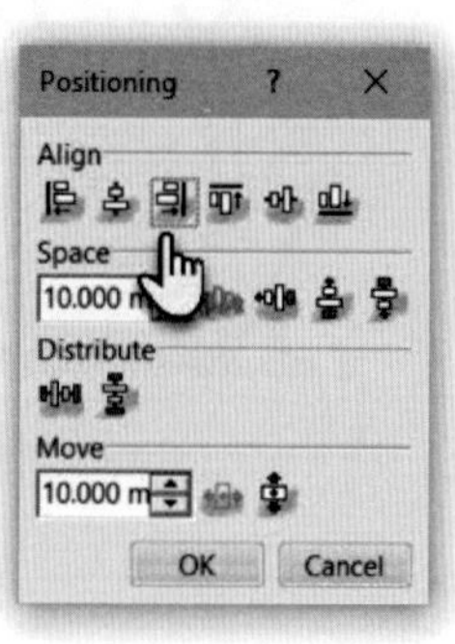

- Annotation에 대한 설정으로 치수선에 대해서는 Line-Up을 사용하여 정렬

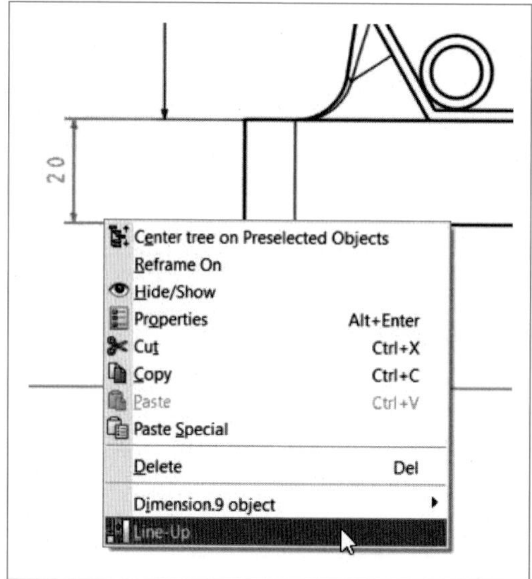

■ Annotation

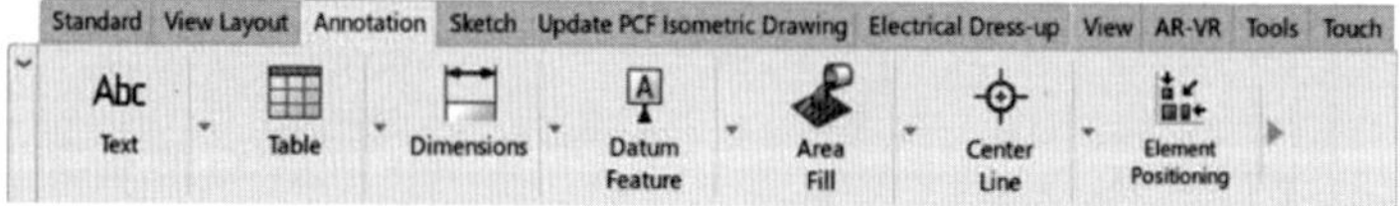

▶ Flyout for Creating Texts

- Text Abc
  - Sheet 상에 텍스트를 입력하기 위해 글 상자를 만드는 명령
  - 명령을 실행시키고 활성화된 View나 Sheet의 입력될 지점을 클릭하면 다음과 같이 투명 텍스트 상자와 Text Editor 상자가 표시

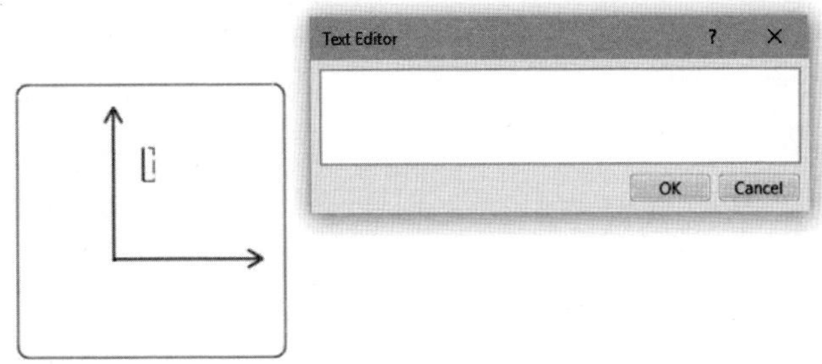

  - 텍스트 상자의 크기는 자유롭게 조절 가능

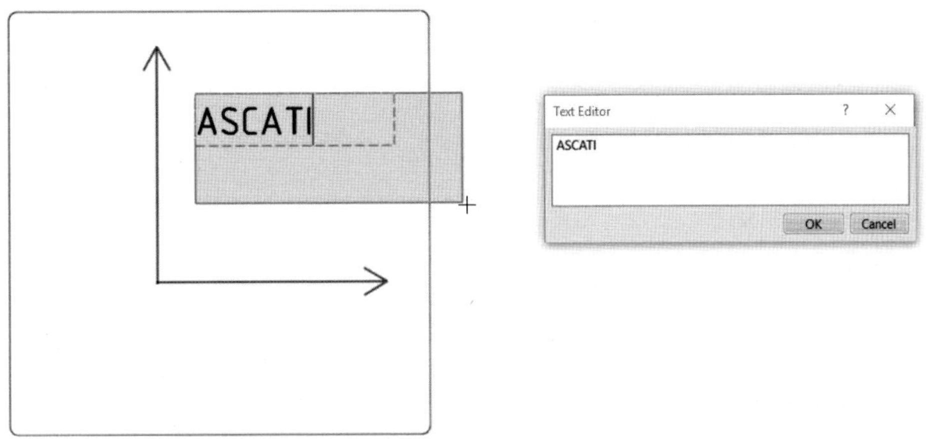

  - 여기서 Text Editor 상자에 원하는 문구를 입력

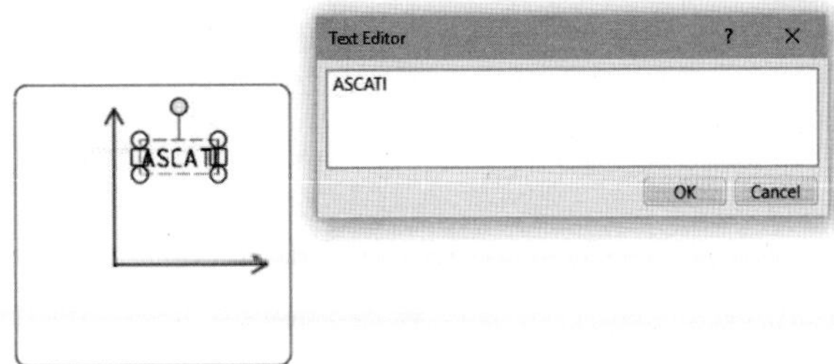

- 입력한 텍스트의 정렬 방식 및 폰트, 글씨 크기는 다음에 배울 Object Properties에서 수정가능

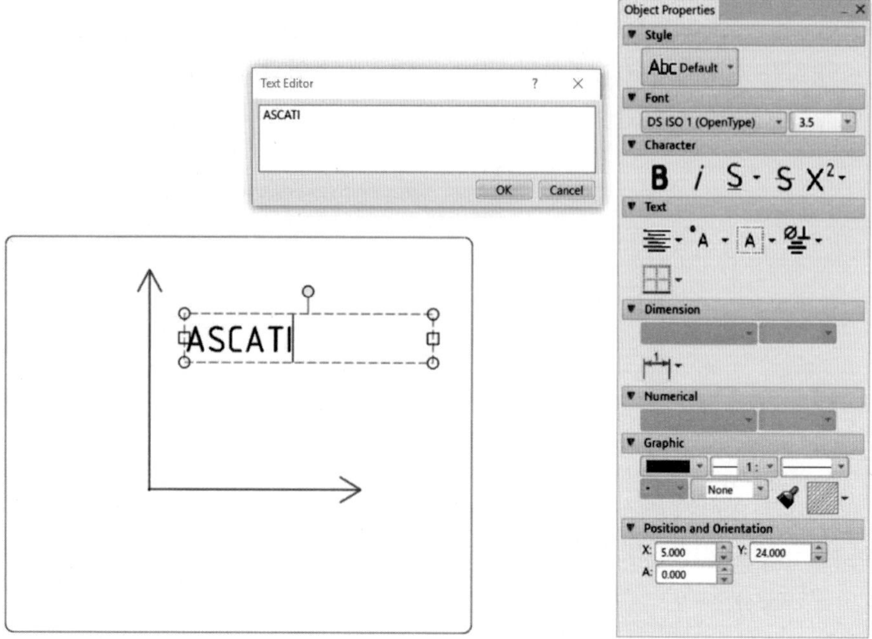

- 생성한 Text의 수정은 해당 텍스트를 더블 클릭하여 수행

① Attribute Link

- Drafting에서 Text나 Table에서 사용할 수 있는 기능으로 데이터 입력을 직접 타이핑하지 않고 다른 오브젝트(3D Part, Product, Drawing 등)의 속성 값을 불러와 삽입
- 삽입된 Attribute 값은 원본 오브젝트와 링크되어 업데이트에 따라 값이 동기화됨
- 텍스트 에디터가 활성화된 상태에서 빈 화면에서 Contextual Menu의 Attribute를 선택

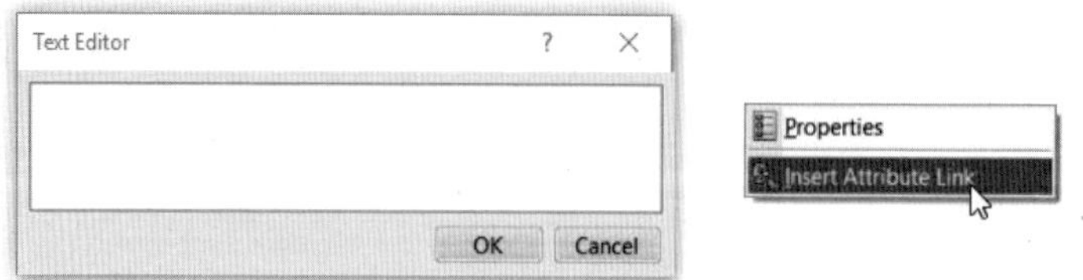

- 그럼 다음과 같은 빈 Insert Attribute Link 창이 나타나며, 여기서 속성 값을 가져오고자 하는 오브젝트를 선택

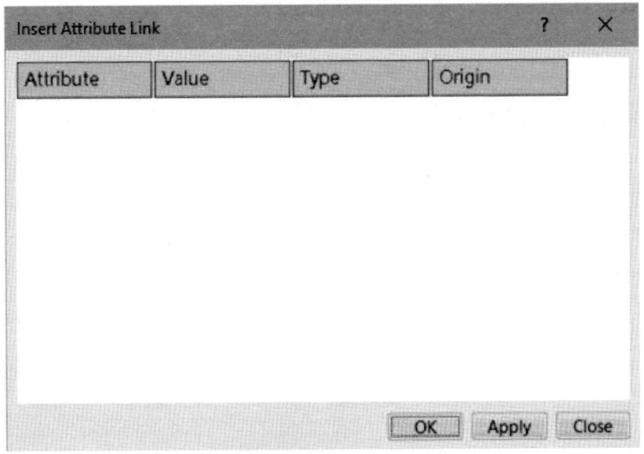

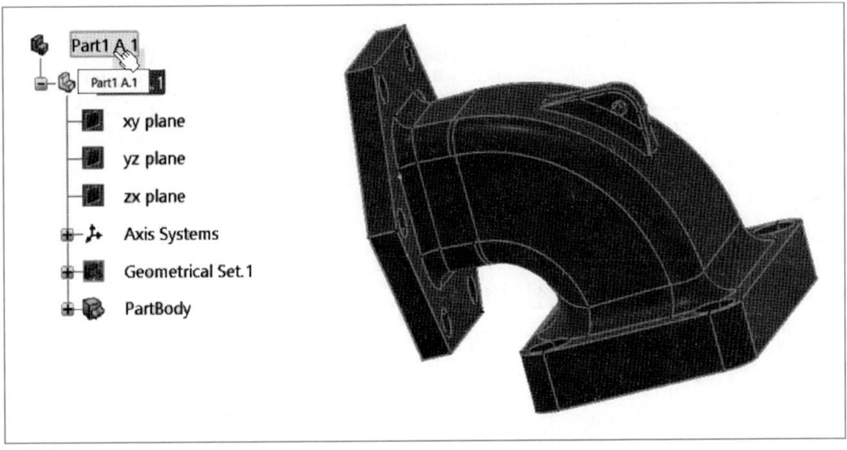

– 그럼 다음과 같이 Insert Attribute Link가 업데이트됨

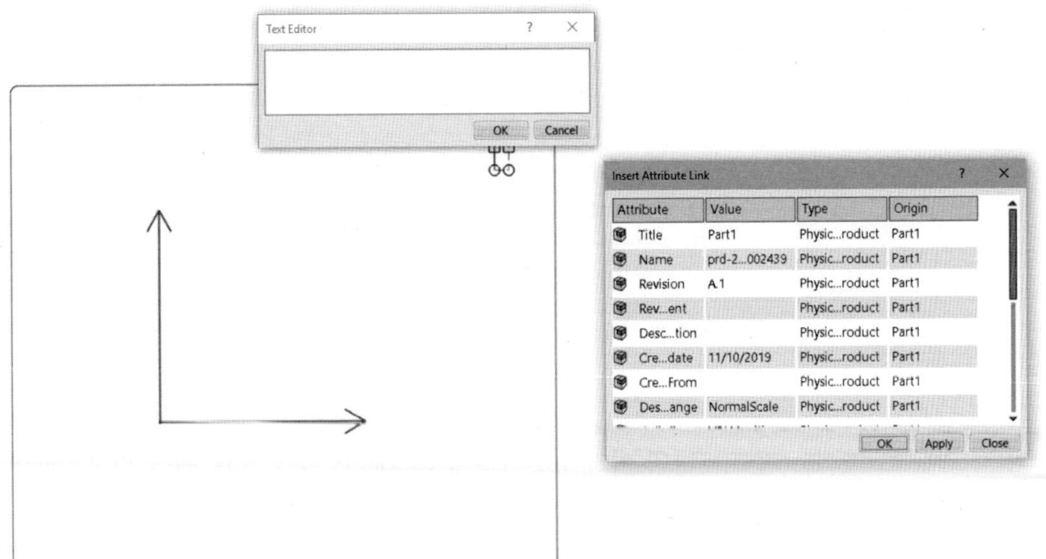

Chapter 05. Native Apps

- 원하는 값을 선택한 후에 Apply 클릭하여 삽입

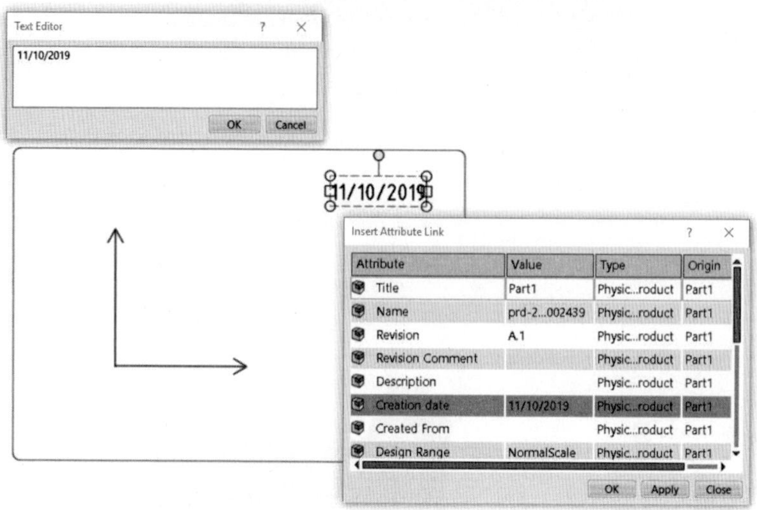

- Text with Leader
  - 지시선과 함께 텍스트를 삽입하는 명령
  - 대상 View를 활성화하여 사용할 것
  - 명령을 실행시킨 후에 지시선을 표시하고자 하는 지점을 클릭
  - 그러면 선택한 지점을 기준으로 화살의 지시선이 커서를 따라 이동. 원하는 지점을 클릭

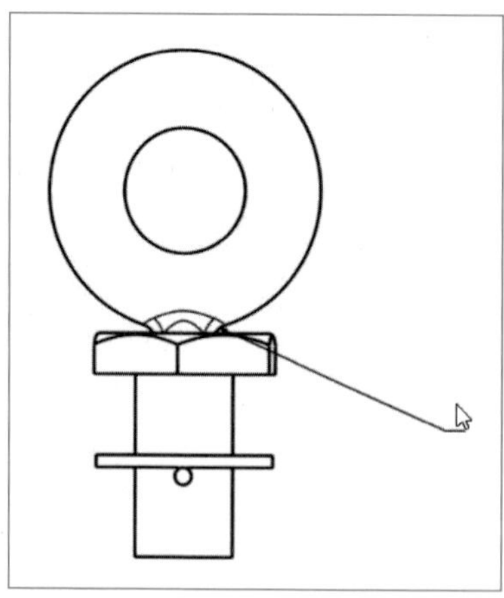

  - Text Editor가 나타나며 여기서 원하는 값을 입력해 주고 “OK”를 클릭(Attribute Link 사용 가능)

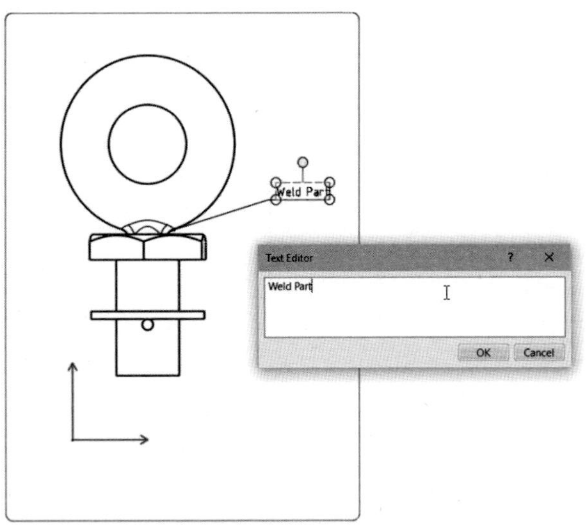

- 지시선과 텍스트 상자의 위치는 이동이 가능(부드러운 이동을 위해 Shift Key를 누른 상태로 조작)

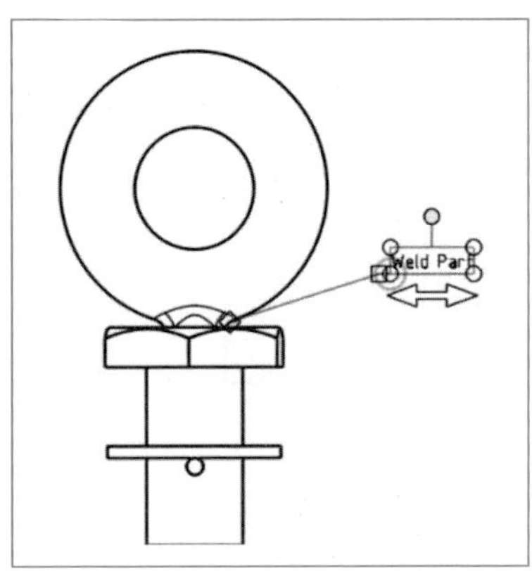

- 지시선의 시작 위치의 노란 포인트에서 Contextual Menu를 사용하면 다음과 같은 설정이 가능

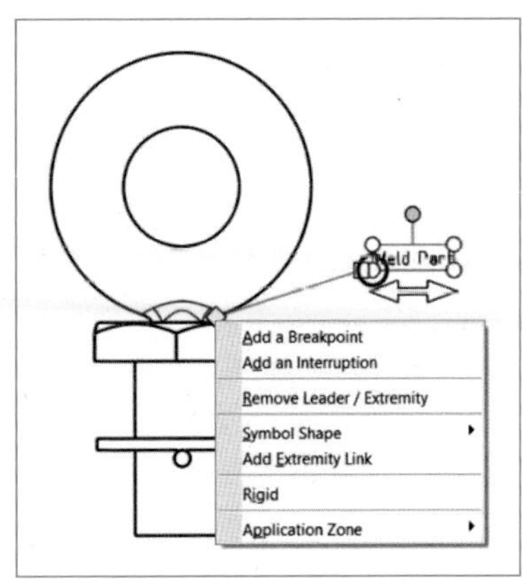

– 또한 텍스트 상자가 활성화된 상태에서 텍스트 상자 근처의 화살표를 이용하여 다음과 같은 세부 조절이 가능

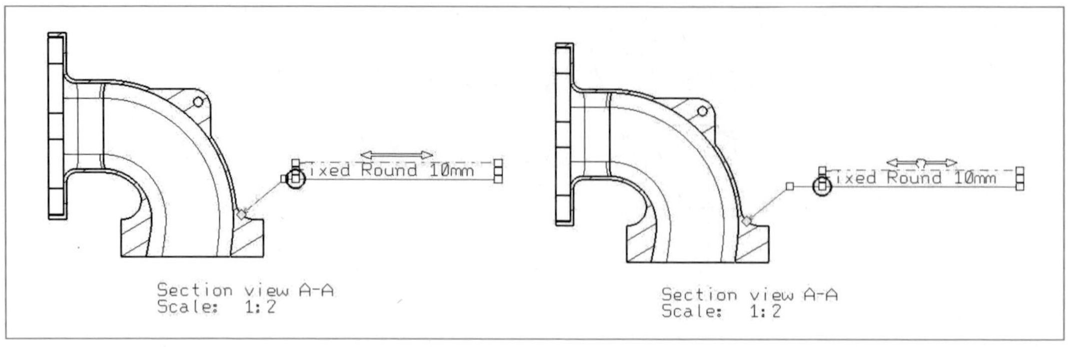

– 지시선을 선택한 상태에서 Contextual Menu를 선택하였을 때 사용할 수 있는 옵션

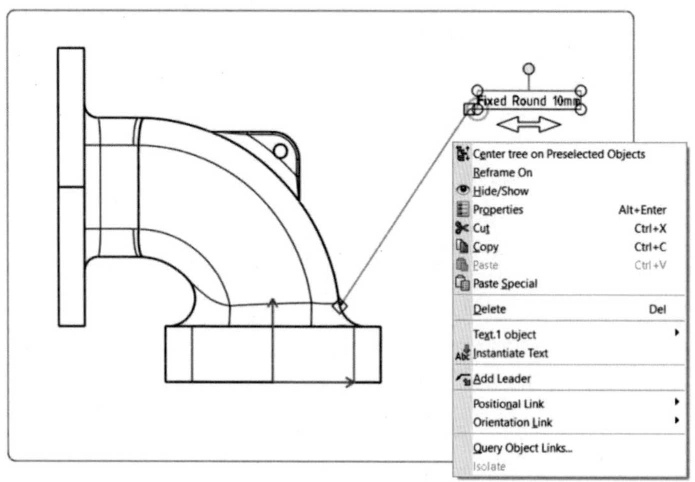

– Add Leader를 선택할 수 있는데 이를 이용하여 다음과 같이 지시선을 추가할 수 있음

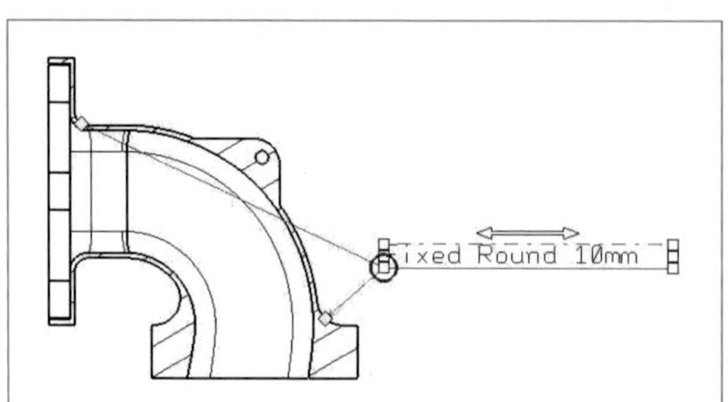

▶ Flyout for Creating Tables and Balloons

- Table

  – Table의 행과 열값을 입력받아 표를 만들고 각 셀에 데이터를 입력할 수 있는 명령

  – 명령을 실행시키고 Table을 삽입할 위치를 클릭하면 행과 열을 정의할 수 있는 상태가 됨

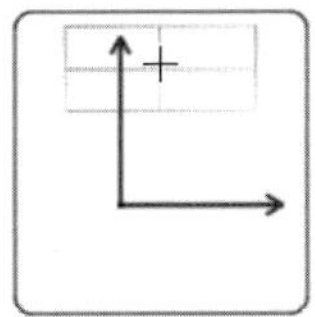

  – 화면의 커서에서 직접 드래그하여 사이즈를 정의하거나 상단의 행과 열 입력 창에서 값을 선택

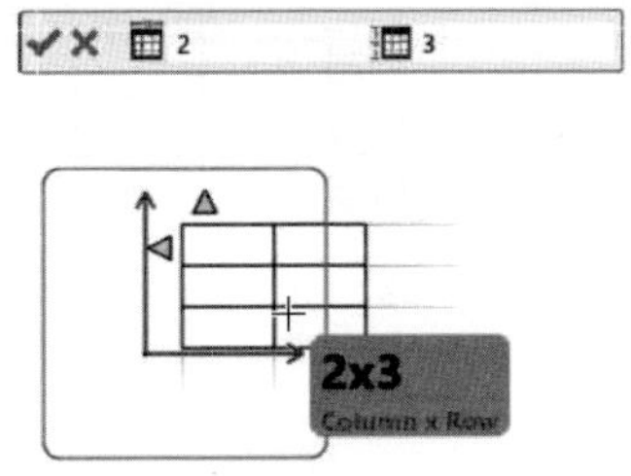

  – 여기에 원하는 수만큼 행과 열 값을 입력하고 "OK"를 선택

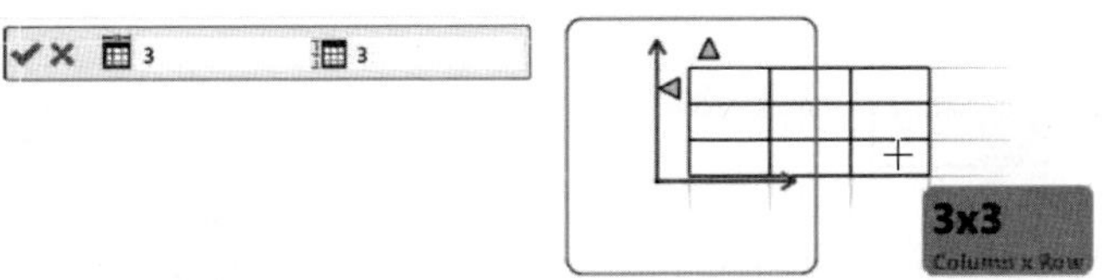

  – 클릭한 위치에 Table이 생성되며, 완성된 Table은 통째로 조작 가능

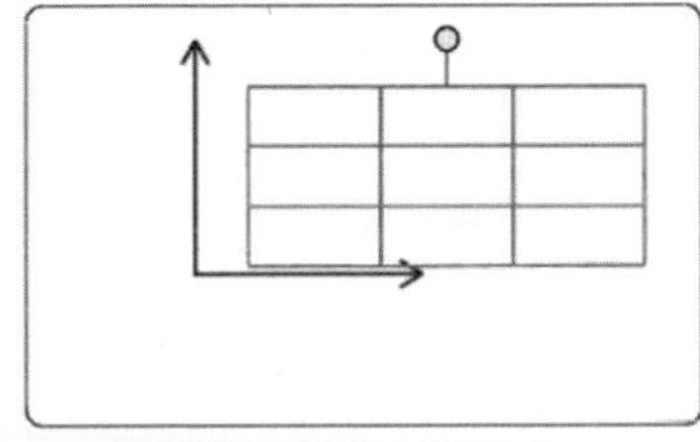

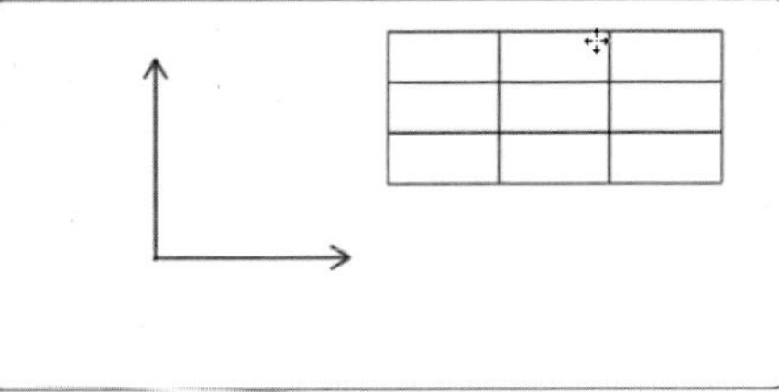

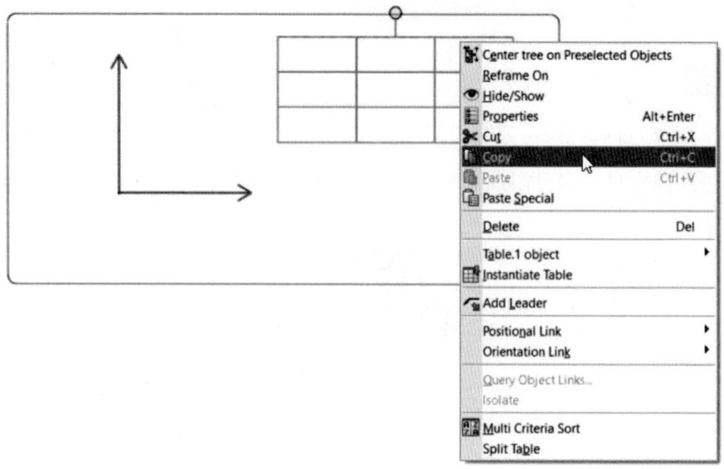

– 생성한 Table을 수정하기 위해서는 해당 Table을 더블 클릭하여 활성화함

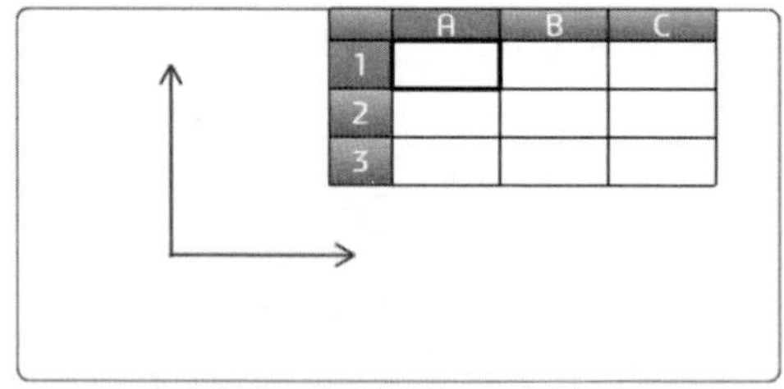

– Table을 활성화시킨 상태에서는 텍스트 입력, 행과 열 추가 및 각 셀의 크기를 조절, 정렬, 병합 등 가능

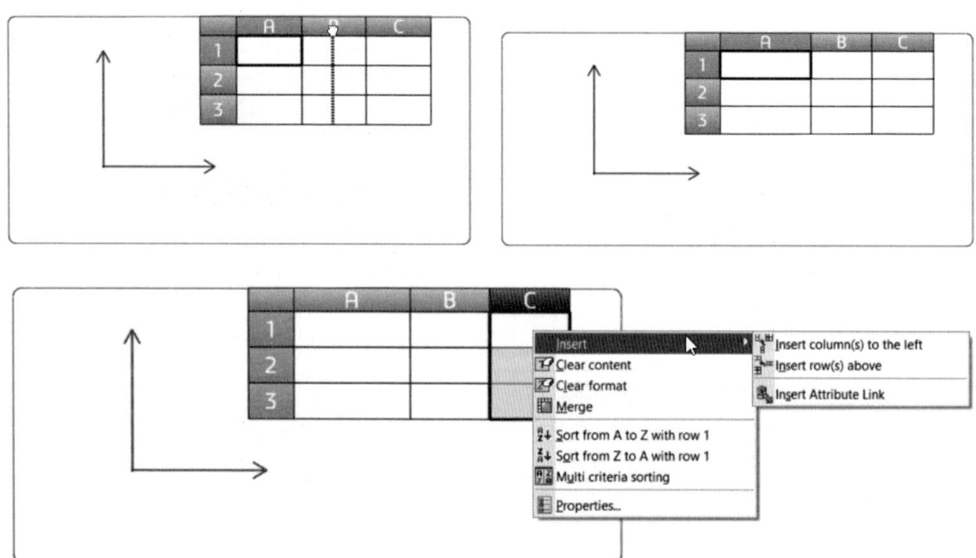

– 텍스트를 입력하고자 할 경우 원하는 셀을 선택한 후에 한 번 더 더블 클릭하면 Text Editor가 나타나면서 텍스트를 입력 가능(Attribute Link 사용 가능)

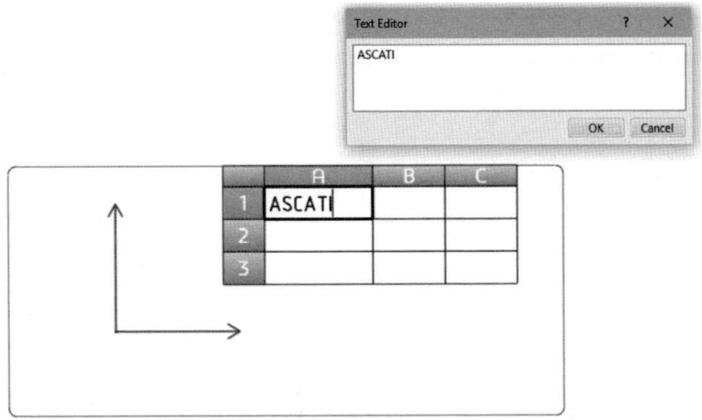

– Table의 경우도 Object Properties에서 텍스트 및 표에 대한 추가 설정이 가능하므로 반드시 참고해야 함

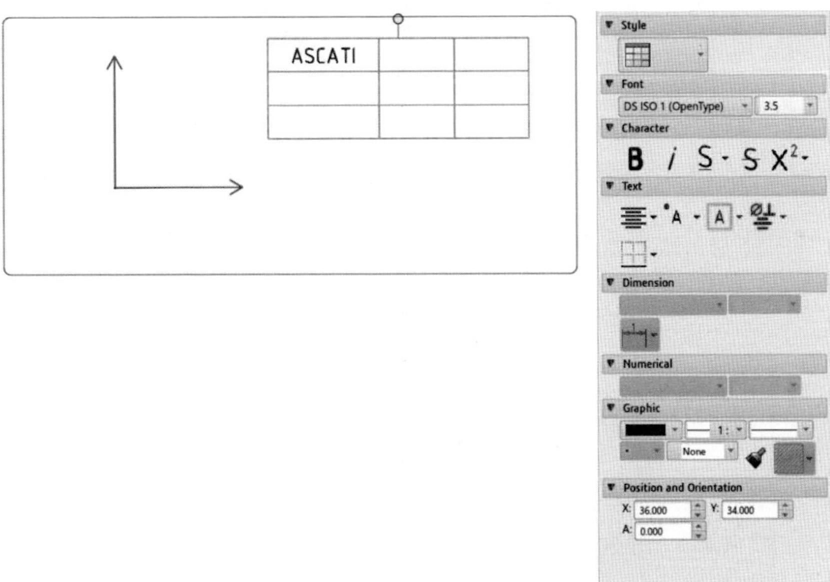

- Bill of Material

  – Drawing Sheet 상에 생성된 3차원 오브젝트의 BOM 테이블을 삽입하는 기능
  – BOM은 Product를 구성하는 단품과 Sub Assembly 구성 정보를 알 수 있는 가장 기본 정보
  – 명령을 실행 한 후 Style을 지정하여 임의의 공간을 클릭하면 해당 위치에 BOM 테이블이 삽입됨

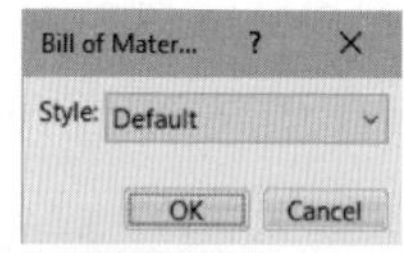

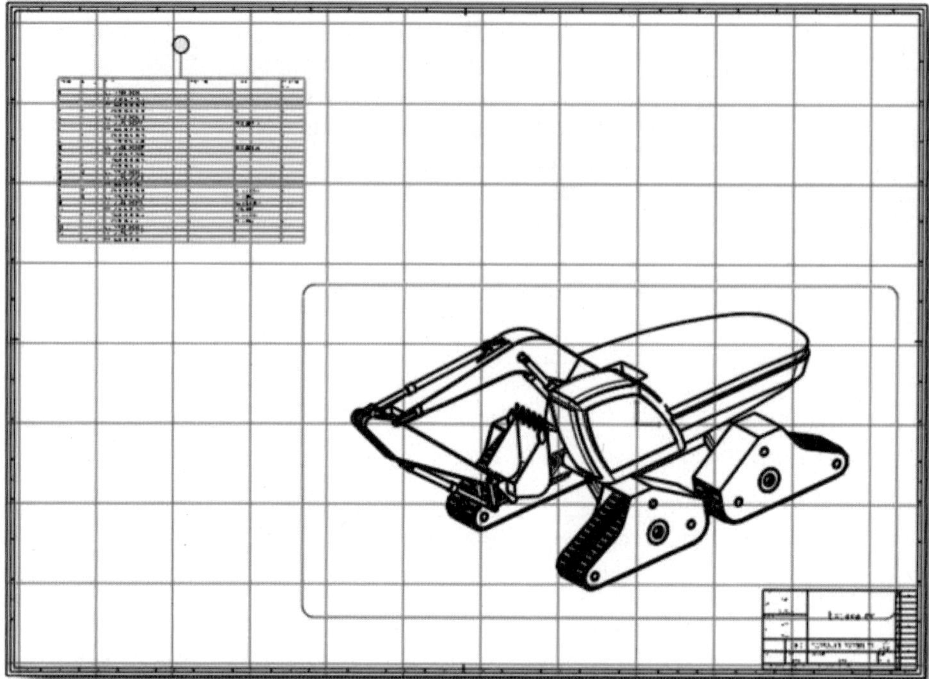

– 테이블 형식으로 정의된 BOM은 참조하는 Physical Product의 업데이트에 영향을 받음

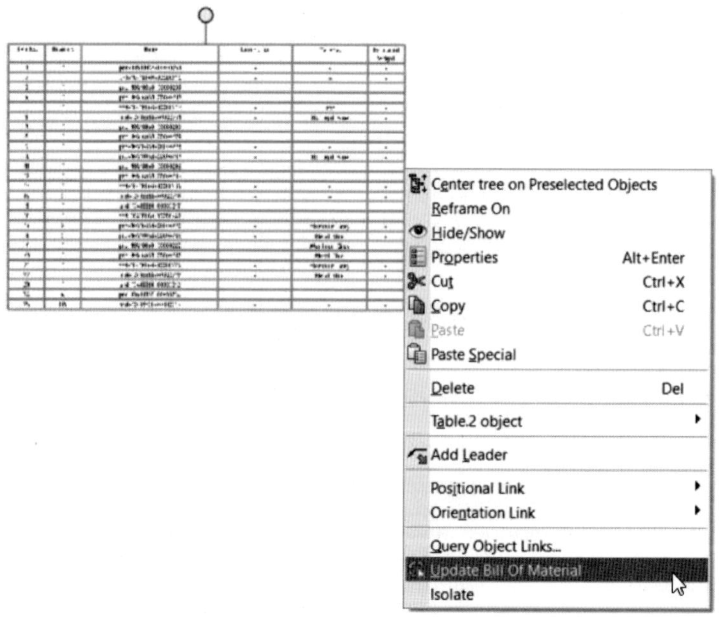

- 생성된 BOM 테이블 정보를 수정하고자 할 경우 Context Menu에서 Edit Bill Of Material을 선택

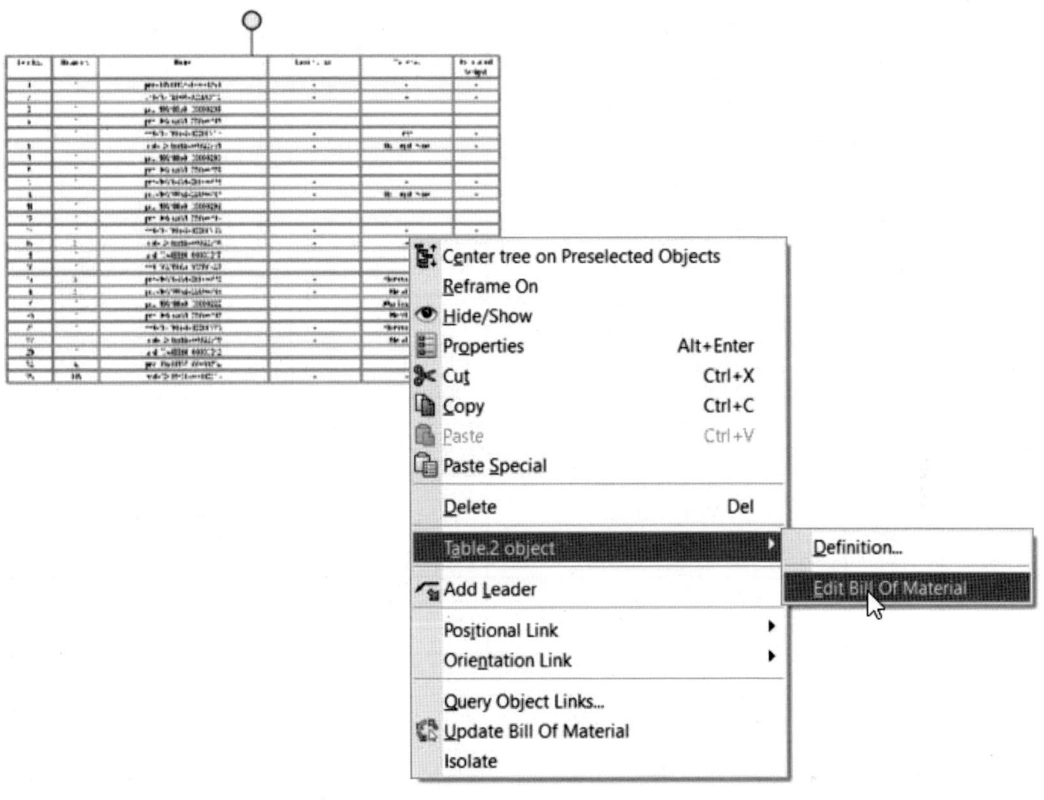

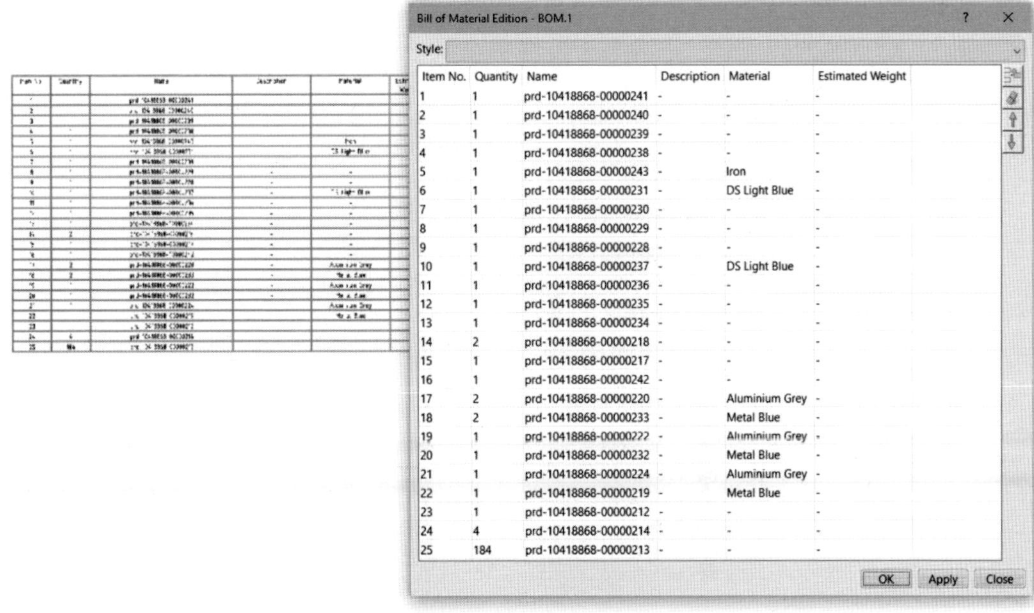

Item No.	Quantity	Name	Description	Material	Estimated Weight
1	1	prd-10418868-00000241	-	-	-
2	1	prd-10418868-00000240	-	-	-
3	1	prd-10418868-00000239	-	-	-
4	1	prd-10418868-00000238	-	-	-
5	1	prd-10418868-00000243	-	Iron	-
6	1	prd-10418868-00000231	-	DS Light Blue	-
7	1	prd-10418868-00000230	-	-	-
8	1	prd-10418868-00000229	-	-	-
9	1	prd-10418868-00000228	-	-	-
10	1	prd-10418868-00000237	-	DS Light Blue	-
11	1	prd-10418868-00000236	-	-	-
12	1	prd-10418868-00000235	-	-	-
13	1	prd-10418868-00000234	-	-	-
14	2	prd-10418868-00000218	-	-	-
15	1	prd-10418868-00000217	-	-	-
16	1	prd-10418868-00000242	-	-	-
17	2	prd-10418868-00000220	-	Aluminium Grey	-
18	2	prd-10418868-00000233	-	Metal Blue	-
19	1	prd-10418868-00000222	-	Aluminium Grey	-
20	1	prd-10418868-00000232	-	Metal Blue	-
21	1	prd-10418868-00000224	-	Aluminium Grey	-
22	1	prd-10418868-00000219	-	Metal Blue	-
23	1	prd-10418868-00000212	-	-	-
24	4	prd-10418868-00000214	-	-	-
25	184	prd-10418868-00000213	-	-	-

– Object Property를 통하여 정렬 및 꾸미기 작업이 가능

Item No.	Quantity	Name	Description	Material	Estimated Weight
1	1	prd-10418868-00000241	-	-	-
2	1	prd-10418868-00000240	-	-	-
3	1	prd-10418868-00000239	-	-	-
4	1	prd-10418868-00000238	-	-	-
5	1	prd-10418868-00000243	-	Iron	-
6	1	prd-10418868-00000231	-	DS Light Blue	-
7	1	prd-10418868-00000230	-	-	-
8	1	prd-10418868-00000229	-	-	-
9	1	prd-10418868-00000228	-	-	-
10	1	prd-10418868-00000237	-	DS Light Blue	-
11	1	prd-10418868-00000236	-	-	-
12	1	prd-10418868-00000235	-	-	-
13	1	prd-10418868-00000234	-	-	-
14	2	prd-10418868-00000218	-	-	-
15	1	prd-10418868-00000217	-	-	-
16	1	prd-10418868-00000242	-	-	-
17	2	prd-10418868-00000220	-	Aluminium Grey	-
18	2	prd-10418868-00000233	-	Metal Blue	-
19	1	prd-10418868-00000222	-	Aluminium Grey	-
20	1	prd-10418868-00000232	-	Metal Blue	-
21	1	prd-10418868-00000224	-	Aluminium Grey	-
22	1	prd-10418868-00000219	-	Metal Blue	-
23	1	prd-10418868-00000212	-	-	-
24	4	prd-10418868-00000214	-	-	-
25	184	prd-10418868-00000213	-	-	-

- Multiple BOM
  - 앞서 Bill of Material 과 유사하지만 상세 BOM을 생성하는 기능을 수행
  - 명령을 실행한 후 Definition 창에서 상세 정의 가능
  - 현재 Physical Product의 모든 BOM외에도 다른 Product의 BOM 정보를 추가하는 것이 가능

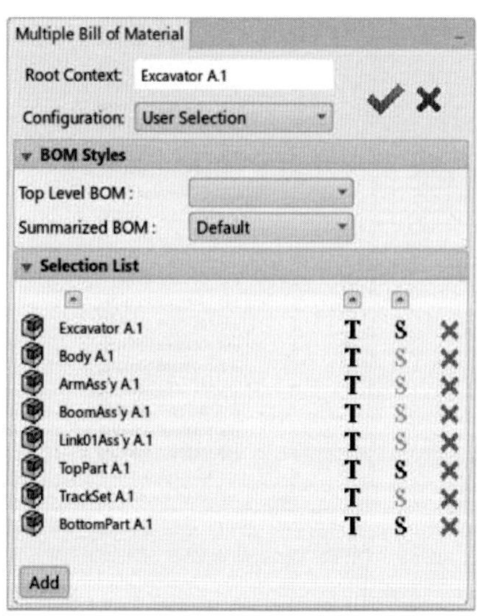

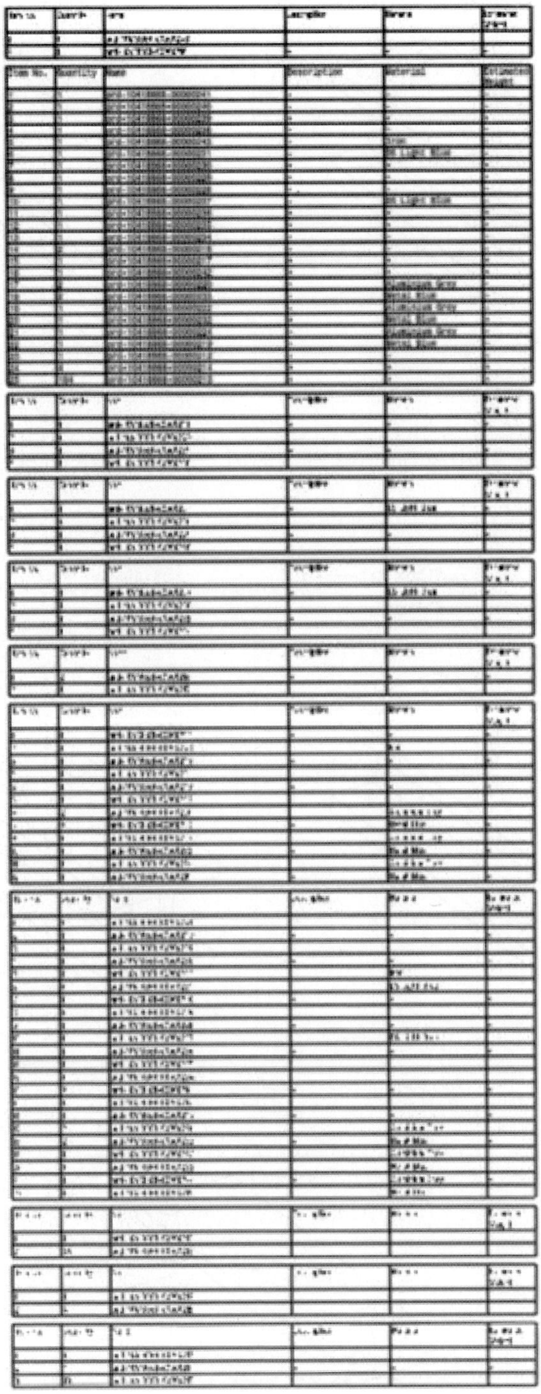

- Balloon

  – 지시선과 함께 풍선 모양의 글 상자를 만들어주는 명령

  – 명령을 실행시키고 화살표시가 위치할 곳을 선택

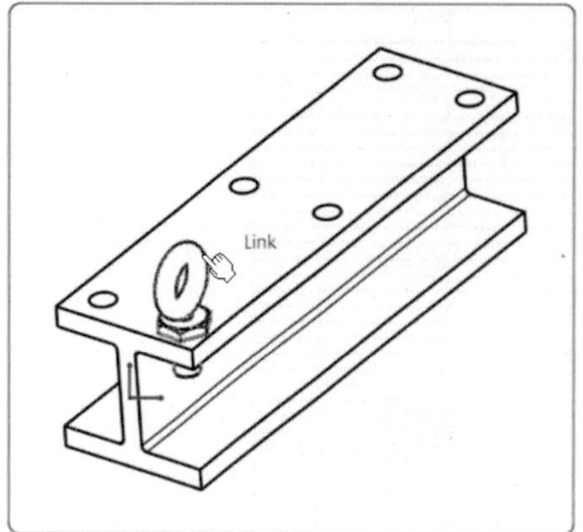

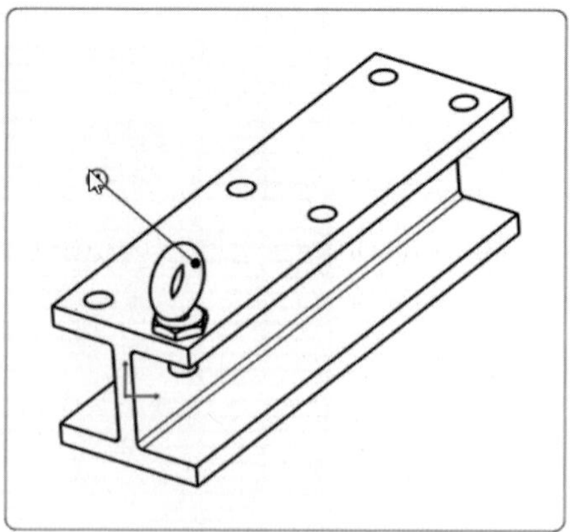

- 그러면 다음과 같이 Balloon이 생성되며, 상단에 별도의 값을 입력하지 않으면 숫자로 Numbering 됨

✔ ✖ Balloon: 1 Autofit

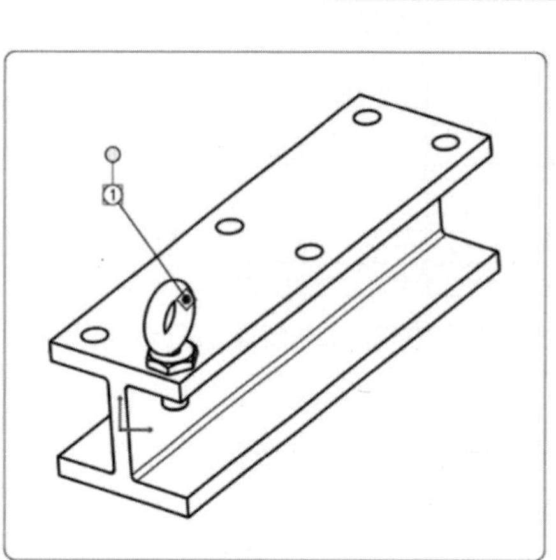

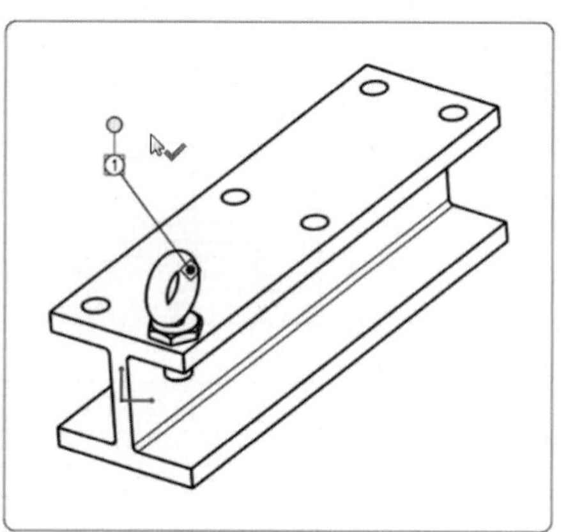

- 추가로 Balloon을 생성할 때마다 숫자는 자동으로 증가

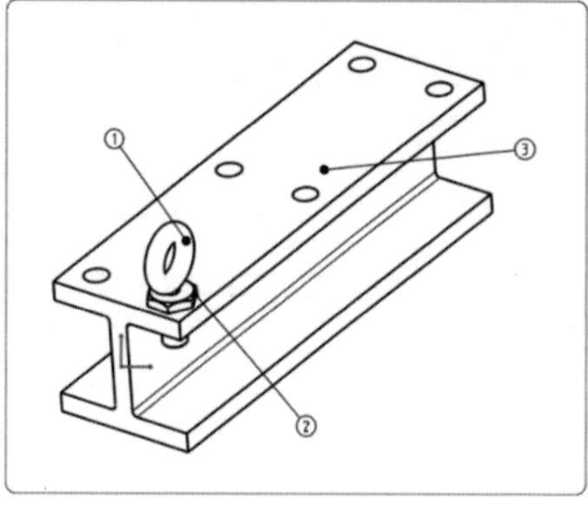

- Baloon의 속성에서 변경 가능한 설정값을 확인해둘 필요 있음

▶ Flyout for Creating Dimensions

- Dimensions

  - 선택한 대상에 대해서 알맞은 치수 종류로 변경하여 그 치수 값을 생성
  - Dimension 생성 시 가급적 해당 View를 활성화(Activate)한 상태에서 작업을 권장
  - 즉, 모서리(선) 요소를 선택하면 그 길이를 나타내고 원(또는 호)을 선택하면 그 지름/반지름을 치수로 생성
  - 명령을 실행시키고 치수를 생성하고자 하는 대상을 선택. 여기서 치수를 한 번 더 클릭을 해주면 Dimension이 완성

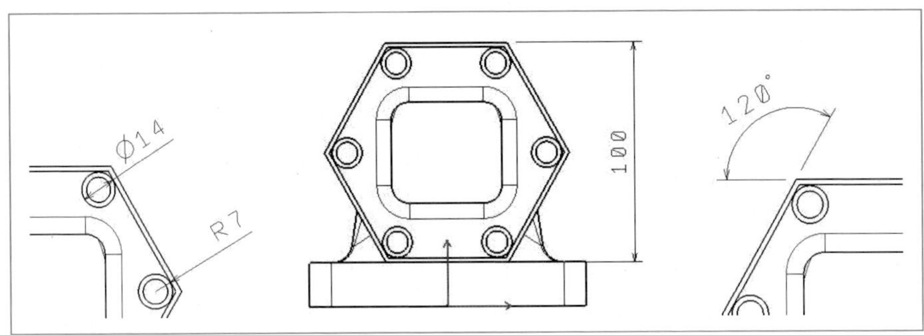

  - 만약 두 대상 간의 거리를 측정하고자 한다면 이를 차례대로 선택
  - Dimension은 일반적으로 독립적인 대상 각각의 치수를 입력할 때 사용
  - Dimension 정의 시 Tools Palette를 사용하여 부수적인 세부 설정 가능

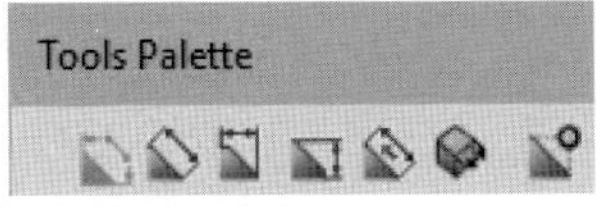

  - Dimension을 활용한 치수 생성 과정 예시(치수 생성 작업은 해당 View에서 표시할 수 있는 가장 적절한 값을 기입하는 것이며 여러 View에 복합적으로 기입하는 만큼 중복을 피하고 간결하게 기입을 권장. 반드시 검수자를 통한 검토가 수반되어야 함)

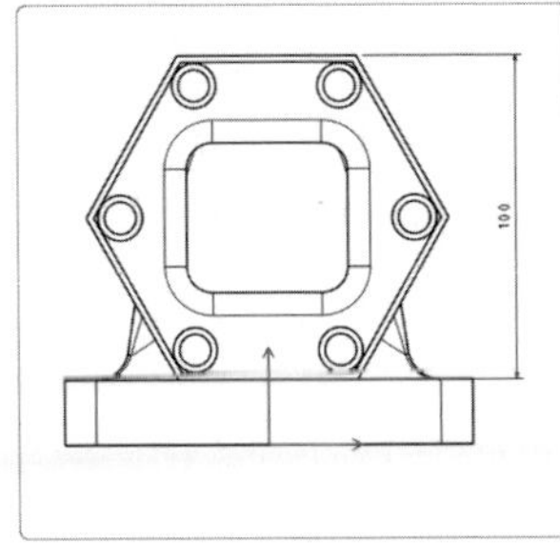
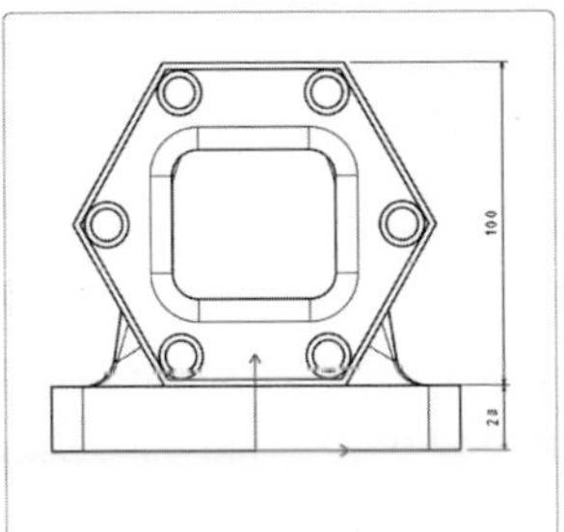
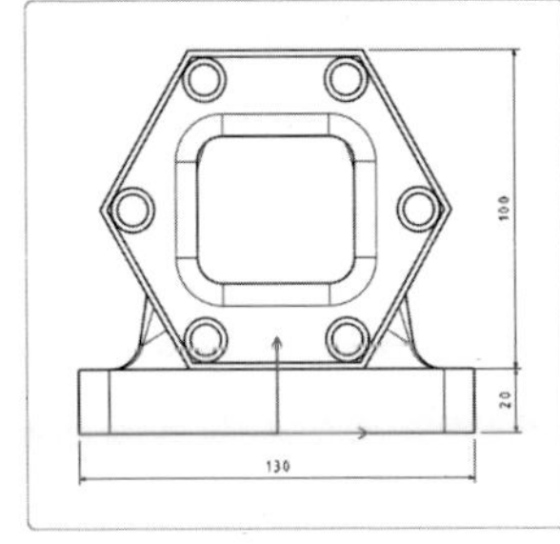

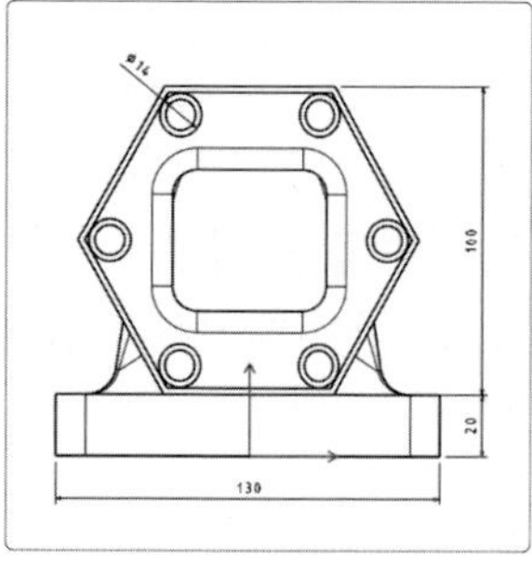

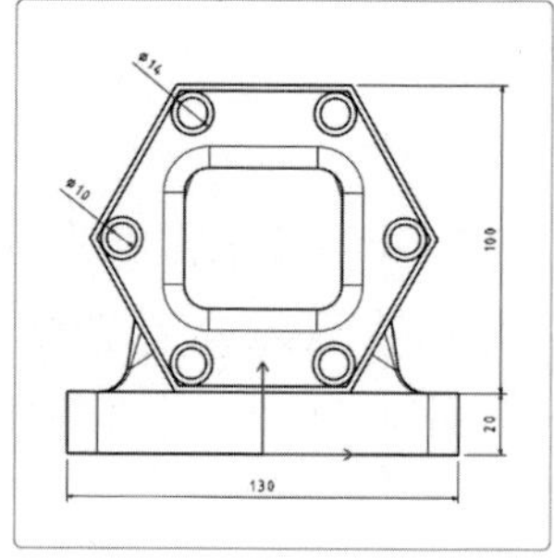

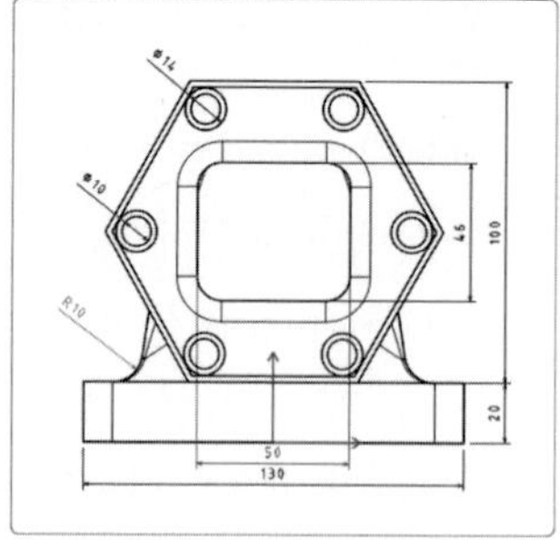

- Dimension 명령을 연속으로 사용하기 위해서는 아이콘을 더블 클릭하여 사용한 후 ESC Key로 종료

① Length/Distance Dimensions

- 선택한 요소의 길이 또는 두 요소간의 거리를 측정하여 이를 치수로 정의
- 직선 모서리 등과 같은 선분을 선택하였을 때 해당 길이를 수치로 나타냄
- 점과 점 또는 나란한 두 직선 요소 사이 거리를 치수화하여 나타낼 수 있음
- Dimensions 명령을 실행시키고 대상을 선택하면 다음과 같이 치수, 치수선과 함께 표시

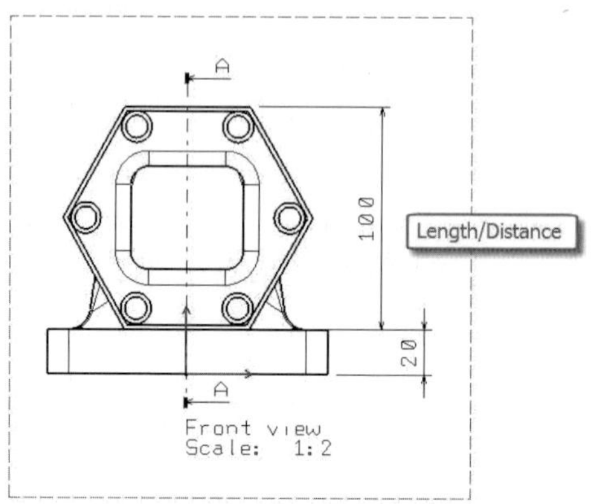

② Line-Up

- 생성한 두 치수의 치수 보조선이 일치하지 않고 따로 떨어진 경우 이동시키고자 하는 치수선을 선택한 후에 Contextual Menu에서 Line-Up을 클릭

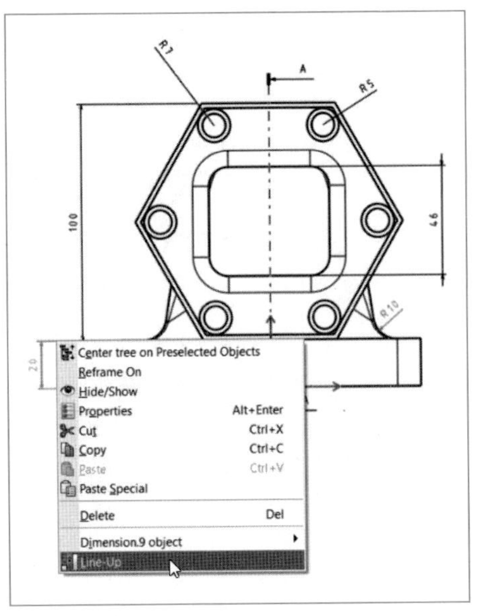

– 그리고 일치시키고자 하는 같은 방향의 치수선을 클릭

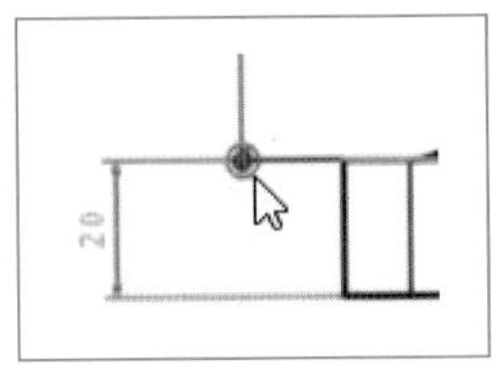

– 여기서 다음과 같은 설정 창이 나타나며, 필요한 추가 설정을 해주고 위에서 선택한 치수선에 그대로 옮기기만 할 것이라면 바로 "OK" 선택

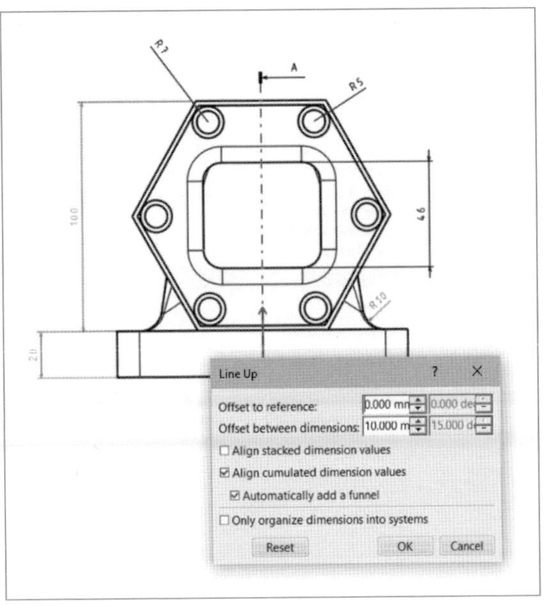

- 그럼 다음과 같이 두 치수선일 일치되는 것을 확인

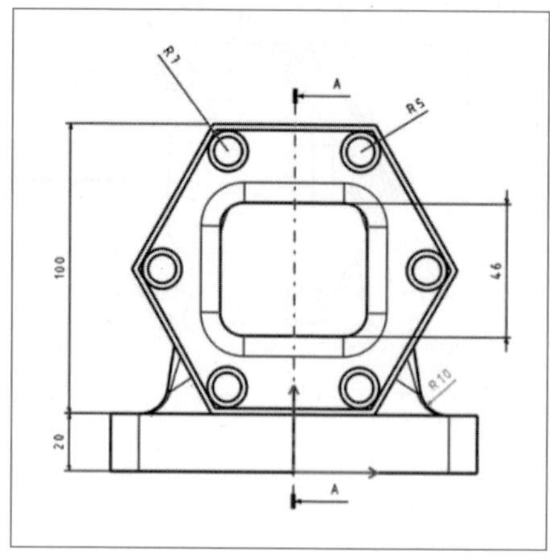

③ Tools Palette

- Dimension 생성 시 나타나는 Tool Palette에서 치수 측정 방향을 변경하는 등 보조 도구 사용 가능
- 만약에 아래와 같은 대각선의 치수를 대각선 길이 값이 아닌 수평이나 수직 값으로 나타내고자 한다면 Tools Palette에서 변경 가능
- Tools Palette는 현재의 Dimension 명령에서 Contextual Menu를 사용하여 사용 가능

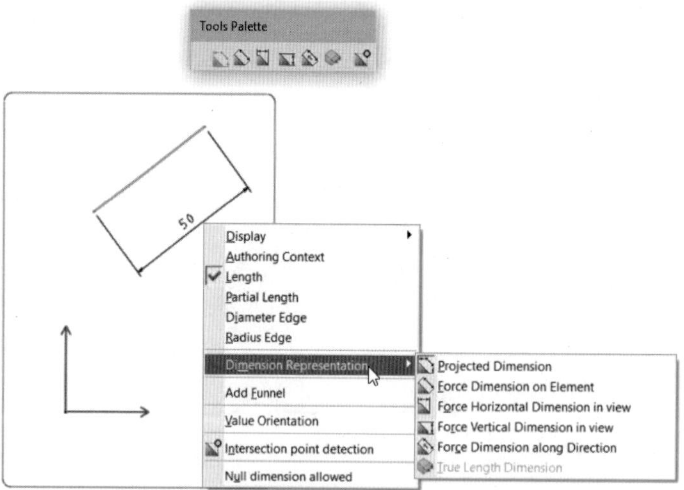

– 추가 예시

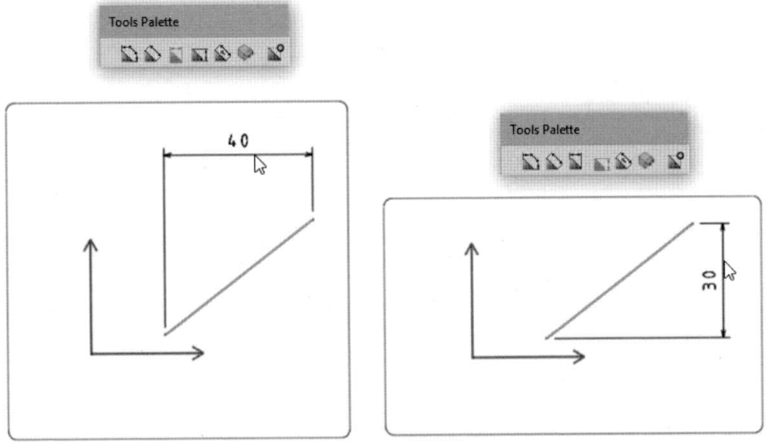

– Dimension의 Contextual Menu에서 Length가 아닌 다른 유형으로 변경 가능

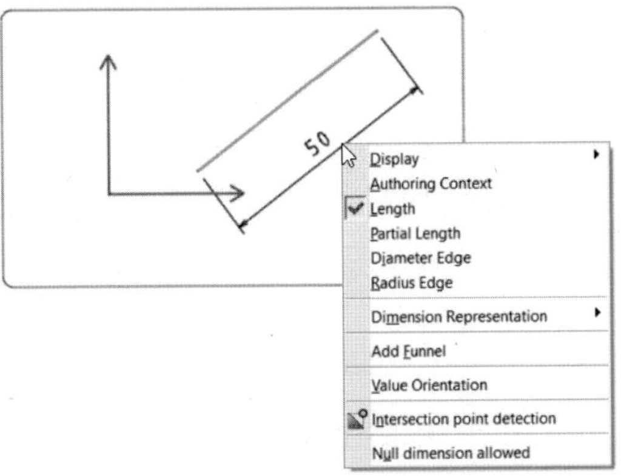

– Partial Length : 선택한 대상의 부분적인 길이를 치수화

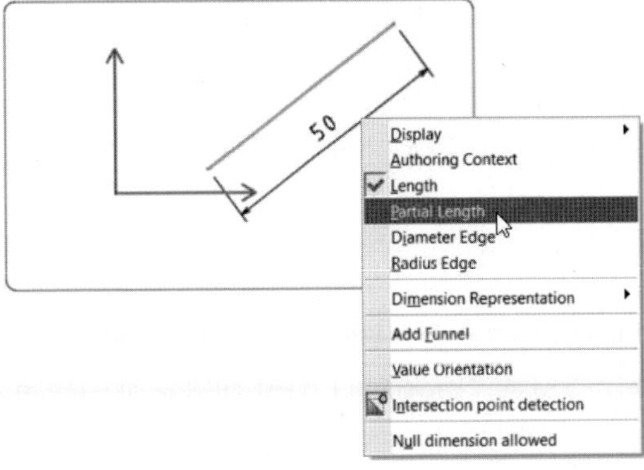

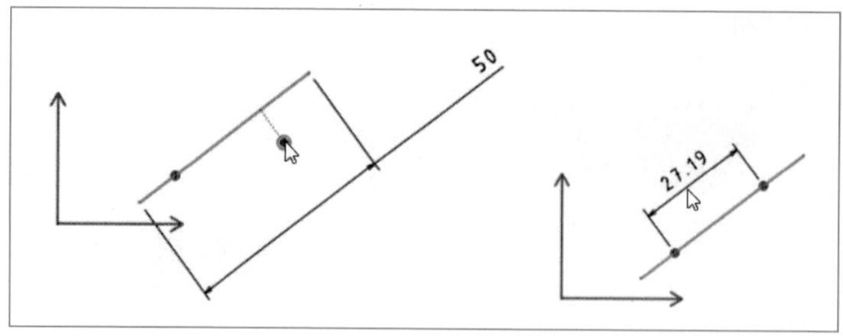

- Diameter Edge/Radius Edge : 치수 형식을 길이/거리가 아닌 지름/반지름으로 변경

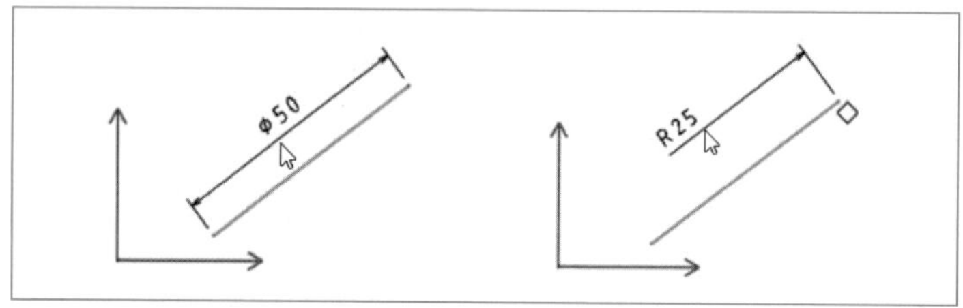

- Add Funnel : 치수 보조선을 여과기 모양으로 확장시키는 옵션. Add Funnel을 선택하면 Funnel의 사이즈를 조절할 수 있는 Funnel 창이 나타나며, 여기에 알맞은 값을 넣고 Apply시키면 치수 보조선을 옆으로 확장

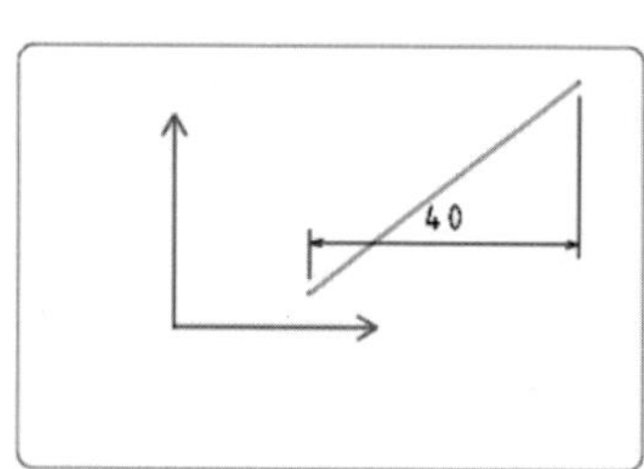

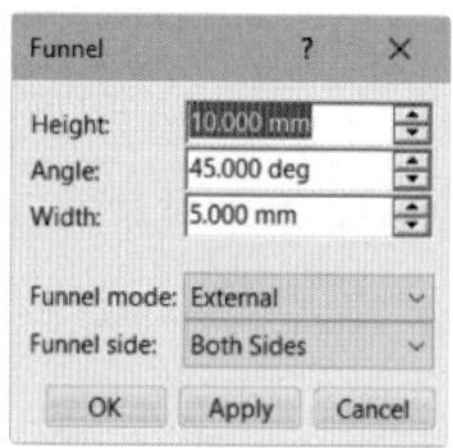

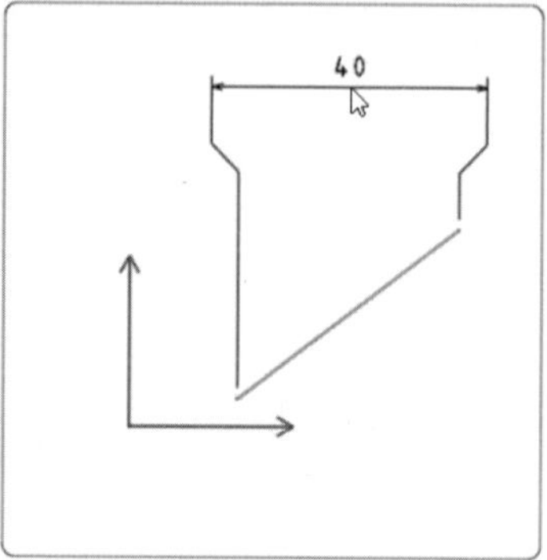

- Value Orientation : 치수 값의 위치나 방향, 치수선으로부터 떨어진 거리 등을 설정할 때 사용
- Intersection point detection : 체크하면 구속하려는 대상과 다른 대상 사이에 교차되는 지점을 자동으로 인식
- 두 대상 간의 거리를 치수화하기 위해 대상을 순서대로 선택하면 다음과 같이 치수선이 절반으로 표시되는 Half Dimension 사용 가능

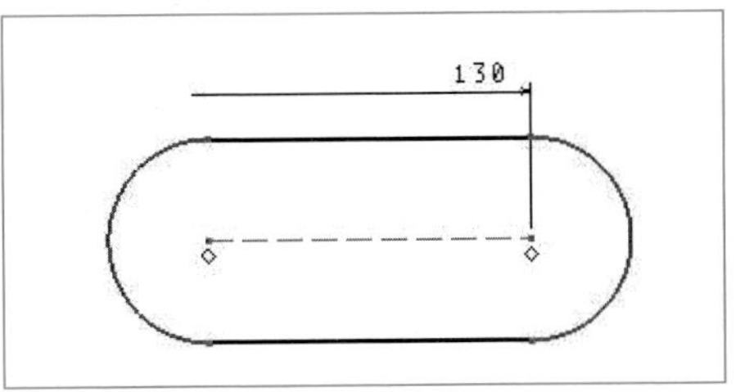

④ Extension Lines Anchor

- 치수를 잡기 위해 선택한 대상 요소에 끝점으로 인식할 수 있는 부분(Anchor)이 여러 개 인 경우에 이 들 중에 원하는 끝 부분을 선택할 수 있도록 정의 가능
- Contextual Menu에서 이것을 선택하여 들어가면 원하는 요소를 선택하여 그 요소를 기준으로 치수가 생성

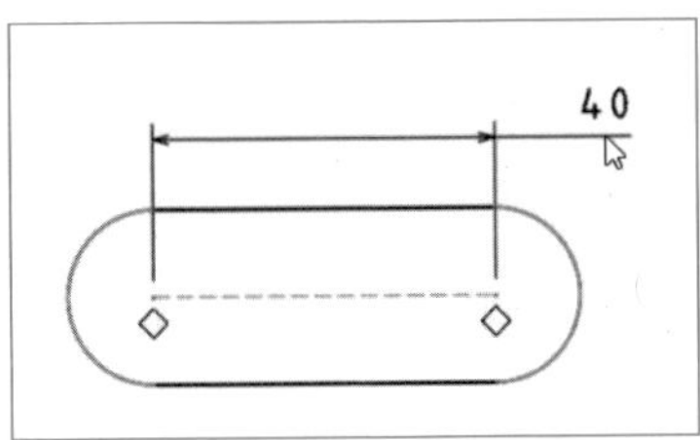

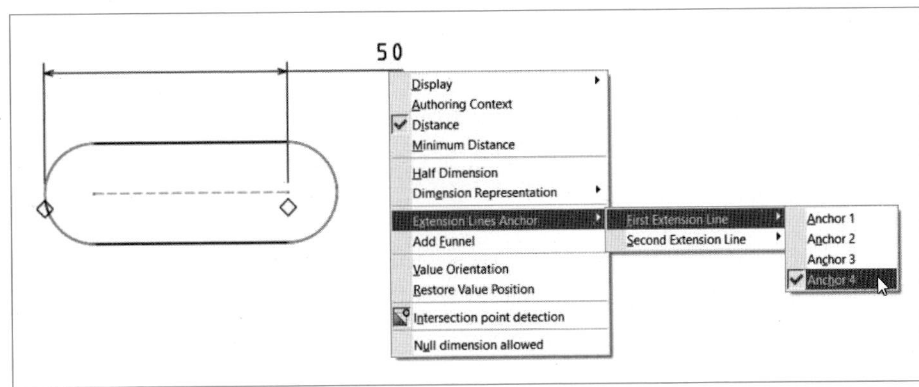

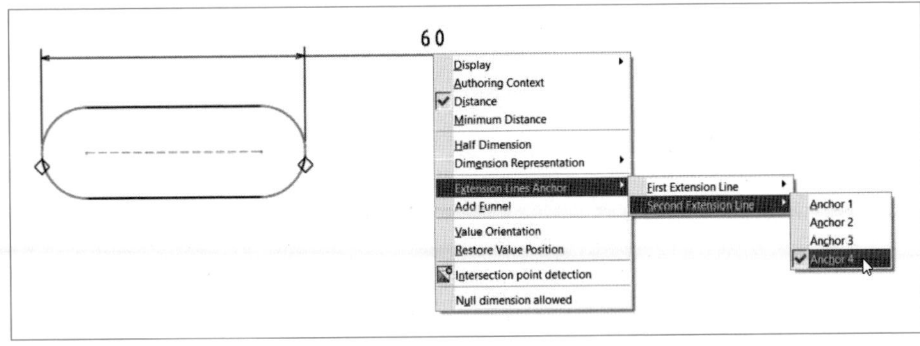

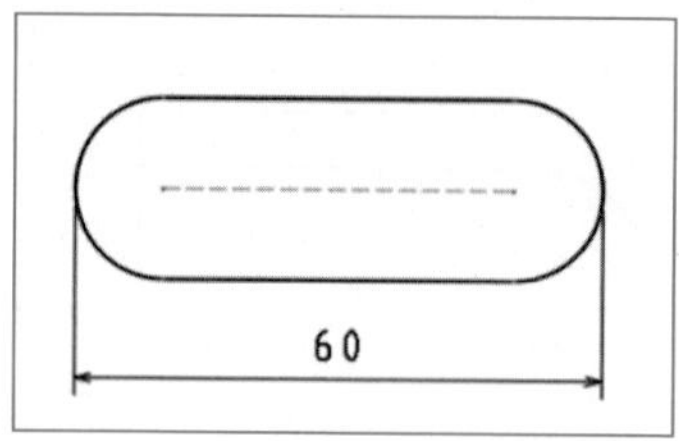

⑤ Drive Geometry

- 3차원 형상으로부터 가져온 View에 생성한 치수는 임의 수정을 통해 형상을 변경시킬 수 없으며 오로지 3차원 형상의 Update 정보를 반영(Fake Dimension 제외)
- Drawing에서 Geometry로 그린 2차원 형상은 치수 수정이 가능
- Drive Geometry로 변경된 치수는 파란색으로 표시

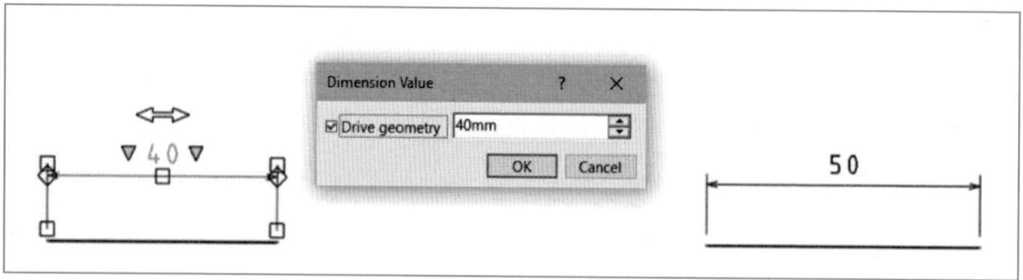

⑥ Fake Dimension

- 설계 작업 과정에서 실제 3차원 형상의 치수 변경과 관계없이 특정 치수에 원하는 값을 입력해야 하고자 할 경우 속성의 Value ⇨ Fake Dimension을 사용하여 정의 가능
- Fake Dimension으로 정의된 치수는 갈색(Brown)으로 표시됨
- 과도한 Fake Dimension 사용은 설계 변경 작업이 많아질 경우 데이터 관리의 위험이 있으므로 주의가 필요

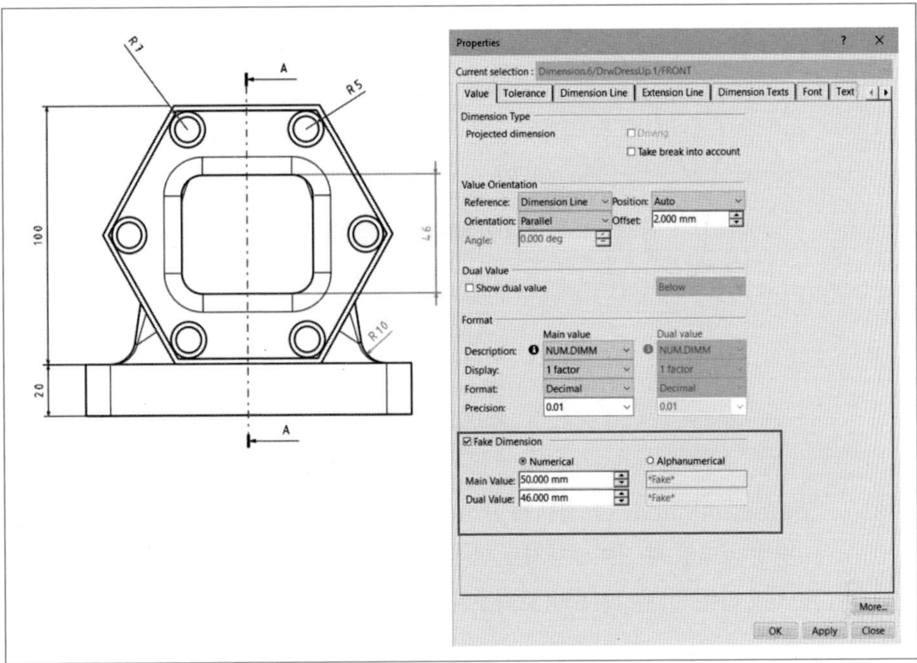

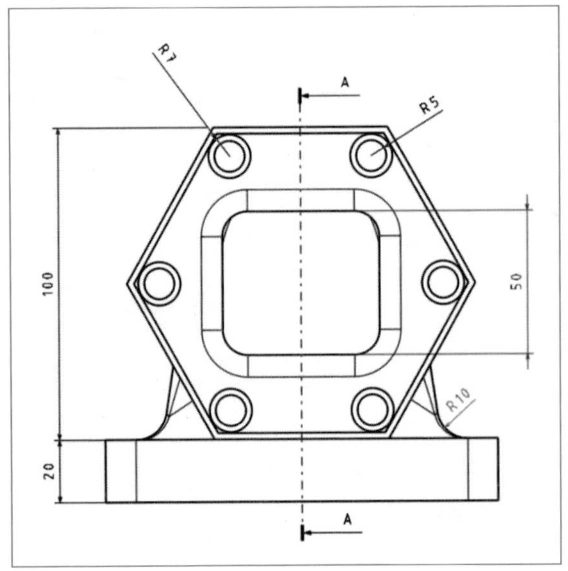

⑦ Angle Dimensions

형상 사이의 각도를 치수화 하는 경우 대상을 선택한 후, Dimension을 Contextual Menu에서 Angle로 변경

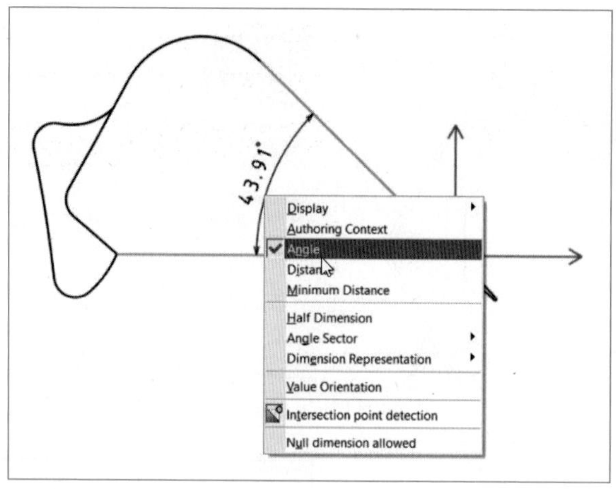

- Contextual Menu를 선택하면 Angle Sector를 선택할 수 있는데 각도가 측정되는 방향을 다음과 같이 4가지로 나누어 선택할 수 있게 하고 있으며 Complementary를 사용하여 현재 각도의 보각으로 변경시켜 줄 수 있음

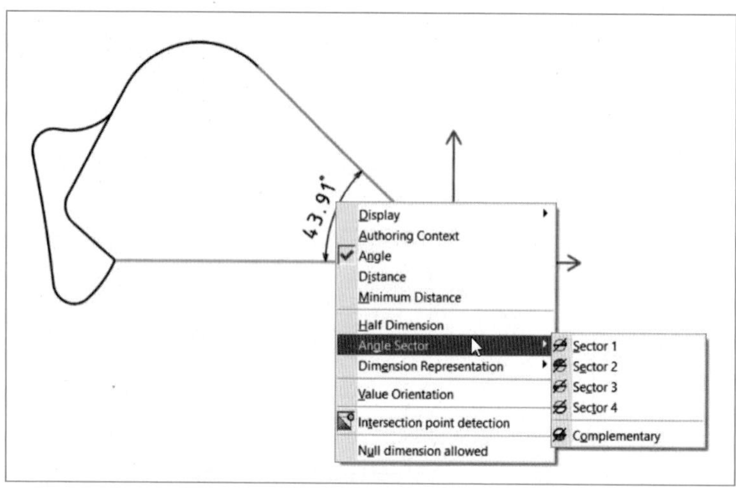

Sector 1	Direct Angle
Sector 2	Direct Angle + 180 deg
Sector 3	180 deg – Direct Angle
Sector 4	360 deg – Direct Angle

⑧ Radius Dimensions

- 완전한 원형이 아니거나 Fillet이 들어간 부분의 곡률을 표현하기 위해 사용(R은 반지름을 의미하는 기호)
- Dimension 명령을 실행하고 반경을 잡고자 하는 부위를 선택해 준 후 Contextual Menu에서 변경

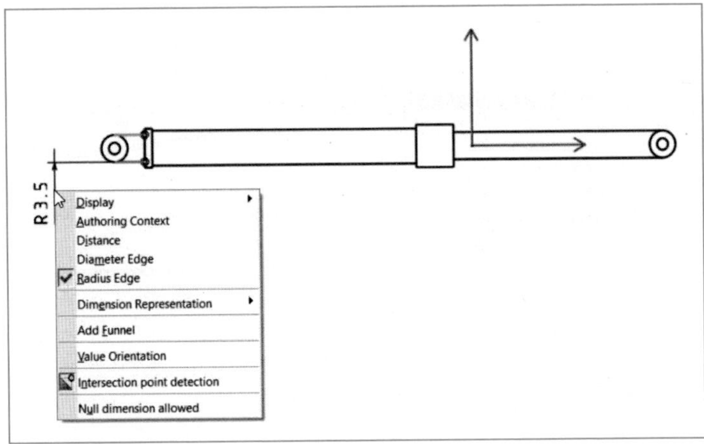

- 호 또는 원형 형상이 아닌 경우에는 자동으로 인식하여 반지름으로 표시

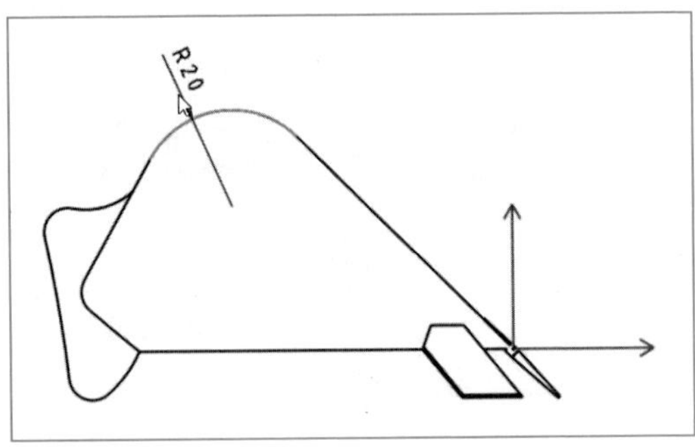

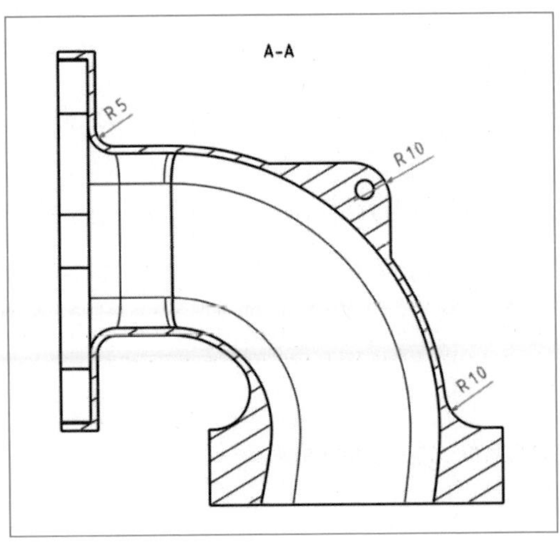

Chapter 05. Native Apps

- Extend To Center : Contextual Menu에서 Extend To Center를 해제하면 반지름을 나타내는 치수선이 원의 중심에서부터 나타나지 않게 설정 가능

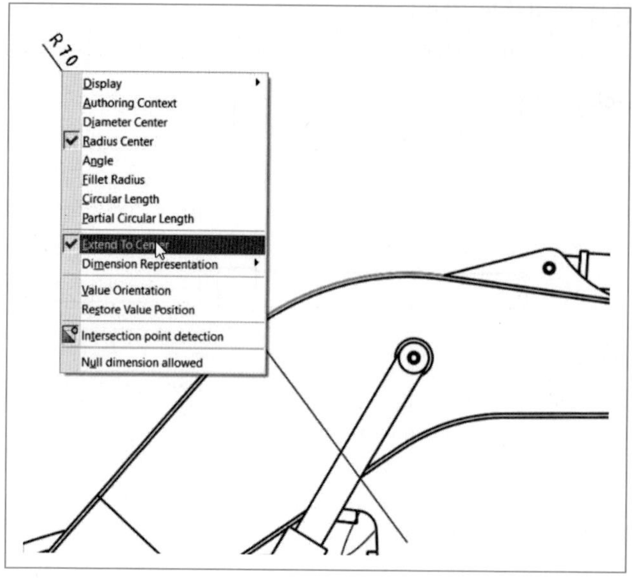

- 이 기능은 치수선이 Sheet를 벗어날 정도로 큰 곡률의 경우 다른 작업에도 장애가 되는 경우에 사용

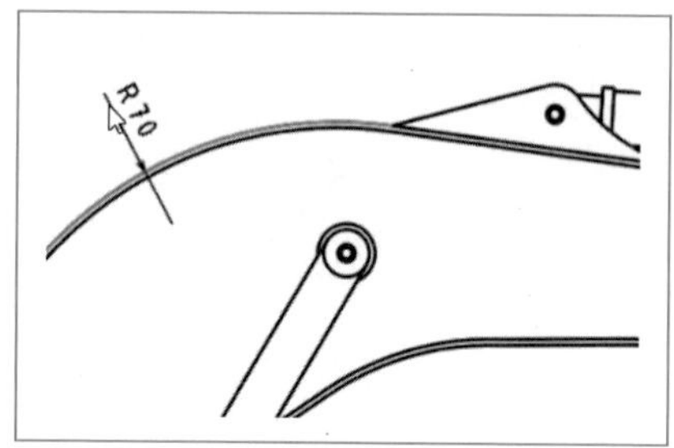

⑨ Diameter Dimensions

- 원형 형상의 지름을 치수로 나타내고자 할 경우에 사용(Φ는 지름을 의미하는 기호)
- Dimension 명령을 실행시키고 직경(또는 지름)을 정의하고자 하는 형상을 선택
- 반드시 원형 형상이 View 방향과 나란하지 않을 수 있으므로 측면으로 보이는 원기둥 형상 등에 대해서 치수 정의 때에도 사용할 수 있음

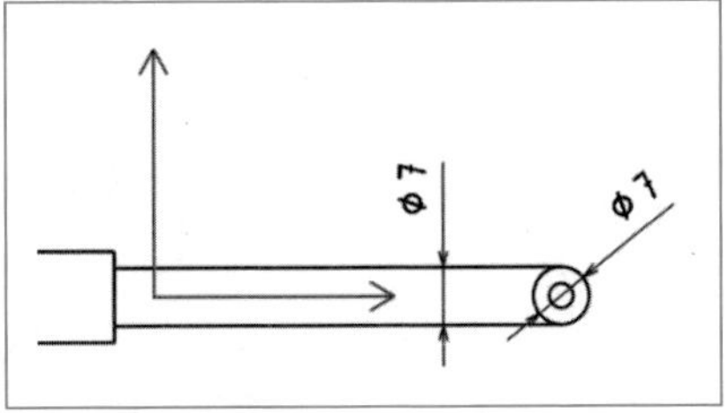

– 원이나 호 형상의 경우 둘레 길이를 구할 수 있는 Circular Length 모드 사용 가능

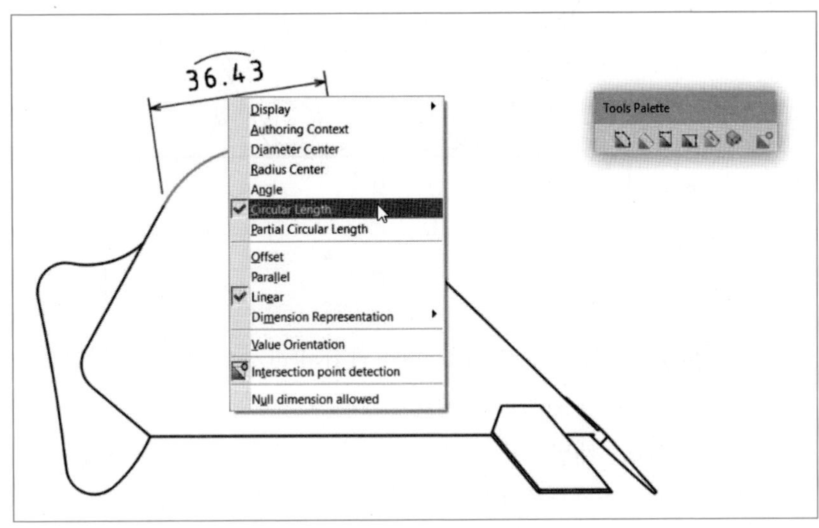

- Chained Dimensions
  - 치수를 생성할 때 하나의 치수와 다른 치수가 이어지도록 가운데 형상 요소를 공유하여 마치 사슬처럼 치수가 이어지도록 치수를 정의
  - 명령을 실행시키고 형상 요소들을 선택하면 다음과 같이 두 대상 사이에 치수가 만들어 지면서 다음 번 치수를 생성할 경우에 반드시 이전 형상에서 하나의 요소를 공유하여 치수를 생성

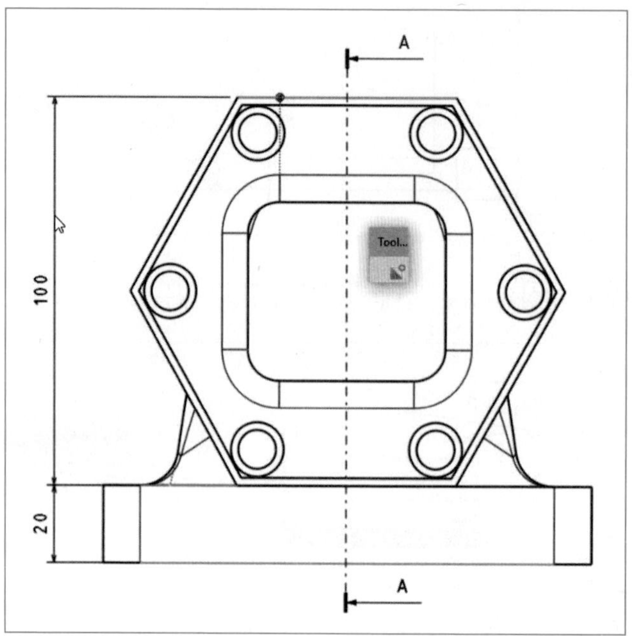

- 따라서 명령을 종료하고 나면 치수가 한 가지 방향성을 가지면서 같은 종류로 연속적으로 만들어지는 것을 확인할 수 있음
- Dimension 삭제는 개별적으로 가능
- Contextual Menu를 사용하여 다음과 같이 각도에 대해서도 Chained Dimension을 이용 가능

• Cumulated Dimensions

- 치수를 생성하는 데 있어 처음 선택한 요소를 기준으로 연이어 정의
- 따라서 하나의 요소를 기준으로 치수선이 연속으로 만들어짐
- 명령을 실행시키고 처음 기준 요소를 선택하면, 이 요소를 기준으로 다른 대상을 선택할 때 마다 이 사이의 값이 치수로 생성
- 아래 그림에서 좌측의 Chain Dimensions과 우측의 Cumulated Dimensions 비교

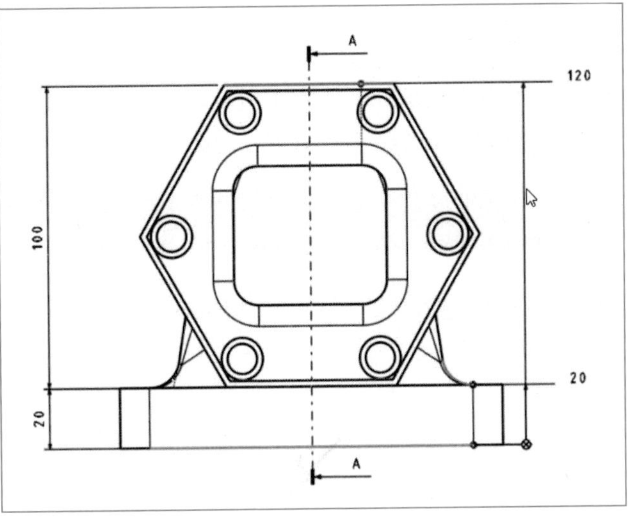

– 치수의 기준이 되는 지점에는 다음과 같은 표시가 나타나며 한쪽 방향으로만 치수 보조선으로 화살표가 나타남

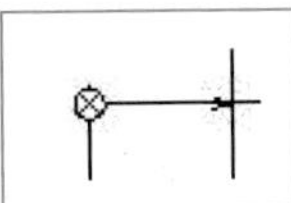

- Stacked Dimensions
  - Cumulated Dimensions 명령과 비슷하게 하나의 요소를 기준으로 다른 요소들과 치수를 생성
  - 명령을 실행시키고 처음 선택하는 요소가 기준이 되어 치수를 잡고자 하는 대상을 선택해 주면 연속적으로 치수를 생성
  - 아래 그림에서 좌측의 Chain Dimensions과 우측의 Stacked Dimensions 비교

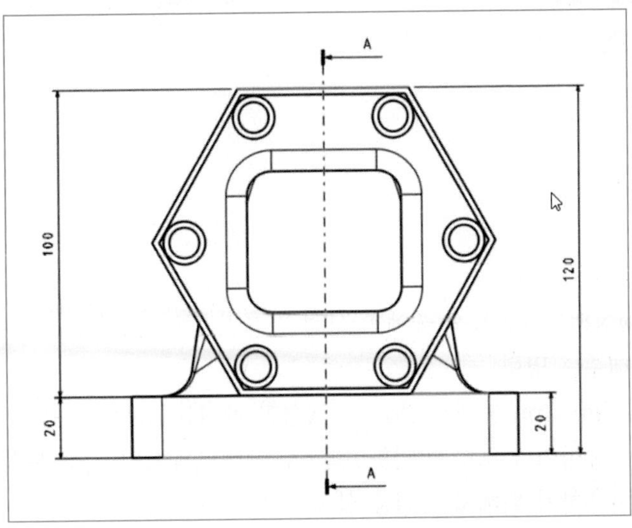

- Chamfer Dimensions
  - 3차원 형상의 모따기(Chamfer) 부분의 치수를 정의하는 기능
  - 명령을 실행시키면 다음과 같은 Tools Palette에서 Chamfer의 치수 정의 방식 가능

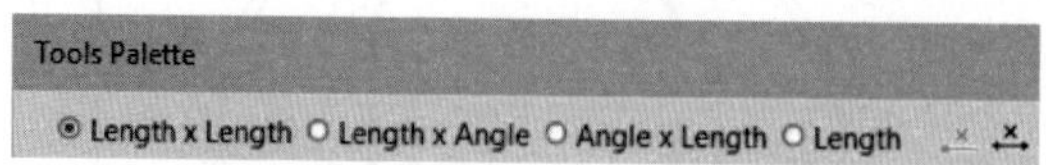

  - 형상에서 Chamfer가 들어간 모서리를 선택하면 다음과 같이 이웃하는 모서리와 함께 1, 2, 3으로 표시

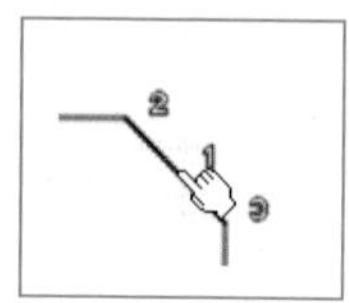

  - 이 숫자의 순서에 따라 치수 Chamfer 치수 표시 Type에 따른 치수가 들어가는 기준이 달라지며, 위 상태에서 마우스를 움직여 보면 2,3 숫자가 좌우로 바뀌게 되어 이 두 방향을 선택하는 것도 가능
  - 각 Type에 따라 다음과 같이 치수 표현이 가능

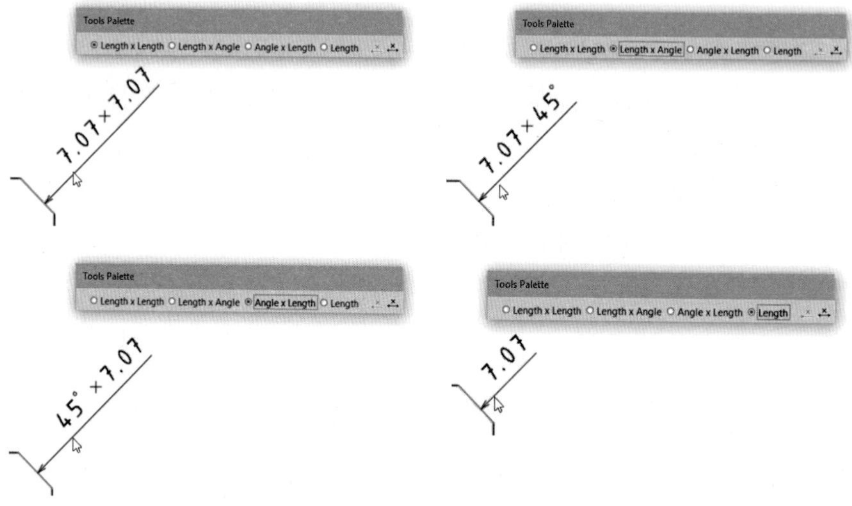

- Thread Dimensions
  - 3차원 형상의 Hole 요소 중에 나사선 가공인 Thread가 들어있는 경우에 이를 치수로 표현해주는 명령
  - Part Design App 등에서 Hole을 생성할 때 Thread를 적용하였거나 Thread/Tap 명령을 사용하여 별도로 정의를 해준 부분에 대해서만 치수 생성 가능
  - 명령을 사용하기 위해서는 현재 활성화된 View에 Thread가 표시되어 있어야 함

- Thread 표시를 활성화하는 방법은 활성화된 View를 선택하고 속성(Properties)에 들어가 다음과 같이 Generation ⇨ Dress-up에서 Thread를 체크해 주고 Apply

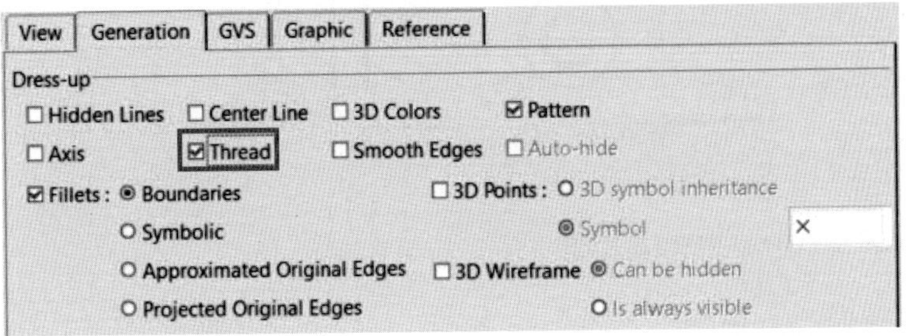

- 그러면 다음과 같이 Update 되어 현재 View에 Thread 기호가 표시됨

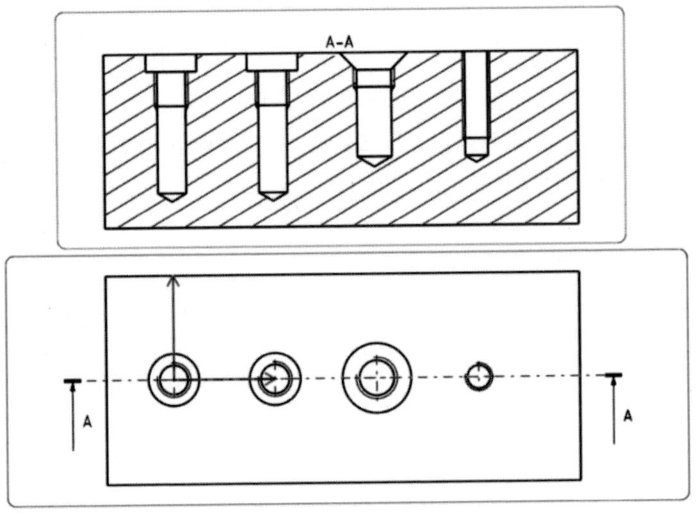

- Preference에서 설정해 줄 수 도 있으나 이런 경우 모든 View에 Thread 기호가 표시되어 불필요할 수 있음
- Thread 기호 표시를 위하여 이제 Thread Dimension 명령을 실행시키고 위의 Thread symbol을 선택

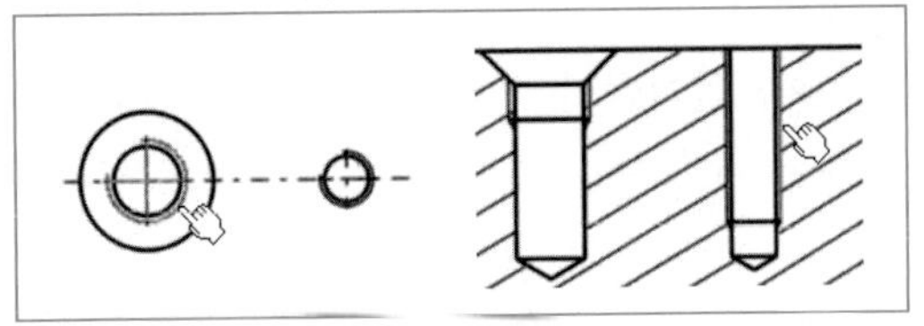

- 그럼 다음과 같이 선택한 Thread에 대해서 그 종류와 Thread 깊이를 치수가 생성 (보라색)

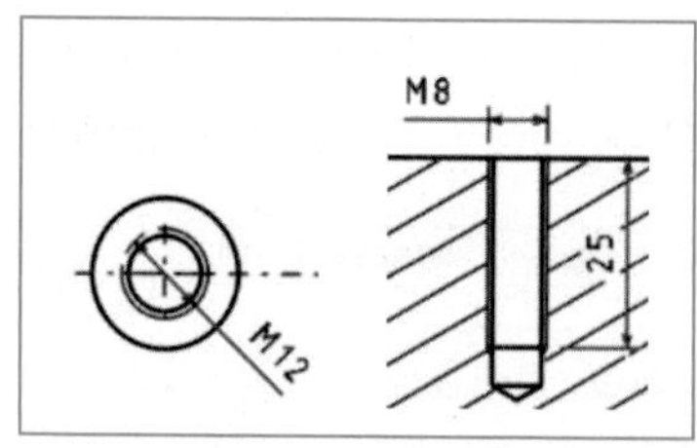

▶ Flyout for Creating Tolerances

- Datum Feature

  - 도면 형상에 Datum을 만들어 주는 명령
  - Datum(데이텀)이란 형상의 자세, 위치 및 흔들림 공차와 같이 형상으로 정의되는 기하 공차를 정의하기 위해 설정한 기하학적 기준을 의미
  - 기본적으로는 정삼각형 기호를 통하여 지시
  - 명령을 실행시키고 형상이나 치수와 같은 대상 요소를 선택

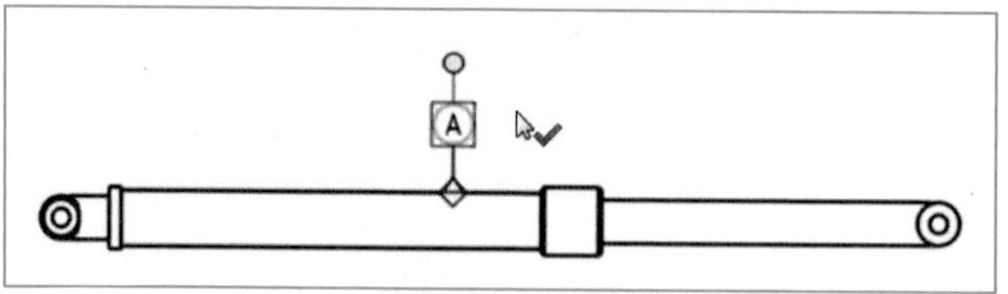

  - 그럼 다음과 같은 Datum Feature Creation 창이 나타나며 여기에서 원하는 기호를 입력

  - 생성된 Datum이 활성화된 상태에서 Datum을 선택하여 이동시키면 위치나 지시선(Leader)의 길이를 조절할 수 있으며, 여기서 SHIFT Key를 누르고 이동하면 부드럽게 조절이 가능
  - 또한 Datum이 선택된 상태에서 나타나는 현상 가까이의 노란색 포인트를 선택하고 Contextual Menu를 선택하면 다음과 같은 설정 가능

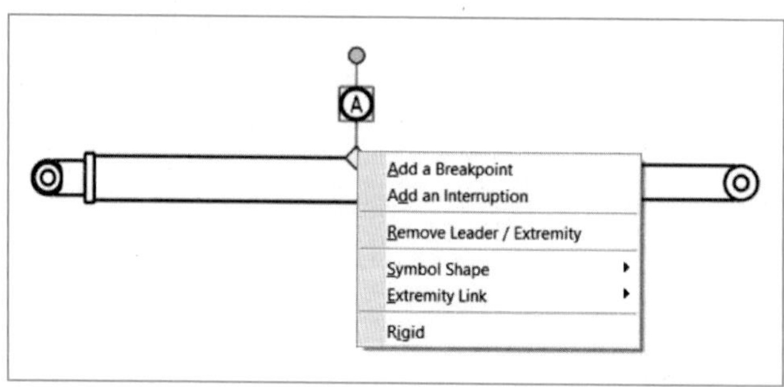

① Add a breakpoint

– 일직선 형태의 Leader에 꺾이는 지점을 추가

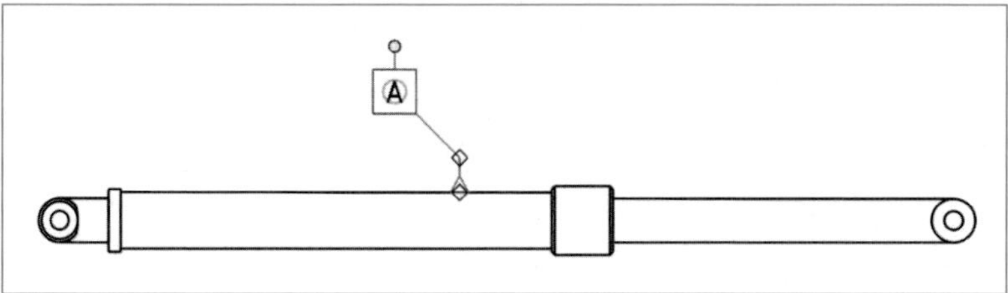

② Remove a Breakpoint

– 앞서 만들어진 Breakpoint를 제거하는 데 사용

③ Remove Leather

– 만들어져 있는 Leader를 제거
– 만약에 다시 Leather를 만들고자 한다면 Datum을 선택하여 Contextual Menu 에서 Add Leader를 선택

④ Symbol Shape

– Datum Symbol 형상을 변경

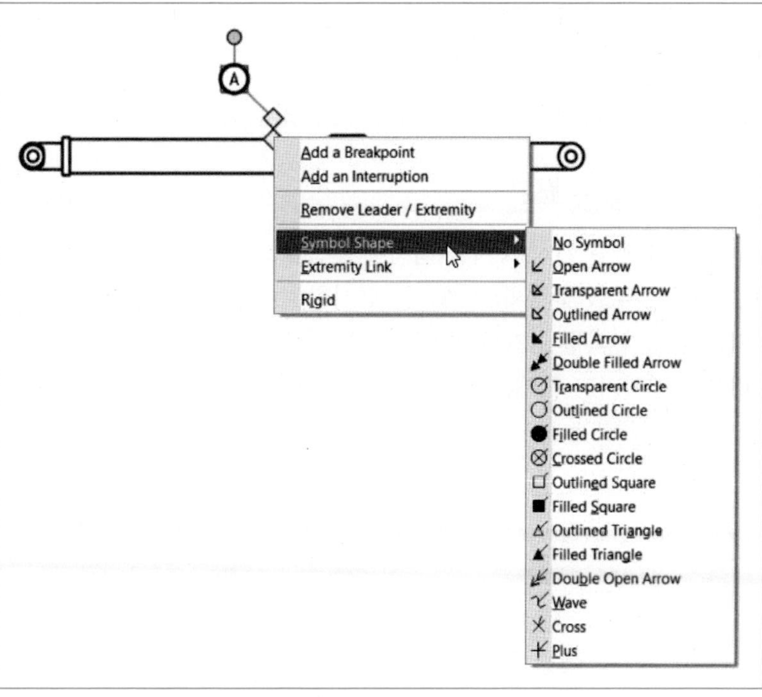

- Datum Target

  - Datum Target(데이텀 표적 또는 데이텀 대상)이란 주조 제품과 같이 제품 표면이 거칠고 평평하지 않은 경우, 형상의 전체를 Datum으로 사용하지 않고 부품과 접촉하는 점, 선이나 한정된 영역으로 Datum을 정의하는 방법
  - 명령을 실행시키고 Datum을 표시하고자 하는 부분을 선택 후 적당한 거리에 지시선을 위치한 후에 클릭
  - 그럼 다음과 같은 Datum Target Creation창이 나타나며, 여기서 원하는 값을 입력.
  - Datum Target은 원형 테두리를 가로선으로 구분하여 화살표로 연결한 틀을 사용

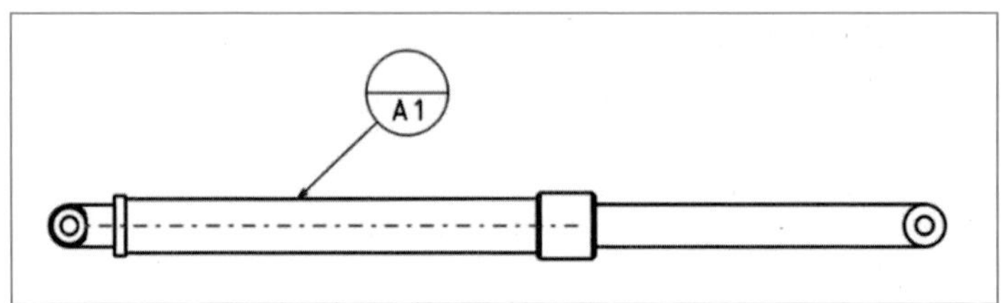

  - 상세 설정은 검색란 하단에 나타나는 정의 창을 통하여 표적의 크기 및 형상의 Datum을 정의 가능

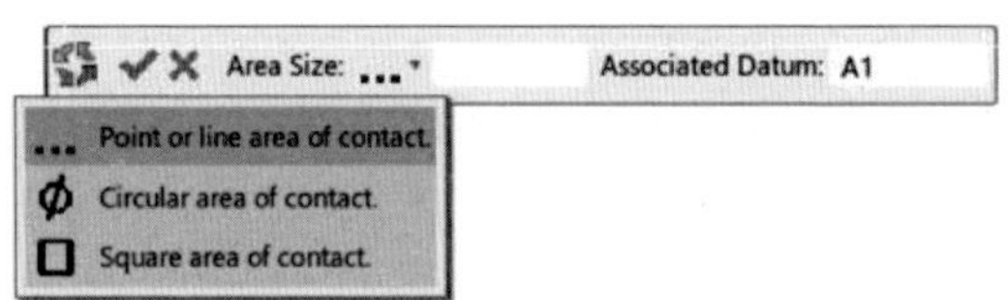

  - 마찬가지로 이러한 Datum과 지시 선 모두 작업 후 수정이 가능

- Geometric Tolerance

  - 치수 공차가 아닌 기하 공차를 입력해 주는 기능
  - 치수 공차는 부품의 정확한 정도를 표시할 수 있으나 형상과 위치에 대한 기하학적 정의는 어렵기 때문에 기하 공차가 필요
  - 명령을 실행시키고 원하는 형상 요소나 치수선을 선택하면 다음과 같은 Geometrical Tolerance 창이 표시

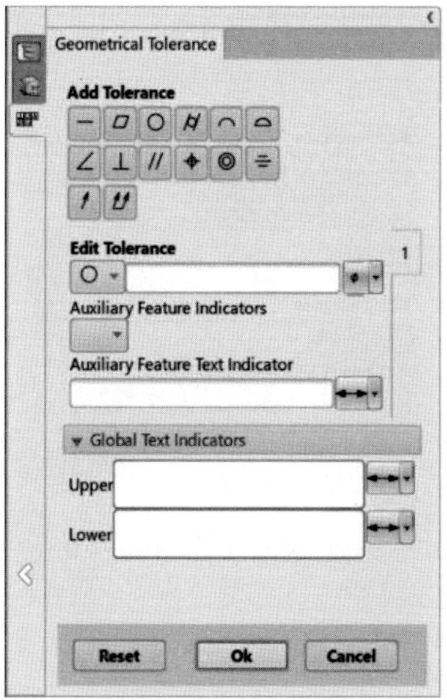

– 원하는 기하 공차 정보를 입력

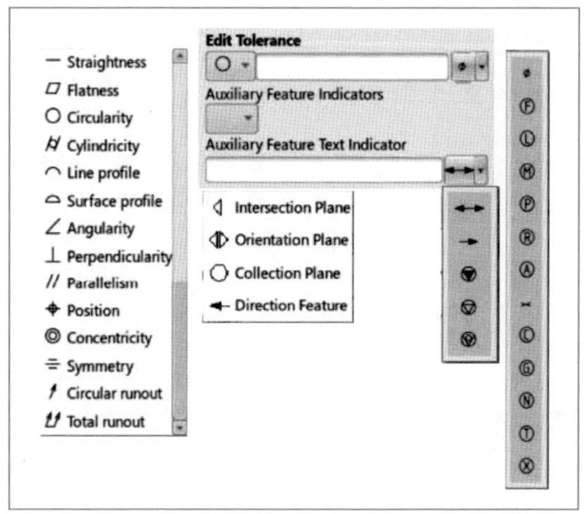

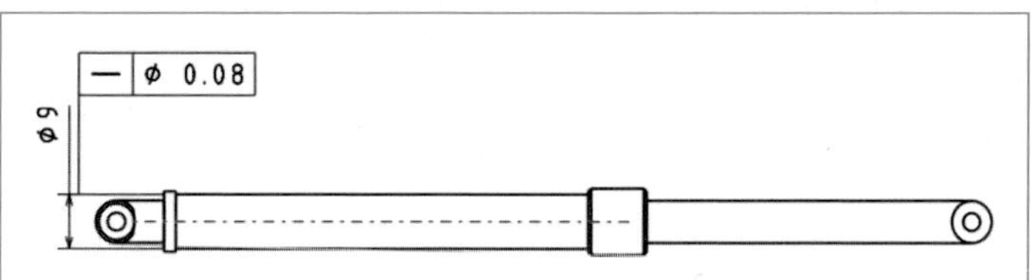

Chapter 05. Native Apps

- Add Tolerance에서 기하 공차를 추가하기 위해서 원하는 기호를 선택하면 자동으로 추가 가능

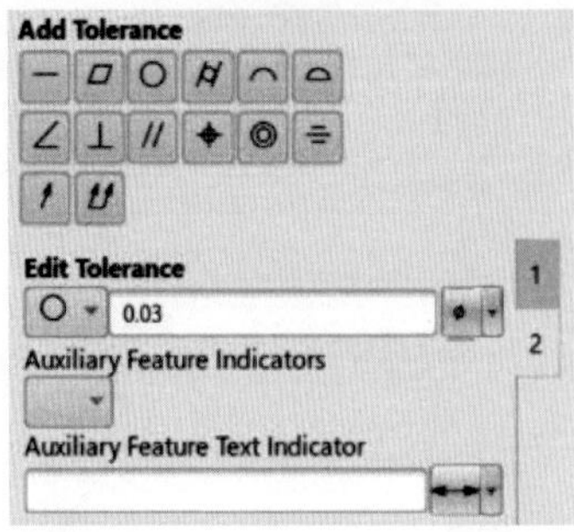

- 기하 공차 및 Datum에 관한 정보를 정의하는데 있어서 반드시 기본 제도 이론을 충분히 숙지하여야 함

• Roughness Symbol √

- 제품의 표면 거칠기에 대한 정보를 입력하는 Annotation 명령
- 표면 거칠기는 기계적 품질 건전성을 결정하는 요소로 이웃하는 부품과 접촉하는 경우 소음, 마모, 마찰열 등 품질에 영향을 미침
- 표면 거칠기 지시 기호의 위치

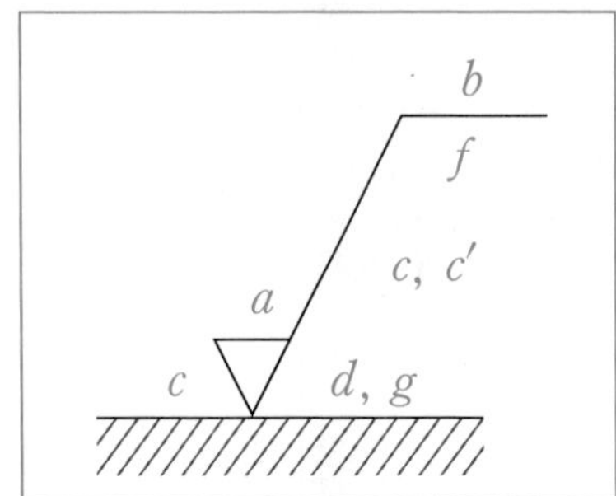

a 중심선 평균 거칠기의 값
b 가공 방법
c 컷오프 값
c′ 기준 길이
d 줄무늬 방향의 기호
e 다듬질 여유(ISO 규정)
f 최대높이 또는 10점 평균 거칠기의 값
g 표면 파상도(KS B 0610)

- 명령을 실행시키고 거칠기를 표시할 부분을 선택하면 다음과 같은 Roughness Symbol창이 표시

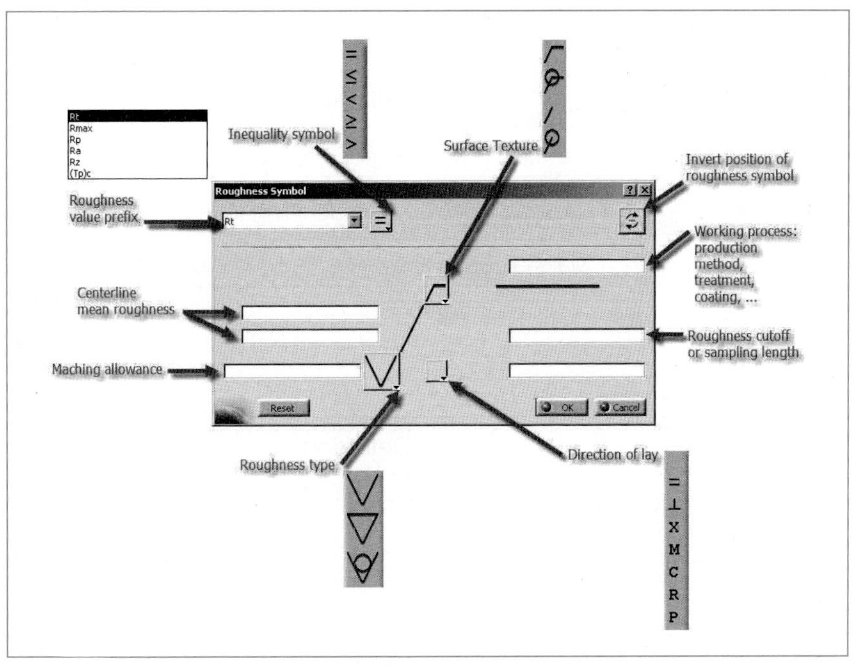

– 여기에 원하는 값을 입력해 준 뒤에 "OK"를 누르면 선택한 부분에 대한 거칠기 정보를 표현

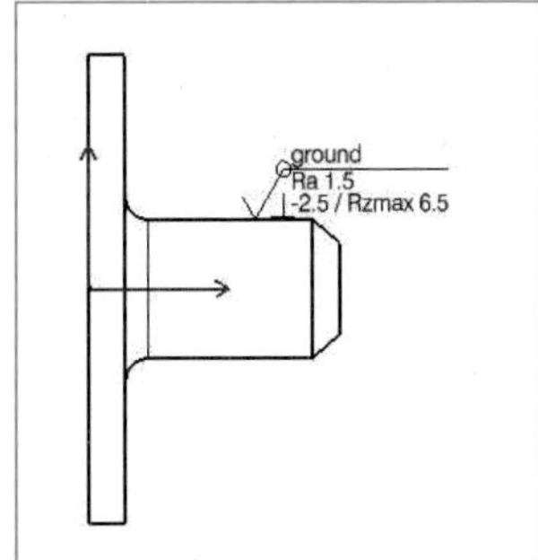

– 표면 거칠기 기호

① Surface Texture

Symbol	Definition
	Surface Texture
	Surface Texture and all surface around
	Basic
	All surfaces around

② Roughness Type

Symbol	Definition
√	Basic surface texture
∇	Material removal by machining is required
∀ with circle	Material removal by machining is prohibited

③ Direction of Lay

Symbol	Definition
=	Lay approximately parallel to the line representing the surface
⊥	Lay approximately perpendicular to the line representing the surface
X	Lay angular in both directions
M	Lay multidirectional
C	Lay approximately circular
R	Lay approximately radial
P	Lay Particulate, non-directional, or protuberant

▶ Flyout for Creating Dress-up and Graphic

- Area Fill Creation
  - View가 가진 닫혀 있는 영역에 해칭 단면 특성을 부여하는 명령
  - 명령을 사용하려면 반드시 선택한 부분이 Geometry나 형상으로 하여금 닫혀 있어야 함
  - 명령을 실행시키고 Fill하고자 하는 부위를 선택

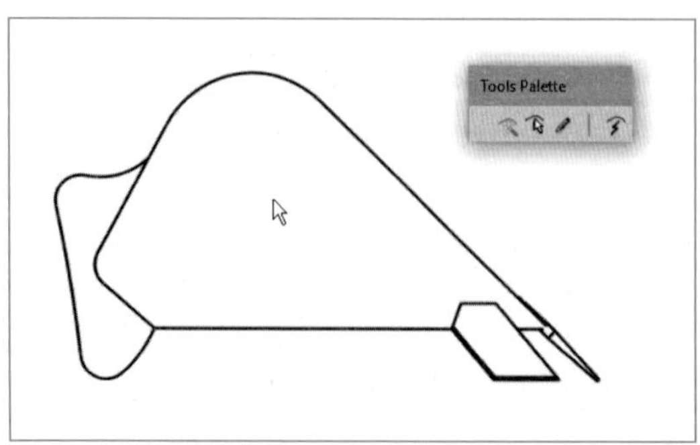

– 선택한 부분이 닫혀 있다면 Default로 다음과 같이 해칭 기호가 표시

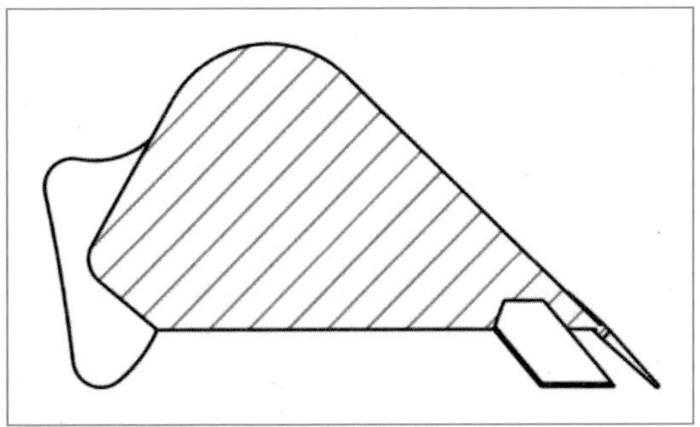

– 이러한 Fill 패턴은 Object Properties를 사용하여 변경 가능

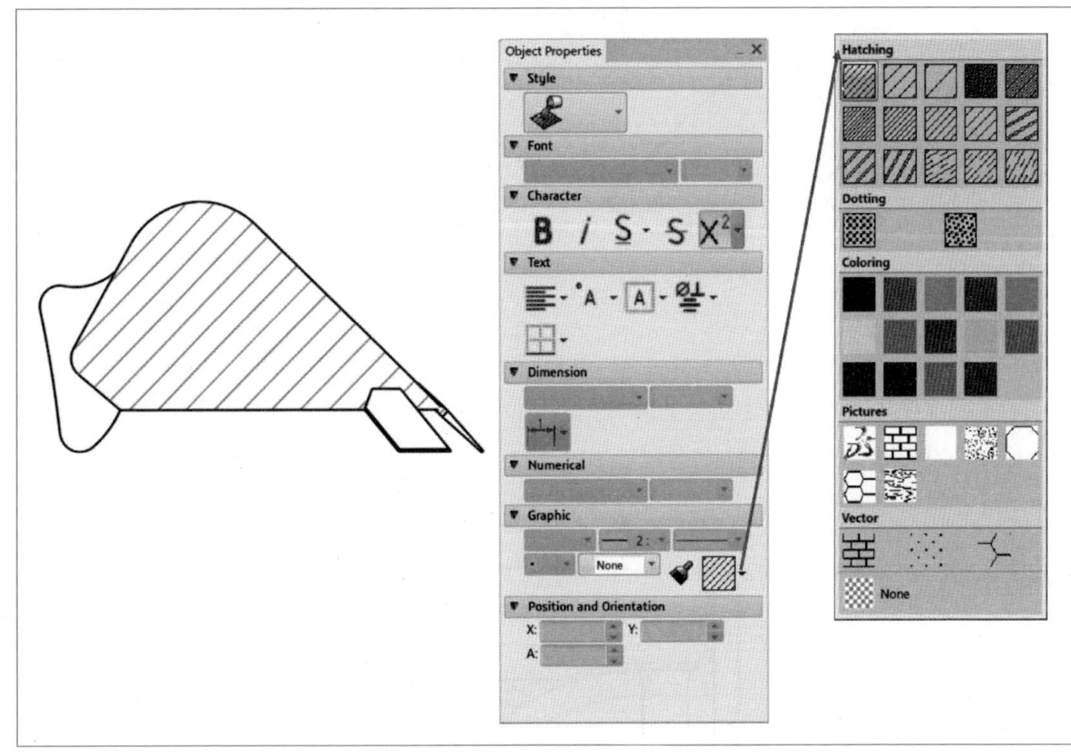

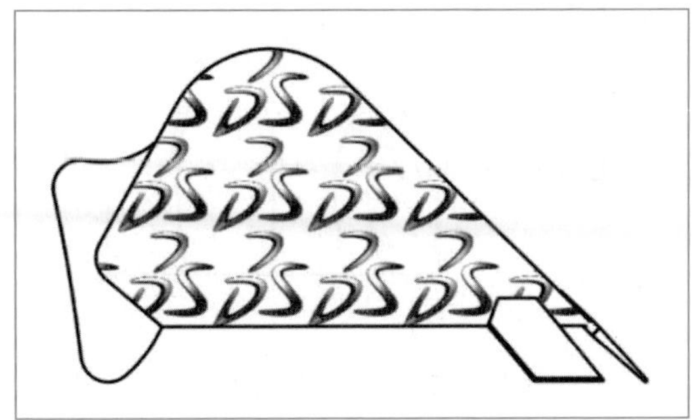

- Insert Picture
  - Sheet에 이미지 파일을 삽입하는 기능
  - 텍스트나 테이블, View등으로 표현할 수 없는 정보를 이미지 파일을 통하여 도면 상에 정의하고자 할 때 사용

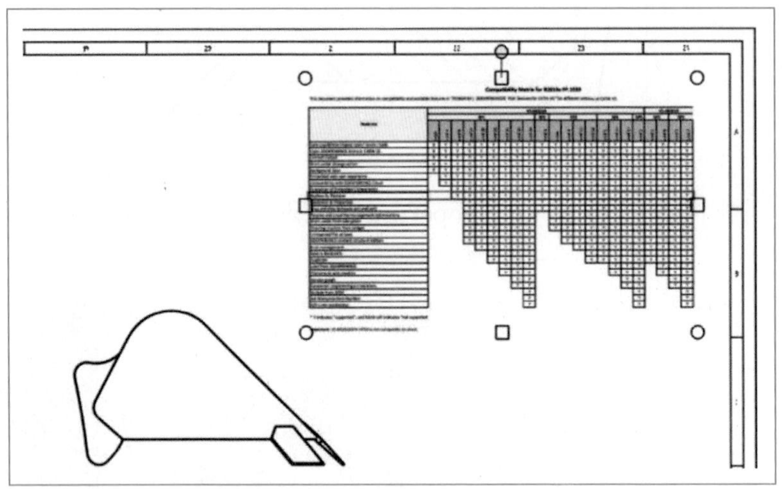

- Arrow
  - Sheet의 View 상에 지시 또는 기타 목적으로 화살표를 생성하는 명령
  - 명령을 실행시키고 화살표의 시작 위치가 될 지점을 먼저 클릭한 다음, 화살표 머리가 생길 마지막 지점을 선택
  - 그러면 다음과 같이 두 지점을 통하여 화살표가 생성

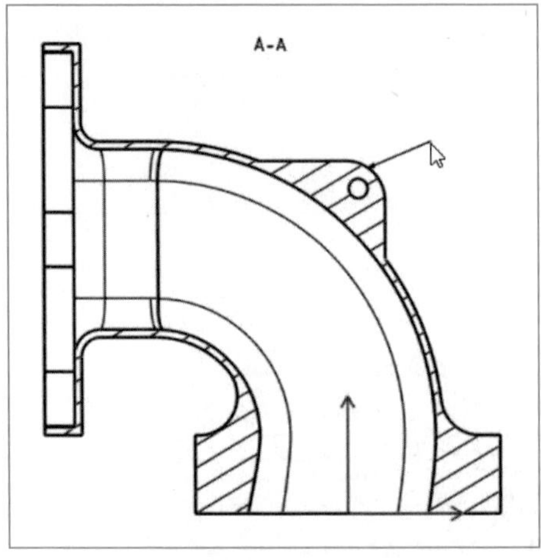

  - 생성된 화살표를 선택하여 활성화된 상태에서 위치의 수정 가능

– 화살표를 선택한 상태에서 양 끝에 있는 노란 포인트에서 Contextual Menu를 사용하여 양쪽의 화살표 모양을 각각을 수정할 수 있음

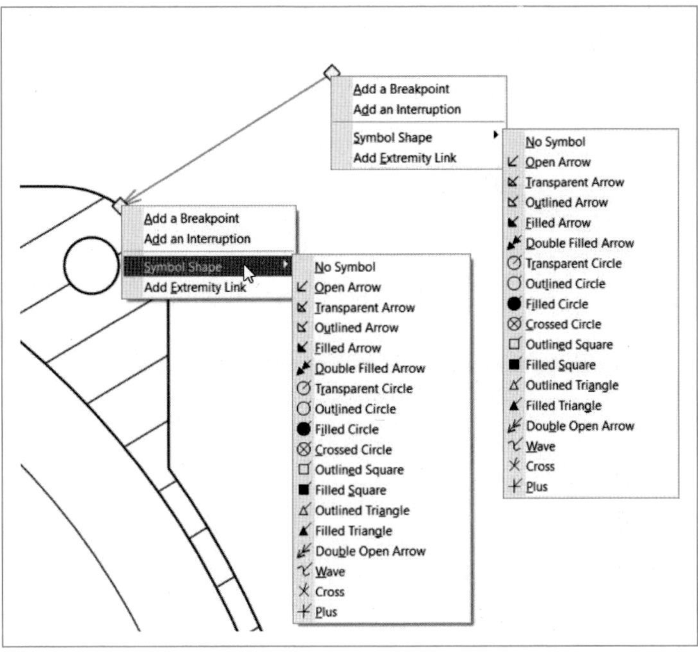

① Add a Breakpoint

- 화살표의 지시선의 꺽이는 지점을 정의 가능
- 마찬가지로 이 꺾인 지점은 이동이 가능
- 만약에 Breakpoint를 제거하고자 한다면 Contextual Menu에서 Remove a Breakpoint를 선택

② Add an Interruption

- 치수 보조선에 Interruption을 준 것처럼 화살표의 선의 일부를 Interruption을 생성
- 기능을 선택하고 Interruption할 거리만큼을 두 번 클릭
- 나중에 제거하고자 한다면 Contextual Menu에서 Remove Interruption을 선택

③ Symbol Shape

- 화살표 머리 모양을 선택해 줄 수 있음

▶ Flyout for Creating Axis and Thread

• Center Line

– 원형이나 타원 형상의 중심선을 만들어 주는 명령

– 명령을 실행시키고 원하는 대상을 선택해주면 다음과 같이 중심을 나타내는 Center Line이 만들어짐

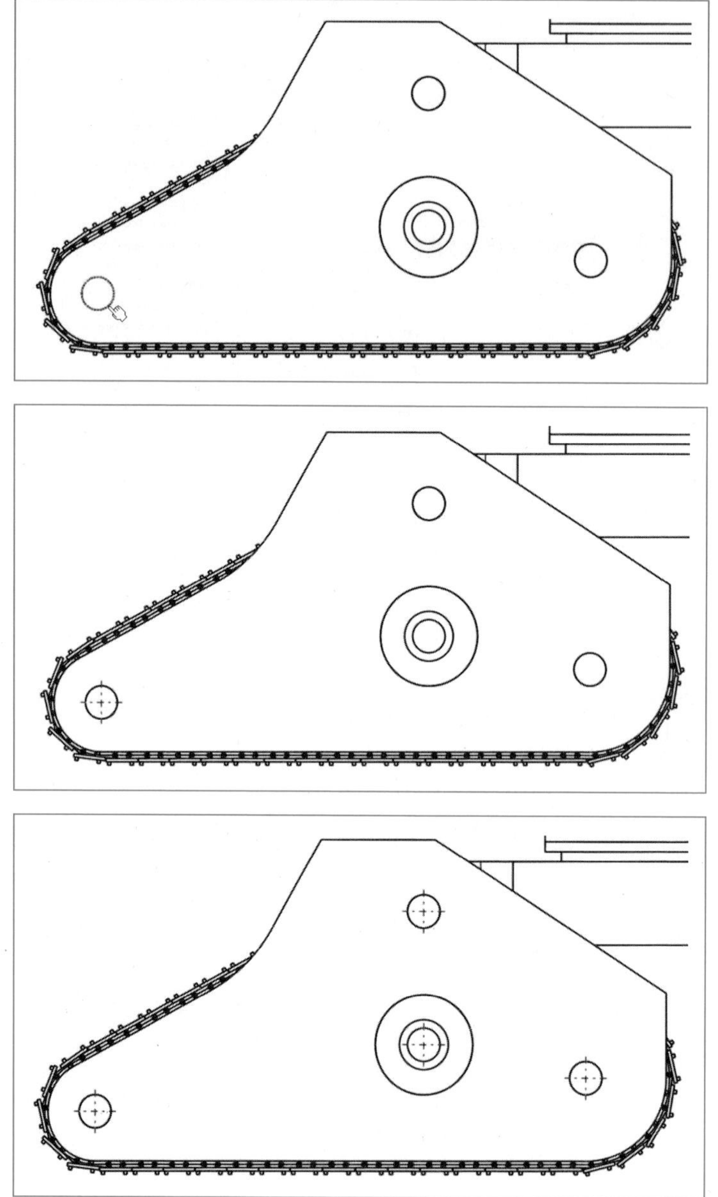

– 만약에 여러 개의 원형 형상에 동시에 Center Line을 만들고자 한다면 명령을 실행시키기에 앞서 복수 선택을 해주고 명령을 실행
– 이렇게 만들어진 Center Line은 마우스를 이용하여 그 크기를 조절 가능

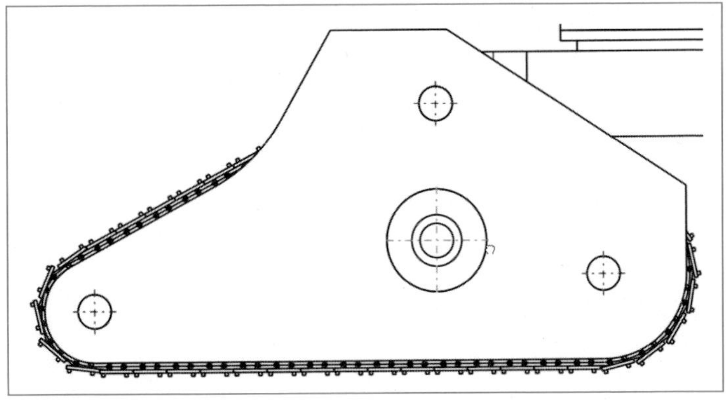

– 이렇게 생성된 Center Line을 이용하여 치수를 정의하는데 사용할 수도 있음

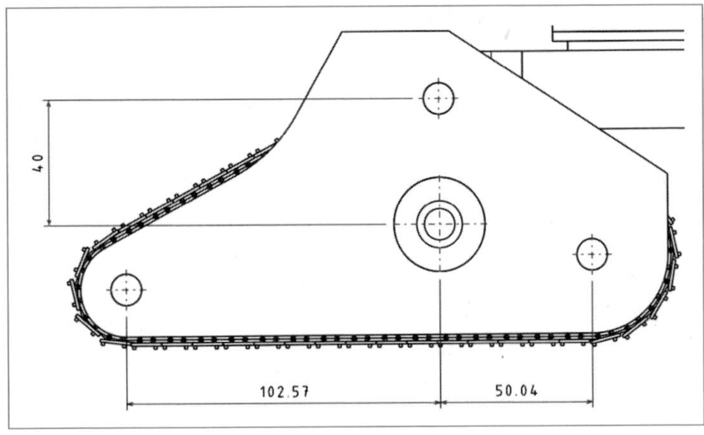

- Center Line with Reference
  - Center Line을 만드는데 있어 원형이나 타원 요소와 더불어 기준이 될 원점을 선택해 주어 그 원점을 기준으로 Center Line이 만들어 지게 하는 명령
  - 명령을 실행시키고 Center Line을 만들고자 하는 원형이나 타원 요소를 선택

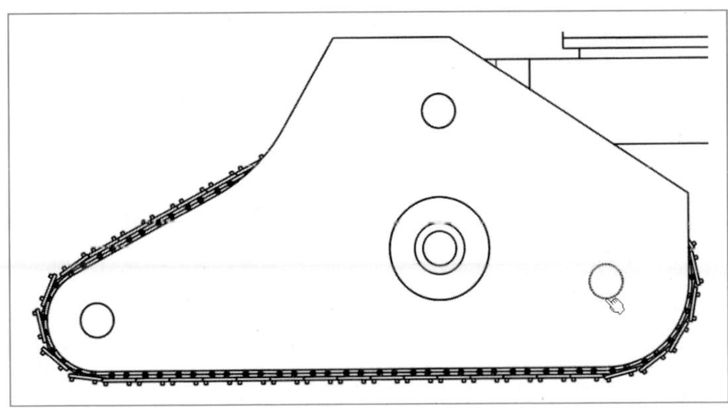

- 다음으로 앞서 선택한 대상의 중심 요소로 사용하고자 하는 대상을 선택

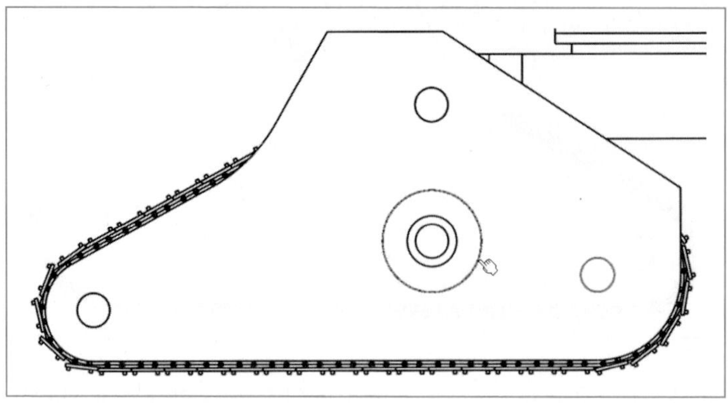

- 그러면 이 원점 요소를 중심으로 Center Line이 정의됨

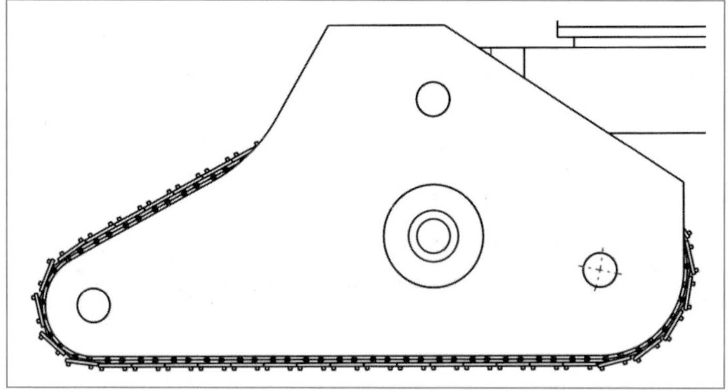

• Thread

- 원형 형상(Hole)에 나사선 가공인 Thread를 표시해 주는 명령
- 실제로 Thread를 사용하지 않았더라도 기호로 표시가 가능
- 명령을 실행시키고 원형 형상이 있는 부분을 선택

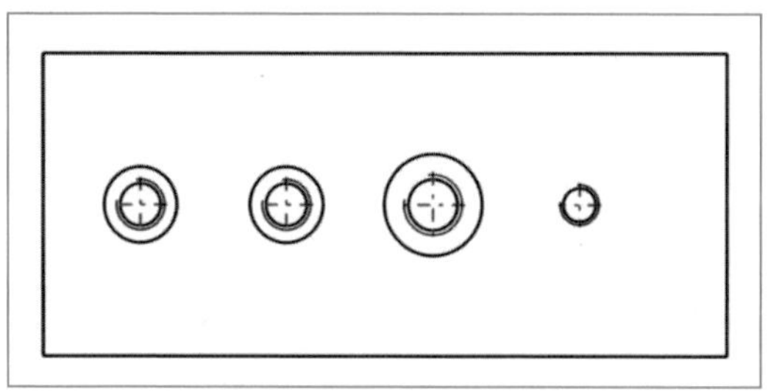

- 명령을 실행한 상태에서 다음과 같이 Tools Palette를 이용하여 Thread를 표시할지 Tap을 표시할지를 선택 가능. 좌측이 Tap, 우측이 Thread

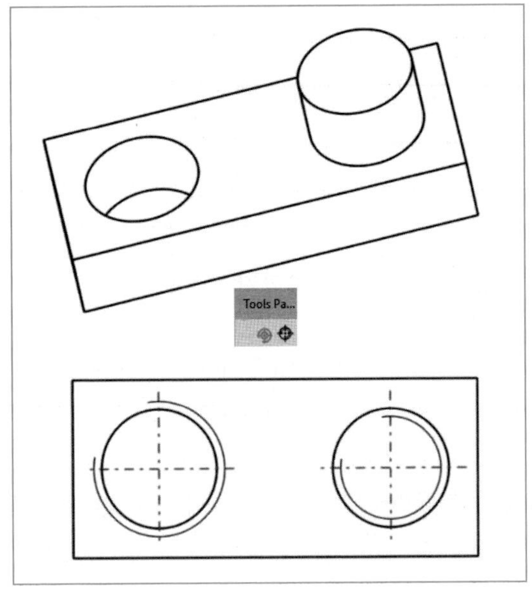

- Thread with Reference
  - 앞서 Thread 와 달리 기준점의 위치를 정의하여 생성하는 명령
  - 명령을 실행시키고 Thread 또는 Tap을 주고자 하는 원형 형상을 선택
  - 다음으로 기준으로 삼고자 하는 대상을 선택
  - 그러면 이 기준을 원점으로 하여 Thread 또는 Tap 형상이 생성

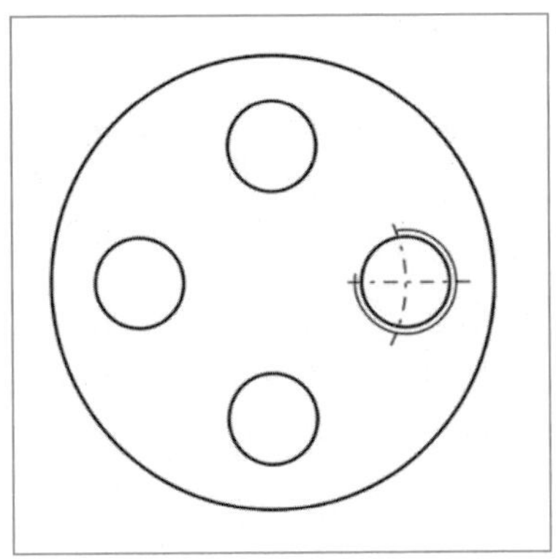

  - 모든 대상을 기준 요소로 선택할 수 있는 것은 아니며 원형 형상과 같은 축 상에 있는 요소이어야만 함 Axis Line
  - 중심축을 가지는 형상에 대해서 그 중심축을 그려주는 명령
  - 원통 형상으로 인식되는 대상의 경우 한쪽의 모서리를 선택하면 자동으로 중심축을 인식

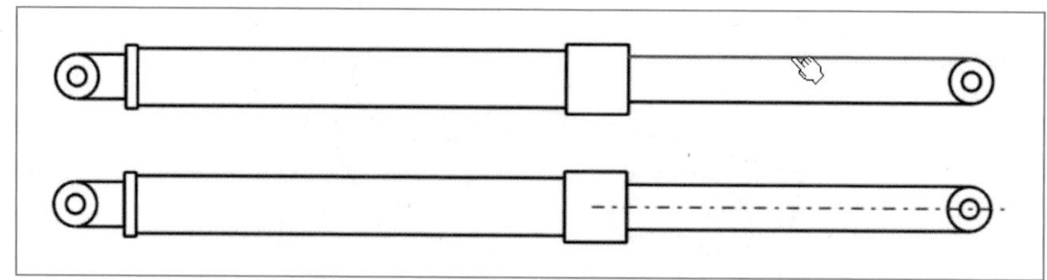

– 생성된 Axis Line 역시 선택 후에 크기 조절이 가능

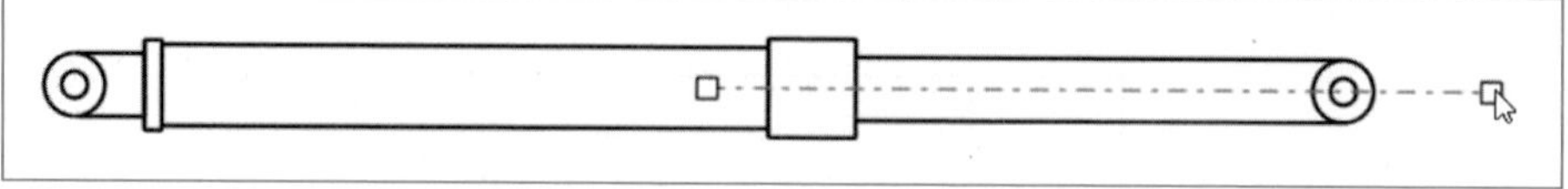

– View에 직업 형상을 그려주었거나 3차원 형상과 링크가 끊어진 경우 나란한 두 대상 요소를 선택해 주어 그 이등분 위치에 Axis Line을 생성 가능

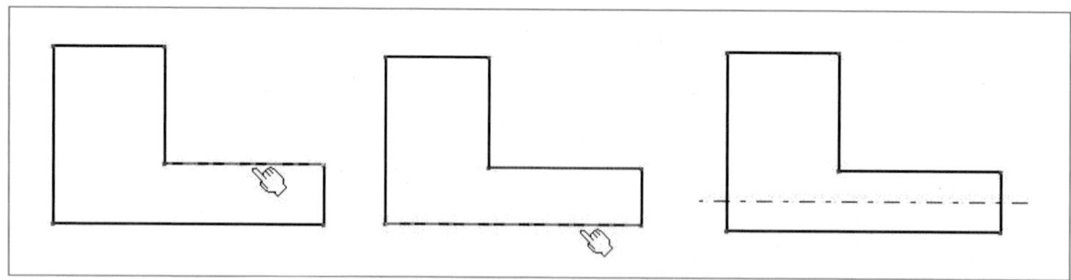

■ Sketch

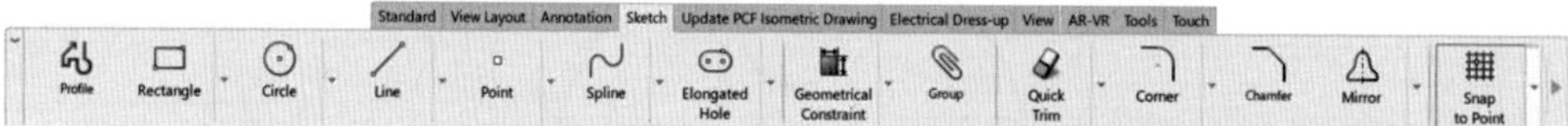

Drafting Sheet에 2차원 형상을 그리는 명령들을 감고 있습니다. 일반적으로 실제의 어떠한 형상의 View를 그리기 위한 목적으로의 사용은 드물다. 3차원 형상에서 가져온 View에 추가로 누락된 형상이나 표현하고자 하는 형상을 그려주기도 합니다. Geometry 생성에 관련된 명령어들은 Sketcher App와 동일하므로 이를 참고하기 바랍니다.
일반적으로 3차원 형상에서 가져온 View의 형상은 그 형상과 치수 구속 값을 바꾸어 줄 수 없다는 것을 알 것입니다. 그러나 여기 Geometry Creation으로 만든 형상에 대해서는 치수를 잡고 그 값을 일반 Constraints처럼 바꾸어 줄 수 있습니다.
따라서 이 Sketch 기능을 적절히 이용하면 도면상에 표시할 수 없는 치수이거나 형상에서 잘못 나온 치수를 수정하는 용도로 사용이 가능합니다.

- Snap to Point
  - 커서의 위치나 포인팅을 격자(Grid) 사이로만 이동할 수 있게 하는 옵션
  - 화면에 격자가 표시되지 않아도 격자 사이로만 이동할 수 있으므로 커서 동작이 제한적인 경우 이 옵션이 활성화되어있는지 확인 필요
  - 해당 옵션을 끄지 않은 상태로 격자 사이를 벗어나 자유롭게 커서를 이동하고자 할 경우 Shift Key를 누른 상태에서 마우스를 조작

- Create Detected Constraints
  - Skeet의 View에 형상을 그려줄 때 형상 사이에 가질 수 있는 Geometrical Constraint를 인식하여 자동으로 생성하는 기능
  - View Section의 Show Constraints 기능과 연계하여야 구속의 생성과 보기를 함께할 수 있음

- Instantiate 2D Component
  - 도면 작업에 반복적으로 사용되는 2차원 Component 요소를 생성한 후에 복제하여 사용하고자 할 경우에 사용
  - Detail View에서 만들어 놓은 2D Component를 현재의 Sheet에 불러오는 명령. 즉, 앞서 만들어둔 형상을 자유롭게 원하는 Sheet로 불러와 반복해서 그리지 않고 사용할 수 있음
  - 작업하고자 하는 View를 반드시 Active 상태로 한 후, 명령을 실행시키고 불러오고자 하는 2D Component를 클릭

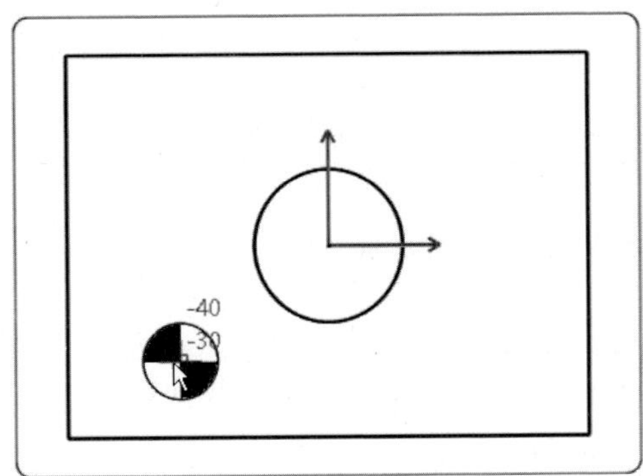

  - 그러면 현재 활성화된 Sheet의 View에 형상이 불러와 지며, 여기서 원하는 위치에 크기를 조절하여 배치 가능

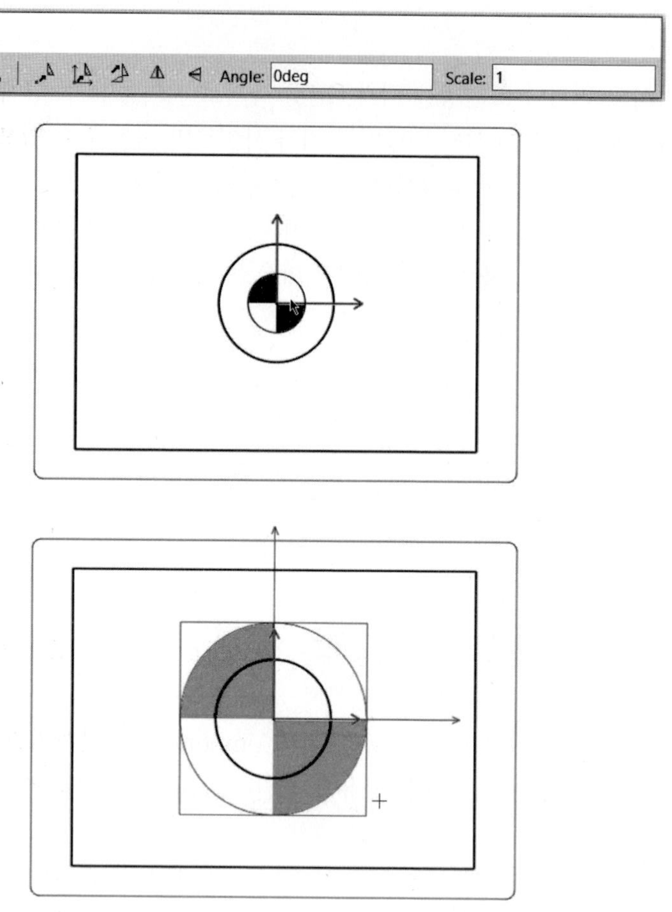

- 명령을 실행시키고 2D Component를 선택하고 나면 2D 형상의 위치를 잡기 위하여 다음과 같은 Tools Palette 표시. 이것을 이용하여 형상을 대칭시키거나 회전시켜 위치를 정의

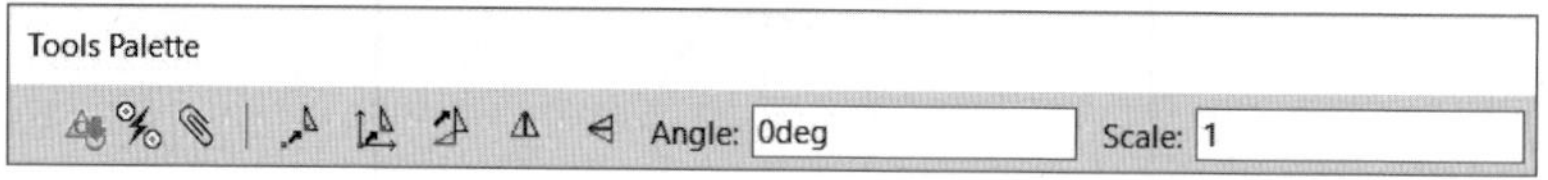

- 이와 같은 2D Component는 여러 개의 Sheet에 여러 개가 불러와 재사용할 수 있는 장점이 있음. 이미 정의한 2D Component의 크기와 방향을 동일하게 다른 View로부터 가져오고자 할 경우엔 Spec Tree에서 이미 생성된 2D Component를 선택해서 복사함

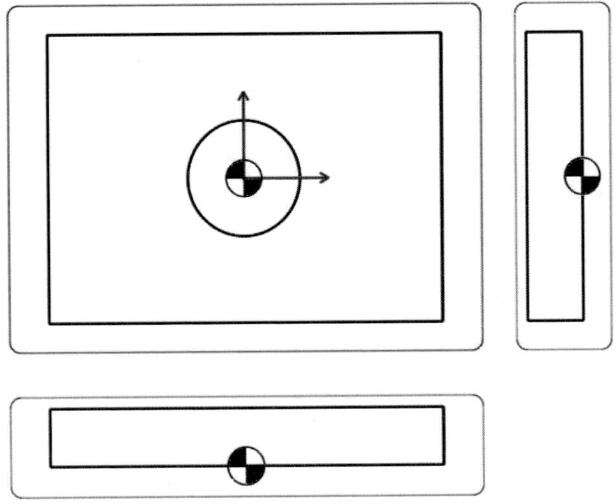

- View

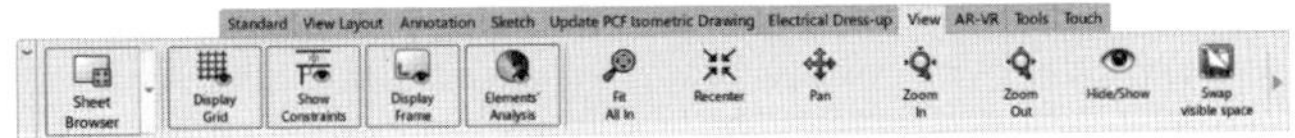

- Sheet Browser / View Browser
  - Drafting App 상에 각각의 Browser를 표시하거나 숨기기 하는데 사용

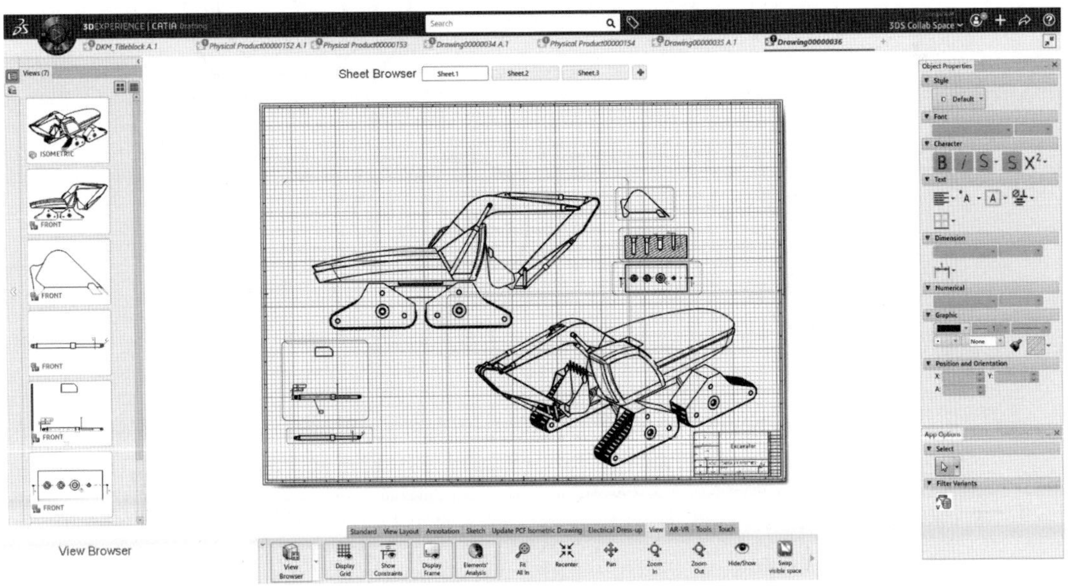

Chapter 05. Native Apps

- Display Grid
  - 화면상 Sheet에 Grid를 표시하기 위해 사용하는 옵션

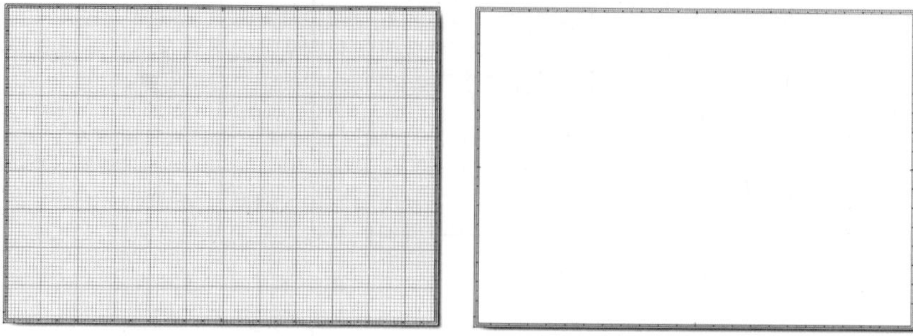

- Show Constraints
  - Sheet 상에 그려지는 2차원 형상에 대해서 인지할 수 있는 Geometrical Constraints를 표시하는 옵션
  - 해당 옵션을 활성화하지 않으면 생성된 Geometrical Constraints가 화면에 표시되지 않음

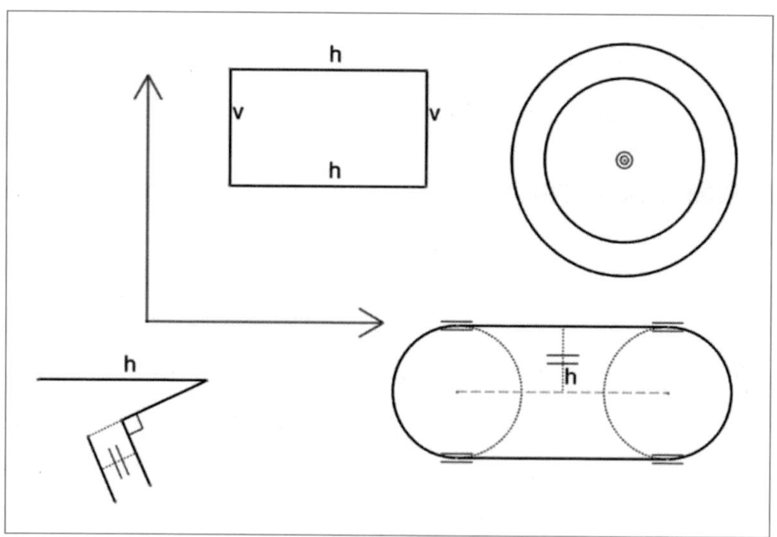

  - 2차원 형상을 Sheet의 View에 그려줄 때 인식할 수 있는 Geometrical Constraints에 대해서 자동으로 인식하여 구속을 생성하기 위해서는 Sketch Section Bar의 Create Detected Constraints 가 활성화되어 있어야 함
  - Create Detected Constraints 명령은 구속을 생성하는 기능이고 Show Constraints 명령을 그러한 구속을 표시하게 하는 기능임

- Display Frame
  - 각 View들이 표시되는 Frame을 숨기기 또는 표시하는데 사용
  - 각 View를 Sheet상에 이동시키는데는 Frame이 필요하지만 표시 상태가 번거로운 경우 숨기기 가능
- Element Analysis
  - 생성된 Dimension을 유형에 따라 다른 색상으로 표시하는 옵션
  - 해당 옵션이 꺼져있으면 모든 치수선의 색상은 동일하게 검정색으로 표시됨
  - 옵션이 켜진 경우 Preference에 정의된 설정에 따라 치수선의 색상이 표시 (Preference ⇨ 3D Modeling ⇨ Mechanical Systems ⇨ Drafting ⇨ Display Tab)

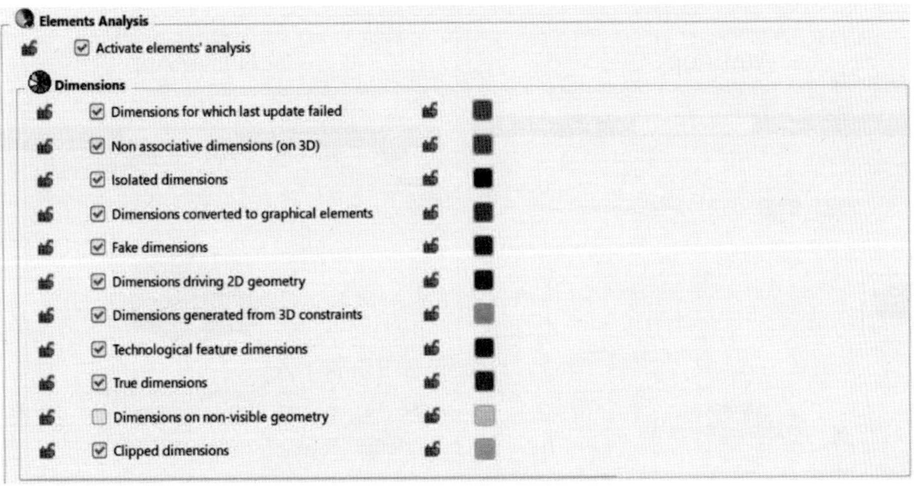

SECTION 06 Collaborative Lifecycle Management App

여기서는 앞서 App들에서 생성한 모델링 데이터를 관리하는 방법을 공부할 것입니다. File 기반의 CATIA V5 환경이나 다른 Personal File 기반 CAD 프로그램과 달리 협업 중심의 Model Base 설계 방식을 사용하는 3DEXPERIENCE Platform은 데이터를 관리하는 중앙 서버가 있고 여기에 정보가 저장됩니다. 따라서 데이터를 지우거나 수정하는 데 있어 데이터의 상태나 권한 등에 따라 좌우됩니다. 협업 기반의 환경에서 여러 사용자가 함께 데이터를 공유하는 특성상 설계자 자신이 만들었다고 해서 해당 설계 정보를 마음대로 할 수 없다는 점을 유의하기 바라며, 각 기능들과 함께 협업 환경에서 데이터 관리 방법에 대해 이해하기 바랍니다.

A. Collaborative Lifecycle Management App 시작하기

Collaborative Lifecycle Management App은 Native App과 Web Browser(Wep App)를 사용하여 실행할 수 있습니다. 사용 위치에 따라 기능의 차이는 일부 있으나 전반적인 Lifecycle 관리에 관한 기능은 동일하게 사용할 수 있습니다.

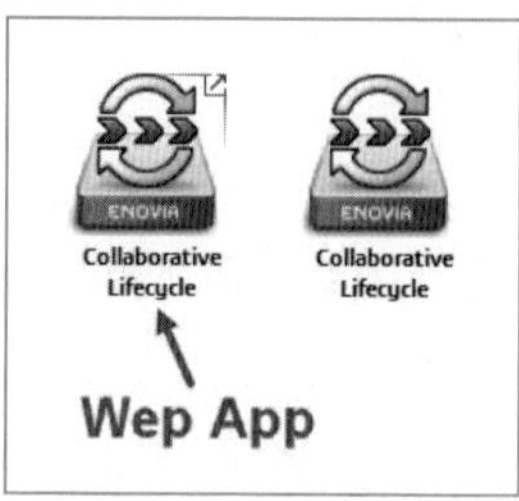

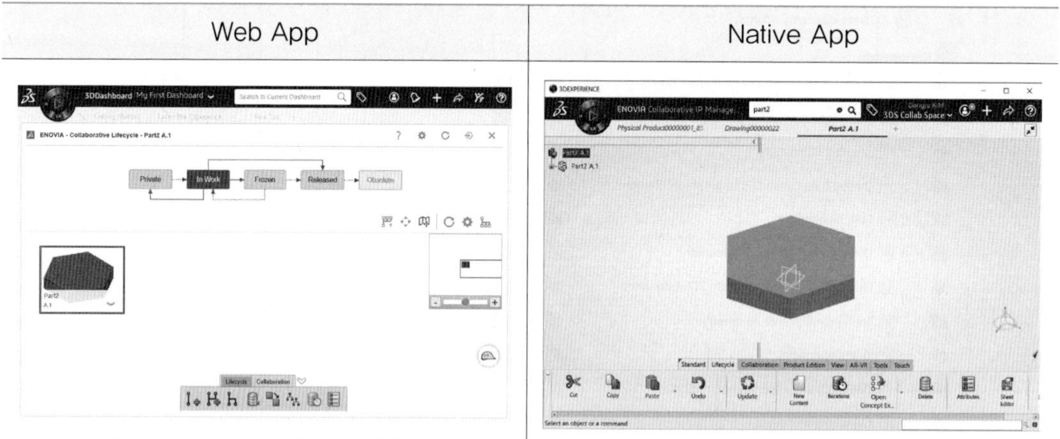

Collaborative Lifecycle Management App을 통하여 설계자는 설계 데이터 즉 오브젝트의 수명주기(Lifecycle)를 관리할 수 있게 됩니다. 생성한 데이터의 Revision을 생성한다거나 Maturity를 변경, 데이터의 삭제(Deletion)를 수행할 수 있습니다.
3DEXPERIENCE Platform의 설계 방식이 기존의 CATIA V5와 가장 큰 차이라고 할 수 있는 부분이 바로 데이터의 관리이기 때문에 Collaborative Lifecycle Management App을 통한 데이터 수명 관리에 대해서 충분히 이해하기를 권장합니다.

B. Section Bar

■ Lifecycle

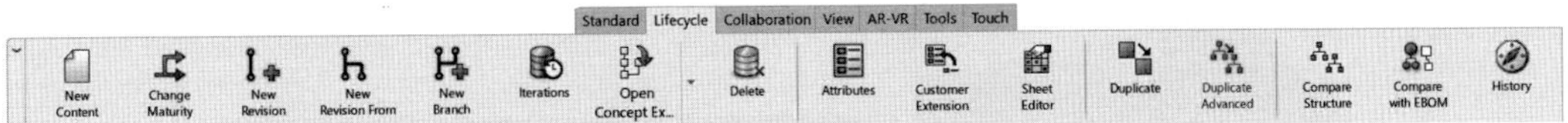

- New Content
  - 새로운 오브젝트를 생성할 때 사용
  - 명령을 실행하면 New Content 창이 나타나 생성하고자 하는 오브젝트 유형을 선택할 수 있음

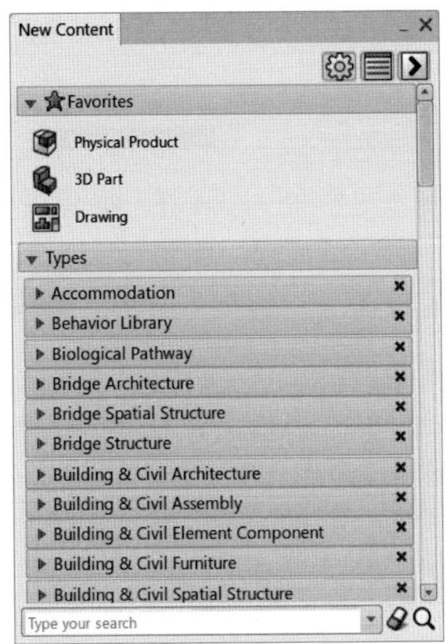

- Change Maturity
  - PLM 오브젝트가 생명 주기에 따라 가지게되는 성숙도 단계를 조절하는 기능
  - 기본적으로 PLM 오브젝트는 5가지 상태를 가질 수 있음(Private, In Work, Frozen, Released, Obsolete)
  - 명령을 실행하면 다음과 같은 Change Maturity 창이 나타남

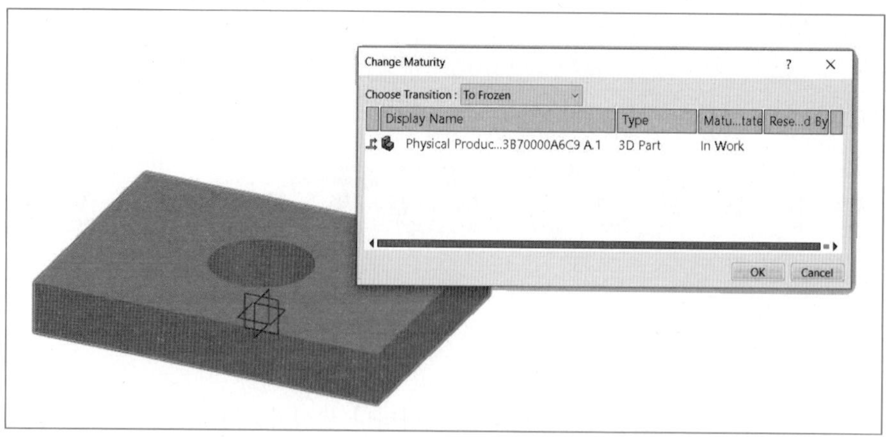

- Choose Transition에서 원하는 상태 값을 선택(Obsolete는 Released 된 오브젝트의 다음 Maturity 변경 시에 선택 가능)

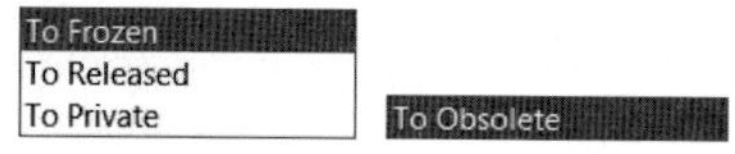

- 상태 변경이 올바르게 진행되면 다음과 같은 메시지가 출력됨

Change Maturity Status Successful

- 기본적으로 오브젝트를 생성한 단계에서는 In Work 상태를 가지며, 서버에 저장되지 않은 상태의 오브젝트는 Maturity를 변경해 줄 수 없음
- 오브젝트가 Obsolete 상태가 되면 추가 수정을 통한 데이터 저장이나 다른 상태로 Maturity 변경이 불가능함(오브젝트 수명주기의 마지막 상태가 Obsolete임)
- Maturity 상태 변경은 Save With Options에서도 실행 가능

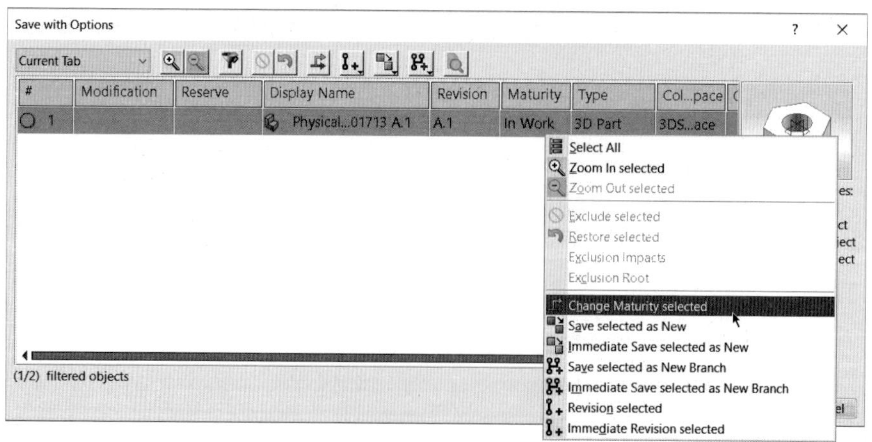

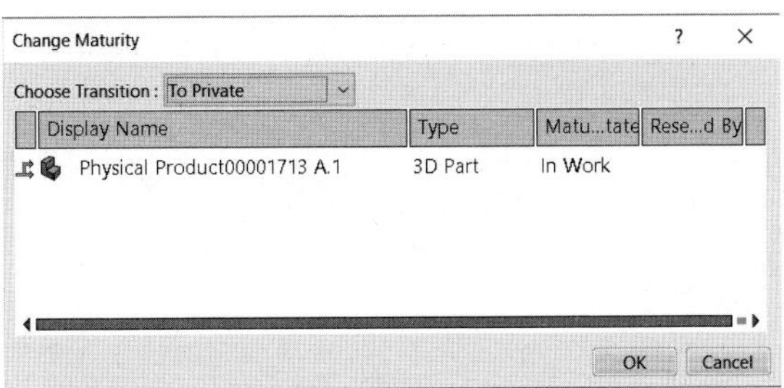

- New Revision
  - 오브젝트에 대해서 설계 이력을 유지한 상태로 새로운 버전을 생성하는 기능
  - 변경되는 설계 정보를 변경한 새 버전의 오브젝트가 필요한 경우에 사용
  - Revision으로 생성한 오브젝트는 별도의 설계 이력을 가지면서 계속 활용 가능함
  - Revision을 이용한 Product Structure 변경 작업도 가능
  - New Revision의 개념

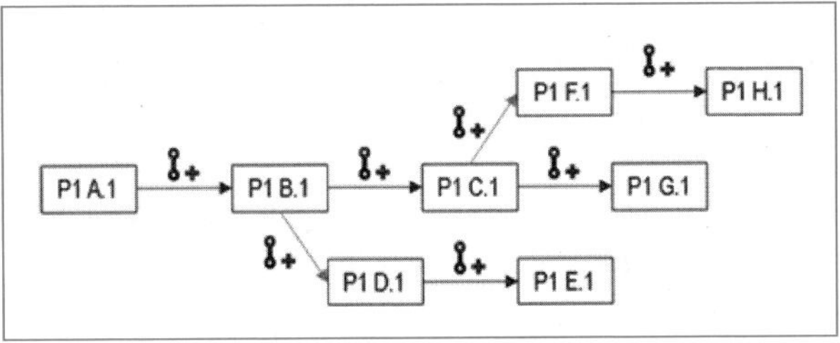

  - 명령을 실행하면 New Revision 창이 나타나 Revision될 대상을 확인할 수 있음 (Assembly 상에서 복수의 오브젝트를 확인할 수 있음)

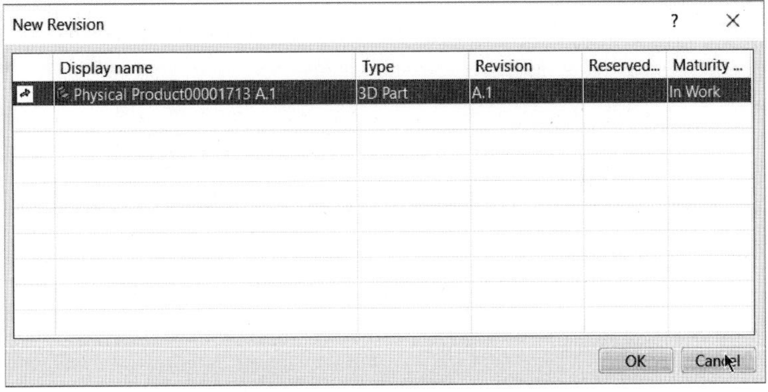

  - 생성된 Revision은 별도의 오브젝트로 설계 작업에 활용 가능

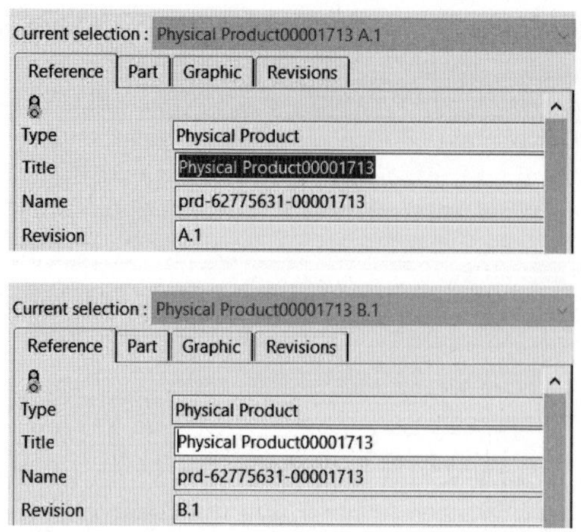

- New Revision From
  - 새로운 Revision을 생성할 때 기존 원본 오브젝트가 아닌 설계 이력이 연결된 (Branch) 오브젝트로부터 생성하는 기능
  - New Branch와 New Revision, New Revision From의 개념

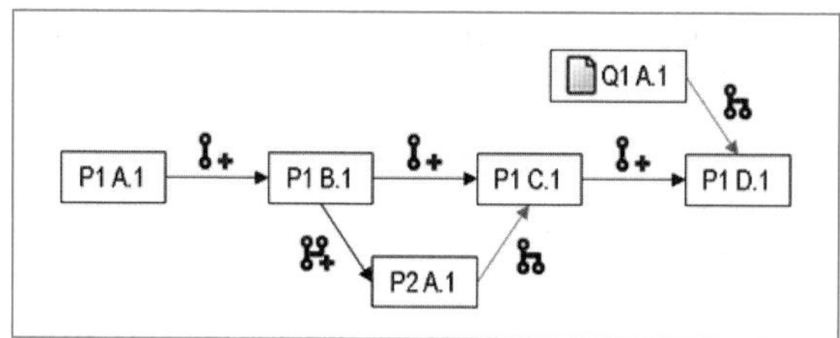

  - 명령을 실행하고 대상 오브젝트의 Root를 선택하면 다음과 같은 창이 나타나며, Branch의 오브젝트를 선택해 주면 새로운 Revision이 생성

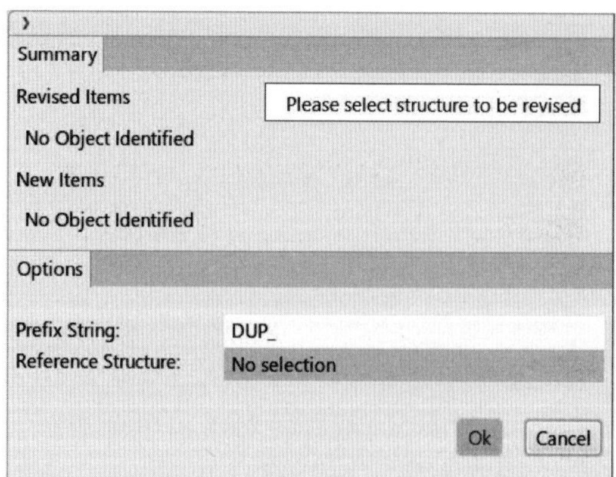

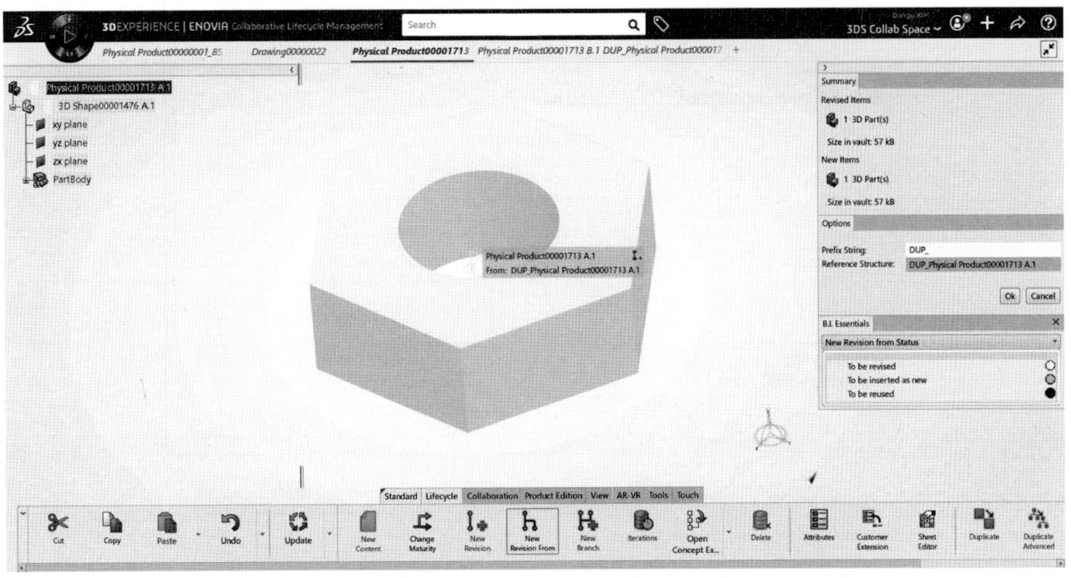

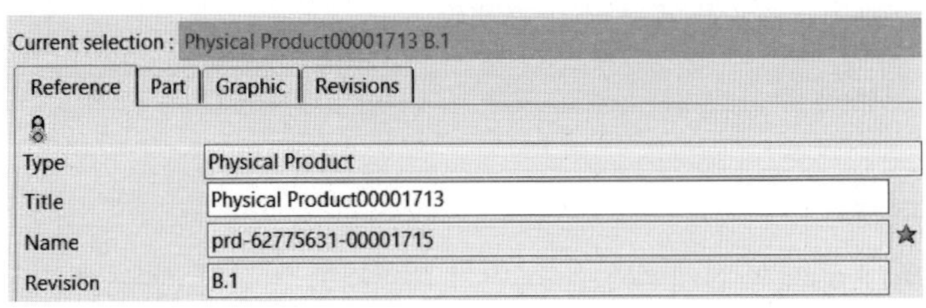

- New Branch
  - Branch는 설계 이력을 유지한 복제 오브젝트를 생성하는 명령으로 새로운 Part Number와 함께 생성
  - New Branch와 New Revision의 개념

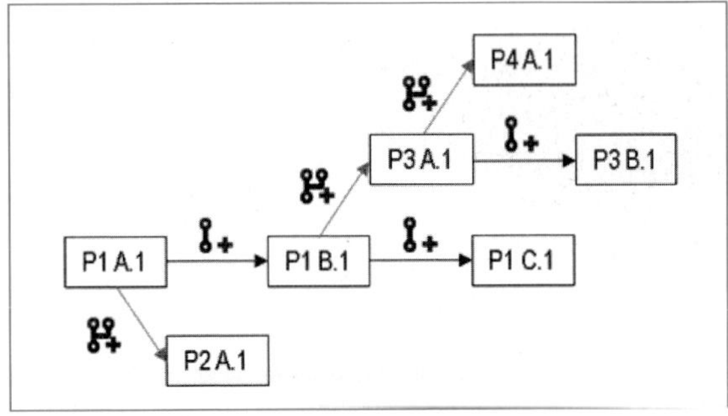

  - 명령을 실행하면 New Branch 창과 함께 복제되는 오브젝트의 Prefix를 정의할 수 있음

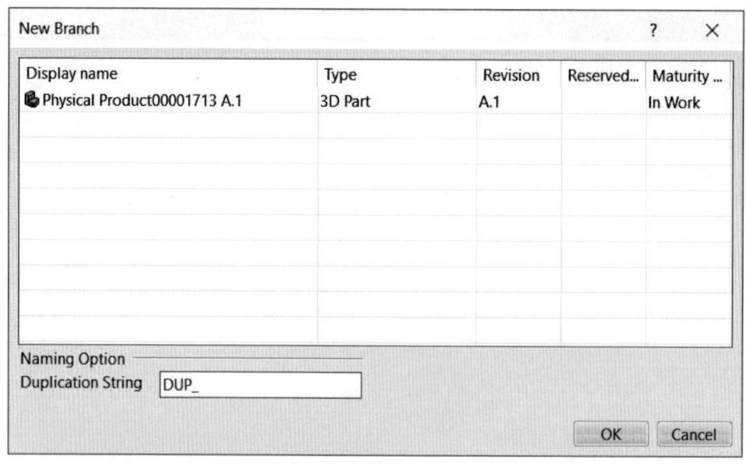

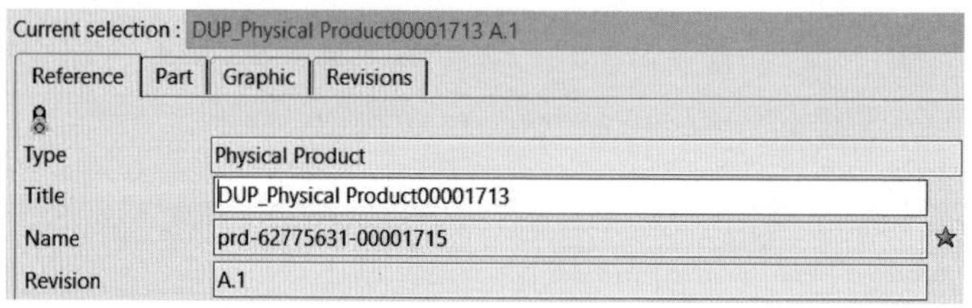

- Iterations
  - Native App에서 설계 작업을 하면서 데이터를 저장할 경우 매 저장 스텝 마다 서버로 저장이 일어나는데 이러한 저장 이력을 바탕으로 현재 열려있는 데이터를 복원하는 기능

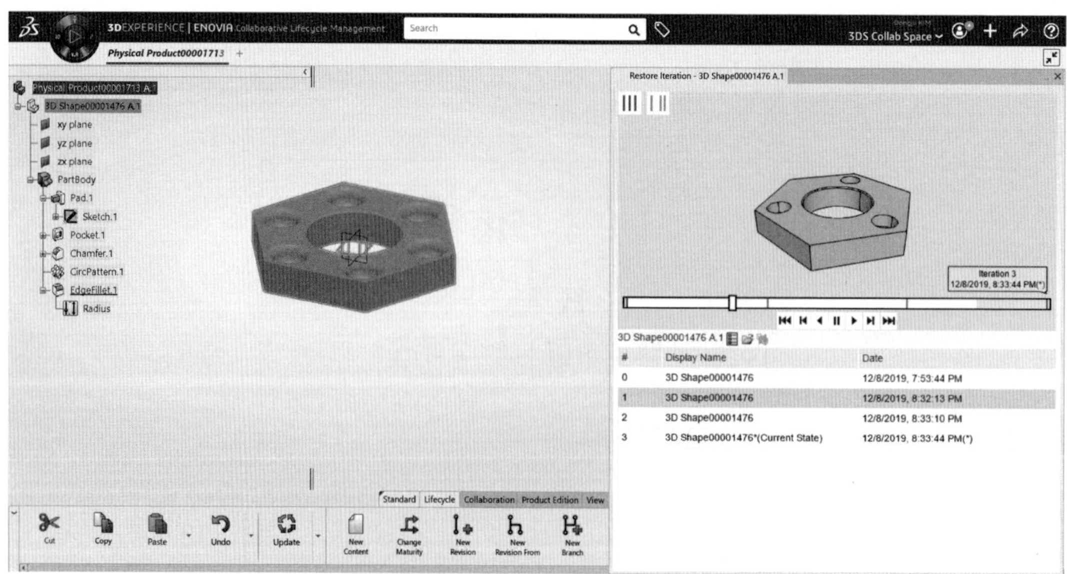

  - Iteration 창 상에서 각 Iteration 사이의 비교 분석도 가능

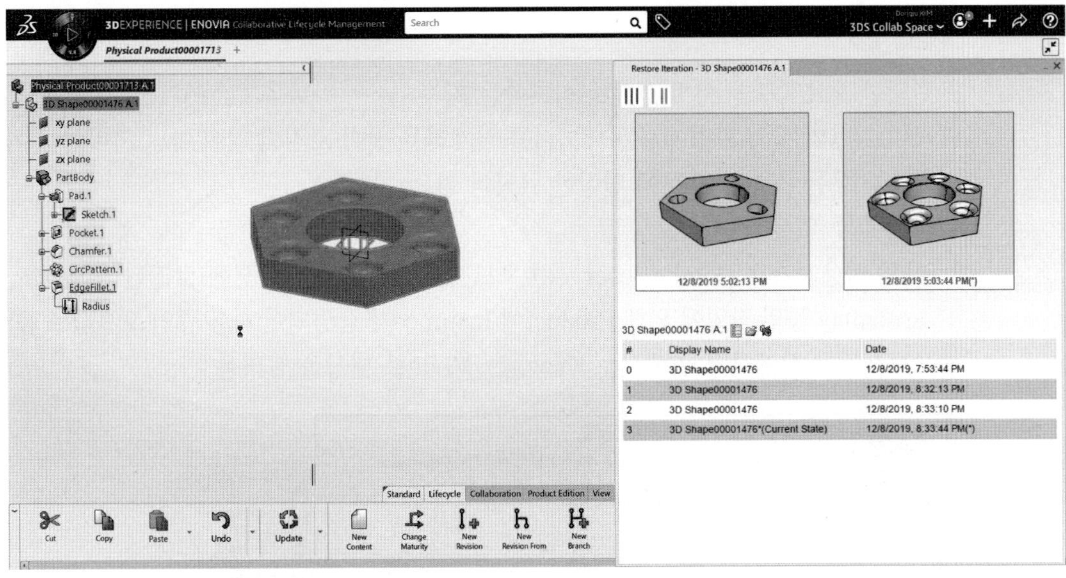

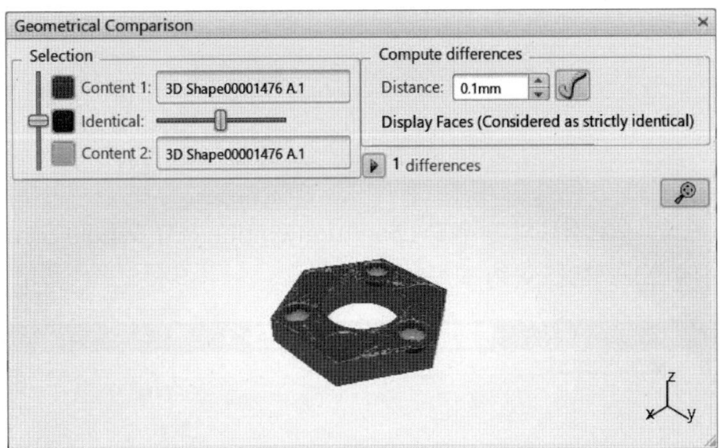

– Iteration은 관리자(Administrator)의 설정에 의해 사용 가능

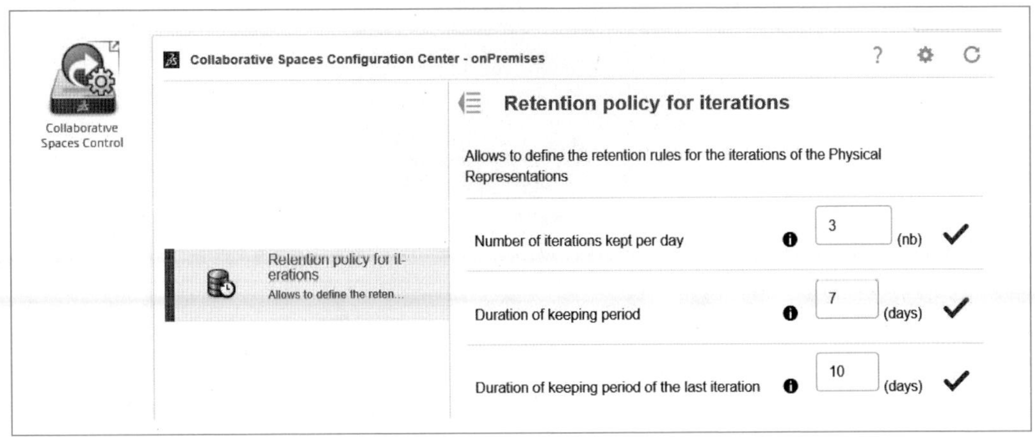

- Delete
  - 선택한 오브젝트를 서버 상에서 삭제하는 기능
  - 서버 기반의 작업 환경에서는 데이터를 삭제하는 것이 로컬의 것이 아닌 서버의 데이터를 지우는 것이기 때문에 일정한 규칙이 필요
  - 삭제할 수 없는 오브젝트
    (다른 사용자가 잠궈놓은(Reserved) 오브젝트, 현재 작업 세션에 로드된 오브젝트, Assembly 등의 작업에 의해 Product에 Instance가 삽입되어 사용 중인 오브젝트 등)
  - 오브젝트를 삭제하기 위해서는 Explorer Mode로 대상을 불러옴

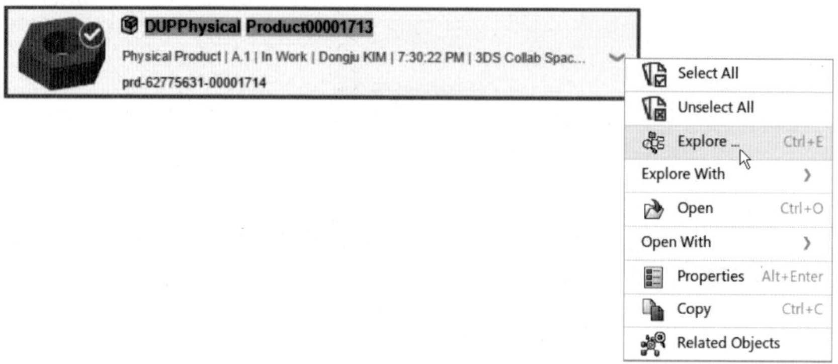

  - Assembly 오브젝트의 경우 Propagation Option에서 'Whole Structure'를 클릭하여 하위 오브젝트를 함께 삭제할 수 있음

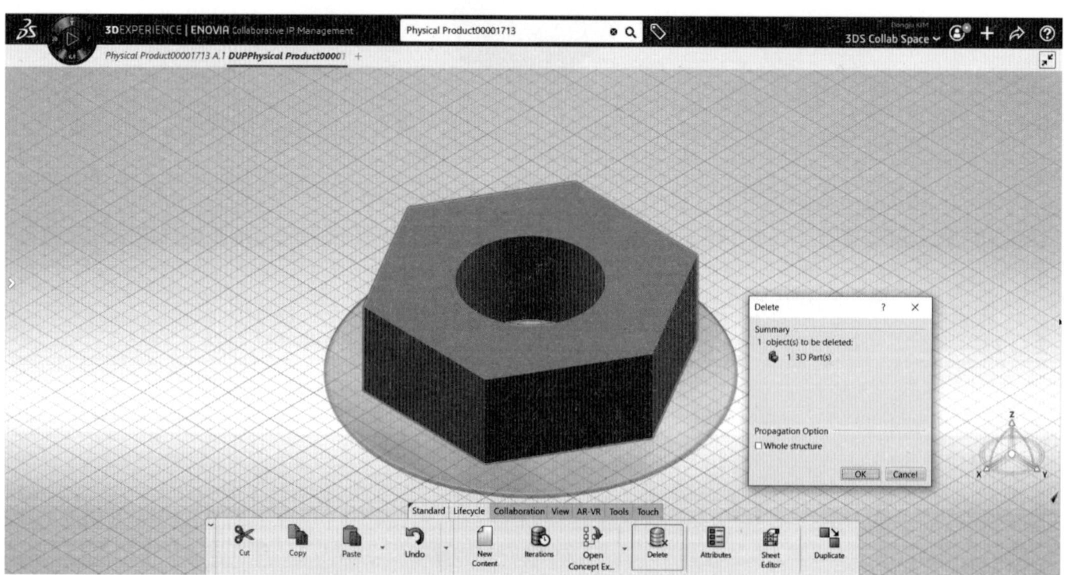

- Attributes

  –해당 오브젝트가 가진 Attribute 정보를 확인하거나 수정

  – Context Menu 또는 아이콘으로 실행 가능

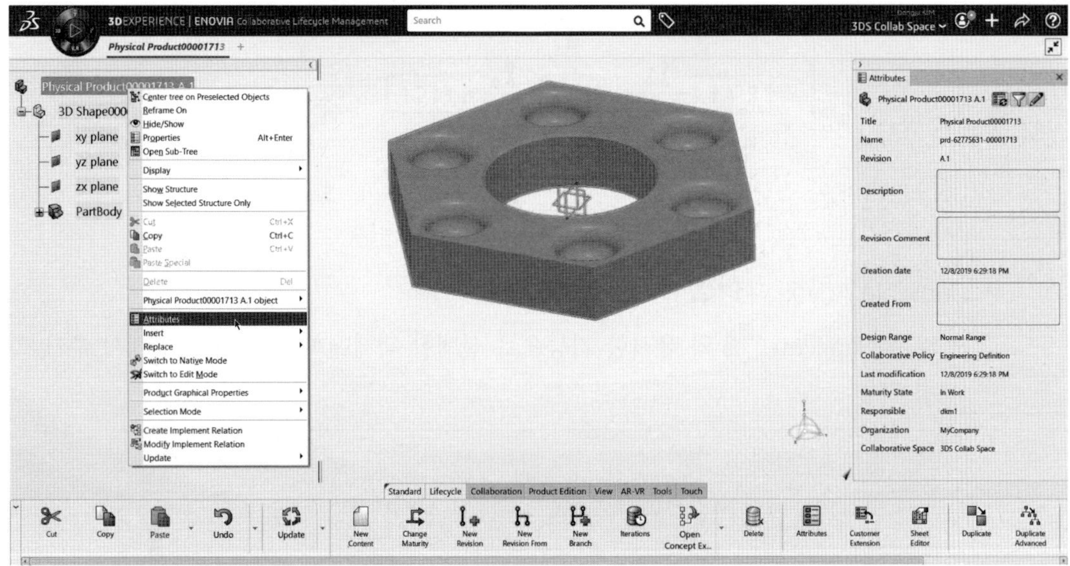

- Duplicate

  – 선택한 객체의 복사본을 생성할 때 사용 하는 명령

  – 단품이나 조립 객체에 대한 사본을 통해 변경된 설계 작업 수행시 이용

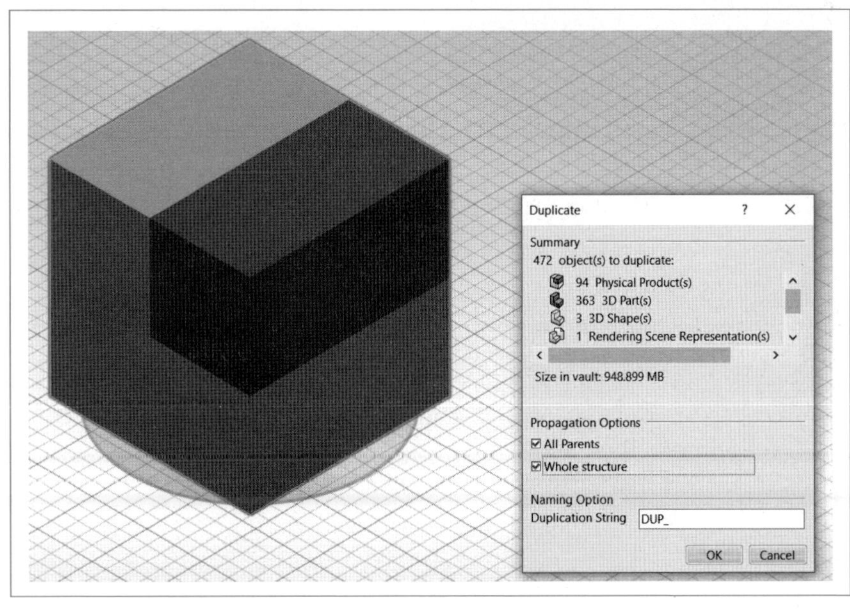

– Duplicate의 개념

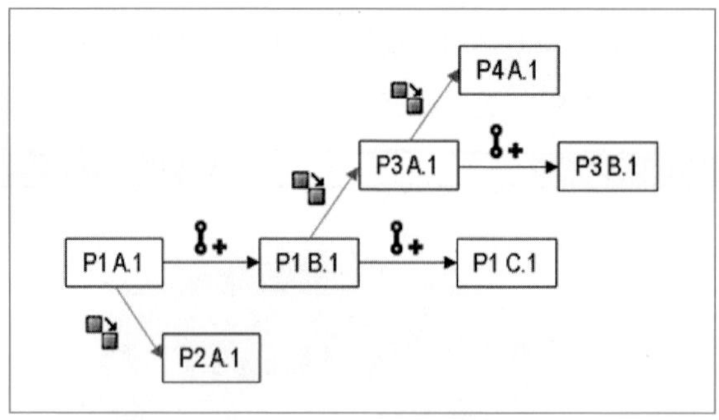

- Duplicate Advanced
  - 앞서 Duplicate 와 유사한 기능으로 선택한 객체에 대한 복제 작업에서 추가 설정 가능

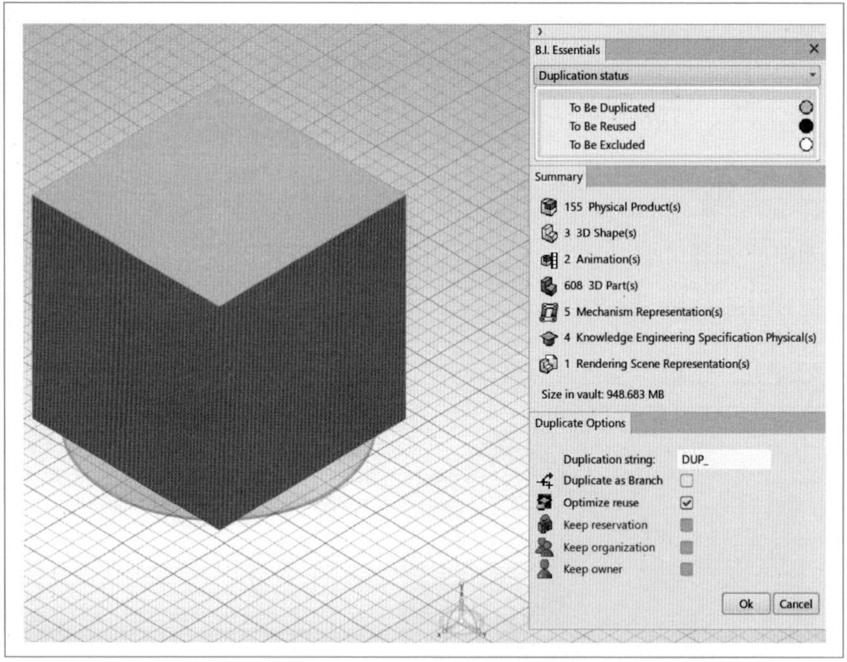

- Compare Structure
  - 3D Part 또는 Assembly 객체 사이에 비교 작업이 필요한 경우에 사용하는 기능
  - 설계 변경에 따라 달라진 요소를 Spec Tree(B.I Essential 실행)와 3차원 형상을 통해 확인 가능

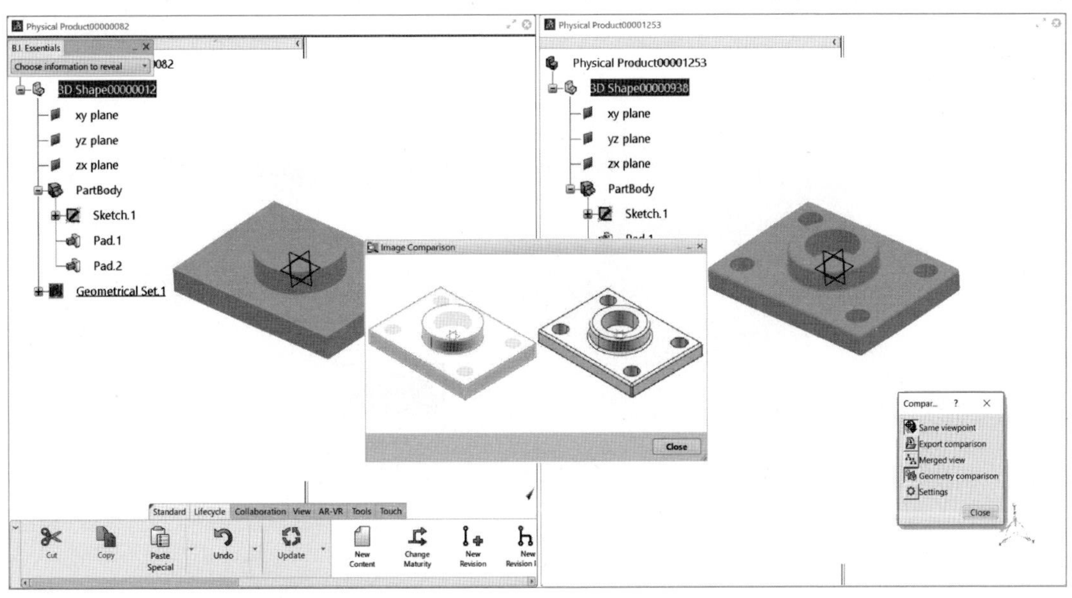

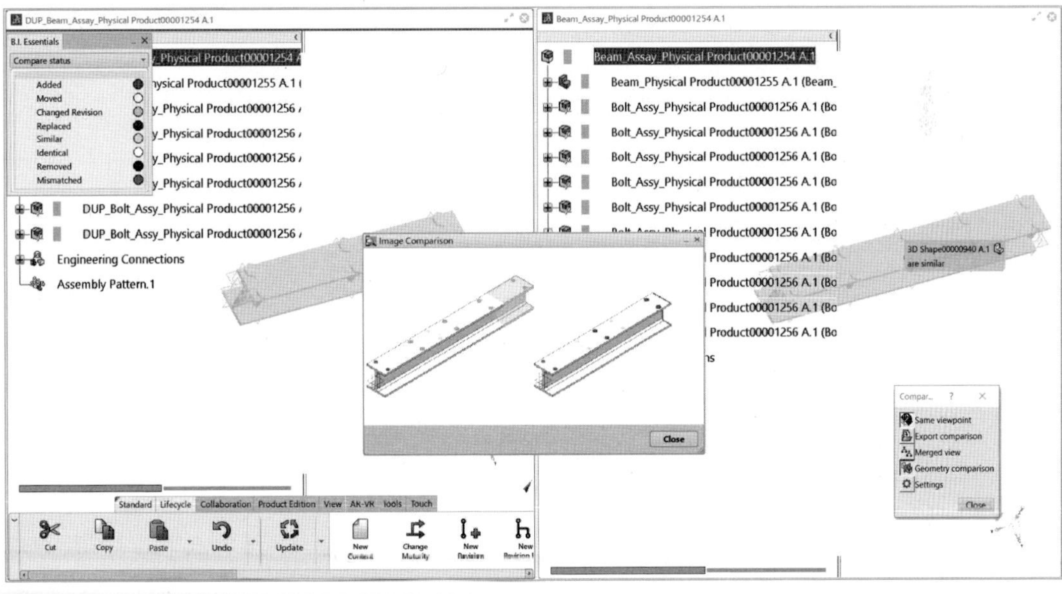

- History
  - 선택한 오브젝트의 Collaborative Lifecycle Management App에서의 작업 이력을 확인할 때 사용

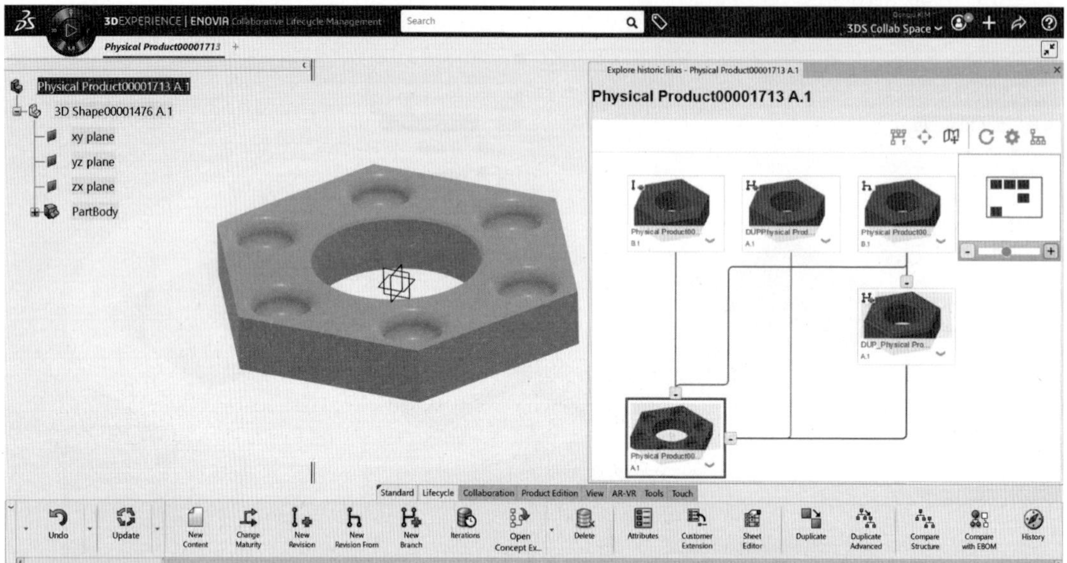

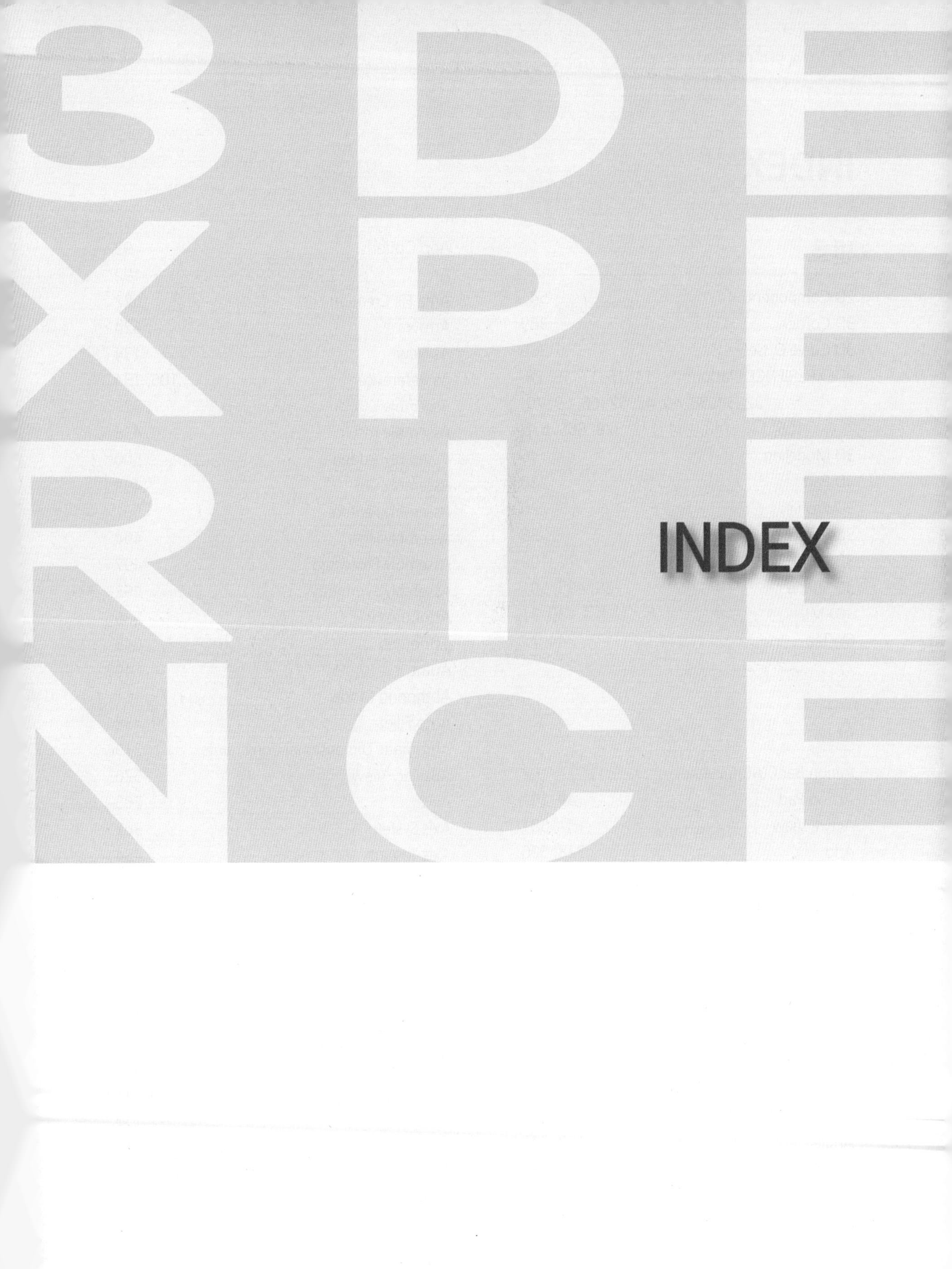

INDEX

INDEX

번호

A

B

C

INDEX

D

E

F

G

H

I

J

K

L

M

N

O

P

Q

R

S

T

U

V

W

Z

· **김동주**

인하대학교 항공우주공학과 졸업
인하대학교 공과대학 유동소음제어 연구실 연구원
한국생산기술연구원 성형기술연구그룹 연구원
- 금형 설계 및 레이저 가공, 소성가고 연구
- 3D 프린터 전략기술 로드맵 보고서 작업 참여
現 제조업 IT 회사 R&D Technical Support팀

인하대학교 기계공학부 CATIA 응용 연구 소모임 회장
인터넷 CATIA 동호회 다음 카페 ASCATI 카페 지기
(cafe.daum.net/ASCATI)
수원 직업 전문학교 CATIA 기초 과정 강사('07)
부평 UniForce 정보기술 교육원 CATIA 강사('08, '09)
전북대 TIC CATIA 해석 과정 강사('10)
국민대학교 자동차공학과 강사('11)
3D Digital Mock-Up Plant 설계 용역(프리랜서)
시사주간지 '일요시사' 인물탐구 634호 기재

주요 저서

CATIA를 이용한 Audi TT 만들기
CATIA Basic Mechanical Design Master 상, 하
CATIA Basic Mechanical Design Master 예제집
KnowHow CATIA Knowledge Advisor
CATIA DMU kinematics Simulator
CATIA Imafine & Shape foe Designer
CATIA를 이용한 항공기 제도
CATIA Harness Assembly
CATIA Functional Molded Part
CATIA Sheet Metal Design
CATIA Mechanical Design 도면집
CATIA Structural Analysis
CATIA Surface Design Master
CATIA V5 R19 for Beginners
CATIA를 이용한 Audi TT 만들기 개정2판
CATIA CAE Application 예제집
CATIA PartDesign Specialist 대비 안내서
CATIA를 이용한 굴삭기 만들기
CATIA Surface의 정석
CATIA를 이용한 구조해석
CATIA MDM 예제집
3D Printer와 3D Scanner를 위한 CATIA STL Master
CATIA를 이용한 2Generation AutiTT 만들기
CATIA V5-6R2016 For Beginner vol1, vol2
3D Printer 운용기능사
CATIA MECHANICALDESIGN 도면집
CATIA V5-6R2019 Training Book Vol.1 Basic
CATIA V5-6R2019 Training Book Vol.2 Intermediate
CATIA V5-6R2019 Training Book Vol.3 Advanced
2020 3D프린터 운용기능사 필기

저자와
협의 후
인지생략

3DEXPERIENCE Platform
for Mechanical Engineers

발행일 1판1쇄 발행 2020년 2월 5일
발행처 듀오북스
지은이 김동주
펴낸이 박승희

등록일자 2018년 10월 12일 제2018-000281호
주소 서울시 마포구 환일2길 5-1
편집부 (070)7807_3690
팩스 (050)4277_8651
웹사이트 www.duobooks.co.kr

정가 30,000원 **ISBN** 979-11-90349-06-2 13550